普通高等教育“十一五”国家级规划教材
21 世纪化学规划教材·基础课系列

普通化学原理

（第 4 版）

华彤文　王颖霞
卞　江　陈景祖　编著

北京大学出版社
PEKING UNIVERSITY PRESS

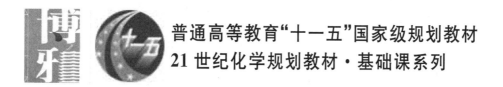

图书在版编目(CIP)数据

普通化学原理/华彤文等编著. —4版. —北京：北京大学出版社,2013.6
(21世纪化学规划教材・基础课系列)
ISBN 978-7-301-22557-8

Ⅰ.①普…　Ⅱ.①华…　Ⅲ.①普通化学　Ⅳ.①O6

中国版本图书馆CIP数据核字(2013)第109539号

书　　名：普通化学原理(第4版)
著作责任者：华彤文　王颖霞　卞　江　陈景祖　编著
责 任 编 辑：郑月娥
标 准 书 号：ISBN 978-7-301-22557-8/O・0924
出 版 发 行：北京大学出版社
地　　址：北京市海淀区成府路205号　100871
网　　址：http://www.pup.cn　　新浪官方微博：@北京大学出版社
电 子 信 箱：编辑部 lk2@pup.cn　总编室 zpup@pup.cn
电　　话：邮购部62752015　发行部62750672　编辑部62767347　出版部62754962
印 刷 者：北京宏伟双华印刷有限公司
787毫米×1092毫米　16开本　31.75印张　彩插1　800千字
2005年7月第3版
2013年6月第4版　2024年7月第18次印刷
印　　数：282001～302000册
定　　价：76.00元

内 容 简 介

本书共16章，主要包括物质的状态和结构、化学热力学、化学平衡、化学反应速率、元素周期律等基本化学原理。本书第2版1995年曾获国家教委高等学校优秀教材一等奖，共计印刷10次。第2版还由台湾五南图书出版公司购买繁体版版权并于2002年出版。第3版被选定为普通高等教育“十五”国家级规划教材，共计印刷14次。第4版又被选定为普通高等教育“十一五”国家级规划教材。

本着继承与更新相结合的原则，第4版体现出下述原则：(1) **深入浅出**——化学热力学、物质结构等基本原理是课程的核心内容，但又涉及较多的物理和数学知识，如何深入浅出地表述是作者们潜心研究之处；(2) **承前启后**——既关注中学基础，又注意与后续课程的衔接，有些内容用小字或页下注排印，兼顾叙述的系统性和要求层次上的区别，希望使用本书的师生能因之把握“教”和“学”的尺度，并由此悟出“学然后知不足”；(3) **注重实验与史实**——引入必要的实验现象和数据，参照历史发展过程介绍一些概念的产生和演变，使读者能初步领会人类认识自然的相对性和局限性，以利于科学思维和创新精神的培养。

本书可作为高等学校化学类各专业基础课教材或其他专业普通化学课程的参考书。

第 4 版

（2013 年）

华彤文　王颖霞　卞　江　陈景祖

第 3 版

（2005 年）

华彤文　陈景祖　严洪杰　王颖霞　卞　江　李　彦

第 2 版

（1993 年）

华彤文　杨骏英　陈景祖　刘淑珍

第 1 版

（1989 年）

华彤文　杨骏英

前　言

（第 4 版）

本书初版出版于 1989 年；1993 年出第 2 版，共计印刷 10 次；2005 年第 3 版发行，至今已印刷 14 次。此外，台湾五南图书出版公司购买了本书第 2 版的繁体版版权，由台湾师范大学魏明通教授进行校订并于 2002 年出版。这是广大读者对本教材内容的认同和支持，也就鞭策我们再次进行修订。

经收集意见和研究讨论，我们认为，本教材从第 1 版开始就确立的"承前启后、深入浅出、注重史实和实验"的原则在第 4 版中应该继承，且第 3 版的章节安排仍可沿用；但针对学科发展以及当前教学的需要，我们对全书进行了梳理、调整、补充和更新。例如，化学热力学部分，对焓的引出与应用、过程的性质等进行了调整与补充；氧化还原与电化学部分，新增了 Latimer 电势图的基本内容；原子结构部分，将黑体辐射等调到历史介绍中，使得 Bohr 理论的介绍更紧凑，同时对 Bohr 原子结构假设的说法作了调整；修改了 Lewis 结构的书写方法，加入了利用形式电荷判断合理结构的内容；结合化学各领域的研究进展，补充了过冷水、油水不相溶、合成氨催化机理、纳米金、PM10 和 PM2.5、新元素等内容；更新了书中正文及附录的数据；课外读物中增加了一些英文文献，以便有兴趣的读者查阅。

因不同专业的后续课程不同，如何安排第 15 章元素化学的教学由任课老师酌情而定。第 16 章简要介绍了化学学科对社会发展的贡献，旨在启发年轻人了解化学、学习化学并投身化学的热情，仍然保留；但作为课余的阅读材料，现改用小字排印，以节省篇幅。

第 4 版的修订工作主要由王颖霞和卞江承担，这两位老师都是北京大学化学与分子工程学院普通化学课程的主讲教师，有十几年的教学实践和体会，有和学生们交流讨论得到的启发，这一切成为教材修改的基础。陈景祖审读了修改部分的内容；华彤文参加讨论指导修改，并对修订稿全文进行了统读和定稿。

北京大学普通化学教学团队的各位老师经常交流切磋，所提意见和建议在本次修订过程中有重要的参考作用，在此一并表示感谢。我们还要感谢赵学范编审，她对全书作了详细认真的审阅并给出了很多中肯的修改意见。另外，我们要特别感谢责任编辑郑月娥副编审认真细致的编辑加工，她还帮助我们查阅并更新了部分数据，并对书中采用相关数据计算的地方进行了修正。

尽管我们用心工作，但由于水平所限，书中错误在所难免，热诚欢迎读者批评指正。

华彤文　王颖霞
卞　江　陈景祖
2013 年 6 月 于北京大学

前　言

（第 3 版）

本书是以北京大学化学学院多年教学实践为基础编写的。1989 年第 1 版由华彤文和杨骏英执笔撰写，1993 年第 2 版由华彤文、杨骏英、陈景祖、刘淑珍共同修订。1995 年，本书获国家教委高等学校优秀教材一等奖，2002 年又被选定为普通高等教育“十五”国家级规划教材，随后由华彤文、陈景祖、严洪杰、王颖霞、卞江、李彦组成了第 3 版修订组。经多方收集读者反馈的意见和建议，认真研究讨论之后，我们认为：本书前两版中深入浅出、承前启后、注重实验和史实等特点应该继承下来；而作为普通化学课程核心内容的化学热力学、化学平衡、化学反应速率、物质结构等基本原理堪称“入门基础”，因此应当在新版中继续充实加强。

北京大学化学学院现行教学计划已将无机化学安排在三年级，其内容以现代无机化学各新兴领域为主，有关元素的感性基本知识则主要通过普通化学实验来学习，同时要求一年级的普通化学课程增加元素化学知识初步的内容(约 12 学时)。为此，本书在第 3 版增加了“元素化学”一章(第 15 章)，尝试从化学原理的角度出发，通过一些元素典型性质的讨论和分析，引导学生掌握学习元素化学知识的方法；透过实例指导学生去认识一种元素、一族元素或一类元素；初步了解结构-性质-功能之间的关系；初步掌握如何通过查阅参考书刊、手册汲取知识的途径。另外，第 3 版还增设了“化学与社会发展”一章(第 16 章)，从另一个角度介绍了化学在社会发展中的作用和地位。我们期望以此为窗口，展现化学学科的丰富多彩及其对人类幸福与经济发展作出的贡献，激发学生学习化学的兴趣和投身化学事业的热情。这部分内容虽然独立成章，但其具体内容亦渗透到其他章节。教师可利用这一章的内容指导学生自学、阅读参考材料，撰写小论文，组织报告会等多种生动活泼的方式进行学习，在化学与社会发展的结合点上扩大了知识面。任课教师可以有很大的弹性空间和选择余地。囿于篇幅，第 2 版原第 15 章“核化学”只得忍痛割爱，而把核化学反应的若干基本概念放到第 15 章的 f 区元素中。

随着计算机和互联网的迅速普及，教学手段和教学内容变得更加丰富多彩。北京大学普通化学教学组通过不断实践和摸索，逐步建立起与本教材配套的具有特色的网络教学体系。在化学学院的教学网站和 FTP 服务器上有各位授课老师的课程简介、教学进度、演示课件、补充材料、学习论坛、化学资源等链接。网络教学资源还具有图文并茂、便于交流、可以随时更新、灵活机动等特点。在教学网站上，学生能够接触到大量课外资料，开阔了视野，提高了学习的主动性。教学网络的不断完善，对教材和课堂教学起到了很好的补充作用，学生的学习兴趣和学习热情也有了很大的提高。

《普通化学原理》的目标是引领中学生迈入大学化学之门，这是青年学生学习生涯中的一个重要转折点。根据多年的教学经验，我们提出以下几点建议，供使用本教材的读者参考。

第一，要主动学习，这是取得良好学习效果的关键。主动是指在学习过程中主动思考、归纳、总结所学知识，主动发现自己尚未理解的问题，通过查阅参考读物和文献，主动寻求问题的答案并不断拓展知识面。

第二，预习-听课-复习是行之有效的学习三部曲。课前浏览一下将要讲到的内容，可以使你对于重点、难点心中有数，有助于在课堂上集中思想、主动思考，并做好简明扼要的笔记。课后还要及时复习，仔细阅读教材，联系老师的讲解，整理笔记，看参考书。当自己认为已掌握了基本内容之后，再做习题。这样，既检查了自己对于教材掌握的程度，也会发现自己尚未正确领会之处。课后不看书不复习就忙于做习题，往往事倍功半。

第三，融会贯通是掌握知识的有效途径。化学原理的形成有其来龙去脉，各知识点之间存在内在联系，打通所学的知识之间的联系是增强理解能力和记忆力的有效办法。此外，任何一本教材都不可能面面俱到，总会有所取舍，有所侧重，所以若能将课本、课堂讲解与参考书相关内容融合领会，整理成一份条理清晰、简明扼要的笔记心得，这是主动思考、主动学习的过程，是消化、巩固知识的过程，它也会成为你考试复习期间的得力帮手。

第四，互相切磋共同成长。在大学几年里，不仅要向老师学习，向书本学习，同学们之间相互学习也是相当重要的。每位同学各有所长，各有所短，同学们之间经常交流学习心得，讨论问题，开阔思路，必将受益。此外，还要做到成不骄败不馁，既要相信自己，也要学习他人，取长补短，相互切磋，共同成长。

本书第3版除对课文、课外读物、习题及《习题解答》作全面修订之外，还根据新版化学手册全面更新了本书涉及的数据。但错漏之处仍然在所难免，欢迎读者批评指正。

我们感谢广大读者对本书提出的宝贵意见和建议，感谢北京大学化学学院和普通化学教学组各位老师多年来的关心和支持，感谢北京大学及北京大学出版社对本书出版的关心和支持，特别感谢叶宪曾教授的仔细审阅，特别感谢责任编辑赵学范编审认真细致的编辑加工，使本书第3版最终付梓印刷。

华彤文　陈景祖　严洪杰
王颖霞　卞　江　李　彦

2005年5月于北京大学

前　言

（第 2 版）

本书第一版自 1989 年发行以来，受到校内外师生的广泛支持和欢迎，尤其是使用本书的兄弟院校给我们提出了许多宝贵意见。在这几年的教学实践中我们也不断总结经验，并认真收集读者反映，作为修改的重要依据。

本书仍保持第一版深入浅出、承前启后、注重实验、注重史实等特色。第 2 版扩充为 15 章，晶体结构知识在自然科学中的应用日益广泛，现将原书第 3 章及第 12 章有关内容调整后，列为第 13 章。配位化学改为第 14 章。核化学基础知识也希望学生有所了解，新编为第 15 章，由北京大学放化专业江林根执笔编写。全书虽然章节变动不大，但具体内容业经适当精简和调整；有些教学的重点和难点作了必要的改写；并将当今一些与材料科学、环境科学、生命科学等各方面有关的化学知识和成就，渗透到课文、例题或习题中，以启发学生了解化学在自然科学发展中的地位和化学在提高人类生活水平方面的作用，激发他们学习化学的兴趣。参照近几年国内的常见书刊，对课外读物作了必要的更新。对思考题和习题进行了适当的调整和补充，并编写了习题解答可供师生参考。高等学校化学教育研究中心研制的"无机化学试题库"和"无机化学计算机辅助教学软件"都可与本书配合使用。此外，还有书内图表的幻灯片和部分演示实验录像片可供交流。

本书涉及的物理量的单位符号采用现行国际单位制。而有些涉及化学发展史实的实验数据，则不得不按其原用单位介绍，但在若干例题和习题中，要求学生进行必要的单位换算。学生能知道一些古今中外曾广为使用的非国际单位制及其换算关系，将是有益无害的。

江林根、张泽莹、吴国庆、陈力立、谢高阳以及北京大学无机化学教研室的老师们曾对本书的修改提出过许多宝贵意见。王秋、王中琰、孙绍芹、李凤金等为本书的电子编排和绘图付出了辛勤劳动。责任编辑赵学范的编辑加工工作认真细致一丝不苟。在此一并表示衷心的感谢。虽经修改，本书第 2 版仍难免有疏漏甚至错误等诸多不尽人意之处，恳请读者批评指正。

华彤文　杨骏英

陈景祖　刘淑珍

1993 年 6 月于北京大学

前　言

（第 1 版）

本书是以北京大学校内讲义为基础，经多年试用修改而写成的。它与严宣申、王长富编写的《普通无机化学》，项斯芬编写的《无机化学新兴领域导论》，北京大学普通化学教研室编写的《普通化学实验》以及北京大学、北京师范大学、苏州大学等校合编的《无机化学演示实验》等教材相配套。

全书分为物质状态、化学热力学和化学平衡（包括电离平衡、电化学等）、化学反应速率、物质结构等四个部分。旨在使刚入大学的新生能对化学原理有个基本认识，为深入学习其他各化学课程打下良好基础。为此，我们充分注意学生的中学基础，在课文、思考题、注解等多方面以温故而知新的形式提醒学生回忆学过的内容，然后再讲新的内容，有些名称符号凡与中学有不同之外也作了必要的注释和说明。同时我们也注意与后续课程的衔接，明确在本教程学习阶段的目的要求和局限性，有些内容还用“小字”排印，以兼顾叙述的系统性和学习要求层次的区别，希望学生有“学然后知不足”的感受。

化学概念和化学理论的形成和发展都有充分的实验根据和历史的演变。本书在介绍各种原理时，一方面尽量引入必要的实验现象或实验数据，希望学生能认识到“化学是一门以实验为基础的科学”。另一方面，我们努力参照历史发展过程来介绍一些概念的产生和演变，希望学生能初步领会人类认识自然的相对性和局限性，以利于科学思维方法的培养。

本书安排一定量的例题，引导学生从多方面认识事物的本质，从而减轻正文的篇幅，突出重点。希望学生不要忽视学习例题的内容及解题思路，从中必有所获。

每章的“小结”和“思考题”是指导学生预习和复习的，其中指明了全章的基本要求和重点所在。“习题”有易有难，有少数还要求学生参考“给出条件”或查阅其他资料才能进行回答，习题的选用可根据学习的要求和个人的情况而定。书末所附部分答案，供学生自检参考。各章的“课外读物”摘自图书馆常用参考书和杂志，可供学有余力时，提高阅读能力、扩大知识面之用。

傅鹰编著的《大学普通化学》，戴安邦、张青莲等编著的《无机化学教程》是我们经常使用的两本重要参考书，得益非浅，本书在编写过程中曾努力学习他们的宝贵经验，在本书出版前夕衷心感谢老前辈们的指教。

陈景祖、杨以文、江林根曾多年和我们合作试用讲义，不断提出许多宝贵意见，书里也凝聚着他们的经验和心血。刘淑珍、严洪杰、王连波、姚光庆、胡学复等曾多年结合教学辅导提出过许多修改建议，方锡义曾审阅全文并提出宝贵意见。韩德刚、高执棣、高盘良、彭崇慧、邵美成、周公度等曾详细审阅过有关章节并予以指正。普化教研室王长富、庄守端、范景辉等许多同志也从多方面给我们帮助和支持。北京大学出版社的李彦奇、孙德中、刘瑞雯等为本书的出版付出了辛勤劳动。在此一并表示谢意。

本书虽经多次试用和修改，但限于水平，错误缺点在所难免，望读者予以批评指正。

华彤文　杨骏英
1989 年 6 月于北京

目　　录

第1章 绪　　论

欢迎进入化学世界！这是一个迷人的科学领域，也是一个取得过无数辉煌成就的科学分支。在过去几百年里，化学工作者的辛勤工作和无畏探索为人类社会作出了巨大的贡献，使得化学这门古老学科时时焕发出青春光彩。作为三大基础学科之一，化学拥有一个光荣的称号，即**中心科学**，或者说**化学和物理是自然科学的轴心**（示意于图1.1）。这是因为众多科学分支的发展都与化学密切相关，例如，生命、能源、材料、环境等学科领域都从化学的知识宝库中汲取了无数创造灵感，使得化学得以伫立于众山之巅。不仅如此，化学自创立以来一直以解决实际问题为己任，因此化学对于人们的生活有着直接的、重大的影响。每一个重要的化学发现，都有可能成为人类文明发展的里程碑，例如冶铁技术、合成氨技术、高分子和纳米材料等等，都最先出自于化学家之手。毫不夸张地讲，化学是人类文明的基石之一。每时每刻，在世界的各个角落，化学家都在创造着新的物质，探索着自然的奥秘，为创造一个更美好的世界而努力。在这里，你可以学到几百年来人类的智慧结晶，你也有机会像那些化学巨匠一样思考具体的科学问题，当然，还可以追随无数先辈，踏上探索未知世界之路。

1.1　什么是化学?
(What's Chemistry?)

化学是一门关于如何创造新物质的科学，它的任务是**研究物质的性质、组成、结构和化学变化及其能量变化的规律**。从"化学"二字的中文含义讲，化学是一门关于变化的科学，或者也可以说，化学是一门关于创造前所未有的新物质的科学。

在现实生活中，化学可谓无所不在，化学研究的对象也是包罗万象。从星际空间有机物的进化到地面上造化万物的聚散离合，再到地层深处矿物的生成和利用，化学的对象几乎包括整个物质世界。由于物质世界永远处于动态变化之中，因此化学注定会成为我们认识物质世界的重要科学工具。

化学是神奇的。在悠悠历史深处，化学发源于古人对于神秘力量的敬畏和追求。早期的金丹术士试图跨越生命和财富的自然极限，为追求更美好的人生而努力。"尽管他们失败了，但是他们却完成了更伟大的工作！"(Ralph Waldo Emerson，美国作家、哲学家)。在金丹术士们追求长生不老以及把黑铅变成黄金的过程中，人类学会了化学实验，学会了观察总结实验现象，学会了客观分析和思考。终于在17世纪末，化学作为一门科学诞生了。尽管化学并没有真正把铅变成黄金，但是她创造了更可宝贵的东西；尽管化学也并没有带给我们长生不老之药，但是她带给我们健康与长寿，带给我们新的、科学的生活方式。化学延续了她最初的神奇。化肥和杀虫剂促进了粮食生产，使许多国家和无数人民摆脱了饥饿的威胁；塑料制品的普及大幅度降低了日用品的价格，使无数普通人能够过上以前只有少数人才能拥有的生活；青霉素以及其他药物的人工合成和批量生产拯救了无数垂危的生命，使无数家庭免于破碎；化学燃料和功能陶瓷的制备与技术革新推动了航天技术的发展，使人类得以实现飞天的梦想。当我们回顾人类的前进足迹时，总是可以看到化学家的身影。化学之神奇令人叹为观止。

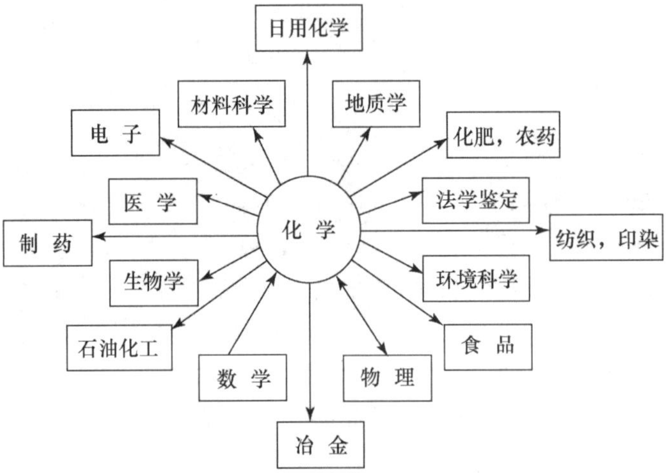

图1.1　化学是一门中心科学

化学是一把开启自然奥秘的钥匙。当我们在襁褓中睁开双眼、一天天长大的时候，大千世界的无穷变化就时时令我们惊奇：花儿为什么会那么鲜艳？铁器为什么会生锈？蜡烛为什么会燃烧？篝火为什么会发出炙热的光芒？一个个问题不时涌现在我们的脑海之中，而化学就是解答这些问题的钥匙。在化学史上，正是类似的问题推动着化学的进步。化学家在好奇心和社会需求的推动下，积极探索未知世界，搜寻心中问题的答案，揭开自然的奥秘。与此同时，化学本身也在实践中不断发展壮大，成为今天的三大基础学科之一。例如，花瓣的颜色引出了酸碱概念以及酸碱指示剂，金属的腐蚀引出了氧化还原问题，蜡烛的故事引出了燃烧的本质问题，等等。在寻找问题答案的过程中，化学家逐步建立起严谨的实验规范，发展出有效的实验技术，并通过归纳推理，描绘自然的法则。

化学是人类的无价财富。化学不仅可以化腐朽为神奇，不仅可以满足人类的好奇心和求知欲，也能解决我们身边的现实问题。在工业文明高度发展之后，人类的生存环境遇到了前所未有的挑战。化石能源的过度开采使得能源危机成为人类社会挥之不去的阴影，人类活动的不断扩大导致了水资源以及其他自然资源的日益枯竭。能源与环境问题已经成为限制人类发展的羁绊，而化学可以帮助我们在荆棘丛生中开辟出一条可持续发展之路。很多新能源，如太阳能、核能的开发、存储和利用以及节能材料的发展都与化学密切相关，环境的保护和恢复也需要化学工作者的不懈努力。当新时代来临的时候，我们会发现化学变得越来越重要，化学已经成为人类迎接未来各种挑战的有力武器。

尽管化学已经取得了巨大的成就，但是一般大众对于化学的印象可能仍然是相当模糊的，人们仍会习惯地把喷着浓烟的烟囱、有害的气体、发出呛人气味的废水、食品添加剂等等与化学联系起来。但是人们也许没有想到，所有"天然的"物质也都是由化合物组成的，天然与化学并无必然界限。在正常的操作规程下，某些有害化学品的危害是完全可以避免的。我们学习化学知识，就是为了将来可以利用化学制品为人类造福，为社会的进步作出贡献。

1.2　化学变化的特征

(The Nature of Chemical Changes)

世界上物质的变化分为两种：一种是物理变化，另一种是化学变化。化学家主要研究化学变化的规律和机理、化学变化所涉及的物质量和能量的变化。化学变化有以下 3 个特征。

1.2.1　化学变化是质变

化学变化涉及化学键的断裂和形成，即反应过程中各个原子之间的重新组合。以水的电解为例：电解过程中涉及 O—H 键的断裂和 H—H、O═O 键的形成。因为 H_2O 与 H_2、O_2 是完全不同的物质，所以说化学变化是一种质变的过程。化学变化的实质是化学键的变化以及分子结构的相应变化，涉及电子和化学基团的迁移。化学键、原子结构和分子结构是化学的核心概念。

1.2.2　化学变化是定量的变化

化学变化发生在原子水平之上，只涉及原子核外电子在分子中的重新排布，而不涉及原子核内的变化(核化学除外)。因此，在化学变化中，参与反应的元素类型不会变化，即没有原有元素的消失和新元素的产生。在化学变化前后各物质的量维持恒定，服从质量守恒定律，反应前后物质的量有确定的计量关系。例如，加热 1 t(吨)$CaCO_3$ 并使它完全分解，应该得到 0.56 t CaO 和0.44 t CO_2；0.261 g 的 Na_2CO_3 恰好中和 40.0 cm^3、浓度为 0.123 $mol \cdot dm^{-3}$ 的 HCl 溶液。反应物之间、反应物与生成物之间的质量关系是可以定量计算的。某些化学反应同时存在多种副反应，这时各物种之间的计量关系就比较复杂些。

1.2.3　化学变化伴随着能量变化

由于化学键的能量各不相同，所以当化学键发生变化时，必然伴随着能量的变化，伴随着体系和环境的能量交换。破坏原有化学键需要吸收能量，形成新的化学键会放出能量。若一个化学变化的过程中，放出的能量多于吸收的能量，则将有净能量向环境释放；反之，若放出的能量少于吸收的能量，则需从环境吸收能量，才能维持化学变化的顺利进行。化学热力学就是研究化学反应中能量变化的化学分支。化学热力学通过分析化学变化中的能量变化，可以预测化学反应的方向和限度，从而指导具体的生产实践。此外，化学动力学是研究化学反应快慢以及反应机理的化学分支学科。通过揭示化学反应的机理，可以改进重要化合物的合成路线，降低生产成本，提高生产效率。化学热力学和化学动力学是化学的两大重要领域，它们之间相辅相成，是化学的重要理论支柱。

在普通化学课程里，我们将遇到大量的不同类型的化学变化，但这些化学变化大都符合上述3个基本特征。因此，了解并掌握化学变化的这些特征，将有助于加深对于各种化学变化实质的理解。从化学变化的特征来看，化学原理最基本的内容一般包括：物质的物态（气、液、固），化学热力学，化学动力学，化学平衡，电化学，原子结构，分子结构和晶体结构等。本书将分章介绍这些方面的知识。

1.3 化学的疆域

(Territory of Chemistry)

人们经常说：化学无所不在，所以化学的对象也几乎无所不包。传统上，根据研究对象和方法的不同一般把化学分为5个分支领域，即无机化学、有机化学、分析化学、物理化学和高分子化学。下面逐一介绍。

1.3.1 无机化学

无机化学是研究无机化合物的性质及反应的化学分支。无机化合物包括除碳链和碳环化合物之外的所有化合物，因此，无机化合物种类众多，内容丰富。人类自古以来就开始了制陶、炼铜、冶铁等与无机化学相关的活动，到18世纪末，由于冶金工业的发展，人们逐步掌握了无机矿物的冶炼、提取和合成技术，同时也发现了很多新元素。到19世纪中叶，已经有了统一的原子量数据，从而结束了原子量的混乱局面。虽然当时人们已经积累了63种元素及其化合物的化学及物理性质的丰富资料，但是这些资料仍然零散而缺乏系统。为此，德国学者Döbereiner、Meyer、法国学者de Chancourrois以及英国学者Newlands、Odling等先后做了许多元素分类的研究工作。至1871年，俄国学者Mendeleev发表了“化学元素的周期性依赖关系”一文并公布了与现行周期表形式相似的Mendeleev周期表。元素周期律的发现奠定了现代无机化学的基础。元素的周期性质是人们在长期科学实践活动中通过大量的感性材料积累总结出来的自然规律，它把自然界的化学元素看做一个有内在联系的整体。正确的理论用于实践会显示出其科学预见性。按周期律预言过的15种未知元素，后来均陆续被发现；按周期律修改的某些当时公认的原子量，后来也都得到证实，如In、La、Y、Er、Ce、Th等。至1961年，原子序数1～103的元素全部被发现，它们填满了周期表的第一至第六周期的全部以及第七周期的前面16个位置。尔后，又依次发现了元素104(1969年)、105(1970年)、106(1974年)、107(1981年)、108(1986年)、109(1982年)、110(1994年)、111(1995年)、112(1996年)和114(1998年)、116(2000年)、115(2003年)、113(2004年)、117(2010年)等。人类究竟还能发现多少新元素？据核物理理论的预测，175号元素可以稳定存在，当然这种预测是否正确还需要实验的验证。至今耕耘周期系来发现和合成新化合物仍是化学科学的传统工作。

20世纪以来，由于化学工业及其他相关产业的兴起，无机化学又有了更广阔的舞台。如航空航天、能源石化、信息科学以及生命科学等领域的出现和发展，推动了无机化学的革新步伐。20世纪后半叶，新兴的无机化学领域有无机材料化学、生物无机化学、有机金属化学、理论无机化学等等。这些新兴领域的出现，使传统的无机化学再次焕发出勃勃生机。

1.3.2 有机化学

有机化学是一门研究碳氢化合物及其衍生物的化学分支，也可以说有机化学就是有关碳的化学。在19世纪初期，碳元素的化学远比金属以及其他常见元素（如硫、磷和氮）的化学落后。1828年，德国化学家Feiderich Wöhler发现，用无机化合物NH_4Cl和AgOCN（氰酸银）作用生成NH_4OCN（氰酸铵），蒸发该溶液所得白色结晶是它的异构体$CO(NH_2)_2$（尿素），后者是动物体内的有机物。人工合成尿素是有史以来第一个人工合成的有机物，也是人类第一次认识到有机物可以从无机物制得。这个发现打通了无机化学与有机化学之间的壁垒。1835年，Wöhler在给Berzelius（瑞典化学家）的信中写到："对我来说，有机化学好像是充满着最神奇的东西的热带原始森林。"

在19世纪后半叶，有机合成化学已经成为化学中最引人瞩目的领域之一。一批杰出的有机化学家相继涌现出来，如Adolf von Baeyer、Emil Fisher和Victor Meyer等，他们的工作奠定了有机合成的基础。今天的有机化学，从实验方法到基础理论都有了巨大的发展。每年世界上有近百万个新化合物被合成出来，其中90%以上是有机化合物。随着有机化学研究的深化，还衍生出若干分支学科，如天然有机化学、物理有机化学、金属有机化学和合成有机化学等等。随着人们对于生命现象以及环境问题的日益关注，有机化学愈来愈显示出强大的生命力，成为改善人类生活质量的有力助推力量。

1.3.3 分析化学

除了合成新的化合物之外，化学家的另一个主要工作是分析物质的组成、结构、性质，以及分离和提纯物质。这就是分析化学的任务。从化学诞生以来，分析化学一直扮演着非常重要的角色。经典的分析技术被广泛用于分析化学实验的产物组成、矿物的组分以及鉴定未知元素中。20世纪以来，分析化学的发展经历了三次重大的变革。第一次是在20世纪初，物理化学基本概念和理论的发展为分析化学方法提供了理论基础，使分析化学从一种技术上升为一门科学。第二次是二次世界大战之后，由于物理学和电子学的发展，产生了大量的分析仪器，改变了经典的化学分析手段，使分析化学有了一个大的飞跃。目前，分析化学正处于第三次变革之中，生命科学、信息科学的发展，使分析化学进入了一个崭新的阶段，使分析化学向更微量、更快速、更灵敏、更自动化和实时在线的方向发展。

分析化学不仅在实验室中发挥着举足轻重的作用，在日常生活中也有大量的应用实例，如食品质量的检验、环境质量的监测以及危险物品的检测都与分析化学密切相关。在化学史上，每一次分析技术的革新，不仅会带来科学的进步，也会直接使社会受益。例如，分子光谱技术的产生和发展带动了结构化学领域的飞速发展，同时，这些新技术也被应用到医学、生产领域。分析化学也衍生出多个重要分支，如光谱分析、电化学分析、色谱分析和质谱分析等。

1.3.4 物理化学

物理化学是化学中的一个理论分支，它应用物理方法来研究化学问题。在化学探索中，化学家不仅要合成新的化合物，还要理解和掌握化学反应的内在规律。物理化学就是这样一个领域，它从物理学的发展中获得灵感，并将其应用到更为复杂的化学领域中去，研究化学体系的原理、规律和方法。19世纪后半叶以来，物理化学逐渐形成了若干分支：化学热力学、化学动力学、量子化学、表面化学、催化和电化学等。20世纪，物理化学发展迅速，取得了众多里程碑式的成就，如价键理论、分子轨道理论、耗散结构理论以及微观反应动力学等。

在物理化学史上，化学热力学是其中发展较早的分支，例如美国物理化学家J. W. Gibbs发展出Gibbs自由能(G)，用以预言反应的方向。在19世纪末、20世纪初，化学动力学在Arrhenius、Ostwald和van't Hoff等人的推动下建立起来。20世纪以来，量子力学的出现大大改变了物理化学的面貌，使原本建立在宏观经验上的化学原理深入到原子和分子的水平，反过来促进了物理化学的革新。目前，物理化学有3个主要方向：(i) 介观领域，即纳米技术的研究；(ii) 微观领域的研究从静态、稳态向动态、瞬态方向发展；(iii) 复杂体系研究，化学的研究对象越来越复杂，越来越接近生命、材料等复杂体系，因此发展面向复杂体系的理论和方法是目前物理化学的主要课题之一。21世纪，仍然有许多问题等待物理化学家去解决。

1.3.5 高分子化学

高分子化学是研究高聚物的合成、反应、化学和物理性质以及应用的化学分支。与化学的其他分支学科相比，高分子化学是一个年轻的学科。合成高分子的历史不超过100年，但是它的发展非常迅速。在20世纪20年代，德国化学家Staudinger首先提出了高分子的重复链节结构，并在随后的实践中得到验证。到20世纪40年代，高分子合成已经发展成为一支新兴化学学科，获得迅猛发展。

一般化合物的分子量是几十到几百，而高分子化合物的分子量通常是几万甚至几十万。由成千上万小分子单体聚合成链并交织在一起，就组成了橡胶、纤维或塑料等高分子材料。高分子材料具有易于加工和成本低廉的优点，与天然材料相比，高分子材料不受气候、季节和种植面积的影响，因此非常适合作为天然材料(如棉、麻、天然橡胶)等的替代品。高分子材料还具有弹性好、强度高、耐腐蚀等特点，因此在日常生活和工业生产中已经得到广泛应用。据报道，2009年全世界塑料制品的年产量约为2.3×10^8 t，其中，我国塑料制品的年产量已达0.58×10^8 t，跃居世界第一。

随着塑料工业技术的迅速发展，塑料已经与钢铁、木材、水泥并列成为国民经济四大支柱材料。但随着塑料产量的不断增长和用途的不断扩大，废弃物中塑料的质量比已达10%以上，体积比则达30%左右。它们对环境的污染、对生态平衡的破坏已引起了社会极大的关注，为此，高效的塑料回收利用技术和降解塑料的研究开发已受到高分子科学领域以及工业界的高度关注，成为全球瞩目的研究热点。

1.4 化学：一门以实验为基础的科学

(Chemistry: An Experimental Discipline)

关于实验和理论在化学中的地位，在历史上曾经引起过很多争论。例如，法国实证主义哲学家A. Comte说："任何企图将数学应用于化学研究的做法都会被视为极为无理的行为，这违反了化学的精神。"而美国化学家Walter Eyring则持截然相反的观点："迄今为止量子力学都(被证明)是正确的，因此化学问题就是应用数学问题。"如果抛开争议，有一点毋庸置疑，即化学仍然是一门以实验为基础的科学。化学实验仍然是人类认识物质化学性质、解释化学变化规律和检验化学理论的基本手段。化学家在实验室中模拟各种条件，细致地对实验现象进行观察比较，并从中得出有用的结论。例如，很多新元素和新的化合物都是在实验室中被发现的，Mendeleev 的周期律也是建立在大量实验事实的基础之上的，而且 Mendeleev 周期律的正确性也是由实验来验证和确立的。可见，实验对于化学家的重要性不言而喻。

在辽阔的化学领域中，绝大多数化学家都从事着实验发现的工作。这不仅仅因为实验是化学学科的传统，也由于化学研究对象的复杂性。当我们面对复杂体系时，在很多时候，通过实验来认识或深入理解几乎是唯一选择。在化学史上，有无数这样的实例来印证化学实验对于化学发展的重要性，例如 Curie 夫人发现镭的故事就是其中一个精彩的范例。

当我们强调化学实验的重要性时，也决不应当忽视理论对于化学探索的指导意义。的确，在化学发展的某些阶段，理论的突破会给化学带来突飞猛进的发展。一个突出的例子就是 Linus Pauling 关于化学键的理论：Pauling 的价键理论不仅为人们认识化学键奠定了坚实的理论基础，它的影响也扩大到化学学科之外，对于相关领域的发展也起到了非常重要的作用。

总之，在我们开始化学学习的时候，我们要重视**实验技能的训练**，掌握熟练的实验技巧，为以后的实验探索打好基础。同时，我们也要不断加强自身的**理论素养**，培养从实验数据中总结和发现规律的能力。

1.5　化学：面向未来

(Chemistry：Towards to the Future)

在作为一门科学诞生之后的 300 多年里，化学经历了深刻的变革。从燃烧的本质到把人类送入太空，从简陋的气体研究装置到高度精密的材料合成，从简单有机物到复杂的生命现象，化学的发展和应用为人类插上了梦想的翅膀。今天，当我们开始学习化学知识的时候，不应当忘记那些在漫漫长夜中为人类点燃智慧烛火的化学先行者。前人在探索中的切身体会对于后来者有着重要的借鉴价值。中国化学家傅鹰说：**“化学给人以知识，化学史给人以智慧。”**所以，当我们走进化学领域的时候，我们不仅要熟练掌握化学的基本原理，也要用心体会前人曾经遇到的问题和挑战，以及他们在发现过程中的思想历程，从前人的智慧中汲取灵感。

20 世纪，化学在许多重要领域都取得了重大进展，例如化学键理论、化学反应动力学理论和耗散结构理论等重大理论进展都是在过去 100 多年里完成的。此外，化学的应用领域也大大拓宽，如高分子化学、石油化工、合成氨工业以及合成药物等都是 20 世纪的标志性进展。同时，化学与众多科学分支也已经建立起紧密的联系，化学已经深入到能源、环境、生命、信息等与人民生活密切相关的领域之中。能源化学、绿色化学、生物化学、材料化学等成为推动国民经济发展、改善人民生活质量的重要支柱学科。

在 21 世纪中，化学仍然要面对艰巨的任务和挑战。展望未来，世界的人口、环境、资源和能源问题将更趋严重，解决这些问题需要化学家与其他领域的科学家共同作出努力。根据预测，在 21 世纪，化学将具有如下 3 个主要趋势：(i) 重视解决重大实际问题——化学是一门与社会生活关系紧密的科学，从社会发展的需要出发，化学家会有更广阔的发挥空间，反过来也会深化和丰富化学自身。(ii) 与相关学科进一步融合，吸取相关的理论和实验成果，开拓化学新领域——在化学愈来愈深入其他相关学科的今天，化学也需要积极从外部吸收新的概念和方法。化学所具有的惊人的创造力将随着新兴领域的开辟得以获得持久的生命力。(iii) 复杂体系的研究——化学科学建立在分子水平之上，在分子的结构和性质方面化学家过去已经积累了很多经验，而在超分子、介观领域、多尺度问题方面的化学研究才刚刚开始。复杂体系对于我们认识生命现象、材料性能至关重要，抓住这些领域中的关键化学问题并加以解决是当前化学的重要课题。

为了社会的可持续发展，为了化学学科的发展与进步，在 21 世纪，化学需要解决的重大问题有：

合成化学　掌握高效、专一、高产率、节能和环保的合成路线；理解和控制不同规模尺度化学反应的进程；实现合成过程的计算机设计。

生命化学　理解生命过程中的重要化学现象；针对威胁人类健康和生命的重大疾病发展出有效的药物和疗法。

材料科学　发展和应用自组装方法合成新材料；发展纳米技术和纳米机械；引入分子设计和材料设计，改变化学实验的传统试误方式，提高研发效率。

环境科学　大力发展绿色化学，设计无公害的化学工艺流程；深入了解地球(包括陆地、海洋、大气和生物圈)的生态化学系统，防止人类过度发展可能导致的生态灾难。

能源化学　发展更稳定和更低成本的太阳能利用和存储方案；研制超导材料用于远距离电力传送；发展更实用和低成本的燃料电池：设计氢能和电力装置代替汽油燃料。

化学教育　向公众传达化学的成就和目标；吸引有志青年投身化学，为人类所面临的各种挑战寻找有效的解决方案。

预言化学在 21 世纪会取得哪些成就无疑是非常困难的，因为没有人能够洞悉未来。但是，目前至少有几点是清楚的：具有神奇功能的新材料将会不断涌现，并有可能带动计算机和激光器的突破性进展；新的超级药物研制和医学疗法将会取得重大进展，功能多样的微型机械将被用于临床；化学家将有可能找到消除工业污染的有效方法，环境问题也将不再是社会发展的制约因素；太阳能的利用将进入新的阶段，成为世界的主要能源选择之一。不过，有一点可以肯定，那就是化学将不断地创造奇迹，21 世纪必将是化学又一个辉煌的舞台。

课外读物

[1]　戴安邦. 全面的化学教育和实验室教学. 大学化学，1989，(1)，1

[2]　唐有祺. 化学之继往开来. 大学化学，1990，(5)，1

[3]　赵匡华. 化学通史. 北京：高等教育出版社，1990

[4]　〔美〕R Breslow. 化学的今天和明天——一门中心的、实用的和创造性的科学(中英文对照). 华彤文，等译. 北京：科学出版社，1998

[5]　王佛松，王夔，等主编. 展望 21 世纪的化学. 北京：化学工业出版社，2000

[6]　白春礼. 中国化学的发展与展望. 大学化学，2000，(2)，1

[7]　徐光宪. 21 世纪化学的前瞻. 大学化学，2001，(1)，1

[8] 〔美〕21世纪化学科学的挑战委员会. 超越分子前沿——化学与化学工程面临的挑战. 陈尔强，等译. 北京：科学出版社，2004

[9] 〔美〕L P Eubanks，C H Middlecamp，等编著. 化学与社会. 第5版. 段连运，等译. 北京：化学工业出版社，2008

[10] R H Petrucci，F G Herring，J D Madura，C Bissonnette. General Chemistry：Principles and Modern Applications. 10th Ed. Prentice Hall，2010

[11] T L Brown，H E LeMay，Jr B E Bursten and C Murphy. Chemistry：The Central Science. 12th Ed. New Jersey：Pearson Education，Inc，2011

第 2 章　气　　体

气体(gas)、液体(liquid)和固体(solid)是物质的三种常见状态。其中气体的结构和性质都比较简单,人们对较高温度及较低压力下气体的性质及其微观模型研究得最早,也最透彻。

在化学学科发展过程中,气体的研究占有重要地位。气态物质相对分子质量的测定对确定和统一相对原子质量极其重要,而准确的相对原子质量是发现周期律的重要依据。化学也从此由定性发展到定量,由经典过渡到近代。低压气体的激发光谱(首先是氢光谱)的发现和研究,深化了对原子结构的认识。理想气体方程式和各种气体定律在生产和科研上都有广泛应用,如气体计量、气体物质的分离和提纯等。

气体分子运动论是科学家建立的气体微观模型,是人类认识微观世界的早年的成功尝试。气体分子运动论的压力方程式、温度的统计解释,还有气体分子速率和能量分布都是很重要的概念。掌握这些基本概念,对学习和应用化学原理,及解释某些化学方程式有很大的帮助。

2.1　理想气体定律

(Ideal Gas Law)

2.1.1　理想气体定律

温度(temperature, T)、压力(又叫压强, pressure, p)和体积(volume, V)是描述一定量气体状态的 3 个参量,它们之间的联系可用下面的方程式表示

$$pV = nRT \tag{2.1}$$

式中: n 为气体物质的量(其单位为 mol), R 为摩尔气体常数(也叫普适气体恒量)。这个方程式普遍适用于一切气体,但限于稀薄的气体,即温度不太低、压力不太高的"理想"气体,所以称之为理想气体定律,或理想气体状态方程,也叫 Clapeyron 方程。在这个简单的方程中,除 R 之外其他 4 个物理量都是变量。这个方程以**形式简单**、**变量多**、**适用范围广**而著称。但在人类

认识自然规律的长河中，这是经历了两个多世纪许多科学家的认真观察归纳总结才取得的成果。这个涉及 4 个变量的方程式是综合了数个只涉及 2 个变量的实验定律而导出的。

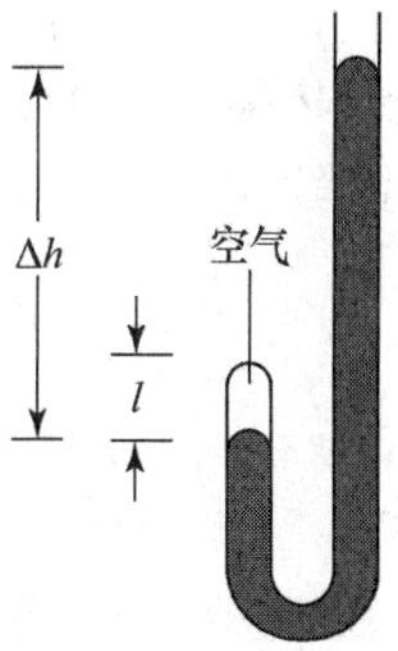

图 2.1 用 J 形管测定恒温下的 p-V 关系

17 世纪中叶，英国科学家 Robert Boyle 曾用类似于图 2.1 的 J 形玻璃管进行实验。他利用水银压缩被密封在管内的空气，水银加入量不同，空气所受压力也不同，观测空气体积随水银柱高度不同而发生的变化。他发现当温度不变时，一定质量空气的体积与气体所受压力成反比。若管径均匀，则空气的体积与空气柱长度 l 成正比，空气所受压力则为大气压与水银柱压差 Δh 之和。表 2.1 列举了 Boyle 的一些原始实验数据，读者可进行验算。

表 2.1 Boyle 的实验数据

（一定量空气在室温，大气压为 29.1 inHg*）

l（刻度读数）	40	38	36	34	32	30
Δh/inHg	6.2	7.9	10.2	12.5	15.1	18.0

* 1 in（英寸）＝25.4 mm（毫米）

用各种气体进行试验，都得到相同的结果，由此总结为 Boyle 气体定律。该定律可叙述为：**温度恒定时，一定量气体的压力和它的体积的乘积为恒量。**其数学表达式为

$$pV = \text{恒量} \qquad (T,\ n\ \text{恒定}) \tag{2.2}$$

研究另外一对变量（T 和 V）关系的是法国科学家 Charles 和 Gay-Lussac①。在 18 世纪末，他们研究在恒压条件下气体体积随温度升高而膨胀的规律。他们发现在压力不太大时，任何气体随温度的膨胀率都是一样的，而且都是摄氏温度的线性函数。若某一定量气体在沸水（100 ℃）中的体积为 V_{100}，而在冰水（0 ℃）中的体积为 V_0，实验证明，任意气体由 0 ℃升温到 100 ℃，其体积增加约为 37%，即

$$\frac{V_{100}-V_0}{V_0}=0.366=\frac{1}{2.73}=\frac{100}{273}$$

推广到更为一般的情况，若用温度 t（℃）时气体体积 V_t 代替 V_{100}，则有

$$\frac{V_t-V_0}{V_0}=\frac{t}{273}$$

或

$$V_t=V_0\left(1+\frac{t}{273}\right)$$

上式可以表述为：当压力不变时，一定量气体每升高 1 ℃，它的体积膨胀了 0 ℃时体积的 1/273。这就是 Charles 和 Gay-Lussac 当时的研究结果。

近 1 个世纪之后，物理学家 Clausius 和 Kelvin 在研究热机效率问题时建立了热力学第二定律，并提出了热力学温标（曾叫绝对温标）的概念。其后，Charles-Gay Lussac 气体定律才表述为：**压力恒定时，一定量气体的体积（V）与它的热力学温标（T）成正比；或恒压时，一定量气体的 V 对 T 的商值是恒量。**其数学表达式为

$$\frac{V}{T} = \text{恒量} \qquad (p,\ n\ \text{恒定}) \tag{2.3}$$

① Charles 和 Gay-Lussac 都是氢气球研究者，他们用热空气、氢气来充气球。1783 年 Charles 曾坐过第二个载人离开地面的气球。1804 年 Gay-Lussac 单独乘坐氢气球飞到 7 km 高空，他保持这个世界飞行高度记录达 50 年之久。

热力学温标单位是国际单位(SI)制 7 个基本单位之一，温标符号为 T，单位是 Kelvin，符号为 K。中文单位名称叫"开尔文"，代号为"开"，1 开等于水的三相点热力学温度的 1/273.16(详见 3.4 节)。热力学温标的零度相当于摄氏 -273.15 ℃，即

$$\frac{T}{\mathrm{K}}=\frac{t}{^{\circ}\mathrm{C}}+273.15$$

那么，273.15 是怎样确定的呢？可根据实验数据用外延法求出。任选几种不同起始状态的理想气体(如图 2.2 的 A、B、C)，在恒压下测定不同温度 t 的体积 V，以 V 对 t 作图得直线，外延到与横坐标相交处，交点的 $V=0$，$t=-273.15$ ℃，各种气体的各种起始状态的 V-t 延长线都交于此。在这个温度，理想气体的体积似应等于零，所以也叫热力学零度(曾叫绝对零度)，水的冰点 0 ℃称相对零度。

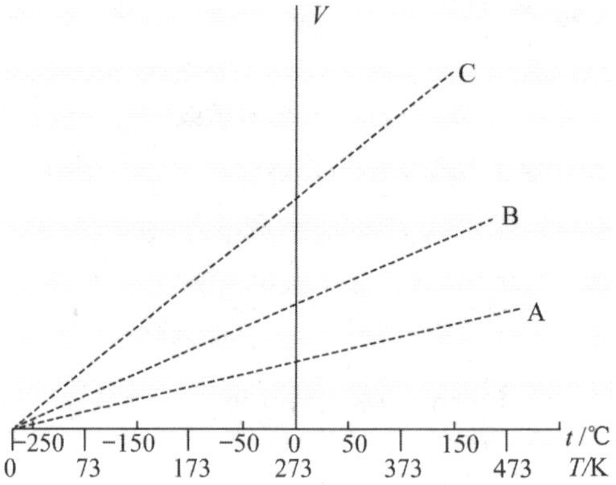

图 2.2　恒压下气体体积与温度的关系

温度越低，气体体积越小，当温度降到 -273.15 ℃时，难道气体的体积真等于零吗？实际上这是不可能的，气体冷却到一定程度就凝聚为液体了，再冷就凝为固体。沸点最低的气体是氦(He)，它的沸点是 4.2 K，凝固点是 1.0 K(25 atm)。迄今在实验室用液氦制冷特殊技术可达最低温度 0.0001 K。所以热力学零度是一个理想的极限概念，但热力学温标却极其重要而有用，许多科学定律都用热力学温标表示温度。

19 世纪中叶，法国科学家 Clapeyron 综合 Boyle 定律和 Charles 定律，把描述气体状态的 3 个参量(p、V、T)归并于一个方程式，给出**一定量气体，体积和压力的乘积与热力学温度成正比**。设某一定量气体的原始状态是 p_1、V_1 和 T_1，其最终状态是 p_2、V_2 和 T_2，这个变化过程可分解为 2 个步骤：先发生等温变化，即由 $p_1V_1T_1$ 变为 $p_2V'T_1$；然后发生等压变化，即由 $p_2V'T_1$ 变为 $p_2V_2T_2$。变化关系如下：

首先，温度 T_1 不变　　$p_1V_1=p_2V'$

其次，压力 p_2 不变　　$\frac{V'}{T_1}=\frac{V_2}{T_2}$　或　$V'=V_2\frac{T_1}{T_2}$

将 V' 代入第一步，得　　$\frac{p_1V_1}{T_1}=\frac{p_2V_2}{T_2}=$ 恒量

对于 1 mol 气体，恒量等于 R；对于物质的量为 n (mol)的气体，恒量等于 nR，R 称为摩尔气体常数。后经 Horstmam，Mendeleev 等人的支持和提倡，到 19 世纪末，人们开始普遍使用如下形式的理想气体状态方程式

$$pV=nRT$$

2.1.2　理想气体状态方程的应用

用理想气体状态方程进行计算时，务必注意各参量的单位：其中温度 T 必须用热力学温标，单位开尔文(K)；气体物质的量 n 的单位是摩尔(mol)；体积 V 的单位常用立方分米或立方厘米(dm^3 或 cm^3)；压力 p 按国际单位制应该用帕斯卡 Pa(Pascal)或千帕斯卡 kPa，以往也经

常使用大气压(atm)为压力单位。在实验室常用水银压力计测量压力，所以也用水银柱高度(mmHg 或 cmHg)表示压力①。摩尔气体常数 R 的值随 p 和 V 单位不同而异，如 p 用 kPa、V 用 dm^3，已知 1 mol 理想气体在标准状况(273.15 K，101.33 kPa)下体积为 22.414 dm^3，则

$$R=\frac{pV}{nT}=\frac{101.33\ \text{kPa}\times 22.414\ \text{dm}^3}{1\ \text{mol}\times 273.15\ \text{K}}=8.3149\ \text{kPa}\cdot\text{dm}^3\cdot\text{mol}^{-1}\cdot\text{K}^{-1}$$

在 3 位有效数字计算中，我们常用 $R=8.31\ \text{kPa}\cdot\text{dm}^3\cdot\text{mol}^{-1}\cdot\text{K}^{-1}$。当阅读中外各类参考资料、书刊时，还可能见到其他单位表述的 R，可参照物理量单位换算关系②进行必要的换算。常见的几种表述如下：

$$\begin{aligned}R=\frac{pV}{nT}&=8.31\ \text{kPa}\cdot\text{dm}^3\cdot\text{mol}^{-1}\cdot\text{K}^{-1}=0.0831\ \text{bar}\cdot\text{dm}^3\cdot\text{mol}^{-1}\cdot\text{K}^{-1}\\&=0.0821\ \text{atm}\cdot\text{dm}^3\cdot\text{mol}^{-1}\cdot\text{K}^{-1}=62.4\ \text{mmHg}\cdot\text{dm}^3\cdot\text{mol}^{-1}\cdot\text{K}^{-1}\\&=8.31\ \text{J}\cdot\text{mol}^{-1}\cdot\text{K}^{-1}=1.99\ \text{cal}\cdot\text{mol}^{-1}\cdot\text{K}^{-1}\end{aligned}$$

完全理想的气体虽然不存在，但是许多实际气体，特别是那些不易液化的气体，如 He、H_2、O_2、N_2 等，在常温常压下的性质颇近似于理想气体。此外只需粗略估算时，用这个方程也很方便。现举例说明该方程的应用。关于实际气体对理想状态的偏离和方程式的修正将在 2.7 节介绍。

【例 2.1】 淡蓝色氧气钢瓶体积一般为 50 dm^3，在室温 20 ℃，当其压力降为 1.5 MPa 时，估算钢瓶中所剩氧气的质量。

解　在 $pV=nRT$ 式中 p、V、T 都已知，即可求算 n（注意 R 的选用）。

$$n=\frac{pV}{RT}=\frac{1500\ \text{kPa}\times 50\ \text{dm}^3}{8.31\ \text{kPa}\cdot\text{dm}^3\cdot\text{mol}^{-1}\cdot\text{K}^{-1}\times(273+20)\ \text{K}}=31\ \text{mol}$$

氧气摩尔质量为 $32\ \text{g}\cdot\text{mol}^{-1}$，故所剩氧气的质量为

$$31\ \text{mol}\times 32\ \text{g}\cdot\text{mol}^{-1}=9.9\times 10^2\ \text{g}=0.99\ \text{kg}$$

【例 2.2】 惰性气体氙能和氟形成多种氟化氙 XeF_x。实验测定在 80 ℃，15.6 kPa 时，某气态氟化氙试样的密度为 $0.899\ \text{g}\cdot\text{dm}^{-3}$。试确定这种氟化氙的分子式。

解　求出摩尔质量，即可确定分子式。

设氟化氙摩尔质量为 M，密度为 $\rho(\text{g}\cdot\text{dm}^{-3})$，质量为 $m(\text{g})$，R 应选用 $8.31\ \text{kPa}\cdot\text{dm}^3\cdot\text{mol}^{-1}\cdot\text{K}^{-1}$。

$$pV=nRT=\frac{m}{M}RT$$

所以

$$\begin{aligned}M&=\frac{m}{V}\,\frac{RT}{p}=\rho\frac{RT}{p}\\&=\frac{0.899\ \text{g}\cdot\text{dm}^{-3}\times 8.31\ \text{kPa}\cdot\text{dm}^3\cdot\text{mol}^{-1}\cdot\text{K}^{-1}\times(273+80)\ \text{K}}{15.6\ \text{kPa}}\\&=169\ \text{g}\cdot\text{mol}^{-1}\end{aligned}$$

---

① $1\ \text{Pa}=1\ \text{N}\cdot\text{m}^{-2}$，$1\ \text{bar}=1\times 10^5\ \text{Pa}=100\ \text{kPa}$

$1\ \text{atm}=760\ \text{mmHg}=1.01325\times 10^5\ \text{Pa}\approx 101\ \text{kPa}\approx 0.1\ \text{MPa}$

② $1\ \text{kPa}\cdot\text{dm}^3=1\ \text{J}=0.239\ \text{cal}$，$1\ \text{cal}=4.184\ \text{J}$

已知相对原子质量：Xe 为 131，F 为 19，所以

$$131+19x=169,\quad x=2$$

这种氟化氙的分子式为 XeF_2。

2.2 气体化合体积定律和 Avogadro 假说

(Gas Law of Combining Volume and Avogadro's Hypothesis)

2.2.1 气体化合体积定律

Gay-Lussac 不只是研究气体体积随温度变化的规律，他还大量研究化学反应中各气体体积的相互关系，从而发现了气体化合体积定律：**在恒温恒压下，气体反应中各气体的体积互成简单整数比**。例如氢气和氯气化合生成氯化氢气体时，三者体积比为 1∶1∶2，而氢气和氧气化合生成水汽时，它们的体积比为 2∶1∶2。现在我们对原子、分子、分子式、相对原子质量等都已有明确认识，对这个定律是很容易理解的。但在 19 世纪初，Dalton 原子论问世不久，它对定比定律、倍比定律的圆满解释，曾博得科学界一片赞誉，但却不能解释气体化合体积定律。按原子论的观点，化学反应中各种元素的原子数是互成简单整数比的，若气体体积比也成简单整数比，那么就容易设想同体积气体中所含原子数目相同。按此，可有以下推论：

1 体积氢气＋1 体积氯气＝2 体积氯化氢气

1 原子氢气＋1 原子氯气＝2 原子氯化氢气

0.5 原子氢＋0.5 原子氯＝1 原子氯化氢气

即生成 1 个氯化氢需要半个原子氢气和半个原子氯气。这个说法和 Dalton 原子论是抵触的，后者认为原子是化学反应中不可分割的最小微粒，"半个原子"是不可思议的。Gay-Lussac 总结出来的气体化合体积定律揭示了原子论的美中不足。解决这个矛盾的是意大利科学家 Avogadro，他在 1811 年明确提出了"分子"的概念，并指出气体分子可由几个原子组成，如氢气、氯气可能都是双原子分子。他还认为，"同温同压下，同体积气体所含分子数目相等"。这个说法当时并无直接的实验根据，只是一种假说。按 Avogadro 的观点，上述推论可修改为：

1 体积氢气＋1 体积氯气＝2 体积氯化氢气

1 分子氢气＋1 分子氯气＝2 分子氯化氢气

0.5 分子氢气＋0.5 分子氯气＝1 分子氯化氢气

1 原子氢＋1 原子氯＝1 分子氯化氢气

2.2.2 Avogadro 定律

Avogadro 假说使气体化合体积定律得到了圆满的解释，它在原子分子学说形成过程中有特殊的历史作用。到 19 世纪末这个假说由气体分子运动论给予理论证明(见第 2.5 节)，所以现在叫做 Avogadro 定律。这个定律现代的表述是：**在相同的温度与相同的压力下，相同体积的气体的物质的量相同**。其实这也是气体状态方程的一个例证。若有 A、B 两种气体，它们的气态方程分别是

$$p_AV_A=n_ART_A,\quad p_BV_B=n_BRT_B$$

当 $p_A=p_B$，$T_A=T_B$，$V_A=V_B$ 时，n_A 必然等于 n_B。这个定律对于处理气体反应问题是很有用的，化学方程式表明了反应中各气体物质的量的关系，但实际测量的往往是体积关系，我们就

借助于 Avogadro 定律把它们联系在一起。

【例 2.3】 在 100 kPa、24.0 ℃时，100 g 乙醇完全燃烧，需消耗纯氧多少立方分米？产生多少立方分米的二氧化碳？

解 首先写出配平的化学方程式

$$C_2H_5OH + 3O_2 \longrightarrow 2CO_2 + 3H_2O^{①}$$

它表明 1 mol C_2H_5OH 燃烧需 3 mol O_2，所以 100 g 乙醇燃烧时需 O_2 量

$$n(O_2) = 3 \times \frac{100\ \text{g}}{46.1\ \text{g} \cdot \text{mol}^{-1}} = 6.51\ \text{mol}$$

代入理想气体状态方程，可求 O_2 的体积

$$V(O_2) = \frac{nRT}{p} = \frac{6.51\ \text{mol} \times 8.31\ \text{kPa} \cdot \text{dm}^3 \cdot \text{mol}^{-1} \cdot \text{K}^{-1} \times (273+24)\ \text{K}}{100\ \text{kPa}} = 161\ \text{dm}^3$$

按化学方程式可知，消耗 3 mol O_2 产生 2 mol CO_2，即消耗 3 体积 O_2，产生 2 体积 CO_2，则

$$V(CO_2) = 161\ \text{dm}^3 \times \frac{2}{3} = 107\ \text{dm}^3$$

2.3 气体分压定律

(Law of Partial Pressure)

前面两节所讨论的几个气体定律都是处理的纯气体。假若体系是混合气体，不必分别计量时仍可使用以上定律；若要分别计量，那么就必须应用气体"分压"的概念。如空气就是 N_2、O_2、Ar 等多种气体的混合物，当空气处于标准大气压(101 kPa)时，其中各组分气体的分压力各是多少？又如，用排水集气法收集的氢气中自然含有水汽，干燥之后，氢气的体积或压力有没有变化？这些都要用分压概念来处理。

设在温度 T(K)时，将物质的量为 n_A(mol)的 A 气体，放在体积为 V 的容器中，压力为 p_A；而将 n_B(mol)的 B 气体单独放在该容器中的压力则为 p_B。若将这两份理想气体共储于该容器中(T,V 不变)，只要 A 和 B 之间**不起化学作用**，它们各自所显示的压力，犹如它们**单独存在**时一样，那么混合气体的总压力 $p_{总}$ 等于 p_A 与 p_B 之和，即

$$p_{总} = p_A + p_B \tag{2.4}$$

在此场合，p_A 就是 A 气体的分压力，p_B 就是 B 气体的分压力。A、B 各自都遵守理想气体状态方程，则

$$p_A = \frac{n_A RT}{V}, \quad p_B = \frac{n_B RT}{V} \tag{2.5}$$

代入(2.4)式，得

$$p_{总} = p_A + p_B = \frac{(n_A + n_B)RT}{V} \tag{2.6}$$

(2.5)和(2.6)式相除，得

$$\frac{p_A}{p_{总}} = \frac{n_A}{n_A + n_B} = \frac{n_A}{n_{总}} \quad 或 \quad p_A = p_{总} \times \frac{n_A}{n_{总}}$$

① 在书写化学反应方程式时，传统上采用等号"══"关联反应物与产物。近年来，国际化学界趋向于用"⟶"代替等号"══"。本书除强调反应可逆用"⇌"外，其余皆采用"⟶"。

以及
$$\frac{p_B}{p_{总}}=\frac{n_B}{n_{总}} \quad 或 \quad p_B=p_{总}\times\frac{n_B}{n_{总}} \tag{2.7}$$

(2.4)～(2.7)式都是在温度(T)、体积(V)恒定时适用。

在恒温(T)与恒压($p=p_{总}$)条件下，如果 n_A(mol)的 A 气体单独存在所占的体积是 V_A，n_B(mol)的 B 气体单独存在所占体积是 V_B，当这两份气体混合后，总体积 $V_{总}$ 则等于 V_A 与 V_B 之和，即

$$V_{总}=V_A+V_B \qquad (T,\ p 恒定) \tag{2.8}$$

在此场合 V_A 和 V_B 则分别是 A 气体和 B 气体的分体积，这也就是指在一定的 T 及 $p_{总}$ 条件下，A 气体与 B 气体单独存在所占有的体积。某组分气体的分体积等于该气体在总压力条件下，所单独占有的体积，即
$$V_A=\frac{n_ART}{p_{总}}$$

在相同的温度与压力下，气体物质的量与它的体积成正比，所以

$$\frac{n_A}{n_{总}}=\frac{n_A}{n_A+n_B}=\frac{V_A}{V_A+V_B}=\frac{V_A}{V_{总}} \tag{2.9}$$

代入(2.7)式，得
$$p_A=p_{总}\times\frac{V_A}{V_{总}} \quad 或 \quad V_A=V_{总}\times\frac{p_A}{p_{总}}$$

以及
$$p_B=p_{总}\times\frac{V_B}{V_{总}} \quad 或 \quad V_B=V_{总}\times\frac{p_B}{p_{总}} \tag{2.10}$$

综上所述，气体分压定律可表述为：**在温度与体积恒定时，混合气体的总压力等于各组分气体分压之和；某气体分压等于总压力乘该气体摩尔分数或体积分数**，即

$$p_{总}=\sum p_i, \quad p_i=p_{总}\times\frac{n_i}{\sum n_i}=p_{总}\times\frac{V_i}{\sum V_i} \tag{2.11}$$

这个定律是 1807 年 Dalton 首先提出的，所以也叫 Dalton 分压定律，它是处理混合气体的基本定律。若各组分气体都符合理想状态，则各组分气体的分压可按(2.5)、(2.7)及(2.10)等式具体计算。在使用这些方程式时务需注意实验条件，现举例说明之。

【例 2.4】 在 25 ℃与 101.0 kPa 压力下，已知丁烷气中含硫化氢的质量分数为 1.00%，求 H_2S 和 C_4H_{10} 的分压。

解 设现有 1 kg 丁烷气，则其中

$$n(H_2S)=\frac{1000\ g\times1.00\%}{34.1\ g\cdot mol^{-1}}=0.293\ mol$$

$$n(C_4H_{10})=\frac{1000\ g-1000\ g\times1.00\%}{58.1\ g\cdot mol^{-1}}=17.0\ mol$$

代入(2.7)式，得

$$p(H_2S)=p_{总}\times\frac{n(H_2S)}{n_{总}}=101.0\ kPa\times\frac{0.293\ mol}{0.293\ mol+17.0\ mol}=1.71\ kPa$$

$$p(C_4H_{10})=101.0\ kPa\times\frac{17.0\ mol}{17.0\ mol+0.293\ mol}=99.3\ kPa$$

【例 2.5】 现有一个 6 dm^3、9 MPa 的氧气储罐和另一个 12 dm^3、3 MPa 的氮气储罐。两个容器由活塞连接，打开活塞待两种气体混合均匀后(设混合前后温度不变)，求此时氧气、氮气的分压与分体积。

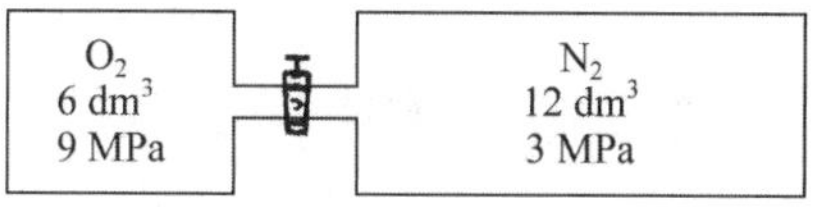

解 两份气体起始状态压力不同，混合之后总体积为 18 dm^3，但总压力并不是 12 MPa (9 MPa+3 MPa)，而是 5 MPa。因为由 Boyle 定律可知，当 O_2 的体积由 6 dm^3 膨胀为 18 dm^3 时，压力则由 9 MPa 降为 3 MPa；而 N_2 的体积由 12 dm^3 膨胀为 18 dm^3 时，压力则由 3 MPa 降为 2 MPa。在这 18 dm^3 的混合气体中 $p(O_2)=3$ MPa，$p(N_2)=2$ MPa，所以混合后总压力等于 5 MPa。

混合之后总体积是 18 dm^3，分体积并不是 6 dm^3 和 12 dm^3（为什么?），而应按(2.10)式计算。

氧的分体积 $$V(O_2)=V_{总}\times\frac{p(O_2)}{p_{总}}=18\ dm^3\times\frac{3\ MPa}{5\ MPa}=11\ dm^3$$

氮的分体积 $$V(N_2)=V_{总}\times\frac{p(N_2)}{p_{总}}=18\ dm^3\times\frac{2\ MPa}{5\ MPa}=7\ dm^3$$

【例 2.6】 在 100.0 kPa 和 20 ℃时，利用排水集气法收集 28.4 cm^3 的氢气，干燥后氢气的体积是多少？已知在 20 ℃水的饱和蒸气压 $p(H_2O)=2.34$ kPa。

解 按题意知 28.4 cm^3 是 H_2 和 H_2O 在 100 kPa 和 20 ℃条件下的总体积，即 $V_{总}=28.4\ cm^3$，又知水汽的分压 $p(H_2O)=2.34$ kPa，那么氢气分压 $p(H_2)=(100.0-2.34)\ kPa=97.7$ kPa，干燥后氢气的体积就是 H_2 在 20 ℃、100.0 kPa 的分体积 $V(H_2)$，所以用(2.10)式即可求得干燥后氢气的体积：

$$V(H_2)=V_{总}\times\frac{p(H_2)}{p_{总}}=28.4\ cm^3\times\frac{97.7\ kPa}{100.0\ kPa}=27.7\ cm^3$$

也可以用理想气体状态方程先求出 $n_{总}$ 和 $n(H_2)$，然后再算 $V(H_2)$，读者可自行验算。注意正确选用 p、n、R。

在一个化学反应里，往往有几种气体同时存在，所以在处理与气体有关的溶解度、化学平衡、反应速率等问题时都经常要应用分压的概念。进行气体分析更是离不开分压、分体积等概念，由于气体的体积便于直接测量，所以常由体积分数求气体的摩尔分数和分压。

当年 Ramsay 等人曾用如图 2.3 所示的仪器来验证 Dalton 分压定律：仪器由内外两层套管制成，内管是钯(Pd)制小管，它的特性是能让氢分子自由通过而氩分子(Ar)不能透过。将一定量 Ar 通入内管，并用右侧相连的压力计测定它的压力。然后再通入一定量的 H_2，钯制内管中则含有 H_2 和 Ar 混合气体。同时向外管中通入氢气，若外管 H_2 的压力大于内管 H_2 的分压，将有 H_2 渗入内管；反之，若内管 H_2 分压大于外管 H_2 压力，则 H_2 由内管渗入外管。当内外两管 H_2 的压力相等时，右侧压力计读数稳定不变，并由此测出 H_2 和 Ar 混合气的总压力，而与此同时可由与外管相连的压力计测出 H_2 的分压。Ramsay 等人证明，Ar 的分压和 H_2 的分压之和恰等于混合气体的总压。

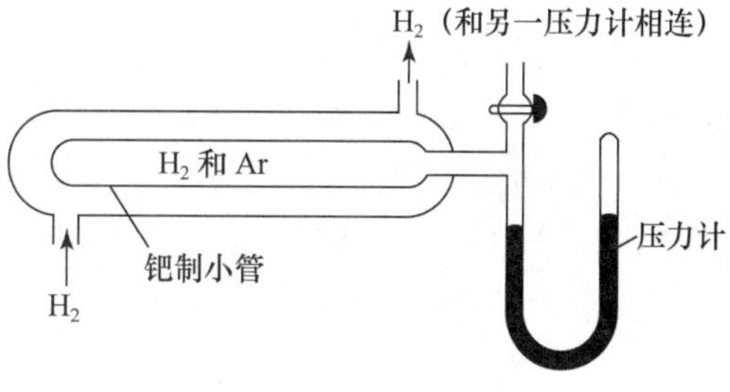

图 2.3 气体分压力的测定

2.4 气体扩散定律
(Law of Gas Diffusion)

气体分子间距离大，作用力小，并不停地做无规则运动，尽量扩散到所能达到的空间，那么气体分子扩散速率有无规律？

取一支玻璃管，在其左端放浸有浓氨水的棉花团，右端放浸有浓盐酸的棉花团（图 2.4）。NH_3 分子向右扩散，HCl 分子向左扩散，它们相遇时生成 NH_4Cl 白色固体而出现白色雾环。

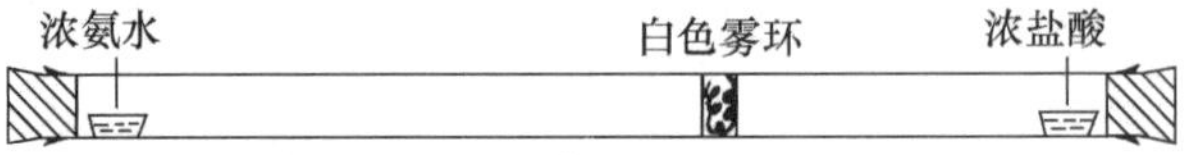

图 2.4 NH_3 和 HCl 的扩散

可以观察到这个白色雾环出现在中间偏右部位，左右距离比约为 3∶2。这个实验现象告诉我们，NH_3 的扩散速率比 HCl 的快。上述玻璃管中还有空气，NH_3 分子和 HCl 分子运动时必然要和 N_2、O_2 等分子不断碰撞，所以观察到的扩散速率只是分子运动速率的相对比较。定量测定时可将气体 A 密封在某容器中，该容器一端与气压计相连，另一端有活塞经毛细管与真空室相接，借此可测定气体 A 由压力 p_1 降至 p_2 所需的时间 t_A。在相同条件下测定 B 气体由 p_1 降至 p_2 的时间 t_B。所需时间越短，表示气体扩散速率越快，t_A 与 t_B 之比可以代表扩散速率 v_B 与 v_A 之比。这种经小孔向真空的扩散叫隙流，v_A 和 v_B 也叫隙流速率，即

$$\frac{t_A}{t_B}=\frac{v_B}{v_A}$$

1828 年，Graham 由实验发现：**等温等压条件下，气体的隙流速率（v，$mol \cdot s^{-1}$）和它的密度（ρ）的平方根成反比，而气体的密度又与摩尔质量（M）成正比**，即

$$pV=\frac{m}{M}RT, \quad M=\rho\frac{RT}{p}$$

所以

$$\frac{t_A}{t_B}=\frac{v_B}{v_A}=\sqrt{\frac{\rho_A}{\rho_B}}=\sqrt{\frac{M_A}{M_B}} \tag{2.12}$$

上式称为 Graham 气体扩散定律。例如，将 NH_3 和 HCl 的摩尔质量代入（2.12）式，得

$$\frac{v(NH_3)}{v(HCl)}=\sqrt{\frac{M(HCl)}{M(NH_3)}}=\sqrt{\frac{36.5\ g \cdot mol^{-1}}{17\ g \cdot mol^{-1}}}\approx 1.5=\frac{3}{2}$$

由实验测定已知摩尔质量的化合物的 v_A，再测定未知物的 v_B，即可用（2.12）式求未知物的摩尔质量 M_B。Ramsay 等人曾用此法测定了稀有气体 Rn 的原子量。

这个实验定律，现已从分子运动论加以推导证明（见 p.22）。这个简单的定律曾解决过核化学中的复杂问题。核燃料铀在自然界有两种重要同位素 ^{235}U 和 ^{238}U（还有很少量的 ^{234}U）。^{235}U 核受热中子轰击可以裂变而释放很大的能量，但它在自然界的同位素丰度只有 0.72%，而 ^{238}U 的丰度虽高达 99.28%，却不能由热中子引起裂变反应。因此必须将 ^{235}U 和 ^{238}U 进行同位素分离，使 ^{235}U 富集之后才能制作核燃料。同一种元素两种同位素的化学性质极其相似，一般化学方法难于将它们分离。20 世纪 40 年代，富集 ^{235}U 的成功方法就是利用了铀的挥发性化合物 $^{235}UF_6$ 和 $^{238}UF_6$ 扩散速率的差别。世界上第一个大规模铀分离工厂在美国田纳

西州橡树岭，六氟化铀气体通过一种多孔隔板经几千次扩散分离而使$^{235}UF_6$富集。

【例 2.7】 比较$^{235}UF_6$、$^{238}UF_6$与H_2三种气体在 100.0 kPa 及 100.0 ℃时的扩散速率之比。

解
$$\frac{v_B}{v_A}=\sqrt{\frac{M_A}{M_B}}$$

$^{235}UF_6$的摩尔质量为

$$M(^{235}UF_6)=(235.0+6\times19.00)\ g\cdot mol^{-1}=349.0\ g\cdot mol^{-1}$$

$^{238}UF_6$的摩尔质量为

$$M(^{238}UF_6)=(238.0+6\times19.00)\ g\cdot mol^{-1}=352.0\ g\cdot mol^{-1}$$

H_2的摩尔质量为

$$M(H_2)=(2\times1.008)\ g\cdot mol^{-1}=2.016\ g\cdot mol^{-1}$$

六氟化铀是最重的气体之一，H_2是最轻的气体。H_2、$^{235}UF_6$与$^{238}UF_6$三者摩尔质量之比为 1∶173.1∶174.6，扩散速率和它的摩尔质量平方根成反比，所以

$$v(H_2):v(^{235}UF_6):v(^{238}UF_6)=1:\sqrt{\frac{1}{173.1}}:\sqrt{\frac{1}{174.6}}=1:0.0760:0.0757$$

而$^{235}UF_6$和$^{238}UF_6$扩散速率之比为

$$\frac{v(^{235}UF_6)}{v(^{238}UF_6)}=\sqrt{\frac{174.6}{173.1}}=1.004$$

两者差别很小，所以必须经过几千次的扩散，才能达到富集的要求。Graham 气体扩散定律(2.12 式)是实验定律，只表明了分子运动速率的比值。理论证明及速率的具体计算将在下一节再介绍。

2.5 气体分子运动论

(The Kinetic Theory of Gases)

人类对自然规律的认识是从宏观深入到微观的，通过对宏观现象、实验事实的观察和归纳分析，提出合理的假设和微观的模型。微观模型不仅要能阐明有关的宏观现象和规律，还要能预测新的实验事实。当解释某些实验事实遇到矛盾时，就要进一步修改和完善模型。模型是人类对事物认识的深化。气体分子运动论就是认识气体的一种微观模型。早在 1738 年，Daniel Bernoulli 将 Newton 定律应用于气体，并对 Boyle 定律作了理论推导，但当时并未引起人们的关注。经历了一个世纪之后，到 1848—1898 年间，经 Joule、Clausius、Maxwell 和 Boltzmann 等人的研究，逐步形成了气体分子运动论，到 20 世纪初发展成为统计力学，气体分子运动论也成为其中一个分支。统计力学的研究对象是大量微观粒子集合而成的宏观体系，它用到一些数学和物理概念，将是后继课程的内容。本章仅对气体分子运动论作简要介绍，以加深对气体定律的认识和理解。本节介绍气体分子运动论的假设、压力方程式和温度的统计解释，下一节将介绍气体分子的速率分布和能量分布，这些都是气体分子运动论的基本内容。

2.5.1 气体分子运动论的基本假设

(1) 气体由大量分子组成，分子是具有一定质量的微粒。与气体所占体积以及分子间的距离相比，分子本身的体积是很小的，分子间距离很大，分子间作用力很小，所以分子运动自由，并且容易被压缩。

(2) 分子不断做无规则热运动，并均匀分布于整个容器空间。无规则的分子运动不做功，就没有能量损失，体系的温度不会自动降低。

(3) 分子运动时不断相互碰撞，同时也撞击器壁而产生压力，这种碰撞是完全弹性的，撞击后能量没有损失。

2.5.2 气体分子运动论的理想气体压力方程

按物理学公式，压力 p 为单位面积所受的力(F)。若面积为 S，即 $p=F/S$。压力也可以用单位时间、单位表面积动量的变化表示。若分子质量为 m，运动速率为 v，在与器壁相撞 Δt 时间内动量改变为 Δmv，则 $p=\Delta mv/(S \cdot \Delta t)$。动量变化等于冲量，即器壁所受冲量 $\Delta mv=F \cdot \Delta t$。

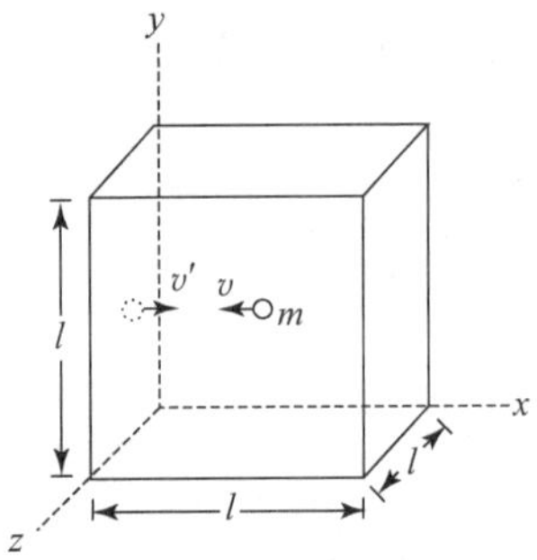

图 2.5　分子在立方箱中的运动

在大量气体中某一个分子对器壁的碰撞是不连续的，每次给器壁多大冲量(动量的改变量)、碰在什么地方都是偶然的。容器中气体分子数目是巨大的，如 25 ℃、101 kPa 下，1 cm^3 容器中的气体分子有 2.5×10^{19} 个，10^{-6} s 瞬间氧分子碰撞 1 cm^2 器壁的次数是 2×10^{17} 次。因此，宏观物理量气体压力 p 的微观含义是大量气体分子连续不断碰撞器壁的平均结果，具有统计平均意义。这和雨点打在雨伞上很相似，大量密集的雨点打在雨伞上，就形成了一个持续、均衡的压力。

按气体分子运动论的概念，对压力定律可作如下简化推导。气体分子体积很小，分子间距离很大，推导时气体分子体积和分子间相互作用力都可忽略不计，这也就是理想气体的两点假设。图 2.5 是一个边长为 l 的立方体容器，其体积 $V=l^3$。实际上容器形状是任意的，只是数学处理会变得复杂罢了。容器中有 $q=nN_A$ 个气体分子，它们可沿任何方向运动，但任意方向皆可分解为 x、y、z 3 个方向分量，所以简化为气体分子分别沿 x、y、z 3 个坐标方向运动，用 v 表示分子运动速率($m \cdot s^{-1}$)，那么：

(1) 当一个质量为 m 的分子在箱子的左壁和右壁间运动，当向左飞行时，速率为 v，动量则为 mv，撞击左壁后速率为 v'，动量则为 $-mv'$。若是完全弹性碰撞，$v=v'$，所以分子每碰撞器壁一次，动量变化为 $2mv$，即给器壁的冲量为 $2mv$。

(2) 单位时间内一个分子碰撞器壁的次数为 v/l，某一个分子在运动过程中，很可能与另一个分子相碰改变速率的数值和方向，不能沿直线前进；但在大量分子中会有另一个分子接替它的。这样，单位时间一个分子碰撞器壁的冲量为 $(v/l)2mv=2mv^2/l$。

(3) 若箱中 q 个分子中，q_1 个分子速率为 v_1，q_2 个分子速率为 v_2 等等。用 $\overline{v^2}$ 表示速率平方的平均值，即

$$\overline{v^2}=\frac{q_1v_1^2+q_2v_2^2+\cdots}{q}$$

那么 q 个分子在单位时间内对器壁的作用力为

$$F=2qm\overline{v^2}/l$$

(4) 分子沿 x、y、z 3 个方向运动，q 个分子作用于 $6l^2$ 面积上，那么

$$p=\frac{F}{6l^2}=\frac{2qm\overline{v^2}}{6l^3}$$

立方容器体积 $V=l^3$，所以

$$pV=\frac{1}{3}qm\overline{v^2}$$

理想气体分子的平均动能 $\overline{E}_k=\frac{1}{2}m\overline{v^2}$，又知 $q=nN_A$，所以

$$pV=\frac{1}{3}nN_Am\overline{v^2}=\frac{2}{3}nN_A\overline{E}_k \tag{2.13}$$

这就是气体分子运动论导出的理想气体压力方程。式中左边的 p 和 V 是可由实验室测定的宏观量，右边 n 和 m 是可计算的微观量，$\overline{v^2}$ 含有统计平均的意义。方程是从微观的角度阐明了宏观物理量压力的统计平均意义。

2.5.3　温度的统计平均解释

温度是物体冷热程度的量度。假设两物体相接触，若分子平均动能不一样，能量就从平均动能大的物体传入动能小的一方，直到两物体内分子平均动能相等。同样，两个温度不同的物体相接触时，热自高温物体传向低温物体，直至温度相等。也就可以说具有相同温度的不同物体有相同的分子平均动能，也可以说平均动能是温度的函数，即 $\overline{E}_k=f(T)$。当 T 恒定时，则理想气体压力方程

$$pV=\frac{2}{3}nN_A\overline{E}_k=\text{恒量}$$

这就是 Boyle 定律。

如果对比理想气体状态方程 $pV=nRT$ 和分子运动论的理想气体压力方程，那么

$$nRT=\frac{2}{3}nN_A\overline{E}_k,\quad N_A\overline{E}_k=\frac{3}{2}RT$$

$$\overline{E}_k=\frac{3}{2}\frac{R}{N_A}T=\frac{3}{2}kT \tag{2.14}$$

其中 Boltzmann 常数 $k=R/N_A$，值为 $1.38065\times10^{-23}\,\mathrm{J\cdot K^{-1}}$。(2.14)式揭示了理想气体平均动能与温度的关系①。温度是分子热运动动能的量度，这就是温度的统计平均解释。温度对个别分子或者少量分子体系是没有意义的。

2.5.4　气体定律的内在联系

根据气体分子运动论的基本概念和(2.13)、(2.14)式，就可以了解前面几节所介绍的实验

① 理想气体分子本身的体积是可以忽略不计的，因此它只有平动能。真实气体分子除有平动能外，还有振动动能、转动动能，因此动能与温度的关系不像(2.14)式那么简单。但气体压力取决于分子碰撞器壁的动量变化，仅与分子平动能有关。

气体定律的内在联系。例如

1. Boyle 定律

对一定量气体而言，分子数 q 是定值，若温度不变，则平均动能 $\bar{E}_k=(3/2)kT=(1/2)m\overline{v^2}$ 是定值。那么在 $pV=(1/3)qm\overline{v^2}$ 式中，既然 q 和 $m\overline{v^2}$ 都不变，pV 乘积当然恒定。这就是 Boyle 定律。

2. Charles 定律

参考(2.13)和(2.14)式，当气体的分子数 q 和压力 p 恒定时，显然 V 与 T 成正比。

3. Avogadro 定律

若有 A、B 两种气体，按(2.13)式

$$p_AV_A=\frac{1}{3}q_Am_A\overline{v_A^2}$$

$$p_BV_B=\frac{1}{3}q_Bm_B\overline{v_B^2}$$

当温度相同时，平均动能相同，即$(1/2)m_A\overline{v_A^2}=(1/2)m_B\overline{v_B^2}$；压力相同，即 $p_A=p_B$；体积相同，即 $V_A=V_B$，因此 q_A 必定等于 q_B。这就是 Avogadro 定律。

4. Graham 气体扩散定律

作为一个实验定律，Graham 只发现了分子运动速率与气体密度的比较关系，而根据(2.13)式不仅可以推证各种气体分子速率的比值，还可计算它们的具体速率。对于物质的量为 n (mol)的理想气体

$$pV=\frac{1}{3}nN_Am\overline{v^2}=nRT$$

$$\sqrt{\overline{v^2}}=v_{rms}=\sqrt{\frac{3pV}{nN_Am}}=\sqrt{\frac{3pV}{nM}}=\sqrt{\frac{3p}{\rho}}=\sqrt{\frac{3RT}{M}} \tag{2.15}$$

式中：v_{rms}是分子速率平方的平均值的根值，叫**均方根速率**(root mean square velocity)。它和算术平均速率 $\bar{v}$ 略有不同①。利用(2.15)式，可以直接计算分子的均方根速率，如在 25 ℃时 H_2

$$v(H_2)=\sqrt{\frac{3RT}{M}}$$

$$=\sqrt{\frac{3\times 8.315\ J\cdot mol^{-1}\cdot K^{-1}\times 298.2\ K}{2.016\times 10^{-3}kg\cdot mol^{-1}}}$$

$$=1.921\times 10^3\ m\cdot s^{-1}$$

气体隙流速率正比于分子运动速率。利用(2.15)式也可直接导出 Graham 定律——(2.12)式

$$\frac{v_A}{v_B}=\sqrt{\frac{3RT/M_A}{3RT/M_B}}=\sqrt{\frac{M_B}{M_A}}$$

5. 气体分压定律

压力既然是由分子撞壁而产生，那么 A、B 两种相互不起化学作用的气体混合在同一容器

---

① 物理学上，在涉及与分子动能有关的计算应用均方根速率 v_{rms}，在涉及与分子迁移有关的计算应用算术平均速率 $\bar{v}=\frac{c_1q_1+c_2q_2+\cdots}{q}$。后继课程中可导出 $\bar{v}=\sqrt{\frac{8RT}{\pi M}}$。

中时，A 气体分子给器壁的压力为 p_A，而 B 气体的压力为 p_B，器壁所受总压力当然是 p_A 与 p_B 之和。

分子运动理论很好地解释了实验气体定律的本质。但需注意，它所依据的基本假设是忽略了气体分子间的作用力和分子本身所占体积，以及假设气体分子碰撞时是完全弹性的。这些去粗取精、由表及里的科学抽象是完全必要的。但是，实际气体和理想模型之间总是有偏差的。了解这些差异，便能更正确地理解理想气体概念的实质，也能更恰当地使用这些定律和方程。

2.6 分子的速率分布和能量分布

(Distribution of Molecular Speed and Energy)

由于气体分子在容器内不断地做高速的不规则运动以及分子与分子间频繁的相互碰撞，所以每个分子的运动速率随时在改变。某一个分子在某一瞬间的速率是随机的，但分子总体的速率分布却遵循一定的统计规律，即在某特定速率范围内的分子数占总分子数中的份额是可以统计估算的。

19 世纪 60 年代，物理学家 Maxwell 和 Boltzmann 用数学的方法从理论上推导了气体分子速率分布与能量分布的规律。到 20 世纪中叶，随着高真空技术的发展，科学家们通过实验直接测定了某些气体分子的速率分布①，验证了 Maxwell 分布律。有关细节虽已超出本教程的讨论范围，但对其某些结论作简要介绍，对于理解某些化学概念颇为有益。中学物理已介绍过一些分子运动速率的分布数据，本节将简要介绍分布曲线和分布方程式②。

2.6.1 气体分子的速率分布

图 2.6 为氧分子在 25 ℃和 1000 ℃的两条速率分布曲线。横坐标代表分子运动速率 v，纵坐标是 $\frac{1}{N}\cdot\frac{\Delta N}{\Delta v}$。其中 $\frac{\Delta N}{N}$ 代表速率在 v 和 $v+\Delta v$ 之间的分子数（ΔN）占总分子数 N 中的份额。那么，$\frac{\Delta N}{N}\cdot\frac{1}{\Delta v}$（或 $\frac{1}{N}\cdot\frac{\Delta N}{\Delta v}$）则代表在速率 v 处单位速率间隔内的分子份额。

由图 2.6 可以看到，氧分子在 25 ℃的速率分布曲线的最高点位于速率为 400 $\text{m}\cdot\text{s}^{-1}$ 处，这就表示速率在 $(400\pm\Delta v)$ $\text{m}\cdot\text{s}^{-1}$ 区间的分子数占总分子数的份额最大，或者说速率在 400 $\text{m}\cdot\text{s}^{-1}$ 左右的分子最多，这个速率称为**最可几速率**。而速率小于 100 $\text{m}\cdot\text{s}^{-1}$ 或大于

① 1934 年中国物理学家葛正权测定了在 10^{-5} mmHg 的真空容器中铋(Bi)蒸气分子的速率分布，并假设蒸气中有部分 Bi_2 和 Bi_3 等聚合分子存在，实验结果与理论推算很好地符合。到 1956 年，Miller 和 Kusch 测定了真空度为 10^{-8} mmHg 容器中钍(Th)蒸气的速率分布，Th 原子没有聚合现象，由于实验的真空度更高，实验结果与理论推导相当精确地吻合。

② Maxwell 分子速率分布的数学表达式为

$$\frac{\mathrm{d}n}{n}=4\pi\left(\frac{M}{2\pi RT}\right)^{3/2}\mathrm{e}^{-Mv^2/2RT}\,v^2\,\mathrm{d}v$$

这是一个微分方程。式中：n 是气体物质的量(mol)，M 是摩尔质量，v 是分子速率。由此可见，分子速率分布状况不仅与温度有关，也与气体摩尔质量有关。这个数学方程式，在计算机上表达并不困难，读者也可以通过计算机辅助教学软件了解分布曲线与温度、摩尔质量间的关系。

1200 m·s^{-1}的分子所占份额都很小。从氧分子在 1000 ℃的分布曲线可知：在此温度下氧分子的最可几速率是 800 m·s^{-1}，速率在 1200 m·s^{-1}左右的氧分子也占有较大的份额，而速率在 400 m·s^{-1}左右的分子则比 25 ℃时的少得多。比较以上两条曲线可见：温度较高时，速率高的分子所占份额较大，而且温度高时速率分布曲线较为宽阔而平坦，也即分子的速率分布较为宽广；而温度低时，分子速率分布则比较集中。然而不论在高温或低温，速率分布都显示两头少、中间多的不对称峰形分布规律。

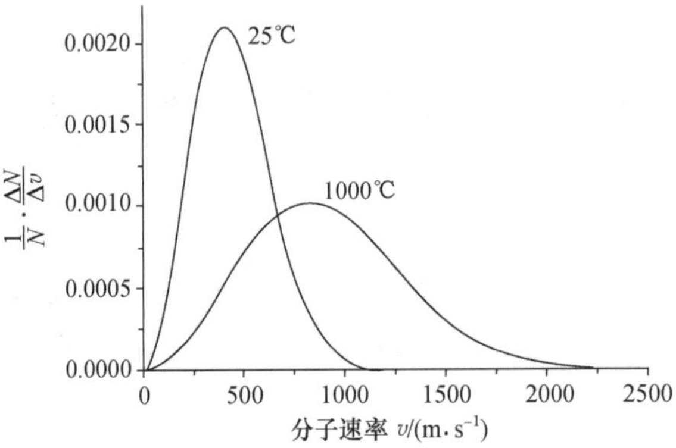

图 2.6　氧分子的速率分布曲线

2.6.2　气体分子的能量分布

气体分子运动的动能与速率有关($E=mv^2/2$)，所以气体分子的能量分布也可用类似的曲线表示。如图 2.7 所示：图中横坐标代表分子的动能 E，纵坐标是$\frac{1}{N}\cdot\frac{\Delta N}{\Delta E}$，其中$\frac{\Delta N}{N}$代表动能在 E 和 $E+\Delta E$ 区间的分子数(ΔN)占总分子数(N)的份额，$\frac{\Delta N}{N}\cdot\frac{1}{\Delta E}\left(\text{或}\frac{1}{N}\cdot\frac{\Delta N}{\Delta E}\right)$则代表在能量 E 处单位能量间隔内的分子份额。能量分布曲线也呈现两头小、中间大的不对称峰形分布规律，和速率分布曲线之不同在于开始时就很陡。

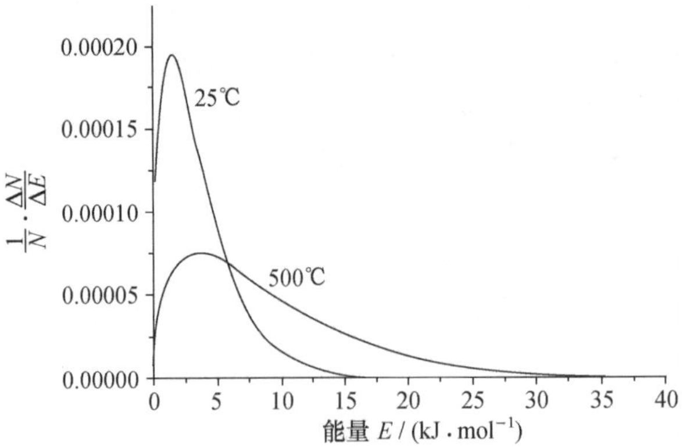

图 2.7　分子能量分布曲线

气体分子的能量分布还可用(2.16)式表示

$$f_E=\frac{n_i}{n_{总}}=e^{-E/RT} \tag{2.16}$$

式中：$n_{总}$ 是气体物质的量(mol)，n_i 是指能量等于和大于 E 的气体物质的量(mol)，E 是指气体分子的摩尔能量，f_E 则是指能量等于和大于 E 的气体分子的份额。(2.16)式是 Maxwell-Boltzmann 分布律的简化方程①。这是一个重要的方程式，在讨论蒸气压、化学反应速率等问题时将用到它。

2.7 实际气体和 van der Waals 方程

(Real Gases and van der Waals Equation)

2.7.1 实际气体和理想气体的偏差

以上所讨论的各气体定律，可以说是既有实验根据，又有理论解释，但应用于实际气体时还是有偏差的。如实验测定 1 mol 乙炔气在 20 ℃、0.101 MPa 时，体积为 24.1 dm^3，乘积 $pV=24.1\times0.101=2.42$ MPa · dm^3；而在 20 ℃、8.42 MPa 时，其体积为 0.114 dm^3，乘积 $pV=8.42\times0.114=0.960$ MPa · dm^3。这两个乘积彼此相差很多，只能说这种气体不符合 Boyle 定律了，或者说它不是理想气体。凡遵守前述各气体定律的气体称为理想气体，实际气体与理想气体相比都有一定的偏差。偏差的大小取决于气体本身的性质以及温度、压力条件，一般地说：**凡沸点低的气体在较高温度与较低压力时这种偏差就小**，如 O_2 的沸点是 −183℃，H_2 的沸点是 −253℃，它们在常温常压时，摩尔体积值与理想值之间偏差仅在 0.1%左右；而 SO_2 的沸点是 −10℃，在常温常压时摩尔体积的偏差就大得多，约为 2.4%。我们常用压缩系数 Z 表示实际气体的实验值与理想值的偏差

$$Z=\frac{pV}{nRT}$$

其中 p、V、T 都是实测值。若气体完全理想，则 $Z=1$，如图 2.8 中虚线所示；若有偏差，则 $Z>1$ 或 <1。图 2.8 表示几种气体在不同温度、压力的压缩系数。

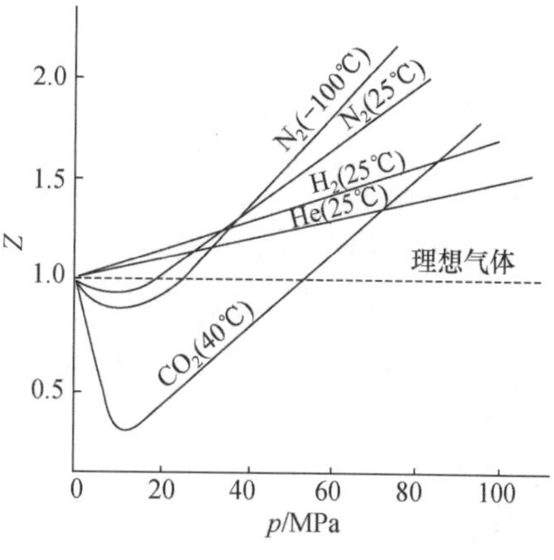

图 2.8 气体的压缩系数

由图 2.8 可见，当气压接近于零(即压力很低时)，各种气体的性质都接近于理想状态。随压力升高各种气体偏离理想状态情况不同，CO_2 偏离最多，N_2 和 H_2 次之，He 最少，且 N_2 在 −100 ℃的偏离又大于它在 25 ℃的偏离。那么，压缩系数为什么既可大于 1 又可小于 1 呢？这源于实际气体分子有一定大小，分子之间存在相互作用。

理想气体的两点基本假设 (i) 分子间距离很

① Maxwell-Boltzmann 分子能量分布的数学表达式为

$$\frac{dn}{n}=\frac{2}{\sqrt{\pi}}\left(\frac{1}{RT}\right)^{\frac{3}{2}}\mathrm{e}^{-E/RT}E^{\frac{1}{2}}\,dE$$

此式是用于三维空间的。若设分子只在平面上运动，经简化并积分，即得(2.16)式。能量分布曲线与温度有关，而与气体的种类无关。

大，分子间的吸引力可略而不计。(ii) 分子自身的体积很小，与气体所占体积相比，分子本身的体积可略而不计。实际上分子间不可能没有吸引力，这种内聚力使气体分子对器壁碰撞产生的压力减小，也就是实测的压力要比理想状态的压力小些，因此 $Z=pV/nRT(<1)$；另一方面，分子虽小但不可能不占有一定的空间体积，那么实测体积总是大于理想状态，因此 $Z>1$。实际上以上两个因素同时存在，当分子的吸引力因素起主要作用时，Z 小于 1；而当气体的体积因素比较突出时，Z 将大于 1；也有两个因素恰好相抵消的情况，此时 $Z=1$（如 CO_2 在 40 ℃ 与 52 MPa 时 $Z\approx1$）。

2.7.2　修正的气态方程——van der Waals 方程

参照以上一些观点，van der Waals 研究了许多实际气体之后，提出一个修正的气态方程

$$\left(p+\frac{an^2}{V^2}\right)(V-nb)=nRT \tag{2.17}$$

$$\left(p+\frac{a}{V^2}\right)(V-b)=RT \qquad (n=1\ \text{mol 时})$$

这是一个半经验性的方程式，式中 a 和 b 都是常数，叫做 van der Waals 常数：a 用于校正压力，b 用于修正体积。表 2.2 列出了一些常见气体的 van der Waals 常数。

表 2.2　几种常见气体的 van der Waals 常数

气　体	$\frac{a}{\text{dm}^6\cdot\text{kPa}\cdot\text{mol}^{-2}}$	$\frac{b}{\text{dm}^3\cdot\text{mol}^{-1}}$	$\frac{\text{沸点 } t_b}{℃}$	$\frac{\text{液态的摩尔体积}}{\text{dm}^3\cdot\text{mol}^{-1}}$
He	3.46	0.0238	−268.93	0.0320
H_2	24.52	0.0265	−252.76	0.0285
O_2	138.2	0.0319	−182.95	0.0280
N_2	137.0	0.0387	−195.80	0.0347
CO_2	365.8	0.0429	−78.46（升华）	—
C_2H_2	451.8	0.0522	−84.7	—
Cl_2	634.3	0.0542	−34.04	0.0453*

摘自 CRC Handbook of Chemistry and Physics，91st ed.（2010），6-55，4-43～4-101

* 摘自 Lange's Handbook of Chemistry，16 ed.（2005），3.2

由表中数据可见，常数 b 近似等于气体在液态时的摩尔体积。如 H_2 的液态摩尔体积为 0.0285 dm^3，而它的 b 为 0.0265 $dm^3\cdot mol^{-1}$，这表示气体分子体积虽小但不等于零而大致相当于 b，因此，物质的量为 n (mol) 的气体，其可压缩的体积修正为 $V-nb$。参考表 2.3，常数 a 随沸点 t_b 升高而增大，液体的沸点高意味着分子间作用力大，分子间的相互吸引力可以看做是气体的**内聚力**，它使气体的实际压力减小，所以要加一个修正项。如图 2.9 所示，位于容器中间的分子，四周所受吸引力是均匀的，而靠近器壁的分子所受引力是不均匀的，由此产生分子的内聚力。这种内聚力与单位体积中的分子数目 $N(N-1)$ 成正比，当 $N\gg1$ 时，$N(N-1)=N^2$，当 $V(dm^3)$ 气体中有 n(mol) 气体时，内聚力与 n^2/V^2 成正比，可表示为 an^2/V^2，压力项便修正为 $p+(an^2/V^2)$。实际气

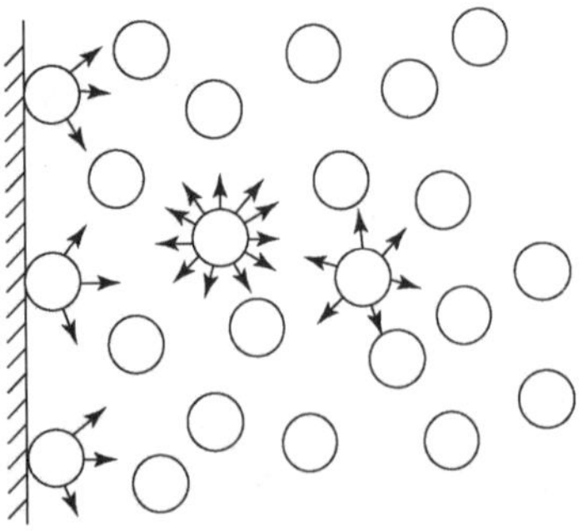

图 2.9　气体分子的内聚力

体按 van der Waals 方程计算的结果要比按理想气体方程的计算结果好得多。

表 2.3 列举了 CO_2(g)的一些数据，以资比较。

表 2.3 理想气体状态方程和 van der Waals 方程的比较

温度/K	1 mol CO_2 的体积/cm^3	实测压力/kPa	压力计算值/kPa			
			$p_{理}$	误差/(%)	$p_{范}$	误差/(%)
273	1320	1520	1722	13	1560	2.6
	880	2150	2583	20	2239	4.1
	660	2702	3444	27	2836	5.0
373	1320	2227	2340	5	2218	0.4
	880	3243	3515	8	3231	0.3
	660	4229	4690	11	4181	1.1

van der Waals 方程是最早提出的实际气体的状态方程，表 2.3 所列压力数据最高仅几个 MPa，压力更高时，误差也是相当大的。人们根据实际经验又总结归纳出上百个状态方程，以便更准确地反映实际气体的变化情况，尽管其形式都比较复杂，并且适用范围也较小，但在化学工业生产上确实非常有用，是从事化工设计必不可少的依据。其中一些实际气体状态方程在物理化学课程中会学到。

2.7.3 气体摩尔体积的测定

22.4 dm^3 是大家很熟悉的数值，它是指“在 0 ℃、101 kPa 时 1 mol 任何理想气体所占体积都是 22.4 dm^3”。20 世纪 50 年代气体摩尔体积的精确值是 22.412 $dm^3 \cdot mol^{-1}$，到 70 年代则修正为 22.414 $dm^3 \cdot mol^{-1}$。1986 年国际科学联合会理事会科学技术数据委员会(CODATA)加拿大渥太华会议推荐值为 22.41410 $dm^3 \cdot mol^{-1}$。摩尔气体常数 R 是由气体摩尔体积确定的，而许多公式、定律中常用到 R，气体摩尔体积是一个非常重要的数据。但在 0℃、101 kPa 下任何气体都不完全理想，压力越低虽越接近理想状态，但测量压力的误差也越大，那么这个精确值究竟是怎样测定的？

一般可用 pV-p 图的外延法。由于实际气体不完全理想，所以某一定量气体在恒温条件下，压力 p 不同时，pV 乘积并不等于恒量(见表 2.3 及表 2.4)，但在压力较低时，实验测定 pV 与 p 呈直线关系。

表 2.4 O_2 在 0 ℃ 的密度和 pV

p/atm	ρ/(g · dm^{-3})	V/dm^3	pV/(atm · dm^3)
1.00000	1.42897	22.3929	22.3929
0.75000	1.07149	29.8638	22.3979
0.50000	0.71415	44.8068	22.4034
0.25000	0.35699	89.6350	22.4088

实际上人们测定 0 ℃时，不同压力下的气体密度 ρ，由此计算气体摩尔体积($\rho=M/V$，M 为摩尔质量，V 为气体摩尔体积)，再计算 pV 乘积，并以它为纵坐标、p 为横坐标作图，可得直线。将直线外延到 $p\approx0$ 时，所得 pV 乘积，可看做是完全理想状态的数值。理想气体的 pV 乘积不随压力而变(见图 2.10 的水平线)，即可求得标准状况时的 V，这就是气体摩尔体积的精确值 $V_{理}$。

这个数值的精确程度取决于测定气体密度的实验技术以及原子量及分子量的精确程度。表 2.4 列出了 O_2 在 0 ℃时、不同压力下所测得的密度(ρ)，这是求得 22.4141 $dm^3 \cdot mol^{-1}$ 的一组文献数据，压力所用单位为 atm(1 atm=101.3 kPa)。当时公认的氧原子量为 15.9994，由此计算 O_2 的摩尔体积(V)，再算 pV。将 pV 对 p 作图得直线(见图 2.10)，直线外延到 $p\approx0$ 时，求得 pV 乘积。理想气体 pV 不随压力变化，所以在标准状况时 O_2 的摩尔体积等于 **22.4141 $dm^3 \cdot mol^{-1}$**。

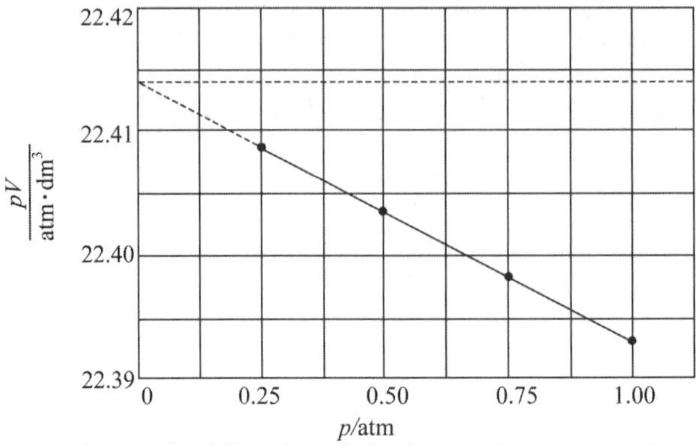

图 2.10　O_2 在 0℃ 的 pV-p 图

也可以将 ρ/p 对 p 作图，外延到 $p\approx0$ 时求出理想状态的密度，然后代入理想气体状态方程，求未知物的分子量(见习题 2.22)。这种方法在 20 世纪初曾被广泛用于确定分子量及原子量。$p\approx0$ 的状态虽然是一种实际不存在的状态，但把它看做理想状态确实是合理的。借助外延到一个极限状态来处理问题是一种通用的科学方法。

小　　结

本章介绍了一些在化学领域中常用的气体定律。这些定律都是在实验中发现的经验规律，随后又得到分子运动理论的解释证明。但这些方程式仅适用于气体的理想状态，完全的理想状态虽不存在，但近似的理想状态还是很常见的。所以，这些概念和方程式仍有广泛应用。理想气体状态方程和分压定律是本章重点，要求熟练掌握。对气体分子运动论、分子的速率分布和能量分布等只要求初步了解。学习 van der Waals 方程，可略知实际气体与理想气体之间的偏差以及这种偏差应如何修正。

本章涉及较多的方程式，现归纳如下，供复习时参考。

理想气体状态方程	$pV=nRT=\frac{m}{M}RT$，　$M=\rho\frac{RT}{p}$
分压定律	$p_总=p_A+p_B$　($T,V_总$ 恒定)，　$p_A=\frac{n_ART}{V_总}$
	$V_总=V_A+V_B$ ($T,p_总$ 恒定)，$V_A=\frac{n_ART}{p_总}$
	$p_A=\frac{V_A}{V_A+V_B}\times p_总=\frac{n_A}{n_A+n_B}\times p_总$　($T,V_总,p_总$ 恒定)
气体扩散定律(恒温)	$\frac{v_A}{v_B}=\sqrt{\frac{\rho_B}{\rho_A}}=\sqrt{\frac{M_B}{M_A}}$　　$\sqrt{\overline{v^2}}=v_{rms}=\sqrt{\frac{3RT}{M}}$
气体分子运动论	$pV=\frac{1}{3}N_Am\overline{v^2}=\frac{2}{3}N_A\overline{E}_k=RT$　($n=1$ mol 时)
van der Waals 方程	$\left(p+\frac{n^2a}{V^2}\right)(V-nb)=nRT$
Maxwell-Boltzmann 分布律	$f_E=\frac{n_i}{n_总}=e^{-E/RT}$

课外读物

[1] 胡瑶村.阿佛加德罗假说与原子量的测定.化学教育,1980,(1),19

[2] 吴征铠.分子——一个发展着的化学基本概念.化学教育,1982,(6),1

[3] 张青莲.原子量的测定和修订.化学通报,1986,(10),57

[4] 钱秋宇.化学元素的原子量.大学化学,2001,(6),1

[5] P Anstey. Reassessing the father of chemistry. Nature, 2009, 461, 1205

思考题

1. 现行国际单位制的 R 是多少？过去常用的 R 有哪几种表达方式？

2. 联系习题 2.20 和 2.21,讨论理想气体状态方程适用的范围。

3. 简述 Avogadro 假说的历史作用。

4. 现在公认的 Avogadro 常数等于多少？查阅参考书,列举它的测定方法。

5. 在混合气体中,气体 A 的分压 $p_A=\frac{n_ART}{V_A}$,对吗？为什么？$p_AV_{总}=p_{总}V_A$,对吗？为什么？

6. 一个密闭容器中含 1 mol H_2 和 2 mol O_2,哪种气体的分压大？

7. 一个密闭容器中若有 1 mol Ne 和 2 mol N_2,哪种分子碰撞器壁次数多？

8. N_2 和 O_2 在相同的温度与压力下,分子平均动能是否相同？平均速率是否相同？

9. 平均动能相同、密度不同的两种气体,它们的温度是否相同？压力是否相同？为什么？

10. 用外延法求相对分子质量,为什么比较精确？

习　题

2.1 在 25 ℃时,若电视机用显像管的真空度为 4.0×10^{-7} Pa,体积为 2.0 dm^3,试求管中气体的分子数(N)。

2.2 一个体积为 40.0 dm^3 的氮气钢瓶(黑色),在 22.5 ℃时,使用前压力为 12.6 MPa,使用后压力降为 10.1 MPa,估计总共用了多少千克氮气。

2.3 标准参考温度计都是气体体积温度计,借气体体积膨胀划分刻度,优质的水银温度计常用气体体积温度计校准。某定压氢气温度计在 25.0 ℃、101 kPa 时体积为 150 cm^3,在沸腾的液氨中体积降为 121 cm^3,求液氨的沸点。

2.4 实验测定在 310 ℃、101 kPa 时单质气态磷的密度是 2.64 $g\cdot dm^{-3}$,求磷的分子式。

2.5 辛烷(C_8H_{18})是汽油的主要成分,100 g 辛烷完全燃烧需要多少立方分米的空气(22.5 ℃,101 kPa)?

2.6 在标准状态下 1.00 m^3 CO_2 通过炽热的炭层后,完全转变为 CO,这时温度为 900 ℃、压力为 101 kPa,求 CO 的体积。

2.7 在 20 ℃、99.0 kPa 时要用排水集气法收集 1.50 dm^3 氧气,至少要取多少克 $KClO_3$(用 MnO_2 作催化剂)进行热分解？已知：在 20℃,$p(H_2O)=2.34$ kPa。

2.8 在恒温条件下,将下列 3 种气体装入 250 cm^3 的真空瓶中,混合气体的分压力、总压力各是多少？

(1) 250 Pa 的 N_2 50 cm^3；　(2) 350 Pa 的 O_2 75 cm^3；　(3) 750 Pa 的 CO_2 150 cm^3。

2.9 人在呼吸时,呼出气体的组成与吸入空气的组成不同,在 36.8℃与 101 kPa 时某典型呼出气体的体积分数是：N_2 75.1%；O_2 15.2%；CO_2 3.8%；H_2O 5.9%。试求：

(1) 呼出气体的平均相对分子质量； (2) CO_2 的分压。

2.10 在 27 ℃，将纯净干燥、体积比为 1∶2 的氮气和氢气储于 60.0 dm^3 容器中，混合气体总质量为 64.0 g，求氮气与氢气的分压。

2.11 200 cm^3 N_2 和 CH_4 的混合气与 400 cm^3 O_2 点燃起反应后，用干燥剂除去水分，干气的体积为 500 cm^3。求原来混合气中 N_2 和 CH_4 的体积比(各气体体积都是在相同的温度、压力下测定的)。

2.12 45 cm^3 CO、CH_4、C_2H_2 的混合气体与 100 cm^3 O_2 完全燃烧并冷却到室温且干燥后，体积变为 80 cm^3；用 KOH 吸收 CO_2 并干燥之后，体积缩减为 15 cm^3。求原混合气中 CO、CH_4、C_2H_2 的体积分数。

2.13 在 57 ℃，让空气通过水，用排水集气法在 1.00×10^5 Pa 下，把气体收集在一个带活塞的瓶中。此时，湿空气体积为 1.00 dm^3。已知：在 57 ℃，$p(H_2O)=17$ kPa；在 10 ℃，$p(H_2O)=1.2$ kPa，问：

(1) 温度不变，若压力降为 5.00×10^4 Pa 时，该气体体积变为多少？

(2) 温度不变，若压力增为 2.00×10^5 Pa 时，该气体体积又变为多少？

(3) 压力不变，若温度升高到 100 ℃，该气体体积应是多少？

(4) 压力不变，若温度降为 10 ℃，该气体体积应是多少？

2.14 已知在 40 ℃三氯甲烷($CHCl_3$)的蒸气压为 49.3 kPa。若有 4.0 dm^3 干空气在 40 ℃、98.6 kPa 条件下缓慢通过三氯甲烷，并收集之。试求：

(1) 为 $CHCl_3$ 所饱和的空气，在该条件下的体积应是多少？

(2) 这 4.0 dm^3 干空气带走多少克 $CHCl_3$？

2.15 在 250 ℃，PCl_5 全部气化并部分解离为 $PCl_3(g)$ 和 $Cl_2(g)$。将 2.98 g PCl_5 置于1.00 dm^3容器中，在 250 ℃全部气化之后，测定其总压力为 113 kPa，那么其中含有哪些气体？它们的分压各是多少？

2.16 臭氧的分子式是 1868 年 Soret 用气体扩散法测定的。臭氧和氯气扩散速率的比值是1.193。试核算臭氧的相对分子质量及分子式。

2.17 声速与气体扩散速率的关系可表示为：

$$声速=\sqrt{rRT/M}$$

其中 r 是校正因子，单原子分子的 $r=1.67$，双原子分子的 $r=1.41$。试求在 25 ℃、0.1 MPa 空气中声音传播的速率，并和在氦气中的声速比较。

2.18 扩散法分离同位素时，分离因子 $f=\dfrac{n_1'/n_2'}{n_1/n_2}$，其中 n_1/n_2 为分离前物质的量之比，而 n_1'/n_2' 则为分离后物质的量之比。天然铀中 ^{235}U 的摩尔分数仅为 0.70%，^{238}U 则为 99.30%。若实用核燃料要求 ^{235}U 富集到 5.0%(摩尔分数)，试求 ^{235}U 的分离因子。

2.19 一次扩散操作分离因子 f' 是由扩散速率比决定的，那么 UF_6 的一次扩散分离因子 f' 是多少？由天然铀得到丰度为 5.0%(摩尔分数)的 ^{235}U，理论上应经过几次扩散操作？

2.20 40.0 ℃时 1.00 mol $CO_2(g)$在 1.20 dm^3 容器中，实验测定其压力为 1.97 MPa。试分别用理想气体状态方程和 van der Waals 方程计算 CO_2 的压力，并和实验值比较。

2.21 0 ℃时，11.3 mg He 盛于 1.25 dm^3 容器中，实验测定其压力为 5.10 kPa。试分别用理想气体状态方程和 van der Waals 方程计算其压力，并比较计算结果。

2.22 某有机卤化物，在 0 ℃、实验测定不同压力(p)下，其密度(ρ)数据如下表。试用外延法求该化合物的精确相对分子质量(M_r)。

p/kPa	101.3	67.54	50.65	33.76	25.33
$\rho/(g\cdot dm^{-3})$	2.307	1.526	1.140	0.7571	0.5666

第 3 章　相变·液态

在一定温度、压力条件下，物质存在的三种状态[①]（气态、液态、固态）可以互相转化。例如，固体受热会熔化而变成液体，液体受热会气化而变成气体。反之，对气体加压并降温会使气体凝聚成液体，将液体冷却会使液体凝固而得到固体。固体熔化、液体气化、气体液化以及液体凝固等物态变化，在化学上统称为**相变**（phase change）。相变时两相之间的动态平衡叫**相平衡**（phase equilibrium）。温度、压力与物相存在状态的关系图叫做**相图**（phase diagram）[②]。本章拟先介绍液-气相平衡和液-固相平衡及固-气平衡，然后介绍水的相图，并进一步讨论气-液-固之间的三相平衡。

气体可凝聚为液体，液体可凝固为固体，在液体与晶体之间还有一种过渡态叫液晶。液体、液晶、晶体和非晶体统称为凝聚态。本章最后一节简要介绍液体和液晶，晶体和非晶体将在第 13 章介绍。

3.1　气体的液化·临界现象

(Liquefacation of Gases, Critical Phenomenon)

气体分子的热运动使气体有扩散膨胀的倾向，同时分子间的相互吸引又使气体有凝聚的倾向。物质是气态还是液态就由这两种因素决定。温度越高，压力越低，第一种因素占优

---

① 气体、固体、液体是人们在地球上常见的物质三态。物质的第四态叫**等离子体**，它是由电荷数目相等的正离子和自由电子组成的（也有中性粒子存在），宏观上处于电中性；在自然界中，等离子体存在于电离层及其上层空间，宇宙中大量物质以等离子体形式存在。在放电管中可以制得等离子体，等离子技术已在材料加工、表面改性、薄膜制备、化工、冶金等领域得到开发和应用。1995 年科学家创造了**玻色-爱因斯坦冷凝体**，大部分原子变成了同样的低温量子状态，实质上其特性如同一颗巨大超原子，被称为第五种物质状态。2003 年科学家又创造了第六种物质状态——**费米冷凝体**。

② 体系中的均匀部分叫物相，简称相。密闭容器中冰、水和水汽为固、液、气三相。不同固态物质属不同相，如 $CaCO_3$(s)分解生成 CaO(s)和 CO_2(g)，体系中有两个不同的固相和一个气相。NaCl 和 KCl 的混合水溶液虽然其中含有三种物质，但它是一个均匀的体系，所以是一相。描述温度、压力、组分等因素与相变化关系的图像叫"相图"，对于由一种物质组成的体系为单组分体系，它的相变化仅与温度、压力有关。本章仅讨论单组分相图，多组分体系相图将在后继课程中讨论。

势，液体就气化；反之，降温加压则有利于第二种因素，气体就液化。各种物质分子间作用力不同，液化的难易也不同。如水汽在101 kPa下，低于100℃就可能液化；氯气在室温必须加压才能液化；而氧气在室温下加多大压力都不能液化，必须使其温度降到－119℃以下，至少再外加5 MPa压力才能使氧气变成液态氧；而氮气、氢气的液化必须降到更低的温度；氦气最难液化，必须把温度降低到－268.0℃(5.2 K)。每种气体各有一个特定温度，叫做**临界温度**(critical temperature)，记为 T_c。在临界温度以上，不论怎样加大压力都不能使气体液化，气体的液化必须在临界温度之下才能发生。加压虽可使分子间距离缩小，吸引力增大，但吸引力的增加并不是无限制的，当加压使分子间距离缩小到一定程度仍不能克服热运动的扩散膨胀因素时，只靠加压的办法气体是不能液化的，只有同时降温(减少热运动)和加压(增加吸引力)，气体才能液化。在临界温度使气体液化所需的最低压力叫**临界压力**(critical pressure)，记为 p_c。在 T_c 和 p_c 条件下，1 mol气体所占的体积叫**临界体积**(critical volume)，记为 V_c。表3.1列举了几种常见物质的临界数据。

表3.1 几种物质的临界数据*

	物质	T_b/K	T_c/K	p_c/100 kPa	V_c/(cm^3·mol^{-1})
永久气体	He	4.22	5.19	2.27	57
	H_2	20.28	32.97	12.93	65
	N_2	77.36	126.21	33.9	90
	O_2	90.20	154.59	50.83	73
	CH_4	111.67	190.56	45.99	98.60
可凝聚气体	CO_2	194.65	304.13	73.75	94
	C_3H_8	231.1	369.83	42.48	200
	Cl_2	239.11	416.9	79.91	123
	NH_3	239.82	405.5	113.5	72
	n-C_4H_{10}	272.7	425.12	37.96	255
液体	n-C_5H_{12}	309.21	469.7	33.70	311
	n-C_6H_{14}	341.88	507.6	30.25	368
	C_6H_6	353.24	562.05	48.95	256
	n-C_7H_{16}	371.6	540.2	27.4	428
	H_2O	373.2	647.14	220.6	56

* 摘自CRC Handbook of Chemistry and Physics, 91 ed. (2010～2011), 6-58～6-84

由表3.1的数据可见，气体的沸点越低，临界温度也越低，就越难液化。凡沸点和临界温度都低于室温的气体，如 CH_4、O_2、N_2 等，就不能在室温加压液化，这种气体叫做**永久气体**。凡沸点低于室温而临界温度高于室温的气体，如 CO_2、C_3H_8、Cl_2 等在室温加压可以液化，减压即可气化，这种气体叫做**可凝聚气体**。凡沸点和临界温度都高于室温的物质，在常温常压下就是液体了，如 C_6H_6、H_2O 等。家用石油液化气的主要成分是丙烷和丁烷，由表3.1数据可见，它们是可凝聚气体，在工厂加压时即成液体贮于高压瓶里，使用时打开减压阀，它们即气化，经管道输送到炉灶点燃。但有时会有“钢瓶还很重，却不能点燃”的现象，这是因为液化时带进一定量的 C_5H_{12} 或 C_6H_{14} 等杂质，这些化合物的沸点略高于室温，当炼油厂炉气温度很高时，它们的气体同 C_3H_8、C_4H_{10} 混在一起被液化，但在室温减压时却不能气化,仍以液态残留于瓶中。

超临界流体 19世纪末科学家们对临界点附近物质的性质进行详细研究之后发现,气体在临界温度和临界压力以上,如图3.10和3.11所示(H_2O 374℃、2.2×10^7 Pa,CO_2 31℃、7.38×10^6 Pa),既能像气体那样自由扩散充满容器,又能像液体那样做很好的溶剂,溶解能力还随温度压力而变。这种物质叫**超临界流体**(super critical fluid),简写为SCF。SCF最成功的应用实例是处理咖啡豆:咖啡豆具有诱人的香味,但其中含的咖啡因却对人体有害。过去曾用二氯甲烷CH_2Cl_2(沸点40℃)溶剂萃取进行分离,但残留痕量的CH_2Cl_2却是很难除尽的一种致癌物。现在改用CO_2超临界流体分离咖啡因的效果很好,恢复到常温常压,CO_2气化逸出后,即得到优质的产品。烟草工业用CO_2-SCF技术,降低有害的尼古丁含量。食品工业还利用CO_2-SCF法去除食品中的油腥味。1997年,美国总统绿色化学奖授予North Carolina大学的J. M. DeSimone,以表彰他在"新型的超临界二氧化碳绿色干洗剂设计"方面的贡献。以超临界二氧化碳替代四氯代乙烯等含氯干洗剂,可减少有害溶剂的使用和污染,使干洗过程更为环保。中医药工业利用CO_2-SCF提取有效成分,提高效率,有很重要的价值。电子工业利用H_2O-SCF制备SiO_2大晶体。利用H_2O-SCF技术,在超临界水中可溶入较多的氧,并具有较高的温度,使有机污染物和O_2的均相氧化作用进行得很完全,不仅C、H、N被氧化成CO_2、H_2O、NO_x等气态物质而分离,S、Cl、P等元素则被氧化成含氧酸,适当加碱成盐而除去。

3.2 液体的蒸发·蒸气压

(Evaporation of Liquid, Vapor Pressure)

液体的气化有两种方式:蒸发和沸腾。这两种现象有区别也有联系。

3.2.1 蒸发

现在先讨论蒸发现象。液体中的分子和气体分子一样,都在不停地运动,速率有快有慢,动能有大有小。但液面分子受力不均匀,如图3.1所示。位于液体内部的a分子受四周同类分子的吸引力是均匀的,而位于液体表层的b分子所受四周吸引力则是不均匀的。这些表层分子的运动速率和能量也呈现Maxwell-Boltzmann不对称的峰形分布规律。那些能量足够大、速率足够快的表层分子就可以克服分子间的引力,逸出液面而气化。这种液体表面的气化现象叫**蒸发**(evaporation),在液面上的气态分子群叫**蒸气**(vapor)。装在敞口容器里的液体,蒸发出来的气体分子能很快扩散到周围空间去。蒸发是吸热过程,液体从周围吸收热量保持温度不变,那么表层分子的能量分布、速率分布也不变。只有那些高能量分子才具有足够的动能克服液体分子间的束缚力而变成蒸气,它们蒸发之后,液体从外界吸收热量又有一些分子能量升高,它们继续蒸发,直到液体全部蒸发为止。液体若装在密闭容器中,情况就不同了,在恒温条件下液体蒸发到一定程度似乎就停止了。因为由液面逸出的蒸气分子在相互碰撞过程中还会返回液相,这个逆过程叫做**冷凝**(condensation)。蒸发与冷凝两个过程同时进行,但开始时前者

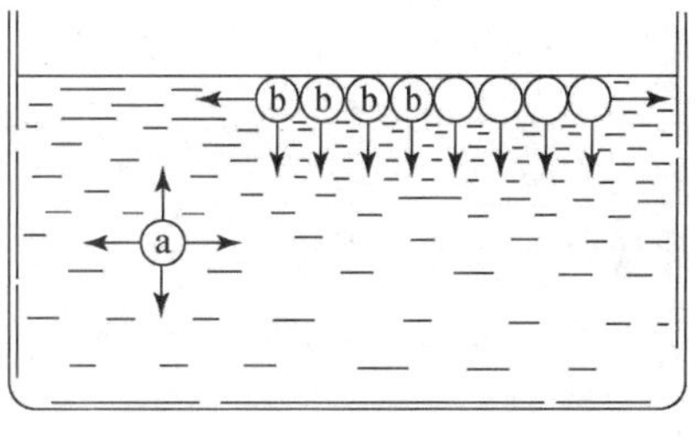

图3.1 液体内部分子和液体表面分子受力情况

居优势，所以气相中分子逐渐增多；随后分子返回液相的机会也逐渐增多，到一定程度，分子的“出入数目相等”，此时气相和液相就达到动态平衡，两种物相处于平衡状态，简称**相平衡**。从宏观看，此时液态的蒸发似乎停止了；从微观看，蒸发和冷凝都在继续不断进行，不过两者的速率是相等的。与液相处于动态平衡的这种气体叫**饱和蒸气**(saturated vapor)，它的压力叫饱和蒸气压，简称**蒸气压**(vapor pressure)。

若密闭容器的盖子是一个活塞，在恒温条件下我们用它来调节容器的体积，可发现蒸气压是不随容器体积变化的，也不随液体量的多少而变化。这是因为当体积增大后，单位体积中气相分子数减少(即气体密度减小)，破坏了平衡，则又有更多的分子从液相逸出，以达到新的平衡，故蒸气压仍保持为原值。反之，当容器体积减小时，单位体积中气相分子数目增加，就会有更多的气体分子冷凝，达平衡时蒸气压也和原来一样。而液相犹如一个气体分子的“大仓库”，它随时调节气相中气体密度的大小，所以**在一定温度下，液体的蒸气压是一个定值，而与气相的体积、液相的量无关。**

【例 3.1】 已知在 25 ℃，苯的蒸气压 $p=12.3\ \text{kPa}$。现有 0.100 mol 的苯，在 25 ℃时，试计算：

(1) 当这些苯全部气化，并保持容器压力等于蒸气压时，应占多少体积(设气体处于理想状态)？

(2) 若苯蒸气体积为 10.2 dm^3 时，苯的蒸气压是多少？

(3) 若苯蒸气体积为 15.1 dm^3 时，苯的蒸气压是多少？

(4) 当苯蒸气体积变为 30.0 dm^3 时，其蒸气压又是多少？

解 (1) 当苯全部气化时，其体积可用 $pV=nRT$ 公式计算

$$V=\frac{nRT}{p}=\frac{0.100\ \text{mol}\times 8.31\ \text{kPa}\cdot\text{dm}^3\cdot\text{mol}^{-1}\cdot\text{K}^{-1}\times 298\ \text{K}}{12.3\ \text{kPa}}=20.1\ \text{dm}^3$$

(2) 当体积为 10.2 dm^3 时，苯没有全部气化，气液共存时，饱和蒸气压在 25 ℃仍是 12.3 kPa。

(3) 当苯蒸气的体积为 15.1 dm^3 时，仍是气液共存状态，蒸气压与液相的量、气相的体积无关，即在此状态苯的蒸气压仍是 12.3 kPa。

(4) 当苯蒸气体积为 30.0 dm^3 时，它已全部气化，并变成不饱和蒸气了，它的压力可用 $pV=nRT$ 公式计算

$$p=\frac{nRT}{V}=\frac{0.100\ \text{mol}\times 8.31\ \text{kPa}\cdot\text{dm}^3\cdot\text{mol}^{-1}\cdot\text{K}^{-1}\times 298\ \text{K}}{30.0\ \text{dm}^3}=8.25\ \text{kPa}$$

比较以上几种状态可以了解，在一定温度下气液共存时，液体的饱和蒸气压与气相体积无关。而全部气化时，蒸气所占体积(V)与蒸气压(p)的关系可用理想气体方程式估算。

液体的饱和蒸气压随温度有明显变化，当温度升高时，液体分子中能量高、速率快的分子百分率增多，表层分子逸出液面的机会也增加，随之气相分子返回液面的数目也逐渐增多，直到建立一个新的平衡状态，这个过程的总效果是蒸气压增大。表 3.2 列举了一些水在不同温度的蒸气压数据。若将表 3.2 中水的蒸气压 $p(H_2O)$ 对温度 t(或 T)作图，得一条曲线(图 3.2)①，

① 理想气体的 p 与 T 成正比，p-T 图为直线；而在此水的蒸气压-温度[$p(H_2O)$ - T]图为曲线。

而将 $p(H_2O)$的对数 $\lg p(H_2O)$对 $1/T$ 作图,则得一条直线(图 3.3)。

表 3.2 水在不同温度的蒸气压

t / ℃	$p(H_2O)$/kPa	T/K	$\frac{1}{T}$/K^{-1}	$\lg \frac{p(H_2O)}{kPa}$
0	0.611	273	0.00366	−0.214
20	2.34	293	0.00341	0.369
40	7.38	313	0.00319	0.868
60	19.9	333	0.00300	1.299
80	47.4	353	0.00283	1.676
100	101.4	373	0.00268	2.006

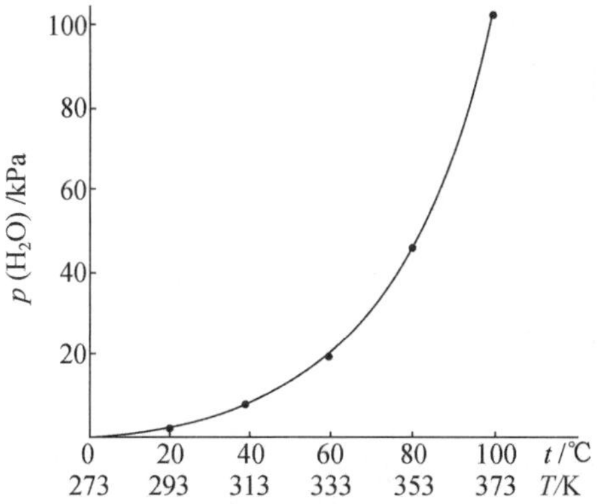

图 3.2 水的蒸气压 $p(H_2O)$对温度 T 的曲线

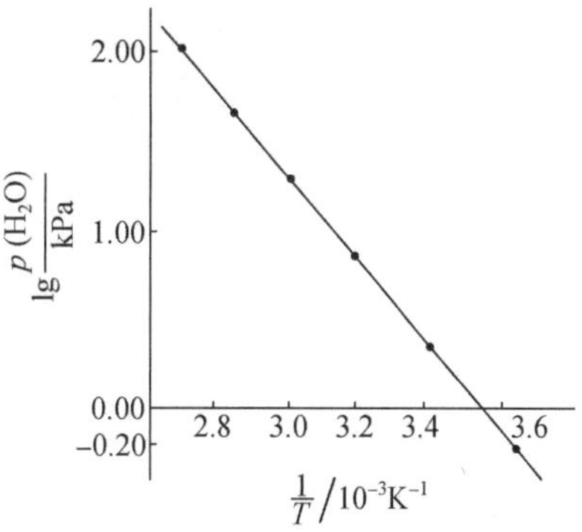

图 3.3 $\lg p(H_2O)$对$\frac{1}{T}$的直线关系

图 3.3 的直线关系可用一般代数方程表示

$$\lg p=\frac{A}{T}+B \tag{3.1}$$

式中:p 代表液体蒸气压,A 是直线的斜率,B 是截距。实验证明,常数 A 与液体的摩尔蒸发热(molar heat of vaporization)ΔH_{vap}有关,在温度区间不太大①的情况下

$$A=-\frac{\Delta H_{vap}}{2.303R}$$

将其代入(3.1)式,得

$$\lg p=-\frac{\Delta H_{vap}}{2.303R}\times\frac{1}{T}+B \tag{3.2}$$

许多液体(如乙醇、乙醚、丙酮、苯等)的蒸气压与温度的关系,都符合上述方程式。(3.2)式也可以用 Maxwell-Boltzmann 能量分布律$\left(f_E=\frac{n_i}{n}=e^{-E/RT}\right)$予以说明:在此,$n_i/n$ 代表能量较高而能逸出液面的分子数 n_i 在液面总分子数 n 中所占的份额 f_E,逸出液面成为蒸气所需能量 $E\approx\Delta H_{vap}$(蒸发热);或者说,液体蒸气压(p)的大小与其中高能量分子的份额(f_E)成正比,即 p 与 $1/T$ 呈指数关系

① ΔH_{vap}随温度不同略有变化,所以只是在温差不大时,可以把 ΔH_{vap} 当做常数。

$$p=Ze^{-\Delta H_{vap}/RT}$$

取对数，则得
$$\lg p=-\frac{\Delta H_{vap}}{2.303R}\times\frac{1}{T}+\lg Z$$

其中 $\lg Z$ 相当于(3.2)式中的常数项 B。

实验测定不同温度的蒸气压，然后将 $\lg p$ 对 $1/T$ 作图，由直线斜率可以求出液体的摩尔蒸发热 ΔH_{vap}。设在 T_1 时，液体蒸气压的对数为 $\lg p_1$，在 T_2 时为 $\lg p_2$，则(3.2)式可改述为

$$\lg p_1=-\frac{\Delta H_{vap}}{2.303R}\times\frac{1}{T_1}+B$$

$$\lg p_2=-\frac{\Delta H_{vap}}{2.303R}\times\frac{1}{T_2}+B$$

两式相减，得

$$\lg p_2-\lg p_1=-\frac{\Delta H_{vap}}{2.303R}\left(\frac{1}{T_2}-\frac{1}{T_1}\right)$$

或
$$\lg\frac{p_2}{p_1}=\frac{\Delta H_{vap}}{2.303R}\left(\frac{T_2-T_1}{T_2\times T_1}\right)\tag{3.3}$$

式中 ΔH_{vap} 和 R 的单位必须相一致。实验测定了不同温度（T_1 和 T_2）的液体蒸气压（p_1 和 p_2），即可用(3.3)式求出液体的摩尔蒸发热 ΔH_{vap}。或者当 ΔH_{vap} 已知时，实验测定了某温度下的蒸气压（T_1 和 p_1），即可推算其他温度（T_2）的蒸气压（p_2）。表明液体饱和蒸气压与温度关系的(3.3)式叫做 Clapeyron-Clausius 方程。

3.2.2 沸腾

温度升高，蒸气压增大，当温度升高到蒸气压与外界气压相等时，液体就**沸腾**，这个温度就是**沸点**(boiling point，T_b)。液体的沸点随外界压力变化而异，例如水在 101 kPa 时沸点是 100℃；在珠穆朗玛峰顶，大气压约为 30 kPa，水烧到 70℃左右就可沸腾了；水在密闭容器中减压至 2.34 kPa，20℃就沸腾了。而高压锅炉内气压达到 1000 kPa 时，水的沸点大约在180℃左右。平时所说“某液体的沸点”都是指外界压力等于 101 kPa(1 atm)时的正常沸点(normal boiling point)。沸腾与蒸发都是液体的气化，不过蒸发只是在液体表层发生，而沸腾是在液体的表面和内部同时发生，所以沸腾时我们可以看到液体内部逸出的气泡。

仔细观察在常压下加热纯水的过程会发现：把水加热到了沸点并不沸腾，必须加热到一百零几摄氏度才开始沸腾，随后温度又降低到正常沸点，这种现象叫**过热**(superheating)，这种温度高于沸点的液体称为过热液体。因为沸腾时液体内部必须有许多小气泡，液体在其周围气化，小气泡起着“气化核”的作用，纯液体内小气泡不容易形成，就容易产生过热现象。过热现象是化学工作者必须注意防止的事情，因为过热程度越大，沸腾的发生越剧烈，即**暴沸**，液体往往大量溅出，造成事故。尤其在处理易燃液体(如乙醚、丙酮、酒精等)时，随气泡喷溅出的液体与加热火焰相遇有引起火灾的危险。搅拌和加入沸石是减少“过热”的有效办法。沸石是一种多孔性的硅酸盐，平时小孔中总存有一定量空气，加热时，空气逸出，起了气化核的作用，小气泡容易在其边角上产生。搅拌也有利于气化核的形成。

【例 3.2】 已知异丙醇在 2.4℃时的蒸气压是 1.33 kPa，在 39.5℃时蒸气压是 13.3 kPa。试求异丙醇的摩尔蒸发热和正常沸点。

解 利用(3.3)式 $\lg\frac{p_2}{p_1}=\frac{\Delta H_{vap}}{2.30R}\left(\frac{T_2-T_1}{T_2\times T_1}\right)$

有 $$\lg\frac{13.3}{1.33}=\frac{\Delta H_{vap}}{2.30\times 8.31\,J\cdot mol^{-1}\cdot K^{-1}}\times\left(\frac{312.7-275.6}{312.7\times 275.6}\right)K^{-1}$$

$$\Delta H_{vap}=44.4\,kJ\cdot mol^{-1}$$

当外界气压为 101 kPa 时,液体蒸气压 $p=101$ kPa 时的温度就是沸点(T')

$$\lg\frac{101}{1.33}=\frac{4.44\times 10^4\,J\cdot mol^{-1}}{2.30\times 8.31\,J\cdot mol^{-1}\cdot K^{-1}}\times\left(\frac{T'-275.6K}{T'\times 275.6K}\right)$$

异丙醇的沸点 $T'=355$ K(≈82 ℃)。

3.3 液体的凝固·固体的熔化

(Solidification of Liquid, Fusion of Solid)

在常压下液体冷却到一定温度就会凝结成固体,如水冷却到 0 ℃就会结冰。液体、固体两相平衡的温度叫凝固点。仔细记录冷却过程时间与温度的变化并作图,可得到**冷却曲线**(cooling curve),见图 3.4。

将液体放在冷阱中冷却,温度沿 AB 线逐渐下降,当温度降到凝固点 A′时,并无晶体析出,当温度一直降到凝固点以下的 B 点时,才有晶体析出,A′B 所代表的状态(低于凝固点)叫过冷液体,这种现象称之为**过冷现象**(super cooling phenomena)。液体越纯过冷现象越严重,如高纯水可以冷到 −40 ℃ 才开始结冰。产生过冷现象是因为晶体里的质点(原子、分子或离子)排列是有规则的(有序的),而液体的质点排列是无规则的(无序的)。当液体温度降低到凝固点,此时液体中如有某种“结晶中心”存在,将会有助于上述过程的完成。液体越纯,结晶中心越难形成,以致液体温度下降至低于凝固点也无结晶中心形成,使液体处于过冷状态。然而温度越低,分子平均动能越低,越容易产生结晶中心,所以过冷到一定程度就会析出晶体。

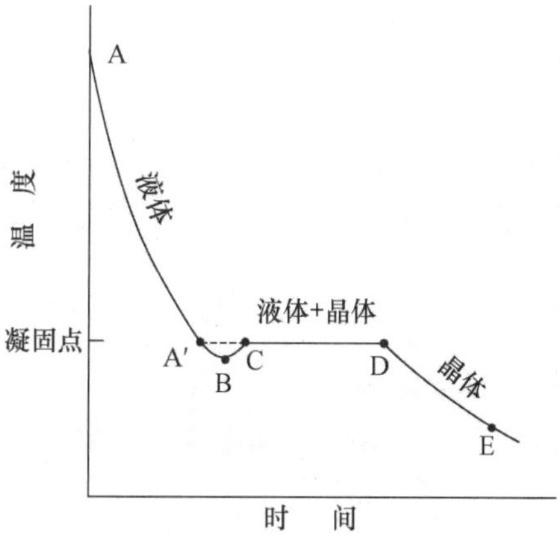

图 3.4 液体的冷却曲线

AA′B 线—液体温度逐渐下降过程
B 点—开始析出晶体
BC 线—析出晶体,温度回升到凝固点温度
CD 线—不断析出晶体,温度不变
DE 线—晶体的温度不断下降

结晶开始之后又出现 BC 段的温度回升。这是因为过冷液体是不稳定的状态,结晶一旦开始,体系有趋向平衡的趋势,液体凝固是放热过程,所以随着结晶析出,体系温度回升到液相-固相的平衡温度。

CD 段的温度为什么又不随时间而变呢?这段水平线是代表液-固共存的阶段,冷阱对液体吸热而使固体析出,液体凝固时又放热,若吸热多于放热就继续有固体析出;反之,固体则熔化。所以在液-固共存时,加热或吸热只能改变液体、固体的相对量,而温度却是不变的,这个液-固共存的温度就是**凝固点**(freezing point 或 solidifying point)。

固体里的分子也是处于不断热运动的状态,那些能量较高的分子有可能逸出固体表面,所以固体表面也有蒸气压，并且它的蒸气压也随温度升高而增大。在三相点，液相的凝固和固相的熔化处于平衡状态，液相的蒸气压等于固相的蒸气压，即 $p_{液}=p_{固}$。温度低于凝固点的过冷液体，其蒸气压大于在该温度应存固相的蒸气压，因而过冷液体处于不稳定状态。

图 3.5 表明了液体及固体的蒸气压与温度的关系，图中 F 代表凝固点，FL 是液体的蒸气压-温度曲线，FS 是固体的蒸气压-温度曲线，在 F 点两者蒸气压相等。FL′则是过冷液体的蒸气压-温度曲线，过冷液体的蒸气压大于固体的蒸气压。

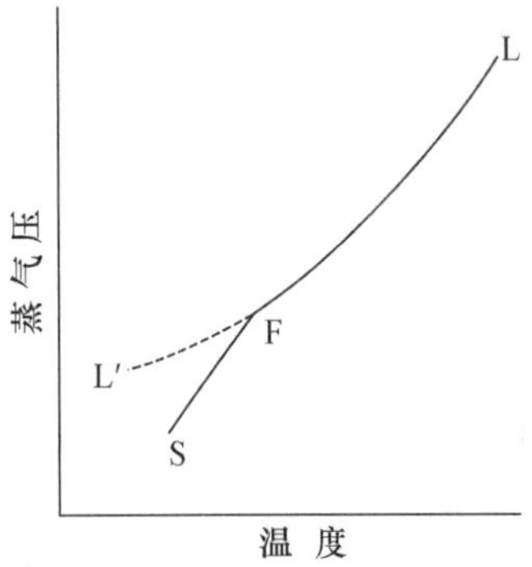

图 3.5　液体及固体的蒸气压与温度的关系

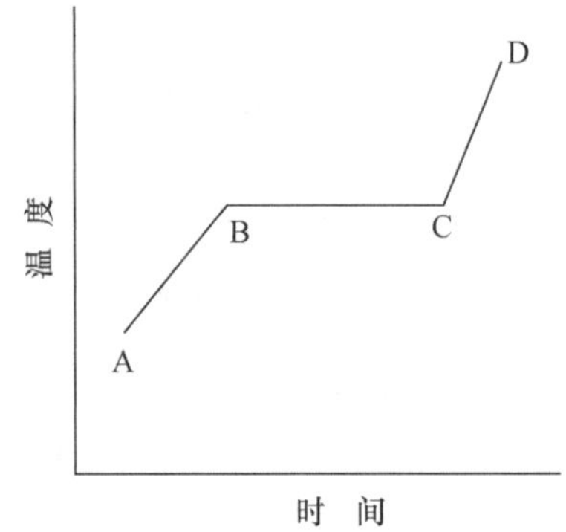

图 3.6　固体受热曲线

以上讨论了液体的冷却曲线和凝固点，现在再看看固体受热的加热曲线(图 3.6)。图中 AB 段代表固体受热升温过程，BC 段代表固体受热熔化后的固-液共存阶段，此阶段温度不变，固相逐渐减少、液相逐渐增加，但温度保持不变，该温度就是固体的熔点。从相平衡的关系看，熔点(melting point)和凝固点(freezing point)是同义词，都是指固相液相共存的温度，只是习惯上把固体变为液体叫熔化，所以叫熔点，而液体变为固体叫凝固，所以叫凝固点。CD 段则是液体受热升温过程。在此没有"过热的固体"，当升温到熔点 B 时，固体开始熔化，熔化需要吸热，只要不断加热，固体就不断熔化，到了 C 点固体全部熔化成为液体，继续加热，液体的温度就沿着 CD 线逐渐升高。

液体的冷却曲线和固体的加热曲线都有水平段，这是我们测定相图的重要依据。

3.4　水的相图

(Phase Diagram for Water)

前面几节讨论了单组分气体、液体、固体三种物相(即物态)之间的相互转化。物质存在的状态一方面由物质的性质决定，另一方面与温度、压力有关。如在常温常压下水、苯都是液体，而氨是气体；在常压冷却到 5.6 ℃苯开始凝固，冷却到 −34.4 ℃氨即可液化，而冷却到 −177.7 ℃液氨可以凝固；或在常温加压到 1×10^{7} Pa，氨气也可液化；减压到 1×10^{3} Pa，水和苯也全部气化。化学工作者习惯用**相图**表明温度压力与各种相态及其变化的关系，这种表达方法比用数据列表表示更加一目了然。本节以水为例对相图作一些简单的介绍。

将一定量纯水盛在一个带活塞的密闭容器里，该容器又被安装在恒温箱内。用活塞控制压力，用恒温箱控制温度。在一定温度下，水的饱和蒸气压是一定的，表 3.3 列举了一些水的蒸气压数据。将蒸气压对温度作图，得蒸气压曲线(图 3.7)。

在图3.7中，位于曲线上的某一个点如A，表示在21.6℃水的蒸气压为2.50 kPa，也就是说在21.6℃与2.50 kPa条件下，水和水汽共存，是平衡状态，而曲线代表了气相液相共存的各种平衡状态①。若温度降低到17.5℃，与水相平衡的蒸气压降为1.95 kPa；若温度降低到10.0℃，蒸气压则降为1.23 kPa。

表3.3　水的蒸气压

t/℃	p/kPa
−10	0.29
0	0.61
10	1.23
15	1.71
20	2.34
25	3.17
30	4.25
35	5.62

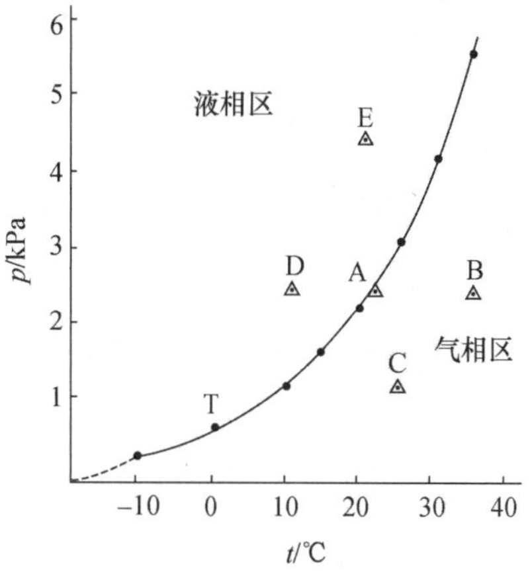

图3.7　水的蒸气压曲线

但在B、C、D、E各点的条件下情况就不同了，这些点位于曲线的上方或下方。如B点代表维持压力2.50 kPa不变(可用活塞控制)，而升高温度到35℃的状态。由A到B是等压升温过程，在35℃水的饱和蒸气压为5.62 kPa，若用活塞控制压力为2.50 kPa，随着液体逐渐蒸发，活塞移动，体积增大，只要外压维持2.50 kPa不变，在35℃水将全部气化，也就是说在35℃、2.50 kPa条件下H_2O是以气态存在的。同理，在25℃、1.25 kPa(C点)的条件下H_2O也是以气态存在的。凡在曲线下面的各种状态，H_2O都以气态存在，这就叫**气相区**。从A到D则是等压降温过程，当温度降到10℃时，水的饱和蒸气压只有1.23 kPa，外压维持2.50 kPa蒸气就将逐渐冷凝成液体，移动活塞，体积缩小，只要2.50 kPa压力不变，蒸气将全部液化。同理，E点代表20℃、4.50 kPa的条件下蒸气也将全部液化。凡在曲线上面各种状态，H_2O都以液态存在，这就是**液相区**。B、C、D、E各种状态从等压变温过程来讨论或者从等温变压过程来讨论都得同样结论，请读者自己考虑。综上所述，图3.7的这条曲线不仅表示了气-液两相的平衡状态，也是气相区与液相区的分界线。

图3.7所示曲线最高温度只达到35℃，若水温再高，蒸气压将相应增大，曲线延长。当延长到100℃，水蒸气压等于标准大气压101.3 kPa时，即达到了水的正常沸点，在敞口容器中水就沸腾。当温度超过100℃时，曲线仍可继续延长，例如在110℃水的蒸气压为143.4 kPa，在120℃为198.7 kPa，只有保持外压等于水蒸气压，H_2O仍可以液态存在。然而曲线并不能无限延长，实验证明：374.0℃(647.14 K)，这是水的临界温度(T_c)，其蒸气压为2.21×10^4 kPa(临界压力p_c)，高于374.0℃，水只能以气态的形式存在，再加多大的压力也不能液化。在374.0℃以上既然液态已不再存在，当然也没有气-液平衡，所以374.0℃及

① 图3.7曲线上任意一点的温度亦可代表在各种外压下的沸点，只有当$p=101.3$ kPa时，其相应温度才是正常沸点。

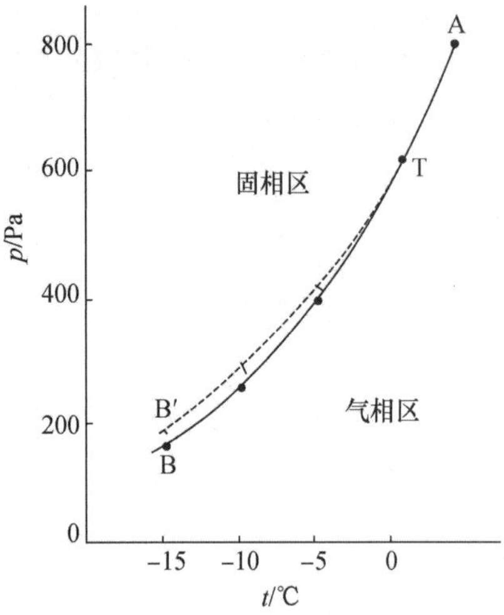

图 3.8　过冷水和冰的蒸气压曲线

2.21×10^4 kPa 就是气-液平衡曲线的顶端，也就是水的临界状态。

现在再看曲线的下端，当温度降低到 0 ℃时，水就要结冰变成固体，但也可成过冷的液体而暂时不结冰。冰和过冷水的蒸气压列入表 3.4，以温度对蒸气压作图得图 3.8。在图 3.8 中，TA 是水的蒸气压曲线，即气-液平衡曲线；TB 是冰的蒸气压曲线，也就是气-固平衡曲线，曲线上方为固相区、下方为气相区。TB′线则是过冷液体的蒸气压曲线，以虚线表示它的不稳定性，它是位于固相区里的气-液曲线，很容易析出固体变为气-固平衡状态。气-液平衡线和气-固平衡线相交于 T 点，在 T 点气-液-固三相处于平衡状态，所以叫**三相点**(triple point)。中国著名化学家黄子卿教授 1938 年在美国实验测定水的三相点精确值为(0.00981±0.00005) ℃，4.579 Torr①(6.105×10^2 Pa)。后来又经美国、苏联、法国、加拿大、波兰、日本等各国学者的反复测定和按热力学关系式的必要修正，现在国际公认的水的三相点是(0.0099±0.0001) ℃，粗略值为 0.01 ℃。

表 3.4　过冷水和冰的蒸气压

温度 t/ ℃	过冷水的蒸气压/Pa	冰的蒸气压/Pa
0	611	611
−5	422	402
−10	287	260
−15	191	165

水的三相点和冰点是否相同？三相点是纯 H_2O 气-液-固三相的平衡点，也就是其平衡水蒸气压下的凝固点。而冰点(0 ℃)则是指在标准压力下，被空气饱和的水的凝固点，即空气的饱和水溶液和冰的平衡温度，液相是含有少量 N_2、O_2、Ar 等气体的水溶液，固相是纯 H_2O。水的“冰点”是指一个比较复杂的体系，随外界条件的不同略有差异；而水的三相点是指一个纯净简单的体系，是一个固定不变的状态。最先人们用水的冰点、水的沸点作为温度的标准点，但由于空气组成总是因时因地略有差异，用它们作为标准点就不很理想。现行国际单位制选用水的三相点来定义热力学温标，水的三相点定标为 273.16 K，它的1/273.16就是热力学温度单位 Kelvin(开尔文)，那么水的冰点应为 273.15 K(即 0 ℃)。

水可以在低于 0℃的情况下以液体形式存在，这就是所谓的“过冷水”。液态水的凝固需要冰核。在非常纯净的水中，不存在诱导冰晶形成的污染物或微粒，结晶便难以发生。目前，实验测得的过冷水的最低温度为−41℃，科学家猜测这一温度可以更低。2011 年，*Nature* 期刊报道，美国 Utah 大学的化学家利用分子力学模型模拟了 32 768 个水分子冷却时的行为，发

① 1 Torr(托)=133.322 Pa。

现过冷水的最低极限温度是$-48℃$。该发现对于预测全球气候变化趋势亦有重要意义，因为建立全球气候模型需要知道在云层中水结冰的温度和速度。

气-液、气-固的平衡曲线，已如前述。液-固曲线怎样表示呢？液体和固体的平衡温度就是凝固点或熔点，相图纵坐标是压力，所以液-固平衡曲线描述压力与凝固点或熔点的关系。不同压力下，冰的熔点如表 3.5 所示，以压力对熔点作图，即得液-固平衡线(图 3.9)。

表 3.5 不同压力下冰的熔点

$p/10^5$ Pa	$t/℃$
1	0.0
330	-2.5
604	-5.0
902	-7.5
1135	-10.0

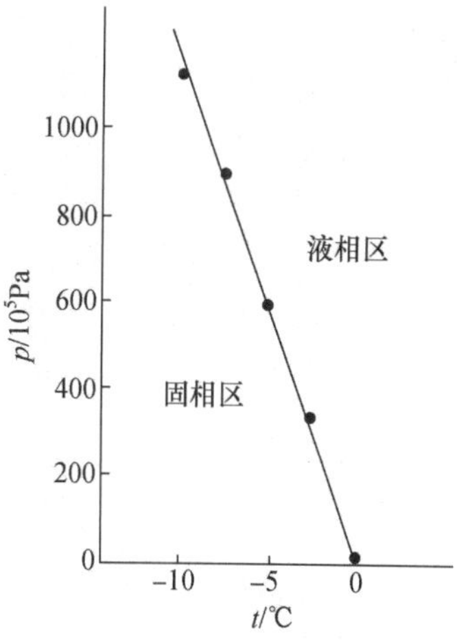

图 3.9 压力与冰的熔点

由图 3.9 可见：压力越高，冰的熔点越低，这个现象中学物理已提到过。从平衡移动原理也很容易理解，冰浮于水面，意味着冰的密度($g \cdot cm^{-3}$)小于水，也就是冰的“比体积($cm^3 \cdot g^{-1}$)”大于水。压力增大时平衡是向体积缩小方向移动的，也就是向生成水的方向移动，即冰融化，压力越大则熔点越低。所以，水的液-固平衡线斜率为负值①。

前面讨论各种相平衡曲线时，为了明显看清它们的变化规律，所用坐标比例都是不同的。现将图 3.7、图 3.8 和图 3.9 的这些曲线归总在图 3.10 中，但曲线坐标不是按比例画的。这些简单的相图表明了水的各种存在状态，相变关系一目了然。三相点表示气-液-固共存的条件，曲线上的任意一点表示两相共存的条件，而两线间的平面表示一相独存的条件。

图 3.10 和图 3.11 分别为水和二氧化碳的相图。纵坐标为体系的压力(蒸气压或外压)，横坐标为温度(℃)。TA 为气-液共存的蒸气压曲线，TB 为气-固共存的升华曲线，TC 为固-液共存的熔化曲线。图上还划分为固相、液相、气相和超临界态四区。图中 T 为三相点，A 为临界点。

图 3.11 和图 3.10 很相似，只是液-固平衡线倾斜方向不同。因为二氧化碳熔化时体积是膨胀的，按平衡移动原理，压力增大，平衡向体积缩小方向移动，即凝固。这就是说，CO_2 的熔点随压力升高而升高，液-固平衡曲线斜率为正值。

在通常条件下，多数固体物质受热熔化变成液体，液体受热才变成气体。但也有些固态物质受热直接变成气体，例如在室温常压下固态的二氧化碳可以直接变为气态，而不经过液态，它的俗名叫“干冰”。固体直接变成气体的过程叫**升华**(sublimation)。从相图上看，

① 这里引用了部分高压数据，可以明显看到压力与熔点的关系。当压力由 1.01×10^5 Pa 增加到1.13×10^8 Pa 时，冰的熔点由 0 ℃降到-10 ℃，平均每增加 1×10^5 Pa，冰的熔点降低不到 0.01 ℃，所以一般印象中压力对熔点的影响并不显著。该图斜率的数学关系可表示为 $dp/dT=\frac{\Delta H}{T\Delta V}$。冰融化吸热，$\Delta H$ 为正；冰融化时体积减小，ΔV 为负，故 dp/dT(线的斜率)为负。

升华现象发生在三相点以下，在三相点压力以下等压升温，固体就直接升华变成气体。水的三相点压力很低（6.1×10^2 Pa），所以在常压常温下看不到升华现象。参考图 3.11 可知，二氧化碳的三相点 $p_t=5.2\times10^5$ Pa，$t_t=-56.6$ ℃，所以我们在常压常温下可以看到干冰的升华，而看不到液态的二氧化碳。压力必须大于 5.2×10^5 Pa 时，二氧化碳才能以液态的形式存在，高压钢瓶中的 CO_2 就是液态。在 −78 ℃（升华点）固体二氧化碳的蒸气压已达 1×10^5 Pa，这个温度叫做正常升华点（t_s）。三相点以下这条气-固平衡线上任意一点都代表不同压力下的升华点。

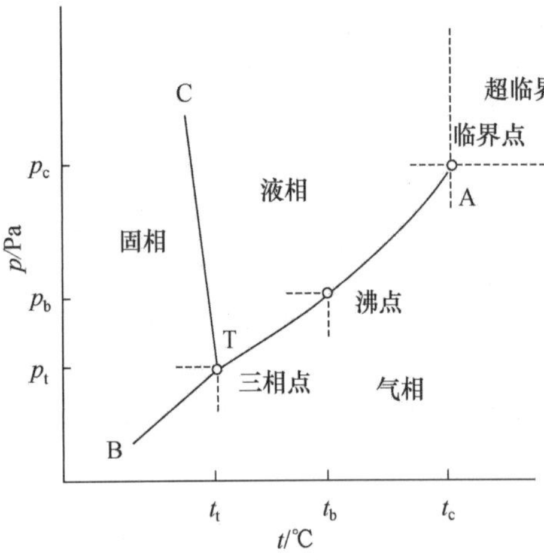

图 3.10　水的相图（坐标未按比例）

三相点 $t_t=0.01$ ℃，$p_t=6.11\times10^2$ Pa

沸点 $t_b=100$ ℃，$p_b=1.01\times10^5$ Pa

临界点 $t_c=374$ ℃，$p_c=2.21\times10^7$ Pa

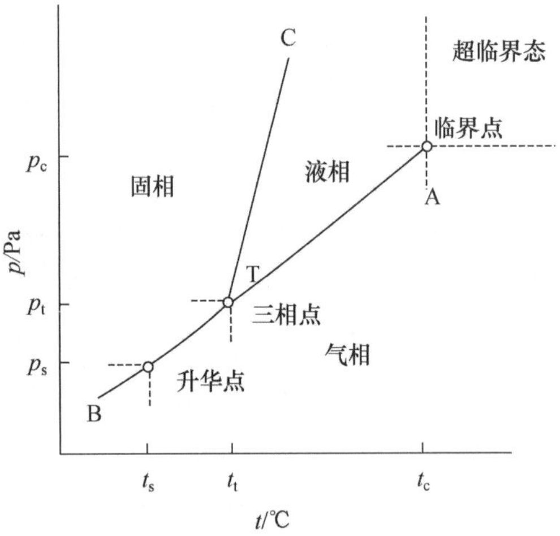

图 3.11　二氧化碳的相图（坐标未按比例）

升华点 $t_s=-78$ ℃，$p_s=1.01\times10^5$ Pa

三相点 $t_t=-56.6$ ℃，$p_t=5.17\times10^5$ Pa

临界点 $t_c=+31$ ℃，$p_c=7.38\times10^6$ Pa

本节以水为例初步介绍了相图的知识，两种或三种物质混合在一起时的相变关系也可用这类平衡曲线表示存在状态，这些问题将在物理化学课程中详细讨论。总之，相图是化学家描述物质状态变化的简明办法，物质三态千变万化的情况汇总在其相图之中，它含有较高的信息密度。化学工作者应懂得相图的各种含义，以便实际应用。

3.5　液体和液晶

(Liquid and Liquid Crystal)

气体、液体和固体中的分子（或原子、离子）都在不停地运动，运动的剧烈程度依次递减，即分子间的作用力依次递增。气体分子间距离最大、作用力最小，气体分子既能自由扩散，均匀充满空间，又能被压缩到很小的体积。加压降温，气体即可凝聚为液体，液体的分子间距离比气体小得多，比固体稍大。液体的可压缩性很小，而流动性很大，它有一定的体积但无一定形状（形状随容器变化）。液体冷却则凝固为固体，固体既难于压缩，更不能流动，它有一定的形状和体积。固体物质随其内部结构是否有规则排列而有晶体和非晶体之分。介于液体和晶体之间有一类物质叫**液晶**，它是一大类新型材料。液体、液晶、固体分子间作用力虽然有所不同，但这些微粒都不能像气体分子那样自由扩散，统称为凝聚态。本节对液体和液晶作简要介绍。

3.5.1 液体

液体具有能自由流动和各向同性的特点。液体盛放在容器中，与气相接触的液面分子，四周所受吸引力不均匀(见图3.1)，其中有些能量较高的分子便逸出液面而变成蒸气，各种液体在一定温度具有一定的**蒸气压**。液体表层分子四周受力不均匀，来自内部的净力使表面存在一种缩小的趋势，这种垂直于液体表面单位长度、沿表面切线方向的力叫做**表面张力**，它是液体化学中最重要的一种物理量，和液体的摩尔质量、密度、温度等有关。表面张力可用多种实验方法测定，其单位可以是 $N \cdot m^{-1}$ 或 $mN \cdot m^{-1}$。表3.6列举了几种液体的表面张力。

表3.6 几种液体的表面张力和黏度(20℃)

物质	表面张力 $\gamma/(mN \cdot m^{-1})$	黏度 $\eta/(mPa \cdot s)$
水	72.25	1.002
苯	28.85	0.652
氯仿	27.14	0.580
甲醇	22.61	0.597
甘油	63.40	1490.0
橄榄油	—	84.0

当液体和固体接触时，随液面分子与固体分子间作用力的强弱不同，又有浸润和不浸润之别。将毛细管插入液体中，毛细管中的液面呈弯月形(或凹或凸)并且与管外液面有一定的高度差，测定高度差、毛细管半径和液体密度可以计算表面张力。蒸发现象、表面张力、润湿现象、毛细现象等都与表层分子运动状况直接有关。从液体内部结构看，液体既不能像气体分子那样无规则地自由运动，也不像固体那样难于移动。显微镜下可以看到花粉微粒在液体中做布朗运动，这是液体分子做无规则运动的实验基础。从总体上看，液体呈无序结构。现代实验方法已证明液体在很小的范围内(如液态金属中为1.5 nm)却可呈暂时的有序状态，液体的流动性就是这种“长程无序，短程有序”的表现。人们用**黏度**描述液体的流动性，黏度反映了液体流动时内摩擦力的大小，它和液体的密度、温度和压力有关。表3.6中也列出了一些液体的黏度。人体血液黏度必须保持一定水平，血栓症就是血液黏度异常引起的，阿司匹林有降低血液黏度的作用。液体还有一个重要特性就是**用做溶剂**，许多物质(不论是气态、液态，还是固态)可溶解在其中成为混合均匀的溶液，任何化学工作中都离不开溶液的使用。本书第4章将专门讨论溶液的通性，第8～9章的内容也都与溶液有关。

3.5.2 液晶

液晶类物质的力学性质像液体，可以自由流动，而它的光学性质却像晶体，显各向异性，在某个方向远程有序，在另一方向却近程有序。19世纪末奥地利植物学家 F. Reinitzer 在研究胆甾醇苯甲酸酯[①]时发现，加热到 145.5 ℃时，晶体熔化为各向异性的浑浊黏稠液体；继续加热到 178.5 ℃时，则变为各向同性、清亮透明。在 145.5 ℃(熔点)至 178.5 ℃(清亮点)之间为液晶态，它是液态和晶态间的过渡态。

$$\text{晶体} \underset{}{\overset{\text{熔　点}}{\rightleftharpoons}} \text{液晶} \overset{\text{清亮点}}{\rightleftharpoons} \text{液体}$$

（不能流动，各向异性）　　（能流动，各向异性）　　（能流动，各向同性）

这两个温度也就是液晶的相变温度，表 3.7 列举了几种胆甾型液晶的相变温度。

表 3.7　几种胆甾型液晶的相变温度

化合物	熔点/℃	清亮点/℃
胆甾醇苯甲酸酯	145.5	178.5
胆甾醇丙酸酯	102	116
胆甾醇己酸酯	99.5	101.5
胆甾醇月桂酸酯	85.5	92.5

这类液晶分子呈层状排列(长轴与层的平面平行)，层与层间的重叠呈螺旋状结构，因而对不同波长的光反射情况不同，液体就显示鲜艳的色彩，反射情况还随温度有所变化。如将几种液晶化合物按一定比例混合，并制成胶囊薄膜，就是一个新型的彩色液晶温度计，在不同温度显示不同颜色。各种商品液晶温度计测量范围可在 0～250 ℃间，精确度可达 0.5 ℃。这类温度计使用方便、显示清晰。在肿瘤病变位置检测、金属材料探伤、电子元件检查、彩色电视、全息照相等方面都已取得很好的实用效果。

还有一类棒形分子也具有液晶态，如 4-甲氧基苄叉-4′-正丁基苯胺(简写为 MBBA)的结构简式是

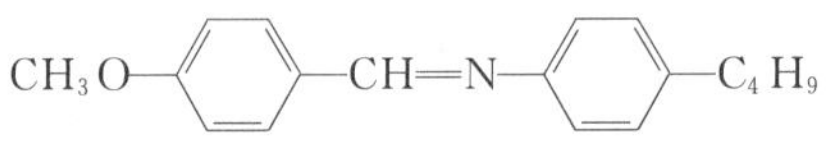

该分子一端有甲氧基(CH_3O—)，另一端则是正丁基(C_4H_9—)，中央基团叫苄叉基。它是极性化合物，分子间的互相作用使它们作有序排列，当熔化成液态时也能保持一定的有序性，这些分子接近于平行地交错排列，既容易转动，也容易滑动。两个苯环直接相连的联苯类化合物(苯环也可被环己烷取代)，它们也有很好的液晶态，这类化合物统称为向列型液晶，表 3.8 列举了它们的相变温度。这些液晶态物质随电压变化透明性不同，是理想的显示材料，具有工作

① 胆甾醇是一类比较复杂的有机化合物，人体的大脑、神经组织、细胞膜、血液、胆汁中都含有这类化合物，它和羧酸起酯化反应生成各种胆甾醇羧酸酯，其结构简式(其中 R=CH_3—，C_2H_5—，C_6H_5—等)如下：

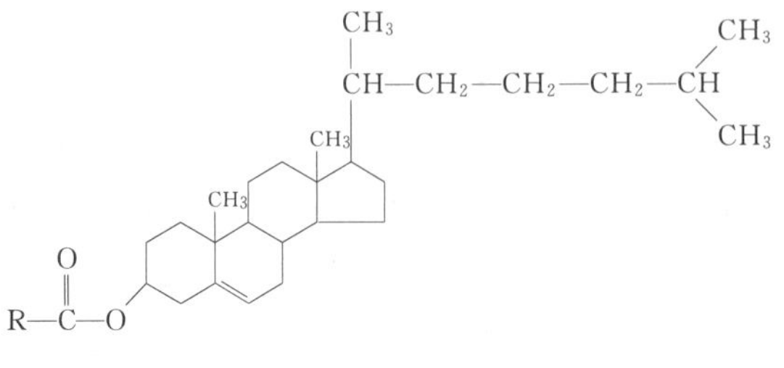

电压低、功耗低并能与集成电路配套等突出优点，现已广泛用于手表、车辆计程表和各种电子仪器。

表 3.8　几种向列型液晶的相变温度

化　　合　　物	熔点/℃	清亮点/℃
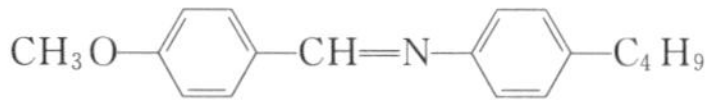	21	48
	44	47
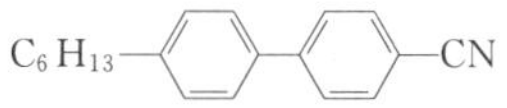	14	28
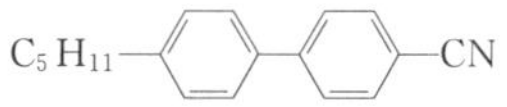	22	35
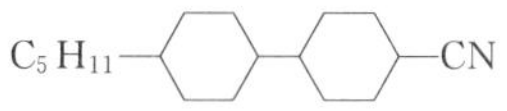	62	83

生物体内许多物质(如蛋白质、核酸、类脂等)也都显液晶态，有胆甾型螺旋结构，也有向列型棒形结构。要探讨生命奥秘，要研究致病原因，都离不开对液晶的认识和了解。

有些高分子化合物是由小分子单体聚合成链并卷曲交织在一起，它们容易聚集成短程有序的液晶态。高分子液晶材料的研究对提高材料机械强度、改善合成纤维色泽等方面正产生深远的影响。

现已发现几千种液晶化合物，液晶制品已经进入千家万户日常生活之中，液晶已成为化学家、物理学家和生物学家共同感兴趣的新兴研究领域。

小　　结

本章重点讨论了液体的气化和液体的凝固，讨论中涉及气-液-固三种物态之间的相平衡。相图是描述物质相变化的简明表示法。本章以水的相图为例，简要讨论了单一组分相图中点、线、面的各种含义。“线”是两相的分界线，线上任意一点都代表两相共存的平衡条件。两线之间的“面”代表单相区，气相区位于温度高、压力低的位置(右下方)，固相区位于压力高、温度低的部位(左方)，液相区介乎其中。相图中 3 条两相线交于一点，这就是三相点，亦即气-液-固三相共存的平衡点。对一种物质来说，三相点是个定值(T、p 确定不变)。热力学温标选用纯水的三相点作为温度的标准点。

气体、液体和固体是物质常见的三种聚集状态。随着科学技术的不断发展，人们发现有些化合物在一定温度范围内呈现液态的流动性和晶态的各向异性，取名为液晶态。液态、固态和液晶态统称为凝聚态。

课 外 读 物

[1]　王良御，廖松生. 液晶化学. 北京：科学出版社，1988

[2]　李芝芬. 国际实用温标(IPTS-68)和水的三相点测定的渊源. 大学化学，1990，(1)，58

［3］　屈德宇. 水的沸点不再是 100 ℃. 大学化学，1992，(6)，47

［4］　赵化桥. 等离子体化学及其应用. 大学化学，1994，(4)，1

［5］　E B Moore，V Molinero. Structural transformation in supercooled water controls the crystallization rate of ice. Nature，2011，479，506

［6］　C C Pradzynski，et al. A fully size-resolved perspective on the crystallization of water clusters. Science，2012，337，1529

思　考　题

1. 在常温常压呈液态的金属与非金属单质各有哪些？

2. 什么是临界温度？它与沸点有什么关系？

3. 在沸点以上，液体能否存在？在临界温度以上，液体能否存在？

4. 饱和蒸气压随温度变化的规律与理想气体压力随温度变化的规律有何不同？为什么？

5. 在一定温度下，饱和蒸气压与体积有什么关系？为什么？

6. 外压小于 1×10^2 kPa 时，沸腾现象是否存在？举例说明。

7. 在什么条件下，理想气体方程式可用于液体蒸气压的计算？

8. 化工生产上常用水蒸气加热，水蒸气由锅炉进入反应设备夹层。若水蒸气温度为 120 ℃，锅炉内的压力是多少？

9. 液体受热沸腾的温度-时间曲线是怎样的，有无过热现象？蒸气降温凝结成液体的温度-时间曲线又是什么样的，有无过冷现象？

10. 冰和水共存的体系，受热时温度是否变化？为什么？

11. 水的“三相点”温度、压力各是多少？它与冰点有何不同？

12. 在常温常压下，能看到干冰(CO_2)的升华，而不易看到冰(H_2O)的升华，为什么？

13. 液晶态具有哪些特征？你使用过哪种液晶制品？

14. 凝聚态包括哪些状态？

习　　题

3.1　参考临界点数值，判断 O_2、H_2、Cl_2、NH_3、C_4H_{10} 几种物质常温下在高压钢瓶里的存在状态。在使用过程中，氧气钢瓶的压力逐渐降低，而氯气钢瓶的压力几乎不变，为什么？

3.2　丙烯的蒸气压数据如下，试用作图法求：(1) 丙烯的正常沸点，(2) 丙烯的摩尔蒸发热。

温度/K	150	200	225	250
蒸气压/kPa	0.509	26.4	98.6	276.5

3.3　已知丙酮的正常沸点是 56.5 ℃，摩尔蒸发热是 30.3 kJ·mol^{-1}。试求在 20.0 ℃时丙酮的蒸气压。

3.4　参考附录 C.1 的数据，作图求水的摩尔蒸发热，并求 51.0 ℃时水的蒸气压。

3.5　在青藏高原某山地，测得水的沸点为 93 ℃，估计该地大气压是多少？

3.6　在一个体积为 482 cm^3 的密闭容器里有 0.105 g 水。在 50 ℃时，其中蒸气和液体各是多少？

3.7　实验测定液态溴在 25.0 ℃的饱和蒸气密度是 0.00194 g·cm^{-3}，计算液溴在 25.0 ℃时的蒸气压。

3.8 “0 ℃以下，100 ℃以上，H_2O 都不能以液态存在”，这种说法对吗？

3.9 在 20 ℃及恒定外压的条件下，若有 1.00 dm^3 含饱和水蒸气的空气通过焦性没食子酸溶液后，其中 O_2 全部被吸收，求剩余气体的总体积。（干燥空气的体积分数：O_2 为 21%，N_2 为 79%；忽略焦性没食子酸对水蒸气压的影响。）

3.10 在 293 K 和 101.3 kPa 条件下，有 1.00 dm^3 干燥空气（设其体积分数为：O_2 21.0%，N_2 79.0%）通过盛水气瓶后，饱和湿空气的总体积应是多少？湿空气中各气体的分压又是多少？

3.11 0.0396 g Zn-Al 合金片与过量的稀盐酸作用放出氢气，用排水集气法收集到氢气的体积为 27.10 cm^3（24.3 ℃，101 kPa）。求该合金的组成。

3.12 0.100 mol H_2 和 0.050 mol O_2 在一个 20.0 dm^3 的密闭容器中，用电火花使它们完全起反应生成水，然后冷却到 27 ℃，试求容器中的压力。

3.13 在 120 ℃的 5.0 dm^3 密闭容器中有 2.5 g H_2O。用计算说明：

(1) H_2O 完全以气态存在；　(2) 冷却到什么温度，水汽开始凝聚为液态？

3.14 参考图 3.7 和表 3.3，判断在下表四种条件下 H_2O 的存在状态各是什么？

温度/℃	15	20	30	30
压力/kPa	1.71	4.07	2.00	4.24
存在状态	(1)	(2)	(3)	(4)

3.15 国际单位制里，热力学温标选水的三相点为标准，而不用 H_2O 的冰点和沸点，为什么？

3.16 已知苯的临界点是 289 ℃，4.86 MPa，沸点是 80 ℃；三相点是 5 ℃，2.84 kPa。在三相点液态苯的密度是 0.894 $g \cdot cm^{-3}$，固态苯的密度是 1.005 $g \cdot cm^{-3}$。根据上述数据，画出苯在 0～300 ℃范围内的相图。（参照图 3.11，坐标可以不按比例。）

第 4 章 溶 液

两种或两种以上的物质混合形成均匀稳定的分散体系叫做**溶液**(solution)。按此定义,溶液可以是液态,也可以是气态或固态。例如,空气就是 O_2、N_2、Ar 等多种气体混合而成的气态溶液。由于气体分子间作用力很小,各种分子互不干扰,行动自由,所以气态溶液犹如气体的均匀混合物。在 2.3 节介绍的分压定律就是处理这类问题的。Zn 溶于 Cu 而成黄铜这是固态溶液,它是稳定均匀的分散体系,但组成元素原子间的作用力较强,结构也比较复杂。这类固态溶液属于"合金"的范畴。本章只讨论液态溶液的有关问题。一般我们把能溶解其他物质的化合物叫做**溶剂**(solvent),被溶解的物质叫做**溶质**(solute)。凡气体或固体溶于液体时,则称液体为溶剂,而称气体或固体为溶质。若两种液体相互溶解时,一般把量多的叫做溶剂,量少的叫做溶质。如啤酒的乙醇含量约为 4%,所以水是溶剂,乙醇是溶质。而白酒的乙醇含量可高达 60%,此时乙醇是溶剂,水是溶质了。也可以说啤酒是乙醇的水溶液,而白酒则是水的乙醇溶液。

溶液形成的过程总伴随着能量变化、体积变化,有时还有颜色变化。如 H_2SO_4 溶于水放热,而 NH_4NO_3 溶于水则吸热;50 cm^3 无水乙醇与 50 cm^3 水相溶的总体积小于 100 cm^3,而 50 cm^3 醋酸与 50 cm^3 水相溶的总体积却大于 100 cm^3;无水硫酸铜是白色粉末,溶于水却成蓝色溶液。这些现象说明,溶解不是机械混合的物理过程,而总伴有一定程度的化学变化。但这种变化又与通常的纯化学过程不同,因为用蒸馏、结晶等物理方法仍能很容易使溶质从溶剂中分离出来。所以说,溶解是一种特殊的物理化学过程。溶解实际上包括两个过程:(i) 溶质分子或离子的离散,需吸热以克服原有质点间的吸引力,从而使溶液体积增大;(ii) 溶剂分子与溶质分子间进行新的结合,也就是**溶剂化**的过程,这是放热的、体积缩小的过程。整个溶解过程是放热还是吸热,体积是缩小还是增大,全受这两个因素制约。颜色变化也与溶剂化有关:二价铜离子本身无色,但溶于水生成的水合铜离子则是蓝色的,$CuSO_4 \cdot 5H_2O$ 固体显蓝色,就是因为其中 Cu^{2+} 和 H_2O 生成 $Cu(H_2O)_4^{2+}$ 离子;而无水硫酸铜则是白色的。

不论化工生产上还是科学实验中都经常使用溶液。在制备与使用溶液时,首要的问题是浓度和溶解度:浓度是指溶液中溶剂和溶质的相对含量,溶解度是指饱和溶液中溶剂、溶质的相对含量。

溶液可分为电解质溶液和非电解质溶液。非电解质稀溶液具有某些共同的特性,称为依数性。电解质溶液则常偏离依数性定律。这些问题也是本章将要讨论的内容。最后还介绍一些胶体溶液的知识。

4.1 溶液的浓度

(Concentration of Solution)

若将水倒进浓硫酸(98%),因大量放热引起水的沸腾,并可能导致硫酸飞溅而伤人毁物,但将水倒进稀硫酸(如10%)则平静无事。铁和稀硫酸起置换反应放出氢气;但浓硫酸则可使铁钝化,在铁表面生成的致密的氧化膜可阻止硫酸继续和铁作用,因此浓硫酸可储存于铁制容器中。一浓一稀,性质迥异。配好一份溶液不仅要标明溶质和溶剂的名称(若是水溶液,只标明溶质即可),还必须注明浓度。

浓度的表示方法很多,可分为两大类:一类是用溶质与溶剂或溶液的相对量表示,它们的量可以用g(克),也可以用mol(摩尔);另一类是用一定体积溶液中所含溶质的量表示。

4.1.1 质量分数

质量分数为溶质的质量与溶液质量之比,符号为w,无量纲,可用分数或百分数表示(曾称质量百分浓度)。例如将10.0 g NaCl溶于100.0 g水,则其浓度为

$$w(\mathrm{NaCl})=\frac{10.0\ \mathrm{g}}{(100.0+10.0)\ \mathrm{g}}\times100\%=0.091=9.1\%$$

若将0.1 g NaCl溶于100 cm^3水,则NaCl的质量分数为0.1%。因为水的密度近似为1.0 $g\cdot cm^{-3}$,很稀的溶液中溶剂质量又近似等于溶液质量,所以

$$w(\mathrm{NaCl})=\frac{0.1\ \mathrm{g}}{(100+0.1)\mathrm{g}}\times100\%=0.001=0.1\%$$

但如果由此认为100 cm^3 水中所含溶质克数即为质量分数,则是不妥的。

4.1.2 摩尔分数或物质的量分数

摩尔分数为溶液中某组分的物质的量与各组分的物质的量之和的比值,符号为x,无量纲,可用分数或百分数表示。

溶质和溶剂的量都用物质的量表示,如将10.0 g NaCl和90.0 g水配制成的溶液,则

$$n(\mathrm{NaCl})=\frac{\text{质量}}{\text{摩尔质量}}=\frac{10.0\ \mathrm{g}}{58.4\ \mathrm{g\cdot mol^{-1}}}=0.171\ \mathrm{mol}$$

$$n(\mathrm{H_2O})=\frac{90.0\ \mathrm{g}}{18.0\ \mathrm{g\cdot mol^{-1}}}=5.00\ \mathrm{mol}$$

NaCl的摩尔分数: $$x(\mathrm{NaCl})=\frac{0.171\ \mathrm{mol}}{5.00\ \mathrm{mol}+0.171\ \mathrm{mol}}=0.033$$

H_2O的摩尔分数: $$x(\mathrm{H_2O})=\frac{5.00\ \mathrm{mol}}{5.00\ \mathrm{mol}+0.171\ \mathrm{mol}}=0.967$$

在化学反应中物质的质量比是复杂的,但其间物质的量之比是简单的,所以用摩尔分数表示浓度可以和化学反应直接联系起来。

无论溶液由多少种物质组成，其摩尔分数之和总是等于1，即溶质和溶剂摩尔分数之和为1，或摩尔百分数之和为100%。

4.1.3 质量摩尔浓度

质量摩尔浓度为溶质的物质的量除以溶剂的质量，符号为m，单位为$mol \cdot kg^{-1}$。

例如NaCl的摩尔质量为$58.4\ g \cdot mol^{-1}$，若将58.4 g的NaCl溶于1000 g水或5.84 g NaCl溶于100 g水，所得溶液的浓度都是$1.00\ mol \cdot kg^{-1}$。上述10% NaCl溶液的m=？这种溶液根据前面的计算得知90 g水中含有0.17 mol的NaCl，所以很容易求得1000 g水中含有1.9 mol的NaCl，即该溶液的质量摩尔浓度等于$1.9\ mol \cdot kg^{-1}$。

以上3种浓度的表示方法中，溶剂和溶质都用质量或物质的量表示，其优点是浓度数值不随温度变化，缺点是用天平或台秤来称量液体很不方便。在实验室里经常用量筒或容量瓶等来量度溶液体积，下面就介绍几种与溶液体积有关的浓度的表示方法。

4.1.4 体积分数

相同温度、压力下，溶液中某组分混合前的体积与混合前各组分的体积总和之比，称为某组分的体积分数，符号为φ，无量纲。例如，在20 ℃时将70 cm^3乙醇与30 cm^3水混合，则

$$\varphi(C_2H_5OH)=70\ cm^3/100\ cm^3=0.70=70\%$$

4.1.5 物质的量浓度

物质的量浓度简称浓度(曾称摩尔浓度)，是溶质的物质的量除以溶液体积，即溶液的单位体积中所含溶质物质的量，符号为c，单位为$mol \cdot L^{-1}$(或$mol \cdot dm^{-3}$，曾用M表示)、$mmol \cdot mL^{-1}$(或$mmol \cdot cm^{-3}$)。若将58.4 g NaCl溶于1.00 dm^3的水中，它的浓度并不是$1.00\ mol \cdot dm^{-3}$。因为溶解过程有体积变化，溶液的体积不等于1.00 dm^3。要配制$1.00\ mol \cdot dm^{-3}$的NaCl溶液，是先将58.4 g NaCl溶于水，然后再在容量瓶里冲稀到1.00 dm^3。上述10%的NaCl溶液换算为物质的量浓度该是多少？前者溶质和溶剂的量都用克表示，后者则用摩尔表示溶质的量，换算时要知道摩尔质量，并用dm^3表示溶液的量，所以换算时还要知道该溶液的密度。密度可以直接测量，也可查阅手册。例如，已知质量分数为10.0%的NaCl溶液在10 ℃时的密度$\rho=1.07\ g \cdot cm^{-3}$，NaCl的摩尔质量为$58.4\ g \cdot mol^{-1}$，那么

$$c(NaCl)=\frac{\text{溶质物质的量(mol)}}{1.00\ dm^3\text{(溶液的体积)}}$$

$$=\frac{10.0\ g/(58.4\ g \cdot mol^{-1})}{100.0\ g/(1.07\ g \cdot cm^{-3})}\times 1000\ cm^3 \cdot dm^{-3}$$

$$=1.83\ mol \cdot dm^{-3}$$

这种浓度表示法是实验室最常用的，只要用滴定管、量筒或移液管取一定体积的溶液，很容易计算其中所含溶质的量(mol)。如25 cm^3 $18\ mol \cdot dm^{-3}$的浓硫酸中所含H_2SO_4的量

$$n(H_2SO_4)=18\ mol \cdot dm^{-3}\times\frac{25\ cm^3}{1000\ cm^3 \cdot dm^{-3}}=0.45\ mol$$

此法的缺点是溶液密度或体积随温度略有变化。如 10% NaCl 溶液在 20 ℃ 时的 $\rho=1.07074\ g\cdot cm^{-3}$，10 ℃时的 $\rho=1.07411\ g\cdot cm^{-3}$。按 3 位有效数字计算，10 ℃和 20 ℃的浓度可以说没有差别；若按 4 位或 5 位有效数字计算，则 10 ℃和 20 ℃的浓度是略有不同的。所以在讨论有些理论问题时，浓度单位常用 $mol\cdot kg^{-1}$ 而不用 $mol\cdot dm^{-3}$。

以上几种浓度表示方法所表示的浓度值，可相当粗略，也可十分精确。如用台秤、量筒配制的 NaCl 溶液，其浓度值可以取 2 位有效数字，如 10%，或 $1.9\ mol\cdot kg^{-1}$ 或 $1.8\ mol\cdot dm^{-3}$ 等；若用分析天平精确称出 0.7212 g NaCl，用容量瓶配制成 $100.0\ cm^3$ 溶液，则其浓度可精确地表示为 $0.1234\ mol\cdot dm^{-3}$(4 位有效数字)。

$$c(\mathrm{NaCl})=\frac{0.7212\ g}{58.44\ g\cdot mol^{-1}}\times\frac{1000\ cm^3\cdot dm^{-3}}{100.0\ cm^3}=0.1234\ mol\cdot dm^{-3}$$

商品硫酸、硝酸、盐酸都是浓溶液，工作中需用各种浓度的试剂，可按比例加水冲稀配制。

【例 4.1】 市售浓硫酸密度为 $1.84\ g\cdot cm^{-3}$，质量分数为 98%，现需 $1.0\ dm^3$ $2.0\ mol\cdot dm^{-3}$ 的硫酸，应怎样配制？

解 稀释前后溶质 H_2SO_4 的质量不变，H_2SO_4 的摩尔质量为 $98\ g\cdot mol^{-1}$，设需用浓硫酸 $x\ (cm^3)$，则

$$1.0\ dm^3\times 2.0\ mol\cdot dm^{-3}\times 98\ g\cdot mol^{-1}=x\times 1.84\ g\cdot cm^{-3}\times 98\%$$

$$x=1.1\times 10^2\ cm^3$$

用量筒取 $110\ cm^3$ 浓硫酸，慢慢倒入盛有大半杯水的 1 L 烧杯中，搅拌，待溶液冷却后，再转入试剂瓶，加水冲稀到 $1.0\ dm^3$，并摇匀。

此外，还有 2 种浓度粗略表示法，尽管不规范，但实用而方便，被广泛采用。

4.1.6 比例浓度

实验室常用 1∶1 盐酸来溶解矿物样，这种用比例表示的浓度是指用市售浓盐酸(含 HCl 37%，$12\ mol\cdot dm^{-3}$)和水按体积比 1∶1 配制的。取 $100\ cm^3$ 浓盐酸加 $100\ cm^3$ 水，配成的溶液浓度为 1∶1 的盐酸。这种表示方法极简单，这样的溶液也最容易配制。但由于商品浓盐酸的浓度是粗略的，比例浓度当然也是粗略的，在溶解样品过程中并不需要知道盐酸的精确浓度。如直接用浓盐酸溶矿，会有大量 HCl 挥发，污染空气；用太稀的盐酸往往速率太慢，使用 1∶1 的盐酸较为合适。这种浓度表示方法也常用于硝酸、硫酸、氨水等市售试剂的配制。

4.1.7 ppm 和 ppb

微量成分的浓度过去常用 ppm(10^{-6}，百万分之一，parts per million)或 ppb(10^{-9}，十亿分之一，parts per billion)来表示，可以指质量，也可以指物质的量，有时也指体积。对气态溶液常指物质的量或体积，如空气中 SO_2 的浓度在 0.2 ppm 左右对植物生长会有很大伤害，会使支气管炎患者咳嗽不止。0.2 ppm 就是指 10^6 mol 空气中有 0.2 mol SO_2(或 100 万体积空气分子中有 0.2 体积 SO_2 分子)。对液态溶液来说，则往往指质量。如某化工厂污水中含汞量为 6 ppm，即指 10^6 g 水中含 6 g 汞。在研究微量元素时，常用 ppm 来表示它们的浓度。

按国际纯粹与应用化学联合会(IUPAC)的现行规定,ppm 和 ppb 不应再使用。其理由是这个概念存在模糊之处:(i) 指质量比还是体积比,不明确;(ii) ppb 中的 billion 在欧洲表示 10^{12},而在美国则表示 10^9。目前,浓度表示还可以用单位体积中物质的质量来表示,如 $mg \cdot m^{-3}$,$\mu g \cdot m^{-3}$。

综上所述,浓度的表示方法多种多样,都表明溶剂和溶质的相对含量,根据不同的需要,采用不同的表示方法。它们之间都可相互换算。

4.2 溶 解 度
(Solubility)

4.2.1 溶解度及其经验规律

在 20℃,将 5.855 g NaCl 溶于 100 g 水中,得到浓度为 5.53%或 1.00 $mol \cdot kg^{-1}$ 的溶液。若将 35.7 g NaCl 溶于 100 g 水中,则其浓度为 26.3%或 6.11 $mol \cdot kg^{-1}$。在 20℃,100 g 水中最多只能溶解 35.9 g NaCl,再多就溶解不了,固体 NaCl 和溶液共存。表观地看,溶液中 Na^+、Cl^- 的含量和固相 NaCl 的量都不再变化;微观地看则不然,固体 NaCl 仍不断溶解,而溶液中的 Na^+ 和 Cl^- 也不断结晶析出,这就形成了溶解过程的动态平衡①。这正好说明固-液两相界面的离子处于不停运动的状态。这种与溶质固体共存的溶液叫**饱和溶液**(saturated solution)。在一定温度与压力下,一定量饱和溶液中溶质的含量叫溶解度,或者说溶解度表明了饱和溶液中溶质和溶剂的相对含量。IUPAC 建议用饱和溶液的浓度 c_b 表示溶解度 s_b,即 $s_b = c_b$,单位为 $mol \cdot cm^{-3}$ 或 $mol \cdot dm^{-3}$。习惯上最常用 100 g 溶剂所能溶解溶质的最大克数表示溶解度,如在 20℃ NaCl 在水中的溶解度是 35.9 g/100 g 水。对固体溶质而言,温度对溶解度有明显的影响,而压力的影响极小,所以在常压下,一般只注明温度而不必注明压力。但是气体溶质的溶解度必须同时注明温度与压力,并且因为气体不易称量而便于量体积,所以常用气体体积表示溶解量。如在 20℃、93.2 kPa 时,NH_3 气在水中的溶解度为 653 cm^3/cm^3 H_2O,即 1 体积水中可溶解 653 体积的 NH_3;此外,还用 cm^3/100 g H_2O 表示。

物质的溶解度数据在实际工作中非常有用。各种化学手册都载有常见的无机物、有机物在常温常压下在各种溶剂中的溶解度数据,也有专门的溶解度手册,详载不同温度和压力下的各种溶解度数据。不同溶质在同一溶剂中的溶解度不同;同一溶质在不同溶剂中的溶解度不同;同一溶质在同一溶剂中的溶解度随温度不同而不同;同一溶质(气体)在同一溶剂中的溶解度随压力不同而不同。表 4.1 和表 4.2 分别给出了几种固体和气体的溶解度数据。由表 4.1 可见,固体在水中有溶解性很强的,如 NaCl、KOH、$AgNO_3$ 等,也有溶解性差的,如 TlI、$Ca(OH)_2$。随温度升高固体在水中的溶解度通常增大,有些变化显著,如 $K_2Cr_2O_7$、$AgNO_3$,也有变化不大的如 NaCl。还有少数物质,在水中的溶解度随温度升高而减小,如 $Ce_2(SO_4)_3 \cdot 9H_2O$、$Ca(OH)_2$,或者随温度升高先增大再减小,如 Na_2SO_4 和 $MnSO_4$。由表 4.2 可见,气体的溶解度随温度升高而减小,随压力增大而增大。

---

① 若将一块缺角的 NaCl 晶体放进它的饱和溶液中,过了相当时间之后,这个缺角会补上。若将带有标记同位素 Cl^* 的 NaCl 固体,放进一般饱和 NaCl 溶液中,过一定时间之后发现溶液中也有标记 Cl^* 的氯离子。这些实验结果都是溶解动态平衡的有力证明。

表 4.1 几种物质的溶解度 *s*(单位：g/100 g H_2O)与温度的关系

化合物	0℃	20℃	40℃	60℃	80℃	100℃
NaCl	35.7	35.9	36.4	37.1	38.0	39.2
KOH	95.7	112	134	154	—	—
$K_2Cr_2O_7$	4.7	12.3	26.3	45.6	73.0	—
$AgNO_3$	122	216	311	440	585	733
TlI	0.002	0.006	0.015	0.035	0.070	0.120
$Ce_2(SO_4)_3\cdot 9H_2O$	21.4	9.84	5.63	3.87	—	—
$Ca(OH)_2$	0.189	0.173	0.141	0.121	—	0.076
Na_2SO_4	4.9	19.5	48.8	45.3	43.7	42.5
$MnSO_4$	52.9	62.9	60.0	53.6	45.6	35.3

表 4.2 几种气体的溶解度

气 体	条 件		$\frac{s^*}{cm^3/100\ g\ 溶剂}$		结 论
H_2	0 ℃	101 kPa	2.14	(水)	相同压力下，温度高，溶解度小
	80 ℃	101 kPa	0.88	(水)	
NH_3	20 ℃	93.2 kPa	65.3×10^3	(水)	相同温度下，压力大，溶解度大
	20 ℃	266 kPa	126×10^3	(水)	
C_2H_2	18 ℃	101 kPa	100	(水)	同温同压下，溶剂不同，溶解度不同
	18 ℃	101 kPa	769	(乙醇)	

* 体积已换算到 0 ℃、101 kPa 时的状况

关于溶解度的规律性至今尚无完整的理论。归纳大量实验事实所获得的经验规律是“相似者相溶”原理，即物质结构越相似，越容易相溶。溶解过程是溶剂分子拆散、溶质分子拆散、溶剂与溶质分子相结合(溶剂化)的过程。凡溶质与溶剂的结构越相似，溶解前后分子周围作用力的变化越小，这样的过程就越容易发生。

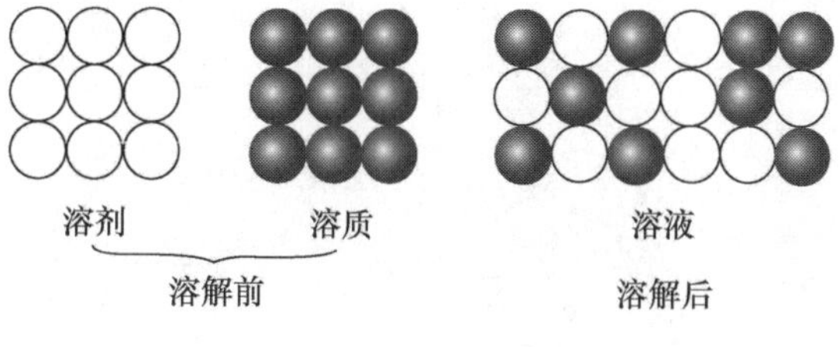

图 4.1 溶解前后分子周围作用力的变化

例如：水(HOH)和乙醇(C_2H_5OH)都含 OH 基且乙醇中有机基团相对较小，可以说结构很相似，故它们能无限相溶；而水和戊醇(C_5H_9OH)虽都含有 OH 基，但戊醇的碳氢链相当长，故它们只是有限相溶。煤油的主要成分是 $C_8\sim C_{16}$ 的烷烃，它与水的结构毫无相似之处，故它们不互溶；而乙醇含有 1 个 C_2H_5 基，它和煤油的烷烃链略有相似之处，所以它们能部分相溶。又如过去常用的杀虫剂 DDT，其结构与四氯化碳、氯仿($CHCl_3$)相似，分子极性很小，所以 DDT 难溶于极性溶剂水，而易溶于低极性的溶剂之中。DDT 在室温的溶解度约为

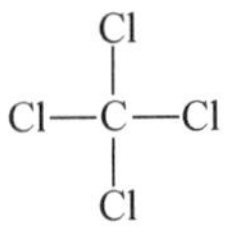
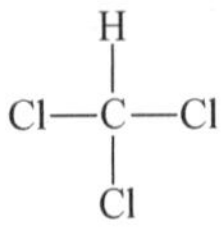
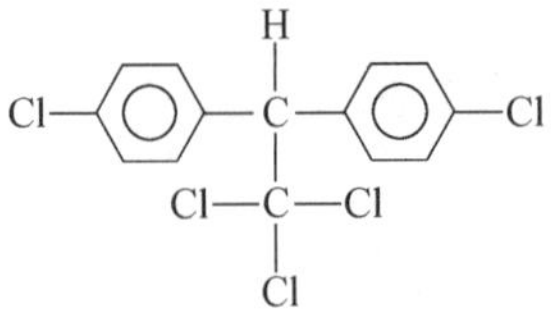

CCl_4　　$CHCl_3$　　DDT

10^{-7} g/100 g H_2O，且不易降解，因此这种杀虫剂能持久存在于环境之中，被它污染的土壤也就很难被雨水冲洗干净。鱼类、禽兽吃了被 DDT 污染的食物之后，DDT 就富集到它们的脂肪组织中去。所以这种杀虫剂虽然杀虫效果很好，但现已被禁止使用。

结构相似的一类固体，熔点越低，其分子间作用力越近似于液体，在结构类似的液体中的溶解度也越大。如蒽、菲、萘、联苯的熔点依次降低，它们在苯中的溶解度依次增大（见表 4.3）；而结构相似的一类气体，沸点越高，分子间作用力越近似于液体，它们在液体中的溶解度也越大。例如 H_2、N_2、O_2、Cl_2 都是双原子分子，沸点依次升高，在水中的溶解度也依次增加（见表 4.4）。

表 4.3　固体烃类的熔点与在苯中的溶解度（25 ℃，溶质摩尔分数）

溶　　质		熔点/℃	溶解度（$x_{溶质}$）
蒽　$C_{14}H_{10}$	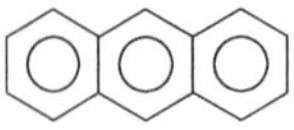	215	0.008
菲　$C_{14}H_{10}$	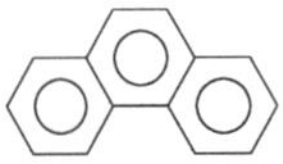	100	0.21
萘　$C_{10}H_8$	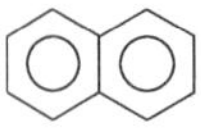	80	0.26
联苯　$C_{12}H_{10}$	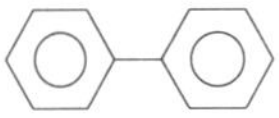	71	0.39

表 4.4　几种气体的沸点和在水中的溶解度

气　　体	沸点/K	0 ℃、101 kPa 下在水中溶解度 / cm^3/100 g H_2O
H_2	20	2.1
N_2	77	2.4
O_2	90	4.9
Cl_2	239	461.0

相似相溶原理，在讨论分子型物质时，比较成功。对于离子型化合物，如 NaCl、K_2SO_4 易溶于强极性的水中，但难溶于非极性的苯、乙醚等有机溶剂，这也符合相似相溶原理。而 $BaCO_3$、$BaSO_4$、LiF 虽然也属离子型化合物，但它们在水中的溶解度都很小，这涉及其他若干问题，比较复杂，此处不多述。

4.2.2　溶解度经验规律的应用

上述各种经验规律有广泛应用，现举几例说明。

1. 硫酸铜的重结晶

粗制的 $CuSO_4\cdot 5H_2O$，往往含 Fe^{3+}、NO_3^- 等杂质，可用重结晶法提纯：将粗品溶于热水，并适当蒸发浓缩以使 $CuSO_4$ 在高温近于饱和，慢慢冷却，$CuSO_4\cdot 5H_2O$ 即结晶析出；而杂质 $Fe(NO_3)_3$ 等因含量少，在冷却时并未达到饱和而仍留在溶液中，过滤便可得到较纯的硫酸铜。这个过程中就应用了 $CuSO_4\cdot 5H_2O$ 与 $Fe(NO_3)_3\cdot 6H_2O$ 等在高温及室温的不同溶解度关系。

2. 从草木灰中提取钾盐

稻草、麦秆烧成的草木灰中含有多种钾盐，如 KCl、K_2CO_3、K_2SO_4 等。它们在水中的溶解度不同，随温度升高，各溶解度曲线上升的陡度也不相同。表 4.5 列出了这几种钾盐在不同温度时的溶解度数据。图 4.2 是这些钾盐的溶解度曲线。根据原料组成情况，经过试验，控制适当的溶解、蒸发浓缩条件，掌握好温度、浓度条件，可以分别得到粗制的 KCl、K_2SO_4 和 K_2CO_3，它们在提纯之后，都可用为化工原料。表 4.5 中的数据是指一种盐单独在水中的溶解度。若几种盐同时溶于水，其溶解度将互有影响，这些互溶度可从专门手册或有关相图查阅。

表 4.5 几种钾盐的溶解度

$\frac{s}{g/100\ g\ H_2O}$	KCl	K_2CO_3	K_2SO_4
0℃	28.0	105	7.4
20℃	34.2	111	11.1
40℃	40.1	117	14.8
60℃	45.8	127	18.2
80℃	51.3	140	21.4
100℃	56.3	156	24.1

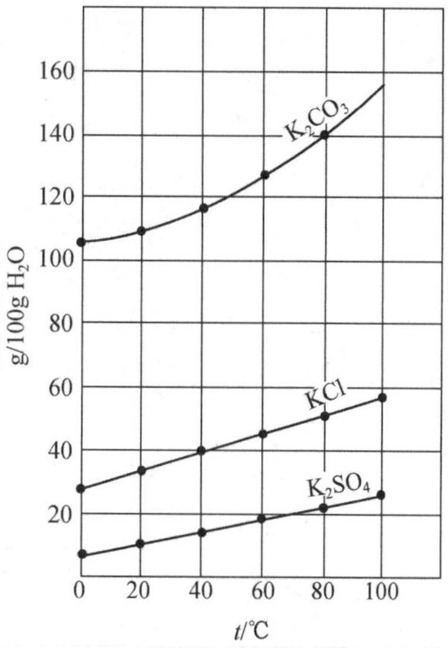

图 4.2 几种钾盐溶解度曲线

3. 用 CCl_4 萃取水中的碘

20 ℃时，I_2 在水中的溶解度为 0.0285 g/100 g H_2O，而在 CCl_4 中的溶解度比在水中的大得多，为 2.4 g/100 g CCl_4。CCl_4 是非极性分子，H_2O 是极性分子，两者互不相溶。所以将 CCl_4 和碘水放在一起充分振荡，静置片刻，CCl_4 和水分层后，大部分的 I_2 已由水层转移到 CCl_4 层。I_2 溶于 CCl_4 呈特征的紫红色，用这种办法可定性检验 I_2 的存在。像这种物质由一相转移到另一相的过程称为**萃取**。利用两种不互溶的溶剂（如 H_2O 和 CCl_4），使溶质（如 I_2）由溶解度较小的液层转移到溶解度较大的液层以进行分离的方法叫物理萃取（physical extraction）；而多数的萃取过程属于化学萃取（chemical extraction），即被萃取的物质由一个液相转移到另一个液相的过程不只是由于它们在两相溶解度的差别，而是被萃物与萃取溶剂发生了化学作用。萃取是当今分离提纯的一种重要方法。

4. 氦空气

这是专供潜水员用的一种含氦的空气。一般空气中氮的体积分数约为 78%。N_2 在血液中的溶解度随压力增加而增加。潜水员在深海呼吸的空气压力若为 1×10^3 kPa，当他回到地面时，压力即降到 1×10^2 kPa，N_2 的溶解度突然降低，便有许多 N_2 的气泡从体液内逸出，这些气泡会影响血液循环并妨碍神经活动，这就是会使人致命的“沉潜病”。减轻这种病发生的一种办法是用 He 代替 N_2。氦是沸点最低（−269 ℃）的气体，也是在水中溶解度最小的气体（在 0 ℃、101 kPa 下，100 g 水中能溶解 0.94 cm^3 He），因而在减压时逸出的气体就少得多。所以，深海潜水员最宜使用 He - O_2 混合气。

4.2.3　过饱和

以上讨论的溶解度问题都是指正常饱和溶液的平衡状态。实际工作中还会遇到一些“过饱和”的非平衡状态。如醋酸钠(NaAc)在 20 ℃时的溶解度是 46 g/100 g H_2O，在 50 ℃时是 83 g/100 g H_2O。若在 50 ℃将 NaAc 溶于 100 g 水制得一份饱和溶液，冷却到 20 ℃，应有 37 g NaAc 结晶析出，但当我们把这份 50 ℃的饱和溶液趁热小心过滤，并使它一尘不染，静止不动，冷却到 20 ℃，并没有晶体析出。这种溶液叫**过饱和溶液**，其中溶质的含量超过了平衡状态所能溶解的最高量。这是一种暂时的、不稳定的非平衡状态，只要投入一小粒 NaAc 结晶(称晶种)或一些尘土，或用搅棒用力摩擦器壁，过剩的 37 g NaAc 便会很快全部析出。

从分子运动的角度看，过饱和现象产生的原因是：液体分子不停地做无规则运动，而固体分子在晶体中的排列则是有规则的。结晶过程是分子或离子从无序运动到有序排列的过程，加入的晶种(或尘埃)或因机械摩擦形成的碎粒，成为结晶中心，都为有规则的排列创造了条件，促使结晶析出。过饱和现象普遍存在，一般说结构越复杂，过饱和现象越严重。如 NaAc 比 NaCl 容易过饱和，糖比盐容易过饱和。化工生产中常为“过饱和”现象烦恼：或结晶姗姗来迟，或突然析出大量结晶而影响产品纯度。但有时却也能巧妙地利用“过饱和”来处理问题。例如硼砂($Na_2B_4O_7$)过饱和现象很严重，在盐湖工业中利用它的过饱和性，使 KCl 先析出再加晶种，可获得较纯的硼砂。粗糖溶于水，适当蒸发浓缩，趁其过饱和之际，用过滤法除去不溶性杂质，然后再加晶种，能得到结晶状的糖(砂糖、冰糖)。

4.3　非电解质稀溶液的依数性

(The Colligative Properties of Dilute Nonelectrolyte Solution)

溶液有电解质溶液和非电解质溶液之分。非电解质溶液的性质比电解质溶液的简单些。溶液有浓有稀，实际工作中浓溶液居多，但稀溶液在化学发展中却占有重要地位，像理想气体一样，这种溶液有共同的规律性。人们最先认识非电解质稀溶液的规律，然后再逐步认识电解质稀溶液及浓溶液的规律。

各种溶液各有其特性，但有几种性质是一般稀溶液所共有的，这类性质与浓度有关，而与溶质的性质无关，并且测定了一种性质还能推算其他几种性质。Ostwald 把这类性质命名为**依数性**(colligative properties)，这些性质包括蒸气压(p)下降、沸点(t_b)升高、凝固点(t_f)降低和渗透压(Π)。参看表 4.6 数据可见，0.5 mol · kg^{-1} 糖水和 0.5 mol · kg^{-1} 尿素水溶液的沸点都比纯水高，并且升高的程度差不多；它们的凝固点都比纯水的低，降低的程度也差不多。而在 20 ℃这两种溶液的密度差别却很大，所以密度不是依数性。其他，如颜色、黏度、化学性质、气味等均与溶质有关，都不是依数性。

表 4.6　溶液的几种性质

	t_b/℃	t_f/℃	ρ/(g · cm^{-3})(20 ℃)
纯水	100.00	0.00	0.9982
0.5 mol · kg^{-1} 糖水	100.27	−0.93	1.0687
0.5 mol · kg^{-1} 尿素水溶液	100.24	−0.94	1.0012

4.3.1 蒸气压下降

用图 4.3 的装置，左管盛丙酮，右管盛苯甲酸的丙酮溶液，两管由 U 形压力计相连接。装置放入 56 ℃的恒温水浴里，可定性地观察到压力计的水银面右柱高于左柱，这表明纯丙酮液体的蒸气压大于苯甲酸的丙酮溶液的蒸气压。

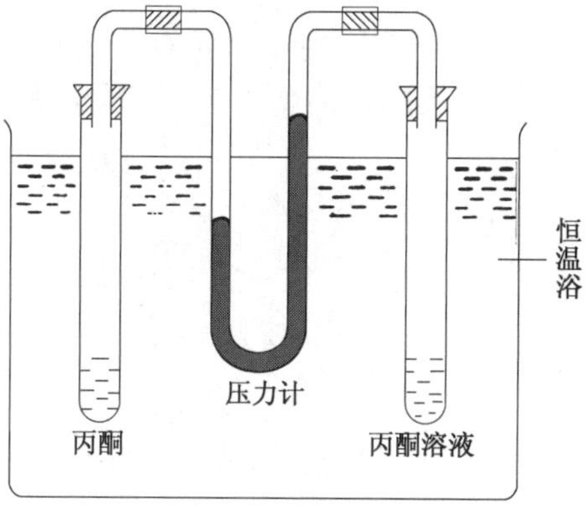

图 4.3 溶液蒸气压的下降

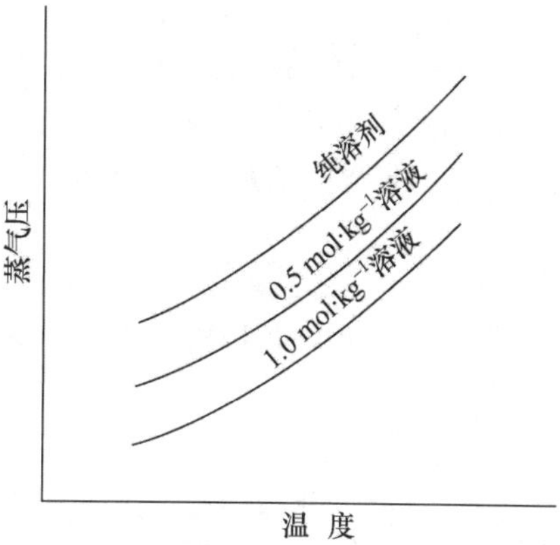

图 4.4 纯溶剂与溶液蒸气压曲线

例如实验测得在 25 ℃，水的饱和蒸气压 $p(H_2O)=3.17$ kPa，而 0.5 mol·kg^{-1}糖水的蒸气压则为 3.14 kPa，1.0 mol·kg^{-1}糖水的蒸气压为 3.11 kPa。总之，溶液的蒸气压比纯溶剂低，并且溶液浓度越大，蒸气压下降越多。纯溶剂的蒸气压是随温度升高而增加的，溶液的蒸气压也随温度升高而增加，但总是低于纯溶剂。图 4.4 用蒸气压曲线表示这种关系。

19 世纪中叶，von Babo 曾研究过溶液蒸气压相对降低值$(p_0-p)/p_0$ 或 $\Delta p/p_0$ 与浓度的关系(此处 p_0 为纯溶剂的蒸气压，p 为溶液的蒸气压，两者之差即 Δp)。到 19 世纪 80 年代，Raoult 研究了几十种溶液蒸气压下降与浓度的关系。表 4.7 列举了 Raoult 在研究硝基苯的乙醚溶液时所取得的实验结果。

表 4.7 硝基苯的乙醚溶液的蒸气压相对降低

硝基苯的摩尔分数 x_2	$\dfrac{p_0-p}{p_0}$	$\dfrac{p_0-p}{p_0x_2}$
0.060	0.0554	0.92
0.092	0.086	0.94
0.096	0.091	0.95
0.130	0.132	1.02
0.077	0.081	1.06

表 4.7 中溶液浓度用溶质(硝基苯)的摩尔分数 x_2 表示，这几种乙醚溶液尽管浓度不同，但$(p_0-p)/p_0x_2$ 几乎都等于 1，也就可以表达为

$$\frac{p_0-p}{p_0}\approx x_2 \quad 或 \quad p_0-p=\Delta p\approx p_0x_2 \tag{4.1}$$

这就是1887年Raoult最初提出的适用非挥发性、非电解质稀溶液的经验公式，即**溶液蒸气压相对降低值与溶质的浓度成正比**。最初(4.1)式仅是一个经验公式，后来van't Hoff用热力学方法论证了这个经验公式与其他几个依数性的关系，才把(4.1)式命名为Raoult定律。这个定律也可用其他方式表示，如

$$p\approx p_0(1-x_2)=p_0x_1 \tag{4.2}$$

式中：x_1为溶剂的摩尔分数。若溶质为n_2(mol)，溶剂为n_1(mol)，则$x_2=n_2/(n_1+n_2)$，当溶液很稀时，因$n_1\gg n_2$，所以$x_2\approx n_2/n_1$。如取1000 g溶剂，并已知溶剂摩尔质量为M，则$n_1=1000/M$，按质量摩尔浓度定义在数值上$n_2=m$，所以

$$x_2=\frac{n_2}{n_1+n_2}\approx\frac{n_2}{n_1}=m\frac{M}{1000}$$

因此，对很稀的溶液，(4.1)式可以改写为

$$\Delta p=p_0x_2=p_0\frac{M}{1000}m=km \tag{4.3}$$

式中：比例常数$k=p_0M/1000$。(4.3)式表明：溶液蒸气压的下降Δp与质量摩尔浓度(m)成正比，比例常数k取决于纯溶剂的蒸气压p_0和摩尔质量M。(4.1)～(4.3)式都表明溶液蒸气压的下降与溶液浓度有关，而与溶质的种类无关。

由分子运动理论可以对Raoult定律作微观的定性解释。当气体和液体处于相平衡时，液态分子气化的数目和气态分子凝聚的数目应相等。若溶质不挥发，则溶液的蒸气压全由溶剂分子挥发所产生，所以由液相逸出的溶剂分子数目自然与溶剂的摩尔分数成正比，气相中溶剂分子的多少决定了蒸气压的大小，即

$$\frac{溶液的蒸气压}{纯溶剂的蒸气压}=\frac{溶剂的摩尔分数\ x_1}{纯溶剂的摩尔分数(为1)}$$

即

$$\frac{p}{p_0}=\frac{x_1}{1} \qquad 或 \qquad p=p_0x_1$$

Raoult定律适用的范围是：溶质是**非电解质**，并且是**非挥发性**的，溶液必须是**稀**的。表4.8列举了一些糖水溶液的蒸气压降低的计算值，与实验值相当吻合。

表4.8 在20℃时，糖水溶液的蒸气压降低

$\frac{c}{\text{mol}\cdot\text{kg}^{-1}}$	Δp(实验值)/Pa	Δp(计算值)/Pa
0.0984	4.1	4.1
0.3945	16.4	16.5
0.5858	24.8	24.8
0.9968	41.3	41.0

若**溶质是挥发性**的，溶液的蒸气压则等于溶剂蒸气压与溶质蒸气压之和。对理想溶液而言，溶剂、溶质的蒸气压都可用Raoult定律计算，详见本章习题4.15。所谓理想溶液，是指溶质与溶剂分子间作用力和溶剂间分子作用力几乎相同，或者说溶质对溶剂分子间作用力没有

明显影响，溶解过程几乎没有热效应、没有体积变化。稀溶液近乎理想状态，结构很相似的物质也能形成理想溶液，如甲醇和乙醇、苯和甲苯等。

【例 4.2】 已知 20 ℃时水的饱和蒸气压为 2.34 kPa，将 17.1 g 蔗糖($C_{12}H_{22}O_{11}$)溶于 100 g 水。计算所得溶液的蒸气压。

解 蔗糖的摩尔质量 $M = 342\ \text{g}\cdot\text{mol}^{-1}$，则其溶液浓度

$$c=\frac{17.1\ \text{g}}{342\ \text{g}\cdot\text{mol}^{-1}}\times\frac{1000\ \text{g}\ H_2O/1\ \text{kg}}{100\ \text{g}\ H_2O}=0.500\ \text{mol}\cdot\text{kg}^{-1}$$

H_2O 的摩尔分数

$$x(H_2O)=\frac{\dfrac{1000\ \text{g}}{18.0\ \text{g}\cdot\text{mol}^{-1}}}{\dfrac{1000\ \text{g}}{18.0\ \text{g}\cdot\text{mol}^{-1}}+0.500\ \text{mol}}=\frac{55.5\ \text{mol}}{(55.5+0.5)\text{mol}}=0.991$$

代入(4.2)式，蔗糖溶液的蒸气压

$$p=p_0x(H_2O)=2.34\ \text{kPa}\times0.991=2.32\ \text{kPa}$$

蒸气压的降低既然只与摩尔分数有关，而这种浓度表示方法是与溶质及溶剂的摩尔质量有关，所以由实验测得蒸气压下降值 Δp，即可求出溶液浓度，进而计算溶质的摩尔质量。气体或容易挥发的液体可用理想气体状态方程求摩尔质量。而难挥发的液体或固体，则可从其稀溶液的依数性测定摩尔质量。

【例 4.3】 已知在 20 ℃苯的蒸气压为 9.99 kPa，现称取 1.07 g 苯甲酸乙酯溶于 10.0 g 苯中，测得溶液蒸气压为 9.49 kPa。试求苯甲酸乙酯的摩尔质量。

解 设摩尔质量为 M，利用(4.1)式，$\Delta p=p_0x_2$，即

$$(9.99-9.49)\text{kPa}=9.99\ \text{kPa}\times\left(\frac{\dfrac{1.07\ \text{g}}{M}}{\dfrac{1.07\ \text{g}}{M}+\dfrac{10.0\ \text{g}}{78.0\ \text{g}\cdot\text{mol}^{-1}}}\right)$$

$$M=158\ \text{g}\cdot\text{mol}^{-1}$$

苯甲酸乙酯的分子式是 $C_6H_5COOC_2H_5$，按此计算摩尔质量应为 150 $\text{g}\cdot\text{mol}^{-1}$，与实验值基本相符。由于蒸气压不容易测准，所以用这个方法求得的摩尔质量也不很准确。

盐的潮解 物质表面具有吸附空气中水分子的能力，并在表面形成局部饱和溶液。它的水蒸气压若低于大气中的水蒸气压，水分子则向物质表面移动，发生潮解现象。饱和溶液的水蒸气压总是低于相同温度下纯水的饱和蒸气压 $p(H_2O)$，而大气中的水分压 $p'(H_2O)$ 则随气候条件而变化，空气的潮湿程度用相对湿度表示：

$$H=p'(H_2O)/p(H_2O)\times100\%$$

如在 25 ℃ $MgCl_2$ 饱和溶液的蒸气压为 1.05 kPa，当空气中的水分压大于 1.05 kPa，或相对湿度大于 33.0%时，$MgCl_2\cdot6H_2O$ 就会潮解：

$$MgCl_2\cdot6H_2O(s)+(x-6)H_2O(g)\longrightarrow MgCl_2\cdot xH_2O(aq)$$

潮解现象的产生不仅与物质的性质有关，也与空气中的相对湿度有关。表4.9列举了几种物质，在20℃和25℃发生潮解现象的相对湿度。从表中数据可见，在室温KCl、NaCl在很潮湿的天气才会潮解，而KOH、$LiCl \cdot H_2O$在相对湿度很低的情况下就会潮解。

表4.9 几种物质潮解的相对湿度

物 质	H/(%)	
	25℃	20℃
KCl	85.0	84.3
NaCl	75.7	75.3
$K_2CO_3 \cdot 2H_2O$	44	42.8
$MgCl_2 \cdot 6H_2O$	33	33.0
$LiCl \cdot H_2O$	12	10.2
KOH	9	8

反之，有些水合物的水蒸气压若大于空气中水蒸气压，就会失去水分；水合物在大气中失去H_2O称**风化**。如$Na_2SO_4 \cdot 10H_2O$在25℃，蒸气压为2.5 kPa，当相对湿度低于79%即发生风化，变成无水硫酸钠。

$$Na_2SO_4 \cdot 10H_2O(s) \rightleftharpoons Na_2SO_4(s) + 10H_2O(g)$$

4.3.2 沸点升高

液体的蒸气压随温度升高而增加，当蒸气压等于外界压力时，液体就沸腾，这个温度就是液体的沸点。某纯溶剂的沸点为T_b^0，因非挥发性溶质溶液的蒸气压低于纯溶剂，所以在T_b^0时，溶液的蒸气压就小于外压。当温度继续升高到T_b时，溶液的蒸气压等于外压，溶液才沸腾，T_b和T_b^0之差即为溶液沸点升高ΔT_b[①]。溶液越浓，其蒸气压下降越多，则沸点升高越多。图4.5表示出这种关系。溶液沸点的高低视其蒸气压的大小而定，而在Raoult定律适用的范围内，溶液蒸气压的降低与质量摩尔浓度成正比（$\Delta p = km$）。**溶液沸点的升高ΔT_b（即$T_b - T_b^0$）也与质量摩尔浓度成正比**，即

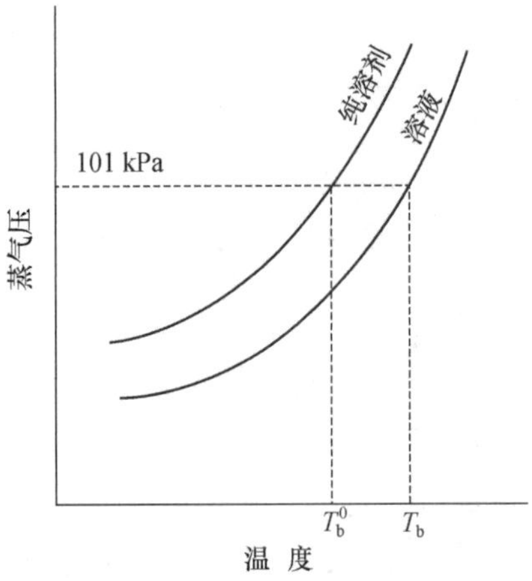

图4.5 溶液的沸点升高

$$\Delta T_b \propto \Delta p$$

$$\Delta T_b = k\Delta p = kp_0 x_2 \approx kp_0 \frac{n_2}{n_1}$$

$$= kp_0 \frac{m}{1000/M_{剂}} = K_b m$$

即
$$\Delta T_b = K_b m \tag{4.4}$$

式中：K_b是沸点升高常数（boiling point constant），与溶剂的摩尔质量、沸点、气化热有关[②]。

K_b可由理论推算，也可由实验测定，直接测定几种浓度不同的稀溶液的ΔT_b，然后将$\Delta T_b/m$对m作图。外推$(\Delta T_b/m)_{m\to 0}$可得K_b，K_b的物理意义可以看做是浓度$m = 1\ mol \cdot kg^{-1}$时的溶液沸点升高值，所以K_b也叫摩尔沸点升高常数，其单位为$K \cdot kg \cdot mol^{-1}$（或℃ $\cdot kg \cdot mol^{-1}$），不过它不是由直接测定$1\ mol \cdot kg^{-1}$溶液的沸点求得的，而是由测定更稀溶液的沸点，再用外延法求得的。因为$1\ mol \cdot kg^{-1}$的溶液过浓，线性关系不太好，而且有些物质溶解度很小，

① 若溶质和溶剂都是挥发性物质，当它们的蒸气压之和等于外压，溶液就沸腾，沸点不一定升高。

② 由Raoult定律和热力学公式可以导出$K_b = \frac{RT^2M}{\Delta H_m \cdot 1000}$。式中：$T$是溶剂的沸点，$M$是溶剂的摩尔质量，$\Delta H_m$是溶剂的摩尔气化热，$R$是摩尔气体常数。

也不能配制 1 mol·kg^{-1}的溶液。这和理想气体摩尔体积(22.414 dm^3·mol^{-1})的测定相似,都是用外延法求得的。几种常见溶剂的 K_b 列于表 4.10。

表 4.10 常见溶剂的 K_b 和 K_f *

溶剂	t_b/℃	K_b/(K·kg·mol^{-1})	t_f/℃	K_f/(K·kg·mol^{-1})
水	100.0	0.513	0.0	1.86
乙醇	78.2	1.23	−114	—
丙酮	56	1.80	−95	—
苯	80	2.64	6	5.07
乙酸	118	3.22	17	3.63
氯仿	61	3.80	−64	—
萘	218.9	—	80.5	7.45
硝基苯	211	5.2	6	6.87
苯酚	181.7	3.54	43	6.84

* 摘自 CRC Handbook of Chemistry and Physics, 91st ed. (2010),15-14,15-20,15-21

【例 4.4】 已知纯苯的沸点是 80.2℃,取 2.67 g 萘($C_{10}H_8$)溶于 100 g 苯中,测得该溶液的沸点升高了 0.531 K,试求苯的沸点升高常数。

解 萘的摩尔质量=128 g·mol^{-1}

$$\Delta T_b = K_b m$$

$$0.531\ \text{K} = K_b \times \frac{2.67\ \text{g}}{128\ \text{g}\cdot\text{mol}^{-1}} \times \frac{1000}{100}\text{kg}^{-1}$$

$$K_b = 2.55\ \text{K}\cdot\text{kg}\cdot\text{mol}^{-1}$$

若已知溶剂的 K_b,就可以从沸点升高求溶质的摩尔质量(见习题 4.14)。

4.3.3 凝固点降低

在 101 kPa 下纯液体和它的固相成平衡的温度就是该液体的正常凝固点,在此温度,液相的蒸气压与固相的蒸气压相等。纯溶剂的凝固点为 T_f^0,但在 T_f^0 溶液的蒸气压则低于纯溶剂的,所以溶液在 T_f^0 不凝固。若温度继续下降,纯溶剂固体的蒸气压下降率比溶液大,当冷却到 T_f 时,纯溶剂固体和溶液的蒸气压相等,平衡温度(T_f)就是溶液的凝固点,如图 4.6 所示,$T_f^0 - T_f = \Delta T_f$ 就是**溶液凝固点的降低,它和溶液的质量摩尔浓度成正比**,即

$$\Delta T_f = K_f m \tag{4.5}$$

比例常数 K_f 叫做摩尔凝固点降低常数,K_f 与溶剂的凝固点、摩尔质量以及熔化热有关①。一些常见溶剂的 K_f 数据见表 4.10。应用(4.5)式也可以测定溶质的摩尔质量,并且准确度优于蒸气压法和沸点法。因为 Δp 和 ΔT_b 都不易测准,而且一种溶剂的 K_f 通常总大于 K_b(见表 4.10),所以用凝固点下降法测摩尔质量,精确度高些。此外,对挥发性溶质不能用沸点法或蒸气压法测定摩尔质量,而可用凝固点法。用现代实验技术,ΔT_f 可测准到 0.0001℃。

① $K_f = \frac{RT^2M}{\Delta H_m \cdot 1000}$。其中 T 为纯溶剂的凝固点,M 为溶剂的摩尔质量,ΔH_m 为固态溶剂的摩尔熔化热,R 是摩尔气体常数。

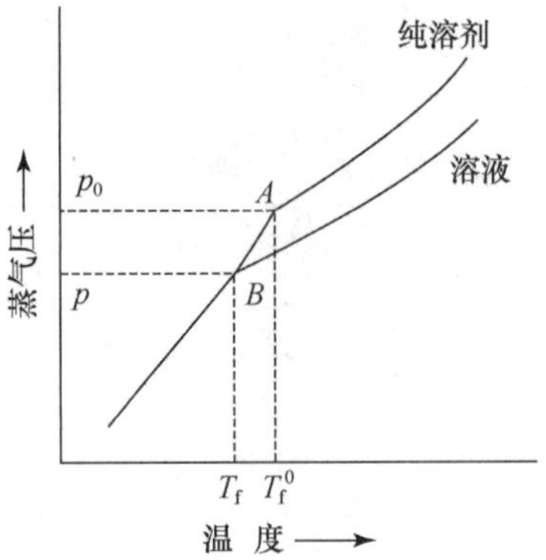

图 4.6　溶液的凝固点降低

【例 4.5】 取 0.749 g 谷氨酸溶于 50.0 g 水，测得凝固点为 −0.188 ℃，试求谷氨酸的摩尔质量。

解　利用(4.5)式，$\Delta T_f = K_f\, m$

$$0.188\ \text{K} = 1.86\ \text{K}\cdot\text{kg}\cdot\text{mol}^{-1} \times \frac{0.749\ \text{g}}{M} \times \frac{1000}{50.0}\ \text{kg}^{-1}$$

$$M = 148\ \text{g}\cdot\text{mol}^{-1}$$

按谷氨酸的分子式 $HOOCCHNH_2(CH_2)_2COOH$ 计算，其摩尔质量应为 147 g·mol^{-1}。

汽车散热器的冷却水在冬季常需加入适量的乙二醇或甲醇以防水的冻结，冰盐浴的冷冻温度远比冰浴的低，这些应用都基于凝固点降低原理。在白雪皑皑的寒冬，松树叶子却能常青而不冻，这是因为入冬之前树叶内已储存了大量的糖分，使叶液冰点大为降低。有机化学实验中常用测定沸点或熔点的方法来检验化合物的纯度，这是因为含杂质的化合物可看做是一种溶液，化合物本身是溶剂，杂质是溶质，所以含杂质的物质的熔点比纯化合物低，沸点比纯化合物高。

4.3.4　渗透压

用图 4.7 的装置(半透膜球内盛糖水，烧杯里盛纯水)可以观察到管内液面逐渐升高的现象，这是因为水分子可通过半透膜，而糖分子则不能。动植物的膜组织(如肠衣或萝卜皮)或人造的火棉胶膜都是半透膜，其特性是溶剂分子可自由通过，而溶质分子则不能，这种现象叫做**渗透**。溶剂分子也是由蒸气压较高的部位(纯水)向较低的部位(糖水)移动使管内液面逐渐升高。水柱越高，水压也越大，当管内液面升到一定高度，渗透过程即告终止。也可以看做水分子渗过半透膜的趋势与水柱压力恰好抵消。刚刚足以阻止发生渗透过程所外加的压力叫做溶液的**渗透压**(osmotic pressure)。

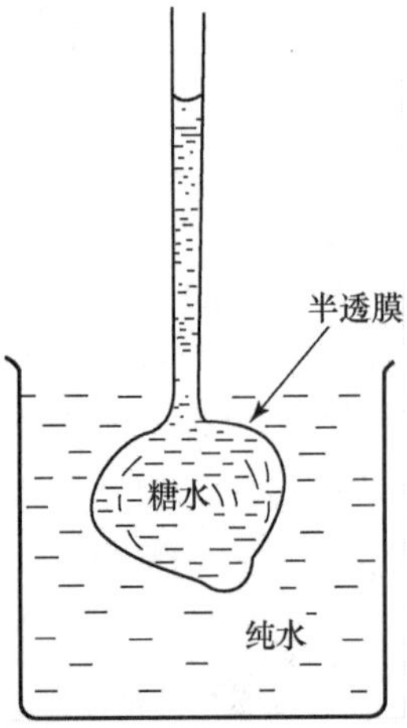

图 4.7　渗透现象

图 4.8 是测定渗透压的装置示意图。该装置的内管是镀有亚铁氰化铜[$Cu_2Fe(CN)_6$]的无釉瓷管，它的半透性很好。管的右端与带活塞的漏斗相连，用以加水，左端连接一毛细玻璃管，管上有一水平刻度(l)。外管是一般玻璃制的，上方带口，可以调节压力。若

外管充满糖水溶液,内管由漏斗加水至毛细管液面到达 l 处。因内管蒸气压大于外管,水由内向外渗透,液面 l 就有变化。若在外管上方口处加适当压力 p,则可阻止水的渗透而维持液面 l 不变,按定义,所加压力 p 就是渗透压。

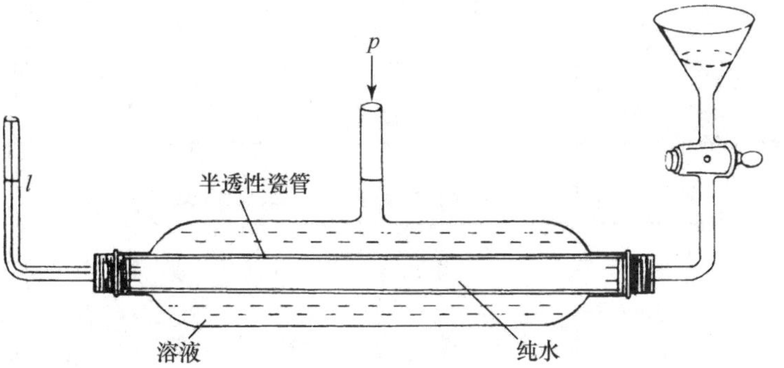

图 4.8 渗透压的测定

把渗透压与溶液的蒸气压联系起来,可以理解渗透现象的本质。若把纯溶剂与溶液分装在不同烧杯中,并放在同一密闭容器中,由于纯溶剂蒸气压大于溶液蒸气压,溶剂分子则向溶液转移。当用半透膜把溶剂和溶液隔开,溶剂分子则可通过半透膜向溶液移动(溶质分子不能通过)。当溶液方面液柱提升到一定高度,或向溶液施加一定外压,使两边溶剂分子转移达到动态平衡,渗透现象停止。此时水柱的压力或施加的外压就是渗透压。

上述各种薄膜具有半透性的原因不一,薄膜具多孔结构,小的溶剂分子可以通过,大的溶质分子则不能通过;凡能溶于膜的分子就可以透过,否则不能;又膜的特性使溶剂能透过,溶质则不能。尽管至今尚未完全了解渗透现象的本质,但早在 100 年前生物学家就对渗透压作了系统的研究,生物细胞膜都具有奥妙的半透性,生命现象与渗透平衡密切相关。将红血球放入纯水,红细胞渐渐肿胀,直到胀裂,这就是因为水分子透过细胞膜而渗入红血球所致。若将红血球放入浓的糖溶液,水分子运动方向相反,红血球渐渐干瘪。所以,医院给病人作静脉点滴用的各种输液浓度必须仔细调节,以使它与血液的渗透压相同(780 kPa),称**等渗溶液**,如 0.9%的生理食盐水、5%的葡萄糖注射液。人体内的肾是一个特殊的渗透器,它让代谢过程产生的废物经渗透随尿排出体外,而将有用的蛋白质保留在肾小球内,所以尿中出现蛋白质是肾功能受损的表征。海鱼和淡水鱼靠鱼鳃渗透功能之不同,维持其体液与水质之间的渗透平衡,所以海鱼不能在淡水中养殖。树根靠渗透作用把水分一直输运到树叶的末端,其渗透压可以高于 1×10^{6} Pa。

植物学家 Pfeffer 在 1877 年总结许多实验结果发现:在一定的温度下,渗透压(Π)与浓度(c)成正比,浓度用 $g\cdot dm^{-3}$ 表示,浓度 c 的倒数则是含 1 g 溶质的溶液体积 V,因而

$$\frac{\Pi}{c}=\text{常数} \qquad \text{或} \qquad \Pi V=\text{常数}$$

这一表达式和理想气体的 Boyle 定律的形式很相似。Pfeffer 还研究了不同温度下的渗透压,他发现:一定浓度溶液的渗透压与温度成正比,即 $\Pi/T=$常数,这和理想气体的 Charles 定律的形式相似。

Pfeffer 的实验数据见表 4.11 和表 4.12(其中 1 atm=101.3 kPa)。

表 4.11　0 ℃蔗糖溶液的渗透压

溶液浓度 $c/(\mathrm{g \cdot dm^{-3}})$	渗透压 Π/atm	$\frac{\Pi}{c}/(\mathrm{atm \cdot dm^3 \cdot g^{-1}})$
10.03	0.68	0.068
20.14	1.34	0.067
40.60	2.75	0.068
61.38	4.04	0.066

表 4.12　1%蔗糖溶液在不同温度的渗透压

温度 T/K	渗透压 Π/atm	$\frac{\Pi}{T}\times 10^3/(\mathrm{atm \cdot K^{-1}})$
273	0.648	2.37
287	0.691	2.41
295	0.721	2.44
309	0.746	2.41

后来 van't Hoff 把这些数据进行归纳和比较，他选择蔗糖溶液在 0 ℃时，Π/c 的平均值为 $0.066\ \mathrm{atm \cdot dm^3 \cdot g^{-1}}$。若渗透压 $\Pi = 1.00\ \mathrm{atm}$，那么浓度 $c = 1.00/(0.066\ \mathrm{dm^3 \cdot g^{-1}})$，$c$ 的倒数为

$$V = \frac{1}{c} = 0.066\ \mathrm{dm^3 \cdot g^{-1}}$$

这是渗透压为 1 atm 时含 1 g 蔗糖的溶液体积，那么含 1 mol 蔗糖的溶液体积 V 应为 $1\ \mathrm{mol} \times 342\ \mathrm{g \cdot mol^{-1}} \times 0.066\ \mathrm{dm^3 \cdot g^{-1}} = 22.6\ \mathrm{dm^3}$。这是在 0 ℃、渗透压为 1 atm 时含 1 mol 溶质的溶液体积，这个数值与理想气体的摩尔体积（$22.4\ \mathrm{dm^3}$）很相近。进一步推算可知

$$\frac{\Pi V}{Tn} = \frac{1.00\ \mathrm{atm} \times 22.6\ \mathrm{dm^3}}{273\ \mathrm{K} \times 1.00\ \mathrm{mol}} = 0.0827\ \mathrm{atm \cdot dm^3 \cdot K^{-1} \cdot mol^{-1}}$$
$$= 8.35\ \mathrm{kPa \cdot dm^3 \cdot K^{-1} \cdot mol^{-1}}$$

这个数值与摩尔气体常数 R 值相似。在 1885 年，van't Hoff 宣布稀溶液的渗透压定律与理想气体定律相似，可表述为

$$\Pi V = nRT \qquad \text{或} \qquad \Pi = \frac{n}{V}RT \tag{4.6}$$

式中物理量及单位：Π 为渗透压（kPa），T 为热力学温标（K），V 为溶液体积（$\mathrm{dm^3}$），n/V 为物质的量浓度（$\mathrm{mol \cdot dm^{-3}}$），$R$ 则为 $8.31\ \mathrm{kPa \cdot dm^3 \cdot mol^{-1} \cdot K^{-1}}$。(4.6)式最初是经验公式，后来也由热力学推证了它与 Raoult 定律的联系。这个方程式，不仅生物学家广为应用，化学家也常用来测定摩尔质量。尽管有关实验技术比沸点法和凝固点法复杂，然而对摩尔质量很大的化合物，渗透压法有独到的优点。

【例 4.6】　有一种蛋白质，估计它的摩尔质量在 $12000\ \mathrm{g \cdot mol^{-1}}$ 左右，试问用哪一种依数性来测定摩尔质量最好？

解　设取 1.00 g 样品溶于 100 g 水，现分别计算该溶液在 20.0 ℃时的 Δp、ΔT_b、ΔT_f 和 Π。查表知，20.0 ℃水的饱和蒸气压为 2.34 kPa。

按(4.1)式，$\Delta p = p_0 x_2$

$$\Delta p = 2.34\ \text{kPa}\times\frac{\dfrac{1.00\ \text{g}}{12000\ \text{g}\cdot\text{mol}^{-1}}}{\dfrac{1.00\ \text{g}}{12000\ \text{g}\cdot\text{mol}^{-1}}+\dfrac{100\ \text{g}}{18\ \text{g}\cdot\text{mol}^{-1}}} = 2.34\ \text{kPa}\times\frac{8.33\times10^{-5}\ \text{mol}}{(8.33\times10^{-5}+5.55)\text{mol}}$$

$$= 3.51\times10^{-5}\ \text{kPa}$$

按(4.4)式，$\Delta T_b = K_b\, m$

$$\Delta T_b = 0.51\ \text{K}\cdot\text{kg}\cdot\text{mol}^{-1}\times\frac{1.00\ \text{g}}{12000\ \text{g}\cdot\text{mol}^{-1}}\times\frac{1000}{100}\text{kg}^{-1} = 4.3\times10^{-4}\ \text{K}$$

按(4.5)式，$\Delta T_f = K_f\, m$

$$\Delta T_f = 1.86\ \text{K}\cdot\text{kg}\cdot\text{mol}^{-1}\times\frac{1.00\ \text{g}}{12000\ \text{g}\cdot\text{mol}^{-1}}\times\frac{1000}{100}\text{kg}^{-1} = 1.6\times10^{-3}\ \text{K}$$

按(4.6)式，$\Pi = \frac{n}{V}RT$，因为溶液很稀，可设它的密度和水的密度 $1\ \text{g}\cdot\text{cm}^{-3}$ 相同，故浓度

$$\frac{n}{V} = \frac{1.00\ \text{g}}{12000\ \text{g}\cdot\text{mol}^{-1}}\times\frac{1000\ \text{cm}^3\cdot\text{dm}^{-3}}{100\ \text{cm}^3} = 8.3\times10^{-4}\ \text{mol}\cdot\text{dm}^{-3}$$

则
$$\Pi = 8.3\times10^{-4}\ \text{mol}\cdot\text{dm}^{-3}\times8.31\ \text{kPa}\cdot\text{dm}^3\cdot\text{mol}^{-1}\cdot\text{K}^{-1}\times293\text{K}$$
$$= 2.02\ \text{kPa}$$

比较以上计算结果①可见：由于蛋白质摩尔质量很大，1%溶液的质量摩尔浓度或溶质摩尔分数都很小，Δp 与 ΔT_b 都很小，不易精确测量，ΔT_f 也相当小，难以测准，所以用渗透压法最好。

以上这 4 种依数性定律只适用于非电解质稀溶液，在此把溶质与溶剂分子间的作用力和溶剂分子间的作用力等同看待，凡符合这些定律的溶液叫做**理想溶液**，否则就是**非理想溶液**。

反渗透　若把溶液和纯溶剂用半透膜隔开，向溶液一侧施加大于渗透压的压力，溶剂分子则向纯溶剂方向移动，这种现象称为**反渗透**(reverse osmosis)。反渗透的一个重要应用是进行海水淡化。蒸馏法、冻结法都可使海水淡化，但都涉及相变，耗能很大。从节能方面考虑，人们对反渗透法进行海水淡化极有兴趣。问题的关键在于研制稳定、长期受压无损、价格便宜的半透膜。

4.4 电解质溶液的依数性与导电性

(The Colligative Properties and Conductivity of Electrolyte Solution)

4.4.1 电解质溶液的依数性

非电解质(如蔗糖、蛋白质、尿素等)稀溶液的 Δp、ΔT_b、ΔT_f 以及 Π 的实验值与计算值基本相符。但电解质(如 NaCl、KNO_3、$MgSO_4$ 等)溶液的实验值与计算值差别相当大，这类溶液都是非理想溶液。

---

① 注意，各种方法所用浓度表示法略有不同。

表4.13列举了一些电解质水溶液凝固点降低值,可作一比较。

表4.13 一些电解质水溶液的凝固点降低值

$\frac{c}{\text{mol}\cdot\text{kg}^{-1}}$	ΔT_f(实验值)/K			ΔT_f(计算值)/K
	KNO_3	NaCl	$MgSO_4$	
0.01	0.03587	0.03606	0.0300	0.01858
0.05	0.1718	0.1758	0.1294	0.09290
0.10	0.3331	0.3470	0.2420	0.1858
0.50	1.414	1.692	1.018	0.9290

由这些数据可见:这三种溶液 ΔT_f 的实验值都比计算值大,如 0.10 mol·kg^{-1} 的 NaCl 溶液,按 $\Delta T_f = K_f m$ 计算,ΔT_f 应为 0.1858 ℃,但实验测定值却是 0.3470 ℃,偏高 87%,实验值近乎是计算值的2倍。再看 KNO_3 和 NaCl 溶液,它们的 ΔT_f 比较相近,这两种盐的正负离子都是一价的,而 $MgSO_4$ 则是二价离子化合物,它的 ΔT_f 又与 KNO_3、NaCl 的有明显差别。于是,人们开始研究 van't Hoff 的依数性定律不适用于电解质溶液的原因。

4.4.2 电离学说和电离度

1887年 Arrhenius 依据电解质溶液依数性和导电性的关系,提出了电离学说,回答了这个问题。他提出的主要论点是:

(1) 由于溶剂的作用,电解质在溶液中自动解离成带电质点(离子)的现象叫**电离**。

(2) 正、负离子不停地运动,相互碰撞时又可结合成分子,所以在溶液里电解质只是部分电离,电离的百分率叫**电离度**。

(3) 电离是在溶解过程中发生的,电解质溶液之所以能导电是因为有离子存在,而不是导入电流才形成离子,电流的效应是使离子发生迁移、发生电极反应,溶液单位体积里离子越多,导电的能力就越强。

Arrhenius 提出这些论点的历史背景和实验根据如下:酸、碱、盐的水溶液都能导电这种现象人们早就知道,但关于这类溶液能导电的原因,当时却有不同的看法。如19世纪初 Grothuss 认为,溶液在通电之后,电流使溶质分子解离成带电的质点而使溶液导电;而19世纪中 Clausius 则认为,若有一部分电流用于使溶质解离,那么 Ohm 定律将不适用于溶液,但事实并非如此,所以他主张溶质在溶解过程中就发生解离。例如在一支U形管中装有紫红色的 $KMnO_4$ 溶液,然后慢慢加入一些无色的 KNO_3 溶液,两种溶液的界限分明。但插入电极并接通电源之后,不久便可看到紫色液面向(+)极方向移动。对溶液成分进行分析可知,(+)极附近的 MnO_4^- 浓度增加了,(-)极附近的 K^+ 浓度也增加了。这些现象支持溶解过程发生电离的看法。遗憾的是,Clausius 未能提出测定电离程度的直接办法;而 Arrhenius 的贡献在于用依数性法和电导法测定了电离度,获得了令人信服的结果。

Arrhenius 认为:依数性定律揭示 ΔT_f、Π 等性质与溶质的质点数(物质的量)成正比是正确的,但溶质若是电解质,则其质点数将因电离而增加,所以 ΔT_f 等数值就会增大。如 0.01 mol·kg^{-1} 的 NaCl 溶液,若无电离,ΔT_f 应为 0.0186 ℃,而实际测定的 ΔT_f 值却是 0.0361 ℃,这是由于 NaCl 部分解离成 Na^+ 和 Cl^-,从而导致溶液中质点数增加的缘故。设电离度为 α,则 1000 g 溶剂中含有 $0.01(1-\alpha)$ mol 的 NaCl、$0.01\,\alpha$ mol 的 Na^+ 离子和 $0.01\,\alpha$ mol

的 Cl^- 离子，总共有 0.01(1+α) mol 的质点

$$\begin{array}{ccccc} NaCl & \rightleftharpoons & Na^+ & + & Cl^- \\ 0.01(1-\alpha)\ mol & & 0.01\alpha\ mol & & 0.01\alpha\ mol \end{array}$$

凝固点既与溶质的量(mol)成正比，则可有以下关系

$$\frac{0.01\ mol}{0.01(1+\alpha)mol}=\frac{0.0186℃}{0.0361℃}$$

$$\alpha=0.94$$

这就是说，溶液中有94%的 NaCl 解离成 Na^+ 和 Cl^-，即电离度为0.94。用其他依数性也可求算电离度。此外，Arrhenius 还主张，溶液越稀电离度越大，导电能力也越强。所以他也用导电性测电离度，用“当量电导(λ)”[①]表示溶液导电性的大小。溶液稀释到一定程度，溶质完全电离，此时电离度为1(100%)，其当量电导为 λ_∞（∞表示溶液无限稀释）。当电离度为 α 时，当量电导为 λ，所以直接测定 λ 和 λ_∞ 之后，即求出 α。

$$\frac{\lambda_\infty}{\lambda}=\frac{1}{\alpha} \quad 或 \quad \alpha=\frac{\lambda}{\lambda_\infty}$$

表4.14列举了 Arrhenius 用不同方法测定电离度的一些数据。按当时实验水平看，表4.14的结果可以算是很精确的了。渗透压法和凝固点法的数据相符，不足为奇，因为它们都属依数性法，而导电性不是依数性。电导法求出的 α 也与依数性法相符，这是 Arrhenius 建立电离学说的可靠依据。凡能发现两种不相干现象之间的基本关系都是科学史上的大事，电离学说的出现促进了当时化学的飞速发展。到20世纪初原子结构理论与化学键理论的建立，从微观结构上直接支持了电离学说。在固态离子化合物中正负离子本来按一定几何规则排列，当被放入水中时，它们受水分子作用成为能自由移动的水合离子。极性化合物在固态虽以分子状态存在，但在溶解过程也受水分子作用而解离成水合离子，但电离度比离子化合物的小。

表 4.14 不同方法测定的电离度 α

电解质	$\frac{c}{mol\cdot kg^{-1}}$	α		
		渗透压法	凝固点法	电导法
KCl	0.14	0.81	0.93	0.86
LiCl	0.13	0.92	0.94	0.84
$SrCl_2$	0.18	0.85	0.76	0.76
$Ca(NO_3)_2$	0.18	0.74	0.73	0.73
$K_4[Fe(CN)_6]$	0.36	0.52	—	0.52

① 对由 Arrhenius(1859—1927)1887年提出的“当量电导”的确切含义，本书不作详细介绍，仅作为化学史实而涉及（包括表4.16中出现的“当量浓度”的概念）。当量电导(λ)与电阻率(ρ)、电导率(κ)、溶液当量浓度(N)的关系是 $R=\rho\frac{l}{S}$（其中 R 为电阻，l 为溶液厚度，S 为溶液截面积）：

$$\kappa=\frac{l}{\rho}, \quad \lambda=\frac{1000\ \kappa}{N}$$

当量浓度的常用符号为 N，表示 1 dm^3 溶液中所含溶质的克当量数(n_{eq})，n_{eq}=溶质质量/克当量，表4.15中电解质的克当量=摩尔质量/电价数。

人们在实践中对自然规律的认识总是逐渐深化的，随着实验技术的进步，按 Arrhenius 方法仔细研究各种电解质溶液的电离度时，发现依数性法和导电性法的差别已超出实验允许的误差范围。参考表 4.15 数据，对 NaCl 稀溶液两种方法所得结果的差别确实很小，但浓度越大差别也越大；而对 $MgSO_4$，不论是浓溶液还是稀溶液，差别都相当大。

表 4.15　几种电解质水溶液的电离度 α

电解质	实验方法（电离度 α）	溶液浓度 $c/(n_{eq}\cdot dm^{-3})$ 0.005	0.01	0.05	0.10
NaCl	凝固点法	95.3	93.8	89.2	87.5
	电导法	95.3	93.6	88.2	85.2
$NaNO_3$	凝固点法	—	90.3	85.5	83.0
	电导法		93.2	87.1	83.2
$BaCl_2$	凝固点法	—	87.8	81.9	78.8
	电导法		88.3	79.8	75.9
$MgSO_4$	凝固点法	64.9	61.8	42.0	32.4
	电导法	74.0	66.9	50.6	44.9

其实，Arrhenius 用这两种实验方法求电离度都有缺陷。电导固然与溶液里离子的多少有关，但离子的电荷、离子间的相互作用、离子迁移的速率也是有影响的，而各种离子迁移速率都是不相同的，所以用 λ/λ_∞ 表示电离度就有局限性。至于用依数性法求 α 时，是把带电的离子和不带电的中性分子等同看待的。所以，用 ΔT_f 法求电离度也有欠妥之处。Arrhenius 电离学说的核心虽然是正确的，但确实也有不足之处。

4.4.3　活度和活度系数

19 世纪末化学界对电离学说曾有过激烈的争论，拥护这个理论的学派，测定了大量实验数据，进一步发展了溶液理论。与此同时，Ostwald 将热力学的质量作用定律用于电解质溶液的电离，也发现了电离学说的不足之处。他将当量电导求得的 α，代入电离常数式 $K=\frac{c\alpha^2}{1-\alpha}$，求得 K 值，见表 4.16。在一定温度下，不同浓度(c)的电离度 α 不同，但 K 应该相同。这叫"稀释定律"。由表中数据可见：对弱电解质(如 CH_3COOH)，K 确实为常数，但对强电解质(如 NaCl、KCl)则不为常数，原因何在？

表 4.16　由电离度计算得到的平衡常数 K

浓度/(mol·dm^{-3})	$K(CH_3COOH)$	K(NaCl)	K(KCl)
0.0001	1.78×10^{-5}	0.0129	0.0126
0.001	1.80×10^{-5}	0.0419	0.0480
0.01	1.83×10^{-5}	0.1358	0.1516
0.1	1.85×10^{-5}	0.4584	0.5349

1907 年 Lewis 提出**有效浓度**概念。他认为，非理想溶液之所以不符合 Raoult 定律，是因为溶剂与溶质之间有相当复杂的作用，在没有弄清楚这些相互作用之前，可根据实验数据对实际浓度(x,m,c 等)加以校正，即为有效浓度。Lewis 命名它为**活度**(activity)，常用符号 a 表示；校正因子叫**活度系数** (acitivity coefficient)，常用符号 γ 表示，即

$$a=\gamma c \tag{4.7}$$

活度或活度系数的测定方法很多，如凝固点法、蒸气压法、溶解度法、电动势法等。这些具体方法是化学热力学研究专门问题，在此不作详述。由凝固点法测定的活度系数，不仅可用于沸点或渗透压的修正，也适用于那些与依数性无关的溶液电动势、溶液电离平衡常数等问题。由电动势测定所确定的 γ 数据也同样可用于依数性的校正。看来活度系数虽然只是表观地修正实际浓度与理想状态的差别，却也反映了非理想溶液的内在规律，虽未从理论上彻底解释内在原因，但实际工作中却有广泛应用，吸引许多科学家用多种方法精确测定了大量数据，并促使理论工作者去寻求活度系数的理论依据。其中 Debye、Hückel 和 Pitzer 等科学家在这一领域内作出了重要贡献。表 4.17 列举了一些实验测定的活度系数。

表 4.17　实验测定的活度系数(25 ℃)

活度系数 γ / $\frac{c}{\text{mol}\cdot\text{kg}^{-1}}$	HCl	KCl	NaCl	NaOH	H_2SO_4	$CaCl_2$	$CdSO_4$
0.005	0.928	0.927	0.929	—	0.639	0.785	0.50
0.01	0.904	0.901	0.904	0.89	0.544	0.725	0.40
0.05	0.830	0.815	0.823	0.82	0.340	0.57	0.21
0.10	0.796	0.769	0.778	0.766	0.265	0.524	0.17
0.20	0.767	0.718	0.735	0.757	0.209	0.48	0.137
0.50	0.757	0.649	0.681	0.735	0.154	0.52	0.067
1.00	0.809	0.604	0.657	0.757	0.130	0.71	0.041
2.00	1.011	0.576	0.670	0.70	0.124	1.55	0.035
3.00	1.32	0.571	0.710	0.77	0.141	3.38	0.036
4.00	1.76	0.579	0.791	0.89	0.171	—	—

从表 4.17 数据可见，多数溶质活度系数在 0.9～0.5 之间，有少数浓溶液的活度系数大于 1，如 4.0 $\text{mol}\cdot\text{kg}^{-1}$的 HCl 活度系数为 1.76。按离子水合概念来看，溶液中离子周围有相当量的结合水和次级结合水。在高浓度电解质水溶液中，由于水合作用消耗了相当量的水，减少了作为溶剂的自由水分子，实际离子浓度增大，致使活度系数大于 1。向未饱和的溶液中加入适量的强电解质，利用其水合作用使溶液趋于饱和，溶质析出，这种方法叫盐析；在工业生产和化学剂备工作中经常使用。

从表 4.17 还可看出有些盐类活度系数特别小，如 1.00 $\text{mol}\cdot\text{kg}^{-1}$ 的 $CdSO_4$ 溶液活度系数仅为 0.041。现在认为，较浓的高价阴、阳离子在溶液中可能发生缔合作用，如

$$M^{2+}+SO_4^{2-}+nH_2O \rightleftharpoons M^{2+}(H_2O)_nSO_4^{2-}$$

离子浓度实际上减小，致使活度系数减小。

经大量实验事实的积累，特别是 1912 年 X 射线结构分析确认强电解质 NaCl 晶体由 Na^+ 和 Cl^- 组成，不存在 NaCl 分子；同年 Debye 和 Hückel 提出强电解质理论。Debye 和 Hückel 认为，电解质在水溶液中虽已完全电离，但因异性离子之间的相互吸引，离子的行动不能完全自由。在正离子周围聚集了较多的负离子，而在负离子周围，则聚集了较多的正离子，如图 4.9 所示。Debye 和 Hückel 将中心离子周围的那些

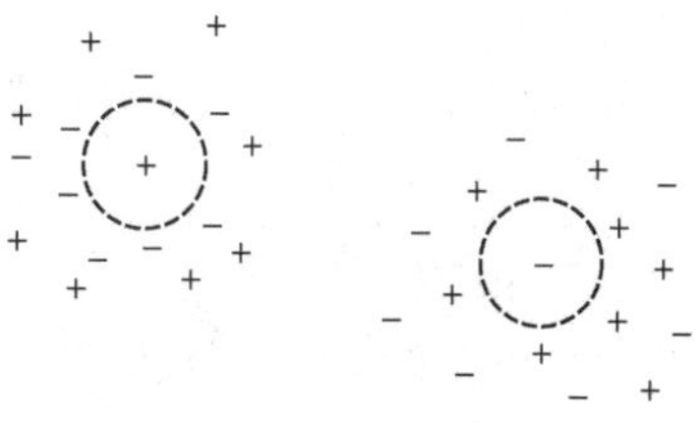

图 4.9　离子氛示意图

异性离子群叫做**离子氛**(ionic atmosphere)。

1923 年,他们引用静电学的 Poisson 公式和分子运动论的 Boltzmann 公式来处理电解质水溶液问题以求活度系数,给出了求取活度与活度系数的公式,详细内容请参阅物理化学教科书。

4.5　胶体溶液
(Colloidal Solution)

溶液是一种分散体系,溶质为分散相,溶剂是分散介质。糖水溶液中的糖分子,盐水溶液中的 Na^+ 和 Cl^-,都是分散相,其粒子尺寸都小于 1nm(10^{-9} m)。分散相的粒子尺寸若大于 1000 nm,则为粗分散体系,称为**悬浊液**(如泥浆)和**乳浊液**(如牛奶、豆浆),泥浆中的砂粒用肉眼或放大镜就可看到。分散相粒子尺寸介于两者之间(1～1000 nm)的则为**胶体溶液**,如血液、淋巴液、墨水等。本节主要介绍液态的胶体溶液,有溶胶、大分子溶液和缔合胶体三种类型。

4.5.1　溶胶

固态胶体粒子分散于液态介质中形成**溶胶**。制备溶胶方法不外乎是将大颗粒分散,或将小颗粒凝聚。常用的**分散法**有胶体磨研磨、超声波撕碎、分散剂胶溶等方法。胶体磨的磨盘由特种硬合金制成,并能高速运转进行研磨,使大颗粒碎到胶粒尺寸。超声波具有很强的撕碎力,能获得几十至几百纳米大小的胶粒。胶溶法是向沉淀物中加入分散剂,使沉淀颗粒分散为胶粒,如往新制得的 $Fe(OH)_3$ 沉淀中,加入适量的 $FeCl_3$ 溶液作为分散剂,充分搅拌,可制得稳定的 $Fe(OH)_3$ 溶胶。**凝聚法**是将溶液中的分子或离子凝聚成胶体粒子的方法。许多能生成不溶物的化学反应,在适当的温度、浓度和 pH 条件下可生成溶胶。如把 $FeCl_3$ 溶液滴入沸水中,Fe^{3+} 水解生成 $Fe(OH)_3$ 溶胶;饱和亚砷酸(H_3AsO_3)溶液和 0.1 mol · dm^{-3} 硫化钠(Na_2S)溶液等体积混合,即可生成淡黄色 As_2S_3 溶胶。

溶胶中,分散的粒子有很大的表面积,表面有剩余分子间作用力,相碰撞有自动聚集趋势,所以溶胶是不稳定的(热力学不稳定性)。但也是由于胶体粒子具有很大的表面积,容易吸附离子而带电荷;胶体粒子间的电排斥,保持了溶胶的相对稳定性(动力学稳定性)。溶胶的分散粒子具有胶束结构,如由 $FeCl_3$ 水解而制得的 $Fe(OH)_3$ 溶胶的胶束结构,如图 4.10 所示。

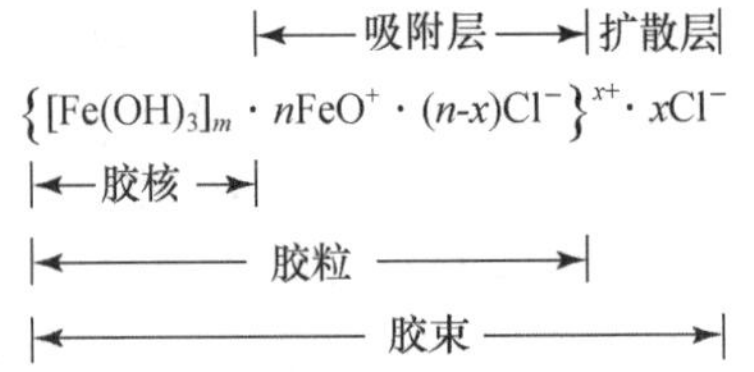

图 4.10　$Fe(OH)_3$ 胶束结构

胶束的核心是 m 个 $Fe(OH)_3$ 粒子,m 约为 10^3 左右,胶核外依次吸附着水中的 FeO^+,以及相反电荷的 Cl^-,形成一个随胶核运动的吸附层;胶核和吸附层称为胶粒,胶粒带正电称正电胶体;胶粒外带有相反电荷的 Cl^- 形成扩散层,胶粒与扩散层形成**胶束**(micelle),也称胶团。

胶束保持电中性。As_2S_3 溶胶胶粒带负电，称负电胶体。$AgNO_3$ 溶液和 KI 溶液在适当条件下可制备 AgI 溶胶，KI 过量时形成负电胶体，$AgNO_3$ 过量时形成正电胶体。

4.5.2 大分子溶液

橡胶、动物胶、植物胶、蛋白质、淀粉溶于水或其他溶剂，叫**大分子溶液**；大分子溶液也是一种胶体溶液。把湿润的淀粉放在研钵中研磨 40 分钟左右，得到的糊状物放在盛水的烧杯里搅拌，用滤纸过滤，滤液就是淀粉的胶体溶液。将松香（植物胶）的酒精溶液滴入水中，可形成松香的胶体溶液。当大分子尺寸处于溶胶范围时，与溶胶有许多相似的性质，但也存在着不同的地方，一般大分子溶液不带电荷，其稳定性是高度溶剂化造成的，因此也叫**亲液胶体**(lyophilic colloid)。实际上它是一个均匀体系，溶解和沉淀是可逆的，也叫**可逆胶体**。一般的溶胶也称**憎液胶体**(lyophobic colloid)。向不稳定的溶胶中加入足量的大分子溶液，可以保护溶胶的稳定性。

4.5.3 表面活性剂与缔合胶体

表面活性剂是能够显著降低水的表面张力的一类物质。从结构上看，表面活性剂都是由亲水的极性基和亲油的非极性基（一般是含碳原子数大于 8 的碳氢链）组成的。有负离子型、正离子型、两性和非离子型等类型。肥皂（如 $C_{15}H_{31}COO^- Na^+$）、洗涤剂（如 $C_{12}H_{25}SO_3^- Na^+$）为负离子型表面活性剂。表面活性剂有改变表面润湿性能，如乳化、破乳化、起泡、消泡、分散和絮凝等多方面作用，在日常生活和工业生产上都得到广泛应用。

表面活性剂溶于溶剂（如水）中，当浓度在一定范围（约 0.01～0.02 $mol \cdot dm^{-3}$）内，许多表面活性剂分子结合形成胶体大小的团粒，如 4.11 所示形成球形、棒形或层形的胶束。在水中形成的胶束中非极性基团相互吸引，向内包藏在胶束内部；亲水的极性基朝外与水分子接触；形成一个稳定的亲水结构，称**缔合胶体溶液**。

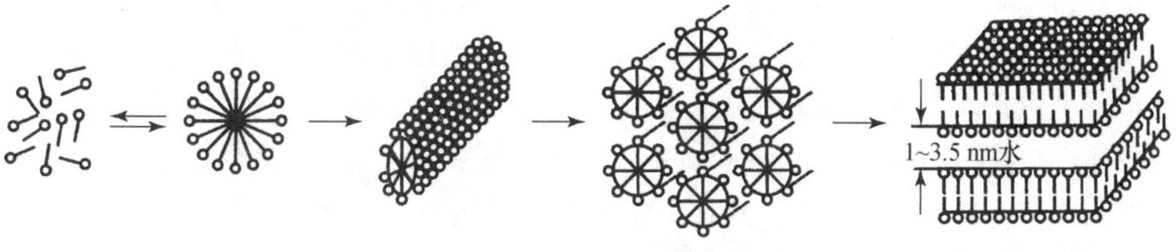

图 4.11 表面活性剂溶液中胶束的结构

非极性的碳氢化合物如苯、乙烷、异辛烷在水中溶解度是很小的，但在较大浓度的表面活性剂作用下，却能使溶解量大增，形成透明、外观与真溶液相近的胶体溶液。如室温下 100g 水只能溶解 0.07g 苯，但在 100g 10%油酸钠（$C_{17}H_{33}COO^- Na^+$）的水溶液可溶解 7g 苯，这是由于表面活性物质油酸钠的**增溶**作用。苯溶于表面活性剂胶束内碳氢链“液相”中，形成了微乳状液，这也是一种胶体溶液。这种把油溶入水形成的微乳状液称为**水包油型**(o/w)；当然，也可形成**油包水型**(w/o)微乳状液。增溶作用应用很广，如用肥皂或合成洗涤剂洗净油污就是一例，脂肪食物靠胆汁的增溶作用才能被人体有效吸收。

4.5.4　胶体溶液的光学、电泳、渗析、聚沉特性

胶体溶液和溶液用肉眼看来，都是透明均匀的体系，但胶体溶液具有光学、电泳、渗析、聚沉等特性。

1. 光学特性——Tyndal效应

当一束强光源通过胶体溶液，在光线行进侧面黑暗背景上，可以看到微弱闪光集合而成的光柱，这现象就是Tyndal效应。胶体溶液中，分散胶粒小于光波波长，光波可以绕过粒子前进，并从粒子向各方向传播，这就是散射现象；散射的光环组成了光柱。若用超显微镜观察，光线从侧面照射，在黑暗背景上就可以看到一个个颗粒闪光。而分子或离子溶液中粒子很小、散射很弱，则看不到闪光和光柱。粗分散体系中，粒子大于光波的波长，在光照射下则产生反射作用，可看到颗粒的形状。

2. 电泳

电泳(electrophoresis)是指溶胶在电场作用下，带电胶粒向异性电极的运动。正电胶体[如$Fe(OH)_3$胶体]向负极移动，负电胶体(如As_2S_3胶体)向正极移动。大分子溶液如蛋白质溶液中的分子会电离而带电，也有电泳现象。电泳在橡胶制品工业和原油乳液脱水及蛋白质研究中都有应用。

3. 渗析

有一类具有细孔的薄膜叫半透膜，它能让分子、离子自由通过，而不让体积较大的胶粒通过，这种方法叫**渗析**(dialysis)；若再外加电场帮助，则叫**电渗析**。用半透膜可使胶粒和溶液中的分子、离子分离，这是纯化胶体溶液的有效办法，广泛用于生物制品的纯化。

4. 聚沉

往溶胶中加入适量电解质使带电胶粒吸附相反电荷，破坏了胶粒间的排斥作用，溶胶则有块状或絮状沉淀形成，这种现象叫**聚沉**(coagulation)。对负电胶体的聚沉作用随电解质正电荷的增大而加强，如$Na^+ < Ca^{2+} < Al^{3+}$；对正电胶体，则随电解质负电荷的增大而加强，如$Cl^- < SO_4^{2-} < PO_4^{3-}$。不同电性胶粒亦可相互促进聚沉，电解质亦可促使一些大分子胶体和缔合胶体聚沉，不同电性的表面活性剂可以促使缔合胶体聚沉。适当控制条件(如电解质的量较小)，溶胶可转变成**凝胶**(gel)，这种现象称为**胶凝**，胶凝是聚沉的特殊阶段。凝胶无两相分离，是含有溶剂的冻状物或其干燥状态。

胶体聚沉在日常生活和科学研究中经常遇到。硫酸铝广泛用于水的澄清，硫酸铝水解生成$Al(OH)_3$正电胶体，可使水中负电胶体聚沉。媒染剂，如Al^{3+}、Sn^{4+}，水解产生相应氢氧化物正电胶体，与染料的负电胶体结合聚沉附着在织物上，染料进一步扩散并使染色牢固。豆腐制备是利用盐卤或石膏的聚沉作用。大江入海口泥沙沉积也与胶体聚沉有关。

胶体化学的研究始于19世纪后期，到20世纪中已发展成为物理化学的一个分支。20世纪后期兴起了纳米材料研究的热潮，许多物质粒子尺寸小至纳米级时，会产生一些奇特的物理、化学特性并会有更新的用途。纳米材料颗粒尺寸与胶体粒子尺寸在同一范围。所以对胶体的制备和测试，对胶体的宏观、微观认识都受到纳米科技界的关注和重视。

小　结

溶液在化学中占有重要地位，因为大多数化学反应在溶液中进行。溶液在生命科学中也占重要地位，因为体液就是溶液，不知道溶液的性质就不能了解生命现象。研究溶液首先要确切表明溶液的浓度，本章集中介绍了各种常用的浓度表示方法，要求熟练掌握并正确应用。溶解性是化合物的重要性质，虽然缺乏深刻的理论解释，但却是实际工作中时常会遇到的问题，化合物的溶解度数据是制备化学、分析化学必须考虑的首要问题。

本章第 4.3 和 4.4 节参照历史发展过程介绍溶液理论有关的基本概念。人们首先认识非电解质稀溶液的依数性规律，然后用依数性定律去研究电解质溶液并发展了电解质溶液理论。依数性定律至今在有机化学、高分子化学、生物化学的研究工作中仍有广泛应用。本书有关电解质溶液的活度与活度系数概念的介绍是很粗浅的，只要求有初步了解。本章第 4.5 节扼要介绍胶体溶液的形成、结构和特性。

课外读物

[1]　胡志彬，刘知新. 电解质水溶液理论浅谈. 化学教育，1980，(3)，11

[2]　〔美〕L K Nash. 稀溶液依数性定律. 谢高阳，译. 化学通报，1982，(10)，49

[3]　应礼文. 阿累尼乌斯与电离理论. 大学化学，1987，(5)，55

[4]　B Mennucci, R Cammi. Continuum Solvation Models in Chemical Physics: From Theory to Applications. New York: John Wiley & Sons, 2008

[5]　J L Skinner. Following the motions of water molecules in aqueous solutions. Science, 2010, 328, 985

思　考　题

1. 最常用的浓度表示方法有哪几种？各有何特点？

2. 饱和溶液是否一定都是浓溶液？

3. 归纳比较气-液、液-液和固-液的溶解规律。

4. 真空冶炼的金属“砂眼”、“蜂窝”情况要比常压冶炼好得多，为什么？

5. Raoult 定律有几种不同的表示式？

6. 0.1 $mol \cdot kg^{-1}$的糖水、盐水以及酒精的沸点是否相同？说明理由。

7. 0.1 $mol \cdot kg^{-1}$萘的苯溶液，0.1 $mol \cdot kg^{-1}$尿素的水溶液，0.1 $mol \cdot kg^{-1}$氯化钙的水溶液凝固点是否相同？说明理由。

8. 纯水可以在 0 ℃完全变成冰，但糖水溶液中水却不可能在 0 ℃完全转变为冰，为什么？

9. 甲醇、乙二醇都是挥发性的液体，加入水中也能使其凝固点降低，为什么？

10. 洗净晾干的白菜和雪里红经加盐腌制后，总会产生一定量的卤水，这是什么原因？

11. 冬天，撒一些盐为什么会使覆盖在马路上的积雪较快地融化？此时路温是上升还是下降？

12. 人的体温是 37 ℃，血液的渗透压约为 780 kPa，设血液内的溶质全是非电解质，估计血液的总浓度。

13. 施加过量肥料，为什么会使农作物枯萎？

14. ΔT_f、Π 等值决定于溶液浓度而与溶质性质无关，那么为什么能用这些方法测定溶质的特征性质“摩尔质量”？

习　题

4.1 现需 1500 g 86.0%(质量分数)的酒精作溶剂。实验室存有 70.0%(质量分数)的回收酒精和 95.0%(质量分数)的酒精，应各取多少进行配制？

4.2 腐蚀印刷线路版常用质量分数为 35% 的 $FeCl_3$ 溶液，怎样用 $FeCl_3 \cdot 6H_2O$ 配制 1.50 kg 这种溶液，这种溶液的摩尔分数是多少？

4.3 下表所列几种商品溶液都是常用试剂，分别计算它们的物质的量浓度和摩尔分数：

		w(溶质)	$\rho/(g \cdot cm^{-3})$
(1) 浓盐酸	HCl	37%	1.19
(2) 浓硫酸	H_2SO_4	98%	1.84
(3) 浓硝酸	HNO_3	70%	1.42
(4) 浓氨水	NH_3	28%	0.90

4.4 现需 2.2 dm^3、浓度为 2.0 $mol \cdot dm^{-3}$ 的盐酸。问：

(1) 应该取多少 cm^3 20%、密度为 1.10 $g \cdot cm^{-3}$ 的浓盐酸来配制？

(2) 若已有 550 cm^3 1.0 $mol \cdot dm^{-3}$ 的稀盐酸，那么应该加多少 cm^3 的 20% 的浓盐酸来配制？

4.5 某污染空气中 CO 浓度为 10 ppm，试用下列各种方式表示它的浓度(设总压力为 101 kPa，温度为 25 ℃)：

(1) 摩尔分数；　(2) 每升空气中的 $n(CO)$；　(3) CO 的分压。

4.6 100 cm^3 30.0% 的过氧化氢(H_2O_2)水溶液(密度 1.11 $g \cdot cm^{-3}$)在 MnO_2 催化剂的作用下，完全分解变成 O_2 和 H_2O。问：

(1) 在 18.0 ℃、102 kPa 下用排水集气法收集氧气(未经干燥时)的体积是多少？

(2) 干燥后，体积又是多少？

4.7 在 20 ℃，I_2 在水中的溶解度为 0.0285 g/100g H_2O，求这种饱和溶液的摩尔分数。

4.8 分别比较下列各组中的物质，指出其中最易溶于苯的一种。

(1) He，Ne，Ar；　(2) CH_4，C_5H_{12}，$C_{31}H_{64}$；　(3) NaCl，C_2H_5Cl，CCl_4。

4.9 气体的溶解度与气相中气体分压成正比。

$$c_A = kp_A$$

式中：p_A 为 A 气体的分压，c_A 为 A 气体的溶解度，k 是比例常数。若已知在 101 kPa 及 20 ℃时，纯 O_2 在水中的溶解度为 1.38×10^{-3} $mol \cdot dm^{-3}$，那么 20℃ 空气的饱和水溶液中，O_2 的浓度应是多少？

4.10 气体的溶解度若用 $mol \cdot dm^{-3}$ 表示，则与分压成正比；若用单位体积溶剂内所溶解气体的体积表示，则溶解度不随压力变化，而是常数。试说明之。

4.11 在 100 kPa、37 ℃时，空气在血液中的溶解度为 6.6×10^{-4} $mol \cdot dm^{-3}$。若潜水员在深海呼吸了 1000 kPa 的压缩空气，当他返回地面时，参照溶解度估算每毫升血液将放出多少毫升的空气？

4.12 生化实验将小白鼠放在一个密闭的盒子里，以便研究它的生理变化。盒子的体积是 295 dm^3，每分钟都要通过相同体积的净化干燥空气来更换盒中气体，并要求控制进入盒中空气的相对湿度为 40%(22 ℃)。问每分钟需加入多少克水到干燥空气流中？

4.13 将 101 mg 胰岛素溶于 10.0 cm^3 水，该溶液在 25.0 ℃时的渗透压是 4.34 kPa，求：

(1) 胰岛素的摩尔质量；

(2) 溶液蒸气压下降 Δp(已知在 25.0 ℃水的饱和蒸气压是 3.17 kPa)。

4.14 烟草中有害成分尼古丁的最简化学式是 C_5H_7N，今将 496 mg 尼古丁溶于 10.0 g 水，所得溶液在101 kPa 下的沸点是 100.17 ℃。求尼古丁的分子式。

4.15 甲醇和乙醇混合而成的溶液可看做是理想溶液，它们都遵守 Raoult 定律。所以，溶液的蒸气压等于溶剂分压和溶质分压之和，即

$$\text{溶液蒸气压}\ p = p_{\text{甲}} + p_{\text{乙}} = p_{0,\text{甲}} x_{\text{甲}} + p_{0,\text{乙}} x_{\text{乙}}$$

已知在 20.0 ℃纯甲醇的蒸气压 $p_{0,\text{甲}} = 11.83$ kPa，纯乙醇的 $p_{0,\text{乙}} = 5.93$ kPa。将等质量甲醇和乙醇配制成的溶液在 20.0 ℃的蒸气压是多少？其中甲醇的分压是多少？蒸气中甲醇的摩尔分数是多少？

4.16 估算 10 kg 水中需加多少甲醇，才能保证它在 −10 ℃不结冰？

4.17 将磷溶于苯配制成饱和溶液，取此饱和溶液 3.747 g 加入 15.401 g 苯中，混合溶液的凝固点是 5.155 ℃，而纯苯的凝固点是 5.400 ℃。已知磷在苯中以 P_4 分子存在，求磷在苯中的溶解度(g/100 g 苯)。

4.18 取 0.324 g $Hg(NO_3)_2$ 溶于 100 g 水，其凝固点是 −0.0588 ℃；0.542 g $HgCl_2$ 溶于 50 g 水，其凝固点是 −0.0744 ℃。用计算结果判断这两种盐在水中的电离状况。

4.19 密闭钟罩内有两杯溶液，甲杯中含 1.68 g 蔗糖($C_{12}H_{22}O_{11}$)和 20.00 g 水，乙杯中含 2.45 g 某非电解质和 20.00 g 水。在恒温下放置足够长的时间达到动态平衡，甲杯水溶液总质量变为 24.90 g，求该非电解质的摩尔质量。

4.20 若海水的浓度与 0.70 $mol \cdot kg^{-1}$的 NaCl 相近，粗略计算其渗透压是多少？若使海水淡化并得到 50%收率，要向海水一边施以多大压力？

4.21 计算 0.020 $mol \cdot kg^{-1}$ NaCl 溶液在 25 ℃时的渗透压。将计算结果和实验值(≈85 kPa)进行比较。假设 NaCl 完全电离，离子浓度按 0.040 $mol \cdot kg^{-1}$计算。

第 5 章 化学热力学

化学热力学的重要性不仅在于可以应用它的基本原理解释许多化学现象，而且还能依据这些原理去判断反应进行的方向，预测反应发生的可能性。在日常化学工作中我们总会遇到这样或那样的实际问题，其中有许多要借助于热力学方法才能得到解决。例如，高炉炼铁过程中的一个主要反应是

$$Fe_2O_3 + 3CO \longrightarrow 2Fe + 3CO_2$$

然而，我们是否有可能利用类似的反应进行高炉炼铝？又如，氢氟酸能刻蚀玻璃，而其同类盐酸却为什么不能？再如，NO 和 CO 都是汽车尾气中的有毒成分，它们能否相互起反应生成无毒的 N_2 和 CO_2？天然金刚石非常珍贵，但其同素异形体石墨却极其普通和价廉，能否找到一种实验条件使石墨转化为金刚石？已知用 O_2 或用 H_2 都可以固定大气中的 N_2，反应为

$$N_2(g) + O_2(g) \longrightarrow 2NO(g)$$

$$N_2(g) + 3H_2(g) \longrightarrow 2NH_3(g)$$

那么，工业上进行人工固氮应该选用哪一种反应更为经济合理？……要回答诸如此类有趣而重要的问题，可求助于化学热力学，而我们首先需要懂得内能、焓、熵、自由能等热力学函数的基本含义。

作为化学学科的一个重要分支，化学热力学内容极其丰富，但本章仅就化学反应的热效应、反应的方向及限度等方面的基本部分作一些简单介绍，作为学习化学平衡、热化学、电化学等内容的基础，同时也可初步懂得如何应用热力学数据说明一些化学现象。化学反应总是伴随着吸热或放热，所以化学反应的热效应是最基本的、最直接的热力学数据之一。

本章首先从化学反应的热效应开始讨论。

5.1 反应热的测量

(Measurement of Heat for the Reaction)

5.1.1 保温杯式量热计

不少化学反应的热效应是可以直接测量的。测量反应热的仪器统称为**量热计**(calorimeter)[①],其中最简单的一种就是“保温杯式”量热计,如图5.1所示。这种仪器装置由保温和测温两部分组成。保温的目的是保证反应过程中不与外界发生热的交换。镀银的玻璃瓶胆或聚苯乙烯泡沫杯都具有这种绝热保温的性能。为了准确测量温度变化,需要使用比较精确的温度计,至少刻度是0.1℃的温度计,借助放大镜可以读出0.01℃的温度变化。利用这种简单的仪器装置,便可以测量中和热、溶解热以及其他溶液反应的热效应。如取一定量已知浓度的稀HCl溶液置于保温瓶中,另取一份已知浓度的稀NaOH溶液于烧杯中。待酸、碱两份溶液温度恒定并相等时,将碱溶液迅速倒入保温瓶中,盖紧瓶帽并适度搅拌,由于HCl和NaOH的中和反应放热而使溶液温度升高,记录此刻的温度变化。由温度升高数据可以计算反应过程的热效应。反应所放热量Q应该等于量热计和反应后溶液升温所需的热量,即

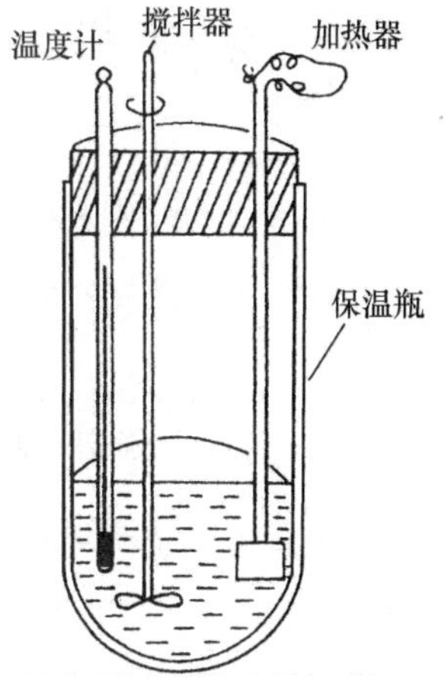

图 5.1 保温杯式量热计

$$Q = cV\rho\Delta t + C\Delta t = (cV\rho + C)\times\Delta t \qquad (5.1)$$

式中:Δt是溶液温度升高值,如设$t_{始}$为反应开始时溶液的温度,$t_{终}$为反应终止时溶液的温度,则$\Delta t = t_{终} - t_{始}$;c为溶液的比热容;V为反应后溶液的总体积;ρ为溶液的密度;C叫做**量热计常数**,它代表量热计各部件(如杯体、搅拌器、加热器、温度计等)热容量之总和,即量热计每升高1℃所需的热量。确定常数C最简便的方法是将一份冷水(t_1, c_1, V_1, ρ_1)置于量热计中,随即再将另一份热水(t_2, c_2, V_2, ρ_2)倒入,搅拌并记录最终温度t。热水所放热量必定等于冷水所吸热量和量热计所吸热量之和,$Q_{放} = Q_{吸}$,即

$$(t_2 - t)c_2V_2\rho_2 = (t - t_1)(c_1V_1\rho_1 + C)$$

当所用热水和冷水的体积、密度、比热容已知时,测定它们的起始温度和最终温度,即可计算量热计常数C。

【例 5.1】 利用保温杯式量热计进行实验,测定摩尔中和热。

(1) 量热计常数测定:量取温度分别为22.10℃的冷水和34.55℃的热水各100 cm^3,倒入保温杯中,测得混合后体系温度为28.00℃。

(2) 倒出杯中水,使保温杯温度降至室温。

(3) 分别量取浓度为1.01 $mol\cdot dm^{-3}$的HCl溶液和1.03 $mol\cdot dm^{-3}$ NaOH溶液各

① 过去用卡(calorie)作热量单位,calorimeter即由calorie一词演化而来。

100 cm^3，倒入保温杯中，两溶液起始温度均为 $t_1=22.30$℃。反应后，体系的温度升至 $t_2=29.00$℃。已知水的密度为 1.00 g·cm^{-3}，比热容 $C=4.03$ J·g^{-1}·℃$^{-1}$，实验所得 NaCl 溶液密度 $\rho=1.02$ g·cm^{-3}，计算 HCl 和 NaOH 反应的摩尔中和热。

解　先由冷水和热水温度变化求量热计常数，再用(5.1)式求中和热。为简便起见，设冷水与热水密度 $\rho_1=\rho_2=1.00$ g·cm^{-3}，比热容 $c_1=c_2=4.18$ J·g^{-1}·℃$^{-1}$，代入上式，得到

$$(34.55-28.00)\,℃\times 100\ \text{cm}^3\times 1.00\ \text{g}\cdot\text{cm}^{-3}\times 4.18\ \text{J}\cdot\text{g}^{-1}\cdot ℃^{-1}$$
$$=(28.00-22.10)\,℃\times(100\ \text{cm}^3\times 1.00\ \text{g}\cdot\text{cm}^{-3}\times 4.18\ \text{J}\cdot\text{g}^{-1}\cdot ℃^{-1}+C)$$

求得量热计常数

$$C=46.1\ \text{J}\cdot ℃^{-1}$$

代入(5.1)式，则有

$$Q=(200\ \text{cm}^3\times 1.02\ \text{g}\cdot\text{cm}^{-3}\times 4.03\ \text{J}\cdot\text{g}^{-1}\cdot ℃^{-1}+46.1\ \text{J}\cdot ℃^{-1})\times(29.00-22.30)\,℃$$
$$=5.82\ \text{kJ}$$

$$\text{摩尔中和热}=\frac{5.82\ \text{kJ}}{1.01\ \text{mol}\cdot\text{dm}^{-3}\times 0.100\ \text{dm}^3}=57.6\ \text{kJ}\cdot\text{mol}^{-1}$$

查阅有关化学手册可知，1 mol H^+ 和 1 mol OH^- 起反应时放热 57.3 kJ，实验结果与此数据相符。

这种实验方法的设备和操作都很简便，可用于一般溶液反应的热效应测定。它的缺点是不够精确：刻度为 0.1 ℃的温度计，只能读出 0.01 ℃；换用能读出 0.001 ℃的精密温度计，其结果当然可以更精确一些，但由于搅拌过程摩擦生热以及保温杯绝热不佳等因素都会产生实验误差。这类量热计法所测定的反应热都是在恒压条件下的热效应，为便于区别，我们用符号 Q_p 代表**恒压热效应**。

5.1.2　弹式量热计

弹式量热计是另一种常见的量热计，如图 5.2 所示。化学反应在一个可以完全密闭的厚壁钢制容器内进行，该容器的形状像小炸弹，所以叫“钢弹”。这种量热计适用于测定燃烧热。在实验进行前必须向钢弹中通入一定量燃烧反应所需的高压氧气，所以也叫“氧弹”。弹盖由细密螺纹旋紧，整个氧弹位于有绝热外套的水浴之中。弹内样品池中的试样与引燃丝相接触，样品燃烧时所放热量等于水浴中水所吸收的热量和钢弹、搅拌器、器壁等各部件所吸收热量之总和。钢弹是密闭容器，反应过程中总体积可认为是不变的，这样，测定的热效应是**恒容反应热 Q_V**。

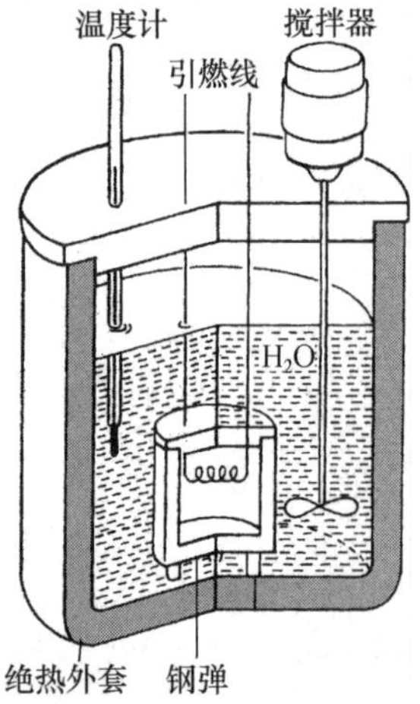

图 5.2　弹式量热计

$$Q_{放}=Q_{吸},\quad Q_V=Q_{水}+Q_{弹}\tag{5.2}$$

设水浴中水量为 m (g)，水的比热容是 4.18 J·g^{-1}·℃$^{-1}$，温升为 Δt (℃)，则 $Q_{水}=4.18\times m\times\Delta t$，而 $Q_{弹}=C\times\Delta t$，C 是量热计常数。各个量热计的 C 都是不同的，所以先要用标准物质进行标

定。常用的标准物是苯甲酸(C_6H_5COOH),它的摩尔燃烧热为 3.23×10^3 kJ·mol^{-1}。

【例 5.2】 1.01 g 苯甲酸在盛有 2.80 kg 水的弹式量热计中燃烧时,温度由 23.44 ℃升高到 25.42 ℃,求弹式量热计常数 C。

解 利用(5.2)式求 C。

已知苯甲酸摩尔质量为 122 g·mol^{-1},所以 1.01 g 苯甲酸燃烧所放热量

$$Q_V=3.23\times10^3\ \text{kJ}\cdot\text{mol}^{-1}\times\frac{1.01\ \text{g}}{122\ \text{g}\cdot\text{mol}^{-1}}=26.7\ \text{kJ}$$

2.80 kg 水所吸收的热量

$$\begin{aligned}Q_{水}&=4.18\ m\Delta t\\&=4.18\times10^{-3}\ \text{kJ}\cdot\text{g}^{-1}\cdot℃^{-1}\times2.80\times10^3\ \text{g}\times(25.42-23.44)℃\\&=23.2\ \text{kJ}\end{aligned}$$

量热计部件所吸收的热量

$$Q_{弹}=C\Delta t=C(25.42-23.44)℃=1.98\ C℃$$

代入(5.2)式,得

$$Q_V=Q_{水}+Q_{弹},\quad 26.7\ \text{kJ}=23.2\ \text{kJ}+1.98\ C℃$$

$$C=1.8\ \text{kJ}\cdot℃^{-1}$$

即该量热计每升高 1 ℃需吸热 1.8 kJ。

【例 5.3】 0.865 g 火箭燃料偏二甲基肼$(CH_3)_2N_2H_2$ 在盛有 2.80 kg 水的上述弹式量热计中燃烧时,温度由 23.35 ℃升高到 25.37 ℃。求偏二甲基肼的摩尔燃烧热。

解 0.865 g 样品燃烧时所放热量可用(5.2)式求算

$$\begin{aligned}Q_V&=Q_{水}+Q_{弹}=(4.18\times10^{-3}\ \text{kJ}\cdot\text{g}^{-1}\cdot℃^{-1}\times m+C)\times\Delta t\\&=(4.18\times10^{-3}\ \text{kJ}\cdot\text{g}^{-1}\cdot℃^{-1}\times2.80\times10^3\text{g}+1.8\ \text{kJ}\cdot℃^{-1})\times(25.37-23.35)℃\\&=27.3\ \text{kJ}\end{aligned}$$

已知偏二甲基肼的摩尔质量是 60.1 g·mol^{-1},所以其摩尔燃烧热为

$$27.3\ \text{kJ}\times\frac{60.1\ \text{g}\cdot\text{mol}^{-1}}{0.865\ \text{g}}=1.90\times10^3\ \text{kJ}\cdot\text{mol}^{-1}$$

量热计的种类还有很多,但基本原理差不多,随研究工作性质的不同对精确度要求也有很大差别。以上两例表明,实验测得的热效应可以有**恒压反应热**(Q_p)和**恒容反应热**(Q_V)之别。19 世纪以来科学家们积累了大量反应热的数据,一般理化手册都有专门章节记载,此外还有多种国际性的专门手册①汇集各种热力学数据。但这些数据并不是 Q_p 或 Q_V,而是 $\Delta_f H_m^\ominus$、$\Delta_f G_m^\ominus$ 和 $S_m^\ominus$。这些物理量的含义是什么?为什么汇集这些数据?它们和 Q_p、Q_V 有何关系?如何利用这些数据判定化学反应的方向和限度?这将是本章以下几节讨论的问题。

---

① 查阅热力学数据常用的手册,如:

[1] David R Lide 主编. CRC Handbook of Chemistry and Physics,第 91 版(2010)(这是大型手册,其中 5-4～5-89 页为常见物质的热力学数据)

[2] D D Wagman 主编. The NBS Tables of Chemical Thermodynamic Properties, in J. Phys. Chem. RefData, 11: 2(1982 美国国家标准局公布的热力学数据)

[3] John A Dean 主编. Lange's Handbook of Chemistry,第 16 版(2005)

5.2 内能与焓

(Internal Energy and Enthalpy)

内能(U)是物质的一种属性,指体系内物质所含分子及原子的动能、势能、核能、电子能等能量的总和。内能不包括体系宏观运动的动能和体系在外力场中的势能。化学反应的内能变化也不涉及与核反应相关的能量,包含在内能中的核能指的是核的平动、转动等能量。物质的内能由其所处的状态决定:物质处于一定的状态,就具有一定的内能,状态发生改变,内能也随之改变。物质经过一系列变化之后,如果又回到原来的状态,内能也回复原值。这种由物质状态决定的物理量称为**状态函数**(state function)。内能是一种状态函数,但是一定状态下,物质内能的绝对值无法直接测定。内能的大小可以体现在变化过程中,体系内能的变化 ΔU 可以通过测定变化过程的热(Q)和功(W)而得到。

根据热力学第一定律,体系内能的改变等于体系与环境之间交换的热量(Q)与功(W)的加和:

$$\Delta U = Q + W \tag{5.3}$$

式中,体系内能变化 $\Delta U = U_2 - U_1$,U_2 是终态的内能,U_1 是始态的内能;Q 是体系吸收或放出的热;W 是体系对环境或者环境对体系所做的功。应用(5.3)式时,要特别注意**每个物理量的正负号**。如果是体系从环境吸热或者接受环境做功,则 Q 和 W 的值为正,体系内能增大;反之,若体系对环境放热或者做功,则 Q 和 W 的值为负,体系内能减小。这些变化关系的取值和物理意义列于下表:

	>0	<0
ΔU	体系内能增加	体系内能减少
Q	体系吸收热量	体系放出热量
W	环境对体系做功	体系对环境做功

例如,一定量气体的体系从始态变为终态,按不同的方式进行,内能变化亦不同。

(i) 若吸收 60 kJ 的热,且环境对体系做功 20 kJ,那么体系内能变化为(60+20)kJ=80 kJ,内能增加;(ii) 若吸收 60 kJ 的热,而体系对环境做功 20 kJ,那么体系内能变化(60−20)kJ=40 kJ,内能增加;(iii) 若放出 60 kJ 的热,环境对体系做功 20 kJ,则体系内能变化(−60+20)kJ=−40 kJ,内能减小;(iv) 若放出 60 kJ 的热,且体系对环境做功 20 kJ,则体系内能变化(−60−20)kJ=−80 kJ,内能减小。

此外,还需注意,功又可分为体积功(W_e)与其他功(W'),W' 指除体积功以外的功,如电功、机械功等。功等于所有功之和 $W = W_e + W'$,要注意正负号。对于气体体系的体积功,当气体对抗外压膨胀,对外做功,为负值;若气体被压缩,则是环境对体系做功,功为正值。

当体系在等容条件下变化并且不做其他功时,$W' = 0$,等容时 $\Delta V = 0$,则体积功 $W_e = 0$。根据(5.3)式,有

$$\Delta U = Q_V \tag{5.4}$$

即等容过程中的热效应等于体系内能的变化。上一节介绍的在密闭氧弹中进行的化学反应,

所测定的反应热即为**恒容反应热** Q_V。

【例 5.4】 在 78.3 ℃及 1.00 atm(1 atm=101 kPa)下，1.00 g 乙醇蒸发变成 626 cm^3 乙醇蒸气时，吸热 204 cal，求内能变化 ΔU 是多少焦耳。

解 本题所给单位既不规范也不一致，计算时要进行换算。

已知 1 cal=4.18 J，1 $dm^3 \cdot atm$=101 J，则体系吸收热量

$$Q=204\ \text{cal}\times 4.18\ \text{J}\cdot\text{cal}^{-1}=+853\ \text{J}$$

体系所做的功是指液态乙醇气化时所做的恒压体积膨胀功(忽略液态乙醇所占体积)

$$W=-p\Delta V=-1.00\ \text{atm}\times 0.626\ \text{dm}^3\times 101\ \text{J}\cdot\text{atm}^{-1}\cdot\text{dm}^{-3}=-63.2\ \text{J}$$

此处为体系对环境做体积膨胀功，W 为负值。

$$\Delta U=Q+W=853\ \text{J}+(-63.2\ \text{J})=+790\ \text{J}$$

以上结果表示，1.00 g 乙醇在 78.3 ℃气化时吸收 853 J 热量，做 63.2 J 的功，其内能增加 790 J。

化学反应常常在等压的条件下进行，相应的热效应称为**等压热效应** Q_p，这种热效应和体系中哪些物理量相关联？这里需要引入另一个状态函数：**焓**(enthalpy)。

当一个过程在等压条件下进行时，若体系只做体积功，$W=W_e=-p\Delta V$，那么(5.3)式则为

$$\Delta U = Q_p - p\Delta V \tag{5.5}$$

展开得 $$U_2-U_1=Q_p-p(V_2-V_1)$$

移项并合并得 $$(U_2+pV_2)-(U_1+pV_1)=Q_p$$

热力学，把 $U+pV$ 定义为焓(H)： $$H=U+pV$$

则 $$H_2-H_1=Q_p$$

$$\Delta H = Q_p \tag{5.6}$$

即等压过程中的热效应等于体系焓的变化。当化学反应在恒压下进行，所测定的反应热为恒压反应热 Q_p。

焓是一种与内能相联系的物理量，它也是一种状态函数。一个化学反应是吸热还是放热，在等压条件下是由生成物和反应物的焓值之差决定，即

$$\sum H(\text{生成物}) - \sum H(\text{反应物}) = \Delta H$$

ΔH 叫做焓变，在等压下只做体积功时，它等于恒压反应热(Q_p)。例如，实验测定在 25 ℃、101 kPa 下，1 mol H_2(g)与 0.5 mol 的 O_2(g)化合生成 1 mol H_2O(l)时放热 286 kJ(反应时温度较高，但放热量是按生成物冷却到反应物原始的压力和温度计算的，即为恒温恒压反应热)。这个反应过程放热，意味着生成物的总焓值 $\sum H$(生成物)小于反应物的总焓值 $\sum H$(反应物)，如图 5.3 所示。

$$H_2(g)+\frac{1}{2}O_2(g) \longrightarrow H_2O(l)$$

$$\Delta H=H(H_2O,l,1\ \text{mol})-\left[H(H_2,g,1\ \text{mol})+H\left(O_2,g,\frac{1}{2}\ \text{mol}\right)\right]=-286\ \text{kJ}\cdot\text{mol}^{-1}$$

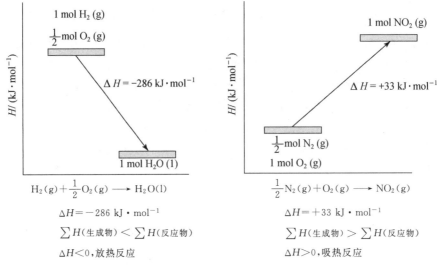

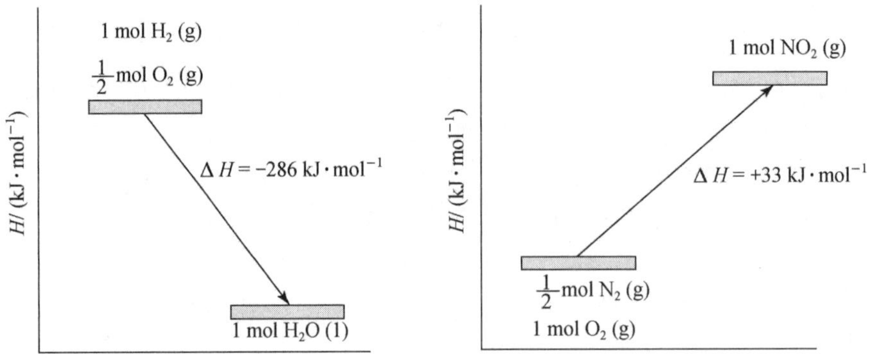

$H_2(g)+\frac{1}{2}O_2(g) \longrightarrow H_2O(l)$

$\Delta H=-286\ kJ\cdot mol^{-1}$

$\sum H$(生成物) < $\sum H$(反应物)

$\Delta H<0$,放热反应

$\frac{1}{2}N_2(g)+O_2(g) \longrightarrow NO_2(g)$

$\Delta H=+33\ kJ\cdot mol^{-1}$

$\sum H$(生成物) > $\sum H$(反应物)

$\Delta H>0$,吸热反应

图 5.3　焓变示意图

又如,在 25℃、101 kPa 下,0.50 mol $N_2(g)$ 和 1 mol $O_2(g)$ 化合生成 1 mol $NO_2(g)$ 要吸收 33 kJ 的热,这意味着生成物的总焓值 $\sum H$(生成物) 大于反应物的总焓值 $\sum H$(反应物)。

至此,我们引入了两个重要的热力学函数:内能与焓,给出了这两个函数变化与过程的热效应及做功的关系式(5.3)~(5.6)。

在应用以上公式时,须注意(5.3)式的热力学第一定律($\Delta U=Q+W$)是对任何封闭体系且不附带其他条件的通式;而(5.6)式则是该定律在**等压**下只做**体积功**的特定条件下的表达式,如等压下水的蒸发、乙醇的燃烧等都符合后面这些条件的。由前面的推导过程可见,$H=U+pV$ 是焓的严格数学表达式,而 $\Delta H=Q_p$ 则指明在等压和体系不做其他功的条件下焓变的具体物理意义。

将(5.5)式与(5.6)式关联,还可以得到

$$\Delta U = \Delta H - p\Delta V \tag{5.7}$$

进一步与(5.4)式关联,有

$$Q_V = Q_p - p\Delta V \tag{5.8}$$

综上所述,可知:

(1) 焓(H)是人们在处理体系状态变化时引入的一个状态函数,其定义为 $H=U+pV$。

(2) 在等压、只做体积功的条件下,体系的焓变等于体系内能变化和等压体积功之和,即 $\Delta H=\Delta U+p\Delta V$。

(3) 等压变化过程的热效应 Q_p 可以直接测定;在等压条件下只做体积功的体系,其焓变等于 Q_p,即 $\Delta H=Q_p$。

(4) 恒容变化过程的热效应 Q_V,也可以直接测定。不做其他功的体系,其内能变化等于 Q_V,即 $\Delta U=Q_V$。

(5) 对气体参与的化学反应而言,若将气体近似为理想气体处理,则有 $p\Delta V=\Delta nRT$,所以 $\Delta H=\Delta U+\Delta nRT$ 或 $Q_p=Q_V+\Delta nRT$。

一般的化学反应,往往不涉及其他功问题。

【例 5.5】 1.00 g 可作为火箭燃料的联氨(N_2H_4)在氧气中完全燃烧(等容)时，放热 20.7 kJ (25 ℃)。试求 1 mol N_2H_4 在 25 ℃燃烧时的内能变化和等压反应热。

解 联氨燃烧反应方程式

$$N_2H_4(g) + O_2(g) \longrightarrow N_2(g) + 2H_2O(l)$$

1 mol N_2H_4 在等容下燃烧时放热

$$Q_V = -20.7\ \text{kJ} \cdot \text{g}^{-1} \times 32.0\ \text{g} \cdot \text{mol}^{-1} = -662\ \text{kJ} \cdot \text{mol}^{-1}$$

体系内能变化等于 Q_V，按(5.4)式，$\Delta U = Q_V = -662\ \text{kJ} \cdot \text{mol}^{-1}$，注意符号！燃烧时体系放热，所以 $Q_V = \Delta U$ 为负值，即体系内能降低。ΔH 可按(5.7)式计算，在 $\Delta H = \Delta U + p\Delta V$ 式中，ΔU 已求得，$p\Delta V$ 怎样计算？在化学方程式中的 4 种物质只有 H_2O 是液态，它的体积与气体相比很小，可以忽略，所以反应前后体积的变化可单从气态物质考虑。若它们都是理想气体，则可知

$$p\Delta V = \Delta nRT$$

N_2H_4 燃烧反应中，2 mol 气态反应物，生成 1 mol 气态产物，所以 $\Delta n = 1 - 2 = -1$，ΔU 和 Q_V 是按 25 ℃计算的，所以

$$\begin{aligned}\Delta H &= \Delta U + \Delta nRT \\ &= -662\ \text{kJ} \cdot \text{mol}^{-1} + (-1) \times 0.00831\ \text{kJ} \cdot \text{mol}^{-1} \cdot \text{K}^{-1} \times (273+25)\text{K} \\ &= (-662 - 2.5)\ \text{kJ} \cdot \text{mol}^{-1} = -665\ \text{kJ} \cdot \text{mol}^{-1}\end{aligned}$$

一般化学反应的摩尔反应热大致在几十至几百 kJ 的数量级，而有气体体积变化的反应中，Δn 通常只是 1、2 或 3 mol，所以 ΔnRT 项也只是几个 kJ，因此多数化学反应的 ΔH 和 ΔU 差值很小。如上述例题中的 ΔH 和 ΔU 相差仅 2.5 kJ · mol^{-1}，尤其是溶液反应或固相反应中 ΔH 和 ΔU 往往只相差万分之几或十万分之几。显然，可以认为这些反应的 ΔH 和 ΔU 基本上相等。

以上提到的各种物理量中，p、V、T、U、H 等都是状态函数，而 Q 和 W 则不是，**凡只与体系所处状态有关，而与变化路径无关的物理量都是状态函数。**各种状态函数之间相互联系、相互制约。一定量物质在一定的温度、压力条件下，其体积、内能、焓都是确定的。如在 25 ℃和 101 kPa 时，1000 g 水的体积 $V = 1003\ \text{cm}^3$，不论这些水是由蒸气冷凝，还是由冰融化或是由 H_2 和 O_2 化合生成，其体积都是 1003 cm^3，也就是说，1000 g 水的体积由它所处的状态(25 ℃，101 kPa)所决定，而与形成的路径无关。这 1000 g 水的内能 U 在 25 ℃和 101 kPa 也是定值，因为温度、压力确定之后，体系的动能、势能等就是定值，这些能量的总和“内能”当然也是定值。由定义 $H = U + pV$ 可知，在 25 ℃和 101 kPa 时 U 和 pV 既然都已确定，H 当然也是定值；一旦改变压力或温度，V、U、H 也随之发生变化。如升温到 90 ℃，压力仍为 101 kPa 时，1000 g 水的体积则变为 1036 cm^3。内能则由 U_{25} 变为 U_{90}，焓则由 H_{25} 变为 H_{90}，图示如下：

状态Ⅰ	⟶ 状态Ⅱ	
1000 g 水，25 ℃，101 kPa	1000 g 水，90 ℃，101 kPa	
$V_{\text{I}} = 1003\ \text{cm}^3$	$V_{\text{II}} = 1036\ \text{cm}^3$	$\Delta V = (1036 - 1003)\ \text{cm}^3 = 33\ \text{cm}^3$
$U_{\text{I}} = U_{25}$	$U_{\text{II}} = U_{90}$	$\Delta U = U_{90} - U_{25}$
$H_{\text{I}} = H_{25}$	$H_{\text{II}} = H_{90}$	$\Delta H = H_{90} - H_{25}$

1000 g 水由状态Ⅰ(25 ℃、101 kPa)变为状态Ⅱ(90 ℃、101 kPa)时，体积变化

$$\Delta V=(1036-1003)\ \mathrm{cm^3}=33\ \mathrm{cm^3}$$

由于 V 是状态函数，所以 ΔV 与升温的方式或路径无关，在 101 kPa 时 1000 g 水温度由 25 ℃升高到 90 ℃，体积总是增加 33 $\mathrm{cm^3}$。同理，ΔU 和 ΔH 也不随升温方式不同而异。但热和功不是状态函数，就不具有这种特性。

在讨论中，我们用到体系(system)、环境(surrounding)、状态函数等概念，体系可以进一步分为开放体系、封闭体系和孤立体系等。本节涉及多种热力学常用术语，现简要归纳如下：

体系与环境

体系：指研究的对象。可根据需要划分，有一定的人为性，可以是实际的或想象的。

环境：除去体系以外的一切事物。一般指与体系密切相关且相互影响的部分。

开放体系：与环境既有能量交换又有物质交换。

封闭体系：与环境有能量交换但没有物质交换。

孤立体系：与环境既没有能量交换也没有物质交换。

因此，体系就是我们集中注意力要研究的范围，它包含一定种类和一定数量的物质。体系的外界就是环境。如何选择体系，需要根据具体情况进行处理。例如，讨论镁条燃烧生成氧化镁的反应，镁条、氧气和氧化镁就是研究的体系。又如考虑水的气-液平衡，水和水蒸气是研究的体系；若考虑水的蒸发，那么根据所给条件和研究目的，液态水可以作为体系。

状态和状态函数

状态：体系的物理性质和化学性质(如质量、温度、压力、体积、密度等)的总和。当这些性质不发生变化时，体系处于一定的状态；若任一性质发生变化，则体系的状态也随之改变。变化前称始态，变化后的状态称终态。

状态函数：仅由体系状态决定的函数，在定态下有定值。其改变量仅取决于体系的始态和终态，而与变化的路径无关，如温度、压力、体积、内能(U)、焓(H)以及后面将要提到的熵(S)和 Gibbs 自由能(G)等等。

上述几种状态函数又可分为两类：一类与物质量有关，如 V、U、H；另一类则与物质量无关，如 T、p。例如在 25 ℃与 101 kPa 下，1000 g 水的体积是 1003 $\mathrm{cm^3}$，而 1 g 水的体积则是 1.003 $\mathrm{cm^3}$。但不论是 1000 g 水还是 1 g 水，温度同样都是 25 ℃。10 g 25 ℃水和 10 g 25 ℃水混合之后，体积、内能、焓都加倍，但温度并不是 50 ℃而仍是 25 ℃。我们把与物质量有关、具有加和性的一类物理量叫做**广度量**(extensive quantity)，而把与物质量无关、不具加和性的一类叫做**强度量**(intensive quantity)。各种形式的功都可以解析为这两类物理量的乘积。例如

功的形式	强度量	广度量
体积功($p\Delta V$)	压力(p)	体积(ΔV)
电功(VQ)	电势(V)	电量(Q)
机械功(Fs)	力 (F)	距离(s)

而功和热与变化的路径有关，不是状态函数。如何理解这些概念，可以在应用中学习和体会，也会在后续的物理化学课程中进一步学习。

5.3　热化学方程式与热化学定律

(Thermochemical Equation and Laws of Thermochemistry)

注明物态和反应热的化学方程式就叫热化学方程式，例如

$$H_2(g)+\frac{1}{2}O_2(g) \longrightarrow H_2O(l) \qquad \Delta_r H_m^{\ominus}(298\ K)=-286\ kJ \cdot mol^{-1}$$

或 $$\frac{1}{2}N_2(g)+O_2(g) \longrightarrow NO_2(g) \qquad \Delta_r H_m^{\ominus}(298K)=+33\ kJ \cdot mol^{-1}$$

在 $\Delta_r H_m^{\ominus}(298\ K)$中，焓($H$)左下角的 r 代表化学反应(reaction)；右下角 m 代表摩尔(mol)；右上角的$^{\ominus}$代表热力学标准状态(简称标态)；括号内的数字代表热力学温度，单位为 K；ΔH 则为焓变。气态物质的标态用压力表示，过去用 1 atm，推行国际单位制(SI 制)之后，似应该改用 101.3 kPa，但这数字有诸多不便，国际纯粹与应用化学联合会(IUPAC)建议选用 **1×10^5 Pa (1 bar)作为气态物质的热力学标态**[①]**，符号为 $p^{\ominus}$。溶液的标态则指溶质质量摩尔浓度或活度为 1 mol · kg^{-1}。对稀溶液而言，也可用物质的量浓度 1 mol · dm^{-3}。液体和固体的标态则指处于标准压力下的纯物质。**最常用的焓变值是 298 K(25 ℃)的，严格地说，焓变值是随温度变化的，但在一定温度范围内变化不大，凡未注明温度的 $\Delta_r H_m^{\ominus}$ 就代表在 298 K 及标态时的焓变，也可以简写为 $\Delta H^{\ominus}$。总之，ΔH 泛指任意状态的焓变，$\Delta_r H_m^{\ominus}(T)$代表压力在标态、温度为 T 时，化学反应的摩尔焓变的完整符号，而 $\Delta H^{\ominus}$则为在标态摩尔焓变的简写符号。

焓变等于负值，即生成物总焓值小于反应物总焓值，反应过程放热；焓变等于正值，即生成物总焓值大于反应物总焓值，反应过程吸热。如 H_2 和 O_2 的化合反应是放热的，故$\Delta H<0$；而 N_2 和 O_2 的化合反应是吸热的，$\Delta H>0$。

ΔH 的单位为 kJ · mol^{-1}[②]。焓是广度量，ΔH 的大小与物质的量成正比。在书写化学反应方程式时，需注意焓变应该与一定的反应式相联系，如在 298 K

$$H_2(g)+\frac{1}{2}O_2(g) \longrightarrow H_2O(l)$$

$$\Delta_r H_m^{\ominus}(298\ K)=-286\ kJ \cdot mol^{-1}, \quad \text{或简写成} \quad \Delta H^{\ominus}=-286\ kJ \cdot mol^{-1}$$

而 $$2H_2(g)+O_2(g) \longrightarrow 2H_2O(l)$$

$$\Delta_r H_m^{\ominus}(298K)=-572\ kJ \cdot mol^{-1}, \quad \text{或简写成} \quad \Delta H^{\ominus}=-572\ kJ \cdot mol^{-1}$$

在此 mol^{-1}[③]已不是指 1 mol H_2 或 1 mol O_2，而是指“1 mol 反应”。所谓 **1 mol 反应，是把该化学反应看成一个整体单元，或者说“有 Avogadro”数单元的反应，叫“1 mol 反应”**。所以 1 mol $H_2+\frac{1}{2}O_2 \longrightarrow H_2O$ 反应，放热 286 kJ；而 1 mol $2H_2+O_2 \longrightarrow 2H_2O$ 反应，则放热 572 kJ。热化学反应方程式的 ΔH 必须与某一定的反应方程式相联系，使 mol^{-1}有明确的含义，不会混淆。

由于物质状态变化时总伴随焓变，所以书写热化学方程式时还应注明物态，如下列两个反应

---

① 旧的标准态压力为 1 atm，新的标准态压力改为 1 bar(100 kPa)之后，涉及气态物质的热力学数据有微小变动，请参考本章课外读物[2]。本书各热力学数据摘自最常用的手册“*Handbook of Chemistry and Physics*”，手册中是按新标准的数据。

② 1960 年以前，ΔH 的单位都用卡(cal)。按 1960 年第十一届国际计量大会通过的 SI 制，ΔH 的单位应改用 J(焦耳)，1 cal=4.184 J。1977 年 IUPAC 物理化学分会建议：摩尔焓变的单位应为 J · mol^{-1}。

③ mol^{-1}也可以用“反应进度”定义。反应进度(extent of reaction)的符号为 ξ，与物质的量具有相同的量纲。反应 $aA+bB \longrightarrow cC+dD$ 中，$\xi=\frac{\Delta n_A}{a}=\frac{\Delta n_B}{b}=\frac{\Delta n_C}{c}=\frac{\Delta n_D}{d}$，$\Delta n$ 为反应中物质的量变化。当 $\xi=1$ mol 时，可以理解为反应按照所给定的反应方程式进行了 1 mol 反应。

$$H_2(g)+\frac{1}{2}O_2(g) \longrightarrow H_2O(l) \qquad \Delta H^\ominus=-286\ kJ\cdot mol^{-1}$$

$$H_2(g)+\frac{1}{2}O_2(g) \longrightarrow H_2O(g) \qquad \Delta H^\ominus=-242\ kJ\cdot mol^{-1}$$

两个 $\Delta H^\ominus$ 的不同在于：在标态及 298 K 下 $H_2O(l)$ 和 $H_2O(g)$ 的焓值不同，液态 H_2O 变为气态的 H_2O 要吸热，所以 $H_2(g)$ 和 $\frac{1}{2}O_2(g)$ 化合生成 $H_2O(g)$ 的放热量要比生成 $H_2O(l)$ 的小些。

化学方程式成千上万，热化学方程式也成千上万。虽然有些化学反应的 ΔH 可以直接测定，但也有些是无法直接测定的，例如反应

$$C+\frac{1}{2}O_2 \longrightarrow CO$$

因为碳燃烧时不可能完全变成 CO，总有一部分变成 CO_2，这个反应的 ΔH 是冶金工业很有用的数据，但是不能直接测定，只能间接求算。此外，我们也不可能直接测定所有化学反应的反应热。化学家们在研究了相当多的化学现象之后，总结提出了热化学定律。用现代术语可表述为以下两个定律：

(1) 在相同条件下正向反应和逆向反应的 ΔH 数值相等，符号相反。例如在 298 K

$$\frac{1}{2}N_2(g)+\frac{3}{2}H_2(g) \longrightarrow NH_3(g) \qquad \Delta H_1^\ominus=-45.9\ kJ\cdot mol^{-1}$$

则

$$NH_3(g) \longrightarrow \frac{1}{2}N_2(g)+\frac{3}{2}H_2(g) \qquad \Delta H_2^\ominus=+45.9\ kJ\cdot mol^{-1}$$

氮和氢化合生成 1 mol 氨时，放热 45.9 kJ，那么 1 mol 氨分解生成氮和氢时就需要吸收 45.9 kJ 的热。在 18 世纪末 Lovoisier 和 Lapalace 就发现了这个规律，当我们有了“状态函数”概念之后就很容易理解它。焓是状态函数，ΔH 与路径无关。设 $\frac{1}{2}N_2(g)$ 和 $\frac{3}{2}H_2(g)$ 是状态Ⅰ，则 $NH_3(g)$ 就是状态Ⅱ，状态Ⅰ和Ⅱ的焓都是定值，由状态Ⅰ→Ⅱ放热 45.9 kJ，则由状态Ⅱ→Ⅰ当然需吸热 45.9 kJ。

(2) 一个反应若能分解成两步或几步实现，则**总反应的 ΔH 等于各分步反应 ΔH 之和**。这个定律是 19 世纪中叶俄国化学家 Hess 综合分析大量实验数据提出来的，所以叫 Hess 定律或叫反应热加和定律。例如在 298 K 时

① $2\ Cu(s)+O_2(g) \longrightarrow 2\ CuO(s) \qquad \Delta H_1^\ominus=-315\ kJ\cdot mol^{-1}$

② $2\ Cu(s)+\frac{1}{2}O_2(g) \longrightarrow Cu_2O(s) \qquad \Delta H_2^\ominus=-169\ kJ\cdot mol^{-1}$

③ $Cu_2O(s)+\frac{1}{2}O_2(g) \longrightarrow 2CuO(s) \qquad \Delta H_3^\ominus=-146\ kJ\cdot mol^{-1}$

Cu 和 O_2 可以按①式化合生成氧化铜 CuO，也可以分为两步进行，先按反应式②生成氧化亚铜 Cu_2O，再按反应式③生成氧化铜 CuO。反应②＋反应③＝反应①。$2Cu(s)+O_2(g)$ 是状态Ⅰ，$2CuO(s)$ 是状态Ⅱ，$Cu_2O(s)$ 是中间状态Ⅲ。由状态Ⅰ直接变为状态Ⅱ的焓变是 $\Delta H_1^\ominus$。由状态Ⅰ→Ⅲ→Ⅱ两步的焓变分别是 $\Delta H_2^\ominus$ 和 $\Delta H_3^\ominus$。因为焓变与路径无关，不论是一步反应，还是分两步进行，始态都是 $2Cu(s)+O_2(g)$，终态都是 $2CuO(s)$，两种路径的焓变应该相等，即 $\Delta H_1^\ominus=\Delta H_2^\ominus+\Delta H_3^\ominus$。这种关系可用图 5.4 表示。

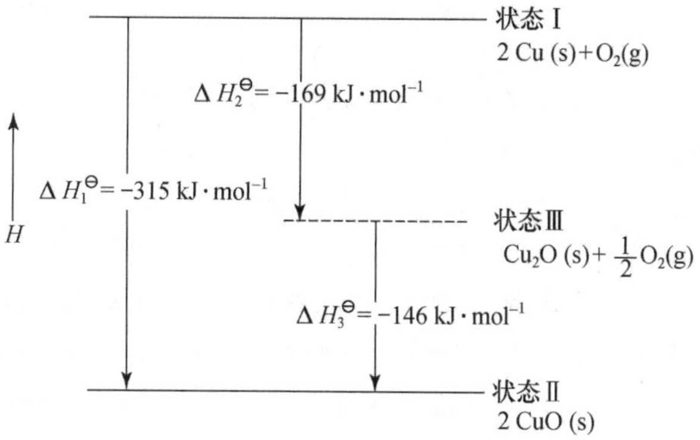

图 5.4 总反应的 ΔH 等于分步反应 ΔH 之和

若已知其中任意两个反应的 ΔH，即可求算第三个反应的焓变。当我们测定了一定数量反应的焓变，就可利用热化学定律求得许多其他反应的反应热。

【例 5.6】 已知下列两个反应热的实验值(298 K)，试求 $C(s)+\frac{1}{2}O_2(g) \longrightarrow CO(g)$ 的 $\Delta H_3^{\ominus}=?$

$$① \ C(s)+O_2(g) \longrightarrow CO_2(g) \qquad \Delta H_1^{\ominus}=-394\ kJ \cdot mol^{-1}$$

$$② \ CO(g)+\frac{1}{2}O_2(g) \longrightarrow CO_2(g) \qquad \Delta H_2^{\ominus}=-283\ kJ \cdot mol^{-1}$$

解 式①－式②＝待求的反应式③。按热化学定律，可知

$$\Delta H_3^{\ominus}=\Delta H_1^{\ominus}-\Delta H_2^{\ominus}=[-394-(-283)]kJ \cdot mol^{-1}=-111\ kJ \cdot mol^{-1}$$

碳和氧化合生成 CO 的反应热虽无法直接测定，但利用 Hess 定律不难间接计算。热化学定律很简单，很实用。热化学定律是大量实验数据的总结，它为热力学第一定律的发现提供了许多重要的实验根据。

5.4 生 成 焓

(Enthalpy of Formation)

化学反应的焓变虽然是重要的、常用的数据，但任何一种化学手册不可能记载成千上万化学反应的 ΔH 数据，因为化学反应种类太多，不胜刊载。能从手册查到的仅是几千种常见纯净物的标准生成焓。在标态和 T (K)条件下**由指定单质生成 1 mol 某种物质(化合物或其他形式的物种)的焓变叫做该物质在 T (K)时的标准生成焓**，符号是 $\Delta_f H_m^{\ominus}(T)$，简称生成焓①，在 298 K 的标准生成焓的符号可以简写为 $\Delta H_f^{\ominus}$。例如在 298 K

$$C(石墨)+O_2(g) \longrightarrow CO_2(g) \qquad \Delta H_f^{\ominus}=-394\ kJ \cdot mol^{-1}$$

① 也叫生成热(heat of formation)。

C(石墨)和 O_2(g)都是稳定的单质，它们化合生成 1 mol CO_2(g)时的标准焓变是 $-394\ kJ \cdot mol^{-1}$，也可以说化合物 CO_2(g)的标准生成焓 $\Delta H_f^\ominus = -394\ kJ \cdot mol^{-1}$。

按生成焓定义可知，稳定态单质本身的 $\Delta H_f^\ominus$ 都等于零。一种元素若有几种结构性质不同的单质，如石墨和金刚石是碳的两种单质

$$C(石墨) \longrightarrow C(石墨) \qquad \Delta H_f^\ominus = 0$$

$$C(石墨) \longrightarrow C(金刚石) \qquad \Delta H_f^\ominus = +1.9\ kJ \cdot mol^{-1}$$

石墨是稳定的单质，而金刚石则不是。磷有红磷、白磷之分，白磷的 $\Delta H_f^\ominus = 0$；而红磷的 $\Delta H_f^\ominus = -17.6\ kJ \cdot mol^{-1}$。同理，$O_2$(g)的 $\Delta H_f^\ominus = 0$，而 O_3(g)的 $\Delta H_f^\ominus = +143\ kJ \cdot mol^{-1}$。总之，生成焓并非另一个新概念，而只是一种特定的 ΔH。一种物质焓的绝对值 H 无法测定，而生成焓是一种相对值，有些是实验测定的，有些则是间接计算的，当知道了各种物质的生成焓，我们就可以很容易地计算许多化学反应的焓变。例如 CO 和 H_2O 转化成 CO_2 和 H_2 是工业制 H_2 的重要反应，在 298 K 的 $\Delta H^\ominus$ 可由生成焓作如下计算：

$$CO(g) + H_2O(g) \longrightarrow CO_2(g) + H_2(g) \qquad \Delta H^\ominus = ?$$

这个总反应可分解为以下 4 个反应

$$① \ C(石墨) + \frac{1}{2}O_2(g) \longrightarrow CO(g) \qquad \Delta H_1 = \Delta H_f^\ominus(CO,g) = -111\ kJ \cdot mol^{-1}$$

$$② \ H_2(g) + \frac{1}{2}O_2(g) \longrightarrow H_2O(g) \qquad \Delta H_2 = \Delta H_f^\ominus(H_2O,g) = -242\ kJ \cdot mol^{-1}$$

$$③ \ C(石墨) + O_2(g) \longrightarrow CO_2(g) \qquad \Delta H_3 = \Delta H_f^\ominus(CO_2,g) = -394\ kJ \cdot mol^{-1}$$

$$④ \ H_2(g) \longrightarrow H_2(g) \qquad \Delta H_4 = \Delta H_f^\ominus(H_2,g) = 0$$

这 4 步反应与总反应里的 4 种物质相关，ΔH_1、ΔH_2 和 ΔH_3 分别是 CO(g)、H_2O(g)和 CO_2(g)的生成焓，第④步表示 H_2(g)是稳定态单质，按定义其生成焓等于零。反应式(③+④)－(①+②)＝总反应，所以上述反应在 298 K 的焓变：

$$\begin{aligned}\Delta H^\ominus &= [\Delta H_3 + \Delta H_4] - [\Delta H_1 + \Delta H_2] \\ &= [\Delta H_f^\ominus(CO_2,g) + \Delta H_f^\ominus(H_2,g)] - [\Delta H_f^\ominus(CO,g) + \Delta H_f^\ominus(H_2O,g)] \\ &= [(-394+0) - (-111-242)]\ kJ \cdot mol^{-1} \\ &= -41\ kJ \cdot mol^{-1}\end{aligned}$$

由此可见，任何一个反应的焓变等于生成物生成焓之和减去反应物生成焓之和

$$\Delta_r H_m^\ominus = \sum \nu_i \, \Delta_f H_m^\ominus(生成物) - \sum \nu_i \, \Delta_f H_m^\ominus(反应物) \tag{5.9}$$

这是一个非常有用的关系式，式中 ν_i 表示化学反应中的计量系数。本书附录 C.2 汇列了一些常见物质在 298 K 的标准生成焓数据，它们的单位是 $kJ \cdot mol^{-1}$，过去曾用 $kcal \cdot mol^{-1}$。

【例 5.7】 辛烷(C_8H_{18})是汽油的主要成分，它的燃烧反应如下，试计算 100 g 辛烷燃烧时放出的热量(298 K)。

$$C_8H_{18}(l) + 12\frac{1}{2}O_2(g) \longrightarrow 8CO_2(g) + 9H_2O(l)$$

解　先由 298 K 的标准生成焓计算摩尔反应热，$\Delta H_f^\ominus$ 值可以查附录 C.2。

$$\begin{aligned}\Delta H^\ominus &= 8\Delta H_f^\ominus(CO_2,g) + 9\Delta H_f^\ominus(H_2O,l) - \Delta H_f^\ominus(C_8H_{18},l) - 12.5\,\Delta H_f^\ominus(O_2,g) \\ &= [8\times(-394) + 9\times(-286) - (-250) - 0]\ kJ \cdot mol^{-1} \\ &= -5476\ kJ \cdot mol^{-1}\end{aligned}$$

C_8H_{18}的摩尔质量是 114 g·mol^{-1},所以 100 g C_8H_{18}燃烧时所放热量:

$$Q=-5476\ \mathrm{kJ\cdot mol^{-1}}\times\frac{100\ \mathrm{g}}{114\ \mathrm{g\cdot mol^{-1}}}=-4.80\times10^3\ \mathrm{kJ}$$

由以上计算可知,正确使用生成焓数据和热化学定律,便可计算许多化学反应的焓变。标准生成焓的科学价值在于:**少量**的实验数据,使我们可以获得**大量**化学反应的焓变值。

由附录 C.2 的数据可见,绝大多数化合物的 $\Delta_f H_m^\ominus$ 是负值,即单质形成化合物时是放热的。大多数化合物的 $\Delta_f H_m^\ominus$ 负值都在几百 kJ·mol^{-1} 的量级,有些化合物如 Al_2O_3、$BaSO_4$、Fe_3O_4 等的 $\Delta_f H_m^\ominus$ 在 -1000 kJ·mol^{-1} 以上,它们都是很稳定的化合物。只有少数化合物的 $\Delta_f H_m^\ominus$ 为正值,如 NO_2、HI 等,相对而言这类化合物都不稳定。不同化合物的 $\Delta_f H_m^\ominus$ 数据为什么有这样大的差别呢?学习"键焓"的概念,将有助于回答这个问题。

5.5 键 焓

(Bond Enthalpy)

化学变化过程中参与反应的各原子的原子核及内层电子都没有变化,唯它们的部分外层电子之间的结合方式发生改变,或者说发生了化学键的改组。化学变化的热效应就来源于化学键改组时**键焓**的变化,键焓[①]是指:**在温度 T 与标准压力时,气态分子断开 1 mol 化学键的焓变**。我们通常用缩写符号 BE 代表键焓,也可用符号 $EH_m^\ominus$ 表示。

对双原子分子而言,键焓和键的分解能是相等的。如

$$F_2(g) \longrightarrow 2F(g) \qquad \Delta H^\ominus=\mathrm{BE(F-F)}=+159\ \mathrm{kJ\cdot mol^{-1}}$$

$$Cl_2(g) \longrightarrow 2Cl(g) \qquad \Delta H^\ominus=\mathrm{BE(Cl-Cl)}=+243\ \mathrm{kJ\cdot mol^{-1}}$$

$$HF(g) \longrightarrow H(g)+F(g) \qquad \Delta H^\ominus=\mathrm{BE(H-F)}=+570\ \mathrm{kJ\cdot mol^{-1}}$$

而 1 个 $H_2O(g)$分子含有 2 个 O—H 键,断开第一个 O—H 键和断开第二个 O—H 键的焓变是不一样的,在 298K 时

$$HOH(g) \longrightarrow H(g)+OH(g) \qquad \Delta_r H_m^\ominus=+502\ \mathrm{kJ\cdot mol^{-1}}$$

$$OH(g) \longrightarrow H(g)+O(g) \qquad \Delta_r H_m^\ominus=+426\ \mathrm{kJ\cdot mol^{-1}}$$

断开不同化合物中的 O—H 键的焓变,也是略有差别的。表 5.1 中 O—H 键的键焓数据是指多种化合物中 O—H 键焓的平均值。所以键焓是一种平均近似值,而不是直接的实验结果。

键焓越大,表示要断开这种键时需吸收的热量越多,即原子间结合力越强;反之,键焓越小,即原子间结合力越弱。相比之下,上述三种双原子分子的化学键之中 H—F 键最强,F—F 键最弱。F_2 在 1000℃左右就有明显分解,而 HF 在 5000℃仍无明显分解。

---

① 也叫键能(bond energy),因为在这类反应中 ΔH 是实验平均值,其误差范围较大,$\Delta H\approx\Delta E$,常常把键能、键焓两词通用,数值也相同。

表 5.1　常见化学键的键焓(298 K, $p^{\ominus}$)

$\frac{BE(X—Y)}{kJ \cdot mol^{-1}}$		H	F	Cl	Br	I	O	S	N	P	C	Si
单键	H	436										
	F	570	159									
	Cl	431	256	243								
	Br	366	280	218	193							
	I	299	271	211	179	151						
	O	463	184	205	—	201	138					
	S	339	340	272	214	—	—	264				
	N	391	272	201	243	201	201	247	159			
	P	318	490	318	272	214	352	230	300	214		
	C	413	486	327	276	239	343	289	293	264	344	
	Si	323	540	360	289	214	368	226	—	214	281	197

双键	C═C	614	C═N	615	C═O	799	C═S	578
	O═O	495	N═N	418	S═O	523	S═S	418
叁键	C≡C	839	N≡N	941	C≡N	891	C≡O	1072

从表 5.1 中数据可见：键焓都是正值。按其定义，键焓是化学键断开时的焓变，要断开化学键当然是要吸热的，所以焓变 ΔH 是正值；反之，当遇到化学键生成时会放热，焓变就要取负值。利用键焓数据可以估算化学反应的焓变。现以氢和氧化合生成水为例(查表 5.1 中的键焓数据)：

$$H_2(g) \longrightarrow 2H(g) \qquad \Delta H^{\ominus} = BE(H—H) = +436\ kJ \cdot mol^{-1}$$

$$O_2(g) \longrightarrow 2O(g) \qquad \Delta H^{\ominus} = BE(O═O) = +495\ kJ \cdot mol^{-1}$$

$$H_2O(g) \longrightarrow 2H(g) + O(g) \qquad \Delta H^{\ominus} = 2 \times BE(H—O) = 2 \times (+463)\ kJ \cdot mol^{-1} = +926\ kJ \cdot mol^{-1}$$

问：　$H_2(g) + \frac{1}{2}O_2(g) \longrightarrow H_2O(g) \qquad \Delta H^{\ominus} = ?$

这个反应要断开 1 mol H—H 键和 $\frac{1}{2}$mol O═O 键，生成 2 mol 的 H—O 键，即反应热等于生成物成键时所放出热量和反应物断键时所吸收热量的代数和。

$$\Delta H = -\sum BE(\text{生成物}) + \sum BE(\text{反应物})$$
$$= -\left[\sum BE(\text{生成物}) - \sum BE(\text{反应物})\right] = -\Delta\left(\sum BE\right) \qquad (5.10)$$

把已知的键焓数据代入(5.10)式，得

$$\Delta H^{\ominus} = -\left[2 \times BE(H—O) - BE\ (H—H) - \frac{1}{2} \times BE(O═O)\right]$$
$$= \left(-926 + 436 + \frac{1}{2} \times 495\right)\ kJ \cdot mol^{-1} = -243\ kJ \cdot mol^{-1}$$

这个反应的 $\Delta H^{\ominus}$ 其实也就是 $H_2O(g)$ 的 $\Delta H_f^{\ominus}$。查附录 C.2，可知 $H_2O(g)$ 的标准生成焓为 $-242\ kJ \cdot mol^{-1}$，这与由键焓计算结果相当吻合。由此，我们又可以从微观化学键键焓的角度去理解宏观反应热的实质。

氢和氧化合生成水的反应热可以直接测定，当然没有必要从键焓去求算，仅以此为例说明键焓的意义。实际上倒是由 $H_2O(g)$ 的生成焓来推算 H—O 键焓的。有了这些键焓数据，我

们可以对某些无法从 $\Delta H_f^\ominus$ 求反应热的情况进行估算。例如,反应

$$CH_4(g)+OH(g) \longrightarrow CH_3(g)+H_2O(g)$$

是 CH_4 燃烧机理的一个中间步骤,其中涉及 2 个自由基(free radicals),自由基的 $\Delta H_f^\ominus$ 不易得到,但我们可用键焓估算反应热。上述过程中化学键改组的情况为

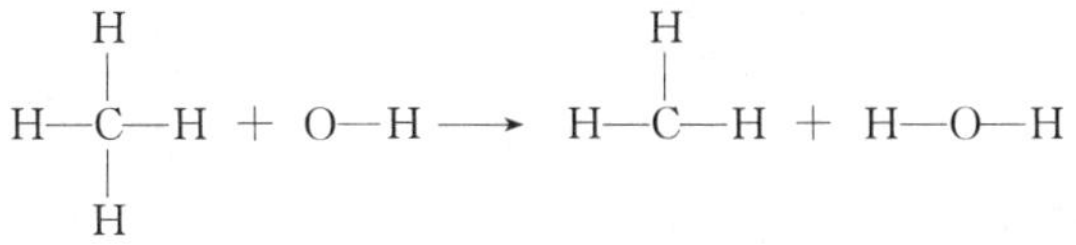

该反应实际上是断开 1 mol　C—H 键,生成 1 mol　H—O 键,由键焓估算其焓变:

$$\Delta H^\ominus(298\ \text{K}) = -[\text{BE}(\text{H—O}) - \text{BE}(\text{C—H})]$$
$$= (-463+413)\ \text{kJ}\cdot\text{mol}^{-1} = -50\ \text{kJ}\cdot\text{mol}^{-1}$$

由此求得的 $\Delta H^\ominus$(298 K)数据虽然不很准确,但在进行化工设计时却非常有用。另需指出,键焓虽从微观角度阐明了反应热的实质,但键焓数据很不完善,只是平均的近似值,而且只限于气态物质。所以,由键焓估算反应热是有一定局限性的。

【例 5.8】 能否由键焓直接求 HF(g),HCl(g), H_2O(l)以及 CH_4(g)的标准生成焓?如可能,将计算结果与附录 C.2 所列数值比较。

解　先写出由稳定态单质变为化合物的反应方程式,并计算化学键改组的焓变

$$\frac{1}{2}H_2(g)+\frac{1}{2}F_2(g) \longrightarrow HF(g)$$

$$\Delta H^\ominus = -\Delta\left(\sum \text{BE}\right) = -\left[\text{BE}(\text{H—F}) - \frac{1}{2}\text{BE}(\text{F—F}) - \frac{1}{2}\text{BE}(\text{H—H})\right]$$
$$= -\left(570 - \frac{1}{2}\times159 - \frac{1}{2}\times436\right)\ \text{kJ}\cdot\text{mol}^{-1} = -273\ \text{kJ}\cdot\text{mol}^{-1}$$

$$\frac{1}{2}H_2(g)+\frac{1}{2}Cl_2(g) \longrightarrow HCl(g)$$

$$\Delta H^\ominus = -\Delta\left(\sum \text{BE}\right) = -\left[\text{BE}(\text{H—Cl}) - \frac{1}{2}\text{BE}(\text{Cl—Cl}) - \frac{1}{2}\text{BE}(\text{H—H})\right]$$
$$= -\left(431 - \frac{1}{2}\times243 - \frac{1}{2}\times436\right)\ \text{kJ}\cdot\text{mol}^{-1} = -92\ \text{kJ}\cdot\text{mol}^{-1}$$

$$H_2(g)+\frac{1}{2}O_2(g) \longrightarrow H_2O(l)$$

不能从 BE 直接计算反应热,因为 H_2O 是液态。

$$C(s)+2H_2(g) \longrightarrow CH_4(g)$$

不能由 BE 直接计算反应热,因为 C 是固态。

用键焓估算 HF(g)和 HCl(g)的标准生成焓与附录 C.2 所列数据相符。BE(F—F)< BE(Cl—Cl),即 F—F 键比 Cl—Cl 键容易断开;而 BE(H—F)>BE(H—Cl),即 H—F 键比 H—Cl 键容易生成,所以 $\Delta H_f^\ominus$(H—F)的数值比 $\Delta H_f^\ominus$(H—Cl)的数值负得多。双原子分子气体的 $\Delta H_f^\ominus$ 与 BE 的关系是很明显的;而对于多原子分子,两者关系就不一定很相符。若反应涉及液态和固态,就不能用 BE 简单地估算 $\Delta H_f^\ominus$ 值,联系习题 5.9 再行比较。

以上几节讨论了焓的意义,焓变的直接测量、间接求算以及由键焓的估算。焓变确实是研究化学反应的重要数据。19 世纪中叶 Berthelot 和 Thomson 等人曾主张用焓变来判断反应

发生的方向。放热反应，体系能量降低，应该能自发进行。例如在 298 K 时

$$Na(s)+H_2O(l) \longrightarrow NaOH(aq)+\frac{1}{2}H_2(g) \qquad \Delta H^\ominus=-184\ kJ\cdot mol^{-1}$$

$$2Fe(s)+\frac{3}{2}O_2(g) \longrightarrow Fe_2O_3(s) \qquad \Delta H^\ominus=-824\ kJ\cdot mol^{-1}$$

$$NaOH(aq)+HCl(aq) \longrightarrow NaCl(aq)+H_2O(l) \qquad \Delta H^\ominus=-56\ kJ\cdot mol^{-1}$$

$$2H_2S(g)+SO_2(g) \longrightarrow 3S(s)+2H_2O(l) \qquad \Delta H^\ominus=-234\ kJ\cdot mol^{-1}$$

这些放热反应确实均可自发进行。又如，N_2 和 O_2 不能自发化合生成 NO，CO 也不可能自发分解成 C 和 O_2，它们都是吸热反应。

$$N_2(g)+O_2(g) \longrightarrow 2\ NO(g) \qquad \Delta H^\ominus=+183\ kJ\cdot mol^{-1}$$

$$CO(g) \longrightarrow C(s)+\frac{1}{2}O_2(g) \qquad \Delta H^\ominus=+111\ kJ\cdot mol^{-1}$$

这类实例还可以列举许多，说明用 ΔH 作为判别反应进行方向的因素是有它正确合理的方面。但是我们也可列举一些能自发进行的吸热过程，例如当我们将 $Ba(OH)_2\cdot 8H_2O$ 和 NH_4SCN 放在锥形瓶里一起剧烈振荡时，会感到锥形瓶变凉，打开瓶盖时能闻到氨味，并可使湿的红石蕊试纸变蓝，这一切说明下述反应

$$Ba(OH)_2\cdot 8H_2O(s)+2NH_4SCN(s) \longrightarrow Ba(SCN)_2(s)+2NH_3(g)+10H_2O(l)$$

是自发的吸热过程。又如，将固体 NH_4Cl 投入盛水的烧杯中，$NH_4Cl(s)$ 会自发溶解并解离生成铵离子和氯离子，这一过程也是吸热的，可以看到烧杯外壁所沾附的少量水能结成霜或结成冰。这些吸热过程为什么也能自发进行？要说明这些现象，需要涉及热力学第二定律有关熵及吉布斯(Gibbs)自由能的概念。在引入这两个概念之前，我们简要了解一下过程的两种性质：可逆与不可逆，自发与非自发。

5.6　过程的性质

(Properties of Process)

前面已介绍了内能与焓两种状态函数。状态函数的变化只和体系的始态与终态有关，而和路径(即变化过程)无关。然而，无论是内能还是焓，都无法测定它在某一状态的绝对值。内能与焓的变化则是通过一定过程的热和功的检测推算得到。热和功不是状态量，它们是由过程决定的参数。因此，有必要了解过程的特点和性质，并将过程中测量到的热和功的变化与内能与焓等函数联系起来。如在一个封闭的气缸中有一定量的理想气体，过程不同，热和功也不同。保持温度为 25℃，理想气体由状态Ⅰ($p_1=6$ kPa，$V_1=2\ dm^3$)变为状态Ⅱ($p_2=1$ kPa，$V_2=12\ dm^3$)，可以选用以下五种不同的过程(A～D 示于图 5.5 中)：

过程 O：气体向真空扩散，即由状态Ⅰ变到状态Ⅱ的过程中不对抗恒外压；

过程 A：气体一步减压，即由状态Ⅰ变到状态Ⅱ的过程中对抗恒外压等于 p_2($p_2=1$ kPa)；

过程 B：气体分两步减压，即由状态Ⅰ至中间状态 B 对抗恒外压等于 p_B($p_B=3$ kPa)，由中间状态 B 变到状态Ⅱ的过程中对抗恒外压等于 p_2；

过程 C：气体分三步减压，即由状态Ⅰ至中间状态 C 对抗恒外压等于 p_C($p_C=4$ kPa)，由中间状态 C 变到中间状态 C′对抗恒外压等于 $p_{C'}$($p_{C'}=2$ kPa)，中间状态 C′变到状态Ⅱ的过程中对抗恒外压等于 p_2。

过程 D：气体“缓慢”膨胀，即由状态Ⅰ到Ⅱ，对抗的外压随内压而逐渐变化。

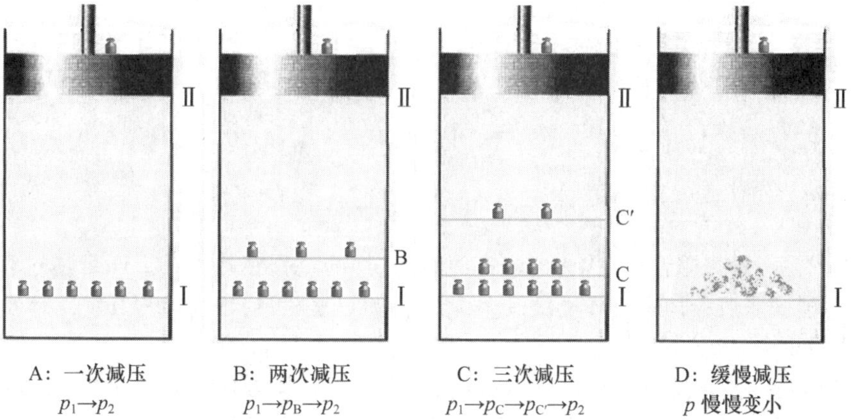

图 5.5 一定量气体按不同方式的变化过程

以上五种过程，始态与终态都相同，因此体系的内能变化也相同。对于理想气体而言，内能是温度的函数，温度一定，内能不变，故由状态Ⅰ到状态Ⅱ，体系的内能变化 $\Delta U=0$。那么过程中的热和功如何？

先看体系的做功情况，当物体运动时，如果不受外力的作用则不做功。对于气体体系，情况也相同，即当气体膨胀不对抗外压时则不做功；而另一方面，气体的压缩一定做功——因为压缩气体必然需要外压的作用且外压必须大于内压才可以发生。

过程 O：体系向真空扩散，不对抗外压，即不做体积功，$W_O=0$

过程 A：从状态Ⅰ变化到状态Ⅱ，过程承受 1 kPa 外压，体积功为

$$W_A=-p_2(V_2-V_1)=-1\ \text{kPa}\times(12-2)\ \text{dm}^3=-10\ \text{J}$$

过程 B：从状态Ⅰ变到状态 B($V_B=4\ \text{dm}^3$)承受 3 kPa 的外压，从状态 B 变到状态Ⅱ承受 1 kPa 的外压，体积功为

$$\begin{aligned}W_B&=-p_B(V_B-V_1)-p_2(V_2-V_B)\\&=-3\ \text{kPa}\times(4-2)\ \text{dm}^3-1\ \text{kPa}\times(12-4)\ \text{dm}^3=-14\ \text{J}\end{aligned}$$

过程 C：从状态Ⅰ变到状态 C($V_C=3\ \text{dm}^3$)承受 4 kPa 的外压，从状态 C 变到状态 C′($V_{C'}=6\ \text{dm}^3$)承受 2 kPa 的外压，从状态 C′变到状态Ⅱ承受 1 kPa 的外压，体积功为

$$\begin{aligned}W_C&=-p_C(V_C-V_1)-p_{C'}(V_{C'}-V_C)-p_2(V_2-V_{C'})\\&=-4\ \text{kPa}\times(3-2)\ \text{dm}^3-2\ \text{kPa}\times(6-3)\ \text{dm}^3-1\ \text{kPa}\times(12-6)\ \text{dm}^3=-16\ \text{J}\end{aligned}$$

可见，气体膨胀过程中，体系对环境所做的功三步减压过程(C)多于两步减压过程(B)，两步减压过程又多于一步减压的过程(A)。

根据热力学第一定律：$\Delta U=W+Q$，可以得到该体系不同变化过程的热和功：

过程	O	A	B	C
W/J	0	−10	−14	−16
Q/J	0	10	14	16

由上述比较，不仅可以看到体系做功和吸收热量随路径不同而异，还可以看到在等温条件

下体系分步减压做的功大，吸收的热多。由此可以类推，若过程分更多的步骤进行，则体系做的功会更大；当过程分成“无数步”减压（过程 D），例如将砝码换成沙子，慢慢取走沙粒，则体系做功最大。

每步做功：$\delta W = p\mathrm{d}V$，则

$$W_D = -\int_{V_1}^{V_2} p\mathrm{d}V = -\int_{V_1}^{V_2} \frac{nRT}{V}\mathrm{d}V = -nRT\int_{V_1}^{V_2} \frac{1}{V}\mathrm{d}V = -nRT\ln\frac{V_2}{V_1}$$

$$= -p_1V_1\ln\frac{V_2}{V_1} = -p_2V_2\ln\frac{V_2}{V_1} = -21.5\ \mathrm{J}$$

“无数步”是一种极限情况，称为准静态过程，这样的过程在热力学上叫**可逆过程**(reversible process)。可逆膨胀过程体系对环境做最大功，吸热也最多；可逆压缩过程环境对体系做最小功，体系放热也最少。

可逆过程是指体系发生某一过程后，若能沿该过程的反方向变化而使体系和环境都恢复到原来的状态而不留下任何影响的过程。可逆过程是一个理想的过程，是一种科学的抽象。实际过程变化速度无限慢时可趋近它。从热力学上讲，可逆过程最经济、效率最高！当体系对外做功时，它做最大功；当环境对体系做功时，只需做最小功。若体系和环境发生变化后，不能恢复到原状或者恢复原状后会引起其他变化，则相应的过程为不可逆过程。

以上过程中，O、A～C 均为不可逆过程，而 D 为可逆过程。虽然实际发生的过程常常是不可逆过程，但是我们可以想象可逆过程以了解最理想的状况；也可以设计可逆过程求出一些重要的物理量，例如熵变求算就是利用可逆过程实现的。

关于过程的另一个性质是自发与非自发。**自发过程**(spontaneous process)是指某一过程一旦引发，无需外力便可以自动进行下去，直到达到与此条件相应的限度；而非自发过程是自发过程的反过程，需要借助外界作用才能实现和进行。如气体向真空扩散，水在－10℃结冰，氢气和氧气化合生成水等都是自发过程。如何考虑化学反应的方向，也就是化学反应的自发性，需要将焓和熵结合起来讨论。

5.7　熵
(Entropy)

熵是另一种热力学状态函数，可以定性地初浅地把熵看做**体系混乱度(或有序度)的量度**。什么是混乱度呢？图 5.6 状态Ⅰ的黑球代表糖分子(溶质)，白球代表水分子(溶剂)，糖块刚放进水里时，糖分子、水分子的排列都比较有秩序。慢慢地糖溶于水变成了状态Ⅱ，即形成糖的水溶液，这两种分子如因相对位置不同而产生的不同微观状态的数目，比状态Ⅰ要多得多，相比之下状态Ⅱ比状态Ⅰ混乱度大(或有序度小)。**混乱度与体系中可能存在的微观状态数目有关。**微观状态数目可用符号 Ω 表示。一个体系的混乱度越大，熵值就越大。熵用符号 S 表示，可将 S 表达为 Ω 的函数

$$S = f(\Omega)\text{①} \tag{5.11}$$

① Boltzmann 用统计热力学方法证明 S 和 Ω 呈以下的对数形式，即

$$S = k\ln\Omega$$

式中：k 是 Boltzmann 常数，$k = R/N_A$，R 是摩尔气体常数，N_A 是 Avogadro 常数。

也可以说，熵是微观状态数目的量度。

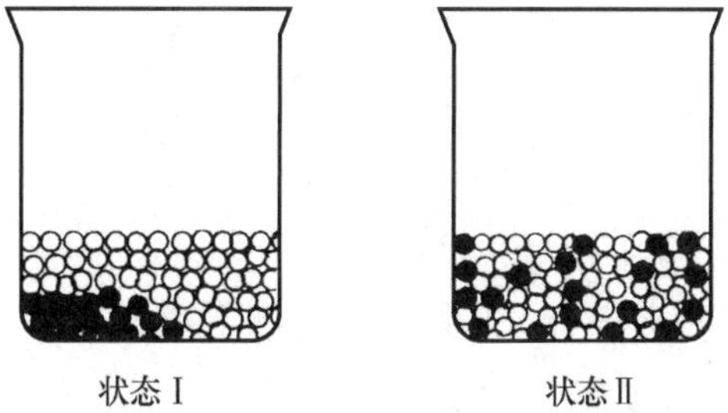

图 5.6 由状态Ⅰ变成状态Ⅱ，混乱度增加

又例如，冰里 H_2O 分子的排列是很有序的，水里 H_2O 分子能在液体体积范围内做无序运动，而水汽中的 H_2O 分子则能在更大的空间自由运动。我们可以说水汽的混乱度最大，水的次之，而冰的混乱度最小。若用熵表示，则是

$$S_{冰}<S_{水}<S_{汽}$$

同一种状态的 H_2O 分子，温度越低，微粒的运动速率越慢，自由活动的范围也越小，混乱度就减小(或有序度增大)，熵也减小。温度降低到热力学零度，所有微粒都位于理想的晶格点上，这是理想的有序状态，**任何理想晶体在热力学零度时，熵都等于零**①。随温度升高熵逐渐增大，熵的增加与该物质的比热、摩尔质量、温度、熔化热、气化热等性质有关，各种物质在热力学标准状态的熵是可以根据实验数据、按一定规律计算的，也可以按统计力学方法计算。对 1 mol 物质在标准态所计算出的熵叫标准熵，符号是 $S_m^\ominus$，单位是 $J \cdot mol^{-1} \cdot K^{-1}$，过去曾用 $cal \cdot mol^{-1} \cdot K^{-1}$ 作为单位。具体计算将在物理化学课程中再介绍。表 5.2 列举了一些常见物质的标准熵 $S_m^\ominus$，更多的数据见附录 C.2。

表 5.2 常见物质的标准熵(298 K)

固 体	$\frac{S_m^\ominus}{J \cdot mol^{-1} \cdot K^{-1}}$	液 体	$\frac{S_m^\ominus}{J \cdot mol^{-1} \cdot K^{-1}}$	气 体	$\frac{S_m^\ominus}{J \cdot mol^{-1} \cdot K^{-1}}$
C(金刚石)	2.4	Hg	175.0	He	126.2
C(石墨)	5.7	Br_2	152.2	Ar	154.8
Si	18.8	H_2O	70.0	H_2	130.7
Fe	27.3	H_2O_2	109.6	N_2	191.6
Fe_2O_3(赤铁矿)	87.4	CH_3OH	126.8	O_2	205.2
Na	51.3	C_2H_5OH	160.7	F_2	202.8
NaCl	72.1	HCOOH	129.0	Cl_2	223.1
KCl	82.6	CH_3COOH	159.8	NO	210.8
CaO	38.1	C_6H_6	173.4	NO_2	240.1
$CaSO_4$	106.5	n-C_8H_{18}	357.7	N_2O_4	304.4
$CuSO_4$	109.2	CH_2Cl_2	178	CO	197.7
$CuSO_4 \cdot 5H_2O$	300.4	CCl_4	216.4	CO_2	213.8

以下再摘引一些物质 298 K 的 $S_m^\ominus$($J \cdot mol^{-1} \cdot K^{-1}$)，从中可以看到熵的一些规律。

① 这是热力学第三定律的一种表述。

(1) 同一物质,其气态的 $S_m^\ominus$ 总是大于液态的 $S_m^\ominus$,液态的大于固态的,因为微粒的运动自由程度是气态大于液态、液态大于固态。如

物　质	H_2O	Br_2	Na	I_2
$\frac{S_m^\ominus}{J \cdot mol^{-1} \cdot K^{-1}}$	188.8(g)	245.5(g)	57.9(l)	260.7(g)
	70.0(l)	152.2(l)	51.3(s)	116.1(s)

(2) 同类物质,摩尔质量 M 越大,$S_m^\ominus$ 越大,因为原子数、电子数越多,微观状态数目也越多,熵就越大。如

物　质	$F_2(g)$	$Cl_2(g)$	$Br_2(g)$	$I_2(g)$
$M/(g \cdot mol^{-1})$	38.0	70.9	159.8	253.8
$S_m^\ominus/(J \cdot mol^{-1} \cdot K^{-1})$	202.8	223.1	245.5	260.7
物　质	$CH_4(g)$	$C_2H_6(g)$	$C_3H_8(g)$	$C_4H_{10}(g)$
$M/(g \cdot mol^{-1})$	16.0	30.1	44.1	58.1
$S_m^\ominus/(J \cdot mol^{-1} \cdot K^{-1})$	186.4	229.2	270.3	310.0

(3) 气态多原子分子的 $S_m^\ominus$ 比单原子大,因为原子数多,微观状态数目也多。如

物　质	O	O_2	O_3
$S_m^\ominus/(J \cdot mol^{-1} \cdot K^{-1})$	161	205.2	238.9
物　质	N	NO	NO_2
$S_m^\ominus/(J \cdot mol^{-1} \cdot K^{-1})$	153	210.8	240.1

(4) 摩尔质量相同的不同物质,结构越复杂,$S_m^\ominus$ 越大。如乙醇(CH_3CH_2OH)和二甲醚(CH_3OCH_3)是同分异构体,在 298 K 它们气态的 $S_m^\ominus$ 分别是 283 和 267 $J \cdot mol^{-1} \cdot K^{-1}$,因为乙醇分子的对称性不如二甲醚。

(5) 同一种物质,其熵随着温度升高而增大。因为温度升高,动能增加,微粒运动的自由度增加,熵相应增大。如 CS_2(l)在 161 K 和 298 K 时 $S_m^\ominus$ 分别是 103 和 150 $J \cdot mol^{-1} \cdot K^{-1}$。

(6) 压力对固态、液态物质的熵的影响较小,而对气态物质熵的影响较大。压力越大,微粒运动的自由程度越小,熵就越小。如 298 K 时,O_2 在 101 kPa 和 606 kPa 的 $S_m^\ominus$ 分别是 205 和 190 $J \cdot mol^{-1} \cdot K^{-1}$。

知道了各种物质的标准熵($S_m^\ominus$,或简写成 $S^\ominus$),我们就很容易计算化学变化的标准熵变($\Delta_r S_m^\ominus$,或简写成 $\Delta S^\ominus$)。熵是状态函数,为广度量,所以热化学定律的计算方法同样适用于熵变计算。

$$\Delta_r S_m^\ominus = \sum \nu_i S_m^\ominus(\text{生成物}) - \sum \nu_i S_m^\ominus(\text{反应物})$$

例如

$$3H_2(g) + N_2(g) \longrightarrow 2NH_3(g)$$

$$\begin{aligned}\Delta S^\ominus(298\ K) &= 2 \times S^\ominus(NH_3, g) - [3 \times S^\ominus(H_2, g) + 1 \times S^\ominus(N_2, g)] \\ &= [2 \times 192.8 - (3 \times 130.7 + 1 \times 191.6)]\ J \cdot mol^{-1} \cdot K^{-1} \\ &= -198.1\ J \cdot mol^{-1} \cdot K^{-1}\end{aligned}$$

又如

$$NH_4Cl(s) \xrightarrow{H_2O} NH_4^+(aq) + Cl^-(aq)$$

$$\begin{aligned}\Delta S^{\ominus}(298\ \mathrm{K}) &= S^{\ominus}(\mathrm{NH_4^+},\mathrm{aq}) + S^{\ominus}(\mathrm{Cl^-},\mathrm{aq}) - S^{\ominus}(\mathrm{NH_4Cl},\mathrm{s}) \\ &= (113.4 + 56.5 - 94.6)\ \mathrm{J \cdot mol^{-1} \cdot K^{-1}} \\ &= +75.3\ \mathrm{J \cdot mol^{-1} \cdot K^{-1}}\end{aligned}$$

表 5.3 列举了若干反应的 $\Delta S^{\ominus}$。比较这些数据可见：凡气体计量系数增加的反应($\Delta n>0$)，$\Delta S^{\ominus}$都是正的(熵增)；而气体计量系数减少的反应，$\Delta S^{\ominus}$都是负的(熵减)(这是因为气体的 $S^{\ominus}$ 都比液体或固体的大得多)；气体计量系数不变的反应($\Delta n=0$)，$\Delta S^{\ominus}$总是很小的。对于没有气体参加的反应，一般规律是反应中物质计量系数增加，混乱度增加，$\Delta S^{\ominus}$即为正的。

表 5.3 若干反应的标准熵变

化学反应	$\dfrac{\Delta_r S_m^{\ominus}}{\mathrm{J \cdot mol^{-1} \cdot K^{-1}}}$	$\Delta n_{气}$	$\Delta n_{总}$
$2Fe_2O_3(s)+3C(s) \longrightarrow 4Fe(s)+3CO_2(g)$	+558.7	+3	—
$Fe_2O_3(s)+3CO(g) \longrightarrow 2Fe(s)+3CO_2(g)$	+15.5	0	—
$CaO(s)+SO_3(g) \longrightarrow CaSO_4(s)$	−188.4	−1	—
$N_2(g)+3H_2(g) \longrightarrow 2NH_3(g)$	−198.1	−2	—
$N_2(g)+O_2(g) \longrightarrow 2NO(g)$	+24.8	0	—
$N_2O_4(g) \longrightarrow 2NO_2(g)$	+176.0	+1	—
$PbI_2(s) \longrightarrow Pb(s)+I_2(s)$	+5	—	+1
$NH_4Cl(s) \longrightarrow NH_4^+(aq)+Cl^-(aq)$	+75.3	—	+1
$CuSO_4 \cdot 5H_2O(s) \longrightarrow CuSO_4(s)+5H_2O(l)$	+158.4	—	+5

凡涉及气体计量系数变化的反应，压力对熵变有明显影响，所以压力条件必须强调，标准熵 $S_m^{\ominus}$ 和标准熵变 $\Delta_r S_m^{\ominus}$ 分别代表体系处于标准状态下的有关数据。而温度对化学反应熵变的影响不大，因为物质的熵虽随温度升高而增大，但当温度升高时，生成物和反应物的熵都随之增大，故反应的熵变随温度的变化就很小。在实际应用时，在一定温度范围内可忽略温度对反应熵变的影响①。

熵变也可以从宏观热力学的角度来定义。19 世纪人们在广泛使用热机的基础上，总结提出关系式

$$\mathrm{d}S=\frac{Q_r}{T} \qquad 或 \qquad Q_r=T\,\mathrm{d}S \tag{5.12}$$

其中 Q_r 是可逆过程中所吸收的热量，体系的熵变(dS)等于该可逆过程所吸收的热(Q_r)除以温度(T)，“熵”即由其定义“**热温商**”而得名。T 和 dS 的乘积等于可逆过程所吸收的热。T dS 也可看做功的一种形式，因为 T 是强度量，dS 是广度量。有关热温商的详细内容将由后继课程介绍。

“孤立体系”有自发倾向于混乱度增加(即熵增)的趋势，这是自然界的普遍规律。故除焓变外，体系混乱度的变化(熵变)也是讨论反应自发性问题时必须考虑的因素。例如，固体 NH_4Cl 溶于水而成溶液是熵增的过程，$Ba(OH)_2 \cdot 8H_2O$ 和 NH_4SCN 两种固体起反应放出氨气也是熵增过程，这些变化虽都吸热，从 ΔH 的角度看似不能自发进行，但从 ΔS 角度看却是混

① 同理，化学反应的焓变随温度的变化也是很小的，在一定温度范围内，可忽略温度对焓变的影响。

乱度增加的熵增过程。事实上，上述两个变化都是自发过程。可见，ΔS 也是判别反应自发性的一种因素。但是我们也可列举体系熵减而变化仍能自发进行的例证，例如在 -10 ℃的液态水会自动结冰变成固态，由液态变固态是熵减的过程，但它是放热过程，ΔH 为负。又例如，在一定温度与压力下过饱和水溶液中 K^+(aq)和 NO_3^-(aq)能自发结晶生成 KNO_3 晶体，它是熵减而放热的过程；乙烯单体自发聚合为聚乙烯，也是体系熵减而放热的过程。由此可以看到，只是根据体系的熵变不能对反应的自发性作出正确判断。化学反应的 ΔH 和 ΔS 都是与反应自发性有关的因素，但都不能独立作为反应自发性的判据，只有把焓变、熵变这两种因素综合考虑，才能得出正确的结论①。Gibbs 自由能 G 就是包含 H 和 S 的另一种热力学函数，体系的 Gibbs 自由能变化 ΔG 才是等温、等压条件下，化学反应自发性的正确判据。

5.8　Gibbs 自由能

(Gibbs Free Energy)

ΔH 和 ΔS 是考虑化学反应自发性的两个方面。1876 年，Gibbs 提出一个把焓和熵归并在一起的热力学函数，称之为 **Gibbs 自由能**，也曾称为自由焓，用符号 G 表示，其定义为

$$G=H-TS$$ ②

根据以上定义，等温变化过程的 Gibbs 自由能变化

$$\Delta G=\Delta H-T\Delta S \tag{5.13}$$

(5.13)式叫 Gibbs-Helmholtz 方程。在化学研究工作中，这是一个非常重要而实用的方程。

由于 H、T、S 都是状态函数，所以 G 也是状态函数，它具有状态函数的各种特点。G 为广度量，可用热化学定律的方法计算。各种物质都有各自的标准 Gibbs 生成自由能，这是指在标态与温度 T 条件下，**由指定单质生成 1 mol 某种物质(化合物或其他形式的物种)时的 Gibbs 自由能变**，符号为 $\Delta_f G_m^{\ominus}(T)$，简写符号为 $\Delta G_f^{\ominus}(T)$，单位为 $kJ \cdot mol^{-1}$。一些常见物质在 298 K 时的 $\Delta_f G_m^{\ominus}$ 见附录 C.2。

由附录 C.2 数据可见，绝大多数物质的标准 Gibbs 生成自由能都是负的，只有少数物质的是正的，这和标准生成焓 $\Delta_f H_m^{\ominus}$ 的情况是相似的。利用各种物质的 $\Delta_f G_m^{\ominus}$(简写为 $\Delta G_f^{\ominus}$)，可以计算化学反应的 $\Delta_r G_m^{\ominus}$(简写 $\Delta G^{\ominus}$)：

$$\Delta_r G_m^{\ominus}=\sum \nu_i \Delta_f G_m^{\ominus}(\text{生成物})-\sum \nu_i \Delta_f G_m^{\ominus}(\text{反应物}) \tag{5.14}$$

---

① 要正确判断反应的自发性，必须综合考虑体系的 ΔH 和 ΔS。在热力学里，也可以把体系的熵变($\Delta S_{体}$)和环境的熵变($\Delta S_{环}$)综合在一起，称之为总熵变

$$\Delta S_{总}=\Delta S_{体}+\Delta S_{环}$$

孤立体系总熵变是自发性的判据，凡 $\Delta S_{总}>0$ 的过程必定自发，或者说，总熵增的过程必定是自发的。正文中举例都是指 $\Delta S_{体}$，而 $\Delta S_{环}$ 未加考虑。$\Delta S_{环}$ 往往和体系的 ΔH 有关。如水结冰时，体系熵减($\Delta S_{体}<0$)，结冰过程中体系放热，即环境吸热而熵增($\Delta S_{环}>0$)。当 $\Delta S_{体}+\Delta S_{环}=\Delta S_{总}>0$ 时，结冰过程就能自动发生。有关"熵增原理"的确切论述还涉及热力学的一些其他概念，将在后继课程中介绍。

② 焓 H 减去 TS 定义为 Gibbs 自由能 G，内能 U 减去 TS 定义为 Helmholtz 自由能 A，即

$$G=H-TS$$

$$A=U-TS$$

但 $H-TS$、$U-TS$ 在不同的书刊中曾用过不同的符号和名称，在阅读参考书时务请注意，以免混淆。

例如在标态和 298 K 下，1 mol 甲烷燃烧时，$\Delta G^\ominus = -818.2\ \text{kJ}\cdot\text{mol}^{-1}$，可以由附录 C.2 的 CH_4、O_2、CO_2 及 H_2O 的 $\Delta G_f^\ominus$ 求算。

$$CH_4(g) + 2O_2(g) \longrightarrow CO_2(g) + 2H_2O(l)$$

$$\Delta G^\ominus = \Delta G_f^\ominus(CO_2,g) + 2\times\Delta G_f^\ominus(H_2O,l) - [\Delta G_f^\ominus(CH_4,g) + 2\times\Delta G_f^\ominus(O_2,g)]$$

$$= [-394.4 + 2\times(-237.1) - (-50.5) + 0]\ \text{kJ}\cdot\text{mol}^{-1} = -818.1\ \text{kJ}\cdot\text{mol}^{-1}$$

1 mol CH_4 燃烧过程中自由能降低 $818\ \text{kJ}\cdot\text{mol}^{-1}$的意义究竟是什么？

在等温、等压条件下化学反应的 Gibbs 自由能变化是焓变和熵变的综合效应，即

$$\Delta G = \Delta H - T\Delta S \qquad (\text{在 } T\ \text{K 时})$$

(1) 若 $\Delta H<0$，$\Delta S>0$ 时，ΔG 必定是负值，即焓降、熵增的化学反应，$\Delta G<0$，能自发进行；

(2) 反之，若 $\Delta H>0$，$\Delta S<0$ 时，ΔG 必定是正值，即焓增、熵降的化学反应，$\Delta G>0$，不能自发进行；

(3) 若 $\Delta G=0$，体系处于平衡状态。

所以，我们可以用 ΔG 是正、还是负来判别反应的自发性。如上述 CH_4 燃烧反应$\Delta G^\ominus<0$，可以判定该反应在标态、298 K 条件下可以自发进行。又如，已知在 298 K 时

$$CO(g) + NO(g) \longrightarrow CO_2(g) + \frac{1}{2}N_2(g) \qquad \Delta G^\ominus(298\ \text{K}) = -345\ \text{kJ}\cdot\text{mol}^{-1}$$

$$2CO(g) \longrightarrow 2C(s) + O_2(g) \qquad \Delta G^\ominus(298\ \text{K}) = +274\ \text{kJ}\cdot\text{mol}^{-1}$$

前者 $\Delta G^\ominus<0$，即在 298 K 及标态条件下有毒气体 CO 和 NO 能自发起反应变成无害的 CO_2 和 N_2；而后者 $\Delta G^\ominus>0$，表示在 298 K 及标态下 CO 不可能自发分解为 C 和 O_2。

作为反应自发性判据的 ΔG 适用于任意温度及压力条件，而由 298 K 温度的标准 Gibbs 生成自由能计算的 $\Delta G^\ominus$，则是指反应物、生成物都处于标态和 298 K 的条件下。ΔG 与 $\Delta G^\ominus$ 的关系将在本书第 6.2 节中讨论。本章例题暂用 $\Delta G^\ominus$ 作为判据。

ΔG 的物理意义还可从另一方面了解。**ΔG_T^p 表示在等温等压条件下体系与环境交换的最大其他功 W'**，即 $\Delta G=W'$。如 CH_4 燃烧反应的 $\Delta G^\ominus = -818\ \text{kJ}\cdot\text{mol}^{-1}$，表示在 298 K 及标态条件下，1 mol CH_4 在理想的可逆燃料电池中最多能输出 818 kJ 的功；在内燃机中 1 mol CH_4 燃烧所输出的功一般只有 200 kJ；而 1 mol CH_4 在高效率的燃料电池中可输出功 700 kJ。任何人不可能找到一种方法，使 1 mol CH_4 燃烧时所输出的功大于 818 kJ。又如在 298 K，H_2O 分解成 H_2 和 O_2 时

$$H_2O(l) \longrightarrow H_2(g) + \frac{1}{2}O_2(g) \qquad \Delta G^\ominus = +237\ \text{kJ}\cdot\text{mol}^{-1}$$

在此，$\Delta G^\ominus>0$ 表示 H_2O 在室温不能自发地变成 H_2 和 O_2，必须通电电解(即对体系做电功)，水才能分解。$\Delta G^\ominus = +237\ \text{kJ}\cdot\text{mol}^{-1}$表示至少要输入 237 kJ 的电功才能电解 1 mol 的水，事实上需要的电功总是大于237 kJ。

$\Delta G=W'$关系式可从热力学第一定律和第二定律导出：

第一定律的数学式	$\Delta U = Q + W$
若是等温可逆过程，则做功最大	$\Delta U = Q_r + W$
体系所做的功在等压条件下可以分为体积功及其他功	$\Delta U = Q_r - p\Delta V + W'$
将(5.7)式 $\Delta H = \Delta U + p\Delta V$ 代入得	$\Delta H = Q_r + W'$
由第二定律知 $Q_r = T\Delta S$ (等温)，代入得	$\Delta H = T\Delta S + W'$
将(5.13)式 $\Delta G = \Delta H - T\Delta S$ 代入得	$\Delta G = W'$ (等温、等压)

综上所述，Gibbs 自由能的数学表达式是 $G=H-TS$，$\Delta G=W'$，Gibbs 自由能降低的物理意义是等温等压条件下，体系在可逆过程中所做最大其他功。若 $W'<0$，即体系能对环境做功，此时 $\Delta G<0$，反应能自发进行；反之，$W'>0$，环境需要对体系做功，此时 $\Delta G>0$，反应不能自发进行。

在使用 ΔG 数据时，还必须注意“温度与压力的影响”。前一节曾说过化学反应的 ΔH 和 ΔS 随温度的变化一般是很小的，可以忽略。但 ΔG 随温度、压力是有明显变化的①。表 5.4 以 $CaCO_3$ 分解为例说明了温度、压力对 ΔG 的影响。当外界压力等于标态时，即 $CaCO_3$ 分解后 $CO_2(g)$ 的平衡压力也处于标态。利用附录 C.2 的数据，可以计算 298 K 的 $\Delta G^\ominus$。

$$\Delta G^\ominus=\Delta G_f^\ominus(CaO,s)+\Delta G_f^\ominus(CO_2,g)-\Delta G_f^\ominus(CaCO_3,s)$$
$$=[-603-394-(-1129)]\ kJ\cdot mol^{-1}=+132\ kJ\cdot mol^{-1}$$

表 5.4　反应 $CaCO_3(s)\longrightarrow CaO(s)+CO_2(g)$ 的 ΔG 随温度与压力的变化

$\frac{\Delta G}{kJ\cdot mol^{-1}}$ 压力 / 温度 T/K	p/kPa			
	1×10^2	1	1×10^{-2}	1×10^{-4}
298	+132	+121	+109	+98
473	+104	+86	+67	+50
673	+72	+47	+20	−5
873	+40	+8	−27	−60
1073	+8	−32	−75	−114
1273	−24	−71	−122	−169

在 298 K 由 $\Delta G_f^\ominus$ 计算得 $CaCO_3$ 分解反应的 $\Delta G^\ominus>0$，说明该反应在此条件下不能自动发生。事实确实如此，石灰石的主要成分是 $CaCO_3$，在常温常压下它是很稳定的物质。由表 5.4 数据可见，当 $p=100$ kPa 时，随温度升高，ΔG 逐渐减小；到 1100 K，就接近于零；而到 1273 K，ΔG 变为负值，此时 $CaCO_3$ 分解反应已变为能自发进行了。这就是在敞口石灰窑中所发生的分解反应。假如我们用抽风机把石灰窑的压力降到 1 kPa 时，只要 $CaCO_3$ 受热超过 900 K 一些就可以自发分解了。将 $CaCO_3$ 分解反应的 $\Delta_rG_m^\ominus(T)$ 对 T 作图，可以看到 $\Delta_rG_m^\ominus$ 与 $\Delta_rH_m^\ominus$、$\Delta_rS_m^\ominus$ 的关系(图 5.7)。图 5.7 表明，$\Delta_rG_m^\ominus(T)$ 与温度 T 成直线关系，其延长线截距等于该反应的 $\Delta_rH_m^\ominus=+179\ kJ\cdot mol^{-1}$，直线斜率等于 $-\Delta_rS_m^\ominus=-0.16\ kJ\cdot mol^{-1}\cdot K^{-1}$②。其实这条直线所代表的正是 Gibbs-Helmholtz 方程 $\Delta G=\Delta H-T\Delta S$[即(5.13)式]。

① 在化学反应中 $\Delta_rH_m^\ominus(T)$ 和 $\Delta_rS_m^\ominus(T)$ 随温度变化很小，可省略(T)。但 $\Delta_rG_m^\ominus(T)$ 随温度有明显变化，所以一般仍注明温度为好。

② 由标准生成焓计算　$\Delta H^\ominus=\Delta H_f^\ominus(CaO,s)+\Delta H_f^\ominus(CO_2,g)-\Delta H_f^\ominus(CaCO_3,s)$
$=[-635-394-(-1208)]\ kJ\cdot mol^{-1}=+179\ kJ\cdot mol^{-1}$

由标准熵计算　$\Delta S^\ominus=S^\ominus(CaO,s)+S^\ominus(CO_2,g)-S^\ominus(CaCO_3,s)$
$=(38.1+213.8-91.7)\ J\cdot mol^{-1}\cdot K^{-1}=+160.2\ J\cdot mol^{-1}\cdot K^{-1}$
$=+0.16\ kJ\cdot mol^{-1}\cdot K^{-1}$

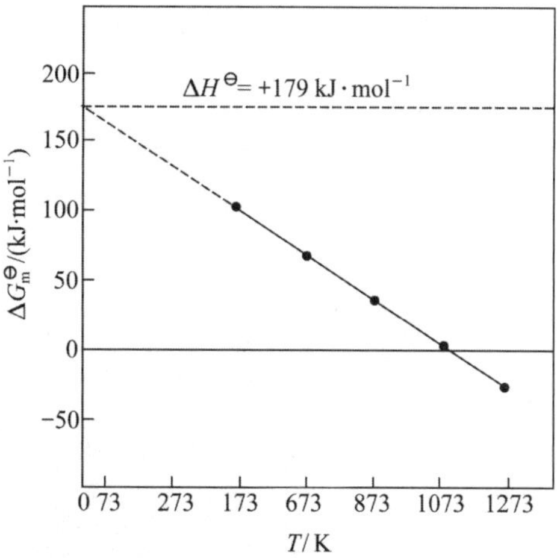

图 5.7 $CaCO_3 \longrightarrow CaO + CO_2$ 的 $\Delta_r G_m^\ominus$-T 图

5.9 Gibbs-Helmholtz 方程的应用

(The Application of Gibbs-Helmholtz Equation)

前面几节我们已分别介绍了与化学反应有关的 $\Delta H^\ominus$、$\Delta S^\ominus$ 和 $\Delta G^\ominus$。本节将举例讨论如何应用 Gibbs-Helmholtz 方程判断化学反应发生的方向。焓变与化学键的断开和生成有关，ΔH 为负值，表示断开了弱键，生成了强键，有利于自发；熵变与混乱度有关，ΔS 为正值表示混乱度增加，有利于自发；ΔG 是综合 ΔH 及 ΔS 的总效应。按 Gibbs-Helmholtz 方程，焓降、熵增，ΔG 必定等于负值，反应能自发进行；反之，焓增、熵降，ΔG 必定等于正值，反应不能自发进行。至于焓降、熵降，及焓增、熵增条件下的反应方向，则与温度密切有关。这种关系可归纳在表 5.5 中。

表 5.5 化学反应的 $\Delta_r G_m^\ominus$ 与自发性

类型		$\Delta G^\ominus = \Delta H^\ominus - T\Delta S^\ominus$	反应自发性随温度的变化	
$\Delta H^\ominus$	$\Delta S^\ominus$			
(−)	(+)	−	任意温度	正向自发 逆向不自发
(+)	(−)	+	任意温度	正向不自发 逆向自发
(+)	(+)	高温 (−) 低温 (+)	高温 低温	正向自发 逆向自发
(−)	(−)	高温 (+) 低温 (−)	低温 高温	正向自发 逆向自发

例如，石油分馏时有相当量的丁烯产生，若能使丁烯氧化脱氢变为丁二烯，对生产非常有利，因为丁二烯是合成橡胶的优良原料，在研制这个反应之前须先从热力学的角度考虑反应能否自发进行。利用已知的 $\Delta H_f^\ominus$ 和 $S^\ominus$ 计算丁烯氧化脱氢反应的 $\Delta H^\ominus$ 及 $\Delta S^\ominus$：

$$CH_2{=}CHCH_2CH_3(g)+\frac{1}{2}O_2(g) \longrightarrow CH_2{=}CHCH{=}CH_2(g)+H_2O(g)$$

（1-丁烯）　　　　　　　　　　　　（1,3-丁二烯）

$$\Delta H^{\ominus}=\Delta H_f^{\ominus}(C_4H_6,g)+\Delta H_f^{\ominus}(H_2O,g)-\left[\Delta H_f^{\ominus}(C_4H_8,g)+\frac{1}{2}\times\Delta H_f^{\ominus}(O_2,g)\right]$$

$$=[+166-242-(1.17+0)]\text{kJ}\cdot\text{mol}^{-1}=-77\ \text{kJ}\cdot\text{mol}^{-1}$$

$$\Delta S^{\ominus}=S^{\ominus}(C_4H_6,g)+S^{\ominus}(H_2O,g)-\left[S^{\ominus}(C_4H_8,g)+\frac{1}{2}\times S^{\ominus}(O_2,g)\right]$$

$$=\left(293+189-307-\frac{1}{2}\times205\right)\ \text{J}\cdot\text{mol}^{-1}\cdot\text{K}^{-1}=+72\ \text{J}\cdot\text{mol}^{-1}\cdot\text{K}^{-1}$$

$$=0.072\ \text{kJ}\cdot\text{mol}^{-1}\cdot\text{K}^{-1}$$

所以　　$\Delta G^{\ominus}=\Delta H^{\ominus}-T\Delta S^{\ominus}=(-77-0.072\ \text{K}^{-1}\cdot T)\ \text{kJ}\cdot\text{mol}^{-1}$

这是一个（－，＋）型（焓降、熵增型）反应，即在任意温度下的 $\Delta G^{\ominus}$ 都是负值，说明反应在标准状态下能自发进行，但当丁烯和氧气在常温常压下混合在一起时，它们并不能变成丁二烯，因为在该条件下反应速率太低，所以寻找合适的催化剂并选择最佳的反应条件是关键。丁烯氧化脱氢催化剂的研制在我国已取得了很好的成果。

又如，CO 的分解反应　　$CO(g) \longrightarrow C(s)+\frac{1}{2}O_2(g)$

$$\Delta H^{\ominus}=\Delta H_f^{\ominus}(C,s)+\frac{1}{2}\Delta H_f^{\ominus}(O_2,g)-\Delta H_f^{\ominus}(CO,g)$$

$$=[0+0-(-111)]\text{kJ}\cdot\text{mol}^{-1}=+111\ \text{kJ}\cdot\text{mol}^{-1}$$

$$\Delta S^{\ominus}=S^{\ominus}(C,s)+\frac{1}{2}S^{\ominus}(O_2,g)-S^{\ominus}(CO,g)$$

$$=\left(5.7+\frac{1}{2}\times205-198\right)\times10^{-3}\text{kJ}\cdot\text{mol}^{-1}\cdot\text{K}^{-1}$$

$$=-0.090\ \text{kJ}\cdot\text{mol}^{-1}\cdot\text{K}^{-1}$$

$$\Delta G^{\ominus}=\Delta H^{\ominus}-T\Delta S^{\ominus}=(111+0.090\ \text{K}^{-1}\cdot T)\ \text{kJ}\cdot\text{mol}^{-1}$$

这是一个（＋，－）型反应，在任意温度下的 $\Delta G^{\ominus}$ 都将是正值，即在标准状态、任意温度下反应都不能自发进行。我们可以断言，用热分解法使 CO 分解的设想或寻找 CO 分解反应的催化剂的努力都将是徒劳无益的。

N_2 和 O_2 化合生成 NO 的反应是（＋，＋）型反应

$N_2(g)+O_2(g) \longrightarrow 2NO(g)$　　$\Delta H^{\ominus}=+183\ \text{kJ}\cdot\text{mol}^{-1}$

$\Delta S^{\ominus}=+25\ \text{J}\cdot\text{mol}^{-1}\cdot\text{K}^{-1}$

$\Delta G^{\ominus}=(183-0.025\ \text{K}^{-1}\cdot T)\ \text{kJ}\cdot\text{mol}^{-1}$

这类反应在低温 $\Delta G^{\ominus}$ 为（＋），高温 $\Delta G^{\ominus}$ 为（－）。$\Delta G^{\ominus}$ 由（＋）转变为（－）的温度可以由 Gibbs-Helmholtz 公式求算，当 $\Delta G^{\ominus}=0$ 时，$T=\Delta H^{\ominus}/\Delta S^{\ominus}=183\ \text{kJ}\cdot\text{mol}^{-1}/(0.025\ \text{kJ}\cdot\text{mol}^{-1}\cdot\text{K}^{-1})=7.3\times10^3$ K，在这温度以上反应转变为自发。由此可见，在常温下用空气中的 O_2 来固定 N_2 是行不通的。但在雷电交加、瞬间局部高温空气中的 N_2 和 O_2 可能化合生成少量的 NO。注意，以上计算数据是指 N_2、O_2 和 NO 的压力都处于标态时的情况，而大气中 N_2 和 O_2 在闪电时所生成 NO 的分压是很小的。

双原子分子的分解都是（＋，＋）型反应。如 $Cl_2(g) \longrightarrow 2Cl(g)$，因为断开化学键时要吸热，$\Delta H>0$；1 mol 双原子分子分解为 2 mol 单原子，气体物质的量增加的反应 $\Delta S>0$，所以这类反应都在高温发生。

N_2 和 H_2 化合生成 NH_3 的反应是(－,－)型反应

$$N_2(g)+3H_2(g) \longrightarrow 2NH_3(g) \qquad \Delta H^\ominus=-91.8\ kJ\cdot mol^{-1}$$
$$\Delta S^\ominus=-0.198\ kJ\cdot mol^{-1}\cdot K^{-1}$$
$$\Delta G^\ominus=(-91.8+0.198\ K^{-1}\cdot T)\ kJ\cdot mol^{-1}$$

显然,这类反应在低温时 $\Delta G^\ominus<0$,而在高温时 $\Delta G^\ominus>0$,所以从热力学的角度看,合成氨反应不宜在高温进行,但温度低了,反应速率又太慢。$\Delta G^\ominus$ 由负值转变为正值的温度

$$T=\frac{\Delta H^\ominus}{\Delta S^\ominus}=\frac{-91.8\ kJ\cdot mol^{-1}}{-0.198\ kJ\cdot mol^{-1}\cdot K^{-1}}=464\ K=191\ ℃$$

这个温度是指 NH_3、H_2、N_2 的压力都处于标态时的情况。实际上,合成塔里的压力一般是 30 MPa(至少也要 10 MPa)。反应温度高于 464 K,反应也还能自发进行,常用温度为 500 ℃。这是根据大量实验数据选定的,热力学数据为我们提供了一般原则,具体条件的确定仍离不开实验。

【例 5.9】 煤里总有一些含硫杂质,当煤燃烧时,就有 SO_2 和 SO_3 生成。试问是否可能用 CaO 来吸收 SO_3 以减少烟道废气对空气的污染?

解

	$CaO(s)$	$+SO_3(g)$	$\longrightarrow CaSO_4(s)$	
$\Delta H_f^\ominus/(kJ\cdot mol^{-1})$	−635	−396	−1435	$\Delta H^\ominus=-404\ kJ\cdot mol^{-1}$
$\Delta G_f^\ominus/(kJ\cdot mol^{-1})$	−603	−371	−1322	$\Delta G^\ominus=-348\ kJ\cdot mol^{-1}$
$S^\ominus/(J\cdot mol^{-1}\cdot K^{-1})$	38	257	107	$\Delta S^\ominus=-188\ J\cdot mol^{-1}\cdot K^{-1}$

$\Delta G^\ominus=-348\ kJ\cdot mol^{-1}$,反应可以自发进行。但这是(－,－)型反应,温度不宜太高。$\Delta G^\ominus$ 由(－)到(＋)的转变温度

$$T_{转}=\frac{\Delta H^\ominus}{\Delta S^\ominus}=\frac{-404\ kJ\cdot mol^{-1}}{-0.188\ kJ\cdot mol^{-1}\cdot K^{-1}}=2.15\times10^3\ K=1.88\times10^3\ ℃$$

一般炉温在 1200 ℃左右,所以从热力学的分析看,用价格低廉的生石灰来吸收 SO_3 以减少大气污染的可能性是存在的。现在已有人采用这种方法。

【例 5.10】 炼铁高炉用焦炭为原料使三氧化二铁还原为铁。试用热力学数据说明还原剂主要是 CO,而不是焦炭。

解 我们可以列出这两种反应的热力学数据进行比较。

热力学数据	反应① $2Fe_2O_3(s)+3C(s) \longrightarrow 4Fe(s)+3CO_2(g)$	反应② $Fe_2O_3(s)+3CO(g) \longrightarrow 2Fe(s)+3CO_2(g)$
$\Delta H^\ominus/(kJ\cdot mol^{-1})$	+468	−25
$\Delta G^\ominus/(kJ\cdot mol^{-1})$	+301	−29
$\Delta S^\ominus/(J\cdot mol^{-1}\cdot K^{-1})$	+559	+16

反应②以 CO 作还原剂,$\Delta G^\ominus<0$,能自发进行,并且这是一个(－,＋)型反应,在任意温度,$\Delta G^\ominus$ 都是负值。而反应①以 C 作为还原剂,$\Delta G^\ominus$ 为相当大的正值,反应不自发。这一反应是(＋,＋)型的,温度越高 $\Delta G^\ominus$ 正值越小,约在 1000 K 时,$\Delta G^\ominus$ 变为负值,所以在高温,炭也可以使氧化铁还原,但自发的倾向要比反应②低。所以一般用反应②代表高炉炼铁的主要反应。

综上所述，在 $\Delta G=\Delta H-T\Delta S$ 方程中，ΔH 一般是几十或几百 $kJ \cdot mol^{-1}$，而 ΔS 则是几十或几百 $J \cdot mol^{-1} \cdot K^{-1}$。相比之下，$\Delta H$ 项一般总比 $T\Delta S$ 项对 ΔG 的贡献大些(特别是那些 ΔS 很小的化学反应)，所以用 ΔH 判别反应自发进行的方向也有相当的可行性。但当我们有了熵和 Gibbs 自由能的概念之后，也就知道用 ΔH 判别自发性的局限性。总之，ΔG 才是等温等压反应自发性的正确判据。

油水不相溶　为什么油不溶于水？这个看似简单的现象，普遍而又复杂。疏水效应与很多重要的自然现象相关，如生物膜的结构、洗涤剂的去污原理、表面活性剂的作用、相转移催化剂等。如何理解疏水效应？通常的解释就是著名的经验规则——“相似相溶”。若将油溶于水，需要破坏油分子间的弱的范德华力、水分子间的范德华力及部分氢键；再形成油分子与水分子之间相对较弱的范德华力。一般认为，后者不足以弥补前者损失的能量。故整个过程应吸热，即焓变应为正值，至少应趋近于零。而由于两相混合，混乱度增加，熵应增加。故通常的解释是：焓变驱动了疏水效应的发生。近年来研究发现，在油分子周围的水化层中，水分子间可形成比水相更强更有序的氢键，故将导致熵减。因此，油不溶于水的原因很可能是避免熵减——也就是说，熵变是油不溶于水的决定性因素。

小　　结

热力学定律是自然界的重要规律，应用这些规律可以阐明许多物理现象和化学现象，并且可以分析和预测化学变化的自发性。

本章介绍了 4 种热力学函数：内能(U)、焓(H)、熵(S)和 Gibbs 自由能(G)，它们之间的相互关系由两个重要方程式相联系：

$$H=U+pV \quad \text{或} \quad \Delta H=\Delta U+p\Delta V$$

$$G=H-TS \quad \text{或} \quad \Delta G=\Delta H-T\Delta S$$

式中：H、U、S 和 G 都是状态函数，所以 ΔU、ΔH、ΔS 和 ΔG 都由最终状态和起始状态决定，而与变化路径无关，它们都可以用如同热化学定律的方法进行间接计算。这 4 种函数都是广度量，应用时要注意物质的量。书写热化学方程式时要注明温度和压力，并注意 ΔH 等的正、负号，注意反应物、生成物的计量系数及物态。

本章重点讨论焓变 ΔH。焓的定义为 $H=U+pV$，物质焓的绝对值无法直接测定。但体系变化过程中的焓变 ΔH 是可直接测量的。许多化学反应的 ΔH 是由 Hess 定律间接计算的。更多化学反应的 ΔH 则是由标准生成焓 $\Delta_f H_m^\ominus$ 计算的，然而 $\Delta_f H_m^\ominus$ 也是由基本实验数据经过间接计算求得的。还有少数反应的焓变可由键焓进行估算，而键焓也是由一些基本实验数据间接求出的。所以，化学反应的 ΔH 是以量热计实验数据为基础、用热化学定律处理而得到的一系列数据。

ΔU 虽然也可由等容反应热直接求得，但由于多数实际的化学反应在等压下进行，所以 ΔH 更为实用，化学手册里载有各种物质的标准生成焓 $\Delta_f H_m^\ominus$ 数据，却没有 ΔU 数据。许多化学反应的 ΔH 和 ΔU 差别很小。

熵是物质混乱度的量度，它也可根据实验数据经过一定处理而算出，化学手册里载有各种物质的标准熵值 $S_m^\ominus$。

Gibbs 自由能是把 H 和 S 归并在一起的热力学函数。ΔG 是我们判别化学反应自发方向的可靠依据。手册提供了各种物质的 $\Delta_f G_m^\ominus$，可用以计算反应的 Gibbs 自由能的变化 $\Delta_r G_m^\ominus$。

人的认识总是逐步深化的，在学习普通化学阶段，不可能对热力学函数和热力学公式有完全严格的认识和确切的理解。本章要求初步懂得内能、焓、熵、Gibbs 自由能的意义；正确利用 $\Delta_f H_m^\ominus$、$\Delta_f G_m^\ominus$ 和 $S_m^\ominus$ 计算化学反应的 $\Delta_r H_m^\ominus$、$\Delta_r G_m^\ominus$、$\Delta_r S_m^\ominus$，并应用热化学定律方法进行间接计算；学会应用 Gibbs-Helmholtz 方程分析和判断反应的自发性。

书后附录 C.2 将一些常见物质的 $\Delta_f H_m^\ominus$、$\Delta_f G_m^\ominus$、$S_m^\ominus$ 一并列出，以便应用。

课外读物

[1] 王运刚. 总熵判据和自由焓判据. 化学通报，1982，(12)，45

[2] R D Freeman. 热力学数据中新的标准态压力. 方锡义，译. 大学化学，1986，(2)，31

[3] 高执棣. 关于 $\Delta H^\ominus$ 和 $\Delta G^\ominus$ 的一些问题. 大学化学，1987，(2)，48

[4] 屈德宇. 标准压力不再用 101325 Pa. 大学化学，1997，(3)，8

[5] T P Silverstein. The real reason why oil and water don't mix. J Chem Educ，1998，75

[6] T L Hill. A different approach to nanothermodynamics. Nano Letters，2001，1，273

思　考　题

1. 什么类型的化学反应 $Q_p=Q_V$？什么类型的化学反应 $Q_p>Q_V$？

2. 含有等物质的量 HCl 的两种溶液分别与过量不等的两种 NaOH 溶液中和时，所放热量是否相等？含有等物质的量的 NaOH 和 $NH_3 \cdot H_2O$ 的两种溶液分别与过量的 HCl 溶液中和时，所放热量是否相等？为什么？

3. 在恒压条件下，下列 3 种变化过程的 ΔU、Q、W 是否相等？

(1) $H_2O\,(l, 25\,℃) \xrightarrow{\text{电解}} H_2(g, 25℃) + \frac{1}{2}O_2(g, 25\,℃) \longrightarrow H_2O(l, 100\,℃)$

(2) $H_2O\,(l, 25\,℃) \longrightarrow H_2O\,(l, 100\,℃)$

(3) $H_2O\,(l, 25\,℃) \longrightarrow H_2O\,(g, 100\,℃)$

4. 石墨和金刚石的摩尔燃烧热是否相等？为什么？

5. 反应 $H_2(g)+S(g) \longrightarrow H_2S(g)$ 的 $\Delta H^\ominus=-240\ kJ\cdot mol^{-1}$，此值为什么不等于 $H_2S(g)$ 的 $\Delta H_f^\ominus$？

6. 反应 $H_2(g)+\frac{1}{2}O_2(g) \longrightarrow H_2O(g)$ 的 $\Delta H^\ominus$ 是否等于 $-2\times BE\,(O—H)$？为什么？

7. 乙烯加氢生成乙烷和丙烯加氢生成丙烷两个反应的 ΔH 几乎相等，为什么？

8. 对于反应：$Mg(s)+\frac{1}{2}O_2(g) \longrightarrow MgO(s)$，则有 $\Delta_f G_m^\ominus(MgO)=\Delta_f H_m^\ominus(MgO)-TS_m^\ominus(MgO)$，对吗？为什么？

9. 用生成焓、键焓或应用热化学定律都能求算 $\Delta_r H_m^\ominus$，试比较这三种方法的异同。

10. 煤、汽油、天然气、石油液化气是当今最常用的几种能源，它们所含主要物质分别是碳、辛烷、甲烷、丁烷。试从地球上的储量、运输、对环境的污染及其热效应($kJ\cdot kg^{-1}$)等方面进行比较。

11. 有些油井的天然气中含相当量有毒的 H_2S，无法开采。有人想利用下列化学反应变害为利。试从热力学角度分析其可行性。

(1) $H_2S(g) \rightleftharpoons H_2(g) + S(斜方)$

(2) $H_2S(g) + \frac{1}{2}O_2 \rightleftharpoons H_2O(g) + S(斜方)$ [S(斜方)为稳定单质，$S_m^{\ominus} = 31.80\ J \cdot mol^{-1} \cdot K^{-1}$]

12. 估计干冰升华过程 ΔH 和 ΔS 的正负号。

13. 反应 $CaO(s) + H_2O(l) \longrightarrow Ca(OH)_2(s)$在室温自发，在高温逆反应自发。判断该反应 ΔH 和 ΔS 的正负号。

14. 已知 $NaCl(s) \longrightarrow Na(s) + \frac{1}{2}Cl_2(g)$　　$\Delta G^{\ominus} = +384\ kJ \cdot mol^{-1}$。问：

(1) NaCl(s)的 $\Delta G_f^{\ominus} = ?$

(2) 若供给 160 kJ 的电能，最多可得多少克金属钠？

15. 以下各种说法是否确切？

(1) 放热反应都能自发进行。

(2) $\Delta G^{\ominus} < 0$ 的反应都能自发进行。

(3) (+,+)型反应在高温进行有利。

(4) 物质的温度越高，熵值越大。

16. 参考表 5.4 数据，将 $\lg p$ 对 ΔG 作图，说明表达式 $\Delta G = \Delta G^{\ominus} + a \lg p$。

习　　题

5.1　用保温杯式量热计可测定溶解热。若有 1.50 g NH_4NO_3 溶于 200 g 水，温度降低了0.551 ℃。溶解过程是吸热，还是放热？设量热计常数 $C = 46.8\ J \cdot ℃^{-1}$，求 NH_4NO_3 的摩尔溶解热。(因溶液很稀，可假定其密度和比热容都近似地和纯水的相等。)

5.2　已知某弹式量热计常数 $C = 826\ J \cdot ℃^{-1}$。505 mg 萘($C_{10}H_8$)和过量 O_2 在钢弹中燃烧所放热量使温度由 25.62 ℃升高到 29.06 ℃，水浴中盛有 1215 g 水。求萘燃烧反应的 ΔU 及 $\Delta H^{\ominus}$。

5.3　大豆所含脂肪、蛋白质、碳水化合物和水分的组成如下，它们的发热量也一并列出。计算 100 g 大豆在人体代谢过程中总发热量。

	脂　肪	蛋白质	碳水化合物	水　分
质量分数 w/(%)	17.2	37.0	28.0	17.8
发热量 Q/($kJ \cdot g^{-1}$)	38	17	17	—

5.4　已知：(a) $H_2O_2(l) \longrightarrow H_2O(l) + \frac{1}{2}O_2(g)$　　$\Delta H^{\ominus} = -98.0\ kJ \cdot mol^{-1}$

(b) $H_2O(l) \longrightarrow H_2O(g)$　　$\Delta H^{\ominus} = +44.0\ kJ \cdot mol^{-1}$

问：(1) 100 g $H_2O_2(l)$分解时放热多少？

(2) $H_2O(g) + \frac{1}{2}O_2(g) \longrightarrow H_2O_2(l)$　　$\Delta H^{\ominus} = ?$

(3) $2H_2O_2(l) \longrightarrow 2H_2O(l) + O_2(g)$　　$\Delta H^{\ominus} = ?$

(4) $H_2O_2(l) \longrightarrow H_2O(g) + \frac{1}{2}O_2(g)$　　$\Delta H^{\ominus} = ?$

5.5　由以下两个反应热求 NO 的生成焓，并和附录 C.2 数据比较。

(1) $4NH_3(g) + 5O_2(g) \longrightarrow 4NO(g) + 6H_2O(l)$　　$\Delta H^{\ominus} = -1166\ kJ \cdot mol^{-1}$

(2) $4NH_3(g) + 3O_2(g) \longrightarrow 2N_2(g) + 6H_2O(l)$　　$\Delta H^{\ominus} = -1531\ kJ \cdot mol^{-1}$

5.6　阿波罗登月火箭用 $N_2H_4(l)$作燃料，用 $N_2O_4(g)$作氧化剂，燃烧后产生 $N_2(g)$和$H_2O(l)$。写

出配平的化学方程式，利用 $\Delta H_f^\ominus$ 计算 $N_2H_4(l)$ 的摩尔燃烧热。

5.7 利用以下各反应热，计算 $N_2H_4(l)$ 的生成焓和燃烧热。

(1) $2NH_3(g)+3N_2O(g) \longrightarrow 4N_2(g)+3H_2O(l)$　　$\Delta H_1^\ominus=-1010\ kJ \cdot mol^{-1}$

(2) $N_2O(g)+3H_2(g) \longrightarrow N_2H_4(l)+H_2O(l)$　　$\Delta H_2^\ominus=-317\ kJ \cdot mol^{-1}$

(3) $2NH_3(g)+\frac{1}{2}O_2(g) \longrightarrow N_2H_4(l)+H_2O(l)$　　$\Delta H_3^\ominus=-143\ kJ \cdot mol^{-1}$

(4) $H_2(g)+\frac{1}{2}O_2(g) \longrightarrow H_2O(l)$　　$\Delta H_4^\ominus=-286\ kJ \cdot mol^{-1}$

5.8 已知在 298 K 时，$CH_4(g)$ 的 $\Delta H_f^\ominus=-74.6\ kJ \cdot mol^{-1}$，$C_2H_6(g)$ 的 $\Delta H_f^\ominus=-84.0\ kJ \cdot mol^{-1}$，且

$$C(石墨) \longrightarrow C(g) \qquad \Delta H^\ominus=+716.7\ kJ \cdot mol^{-1}$$

$$H_2(g) \longrightarrow 2H(g) \qquad \Delta H^\ominus=+436\ kJ \cdot mol^{-1}$$

根据这些数据，计算 C—H 和 C—C 的键焓。

5.9 已知 1 mol 甲醚 CH_3OCH_3 完全燃烧生成 CO_2 和 $H_2O(l)$ 时 $\Delta H^\ominus(298\ K)=-1461\ kJ \cdot mol^{-1}$。

(1) 求甲醚的 $\Delta H_f^\ominus$；

(2) 由键焓估算甲醚的 $\Delta H_f^\ominus$，并与(1)比较。

5.10 若苯环是由 3 个双键和 3 个单键组成，根据键焓估算 $C_6H_6(g)$ 的 $\Delta H_f^\ominus$。如实验测定它的 $\Delta H_f^\ominus=+82.9\ kJ \cdot mol^{-1}$，比较计算值和实验值，讨论苯的结构式  是否确切。

5.11 比较下列各对物质的熵值，哪个大些？

(1) 1 mol O_2(298 K，1×10^5 Pa)，1 mol O_2(373 K，1×10^5 Pa)

(2) 0.1 mol H_2O (s，273 K，10×10^5 Pa)，0.1 mol H_2O (l，273 K，10×10^5 Pa)

(3) 1 g He (298 K，1×10^5 Pa)，1 mol He (298 K，1×10^5 Pa)

(4) n mol C_2H_4(293 K，1×10^5 Pa)，2 mol $\leftarrow\!CH_2\!\rightarrow_n$(293 K，$1\times10^5$ Pa)

(5) 1 mol Li (323 K，2×10^5 Pa)，1 mol K (323 K，2×10^5 Pa)

5.12 估计下列各变化过程是熵增，还是熵减？

(1) NH_4NO_3 爆炸　　$2NH_4NO_3(s) \longrightarrow 2N_2(g)+4H_2O(g)+O_2(g)$

(2) 水煤气转化　　$CO(g)+H_2O(g) \longrightarrow CO_2(g)+H_2(g)$

(3) 臭氧生成　　$3O_2(g) \longrightarrow 2O_3(g)$

5.13 已知 $F_2(g)$ 的 $S_m^\ominus=202.8\ J \cdot mol^{-1} \cdot K^{-1}$，F(g) 的 $S_m^\ominus=158.8\ J \cdot mol^{-1} \cdot K^{-1}$

$$F_2(g) \longrightarrow 2F(g) \qquad \Delta_r G_m^\ominus=124.6\ kJ \cdot mol^{-1}$$

试计算 F—F 的键焓。

5.14 已知　$Cu_2O(s)+\frac{1}{2}O_2(g) \longrightarrow 2CuO(s)$　$\Delta G^\ominus(400\ K)=-102\ kJ \cdot mol^{-1}$，$\Delta G^\ominus(300\ K)=-113\ kJ \cdot mol^{-1}$，求该反应的 $\Delta H^\ominus$ 和 $\Delta S^\ominus$。

5.15 白云石的化学式可写做 $CaCO_3 \cdot MgCO_3$，其热分解性质也可看做是 $CaCO_3$ 与 $MgCO_3$ 的混合物，遇热分解放出 CO_2，试用热力学数据推论在 600 K 和 1200 K 的分解产物各是什么？

5.16 碘钨灯泡外壳是用石英(SiO_2)制作的。试用热力学数据论证"用玻璃取代石英的设想是不能实现的"。灯泡内局部高温可达 623 K，玻璃主要成分之一是 Na_2O，它能和碘蒸气起反应生成 NaI。

5.17 求下列两个反应的 $\Delta G^\ominus(298\ K)$，并说明："$SiO_2(s)$ 和 HF(g) 能起反应，而 $SiO_2(s)$ 和 HCl(g) 不能起反应"。

$$SiO_2(s)+4HF(g) \longrightarrow SiF_4(g)+2H_2O(l)$$

$$SiO_2(s)+4HCl(g) \longrightarrow SiCl_4(g)+2H_2O(l)$$

5.18 求下列反应的 $\Delta H^\ominus$、$\Delta G^\ominus$ 和 $\Delta S^\ominus$，并用这些数据讨论利用此反应净化汽车尾气中 NO 和 CO 的可能性。

$$CO(g)+NO(g) \longrightarrow CO_2(g)+\frac{1}{2}N_2(g)$$

5.19 由锡石(SnO_2)炼制金属锡(白锡)可以有以下 3 种方法，按热力学原理应推荐哪一种方法？

(1) $SnO_2(s) \longrightarrow Sn(s)+O_2(g)$

(2) $SnO_2(s)+C(s) \longrightarrow Sn(s)+CO_2(g)$

(3) $SnO_2(s)+2H_2(g) \longrightarrow Sn(s)+2H_2O(g)$

5.20 计算下列两个反应的 $\Delta H^\ominus$、$\Delta G^\ominus$、$\Delta S^\ominus$，并讨论用焦炭还原 Al_2O_3 炼制金属铝的可能性。

(1) $2Al_2O_3(s)+3C(s) \longrightarrow 4Al(s)+3CO_2(g)$

(2) $Al_2O_3(s)+3CO(g) \longrightarrow 2Al(s)+3CO_2(g)$

5.21 计算下列 3 个反应的 $\Delta H^\ominus$、$\Delta G^\ominus$ 和 $\Delta S^\ominus$，从中选择制造丁二烯的反应。

(1) 丁烷脱氢　　$C_4H_{10}(g) \longrightarrow C_4H_6(g)+2H_2(g)$

(2) 丁烯脱氢　　$C_4H_8(g) \longrightarrow C_4H_6(g)+H_2(g)$

(3) 丁烯氧化脱氢　$C_4H_8(g)+\frac{1}{2}O_2(g) \longrightarrow C_4H_6(g)+H_2O(g)$

5.22 四氯化钛是制备金属钛的原料，在 900～1000 ℃，由 Cl_2 通入 TiO_2 和石油焦炭混合物制得，再经蒸馏提纯。试用热力学计算说明添加焦炭的必要性。

第6章 化学平衡

前一章着重介绍了几个重要的热力学状态函数。有了这个基础，我们将进一步讨论化学反应的一个重要问题，即化学平衡问题。如炭还原法炼铁的主要反应

$$Fe_2O_3 + 3CO \rightleftharpoons 2Fe + 3CO_2$$

按此方程式计算炼制 1 t 生铁需要多少焦炭，计算结果与实际情况有较大差别。因为在高炉中 C 和 O_2 不能全部转化为 CO，而 Fe_2O_3 和 CO 也不能全部转化为 Fe 和 CO_2。也就是说，这些反应尽管可以自发发生，但反应进行的程度是有限的。一般化学反应都是可逆地进行的，当反应进行到一定程度，正向反应速率和逆向反应速率逐渐相等，反应物和生成物的浓度就不再变化，这种表面静止的状态就叫做**平衡状态**。处在平衡状态的物质浓度称为**平衡浓度**。反应物和生成物平衡浓度之间的定量关系可用平衡常数来表示。平衡常数是表明化学反应限度的一种特征值。化学反应进行的限度决定于反应的化学性质和温度，化学平衡的移动受压力、浓度等因素的影响。本章首先介绍平衡常数的实验测定方法以及它和 $\Delta_r G_m^\ominus(T)$ 的关系，然后应用平衡常数讨论化学反应的限度和平衡的移动问题。

6.1 平衡常数

(Equilibrium Constant)

对于一个普通的化学反应，若用 A 和 B 代表反应物，C 和 D 代表生成物，m、n、p 和 q 分别代表化学方程式中 A、B、C 和 D 的计量系数，则反应方程式可表达为

$$mA + nB \rightleftharpoons pC + qD$$

在温度 T 时，平衡浓度[A]、[B]、[C]、[D]之间有

$$\frac{[C]^p[D]^q}{[A]^m[B]^n} = K$$

其中 K 是常数，叫做该反应在 T 时的**平衡常数**①。这个常数可以由实验直接测定，叫经验平衡常数或**实验平衡常数 K**；也可以由 $\Delta_r G_m^\ominus(T)$ 间接求算，这叫**标准平衡常数 $K^\ominus$**。本节先介绍实验平衡常数。

---

① 对非理想溶液而言，应以活度 a 代替浓度项，即 $\frac{a_C^p a_D^q}{a_A^m a_B^n} = K$。

例如四氧化二氮(N_2O_4)是无色气体，它易分解成棕红色的二氧化氮(NO_2)气体，它们之间存在平衡关系：

$$\underset{(无色)}{N_2O_4(g)} \rightleftharpoons \underset{(棕红色)}{2NO_2(g)}$$

若将 0.100 mol N_2O_4 充入 1 dm^3 的密闭烧瓶里，再将该烧瓶置于 373 K 的恒温槽里。瓶内气体的颜色逐渐变为棕色，表示 N_2O_4 分解生成了 NO_2。到一定时间之后气体颜色不再加深，也就是 N_2O_4 和 NO_2 的浓度不再变化，即达到了平衡状态。取样分析 N_2O_4 的浓度变为 0.040 $mol \cdot dm^{-3}$。N_2O_4 的起始浓度①(N_2O_4)＝0.100 $mol \cdot dm^{-3}$，平衡浓度[N_2O_4]＝0.040 $mol \cdot dm^{-3}$，也就是有 0.060 mol N_2O_4 分解生成了 0.120 mol 的 NO_2，所以可知 NO_2 的平衡浓度[NO_2]＝0.120 $mol \cdot dm^{-3}$。这些数据都一一列入表 6.1 中的实验 Ⅰ。若将 0.100 mol 的 NO_2 充入另一个 1 dm^3 的烧瓶中，在同样条件下会看到气体颜色变浅，即 NO_2 聚合生成了 N_2O_4。待平衡后，测定其中 N_2O_4 的浓度，并求出 N_2O_4 和 NO_2 的平衡浓度，列入表 6.1 中的实验Ⅱ。若将 0.100 mol N_2O_4 和 0.100 mol NO_2 同时充入烧瓶中进行同样的实验，也可分别求得 N_2O_4 和 NO_2 的平衡浓度，列入表 6.1 中的实验Ⅲ。

表 6.1　N_2O_4-NO_2 体系的平衡浓度 (373 K)

实验次序		起始浓度 / $mol \cdot dm^{-3}$	浓度变化 / $mol \cdot dm^{-3}$	平衡浓度 / $mol \cdot dm^{-3}$	$\frac{[NO_2]^2}{[N_2O_4]}$
Ⅰ	N_2O_4	0.100	−0.060	0.040	0.36
	NO_2	0.000	+0.120	0.120	
Ⅱ	N_2O_4	0.000	+0.014	0.014	0.37
	NO_2	0.100	−0.028	0.072	
Ⅲ	N_2O_4	0.100	−0.030	0.070	0.37
	NO_2	0.100	+0.060	0.160	

比较表 6.1 数据可见：在恒温条件下，起始状态不同，浓度的变化(即转化率)不同，平衡浓度也不同。但生成物 NO_2 的平衡浓度的平方值$[NO_2]^2$ 和反应物 N_2O_4 的平衡浓度[N_2O_4]之商却是相同的。这个商值 0.36 就是在 373 K 时反应 $N_2O_4 \rightleftharpoons 2NO_2$ 的平衡常数

$$K=\frac{[NO_2]^2}{[N_2O_4]}=0.36$$

从$[NO_2]^2/[N_2O_4]$看，常数 K 应有量纲为 $mol \cdot dm^{-3}$，实际使用时又往往不写量纲，其原因请参考本章 6.2 节中相关内容。

又如，弱电解质醋酸(CH_3COOH 或简写为 HAc)在水中部分电离，有

$$HAc+H_2O \rightleftharpoons H_3O^+ + Ac^-$$

电离平衡。我们可以用酸度计直接测定 H_3O^+ 的平衡浓度[H_3O^+]，由电离方程式可知[Ac^-]＝[H_3O^+]，设 HAc 的起始浓度为 c，则平衡浓度

$$[HAc] = c-[H_3O^+]$$

HAc 的电离度 $\alpha=\frac{[H_3O^+]}{c}\times 100\%$，其电离平衡常数

$$K(HAc)=\frac{[H_3O^+][Ac^-]}{[HAc]}$$

① 我们用(　)代表起始浓度，[　]代表平衡浓度，浓度一般用 $mol \cdot dm^{-3}$ 为单位。对气相反应，也可以用分压或摩尔分数表示。

表 6.2 列举了一些实验数据。比较表 6.2 数据可见：在 293 K，4 种浓度不同的醋酸溶液电离度不同，平衡浓度也不同，但所求得的$[H_3O^+][Ac^-]/[HAc]$却是相同的，这就是醋酸的电离常数 $K(HAc)=1.8\times10^{-5}$。

表 6.2　醋酸电离常数的测定 (293 K)

序　号	HAc 起始浓度/$mol\cdot dm^{-3}$	平衡浓度/($mol\cdot dm^{-3}$)		电离度 α	$\frac{[H_3O^+][Ac^-]}{[HAc]}=K(HAc)$
		$[H_3O^+]=[Ac^-]$	$[HAc]$		
Ⅰ	0.2129	2.0×10^{-3}	0.2109	0.0094	1.9×10^{-5}
Ⅱ	0.1065	1.4×10^{-3}	0.1051	0.013	1.9×10^{-5}
Ⅲ	0.02129	6.0×10^{-4}	0.02069	0.028	1.7×10^{-5}
Ⅳ	0.01065	4.2×10^{-4}	0.01023	0.039	1.7×10^{-5}

平衡常数 K 的大小表明反应进行的限度。K 越大，表明反应进行越完全。由实验测定了物质的转化率，就可求出平衡常数；知道了平衡常数，又可以计算其他起始状态的物质的转化率。一个反应在某一定温度下只有一个特征的平衡常数，但反应中物质的转化率可以不同。表 6.3 列举了不同起始浓度的乙醇和醋酸在 373 K 时发生酯化反应的转化率及平衡常数数据。

表 6.3　乙醇和醋酸酯化反应的转化率及平衡常数(373 K)

起始浓度/($mol\cdot dm^{-3}$)		转化率/(%)		平衡常数 K
C_2H_5OH	CH_3COOH	C_2H_5OH	CH_3COOH	
3.0	3.0	67	67	4.0
3.0	6.0	83	42	4.0
6.0	3.0	42	83	4.0

由表 6.3 数据可见：反应物的起始浓度不同，平衡常数都等于 4.0，但转化率不同。当 C_2H_5OH 过量时，CH_3COOH 的转化率提高，而 C_2H_5OH 的转化率却降低，C_2H_5OH 和 CH_3COOH 的转化率也是可以不同的。由此看来，转化率概念虽然比较简单、比较直观，但它只能表示在一定温度和一定起始浓度下，反应进行的限度；而平衡常数则可表示在一定温度下该反应的进行限度，它不受起始浓度的影响。平衡常数是化学工作中不可缺少的重要数据。在书写和应用平衡常数时，应注意以下几点。

(1) 平衡常数表示式要与化学方程式相对应，并注明温度，如

$$HAc(aq)+H_2O(l)\rightleftharpoons H_3O^+(aq)+Ac^-(aq)$$

$$K=\frac{[H_3O^+][Ac^-]}{[HAc]}=1.8\times10^{-5}\quad(298\ K)$$

$$=1.7\times10^{-5}\quad(273\ K)$$

$$N_2O_4(g)\rightleftharpoons 2NO_2(g)\qquad K=\frac{[NO_2]^2}{[N_2O_4]}=0.36\quad(373\ K)$$

$$=3.2\quad(423\ K)$$

有些反应平衡常数受温度影响较大，但醋酸电离、AgCl 沉淀等水溶液反应，在室温范围内 K 随温度的变化很小，所以这类平衡常数在室温条件下应用时，可以不注明温度。

平衡体系的化学方程式可以有不同的写法，K 值的表示也随之不同。这样做时，尽管具体数值有所差别，但其实际含义却是相同的，如

$$N_2O_4(g) \rightleftharpoons 2NO_2(g) \qquad K=\frac{[NO_2]^2}{[N_2O_4]}=0.36 \qquad (373\ K)$$

$$\frac{1}{2}N_2O_4(g) \rightleftharpoons NO_2(g) \qquad K'=\frac{[NO_2]}{[N_2O_4]^{1/2}}=\sqrt{0.36}=0.60 \qquad (373\ K)$$

$$2NO_2(g) \rightleftharpoons N_2O_4(g) \qquad K''=\frac{[N_2O_4]}{[NO_2]^2}=\frac{1}{0.36}=2.8 \qquad (373\ K)$$

(2) 以上所介绍的反应都用浓度表示平衡状态各物质的定量关系，这类 K 称作 K_c。在气相反应中，各物的平衡量常用分压表示，对应的平衡常数则可用 K_p 表示。如合成氨反应：

$$N_2(g)+3H_2(g) \rightleftharpoons 2NH_3(g)$$

$$K_c=\frac{[NH_3]^2}{[N_2][H_2]^3}, \quad K_p=\frac{p^2(NH_3)}{p(N_2)p^3(H_2)}$$

若各种气体都符合理想气体定律，这两种平衡常数的关系可由理想气体状态方程关联：

$$pV=nRT, \quad p=\frac{n}{V}RT=cRT$$

$$K_p=\frac{p^2(NH_3)}{p(N_2)p^3(H_2)}=\frac{[NH_3]^2(RT)^2}{[N_2]RT[H_2]^3(RT)^3}=\frac{[NH_3]^2}{[N_2][H_2]^3}(RT)^{2-(1+3)}=K_c(RT)^{-2}$$

对于任意气相反应，公式为

$$K_p=K_c(RT)^{\Delta n} \tag{6.1}$$

式中：Δn 是指生成物和反应物气体计量系数之差，R 所用单位由气体分压单位而定。

【例 6.1】 已知 $2\ SO_2(g)+O_2(g) \rightleftharpoons 2\ SO_3(g)$，$K_p^{bar}(1000\ K)=3.46$①。试求在 1000 K 及 1.22 bar($1.22\times10^5$ Pa)下的 K_c。

解 按(6.1)式，$K_c=K_p(RT)^{-\Delta n}=3.46\times(0.0831\times1000)^1=288$

(3) 由起始状态到平衡状态过程中，凡浓度或压力几乎保持恒定不变的物质项可不必写入平衡常数式。这样处理其实也就是把该项浓度(或压力)归并入常数项，如

$$HAc(aq)+H_2O(l) \rightleftharpoons H_3O^+(aq)+Ac^-(aq)$$

平衡常数应等于 $\frac{[H_3O^+][Ac^-]}{[HAc][H_2O]}$，但 0.1 mol·dm^{-3} 的 HAc 溶液在电离过程中所消耗的 H_2O 分子数所占 H_2O 总分子数的比例非常小，所以我们把$[H_2O]$当做常数归并在平衡常数之中，而写成

$$K_c=\frac{[H_3O^+][Ac^-]}{[HAc]}$$

又如，对反应 $CaCO_3(s) \rightleftharpoons CaO(s)+CO_2(g) \quad K_p=p(CO_2)$

这类有气体和固体共存于一个体系之中的反应叫多相反应，它们的平衡叫多相平衡，由于固相自身便是其热力学标准态，其中固相不必写入平衡常数式。又如

① 气相反应常用 K_p，但随气体分压所用单位不同，K_p 值不同；换算成 K_c 时，R 的取值也不同。例如 $2SO_2(g)+O_2(g) \rightleftharpoons 2SO_3(g)$，在 1000 K 时的 $K_p^{kPa}=3.46\times10^{-2}$，而 $K_p^{atm}=3.50$，两者差别相当大。若用 bar(1 bar $=1\times10^5$ Pa)作为压力单位，$K_p^{bar}=3.46$，它与 K_p^{atm} 相差甚微。各化学反应平衡常数的差别主要在指数方次上，所以可以认为 $K_p^{atm}\approx K_p^{bar}$，这样，过去书刊里记载着大量的 K_p^{atm} 数据仍可参考使用。将 K_p^{atm} 换算为 K_c 时，R 值应取 0.0821；而将 K_p^{bar} 换算为 K_c 时，R 值应取 0.0831。

$$Fe_2O_3(s)+3CO(g) \rightleftharpoons 2Fe(s)+3CO_2(g) \qquad K_p=\frac{p^3(CO_2)}{p^3(CO)}$$

$$AgCl(s) \rightleftharpoons Ag^+(aq)+Cl^-(aq) \qquad K_c=[Ag^+][Cl^-]$$

在给定温度下，平衡常数表征反应的限度。当反应温度发生变化时，K 当然也随之改变。这些不同温度的 K 如何确定？还有某些反应中物质的平衡浓度是无法由实验直接测定的，对于这类反应的平衡常数又如何确定？下面就讨论这些问题。

6.2 平衡常数与 Gibbs 自由能变

(Equilibrium Constant and Gibbs Free Energy Change)

如前一章所述，ΔG 代表任意状态的自由能变，$\Delta_r G_m^\ominus(T)$则代表在温度 T 时，标准状态下的 Gibbs 自由能变化，即反应物和生成物都处于标态。但实际体系中各物质不可能都处于标准状态，所以用 $\Delta G^\ominus(T)$作为反应自发性的判据是有局限的。反应在标态不能自发，不一定在非标态不能自发，且大多数反应在非标态下进行，因此具有普遍实用意义的判据是 $\Delta G(T)$。那么某一反应在温度 T 时，任意状态的 $\Delta G(T)$和标准状态的 $\Delta G^\ominus(T)$ 之间有什么关系？它们和平衡常数又是什么关系？表述这些关系的方程叫做 van't Hoff 等温式。如对反应

$$mA(g)+nB(g) \rightleftharpoons qC(g)$$

van't Hoff 等温式可写做

$$\Delta G(T)=\Delta G^\ominus(T)+2.30\,RT\,\lg\frac{(p_C/p_C^\ominus)^q}{(p_A/p_A^\ominus)^m(p_B/p_B^\ominus)^n}$$

其中 $p/p^\ominus$ 叫做**相对压力，它是无量纲(现在建议说法是量纲为 1)的**。过去是将标态压力定为 1 atm，现在将标态压力定为 1 bar$=1\times10^5$ Pa$=100$ kPa，即 $p^\ominus=p_A^\ominus=p_B^\ominus=p_C^\ominus=1$ bar，如 p 也以 bar 计，那么 $p/p^\ominus$在数值上等于 p，而其物理意义就是相对于标准状态的压力，如把上式简写为

$$\Delta G(T)=\Delta G^\ominus(T)+2.30\,RT\,\lg\frac{(p_C)^q}{(p_A)^m(p_B)^n} \tag{6.2}$$

其中分压项 p 的物理意义已是隐含着除以 $p^\ominus$ 的相对压力了。若给出压力的单位为 Pa 或 kPa，则应先除以 10^5 Pa 或 10^2 kPa，得相对压力 $p/p^\ominus$，然后再进行运算。p_A、p_B 和 p_C 分别代表反应物和生成物起始状态的相对分压，并有

$$\frac{(p_C)^q}{(p_A)^m(p_B)^n}=Q$$

Q 叫做起始分压商，简称**反应商**。它的形式、写法和平衡常数完全相同，只是分压项不是平衡状态，而是起始状态的相对分压。由(6.2)式可知，一个反应在任意状态的自发方向判据 ΔG 不仅与标态时反应的 $\Delta G^\ominus$有关，还要考虑与起始状态有关的反应商 Q 项。

在(6.2)式中，若 p_A、p_B、p_C 都等于标准压力时，那么

$$\lg\frac{(p_C)^q}{(p_A)^m(p_B)^n}=0$$

此时 $\Delta G(T)=\Delta G^\ominus(T)$。也就是说，$\Delta G^\ominus(T)$代表温度为 T、反应物和生成物的起始分压都处于标态时的 Gibbs 自由能变化。以下各平衡常数及反应的表达式中分压项都为相对压力。

若体系处于平衡状态，则 $\Delta G(T)=0$，并且反应商 Q 项中各物质的分压都是指平衡分压，

用$[p_A]$、$[p_B]$、$[p_C]$分别代表A、B、C的平衡分压。代入(6.2)式，则得

$$\Delta G^{\ominus}(T)+2.30\ RT\ \lg\frac{[p_C]^q}{[p_A]^m[p_B]^n}=0$$

式中

$$\frac{[p_C]^q}{[p_A]^m[p_B]^n}=K_p^{\ominus}$$

所以

$$-\Delta G^{\ominus}(T)=2.30\ RT\ \lg K_p^{\ominus}\quad 或\quad \lg K_p^{\ominus}=-\frac{\Delta G^{\ominus}(T)}{2.30\ RT}\tag{6.3}$$

(6.2)和(6.3)式都是非常有用的方程式。一个化学反应的$\Delta G^{\ominus}(298\ \mathrm{K})$可以查表计算，而在任意温度$T$的$\Delta G^{\ominus}(T)$也可由Gibbs-Helmholtz方程计算。当$\Delta G^{\ominus}(T)$已知时，利用(6.3)式即可计算平衡常数，由于它是根据标准Gibbs自由能变间接计算得到的，所以叫**标准平衡常数**，符号用$K_p^{\ominus}$表示。式中各平衡分压的含义是相对平衡分压，所以**$K_p^{\ominus}$是无量纲的**。实验测定的平衡常数，**只要把实测分压除以$p^{\ominus}$用相对压力表示**，那么实验平衡常数作为无量纲处理也是合理的。实验平衡常数和标准平衡常数从来源和量纲看似有区别，但又可以用相对压力予以统一①。所以，在实际工作中往往并不严格区分K和$K^{\ominus}$。

用(6.3)式和附录C.2的$\Delta_f G_m^{\ominus}$，可以求合成氨反应的$\Delta_r G_m^{\ominus}(298\ \mathrm{K})$，再进而计算298 K时的$K_p^{\ominus}$。

$$N_2(g)+3H_2(g)\rightleftharpoons 2NH_3(g)$$

$$\Delta G^{\ominus}(298\ \mathrm{K})=2\times\Delta G_f^{\ominus}(NH_3,g)-\Delta G_f^{\ominus}(N_2,g)-3\times\Delta G_f^{\ominus}(H_2,g)$$
$$=[2\times(-16.4)-0-0]\mathrm{kJ\cdot mol^{-1}}=-32.8\ \mathrm{kJ\cdot mol^{-1}}$$

代入(6.3)式，得

$$32.8\ \mathrm{kJ\cdot mol^{-1}}=2.30\times 0.00831\ \mathrm{kJ\cdot mol^{-1}\cdot K^{-1}}\times 298\ \mathrm{K}\times\lg K_p^{\ominus}$$

$$\lg K_p^{\ominus}=5.76,\quad K_p^{\ominus}(298\ \mathrm{K})=\frac{[p(NH_3)]^2}{[p(N_2)][p(H_2)]^3}=5.8\times 10^5$$

计算结果表明，在298 K时$\Delta G^{\ominus}<0$，合成氨反应能自发进行。$K_p^{\ominus}$很大，表明平衡时NH_3的分压要比N_2和H_2分压大得多，也就是转化率高，反应进行得比较彻底。由此可见，$\Delta G^{\ominus}$和$K_p^{\ominus}$都表明反应自发性和反应进行的限度，它们之间的关系可用(6.3)式表述。

附录C.2给出了298 K的$\Delta_f G_m^{\ominus}$，直接利用这些数据只能计算298 K时的$\Delta_r G_m^{\ominus}$和$K_p^{\ominus}$。那么其他温度的$\Delta G^{\ominus}(T)$和$K_p^{\ominus}$如何求算？现以求合成氨反应在673 K为例说明。首先利用$\Delta G=\Delta H-T\Delta S$[(5.13)式]算出在673 K时的$\Delta G^{\ominus}(673\ \mathrm{K})$，然后再求$K_p^{\ominus}$。由附录C.2数据可知，合成氨反应在298 K时 $\Delta G^{\ominus}(298\ \mathrm{K})=-32.8\ \mathrm{kJ\cdot mol^{-1}}$

$$\Delta H^{\ominus}(298\ \mathrm{K})=-91.8\ \mathrm{kJ\cdot mol^{-1}}$$
$$\Delta S^{\ominus}(298\ \mathrm{K})=-0.198\ \mathrm{kJ\cdot mol^{-1}\cdot K^{-1}}$$

设在298～673 K范围内$\Delta H^{\ominus}$和$\Delta S^{\ominus}$不随温度而变，那么

$$\Delta G^{\ominus}(673\ \mathrm{K})=\Delta H^{\ominus}-T\Delta S^{\ominus}=-91.8\ \mathrm{kJ\cdot mol^{-1}}-673\ \mathrm{K}\times(-0.198\ \mathrm{kJ\cdot mol^{-1}\cdot K^{-1}})$$
$$=41.5\ \mathrm{kJ\cdot mol^{-1}}$$

由此可求673 K的$K_p^{\ominus}$

$$-\Delta G^{\ominus}(673\ \mathrm{K})=2.30\ RT\ \lg K_p^{\ominus}$$

$$-41.5\ \mathrm{kJ\cdot mol^{-1}}=2.30\times 0.00831\ \mathrm{kJ\cdot mol^{-1}\cdot K^{-1}}\times 673\ \mathrm{K}\times\lg K_p^{\ominus}$$

$$\lg K_p^{\ominus}=-3.23,\quad K_p^{\ominus}=5.9\times 10^{-4}$$

① 详见本章课外读物之[3]。

$\Delta G^{\ominus}(673\ \text{K})>0$，$K_p$ 很小，这都表明在 673 K 时反应 $N_2+3H_2 \rightleftharpoons 2NH_3$ 达平衡时 $p(NH_3)$要比 $p(N_2)$和 $p(H_2)$小得多，不过在实际生产中不断地移去混合气中的 NH_3，反应就不断向生成 NH_3 的方向进行。$K_p(298\ \text{K})$虽然比 $K_p(673\ \text{K})$大得多，即从化学平衡的角度看，低温有利于 NH_3 的生成；但从反应速率考虑，温度越低速率越慢。经过仔细研究，兼顾了平衡和速率两个方面，选用了适当的催化剂，合成氨反应塔的最佳温度范围在 300～500 ℃(573～773 K)之间。

通过计算合成氨反应的 $\Delta G^{\ominus}(298\ \text{K})$和 $K_p^{\ominus}(298\ \text{K})$以及 $\Delta G^{\ominus}(673\ \text{K})$和 $K_p^{\ominus}(673\ \text{K})$，不仅知道如何由 $\Delta G^{\ominus}$计算 $K_p^{\ominus}$，并且还可以了解如何利用 $\Delta H_f^{\ominus}$ 和 $S^{\ominus}$计算任意温度的 $\Delta G^{\ominus}(T)$和 $K_p^{\ominus}(T)$。在此可进一步了解各种反应在不同温度的标准平衡常数 $K^{\ominus}$并不需要一一测定，而可利用 $\Delta H_f^{\ominus}$、$\Delta G_f^{\ominus}$、$S^{\ominus}$等基本热力学数据进行推算。

一个化学反应的起始状态用 Q 表示，而平衡状态则用 $K_p^{\ominus}$ 表示，利用两者的比值，也可以判断反应进行的方向。将(6.3)式代入(6.2)式，则得

$$\Delta G(T)=-2.30\ RT\ \lg K_p^{\ominus}+2.30\ RT\ \lg Q_p$$

$$\Delta G(T)=2.30\ RT\ \lg\frac{Q_p}{K_p^{\ominus}} \tag{6.4}$$

Q_p 是反应商，$K_p^{\ominus}$ 是标准平衡常数，由(6.4)式可见：

$Q_p/K_p^{\ominus}<1$，$Q_p<K_p^{\ominus}$，则 $\Delta G(T)<0$，正向反应自发进行；

$Q_p/K_p^{\ominus}=1$，$Q_p=K_p^{\ominus}$，则 $\Delta G(T)=0$，反应处于平衡状态；

$Q_p/K_p^{\ominus}>1$，$Q_p>K_p^{\ominus}$，则 $\Delta G(T)>0$，逆向反应自发进行。

ΔG 的正负号由 Q 与 K 的比值决定，那么 Q/K 和 ΔG 同样是任意条件下反应自发方向的判据。由于 Q 表明起始状态，K 表明平衡状态，所以用 Q/K 来判断反应自发方向更简明、更方便。

综合(6.2)～(6.4)式，我们可以看到：$\Delta G(T)$是化学反应方向的判据，而 $\Delta G^{\ominus}(T)$则与平衡常数一样是化学反应限度的标志，当反应物和生成物都处于标准状态时，$Q=1$，$\Delta G(T)=\Delta G^{\ominus}(T)$，在这样特定条件下用 $\Delta G^{\ominus}(T)$可以作为反应方向的判据。但实际反应往往不在这种特定条件下进行，那么是否能用 $\Delta G^{\ominus}(T)$粗估不同条件下反应的自发方向？根据等温式

$$\Delta G(T)=\Delta G^{\ominus}(T)+2.30\ RT\ \lg Q$$

当 $\Delta G^{\ominus}(T)$的绝对值相当大时，$\Delta G(T)$ 的正负号主要由 $\Delta G^{\ominus}(T)$项所决定，而 Q 的变化、温度 T 的变化对反应进行影响不显著，此时用 $\Delta G^{\ominus}(T)$估计反应自发进行的方向是可行的。至于 $\Delta G^{\ominus}(T)$的绝对值要大到什么程度，并无严格标准。一般说来，当 $\Delta G^{\ominus}(T)>40\ \text{kJ}\cdot\text{mol}^{-1}$时，反应限度就相当小，可认为反应不能正向进行；而当 $\Delta G^{\ominus}(T)<-40\ \text{kJ}\cdot\text{mol}^{-1}$时，反应限度就相当大，可认为反应能正向自发进行；$\Delta G^{\ominus}(T)$介于以上两者之间的反应，其方向则需结合反应条件进行具体分析。$\Delta G^{\ominus}(298\ \text{K})$数据齐全，选用方便，常可用于反应方向的粗略估计。

【例 6.2】 某反应 $A(s) \rightleftharpoons B(s)+C(g)$，已知 $\Delta G^{\ominus}(298\ \text{K})=+40.0\ \text{kJ}\cdot\text{mol}^{-1}$。试问：

(1) 该反应在 298 K 时的 $K_p^{\ominus}=$?

(2) 当 $p_c=1.0\ \text{Pa}=1.0\times10^{-5}\ \text{bar}$ 时，该反应是否能正方向自发进行？

解 (1) 用(6.3)式求 K_p

$$\lg K_p=-\frac{\Delta G^{\ominus}(298\ \text{K})}{2.30\ RT}=-\frac{40.0\times10^3\ \text{J}\cdot\text{mol}^{-1}}{2.30\times8.31\ \text{J}\cdot\text{mol}^{-1}\cdot\text{K}^{-1}\times298\ \text{K}}=-7.02$$

$$K_p^\ominus(298\ \mathrm{K})=9.5\times10^{-8}$$

(2) 用(6.4)式求 ΔG

$$\Delta G=2.30\ RT\ \lg\frac{Q_p}{K_p}=2.30\times8.31\times10^{-3}\ \mathrm{kJ\cdot mol^{-1}\cdot K^{-1}}\times298\ \mathrm{K}\times\lg\frac{1.0\times10^{-5}}{9.5\times10^{-8}}$$

$$=+11.5\ \mathrm{kJ\cdot mol^{-1}}$$

以上计算结果说明：当 $\Delta G^\ominus=+40\ \mathrm{kJ\cdot mol^{-1}}$时，$K_p=9.5\times10^{-8}$，反应进行的限度相当小，可以认为该反应不能自发进行。即使当产物C的分压由标态降低为1.0 Pa时，ΔG 仍为正值，未能改变反应的方向，也就是说，即使 Q 值降低5个量级也未影响 ΔG 的正负号。

van't Hoff 等温式在导出过程中，曾用到理想气体方程式，所以对数项中反应物和生成物都用气体的相对分压表示含量。但由热力学已经证明这关系式也适用于水溶液体系，不过 $\Delta G^\ominus$ 项须注意用溶液态(aq)的 $\Delta G^\ominus$ 计算。

【例6.3】 用附录C.2的 $\Delta G_f^\ominus$ 求下列反应的 $K_c^\ominus$。

$$NH_3(aq)+H_2O(l)\rightleftharpoons NH_4^+(aq)+OH^-(aq)$$

解 $\Delta G^\ominus(298\ \mathrm{K})=\Delta G_f^\ominus(NH_4^+,aq)+\Delta G_f^\ominus(OH^-,aq)-\Delta G_f^\ominus(H_2O,l)-\Delta G_f^\ominus(NH_3,aq)$

$$=(-79.3-157.2+237.1+26.5)\ \mathrm{kJ\cdot mol^{-1}}=+27.1\ \mathrm{kJ\cdot mol^{-1}}$$

代入

$$\Delta G^\ominus(298\ \mathrm{K})=-2.30\ RT\ \lg K_c^\ominus$$

$$\lg K_c^\ominus=-\frac{\Delta G^\ominus}{2.30\ RT}=-\frac{27.1\times10^3\ \mathrm{J\cdot mol^{-1}}}{2.30\times8.31\ \mathrm{J\cdot mol^{-1}\cdot K^{-1}}\times298\ \mathrm{K}}=-4.75$$

$$K_c^\ominus(298\ \mathrm{K})=1.8\times10^{-5}$$

在溶液体系的平衡常数式中物质的浓度项应是相对浓度 $c/c^\ominus$，现已选定 $c^\ominus$ 为 $1\ \mathrm{mol\cdot dm^{-3}}$，所以 $c/c^\ominus$ 在数值上与 c 相等，而 K 也是无量纲的。K_c 与 $K_c^\ominus$ 的物理意义可用相对浓度加以统一。在气相反应的 K_c 式中，物质的浓度项也用相对浓度表示，所以 K_c 无量纲。但它不是由 $\Delta G^\ominus$ 直接计算的，而可由 K_p 换算而得，所以它不是标准平衡常数。

6.3 多重平衡

(Multiple Equilibrium)

前面我们所讨论的都是单一体系的化学平衡问题，但实际的化学过程往往有若干种平衡状态同时存在，一种物质同时参与几种平衡，这种现象就叫做多重平衡。例如当气态的 SO_2、SO_3、NO、NO_2 及 O_2 在一个反应器里共存时，至少会有下述3种平衡关系共存：

① $SO_2+\frac{1}{2}O_2\rightleftharpoons SO_3$　　$K_{p_1}=\dfrac{p(SO_3)}{p(SO_2)p^{1/2}(O_2)}$

② $NO_2\rightleftharpoons NO+\frac{1}{2}O_2$　　$K_{p_2}=\dfrac{p(NO)p^{1/2}(O_2)}{p(NO_2)}$

③ $SO_2+NO_2\rightleftharpoons SO_3+NO$　　$K_{p_3}=\dfrac{p(SO_3)p(NO)}{p(SO_2)p(NO_2)}$

其中 SO_2 既参与平衡①，又参与平衡③，因为处于同一个体系中，SO_2 的分压只可能有一个数值，即 K_{p_1} 中的 $p(SO_2)$ 和 K_{p_3} 中的 $p(SO_2)$ 必定是相等的；同理，K_{p_2} 中的 $p(NO)$ 也必定等于

K_{p_3} 中的 $p(NO)$。因此 K_{p_1}、K_{p_2} 和 K_{p_3} 之间必定有某种联系，这可以从 $\Delta G^\ominus$ 与 K_p 的关系得到论证。先查出有关物质的 $\Delta G_f^\ominus$，再分别计算这 3 个反应的 $\Delta G^\ominus$ 和 K_p。

物　质	$SO_3(g)$	$SO_2(g)$	$NO(g)$	$NO_2(g)$	$O_2(g)$
$\frac{\Delta G^\ominus(298\ K)}{kJ\cdot mol^{-1}}$	-371.1	-300.1	$+87.6$	$+52.3$	0

① $SO_2+\frac{1}{2}O_2 \rightleftharpoons SO_3$

$$\Delta G^\ominus=[-371.1-(-300.1)]\ kJ\cdot mol^{-1}=-71.0\ kJ\cdot mol^{-1}$$

$$\lg K_{p_1}=-\frac{\Delta G^\ominus}{2.30\ RT}=\frac{71.0\times10^3\ J\cdot mol^{-1}}{2.30\times8.31\ J\cdot mol^{-1}\cdot K^{-1}\times298\ K}=12.5,\quad K_{p_1}(298\ K)=3\times10^{12}$$

② $NO_2 \rightleftharpoons NO+\frac{1}{2}O_2$

$$\Delta G_2^\ominus=(87.6-52.3)\ kJ\cdot mol^{-1}=35.3\ kJ\cdot mol^{-1}$$

$$\lg K_{p_2}=-\frac{35.3\times10^3\ J\cdot mol^{-1}}{2.30\times8.31\ J\cdot mol^{-1}\cdot K^{-1}\times298\ K}=-6.2,\quad K_{p_2}(298\ K)=6.3\times10^{-7}$$

③ $SO_2+NO_2 \rightleftharpoons NO+SO_3$

$$\Delta G_3^\ominus=[-371.1+87.6-(-300.1)-52.3]\ kJ\cdot mol^{-1}=-35.7\ kJ\cdot mol^{-1}$$

$$\lg K_{p_3}=\frac{35.7\times10^3\ J\cdot mol^{-1}}{2.30\times8.31\ J\cdot mol^{-1}\cdot K^{-1}\times298\ K}=6.27,\quad K_{p_3}(298\ K)=1.9\times10^6$$

$\Delta G^\ominus$ 是广度量状态函数，可按热化学定律进行计算，因为反应①＋反应②＝反应③，所以 $\Delta G_1^\ominus$ 与 $\Delta G_2^\ominus$ 之和必定等于 $\Delta G_3^\ominus$，即

$$\Delta G_1^\ominus+\Delta G_2^\ominus=\Delta G_3^\ominus \tag{6.5}$$

$$-2.30\ RT\ \lg K_{p_1}-2.30\ RT\ \lg K_{p_2}=-2.30\ RT\ \lg K_{p_3}$$

$$\lg K_{p_1}+\lg K_{p_2}=\lg K_{p_3}$$

$$K_{p_1}\times K_{p_2}=K_{p_3} \tag{6.6}$$

即

$$3\times10^{12}\times6.3\times10^{-7}=1.9\times10^6$$

用热化学定律可由 $\Delta G_1^\ominus$ 和 $\Delta G_2^\ominus$ 求 $\Delta G_3^\ominus$，又因

$$\Delta G^\ominus=-2.30\ RT\ \lg K$$

所以也可由 K_1 和 K_2 求 K_3。同理，也可由 K_3、K_2 求 K_1，或由 K_3、K_1 求 K_2。

K_1、K_2、K_3 之间的关系，也可从它们的平衡常数表达式直接推导。用多重平衡概念间接求平衡常数在化学中有重要应用。

【例 6.4】 已知：(1) $CO_2(g)+H_2(g) \rightleftharpoons CO(g)+H_2O(g)$　　$K_{p_1}(823\ K)=0.14$

(2) $CoO(s)+H_2(g) \rightleftharpoons Co(s)+H_2O(g)$　　$K_{p_2}(823\ K)=67$

试求在 823 K，反应(3)：$CoO(s)+CO(g) \rightleftharpoons Co(s)+CO_2(g)$ 的平衡常数 K_{p_3}。

解　分析题意知，CoO、Co、CO、CO_2、H_2 与 H_2O 等 6 种物质共处于一个反应体系，参加上述 3 个反应的化学平衡，其中 CoO 和 Co 是固相。由于反应(2)减去反应(1)即可求得反应(3)的 K_{p_3}，由多重平衡规则

$$K_{p_3}(823\ \mathrm{K})=\frac{K_{p_2}}{K_{p_1}}=\frac{p(H_2O)}{p(H_2)}\times\frac{p(CO_2)p(H_2)}{p(CO)p(H_2O)}=\frac{p(CO_2)}{p(CO)}=\frac{67}{0.14}=4.8\times10^2$$

由 K_{p_2} 和 K_{p_3} 可知：H_2 和 CO 都可用做还原剂，使 CoO 变成 Co，且 CO 还原的程度大于 H_2。

6.4　化学平衡的移动

(Shift of Chemical Equilibrium)

任何化学平衡都是在一定温度、压力、浓度条件下形成的动态平衡。一旦反应条件发生变化，原有的平衡状态就被破坏，而向另一新的平衡状态转化。学习化学平衡的目的不是等待一个平衡状态的出现，或者维持一个平衡状态的不变，而是要学会利用条件的改变，破坏旧平衡建立新平衡。或者说，我们感兴趣的是随着反应条件的变化，化学平衡向什么方向移动？移动的程度如何？本节将应用 ΔG、K、Q 等参量分别讨论浓度、压力、温度对化学平衡的影响。

6.4.1　浓度对化学平衡的影响

化学平衡移动的方向，也就是反应自发进行的方向，由体系的 ΔG 所决定，而 ΔG 又与 K（或 $\Delta G^\ominus$）和 Q 有关。在一定温度与压力下，反应的 K 是一个不随浓度变化的恒量，而 Q 则随浓度不同而有变化，由 Q/K 即可判断化学平衡移动的方向。现以 H_2 和 I_2 的化合反应为例，将几种不同起始状态的 Q/K 列于表 6.4 中，以资比较。

$$H_2(g)+I_2(g) \rightleftharpoons 2HI(g) \qquad K_p(713\ \mathrm{K})=K_c(713\ \mathrm{K})=50.3$$

状态Ⅰ　H_2、I_2、HI 的起始浓度都等于 1 $mol\cdot dm^{-3}$ 时，$Q<K$，H_2 和 I_2 化合反应能正向自发进行，即平衡向右移动，进行的程度可作如下计算：

设有 x $mol\cdot dm^{-3}$ 的 H_2 和 I_2 转化为 HI，则平衡浓度

$$[H_2]=[I_2]=1.00-x,\quad [HI]=1.00+2x$$

$$K=\frac{[HI]^2}{[H_2][I_2]}=\frac{(1.00+2x)^2}{(1.00-x)(1.00-x)}=50.3$$

$$x=0.67$$

即有 67% 的 H_2 和 I_2 转化为 HI 时，体系达到平衡状态。平衡常数式中，浓度项都按相对浓度（无量纲）进行运算。

表 6.4　H_2 和 I_2 化合的反应商 Q 和反应自发的方向（K=50.3，713 K）

序　号	起始浓度/($mol\cdot dm^{-3}$)			$Q=\frac{(HI)^2}{(H_2)(I_2)}$	Q 与 K	反应自发的方　向
	(H_2)	(I_2)	(HI)			
Ⅰ	1.00	1.00	1.00	$\frac{(1.00)^2}{(1.00)(1.00)}=1.00$	$Q<K$	正向自发
Ⅱ	1.00	1.00	0.001	$\frac{(0.001)^2}{(1.00)(1.00)}=1\times10^{-6}$	$Q<K$	正向自发
Ⅲ	0.22	0.22	1.56	$\frac{(1.56)^2}{(0.22)(0.22)}=50$	$Q=K$	处于平衡状态
Ⅳ	0.22	0.22	2.56	$\frac{(2.56)^2}{(0.22)(0.22)}=1.4\times10^2$	$Q>K$	逆向自发
Ⅴ	1.22	0.22	1.56	$\frac{(1.56)^2}{(1.22)(0.22)}=9.1$	$Q<K$	正向自发

状态Ⅱ 起始浓度(H_2)=(I_2)=1.00 mol·dm^{-3},(HI)=0.001 mol·dm^{-3}。此时,$Q<K$,正向反应自发,用平衡常数式计算,可知有78%的H_2和I_2转化为HI时,体系达到平衡状态。

状态Ⅲ $Q=K$,体系处于平衡状态。

状态Ⅳ 向状态Ⅲ平衡体系中加入一定量HI,使HI的总浓度由1.56 mol·dm^{-3}变为2.56 mol·dm^{-3},此时$Q>K$,逆向反应自发进行。即增大生成物浓度,平衡向逆反应方向移动。

状态Ⅴ 若向状态Ⅲ平衡体系中加入一定量H_2,使H_2的浓度由0.22 mol·dm^{-3}增为1.22 mol·dm^{-3},此时$Q<K$,正向反应自发进行。即增大反应物浓度,平衡向正反应方向移动。移动多少?

可设有y mol·dm^{-3}的H_2和I_2转化为HI,代入平衡常数式可求y

$$\frac{[HI]^2}{[H_2][I_2]}=\frac{(1.56+2y)^2}{(1.22-y)(0.22-y)}=50.3$$

$$y=0.16$$

由状态Ⅴ转化为平衡态时,有0.16 mol·dm^{-3}的H_2和I_2转化为HI,即平衡浓度[H_2]=1.06 mol·dm^{-3},[I_2]=0.06 mol·dm^{-3},[HI]=1.88 mol·dm^{-3}。

综上所述,Q/K之值不仅决定反应进行的方向,而且也表明了起始状态和平衡状态之间的差距,也就预示了平衡移动的相对多少。

6.4.2 压力对化学平衡的影响

压力的变化对固相或液相反应的平衡位置几乎没有影响。对那些反应前后计量系数不变的气相反应如$H_2+I_2 \rightleftharpoons 2HI$或$N_2+O_2 \rightleftharpoons 2NO$,压力对它们的平衡也没有影响,因为增大或减小压力对生成物和反应物的分压产生的影响是等效的,所以对平衡的位置没有影响。对那些反应前后计量系数有变化的气相反应,压力的改变,会影响它们的平衡状态,影响的程度可以通过平衡常数进行计算。

【例6.5】 已知在325 K与100 kPa时,反应$N_2O_4(g) \rightleftharpoons 2NO_2(g)$中$N_2O_4$的摩尔分解率为50.2%。若保持温度不变,压力增加为1000 kPa,N_2O_4的分解率是多少?

解 设有1 mol N_2O_4,它的分解率为α,则

	$N_2O_4(g) \rightleftharpoons$	$2NO_2(g)$
起始 n/mol	1.0	0
平衡 n/mol	$1.0-\alpha$	2α

达到平衡状态时 $n_{总}/\text{mol}=(1-\alpha)+2\alpha=1+\alpha$

设平衡状态总压力为p,那么N_2O_4的分压力$p(N_2O_4)=p\left(\frac{1-\alpha}{1+\alpha}\right)$,而$NO_2$的分压力$p(NO_2)=p\left(\frac{2\alpha}{1+\alpha}\right)$。代入$K_p$式,则

$$K_p=\frac{p^2(NO_2)}{p(N_2O_4)}=\frac{p^2\left(\frac{2\alpha}{1+\alpha}\right)^2}{p\left(\frac{1-\alpha}{1+\alpha}\right)}=p\frac{4\alpha^2}{(1-\alpha)(1+\alpha)}=p\left(\frac{4\alpha^2}{1-\alpha^2}\right)$$

已知在 325 K，当 $p=100$ kPa$=1.00$ bar 时，$\alpha=0.502$，代入上式求 K_p

$$K_p=1.00\times\frac{4\times(0.502)^2}{1-(0.502)^2}=1.35$$

因 K_p 不随压力变化，所以当 $p=1000$ kPa $=10.00$ bar 时，α 即可由 K_p 式求算

$$10.00\times\left(\frac{4\alpha^2}{1-\alpha^2}\right)=1.35,\qquad \alpha=0.181$$

即在 1000 kPa 时 N_2O_4 的分解率等于 18.1%，这比 100 kPa 时的分解率小得多。注意，上述算式中压力单位都应换算为 bar($=1\times10^5$kPa)，之后，按无量纲运算。

按 Le Chatelier 平衡移动原理，增大压力平衡向气体计量系数减小(或气体体积缩小)的方向移动。当压力由 100 kPa 增加到 1000 kPa 时，反应向 NO_2 聚合成 N_2O_4 的方向移动，即 N_2O_4 分解率减小。平衡移动原理只是定性地指明化学平衡移动的方向，利用平衡常数则可以具体计算移动的程度。

6.4.3 温度对化学平衡的影响

前面的一些问题都是在温度不变的条件(即在平衡常数不变的条件)下进行讨论的。若要了解温度对化学平衡的影响，那么首先要知道平衡常数随温度的变化关系。由(6.3)式

$$-\Delta G^\ominus(T)=2.30\,RT\,\lg K_p$$

$$\lg K_p=-\frac{\Delta G^\ominus(T)}{2.30\,RT}$$

将 $\Delta G^\ominus(T)=\Delta H^\ominus-T\Delta S^\ominus$ 代入上式，得

$$\lg K_p=-\frac{\Delta H^\ominus-T\Delta S^\ominus}{2.30\,RT}=-\frac{\Delta H^\ominus}{2.30\,RT}+\frac{\Delta S^\ominus}{2.30\,R}\tag{6.7}$$

设在 T_1 的平衡常数为 K_{p_1}，在 T_2 为 K_{p_2}，并设在 T_1 至 T_2 范围内 $\Delta H^\ominus$ 和 $\Delta S^\ominus$ 不变，则有

$$\lg K_{p_1}=-\frac{\Delta H^\ominus}{2.30\,RT_1}+\frac{\Delta S^\ominus}{2.30\,R}$$

$$\lg K_{p_2}=-\frac{\Delta H^\ominus}{2.30\,RT_2}+\frac{\Delta S^\ominus}{2.30\,R}$$

上两式相减，得

$$\lg K_{p_2}-\lg K_{p_1}=\frac{\Delta H^\ominus}{2.30\,R}\left(\frac{1}{T_1}-\frac{1}{T_2}\right)$$

或

$$\lg\frac{K_{p_2}}{K_{p_1}}=\frac{\Delta H^\ominus}{2.30\,R}\left(\frac{T_2-T_1}{T_1T_2}\right)\tag{6.8}$$ [①]

① 表述蒸气压与温度关系的 Clapeyron-Clausius 方程式[p.36，(3.3)式]与(6.8)式相似。Clapeyron 于 1832 年首先导出了相平衡与温度的关系式，又经 Clausius 简化，用于气-液(或气-固)平衡体系即为(3.3)式。而(6.8)式则是 van't Hoff 于 1884 年由热力学基本公式推导出的。两式间的联系可简述为：H_2O 的气-液相平衡式是 $H_2O(l) \rightleftharpoons H_2O(g)$，相变的热效应就是摩尔蒸发热 ΔH_{vap}，在一定温度 H_2O 的蒸气压为 $p(H_2O,g)$，那么气-液两相平衡体系的 K_p 只与 $p(H_2O,g)$ 有关，即 $K_p=p(H_2O,g)$。将此关系代入(6.8)式，得(3.3)式：

$$\lg\frac{p_2}{p_1}=\frac{\Delta H_{vap}}{2.30\,R}\left(\frac{T_2-T_1}{T_2T_1}\right)$$

此式也可以表示为

$$\lg K_p = -\frac{\Delta H^{\ominus}}{2.30\ R} \times \frac{1}{T} + C \tag{6.9}$$

式中 C 是常数。(6.8)式是表述平衡常数与温度关系的重要方程式，称为 van't Hoff 方程式。当已知化学反应 $\Delta H^{\ominus}$ 时，只要测定某一温度 T_1 的平衡常数 K_{p_1}，即可利用(6.8)式求另一温度 T_2 的 K_{p_2}。当已知在不同温度的 K_p 时，则可用(6.7)或(6.8)式，求反应的 $\Delta H^{\ominus}$。

【例 6.6】 已知 $N_2(g) + 3H_2(g) \rightleftharpoons 2NH_3(g)$ $\Delta H^{\ominus} = -91.8\ \text{kJ} \cdot \text{mol}^{-1}$，298 K 时 $K_{p_1}(298\ \text{K}) = 5.8 \times 10^5$。求合成氨反应在 473 K、673 K 的平衡常数。

解 利用(6.8)式

$$\lg \frac{K_{p_2}}{5.8 \times 10^5} = \frac{-91.8 \times 10^3\ \text{J} \cdot \text{mol}^{-1}}{2.30 \times 8.31\ \text{J} \cdot \text{mol}^{-1} \cdot \text{K}^{-1}} \left(\frac{473 - 298}{473 \times 298}\right) \text{K}^{-1} = -5.96$$

$$K_{p_2}(473\ \text{K}) = 5.8 \times 10^5 \times 1.1 \times 10^{-6} = 6.4 \times 10^{-1}$$

$$\lg \frac{K_{p_3}}{5.8 \times 10^5} = \frac{-91.8 \times 10^3\ \text{J} \cdot \text{mol}^{-1}}{2.30 \times 8.31\ \text{J} \cdot \text{mol}^{-1} \cdot \text{K}^{-1}} \left(\frac{673 - 298}{673 \times 298}\right) \text{K}^{-1} = -8.98$$

$$K_{p_3}(673\ \text{K}) = 5.8 \times 10^5 \times 1.05 \times 10^{-9} = 6.1 \times 10^{-4}$$

计算结果说明，当温度由 298 K 升高到 473 K 或 673 K 时，合成氨反应的 K_p 由 5.8×10^5 降低为 6.4×10^{-1} 或 6.1×10^{-4}。合成氨反应 K_p 随温度的变化数据列入表 6.5 中。若将 $\lg K_p$ 对 $1/T$ 作图(图 6.1)，所得直线的斜率为正值。按(6.7)式，斜率 $= -\Delta H^{\ominus}/2.30\ R$，所以 $\Delta H^{\ominus} < 0$，即合成氨反应放热，温度越高 K_p 越小。

表 6.5 合成氨反应 K_p 随温度的变化

T/K	298	473	673
$\frac{1}{T}/10^{-3}\ \text{K}^{-1}$	3.36	2.11	1.49
K_p	5.8×10^5	6.4×10^{-1}	6.1×10^{-4}
$\lg K_p$	5.76	−0.19	−3.21

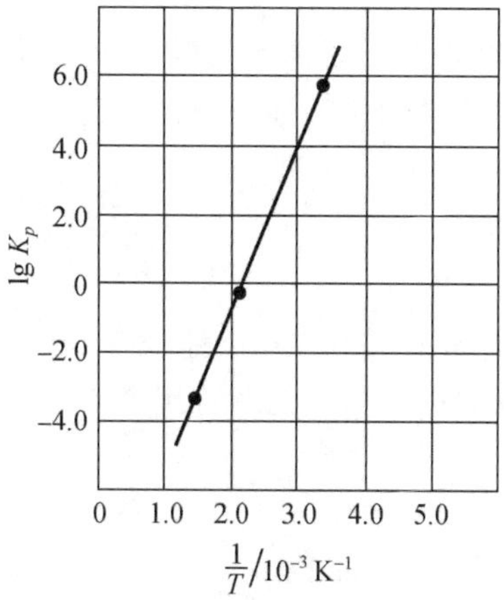

图 6.1 合成氨反应的 $\lg K_p$-T^{-1} 图

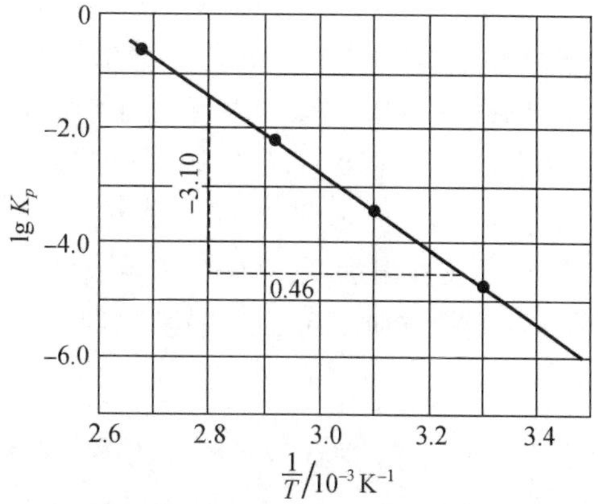

图 6.2 $NaHCO_3$ 分解反应的 $\lg K_p$-T^{-1} 图

【例6.7】 碳酸氢钠分解反应在不同温度下的 K_p 列于下表。将 $\lg K_p$ 对 $1/T$ 作图，求反应热 $\Delta H^\ominus$。

$$2NaHCO_3(s) \rightleftharpoons Na_2CO_3(s)+CO_2(g)+H_2O(g)$$

T/K	303	323	353	373
K_p	1.66×10^{-5}	3.90×10^{-4}	6.27×10^{-3}	2.31×10^{-1}

解 先将给出数据换算成 $1/T$ 和 $\lg K_p$，然后作图（图6.2），再由直线斜率求出 $\Delta H^\ominus$。

$\frac{1}{T}\Big/10^{-3}\ K^{-1}$	3.30	3.10	2.83	2.68
$\lg K_p$	−4.78	−3.41	−2.20	−0.64

$$\text{斜率}=-\frac{-4.50-(-1.40)}{(3.26-2.80)\times10^{-3}}=-6.74\times10^3$$

$$\frac{-\Delta H^\ominus}{2.30\times8.31\ J\cdot mol^{-1}\cdot K^{-1}}K^{-1}=-6.74\times10^3$$

$$\Delta H^\ominus=1.29\times10^5\ J\cdot mol^{-1}=1.29\times10^2\ kJ\cdot mol^{-1}$$

在 $NaHCO_3$ 分解反应的 $\lg K_p$-T^{-1} 图（图6.2）中，直线斜率为负值，可知 $\Delta H^\ominus$ 为正值；所以 $NaHCO_3$ 的分解是吸热反应，温度越高，K_p 越大，即分解率随温度的升高而增大。

小　结

平衡常数是本章的中心内容，化学反应处于平衡状态时，生成物和反应物的平衡浓度或平衡分压之间有关系式：

$$mA+nB \rightleftharpoons pC+qD$$

$$K_c=\frac{[C]^p[D]^q}{[A]^m[B]^n} \quad 或 \quad K_p=\frac{[p_C]^p[p_D]^q}{[p_A]^m[p_B]^n}$$

式中：浓度项或压力项为相对浓度或相对压力。有些化学反应的平衡常数可由实验直接测定，若已知平衡常数，则可计算各种条件下的转化率。平衡常数确切地表征化学反应进行的限度，它比转化率更为深刻地揭示出化学反应的本质。

由化学反应的 $\Delta_r G_m^\ominus(T)$ 求得的 $K^\ominus$，叫标准平衡常数。

$$\Delta_r G_m^\ominus(T)=-2.30\ RT\ \lg K^\ominus$$

$\Delta_r G_m^\ominus(T)$ 是指在温度 T、反应物和生成物都处于标准状态时的 Gibbs 自由能变化，用它可以粗略估计反应的方向。而 ΔG 或 Q/K 则是给定条件下，反应自发进行方向的判据。

$$\Delta G(T)=\Delta G^\ominus(T)+2.30\ RT\ \lg Q$$

$$\Delta G(T)=-2.30\ RT\ \lg K+2.30\ RT\ \lg Q=2.30\ RT\ \lg\frac{Q}{K}$$

平衡常数 K 的大小主要取决于反应体系的性质。而浓度和压力对化学平衡的影响，可由 Q/K 给出判断。体系确定之后，K 的大小与反应温度有关，其关系式为

$$\lg \frac{K_2}{K_1}=\frac{\Delta H^{\ominus}}{2.30\ R}\left(\frac{T_2-T_1}{T_2T_1}\right)$$

平衡常数的表达形式是多种多样的：气相平衡可采用 K_p 和 K_c，溶液体系采用 K_c，多相体系采用 K。多相体系的固态相及稀溶液中的溶剂不写入平衡常数式中，多重平衡的 K_1、K_2 和 K_3 相互联系、相互制约。

总之，平衡常数是本课程很重要的内容，它的物理意义、确切表示式、正确应用等都要求掌握，并在以后各章节逐步熟练运用。

课外读物

［1］ 朱志昂. 关于化学平衡教学的几个问题. 化学通报，1987，(7)，38

［2］ 吴琴媛. 化学反应平衡常数. 大学化学，1990，(6)，46

［3］ 陈景祖，华彤文. 实验平衡常数 K 与标准平衡常数 $K^{\ominus}$. 大学化学，1994，(4)，23

［4］ 王颖霞. 勒夏特列原理与合成氨的平衡移动. 大学化学，2009，16(3)，75

［5］ P Dasmeh, et al. On violations of Le Chatelier's principle for a temperature change in small systems observed for short times. J Chem Phys，2009，131，214503

思考题

1. 平衡浓度是否随时间变化？是否随起始浓度变化？是否随温度变化？

2. 平衡常数是否随起始浓度变化？转化率是否随起始浓度变化？

3. 在温度 T(K)时 $A+B \rightleftharpoons C$ 的平衡常数为 K，而 $C \rightleftharpoons A+B$ 的平衡常数为 K'。那么 K 与 K' 的乘积是否一定等于1？

4. 气-固两相平衡体系的平衡常数与固相存在量是否有关？

5. $\Delta G^{\ominus}(T)$和 $\Delta G(T)$有何区别？有何联系？

6. 经验平衡常数与标准平衡常数有何区别？有何联系？

7. 当化学反应的 $\Delta G^{\ominus}(T)$为正时，是不是任何状态的正向反应都不自发进行(结合习题 6.13 讨论)？

8. K 变了，平衡位置是否移动？平衡位置移动了，K 是否改变？催化剂是否能改变平衡位置？

9. 向下列各平衡体系加入一定量不参与反应的气体(保持总体积不变或总压不变时)，平衡如何移动？

$$CO(g)+H_2O(g) \rightleftharpoons CO_2(g)+H_2(g)$$

$$4NH_3(g)+7O_2(g) \rightleftharpoons 4NO_2(g)+6H_2O(g)$$

$$SbCl_5(g) \rightleftharpoons SbCl_3(g)+Cl_2(g)$$

10. 石油炼制工业现用分子筛作裂化催化剂，但使用一段时间后，分子筛表面因积炭而失活，可以用燃烧法使催化剂再生。但烟道气中总是含有一定量的 CO 和 NO_x，它们严重污染空气。试从热力学和化学平衡的角度分析寻找助燃催化剂的可能性。(即能使 C 和 CO 完全燃烧成为 CO_2，使 NO_x 变为 N_2。)

习　　题

6.1　写出下列反应的平衡常数表达式(K_p，K_c 都可以)。

$$CH_4(g)+2\ O_2(g) \rightleftharpoons CO_2(g)+2\ H_2O(l)$$

$$2\ H_2S(g) \rightleftharpoons 2\ H_2(g)+2\ S(s)$$

$$PbI_2(s) \rightleftharpoons Pb^{2+}(aq)+2\ I^-(aq)$$

$$AgCl(s)+2NH_3(aq) \rightleftharpoons Ag(NH_3)_2^+(aq)+Cl^-(aq)$$

6.2　已知 $N_2+3\ H_2 \rightleftharpoons 2\ NH_3$ 的 $K_p(673\ K)=6.1\times10^{-4}$。问：

$$\frac{1}{2}N_2+\frac{3}{2}H_2 \rightleftharpoons NH_3 \quad K_p'=?$$

$$\frac{1}{3}N_2+H_2 \rightleftharpoons \frac{2}{3}NH_3 \quad K_p''=?$$

$$2\ NH_3 \rightleftharpoons N_2+3\ H_2 \quad K_p'''=?$$

这 4 个 K 的意义是否相同？在进行合成氨反应的平衡计算时，是否可用任意一种 K_p？

6.3　在 698 K，往 10 dm^3 真空容器中注入 0.10 mol $H_2(g)$和 0.10 mol $I_2(g)$，反应平衡后 $I_2(g)$的浓度为 0.0021 $mol\cdot dm^{-3}$。试求：

(1) 在 698 K 时，$H_2+I_2 \rightleftharpoons 2\ HI$ 的平衡常数。

(2) 平衡时各物质的分压。

6.4　已知 $FeO(s)+CO(g) \rightleftharpoons Fe(s)+CO_2(g)$ 的 $K_c(1273\ K)=0.5$。若起始浓度(CO)＝0.05 $mol\cdot dm^{-3}$，$(CO_2)=0.01\ mol\cdot dm^{-3}$，问：

(1) 反应物、生成物的平衡浓度各是多少？

(2) CO 的转化率是多少？

(3) 增加 FeO 的量，对平衡有何影响？

6.5　已知下列反应的平衡常数，试求 298 K 时 $2\ N_2O(g)+3\ O_2(g) \rightleftharpoons 2\ N_2O_4(g)$　$K_c=?$，$K_p^{bar}=?$

(1) $N_2(g)+\frac{1}{2}O_2(g) \rightleftharpoons N_2O(g)$　　$K_{c_1}(298\ K)=3.4\times10^{-18}$

(2) $N_2O_4(g) \rightleftharpoons 2\ NO_2(g)$　　$K_{c_2}(298\ K)=4.6\times10^{-3}$

(3) $\frac{1}{2}N_2(g)+O_2(g) \rightleftharpoons NO_2(g)$　　$K_{c_3}(298\ K)=4.1\times10^{-9}$

6.6　根据以下数据计算甲醇和一氧化碳化合生成醋酸反应的 $K^\ominus(298\ K)$。

	$CH_3OH(g)$	$CO(g)$	$CH_3COOH(g)$
$\Delta H_f^\ominus/(kJ\cdot mol^{-1})$	−200.8	−110.5	−435
$S^\ominus/(J\cdot mol^{-1}\cdot K^{-1})$	+238	+198	+293

6.7　氧化银遇热分解：$2\ Ag_2O(s) \rightleftharpoons 4Ag(s)+O_2(g)$。已知(298 K) $Ag_2O(s)$的 $\Delta H_f^\ominus=-31.1\ kJ\cdot mol^{-1}$，$\Delta G_f^\ominus=-11.2\ kJ\cdot mol^{-1}$。求：

(1) 在 298 K 时 Ag_2O-Ag 体系的 $p(O_2)$；

(2) Ag_2O 的热分解温度是多少？[在分解温度，$p_{(O_2)}=100$ kPa。]

6.8　已知反应 $C(s)+CO_2(g) \rightleftharpoons 2CO(g)$　$K^\ominus=4.6\ (1040\ K)$，$K^\ominus=0.50\ (940\ K)$。问：

(1) 上述反应是吸热还是放热反应？$\Delta H^\ominus=?$

(2) 在 940 K 的 $\Delta G^\ominus=?$

(3) 该反应的 $\Delta S^\ominus=?$

6.9　将空气中的单质氮变成各种含氮的化合物的反应叫做固氮反应。根据 $\Delta G_f^\ominus$，计算下列 3 种固氮反应 25℃的 $\Delta G^\ominus$ 及 $K^\ominus$。从热力学的角度看，选择哪个反应为最好？

$$N_2 + O_2 \rightleftharpoons 2NO$$

$$2N_2 + O_2 \rightleftharpoons 2N_2O$$

$$N_2 + 3H_2 \rightleftharpoons 2NH_3$$

6.10 根据 298 K 的 $\Delta H_f^\ominus$、$\Delta G_f^\ominus$ 和 $S^\ominus$，计算下列相平衡的转变温度：

$$H_2O(l) \rightleftharpoons H_2O(g)$$

再分别计算上述相平衡的 $\Delta G^\ominus$(300 K)和 $\Delta G^\ominus$(400 K)，判定在 300 K 和 400 K 相变发生的方向，并和水的相图对照。

6.11 根据热力学数据计算 BCl_3 在 298 K 时的饱和蒸气压及正常沸点。在 298 K 和 100 kPa 条件下，BCl_3 呈液态还是气态？

6.12 $CuSO_4 \cdot 5H_2O$ 的风化若用式 $CuSO_4 \cdot 5H_2O(s) \rightleftharpoons CuSO_4(s) + 5H_2O(g)$ 表示，求 25℃时：

(1) $\Delta G^\ominus$ 及 $K_p^\ominus$。

(2) 若空气相对湿度为 60%，在敞口容器中，上述反应的 ΔG 是多少？此时 $CuSO_4 \cdot 5H_2O$ 是否会风化成 $CuSO_4$？

6.13 已知反应 $N_2 + O_2 \rightleftharpoons 2NO$ 的 $\Delta G^\ominus$(2273 K) = +43.4 kJ·mol^{-1}。判断在 2273 K 时，下列各种起始状态反应自发进行的方向。

状　态	起始浓度 /(mol·dm^{-3})		
	$c(N_2)$	$c(O_2)$	$c(NO)$
Ⅰ	0.81	0.81	0
Ⅱ	0.98	0.68	0.26
Ⅲ	1.0	1.0	1.0

6.14 已知 $2NO(g) + Br_2(g) \rightleftharpoons 2NOBr(g)$ 是放热反应，$K_p^\ominus$(298 K) = 1.17×10^2。判断下列各种起始状态反应自发进行的方向。

状　态	温度 T/K	起始分压/100 kPa		
		$p(NO)$	$p(Br_2)$	$p(NOBr)$
Ⅰ	298	0.0100	0.0100	0.0450
Ⅱ	298	0.100	0.0100	0.0450
Ⅲ	273	0.100	0.0100	0.108

6.15 按下列数据，将反应 $2SO_2(g) + O_2(g) \rightleftharpoons 2SO_3(g)$ 的 $\lg K^\ominus$ 对 $1/T$ 作图，求反应热。

T/K	800	900	1000	1100	1170
$K^\ominus$	910	42	3.2	0.39	0.12

6.16 参考例题 6.7 中 $NaHCO_3$ 热分解反应的 $K^\ominus$，求当体系平衡气体总压力达 200 kPa 时，温度是多少？

6.17 PCl_5 遇热按式 $PCl_5(g) \rightleftharpoons PCl_3(g) + Cl_2(g)$ 分解。2.695 g PCl_5 装在 1.00 dm^3 的密闭容器中，在 523 K 达平衡时总压力为 100 kPa。求 PCl_5 的分解率及平衡常数 K_p、K_c。

6.18 用 6.17 题的平衡常数，求 523 K 时：

(1) 当总压力为 1000 kPa 时，PCl_5 的分解率是多少？

(2) 要分解率低于 10%，总压力是多少？

6.19 光气($COCl_2$)是一种有毒气体，它遇热按式 $COCl_2(g) \rightleftharpoons CO(g) + Cl_2(g)$ 分解，K_p(668 K) = 4.44×10^{-2}。在某密闭容器中，当混合气体总压力为 300 kPa 时，计算该混合气体的平均相对分子质量。

6.20 Ag_2CO_3 遇热容易分解

$$Ag_2CO_3(s) \rightleftharpoons Ag_2O(s) + CO_2(g) \qquad \Delta G^\ominus(383\ K) = 14.8\ kJ \cdot mol^{-1}$$

在110℃烘干时，空气中掺入一定量的 CO_2 就可避免分解。参考给出的数据，估算气相中 CO_2 的摩尔分数。

6.21 已知血红蛋白(Hb)的氧化反应 $Hb(aq)+O_2(g) \rightleftharpoons HbO_2(aq)$ 的 $K_1^\ominus(292\ K)=85.5$。若在 292 K 时，空气中 $p(O_2)=20.2$ kPa，O_2 在水中溶解度为 2.3×10^{-4} mol · dm^{-3}，试求：

$Hb(aq)+O_2(aq) \rightleftharpoons HbO_2(aq)$的 $K_2^\ominus(292\ K)$和 $\Delta_r G_m^\ominus(292\ K)$。

6.22 已知 $CaCO_3(s) \rightleftharpoons CaO(s)+CO_2(g)$的 $K_c(1500\ K)=0.50$，在此温度下 CO_2 又有部分分解成 CO，即 $CO_2 \rightleftharpoons CO+\frac{1}{2}O_2$。若将 1.00 mol $CaCO_3$ 装入 1.00 dm^3 真空容器中，加热到 1500 K，达平衡时，气体混合物中 O_2 的摩尔分数为 0.15。计算容器中 CaO 的物质的量 n(CaO)。

6.23 在 1073 K 时，HCl 气体通过铁管时，发生腐蚀反应 $Fe(s)+2HCl(g) \rightleftharpoons FeCl_2(s)+H_2(g)$。为防止腐蚀，可往 HCl 气体中加入一定量的 H_2。当总压力为 100 kPa 的 HCl 和 H_2 混合气体通过铁管时，H_2 和 HCl 的体积比不得小于多少？已知 1073 K 时：

(1) $Fe(s)+Cl_2(g) \rightleftharpoons FeCl_2(s)$　　$\Delta_r G_m^\ominus=-196$ kJ · mol^{-1}

(2) $H_2(g)+Cl_2(g) \rightleftharpoons 2\ HCl(g)$　　$\Delta_r G_m^\ominus=-206$ kJ · mol^{-1}

6.24 下图表示生成几种氯化物反应的 $\Delta_r G_m^\ominus$ 随温度变化情况，试回答：

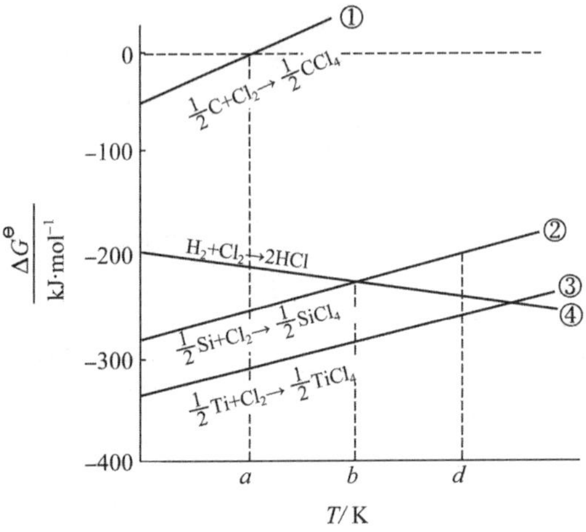

(1) 反应①在温度 a 时 $K^\ominus$等于多少？

(2) 反应②是吸热反应还是放热反应？为什么？

(3) 反应④是熵增反应还是熵减反应？为什么？

(4) 在温度 a 时，Ti 能否从 $SiCl_4$ 中置换 Si？为什么？

(5) 在温度 d 时能否用 H_2 还原 $SiCl_4$ 制备 Si？温度低于 b 时又怎么样？

第 7 章 化学反应速率

在讨论化学平衡时曾经指出，一个化学反应，只要反应时间足够长，就有可能达到平衡状态。但是一个化学反应究竟需要多长的时间才能达到平衡状态，这就涉及反应速率的问题。化学反应速率和化学平衡是化学反应研究工作中十分重要的两个方面，例如，对于合成氨反应

$$N_2(g)+3H_2(g) \rightleftharpoons 2NH_3(g) \qquad \Delta_r G_m^\ominus(298\,K)=-32.8\ kJ\cdot mol^{-1}$$

$$K^\ominus(298\,K)=5.8\times10^5$$

从化学平衡角度看，在常温常压下这个反应的转化率是很高的，无奈其反应速率太慢，以致毫无工业价值。又例如，CO 和 NO 是汽车尾气中的两种有毒气体，若使它们通过下述反应转化成 CO_2 和 N_2，则将大大改善汽车尾气对环境的污染。

$$CO(g)+NO(g) \rightleftharpoons CO_2(g)+\frac{1}{2}N_2(g) \qquad \Delta_r G_m^\ominus(298\,K)=-344.8\ kJ\cdot mol^{-1}$$

$$K^\ominus(298\,K)=2.5\times10^{60}$$

该化学反应的限度是很大的，可惜它的反应速率极慢，不能付诸实用。

反应速率的大小，主要决定于反应物的化学性质，但也受浓度、温度、压力及催化剂等因素的影响。在化工生产和化学实验过程中，化学平衡和反应速率的变化，以及外界条件对它们的影响是错综复杂的，了解反应机理，研制高效便宜的催化剂具有重要的意义。前一章已介绍过化学平衡，本章将集中讨论反应速率问题。许多实际问题需要从两方面综合考虑。

7.1 反应速率的意义

(Meaning of Reaction Rate)

不同化学反应的速率千差万别，如火药的爆炸可在瞬间完成，水溶液中简单离子的反应在分秒之内实现，反应釜中乙烯的聚合过程按小时计算，室温条件下普通塑料、橡胶的老化速率按年计，而自然界岩石的风化速率则按百年以至千年计算。化学反应的速率定义为**单位时间内反应物或生成物浓度改变量的正值**。例如在过氧化氢（H_2O_2）水溶液中若含有少量 I^-，它将很快分解而放出氧气

$$H_2O_2(aq) \xrightarrow{I^-} H_2O(l) + \frac{1}{2}O_2(g)$$

由实验测定氧气的放出量，便可计算 H_2O_2 浓度的变化。若有一份浓度为 0.80 $mol \cdot dm^{-3}$ 的 H_2O_2 溶液（含少量 I^-），它在分解过程中浓度变化如表 7.1 所示。将 H_2O_2 浓度对时间作图，得到图 7.1。

表 7.1　H_2O_2 水溶液在室温的分解

$\frac{t}{min}$	$\frac{(H_2O_2)}{mol \cdot dm^{-3}}$	反应速率，$\frac{-\frac{\Delta(H_2O_2)}{\Delta t}}{mol \cdot dm^{-3} \cdot min^{-1}}$
0	0.80	
20	0.40	$\frac{0.40}{20}=0.020$
40	0.20	$\frac{0.20}{20}=0.010$
60	0.10	$\frac{0.10}{20}=0.0050$
80	0.050	$\frac{0.050}{20}=0.0025$

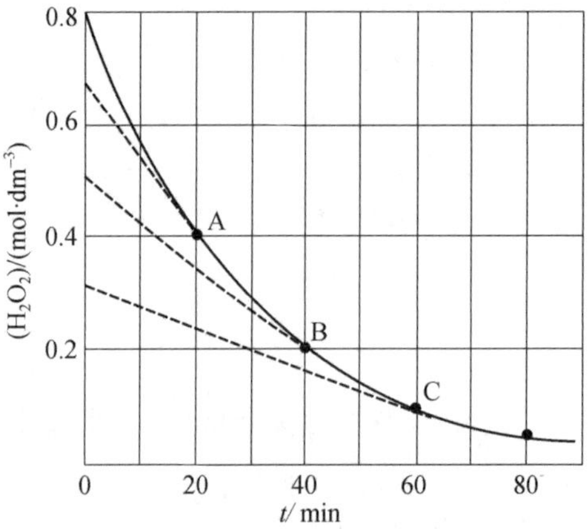

图 7.1　H_2O_2 分解反应的浓度-时间曲线

在表示与测定反应速率时要注意以下几点：

(1) 化学反应速率随时间而改变。在 H_2O_2 分解的第一个 20 min，H_2O_2 浓度减少 0.40 $mol \cdot dm^{-3}$，第二个 20 min 减少 0.20 $mol \cdot dm^{-3}$，第三个 20 min 减少 0.10 $mol \cdot dm^{-3}$。由此可以类推，在每一个 20 min 时间内前 10 min 和后 10 min 的反应速率也是不同的，同理，即使在 2 s 之内，前 1 s 和后 1 s 的反应速率也是有差别的。所以，表 7.1 中 0.40 $mol \cdot dm^{-3} \div$ 20 min（即 0.020 $mol \cdot dm^{-3} \cdot min^{-1}$）[①]是在这 20 min 之内的平均速率(average rate)。表 7.1 所列举的都是**平均速率**‾ 。

$$\bar{v} = -\frac{\Delta(H_2O_2)}{\Delta t} = -\frac{(H_2O_2)_2 - (H_2O_2)_1}{t_2 - t_1}$$

式中：(H_2O_2)代表 H_2O_2 的浓度，t 代表时间，单位时间内反应物的浓度改变量 $\Delta(H_2O_2)/\Delta t$ 为负值。而化学反应速率用单位时间内反应物或生成物浓度变化的正值表示，所以平均反应速率

$$\bar{v} = -\Delta(H_2O_2)/\Delta t$$

若将观察的时间间隔无限缩小，平均速率的极限值即为化学反应在 t 时的**瞬时速率**(instantaneous rate)。

$$\lim_{\Delta t \to 0} \frac{-\Delta(H_2O_2)}{\Delta t} = -\frac{d(H_2O_2)}{dt}$$

图 7.1 中 A、B、C 各点的速率可分别从各点切线的斜率取正值求得。如 A 点切线的斜率为

① SI 制中时间的常用单位：a 代表"年"(annual)，h 代表"小时"(hour)，min 代表"分"(minute)，s 代表"秒"(second)。

$$\frac{(0.40-0.68)\ \text{mol}\cdot\text{dm}^{-3}}{20\ \text{min}}=-0.014\ \text{mol}\cdot\text{dm}^{-3}\cdot\text{min}^{-1}$$

这就表示在第 20 min，当 H_2O_2 浓度为 0.40 $mol \cdot dm^{-3}$ 时的瞬时速率为 0.014 $mol \cdot dm^{-3} \cdot min^{-1}$。B 点的斜率为

$$\frac{(0.20-0.50)\ \text{mol}\cdot\text{dm}^{-3}}{40\ \text{min}}=-0.0075\ \text{mol}\cdot\text{dm}^{-3}\cdot\text{min}^{-1}$$

代表在第 40 min，当 H_2O_2 浓度为 0.20 $mol \cdot dm^{-3}$ 时的瞬时速率为 0.0075 $mol \cdot dm^{-3} \cdot min^{-1}$。同理，C 点斜率等于 −0.0038 $mol \cdot dm^{-3} \cdot min^{-1}$，表示在第 60 min，当 H_2O_2 浓度为 0.10 $mol \cdot dm^{-3}$ 时的瞬时速率等于 0.0038 $mol \cdot dm^{-3} \cdot min^{-1}$。平均速率和瞬时速率是略有差异的速率表示法，可视工作需要选用。

(2) 反应 $aA+bB \longrightarrow cC+dD$ 的反应速率可以表示为 $\frac{-d(A)}{dt}$、$-\frac{d(B)}{dt}$、$\frac{d(C)}{dt}$ 或 $\frac{d(D)}{dt}$。显然，用单位时间内不同物质浓度变化量的正值来表示的反应速率其数值是不同的，这既不方便，也容易混淆。现行 SI 制建议将 dc/dt 值除以反应方程式中的计量系数，那么一个反应就只有一个反应速率值①。例如，对反应通式

$$aA+bB \longrightarrow cC+dD$$

其速率

$$v=-\frac{1}{a}\frac{d(A)}{dt}=-\frac{1}{b}\frac{d(B)}{dt}=\frac{1}{c}\frac{d(C)}{dt}=\frac{1}{d}\frac{d(D)}{dt}$$

(3) 化学反应有可逆性，当正向反应开始进行之后，随之即有逆反应发生，所以实验测定的反应速率实际上是正向速率和逆向速率之差，即**净反应速率**。但有些化学反应逆速率非常之小，如 H_2O_2 分解放出 O_2，可看做单向反应，这时我们把反应刚开始一刹那的瞬时速率称为**初速率**(initial rate)，记做 v_0。

可逆反应到达平衡状态时，正向反应速率与逆向反应速率相等，即此时净反应速率等于零，平衡浓度不再随时间变化，我们可以从容不迫地进行分析测定。但在到达平衡之前反应体系中各种物质的浓度时刻都在发生变化，这就给反应速率的测定带来一定困难。若用一般化学分析法，取样时必须设法使化学反应立即停止(如用降温、稀释等办法)，才能进行测定，这样做不仅操作麻烦，而且误差也大。所以，常利用与体系浓度有关的物理性质进行快速测定或连续测定。如对 H_2O_2 分解反应，实际上用量气管测定 O_2 体积随时间的变化，然后计算 O_2 的生成量及 H_2O_2 的分解量。此外，也可以测定物质的压力、电导率、折射率、颜色等各种物理化学性质随时间的变化，或用色谱分析求得有关反应物或生成物浓度随时间的变化关系。

7.2 浓度与反应速率

(Concentration and Reaction Rate)

在讨论过氧化氢分解反应时已经看到，随着反应的进行，H_2O_2 浓度逐渐减小，反应速

---

① 以上所讲的反应速率，也常定义为 $v=\frac{d\xi}{Vdt}$，ξ 为反应进度，V 为体积。当 $\xi=\frac{\Delta n_A}{a}=\frac{\Delta n_B}{b}=\frac{\Delta n_C}{c}=\frac{\Delta n_D}{d}$ 时，$\frac{d\xi}{V}=-\frac{d(A)}{a}=-\frac{d(B)}{b}=\frac{d(C)}{c}=\frac{d(D)}{d}$，即 $v=\frac{d\xi}{Vdt}=-\frac{1}{a}\frac{d(A)}{dt}=-\frac{1}{b}\frac{d(B)}{dt}=\frac{1}{c}\frac{d(C)}{dt}=\frac{1}{d}\frac{d(D)}{dt}$。该反应速率也称“基于浓度”的反应速率，适用于溶液反应和恒容反应。用分压变化表示的反应速率 $v_p=dp/dt$，p 为分压。对非恒容或复相反应，则用更普遍的转化速率(conversion rate)$d\xi/dt$ 表示。

率也逐渐变小。由图 7.1 中 A、B、C 各点分别画切线，求得 H_2O_2 浓度在 0.40 $mol \cdot dm^{-3}$，0.20 $mol \cdot dm^{-3}$和 0.10 $mol \cdot dm^{-3}$时的瞬时速率列入下表：

$(H_2O_2)/(mol \cdot dm^{-3})$	0.40	0.20	0.10
$v=-\frac{d(H_2O_2)/dt}{mol \cdot dm^{-3} \cdot min^{-1}}$	0.014	0.0075	0.0038

这些数据表明，H_2O_2 浓度减小一半时速率减慢一半，也就是反应速率与反应物的浓度成正比，即

$$v=-\frac{d(H_2O_2)}{dt}=k(H_2O_2) \tag{7.1}$$

其中 k 叫做反应**速率常数**，即反应物浓度为单位值时的反应速率。

NO_2 和 CO 起反应生成 NO 和 CO_2 的反应速率表达式与上述表达式有所不同，选择一系列不同起始浓度的 NO_2-CO 体系进行实验，测定反应速率。现将一些实验数据列入表 7.2 中。

表 7.2　反应 $CO(g)+NO_2(g) \longrightarrow CO_2(g)+NO(g)$ 的反应物浓度与初速率(673 K)

甲组			乙组			丙组		
$\frac{(CO)}{mol \cdot dm^{-3}}$	$\frac{(NO_2)}{mol \cdot dm^{-3}}$	$\frac{v_0}{mol \cdot dm^{-3} \cdot s^{-1}}$	$\frac{(CO)}{mol \cdot dm^{-3}}$	$\frac{(NO_2)}{mol \cdot dm^{-3}}$	$\frac{v_0}{mol \cdot dm^{-3} \cdot s^{-1}}$	$\frac{(CO)}{mol \cdot dm^{-3}}$	$\frac{(NO_2)}{mol \cdot dm^{-3}}$	$\frac{v_0}{mol \cdot dm^{-3} \cdot s^{-1}}$
0.10	0.10	0.005	0.10	0.20	0.010	0.10	0.30	0.015
0.20	0.10	0.010	0.20	0.20	0.020	0.20	0.30	0.030
0.30	0.10	0.015	0.30	0.20	0.030	0.30	0.30	0.045
0.40	0.10	0.020	0.40	0.20	0.040	0.40	0.30	0.060

分别比较甲乙丙三组实验，当各组 NO_2 的浓度相同时，CO 的浓度加倍，反应速率也加倍，即反应速率与 CO 的浓度成正比。再从表的横向进行比较，当 CO 浓度固定时，NO_2 浓度加倍，反应速率也加倍，即反应速率与 NO_2 的浓度也成正比。由此可见，该反应速率与 CO 浓度及 NO_2 浓度乘积成正比，即

$$v=-\frac{d(NO_2)}{dt}=-\frac{d(CO)}{dt}=k(NO_2)(CO) \tag{7.2}$$

速率方程式(7.1)和(7.2)都是依据实验结果写出的，表示反应速率与反应物浓度的关系，称之为微分速率方程。

化学反应速率与路径有关：有些化学反应的历程很简单，反应物分子相互碰撞，一步就起反应而变为生成物；但多数化学反应的历程较为复杂，反应物分子要经过几步，才能转化为生成物。前者叫"基元反应"，后者叫"非基元反应"。基元反应的速率方程比较简单，在恒温条件下，反应速率与反应物浓度乘幂的乘积成正比，各浓度的方次也与反应物的系数相一致。若下述反应为基元反应

$$aA+bB \longrightarrow cC$$

那么，表示反应速率和浓度关系的速率方程式为

$$v=-\frac{1}{a}\frac{d(A)}{dt}=-\frac{1}{b}\frac{d(B)}{dt}=+\frac{1}{c}\frac{d(C)}{dt}=k(A)^a(B)^b \tag{7.3}$$

其中速率常数 k 是化学反应在一定温度的特征常数，即 k 由反应的性质和温度决定，而与浓度无关。(7.3)式表明基元反应速率与浓度的相互关系，这个规律称为**质量作用定律**。

非基元反应的速率方程式比较复杂，浓度的方次和反应物的系数不一定相符。例如，过二硫酸铵[$(NH_4)_2S_2O_8$]和碘化钾(KI)在水溶液中发生的氧化还原反应为

$$S_2O_8^{2-} + 3I^- \longrightarrow 2SO_4^{2-} + I_3^-$$

参考表 7.3 实验数据可以看到，反应速率既与 $S_2O_8^{2-}$ 浓度成正比，也与 I^- 浓度成正比，即

$$-\frac{d(S_2O_8^{2-})}{dt} = k(S_2O_8^{2-})(I^-)$$

而不是

$$-\frac{d(S_2O_8^{2-})}{dt} = k(S_2O_8^{2-})(I^-)^3$$

表 7.3　反应 $S_2O_8^{2-} + 3I^- \longrightarrow 2SO_4^{2-} + I_3^-$ 的反应速率(室温)

$\frac{(S_2O_8^{2-})_0}{mol \cdot dm^{-3}}$	$\frac{(I^-)_0}{mol \cdot dm^{-3}}$	$\frac{-\frac{d(S_2O_8^{2-})}{dt}}{mol \cdot dm^{-3} \cdot s^{-1}}$
0.038	0.060	1.4×10^{-5}
0.076	0.060	2.8×10^{-5}
0.076	0.030	1.4×10^{-5}

化学平衡常数表达式中平衡浓度的方次和化学方程式里的计量系数总是一致的，按化学方程式即可写出平衡常数式，因为化学平衡只取决于反应的始态和终态而与路径无关。但化学反应速率与路径密切有关，速率式中浓度的方次要由实验确定，不能直接按化学方程式的计量系数写出。在 7.5 节讨论反应机理时还将讨论这个问题。

速率方程式里浓度的"方次"叫做反应的"级数"，例如对于反应

$$aA + bB \longrightarrow cC$$

$$v = k(A)^m(B)^n \qquad (7.4)$$

若实验测得 $m=1, n=2$，则对反应物 A 来说是一级的，对反应物 B 来说是二级的，反应的总级数等于 $m+n=1+2=3$；若 $m+n=2$，那么反应为二级反应。总之，要正确写出速率方程表示浓度与反应速率的关系，必须由实验测定速率常数和反应级数。

(7.3)、(7.4)式表明反应速率与浓度的关系。k 的单位取决于速率、浓度单位及反应级数。

7.3　反应级数

(Order of Reaction)

化学反应按反应级数可以分为一级、二级、三级以及零级反应等。各级反应都有特定的浓度-时间关系。确定反应级数是研究反应速率的首要问题。现分别讨论各级反应的特点。

7.3.1　一级反应

凡是反应速率与反应物浓度的一次方成正比的都是一级反应。如下述反应都是一级反应：

$$H_2O_2 \longrightarrow H_2O + \frac{1}{2}O_2$$

$$N_2O_5 \longrightarrow 2NO_2 + \frac{1}{2}O_2$$

$$\underset{\text{(蔗糖)}}{C_{12}H_{22}O_{11}} + H_2O \longrightarrow \underset{\text{(葡萄糖)}}{C_6H_{12}O_6} + \underset{\text{(果糖)}}{C_6H_{12}O_6}$$

设反应物 A 转变为生成物 P 的反应代表一级反应，那么反应 A→P 的速率方程式

$$v = -\frac{d(A)}{dt} = k(A)^1, \qquad \frac{d(A)}{(A)} = -k dt$$

设起始态 $t=0$ 时，A 的浓度为 $(A)_0$，终态时间为 t 时，A 的浓度为(A)，对上式进行积分

$$\int_{(A)_0}^{(A)} \frac{d(A)}{(A)} = -\int_0^t k dt$$

$$\ln(A) - \ln(A)_0 = -kt$$

或

$$\lg(A) = \lg(A)_0 - \frac{k}{2.30}t \tag{7.5}$$

$$\cdots \qquad \cdots \qquad \cdots \quad \cdots$$

$$y \quad = \quad c \quad + \quad m \quad x$$

按(7.5)式将 lg(A)对 t 作图可得一直线，其斜率为 $-k/2.30$，截距为 $\lg(A)_0$。如将 N_2O_5 固体溶于 CCl_4，它分解时放出的 NO_2 也可溶于 CCl_4，而 O_2 则逸出溶液，测量放出的氧气体积，便可计算溶液中 N_2O_5 的剩余浓度。该反应在 318 K 时的一些实验数据列入表 7.4 中。

表 7.4　N_2O_5 在 CCl_4 溶剂中的分解反应速率(318 K)

t/s	0	400	800	1200	1600	2000
$(N_2O_5)/(mol \cdot dm^{-3})$	1.40	1.10	0.87	0.68	0.53	0.42
$\lg(N_2O_5)$	0.146	0.041	−0.060	−0.17	−0.28	−0.38

将 $\lg[(N_2O_5)/(mol \cdot dm^{-3})]$ 对 t/s 作图得直线(图 7.2)，将 $[(N_2O_5)/(mol \cdot dm^{-3})]$ 对 t/s 作图得曲线(图 7.3)。

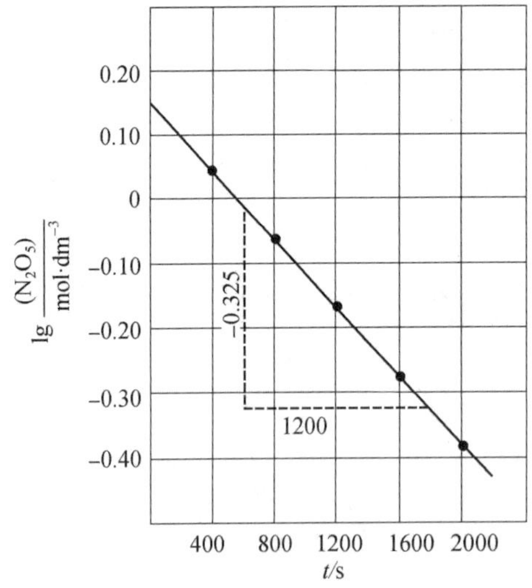

图 7.2　N_2O_5 分解反应的 $\lg(N_2O_5)$-t 图

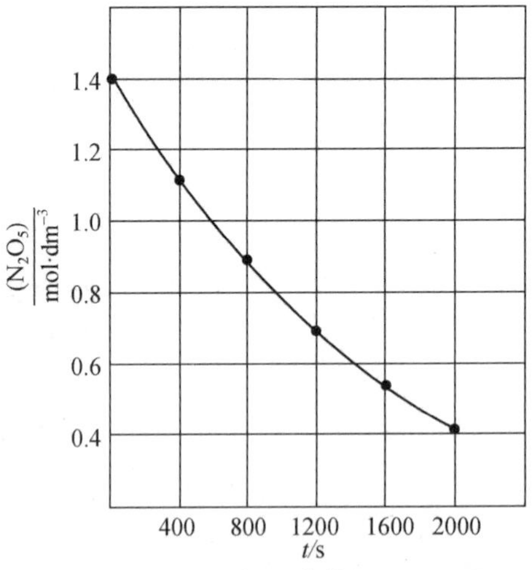

图 7.3　N_2O_5 分解反应的 (N_2O_5)-t 图

由图 7.2 求得

$$\text{斜率} = \frac{-0.325}{1200}, \quad \frac{-0.325}{1200\ s} = -2.71 \times 10^{-4}\ s^{-1} = -\frac{k}{2.303}$$

$$k(318\ K) = 6.23 \times 10^{-4}\ s^{-1}$$

lg(A)与 t 呈直线关系是一级反应的特征，并由直线斜率可计算速率常数 k。改写(7.5)式，得

$$\lg \frac{(A)}{(A)_0} = -\frac{kt}{2.30}$$

当(A)＝$(A)_0/2$ 时，此刻的反应时间 $t=t_{1/2}$，也就是反应进行一半所需的时间，这一时间称为**半衰期**($t_{1/2}$)。一级反应的半衰期是由速率常数决定的，而与反应物的浓度无关。由上式，有

$$\lg \frac{(A)}{(A)_0} = \lg \frac{(A)_0/2}{(A)_0} = \lg \frac{1}{2} = -\frac{k}{2.303}\ t_{1/2}$$

$$t_{1/2} = \frac{2.303 \times \lg 2}{k} = \frac{0.693}{k} \qquad (7.6)$$

(7.6)式是一级反应的另一种表达式。将 N_2O_5 分解反应的 k 代入(7.6)式，则

$$t_{1/2} = \frac{0.693}{6.23 \times 10^{-4}\ s^{-1}} = 1.11 \times 10^3\ s$$

也就是说，每隔 1110 s，N_2O_5 就分解一半。这一结论可从表 7.4 所列数据得到印证(每隔 1200 s，N_2O_5 总是分解一半略为多一点儿)。

【例 7.1】 在 300 K，氯乙烷的一级分解反应速率常数是 $2.50 \times 10^{-3}\ min^{-1}$。如果起始浓度为 0.40 $mol \cdot dm^{-3}$，问：

(1) 反应进行 8 h 之后，氯乙烷浓度剩多少？

(2) 氯乙烷浓度由 0.40 $mol \cdot dm^{-3}$ 降为 0.010 $mol \cdot dm^{-3}$ 需要多少时间？

(3) 氯乙烷分解一半需多少时间？

解 (1) 这是一级反应，用(7.5)式进行计算

$$\lg(C_2H_5Cl) = \lg(C_2H_5Cl)_0 - \frac{k}{2.30}\ t = \lg 0.40 - \frac{2.50 \times 10^{-3}\ min^{-1} \times 8 \times 60\ min}{2.30} = -0.92$$

$(C_2H_5Cl) = 0.12\ mol \cdot dm^{-3}$，即 8 h 后 C_2H_5Cl 剩余浓度为 0.12 $mol \cdot dm^{-3}$。

(2) $\lg \frac{0.010}{0.40} = -\frac{2.50 \times 10^{-3}\ min^{-1} \times t}{2.30}$, $\quad t = 1.5 \times 10^3 min = 25\ h$

(3) 半衰期 $t_{1/2}$ 为分解一半所需的时间，即为

$$t_{1/2} = \frac{0.693}{k} = \frac{0.693}{2.50 \times 10^{-3}\ min^{-1}} = 277\ min = 4.62\ h$$

放射性核衰变反应可看成一级反应，习惯用半衰期表征核衰变速率的快慢。例如

$$^{238}_{92}U \longrightarrow {}^{206}_{82}Pb + 8\,{}^{4}_{2}He + 6\,{}^{0}_{-1}e \qquad t_{1/2} = 4.5 \times 10^9\ a$$

$$^{226}_{88}Ra \longrightarrow {}^{222}_{86}Rn + {}^{4}_{2}He \qquad t_{1/2} = 1620\ a$$

$$^{14}_{6}C \longrightarrow {}^{14}_{7}N + {}^{0}_{-1}e \qquad t_{1/2} = 5730\ a$$

$$^{60}_{27}Co \longrightarrow {}^{60}_{28}Ni + {}^{0}_{-1}e \qquad t_{1/2} = 5.26\ a$$

半衰期越长，k 越小，即反应速率越慢。$^{14}_{6}C$ 在测定古文物年代上有广泛应用。

20 世纪 40 年代美国化学家 Libby 发明了用 $^{14}_{6}C$ 测定古文物年代的方法，适用于几百年到 5 万年的木料、皮肤、毛发、布料、纸张等古文物的测定。

在大气里，太阳射线的中子 $^{1}_{0}n$ 与 $^{14}_{7}N$ 作用生成具有放射性的碳同位素 $^{14}_{6}C^{*}$，并给出质子

$$^{1}_{0}n + ^{14}_{7}N \longrightarrow ^{14}_{6}C^* + ^{1}_{1}H$$

$^{14}_{6}C^*$ 与大气中 O_2 生成 C^*O_2，因此大气中的二氧化碳含一定量的 $^{14}C^*$，即 $^{14}C^*/C$ 有一定比值。通过光合作用植物吸收二氧化碳，动物摄取植物；经过自然界的碳交换，生物活体中就有 $^{14}C^*$，并且 $^{14}C^*/C$ 比值和大气中的一样。但生物死亡后不再参与自然界的碳交换，随古文物存放时间增长，由于 $^{14}_{6}C^*$ 衰变

$$^{14}_{6}C^* \longrightarrow ^{14}_{7}N + ^{0}_{-1}e \qquad (t_{\frac{1}{2}} = 5730\ a)$$

古文物中 $^{14}_{6}C^*$ 含量逐渐减少。测定古文物样品与活着的物质放射性活度之比，可推算出文物的年代。

【例 7.2】 从据说是公元 1 世纪死海 Qurmram 古卷取出的纸片，通过放射性活度的测定，确认其中 $^{14}_{6}C^*$ 含量为现在的生物活体的 0.795 倍，计算古卷的年代。

解 先由半衰期求速率常数 k，再由(7.5)式求古文物年代。

$$k = 0.693/t_{1/2} = 0.693/5730\ a = 1.21 \times 10^{-4}\ a^{-1}$$

由 $\lg(A)/(A)_0 = -k/2.30t$，$(A)/(A)_0$ 代表样品与活物中 $^{14}_{6}C^*$ 含量之比（即放射性活度之比）

$$\lg 0.795 = \frac{-1.21 \times 10^{-4}\ a^{-1}}{2.303}\ t$$

t 约为 1900 年，古卷是 1900 年之前的，与传说相吻合。

科学家还测定了古埃及国王 Sesostris 三世载尸船舵板已经历 3800 年。中国科学家也利用 $^{14}_{6}C^*$ 法测定了马王堆文物、河姆渡稻种的年代等。应用该法的前提是设定宇宙射线强度 5 万年内变化不大，实际证明，在大气层中 $^{14}_{6}C^*$ 含量经历了变动，也受太阳活动周期影响；计算中的修正是必要的。测定年代的上限还决定于样品的量和测量技术的改进。

7.3.2 二级反应

凡是反应速率与反应物浓度二次方成正比的都是二级反应，如

$$CO + NO_2 \longrightarrow CO_2 + NO$$

$$S_2O_8^{2-} + 3I^- \longrightarrow 2SO_4^{2-} + I_3^-$$

$$2HI \longrightarrow H_2 + I_2$$

$$CH_3CHO \longrightarrow CH_4 + CO$$

$$CH_3COOC_2H_5 + OH^- \longrightarrow CH_3COO^- + C_2H_5OH$$

它们都是二级反应。

若以 B $\longrightarrow$ P 代表二级反应①，那么反应速率

$$v = -\frac{d(B)}{dt} = k(B)^2$$

---

① 若是基元反应 A+B $\longrightarrow$ P，只要 (A)=(B)，那么反应速率方程式也是

$$v = -\frac{d(B)}{dt} = k(B)^2$$

若 (A)≠(B)，则 $v = -\dfrac{d(B)}{dt} = k(A)(B)$。

$$\frac{d(B)}{(B)^2}=-k\,dt,\qquad \int_{(B)_0}^{(B)}\frac{d(B)}{(B)^2}=-\int_0^t k\,dt$$

$$-\frac{1}{(B)}+\frac{1}{(B)_0}=-k\,t,\qquad \frac{1}{(B)}=\frac{1}{(B)_0}+k\,t$$

$$\cdots\quad\cdots\quad\cdots$$

$$y\ =\ c\ +\ mx \tag{7.7}$$

按(7.7)式将 1/(B)对 t 作图得直线，其斜率等于速率常数 k，截距等于起始浓度$(B)_0$ 的倒数。表 7.5 列举了一组 HI 分解数据，将$(HI)^{-1}/(mol\cdot dm^{-3})^{-1}$对 t/h 作图，得直线(图 7.4)，其斜率

$$k=\frac{2.0\ (mol\cdot dm^{-3})^{-1}}{4.0\ h}=0.50\ mol^{-1}\cdot dm^3\cdot h^{-1}$$

反应物浓度倒数与时间 t 呈直线关系是二级反应的特征。

表 7.5 HI(g)的分解反应速率

$\frac{t}{h}$	$\frac{(HI)}{mol\cdot dm^{-3}}$	$\frac{(HI)^{-1}}{(mol\cdot dm^{-3})^{-1}}$
0	1.00	1.0
2	0.50	2.0
4	0.33	3.0
6	0.25	4.0

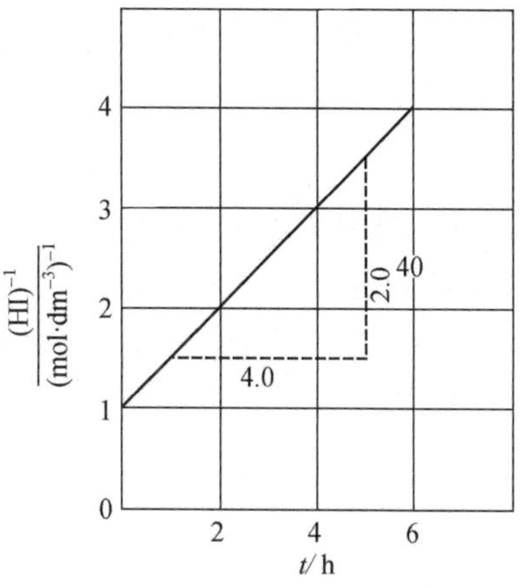

图 7.4 HI 分解反应的$\frac{1}{(HI)}$-t 图

7.3.3 三级反应

凡反应速率与反应物浓度 3 次方成正比的是三级反应。气相反应中三级反应为数较少，例如

$$2NO+Br_2 \longrightarrow 2NOBr$$

$$2NO+O_2 \longrightarrow 2NO_2$$

$$2NO+H_2 \longrightarrow N_2O+H_2O$$

几个与 NO 有关的反应都已确认为三级反应。溶液中的三级反应并不少见，如环氧乙烷在水溶液中与氢溴酸反应

$$C_2H_4O+H^++Br^- \longrightarrow HOCH_2CH_2Br$$

其微分速率方程为

$$v=-\frac{d(C_2H_4O)}{dt}=k(C_2H_4O)(H^+)(Br^-)$$

当基元反应 $A+B+C\longrightarrow P$ 的反应物浓度都相等时，可用 $3C\longrightarrow P$ 代表三级反应，其速率方程式

$$v=-\frac{d(C)}{dt}=k(C)^3$$

$$\int_{(C)_0}^{(C)}\frac{d(C)}{(C)^3}=-\int_0^t k\,dt$$

积分，得

$$\frac{1}{(C)^2}=\frac{1}{(C)_0^2}+2kt \tag{7.8}$$

将 $1/(C)^2$ 对 t 作图，得直线，它的斜率等于 $2k$。

7.3.4　零级反应

凡反应速率与浓度无关（即与浓度的零次方成正比）的均属零级反应。已知的零级反应中最多的是在表面上发生的多相反应，如 N_2O 在金（Au）粉表面热分解

$$2N_2O \xrightarrow{Au} 2N_2+O_2$$

金粉表面能吸附 N_2O，但能促使 N_2O 分解的表面位置是有限量的，当金表面已为 N_2O 饱和时，被吸附的 N_2O 不断分解，气相的 N_2O 就不断补充到金的表面，因此再增加气相 N_2O 浓度对反应速率就没有影响，而呈零级反应。酶的催化反应、光敏反应往往也是零级反应。设以 $D \longrightarrow P$代表零级反应，则

$$-\frac{d(D)}{dt}=k(D)^0=k$$

$$d(D)=-k\ dt$$

$$\int_{(D)_0}^{(D)} d(D)=-\int_0^t k\ dt$$

$$(D)-(D)_0=-kt$$

$$(D)=(D)_0-kt \tag{7.9}$$

按（7.9）式将（D）对 t 作图，得直线，其斜率的负值等于速率常数 k。表 7.6 列举了一组 N_2O 分解反应的实验数据，将 $(N_2O)/(mol \cdot dm^{-3})$ 对 t/min 作图，得直线（图 7.5），由直线斜率可计算 k：

$$斜率=-\frac{0.040}{40},\quad k=0.0010\ mol \cdot dm^{-3} \cdot min^{-1}$$

零级反应实际是匀速反应，N_2O 以每分钟浓度减小 $0.0010\ mol \cdot dm^{-3}$的速率均匀地分解。

表 7.6　N_2O 在金表面的热分解速率

t/min	$\frac{(N_2O)}{mol \cdot dm^{-3}}$
0	0.100
20	0.080
40	0.060
60	0.040
80	0.020
100	0

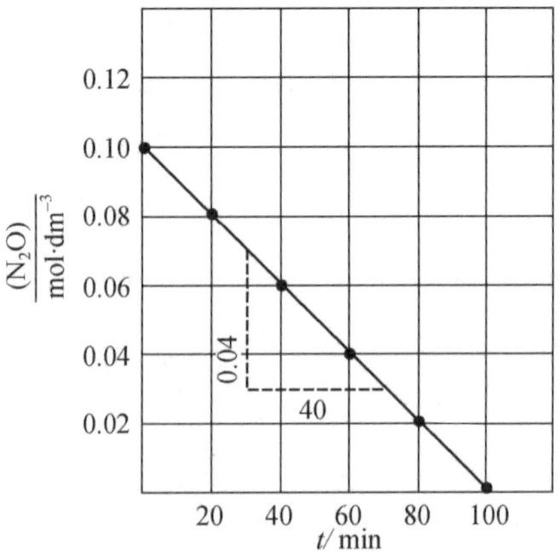

图 7.5　N_2O 在金表面热分解反应的(N_2O)-t 图

综上所述，化学反应的级数不同，反应速率变化规律也不同，现简要归纳于下表：

一级反应	$-\frac{d(A)}{dt}=k(A)^1$ lg(A)对 t 作图，呈直线	$\lg(A)=\lg(A)_0-\frac{k}{2.30}t$ 斜率 $=-\frac{k}{2.30}$
二级反应	$-\frac{d(B)}{dt}=k(B)^2$ $\frac{1}{(B)}$对 t 作图，呈直线	$\frac{1}{(B)}=\frac{1}{(B)_0}+kt$ 斜率 $=k$
三级反应	$-\frac{d(C)}{dt}=k(C)^3$ $\frac{1}{(C)^2}$对 t 作图，呈直线	$\frac{1}{(C)^2}=\frac{1}{(C)_0^2}+2kt$ 斜率 $=2k$
零级反应	$-\frac{d(D)}{dt}=k(D)^0=k$ (D)对 t 作图，呈直线	$(D)-(D)_0=-kt$ 斜率 $=-k$

实验测定了时间 t 与反应物浓度的关系，可以参考这些关系式确定反应的级数和速率常数。这里都用典型的简单例子进行介绍，实际情况往往复杂得多，需要依据具体情况适当简化进行处理。也有一些复杂的反应，反应级数不是整数，甚至无法明确反应级数，如

$$Cl_2+H_2 \longrightarrow 2HCl \qquad v=k(H_2)(Cl_2)^{\frac{1}{2}} \qquad \text{（一级半反应）}$$

$$2O_3 \longrightarrow 3O_2 \qquad v=k\frac{(O_3)^2}{(O_2)} \qquad \text{（没有简单明确的反应级数）}$$

确定了反应级数和速率常数，就能正确写出速率方程式并进行有关的计算。化工生产过程中关心的一类问题是“一定时间之后，反应物剩余多少?”或“一定量反应物起反应，需要多少时间?”或“反应物浓度降低到某个程度，需要多少时间?”，这些都可用速率方程进行计算。

7.4 温度与反应速率·活化能

(Temperature and Reaction Rate, Activation Energy)

一般说来，温度越高反应进行得越快，温度越低反应进行得越慢，这不仅是化学工作者熟悉的现象，也是人们的生活常识。如夏季室温高，食物容易腐烂变质，但放在冰箱里的食物就能贮存较长的时间。大米泡在 25 ℃的水里做不成米饭，只有加热至沸腾，生米变成熟饭的过程才能很快进行，而用高压锅烧饭的速率更快，因为其中水温可达 110 ℃。

反应速率的快慢可以用速率常数 k 代表，化学家们系统地研究了许多化学反应速率与温度(T)的关系之后，发现 $\lg k$ 和 $1/T$ 呈直线关系，即

$$\lg k=A+\frac{B}{T} \tag{7.10}$$

式中 A 和 B 都是常数。表 7.7 列举了 N_2O_5 在不同温度的分解反应速率常数 k，该反应的 $\lg k$ 对 $1/T$ 的直线关系见图 7.6。

表 7.7　在不同温度下反应 $2N_2O_5 \longrightarrow 4NO_2 + O_2$ 的速率常数

T/K	$\frac{1}{T}\Big/K^{-1}$	k/s^{-1}	$\lg(k/s^{-1})$
338	2.96×10^{-3}	487×10^{-5}	-2.31
328	3.05×10^{-3}	150×10^{-5}	-2.82
318	3.15×10^{-3}	49.8×10^{-5}	-3.30
308	3.25×10^{-3}	13.5×10^{-5}	-3.87
298	3.36×10^{-3}	3.46×10^{-5}	-4.46

7.4.1　活化能

(7.10)式与(6.9)式$\left(\lg K_p = -\frac{\Delta H^\ominus}{2.30R}\times\frac{1}{T}+C\right)$相似，(6.9)式是 1884 年 van't Hoff 从热力学函数导出的平衡常数 K 与温度 T 的关系式。根据实验结果，并且参考 van't Hoff 方程，1889 年 Arrhenius 提出反应速率经验公式

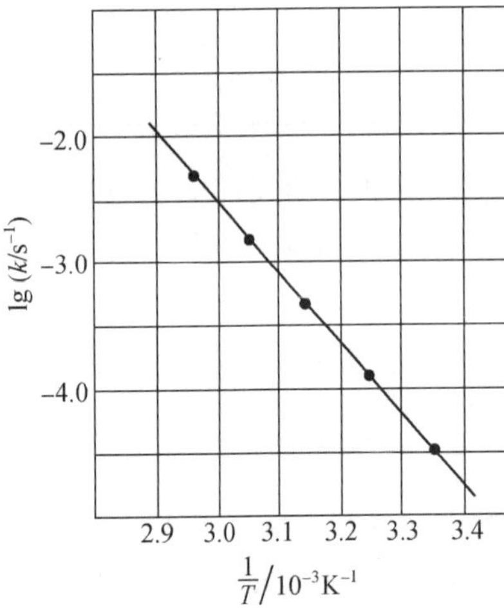

图 7.6　N_2O_5 分解反应的 $\lg k$-$\frac{1}{T}$ 图

$$\lg k = -\frac{E_a}{2.30R}\times\frac{1}{T}+C$$

或
$$k = Ae^{-E_a/RT} \tag{7.11}$$

式中：C 或 A 都是常数，R 是摩尔气体常数，E_a 叫做**实验活化能**。实验测定不同温度的速率常数 k，将 $\lg k$ 对 $1/T$ 作图，由所得直线斜率即可求算 E_a。它是宏观物理量，具有平均统计意义，对基元反应而言，E_a 等于活化分子的平均能量与反应物分子平均能量之差；对于复杂反应，E_a 的直接物理意义就含糊了，因此由实验求得的 E_a 也叫做**表观活化能**。

Arrhenius 对活化能曾作以下解释：反应物的分子 R 必须经过一个中间活化状态(R^*)才能转变成产物 P

$$R \longrightarrow R^* \longrightarrow P$$

R 与 R^* 处于动态平衡，由 $R\rightarrow R^*$ 需要吸收的能量即为 E_a。Arrhenius 提出**活化分子 R^*** 的假想，并将其当做平衡问题：

$$R \rightleftharpoons R^*$$

套用 van't Hoff 方程，而得到 Arrhenius 公式。由于 Arrhenius 公式确实适用于不少化学反应，所以活化分子以及活化能的设想也就为人们所接受。测定不同温度下反应的速率常数，利用 Arrhenius 公式[(7.11)式]可以求算反应的实验活化能。

【例 7.3】 实验测定了在不同温度下反应 $S_2O_8^{2-}+3I^- \longrightarrow 2SO_4^{2-}+I_3^-$ 的反应速率常数，见下表。试求：(1) 反应的实验活化能；(2) 在 298 K 的速率常数 k。

T/K	273	283	293	303
$k/(mol^{-1}\cdot dm^3\cdot s^{-1})$	8.2×10^{-4}	2.0×10^{-3}	4.1×10^{-3}	8.3×10^{-3}

解 本例题可以有两种解法。

方法 1 作图法,先计算 $\lg k$ 和 $1/T$,然后作图得图 7.7,由直线斜率计算活化能。

T^{-1}/K^{-1}	3.66×10^{-3}	3.53×10^{-3}	3.41×10^{-3}	3.30×10^{-3}
$\lg\frac{k}{mol^{-1}\cdot dm^3\cdot s^{-1}}$	-3.09	-2.70	-2.39	-2.08

直线斜率 $=-\frac{0.78}{0.28\times10^{-3}}=-2.79\times10^3$

按(7.11)式,知

$$-\frac{E_a}{2.30R}\ K^{-1}=-2.79\times10^3$$

所以 $E_a=(2.79\times10^3\times2.30\times8.31\times10^{-3})\ kJ\cdot mol^{-1}$

$=53.3\ kJ\cdot mol^{-1}$

298 K 的 $T^{-1}/K^{-1}=1/298=3.36\times10^{-3}$

由图 7.7 知,$\lg\frac{k}{mol^{-1}\cdot dm^3\cdot s^{-1}}=-2.24$

所以 $k=5.8\times10^{-3}\ mol^{-1}\cdot dm^3\cdot s^{-1}$

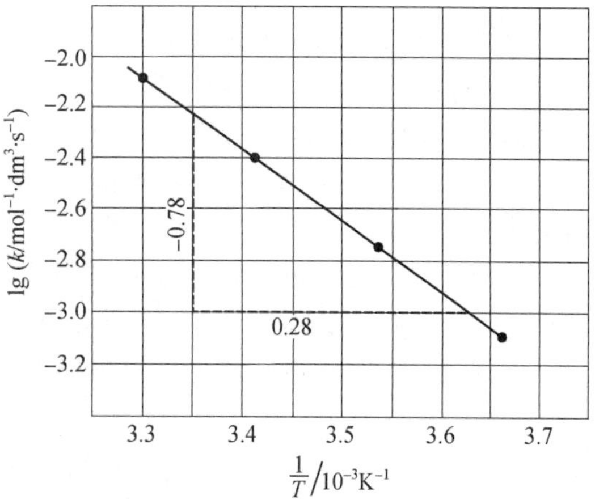

图 7.7 反应 $S_2O_8^{2-}+3\,I^-\longrightarrow 2\,SO_4^{2-}+I_3^-$ 的 $\lg k$-$\frac{1}{T}$ 图

方法 2 设在 T_1 的速率常数为 k_1,在 T_2 的速率常数是 k_2。由(7.11)式,则可得

$$\lg\frac{k_2}{k_1}=\frac{E_a}{2.30R}\left(\frac{T_2-T_1}{T_2T_1}\right) \tag{7.12}$$

若用 273 K 和 293 K 的数据代入(7.12)式,也可求得 E_a:

$$\lg\frac{4.1\times10^{-3}}{8.2\times10^{-4}}=\frac{E_a}{2.30\times8.31\ J\cdot mol^{-1}\cdot K^{-1}}\left(\frac{293-273}{293\times273}\right)K^{-1}$$

$$E_a=53.4\ kJ\cdot mol^{-1}$$

再将 298 K 代入(7.12)式,求 298 K 时的速率常数 k:

$$\lg\frac{k}{8.2\times10^{-4}}=\frac{53.4\ kJ\cdot mol^{-1}}{2.30\times8.31\times10^{-3}\ kJ\cdot mol^{-1}\cdot K^{-1}}\left(\frac{298-273}{298\times273}\right)K^{-1}$$

$$k=5.9\times10^{-3}\ mol^{-1}\cdot dm^3\cdot s^{-1}$$

两种计算结果相符,但作图法是由 4 组实验数据所作直线的斜率计算的,而(7.12)式是由两组实验数据计算的,所以一般采用作图法的结果更为准确。

实验活化能是个宏观量,活化分子的概念比较含糊。如何理解反应的机理?如何理解活化能?两种讨论基元反应速率的理论——碰撞理论和过渡态理论,对这些问题有各自的微观解释。

7.4.2 碰撞理论

碰撞理论(collision theory),是一种最早的反应速率理论,创立于 20 世纪初,主要适用于气体双分子反应。它的主要论点如下:

(1) 把分子看成刚性硬球,反应物分子必须相互碰撞才有可能发生反应,反应速率的快慢与单位时间内碰撞次数 Z(即碰撞频率)成正比。在常温常压的气体分子之间相互碰撞的机会是很大的,其数量级高达 10^{29} 次 $cm^{-3}\cdot s^{-1}$。**碰撞频率**显然与浓度成正比,此外温度越高碰撞次数也越多,这是因为温度越高分子运动的速率越快。设有 A、B 两种分子相互碰撞起反应生成 C,A 和 B 的浓度分别是(A)和(B),那么 A 和 B 的碰撞频率

$$Z_{AB}=Z_0(A)(B)$$

式中:Z_0 是单位浓度时的碰撞频率①,它与 A、B 分子的大小、摩尔质量、浓度的表示方法等有关。各种气体分子的大小差别并不很大,若每次碰撞都能发生反应,那么理论计算结果比实验测定值大得多。如 $2HI \longrightarrow H_2+2I$,在 556 K,HI 浓度为 1.0×10^{-3} $mol\cdot dm^{-3}$条件下,按相碰即起反应,计算反应速率应为 1.2×10^{5} $mol\cdot dm^{-3}\cdot s^{-1}$,而实验测定的只有 3.5×10^{-13} $mol\cdot dm^{-3}\cdot s^{-1}$。由此可见,反应速率不仅与碰撞频率有关,此外还要考虑能量因素和方位因素的作用。

(2) 分子之间发生反应碰撞②是必要条件,但非充分条件。当 A 和 B 两个分子(一对分子)趋近到一定距离时,只有那些相向平动能足够大,达到一个临界值 E_c 时③,"分子对"相撞才是能发生反应的有效碰撞。有效碰撞在总碰撞次数中所占的份额 f 符合 Maxwell-Boltzmann 分布律

$$f=\frac{有效碰撞频率}{总的碰撞频率}=e^{-E_c/RT}$$

式中:E_c 是指能发生有效碰撞的"分子对"所具有的最低相向平动能。在碰撞理论中 $f=e^{-E_c/RT}$ 叫做**能量因子**。

(3) 此外,分子还必须处于有利的方位上才能发生有效的碰撞,如反应

$$Cl+HI \longrightarrow HCl+I$$

Cl 原子只有撞入氢原子一侧的圆锥内,才能发生有效碰撞,因而碰撞理论提出**方位因子**的概念(图 7.8),用 P 代表反应速率的方位因子:P 越大,表示碰撞的方位越有利。因碰撞理论把分子看成刚性硬球,P 因子是靠实验数据校正得到的。

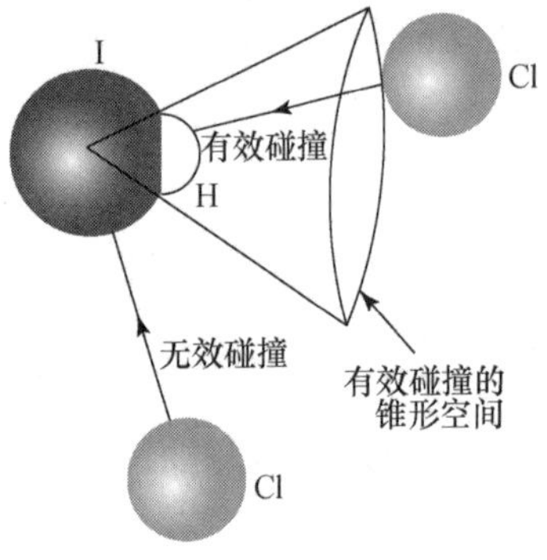

图 7.8　分子碰撞的方位因素

总之,只有能量足够、方位适宜的分子对碰才是有效的碰撞,所以反应速率 v 等于总碰撞次数 Z、能量因子 f 以及方位因子 P 的乘积

$$v=ZfP=ZPe^{-E_c/RT} \tag{7.13}$$

将 $Z=Z_0(A)(B)$代入,得

$$v=Z_0(A)(B)Pe^{-E_c/RT} \tag{7.14}$$

此时有

---

① 按气体分子运动计算,同种分子相碰,如 HI 分子相碰,$Z_0=4N_Ad^2\sqrt{\frac{\pi RT}{M}}$,其中 d 为分子直径,M 为摩尔质量。

② A、B 两个分子碰撞的剧烈程度,取决于迎面相撞的能量,在 A、B 分子质量中心连线方向的相对平动能叫相向平动能。

③ 按理论推算活化能 $E_a=E_c+\frac{1}{2}RT$,因 $E_c\gg\frac{1}{2}RT$,所以 $E_a\approx E_c$。

$$k=Z_0Pe^{-E_c/RT}$$

可见,按碰撞理论导出的(7.14)式和 Arrhenius 经验公式[(7.11)式]相符,能量因子中的 E_c 近似等于活化能 E_a。(7.14)式也可以改写为

$$v=k(A)(B)$$

这就是双分子基元反应的速率方程式。

由此可见,速率常数 k 与 Z_0、P、$e^{-E_c/RT}$ 有关,即 k 与反应分子的质量、大小、温度、活化能、碰撞的方位等因素有关。总之,碰撞理论对 Arrhenius 经验公式进行了理论上的论证,并阐明了速率常数的物理含义。碰撞理论比较直观,但限于处理气体双分子反应,把分子当做刚性球体,而忽略了其内部结构。

7.4.3 过渡状态理论

随着人们对原子分子内部结构认识的深入,20 世纪 30 年代提出了反应速率的过渡状态理论(transition state theory)。它用量子力学方法对简单反应进行处理,计算反应物分子对相互作用过程中的位能变化,认为反应物在相互接近时要经过一个中间过渡状态,即形成一种**活化络合物**,然后再转化成产物。这个过渡状态就是活化状态,如

$$\underbrace{A+BC}_{\substack{\text{反应物}\\(\text{始态})}} \longrightarrow \underbrace{A\cdots B\cdots C}_{\substack{\text{活化络合物}\\(\text{过渡态})}} \longrightarrow \underbrace{AB+C}_{\substack{\text{产物}\\(\text{终态})}}$$

过渡态的位能高于始态也高于终态,由此形成一个能垒,这种关系可用一个简化的图形表示(图 7.9)。

过渡态和 Arrhenius 活化态的设想是一致的。按照过渡状态理论,过渡态和始态的位能差 E_0 就是活化能①,或者说活化络合物具有的最低能量与反应物分子最低能量之差为活化能。过渡状态理论计算若干典型简单反应的活化能与 Arrhenius 实验活化能数值相符。

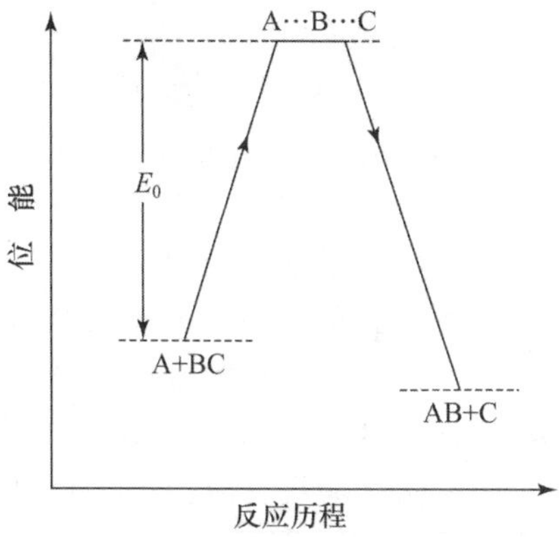

图 7.9 过渡状态位能示意图

以基元反应 $HI+HI \longrightarrow H_2+2I$ 为例,当两个 HI 分子相碰时,若连心线的相向平动能足够大,并使两个分子的 H 原子接近,HI 键伸长,能量升高,而生成了下述过渡态化合物 I…H…H…I。由于不断的振动,H…H 之间微小的收缩就可以自发形成 H_2 分子,而 H…I 键

① 理论推算 $E_a=E_0+mRT$,一般情况下 $E_0 \gg mRT$,所以 $E_a \approx E_0$。

继续伸长最终断裂，生成 I 原子。过渡态化合物与 HI 分子间能垒为 E_0，如图 7.10 所示。

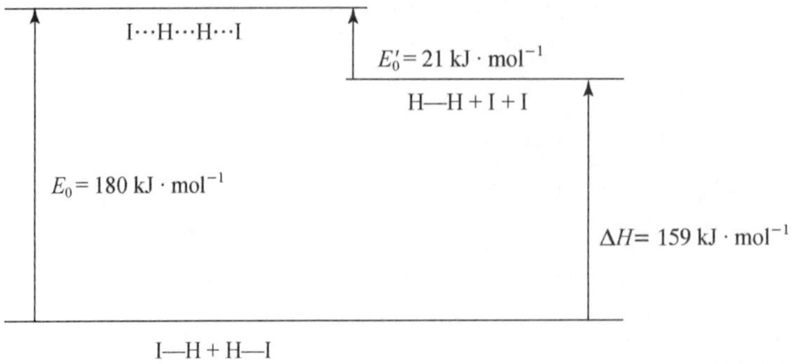

图 7.10　HI 分解过渡态示意图

参照这种过渡态模型进行量子力学计算，E_0 值约为 180 kJ · mol^{-1}，这比两个 HI 分子的键能 $2\times298=596$ kJ · mol^{-1}小得多。若上述反应先经过 HI 分子断键分别生成两个 H 原子和两个 I 原子，然后 H 原子再结合成 H_2 分子，这样反应途径所需的能垒就高得多。由反应物到生成物的变化途径可以有多种选择，但总是能垒低的途径优先。犹如人群从一个山谷到另一山谷有多种路径可走，而跨越高度最低的路径，则是行人最多的途径。

综上所述，人们在研究温度和反应速率关系时，提出了“活化能”概念，并由实验测定了一些反应的活化能，随后反应速率理论的研究正在对活化能作微观的阐明。碰撞理论着眼于相撞“分子对”的相向平动能，而过渡状态理论着眼于分子相互作用的位能。它们都能说明一些实验现象，但理论计算与实验结果相符的还只限于很少数的简单反应。最近几十年，随着分子束以及激光等新技术的应用，使化学反应速率的实验工作和理论研究都有迅速的发展，是当今很活跃的研究领域。

本章要求的重点是实验活化能。

7.5　反应机理

(Reaction Mechanism)

化学动力学工作者除了直接研究反应速率、测定反应级数、速率常数和活化能之外，他们还在此基础上研究反应机理，所谓“反应机理”就是对反应历程的描述。如前所述，从反应机理的角度考虑，化学反应可以分为“基元反应”和“非基元反应”两大类。所谓“基元反应”是指一步完成的反应，它也是构成非基元反应历程的各基本步骤，它们鲜明反映反应速率的规律性。

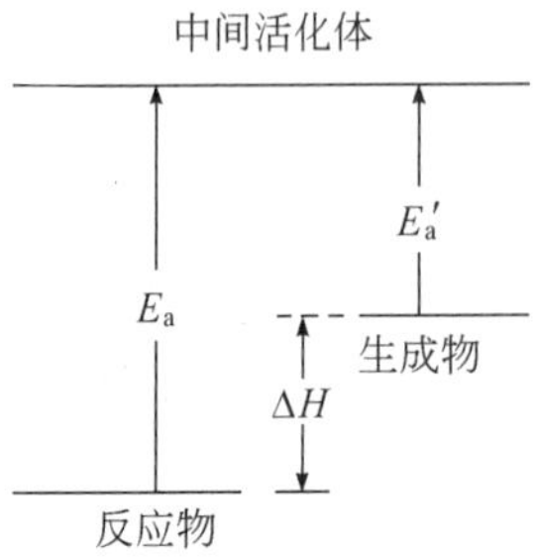

若正向反应是基元反应，其逆向反应也是基元反应，并且中间活化体也是相同的，该基元反应的 $\Delta H=E_a-E_a'$。以下先列举几个基元反应的实例来说明速率公式的规律，再介绍非基元反应的机理。例如

$$CO+NO_2 \longrightarrow CO_2+NO$$

是基元反应，CO 和 NO_2 发生有效碰撞一步就变成 CO_2 和 NO，反应速率和碰撞次数成正比，也就和 CO、NO_2 的浓度成正比，即

$$v=-\frac{d(CO)}{dt}=k(CO)(NO_2)$$

又如 $2HI \longrightarrow H_2+2I$ 也是基元反应，按碰撞理论可以看做两个 HI 分子发生有效碰撞一步就变成 H_2 和 2 I，所以反应速率

$$v=-\frac{d(HI)}{dt}=k(HI)(HI)=k(HI)^2$$

当实验已经判定这两个反应都是基元反应时，反应速率方程很容易按化学方程式的计量系数直接写出。基元反应的速率常数和平衡常数的关系是一目了然的，如对于反应

$$CO+NO_2 \longrightarrow NO+CO_2$$

$$v_{正}=-\frac{d(CO)}{dt}=k_{正}(CO)(NO_2)$$

$$v_{逆}=-\frac{d(NO)}{dt}=k_{逆}(NO)(CO_2)$$

达平衡时 $v_{正}=v_{逆}$，浓度项都是平衡浓度，所以

$$k_{正}[CO][NO_2]=k_{逆}[NO][CO_2]$$

$$\frac{k_{正}}{k_{逆}}=\frac{[NO][CO_2]}{[NO_2][CO]}=K$$

上式正向速率常数 $k_{正}$ 和逆向速率常数 $k_{逆}$ 之比即为平衡常数 K。但这一简单关系式只限于基元反应；非基元反应的速率常数与平衡常数之间的关系较为复杂，其速率方程由实验测定反应级数及速率常数之后才能确定，要弄清反应机理还必须有其他实验方法的配合。

实验测定过二硫酸铵和碘化钾在水溶液中的反应是二级反应(参见表 7.3)：

$$S_2O_8^{2-}+3I^- \longrightarrow 2SO_4^{2-}+I_3^-$$

现在公认的反应机理是由 3 个基元反应分步完成的。

① $S_2O_8^{2-}+I^- \longrightarrow S_2O_8I^{3-}$ (慢)

② $S_2O_8I^{3-}+I^- \longrightarrow 2SO_4^{2-}+I_2$ (快)

③ $I_2+I^- \longrightarrow I_3^-$ (快)

其中式①最慢，称为速控步，决定反应速率，所以速率方程为 $v=k(S_2O_8^{2-})(I^-)$，是二级反应。

实验测定反应 $H_2+Br_2 \longrightarrow 2HBr$ 的初速率方程

$$v=\frac{d(HBr)}{dt}=k(H_2)(Br_2)^{\frac{1}{2}}$$

这是 1.5 级反应。现在认为这个反应开始瞬间的反应历程是：

① $Br_2 \rightleftharpoons 2Br$ (快)

② $Br+H_2 \longrightarrow HBr+H$ (慢)

③ $H+Br_2 \longrightarrow HBr+Br$ (快)

反应过程中 Br_2 分子首先分解生成活化 Br 原子，但反应产率很低；接着 Br 原子和 H_2 分子作用产生 HBr 和活化 H 原子，后者又与 Br_2 分子作用生成 HBr 和活化 Br 原子；如此循环往复，直至 H_2 和 Br_2 生成 HBr 的反应趋于平衡。按这个机理推导，可得与实验结果相符的速率方程。由式①产生的 Br 原子供式②起反应，式②产生的 H 很快按式③起反应，对反应速率起决定性作用的是式②，所以

$$v=\frac{d(HBr)}{dt}=k_2(H_2)(Br)$$

活化 Br 原子浓度，由式①的平衡关系决定，即

$$\frac{[Br]^2}{[Br_2]}=K_1,\quad [Br]=\sqrt{K_1[Br_2]}$$

由于 Br_2 分解产率很低，$[Br_2]$等于初始浓度(Br_2)或$(Br)=\sqrt{K_1(Br_2)}$

$$\frac{d(HBr)}{dt}=k_2(H_2)\sqrt{K_1(Br_2)}=k_2\sqrt{K_1}(H_2)(Br_2)^{\frac{1}{2}}=k(H_2)(Br_2)^{\frac{1}{2}} \tag{7.15}$$

式中：$k=k_2\sqrt{K_1}$。这个推导结果与实验相符。

这是当反应开始瞬间、HBr 浓度很小时的简化公式。当 HBr 积累到一定程度后，反应历程变得更为复杂：

$$① \ Br_2 \underset{k_{-1}}{\overset{k_1}{\rightleftharpoons}} 2Br \quad (快)$$

$$② \ Br+H_2 \underset{k_{-2}}{\overset{k_2}{\rightleftharpoons}} HBr+H \quad (慢)$$

$$③ \ H+Br_2 \xrightarrow{k_3} HBr+Br \quad (快)$$

其速率方程为

$$v=\frac{d(HBr)}{dt}=\frac{k(H_2)(Br_2)^{\frac{1}{2}}}{1+k'\dfrac{(HBr)}{(Br_2)}} \tag{7.16}$$

当(HBr)很小时，$k'\dfrac{(HBr)}{(Br_2)}\ll 1$，即为(7.15)式。

Cl_2 和 H_2 的反应机理又有所不同。H_2 和 Cl_2 在室温暗处反应速率极慢，加热并加光照反应剧烈，瞬间即可完成。这是一个链式反应：

$$① \ Cl_2 \longrightarrow 2Cl \quad \cdots\cdots \ 链引发$$

$$\left.\begin{array}{l} ② \ Cl+H_2 \longrightarrow HCl+H \\ ③ \ H+Cl_2 \longrightarrow HCl+Cl \end{array}\right\} \cdots\cdots \ 链增长$$

$$\left.\begin{array}{l} ④ \ Cl+Cl \longrightarrow Cl_2 \\ ⑤ \ H+H \longrightarrow H_2 \\ ⑥ \ H+Cl \longrightarrow HCl \end{array}\right\} \cdots\cdots \ 链终止$$

上述各步反应都是快速反应，一旦引发出活化的 Cl 原子之后，Cl 和 H_2 反应又产生活化的 H，它又和 Cl_2 产生活化的 Cl。活化的 H 和 Cl 又可以在式④、⑤、⑥中消失，使反应链停止。按这种机理，也可推导与实验相符的速率方程

$$\frac{d(HCl)}{dt}=k(H_2)(Cl_2)^{\frac{1}{2}} \tag{7.17}$$

由基元反应组成反应机理，是多种多样的，有连串的(正如前面提到的几个反应)，还有平行、对峙的方式。

通过反应机理的研究可以了解决定反应速率的关键步骤，以便我们能主动控制反应速率，能更多更快地制造产品。要确定一个反应的历程，首先要系统地进行实验，测定速率常数、反应级数、活化能、中间产物等等；然后综合实验结果，参考理论，利用经验规则推测反应

历程，再经多方面推敲，才能初步确立。最近几十年来由于分子束、激光、闪光光解等新技术的发展，建立了快速反应动力学的研究，如在水溶液里反应 $H^+ + OH^- \longrightarrow H_2O$ 的反应速率极快($k=1\times10^{11}\ mol^{-1}\cdot dm^3\cdot s^{-1}$)，现在已能用实验测定。对反应机理的认识，随着实验技术发展不断深化，有些反应机理还在不断修改与完善。例如反应 $H_2+I_2\longrightarrow 2HI$，实验测定它是二级反应，并确定速率方程是 $v=-\frac{d(H_2)}{dt}=k(H_2)(I_2)$，所以长期认为它是 H_2 和 I_2 直接碰撞的基元反应。直到 20 世纪 70 年代初才发现它并不是基元反应，并已证明其历程为

$$① \ I_2 \rightleftharpoons 2I \quad (快)$$

$$② \ 2I+H_2 \longrightarrow 2HI \quad (慢)$$

提出这个反应机理的实验根据是波长为 578 nm 的光照可以加速 H_2 和 I_2 的反应速率，光化学研究确定 578 nm 的光只能使 I_2 分子解离，而不能使 H_2 分子解离，所以不可能是 H_2 分子与 I_2 分子分别解离成原子之后，H 和 I 化合成 HI 的过程；另外，从化学键理论分析，也判定 H_2 和 I_2 相碰撞时不可能直接形成 HI 键①。上述反应机理和实验测定的反应级数是相符的，按上述历程，式①是快反应，式②是慢反应，反应速率当然是由慢的一步所控制，快的一步会产生足够的 I 原子，供慢的一步所需，所以反应速率

$$v=-\frac{d(H_2)}{dt}=k(H_2)(I)^2 \tag{7.18}$$

其中(I)是活化碘原子浓度，它无法由实验直接测定，但由式①知活化 I 原子与 I_2 分子间必有下述平衡关系：

$$\frac{[I]^2}{[I_2]}=K_1 \tag{7.19}$$

由于式①很快达到反应平衡，所以式①中碘原子的平衡浓度[I]即为式②中反应物 I 的起始浓度(I)；又因为 I_2 的解离度很小，所以式①中 I_2 的平衡浓度$[I_2]$也就相当于总反应中反应物 I_2 的起始浓度(I_2)。将(7.19)式改写为$(I)^2=K_1(I_2)$，并代入(7.18)式得

$$-\frac{d(H_2)}{dt}=k_2(H_2)K_1(I_2)=k_2K_1(H_2)(I_2)=k(H_2)(I_2) \tag{7.20}$$

式中 $k=k_2K_1$。可见，由反应机理推导的(7.20)式和实验测定的二级反应相符。

Cl_2、Br_2 及 I_2 都是ⅦA 族单质，它们虽然都能和 H_2 起反应生成卤化氢 HX，但从反应机理看却各有特色：反应的第一步相似，都是由卤素分子解离为活化卤素原子，即 $X_2\longrightarrow 2X$。而从第二步开始反应历程就各不相同，Cl_2 和 H_2 形成快速链式反应；Br_2 和 H_2 的反应由于 Br 和 H_2 的反应速率较慢，而不能完全形成链式；I_2 和 H_2 的反应则是两步反应；而 F_2 和 H_2 的反应则以爆炸的方式剧烈进行，其机理还不清楚。

有关化学反应速率的研究以气相反应居多，由此得到的一些概念(如碰撞、活化能、方位因素等)也可用于溶液反应。然而溶质分子不像气体分子那样能自由运动，要经扩散才能相遇，所以碰撞的机会少得多。但溶剂却能发挥特殊的作用，当溶质分子经扩散一旦相碰，就被包围在溶剂分子的“笼”中，而能多次碰撞，这叫做“笼效应”。有时溶剂的性质、溶液的离子强度对反应速率有明显的影响。溶液反应，尤其是电解质溶液的反应速率比较快，如 $H_3O^+ + OH^- \longrightarrow 2H_2O$ 的 $k=1\times10^{11}\ mol^{-1}\cdot dm^3\cdot s^{-1}$，这是最

① 按化学键的分子轨道理论看，H_2 分子轨道和 I_2 分子轨道的对称性不匹配，不能产生电子转移而成键。

快的离子反应。氧化还原反应有电子转移略为慢些。许多液态有机反应是分子间反应，就更慢了。

固相反应发生在接触界面，反应物扩散到界面才能发生反应，产物离开界面也要经扩散输送，所以往往需要采用研磨、烧结、压片等操作，促进反应进行。此外，把固相反应变成气固反应的气相沉积法、利用金属有机络合物水解制备固体材料的溶胶-凝胶法在生产科研中已有广泛应用。固液反应（如酸与金属）、固气反应（如金属与大气）都发生在界面，反应速率快慢与固体反应物的颗粒大小以及表面生成物的结构、性质有关。

7.6　催　　化

(Catalysis)

催化是化学科学中一个重要的领域。**催化剂**能显著地改变反应速率，但不影响化学平衡。凡能加快反应速率的催化剂称正催化剂，而减慢反应速率的催化剂则称负催化剂。在实际工作中并非所有的反应速率都要加快，如防止塑料、橡胶的老化，或保存过氧化氢时，都需要添加某种物质以减慢反应速率，这种添加的物质就是负催化剂。一般所说的催化剂是指正催化剂，常常把负催化剂叫抑制剂。

当代化学工业的巨大成就是与催化剂在工业上的广泛应用分不开的。无机化工原料硝酸、硫酸、合成氨的生产，汽油、煤油、柴油的精制，塑料、橡胶以及化纤单体的合成和聚合等等都是随工业催化剂研制成功才得到推广应用的。传统的有机合成要用多种原料经过多步反应才能合成所需产品，但随着新催化剂的发现，它们可以由简单原料直接合成。如制备环氧乙烷（$\underset{\diagdown O \diagup}{H_2C\text{——}CH_2}$）的旧法是先用 Cl_2 氧化 $CH_2=CH_2$，再用 $Ca(OH)_2$ 脱去 H 和 Cl，即

$$CH_2=CH_2 + Cl_2 + H_2O \longrightarrow \underset{Cl}{\underset{|}{CH_2}}-\underset{OH}{\underset{|}{CH_2}} + HCl$$

$$\underset{Cl}{\underset{|}{CH_2}}-\underset{OH}{\underset{|}{CH_2}} + \frac{1}{2}Ca(OH)_2 \longrightarrow \underset{\diagdown O \diagup}{H_2C\text{——}CH_2} + \frac{1}{2}CaCl_2 + H_2O$$

这种迂回氧化法，借助于 Cl_2 的氧化能力，又需要使用 $Ca(OH)_2$。当找到银催化剂（以高比表面 Al_2O_3 为载体的金属银）之后，乙烯和氧气可在银表面上直接化合成环氧乙烷，“一步直达”，既降低成本又提高产量和质量。这确实是化工生产的突跃。

$$CH_2=CH_2 + \frac{1}{2}O_2 \xrightarrow{Ag\text{-}Al_2O_3} \underset{\diagdown O \diagup}{H_2C\text{——}CH_2}$$

旧方法所用的 Cl_2 和 $Ca(OH)_2$，最后变成没有用的副产品 $CaCl_2$，原料中各种原子没有得到充分利用。而新的银催化法，因 $CH_2=CH_2$ 和 O_2 直接起反应生成$(CH_2)_2O$，没有废弃物，原料中的各个原子都结合在产物中，被称为原子利用率达 100%的零排放（旧方法的原子利用率约 25%）①。1991 年化学家 B. M. Trost 提出了**原子经济化概念**——要最大限度地利用原料中的

---

①　原子利用率$=\dfrac{\text{所得产物相对分子质量}}{\text{所用反应物相对原子质量之总和}}\times 100\%$，如旧方法的总反应是

$$C_2H_4 + Cl_2 + Ca(OH)_2 \longrightarrow C_2H_4O + CaCl_2 + H_2O$$

原子利用率$=\dfrac{44}{173}\times 100\% \approx 25\%$。

每个原子，而达到**零排放**。新的合成路线和催化剂的研制都要考虑原子利用率的高低，这不仅与成本有关，更重要的是为了保护环境和资源的充分利用，这类课题就纳入“绿色化学”的范畴了。环保界关注的臭氧空洞、酸雨形成、汽车尾气净化等问题都涉及催化作用。酶催化为生物催化，光电催化和电催化则属物理催化。化学催化可分为均相和非均相两大类。

7.6.1 均相催化

均相催化可以是气相的或液相的。例如 NO 可以催化

$$2SO_2 + O_2 \longrightarrow 2SO_3$$

的反应，其中反应物、生成物和催化剂都是气态物质。这是一个气态均相(homogeneous)催化反应，NO 改变了 SO_2 氧化为 SO_3 的反应历程，使活化能大大降低而速率加快。

$$2NO + O_2 \longrightarrow 2NO_2$$

$$2NO_2 + 2SO_2 \longrightarrow 2NO + 2SO_3$$

$$\overline{\qquad\qquad\qquad\qquad\qquad\qquad}$$

$$2SO_2 + O_2 \longrightarrow 2SO_3$$

酯类的水解需要酸作催化剂，其中反应物、生成物和催化剂都是液态(或溶液)，这是典型的液态均相催化。

$$RCOOR' + H_2O \xrightarrow{H^+} RCOOH + R'OH$$

催化剂之所以能加快反应速率，是因为改变了反应历程，降低了活化能。如 CH_3CHO 分解反应在 518℃左右的活化能为 190 kJ·mol^{-1}，而用 I_2 作催化剂时活化能则降为 136 kJ·mol^{-1}，这是因为 I_2 和 CH_3CHO 生成了中间产物 CH_3I，改变了反应历程。

$$CH_3CHO \longrightarrow CH_4 + CO \qquad E_a = 190\ kJ\cdot mol^{-1}$$

$$CH_3CHO \xrightarrow{I_2} CH_4 + CO \qquad E'_a = 136\ kJ\cdot mol^{-1}$$

后者的反应过程为

$$CH_3CHO + I_2 \longrightarrow CH_3I + HI + CO$$

$$CH_3I + HI \longrightarrow CH_4 + I_2$$

这两步反应都比较容易发生，两步反应之总和即为 CH_3CHO 的分解反应，I_2 作为催化剂参与了反应，但并没有被消耗。

一个反应可以被不同的物质所催化，活化能的降低也不同，如 H_2O_2 分解为 H_2O 和 $\frac{1}{2}O_2$ 的活化能 $E_a = 75$ kJ·mol^{-1}。若用 I^- 作催化剂，活化能降为 59 kJ·mol^{-1}；若用酶(过氧化氢酶)作催化剂，可降低为 25 kJ·mol^{-1}。

7.6.2 非均相催化

非均相催化在有机化工、无机化工、石油化工、石油炼制等各生产部门都有广泛应用。这类催化剂的主体是固态的过渡金属、金属氧化物或金属含氧酸盐，反应物则是气体或液体，催化剂和反应物的物态不同，所以催化过程是非均相的(heterogeneous)，也可说是多相催化。这类催化剂之所以能降低活化能，一般是用“吸附作用”来说明的。如 N_2O 气体分子分解为

N_2 和 $\frac{1}{2}O_2$ 的反应活化能是 250 kJ · mol^{-1}，当它被 Au 吸附后，由于 N_2O 的氧原子与金表面的 Au 原子成键形成中间产物 $\underset{\vdots \atop Au}{N\equiv N-O}$，其结果是削弱了 N—O 键，$N_2O$ 在金粉表面催化分解时，活化能降为 120 kJ · mol^{-1}，分解反应就快得多。研究吸附性能是多相催化研究的重要课题之一。Au、Ag、Pt、Pd、Co、Ni 等过渡元素具有优良的催化性能，但它们都相当稀贵，而催化反应却只在表面进行，因此我们就选用硅胶（SiO_2）、γ-Al_2O_3、硅藻土、分子筛等多孔物质作为载体，将具有催化活性的过渡金属浸渍于上，1g 载体的表面积可达几百平方米（m^2）。这就大大提高了催化效率。

纳米金催化　1987 年，Masatake Huruta（春田正毅，日本东京都立大学）小组发现纳米金在低温下能有效催化氧化 CO 为 CO_2，使得纳米金催化成为绿色化学领域的一个研究热点。所谓纳米金，就是纳米尺度的金颗粒。纳米金表面存在的大量配位不饱和的金原子，成为反应物吸附与解离的活性中心。采用纳米金作催化剂，很多反应可以在温和的条件下发生，例如，在纳米金催化下，苯乙烯可以在室温下被氧化为苯乙醛。

催化作用另一个重要特性是**选择性**。许多化学反应往往可以生成多种产物，筛选适当催化剂可以使反应定向进行。例如乙醇可以脱氢变成乙醛，也有可能脱水变成乙烯。

$$①\ C_2H_5OH \xrightarrow{Cu} CH_3CHO + H_2$$

$$②\ C_2H_5OH \xrightarrow{Al_2O_3} C_2H_4 + H_2O$$

按热力学分析，这两种反应都可以自发进行。若我们要用反应①制备乙醛 CH_3CHO，而不希望反应②同时发生，选择适当的催化剂就能使反应定向进行。如 Cu 粉在 200～250 ℃可以加速反应①，主要生成 CH_3CHO；而氧化铝在 250～350 ℃则可加速反应②，主要生成 C_2H_4。催化剂的选择性和催化作用的专一性，使石油化学工业得益匪浅。烯烃直接氧化的催化剂研制成功，是 20 世纪 60 年代的重大成就，如乙烯和氧气可同时发生下列三种反应：

$$①\ C_2H_4 + \frac{1}{2}O_2 \longrightarrow H_2C\underset{\diagdown O \diagup}{\text{———}}CH_2\ \text{（环氧乙烷）}$$

$$②\ C_2H_4 + \frac{1}{2}O_2 \longrightarrow CH_3CHO\ \text{（乙醛）}$$

$$③\ C_2H_4 + 3O_2 \longrightarrow 2CO_2 + 2H_2O$$

环氧乙烷和乙醛都是重要的化工产品。工业上需要的是反应①或②其中一种纯产物，而不是两者的混合物，而且希望反应③尽量少发生，它是 C_2H_4 完全燃烧的反应，变成了无用的 CO_2 和 H_2O。现在已经研究成功用银作催化剂能定向加速反应①生产环氧乙烷。而用 $CuCl_2$-$PdCl_2$ 的盐酸溶液为催化剂时，则可定向加速反应②而生产乙醛。

催化剂为什么能有如此专一的选择性，是化学家们正在探索的课题。在研究了一些比较简单的化学反应之后，曾提出一种比较形象的理论模型称为锁钥模型（一把钥匙开一把锁）来解释多相催化剂的专一性。反应物分子被固体吸附时，固体表面各位置并不都是等效的，固体表面的活性和结构也有它本身的分布规律，只有一部分叫做**活性中心**（或活性部位）的吸附位置才能促使反应发生。这种活性中心是一些具有特定几何构型和尺度的活性空穴，只有那些形状和大小适宜的反应物粒子方可被空穴所吸附而形成中间产物。晶体的晶面之间有台阶、折叠、缺陷等位置容易形成活性部位。有些特定角度的晶面具有高效的催化能力。当 2 个原子被 1 个活性中心吸附，这 2 个原子就容易成键；反之，2 个成键的原子若被 2 个中心吸附，则化学键很容易断开。如 C_2H_5OH 在铜粉表面由于 2 个 H 被同一个中心吸附而发生脱氢反应，如图 7.11(a)所示；而 C_2H_5OH 在 Al_2O_3 表面则 H 和 OH 被同一个活化中心吸附，发生脱水反应，如图 7.11(b)所示。

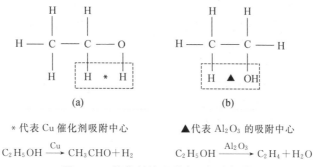

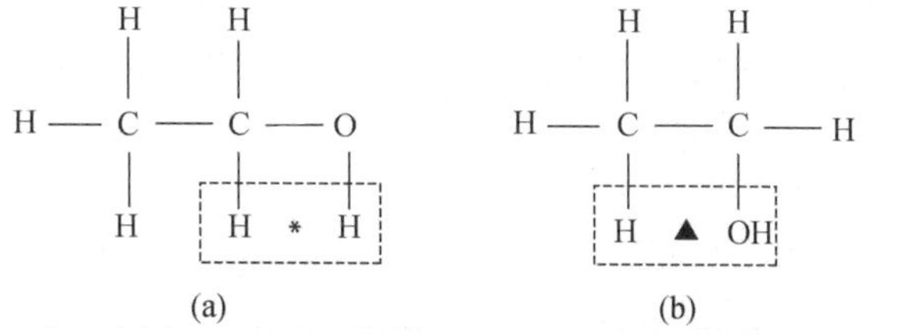

＊代表 Cu 催化剂吸附中心　　▲代表 Al_2O_3 的吸附中心

$C_2H_5OH \xrightarrow{Cu} CH_3CHO + H_2$　　$C_2H_5OH \xrightarrow{Al_2O_3} C_2H_4 + H_2O$

图 7.11 催化剂的吸附中心与选择性

极少量杂质有害气体一旦占据了活性部位，催化剂会明显失效，这称为**催化剂的中毒**。如合成氨所用的 N_2 和 H_2 混合气中，若含 0.002%的 CO 就会使铁催化剂(主要成分是 Fe_2O_3)失效，所以混合气在进入合成塔之前必须经过一系列的净化处理。现行研究成果认为，合成氨用的催化剂活性部位表面积只占全部表面积的约 0.1%。所以，很少量的杂质就会使催化剂中毒而失效。但任何催化剂使用一定时间之后，活性总是逐渐降低以至失效。只要整体结构未发生变化时，用烧炭、清洗、还原等方法及时处理，催化活性得以恢复，这称为**催化剂的再生**。中毒和再生是工业生产过程中必须考虑的重要问题。

酶(enzyme)是一类在生物体内有催化活性的蛋白质，它们是由链状多肽组成的，多肽则是由氨基酸脱水缩合而成。也可以说，蛋白质是由许多氨基酸按一定的顺序扭结和缠绕而成，它们各有特定的复杂结构，相对分子质量都在 1 万以上。酶蛋白除了 C、H、O 和 N 等非金属元素之外，在特定的位置上有的还含有 Ca、Mg、Zn、Mn、Fe、Cu 或 Mo 等金属离子，扭曲折叠的长链中有共价键，有配位键，有氢键，催化活性部位则位于形状特殊的缝隙之中。**酶催化**属多相催化，但它比化学多相催化复杂得多，研究简单化学催化反应提出的锁钥模型，描述了反应物和催化剂活性部位空间位置的匹配关系，在研究酶催化和仿生催化的过程中，又有新的认识。现在认为，酶(E)和被催化的反应物(在生化领域叫底物 substrate，符号为 S)先要结合成中间活化物 ES，它们的结合部位要有特定的匹配形状，好像钥匙插入锁孔中，但酶不像金属锁那样刚性，而像一个**柔软性的口袋**，当底物进入口袋时，酶口袋环绕底物收口合拢，使酶和底物处于完全匹配状态并起反应，待反应完成后产物离去，另一个底物再进入酶口袋。酶的氨基酸长链随扭结折叠，使有些基团处于邻近位置，而促使几步反应可以同时合并进行。这些看法能说明酶催化的专一性和高效性。一把钥匙开一把锁，一种酶能催化一种反应。例如尿酶专门催化尿素水解成 NH_3 和 CO_2，但不能催化甲基尿素的水解；转氨酶只能催化 α-氨基酸和 α-酮酸之间氨基的转移作用。酶催化的高效率也源于它能有效地降低活化能，例如蔗糖水解可以生成葡萄糖和果糖，在试管里用酸催化，测定其活化能等于 107 $kJ \cdot mol^{-1}$，酶催化时，活化能降低为 36 $kJ \cdot mol^{-1}$，反应速率当然快得多。又如，纺织工业用碱退浆分解淀粉需要 10～12 h，若用 α-淀粉酶进行退浆分解只需 20～30 min，快多了。酶催化不仅具有专一性和高效性，还具有条件温和的特色。例如化学工业要在高温高压下才能使空气中的 N_2 固定成氨的化合物，如 NH_3、$CO(NH_2)_2$ 等，而植物根瘤菌的固氮酶在常温常压下便能使空气中的 N_2 被固定成氮的化合物。研究酶催化作用不仅能更深入地了解生命现象，还能把它应用到工业中去，以简化工艺流程、降低能耗、减少污染。酶及催化作用是当前生物学家和化学家共同感兴趣的研究领域。各种新型催化剂的研制以及催化理论的探索是当今化学家、生物化学家、化学工程师的共同任务。催化剂的研制涉及无机、有机、分析、物化、生化等多方面的综合性课题。

合成氨催化机理　2007 年度诺贝尔化学奖授予德国科学家 Gerhard Ertl，以表彰他在固体表面化学过程研究中做出的开拓性贡献。Gerhard Ertl 成功地描述了合成氨过程中分子在金属表面的吸附、解离、反应和脱附等基本化学反应的具体过程，建立了系统的表面化学研究方法，奠定了现代表面化学研究的基础。合成氨反应的第一步是氢气与氮气在铁表面的吸附。氢分子在铁表面很容易解离，以氢原子形式吸附在催化剂铁的表面。而对于氮分子，由于氮氮叁键的键能非常大，它能否在铁表面解离一直不清楚，因此对于参与反应的是氮分子还是氮原子，长期以来一直争论不休。为了解决这个问题，Gerhard Ertl 设计了一个模型实验：把清洁的铁表面放在真空装置中，一边向体系不断通入氢，一边用光谱测量铁表面氮原子的浓度。如果氮原子的浓度不随氢的通入而变化，则参与反应的就应该是氮分子；反之，就是氮原子。实验发现，通入的氢越多，铁表面氮原子的浓度越低，从而证实了参与反应的是氮原子。

小　　结

化学反应速率可以用单位时间内反应物或生成物浓度改变量的正值表示。对于反应

$$aA + bB \longrightarrow cC$$

反应速率 v 可表述为

$$v = -\frac{1}{a}\frac{d(A)}{dt} = -\frac{1}{b}\frac{d(B)}{dt} = +\frac{1}{c}\frac{d(C)}{dt}$$

反应速率方程表明浓度与反应速率的关系。上述反应的速率方程是

$$v = -\frac{1}{a}\frac{d(A)}{dt} = k(A)^m(B)^n$$

速率常数 k 及反应级数 m 和 n 皆可由实验直接测定。对上式进行积分，可得浓度与时间的关系式。反应级数不同，速率变化规律也不同。

Arrhenius 速率公式 $k = Ae^{-E_a/RT}$ 表明反应速率与温度的关系。它虽是经验公式，但提出了一个非常重要的概念“活化能”，近代反应速率理论正在对活化能以及经验公式本身作出解释。还有许多反应的速率不符合 Arrhenius 公式，其规律性尚待深入研究。

反应机理是以实验为基础的理论研究，也是化学家们感兴趣的难题。从事反应机理的研究有助于对化学反应过程实质的深入理解，这是化学动力学研究的一个重要方面。

催化作用是与化学工业联系非常密切的领域，国内外都有许多化学工作者从事催化剂的研究与制造，而且已积累了相当丰富的经验，但有待于提高到理论上进行认识。

总之，反应动力学是一个年轻的正在迅速发展的新领域。而本章重点要求结合实验掌握反应速率方程、速率常数、反应级数及实验活化能等基本概念。

课外读物

［1］ 汤定华. 氢-碘反应不是双分子反应，是三分子反应. 化学通报，1974，(4)，63

［2］ 华彤文. 化学反应速度——大一化学教学问题讨论. 化学教育，1983，(1)，16

［3］ 李远哲. 化学反应动力学的现状与将来. 化学通报，1987，(1)，1

［4］ 美国催化科学技术新方向专家组. 催化展望. 熊国兴，等译. 北京：北京大学出版社，1993

［5］ A Burcat，A Lifshitz. Kinetics of the reaction $NO_2+CO \longrightarrow NO+CO_2$. J Phys Chem，1970，74，263

［6］ J M Garver，et al. A direct comparison of reactivity and mechanism in the gas phase and in solution. J Am Chem Soc，2010，132，3808

［7］ Xiaochun Zhou，et al. Size-dependent catalytic activity and dynamics of gold nanoparticles at the single-molecule level. J Am Chem Soc，2010，132，138

思考题

1. 对基元反应 $A+2B \longrightarrow 3C$，若 $-\dfrac{d(A)}{dt}=1\times10^{-3}\ mol\cdot dm^{-3}\cdot s^{-1}$，则 $\dfrac{d(C)}{dt}=$？反应速率 $v=$？

2. 一个反应在相同温度及不同起始浓度的反应速率是否相同？速率常数是否相同？转化率是否相同？平衡常数是否相同？

3. 一个反应在不同温度及相同的起始浓度时，速率是否相同？速率常数是否相同？反应级数是否相同？活化能是否相同？

4. 是不是任何一种反应的速率都随时间而变？

5. 哪一级反应速率与浓度无关？哪一级反应的半衰期与浓度无关？

6. 零级、一级、二级、三级反应的速率常数 k 的量纲是不同的，它们各是什么？

7. 若正向反应活化能等于 15 $kJ\cdot mol^{-1}$，逆向反应活化能是否等于 $-15\ kJ\cdot mol^{-1}$？为什么？

8. 催化剂对速率常数、平衡常数是否都有影响？

9. 对反应 $A+2B \longrightarrow C$，速率方程式为什么不一定是 $-\dfrac{d(A)}{dt}=k(A)(B)^2$？什么条件下速率方程才是此式？

10. 判断以下说法是否正确，简单说明理由。

(1) 只要找到一个合适的催化剂，就能在常温常压下用氢气将固态 SnO_2 还原成金属锡。

(2) 按碰撞理论分析，温度每升高 10 ℃，反应速率加快 2～4 倍，这主要是由于随着温度升高，分子碰撞频率随之增加。

(3) 一个化学反应的具体产率仅仅取决于其反应物初始浓度和平衡常数。

(4) 吸热反应，随着温度升高正向反应速率增加，逆向反应速率减小。

习　题

7.1 现有化学反应 $S_2O_8^{2-}+3I^- \longrightarrow 2SO_4^{2-}+I_3^-$，当反应速率 $-\dfrac{d(S_2O_8^{2-})}{dt}=2.0\times10^{-3}\ mol\cdot dm^{-3}\cdot s^{-1}$ 时，那么

$$-\frac{d(I^-)}{dt}=? \qquad +\frac{d(SO_4^{2-})}{dt}=?$$

7.2　N_2O_5 的分解反应是 $2N_2O_5 \longrightarrow 4NO_2 + O_2$，由实验测得在 67 ℃时 N_2O_5 的浓度随时间的变化如下：

t/min	0.0	1.0	2.0	3.0	4.0	5.0
$(N_2O_5)/(mol \cdot dm^{-3})$	1.00	0.71	0.50	0.35	0.25	0.17

试计算：

(1) 在 0～2.0 min 内的平均反应速率 $\Delta(O_2)/\Delta t$ = ?

(2) 在第 2.0 min 的瞬时速率 $-d(N_2O_5)/dt$ = ?

(3) N_2O_5 浓度为 1.00 mol·dm⁻³时的初速率 $-d(N_2O_5)/dt$ = ?

7.3　已知在 320 ℃反应 $SO_2Cl_2(g) \longrightarrow SO_2(g) + Cl_2(g)$ 是一级反应，速率常数为 $2.2\times10^{-5}\ s^{-1}$。问：

(1) 10.0 g SO_2Cl_2 分解一半需多少时间？

(2) 2.00 g SO_2Cl_2 经 2 h 之后还剩多少？

7.4　活着的动植物体内 ^{14}C 和 ^{12}C 两种同位素的比值和大气中 CO_2 所含这两种碳同位素的比值是相等的，但动植物死亡后，由于 ^{14}C 不断衰变

$$^{14}_{6}C \longrightarrow ^{14}_{7}N + ^{0}_{-1}e \qquad t_{1/2} = 5730\ a$$

$^{14}C/^{12}C$ 便不断下降。考古工作者根据 $^{14}C/^{12}C$ 的变化推算生物化石的年龄。如周口店山顶洞遗址出土的斑鹿骨化石的 $^{14}C/^{12}C$ 是当今活着的动植物的 0.109 倍，估算该化石的年龄。

7.5　测定化合物 S 的某一种酶催化反应速率时获得的实验数据如下表。试判定在下述浓度范围内的反应级数。

t/min	0	20	60	100	160
$(S)/(mol \cdot dm^{-3})$	1.00	0.90	0.70	0.50	0.20

7.6　一个密闭容器中，在 504 ℃二甲醚按 $(CH_3)_2O(g) \longrightarrow CH_4(g) + H_2(g) + CO(g)$ 式分解，测定二甲醚的分压随时间的变化如下表所示：

t/s	0	390	777	1195	3155
$p((CH_3)_2O)$/kPa	41.6	35.2	29.9	24.9	10.5

试求：

(1) 反应级数；

(2) 速率常数；

(3) 在第 1000 s 时气体总压力。

7.7　$HgCl_2$ 和 $C_2O_4^{2-}$ 在室温发生反应 $2HgCl_2 + C_2O_4^{2-} \longrightarrow 2Cl^- + 2CO_2 + Hg_2Cl_2(s)$。由 Hg_2Cl_2 沉淀量可以计算反应速率，4 次实验数据如下表：

$(HgCl_2)/(mol \cdot dm^{-3})$	0.105	0.105	0.052	0.052
$(C_2O_4^{2-})/(mol \cdot dm^{-3})$	0.15	0.30	0.30	0.15
$-\frac{d(C_2O_4^{2-})}{dt}/(mol \cdot dm^{-3} \cdot s^{-1})$	1.8×10^{-5}	7.1×10^{-5}	3.5×10^{-5}	8.9×10^{-6}

试求：

(1) $HgCl_2$、$C_2O_4^{2-}$ 及总反应的级数各是多少？

(2) 速率常数是多少？

(3) 当 $HgCl_2$ 浓度为 0.020 mol·dm^{-3}，$C_2O_4^{2-}$ 浓度为 0.22 mol·dm^{-3}时反应速率等于多少？

7.8 乙醛在密闭容器中按 $CH_3CHO(g) \longrightarrow CH_4(g)+CO(g)$ 分解。在 518 ℃，乙醛起始压力为 48.4 kPa，不断测定容器内总压力，其变化情况如下表所示：

t/s	0	105	190	310	480	665
$p_{总}$/kPa	48.4	58.3	63.6	68.9	74.3	78.3

试证明它是二级反应，并计算速率常数。

7.9 某抗菌素在人体血液中呈现一级反应，如果给病人在上午 8 点注射一针抗菌素，然后在不同时刻测定抗菌素在血液中的浓度 c(以 mg·100 cm^{-3}表示)，得到如下数据：

t/h	4	12	16
c/(mg·100 cm^{-3})	0.48	0.22	0.15

(1) 求反应的速率常数 k 和半衰期 $t_{\frac{1}{2}}$。

(2) 抗菌素在血液中的浓度不低于 0.37 mg·100 cm^{-3}才有效，那么何时注射第二针？

(3) 为了避免因注射量过大而产生意外，要求第二针注射完时，血液中抗菌素的浓度尽量接近上午 8 点第一针注射完时的浓度，则第二针的注射量约为第一针注射量的几分之几？

7.10 血红蛋白 Hb 和 O_2 结合生成 HbO_2，CO 能和 Hb 结合生成 HbCO，CO 和血红蛋白结合力比 O_2 约大 200 倍。所以若空气中含有一定浓度的 CO，会使人中毒。

(1) 生成 HbO_2 反应($Hb+O_2 \longrightarrow HbO_2$)的速率与 Hb 和 O_2 的浓度都有关，速率常数 $k=1.8\times10^6$ mol^{-1}·dm^3·s^{-1}。人肺血液中 O_2 的溶解度可达 1.8×10^{-6}mol·dm^{-3}，相应的 HbO_2 的生成速率为 3.0×10^{-5}mol·dm^{-3}·s^{-1}。求血液中 Hb 的浓度。

(2) 对于 CO 中毒的病人，为解毒需要将 HbO_2 的生成速率提高到 1.2×10^{-4}mol·dm^{-3}·s^{-1}，试计算这时血液中所需 O_2 的浓度(设血液中 Hb 的浓度是恒定的)。

(3) 在 37 ℃时，一般空气中 $p(O_2)=21.3$ kPa，此时 O_2 在血液中的溶解度为 1.8×10^{-6} mol·dm^{-3}。如用于解毒时，供病人呼吸的 O_2 的压力必须提高到多少千帕？

7.11 蔗糖催化水解反应 $C_{12}H_{22}O_{11}+H_2O \xrightarrow{催化剂} 2\,C_6H_{12}O_6$ 是一级反应，在 25 ℃速率常数为 5.7×10^{-5} s^{-1}。问：

(1) 浓度为 1 mol·dm^{-3}的蔗糖溶液分解 10%需要多少时间？

(2) 若反应活化能为 110 kJ·mol^{-1}，那么在什么温度时反应速率是 25 ℃时的 1/10？

7.12 在不同温度测定 $H_2+I_2 \longrightarrow 2\,HI$ 的反应速率常数如下表所示：

T/K	556	629	666	700	781
$\frac{k}{mol^{-1}\cdot dm^3\cdot s^{-1}}$	4.45×10^{-5}	2.52×10^{-3}	1.41×10^{-2}	6.43×10^{-2}	1.24

试用作图法求反应活化能，并求在 300 ℃和 400 ℃的速率常数各是多少？

7.13 某酶催化反应的活化能是 51 kJ·mol^{-1}，正常人的体温为 37 ℃，问病人发烧至 39.5℃时，酶催化反应速率增加的百分数？

7.14 电机在运转中的发热，导致所用漆包线表面发生热降解作用而失重。当漆膜失重 40.0%时，漆包线就失去绝缘性而报废。如漆膜热降解服从一级反应规律，实验测定在 450.0 K 时的使用寿命为

362.0 h，又测定了 350.0 K 时速率常数为 $5.00\times10^{-7}h^{-1}$。问：

(1) 在 350.0 K 下使用寿命为多少小时？

(2) 漆包线热降解反应的活化能是多少？

7.15 高层大气中微量臭氧 O_3 吸收紫外线而分解，使地球上的动物免遭辐射之害，但低层 O_3 却是造成光化学烟雾的主要成分之一，低层 O_3 可由以下过程形成：

① $NO_2 \longrightarrow NO+O$　（一级反应）　$k_1=6.0\times10^{-3}\ s^{-1}$

② $O+O_2 \longrightarrow O_3$　（二级反应）　$k_2=1.0\times10^{6}\ mol^{-1}\cdot dm^{3}\cdot s^{-1}$

假设由反应①产生氧原子的速率等于反应②消耗氧原子的速率。当空气中 NO_2 浓度为 $3.0\times10^{-9}\ mol\cdot dm^{-3}$ 时，空气中 O_3 生成的速率是多少？

7.16 若基元反应 $A \longrightarrow 2\ B$ 的活化能为 E_a，而 $2\ B \longrightarrow A$ 的活化能为 E'_a。问：

(1) 加催化剂后，E_a 和 E'_a 各有何变化？ΔH 有何变化？

(2) 加不同的催化剂对 E_a 的影响是否相同？

(3) 提高反应温度，E_a 和 E'_a 各有何变化？

(4) 改变起始浓度后，E_a 有何变化？

7.17 已知基元反应 $A \longrightarrow B$ 的 $\Delta H=67\ kJ\cdot mol^{-1}$，$E_a=90\ kJ\cdot mol^{-1}$。问：

(1) $B \longrightarrow A$ 的 $E'_a=$?

(2) 若在 0 ℃，$k_1=1.1\times10^{-5}\ min^{-1}$，那么在 45 ℃时，$k_2=$?

7.18 $2ICl+H_2 \longrightarrow 2HCl+I_2$ 的反应历程若是：

① $H_2+ICl \longrightarrow HI+HCl$　（慢）

② $ICl+HI \longrightarrow HCl+I_2$　（快）

试推导其速率方程式。

第 8 章　酸 碱 平 衡

第 6 章已介绍化学平衡的一般规律，从本章开始，将依次讨论发生在水溶液中的弱酸弱碱电离平衡、沉淀溶解平衡、氧化还原平衡和络合平衡。以上各种平衡在化学研究和化工生产上都有重要的应用。与气相反应比较，溶液中离子反应的活化能一般都较小（$<40\ kJ \cdot mol^{-1}$），反应速率较快，因此它们的平衡问题显得重要。此外，这类反应是在液相中进行的，所以压力对反应的影响可忽略；又由于反应热效应小，平衡常数随温度的变化也可以不考虑。因此，一般只讨论弱酸弱碱在水溶液中的平衡和浓度对平衡的影响。

8.1　酸碱质子理论

(Proton Theory of Acid and Base)

人们对酸和碱的认识经历了很长一段历史。最初把有酸味、能使蓝色石蕊变红的物质叫酸；有涩味、使红色石蕊变蓝的叫碱。1887 年 Arrhenius 根据**酸碱的电离理论**提出：凡是在水溶液中电离出的阳离子皆为 H^+ 的物质叫做酸(acid)，电离出的阴离子皆为 OH^- 的物质叫做碱(base)。酸碱电离理论提高了人们对酸碱本质的认识，对化学的发展起了很大作用，而且至今仍然普遍应用，但这个理论也是有缺陷的。实际上并不是只有含 OH^- 的物质才具有碱性，如 Na_2CO_3、Na_3PO_4 等的水溶液也显碱性，可作为碱来中和酸。$Al_2(SO_4)_3$、NH_4Cl、$FeCl_3$ 等盐的水溶液呈酸性，本身并不含有可电离的 H^+。酸碱电离理论另一个缺陷是将酸碱概念局限于水溶液体系，由于科学的进步和生产的发展，越来越多的反应在非水溶液中进行，对于非水体系的酸碱性，酸碱电离理论就无能为力了。例如，在液氨中 NH_4Cl 和 $NaNH_2$ 所发生的反应实际上与水溶液中 HCl 和 NaOH 的中和反应十分类似

$$NH_4^+ + NH_2^- \rightleftharpoons 2NH_3 \tag{8.1}$$

但这种反应中并不存在 H^+ 和 OH^-，(8.1)式中的 NH_4^+ 相当于 H_3O^+（或 H^+），而 NH_2^- 则相当于 OH^-。针对这些情况，丹麦化学家 Brønsted 和英国化学家 Lowry 于 1923 年分别提出了**酸碱质子理论**，也叫 Brønsted-Lowry 酸碱理论。现先介绍该理论关于酸碱定义以及如何考虑酸碱强弱。

8.1.1 酸碱定义

Brønsted-Lowry 认为,凡是能给出质子[①]的分子或离子都是**质子的给体**(proton donor),**称为酸**;凡是能与质子结合的分子或离子都是**质子的受体**(proton acceptor),**称为碱**。例如,HCl、HAc[②]、NH_4^+、HCO_3^-、$Al(H_2O)_6^{3+}$ 等,都能给出质子,都是酸;而 OH^-、Ac^-、NH_3、CO_3^{2-} 等都能接受质子,所以它们都是碱。如以反应式来表示,可以写成:

$$HCl \longrightarrow H^+ + Cl^-$$
$$HAc \rightleftharpoons H^+ + Ac^-$$
$$NH_4^+ \rightleftharpoons H^+ + NH_3$$
$$HCO_3^- \rightleftharpoons H^+ + CO_3^{2-}$$
$$Al(H_2O)_6^{3+} \rightleftharpoons H^+ + [Al(OH)(H_2O)_5]^{2+}$$
$$\text{酸} \rightleftharpoons H^+ + \text{碱} \tag{8.2}$$

酸给出质子后余下的那部分就是碱,碱接受质子后就成为酸。以上这种酸与碱的相互依存关系,叫做共轭关系。上面这些方程式中左边的酸是右边碱的**共轭酸**(conjugate acid),而右边的碱则是左边酸的**共轭碱**(conjugate base),彼此联系在一起叫做**共轭酸碱对**。但这种共轭酸碱对的半反应是不能单独存在的。因为酸并不能自动放出质子,而必须同时存在作为碱的另一物质接受质子后,酸才能变成共轭碱;反之,碱也必须从另外一种酸接受质子后,才能变成共轭酸。例如,酸在水中的电离:

$$\overset{\overset{\displaystyle H^+}{\big\downarrow}}{HCl} + H_2O \longrightarrow H_3O^+ + Cl^- \tag{8.3}$$
$$\text{酸(1)} \quad \text{碱(2)} \qquad \text{酸(2)} \quad \text{碱(1)}$$

$$\overset{\overset{\displaystyle H^+}{\big\downarrow}}{HAc} + H_2O \rightleftharpoons H_3O^+ + Ac^- \tag{8.4}$$
$$\text{酸(1)} \quad \text{碱(2)} \qquad \text{酸(2)} \quad \text{碱(1)}$$

$$\overset{\overset{\displaystyle H^+}{\big\downarrow}}{NH_4^+} + H_2O \rightleftharpoons H_3O^+ + NH_3 \tag{8.5}$$
$$\text{酸(1)} \quad \text{碱(2)} \qquad \text{酸(2)} \quad \text{碱(1)}$$

这 3 个电离式中分别包含 2 个共轭酸碱对的半反应,即 HCl、HAc 和 NH_4^+ 作为酸放出 H^+,分别变成共轭碱 Cl^-、Ac^- 和 NH_3。H_2O 接受质子成为共轭酸 H_3O^+。HCl 是强酸,几乎全部电离,逆反应几乎不能进行;而 HAc 和 NH_4^+ 是弱酸,部分电离,生成的 Ac^- 和 NH_3 则作为碱接受质子发生逆反应。碱在水中的电离亦相似,如:

---

① 化学热力学和晶体结构测定已证明,在水溶液中半径小(10^{-13} cm)、电荷密度高的质子(H^+)是不能单独存在的,它总是与溶剂水分子紧密结合成稳定的水合离子 H_3O^+(hydronium ion)。在稀酸溶液中,H_3O^+ 还能进一步水化:通过氢键与 3 个水分子相连而形成水合离子 $H_3O^+ \cdot 3H_2O$,或 $H_9O_4^+$,但一般写 H_3O^+ 即可。常用的物理化学手册在有关氧化还原强弱的数据表中仍用 H^+,实际上在书刊中写 H_3O^+ 或 H^+ 都可以。

② 醋酸 CH_3COOH(acetic acid)常简写成 HAc,醋酸根离子则为 Ac^-。

$$\overset{\quad H^+}{NH_3 + H_2O \rightleftharpoons NH_4^+ + OH^-} \tag{8.6}$$

碱(1)　酸(2)　　酸(1)　碱(2)

$$\overset{\quad H^+}{Ac^- + H_2O \rightleftharpoons HAc + OH^-} \tag{8.7}$$

碱(1)　酸(2)　　酸(1)　碱(2)

NH_3 和 Ac^- 作为碱接受了 H_2O 给出的质子而成为共轭酸 NH_4^+、HAc，而 H_2O 失去质子成为共轭碱 OH^-。因 NH_3 和 Ac^- 是较弱的碱，溶液中存在着电离平衡。

总之，Brønsted-Lowry 酸碱理论认为，酸和碱是通过给出和接受质子的共轭关系相互依存和相互转化，每一个酸(碱)要表现出它的酸(碱)性必须有另一个碱(酸)同时存在才行。如用"有酸才有碱，有碱才有酸，酸中有碱，碱可变酸"来描写酸碱关系是比较形象的。这是该理论与 Arrhenius 酸碱理论的第一点区别。

该理论把(8.4)、(8.5)式和(8.6)、(8.7)式这类平衡称为**弱酸和弱碱的电离平衡**(ionization equilibrium of weak acid and weak base)。它们都是弱酸、弱碱与溶剂水分子间质子传递反应的平衡式。按 Arrhenius 酸碱理论，(8.5)和(8.7)式都是水解反应(hydrolysis)，其实它们也是 H^+ 转移的反应。从 Brønsted-Lowry 酸碱理论看，它们也是酸碱反应。

该理论大大扩大了酸碱的范围。盐的概念似乎需要重新认识，许多盐类例如 NH_4Cl 中的 NH_4^+ 是酸，NaAc 中的 Ac^- 是碱，"纯碱"和"小苏打"中分别含有碱 CO_3^{2-} 和 HCO_3^-。盐的"水解"其实就是组成它的酸或碱与溶剂 H_2O 分子间质子传递的过程。上述盐中的 Cl^- 和 Na^+ 并不参与电离平衡。

此外，按 Brønsted-Lowry 酸碱理论，表 8.1 所列举的某些常见的弱酸和弱碱，既可以是分子型的，也可以是离子型的。另外，表中最后一行所列举的一些弱酸或弱碱既能给出质子作为酸，

表 8.1　水溶液中常见的无机弱酸和弱碱

	一元弱酸或弱碱		多元弱酸或弱碱	
	弱酸	弱碱	弱酸	弱碱
分子型	HF HNO_2 HAc HClO HCN	$NH_3 \cdot H_2O$	$H_2C_2O_4$ H_2SO_3 H_3PO_4 H_2CO_3 H_2S H_2SiO_3	$H_2NCH_2CH_2NH_2$(乙二胺) H_2NNH_2(肼)
阳离子型	NH_4^+	$[Al(OH)(H_2O)_5]^{2+}$	$[Al(H_2O)_6]^{3+}$ 及一些过渡金属阳离子	$[Al(OH)_2(H_2O)_4]^+$ 等
阴离子型	HSO_4^-	F^- NO_2^- Ac^- ClO^- CN^-	$H_2PO_4^-$ $H_2AsO_4^-$	CO_3^{2-} PO_4^{3-} SiO_3^{2-} S^{2-} 等
两性物	H_2O、HSO_3^-、HCO_3^-、HS^-、$H_2PO_4^-$、HPO_4^{2-}、$HSiO_3^-$ 等			

也能接受质子作为碱，故称其为两性电解质(ampholyte)，简称**两性物**。例如

$$HCO_3^- + H_2O \rightleftharpoons H_3O^+ + CO_3^{2-}$$

$$HCO_3^- + H_2O \rightleftharpoons OH^- + H_2CO_3$$

至于 HCO_3^- 水溶液到底显酸性还是显碱性，则取决于以上两个反应向右进行倾向性的大小。

8.1.2　酸碱的强弱

酸碱强弱不仅决定于酸碱本身释放质子和接受质子的能力，同时也取决于溶剂接受和释放质子的能力，因此要比较各种酸、碱的强度必须指定溶剂，最常用的溶剂是水。弱酸弱碱的**电离平衡常数**(ionization equilibrium constants)表示酸碱传递质子能力的强弱。电离平衡常数可由热力学数据求算，如 HAc 的标准电离平衡常数 $K_a^\ominus$ 可有如下计算：

$$HAc(aq) + H_2O(l) \rightleftharpoons H_3O^+(aq) + Ac^-(aq)$$

$$\frac{\Delta G_f^\ominus}{kJ\cdot mol^{-1}} \quad -396.46 \quad -237.13 \quad -237.13 \quad -369.31 \quad \Delta G^\ominus(298\,K)=27.15\ kJ\cdot mol^{-1}$$

$$\lg K_a^\ominus = \frac{-\Delta G^\ominus(298K)}{2.303RT} = \frac{-27.15\ kJ\cdot mol^{-1}}{2.303\times 0.008314\ kJ\cdot mol^{-1}\cdot K^{-1}\times 298.15\ K} = -4.756$$

$$K_a^\ominus = \frac{[H_3O^+][Ac^-]}{[HAc]} = 1.75\times 10^{-5}$$

平衡常数表达式中各物质平衡浓度为相对于标准态的浓度(因 $c^\ominus = 1\ mol\cdot dm^{-3}$，$c/c^\ominus$ 在数值上等于 c)，$K_a^\ominus$ 无量纲，常简写为 K_a，简称为酸常数。在手册中可以查到酸常数，如 HAc 的 K_a；而没有共轭碱(如 Ac^-)的碱常数 K_b。但是 K_b 可从 K_a 求算，如

$$Ac^- + H_2O \rightleftharpoons OH^- + HAc$$

$$K_b = \frac{[OH^-][HAc]}{[Ac^-]}\frac{[H_3O^+]}{[H_3O^+]} = \frac{[HAc]}{[H_3O^+][Ac^-]}[H_3O^+][OH^-] = \frac{K_w}{K_a}$$

即

$$K_a \times K_b = K_w \tag{8.8}$$ ①

如果已知弱酸的 K_a(如 HAc 的 K_a 为 1.75×10^{-5})，就可用上式计算共轭碱(Ac^-)的 K_b

$$K_b(Ac^-) = \frac{K_w}{K_a(HAc)} = \frac{1.0\times 10^{-14}}{1.75\times 10^{-5}} = 5.7\times 10^{-10}$$

表 8.2 和附录 C.3 列举了常见共轭酸碱对及它们在水溶液中的酸常数 K_a 数据。列于表 8.2 左侧最上面的 $HClO_4$、HCl、H_2SO_4 等是强酸②，在水中几乎 100%电离，所以它们几乎不能以分子形式存在于水溶液中；虚线下面的 H_3O^+ 是能存在于水溶液中的最强的质子给予体，在它以下各共轭弱酸按照 K_a 递降的次序排列，排在最下面的水是最弱的一种酸；列于表右侧最下面的 O^{2-}(如 Na_2O)、H^-(如 NaH)等是强碱，在水中 100%质子化，所以也不能存在于水溶液中；第二条虚线上面的 OH^- 是能存在于水溶液中最强的质子接受体，在它以上，各共轭弱碱按照 K_b 递降

① K_w 为水的离子积，参见 8.2 节。

② 强酸的电离常数一般是通过理论推算求得(参见 p.380 及表 15.7)，表 8.2 中所列强酸电离常数约在 $10^3 \sim 10^9$ 数量级。

的次序排列，排在最上面的 H_2O 又成为最弱的一个碱了。共轭酸的酸性越强，其共轭碱就越弱；反之亦然。因此，左侧的共轭酸在水溶液中由上至下酸性依次减弱，相对应的右侧共轭碱在水溶液中的碱性由上至下依次增强。根据表中的排列次序，可以定性地比较在相同浓度下各弱酸(碱)的相对强度。

表 8.2　水溶液中的共轭酸碱对和 K_a

共轭酸(HA)	共轭碱(B)	K_a
$HClO_4$	ClO_4^-	
HI	I^-	
HBr	Br^-	
HCl	Cl^-	
H_2SO_4	HSO_4^-	
HNO_3	NO_3^-	
最强酸 H_3O^+	H_2O　最弱碱	1
$H_2C_2O_4$	$HC_2O_4^-$	$5.6\times10^{-2}(K_{a_1})$
H_2SO_3	HSO_3^-	$1.4\times10^{-2}(K_{a_1})$
HSO_4^-	SO_4^{2-}	$1.0\times10^{-2}(K_{a_2})$
H_3PO_4	$H_2PO_4^-$	$6.9\times10^{-3}(K_{a_1})$
HF	F^-	6.3×10^{-4}
HNO_2	NO_2^-	5.6×10^{-4}
$HC_2O_4^-$	$C_2O_4^{2-}$	1.5×10^{-4}
HAc	Ac^-	1.75×10^{-5}
H_2CO_3	HCO_3^-	$4.5\times10^{-7}(K_{a_1})$
H_2S	HS^-	$8.9\times10^{-8}(K_{a_1})$*
HSO_3^-	SO_3^{2-}	$6.3\times10^{-8}(K_{a_2})$
$H_2PO_4^-$	HPO_4^{2-}	$6.2\times10^{-8}(K_{a_2})$
HClO	ClO^-	4.0×10^{-8}
HCN	CN^-	6.2×10^{-10}
NH_4^+	NH_3	5.6×10^{-10}
H_2SiO_3	$HSiO_3^-$	$1\times10^{-10}(K_{a_1})$
HCO_3^-	CO_3^{2-}	$4.7\times10^{-11}(K_{a_2})$
$HSiO_3^-$	SiO_3^{2-}	$2\times10^{-12}(K_{a_2})$
HPO_4^{2-}	PO_4^{3-}	$4.8\times10^{-13}(K_{a_3})$
HS^-	S^{2-}	$1.2\times10^{-13}(K_{a_2})$*
最弱酸 H_2O	OH^-　最强碱	1.0×10^{-14}

O^{2-}　　　　OH^-　$+\ OH^-$

H^-　　　　$\longleftarrow H_2O +$　H_2

* 一个世纪以来，关于 H_2S 的电离常数，在不同的资料里有所不同：K_{a_1} 差别很小，都是在 1×10^{-7}左右；但 K_{a_2} 差别则相当大，最小的为 1×10^{-19}，最大的为 1×10^{-12}。本书数据引自最常见的 Lange's Handbook of Chemistry, 16ed.(2005)的 $K_{a_2}=1.2\times10^{-13}$。

电解质的相对强弱也常用**电离度** α 表示。所谓电离度，就是溶液中已经电离的电解质分子数占原来总分子数的份额或百分数：

$$\alpha=\frac{\text{已电离的电解质分子数}}{\text{溶液中原有的电解质分子总数}}$$

但电离度的大小与浓度有关，而电离常数则与浓度无关，电离常数 K 比电离度 α 能更深刻地表明弱酸(碱)电离的本质和能力。两者的简化关系式可推演如下：

若电解质 HA 的浓度为 $c\ (\mathrm{mol\cdot dm^{-3}})$，电离度为 α，那么

$$HA+H_2O \rightleftharpoons H_3O^+ + A^-$$

达电离平衡时　　$[HA]=c(1-\alpha)$，　$[H_3O^+]=[A^-]=c\alpha$

所以　　$$K(HA)=\frac{[H_3O^+][A^-]}{[HA]}=\frac{c^2\alpha^2}{c(1-\alpha)}=\frac{c\alpha^2}{1-\alpha}$$

当 $\alpha \ll 1$ 时

$$K(HA)=c\alpha^2,\qquad \alpha=\sqrt{\frac{K(HA)}{c}}$$

在同一溶剂中，酸碱的相对强弱决定于各酸碱的本性，但同一酸碱在不同溶剂中的相对强弱则由溶剂的性质决定。例如，HAc 在水中是一个弱酸，而在液氨中则是一个较强的酸，因为液氨接受质子的能力(碱性)比水强，促进了 HAc 的电离，其电离平衡表达式为

$$HAc+NH_3(l) \rightleftharpoons NH_4^+ + Ac^-$$

然而 HAc 在液态 HF 中却表现为弱碱，因为液态 HF 酸性更强，HAc 获得质子生成 H_2Ac^+，电离平衡表达式为

$$HAc + HF \rightleftharpoons H_2Ac^+ + F^-$$

由此可见，酸碱的相对强弱与溶剂本身的酸碱性也有密切关系。物质的酸碱性在不同溶剂作用的影响下，“强可以变弱，弱也可以变强；酸可以变碱，碱也可以变酸”，这是 Brønsted-Lowry 酸碱理论与 Arrhenius 酸碱理论的第二点区别。该理论对研究非水溶液化学也就显得十分重要了。

按 Brønsted-Lowry 酸碱理论，酸碱反应都是质子传递反应。溶剂间的质子传递反应称**自耦反应**，溶质和溶剂间的质子传递反应称为**电离反应**，溶质之间的质子传递反应称**中和反应**。这三类反应在以下各节中将分别进行讨论。

Brønsted-Lowry 酸碱理论发展了 Arrhenius 酸碱概念。它包括了所有显示碱性的物质，但是对于酸仍然限制在可以给出质子的物质上，故酸碱反应也就只能局限于包含质子转移的反应。1923 年美国物理化学家 Lewis 又提出了另一种酸碱概念：“凡是能提供电子对的分子、离子或原子团都叫做碱，凡是能接纳电子对的分子、离子或原子团都叫做酸”。酸碱反应不再是质子的转移，而是碱性物质提供电子对与酸性物质生成配位共价键的反应。故 Lewis 酸碱概念又称酸碱电子论。

Lewis 碱的概念与 Brønsted-Lowry 碱的概念有相似之处，Brønsted-Lowry 碱要接受一个质子，它必定有未共享的电子对。例如在下列反应中 H_2O 分子、NH_3 分子，它们都能提供一对电子给予外来质子生成 H_3O^+、NH_4^+ 离子，因此它们既是 Brønsted-Lowry 碱，也是 Lewis 碱。Lewis 酸的概念扩大了酸的范围，因为能接纳电子对作为 Lewis 酸的物质不仅是可以给出质子，也可以是金属离子或缺电子的分子等，例如下述反应中的 Cu^{2+} 和 BF_3。

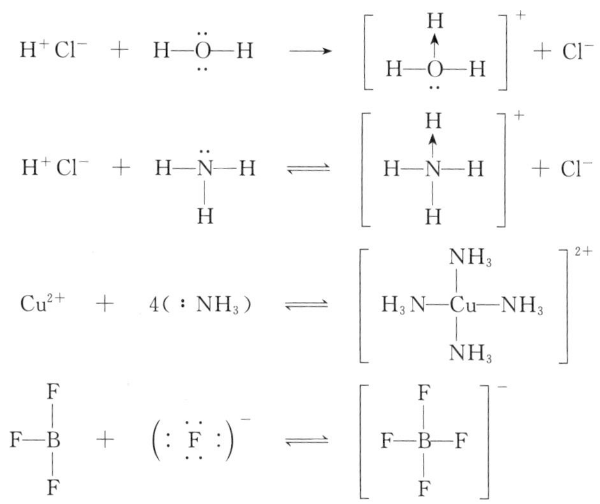

$$H^+Cl^- \ + \ H-\overset{..}{\underset{..}{O}}-H \ \longrightarrow \ \left[\begin{array}{c} H \\ \uparrow \\ H-O-H \\ .. \end{array} \right]^+ + \ Cl^-$$

$$H^+Cl^- \ + \ H-\overset{..}{\underset{\underset{H}{|}}{N}}-H \ \rightleftharpoons \ \left[\begin{array}{c} H \\ \uparrow \\ H-N-H \\ | \\ H \end{array} \right]^+ + \ Cl^-$$

$$Cu^{2+} \ + \ 4(:NH_3) \ \rightleftharpoons \ \left[\begin{array}{c} NH_3 \\ | \\ H_3N-Cu-NH_3 \\ | \\ NH_3 \end{array} \right]^{2+}$$

$$\underset{\text{Lewis 酸}}{\overset{\begin{array}{c}F\\|\end{array}}{F-B}} \ + \ \underset{\text{Lewis 碱}}{(:\overset{..}{\underset{..}{F}}:)^-} \ \rightleftharpoons \ \left[\begin{array}{c} F \\ | \\ F-B-F \\ | \\ F \end{array} \right]^-$$

Lewis 酸碱是着眼于物质的结构,但由于很多无机及有机化合物中都存在配位共价键,Lewis 的酸碱概念显得过于广泛,有时不易掌握酸碱特征。在其基础上,20 世纪 60 年代人们又根据 Lewis 酸碱得失电子对的难易程度,将酸分为软酸、硬酸,碱分为软碱、硬碱,以体现各酸碱的特性,并总结出一个软硬酸碱的规则称**软硬酸碱理论**。

总之,几种酸碱理论各有其优缺点。一般在处理水溶液体系中的酸碱问题时,可采用 Brønsted-Lowry 酸碱理论或 Arrhenius 酸碱理论;处理有机化学和配位化学中问题时,则需借助 Lewis 酸碱概念;讨论无机化合物某些性质时,又常借用软硬酸碱规则。作为化学工作者,应该了解一些酸碱概念的演变过程,从而掌握多种主要的酸碱理论及其应用范围。以下几节按 Brønsted-Lowry 酸碱理论进行讨论。

8.2 水的自耦电离平衡
（Self-Ionization Equilibrium of Water）

按 Brønsted-Lowry 酸碱理论,溶剂分子之间的质子传递反应统称为溶剂自耦电离平衡,又称质子自递平衡。水是我们最常用的重要溶剂,因此首先必须了解水本身的电离问题。实验证明,纯水有微弱的导电性,这是因为水是一个很弱的电解质,有

$$H_2O + H_2O \rightleftharpoons H_3O^+ + OH^-$$

自耦电离平衡[①]存在,其中一个水分子放出质子作为酸,另一个水分子接受质子作为碱而产生少量的 H_3O^+ 和 OH^- 离子。25 ℃ 时,精确实验测得在纯水中的

$$[H_3O^+]=[OH^-]=1.0\times10^{-7} \ mol \cdot dm^{-3}$$

根据化学平衡的原理

[①] 液氨和冰醋酸作为溶剂时,也都有类似的自耦电离平衡:

$$NH_3 + NH_3 \rightleftharpoons NH_4^+ + NH_2^-$$
$$HAc + HAc \rightleftharpoons H_2Ac^+ + Ac^-$$

$$K_w=[H_3O^+][OH^-]=1.0\times10^{-14} \tag{8.9}$$

K_w 称为水的离子积常数，简称为**水的离子积**(ionization product of water)，它表示水中 H_3O^+ 离子和 OH^- 离子浓度的乘积。水的电离是吸热反应，温度越高，K_w 越大(见表 8.3)。

表 8.3 不同温度时水的离子积常数

t/℃	0	10	20	24	25	50	100
K_w	1.153×10^{-15}	2.915×10^{-15}	6.871×10^{-15}	9.484×10^{-15}	1.012×10^{-14}	5.309×10^{-14}	5.445×10^{-13}

由上表可见，K_w 随温度变化不明显。一般在室温工作时，就采用 $K_w=1.0\times10^{-14}$。由热力学数据也可以计算水自耦电离平衡的 $K^\ominus$

$$H_2O(l) + H_2O(l) \rightleftharpoons H_3O^+(aq) + OH^-(aq)$$

$$\frac{\Delta G_f^\ominus}{kJ\cdot mol^{-1}} \quad -237.13 \quad -237.13 \quad -237.13 \quad -157.24 \quad \Delta G^\ominus(298\,K)=79.89\ kJ\cdot mol^{-1}$$

$$\lg K^\ominus=\frac{-\Delta G^\ominus(298\ K)}{2.303\,RT}=\frac{-79.89\ kJ\cdot mol^{-1}}{2.303\times0.00831\ kJ\cdot mol^{-1}\cdot K^{-1}\times298.15\ K}=-14.00$$

$$K^\ominus=[H_3O^+][OH^-]=1.0\times10^{-14}$$

由此可见，水的离子积(K_w)实际上是一个标准电离平衡常数。

因 K_w 不随浓度变化，用(8.9)式便可计算溶液中的$[H_3O^+]$或$[OH^-]$。如往纯水中加入酸后，使其$[H_3O^+]$为 0.10 $mol\cdot dm^{-3}$，根据 K_w 关系式

$$[H_3O^+][OH^-]=K_w=1.0\times10^{-14}$$

就可求得这个酸性溶液中 OH^- 离子的浓度

$$[OH^-]=\frac{1.0\times10^{-14}}{[H_3O^+]}=\frac{1.0\times10^{-14}}{1.0\times10^{-1}}=1.0\times10^{-13}\,mol\cdot dm^{-3}$$

同理，在 0.10 $mol\cdot dm^{-3}$ NaOH 水溶液中①若溶液的$[OH^-]=0.10\ mol\cdot dm^{-3}$，则$[H_3O^+]=1.0\times10^{-13}\ mol\cdot dm^{-3}$。不论是酸性还是碱性溶液中 H_3O^+ 和 OH^- 离子都是同时存在的，它们浓度的乘积为常数，其中任何一个离子浓度随另一个浓度增大，可以减小，但不会等于零。

许多化学反应和几乎全部的生物生理现象都是在 H_3O^+ 浓度较小(例如$[H_3O^+]=10^{-2}\sim10^{-8}\ mol\cdot dm^{-3}$)的溶液中进行，这时如用$[H_3O^+]$负对数值(以符号 pH 代表)

$$pH=-\lg[H_3O^+]$$

来表示溶液的酸碱性就比较方便。pH 改变 1 个单位，相应于$[H_3O^+]$改变了 10 倍。$[OH^-]$和 K_w 亦可分别用 pOH 和 pK_w 来表示，若对(8.9)式的等号两边各取其负对数，则

$$-\lg[H_3O^+] - \lg[OH^-] = -\lg K_w$$

$$pH + pOH = pK_w$$

$$pH + pOH = 14$$

pH 和 pOH 使用范围一般在 0～14 之间。在这个范围以外，用浓度($mol\cdot dm^{-3}$)表示酸度和碱度反而方便。室温条件下，溶液 pH<7 为酸性，pH>7 为碱性，pH=7 为中性。

---

① 无论加强酸或强碱到溶液中，水的电离都受到抑制。在粗略计算时，只要外加强酸碱浓度 $>10^{-6}\,mol\cdot dm^{-3}$，一般就可以不考虑由水电离提供的$[H_3O^+]$和$[OH^-]$。

8.3 弱酸弱碱电离平衡

(Ionization Equilibrium of Weak Acid and Base)

弱酸、弱碱与溶剂水分子之间的质子传递反应，统称为弱酸弱碱电离平衡。在水溶液中能电离出一个或多个 H_3O^+(或 OH^-)的弱酸(碱)分别称为一元弱酸弱碱或多元弱酸弱碱。下面分述之。

8.3.1 一元弱酸、弱碱的电离平衡

根据各一元弱酸(碱)电离平衡常数以及它们的起始浓度，就可以计算溶液中的$[H_3O^+]$或$[OH^-]$。例如计算 0.10 mol·dm^{-3} HAc 水溶液的$[H_3O^+]$时，HAc 水溶液的电离平衡式是

$$HAc + H_2O \rightleftharpoons H_3O^+ + Ac^-$$

设 H_3O^+ 和 Ac^- 的平衡浓度为 x mol·dm^{-3}，因 HAc 电离度很小，所以 HAc 的平衡浓度几乎等于起始浓度，即$[HAc]\approx 0.10$ mol·dm^{-3}。代入平衡常数式，则

$$K_a = \frac{[H_3O^+][Ac^-]}{[HAc]} = \frac{x^2}{0.10}$$

$$x = \sqrt{K_a c} = \sqrt{1.75\times10^{-5}\times0.10} = 1.3\times10^{-3}, \quad [H_3O^+] = [Ac^-] = 1.3\times10^{-3}\ \text{mol·dm}^{-3}$$

$$\text{电离度 } \alpha = 1.3\times10^{-3}/0.10 = 0.013 \text{ 或 } 1.3\%$$

由水电离出的$[H_3O^+]$受到 HAc 电离的抑制，总是小于 10^{-7} mol·dm^{-3}，与 1.3×10^{-3} mol·dm^{-3}相比，是完全可以忽略的。

以上计算我们实际上是使用了简化计算公式，若弱酸初始浓度为 c，该公式为

$$[H_3O^+] = \sqrt{K_a c} \tag{8.10}$$

电离度越小这种计算越合理，一般认为当弱电解质电离度小于 5%，即 $c/K_a > 400$① 才可应用。

同理，一元弱碱的简化计算公式为

$$[OH^-] = \sqrt{K_b c} \tag{8.11}$$

【例 8.1】 计算 0.010 mol·dm^{-3} 二氯代乙酸($CHCl_2COOH$)溶液中的氢离子浓度。已知该酸的 K_a 为 4.5×10^{-2}。

解 根据$\dfrac{c}{K_a} = \dfrac{0.010}{4.5\times10^{-2}} \ll 400$ 判断，计算此溶液的$[H_3O^+]$不能用简化法。设溶液中该酸已电离的部分为 x mol·dm^{-3}，则

$$CHCl_2COOH + H_2O \rightleftharpoons CHCl_2COO^- + H_3O^+$$

平衡浓度/(mol·dm^{-3})　　$0.010-x$　　　x　　　x

① 根据弱酸电离平衡式 $K_a = \dfrac{c\alpha c\alpha}{c - c\alpha} = \dfrac{c\alpha^2}{1-\alpha}$，整理，得$\dfrac{c}{K_a} = \dfrac{1-\alpha}{\alpha^2}$。若 $\alpha = 5\%$，则

$$\frac{c}{K_a} = \frac{1-0.05}{(0.05)^2} = 380 \quad (\approx 400)$$

所以说$\dfrac{c}{K_a} \geqslant 400$(即 $\alpha \leqslant 5\%$)，可采用简便方法计算。

$$\frac{[CHCl_2COO^-][H_3O^+]}{[CHCl_2COOH]}=\frac{x^2}{0.010-x}=4.5\times10^{-2}$$

$$x^2+4.5\times10^{-2}x-4.5\times10^{-4}=0$$

解此一元二次方程，得

$$x=8.4\times10^{-3},\quad [H_3O^+]=8.4\times10^{-3}\,mol\cdot dm^{-3}$$

$$\alpha=\frac{[H_3O^+]}{c}\times100\%=\frac{8.4\times10^{-3}\,mol\cdot dm^{-3}}{0.010\,mol\cdot dm^{-3}}\times100\%=84\%$$

可见 $0.010\,mol\cdot dm^{-3}$ 二氯代乙酸的电离度相当大。若按(8.10)式近似计算，则得

$$x=\sqrt{K_a c}=\sqrt{4.5\times10^{-2}\times1.0\times10^{-2}}=2.1\times10^{-2}$$

$[H_3O^+]$大于 $CHCl_2COOH$ 的初始浓度，这当然是荒谬的结论。

【例 8.2】 将 2.45 g 固体 NaCN 配制成 500 cm^3 水溶液，计算此溶液的酸度。已知 HCN 的 K_a 为 6.2×10^{-10}。

解 溶液中 Na^+ 离子并不参与酸碱平衡，决定溶液酸度的是 CN^- 离子，其浓度为 $\frac{2.45\,g}{49\,g\cdot mol^{-1}\times0.50\,dm^3}=0.10\,mol\cdot dm^{-3}$。在水溶液中，$CN^-$ 离子有下述电离平衡：

$$CN^-+H_2O \rightleftharpoons OH^-+HCN$$

$$K_b(CN^-)=\frac{[OH^-][HCN]}{[CN^-]}=\frac{K_w}{K_a}=\frac{1.0\times10^{-14}}{6.2\times10^{-10}}=1.6\times10^{-5}$$

因为 $c/K_b=0.10/(1.6\times10^{-5})>400$，设$[OH^-]=x\,mol\cdot dm^{-3}$，则

$$x=\sqrt{K_b(CN^-)\times c}=\sqrt{1.6\times10^{-5}\times0.10}=1.3\times10^{-3},\quad [OH^-]=1.3\times10^{-3}\,mol\cdot dm^{-3}$$

$$pH=14-pOH=14-2.89=11.11$$

由例题 8.2 可见，离子型酸碱电离平衡计算方法完全与弱酸、弱碱的相同，它们的电离平衡就是所谓的**水解平衡**(hydrolysis equilibrium)，水解平衡常数 K_h 相当于这里的共轭酸碱的 K_a 或 K_b。可见，Brønsted-Lowry 酸碱理论反映了各类酸碱平衡的本质，简化了平衡的类型。

8.3.2 多元弱酸、弱碱电离平衡

多元弱酸、弱碱在水溶液中的电离是分步进行的。例如，二元弱酸 H_2S 第一步电离，生成 H_3O^+ 和 HS^-；HS^- 又发生第二步电离，生成 H_3O^+ 与 S^{2-}。这两步电离平衡同时存在于溶液中，K_{a_1}、K_{a_2} 分别为 H_2S 的第一、第二步电离的平衡常数：

$$H_2S+H_2O \rightleftharpoons H_3O^++HS^- \qquad K_{a_1}=\frac{[H_3O^+][HS^-]}{[H_2S]}=8.9\times10^{-8}$$

$$HS^-+H_2O \rightleftharpoons H_3O^++S^{2-} \qquad K_{a_2}=\frac{[H_3O^+][S^{2-}]}{[HS^-]}=1.2\times10^{-13}$$

三元弱酸 H_3PO_4 的电离则分三步进行，相应的电离平衡为：

$$H_3PO_4+H_2O \rightleftharpoons H_3O^++H_2PO_4^- \qquad K_{a_1}=\frac{[H_3O^+][H_2PO_4^-]}{[H_3PO_4]}=6.9\times10^{-3}$$

$$H_2PO_4^-+H_2O \rightleftharpoons H_3O^++HPO_4^{2-} \qquad K_{a_2}=\frac{[H_3O^+][HPO_4^{2-}]}{[H_2PO_4^-]}=6.2\times10^{-8}$$

$$HPO_4^{2-}+H_2O \rightleftharpoons H_3O^++PO_4^{3-} \qquad K_{a_3}=\frac{[H_3O^+][PO_4^{3-}]}{[HPO_4^{2-}]}=4.8\times10^{-13}$$

多元弱酸电离常数都是 $K_{a_1} \gg K_{a_2} \gg K_{a_3}$，一般彼此都相差 $10^4 \sim 10^5$。由 H_2S、H_3PO_4 的电离常数值可见，第二步电离远比第一步困难，而第三步又比第二步困难。这是由于第二步电离要从已经带有 1 个负电荷的离子中再分出 1 个正离子 H^+，当然比从中性分子 H_2S 中电离出 1 个 H^+ 要困难得多。同理，第三步电离就更加困难。如从浓度对于电离平衡的影响来看，第一步电离出的 H_3O^+ 能抑制第二、第三步的电离，因此从数量上看，由第二、第三步电离出的 H_3O^+ 与第一步电离的相比是微不足道的。

硫酸其实也是分步电离的：

$$H_2SO_4 + H_2O \longrightarrow H_3O^+ + HSO_4^-$$

$$HSO_4^- + H_2O \rightleftharpoons H_3O^+ + SO_4^{2-} \qquad K_{a_2} = \frac{[H_3O^+][SO_4^{2-}]}{[HSO_4^-]} = 1.0 \times 10^{-2}$$

第一步是完全电离，而第二步却不完全电离。

高价金属水合阳离子也是一种多元酸，例如 $Al(H_2O)_6^{3+}$、$Fe(H_2O)_6^{3+}$、$Cu(H_2O)_4^{2+}$ 以及 $Zn(H_2O)_4^{2+}$ 等金属水合阳离子，它们在水溶液中也能分步电离（按 Arrhenius 理论称为水解）显酸性。现以硫酸铝水溶液中铝的水合离子为例，$Al(H_2O)_6^{3+}$ 发生

$$[Al(H_2O)_6]^{3+} + H_2O \rightleftharpoons [Al(OH)(H_2O)_5]^{2+} + H_3O^+$$

$$[Al(OH)(H_2O)_5]^{2+} + H_2O \rightleftharpoons [Al(OH)_2(H_2O)_4]^{+} + H_3O^+$$

$$[Al(OH)_2(H_2O)_4]^{+} + H_2O \rightleftharpoons Al(OH)_3(H_2O)_3 + H_3O^+$$

分步电离，最后以 $Al(OH)_3(H_2O)_3$ 的形式沉淀析出①。多价阳离子电离产生的 H_3O^+ 也主要来自第一步。各种高价金属阳离子在水中的电离程度各不相同，它们的离子势（金属离子的电荷数/金属离子半径，即 z/r）越高，越易吸引水分子负端，产生氢氧化物沉淀并释放出氢离子，溶液酸性就越强。为了防止沉淀析出，配制这些金属离子的水溶液时，必须在溶液中先加入适量强酸。

【例 8.3】 计算 $0.10\ mol \cdot dm^{-3}$ H_2S 水溶液的 $[H_3O^+]$ 和 $[S^{2-}]$ 以及 H_2S 的电离度。

在 H_2S 溶液中有两步电离平衡：

$$H_2S + H_2O \rightleftharpoons H_3O^+ + HS^- \qquad K_{a_1} = \frac{[H_3O^+][HS^-]}{[H_2S]} = 8.9 \times 10^{-8}$$

$$HS^- + H_2O \rightleftharpoons H_3O^+ + S^{2-} \qquad K_{a_2} = \frac{[H_3O^+][S^{2-}]}{[HS^-]} = 1.2 \times 10^{-13}$$

解 比较上述 H_2S 两步电离平衡常数 $K_{a_1} \gg K_{a_2}$，而且 $c/K_{a_1} \gg 400$，因此溶液中 $[H_3O^+]$ 只需按第一步电离平衡简化计算。设 $[H_3O^+] = x\ mol \cdot dm^{-3}$，则

$$x = \sqrt{K_{a_1} c} = \sqrt{8.9 \times 10^{-8} \times 0.10} = 9.4 \times 10^{-5}$$

$$[H_3O^+] = [HS^-] = 9.4 \times 10^{-5}\ mol \cdot dm^{-3}, \quad pH = 3.97$$

而 $[S^{2-}]$ 则需按第二步电离平衡求算。

按多重平衡原则，H_2S 水溶液两步电离平衡表达式中的 $[H_3O^+]$ 都是代表溶液中总的氢离子浓度，又因 HS^- 电离的 H_3O^+ 可以忽略，则

$$[H_3O^+] \approx [HS^-]$$

① 金属阳离子的水解反应是相当复杂的，例如 Al^{3+} 或 Fe^{3+}，水解过程中还能发生聚合反应。这里介绍的 $Al(H_2O)_6^{3+}$ 分步电离式只是示意性的。

设$[S^{2-}]=x\ mol\cdot dm^{-3}$,那么由第二步电离平衡常数式

$$x=K_{a_2}=1.2\times10^{-13},\quad [S^{2-}]=1.2\times10^{-13}\ mol\cdot dm^{-3}$$

$$电离度\ \alpha=\frac{9.4\times10^{-5}}{0.10}=0.94\times10^{-3}或0.09\%$$

可见:0.10 $mol\cdot dm^{-3}$ H_2S溶液中,H_2S的电离度≈0.1%,溶液中绝大部分是未电离的H_2S分子。S^{2-}是由第二步电离所产生,因K_{a_2}很小,因此$[S^{2-}]$是非常小的。

【例8.4】 计算0.10 $mol\cdot dm^{-3}$ Na_2S溶液中$[S^{2-}]$、$[HS^-]$和$[OH^-]$及S^{2-}的电离度。

解 S^{2-}在水溶液中的分步电离平衡式及其平衡常数为

$$S^{2-}+H_2O \rightleftharpoons OH^- + HS^- \qquad K_{b_1}=\frac{[OH^-][HS^-]}{[S^{2-}]}=\frac{K_w}{K_{a_2}}=\frac{1.0\times10^{-14}}{1.2\times10^{-13}}=8.3\times10^{-2}$$

$$HS^- + H_2O \rightleftharpoons OH^- + H_2S \qquad K_{b_2}=\frac{[OH^-][H_2S]}{[HS^-]}=\frac{K_w}{K_{a_1}}=\frac{1.0\times10^{-14}}{8.9\times10^{-8}}=1.1\times10^{-7}$$

因为$K_{b_1}\gg K_{b_2}$,计算时也不必考虑第二步电离,可按一步电离;并设$[OH^-]=[HS^-]=x\ mol\cdot dm^{-3}$

$$S^{2-} + H_2O \rightleftharpoons OH^- + HS^-$$

平衡浓度/($mol\cdot dm^{-3}$)　　$0.10-x$　　　　x　　x

$$K_{b_1}=\frac{[OH^-][HS^-]}{[S^{2-}]}=\frac{x^2}{0.10-x}=8.3\times10^{-2}$$

因$\frac{c}{K_b}<400$,不能简化计算,解上面的一元二次方程,得

$$x=5.9\times10^{-2},\quad [OH^-]=[HS^-]=5.9\times10^{-2}\ mol\cdot dm^{-3}$$

$$[S^{2-}]=(0.10-0.059)mol\cdot dm^{-3}=4.1\times10^{-2}\ mol\cdot dm^{-3}$$

$$电离度^{①}\ \alpha=\frac{0.059\ mol\cdot dm^{-3}}{0.10\ mol\cdot dm^{-3}}\times100\%=59\%$$

通过上述两例,可以得到如下结论:

(1) 在多元弱酸溶液中,$[H_3O^+]$主要决定于第一步电离,计算溶液$[H_3O^+]$时均可忽略第二、第三步电离而将多元酸当做一元酸处理。由此导致的一个必然结果是:在二元弱酸H_2A溶液中

$$[A^{2-}]\approx K_{a_2}$$

酸根的浓度与该酸的起始浓度无关,二元弱酸K_{a_2}越小,则酸根的浓度越低。

(2) 多元弱碱(如Na_2S、Na_2CO_3、Na_3PO_4等)在水中分步电离以及溶液中碱度计算原则与多元弱酸相似,只是计算时须采用碱常数K_b。

8.3.3 两性物质的酸碱性

HCO_3^-、HPO_4^{2-}、$H_2PO_4^-$、NH_4Ac、NH_4CN、$CuSO_4$等这一类物质,在水溶液中既可进行酸式电离又可进行碱式电离,故称之为两性物质。它们的水溶液究竟是酸性还是碱性,则取决于酸式和碱式电离常数大小,如$NaHCO_3$虽然是酸式盐,它在水溶液中显碱性,可由下述电

① S^{2-}的电离平衡即为水解平衡,此处的电离度就是水解度。

离平衡说明之：

碱式电离　$HCO_3^- + H_2O \rightleftharpoons H_2CO_3 + OH^-$　　$K_{b_2} = \dfrac{K_w}{K_{a_1}} = \dfrac{1.0\times10^{-14}}{4.5\times10^{-7}} = 2.2\times10^{-8}$

酸式电离　$HCO_3^- + H_2O \rightleftharpoons CO_3^{2-} + H_3O^+$　　$K_{a_2} = 4.7\times10^{-11}$

定性地看，因 $K_{b_2} > K_{a_2}$，所以溶液显碱性。利用多重平衡原理可定量推算。该溶液实际上同时存在以下 3 个平衡关系：

① $HCO_3^- + H_2O \rightleftharpoons H_2CO_3 + OH^-$　　$K_1 = K_w/K_{a_1}$

② $HCO_3^- + H_2O \rightleftharpoons CO_3^{2-} + H_3O^+$　　$K_2 = K_{a_2}$

③ $H_3O^+ + OH^- \rightleftharpoons 2H_2O$　　$K_3 = 1/K_w$

在水溶液中，一种离子可以同时参与多个平衡，浓度皆相同，所以式①＋式②＋式③，得

$$2HCO_3^- \rightleftharpoons H_2CO_3 + CO_3^{2-} \qquad K = K_1K_2K_3 = K_{a_2}/K_{a_1}$$

HCO_3^- 分别电离产生的 H_3O^+ 和 OH^- 中和生成水，促进各自的电离平衡的移动。分析化学书中，利用物料平衡和电荷平衡，结合反应的平衡关系，可以导出质子浓度的表达式：

$$[H_3O^+] = \sqrt{K_{a_1}K_{a_2}} \tag{8.12}$$

$$[H_3O^+] = \sqrt{4.5\times10^{-7}\times4.7\times10^{-11}} = 4.6\times10^{-9}, \quad pH = 8.34$$

计算结果与实验测定接近。其他两性物质亦可用类似公式计算。

8.4　酸碱电离平衡的移动

(Shift of Acid-Base Ionization Equilibrium)

电离平衡和其他一切化学平衡一样，也是一个暂时的、相对的动态平衡。当外界条件改变时，旧的平衡就被破坏，经过分子或离子间的相互作用，在新的条件下建立新的平衡。如往 HAc 溶液中加入一定量的 NaAc，因溶液中 Ac^- 离子浓度大大增加，使 HAc 的电离平衡

$$HAc + H_2O \rightleftharpoons H_3O^+ + Ac^-$$

向左移动，从而降低了 HAc 的电离度。若往 HAc 溶液中加入一定量的盐酸，因 H_3O^+ 增大，电离平衡也会左移，HAc 电离度降低。又如往氨水中加入一定量的强碱或 NH_4Cl，情况也类似，也会降低氨水的电离度。

$$NH_3 + H_2O \rightleftharpoons OH^- + NH_4^+$$

往弱电解质溶液中加入具有同一种离子的强电解质而使电离平衡向左移动，从而降低弱电解质电离度。这种改变体系中参与平衡的某种离子浓度，使平衡向指定方向移动，称为**同离子效应**(common ion effect)。反之，若减小电离平衡产物离子的浓度，平衡则向右移动。

【例 8.5】　若向 1.0 dm^3 0.10 $mol\cdot dm^{-3}$ HAc 溶液中加入一定量固体 NaAc，使溶液中 $[Ac^-]$ 变为 1.0 $mol\cdot dm^{-3}$。计算该 HAc 和 NaAc 混合溶液的 $[H_3O^+]$ 和 HAc 的电离度。

解　若 HAc 溶液中含有大量 Ac^-，由于同离子效应，HAc 电离度是很小的。所以，HAc 电离平衡浓度可以忽略其电离部分，而等于其起始浓度，即

$$[HAc] = c(HAc) = 0.10\ mol\cdot dm^{-3}, \quad [Ac^-] = c(Ac^-) = 1.0\ mol\cdot dm^{-3}$$

设 $[H_3O^+] = x\ mol\cdot dm^{-3}$，则

$$x=\frac{c(\text{HAc})}{c(\text{Ac}^-)}\times K_a=\frac{0.10}{1.0}\times 1.75\times 10^{-5}=1.8\times 10^{-6}$$

$$[\text{H}_3\text{O}^+]=1.8\times 10^{-6}\ \text{mol}\cdot\text{dm}^{-3},\quad \text{pH}=5.74$$

$$\text{电离度}\ \alpha=\frac{1.8\times 10^{-6}\ \text{mol}\cdot\text{dm}^{-3}}{0.10\ \text{mol}\cdot\text{dm}^{-3}}=1.8\times 10^{-5}\text{或}\ 0.0018\%$$

由 8.3.1 节知，0.10 $mol \cdot dm^{-3}$的 HAc 溶液的 H_3O^+ 浓度为 1.3×10^{-3} $mol \cdot dm^{-3}$，电离度 $\alpha=1.3\%$。而在此 HAc 和 NaAc 混合液中，因 Ac^- 的同离子效应，使 HAc 的电离度降低为 0.0018%，H_3O^+ 浓度降至 1.8×10^{-6} $mol \cdot dm^{-3}$。

同样方法可以计算在 0.10 $mol \cdot dm^{-3}$ $NH_3 \cdot H_2O$ 溶液中加入一定量固体 NH_4Cl，使$[NH_4^+]$为 1.0 $mol \cdot dm^{-3}$后的$[OH^-]$。计算结果列于表 8.4。

表 8.4 同离子效应对弱酸(碱)电离平衡的影响

溶液	$\frac{[H_3O^+]}{mol \cdot dm^{-3}}$	电离度 α	pH
0.10 $mol \cdot dm^{-3}$ HAc	1.3×10^{-3}	1.3%	2.89
混合溶液中含： 0.10 $mol \cdot dm^{-3}$ HAc 1.0 $mol \cdot dm^{-3}$ NaAc	1.8×10^{-6}	0.0018%	5.74
0.10 $mol \cdot dm^{-3}$ $NH_3 \cdot H_2O$	7.5×10^{-12}	1.3%	11.12
混合溶液中含： 0.10 $mol \cdot dm^{-3}$ $NH_3 \cdot H_2O$ 1.0 $mol \cdot dm^{-3}$ NH_4Cl	5.6×10^{-9}	0.0018%	8.25

这类混合溶液的氢离子(或氢氧根离子)浓度、共轭酸碱浓度可归纳成如下关系：

$$[\text{H}_3\text{O}^+]=K_a\frac{c(\text{弱酸})}{c(\text{共轭碱})},\quad \text{pH}=\text{p}K_a+\lg\frac{c(\text{共轭碱})}{c(\text{弱酸})} \tag{8.13}$$

$$[\text{OH}^-]=K_b\frac{c(\text{弱碱})}{c(\text{共轭酸})},\quad \text{pOH}=\text{p}K_b+\lg\frac{c(\text{共轭酸})}{c(\text{弱碱})} \tag{8.14}$$

硫化氢 H_2S 是二元弱酸，它在水溶液中分两步电离，除 H_2S 分子外，还有 H_3O^+、HS^- 和 S^{2-} 等离子存在，它们的平衡浓度随$[H_3O^+]$不同，会有很大幅度的变化。

① $$\text{H}_2\text{S}+\text{H}_2\text{O}\rightleftharpoons \text{H}_3\text{O}^+ + \text{HS}^-\qquad K_{a_1}=\frac{[\text{H}_3\text{O}^+][\text{HS}^-]}{[\text{H}_2\text{S}]},\quad \frac{[\text{HS}^-]}{[\text{H}_2\text{S}]}=\frac{K_{a_1}}{[\text{H}_3\text{O}^+]}$$

② $$\text{HS}^- +\text{H}_2\text{O}\rightleftharpoons \text{H}_3\text{O}^+ +\text{S}^{2-}\qquad K_{a_2}=\frac{[\text{H}_3\text{O}^+][\text{S}^{2-}]}{[\text{HS}^-]},\quad \frac{[\text{S}^{2-}]}{[\text{HS}^-]}=\frac{K_{a_2}}{[\text{H}_3\text{O}^+]}$$

参考上述两比例式得知，随 H_3O^+ 浓度不同，硫元素在溶液中的主要存在形式也不同(见下表)：

$[H_3O^+]$或 pH		溶液中主要存在形式
$[H_3O^+]>K_{a_1}$ 或 $pH<pK_{a_1}$	$[H_2S]>[HS^-]$	未电离的 H_2S 分子
$[H_3O^+]<K_{a_2}$ 或 $pH>pK_{a_2}$	$[S^{2-}]>[HS^-]$	S^{2-}
$K_{a_1}>[H_3O^+]>K_{a_2}$ 或 $pK_{a_1}<pH<pK_{a_2}$	$[H_2S]<[HS^-]>[S^{2-}]$	HS^-

H_2S 的两步电离同时存在于溶液中，按多重平衡原理，式①＋式②，可得

$$H_2S + 2H_2O \rightleftharpoons 2H_3O^+ + S^{2-} \qquad K_{a_1}K_{a_2}=\frac{[H_3O^+][HS^-]}{[H_2S]}\times\frac{[H_3O^+][S^{2-}]}{[HS^-]}$$

$$\frac{[H_3O^+]^2[S^{2-}]}{[H_2S]}=K_{a_1}K_{a_2}=1.1\times10^{-20} \qquad (8.15)$$

按(8.15)式，可以直接调节溶液的酸度来控制$[S^{2-}]$。必须注意，这个平衡式只是表明了达到平衡时，溶液中 H_2S、H_3O^+ 和 S^{2-} 三者平衡浓度的相互关系，并不表示 H_2S 一步电离出 2 个 H_3O^+ 和 1 个 S^{2-} 离子①，而这个平衡式中没有包含 HS^- 离子，并非溶液中就没有 HS^- 存在。在饱和 H_2S 溶液中，当 pH<5 时，由于 H_2S 电离部分可以忽略不计，则

$$[H_2S]\approx c(H_2S)=0.10\ mol\cdot dm^{-3}$$

所以(8.15)式又可写成

$$[H_3O^+]^2[S^{2-}]=K_{a_1}K_{a_2}c(H_2S)=1.1\times10^{-21}$$

即$[H_3O^+]^2$ 与$[S^{2-}]$存在反比的关系。

【例 8.6】 在常温常压下向 0.30 mol·dm^{-3} HCl 溶液中通入 H_2S 气体直至饱和，实验测得$[H_2S]$近似为 0.10 mol·dm^{-3}。计算溶液中 S^{2-} 的浓度。

解 将$[H_3O^+]=0.30$ mol·dm^{-3}代入(8.15)式，并设$[S^{2-}]=x$ mol·dm^{-3}，有

$$\frac{[H_3O^+]^2[S^{2-}]}{[H_2S]}=\frac{(0.30)^2x}{(0.10)}=1.1\times10^{-20}$$

所以 $$x=\frac{1.1\times10^{-20}\times(0.10)}{(0.30)^2}=1.3\times10^{-20}, \quad [S^{2-}]=1.3\times10^{-20}\ mol\cdot dm^{-3}$$

将此结果与例题 8.3 中相比，可以看到：在 0.10 mol·dm^{-3}的 H_2S 溶液中，$[H_3O^+]=9.4\times10^{-5}$ mol·dm^{-3}、$[S^{2-}]=1.2\times10^{-13}$ mol·dm^{-3}，当加入适量 HCl，使$[H_3O^+]=0.30$ mol·dm^{-3}时，$[S^{2-}]$锐减为 1.3×10^{-20} mol·dm^{-3}，两者相差 10^7 量级。其他常用的多元弱酸，如 H_2CO_3、H_3PO_4、$H_2C_2O_4$ 都有类似情况。

以上是调节弱酸(碱)溶液的酸度来改变溶液中共轭酸碱对浓度。反之，如调节溶液中共轭酸碱对的比值，也可控制溶液的酸(碱)度。

酸碱指示剂(acid-base indicator)是一些结构比较复杂的有机弱酸或弱碱。它们的存在形式随溶液酸度不同而改变，并呈现不同的颜色，在溶液中能电离出 H_3O^+ 的称为酸色形(以 HIn 表示)，而能接受 H_3O^+ 的称为碱色形(以 In^- 表示)。例如，酚酞是一种有机弱酸(HIn)：

$$HIn + H_2O \rightleftharpoons H_3O^+ + In^- \qquad (8.16)$$

无色（酸色形） 紫红色（碱色形）

$$K(HIn)=\frac{[H_3O^+][In^-]}{[HIn]}, \qquad \frac{[In^-]}{[HIn]}=\frac{K(HIn)}{[H_3O^+]}$$

① 从例题 8.3 的计算已可说明，$[H_3O^+]$并非$[S^{2-}]$的 2 倍，而是 10^9 倍。

它在溶液中无色，其共轭碱 (In^-)在溶液中显紫红色①。若溶液中存在极少量的指示剂，其电离平衡并不影响整个溶液的 H_3O^+ 浓度，但溶液中的 H_3O^+ 浓度却影响指示剂的电离平衡。当溶液中$[H_3O^+]$增大，(8.16)平衡式向左移动，$[In^-]\ll[HIn]$，则溶液无色；反之，若$[H_3O^+]$减小，平衡向右移动，$[In^-]\gg[HIn]$，则溶液呈现紫红色。也就是说，$[H_3O^+]$的大小决定了溶液中$[In^-]/[HIn]$比值，而 $K(\mathrm{HIn})$是确定指示剂变色范围的依据。

人眼辨色能力是有限的，一般能察觉到的颜色变化范围是在$[In^-]/[HIn]=1/10\sim10/1$ 之间。$pK_a\pm1$范围就称为指示剂的 pH 变色范围。

$\dfrac{[In^-]}{[HIn]}=\dfrac{1}{10}=\dfrac{K(HIn)}{[H_3O^+]}$	$[H_3O^+]=10K(HIn)$ $pH=pK_a-1$	溶液以 HIn 为主，显酸色(酚酞显无色)
$\dfrac{[In^-]}{[HIn]}=1=\dfrac{K(HIn)}{[H_3O^+]}$	$[H_3O^+]=K(HIn)$ $pH=pK_a$	溶液呈现酸色与碱色的混合色，又称过渡色(酚酞显粉红色)
$\dfrac{[In^-]}{[HIn]}=\dfrac{10}{1}=\dfrac{K(HIn)}{[H_3O^+]}$	$[H_3O^+]=\dfrac{1}{10}K(HIn)$ $pH=pK_a+1$	溶液中以 In^- 为主，显碱色(酚酞显紫红色)

由于各种酸碱指示剂的 $K(\mathrm{HIn})$值不同，它们的变色范围也就不同。当 $K(\mathrm{HIn})>10^{-7}$[即$pK(\mathrm{HIn})<7$]时，变色范围在弱酸性范围内；当 $K(\mathrm{HIn})<10^{-7}$[即 $pK(\mathrm{HIn})>7$]时，则变色范围在弱碱性范围内。指示剂的变色范围一般小于 2 个 pH 单位。现将一些常用酸碱指示剂列于表 8.5。酸碱中和滴定的终点，就是利用各指示剂在不同 pH 变色范围内颜色的突变来确定的。

表 8.5　几种常用酸(碱)指示剂的变色范围

指示剂	颜　色			$pK(\mathrm{HIn})$	变色 pH 范围(18℃)
	酸色形	过渡色	碱色形		
甲基橙(弱碱)	红	橙	黄	3.4	3.1～4.4
甲基红(弱酸)	红	橙	黄	5.0	4.4～6.2
溴百里酚蓝(弱酸)	黄	绿	蓝	7.3	6.0～7.6
酚酞(弱酸)	无色	粉红	红	9.1	8.0～10.0

8.5　缓冲溶液
(Buffer Solution)

以上几例是调节 H_3O^+ 浓度控制溶液中共轭酸碱对浓度的比例，反之调节溶液中共轭酸碱对的浓度比值则可以控制溶液的酸碱度，其重要应用实例就是配制缓冲溶液。许多化学反

① 酚酞的结构式

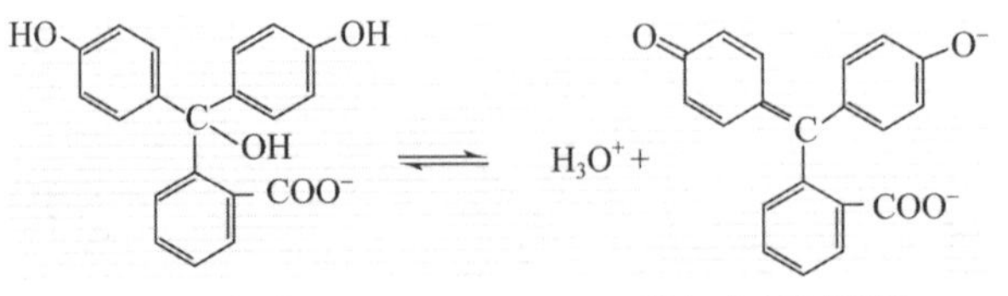

无色(酸色形)　　　　紫红色(碱色形)

应必须在一定酸度范围内才能进行，例如，人体血液的 pH 要保持在 7.35～7.45 左右才能维持机体的酸碱平衡。怎样才能使各种溶液保持恒定的 pH？先请看下面的实验结果。

	实验步骤	pH*	
		pH 计测定	计算
Ⅰ	将 5.0 cm^3 0.20 $mol\cdot dm^{-3}$ HAc 与 9.0 cm^3 0.20 $mol\cdot dm^{-3}$ NaAc 混合均匀	4.84	5.01
Ⅱ	往上述 pH=5.00 的混合溶液中加入： 0.10 cm^3(2 滴) 1.0 $mol\cdot dm^{-3}$ HCl 或 0.10 cm^3(2 滴) 1.0 $mol\cdot dm^{-3}$ NaOH	 4.79 4.91	 4.96 5.09
Ⅲ	往 10 cm^3 pH=5.00 的 HCl 溶液中加入： 0.10 cm^3(2 滴) 1.0 $mol\cdot dm^{-3}$ HCl 或 0.10 cm^3(2 滴) 1.0 $mol\cdot dm^{-3}$ NaOH	 2.07 11.81	 2.00 12.00

* 由于溶液中存在离子间的相互作用，根据实验测定的 H_3O^+ 浓度实际上是 H_3O^+ 的活度，因此 pH 的实验值与计算值略有差别。

实验Ⅰ是配制了 HAc 和 NaAc 的混合溶液。实验Ⅱ是向 HAc 和 NaAc 混合溶液中加入少量强酸或强碱之后，该溶液的 pH 基本上无变化。这种含有“共轭酸碱对”(如 HAc 和 Ac^-)的混合溶液能缓解外加少量酸、碱或水的影响，而保持溶液 pH 不发生显著变化的作用叫做**缓冲作用**，具有这种缓冲能力的溶液叫**缓冲溶液**。对比之下，实验Ⅲ是 pH=5.00 的 HCl 溶液，在加入少量酸或碱时，pH 都发生显著的变化。

缓冲溶液为什么具有维持 pH 不变的能力？这是因为当弱酸与其共轭碱共存时，电离平衡受同离子效应的影响，溶液中$[H_3O^+]$按(8.13)式由弱酸及其共轭碱的浓度比所决定。对于实验Ⅰ的 HAc 和 NaAc 混合溶液，设$[H_3O^+]=x\ mol\cdot dm^{-3}$，则

$$x=K_a\frac{c(HAc)}{c(Ac^-)}=1.75\times10^{-5}\times\frac{(5.0\times0.20)/14}{(9.0\times0.20)/14}=1.75\times10^{-5}\times0.56=9.8\times10^{-6}$$

$$[H_3O^+]=9.8\times10^{-6}\ mol\cdot dm^{-3},\quad pH=5.01$$

若将 0.10 cm^3 1.0 $mol\cdot dm^{-3}$ HCl 加入上述 HAc 和 NaAc 混合溶液时，少量 HCl 与大量存在的 Ac^- 发生酸碱中和反应。溶液中 HAc 的量有所增加，而 Ac^- 的量则略有下降，它们的浓度分别为

$$c(HAc)=\frac{5.0\ cm^3\times0.20\ mol\cdot dm^{-3}+0.10\ cm^3\times1.0\ mol\cdot dm^{-3}}{14.1\ cm^3}=0.078\ mol\cdot dm^{-3}$$

$$c(Ac^-)=\frac{9.0\ cm^3\times0.20\ mol\cdot dm^{-3}-0.10\ cm^3\times1.0\ mol\cdot dm^{-3}}{14.1\ cm^3}=0.12\ mol\cdot dm^{-3}$$

设$[H_3O^+]=x\ mol\cdot dm^{-3}$，则

$$x=K_a\frac{c(HAc)}{c(Ac^-)}=1.75\times10^{-5}\times\frac{0.078}{0.12}=1.1\times10^{-5}$$

$$[H_3O^+]=1.1\times10^{-5}\ mol\cdot dm^{-3},\quad pH=4.96$$

与原来 HAc-NaAc 混合溶液的 pH 相比较，pH 仅仅改变了 0.05 个单位，所以可认为原混合溶液的$[H_3O^+]$不因外加少量强酸而发生显著变化。如用实验Ⅱ的 0.10 cm^3 1.0 $mol\cdot dm^{-3}$ NaOH 溶液加入 pH=5 的 HAc-NaAc 混合溶液，少量 OH^- 立即与大量存在的 HAc 发生酸

碱中和反应，则 HAc 和 Ac^- 浓度比

$$\frac{c(\text{HAc})}{c(\text{Ac}^-)}=\frac{(5.0\ \text{cm}^3\times0.20\ \text{mol}\cdot\text{dm}^{-3}-0.10\ \text{cm}^3\times1.0\ \text{mol}\cdot\text{dm}^{-3})/14.1\ \text{cm}^3}{(9.0\ \text{cm}^3\times0.20\ \text{mol}\cdot\text{dm}^{-3}+0.10\ \text{cm}^3\times1.0\ \text{mol}\cdot\text{dm}^{-3})/14.1\ \text{cm}^3}=0.47$$

设$[H_3O^+]=x\ \text{mol}\cdot\text{dm}^{-3}$，则

$$x=1.75\times10^{-5}\times0.47=8.2\times10^{-6}$$

$$[\text{H}_3\text{O}^+]=8.2\times10^{-6}\ \text{mol}\cdot\text{dm}^{-3},\quad \text{pH}=5.09$$

该结果同样与实验相符合，可认为原混合溶液的$[H_3O^+]$不因加入少量强碱而发生显著变化。

同理，一定量的弱碱与其共轭酸的混合溶液（如 $NH_3\cdot H_2O$ 和 NH_4Cl），也具有上述的酸碱缓冲能力。如果加水，适当稀释共轭酸碱对混合溶液，其浓度比值也不会发生太大变化，可维持溶液中$[H_3O^+]$几乎不变。

在化学工作中，缓冲溶液有广泛的应用，例如在用氢氧化物沉淀法分离 Al^{3+} 与 Mg^{2+} 时，因$Al(OH)_3$具有两性，用氨水沉淀 Al^{3+} 时，如$[OH^-]$过高，$Al(OH)_3$ 沉淀不完全，而 Mg^{2+} 也将会有少量沉淀为 $Mg(OH)_2$；但如溶液中$[OH^-]$太低，Al^{3+} 的沉淀也不可能完全。然而，若用氨水和氯化铵的混合溶液作为缓冲溶液，保持溶液 pH 在 9 左右就能使 Al^{3+} 沉淀完全而与 Mg^{2+} 分离。

另外，当有些化学反应进行时，往往伴随着 H_3O^+ 的产生或消耗，而使反应受到影响。例如用 $K_2Cr_2O_7$ 作为沉淀剂分离 Ba^{2+} 和 Sr^{2+} 时，反应过程中产生 H_3O^+ 离子

$$2\text{Ba}^{2+}(\text{aq})+\text{Cr}_2\text{O}_7^{2-}(\text{aq})+3\text{H}_2\text{O(l)}\rightleftharpoons2\text{BaCrO}_4(\text{s})+2\text{H}_3\text{O}^+(\text{aq})$$

溶液中$[H_3O^+]$的增加将使 Ba^{2+} 沉淀不完全。而用加碱的方法降低溶液酸度，控制不当时，将会增高 CrO_4^{2-} 的浓度①而引起 Sr^{2+} 沉淀，在此情况若采用醋酸及醋酸钠混合液作为缓冲溶液，控制溶液 pH 在 5 左右就能很好地分离 Ba^{2+} 和 Sr^{2+}。

酸碱缓冲作用在自然界也是很普遍的现象：土壤由于硅酸、磷酸、腐殖酸等及其共轭碱的缓冲作用，得以使 pH 保持在 5～8 之间，适宜农作物的生长。在动植物体内也都有复杂和特殊的缓冲体系在维持体液的 pH，以保证生命的正常活动，如人体血液中有机血红蛋白和血浆蛋白缓冲体系以及 HCO_3^--H_2CO_3 是最重要的缓冲对，使血液 pH 始终保持在 7.40±0.05 范围内。超出这个 pH 范围，就会不同程度地导致“酸中毒”或“碱中毒”；若改变量超过 0.4 pH 单位，患者就有生命危险。

血液中的缓冲作用 血液中的主要缓冲体系是 H_2CO_3-HCO_3^-，其中存在如下平衡：

$$\text{H}^+(\text{aq})+\text{HCO}_3^-(\text{aq})\rightleftharpoons\text{H}_2\text{CO}_3(\text{aq})$$

$$\text{H}_2\text{CO}_3(\text{aq})\rightleftharpoons\text{H}_2\text{O(l)}+\text{CO}_2(\text{g})$$

上述缓冲体系对于血液的吸氧-放氧平衡有直接影响。

$$\text{HbH}^++\text{O}_2\rightleftharpoons\text{HbO}_2+\text{H}^+$$

其中，Hb 代表血红蛋白。当血液中氧含量上升时，推动上述体系的平衡向右移动，会产生 H^+，释放 CO_2；反之，当血液中 CO_2 浓度上升，则推动上述平衡向左移动，释放 H^+，H^+ 会促进血红蛋白放氧。通过上述体系的平衡移动，血液可以精巧地调控生命体的吸氧-放氧功能，并维持血液的 pH 相对稳定。

① $Cr_2O_7^{2-}$ 与 CrO_4^{2-} 存在下列平衡，调节酸度可以控制溶液中的$[CrO_4^{2-}]$。

$$\text{Cr}_2\text{O}_7^{2-}+3\text{H}_2\text{O}\rightleftharpoons2\,\text{CrO}_4^{2-}+2\text{H}_3\text{O}^+$$

配制一份合适的缓冲溶液要从选择共轭酸碱对、选取共轭酸碱对的配比以及适当提高共轭酸碱对的浓度等方面考虑。

(1) 配制某 pH 缓冲溶液时,要选用 pK_a或 pK_b等于或接近于该 pH 的共轭酸碱对。如要配制 pH=5 左右的缓冲溶液,可以选用 $pK_a=4.76$ 的 HAc-NaAc 缓冲对。配制 pH=9 左右的缓冲溶液,则可选用 pK_a为 9.25 的 $NH_3 \cdot H_2O-NH_4Cl$ 缓冲对。可见,K_a、K_b是配制缓冲溶液的主要依据,调节酸碱比值,即能得到所需的 pH。表 8.6 列出了几种常用的缓冲溶液以供参考。

表 8.6 常用的缓冲溶液(计算值)

缓冲溶液	共轭酸碱对形式	pK_a	缓冲范围
HCOOH-NaOH	$HCOOH-HCOO^-$	3.74	2.74~4.74
$CH_3COOH-CH_3COONa$	$HAc-Ac^-$	4.76	3.76~5.76
$KH_2PO_4-Na_2HPO_4$	$H_2PO_4^--HPO_4^{2-}$	7.21	6.21~8.21
$Na_2B_4O_7-HCl$	$H_3BO_3-B(OH)_4^-$	9.27	8.27~10.27
$NH_3 \cdot H_2O-NH_4Cl$	$NH_4^+-NH_3$	9.26	8.26~10.26
$NaHCO_3-Na_2CO_3$	$HCO_3^--CO_3^{2-}$	10.33	9.33~11.33
Na_2HPO_4-NaOH	$HPO_4^{2-}-PO_4^{3-}$	12.32	11.32~13.32

(2) 适当提高共轭酸碱对的浓度。在实际工作中因往往只需控制 pH 于一定范围内而无须控制在某一固定 pH,因此共轭酸碱对的浓度也不必过高,这样不仅可节省试剂也可减少由于浓度过高对化学反应可能造成的不利影响和操作上的麻烦。一般浓度可以在 0.1 ~1 $mol \cdot dm^{-3}$为宜。当共轭酸碱的浓度各为 0.1 $mol \cdot dm^{-3}$时,溶液的 pH 改变

$$pH_{(1)}=pK_a+\lg\frac{0.1-0.01}{0.1+0.01}\approx pK_a-0.1$$

当共轭酸碱对浓度各为 1 $mol \cdot dm^{-3}$时,溶液的 pH 改变

$$pH_{(2)}=pK_a+\lg\frac{1-0.01}{1+0.01}\approx pK_a-0.01$$

从以上计算可看到,共轭酸碱对的浓度较大对控制 pH 是有利的。

(3) 保持共轭酸碱对的浓度接近,一般以 1 : 1 的溶液缓冲能力最大。例如两者总浓度为 2 $mol \cdot dm^{-3}$,当 c(共轭碱)/c(弱酸)=1 时,每 dm^3 溶液增加 0.01 mol H_3O^+时,由以上计算结果,pH 改变仅 0.01 单位;而当 c(共轭碱)/c(弱酸)=1/99 时,溶液的 pH 改变

$$pH_{(1)}=pK_a+\lg\frac{0.02}{1.98}\approx pK_a-2.0$$

$$pH_{(2)}=pK_a+\lg\frac{0.02-0.01}{1.98+0.01}\approx pK_a-2.3$$

为 0.3 单位,相应$[H_3O^+]$改变了约 2 倍。

总之,由上讨论可见,为了配制一个缓冲能力较大的缓冲溶液,缓冲物质对的浓度要大一些,c(共轭碱/酸)与 c(弱酸/碱)之比近似于 1 是最佳的条件。常用缓冲溶液各组分的浓度比可保持 c(共轭碱/酸)/c(弱酸/碱)=1/10~10/1 之间,其相应的 pH 及 pOH 变化范围为

$$pH=pK_a\pm1,\quad pOH=pK_b\pm1$$

称为缓冲溶液最有效的缓冲范围,各体系的相应缓冲范围显然决定于它们的 K_a和 K_b。常用缓冲溶液的缓冲范围如表 8.6 所示。

下面列举一些选择和配制缓冲溶液的实例。

【例 8.7】 欲配制 pH=9.20，$c(NH_3 \cdot H_2O)=1.0\ mol \cdot dm^{-3}$ 的缓冲溶液 500 cm^3，问如何用浓 $NH_3 \cdot H_2O$ 溶液和固体 NH_4Cl 配制？

解 如 pH=9.20，则 pOH=4.80，相应

$$[OH^-]=1.6\times10^{-5}\ mol \cdot dm^{-3}$$

$$\frac{[NH_3 \cdot H_2O]}{[NH_4^+]}=\frac{[OH^-]}{K_b}=\frac{1.6\times10^{-5}}{1.8\times10^{-5}}=0.89$$

若

$$[NH_3 \cdot H_2O]=1.0\ mol \cdot dm^{-3}$$

则

$$[NH_4Cl]=\frac{1.0\ mol \cdot dm^{-3}}{0.89}=1.1\ mol \cdot dm^{-3}$$

配制 500 cm^3(0.50 dm^3)溶液，应称取固体 NH_4Cl(摩尔质量为 53.5 $g \cdot mol^{-1}$)

$$0.50\ dm^3\times1.1\ mol \cdot dm^{-3}\times53.5\ g \cdot mol^{-1}=29\ g$$

浓 $NH_3 \cdot H_2O$ 浓度为 15 $mol \cdot dm^{-3}$，所需体积

$$V(NH_3 \cdot H_2O)=\frac{1.0\ mol \cdot dm^{-3}\times500\ cm^3}{15\ mol \cdot dm^{-3}}=33\ cm^3$$

配制方法：称取 29 g 固体 NH_4Cl 溶于少量水中，加入 33 cm^3 浓 $NH_3 \cdot H_2O$ 溶液，然后加水至 500 cm^3。可直接使用共轭酸碱对(如弱酸和弱酸盐或弱碱和弱碱盐)配制缓冲溶液，也可利用酸碱反应形成共轭酸碱对，来配制缓冲溶液。

【例 8.8】 欲配制 pH=4.70 的缓冲溶液 500 cm^3，问应用 50 cm^3 1.0 $mol \cdot dm^{-3}$ NaOH 和多少 cm^3 1.0 $mol \cdot dm^{-3}$ HAc 溶液混合，并需加多少水？

解 $K_a(HAc)=1.75\times10^{-5}$，pH=4.70 的溶液中

$$[H_3O^+]=2.0\times10^{-5}\ mol \cdot dm^{-3}$$

$$\frac{[HAc]}{[Ac^-]}=\frac{[H_3O^+]}{K_a}=\frac{2.0\times10^{-5}}{1.75\times10^{-5}}=1.1$$

溶液中 HAc 被碱部分中和，Ac^- 的浓度由 NaOH 量决定，而 HAc 的浓度由 HAc 和 NaOH 用量的差值来决定。

$$[Ac^-]=\frac{1.0\ mol \cdot dm^{-3}\times50\ cm^3}{500\ cm^3}$$

$$[HAc]=\frac{1.0\ mol \cdot dm^{-3}\times V(HAc)-1.0\ mol \cdot dm^{-3}\times50\ cm^3}{500\ cm^3}$$

$$\frac{[HAc]}{[Ac^-]}=1.1=\frac{1.0\ mol \cdot dm^{-3}\times V(HAc)-1.0\ mol \cdot dm^{-3}\times50\ cm^3}{1.0\ mol \cdot dm^{-3}\times50\ cm^3}$$

即　　$V(HAc)=105\ cm^3\approx1.0\times10^2\ cm^3$

混合溶液中需加水：　$V(H_2O)=(500-155)\ cm^3=345\ cm^3\approx3.5\times10^2\ cm^3$

8.6 酸碱中和反应

(Acid-Base Neutralization Reaction)

在水溶液中，溶质之间质子传递的反应，即人们熟悉的中和反应。反应进行的程度可由其平衡常数判断。

例如**强酸 HCl 和强碱 NaOH** 在水溶液中，溶质 HCl 完全电离生成 H_3O^+ 和 Cl^-，NaOH 完全电离生成 OH^- 和 Na^+。其中 Na^+ 和 Cl^- 并不参与中和反应，所以该中和反应实质是 H_3O^+ 和 OH^- 之间的反应，

$$H_3O^+ + OH^- \rightleftharpoons H_2O + H_2O \qquad K=\frac{1}{K_w}=1.0\times10^{14}$$

这是水的自耦电离平衡的逆反应，所以反应平衡常数 K 是 K_w 的倒数，K 值很大，即反应进行得很彻底。当它们恰好完全中和时，溶液中除了 Na^+ 和 Cl^- 之外，还有极少量并等量的 H_3O^+ 和 OH^-，溶液为中性。若 NaOH 过量则为碱性，HCl 过量则为酸性；此时混合液的酸度主要由剩余的强酸(或强碱)的浓度来决定。

当强酸 HCl 和弱碱 $NH_3\cdot H_2O$(NH_4OH)在水溶液中起反应时，情况略有不同。强酸 HCl 完全电离生成 H_3O^+ 和 Cl^-，但 Cl^- 不参与中和反应，而弱碱不完全电离生成 NH_4^+ 和 OH^-，但随着 OH^- 和 H_3O^+ 的中和，平衡不断移动，中和反应也是很完全的，可表示为

$$H_3O^+ + NH_3\cdot H_2O \rightleftharpoons NH_4^+ + 2H_2O$$

$$K=\frac{[NH_4^+]}{[NH_3\cdot H_2O][H_3O^+]}\times\frac{[OH^-]}{[OH^-]}=\frac{K_b}{K_w}=\frac{1.8\times10^{-5}}{1.0\times10^{-14}}=1.8\times10^9$$

恰好中和时，溶液中存在一定量的共轭酸 NH_4^+，所以溶液不是中性而是酸性；此时溶液 H_3O^+ 浓度由共轭酸 NH_4^+ 浓度计算。若尚有剩余弱碱，则 OH^- 离子浓度由弱碱共轭酸碱浓度决定，

$$[OH^-]=K_b\frac{c(NH_3\cdot H_2O)}{c(NH_4^+)}$$

当强碱 NaOH 和弱酸 HAc 反应时，反应可以表示为

$$OH^- + HAc \rightleftharpoons H_2O + Ac^-$$

$$K=\frac{[Ac^-]}{[HAc][OH^-]}\times\frac{[H_3O^+]}{[H_3O^+]}=\frac{K_a}{K_w}=\frac{1.75\times10^{-5}}{1.0\times10^{-14}}=1.75\times10^9$$

恰好中和时，溶液中因 Ac^- 存在而显碱性，OH^- 离子浓度由剩余 Ac^- 离子浓度计算。当弱酸过量时，H_3O^+ 离子浓度由弱酸共轭酸碱浓度决定，$[H_3O^+]=K_a\dfrac{c(HAc)}{c(Ac^-)}$。

弱酸和弱碱之间也能发生中和反应，反应进行的程度取决于酸碱的强弱。例如将 CO_2 通入 Na_2SiO_3 溶液时，可以制备 H_2SiO_3。CO_2 溶于水是弱酸 H_2CO_3，SiO_3^{2-} 是弱碱，它们之间的中和反应为

$$H_2CO_3 + SiO_3^{2-} \rightleftharpoons HSiO_3^- + HCO_3^-$$

$$H_2CO_3 + HSiO_3^- \rightleftharpoons H_2SiO_3 + HCO_3^-$$

这两个反应的平衡常数分别是

$$K_1=\frac{[HSiO_3^-][HCO_3^-]}{[H_2CO_3][SiO_3^{2-}]}\times\frac{[H_3O^+]}{[H_3O^+]}=\frac{K_{a_1}(H_2CO_3)}{K_{a_2}(H_2SiO_3)}=\frac{4.5\times10^{-7}}{2\times10^{-12}}=2\times10^5$$

$$K_2=\frac{[H_2SiO_3][HCO_3^-]}{[H_2CO_3][HSiO_3^-]}\times\frac{[H_3O^+]}{[H_3O^+]}=\frac{K_{a_1}(H_2CO_3)}{K_{a_1}(H_2SiO_3)}=\frac{4.5\times10^{-7}}{1\times10^{-10}}=5\times10^3$$

因 H_2CO_3 酸性大于 H_2SiO_3，两步反应的 K 都较大，中和反应能进行。

上述各例介绍了强-强、强-弱、弱-强和弱-弱等几类中和反应，它们的 K 都很大，所以反应可发生。这也加深了对“强酸顶弱酸”或“强碱顶弱碱”原则的理解。人们巧妙地利用这些原理，进行化学制备和化学分析。

小 结

本章着重介绍了酸碱质子理论，并根据这一理论讨论了溶液中酸碱平衡的3种基本类型：溶剂自耦电离平衡，弱酸(弱碱)电离平衡以及酸碱中和反应平衡。本章着重讨论了前面两类平衡，它们的实质是弱酸弱碱(包括水)与溶剂水分子之间的质子传递反应，它们的逆反应即是酸碱中和反应。根据一元和多元弱酸(碱)电离平衡的特点和相对强弱，可由电离平衡常数 K_a 或 K_b 计算溶液的酸碱度。

酸碱电离平衡的移动有很多实际应用。同离子效应能够降低弱电解质的电离度，改变溶液的pH。以适当浓度比组成的弱酸(碱)及其共轭碱(酸)的混合溶液具有酸碱缓冲性质，这种缓冲溶液能够中和由外部加入的少量强酸(碱)而保持溶液pH不发生显著变化。反之，调节弱酸(碱)溶液的pH也能在很大程度上改变溶液中共轭酸碱对的浓度比值以适应各种实际需要，如不同酸度确定了指示剂的变色范围。

课外读物

[1] 侯廷武，徐洁. 质子理论的有力佐证. 大学化学，1986，(3)，33

[2] 汪群拥，尹占兰. 略谈现代酸碱理论的发展. 大学化学，1991，(1)，13

[3] 朱文祥. 缓冲溶液的机制——关于征答(17)的应答综述. 大学化学，1991，(4)，47

[4] J Leblond, et al. pH-Responsive molecular tweezers. J Am Chem Soc, 2010, 132, 8544-8545

[5] E S Stoyanov, et al. The structure of the hydrogen ion (H^+_{aq}) in water. J Am Chem Soc, 2010, 132, 1484

思 考 题

1. Brønsted-Lowry 酸碱理论的3种类型酸碱反应有何相同和相异之处？怎样利用表8.2来比较各弱酸弱碱强弱和判断酸碱中和反应自发进行的方向和倾向性大小？

2. (1) 写出下列各酸：NH_4^+、H_2S、HSO_4^-、$H_2PO_4^-$、H_2CO_3、$Zn(H_2O)_6^{2+}$ 的共轭碱；

(2) 写出下列各碱：S^{2-}、PO_4^{3-}、NH_3、CN^-、ClO^-、OH^- 的共轭酸。

3. 根据 Brønsted-Lowry 酸碱理论，指出 H_2S、NH_3、HS^-、CO_3^{2-}、HCl、$H_2PO_4^-$、NO_2^-、Ac^-、OH^-、H_2O 中哪些是酸？哪些是碱？哪些是两性物？

4. 相同浓度的HCl和HAc溶液的pH是否相同？pH相同的HCl溶液和HAc溶液其浓度是否相同？若用NaOH中和pH相同的HCl和HAc溶液，哪个用量大？原因何在？

5. 试分析 $\alpha=\sqrt{\frac{K_a}{c}}$ 公式成立的条件。此式是否说明溶液越稀，电离出的离子浓度越大？

6. 某多元弱酸按下列三式电离：

$$H_3A + H_2O \rightleftharpoons H_3O^+ + H_2A^- \qquad K_{a_1} = ?$$

$$H_2A^- + H_2O \rightleftharpoons H_3O^+ + HA^{2-} \qquad K_{a_2} = ?$$

$$HA^{2-} + H_2O \rightleftharpoons H_3O^+ + A^{3-} \qquad K_{a_3} = ?$$

(1) 预计各步电离常数大小；

(2) 在什么条件下$[HA^{2-}]=K_{a_2}$？

(3) $[A^{3-}]=K_{a_3}$是否成立？为什么？

(4) 根据三步电离式，导出包含$[A^{3-}]$、$[H_3O^+]$和$[H_3A]$的平衡常数表达式，$[A^{3-}]$与$[H_3O^+]$有何关系？

7. (1) 用电离平衡式表示 NaCN、Na_2SO_3、NH_4NO_3、$CuSO_4$、$FeCl_3$ 的酸碱性。

(2) 应用表 8.2 数据定性说明 HSO_3^-、HS^-、$HC_2O_4^-$ 各离子在水溶液中显酸性还是显碱性。

8. 描述下列过程中溶液 pH 的变化，并解释之。

(1) 将 $NaNO_2$ 溶液加入到 HNO_2 中；

(2) 将 $NaNO_3$ 溶液加入到 HNO_3 中；

(3) 将 NH_4Cl 溶液加入到氨水中。

9. 在 $NH_3 \cdot H_2O$-NH_4Cl 混合溶液中加入少量强酸或强碱，为什么溶液 pH 基本上不变？试写出反应方程式说明之。如这个共轭酸碱对浓度比值接近于 1，溶液能保持的 pH 是多少？如要配制 pH＝3 或 pH＝10 左右的缓冲溶液，应分别选择下面哪一组共轭酸碱对：

(1) 甲酸和甲酸钠；

(2) 氨水和氯化铵；

(3) 醋酸和醋酸钠。

10. 判断下列哪对酸与碱能自发进行反应，为什么？

(1) HAc 与 $NH_3 \cdot H_2O$；

(2) H_3O^+ 与 HS^-；

(3) NH_4^+ 与 $C_2O_4^{2-}$；

(4) OH^- 与 HClO；

(5) HCN 与 F^-。

习　题

8.1 标明下列反应中各个共轭酸碱对，写出它们的电离平衡常数表达式并计算平衡常数值。

(1) $HCN + H_2O \rightleftharpoons H_3O^+ + CN^-$

(2) $NO_2^- + H_2O \rightleftharpoons OH^- + HNO_2$

(3) $S^{2-} + H_2O \rightleftharpoons HS^- + OH^-$

(4) $PO_4^{3-} + H_2O \rightleftharpoons HPO_4^{2-} + OH^-$

8.2 最早测定弱电解质的电离度，是通过测定溶剂的冰点降低。反过来，能否通过计算预计 $0.050\ mol \cdot dm^{-3}$ HAc(aq)的冰点降低值？

8.3 计算下列溶液的 pH：

(1) $0.10\ mol \cdot dm^{-3}$ HCN 溶液；

(2) $0.10\ mol \cdot dm^{-3}$氯代乙酸 $ClCH_2COOH$ 溶液；

(3) $0.10\ mol \cdot dm^{-3}$ H_2SO_4 溶液。

8.4 有机酸($HC_6H_{11}O_2$)饱和水溶液的质量浓度为 $11\ g \cdot dm^{-3}$，pH 为 2.94，求此酸的 K_a。

8.5 在 25℃、CO_2 气体压力等于 1 个标准气压时，则 CO_2 饱和水溶液中，CO_2 的浓度约为 $0.034\ mol \cdot dm^{-3}$，计算溶液的 pH 和$[CO_3^{2-}]$。通常可以把溶入的 CO_2 都当成 H_2CO_3，利用如下平衡式计算

$$H_2CO_3 + H_2O \rightleftharpoons HCO_3^- + H_3O^+ \quad K_{a_1}=4.5\times10^{-7}$$

8.6 (1) 在 101 kPa、20℃时，1体积水可溶解 2.61 体积 H_2S，求饱和 H_2S 水溶液的物质的量浓度。

(2) 计算(1)中饱和 H_2S 水溶液的$[H_3O^+]$和$[S^{2-}]$。

(3) 如用 HCl 调节溶液的酸度到 pH＝2.00 时，溶液中的 S^{2-} 浓度又是多少？计算结果说明什么问题？

8.7 将 10 g P_2O_5 溶于热水，再冷却至室温并稀释至 500 cm^3，计算溶液中的$[H_3O^+]$、$[H_2PO_4^-]$、$[HPO_4^{2-}]$和$[PO_4^{3-}]$各是多少？(已知 $P_2O_5+3H_2O \xrightarrow{\triangle} 2H_3PO_4$。)

8.8 (1) 每 100 cm^3 纯碱溶液中含 5.7 g $Na_2CO_3\cdot10H_2O$ 时，溶液的$[CO_3^{2-}]$和 pH 各是多少？

(2) 0.10 $mol\cdot dm^{-3}$ Na_3PO_4 溶液中，$[PO_4^{3-}]$和 pH 各是多少？

8.9 计算 10 cm^3 浓度为 0.30 $mol\cdot dm^{-3}$ HAc 与 20 cm^3 浓度为 0.15 $mol\cdot dm^{-3}$ HCN 的混合溶液中$[H_3O^+]$、$[Ac^-]$和$[CN^-]$各是多少？(忽略混合时的体积变化。)

8.10 浓度为 0.20 $mol\cdot dm^{-3}$氨水的 pH 是多少？若向 100 cm^3 浓度为 0.20 $mol\cdot dm^3$的氨水中加入 7.0 g 固体 NH_4Cl(设体积不变)，溶液的 pH 变为多少？

8.11 在 250 cm^3 浓度为 0.20 $mol\cdot dm^{-3}$氨水中，需要加几克固体$(NH_4)_2SO_4$ 才能使其中的 OH^- 浓度降低 100 倍？

8.12 计算下列溶液中 H_3O^+ 和 Ac^- 的浓度：

(1) HAc (0.050 $mol\cdot dm^{-3}$)；

(2) HAc (0.10 $mol\cdot dm^{-3}$) 加等体积的 NaAc (0.050 $mol\cdot dm^{-3}$)；

(3) HAc (0.10 $mol\cdot dm^{-3}$) 加等体积的 HCl (0.050 $mol\cdot dm^{-3}$)；

(4) HAc (0.10 $mol\cdot dm^{-3}$) 加等体积的 NaOH (0.050 $mol\cdot dm^{-3}$)。

8.13 于 pH 分别维持在 9.0 和 13.0 的两溶液中，CO_2 各以何种形态为主？为什么？

8.14 酚红是一种常用的酸碱指示剂，其 $K_a=1\times10^{-8}$。它的酸形是黄色的，而它的共轭碱是红色的。问这种指示剂在 pH 6、7、8、9、12 的溶液中各显什么颜色？

8.15 下列各组水溶液等体积相混合时，哪些可以作为缓冲溶液，为什么？

(1) NaOH (0.100 $mol\cdot dm^{-3}$) 和 HCl (0.200 $mol\cdot dm^{-3}$)；

(2) HCl (0.100 $mol\cdot dm^{-3}$) 和 NaAc (0.200 $mol\cdot dm^{-3}$)；

(3) HCl (0.100 $mol\cdot dm^{-3}$) 和 $NaNO_2$(0.050 $mol\cdot dm^{-3}$)；

(4) HNO_2(0.300 $mol\cdot dm^{-3}$) 和 NaOH (0.150 $mol\cdot dm^{-3}$)。

8.16 分别往 10 cm^3 pH＝5.00 的 HCl 溶液中加 2 滴(0.10 cm^3) 1.0 $mol\cdot dm^{-3}$的 HCl 溶液或 2 滴 1.0 $mol\cdot dm^{-3}$的 NaOH 溶液后，计算所得溶液的 pH 各是多少？并将其与 HAc-NaAc 混合液在加入少量酸碱时(p.171)pH 的变化进行对比。

8.17 10.0 cm^3 0.20 $mol\cdot dm^{-3}$的 HCl 溶液与 10.0 cm^3 0.50 $mol\cdot dm^{-3}$的 NaAc 溶液混合后，计算：

(1) 溶液的 pH 是多少？

(2) 在混合溶液中加入 1.0 cm^3 0.50 $mol\cdot dm^{-3}$的 NaOH，溶液的 pH 变为多少？

(3) 在混合溶液中加入 1.0 cm^3 0.50 $mol\cdot dm^{-3}$的 HCl，溶液的 pH 变为多少？

(4) 将最初的混合溶液用水稀释一倍，溶液的 pH 又是多少？

以上计算结果说明什么问题？

8.18 根据 HAc、$NH_3\cdot H_2O$、$H_2C_2O_4$、H_3PO_4 4 种酸碱的电离常数，选取适当的酸及其共轭碱来配制 pH＝7.51 的缓冲溶液，其共轭酸碱的浓度比应是多少？

8.19 把 HCOOH、HAc、H_3PO_4、HCOONa、NaAc、NaH_2PO_4 几种溶液中的哪两种溶液相混合，可以配制成pH＝3.50的缓冲溶液？请说明理由，并表述配制这个缓冲溶液的方法。(提示：上述各溶液的浓度均为0.100 mol·dm^{-3}。)

8.20 某生化实验室有一 pH=7.50 的动脉血液样品 20.00 cm^3。

(1) 若在 298 K、101 kPa 气压下酸化此样品后,能释放出 12.2 cm^3 的 CO_2,求血液中 CO_2(CO_2+H_2CO_3)和 HCO_3^- 的浓度。

(2) 已知在 101 kPa CO_2 的气压下,被 CO_2 饱和的 1.0 dm^3 动脉血液中含 0.031 mol CO_2(CO_2+H_2CO_3),则上述动脉血液样品上方 CO_2 的分压是多少?(参看 8.5 题。)

8.21 将 100.0 cm^3 0.030 mol·dm^{-3}的 NaH_2PO_4 溶液与 50.0 cm^3 0.020 mol·dm^{-3}的 Na_3PO_4 溶液相混合后,其中磷酸根的主要形式是哪些?该混合液有无缓冲作用,pH 是多少?

8.22 将某一元弱酸 HA 溶于未知量水中,并用一未知浓度的强碱去滴定。已知当用去 3.05 cm^3 强碱时,溶液pH=4.00;用去 12.91 cm^3 强碱时,pH=5.00。问该弱酸的电离常数是多少?

第 9 章　沉淀溶解平衡

沉淀的生成与溶解是一类常见并且实用的化学反应，例如：$AgNO_3$ 溶液与 NaCl 溶液相遇生成 AgCl 沉淀，$BaCl_2$ 溶液与 H_2SO_4 溶液混合后析出 $BaSO_4$ 沉淀，这些反应统称为沉淀反应。而 $Fe(OH)_3$ 或 $CaCO_3$ 与过量盐酸起反应，原有固相便消失，它们都为溶解反应。这类反应的特征是在反应过程中总是伴随着一种固相物质的生成或消失。如何判断沉淀与溶解反应发生的方向？如何使得这些反应进行完全？这些都是沉淀-溶解平衡要解决的问题。

9.1　溶　度　积

(Solubility Product)

固态溶质在液态溶剂中溶解后便形成均相溶液。严格地说，绝对不溶解的"不溶物"是不存在的，只是溶解多少不同而已。就水为溶剂而言，习惯上把溶解度小于 0.01 g/100 g H_2O 的物质叫做"难溶物"。25 ℃时，AgCl、$BaSO_4$、HgS 都属难溶物。

化合物	AgCl	$BaSO_4$	HgS
$\frac{s}{g/(100\,g\;\;H_2O)}$	1.35×10^{-4}	2.23×10^{-4}	1.3×10^{-6}

如将晶态 AgCl 放入水中，表面上的 Ag^+ 及 Cl^- 离子受到水分子(偶极子)的作用，有些 Ag^+ 及 Cl^- 离开晶体表面而进入溶液，这一过程就是溶解；与此同时，随着溶液中 Ag^+ 及 Cl^- 离子浓度逐渐增加，它们又重新返回晶体表面，这就是沉淀。在一定温度下，当沉淀和溶解速率相等时就达到 AgCl 沉淀溶解平衡，所得溶液即为该温度下 AgCl 的饱和溶液。AgCl 虽然难溶，但溶解的部分却完全电离。与酸碱平衡不同，难溶电解质与其饱和溶液中的水合离子之间的沉淀溶解平衡属于多相离子平衡，平衡的一方(沉淀)为固相，平衡的另一方(离子)在溶液相中。查得这个平衡式中各物质的 $\Delta G_f^\ominus$，便可求得这个平衡的标准平衡常数 $K^\ominus$，例如

$$AgCl(s) \underset{\text{沉淀}}{\overset{\text{溶解}}{\rightleftharpoons}} Ag^+(aq) + Cl^-(aq)$$

$\Delta G_f^\ominus/(kJ\cdot mol^{-1})$　　-109.80　　77.12　　-131.26　　$\Delta G^\ominus(298\ K)=55.66\ kJ\cdot mol^{-1}$

$$\lg K^\ominus=\frac{-\Delta G^\ominus}{2.303\,RT}=\frac{-55.66\ kJ\cdot mol^{-1}}{2.303\times0.008314\ kJ\cdot mol^{-1}\cdot K^{-1}\times298.15\ K}=-9.750$$

$$K^{\ominus}=[Ag^+][Cl^-]=1.78\times10^{-10}$$

按同样方法,可求得其他难溶电解质沉淀溶解平衡常数 $K^{\ominus}$,例如

$BaSO_4(s) \rightleftharpoons Ba^{2+}(aq)+SO_4^{2-}(aq)$ $\quad K^{\ominus}(BaSO_4)=[Ba^{2+}][SO_4^{2-}]=1.08\times10^{-10}$

$Ag_2CrO_4(s) \rightleftharpoons 2Ag^+(aq)+CrO_4^{2-}(aq)$ $\quad K^{\ominus}(Ag_2CrO_4)=[Ag^+]^2[CrO_4^{2-}]=1.12\times10^{-12}$

$Mg(OH)_2(s) \rightleftharpoons Mg^{2+}(aq)+2OH^-(aq)$ $\quad K^{\ominus}[Mg(OH)_2]=[Mg^{2+}][OH^-]^2=5.61\times10^{-12}$

以上各 $K^{\ominus}$表达式中每个浓度项的方次也总是等于电离式中的计量系数,通式可写成

$$A_mB_n(s) \rightleftharpoons mA^{n+}(aq)+nB^{m-}(aq) \qquad [A^{n+}]^m[B^{m-}]^n=K_{sp}^{\ominus} \tag{9.1}$$

(9.1)式表示:一定温度下,难溶电解质在其饱和溶液中各离子浓度幂的乘积是一个常数,这个常数称为该**难溶电解质的溶度积**(solubility product),用符号 $K_{sp}^{\ominus}$表示,也常简写为 K_{sp}。与其他平衡常数一样,K_{sp}只与难溶电解质的本性和温度有关,而与沉淀的量和溶液中离子浓度的变化无关,溶液中离子浓度变化只能使平衡移动,但并不改变溶度积。附录 C.4 列出了一些常见难溶电解质的溶度积数据。

有些难溶电解质的 K_{sp},还可通过直接测定饱和溶液中相应的离子浓度来求算。例如,实验测得 $SrSO_4$ 在 25 ℃时的溶解度为 $7.35\times10^{-4}\,mol\cdot dm^{-3}$①,根据下列电离平衡式,纯水中每溶解 1 mol $SrSO_4$,就生成 1 mol Sr^{2+}和 1 mol SO_4^{2-},则

$$SrSO_4(s) \rightleftharpoons Sr^{2+}(aq) \quad + \quad SO_4^{2-}(aq)$$

平衡浓度/$(mol\cdot dm^{-3})$ $\qquad 7.35\times10^{-4} \qquad 7.35\times10^{-4}$

$$K_{sp}=[Sr^{2+}][SO_4^{2-}]=(7.35\times10^{-4})\times(7.35\times10^{-4})=5.40\times10^{-7}$$

由此求得 $SrSO_4$ 的 K_{sp}比附录 C.4 所列的大一些,这是因为 $SrSO_4$ 溶解度较大,溶液中的离子浓度与离子活度存在一定差异,所以它们的 K_{sp}应由下式求算:

$$[Sr^{2+}][SO_4^{2-}]\gamma_{\pm}^2=a(Sr^{2+})a(SO_4^{2-})=K_{sp}(SrSO_4)$$

根据热力学推导,严格地说,难溶电解质饱和溶液中离子活度(a)幂的乘积才等于常数。只有当难溶电解质(例如 AgCl、$BaSO_4$ 等)溶解度很小,离子的活度系数约等于 1 时,离子活度才近似等于浓度,离子浓度幂的乘积才近似等于 K_{sp}。反之,由已知 K_{sp}也可以计算某些难溶电解质的溶解度 s。但对溶解度小的电解质,在不存在副反应的情况下,可以将溶解度与溶度积直接关联。

【例 9.1】 已知在室温 AgBr 和 $Mg(OH)_2$ 的溶度积分别为 5.35×10^{-13}和 5.61×10^{-12},求它们的溶解度 s。

解 设溶解度 $s=x\,mol\cdot dm^{-3}$,则

(1) $AgBr(s) \rightleftharpoons Ag^+(aq)+Br^-(aq)$

$\qquad\qquad x \qquad\qquad x$

$$K_{sp}(AgBr)=[Ag^+][Br^-]=5.35\times10^{-13}$$

---

① 一般手册查得溶解度数据单位为 g/100g H_2O。例如,25 ℃时 $SrSO_4$ 溶解度为 0.0135 g/100 g H_2O,因溶液较稀,设其密度 $\rho\approx1.0\,g\cdot cm^{-3}$;又知 $SrSO_4$ 的摩尔质量为 $183.7\,g\cdot mol^{-1}$,则其溶解度 s 为

$$s=0.0135\,g\times\frac{1000\,g\cdot dm^{-3}}{100\,g}\times\frac{1}{183.7g\cdot mol^{-1}}=7.35\times10^{-4}\,mol\cdot dm^{-3}$$

许多难溶盐的溶度积是用电化学方法测定的,参阅本书第 10.6 节相关内容。

$$x=\sqrt{5.35\times10^{-13}}=7.31\times10^{-7},\quad s=7.31\times10^{-7}\ \mathrm{mol\cdot dm^{-3}}$$

(2) $Mg(OH)_2(s) \rightleftharpoons Mg^{2+}(aq)+2\,OH^-(aq)$

$\qquad\qquad\qquad\qquad x \qquad\quad 2x$

设 $Mg(OH)_2$ 在水溶液中一步电离，则

$$K_{sp}(Mg(OH)_2)=[Mg^{2+}][OH^-]^2=(x)(2x)^2=5.61\times10^{-12}$$

$$x=\sqrt[3]{\frac{5.61\times10^{-12}}{4}}=1.12\times10^{-4},\quad s=1.12\times10^{-4}\ \mathrm{mol\cdot dm^{-3}}$$

将上述 $SrSO_4$、AgBr 和 $Mg(OH)_2$ 的溶解度和溶度积进行比较，列于下表：

难溶物	溶解度 $s/(\mathrm{mol\cdot dm^{-3}})$	溶度积 K_{sp}	s 与 K_{sp} 关系式
$SrSO_4$	7.35×10^{-4}	5.40×10^{-7}	$s=\sqrt{K_{sp}}$
AgBr	7.31×10^{-7}	5.35×10^{-13}	$s=\sqrt{K_{sp}}$
$Mg(OH)_2$	1.12×10^{-4}	5.61×10^{-12}	$s=\sqrt[3]{K_{sp}/4}$

有关溶解度和溶度积关系比较复杂，可归纳如下：

(1) 溶解度和溶度积都是难溶物的特征性质，K_{sp}越小溶解度越小，这样的说法只适用于同类型的难溶物。如 $SrSO_4$ 和 AgBr 都是 AB 型难溶物，s 与 K_{sp} 的关系式相同，AgBr 的 K_{sp}小，溶解度亦小。而 $SrSO_4$ 与 $Mg(OH)_2$ 分别是 AB 型和 AB_2 型，它们的 s 与 K_{sp}关系式不同，尽管两者溶解度差不多，但 $Mg(OH)_2$ 的 K_{sp}却小得多。

(2) 上述几种难溶物，凡溶解的部分几乎完全电离的，由 K_{sp}换算的溶解度 s 和实验测定的溶解度数值比较相近，经离子强度校正即可相符。也有一些难溶物溶解之后不完全电离，如 $HgCl_2$ 溶解的部分主要以 $HgCl_2$ 分子形式存在于水中，只有少量的 Hg^{2+} 和 Cl^-，用溶解度的幂的乘积来计算 K_{sp}当然是不妥的。

(3) 有些难溶电解质发生分步电离，在水溶液中则有多种离子，上述溶解与 K_{sp}的简单相互换算也是不适用的。如 $Fe(OH)_3$ 在水溶液中分三步电离：

$$Fe(OH)_3(s) \rightleftharpoons Fe(OH)_2^+(aq)+OH^-(aq) \qquad K_1$$

$$Fe(OH)_2^+(aq) \rightleftharpoons Fe(OH)^{2+}(aq)+OH^-(aq) \qquad K_2$$

$$Fe(OH)^{2+}(aq) \rightleftharpoons Fe^{3+}(aq)+OH^-(aq) \qquad K_3$$

$$Fe(OH)_3(s) \rightleftharpoons Fe^{3+}(aq)+3OH^-(aq) \qquad K_{sp}=K_1K_2K_3$$

总的平衡常数式 $K_{sp}=[Fe^{3+}][OH^-]^3$ 是存在的，是有实用价值的，但其中 Fe^{3+} 和 OH^- 浓度比大大小于 1∶3，随 OH^- 浓度的变化，阳离子的存在形式和各种阳离子的比例都会随之而变。但在观察 $Fe(OH)_3$ 沉淀的生成和溶解与 OH^- 浓度的关系时，就是利用上述关系的，参见本章例题 9.7。

(4) 与 $SrSO_4$、AgBr、$Mg(OH)_2$ 等不同，一些弱酸、弱碱生成的盐类难溶物，如 $BaCO_3$、PbS 中的 CO_3^{2-}、S^{2-}、Pb^{2+}，在水溶液中会发生酸式或碱式电离(水解)生成 HCO_3^-、HS^-、$Pb(OH)^+$ 等离子。因此，溶解度 s 与 K_{sp}也会偏离相应关系式。

列举 s 与 K_{sp}的换算并指明其局限性，便于正确认识 K_{sp}，并运用它处理有关的沉淀溶解平衡问题。

9.2 沉淀的生成

(Formation of Precipitation)

按照平衡移动的原理以及溶液中离子浓度与溶度积的关系，可以对溶液中沉淀的生成、沉淀的“完全”程度、沉淀的溶解和转化等问题作进一步的讨论。例如，对于下列平衡：

$$MA(s) \rightleftharpoons M^{n+}(aq)+A^{n-}(aq)$$

溶液中$[M^{n+}]$与$[A^{n-}]$浓度之间的关系，可能出现下表所列的3种情况：

关系式	结论
(1) $[M^{n+}][A^{n-}]=K_{sp}$ (即 $Q=K_{sp}$)①	饱和溶液，沉淀与溶解处于平衡状态
(2) $(M^{n+})(A^{n-})>K_{sp}$ (即 $Q>K_{sp}$)	体系暂时处于非平衡状态，将有MA(s)从溶液中沉淀出来，直至达到新的平衡②
(3) $(M^{n+})(A^{n-})<K_{sp}$ (即 $Q<K_{sp}$)	体系暂时处于非平衡状态，将有MA(s)溶解而进入溶液中，直至达到新的平衡

以上结论统称为溶度积规则，运用这个规则可以判断沉淀溶解平衡移动的方向。本节先讨论沉淀的生成及其完全度。

【例 9.2】 根据溶度积判断在下列条件下是否有沉淀生成（可忽略体积的变化）。

(1) 将 10 cm^3 0.020 $mol\cdot dm^{-3}$ $CaCl_2$ 溶液与等体积等浓度的 $Na_2C_2O_4$ 溶液相混合。

(2) 在 1.0 $mol\cdot dm^{-3}$ $CaCl_2$ 溶液中通入 CO_2 气体至饱和。

解 (1) 两种溶液等体积混合后，各物质的浓度比反应前均减小一半，则

$$CaC_2O_4(s) \rightleftharpoons Ca^{2+}(aq)+C_2O_4^{2-}(aq)$$

起始浓度/($mol\cdot dm^{-3}$)　　0.010　　0.010

$$Q=(Ca^{2+})(C_2O_4^{2-})=(0.010)\times(0.010)=1.0\times10^{-4}$$

$$Q>K_{sp}(CaC_2O_4)\ (=2.32\times10^{-9})$$

因此，溶液中有 CaC_2O_4 沉淀析出。

(2) 饱和 CO_2 水溶液中

$$[CO_3^{2-}]=K_{a_2}=4.7\times10^{-11}\ mol\cdot dm^{-3}$$

$$CaCO_3(s) \rightleftharpoons Ca^{2+}(aq)+CO_3^{2-}(aq)$$

起始浓度/($mol\cdot dm^{-3}$)　　1.0　　4.7×10^{-11}

$$Q=(Ca^{2+})(CO_3^{2-})=(1.0)(4.7\times10^{-11})=4.7\times10^{-11}$$

$$Q<K_{sp}(CaCO_3)\ (=3.36\times10^{-9})$$

因此，不会析出 $CaCO_3$ 沉淀。

【例 9.3】 由 K_{sp} 计算 Ag_2CrO_4 在纯水中的溶解度。若向 Ag_2CrO_4 饱和水溶液中加入

① Q 就是在第6章采用的反应商，在此代表离子积。

② 由于动力学原因，有时尽管 $Q>K_{sp}$，也不形成沉淀。称此种溶液为过饱和溶液，它们处于一种非平衡的亚稳定状态。

一定量的固体 $AgNO_3$ 或固体 Na_2CrO_4，使它们的浓度为 0.10 $mol \cdot dm^{-3}$，再分别计算两种情况下 Ag_2CrO_4 的溶解度 s。

解　设溶解度 $s = x$ $mol \cdot dm^{-3}$。

(1) 在 Ag_2CrO_4 的饱和水溶液中，存在下列平衡

$$Ag_2CrO_4(s) \rightleftharpoons 2Ag^+(aq) + CrO_4^{2-}(aq) \qquad K_{sp} = 1.12 \times 10^{-12}$$

$$x = \sqrt[3]{\frac{K_{sp}}{4}} = \sqrt[3]{\frac{1.12 \times 10^{-12}}{4}} = 6.5 \times 10^{-5}$$

Ag_2CrO_4 在纯水中的溶解度即为 6.5×10^{-5} $mol \cdot dm^{-3}$。

(2) 当加入 $AgNO_3$ 后，溶液中 Ag^+ 浓度增大，$(Ag^+)^2(CrO_4^{2-}) > K_{sp}$，即有 Ag_2CrO_4 沉淀析出，达新平衡后 Ag_2CrO_4 溶解度可以 $[CrO_4^{2-}]$ 表示。

$$Ag_2CrO_4(s) \rightleftharpoons 2Ag^+(aq) \quad + \quad CrO_4^{2-}(aq)$$

平衡浓度/$(mol \cdot dm^{-3})$　　　$2x + 0.10 \approx 0.10$　　　x

$$x = \frac{K_{sp}}{[Ag^+]^2} \approx \frac{1.12 \times 10^{-12}}{(0.10)^2} = 1.12 \times 10^{-10}$$

Ag_2CrO_4 在 0.10 $mol \cdot dm^{-3}$ $AgNO_3$ 中的溶解度为 1.12×10^{-10} $mol \cdot dm^{-3}$，比在纯水中降低了约 10^5 倍。

(3) 若加入 Na_2CrO_4，情况同(2)，但 Ag_2CrO_4 的溶解度应该通过 $[Ag^+]$ 来计算。

$$Ag_2CrO_4(s) \rightleftharpoons 2\,Ag^+(aq) + CrO_4^{2-}(aq)$$

平衡浓度/$(mol \cdot dm^{-3})$　　　x　　　$x/2 + 0.10 \approx 0.10$

$$x = \sqrt{\frac{K_{sp}}{[CrO_4^{2-}]}} \approx \sqrt{\frac{1.12 \times 10^{-12}}{0.10}} = 3.3 \times 10^{-6} \quad , \quad [Ag^+] = 3.3 \times 10^{-6}\ mol \cdot dm^{-3}$$

Ag_2CrO_4 的溶解度为 1.7×10^{-6} $mol \cdot dm^{-3}$，这也比在纯水中降低近 38 倍。

由此可见，在 Ag_2CrO_4 的平衡体系中，加入含有共同离子 Ag^+ 或 CrO_4^{2-} 的试剂后，都会有更多的 Ag_2CrO_4 沉淀生成，致使 Ag_2CrO_4 溶解度降低。这种因加入含有共同离子的电解质而使沉淀溶解度降低的效应叫做沉淀溶解平衡中的**同离子效应**。

严格地说，没有任何一个沉淀反应是绝对完全的。因为溶液中沉淀溶解平衡总是存在，在一定温度下其 K_{sp} 总保持为一个常数。不论所加入的沉淀剂如何过量，总会有极少量的待沉淀的离子残留在溶液中，但通常分析天平只能称准到 10^{-4} g，所以在定量分析中，只要溶液中剩余的离子浓度 $\leqslant 1 \times 10^{-6}$ $mol \cdot dm^{-3}$，就可认为沉淀已经“完全”了。有些情况下，当溶液中剩余离子浓度 $\leqslant 1 \times 10^{-5}$ $mol \cdot dm^{-3}$ 时，也就可认为沉淀完全了。

【例 9.4】　若往 10.0 cm^3 0.020 $mol \cdot dm^{-3}$ $BaCl_2$ 溶液中加入：(1) 等物质的量的 Na_2SO_4 沉淀剂(即 10.0 cm^3 0.020 $mol \cdot dm^{-3}$ Na_2SO_4 溶液)，(2) 过量的 Na_2SO_4 沉淀剂(10.0 cm^3 0.040 $mol \cdot dm^{-3}$)。试问溶液中 Ba^{2+} 离子是否沉淀完全？

解　(1) 等物质的量的反应物作用后生成等物质的量的产物，反应达到平衡后，溶液中残留的 Ba^{2+} 和 SO_4^{2-} 离子的浓度相等，可通过 K_{sp} 求得，设 $[Ba^{2+}] = [SO_4^{2-}] = x$ $mol \cdot dm^{-3}$，则

$$BaSO_4(s) \rightleftharpoons Ba^{2+}(aq) + SO_4^{2-}(aq) \qquad K_{sp} = 1.08 \times 10^{-10}$$

平衡浓度/$(mol \cdot dm^{-3})$　　　x　　　x

$$x=\sqrt{K_{sp}}=1.04\times10^{-5},\quad [Ba^{2+}]=[SO_4^{2-}]=1.04\times10^{-5}\ \mathrm{mol\cdot dm^{-3}}$$

这一浓度已经超出定量分析允许的测试下限，所以不能认为 Ba^{2+} 离子已经沉淀“完全”。

(2) 如加入过量的 Na_2SO_4 沉淀剂，因溶液中存在过量的 SO_4^{2-} 离子，由于同离子效应而使 Ba^{2+} 离子沉淀“完全”。

$$[SO_4^{2-}]=\frac{(10.0\times0.020)\mathrm{mmol}}{20.0\ \mathrm{cm^3}}=0.010\ \mathrm{mol\cdot dm^{-3}}$$

$$BaSO_4(s) \rightleftharpoons Ba^{2+}(aq)+SO_4^{2-}(aq)$$

平衡浓度/($\mathrm{mol\cdot dm^{-3}}$)　　x　　$x+0.010\approx0.010$

$$x=\frac{K_{sp}}{[SO_4^{2-}]}=\frac{1.08\times10^{-10}}{0.010}=1.1\times10^{-8}$$

溶液中残留的 Ba^{2+} 离子浓度为 $1.1\times10^{-8}\ \mathrm{mol\cdot dm^{-3}}$，可以认为 Ba^{2+} 已经完全沉淀了。

由以上例题可见，根据溶度积原理能判断有无沉淀生成和沉淀是否“完全”以及同离子效应对沉淀完全度的影响。

对于 K_{sp} 很小的物质，例如 AgI，只要加入等物质的量的试剂，就能使沉淀的完全程度达到定量分析要求；对于中等溶解度的物质，如 $BaSO_4$，若借助同离子效应，稍加过量试剂就可以达到“完全”沉淀的要求；但对溶解度较大的物质，如 $CaSO_4$，即使加入过量试剂也难以使沉淀完全程度达到要求，所以难溶电解质沉淀的完全度主要决定于沉淀物的本质(即 K_{sp} 大小)。

对于那些加入过量试剂使沉淀更趋完全的反应，沉淀剂的用量也不是越多越好，因为加入过多试剂，有时反而使溶解度相对增大。例如，AgCl 沉淀由于与过量 Cl^- 离子生成络离子 $AgCl_2^-$ 而使溶解度增大。

$$AgCl(s)+Cl^-(aq) \rightleftharpoons AgCl_2^-(aq)$$

此外，过量沉淀剂还因增大溶液中离子强度而使沉淀的溶解度增大。如图 9.1 所示，在 $BaSO_4$ 和 AgCl 的饱和溶液中如含有强电解质 KNO_3 时，这两种沉淀的溶解度(s)都比在纯水中的溶解度(s_0)大。而且所加入的盐(KNO_3)浓度越大，s/s_0 比值也随之升高。难溶电解质的价态越高(如 $BaSO_4$)，此效应也越明显。这种因加入强电解质而使沉淀溶解度增大的效应叫做**盐效应**(salt effect)。

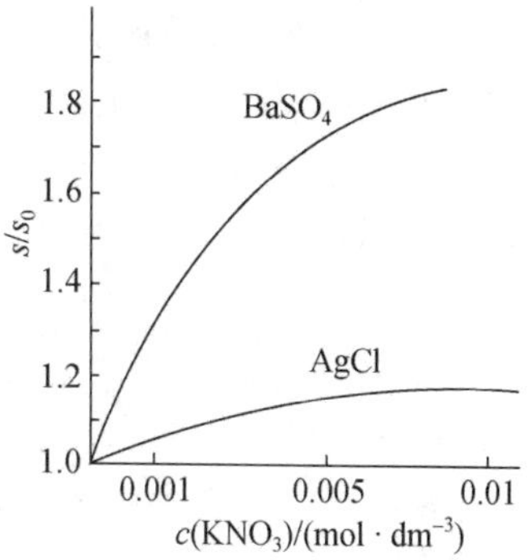

图 9.1　盐效应对 $BaSO_4$ 和 AgCl 溶解度的影响

(s_0 为沉淀在纯水中的溶解度；s 为沉淀在 KNO_3 溶液中的溶解度)

对于盐效应，可作如下定性解释：在加入强电解质后，溶液中离子数目骤增，正负离子的周围都吸引了大量异性电荷离子而形成“离子氛”，束缚了这些离子的自由行动，从而在单位时间里回到晶体的离子数目减小了。所以，难溶电解质溶解度就增加了。

总之，盐效应和同离子效应是影响沉淀完全度的两个重要因素，但一般盐效应不如同离子效应所起的作用大。这两种效应的机制完全不同，前者是由溶液中离子间物理静电吸引力作用引起的，同离子效应则属于化学作用。在一般计算中，特别在较稀的溶液中不必考虑盐效应。

9.3 沉淀的溶解

(Dissolution of Precipitation)

向沉淀加入过量溶剂，或加入或更换其他溶剂（溶剂效应），或改变温度（温度效应），都可促使沉淀溶解。此外，一些化学反应的发生也可促使沉淀溶解。$CaCO_3$ 可溶于盐酸，$Mg(OH)_2$ 既可溶于盐酸又可溶于 NH_4Cl 溶液中，CuS 不溶于盐酸而可溶于硝酸，AgCl 既不溶于稀盐酸也不溶于硝酸却可溶于氨水。这些沉淀的溶解表示为

① $CaCO_3(s) \rightleftharpoons Ca^{2+}(aq) + CO_3^{2-}(aq)$

$$CO_3^{2-}(aq) + 2H_3O^+(aq) \rightleftharpoons H_2CO_3(aq) + 2H_2O$$

$$H_2CO_3(aq) \longrightarrow CO_2(g) + H_2O(l)$$

总反应 $CaCO_3(s) + 2H_3O^+(aq) \rightleftharpoons Ca^{2+}(aq) + CO_2(g) + 3H_2O(l)$

② $Mg(OH)_2(s) \rightleftharpoons Mg^{2+}(aq) + 2OH^-(aq)$

$$2OH^-(aq) + 2H_3O^+(aq) \rightleftharpoons 4H_2O(l)$$

总反应 $Mg(OH)_2(s) + 2H_3O^+(aq) \rightleftharpoons Mg^{2+}(aq) + 4H_2O(l)$

③ $3\,CuS(s) \rightleftharpoons 3Cu^{2+}(aq) + 3\,S^{2-}(aq)$

$$3\,S^{2-}(aq) + 2NO_3^-(aq) + 8\,H_3O^+(aq) \rightleftharpoons 3\,S(s) + 2NO(g) + 12H_2O(l)$$

总反应 $3CuS(s) + 2NO_3^-(aq) + 8H_3O^+(aq) \rightleftharpoons 3Cu^{2+}(aq) + 3S(s) + 2NO(g) + 12H_2O(l)$

④ $AgCl(s) \rightleftharpoons Cl^-(aq) + Ag^+(aq)$

$$Ag^+(aq) + 2NH_3 \cdot H_2O(aq) \rightleftharpoons Ag(NH_3)_2^+(aq) + 2H_2O(l)$$

总反应 $AgCl(s) + 2NH_3 \cdot H_2O(aq) \rightleftharpoons Ag(NH_3)_2^+(aq) + Cl^-(aq) + 2H_2O(l)$

这些反应的共同特点是：溶液中阳离子或阴离子与加入的试剂发生化学反应而浓度降低，致使平衡向右移动，沉淀溶解。但沉淀溶解的原因各不相同：$CaCO_3$ 的溶解，是由于阴离子 CO_3^{2-} 与强酸结合生成难电离的弱酸 H_2CO_3；CuS 的溶解，是借助 HNO_3 的氧化性，将 S^{2-} 氧化成单质硫析出，从而降低了 $[S^{2-}]$；AgCl 的溶解，则是通过 Ag^+ 与 NH_3 生成络合离子 $Ag(NH_3)_2^+$ 而使 $[Ag^+]$ 降低。有关氧化还原和络合反应将在第 10 和第 14 章分别讨论，本节重点讨论用酸溶解沉淀的情况。例如已知 MnS 和 CuS 的 K_{sp} 分别为 2.5×10^{-13} 和 6.3×10^{-36}，前者可溶于盐酸而后者不溶，如何说明这一实验结果？

MnS 和 CuS 在酸中的溶解，实际上是一个包含了沉淀溶解平衡和酸碱平衡的多重平衡[①]

$$MnS \rightleftharpoons Mn^{2+} + S^{2-} \qquad K_{sp} = 2.5\times10^{-13}$$

$$S^{2-} + H_3O^+ \rightleftharpoons HS^- + H_2O \qquad 1/K_{a_2} = 1/(1.2\times10^{-13})$$

$$HS^- + H_3O^+ \rightleftharpoons H_2S + H_2O \qquad 1/K_{a_1} = 1/(8.9\times10^{-8})$$

---

① 酸溶多重平衡常数可用下列简便方法求得，例如反应 $CuS + 2H_3O^+ \rightleftharpoons Cu^{2+} + H_2S + 2H_2O$

$$K = \frac{[Cu^{2+}][H_2S]}{[H_3O^+]^2} \times \frac{[S^{2-}]}{[S^{2-}]} = \frac{K_{sp}}{K_{a_1}K_{a_2}}$$

总反应 $MnS+2H_3O^+ \rightleftharpoons Mn^{2+}+H_2S+2H_2O$

$$K=\frac{K_{sp}}{K_{a_1}K_{a_2}}=\frac{2.5\times10^{-13}}{1.1\times10^{-20}}=2.3\times10^{7}$$

同理

$$CuS+2H_3O^+ \rightleftharpoons Cu^{2+}+H_2S+2H_2O \qquad K=\frac{K_{sp}}{K_{a_1}K_{a_2}}=\frac{6.3\times10^{-36}}{1.1\times10^{-20}}=5.7\times10^{-16}$$

这类多重平衡称为**酸溶反应**，相应的平衡常数称为酸溶平衡常数。MnS 的酸溶平衡常数相当大，大于 10^7（相当于 $\Delta G^\ominus<-40\ \text{kJ}\cdot\text{mol}^{-1}$），所以 MnS 的酸溶反应不仅能自发发生，而且进行得较彻底。同理，CuS 的酸溶平衡常数很小，小于 10^{-7}（相当于 $\Delta G^\ominus\gg40\ \text{kJ}\cdot\text{mol}^{-1}$），反应几乎不能进行。在这两个酸溶平衡常数表达式中，K_{a_1} 和 K_{a_2} 是相同的，而两种沉淀的 K_{sp} 不相同，显然，K_{sp} 越大的沉淀越容易溶于酸。

而对 $CaCO_3$ 和 CaC_2O_4 两种沉淀，由实验得知，前者能溶于醋酸而后者不溶。可以用酸溶平衡常数说明：

$$CaCO_3+2HAc \rightleftharpoons Ca^{2+}+H_2CO_3+2Ac^-$$
$$H_2CO_3 \longrightarrow H_2O+CO_2$$

$$K=\frac{K_{sp}K^2(\text{HAc})}{K_{a_1}K_{a_2}}=\frac{3.36\times10^{-9}\times3.1\times10^{-10}}{2.1\times10^{-17}}=0.050$$

$$CaC_2O_4+HAc \rightleftharpoons Ca^{2+}+HC_2O_4^-+Ac^-$$

$$K=\frac{K_{sp}K(\text{HAc})}{K_{a_2}}=\frac{2.32\times10^{-9}\times1.75\times10^{-5}}{1.5\times10^{-4}}=2.7\times10^{-10}$$

在这两个酸溶平衡常数表达式中，两种沉淀的 K_{sp} 很相近（分别为 3.36×10^{-9} 和 2.32×10^{-9}），而反应生成的酸的强弱不同，显然，生成的酸 K_a 越小，K 越大，沉淀越易溶于酸。$CaCO_3$ 的酸溶平衡常数虽不大，但因在反应过程中不断放出 CO_2 气体，降低了 H_2CO_3 的浓度，再加之增加 HAc 浓度，$CaCO_3$ 是易溶于 HAc 的。CaC_2O_4 不溶于 HAc（酸溶常数 $K\ll10^{-7}$），但却能溶于 HCl 中。

综上所述，酸溶平衡常数 K 的大小是由 K_{sp} 和 K_a 两个因素决定的，沉淀的 K_{sp} 越大或生成弱酸的 K_a 越小，则酸溶反应就进行得越彻底，引用酸溶常数可进行有关沉淀溶解的计算。

【例 9.5】 要溶解 0.010 mmol MnS，需用 1.0 cm^3 多大浓度的 HAc?

解 $$MnS(s)+2HAc(aq) \rightleftharpoons Mn^{2+}(aq)+H_2S(aq)+2Ac^-(aq)$$

平衡浓度/($\text{mol}\cdot\text{dm}^{-3}$)　　x　　0.010　　0.010　　0.020

$$K=\frac{(0.010)^2(0.020)^2}{x^2}=\frac{K_{sp}(\text{MnS})K^2(\text{HAc})}{K_{a_1}(H_2S)K_{a_2}(H_2S)}$$
$$=\frac{2.5\times10^{-13}\times(1.75\times10^{-5})^2}{1.1\times10^{-20}}=7.0\times10^{-3}$$

$$x=0.002,\quad [\text{HAc}]=0.002\ \text{mol}\cdot\text{dm}^{-3}$$

溶解 0.010 mmol MnS 所需 HAc 的浓度为

$$c(\text{HAc})=(0.020+0.002)\text{mol}\cdot\text{dm}^{-3}\approx0.022\ \text{mol}\cdot\text{dm}^{-3}$$

9.4　沉淀的转化

(Transformation of Precipitation)

向盛有黄色 $PbCrO_4$ 沉淀的试管中加入 $(NH_4)_2S$ 溶液并搅拌之，可以观察到溶液变成淡黄色，沉淀变为黑色。生成的黑色沉淀为 PbS。这种由一种沉淀转化为另一种沉淀的过程称为**沉淀的转化**。此过程可表示为

$$PbCrO_4(s) \rightleftharpoons Pb^{2+}(aq) + CrO_4^{2-}(aq)$$

$$Pb^{2+}(aq) + S^{2-}(aq) \rightleftharpoons PbS(s)$$

$$\text{总反应}\quad PbCrO_4(s) + S^{2-}(aq) \rightleftharpoons PbS(s) + CrO_4^{2-}(aq)$$

此反应所以能进行，是由于 PbS 的 $K_{sp}(8.0\times10^{-28})$ 比 $PbCrO_4$ 的 $K_{sp}(2.8\times10^{-13})$ 小得多。这里也可以根据沉淀转化平衡常数的大小来判断转化的可能性，上式的平衡常数

$$K=\frac{[CrO_4^{2-}]}{[S^{2-}]}=\frac{[Pb^{2+}][CrO_4^{2-}]}{[Pb^{2+}][S^{2-}]}=\frac{K_{sp}(PbCrO_4)}{K_{sp}(PbS)}=\frac{2.8\times10^{-13}}{8.0\times10^{-28}}=3.5\times10^{14}$$

可见，这个反应不仅能自发进行，而且进行得很彻底。

自然界锶矿石(天青石)的主要成分是 $SrSO_4$，它的 $K_{sp}=3.44\times10^{-7}$。工业生产其他锶盐时，就是先用热的饱和 Na_2CO_3 溶液使难溶于酸的 $SrSO_4$ 转化为溶解度更小、但可溶于酸的 $SrCO_3(K_{sp}=5.60\times10^{-10})$，然后加盐酸得 $SrCl_2$，加硝酸得 $Sr(NO_3)_2$。又如，$BaSO_4$ 沉淀不溶于酸，若用 Na_2CO_3 溶液处理却可转化为 $BaCO_3$ 沉淀，它是可溶于 HCl 的，这就使难溶于水的沉淀转入溶液了。

$$BaSO_4(s) \rightleftharpoons Ba^{2+}(aq) + SO_4^{2-}(aq)$$

$$Ba^{2+}(aq) + CO_3^{2-}(aq) \rightleftharpoons BaCO_3(s)$$

$$\text{总反应}\quad BaSO_4(s) + CO_3^{2-}(aq) \rightleftharpoons BaCO_3(s) + SO_4^{2-}(aq)$$

$$K=\frac{[SO_4^{2-}]}{[CO_3^{2-}]}=\frac{K_{sp}(BaSO_4)}{K_{sp}(BaCO_3)}=\frac{1.08\times10^{-10}}{2.58\times10^{-9}}=\frac{1}{24}$$

这个沉淀转化平衡常数 K 并不大，转化不会彻底。但此 K 又不是太小，只要设法使 $[CO_3^{2-}]$ 比 $[SO_4^{2-}]$ 大 24 倍以上，这个转化就可能实现。实际操作可用饱和 Na_2CO_3 溶液处理 $BaSO_4$ 沉淀，待搅拌达平衡后，取出上层溶液，然后再加入新鲜饱和的 Na_2CO_3 溶液，重复处理多次 $BaSO_4$ 可全部转化为 $BaCO_3$；然后加入 HCl，Ba^{2+} 即转入溶液中。

【例 9.6】　有 0.20 mmol 的 $BaSO_4$ 沉淀，每次用 1.0 cm^3 饱和 Na_2CO_3 溶液(浓度为 1.6 $mol\cdot dm^{-3}$)处理。若使 $BaSO_4$ 沉淀全部转化到溶液中，需要反复处理几次？

解

$$BaSO_4(s) + CO_3^{2-}(aq) \rightleftharpoons BaCO_3(s) + SO_4^{2-}(aq)$$

平衡浓度/$(mol\cdot dm^{-3})$　　$1.6-x$　　　　x

$$\frac{[SO_4^{2-}]}{[CO_3^{2-}]}=\frac{x}{1.6-x}=\frac{1}{24}\quad,\quad x=0.064$$

故用新鲜饱和 Na_2CO_3 溶液按上法重复处理该量 $BaSO_4$ 沉淀时，每次可转化的 $BaSO_4$ 为 0.064 mmol，那么至少需要 3 次(0.20 mmol/0.064 mmol·次$^{-1}\approx$3 次)。

9.5 分步沉淀

(Fractional Precipitation)

上面讨论的沉淀生成和溶解都是针对溶液中只有一种离子或只有一种沉淀的情况。实际上溶液里常常有多种离子或沉淀共存。在这种情况下,如何控制一定条件,使一种离子沉淀或溶解,而与其他几种离子分离,这是化工生产和化学实验中经常碰到的又一类问题。在一定条件下,使一种离子先沉淀,而其他离子在另一条件下沉淀的现象叫做**分步沉淀**或称**选择性沉淀**(selective precipitation)。相反的过程就应该称为分步溶解或选择性溶解了。

例如,向 Cl^- 和 I^- 浓度均为 0.010 $mol \cdot dm^{-3}$ 的溶液中,逐滴加入 $AgNO_3$ 溶液,哪一种离子先沉淀?第一种离子沉淀到什么程度,第二种离子才开始沉淀?为此,需要计算① AgCl 和 AgI 开始沉淀所需的$[Ag^+]$。设$[Ag^+]=x\ mol \cdot dm^{-3}$,则

$$[Ag^+]=\frac{K_{sp}(AgCl)}{[Cl^-]}, \quad x=\frac{1.77\times10^{-10}}{0.010}=1.77\times10^{-8}$$

$$[Ag^+]=\frac{K_{sp}(AgI)}{[I^-]}, \quad x=\frac{8.52\times10^{-17}}{0.010}=8.52\times10^{-15}$$

因为 I^- 开始沉淀所需要的 Ag^+ 浓度比沉淀 Cl^- 所需要的 Ag^+ 浓度小得多,显然 I^- 先沉淀。当 Cl^- 开始沉淀时,溶液对 AgCl 来说已达到饱和,这时$[Ag^+]$同时满足这两个沉淀溶解平衡,即

$$[Ag^+]=\frac{K_{sp}(AgCl)}{[Cl^-]}=\frac{K_{sp}(AgI)}{[I^-]}$$

$$\frac{[I^-]}{[Cl^-]}=\frac{K_{sp}(AgI)}{K_{sp}(AgCl)}=4.81\times10^{-7}$$

$$[I^-]=\frac{K_{sp}(AgI)}{K_{sp}(AgCl)}\times[Cl^-]=4.8\times10^{-9}\ mol \cdot dm^{-3}$$

也就是说,当 Cl^- 开始沉淀时,I^- 早已沉淀"完全"($[I^-]\ll10^{-6}\ mol \cdot dm^{-3}$)。

可见,对于同类型的沉淀(如 MA 型)来说,K_{sp}小的先沉淀,而且溶度积差别越大,后沉淀离子(上例中的 Cl^-)的浓度越小,分离的效果也就越好。但对于不同类型的沉淀物来说,因有不同浓度幂次关系,就不能直接根据 K_{sp} 值来判断沉淀的先后次序和分离效果。例如,用 $AgNO_3$沉淀 Cl^- 和 CrO_4^{2-}(浓度均为 0.010 $mol \cdot dm^{-3}$),开始沉淀时所需$[Ag^+]$分别是

$$[Ag^+]=\frac{K_{sp}(AgCl)}{[Cl^-]}, \quad x=\frac{1.77\times10^{-10}}{0.010}=1.8\times10^{-8}, \quad [Ag^+]=1.8\times10^{-8}\ mol \cdot dm^{-3}$$

$$[Ag^+]=\sqrt{\frac{K_{sp}(Ag_2CrO_4)}{[CrO_4^{2-}]}}, \quad y=\sqrt{\frac{1.12\times10^{-12}}{0.010}}=1.1\times10^{-5}, \quad [Ag^+]=1.1\times10^{-5}\ mol \cdot dm^{-3}$$

虽然 Ag_2CrO_4 的 K_{sp} 比 AgCl 的小,但沉淀 Cl^- 所需的$[Ag^+]$却比沉淀 CrO_4^{2-} 所需$[Ag^+]$小得多,在这种情况下,反而是 K_{sp} 大的 AgCl 先沉淀。因此更确切的说法应是:当一种试剂能沉淀溶液中几种离子时,生成沉淀所需试剂离子浓度越小的越先沉淀;如果生成各个沉淀所需试剂离子的浓度相差较大,就能分步沉淀,从而达到分离目的。当然,分离效果还与溶液中被

① 假设计算过程都不考虑加入试剂后溶液体积的变化。

沉淀离子的初始浓度有关。

分步沉淀原理用得最多的是硫化物和氢氧化物的分离问题，下面举例分别讨论之。

9.5.1 某些金属硫化物的分步沉淀

在某混合溶液中 Zn^{2+}、Mn^{2+} 离子浓度均为 0.10 mol·dm^{-3}，若通入一定量的 H_2S 气体，哪种离子先沉淀？溶液 pH 应控制在什么范围可以使这两种离子完全分离？

ZnS 和 MnS 的 K_{sp} 分别为 1.6×10^{-24} 和 2.5×10^{-13}，两者相差较大，所以适当控制 S^{2-} 浓度可以使 Zn^{2+} 和 Mn^{2+} 分离。在饱和 H_2S 水溶液中，$[H_2S]$ 为 0.10 mol·dm^{-3}，其中 $[S^{2-}]$ 随 $[H_3O^+]$ 而变，关系式是

$$[H_3O^+]=\sqrt{\frac{K_{a_1}K_{a_2}[H_2S]}{[S^{2-}]}} \tag{9.3}$$

式中：$K_{a_1}K_{a_2}=1.1\times10^{-20}$。设 MnS 开始沉淀的 $[S^{2-}]=x$ mol·dm^{-3}，则

$$[S^{2-}]=\frac{K_{sp}}{[Mn^{2+}]},\quad x=2.5\times10^{-12}$$

此时，H_3O^+ 浓度是 y mol·dm^{-3}，则

$$y=\sqrt{\frac{1.1\times10^{-21}}{2.5\times10^{-12}}}=2.1\times10^{-5},\quad [H_3O^+]=2.1\times10^{-5}\ \text{mol}\cdot\text{dm}^{-3},\quad \text{pH}=4.68$$

只要控制溶液的 $[H_3O^+]$ 略大于 2.1×10^{-5} mol·dm^{-3}（或 pH 略低于 4.68），MnS 就不会沉淀析出；但为保证 ZnS 沉淀完全，$[H_3O^+]$ 也不宜太高。若 $[Zn^{2+}]\leqslant1.0\times10^{-6}$ mol·dm^{-3}，$[S^{2-}]$ 和 $[H_3O^+]$ 分别是 x 和 y mol·dm^{-3}，则

$$[S^{2-}]=\frac{K_{sp}}{[Zn^{2+}]},\quad x=\frac{1.6\times10^{-24}}{1.0\times10^{-6}}=1.6\times10^{-18}$$

$$y=\sqrt{\frac{1.1\times10^{-21}}{1.6\times10^{-18}}}=2.6\times10^{-2},\quad [H_3O^+]=2.6\times10^{-2}\ \text{mol}\cdot\text{dm}^{-3},\quad \text{pH}=1.59$$

由此可见，只要将溶液中 pH 控制在 1.59～4.68 之间，就能保证 ZnS 沉淀完全，而 MnS 又不致析出。实验室分离两者的最佳 pH 是在 3.5 左右。

此外，在 ZnS 沉淀的同时还不断放出 H_3O^+，酸度增高会影响 ZnS 的沉淀完全。

$$Zn^{2+}(aq)+H_2S(aq)+2H_2O \rightleftharpoons ZnS(s)+2H_3O^+(aq)$$

因此，在实际工作中必须加入缓冲溶液来控制酸度。

按上述方法，可计算不同浓度金属离子生成硫化物沉淀的 pH，结果见表 9.1。以 pH 为横坐标，以各金属离子浓度的对数为纵坐标①，可以绘制出金属硫化物的溶解度-pH 关系图（图 9.2）。

---

① 由下列简单推导，可以导出 $\lg[M^{n+}]$-pH 直线关系：以金属二价离子生成硫化物为例，有如下关系

$$[M^{2+}]=\frac{K_{sp}}{[S^{2-}]}\qquad 和 \qquad [S^{2-}]=\frac{[H_2S]K_{a_1}K_{a_2}}{[H_3O^+]^2}$$

以右式代入左式中，得

$$[M^{2+}]=\frac{K_{sp}[H_3O^+]^2}{K_{a_1}K_{a_2}[H_2S]}$$

$$\lg[M^{2+}]=+2\times\lg[H_3O^+]+\lg\frac{K_{sp}}{K_{a_1}K_{a_2}[H_2S]}=-2\text{pH}+h,\quad h=\lg\frac{K_{sp}}{K_{a_1}K_{a_2}[H_2S]}$$

表 9.1 一些难溶金属硫化物在不同浓度时沉淀的 pH

离子 \ 沉淀的 pH \ 离子浓度 $mol \cdot dm^{-3}$	10^{-1}	10^{-2}	10^{-3}	10^{-4}	10^{-5}	10^{-6}	金属硫化物的 K_{sp}
Zn^{2+}	−0.91	−0.41	0.09	0.59	1.09	1.59	1.6×10^{-24}
Ni^{2+}	1.74	2.24	2.74	3.24	3.74	4.24	3.2×10^{-19}
Fe^{2+}	2.38	2.88	3.38	3.88	4.38	4.88	6.3×10^{-18}
Mn^{2+}	4.68	5.18	5.68	6.18	6.68	7.18	2.5×10^{-13}

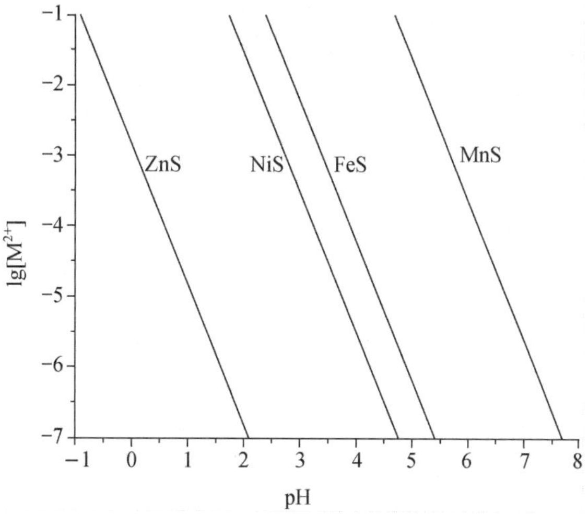

图 9.2 一些金属硫化物的溶解度与 pH 关系图

由图 9.2 可知各金属硫化物沉淀完全的 pH 以及分离两种离子所需要控制的 pH 范围，图中线上的任意一点代表该金属硫化物与溶液所处的平衡状态：表示在此 pH 时，该硫化物的溶解度，也就是在此离子浓度时，硫化物开始沉淀的 pH。直线的右方为该硫化物的沉淀区，在该区域内溶液中 M^{n+} 和 S^{2-} 离子生成沉淀；直线的左方则为沉淀溶解区，在此区域内金属硫化物溶解为 S^{2-} 离子及金属离子。

9.5.2 金属氢氧化物的分步沉淀

【例 9.7】 若某酸性溶液中 Fe^{3+} 和 Mg^{2+} 离子浓度都是 0.010 $mol \cdot dm^{-3}$，它们都可以生成氢氧化物沉淀，根据它们的 K_{sp} 也可计算出两者分离的 pH 范围。

解 根据 $K_{sp}(Fe(OH)_3) = [Fe^{3+}][OH^-]^3 = 2.79\times10^{-39}$，$Fe(OH)_3$ 开始沉淀的 $[OH^-] = x\ mol \cdot dm^{-3}$，则

$$[OH^-] = \sqrt[3]{\frac{K_{sp}}{[Fe^{3+}]}}, \quad x = \sqrt[3]{\frac{2.79\times10^{-39}}{1.0\times10^{-2}}} = 6.5\times10^{-13}$$

$$pOH = 12.19, \quad pH = 1.81$$

$Fe(OH)_3$ 完全沉淀的 $[OH^-] = y\ mol \cdot dm^{-3}$，则

$$y=\sqrt[3]{\frac{2.79\times10^{-39}}{1.0\times10^{-6}}}=1.4\times10^{-11},\quad pOH=10.85,\quad pH=3.15$$

根据 $K_{sp}(Mg(OH)_2)=[Mg^{2+}][OH^-]^2=5.61\times10^{-12}$，$Mg(OH)_2$ 开始沉淀的 $[OH^-]=x\ mol\cdot dm^{-3}$，则

$$[OH^-]=\sqrt{\frac{K_{sp}}{[Mg^{2+}]}},\quad x=\sqrt{\frac{5.61\times10^{-12}}{1.0\times10^{-2}}}=2.4\times10^{-5},\quad pOH=4.62,\quad pH=9.38$$

$Mg(OH)_2$ 沉淀完全的 $[OH^-]=y\ mol\cdot dm^{-3}$，则

$$y=\sqrt{\frac{5.61\times10^{-12}}{1.0\times10^{-6}}}=2.4\times10^{-3},\quad pOH=2.62,\quad pH=11.38$$

由此可见，只要控制 pH 在 3.2～9.4 之间就可使 Fe^{3+} 沉淀完全，而 Mg^{2+} 不沉淀；若控制 pH<1.8，两者均不沉淀；而当 pH>11.4 时，它们都完全沉淀。

同样，可以计算出其他难溶金属氢氧化物在不同浓度时沉淀的 pH。图 9.3 为一些金属氢氧化物溶解度与 pH 关系图。

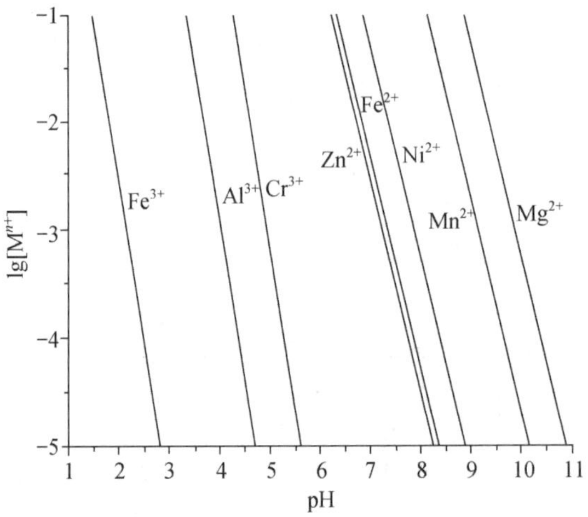

图 9.3　一些金属氢氧化物的溶解度-pH 关系图

由图 9.3 可见，如果铁以 Fe^{2+} 形式存在，$Fe(OH)_2$ 完全沉淀的 pH 范围与其他一些二价金属离子极相近，难以沉淀分离；而 Fe^{3+} 的沉淀范围，则和其他离子相差较多。因此要从溶液中分离杂质铁，往往在沉淀以前先用 H_2O_2 将 Fe^{2+} 氧化成 Fe^{3+}，然后调节溶液至 pH≈4，铁就以 $Fe(OH)_3$ 形式完全沉淀，而其他金属离子仍留在溶液之中。但需注意，实际工作中溶液的情况一般比较复杂，碱式盐的生成、氢氧化物的聚合等，都会使实际沉淀的 pH 与理论计算值有一定出入（见表 9.2），这就需要参考计算值，并通过实验来确定各金属离子最适合的分离条件。

表 9.2　一些常见金属氢氧化物沉淀的 pH

金属氢氧化物	开始沉淀的 pH ($[M^{n+}]=10^{-2}\ mol\cdot dm^{-3}$)	接近完全沉淀的 pH ($[M^{n+}]=10^{-5}\ mol\cdot dm^{-3}$)	氢氧化物的 K_{sp}
$Fe(OH)_3$	1.8 (2.2)*	2.8 (4)	2.79×10^{-39}
$Al(OH)_3$	3.7 (3.8)	4.7 (6)	1.3×10^{-33}

续表

金属氢氧化物	开始沉淀的 pH ($[M^{n+}]=10^{-2}$ mol·dm^{-3})	接近完全沉淀的 pH ($[M^{n+}]=10^{-5}$ mol·dm^{-3})	氢氧化物的 K_{sp}
$Cr(OH)_3$	4.6 (5.0)	5.6 (8)	6.3×10^{-31}
$Zn(OH)_2$	6.7 (6.8)	8.2 (9)	3×10^{-17}
$Fe(OH)_2$	6.8 (5.8)	8.3 (7)	4.87×10^{-17}
$Ni(OH)_2$	7.4 (7.2)	8.9 (9)	5.48×10^{-16}
$Mn(OH)_2$	8.6 (8.3)	10.1 (10)	1.9×10^{-13}
$Mg(OH)_2$	9.4 (10.6)	10.9 (12)	5.61×10^{-12}

* 括号内为实际沉淀的 pH

小　结

沉淀溶解平衡的平衡常数称为溶度积($K_{sp}^{\cdot}$)。难溶电解质的 K_{sp} 数据通常由热力学数据进行求算,也可以通过测定难溶电解质饱和溶液中相应离子浓度而求得。

根据溶液中离子浓度乘积与溶度积的关系,可以判断沉淀的生成和溶解。同离子效应使沉淀更趋完全。盐效应使沉淀的溶解度有所增大。沉淀的溶解往往和酸碱平衡、氧化还原平衡、络合平衡相联系,故实际的沉淀溶解平衡属于多重平衡。本章重点讨论了酸碱平衡和沉淀平衡的联系。

混合溶液中的金属离子随其 K_{sp} 数据的不同,可以分步沉淀。经常利用分步沉淀来分离某些金属离子。例如各难溶金属的硫化物或氢氧化物的 K_{sp} 数据一般彼此差别较大,通过调节溶液 pH,以控制 OH^- 及 S^{2-} 浓度,即能有效地分离各种离子。由难溶物的 $\lg[M^{n+}]$-pH 曲线可以找出进行沉淀分离的 pH 范围。这种图形对理论研究与实际应用均有参考价值。

课外读物

[1] 严宣申,王长富. 反应平衡常数的某些应用. 化学教育,1983,(2),6

[2] 张永安. 由溶度积计算溶解度问题的商榷. 化学教育,1984,(3),49

[3] 徐徽. 关于难溶无机盐的溶解度与溶度积. 化学通报,1992,(2),43

[4] J D Rimer, et al. Crystal growth inhibitors for the prevention of L-cystine kidney stones through molecular design. Science, 2010, 330, 337

思　考　题

1. 写出下列平衡的 K_{sp} 表达式:

(1) $Ag_2SO_4(s) \rightleftharpoons 2Ag^+(aq)+SO_4^{2-}(aq)$

(2) $Hg_2C_2O_4(s) \rightleftharpoons Hg_2^{2+}(aq)+C_2O_4^{2-}(aq)$

(3) $Ni_3(PO_4)_2(s) \rightleftharpoons 3Ni^{2+}(aq)+2PO_4^{3-}(aq)$

2. 下列各种说法是否正确,为什么?

(1) 两种难溶电解质,其中 K_{sp} 较大者,溶解度也较大。

(2) $MgCO_3$ 的溶度积 $K_{sp}=6.82\times10^{-6}$，这意味着在所有含 $MgCO_3$ 的溶液中，$[Mg^{2+}]=[CO_3^{2-}]$，而且 $[Mg^{2+}][CO_3^{2-}]=6.82\times10^{-6}$。

(3) 室温下，在任何 CaF_2 水溶液中，Ca^{2+} 和 F^- 离子浓度的乘积都等于 CaF_2 的 K_{sp}（不考虑有无 CaF^+ 离子的存在）。

3. 根据 $[Ag^+]$ 逐渐增加的次序，排列下列饱和溶液（不用计算，粗略估计）。

化合物	Ag_2SO_4	Ag_2CO_3	$AgCl$	$AgNO_3$	AgI
K_{sp}	1.20×10^{-5}	8.46×10^{-12}	1.77×10^{-10}	—	8.52×10^{-17}

4. 对于下列事实，予以解释：

(1) $CaSO_4$ 在水中比在 1 mol·dm^{-3} H_2SO_4 中溶解得更多；

(2) $CaSO_4$ 在 KNO_3 溶液中比在纯水中溶解得更多；

(3) $CaSO_4$ 在 $Ca(NO_3)_2$ 溶液中比在纯水中溶解得少。

5. 向含有大量固体 AgI 的饱和水溶液中：(1) 加入 $AgNO_3$，(2) 加入 NaI，(3) 加入更多的固体 AgI，(4) 再加入一些水，(5) 升高温度。在上述各种情况下，沉淀溶解平衡向什么方向移动？溶液中 $[Ag^+]$ 和 $[I^-]$ 是增加还是减少？Ag^+ 和 I^- 离子浓度的乘积是否变化？

6. 何谓"沉淀完全"，沉淀完全时溶液中被沉淀离子的浓度是否等于零？怎样才算达到沉淀完全的标准？为什么？

7. 试举例说明要使沉淀溶解，可采取哪些措施？为什么？有些难溶弱酸盐为什么不能溶于强酸？

8. Ag_2CrO_4 沉淀很容易转化成 AgCl 沉淀，$BaSO_4$ 沉淀转化成 $BaCO_3$ 沉淀比较困难，而 AgI 沉淀一步直接转化成 AgCl 几乎不可能，这是为什么？

9. 分步沉淀在什么情况下才可以实现？(1) 用通入 H_2S 生成硫化物沉淀的办法能否将混合溶液中的 Cu^{2+} 和 Pb^{2+} 分离？(2) 将氨水加入含有杂质 Fe^{3+} 的 $MgCl_2$ 溶液中，为什么 pH 需调到≈4 并加热溶液方能除去杂质 Fe^{3+} 离子？pH 太高或太低时各有什么影响？

10. 在金属离子沉淀-溶解图（图 9.2）中 M^{n+} 离子浓度和 pH 处于硫化物沉淀区时，试描述沉淀发生过程中 $[M^{n+}]$ 和 pH 的变化情况，如 M^{n+} 离子浓度和 pH 处于沉淀溶解区，试描述沉淀溶解过程中 $[M^{n+}]$ 和 pH 的变化情况。

习　题

本章习题计算过程中一般不考虑离子的副反应及混合时的体积效应，并且设溶液密度等于水密度。

9.1　根据下列物质在 25 ℃时的溶解度求溶度积。

(1) PbI_2 在纯水中的溶解度为 7.64×10^{-2} g/100 g H_2O；

(2) $BaCrO_4$ 在纯水中的溶解度为 2.91×10^{-3} g/dm^3 H_2O。

9.2　根据下列各物质的 K_{sp} 数据，求溶解度(s)。

(1) $BaCO_3$，$K_{sp}=2.58\times10^{-9}$（s 分别用 mol·dm^{-3} 与 g/100g H_2O 表示）；

(2) PbF_2，$K_{sp}=3.3\times10^{-8}$（s 以 mol·dm^{-3} 表示）；

(3) $Ag_3[Fe(CN)_6]$，$K_{sp}=9.8\times10^{-26}$（s 以 mol·dm^{-3} 表示，沉淀电离生成 Ag^+ 和 $Fe(CN)_6^{3-}$ 络离子）。

9.3　当 $SrCO_3$ 固体在 pH 为 8.60 的缓冲溶液中达溶解平衡后，溶液中 $[Sr^{2+}]=2.2\times10^{-4}$ mol·dm^{-3}，试计算 $SrCO_3$ 的溶度积。

9.4　室温下 $Mg(OH)_2$ 的溶度积是 5.61×10^{-12}。若 $Mg(OH)_2$ 在饱和溶液中完全电离，试计算：

(1) $Mg(OH)_2$在水中溶解度及Mg^{2+}、OH^-的浓度；

(2) 在 0.010 mol·dm^{-3} NaOH 溶液中Mg^{2+}的浓度；

(3) $Mg(OH)_2$在 0.010 mol·dm^{-3} $MgCl_2$溶液中的溶解度。

9.5 1.00 cm^3 0.0100 mol·dm^{-3} $AgNO_3$和 99.0 cm^3 0.0100 mol·dm^{-3} KCl 溶液混合，能否析出沉淀？沉淀后溶液中的Ag^+、Cl^-浓度各是多少？

9.6 在 100 cm^3 0.20 mol·dm^{-3} $MnCl_2$溶液中加入 100 cm^3 含有NH_4Cl的 0.010 mol·dm^{-3} $NH_3·H_2O$溶液，计算在氨水中含有多少NH_4Cl才不致生成$Mn(OH)_2$沉淀？

9.7 现有一浓度为 c 的$Fe(NO_3)_3$水溶液，已知三价铁水合离子Fe^{3+}(aq)是一个 $pK_a=2.20$ 的弱酸。试问当浓度 c 为何值时，恰好有$Fe(OH)_3$沉淀析出？

9.8 当H_2S气通入 0.10 mol·dm^{-3} HAc 和 0.10 mol·dm^{-3} $CuSO_4$混合溶液达饱和时，是否有硫化物沉淀生成(饱和H_2S水的H_2S浓度为 0.10 mol·dm^{-3})？

9.9 往$Cd(NO_3)_2$溶液中通入H_2S生成 CdS 沉淀，要使溶液中所剩Cd^{2+}浓度不超过 2.0×10^{-6} mol·dm^{-3}，计算溶液允许的最大酸度。

9.10 在下列溶液中通入H_2S至饱和，计算溶液中残留的Cu^{2+}离子浓度。

(1) 0.10 mol·dm^{-3} $CuSO_4$；

(2) 0.10 mol·dm^{-3} $CuSO_4$和 1.0 mol·dm^{-3} HCl。

(提示：要考虑反应 $Cu^{2+}+H_2S+2H_2O \rightleftharpoons CuS+2H_3O^+$ 和 $H_3O^+ + SO_4^{2-} \rightleftharpoons HSO_4^- + H_2O$)

9.11 分别计算下列各反应的多重平衡常数，并讨论反应的方向。

(1) $PbS+2HAc \rightleftharpoons Pb^{2+}+H_2S+2Ac^-$

(2) $Mg(OH)_2+2NH_4^+ \rightleftharpoons Mg^{2+}+2NH_3·H_2O$

(3) $Cu^{2+}+H_2S+2H_2O \rightleftharpoons CuS+2H_3O^+$

9.12 已知 CdS 的 $K_{sp}=8.0\times10^{-27}$，求：

(1) CdS 在稀硫酸中酸溶反应的 K；

(2) 某溶液中H_2S的起始浓度是 0.10 mol·dm^{-3}，H_3O^+浓度为 0.30 mol·dm^{-3}，求 CdS 在该溶液中的溶解度；

(3) 若Cd^{2+}浓度是 0.10 mol·dm^{-3}，在(2)的条件下溶液中剩余的Cd^{2+}浓度是多少？

9.13 $CaCO_3$能溶解于 HAc 中，设沉淀溶解达平衡时[HAc]为 1.0 mol·dm^{-3}。已知在室温下，反应产物H_2CO_3的饱和浓度为 0.040 mol·dm^{-3}。求在 1.0 dm^3 溶液中能溶解多少$CaCO_3$？HAc 起始浓度为多少？

9.14 AgI 分别用Na_2CO_3和$(NH_4)_2S$溶液处理，沉淀能不能转化？为什么？

9.15 向 0.250 mol·dm^{-3} NaCl 和 0.0022 mol·dm^{-3} KBr 的混合溶液中慢慢加入$AgNO_3$溶液，并忽略溶液体积变化。

(1) 哪种化合物先沉淀出来？

(2) Cl^-和Br^-离子能否通过分步沉淀得到有效分离？

9.16 向含有Cd^{2+}和Fe^{2+}的溶液(离子浓度均为 0.020 mol·dm^{-3})中通入H_2S至饱和以分离Cd^{2+}和Fe^{2+}，pH 应控制在什么范围？

9.17 100 cm^3 溶液中含有 1.0×10^{-3} mol 的 NaI、2.0×10^{-3} mol 的 NaBr 及 3.0×10^{-3} mol 的 NaCl，若将 4.0×10^{-3} mol $AgNO_3$加入其中(设溶液体积不变)，则最后溶液中残留的I^-浓度是多少？

9.18 牙形石是一种微形古生物遗体，主要成分为$Ca_3(PO_4)_2$，一般混杂于灰岩(主要成分为$CaCO_3$)之中。为了去除灰岩显示出牙形石的形态，进而分析当时的地层环境，一般是选用过量 HAc 而不选用过量 HCl 或H_3PO_4溶液来处理有关的样品。用有关反应的平衡常数，说明选用 HAc 处理样品的合理性。

第 10 章　氧化还原·电化学

18 世纪末，人们把与氧化合的反应叫氧化反应，而把从氧化物夺取氧的反应叫还原反应。到 19 世纪中，有了化合价的概念，人们把化合价升高的过程叫氧化，把化合价降低的过程叫还原。20 世纪初，由于建立了化合价的电子理论，人们把失电子的过程叫氧化，得电子的过程叫还原。例如

$$Fe \underset{\text{还原}}{\overset{\text{氧化}}{\rightleftharpoons}} Fe^{2+} + 2\,e \qquad\qquad Cu^{2+} + 2\,e \underset{\text{氧化}}{\overset{\text{还原}}{\rightleftharpoons}} Cu$$

这两个式子代表氧化、还原半反应，两个半反应组成氧化还原反应

$$\underset{(\text{还原剂})}{Fe} + \underset{(\text{氧化剂})}{Cu^{2+}} \rightleftharpoons Fe^{2+} + Cu$$

它代表铁片和硫酸铜溶液发生置换反应生成硫酸亚铁和金属铜的离子反应方程式。反应过程中电子由 Fe 转移给 Cu^{2+}，Fe 失去电子是还原剂，Cu^{2+} 得到电子是氧化剂。有失电子的一方，便有得电子的一方，电子的得失一定同时发生，或者说氧化和还原一定同时发生。物质氧化态和还原态的共轭关系和酸碱共轭关系相似

$$\text{还原态} \rightleftharpoons \text{氧化态} + ne \qquad\qquad \text{酸} \rightleftharpoons \text{碱} + nH^+$$

前者为电子的转移，后者为质子的转移。有失质子的一方，便有得质子的一方，质子的得和失也同时发生。有些氧化还原反应，如 $H_2 + Cl_2 \rightleftharpoons 2HCl$，氢元素失去电子，但并没有完全失去对该电子的控制，称为电子偏移。

凡涉及有**电子转移或偏移**的反应就是氧化还原反应，这些电子若能顺一定方向运动便成电流。利用自发氧化还原反应产生电流的装置叫原电池；利用电流促使非自发氧化还原反应发生的装置叫电解电池。原电池和电解电池统称为化学电池。研究化学电池中氧化还原反应过程以及化学能和电能相互变换规律的化学分支叫电化学。

本章首先复习氧化还原反应的基本概念及氧化还原反应方程式的配平。然后着重讨论水溶液中衡量物质氧化还原能力强弱的“电极电势”概念及其应用。最后介绍一些与实用化学电源及电解电镀有关的知识。

10.1　氧化数和氧化还原方程式的配平

(Oxidation Number and Balancing of Oxidation-Reduction Equation)

10.1.1　氧化数

氧化还原是一类有电子转移的反应，要配平氧化还原反应方程式，就需要知道反应过程中电子转移的关系。如下述反应：

$$Fe + Cu^{2+} \longrightarrow Fe^{2+} + Cu$$

1 mol Fe 原子失去 2 mol 电子，同时 1 mol Cu^{2+} 就得到 2 mol 电子。但在 H_2 和 O_2 的反应里，电子的得失关系就不那么明显

$$H_2 + \frac{1}{2}O_2 \longrightarrow H_2O$$

在反应过程中，1个氧原子（半个氧分子）分别和2个氢原子形成2个共价单键（见右下式）。每个 O—H 键含有 1 对成键电子，由于氧的电负性①大于氢，所以这对成键电子偏离 H 而靠近 O，就这对成键电子的归属而言，人为地算它归于氧。由此，可看做每个 H 原子失去 1 个电子而带电荷＋1，而 O 原子则得到 2 个电子而带电荷－2。人们把按一定原则分配电子时原子可能带的电荷称为**氧化数**，在 H_2O 分子中 H 的氧化数为＋1，O 的氧化数为－2，并把氧化数升高的过程叫氧化，氧化数降低的过程叫还原。现用氧化数概念观察 $KMnO_4$ 中各元素的情况：$KMnO_4$ 由 K^+ 和 MnO_4^- 组成，钾离子中 K 的氧化数为＋1；而在 MnO_4^- 中，Mn 原子周围共有 8 个电子（包括 Mn 的 7 个价电子和 K 贡献的 1 个电子），因为氧的电负性比锰大得多，所以这 8 个电子都偏离 Mn 而靠近 O，虽并没有 Mn^{7+} 离子的存在，但是表明 7 个价电子偏离了 Mn。也可以说，在 MnO_4^- 中 Mn 的氧化数为＋7，O 的氧化数为－2。同理，在 MnO_2 中 Mn 的氧化数为＋4，而在 $MnCl_2$ 中 Mn 的氧化数为＋2。

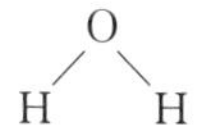

必须注意，氧化数概念并非纯属人为的形式规定，而是有实验根据的。电化学实验证明，1 mol MnO_4^- 还原为 MnO_2 时需要得到 3 mol 电子；而还原为 Mn^{2+} 时，则需得到 5 mol 电子

$$\overset{+7}{Mn}O_4^- + 4\ H^+ + 3\ e \rightleftharpoons \overset{+4}{Mn}O_2 + 2\ H_2O$$

$$\overset{+7}{Mn}O_4^- + 8\ H^+ + 5\ e \rightleftharpoons \overset{+2}{Mn}{}^{2+} + 4\ H_2O$$

1 mol Mn 的氧化数由＋7 降为＋4，需获得 3 mol 电子；而由＋7 降为＋2 时，则需获得 5 mol 电子。由此可见，氧化数反映了元素所处的氧化状态，所以氧化数也叫**氧化态**②。反应过程中氧化数的变化表明氧化剂和还原剂电子转移或偏移关系。总之，氧化数代表化合物里电子转移和成键电子对偏移情况，在应用氧化数概念时，须遵循以下几条原则：

(1) 在单质中元素的氧化数等于零，因为原子间成键电子并不偏离一个原子而靠近另一个原子。

---

① 电负性是分子中原子对成键电子吸引能力相对大小的量度，详见 11.6.4 节。各元素的电负性数据，参见附录 D.5。

② 人们习惯用 Mn(Ⅶ)、Mn(Ⅱ)等代表 Mn 元素的氧化数为＋7 或＋2。表明氧化数时，正、负号放在数字之前；表明离子电荷数时，正、负号放在数字之后，如 Mn 的氧化数为＋2，而正二价锰离子的写法为 Mn^{2+} 等。

（2）在二元离子化合物中，各元素的氧化数和离子的电荷数相一致。如 CaF_2 由 Ca^{2+} 和 F^- 组成，其中 Ca 的氧化数为 $+2$，而 F 为 -1。

（3）在共价化合物中，成键电子对总是向电负性大的元素靠近，所以电负性最大的 F 元素氧化数总是 -1，电负性次大的 O 元素一般为 -2，最常见的 H 元素一般为 $+1$；然后按照化合物中各元素氧化数的代数和等于零（即整个分子必定电中性）的原则来确定其他元素的氧化数。如 H_2SO_4 中，H 的氧化数为 $+1$，O 为 -2，S 则为 $+6$；而在 H_2SO_3 中，S 的氧化数则为 $+4$。

氧元素的氧化数一般都是 -2，也有少数例外。如在 OF_2 分子中，由于 F 的电负性大于 O，所以当 F 的氧化数为 -1 时，O 的氧化数为 $+2$。又如在 Na_2O_2 中，Na 元素电负性小于 O，所以 Na 的氧化数为 $+1$ 时，O 的氧化数为 -1，因为过氧化钠由 Na^+ 和 O_2^{2-} 组成，过氧离子既然由两个氧原子结合为 -2 价离子，那么 O 元素的氧化数应为 -1。氢元素的氧化数一般为 $+1$，但化合物 NaH 由 Na^+ 和 H^- 组成，此时 H 的氧化数为 -1。

此外，氧化数不一定是整数，如在 $Na_2S_4O_6$（连四硫酸钠）中 Na 的氧化数为 $+1$，O 为 -2，S 则为 $+2.5$。$S_4O_6^{2-}$ 的结构式为

$$\left[\begin{array}{c} O \qquad\quad O \\ \text{O—S—S—S—S—O} \\ O \qquad\quad O \end{array}\right]^{2-}$$

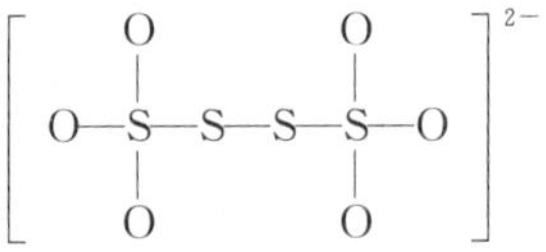

式中有 4 个相连的 S 原子，位于中间的 2 个 S 原子左右都以 S—S 键相连接，而 S—S 键上的成键电子对不偏不移，所以氧化数为零；而两侧的 2 个 S 的氧化数为 $+5$[①]，所以 4 个 S 平均而言氧化数就等于 $+2.5$。把 $S_4O_6^{2-}$ 离子中 S 的氧化数看做 $+2.5$ 的合理性，可用以下典型的定量反应印证。

$$I_2 + 2Na_2S_2O_3 \Longleftrightarrow Na_2S_4O_6 + 2NaI$$

在 $Na_2S_2O_3$（硫代硫酸钠）中 S 的氧化数为 $+2$，当 2 mol $Na_2S_2O_3$ 生成 1 mol $Na_2S_4O_6$（其中 S 的氧化数为 $+2.5$）时，共失去 2 mol 电子，这 2 mol 电子恰好转移给 1 mol I_2，使它变为 I^-。这是经典定量分析方法"碘量法"的基本反应。

中学化学课本用元素化合价的升降表示氧化还原反应中电子的转移情况，那里的化合价其实就是指氧化数。化合价的经典概念是对元素基本性质的描述，表明原子间的结合能力，如一个氢原子只能和一个其他原子结合，化合价为 1，而一个氧原子可以和 2 个其他原子相结合，化合价则为 2，在 Cu_2O 中 Cu 的化合价为 1，而在 CuO 中 Cu 的化合价则为 2。随化学科学的发展，化合价的概念发生了分化和深化。在有机化学中，把化合价和化学键联系在一起，如碳有 4 个共价键就是 4 价，氮有 3 个共价键，N 是 3 价，O 是 2 价，H 是 1 价，共价概念在有机化学中有广泛应用，使人们认识了千百万种有机化合物的结构。在无机化学的研究中引入了氧化数（也叫氧化态）概念，这也和化学键有联系，在离子化合物中，离子的电荷数就是氧化数，也叫电价数，有正负之分，如 NaCl 中 Na 为 $+1$，Cl 为 -1，在 CaF_2 中 Ca 为 $+2$，F 为 -1。在无机共价化合物中，则按各元素电负性的大小、成键电子对的偏移及整个分子电中性等原则判定氧化数。一种元素可能存在多种氧化态并与其在周期表中的位置密切有关，最高氧化态、最低氧化态都由其

---

① 这两个硫原子各有 3 个 S—O 键，其中一个 S—O 键中的 O 有一个电子来自钠原子，另一个电子来自 S 原子，而另外两个 S—O 键中有两个电子由 S 原子提供给 O 原子，所以可认为两侧的两个硫有 5 个电子偏离，即这两个硫原子的氧化数为 $+5$。

族数所决定,了解各元素的常见氧化态情况,对系统掌握无机化学知识颇为有益,详见第 15 章。在研究配位化学时还有配位数,也属化合价概念,在研究复杂的金属有机化合物、原子簇化合物时,还有一些新的观念,这些是后续课程的内容了。

10.1.2 氧化还原方程式的配平

中学已学过氧化还原反应方程式的配平,这里仅举例说明应注意的几个问题。用氧化数升降的方法来配平氧化还原反应方程式,分 3 个步骤:(i) 根据实验现象确定生成物并注明反应条件;(ii) 确定有关元素氧化数的变化;(iii) 按氧化和还原同时发生,电子得失数目必须相等的原则进行配平。水溶液反应根据实际情况用 H^+、OH^-、H_2O 等配平 H 和 O 元素。若写离子方程式时,还要注意电荷的配平。

1. 根据实验现象确定生成物,并注明反应条件

这是写出正确反应方程式的首要问题。例如将 $FeSO_4$ 溶液加入酸化后的 $KMnO_4$ 溶液中,MnO_4^- 的紫红色褪去,生成了无色的 Mn^{2+},其离子反应式为

$$\overset{+2}{5Fe^{2+}} + \overset{+7}{MnO_4^-} + 8H^+ \rightleftharpoons \overset{+3}{5Fe^{3+}} + \overset{+2}{Mn^{2+}} + 4H_2O$$

上面 $-(5\times1e)$,下面 $+(1\times5e)$

以上反应是在强酸性介质中进行的,若不顾反应条件而写成

$$5Fe^{2+} + MnO_4^- + 4H_2O \rightleftharpoons 5Fe^{3+} + Mn^{2+} + 8OH^-$$

$$3Fe^{2+} + MnO_4^- + 4H^+ \rightleftharpoons 3Fe^{3+} + MnO_2 + 2H_2O$$

表面上看也是配平的,但都与事实不符,都不能代表上述反应。前一个反应方程式中有 OH^- 生成,若溶液是碱性,MnO_4^- 不能被还原成 Mn^{2+},并且 Fe^{3+} 和 Fe^{2+} 与 OH^- 将生成 $Fe(OH)_3$ 和 $Fe(OH)_2$ 沉淀;后一个反应方程式里有 MnO_2 生成,它是棕色沉淀,与无色溶液不符。又如,碱性的亚铬酸钠溶液和过氧化氢作用生成黄色铬酸盐的离子反应方程式:

$$\overset{+3}{2CrO_2^-} + \overset{-1}{3H_2O_2} + 2OH^- \rightleftharpoons \overset{+6}{2CrO_4^{2-}} + \overset{-2}{4H_2O}$$

上面 $-(2\times3e)$,下面 $+(3\times2\times1e)$

若写成

$$2CrO_2^- + 3H_2O_2 \rightleftharpoons 2CrO_4^{2-} + 2H^+ + 2H_2O$$

表面上看是配平的,但也与事实不符:既然是碱性溶液,当然在反应式中不应出现 H^+,并且在酸性条件下 CrO_2^- 和 CrO_4^{2-} 都不能存在。总之,正确写出生成物和反应条件是首要问题。

2. 确定有关元素氧化数的变化

这一步是关键,若有错,反应式往往就不能配平。例如,重铬酸钾($K_2Cr_2O_7$)和浓盐酸起反应放出氯气,溶液颜色变绿(这是 Cr^{3+} 的特征颜色),其离子反应方程式为

$$\overset{+6}{Cr_2O_7^{2-}} + \overset{-1}{6Cl^-} + 14H^+ \rightleftharpoons 2\overset{+3}{Cr^{3+}} + 3\overset{0}{Cl_2} + 7H_2O$$

上面 $-(3\times2\times1\,e)$,下面 $+(2\times3e)$

在此，Cr 的氧化数由＋6 降为＋3。但每个 $Cr_2O_7^{2-}$ 中含有 2 个 Cr 原子，故当 $Cr_2O_7^{2-} \rightarrow 2Cr^{3+}$ 时，总共得到 6e，这种情况容易被疏忽。又如，在高温氯酸钾（$KClO_3$）分解生成高氯酸钾（$KClO_4$）和氯化钾的反应方程式为

$$4K\overset{+5}{Cl}O_3 \xrightarrow{\triangle} 3K\overset{+7}{Cl}O_4 + K\overset{-1}{Cl}$$

反应物只有 $KClO_3$，它既是氧化剂又是还原剂，在 $KClO_3$ 中 Cl 的氧化数为＋5。反应过程中一部分 Cl 升高为＋7，另一部分 Cl 降低为－1，这类反应叫**歧化反应**，在无机化学里还是很常见的。

下式可以明显表示出氧化数的升降关系：

$$\overbrace{3K\overset{+5}{Cl}O_3 + K\overset{+5}{Cl}O_3 \longrightarrow 3K\overset{+7}{Cl}O_4}^{-(3\times 2\ e)} + K\overset{-1}{Cl}$$

$$\underbrace{K\overset{+5}{Cl}O_3 \longrightarrow K\overset{-1}{Cl}}_{+(1\times 6\ e)}$$

3. 氧化剂、还原剂电子得失数目相等的原则

在大多数反应里，这一原则是很清楚的；有少数情况，一种化合物里有两种元素同时参加氧化与还原，那么就必须把氧化数升降关系综合起来一起计算。例如，三硫化二砷（As_2S_3）和浓硝酸起反应生成砷酸（$HAsO_3$）、析出硫磺（S），并放出一氧化氮气体，其反应方程式为

$$3\overset{+3}{As_2}\overset{-2}{S_3} + 10\overset{+5}{N}O_3^- + 4H^+ \longrightarrow 6\overset{+5}{As}O_3^- + 9\overset{0}{S} + 10\overset{+2}{N}O + 2H_2O$$

As：$-(3\times 2\times 2\ e)$；S：$-(3\times 3\times 2\ e)$；N：$+(10\times 3\ e)$

在此，As_2S_3 里 As 的氧化数由＋3 变为＋5，S 由－2 变为 0，所以需要同时考虑 As 和 S 的失电子数目，才能配平这个反应方程式。结合无机化学的学习，应熟练掌握氧化还原反应方程式的配平。

10.2　电池的电动势和电极电势

(Electromotive Force of Cell and Electrode Potential)

10.2.1　电池和电动势

氧化还原反应是电子转移的反应，当我们选择适当电极组装成一个化学电池，便可使这些电子沿一定方向流动而产生电流。

例如，下述反应是自发氧化还原反应：

$$Zn + Cu^{2+} \longrightarrow Cu + Zn^{2+}$$

若按图 10.1 所示，一个烧杯内盛 $CuSO_4$ 溶液，另一个烧杯内盛 $ZnSO_4$ 溶液，锌片插入 $ZnSO_4$ 溶液，铜片插入 $CuSO_4$ 溶液，两个烧杯用“盐桥”(salt bridge)连接起来，盐桥是一个盛 KCl 饱和溶液胶冻的 U 形管，用于构成电子流的通路[①]；将锌片和铜片用导线连接，这就成为一个由

① 并消除了两个电极溶液之间的液体接界电势。

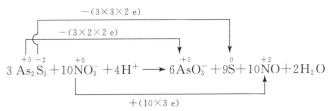

锌电极($Zn-ZnSO_4$)和铜电极($Cu-CuSO_4$)组成的原电池,简称 Zn-Cu 电池[①]。在此装置里,Zn 片并未和 $CuSO_4$ 直接接触,但我们确实可以看到锌极上的 Zn 溶解而成 Zn^{2+},Cu^{2+} 在铜极上沉积为 Cu,电路连接电压表。电压表指针偏转告诉我们,电流由铜极流向锌极(或电子由锌极流向铜极):即锌电极为负极,发生氧化反应,向外电路输出电子;铜电极为正极,从外电路接受电子,发生还原反应。电极反应写做:

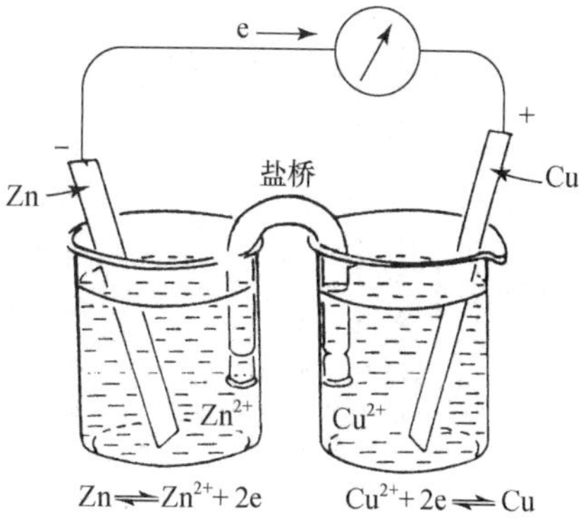

图 10.1 锌-铜电池

负极 $\quad Zn \rightleftharpoons Zn^{2+} + 2e$

正极 $\quad Cu^{2+} + 2e \rightleftharpoons Cu$

我们常用下列**电池符号**代表上述锌铜电池:

$$(-)\ Zn|Zn^{2+} \| Cu^{2+}|Cu\ (+)$$

习惯把负极写在左边,表示由 Zn 片和 Zn^{2+} 溶液组成负极;正极写在右边,表示由 Cu 片和 Cu^{2+} 溶液组成了正极。金属 Zn 和 Zn^{2+} 溶液之间用符号"|"分开表示物相界面;正负两极之间的符号"‖"代表盐桥。必要时溶液的浓度也应注明。若溶液中含有两种离子参与电极反应,可用逗号","把它们分开,并加上惰性电极;若电极物质含有气体,则应注明压力及其惰性电极(如 Pt 电极),并用符号"|"将惰性电极和气体分开。如由氢电极和 Fe^{3+}/Fe^{2+} 电极所组成的电池,其电池符号是:

$$(-)\ Pt|H_2(p^{\ominus})|H^+(1\ mol \cdot dm^{-3}) \| Fe^{3+}(1\ mol \cdot dm^{-3}), Fe^{2+}(1\ mol \cdot dm^{-3})|Pt\ (+)$$

用这种表达式代表电池既简明又方便。

电池的电动势是指电池正负电极之间的电势差。按图 10.1 装置,若用普通电压表进行测量,因普通电压表的内阻不够大而有电流通过,所以电压表读数不等于电池的电动势。若改用高阻抗的晶体管伏特计或电位差计,则可直接测出电池的电动势,如测定下列锌铜电池的电流,由铜极流向锌极,电池电动势等于 1.10 V,这意味着铜电极的电势比锌电极高出1.10 V。

$$(-)\ Zn|Zn^{2+}(1\ mol \cdot dm^{-3}) \| Cu^{2+}(1\ mol \cdot dm^{-3})|Cu\ (+)$$

而下列铜银电池的电动势测得为 0.46 V,这表示银电极的电势比铜电极高出 0.46 V。

$$(-)\ Cu|Cu^{2+}(1\ mol \cdot dm^{-3}) \| Ag^+(1\ mol \cdot dm^{-3})|Ag\ (+)$$

银电极的电势比铜电极高 0.46 V,而铜电极又比锌电极高 1.10 V,那么,我们可以推断银电极的电势应比锌电极高 1.56 V(1.10 V+0.46 V)。以上数值都是指两个电极之间的电势差,那么单个电极的电势是怎样产生的,又怎样表示呢?

10.2.2 电极电势

现以铜电极为例:金属铜表面的自由电子有逃逸的趋势而形成**表面电势**,Cu(s)和 $CuSO_4$(aq)是两个物相,在界面处存在**相间电势**,金属铜一侧富集了 Cu^{2+},而溶液一侧则富集了 SO_4^{2-},用这个**双电层**模型可定性说明相间电势的形成。一个电极的电势就是由金属的表面电势和金属与溶液界面处的相间电势所组成。至今我们还无法直接测定单个电极的电势。因为用电

① 按这个原理组装的实用锌铜电池也叫丹聂耳(Daniell)电池,这种电池在 19 世纪曾是普遍使用的化学电源。

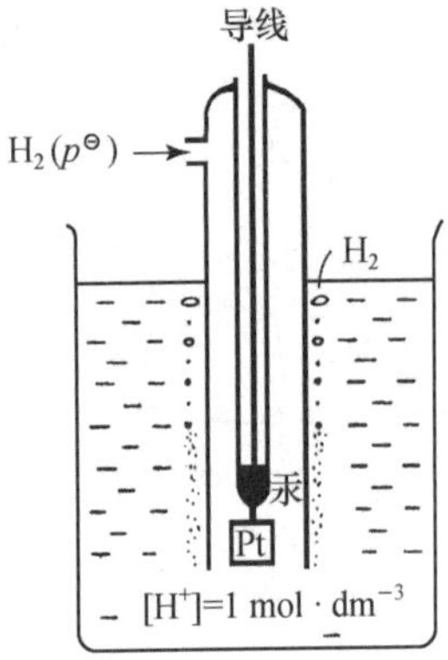

图 10.2　标准氢电极

位差计测出的不是单个电极的电势，而是电池两极的电势差。所以从实际应用的角度看，我们只要选定一种电极作为标准，并把它的电极电势定义为零，便可确定其他各种电极电势的相对值。按 IUPAC 规定，选择“标准氢电极”作为理想的标准电极，并将它的电极电势定义为零。理论上标准氢电极的组成和装置如图 10.2 所示：把镀了铂黑的铂片插入 H^+ 浓度为 1 mol·dm^{-3}的溶液中，并通入标准压力的纯净氢气，这样的电极叫做**标准氢电极**，并选定其电极电势为零，即 $E^{\ominus}(H^+/H_2)=0$。E 后的(　)内注明了参加电极反应物质的氧化态和还原态。一般先写氧化态，再写还原态，并简称“电对”。右上角的“⊖”代表标准态，即溶液浓度为 1 mol·dm^{-3}，或气体压力为标准压力100 kPa。其他任何电极若与标准氢电极组成电池，当测定电池的电动势之后，即可确定该电极的电势。例如实验可以分别测定下列几个电池的电动势($E^{\ominus}_{池}$)[①]：

(－) $Zn|Zn^{2+}(1\ mol\cdot dm^{-3})\parallel H^+(1\ mol\cdot dm^{-3})|H_2(p^{\ominus})|Pt$ (＋)　　$E^{\ominus}_{池}=0.76$ V

(－) $Pt|H_2(p^{\ominus})|H^+(1\ mol\cdot dm^{-3})\parallel Cu^{2+}(1\ mol\cdot dm^{-3})|Cu$ (＋)　　$E^{\ominus}_{池}=0.34$ V

(－) $Pt|H_2(p^{\ominus})|H^+(1\ mol\cdot dm^{-3})\parallel Ag^+(1\ mol\cdot dm^{-3})|Ag$ (＋)　　$E^{\ominus}_{池}=0.80$ V

现已规定一个电池的电动势($E_{池}$)等于正电极电势和负电极电势之差，即

$$E_{池}=E_{正}-E_{负} \tag{10.1}$$

所以当规定标准氢电极电势为零，即可由锌氢电池的电动势求锌电极的电势。

正极(氢电极) $2H^+ + 2e \rightleftharpoons H_2$　　$E^{\ominus}(H^+/H_2)=0$

－)　负极(锌电极) $Zn^{2+} + 2e \rightleftharpoons Zn$　　$E^{\ominus}(Zn^{2+}/Zn)=?$

电池反应　$2H^+ + Zn \rightleftharpoons H_2 + Zn^{2+}$

$$E^{\ominus}_{池}=E^{\ominus}(H^+/H_2)-E^{\ominus}(Zn^{2+}/Zn)=0.76\ V$$

因锌电极也处于标准状态[即 Zn^{2+} 浓度＝1 mol·dm^{-3}或 $a(Zn^{2+})=1$ mol·dm^{-3}]，已设 $E^{\ominus}(H^+/H_2)=0$，所以 $E^{\ominus}(Zn^{2+}/Zn)=-0.76$ V，即为锌电极**标准电极电势**(standard electrode potential)。同理，可以由氢铜电池的电动势求铜电极的电势。

正极(铜电极) $Cu^{2+} + 2e \rightleftharpoons Cu$　　$E^{\ominus}(Cu^{2+}/Cu)=?$

－)　负极(氢电极) $2H^+ + 2e \rightleftharpoons H_2$　　$E^{\ominus}(H^+/H_2)=0$

电池反应　$Cu^{2+} + H_2 \rightleftharpoons 2H^+ + Cu$

$$E^{\ominus}_{池}=E^{\ominus}(Cu^{2+}/Cu)-E^{\ominus}(H^+/H_2)=0.34\ V$$

因此 $E^{\ominus}(Cu^{2+}/Cu)=+0.34$ V，这是铜电极的标准电极电势。由氢银电池的电动势，可以求银电极的电势。

正极(银电极) $Ag^+ + e \rightleftharpoons Ag$　　$E^{\ominus}(Ag^+/Ag)=?$

－) 负极(氢电极) $2H^+ + 2e \rightleftharpoons H_2$　　$E^{\ominus}(H^+/H_2)=0$

电池反应　$2Ag^+ + H_2 \rightleftharpoons 2Ag + 2H^+$

$$E^{\ominus}_{池}=E^{\ominus}(Ag^+/Ag)-E^{\ominus}(H^+/H_2)=0.80\ V$$

① 电池电动势的符号用 $E_{池}$ 表示，而电极反应的电极电势则用 $E(M^{n+}/M)$表示，其实这就是该电极与标准氢电极所组成的电池电动势。也可以用 φ 表示电极电势，用 E 表示电池电动势。

因 $E^\ominus(H^+/H_2)=0$，所以 $E^\ominus(Ag^+/Ag)=+0.80$ V。

实验观察到的电池电动势当然一定是正的；而电极的电势可以是正的，也可以是负的。正负值是相对于标准氢电极为零而言的：锌电极的 $E^\ominus=-0.76$ V，表示锌电极的电势比标准氢电极低 0.76 V；而铜电极的 $E^\ominus=+0.34$ V，表示铜电极的电势比标准氢电极高 0.34 V。同理，银电极的电势比标准氢电极高 0.80 V。现将锌、氢、铜、银的电极反应随其电势高低依次排列。

$$Zn^{2+}+2e \rightleftharpoons Zn \qquad E^\ominus(Zn^{2+}/Zn)=-0.76\ V$$
$$2H^{+}+2e \rightleftharpoons H_2 \qquad E^\ominus(H^{+}/H_2)=0.00\ V$$
$$Cu^{2+}+2e \rightleftharpoons Cu \qquad E^\ominus(Cu^{2+}/Cu)=+0.34\ V$$
$$Ag^{+}+e \rightleftharpoons Ag \qquad E^\ominus(Ag^{+}/Ag)=+0.80\ V$$

用类似的方法，我们还可以测定各种电极的电势。有些不能直接测定的，则可以间接推算（见第 10.4 节）。

10.3 标准电极电势和氧化还原平衡

(Standard Electrode Potential and Redox Equilibrium)

标准电极电势是指各参与电极反应的物质都处于标准状态时的电极电势，它的数值是相对于标准氢电极 $E^\ominus(H^+/H_2)=0$ 而确定的。手册里记载着一系列标准电极电势数据。表 10.1 及附录 C.5 和 C.6 列举了一些常用的 $E^\ominus$ 数据。表 10.1 是按照电极电势由低到高的顺序排列的。在标准氢电极以上各标准电极电势都是负值，当它们和标准氢电极组成电池时是负极；而在氢电极以下各电极电势都是正值，显然它们和氢电极组成电池时为正极。电极电势的高低表明电子得失的难易，也就是表明了氧化还原能力的强弱：电极电势越正，就表明电极反应中氧化性物质越容易夺得电子转变为相应的还原态，如表 10.1 下端的 F_2、MnO_4^- 等都是很强的氧化态物质即强氧化剂；电极电势越负，就是说电极反应中还原态物质越容易失去电子转变为相应的氧化态，如表 10.1 上端的 Li、K、Na 等都是很强的还原剂。两种物质之间能否发生氧化还原反应，取决于它们电极电势的差别，$E^\ominus$ 较高的氧化态物质和 $E^\ominus$ 较低的还原态物质能发生氧化还原反应，即表 10.1 中左下方的氧化态物质能和右上方的还原态物质起反应；反之，左上方的氧化态物质和右下方的还原态物质则不能起反应。例如，几个有关的电极电势：

$$Fe^{2+}+2e \rightleftharpoons Fe \qquad E^\ominus=-0.45\ V$$
$$2H^{+}+2e \rightleftharpoons H_2 \qquad E^\ominus=\ \ 0.00\ V$$
$$Cu^{2+}+2e \rightleftharpoons Cu \qquad E^\ominus=+0.34\ V$$

按上述原则，H^+ 与 Fe 容易发生反应，而 Fe^{2+} 与 H_2 则不能，这就是 Fe 置换酸里氢的反应。依同样的原则可知，Cu 则不能从酸中置换出 H_2。所谓“金属活动性顺序”，就是将这些金属的电极反应按电极电势 $E^\ominus$ 顺序排列而成。卤族元素之间的置换反应，也可从其 $E^\ominus$ 的顺序看清楚：

$$I_2+2e \rightleftharpoons 2I^- \qquad E^\ominus=+0.54\ V$$
$$Br_2+2e \rightleftharpoons 2Br^- \qquad E^\ominus=+1.07\ V$$
$$Cl_2+2e \rightleftharpoons 2Cl^- \qquad E^\ominus=+1.36\ V$$
$$F_2+2e \rightleftharpoons 2F^- \qquad E^\ominus=+2.87\ V$$

由碘至氟，$E^{\ominus}$依次增大，即夺取电子转变为还原态的倾向依次增大，即 I_2、Br_2、Cl_2、F_2 的氧化性依次增强：F_2 能使 Cl^-、Br^-、I^- 氧化，Cl_2 能使 Br^-、I^- 氧化，Br_2 能使 I^- 氧化。总之，标准电极电势表是各种物质在水溶液中氧化还原规律性的概括，正确理解和熟练运用都是重要的。

表 10.1 水溶液中的标准电极电势 $E^{\ominus}$(298 K)

氧化还原电对	电极反应式*	电极电势 $E^{\ominus}$/V
氧化态/还原态	氧化态+e $\rightleftharpoons$ 还原态	
Li^+/Li	$Li^+ + e \rightleftharpoons Li$	−3.04
K^+/K	$K^+ + e \rightleftharpoons K$	−2.93
Sr^{2+}/Sr	$Sr^{2+} + 2e \rightleftharpoons Sr$	−2.89
Ca^{2+}/Ca	$Ca^{2+} + 2e \rightleftharpoons Ca$	−2.87
Na^+/Na	$Na^+ + e \rightleftharpoons Na$	−2.71
Mg^{2+}/Mg	$Mg^{2+} + 2e \rightleftharpoons Mg$	−2.37
Al^{3+}/Al	$Al^{3+} + 3e \rightleftharpoons Al$	−1.66
Zn^{2+}/Zn	$Zn^{2+} + 2e \rightleftharpoons Zn$	−0.76
Fe^{2+}/Fe	$Fe^{2+} + 2e \rightleftharpoons Fe$	−0.45
Sn^{2+}/Sn	$Sn^{2+} + 2e \rightleftharpoons Sn$	−0.15
Pb^{2+}/Pb	$Pb^{2+} + 2e \rightleftharpoons Pb$	−0.13
H^+/H_2	$2H^+ + 2e \rightleftharpoons H_2$	0.00
Sn^{4+}/Sn^{2+}	$Sn^{4+} + 2e \rightleftharpoons Sn^{2+}$	+0.15
Cu^{2+}/Cu	$Cu^{2+} + 2e \rightleftharpoons Cu$	+0.34
I_2/I^-	$I_2 + 2e \rightleftharpoons 2I^-$	+0.54
O_2/O_2^{2-}	$O_2 + 2H^+ + 2e \rightleftharpoons H_2O_2$	+0.70
Fe^{3+}/Fe^{2+}	$Fe^{3+} + e \rightleftharpoons Fe^{2+}$	+0.77
Ag^+/Ag	$Ag^+ + e \rightleftharpoons Ag$	+0.80
Hg^{2+}/Hg	$Hg^{2+} + 2e \rightleftharpoons Hg$	+0.85
Pd^{2+}/Pd	$Pd^{2+} + 2e \rightleftharpoons Pd$	+0.95
Br_2/Br^-	$Br_2 + 2e \rightleftharpoons 2Br^-$	+1.07
Cr(Ⅵ)/Cr^{3+}	$Cr_2O_7^{2-} + 14H^+ + 6e \rightleftharpoons 2Cr^{3+} + 7H_2O$	+1.36
Cl_2/Cl^-	$Cl_2 + 2e \rightleftharpoons 2Cl^-$	+1.36
Cl(Ⅰ)/Cl^-	$HClO + H^+ + 2e \rightleftharpoons Cl^- + H_2O$	+1.48
Mn(Ⅶ)/Mn^{2+}	$MnO_4^- + 8H^+ + 5e \rightleftharpoons Mn^{2+} + 4H_2O$	+1.51
Ce^{4+}/Ce^{3+}	$Ce^{4+} + e \rightleftharpoons Ce^{3+}$	+1.61
F_2/F^-	$F_2 + 2e \rightleftharpoons 2F^-$	+2.87

* 有的书刊把电极反应写成氧化半反应，如 $2F^- \rightleftharpoons F_2 + 2e$，$E^{\ominus}$的排列也可以由(+)→0→(−)。还有的书称 $E^{\ominus}$为标准氧化还原电势，并随电极反应写法不同分为氧化电势和还原电势，如

$$Zn^{2+} + 2e \rightleftharpoons Zn \qquad E^{\ominus}_{还原} = -0.76\ V$$

$$Zn \rightleftharpoons Zn^{2+} + 2e \qquad E^{\ominus}_{氧化} = +0.76\ V$$

现在已经基本统一为还原电势。

【例 10.1】 要选择一种氧化剂，能使含 Cl^-、Br^-、I^- 的混合溶液中的 I^- 氧化成 I_2，而 Br^- 和 Cl^- 却不发生变化。试根据 $E^\ominus$ 推断 H_2O_2、$Cr_2O_7^{2-}$ 和 Fe^{3+} 三种氧化剂中哪种合适？

解 先由表 10.1 和附录 C.5 查出有关物质的 $E^\ominus$：

$I_2 + 2e \rightleftharpoons 2I^-$ $\quad E^\ominus = +0.54\ V$

$Fe^{3+} + e \rightleftharpoons Fe^{2+}$ $\quad E^\ominus = +0.77\ V$

$Br_2 + 2e \rightleftharpoons 2Br^-$ $\quad E^\ominus = +1.07\ V$

$Cr_2O_7^{2-} + 14H^+ + 6e \rightleftharpoons 2Cr^{3+} + 7H_2O$ $\quad E^\ominus = +1.36\ V$

$Cl_2 + 2e \rightleftharpoons 2Cl^-$ $\quad E^\ominus = +1.36\ V$

$H_2O_2 + 2H^+ + 2e \rightleftharpoons 2H_2O$ $\quad E^\ominus = +1.78\ V$

由以上数据可以明显看到：在酸性介质中 H_2O_2 的氧化能力最强，Cl^-、Br^-、I^- 都能被它氧化；而 $Cr_2O_7^{2-}$ 难以氧化 Cl^-，但能使 Br^-、I^- 都被氧化；只有 $E^\ominus(Fe^{3+}/Fe^{2+})$ 介于 $E^\ominus(I_2/I^-)$ 和 $E^\ominus(Br_2/Br^-)$、$E^\ominus(Cl_2^-/Cl^-)$ 之间，所以 Fe^{3+} 能氧化 I^-，而不能氧化 Br^- 和 Cl^-。

综上所述，根据标准电极电势（$E^\ominus$）可以判别水溶液里氧化还原反应的自发性。可想而知，$E^\ominus$ 必定与 $\Delta G^\ominus(T)$、$K^\ominus$ 等有联系。

恒温恒压条件下，体系 Gibbs 自由能的降低等于体系所做的最大其他功 $-W'_{max}$，电池反应发生过程中 Gibbs 自由能的降低就等于电池所做的最大电功，在标准状态时

$$-\Delta G^\ominus(T) = -W'_{max}, \quad 即\ \Delta G^\ominus(T) = W'_{max}$$

在此，电功等于电池电动势和电量的乘积，那么电池反应的电量怎样计算？已知一个电子的电量等于 1.602×10^{-19} C（库仑），所以 1 mol 电子的电量等于

$$6.022\times10^{23}\ mol^{-1}\times1.602\times10^{-19}\ C = 9.648\times10^4\ C\cdot mol^{-1}$$

每摩尔电子的电量可用 Faraday 恒量（符号为 F）表示，即在三位有效数字的计算中

$$1\ F = 9.65\times10^4\ C\cdot mol^{-1}$$

电池反应过程中，若电子转移数为 n，则转移的电量为 nF。所以电功

$$-W'_{max} = nFE^\ominus_{池} \quad 或 \quad W'_{max} = -nFE^\ominus_{池} = \Delta G^\ominus(T) \tag{10.2}$$

在此 F 的单位是 $C\cdot mol^{-1}$，$E^\ominus_{池}$ 的单位是 V（伏特），C·V＝J，所以电功的单位是 $J\cdot mol^{-1}$。又知

$$\Delta G^\ominus(T) = -2.303\ RT\ \lg K^\ominus$$

那么

$$E^\ominus_{池} = \frac{2.303\ RT}{n\ F}\lg K^\ominus$$

当 $T=298.15\ K$，$R=8.3145\ J\cdot mol^{-1}\cdot K^{-1}$ 时

$$E^\ominus_{池} = \frac{2.303\times8.3145\ J\cdot mol^{-1}\cdot K^{-1}\times298.15\ K}{n\times9.65\times10^4\ C\cdot mol^{-1}}\lg K^\ominus = \frac{0.0592\ V}{n}\lg K^\ominus \tag{10.3}$$

电池电动势是可以直接测定的。利用（10.2）或（10.3）式，由该反应所组成的电池电动势就可以求氧化还原反应的平衡常数。例如 Zn 置换 Cu^{2+} 的反应

$$Zn + Cu^{2+} \rightleftharpoons Zn^{2+} + Cu$$

可分解为两个电极反应

负极 $\quad Zn \rightleftharpoons Zn^{2+} + 2e \quad E^\ominus(Zn^{2+}/Zn) = -0.76\ V$

正极 $\quad Cu^{2+} + 2e \rightleftharpoons Cu \quad E^\ominus(Cu^{2+}/Cu) = +0.34\ V$

电池电动势 $\quad E^\ominus_{池} = E^\ominus(Cu^{2+}/Cu) - E^\ominus(Zn^{2+}/Zn) = 0.34\ V - (-0.76\ V) = 1.10\ V$

代入(10.3)式，得

$$E^{\ominus}_{池}=\frac{0.0592\ \text{V}}{2}\lg K^{\ominus},\quad \lg K^{\ominus}=\frac{2\times1.10\ \text{V}}{0.0592\ \text{V}}=37.2$$

$$K^{\ominus}=\frac{[Zn^{2+}]}{[Cu^{2+}]}=2\times10^{37}$$

$K^{\ominus}$很大，表示置换反应进行得很彻底。

自发氧化还原反应所组成的电池的电动势当然是(+)的，实验测定的电池电动势也都是(+)的。但在讨论氧化还原平衡问题时，$E^{\ominus}_{池}$的计算值可以有(+)或(−)之分，并借此判断反应进行的方向。由

$$\Delta G^{\ominus}(T)=-nFE^{\ominus}_{池}$$

关系式可以看出：自发氧化还原反应，其 $\Delta G^{\ominus}(T)<0$，$E^{\ominus}_{池}>0$；而对于非自发氧化还原反应，其 $\Delta G^{\ominus}(T)>0$，$E^{\ominus}_{池}<0$。

一个化学反应的 $K^{\ominus}$若大于 10^6 或 $\Delta_r G^{\ominus}_m<-40\ \text{kJ}\cdot\text{mol}^{-1}$，可以认为该反应进行得很彻底。据 $\lg K^{\ominus}=nE^{\ominus}_{池}/0.0592\text{V}$，有

若 $n=1$，　　$E^{\ominus}_{池}=0.36\ \text{V}$

若 $n=2$，　　$E^{\ominus}_{池}=0.18\ \text{V}$

若 $n=3$，　　$E^{\ominus}_{池}=0.12\ \text{V}$

所以，我们也常用 $E^{\ominus}_{池}$是否大于 0.2～0.4 V 来判断氧化还原反应是否能自发进行，这很有实用意义。现举例说明。

【例 10.2】 应用 $E^{\ominus}$数据推测：在酸性溶液中 Fe^{2+} 或 Co^{2+} 是否能被 O_2 氧化为 Fe^{3+} 或 Co^{3+}？假设各物质都处于标准状态。

解　由附录查出有关物质的 $E^{\ominus}$

$Fe^{3+}+e \rightleftharpoons Fe^{2+}$　　$E^{\ominus}(Fe^{3+}/Fe^{2+})=+0.77\ \text{V}$

$O_2+4H^++4e \rightleftharpoons 2H_2O$　　$E^{\ominus}(O_2/H_2O)=+1.23\ \text{V}$

$Co^{3+}+e \rightleftharpoons Co^{2+}$　　$E^{\ominus}(Co^{3+}/Co^{2+})=+1.92\ \text{V}$

O_2 氧化 Fe^{2+} 的离子反应方程式

$$4Fe^{2+}+O_2+4H^+ \rightleftharpoons 4Fe^{3+}+2H_2O$$

$$E^{\ominus}_{池}=E^{\ominus}(O_2/H_2O)-E^{\ominus}(Fe^{3+}/Fe^{2+})=1.23\ \text{V}-0.77\ \text{V}=+0.46\ \text{V}$$

同理，计算 O_2 与 Co^{2+} 反应的

$$E^{\ominus}_{池}=E^{\ominus}(O_2/H_2O)-E^{\ominus}(Co^{3+}/Co^{2+})=1.23\ \text{V}-1.92\ \text{V}=-0.69\ \text{V}$$

由此可以推断：O_2 能把 Fe^{2+} 氧化为 Fe^{3+}（$E^{\ominus}_{池}=+0.46\ \text{V}$）；而 O_2 不能使 Co^{2+} 氧化为 Co^{3+}（$E^{\ominus}_{池}=-0.69\ \text{V}$）。

【例 10.3】 是否能用已知浓度的草酸($H_2C_2O_4$)来标定 $KMnO_4$ 溶液的浓度？

解　$H_2C_2O_4$ 是具有还原性的酸，$KMnO_4$ 是强氧化剂，它们的电极反应和 $E^{\ominus}$分别为

$2CO_2+2H^++2e \rightleftharpoons H_2C_2O_4$　　$E^{\ominus}=-0.49\ \text{V}$

$MnO_4^-+8H^++5e \rightleftharpoons Mn^{2+}+4H_2O$　　$E^{\ominus}=+1.51\ \text{V}$

$H_2C_2O_4$ 和 $KMnO_4$ 之间的氧化还原反应

$$5H_2C_2O_4+2MnO_4^-+6H^+ \rightleftharpoons 10CO_2+2Mn^{2+}+8H_2O$$

$$E^{\ominus}_{池}=E^{\ominus}(MnO_4^-/Mn^{2+})-E^{\ominus}(CO_2/C_2O_4^{2-})=1.51\ V-(-0.49\ V)=2.00\ V$$

计算结果说明，该反应的 $E^{\ominus}$ 是很大的正值，即 $C_2O_4^{2-}$ 和 MnO_4^- 在酸性介质中的氧化还原反应进行得很彻底。用 $H_2C_2O_4$ 标定 $KMnO_4$ 溶液浓度是可行的，它是定量分析化学中的经典方法之一。

氧化还原反应和酸碱反应、沉淀反应相比，反应速率较慢。对有些氧化还原反应，需从速率和平衡两方面结合考虑。例如，过二硫酸铵$[(NH_4)_2S_2O_8]$和硫酸锰($MnSO_4$)的氧化还原反应的 $E^{\ominus}_{池}>+0.2\ V$，从化学平衡的角度看，反应可以自发进行：

$$S_2O_8^{2-}+2e \rightleftharpoons 2SO_4^{2-} \qquad E^{\ominus}=+2.01\ V$$

$$-)\ MnO_4^-+8H^++5e \rightleftharpoons Mn^{2+}+4H_2O \qquad E^{\ominus}=+1.51\ V$$

$$5S_2O_8^{2-}+2Mn^{2+}+8H_2O \rightleftharpoons 2MnO_4^-+16H^++10\ SO_4^{2-}$$

$$E^{\ominus}_{池}=2.01\ V-1.51\ V=+0.50\ V$$

但当把少量$(NH_4)_2S_2O_8$ 晶体加入 $MnSO_4$ 溶液时，看不到紫红色的 MnO_4^- 的生成，这表明上述反应的速率很慢。只要再加入少量 $AgNO_3$ 溶液，就能见到紫红色 MnO_4^- 的出现，这是因为 Ag^+ 作为催化剂加快了反应速率。又如，例题 10.3 提到的 $C_2O_4^{2-}$ 和 MnO_4^- 之间的氧化还原反应，开始时反应速率是相当慢的，当反应进行到一定程度，速率加快(一般情况下，随反应的进行，反应物浓度降低，速率减慢)。这是因为生成物 Mn^{2+} 催化了这个比较慢的反应。这种由生成物作催化剂的现象叫"自催化"作用。

10.4　电极电势的间接计算

(Indirect Calculation of Electrode Potential)

前面一节介绍过由电池电动势求电极电势，但并不是所有的电极反应都能组成一个真正能被直接测量的电池。那么它们的 $E^{\ominus}$ 可由 $\Delta G^{\ominus}$ 求算，也可以由其他 $E^{\ominus}$ 间接求算。

【例 10.4】 已知：① $ClO_3^-+6H^++6e \rightleftharpoons Cl^-+3H_2O \qquad E_1^{\ominus}=+1.45\ V$

② $\frac{1}{2}Cl_2+e \rightleftharpoons Cl^- \qquad E_2^{\ominus}=+1.36\ V$

试求③ $ClO_3^-+6H^++5e \rightleftharpoons \frac{1}{2}Cl_2+3H_2O$ 的电极电势 $E_3^{\ominus}=E^{\ominus}(ClO_3^-/Cl_2)=?$

解　电极反应式①－式②＝式③，那么 $E_3^{\ominus}$ 是否就等于 $E_1^{\ominus}-E_2^{\ominus}$ 呢？

$$E_3^{\ominus}=E_1^{\ominus}-E_2^{\ominus}=1.45\ V-1.36\ V=0.09\ V$$

查附录 C.5 知，$E^{\ominus}(ClO_3^-/Cl_2)$不是 0.09 V，而等于 1.47V。以上算法是错误的，因为**电极电势是强度量，不具加和性，它必须和电量(nF)相乘之后，才能进行加和**。若要利用式①和式②的 $E^{\ominus}$ 求 $E^{\ominus}(ClO_3^-/Cl_2)$，就必须用 $\Delta G^{\ominus}$ 的关系式，即

$$\Delta G_3^{\ominus}=\Delta G_1^{\ominus}-\Delta G_2^{\ominus}$$

那么

$$-n_3FE_3^{\ominus}=-n_1FE_1^{\ominus}-(-n_2FE_2^{\ominus})$$

$$5\times E_3^{\ominus}=6\times E_1^{\ominus}-1\times E_2^{\ominus}$$

所以

$$E_3^{\ominus}=\frac{6\times 1.45\ V-1\times 1.36\ V}{5}=1.47\ V$$

通过这个例题，可以加深对"强度量"和"广度量"的理解。此外，也可体会为什么下表中几个写法不同的电极反应的 $E^{\ominus}$ 是相同的，而 $\Delta G^{\ominus}$（或 $\Delta H^{\ominus}$、$\Delta S^{\ominus}$）却不同。

电极反应	$E^{\ominus}(Cl_2/Cl^-)$	$\Delta G^{\ominus}/(kJ\cdot mol^{-1})$
$\frac{1}{2}Cl_2+e \rightleftharpoons Cl^-$	+1.36 V	$-1\times96.5\times1.36=-131$
$Cl_2+2e \rightleftharpoons 2Cl^-$	+1.36 V	$-2\times96.5\times1.36=-262$
$3Cl_2+6e \rightleftharpoons 6Cl^-$	+1.36 V	$-6\times96.5\times1.36=-787$

那么，在计算电池电动势时用 $E^{\ominus}_{池}=E^{\ominus}_{正}-E^{\ominus}_{负}$ 为什么是正确的呢？这是因为两个电极组成一个电池时，正极反应的得电子数等于负极反应的失电子数，因而"电量项"可以相互消去，即

$$\Delta G^{\ominus}_{池}=\Delta G^{\ominus}_{正}-\Delta G^{\ominus}_{负}$$

$$-nFE^{\ominus}_{池}=-nFE^{\ominus}_{正}+nFE^{\ominus}_{负}$$

所以

$$E^{\ominus}_{池}=E^{\ominus}_{正}-E^{\ominus}_{负}$$

若要把例 10.4 中两个电极反应①和②组成电池，则该电池的反应为式①－式②×6，即

$$ClO_3^-+6H^++6e \rightleftharpoons Cl^-+3H_2O \qquad E^{\ominus}_1=+1.45\ V$$

$$-)\ 3Cl_2+6e \rightleftharpoons 6Cl^- \qquad E^{\ominus}_2=+1.36\ V$$

$$ClO_3^-+6H^++5Cl^- \rightleftharpoons 3Cl_2+3H_2O \qquad E^{\ominus}_{池}=E^{\ominus}_2-E^{\ominus}_1=+0.09\ V$$

$E^{\ominus}_2-E^{\ominus}_1=+0.09$ V 是 ClO_3^- 和 Cl^- 发生氧化还原反应的电池电动势，而不是电极反应 $ClO_3^-+6H^++5e \rightleftharpoons \frac{1}{2}Cl_2+3H_2O$ 的电极电势。

同种元素的不同氧化态物种之间可以组成多种氧化还原电对，如何简明地给出这些电对的电极电势？如何考虑这些电对之间的关系？美国化学家 W. M. Latimer 在 1938 年提出了元素电势图的概念，他收集整理了元素各种电对的标准电极电势 $E^{\ominus}$，1952 年在他的 *Oxidation Potentials* 一书（第二版）汇编出元素电势图，后被称为 Latimer 图。Latimer 图将元素的氧化态由高到低从左向右依次排列，两种氧化态之间连线上方的数据就是相关电对的电极电势。下面给出铜在标态下的元素电势图：

$$Cu^{2+}\ \overset{0.15\ V}{\overline{\qquad}}\ Cu^+\ \overset{0.52\ V}{\overline{\qquad}}\ Cu$$

可以看出 Cu^{2+}/Cu^+ 和 Cu^+/Cu 的标准电极电势：

$$Cu^{2+}+e \rightleftharpoons Cu^+ \qquad E^{\ominus}(Cu^{2+}/Cu^+)=0.15\ V$$

$$Cu^++e \rightleftharpoons Cu \qquad E^{\ominus}(Cu^+/Cu)=0.52\ V$$

如何由已知数据求出 Cu^{2+}/Cu 的标准电极电势？根据例题 10.4 以及上述关于电极电势求算规则的讨论，可以直接列出下式：

$$E^{\ominus}(Cu^{2+}/Cu)=\frac{n_1E^{\ominus}(Cu^{2+}/Cu^+)+n_2E^{\ominus}(Cu^+/Cu)}{n}$$

其中，n_1、n_2 和 n 分别为三个电对 Cu^{2+}/Cu^+、Cu^+/Cu 和 Cu^{2+}/Cu 氧化态变为还原态需要的电子数，也就是相关元素氧化态的差值。从元素电势图可以直接看出：$n_1=1$，$n_2=1$ 和 $n=2$，故有

$$E^{\ominus}(Cu^{2+}/Cu)=\frac{0.15\ V\times1+0.52\ V\times1}{2}=0.34\ V$$

可见，理解了电极电势的概念，利用元素电势图可以方便快捷地求算未知的电极电势。不仅如此，元素电势图也可以告诉我们关于元素的性质，如在一定条件下各物种的存在状态怎样，中间价态的物种是否可以歧化，高低氧化态之间可否发生归中反应，等等，是掌握元素性质的得力工具。这些内容，在本书第 15.2.1 节有进一步的讨论。

10.5 浓度对电极电势的影响——Nernst 方程式

(Effect of Concentration on Electrode Potential——Nernst Equation)

表 10.1 所列数据是指在 298 K、浓度为 1 mol·dm^{-3}、压力为标准压力 $p^{\ominus}$ 条件下。大多数溶液里的氧化还原反应在室温进行，在 298 K 左右 $E^{\ominus}$ 几乎不变。而溶液的浓度却往往不一定是 1 mol·dm^{-3}，气体的压力也不一定是 $p^{\ominus}$，并且可以有相当大的变化区间。那么，怎样表述电极电势与浓度(或压力)的关系？

电极电势和 Gibbs 自由能变化的关系已如前述，任意状态的 $\Delta G(T)$ 与标准状态的 $\Delta G^{\ominus}(T)$ 的关系可用 van't Hoff 等温式[(6.2)式]表示，由此我们可以推导任意状态的 E 和标准状态 $E^{\ominus}$ 的关系式。现用 ox 代表氧化态(oxidizing state)，用 red 代表还原态(reducing state)，设某电池两极的电极反应分别为

正极 $$a\ \mathrm{ox_1} + n\ \mathrm{e} \rightleftharpoons c\ \mathrm{red_1}$$

负极 $$b\ \mathrm{red_2} \rightleftharpoons d\ \mathrm{ox_2} + n\ \mathrm{e}$$

其中 a、b、c、d 分别代表反应物及生成物的计量系数，所以电池反应

$$a\ \mathrm{ox_1} + b\ \mathrm{red_2} \rightleftharpoons c\ \mathrm{red_1} + d\ \mathrm{ox_2}$$

按(6.3)式 $$\Delta G(T) = \Delta G^{\ominus}(T) + 2.303\ RT\ \lg\frac{(\mathrm{red_1})^c(\mathrm{ox_2})^d}{(\mathrm{ox_1})^a(\mathrm{red_2})^b} = \Delta G^{\ominus}(T) + 2.303\ RT\ \lg Q$$

将 $\Delta G = -nFE$ 代入上式，得

$$-nFE_{池} = -nFE^{\ominus}_{池} + 2.303\ RT\ \lg Q$$

$$E_{池} = E^{\ominus}_{池} - \frac{2.303\ RT}{nF}\lg Q$$

当 $T = 298.15$ K，$R = 8.3145$ J·mol^{-1}·K^{-1}，$F = 9.6485\times10^4$ C·mol^{-1}时，代入常数计算并修约至三位有效数字：

$$E_{池} = E^{\ominus}_{池} - \frac{0.0592\ \mathrm{V}}{n}\lg\frac{(\mathrm{red_1})^c(\mathrm{ox_2})^d}{(\mathrm{ox_1})^a(\mathrm{red_2})^b} \qquad (10.4)^{①}$$

(10.4)式表明上述氧化还原反应在任意浓度时的电池电动势 $E_{池}$ 与标准电池电动势 $E^{\ominus}_{池}$ 的关系，而对数项各物质的浓度则是指任意的起始浓度。现将

$$E_{池} = E_{正} - E_{负}, \qquad E^{\ominus}_{池} = E^{\ominus}_{正} - E^{\ominus}_{负}$$

代入(10.4)式，并略加整理，得

$$E_{正} - E_{负} = E^{\ominus}_{正} - E^{\ominus}_{负} - \frac{0.0592\ \mathrm{V}}{n}\lg\frac{(\mathrm{red_1})^c(\mathrm{ox_2})^d}{(\mathrm{ox_1})^a(\mathrm{red_2})^b}$$

$$= \left[E^{\ominus}_{正} - \frac{0.0592\ \mathrm{V}}{n}\lg\frac{(\mathrm{red_1})^c}{(\mathrm{ox_1})^a}\right] - \left[E^{\ominus}_{负} - \frac{0.0592\ \mathrm{V}}{n}\lg\frac{(\mathrm{red_2})^b}{(\mathrm{ox_2})^d}\right]$$

① 式中浓度的物理含义都是相对浓度。

由此可以清楚看到，电池两极的电极电势分别等于

$$E_{正}=E^{\ominus}_{正}-\frac{0.0592\ \mathrm{V}}{n}\lg\frac{(\mathrm{red}_1)^c}{(\mathrm{ox}_1)^a}=E^{\ominus}_{正}+\frac{0.0592\ \mathrm{V}}{n}\lg\frac{(\mathrm{ox}_1)^a}{(\mathrm{red}_1)^c}$$

$$E_{负}=E^{\ominus}_{负}-\frac{0.0592\ \mathrm{V}}{n}\lg\frac{(\mathrm{red}_2)^b}{(\mathrm{ox}_2)^d}=E^{\ominus}_{负}+\frac{0.0592\ \mathrm{V}}{n}\lg\frac{(\mathrm{ox}_2)^d}{(\mathrm{red}_2)^b}$$

推广到更为普遍的情况，若电极反应是

$$m\ \mathrm{ox}+n\ \mathrm{e}\rightleftharpoons q\ \mathrm{red}$$

则浓度与电极电势的关系式可表述为

$$E=E^{\ominus}-\frac{0.0592\ \mathrm{V}}{n}\lg\frac{(\mathrm{red})^q}{(\mathrm{ox})^m}=E^{\ominus}+\frac{0.0592\ \mathrm{V}}{n}\lg\frac{(\mathrm{ox})^m}{(\mathrm{red})^q}\qquad(10.5)$$

(10.5)式代表了电极电势随浓度的变化关系，这个重要的方程式称为 Nernst 方程式。若电极反应的还原态是固体时，如 $Zn^{2+}+2e\rightleftharpoons Zn(s)$，(10.5)式也可写为

$$E=E^{\ominus}+\frac{0.0592\ \mathrm{V}}{n}\lg(\mathrm{ox})^m$$

在使用(10.5)式时，两项之间用"＋"号还是用"－"号相连，必须与对数项中氧化还原态相对应，以免有误。氧化态浓度升高会使电极电势升高，还原态浓度升高就会使电极电势降低。利用(10.4)式可计算各种浓度下的电池电动势，利用(10.5)式则可计算各种浓度下的电极电势。

【例 10.5】 试求下列电池的电动势 $E_{池}$。

(1) (－) $Zn|Zn^{2+}(0.1\ mol\cdot dm^{-3})\parallel Cu^{2+}(0.001\ mol\cdot dm^{-3})|Cu$ (＋)

(2) (－) $Cu|Cu^{2+}(1\times10^{-4}\ mol\cdot dm^{-3})\parallel Cu^{2+}(1\ mol\cdot dm^{-3})|Cu$ (＋)

解 (1) 该电池的氧化还原反应方程式

$$Zn+Cu^{2+}(0.001\ mol\cdot dm^{-3})\rightleftharpoons Zn^{2+}(0.1\ mol\cdot dm^{-3})+Cu$$

查表 10.1，可知

$$E^{\ominus}_{池}=E^{\ominus}(Cu^{2+}/Cu)-E^{\ominus}(Zn^{2+}/Zn)=0.34\ \mathrm{V}-(-0.76\ \mathrm{V})=1.10\ \mathrm{V}$$

代入(10.4)式，得

$$E_{池}=E^{\ominus}_{池}-\frac{0.0592\ \mathrm{V}}{2}\lg\frac{(Zn^{2+})}{(Cu^{2+})}=1.10-\frac{0.0592\ \mathrm{V}}{2}\lg\frac{0.1}{0.001}=1.04\ \mathrm{V}$$

$E_{池}<E^{\ominus}_{池}$，即正向反应倾向减小，但金属 Zn 与很稀的 Cu^{2+} 溶液中仍有置换反应发生。

(2) 该电池的氧化还原反应方程式

$$Cu+Cu^{2+}(1\ mol\cdot dm^{-3})\longrightarrow Cu^{2+}(1\times10^{-4}\ mol\cdot dm^{-3})+Cu$$

这两个电极都是 Cu 电极，但溶液中 Cu^{2+} 浓度有差别而产生电势差，这种电池叫做**浓差电池**(concentration cell)。组成浓差电池是两个浓度不同的同种电极，所以它的 $E^{\ominus}_{池}=0$，那么，两个铜电极之间产生的电势差为

$$E_{池}=E^{\ominus}_{池}-\frac{0.0592\ \mathrm{V}}{2}\lg\frac{1\times10^{-4}}{1}=+0.118\ \mathrm{V}$$

【例 10.6】 已知 $Cr_2O_7^{2-}+14H^{+}+6e\rightleftharpoons 2Cr^{3+}+7H_2O$，$E^{\ominus}=+1.36\ V$。按 Nernst 方程式计算，当 $(H^+)=10\ mol\cdot dm^{-3}$ 及 $(H^+)=1\times10^{-3}\ mol\cdot dm^{-3}$ 时的 E 各是多少？根据计算结果，比较酸度对 $Cr_2O_7^{2-}$ 氧化性强弱的影响。

解 按(10.5)式，$E=E^{\ominus}-\dfrac{0.0592\ \mathrm{V}}{6}\lg\dfrac{(Cr^{3+})^2}{(Cr_2O_7^{2-})(H^+)^{14}}$

$\frac{(H^+)}{mol \cdot dm^{-3}}$	$\frac{(Cr^{3+})}{mol \cdot dm^{-3}}$	$\frac{(Cr_2O_7^{2-})}{mol \cdot dm^{-3}}$	E
1	1	1	$E=E^{\ominus}=+1.36\ V$
10	1	1	$E=1.36-\frac{0.0592\ V}{6}\lg\frac{1}{1\times10^{14}}=+1.50\ V$
1×10^{-3}	1	1	$E=1.36-\frac{0.0592\ V}{6}\lg\frac{1}{1\times(1\times10^{-3})^{14}}=+0.95\ V$

由上述数据可见，$Cr_2O_7^{2-}$ 的氧化能力(E 由 1.50 V→1.36 V→0.95 V)随酸度的降低而明显减弱。

凡有 H^+ 参加的电极反应，酸度对电极电势的影响都是很大的。所以，标准电极电势表常常分为酸性表(即 H^+ 浓度为 1 mol·dm^{-3})和碱性表(即 OH^- 浓度为 1 mol·dm^{-3})，见附录 C.5 和 C.6。有时，还用曲线表示 pH 与 E 的关系图(见习题 10.20)。对于一些氧化态变化较多的元素，常常把各种氧化态之间的 E-pH 曲线汇总在一起而构成某元素的 E-pH 图。

酸度不仅对氧化还原的能力有所影响，有时酸度还能影响氧化还原的产物。例如高锰酸钾($KMnO_4$)是强氧化剂：在浓的强碱性介质(如 6 mol·dm^{-3} NaOH)中，一般只能被还原到氧化态为+6 的锰酸根(MnO_4^{2-})；在中性或弱酸性或弱碱性的介质中，一般被还原到氧化数为+4的 MnO_2；在较强的酸性介质中，则能被还原为 Mn^{2+}。例如，亚硫酸钠(Na_2SO_3)和高锰酸钾在不同介质中的反应

$$2MnO_4^- + SO_3^{2-} + 2OH^- \longrightarrow 2MnO_4^{2-} + SO_4^{2-} + H_2O \quad \text{(强碱性介质)}$$
(紫红)　　　　　　　　(绿)

$$2MnO_4^- + 3SO_3^{2-} + H_2O \longrightarrow 2MnO_2 + 3SO_4^{2-} + 2OH^- \quad \text{(中性、弱酸性、弱碱性介质)}$$
(紫红)　　　　　　　　(棕)

$$2MnO_4^- + 5SO_3^{2-} + 6H^+ \longrightarrow 2Mn^{2+} + 5SO_4^{2-} + 3H_2O \quad \text{(强酸性介质)}$$
(紫红)　　　　　　　　(无色)

与电极反应有关的物质浓度的变化还可能和沉淀反应、络合反应联系在一起，从而使电极电势发生很大的变化。例如

$$① \ Cu^{2+} + e \rightleftharpoons Cu^+ \qquad E_1^{\ominus} = +0.15\ V$$
$$② \ I_2 + 2e \rightleftharpoons 2I^- \qquad E_2^{\ominus} = +0.54\ V$$

从这些数据看，Cu^{2+} 似乎不能使 I^- 氧化为 I_2。事实上，因为 Cu^+ 和 I^- 能生成难溶性的 CuI，$CuSO_4$ 和 KI 的溶液反应是很完全的。当 Cu^+ 浓度降得很低时，式①的$E(Cu^{2+}/Cu^+)$就会升高，当升高到大于 $E_2^{\ominus}$ 时，Cu^{2+} 就能使 I^- 氧化。Cu^{2+} 和 I^- 的氧化还原反应实际应该写成

$$2Cu^{2+} + 4I^- \rightleftharpoons 2CuI + I_2$$

当$(I^-)=1$ mol·dm^{-3}时，可以由 CuI 的 $K_{sp}(=1.3\times10^{-12})$计算 Cu^+ 浓度

$$(Cu^+)=\frac{K_{sp}(CuI)}{(I^-)}=1.3\times10^{-12}\ mol\cdot dm^{-3}$$

将此浓度及$(Cu^{2+})=1.0$ mol·dm^{-3}代入 Nernst 方程式，得

$$E(Cu^{2+}/CuI)=E^{\ominus}(Cu^{2+}/Cu^+) - \frac{0.0592\ V}{n}\lg\frac{(Cu^+)}{(Cu^{2+})}$$
$$=0.15\ V-\frac{0.0592\ V}{1}\lg\frac{1.3\times10^{-12}}{1} = +0.85\ V$$

这就是电极反应 $Cu^{2+} + I^- + e \rightleftharpoons CuI$ 的 $E^\ominus(Cu^{2+}/CuI) = +0.85$ V。此数据既然大于 $E^\ominus(I_2/I^-)$，所以 Cu^{2+} 能使 I^- 氧化为 I_2，即下述电池反应能自发进行：

$$2Cu^{2+} + 4I^- \rightleftharpoons 2CuI + I_2 \qquad E^\ominus_{池} = 0.85\ V - 0.54\ V = +0.31\ V$$

此例说明了沉淀的形成对电极电势的影响。

配合物(即络合物)的形成对电极电势也有明显影响。例如，下列电池

$$(-)\ Cu|Cu^{2+}(1\ mol\cdot dm^{-3})\ \|\ Cu^{2+}(1\ mol\cdot dm^{-3})|Cu\ (+)$$

其电动势当然等于零。若往右边的电极溶液中加入适当量的氨水，由于 Cu^{2+} 和 NH_3 起反应，形成$Cu(NH_3)_4^{2+}$，从而降低了 Cu^{2+} 的浓度；两个铜电极由于 Cu^{2+} 浓度不同，电极电势就不等，而有电流产生。关于络合平衡对电极电势影响的具体计算将在第 14 章再讨论。

总之，一个电极反应电势的大小，当然首先是由电极物质的特性所决定的，其次物质的浓度(也包括气态物质的压力)也有显著影响。而浓度的变化可包括：

(1) 电极物质本身浓度的变化，如例题 10.5。

(2) 参与反应 H^+ 浓度的变化——酸度对氧化还原的影响，如例题 10.6。

(3) 生成难溶物使电极物质浓度发生变化——沉淀对氧化还原的影响。

(4) 生成络合物使电极物质浓度变化——络合物对氧化还原的影响。

Nernst 方程式则是计算浓度对电极电势影响的基本公式。

10.6　由电势测定求 K_{sp} 或 pH

(Determination of K_{sp} or pH by the Electrode Potential)

浓度既然对电极电势有影响，反之我们可以设计电池测定电极电势，以确定浓度。测定了难溶物的离子浓度可以计算 K_{sp}，测定了 H^+ 浓度可以计算 pH。

AgCl 是难溶盐，用一般的化学分析方法直接测定 Ag^+ 和 Cl^- 的浓度是很困难的。但我们可以设计电池

$$(-)\ Ag|AgCl(s),\ Cl^-(0.010\ mol\cdot dm^{-3})\ \|\ Ag^+(0.010\ mol\cdot dm^{-3})|Ag\ (+)$$

电池的正极由金属银和 0.010 $mol\cdot dm^{-3}$ 的 $AgNO_3$ 溶液组成，负极由金属银、AgCl 固体和 0.010 $mol\cdot dm^{-3}$ 的 KCl 溶液组成。这个电极的 Ag^+ 浓度是和 AgCl(s)及 0.010 $mol\cdot dm^{-3}$ $Cl^-(aq)$处于平衡态的浓度。测定它的电动势，就能计算 AgCl 的 K_{sp}：实验直接测定电池电动势后，可用 Nernst 方程式计算待求的 Ag^+ 浓度，将 Ag^+ 浓度和已知的 Cl^- 浓度相乘，就可求出 AgCl 的 K_{sp}。如实验测定 $E_{池} = 0.34$ V，那么

正极电势　$$E(Ag^+/Ag) = E^\ominus(Ag^+/Ag) - \frac{0.0592\ V}{n}\lg\frac{1}{(Ag^+)_{正}}$$

负极电势　$$E(AgCl/Ag) = E^\ominus(Ag^+/Ag) - \frac{0.0592\ V}{n}\lg\frac{1}{(Ag^+)_{负}}$$

所以　$$E_{池} = E_{正} - E_{负} = \frac{0.0592\ V}{1}\lg\frac{(Ag^+)_{正}}{(Ag^+)_{负}} = \frac{0.0592\ V}{1}\lg\frac{0.010}{(Ag^+)_{负}} = 0.34\ V$$

$$(Ag^+)_{负} = 1.8\times10^{-8}\ mol\cdot dm^{-3}$$

此即与 AgCl(s)和 $Cl^-(0.010\ mol\cdot dm^{-3})$处于平衡状态的 Ag^+ 浓度，所以

$$K_{sp}(AgCl) = [Ag^+][Cl^-] = 1.8\times10^{-8}\times0.010 = 1.8\times10^{-10}$$

$(Ag^+)=10^{-8}\ mol\cdot dm^{-3}$一般分析方法是无法直接测定的，但是该电池电动势等于 0.34 V 是很容易测准的。AgCl 的 K_{sp} 就是用电化学方法求得的。不少化合物的 K_{sp} 是用这类方法测定的。

标准氢电极是一种“理想”的参比电极，但制备和使用都很不方便，随时需要准备好一个纯净的氢气源，并正确控制通入的压力为 100 kPa，溶液纯度要求很高，若含少量杂质 As、S、Hg 等还会使铂黑铂电极中毒失效。所以，实际工作中常采用其他稳定而又方便的电极作为比较的标准，称参比电极。常用的参比电极是**饱和甘汞电极**(saturated calomel electrode，如图 10.3 所示)，由金属汞(Hg)、固体甘汞(Hg_2Cl_2)、氯化钾饱和溶液等组成，其电极反应为

$$Hg_2Cl_2+2e \rightleftharpoons 2Hg+2Cl^-$$

298 K 时，饱和甘汞电极电势 $E_{SCE}=+0.244\ V$。

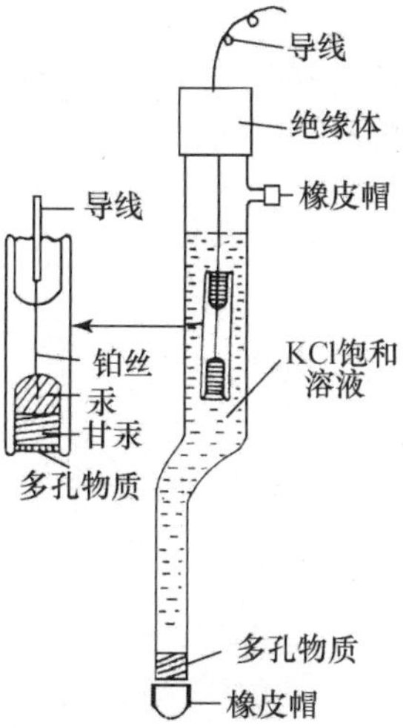

图 10.3 饱和甘汞电极

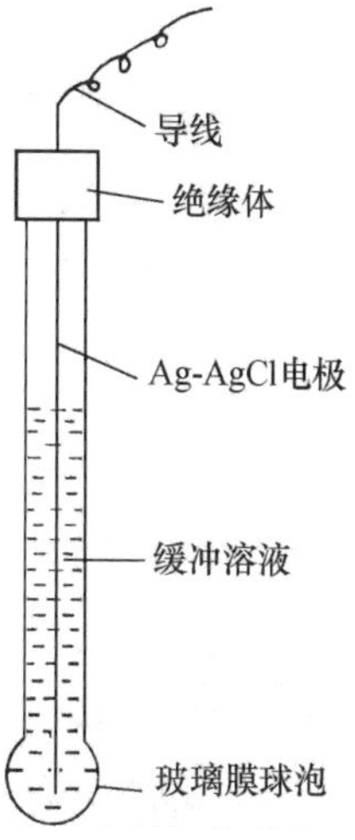

图 10.4 玻璃电极

常用 pH 计的 H^+ 浓度指示电极是**玻璃电极**(glass electrode)，如图 10.4 所示。玻璃电极的主要部分是头部的球泡，由对 H^+ 特殊敏感玻璃薄膜组成，球泡内部装有 pH 一定的缓冲溶液，其中插入一个 Ag-AgCl 电极，整个构成了玻璃电极。玻璃膜两侧溶液 pH 不同时，就产生一定的膜电势。当球泡内部溶液 pH 固定时，则玻璃膜电势随球泡外溶液的 pH 变化，所以可以用它作为 H^+ 浓度的指示电极。球泡内充以含 KCl 的缓冲溶液(pH=7)，玻璃电极和待测溶液组成的电极写做：

$$Ag|AgCl,\ H^+(10^{-7}\ mol\cdot dm^{-3})\ \underset{(玻璃膜)}{\wr}\ 待测溶液\ H^+(x)$$

它的电势
$$E_{玻}=E'_G-\frac{0.0592\ V}{1}\lg\frac{1}{[H^+]}=E'_G-0.0592\ pH$$

将玻璃电极和饱和甘汞电极一起插入待测溶液，组成的电池写做：

$$(-)\ Ag|AgCl,\ H^+(10^{-7}\ mol\cdot dm^{-3})\ \wr\ H^+(x)\ \|\ KCl(饱和),Hg_2Cl_2\,|\,Hg\ (+)$$

这个电池的电动势

$$E_{池}=E_{甘汞}-E_{玻}=0.244\ V-\left(E'_G-\frac{0.0592\ V}{1}\ pH\right)=常数+\frac{0.0592\ V}{1}\ pH$$

其中 E'_G 是各玻璃电极的仪器常数，随玻璃膜和球内 H^+ 浓度而异。实际上，先用已知 pH 的标准缓冲溶液校准上述常数，然后直接测 $E_{池}$，即可知待测溶液的 pH。通用 pH 计的表头读数直

接用 pH 表示，或将 pH 直接用数字显示。

适当调整玻璃薄膜的组成或用其他敏感材料，还可制成 Na^+、K^+、NH_4^+、Ag^+ 等各种离子指示电极，也叫离子选择性电极。只要把这种特殊的电极用已知浓度的溶液校准后，再插入未知溶液，就可直接读出离子浓度。这是非常方便而又快速的测定方法。

10.7　分解电势和超电势

(Decomposition Potential and Overpotential)

懂得了电极电势概念之后，便可以进一步讨论电解氧化还原的若干问题。

自发氧化还原反应所组成的电池的电动势等于两个电极电势差（$E_{池}=E_{正}-E_{负}$）。若从外部施加相反方向的电压等于或大于自发电动势，就有可能使非自发反应发生电解氧化还原。例如，水的电解反应

$$H_2O(l) \rightleftharpoons H_2(g)+\frac{1}{2}O_2(g) \qquad \Delta G^\ominus=+237\ \text{kJ}\cdot\text{mol}^{-1}$$

因
$$-\Delta G^\ominus = nFE^\ominus$$

故
$$E^\ominus_{池}=-\frac{\Delta G^\ominus}{nF}=-\frac{237\ \text{kJ}\cdot\text{mol}^{-1}}{2\times 96.5\ \text{kC}\cdot\text{mol}^{-1}}=-1.23\ \text{V}$$

$\Delta G^\ominus>0$，$E^\ominus_{池}<0$，即 H_2O 不能自发分解成 H_2 和 O_2。以上计算还说明，只要外加电压≥1.23 V 就能使水发生电解。电解 H^+ 浓度为 1 mol·dm^{-3} 的水溶液时，电解池两极①所发生的反应

阳极　$H_2O \rightleftharpoons 2H^+(1\ \text{mol}\cdot\text{dm}^{-3})+\frac{1}{2}O_2(p^\ominus)+2e$　　$E^\ominus=1.23$ V

阴极　$2H^+(1\ \text{mol}\cdot\text{dm}^{-3})+2e \rightleftharpoons H_2(p^\ominus)$　　$E^\ominus=0.00$ V

根据 Gibbs 自由能变化或电极电势计算所求得的非自发反应发生电解所需的最低电压叫**理论分解电压**。按前面的计算，电解水的理论分解电压即为 1.23 V；但在实际工作时，由于电解电池的内部原因，外加电压必须高于 1.23 V 才能输入电流使电解反应进行。按图 10.5 的原理装置可以测定实际所需的外加电压。

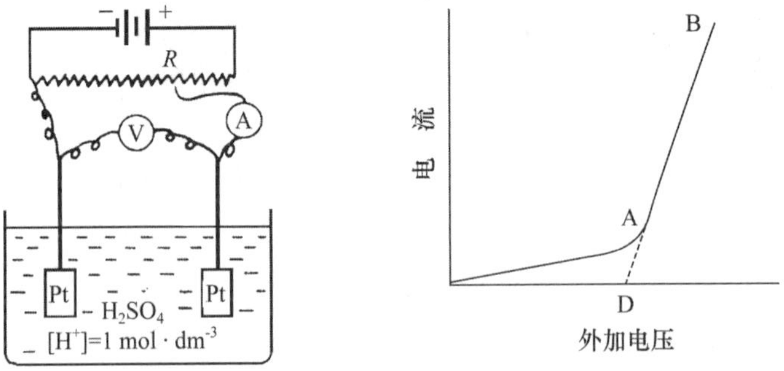

图 10.5　分解电压

① 在讨论电解池的电极反应时，常用阴极(cathode)和阳极(anode)表示电池的两极。阳极发生氧化反应，阴极发生还原反应。而在讨论原电池的电极反应时，电势高的是正极，电势低的是负极，正极发生还原反应，负极发生氧化反应，在外电路电流由正极流向负极。外电源的负极和电解池的阴极相连，外电源的正极和电解池的阳极相连。

控制电阻 R,以调节输入电压。当电压逐渐升高时,电流在开始时,增加极少;当电压升高到1.7 V时,电流突然增大,同时可以看到电极上有许多气泡产生,在阳极产生氧气,在阴极产生氢气。这表示 H_2O 的电解反应要在电压为1.7 V时才能发生。使电解反应能顺利进行的最低电压 D 叫做**分解电压**(图10.5)。若用1 mol·dm^{-3} HNO_3 或1 mol·dm^{-3} NaOH代替 H_2SO_4,所观察到的分解电压的数值与此相差不多。

最早研究这个现象的是LeBlane,他的一些实验结果列在表10.2中。表中所列水溶液在电解时,所需实际分解电压都相同,正好说明在电极上发生的反应都是相同的(水的电解)。实际分解电压之所以高于理论分解电压,与电极的"超电势"有关。要使 H^+ 在阴极上还原成 $H_2(g)$ 的电势必须低于氢的平衡电极电势,而 H_2O 在阳极电解为 O_2 所需的电势则高于其平衡电势1.23 V。为完成电解氧化还原所需电势,超过其平衡电势的部分就叫**超电势(η)**。电极反应其实是一个比较复杂的过程,包括一系列电化学步骤,每一步都需要相应的活化能。溶液中离子的扩散,还有浓差极化等,这些是电极超电势产生的原因。各种电极的超电势与电极材料的性质、表面状态、电解池温度、电流密度等有关。

表10.2 不同溶液(浓度均为1 mol·dm^{-3})中电解水时的分解电压(Pt电极)

溶 液	分解电压/V	溶 液	分解电压/V
H_2SO_4	1.67	NaOH	1.69
HNO_3	1.69	KOH	1.67
H_3PO_4	1.70	$NH_3\cdot H_2O$	1.74
$ClCH_2(COOH)_2$	1.66		

表10.3列举了 H_2 和 O_2 在一些电极上的超电势数据。

表10.3 H_2 和 O_2 在不同电极上的超电势 η (25 ℃)

超电势 η/V \ 电极	H_2(1 mol·dm^{-3} H_2SO_4) 电流密度 I/(A·m^{-2})		O_2(1 mol·dm^{-3} KOH) 电流密度 I/(A·m^{-2})	
	10	100	10	100
Pt(铂黑)	0.0000	0.030	0.40	0.52
Pt(光亮)	0.0000	0.16	0.72	0.85
Cu	—	—	0.42	0.58
Ag	0.097	0.13	0.58	0.73
Zn	0.48	0.75	—	—
Ni	0.14	0.3	0.35	0.52
Hg	0.8	0.93	—	—
石墨	0.002	—	0.53	0.90

摘自 Lange's Handbook of Chemistry, 16th ed. (2005)

在电解工业中超电势问题是一个很重要的实际问题,有时直接影响电解反应的产物。例如,将直流电通入 $CuSO_4$ 溶液可在阴极析出Cu,而在电解 $ZnSO_4$ 溶液或 $MgSO_4$ 溶液时,阴极产物各是什么?现将有关电极的 $E^\ominus$ 数据摘录如下:

$$Mg^{2+} + 2e \rightleftharpoons Mg \qquad E^\ominus = -2.37\ V$$

$$Zn^{2+} + 2e \rightleftharpoons Zn \qquad E^\ominus = -0.76\ V$$

$$2H^+ + 2e \rightleftharpoons H_2 \qquad E^\ominus = \ \ 0.00\ V$$

$$Cu^{2+} + 2e \rightleftharpoons Cu \qquad E^\ominus = +0.34\ V$$

根据上述 $E^\ominus$ 数据，Cu^{2+} 比 H^+ 容易在阴极还原，所以电解 $CuSO_4$ 溶液时阴极产物是 Cu；而 Zn^{2+} 和 Mg^{2+} 得电子能力都比 H^+ 小，似乎阴极产物都应该是 H_2。其实不然，电解 $ZnSO_4$ 溶液时阴极产物是 Zn 而不是 H_2：一方面，因为 $ZnSO_4$ 溶液接近中性，$E(H^+/H_2)$降低；另一方面，因为 H_2 在 Zn 电极上的超电势较高，所以电解 $ZnSO_4$ 水溶液时，在阴极 Zn^{2+} 得电子而析出 Zn。而 Mg^{2+} 得电子能力比 H^+ 小得多，所以电解 $MgSO_4$ 溶液的阴极产物是 H_2。工业生产时，电解槽的操作电压是参考理论分解电势、超电势等数据，经过实际试验而选定的。

10.8 化 学 电 源

(Battery)

按理说，只要选择适当的电极，任何一个自发的氧化还原反应都能组成一个自发电池。但实际上要利用氧化还原反应作为实用化学电源并非容易。日常生活中手表、手机、照相机、收音机、闪光灯、汽车灯等高新技术中航空、航天、潜艇、信息传送等需用各式各样的化学电源。现已研制成功并可供实际应用的化学电源大致可以归纳为三大类：(i)一次电池(用完作废)；(ii)二次电池(可反复充电的蓄电池)和(iii)燃料电池。常见的有以下几种。

10.8.1 一次电池

1. 锰锌干电池

这是人们日常生活最广泛使用的一次性电池，发明于 19 世纪后期。一个多世纪以来，经许多科技人员不断地研究改进，至今还是到处可见“干电池”，它携带方便、价格不贵。其基本原理是用锌筒外壳为负极，正极是位于中心部位的碳棒裹敷着 MnO_2 和炭粉，两极之间的电解质是 NH_4Cl、$ZnCl_2$、淀粉浆等胶冻状的混合物，锌筒上口用沥青密封，防止电解质的渗出。电池电动势约为 1.5 V，放电时的电极反应为

正极　$2MnO_2 + 2H^+ + 2e \rightleftharpoons 2MnO(OH)$

负极　$Zn + 2NH_4Cl \rightleftharpoons Zn(NH_3)_2Cl_2 + 2H^+ + 2e$

由反应式可见，Zn 和 MnO_2 都随放电过程而消耗，这也就是化学能转化为电能的过程，消耗到一定程度电池不能再供电，但废电池中的 Zn 筒、碳棒等并未完全耗尽。所以从资源的利用和环境保护等方面考虑，废电池不应该乱扔，应予回收，集中处理，加以再利用。

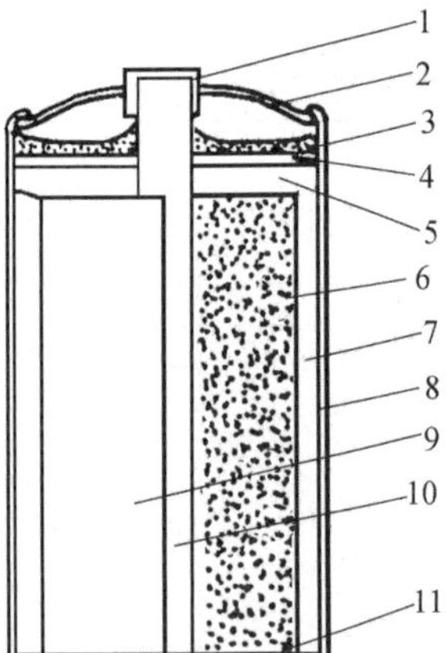

图 10.6　圆筒形锌-锰干电池结构图

1—铜帽　2—电池盖　3—封口剂　4—纸圈　5—空气室　6—MnO_2 和炭粉　7—隔离层(糊层或浆层纸)　8—锌筒负极　9—包电池芯的棉纸　10—碳棒　11—底垫

这种电池用途甚广，对它的研究和改进也是很细致的，例如锌极表面汞齐化，使表面均匀，可提高电容量，延缓腐蚀，但汞有害，所以又有无汞型问世；正极的碳棒一般是石墨棒，又可作浸蜡处理，而包裹的 MnO_2 和炭粉更有讲究；电解质的基本材料是 NH_4Cl 和 $ZnCl_2$，但是粘合剂可以是淀粉浆糊，可以是浆层纸板，还可以是有机复合膜等。总之，材料的选择、工艺水平都对电池质量有很大影响。目前，广泛使用的是改进的碱性

锰锌电池。

2. 锂碘电池

锂碘电池是1972年研制成功的一次性高能电池，引人关注的是它可用于心脏起搏器。它的负极为金属锂，正极是聚2-乙烯吡啶（简写 P_2VP）和 I_2 的复合物，电解质是固态薄膜状的碘化锂，电极反应为

$$负极\quad 2Li \rightleftharpoons 2Li^+ + 2e$$

$$正极\quad P_2VP \cdot nI_2 + 2Li^+ + 2e \rightleftharpoons P_2VP \cdot (n-1)I_2 + 2LiI$$

该电池电势较高（约为 3 V），寿命较长。优质的锂碘电池植入体内，可用10年，甚至10年以上，这对心脏病患者延续生命堪称无价之宝。

3. 银锌电池

银锌电池是一种价格昂贵的高能电池，电极反应为

$$负极\quad Zn + 2OH^- \rightleftharpoons Zn(OH)_2 + 2e$$

$$正极\quad AgO + H_2O + 2e \rightleftharpoons Ag + 2OH^-$$

也可以用 Ag_2O 作正电极。银锌电池具有重量轻、体积小、能大电流放电等优点，可用于宇航、火箭、潜艇等方面。电子手表、助听器、液晶计算器等只需微安或毫安级的电流，它们所使用的“纽扣”电池也可以是银锌电池。

10.8.2 二次电池

二次电池又称蓄电池或可充电电池，即放电到一定程度时，可以利用外接直流电源进行充电，使蓄电池的电压恢复原有水平，则可继续供电，充电放电可以循环几百次上千次。人们最熟悉的是酸性的铅蓄电池和碱性镍镉电池。

1. 铅蓄电池

制作电极时把细铅粉泥填充在铅锑合金的栅格板上，然后放在稀硫酸中进行电解处理，阳极被氧化成 PbO_2，阴极则被还原为海绵状金属铅。经过干燥之后，前者为正极，后者为负极，正负极交替排列，两极之间的电解液是质量分数大约为30%的硫酸溶液，故有酸性蓄电池之称。放电时，电极反应

$$负极反应\quad Pb + SO_4^{2-} \rightleftharpoons PbSO_4 + 2e$$

$$正极反应\quad PbO_2 + SO_4^{2-} + 4H^+ + 2e \rightleftharpoons PbSO_4 + 2H_2O$$

$$总\ 反\ 应\quad Pb + PbO_2 + 2H_2SO_4 \rightleftharpoons 2PbSO_4 + 2H_2O$$

放电之后，正负极板上都沉积上一层 $PbSO_4$，所以铅蓄电池在使用到一定程度之后，就必须充电。充电时将一个电压略高于蓄电池电压的直流电源与蓄电池相接，将蓄电池负极上的 $PbSO_4$ 还原成 Pb；而将蓄电池正极上的 $PbSO_4$ 氧化成 PbO_2。于是蓄电池电极又恢复原来状态，可供使用。充电时电极反应

$$阴极反应\quad PbSO_4 + 2e \rightleftharpoons Pb + SO_4^{2-}$$

$$阳极反应\quad PbSO_4 + 2H_2O \rightleftharpoons PbO_2 + SO_4^{2-} + 4H^+ + 2e$$

$$总\ 反\ 应\quad 2PbSO_4 + 2H_2O \rightleftharpoons Pb + PbO_2 + 2H_2SO_4$$

铅蓄电池的充电过程恰好是放电过程的逆反应，即

$$Pb + PbO_2 + 2H_2SO_4 \underset{充电}{\overset{放电}{\rightleftharpoons}} 2PbSO_4 + 2H_2O$$

铅蓄电池具有工作电压稳定、价格便宜等优点，主要缺点是太笨重。它常用做汽车的启动电源，此外，在矿山坑道车或在潜艇不能用内燃机时，也都用蓄电池作牵引动力。

2. 镍镉电池

这是常见的商品电池之一，它的可充电次数较多，保养也比较方便。电池符号和电极反应为

$$(-)\ Cd|Cd(OH)_2|KOH|Ni(OH)_2|NiO(OH)\ (+)$$

$$负极\quad Cd+2OH^- \underset{充电}{\overset{放电}{\rightleftharpoons}} Cd(OH)_2+2e$$

$$正极\quad 2NiO(OH)+2H_2O+2e \underset{充电}{\overset{放电}{\rightleftharpoons}} 2Ni(OH)_2+2OH^-$$

由于镉元素对环境造成污染，现又成功开发了镍氢电池。

3. 镍氢电池

这是利用 $LaNi_5$ 合金或其他吸氢材料代替了镉电极，$LaNi_5$ 合金有很高的储氢能力，每 1 cm^3 可吸收约 6×10^{22} 个氢原子。用 M 代表吸氢的金属或合金，其电极反应为

$$负极\quad MH+OH^- \underset{充电}{\overset{放电}{\rightleftharpoons}} M+H_2O+e$$

$$正极\quad NiO(OH)+H_2O+e \underset{充电}{\overset{放电}{\rightleftharpoons}} Ni(OH)_2+OH^-$$

这种可充电电池是 20 世纪 80 年代研制成功的，现已广泛用于手机和笔记本电脑中。

4. 锂离子电池

这是在 20 世纪 90 年代末才商品化的新型电池，它以储电容量高为特点，镍镉电池经过连续多次放电深度不足的充放循环后，表现出明显的容量损失和电压下降，称为记忆效应。锂离子电池没有记忆效应(好的镍氢电池记忆效应也很小)，很快成为笔记本电脑、手机中广泛使用的电池。它的负极材料是嵌锂离子的层状石墨，正极是嵌锂离子的金属氧化物(如氧化钴)，电解质是无机盐 $LiClO_4$(或 $LiPF_6$)和有机溶剂的混合物，如 EC(碳酸乙烯酯)和 DMC(碳酸二甲酯)混合物。电池符号、电池反应为

$$(-)\ Li_xC_6|LiClO_4,有机溶剂|Li_{1-x}CoO_2\ (+)$$

$$Li_xC_6+Li_{1-x}CoO_2 \underset{充电}{\overset{放电}{\rightleftharpoons}} 6\ C+LiCoO_2$$

电池反应实质是锂离子从一个化合物转移到另一个化合物。

1996 年，美国化学家 John Goodenough 等人报道，磷酸铁锂可以作为锂离子电池的正极材料。传统的锂电池正极材料 $LiCoO_2$ 中需要的 Co 元素较为稀缺，而磷酸铁锂电池中的磷和铁的储量丰富，价格低廉，从而解决了原料的问题。磷酸铁锂电池工作电压适中(3.2 V)、电容量大(170 $mA\cdot h\cdot g^{-1}$)、放电功率高、充电速度快且循环使用寿命长，在高温与高热环境下的稳定性高，是目前工业界认为符合环保、安全和高性能要求的锂离子电池。了解磷酸铁锂的导电机理，进一步优化其性能依然是这一领域的研究热点。

10.8.3　燃料电池

燃料电池中，可燃气体(如 H_2、CH_4、CH_3OH、NH_2NH_2 等)被送到负极室，用做还原剂，同时把空气或氧气输入正极室作为氧化剂；两室间有多孔惰性隔膜，浸饱了电解液，反应产物 H_2O 和 CO_2 等不断排出。这类电池的最大特点是能量转化率可以高达 80%以上，而柴油发

电机的能量利用率不到40%。燃料气体在预处理时,已除去有害杂质,所以反应后产物造成的污染不大。以下是碱性氢氧燃料电池结构示意图:

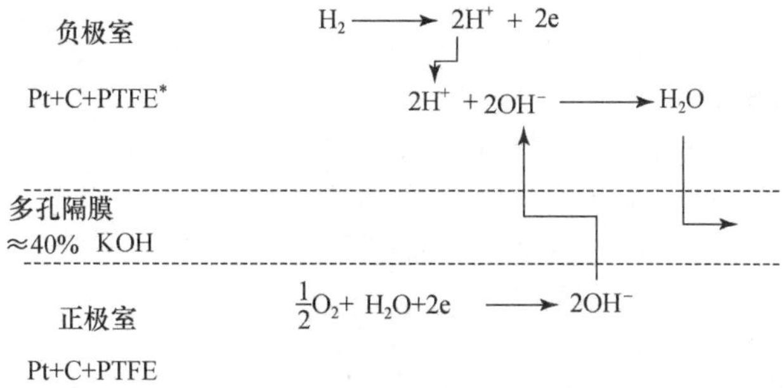

(* PTFE为聚四氟乙烯的缩写,工作温度65℃左右)

燃料气体 H_2 和 O_2 都是共价分子,首先要在一定温度下经催化解离才能快速地给出电子,所以催化剂的筛选是很关键的,现在采用的都是Pt、Ni、Au、Ag等贵金属。多孔隔膜既是电解液的仓库,也是反应产物 $H_2O(g)$ 的通道,电解液除了KOH之外,也有用 H_2SO_4 或 H_3PO_4 或固态离子导体的。1939年G. R. Grove就发明了用铂黑催化电极的氢氧燃料电池,串联电源曾照亮了一个演讲厅。但因对电极过程的理论认识不足及成本太高等因素的制约,它的发展很缓慢。直到20世纪60年代,美国航天局才把碱性氢氧燃料电池用于载人宇宙飞船上,随后美国、日本、欧洲还在试制小型的燃料电池发电站。除了军用、航天之外,如何把燃料电池转向民用也是当今一个重要课题。

总之,体积小、能量高、重量轻、便于存贮的各式各样的化学电源既是日常生活和生产之需,也与高新技术发展密切相关。

小　　结

凡有电子转移和偏移的反应叫做氧化还原反应。氧化数表示原子核外成键电子转移或偏移的情况,氧化数的升降代表反应过程中的电子得失。要求熟练掌握用氧化数法配平氧化还原反应方程式。

电极电势是本章重点。选定标准氢电极电势等于零而确定的一套标准电极电势数据(表10.1,附录C.5和C.6)表述各种物质在水溶液里氧化还原能力的强弱,各电极的 $E^\ominus$ 就是该电极与标准氢电极组成的电池的电动势。利用这些数据,可以计算其他各种氧化还原反应所组成的电池的电动势

$$E^\ominus_{池} = E^\ominus_{正} - E^\ominus_{负}$$

进而计算该电池反应的平衡常数[(10.3)式]或判别反应自发进行的方向。电极电势的间接求算必须运用 $\Delta G^\ominus$ 的加和性。

Nernst方程式表示浓度与电极电势的关系。在考虑浓度的变化时,要注意是否有沉淀或络合反应所引起浓度的巨大变化。由于电池电动势容易直接测定,所以我们又可根据实验测定的 E 求浓度,借此可以测定溶液的pH及沉淀物的 K_{sp}。

在本教程范围内分解电势与超电势概念以及化学电源等只要求作一般了解。

课外读物

[1]　鲁梅.金属的电极电位、电离势和活动顺序.化学通报,1978,(4),46

[2]　廖代正.氧化数与价的区别.化学通报,1979,(6),62

[3]　吴仲达.电动势形成机理和电极电势含义.化学教育,1983,(3),5

[4]　徐丰.什么是生物电化学.化学通报,1987,(3),60

[5]　陆兆锷.漫谈燃料电池.大学化学,1993,(1),7

[6]　刘伟,童汝亭.铅蓄电池的发展.大学化学,1997,(3),25

[7]　W A Donald, et al. Absolute standard hydrogen electrode potential measured by reduction of aqueous nanodrops in the gas phase. J Am Chem Soc, 2008, 130, 3371

[8]　Yu Ren, et al. Influence of size on the rate of mesoporous electrodes for lithium batteries. J Am Chem Soc, 2010, 132, 996

思考题

1. 什么是"氧化数",它的实验依据是什么?指出下列化合物里各元素的氧化数:$PbCl_2$,PbO_2,K_2O_2,NaH,$Na_2S_2O_3$,$K_2Cr_2O_7$。

2. 举例说明什么是"歧化反应"。

3. 本章曾提过4种电极:金属电极、气体电极、氧化还原电极和难溶盐电极。分别举例说明。

4. 用电池电动势判别反应自发方向时,什么情况下可以不考虑浓度的影响?联系习题10.11和10.16讨论。

5. 举例说明什么是"参比电极"。

6. 下列两个反应的$E^\ominus_{池}$是否相等?$\Delta G^\ominus$和K_c是否相等?

$$2Fe^{3+}+2Br^- \rightleftharpoons 2Fe^{2+}+Br_2$$

$$Fe^{3+}+Br^- \rightleftharpoons Fe^{2+}+\frac{1}{2}Br_2$$

7. 铁和过量HCl起反应,得Fe(Ⅱ)的化合物;而Fe和过量HNO_3起反应则得Fe(Ⅲ)的化合物,为什么?

8. 要使Fe^{2+}氧化为Fe^{3+}而又不引入其他金属元素,H_2O_2是理想的氧化剂。求该反应的$E^\ominus_{池}$。

9. 在25℃各种离子浓度均为1.0 mol·dm^{-3}时,下列反应能自发进行:

$$Zn+2Eu^{3+} \longrightarrow Zn^{2+}+2Eu^{2+}$$

$$Zr+2Zn^{2+} \longrightarrow Zr^{4+}+2Zn$$

$$4Sc+3Zr^{4+} \longrightarrow 4Sc^{3+}+3Zr$$

那么,在相同条件下,下面几个反应能否自发进行?

(1) $Sc+3Eu^{3+} \longrightarrow Sc^{3+}+3Eu^{2+}$

(2) $4Eu^{2+}+Zr^{4+} \longrightarrow 4Eu^{3+}+Zr$

(3) $2Sc+3Zn^{2+} \longrightarrow 2Sc^{3+}+3Zn$

10. 参考K_{sp}数据,比较下列各标准电极电势的大小:$E^\ominus(Ag^+/Ag)$,$E^\ominus(AgCl/Ag)$,$E^\ominus(Ag_2SO_4/Ag)$,$E^\ominus(Ag_2CrO_4/Ag)$,$E^\ominus(AgI/Ag)$,$E^\ominus(Ag_2S/Ag)$。

11. 参考K_a数据,比较下列各标准电极电势的大小:$E^\ominus(H^+/H_2)$,$E^\ominus(HAc/H_2)$,$E^\ominus(HSO_4^-/H_2)$,$E^\ominus(H_3PO_4/H_2)$,$E^\ominus(HF/H_2)$,$E^\ominus(H_2C_2O_2/H_2)$。

12. 有一种燃料电池，电解质是晶格掺杂 Y_2O_3 的 ZrO_2 固体，它在高温下能传导 O^{2-} 离子，一个电极通入空气，另一电极通入汽油蒸气(以丁烷代表)，写出此电池的电极反应和电池反应。

13. 已知，$Cl_2+2e \rightleftharpoons 2Cl^-$　$E^\ominus=1.36$ V；　$MnO_2+4H^++2e \rightleftharpoons Mn^{2+}+2H_2O$　$E^\ominus=1.22$ V。按 $E^\ominus=1.36$ V，判断反应 $MnO_2+4HCl \rightleftharpoons MnCl_2+Cl_2+2H_2O$ 的自发性。这和实验室利用此反应制 Cl_2 的方法是否有矛盾？为什么？

习　题

10.1　配平下列各氧化还原反应方程式，并注明有关元素氧化数的变化。

(1) $SO_2+MnO_4^- \longrightarrow Mn^{2+}+SO_4^{2-}$(酸性溶液)

(2) $(NH_4)_2Cr_2O_7 \longrightarrow N_2+Cr_2O_3$

(3) $HNO_3+P \longrightarrow H_3PO_4+NO$

(4) $H_2O_2+PbS \longrightarrow PbSO_4$

(5) $I^-+IO_3^- \longrightarrow I_2$(酸性溶液)

(6) $MnO_2+KClO_3+KOH \longrightarrow K_2MnO_4+KCl$

10.2　写出下列电池的电极反应、电池反应，并计算它们的电池电动势(25℃)。

(1) $Zn|Zn^{2+}(1.0\times10^{-6}\ mol\cdot dm^{-3})\ \|\ Cu^{2+}(0.010\ mol\cdot dm^{-3})|Cu$

(2) $Cu|Cu^{2+}(0.010\ mol\cdot dm^{-3})\ \|\ Cu^{2+}(2.0\ mol\cdot dm^{-3})|Cu$

(3) $Pt|H_2(p^\ominus)|HAc(0.10\ mol\cdot dm^{-3})\ \|\ KCl$(饱和)$|Hg_2Cl_2|Hg$

10.3　若设 $Hg_2Cl_2+2e \rightleftharpoons 2Hg+2Cl^-(1\ mol\cdot dm^{-3})$的 $E^\ominus$ 为零，那么 $E^\ominus(Cu^{2+}/Cu)$、$E^\ominus(Zn^{2+}/Zn)$各是多少？

10.4　在许多生物化学变化过程中常常伴有质子的转移。生物体体液的 pH 接近 7，因此在生物化学界用 H^+ 浓度 $10^{-7}\ mol\cdot dm^{-3}$ 或 pH＝7 作为标准状态，并用 $\Delta G^{\ominus\prime}$、$E^{\ominus\prime}$代替化学热力学中相应的 $\Delta G^\ominus$和 $E^\ominus$等。

(1) $NAD^++H^++2e \rightleftharpoons NADH$(烟酰胺核苷酸)是重要生物氧化还原半反应，且已知：$E^\ominus=-0.11$ V，求 $E^{\ominus\prime}=?$

(2) 已知：$CH_3CHO+2H^++2e \rightleftharpoons CH_3CH_2OH$ 的 $E^{\ominus\prime}=-0.163$ V，求反应 $CH_3CHO+NADH+H^+ \rightleftharpoons CH_3CH_2OH+NAD^+$ 的 $K^{\ominus\prime}=?$

10.5　参考 $E^\ominus$数据，判断：

(1) 在酸性溶液中 I_2 能否使 Mn^{2+}氧化为 MnO_2？

(2) 在酸性溶液中 $KMnO_4$ 能否使 Fe^{2+}氧化为 Fe^{3+}？

(3) Sn^{2+}能否使 Fe^{3+}还原为 Fe^{2+}？

(4) Sn^{2+}能否使 Fe^{2+}还原为 Fe？

10.6　根据 $E^\ominus$数据计算下列反应的平衡常数，并比较反应可能进行的程度。

(1) $Fe^{3+}+Ag \rightleftharpoons Fe^{2+}+Ag^+$

(2) $6Fe^{2+}+Cr_2O_7^{2-}+14H^+ \rightleftharpoons 6Fe^{3+}+2Cr^{3+}+7H_2O$

(3) $2Fe^{3+}+2Br^- \rightleftharpoons 2Fe^{2+}+Br_2$

10.7　利用附录 C.2 中已知的 $\Delta G_f^\ominus$ 数据，求下列电极反应的标准电极电势：

(1) $ClO_3^-+6H^++6e \rightleftharpoons Cl^-+3H_2O$

(2) $H_2O_2+2H^++2e \rightleftharpoons 2H_2O$

10.8　已知 $Cu^{2+}+e \rightleftharpoons Cu^+$　　$E^\ominus=+0.15$V

$$Cu^{+}+e \rightleftharpoons Cu \qquad E^{\ominus}=+0.52V$$

求：$Cu^{2+}+2e \rightleftharpoons Cu$ 的 $E^{\ominus}=$?

10.9　已知 $MnO_4^-+8H^++5e \rightleftharpoons Mn^{2+}+4H_2O \qquad E^{\ominus}=1.51\ V$

$$MnO_2+4H^++2e \rightleftharpoons Mn^{2+}+2H_2O \qquad E^{\ominus}=1.22\ V$$

求：$MnO_4^-+4H^++3e \rightleftharpoons MnO_2+2H_2O$ 的 $E^{\ominus}=$?

10.10　已知 $NO_3^-+3H^++2e \rightleftharpoons HNO_2+H_2O \qquad E_1^{\ominus}=0.93\ V$

查必要数据，求：$NO_3^-+H_2O+2e \rightleftharpoons NO_2^-+2OH^-$ 的 $E_2^{\ominus}=$?

10.11　银不能置换 1 mol·dm^{-3}HCl 里的氢，但银可以和 1.00 mol·dm^{-3} HI 发生反应产生氢气。试用电极电势解释上述现象。

10.12　实验测定下列电池 $E=0.780$ V，求该溶液的$[H^+]$。

$$Pt|H_2(p^{\ominus})|H^+(x)\|Ag^+(1.00\ mol\cdot dm^{-3})|Ag$$

10.13　实验测定 0.10 mol·dm^{-3}HX 的氢电极$[p(H_2)=100\ kPa]$与饱和甘汞电极所组成电池的电势为0.48 V，求 HX 的电离常数。

10.14　利用下述电池可测定溶液中 Cl^- 的浓度，当用这种方法测定某地下水含 Cl^- 量时，测得电池的电动势为 0.280 V，求某地下水中 Cl^- 的含量(以 mol·dm^{-3}表示)。

$$Hg|Hg_2Cl_2|KCl(饱和)\|Cl^-|AgCl|Ag$$

10.15　已知 $Hg_2Cl_2(s)+2e \rightleftharpoons 2Hg+2Cl^- \qquad E^{\ominus}=+0.2681\ V$

$$Hg_2^{2+}+2e \rightleftharpoons 2Hg \qquad E^{\ominus}=+0.7973\ V$$

求：$Hg_2Cl_2(s) \rightleftharpoons Hg_2^{2+}+2Cl^-$ 的 $K_{sp}=$?

10.16　往 0.200 mmol AgCl 沉淀中加少量 H_2O 和过量 Zn 粉，使溶液总体积为 2.00 cm^3。试用计算说明 AgCl 能否被 Zn 全部转化为 Ag(s)和 Cl^-(aq)。

10.17　试用两种方法计算如下氧化还原反应的平衡常数：

$$6CuI+4NO_3^-+16H^+ \rightleftharpoons 6Cu^{2+}+3I_2+4NO+8H_2O$$

10.18　按理论计算，将 1.00A·h(安培小时)的电量通入 $AgNO_3$ 溶液电解槽，在阴极能析出几克金属银？用相同的电量通入 $CuSO_4$ 溶液，能得多少克金属铜？将这些电量通入 $Al_2(SO_4)_3$ 溶液，阴极是否能得到金属铝？

10.19　在常温常压电解$(H^+)=1.0$ mol·dm^{-3}的 H_2SO_4 溶液，阳极放出 $O_2(p^{\ominus})$，阴极放出 $H_2(p^{\ominus})$。

(1)利用下述反应的相关资料，计算理论分解电势。

$$2H^++2e \rightleftharpoons H_2 \qquad E^{\ominus}=0.00\ V$$

$$H_2O+\frac{1}{2}O_2+2e \rightleftharpoons 2OH^- \qquad E^{\ominus}=+0.40\ V$$

(2) 若用 0.10 mol·dm^{-3}的 NaOH 代替 H_2SO_4，理论分解电势是否相同？

10.20　根据 Nernst 方程式，有些与酸碱度有关的电极电势，其数值与 pH 具有线性关系，如IO_3^--I_2：

$$2IO_3^-+12H^++10e \rightleftharpoons I_2+6H_2O$$

$$E(IO_3^-/I_2)=E^{\ominus}(IO_3^-/I_2)-\frac{0.0592\ V}{10}\lg\frac{1}{(IO_3^-)^2(H^+)^{12}}$$

当把(H^+)换成 pH，而其他物质的浓度都为标准态浓度，则有：$E(IO_3^-/I_2)=E^{\ominus}(IO_3^-/I_2)-0.071\ pH=1.20-0.071\ pH$；再由 E 对 pH 作图，即得 E-pH 图。根据如下 E-pH 图(纵坐标未按比例)，回答问题：

(1) 写出由 IO_3^--I_2、I_2-I^- 发生的氧化还原反应的方程式；

(2) 当 pH 为 a、b、c 时，分别指出(1)中反应所进行的方向；

(3) 计算上述反应的 $K^\ominus$ 和 $\Delta G^\ominus$(298 K)；

(4) 计算 pH=b 时的 b 值，此时反应的 $K^\ominus$ 为多少？

(5) Cu^{2+}/Cu 的 E-pH 图从 a 开始变成斜率为负的斜线，其原因何在？

(6) 根据图中的数据，求 $Cu(OH)_2$ 的 K_{sp}。

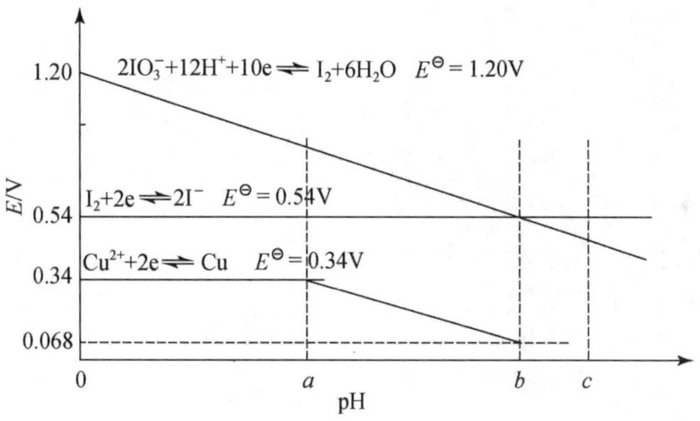

第 11 章　原子结构

在科学的发展进程中，一个科学理论的形成大多需要经过长时间的经验积累，以及随后更长时间的修正完善。但是，在历史的某些时刻，上述过程却可以呈现出爆发式的跃进发展方式，即一个新兴的理论在相对较短的时间里疾风骤雨般地席卷各个相关领域，取代原有理论成为新的理论支柱。这种情况通常被称为"科学革命"。在科学史上，20 世纪最初的 20～30 年就被称为是"量子革命"时期。在这段时间内，量子论由诞生到建立，发展迅猛，成为现代自然科学的理论基础。量子力学的建立，与人类对于原子结构的认识有着密切联系。例如，量子力学的出现就与人们不能用原有理论解释氢原子线状光谱等实验事实有关。在量子力学建立之后，这个理论在原子结构领域取得了巨大成功，它不仅能合理地解释实验光谱，也能准确地阐明元素周期性质。因此，谈到原子结构就必然要涉及量子力学，反过来，也只有量子力学才能准确地描述原子的微观结构和核外电子的性质。人类对于原子结构的认识过程大致可以分为以下几个重要阶段：经典核原子模型的建立、微观粒子能量量子化的发现、Bohr 氢原子理论以及量子力学原子结构理论。本章还将简要介绍微观粒子的特殊性和独特运动规律，讨论量子力学框架下的氢原子模型、多电子原子核外电子排布与周期律，以及元素某些基本性质的周期性变化规律。

11.1　经典核原子模型的建立与量子概念的提出

(Establishment of Classical Nuclear Atomic Model & Proposal of Quantum Concept)

原子作为一个概念早已存在于古希腊哲学家的头脑之中。大约在公元前 400 年前后，希腊哲学家 Democritus 提出，世界由不可再分的原子(atom)组成。18 世纪末，科学家就从化学实验事实总结出了定比定律(也称定组成定律)；19 世纪初，英国化学家、气象学家 Dalton 利用原子概念并分析实验事实，提出了倍比定律。为解释化学反应的比例关系，Dalton 提出原子学说，即物质由不可再分的微小粒子——原子组成，单质由相同的原子组成，化合物由不同的原子组成，不同元素的原子质量和性质不同。Dalton 的原子学说是人类首次通过科学实践揭示物质的微观结构，对于后来的物理和化学学科发展产生了深远影响。直到 19 世纪末物理学的三大发现(X 射线,电子,原子放射性)之后,人们摒弃了原子不可再分的观点,而逐步对于原子的内部结构有了全新的认识。

11.1.1 电子的发现与电子的荷质比

19 世纪物理学家在研究低压气体放电现象时首先发现了电子。在一个两端各嵌有一个金属电极的玻璃管中(图 11.1)施加几千伏特的高压。当管中气体压力降到 $10^{-4}\sim10^{-6}$ mmHg 后,气体发光现象减弱①,而在管中荧光屏上可看到一条笔直的荧光带。这说明从阴极发出了一种看不见的射线,这种射线能够通过狭缝并撞击荧光物质而产生荧光,这种射线称为**阴极射线**(cathode rays)。

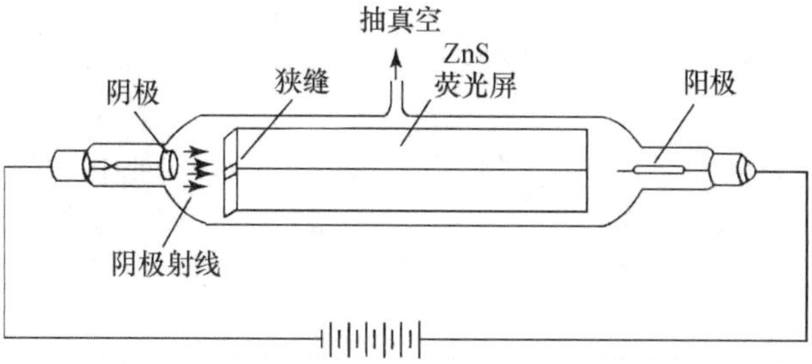

图 11.1 放电管中的阴极射线

Crookes 等人研究了阴极射线的性质,发现这种射线在外加电场或磁场的作用下会发生偏转,在电场中它偏向正极,说明它带有负电荷。阴极射线还可以将放电管中的小转轮推向阳极,这说明它具有动能。因此他们认为,阴极射线不是光波,而是一种带负电并具有质量的微粒所组成的粒子流——电子流。但电子带多少电荷?有多大质量?是否普遍存在于原子中呢?Thomson 和 Millikan 的著名实验圆满地回答了这些问题。

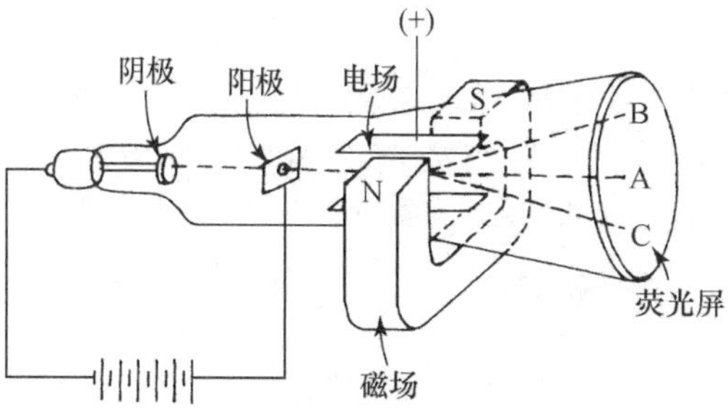

图 11.2 荷质比测定示意图

Thomson 于 1897 年利用电场及磁场对带电质点运动的影响测定了电子的电荷 e 与质量 m 之比值,**e/m 称荷质比**。他用图 11.2 的装置,使阴极射线通过一个阳极小孔直射在荧光板上,板上的 A 点即发出荧光。如阴极射线分别受到外加电场和磁场的作用,它便发生偏转,磁偏转方向和由电场引起的偏转方向相反,所以射线束分别落在荧光屏的 B 点和 C 点上。如果同时精确调节电场、磁场的强度,可使阴极射线正好回到原来水平方向,射线又会投射到荧光屏的 A 点上,这时电子所受的磁力(Hev)和电力(Ee)应该相等,即

$$Hev=Ee$$

① 如管中气体压力降到 $10^{-2}\sim10^{-3}$ mmHg,残留气体由于放电而使管内出现明亮的紫色辉光。辉光的颜色随管中所盛气体不同而异(H_2 气产生紫色辉光),人们后来利用这种现象制作各种彩色霓虹灯。

式中 e、v 分别代表电子的电荷和速度，E、H 分别代表电场和磁场的强度。由此得到电子的速度为

$$v=E/H \tag{11.1}$$

在电场或磁场作用下，电子自 A 点移动的距离及仪器位置可求得运动的曲率半径 r，由经典力学知道向心力等于 mv^2/r，则

$$Hev=Ee=mv^2/r,\qquad e/m=\frac{v}{Hr} \tag{11.2}$$

将(11.1)式代入(11.2)式，即得

$$e/m=\frac{E}{H^2r} \tag{11.3}$$

式中 E、H、r 都可由实验测定，求出的 $e/m=1.76\times10^{11}\ \mathrm{C\cdot kg^{-1}}$。Thomson 等人还证明，阴极线的 e/m 不因电极材料或放电管中残余气体的性质而改变，而是一个常数。如能测得电子的电荷，就可由 e/m 直接求得电子的质量(m)。

1909 年 Millikan 设计了一个精巧的**油滴实验**(图 11.3)来测定电子的电荷。他先用喷雾器将一些油珠喷入箱中，当有少量油珠经过小孔坠入两电极极板之间时，立即将小孔关闭。通过显微镜观察和测定各油滴在不加电场时自由下落的速度，再用 X 射线使两电极板间的气体电离，电离出的电子将以不等的数目附着在小油滴上，使它们分别带有 1 个、2 个或更多的电荷，这时电极接通电源，则带电的油滴就会受到上方正电板的吸引向上运动。只要电场的作用力大于地心引力，则油滴慢慢上升，上升的速度与油滴所带电荷成正比。假设上升速度最小的油滴只带一个电子，计算表明其他油滴所带电量总是一个最小电量(1.6×10^{-19}C)的整数倍，这个最小电荷量，就应该是一个电子所具有的基本电量。根据 e/m 数值，即可以得到电子的质量 $m=9.11\times10^{-31}$kg。

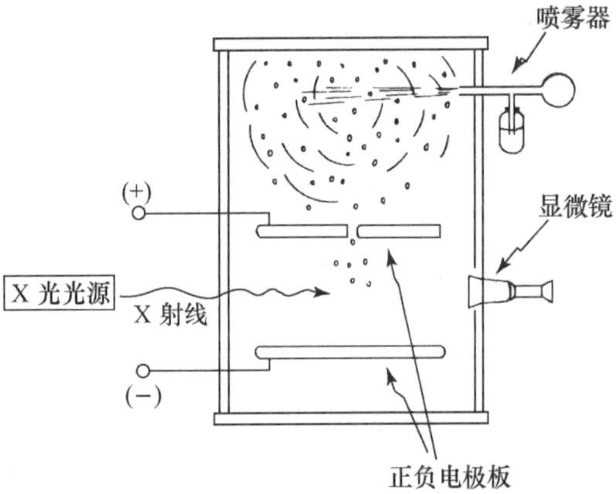

图 11.3 Millikan 油滴实验示意图

Thomson 和 Millikan 都是用了十分简单的实验装置与最基本的物理定律确定了电子的电荷和质量。随后人们还用许多其他方法产生电子，如紫外光照射物质、加热金属丝、放射性元素放出 β 射线等。各种来源的电子的 e/m 值相同，可见**电子普遍存在于原子之中**。

11.1.2 核型原子和核电荷数

既然所有原子中都含有电子，那么中性的原子除了带负电的电子外必然还有带正电的部分。电子和正电部分在小小的原子空间里如何分布？

在 1897 年前后，J. J. Thomson 通过一系列阴极射线管实验，不仅发现了电子的荷质比，也提出了一个原子模型，即“葡萄干布丁(plum pudding)”模型①。在这个模型里，电子散布在带有正电荷组成的均匀介质中。其中，带正电的介质就像果冻一样，均匀分布于原子内部。

1911 年英国物理学家 Rutherford 进行了 α 粒子散射实验。实验结果否定了 Thomson 模型，从而建立起核型原子模型。

Rutherford 用(如图 11.4)一束带正电荷的高速 α 粒子流②轰击一块很薄的金箔(厚度 $10^{-6}\sim10^{-7}$m)，发现绝大多数 α 粒子几乎不受阻拦地成直线通过；只有极少数(约万分之一)α 粒子的运动方向

① 葡萄干布丁模型有时又被称为枣糕或葡萄干面包模型。

② α 粒子是氦核 He^{2+}，它的质量数为 4，带 2 个正电荷(核电荷数=2)。

发生偏转，个别的 α 粒子被反射回来(粒子散射的角度分布可通过作用在 ZnS 屏上产生的闪光测量)。这表明原子中正电荷占的空间很小，因而 α 粒子通过金箔时，只有极少部分遇到这种质量较大、带正电荷的质点的排斥而折回。这个带正电的质点位于原子中心，就是原子核(nucleus)；而大部分 α 粒子是直线通过的，说明电子在原子核外“较大”的空间内运动。由于电子很轻，容易被较重的 α 粒子推开，不会妨碍 α 粒子的通行。

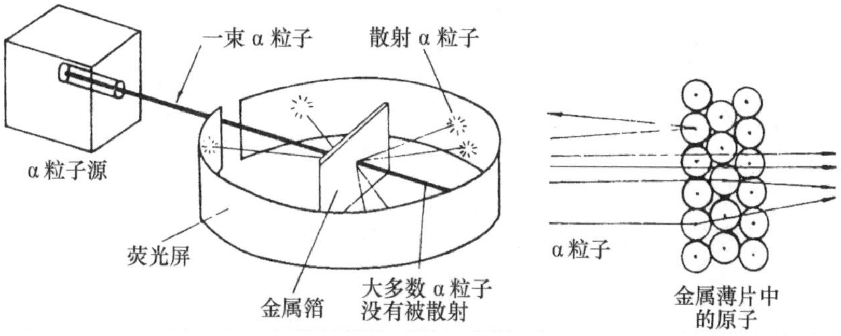

图 11.4 α 粒子散射实验装置和散射示意图

Rutherford 通过散射实验认识了原子核的存在，提出了核型原子模型——**原子中心有一个原子核，它集中了原子全部正电荷和几乎全部质量，而带负电的电子在核外空间绕核高速运动**。通过这个实验装置，还能根据不同散射角(θ)的 α 粒子的比例，近似得到原子核电荷数(Z)及核的大小。他当时计算出金原子核电荷数 Z 为 100 ± 20，与现知金的原子核电荷数 79 接近。

关于金原子核的大小，可以通过散射实验数据估算它的数量级。设一个动能为 $mv^2/2$ 的 α 粒子与一个原子核在 180°方向碰撞，如 α 粒子接近原子核至最近距离 r_0，α 粒子的动能将全部转化为两者之间的库仑排斥势能，这时

$$\frac{1}{2}mv^2=K\frac{Z_1eZ_2e}{r_0}$$

其中：α 粒子的 $m=6.68\times10^{-27}$ kg，$e=1.60\times10^{-19}$ C；镭衰变产生的 α 粒子，其 $v=1.60\times10^{7}\ \mathrm{m\cdot s^{-1}}$，核电荷数 $Z_1=2$；金原子的核电荷数 $Z_2=79$。此外

$$K^{①}=9.00\times10^{9}\ \mathrm{N\cdot m^2/C^2}$$

$$r_0=K\frac{Z_1Z_2e^2}{\frac{1}{2}mv^2}=\frac{9.00\times10^{9}\mathrm{N\cdot m^2/C^2}\times2\times79\times(1.60\times10^{-19}\mathrm{C})^2}{\left(\frac{1}{2}\right)(6.68\times10^{-27}\ \mathrm{kg})(1.60\times10^{7}\mathrm{m\cdot s^{-1}})^2}=4.26\times10^{-14}\mathrm{m}$$

可见，原子核半径(r_0)约为 10^{-14} m 或更小。实验证明一般原子核半径范围是在 $10^{-14}\sim10^{-15}$m，只有原子半径(约 10^{-10}m)的万分之一到 10 万分之一。

进一步测定各元素的原子核正电荷数(称为质子数，也等于核外电子数)，是由 Rutherford 的一个弟子 Moseley 于 1912 年通过另一个实验来完成的。Moseley 用高速电子轰击放电管中作为阳极的金属靶时[见图 11.5(a)]，金属原子中内层电子被激发后，外层电子受原子核的吸引，可以从外层跳入到内层

---

① K 为库仑定律$\left(F=K\frac{Q_1Q_2}{r^2}\right)$中的比例恒量：当采用静电制单位时，$K=1$；当采用国际单位制时，$K=9.00\times10^{9}\ \mathrm{N\cdot m^2/C^2}$。$K$ 又称静电力恒量，即 $K=\frac{1}{4\pi\varepsilon_0}$，其中介电常数 $\varepsilon_0=8.85\times10^{-12}\ \mathrm{C^2\cdot J^{-1}\cdot m^{-1}}$。

[见图 11.5(b)]。这时以所谓的 X 射线①的形式放出能量，这是一种能量很高、具有极大穿透力的电磁波，波长一般在 1～10 000 pm 之间。X 射线包括一系列波长不同的射线，如原子中内层(K 层)电子被激发，L、M、N 等外层电子跳入 K 层，就分别放出称为 K_α、K_β、K_γ 的 X 射线，如外层电子跳入到 L 层相应得 L_α、L_β、L_γ 射线。其中 K 系射线强度大，波长短，是分析时最常用的特征 X 射线。

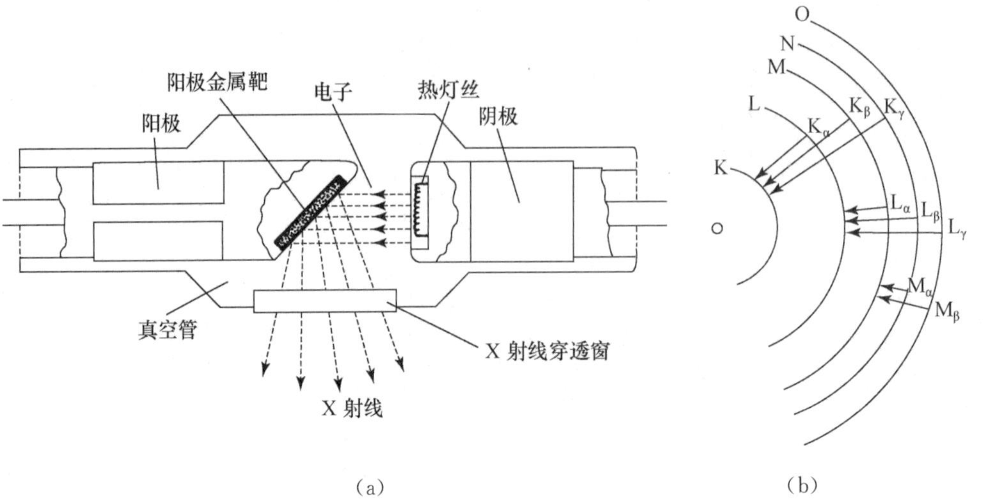

图 11.5　X 射线管及 X 射线的产生示意图

Moseley 将周期表中各种金属依次作为放电管中的阳极靶材料，比较各种元素的 K_α 射线的波长。他发现金属材料的原子序数越大，则释放出的 K_α(或 K_β)射线波长越短，频率越高。如以各元素 K_α(或 K_β)射线频率的平方根与元素的原子序数作图，两者有直线关系(图 11.6)，并可以经验式表示之：

$$\sqrt{\nu}=a(Z-b) \tag{11.4}$$

式中：ν 为频率，Z 为原子序数(atomic number)，a 和 b 是常数。这项关系称为 **Moseley 定律**。

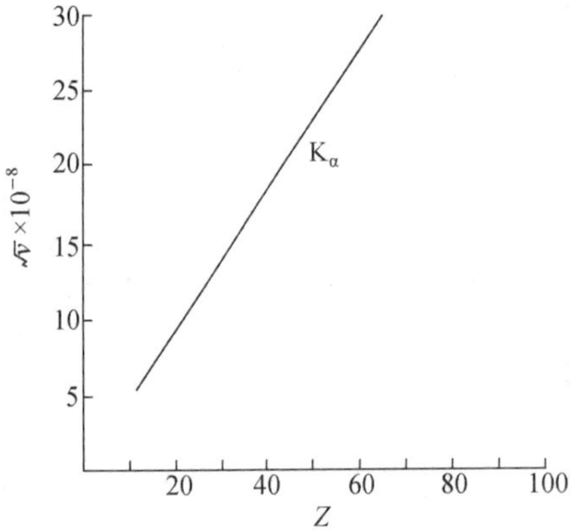

图 11.6　Moseley 定律

Moseley 分析这些实验结果指出，从一种元素到次一种元素，原子中有一个基本数量在规则地增加，这个数量只能是**原子核内的正电荷数，它也就是周期表中的原子序数**，随后人们又根据精确的 α 粒子散射实验进一步证实了这个结论。Moseley 的实验既测定了核电荷数，又指出了原子序数的物理意义，这些成果都巩固、发展了当时的核型原子模型和周期律。

综上所述，从 19 世纪末到 20 世纪初，经过几十年的时间，人们通过很多有意义的科学实验，发现原子中普遍存在电子，并测定了电子的电荷和质量。Rutherford 的 α 粒子散射实验对原子结构理论的发展具有很大影响，他所提出的经典核型原子模型，使人们认识了在原子中原子核的位置、大小和核电荷数。后来人们又发现，原子核还可以再分为带正电荷的质子和不带电的中子。

原子中质子、中子和电子这 3 种基本粒子的性质分别以两种单位表示，相应数据列于表 11.1 中。

① 1895 年伦琴(Roentgen)发现了这种特殊射线，因对此射线性质不了解，故称之 X 射线。为了纪念伦琴，X 射线又叫伦琴射线。

表 11.1 氢原子及其三种基本粒子的性质

	电荷		质量	
	SI 制(C)	元电荷(*e*)*	SI 制(kg)	原子质量单位(u)**
电子(e)	-1.6022×10^{-19}	-1	9.1094×10^{-31}	0.00055
质子(p)	$+1.6022\times10^{-19}$	$+1$	1.6726×10^{-27}	1.0073
中子(n)	0	0	1.6749×10^{-27}	1.0087
氢原子(H)	电中性		1.673×10^{-27}	1.008

* 元电荷是以 1 个质子电荷量作为 1 个电荷单位

** 1 个原子质量单位(atomic mass unit,符号为 u)等于处于基态的^{12}C 中性原子静质量的 1/12

从表中数据可见,质子、中子的质量同氢原子的质量几乎一样,而电子的质量只是氢原子质量的 1/1837。可见,原子核虽小,但它集中了原子 99.9%以上的质量。

11.1.3 量子概念的提出

Planck 量子论是在解释黑体辐射实验的过程中提出来的。绝对黑体的定义是能吸收全部辐射电磁波的物体。同时,绝对黑体也是理想的辐射体,在受到强热时能发出连续波长的电磁辐射。实验发现,黑体受热时辐射出光的强度与波长的关系随物体受热温度不同而变化。图 11.7 中给出了不同温度下的两条辐射强度变化曲线。由图可以看出,随着温度的升高,辐射强度的峰值向短波方向移动,黑体由红热经历橙色、黄色等若干过渡颜色向白热转化,最后完全变为白色。经典物理无法解释这个实验事实,因为按照经典物理理论,随波长减小,辐射强度应无限增大(如图 11.7 中虚线所示),人们肉眼看到的应是蓝、紫辐射。物理学家把这种经典理论与实验事实相违背的情况称为**紫外灾难**(ultraviolet catastrophe),即经典理论在紫外区崩溃了。

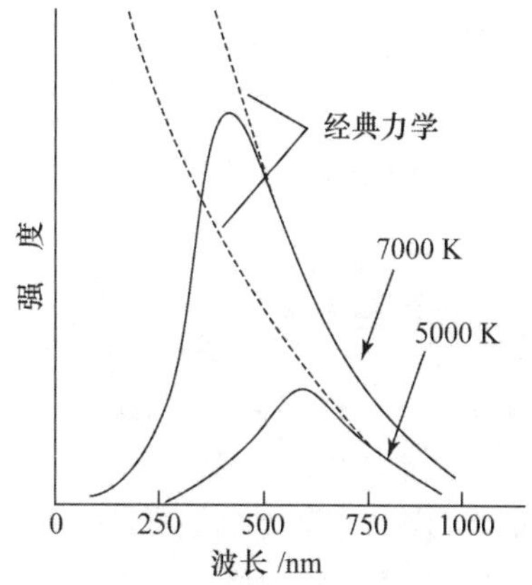

图 11.7 黑体在不同温度下辐射的相对强度

1900 年 Planck 在深入分析实验数据和经典物理方法的基础上,第一次提出了量子概念,他认为:**能量像物质微粒一样是不连续的**(discontinuous)**,能量包含着大量微小分立的能量单位,称为量子**(quantum)。不管物质吸收或发射能量,总是吸收或发射相当于量子整数倍的能量,每一个量子的能量与相应电磁波的频率成正比

$$E=nh\nu$$

式中:比例常数 h 称为 Planck 常数,其值为 6.626×10^{-34} J·s;n 为正整数(1,2,3,…)。黑体辐射频率 ν 是由黑体中某一组原子振动而发出的。在这一组原子中,振动频率相同,但振动能量为能量量子的整数倍,即 $1h\nu_1, 2h\nu_1, 3h\nu_1, \cdots$。也就是说能量是量子化的,而不是连续的。不同的黑体辐射频率($\nu_2, \nu_3, \cdots$)来自于不同组的原子。所有这些振动原子都能发出辐射并处于热平衡状态,它们的能量是按 Boltzmann 分布定律分布的,具有 $nh\nu$ 的振动的相对概率为 $e^{-nh\nu/kT}$,它随着 ν 的增加呈指数下降,因此高频振动原子和相应的高频辐射总是非常少。这类似于气体分子能量分布情况(见图 2.7),能量高的分子所占份额极少。沿着这个思路,Planck 令人满意地解释了黑体在高温时不仅会辐射高频率的蓝色光和紫色光,而且会发射各种不同颜色的光,混合之后看到的是白色光。

Planck 关于黑体辐射的研究第一次摆脱了经典物理的束缚,能量量子化的概念开启了人类认识微观世界的大门,堪称牛顿发现万有引力之后人类最伟大的发现。经过一个世纪的发展,量子论在众多自然科学领域取得了巨大成功,已经成为自然科学的重要理论基础。后人将 Planck 在德国物理学会宣读论文的那一天(1900 年 12 月 14 日)定为量子论的诞生日。

1905 年 Einstein 对光电效应的成功解释是阐明能量量子化的另一个实例。19 世纪末人们发现,光的照射可使电子从金属表面上逸出,导致金属带正电而使验电器的金箔张开。逸出的电子称为光电子(photoelectron)。Einstein 第一次应用 Planck 量子论概念解释了上述现象以及相关实验定律,并提出了光子学说。他认为:**一束光是由具有粒子特征的光子(photon)所组成,每一个光子的能量与光的频率成正比,即** $E_{光子}=h\nu$。一定频率光波的能量就集中在光子上。在光电效应中这些光子在与电子碰撞时传递能量,每一次碰撞,一个光子将其能量传给一个电子。下式可以表示电子吸收能量($h\nu$)后,一部分用于克服金属对它的束缚所需要的最小能量($h\nu_0$,又称脱出功 ω),其余部分则变为光电子的动能(E_k)

$$h\nu=\omega+E_k=h\nu_0+\frac{1}{2}mv^2$$

只有当光子能量 $h\nu>\omega$,即光的频率超过 ν_0 时才可以产生光电子;光子的能量越大(相应频率越高),则电子得到的能量也越大,发射出来的光电子能量也就越大。如某一定频率光的光子能量不够大,即当 $h\nu<\omega$ 时,即使增加光的强度(即增加光子的数目)也不能撞击出某特定金属中的电子。可见,电子能否逸出金属以及逸出的光电子动能大小,是依赖于光的频率大小,与光的强度无关。因此,只有把光看成是由光子组成、**光的能量是量子化的**,才能理解光电效应。

11.2　氢原子光谱和 Bohr 氢原子理论

(Hydrogen Atomic Spectrum and Bohr Hydrogen Atom Theory)

11.2.1　氢原子光谱

氢原子是最简单的原子,由于它的原子核只含有 1 个质子,核外只有 1 个电子,因此人们研究核外电子运动的规律就从氢原子入手。由实验发现,原子光谱中各谱线的波长都有一定的规律性,其中最简单的是氢原子光谱。如在抽成真空的放电管中充入少量氢气,并通过高压放电,则氢气放出玫瑰红色的可见光、紫外光和红外光。利用三棱镜,这些光线可以被分成一系列按波长次序排列的不连续的线状光谱(图 11.8)。

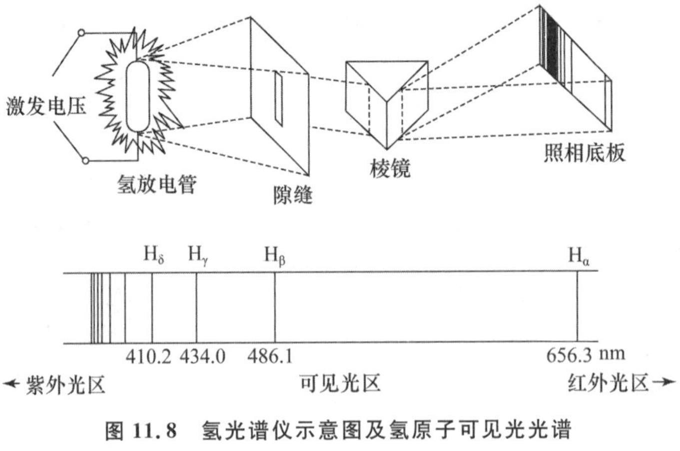

图 11.8　氢光谱仪示意图及氢原子可见光光谱

1885 年瑞士的一位中学教师 Balmer 在观察氢原子的可见光谱数据时,发现谱线的波长(wave length)符合下述经验公式

$$\lambda=\frac{3646.00\times n^2}{n^2-4}$$

后来 Rydberg 把此式整理后得到更简单的经验表达式：

$$\tilde{\nu}=\frac{1}{\lambda}=R_{\mathrm{H}}\left(\frac{1}{2^2}-\frac{1}{n^2}\right) \tag{11.5}$$

式中：$\tilde{\nu}$ 为波数，即波长(λ)的倒数；n 为大于 2 的正整数；R_{H} 称为 H 原子 Rydberg 常数，它等于 $1.09677576\times10^7\,\mathrm{m}^{-1}$。

继 Balmer 之后，Lyman 及 Paschen、Bracket、Pfund 等人又相继发现了分布在图 11.8 氢可见光区左右侧的紫外及红外光谱区的若干谱线系，它们也可以用下述公式来表示：

$$\tilde{\nu}=\frac{1}{\lambda}=R_{\mathrm{H}}\left(\frac{1}{n_1^2}-\frac{1}{n_2^2}\right) \tag{11.6}$$

式中：n_1 和 n_2 都是正整数，而且 $n_2>n_1$。当 $n_1=1$ 时，该谱线系称为紫外光谱区 Lyman 线系；$n_1=2$ 时，即为可见光谱区 Balmer 线系；而当 $n_1=3$、4、5 时，依次代表红外光谱区 Paschen 线系、Bracket 线系及 Pfund 线系。

如何解释氢原子线状光谱的实验事实呢？按照经典电磁学理论：电子绕核做圆周运动，原子不断发射连续的电磁波，原子光谱应是连续的；电子在辐射过程中能量逐渐降低，最后坠入原子核，使原子不复存在。但实际上，原子没有湮灭，**原子光谱不是连续的而是线状的。**

11.2.2　Bohr 氢原子理论

1913 年丹麦青年物理学家 Bohr 在 Rutherford 核原子模型基础上，根据当时刚刚萌芽的 Planck 量子论(1900 年)和 Einstein 的光子学说(1905 年)，发表了自己的原子结构理论，从理论上解释了氢原子光谱的规律。Bohr 从以下几个基本假设出发建立原子结构模型：

1. 第一个假设——定态假设

核外电子只能在具有确定半径(r)和能量(E)的特定轨道上围绕原子核运动，电子在这些轨道上运动时并不辐射出能量，这种状态叫定态。若电子的质量为 m，原子核电荷数为 Z，电子电荷为 e，则电子运动与核的静电作用力(F)为

$$F=K\frac{Ze^2}{r^2},\quad K=\frac{1}{4\pi\varepsilon_0}$$

式中，K 为静电力恒量。此静电引力即为电子绕核运动的向心力。按照经典力学理论，做圆周运动的物体的向心力(F)与其质量(m)、运动速度(v)和轨道半径的关系为

$$F=\frac{mv^2}{r}$$

因此，有

$$\frac{Ze^2}{4\pi\varepsilon_0 r^2}=\frac{mv^2}{r},\quad r=\frac{Ze^2}{4\pi\varepsilon_0 mv^2} \tag{11.7}$$

2. 第二个假设——角动量量子化

核外电子在上述轨道上运动时，角动量 L 是量子化的：

$$L=n\frac{h}{2\pi}\quad(n=1,2,3,4\cdots)$$

即角动量等于 $h/2\pi$ 的整数倍。这里，n 称为量子数，h 是 Plank 常数。在圆形轨道运动的电子的角动量 $L=mvr$，可得

$$mvr = n\frac{h}{2\pi}, \quad v = \frac{nh}{2\pi mr} \tag{11.8}$$

由(11.7)式和(11.8)式,可求得电子绕核运动的速度(v)和轨道半径(r):

$$v = \frac{Ze^2}{2\varepsilon_0 nh}, \quad r = \frac{\varepsilon_0 n^2 h^2}{\pi m Z e^2}$$

对于氢原子,核电荷 $Z=1$,可得运动速度与轨道半径与量子数的关系为

$$v = \frac{e^2}{2\varepsilon_0 nh} = \frac{(1.602\times10^{-19}\,\mathrm{C})^2}{2\times(8.854\times10^{-12}\,\mathrm{C^2\cdot J^{-1}\cdot m^{-1}})(6.626\times10^{-34}\,\mathrm{J\cdot s})n}$$

$$= 2.187\times10^6\times\frac{1}{n}\ \mathrm{m\cdot s^{-1}} \tag{11.9}$$

$$r = \frac{\varepsilon_0 n^2 h^2}{\pi m e^2} = \frac{(8.854\times10^{-12}\,\mathrm{C^2\cdot J^{-1}\cdot m^{-1}})(6.626\times10^{-34}\,\mathrm{J\cdot s})^2 n^2}{3.1416\times(9.109\times10^{-31}\,\mathrm{kg})(1.602\times10^{-19}\,\mathrm{C})^2}$$

$$= 52.93n^2\ \mathrm{pm} \approx 53n^2\ \mathrm{pm} \tag{11.10}$$

由(11.10)式可知,只有某些轨道是电子的允许轨道,当

$n=1$,　$r_1=53$ pm　　最靠近核的轨道

$n=2$,　$r_2=212$ pm　　次靠近核的轨道

$n=3$,　$r_3=477$ pm　　再次靠近核的轨道

Bohr 又据经典力学计算了电子能量。设电子总能量 E_t 等于其动能 E_k 与位能 E_p 之和,即

$$E_t = E_k + E_p$$

氢原子核电荷 $Z=1$,(11.7)式可写为

$$mv^2 = \frac{e^2}{4\pi\varepsilon_0 r}$$

又知

$$E_k = \frac{1}{2}mv^2 = \frac{e^2}{8\pi\varepsilon_0 r}, \quad E_p = -\frac{e^2}{4\pi\varepsilon_0 r}$$

则

$$E_t = \frac{1}{4\pi\varepsilon_0}\left(\frac{e^2}{2r} - \frac{e^2}{r}\right) = -\frac{1}{4\pi\varepsilon_0}\,\frac{e^2}{2r} \tag{11.11}$$

将(11.10)式代入(11.11)式,得到每个电子能量

$$E_t = -\left(\frac{me^4}{8\varepsilon_0^2 h^2}\right)\left(\frac{1}{n^2}\right) = -B\frac{1}{n^2} \qquad (n=1,2,3,\cdots) \tag{11.12}$$

$$B = \frac{me^4}{8\varepsilon_0^2 h^2} = 2.179\times10^{-18}\ \mathrm{J\cdot e^{-1}} = 1312\ \mathrm{kJ\cdot mol^{-1}}$$

$$(\approx 2.18\times10^{-18}\ \mathrm{J\cdot e^{-1}}\text{或 }13.6\ \mathrm{eV\cdot e^{-1}})$$

n	E_n	
1	$E_1=-B$	氢原子基态能量
2	$E_2=-B/4$	氢原子处于激发态
3	$E_3=-B/9$	氢原子处于较高的激发态
4	$E_4=-B/16$	氢原子处于更高的激发态

随量子数 n 继续增加,原子能量亦随之增加;当 n 趋近无穷大(∞),则电子在无穷远处的能量等于零。将各轨道电子电离到无穷远所需之能量就是(11.12)式各相应轨道能量的正值。

$$E_n = B\frac{1}{n^2} \tag{11.13}$$

基态氢原子的电离能即为

$$E = B = +13.6\ \text{eV}$$

基于以上两个假设，Bohr 建立了原子核外电子运动的模型，通常称做 Bohr 原子模型。该模型是否正确？能否说明实验观察到的氢原子光谱数据？Bohr 进一步提出了电子在不同能级之间跃迁时能量变化与辐射的关系，也称为第三个假设——光子说。

3. 第三个假设——光子的吸收与辐射

电子在不同轨道之间跃迁时，原子会吸收或辐射出光子。吸收和辐射出光子能量的多少决定于跃迁前后的两个轨道能量之差，即

$$\Delta E = E_2 - E_1 = E_{\text{光子}} = h\nu = \frac{hc}{\lambda} \tag{11.14}$$

式中 ν 是对应谱线的频率。

应用上述 Bohr 原子模型，可以定量解释氢原子光谱的不连续性。氢原子如从外界获得能量，电子将由基态跃迁到激发态。因原子中两个能级间的能量差是确定的，当不稳定的激发态的电子自发地回到较低能级时，就以光能形式释放出有确定频率的光能，如可见光、Balmer 系谱线，就是电子从 $n=3,4,5,6$ 等轨道跃迁到 $n=2$ 轨道时所放出的辐射：其中最亮的一条红线（H_α）则是由 $n=3$ 能级跃迁到 $n=2$ 能级时所放出的，第二条（H_β）则是由 $n=4$ 能级跃迁到 $n=2$ 能级时所放出的。正是这种能级的不连续性，使每一个跃迁过程产生一条分立的谱线。

由 Bohr 模型不难直接导出 Balmer 等人的经验规律。将（11.12）式代入（11.14）式，可得

$$\Delta E = B\left(\frac{1}{n_1^2} - \frac{1}{n_2^2}\right)$$

因为 $\Delta E = \frac{hc}{\lambda}$，则

$$\frac{1}{\lambda} = \frac{B}{hc}\left(\frac{1}{n_1^2} - \frac{1}{n_2^2}\right) \tag{11.15}$$

比较（11.15）式和（11.6）式，两者几乎完全一致。其中 $B/hc = R_H$，由 B/hc 中包含的基本常数 m、e、h、c 等计算得 $1.097373\times10^7\ \text{m}^{-1}$，并经质量修正后得到 R_H 为 $1.09677\times10^7\ \text{m}^{-1}$，与其实验值极为相近。（11.15）式所代表的是一个普遍公式，根据这一公式 Lyman、Balmer 等线系的波数 $\tilde{\nu}$ 可分别表示为

Lyman 系	$\tilde{\nu} = \frac{B}{hc}\left(\frac{1}{1^2} - \frac{1}{n^2}\right)$	（紫外区）
Balmer 系	$\tilde{\nu} = \frac{B}{hc}\left(\frac{1}{2^2} - \frac{1}{n^2}\right)$	（可见区）
Paschen 系	$\tilde{\nu} = \frac{B}{hc}\left(\frac{1}{3^2} - \frac{1}{n^2}\right)$	（红外区）
Bracket 系	$\tilde{\nu} = \frac{B}{hc}\left(\frac{1}{4^2} - \frac{1}{n^2}\right)$	（红外区）
Pfund 系	$\tilde{\nu} = \frac{B}{hc}\left(\frac{1}{5^2} - \frac{1}{n^2}\right)$	（红外区）

根据 Bohr 模型的以上结论，可将 Lyman、Balmer、Paschen 等线系所代表的氢原子的不同能级之间的跃迁一并表示于图 11.9 中。

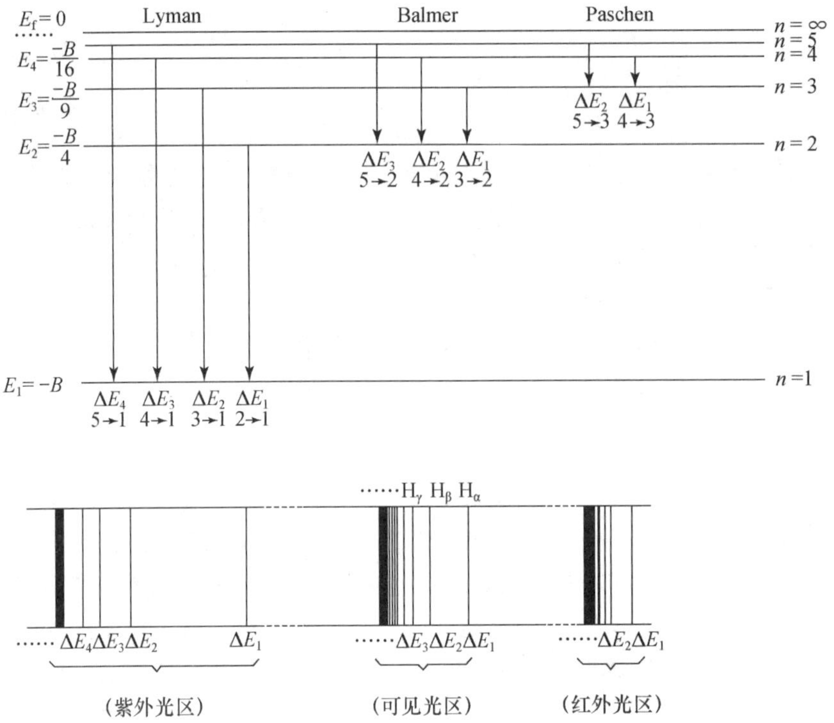

图 11.9 氢原子各系谱线形成示意图

Bohr 理论虽然成功地解释了氢原子光谱,但它具有很大的局限性:它只能解释氢原子及一些单电子离子(或称类氢离子,如 He^+、Li^{2+}、Be^{3+} 等)的光谱,而对于这些光谱的精细结构的解释则无能为力;对于多电子原子,哪怕只有两个电子的 He 原子,其光谱的计算值与实验结果也有很大出入。此外,Bohr 理论也没有给出量子化的根源。这些情况说明,从宏观到微观物质的运动规律发生了深刻变化,原来适用于宏观物体的运动规律在处理微观粒子的时候已经失效。人们开始认识到,从 Planck 发展到 Bohr 的这种旧量子论都是在经典物理的基础上加进一些与经典物理不相容的量子化的条件,它本身就存在着不能自圆其说的内在矛盾。要解决这一矛盾,必须跳出经典理论的体系,建立新的理论。不久发展起来的量子力学在揭示微观粒子运动规律时就比经典力学更为深刻、更具有普遍意义。用量子力学来处理微观粒子的运动,才得到了符合实验事实的结果。

11.3 微观粒子特性及其运动规律

(The Nature and Movement Rule of Microscopic Particles)

微观粒子与宏观物体的性质和运动规律不同,**它既有波动性又具微粒性**(即波粒二象性),并且不可能同时准确测定微粒的位置和动量(即**不确定性关系**,又称测不准关系)。

11.3.1 微观粒子波粒二象性

光的本质从 17 世纪末开始就是物理学界长期争论的问题,后来分成微粒学说和波动学说两大派。前者主张光是粒子流(光子流),光子能量集中在光子上,光的强度 $I=\rho h\nu$(式中 ρ 代表光子密度)。而波动说认为光是一种波动,而且被实验证明是一种可由波动方程来描绘的电磁波。若以 ψ 来代表电磁波的振幅,则光的强度 $I=\psi^2/4\pi$。光的波动学说长时期内占据统治地位。20 世纪初 Einstein 提出光子学说解释了光电效应之后,物理学家又通过大量实验证实,迫使人们在承认光是波动的同时,必须承认光是由一定能量和动量(mc)的光子所组成。一般来说与光传播有关的现象,如干涉、衍射,表现出光的波性;而涉及光与实物相互作用有关的现象,如发射、吸收、光电效应等表现出光的粒性。这样的双重性就称为**光的波粒二象性**。

综合上述两种学说,光的强度既与光子密度又与光波振幅的平方成正比,故在一定频率下,光子密度(ρ)与光波振幅的平方(ψ^2)成正比。按 Einstein 相对论的质能联系定律,光的动量(P)与光波波长(λ)成反比,即

$$I=\rho h\nu=\psi^2/4\pi,\quad \rho\propto|\psi|^2\quad(\nu\text{一定})\tag{11.16}$$

$$E=mc^2=h\nu,\qquad P=mc=\frac{h\nu}{c}=\frac{h}{\lambda}\tag{11.17}$$

上述两个关系式都能充分表明,光的粒子性与波动性是紧密相连的。

1924 年,法国青年物理学家 Louis de Broglie 在光子说的启发下,大胆提出电子等实物微粒也具有波粒二象性。他认为:正像波能伴随光子一样,波也以某种方式伴随具有一定能量和一定动量(P)的电子等微观粒子,他第一次提出著名的 de Broglie 关系式,预言了电子的波长:

$$\lambda=\frac{h}{P}=\frac{h}{mv}\tag{11.18}$$

式中:m 代表微粒如电子的质量,v 为微粒的运动速度,Planck 常数 h 将微粒的粒子性和波动性定量地联系起来。这个式子虽然在形式上与描述光的粒子性和波动性的关系式[(11.17)式]相似,但它包含着一个全新的观念。

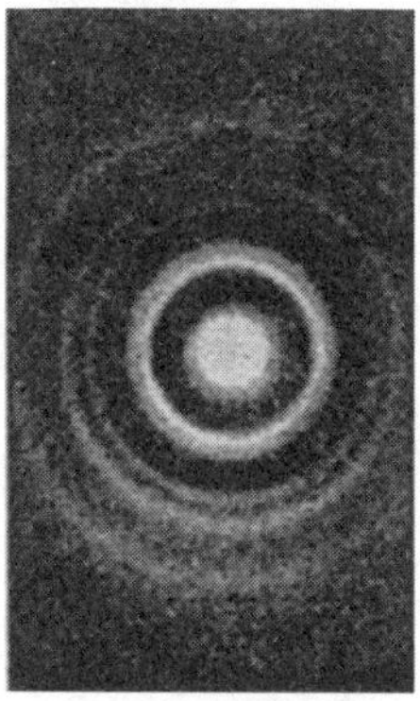

图 11.10 电子通过金箔的衍射图

1927 年,也就是 de Broglie 假设提出 3 年之后,电子衍射实验完全证实了电子具有波动性。一束电子流经加速并通过金属薄片(金属晶体中质点按一定方式排列,相当一个光栅),可以清楚地观察到电子的衍射图样(图 11.10),根据电子衍射图计算得到的电子射线的波长与 de Broglie 式预期的波长完全一致。用 α 粒子、中子、原子或分子等粒子流做类似实验,都同样可以观察到衍射现象,完全证实了**实物微粒具有波动性的结论**。

根据 de Broglie 关系式,动量 $P=mv$ 的任何粒子的波长为 $\lambda=h/P$。例如,电子在 1 V 的电压下的速度①为 $5.9\times10^5\ \mathrm{m\cdot s^{-1}}$,电子的质量($m$)为 9.1×10^{-31} kg,h 为 $6.626\times10^{-34}\ \mathrm{J\cdot s}$ ($1\ \mathrm{J}=1\ \mathrm{N\cdot m}=1\ \mathrm{kg\cdot m^2\cdot s^{-2}}$),则电子的波长

---

① 电子的速度可根据 $E=eV=\frac{1}{2}mv^2$ 求得,1 V 电压加速电子速度为

$$v=\sqrt{\frac{2E}{m}}=\sqrt{\frac{2\times1\ \mathrm{V}\times1.6\times10^{-19}\,\mathrm{C}}{9.1\times10^{-31}\,\mathrm{kg}}}=5.9\times10^5\ \mathrm{m\cdot s^{-1}}$$

$$\lambda=\frac{6.626\times10^{-34}\ \mathrm{J\cdot s}}{(9.1\times10^{-31}\times5.9\times10^{5})\ \mathrm{kg\cdot m\cdot s^{-1}}}=12\times10^{-10}\mathrm{m}=12\times10^{2}\ \mathrm{pm}$$

表 11.2 列出了利用 de Broglie 式计算得到的各种粒子的波长，任何运动质点（包括垒球和枪弹等）都可按 de Broglie 式计算它们的波长。但由表 11.2 可见，宏观物体的波长极短，以致根本无法测量（作为比较，在通常的电磁波中以 γ 射线波长最短，其波长也在 10^{-2} pm 量级），所以宏观物体的波性难以察觉，主要表现为粒性，服从经典力学的运动规律。只有像电子、原子等质量极小的微粒才具有与 X 射线相近的波长，当它们透过晶体时就有衍射现象，表现出波动性。

表 11.2　粒子的波长

物体粒子	质量 m/kg	速度 v/(m·s^{-1})	波长 λ/pm
1V 电子	9.1×10^{-31}	5.9×10^{5}	1200
100V 电子	9.1×10^{-31}	5.9×10^{6}	120
1000V 电子	9.1×10^{-31}	1.9×10^{7}	37
10000V 电子	9.1×10^{-31}	5.9×10^{7}	12
He 原子(300 K)	6.6×10^{-27}	1.4×10^{3}	72
Xe 原子(300 K)	2.3×10^{-25}	2.4×10^{2}	12
垒球	2.0×10^{-1}	30	1.1×10^{-22}
枪弹	1.0×10^{-2}	1.0×10^{3}	6.6×10^{-23}

de Broglie 的实物粒子波不同于电磁波，而是一种物质波。一个常见的关于波粒二象性的误解就是把电磁波和实物粒子的波动性混为一谈。电磁波是有方向的、各向异性的，而实物粒子波是各向同性的，不可能由于观察角度的不同而看到不同的东西。另外一个经常被问到的问题是：电子到底是波还是粒子？其实，电子具有这样的性质：在某些时候它们表现出粒子性，而其他一些时候它们表现出波动性。波粒二象性原理就是描述这种实物粒子的两重性。

11.3.2　不确定性关系和概率分布

经典物理告诉我们，物体有确定的位置和动量，物体按照确定的运动轨迹运动。但是在进入微观世界之后，上述表述不再适用。也就是说，人们不可能同时确切知道微观粒子的位置和动量，这就是 Heisenberg 不确定性关系，又称测不准原理。不确定性关系是适用于所有物质的普遍原理，而不确定性是物质的内在本质。对于宏观物体，我们的直觉认为它们的位置和速度是可以准确确定的，这只是因为宏观物体的不确定性相对微小，不易觉察而已。

一个经常讲到的例子是：若用光学显微镜去观察原子中电子的位置，光遇到大小与其波长相近的物体会产生衍射，故物体位置测量的准确性受入射光波长的限制。用光去测量物体位置的精确度（Δx）不能超过光的波长，如果被测物体本身就小于光的波长，由于光会发生衍射，因此物体不能成像。上述实例说明了测量微观粒子的困难，但是这个例子不应被引申为：不确定性原理仅仅是测量问题，只是我们目前的实验设备能力有限而导致的结果。这里始终要明确一点，即**不确定性是物质的本性，与测量技术并无必然联系**。

1926 年，Heisenberg 提出的测不准关系或不确定性关系数学式为

$$\Delta x\cdot\Delta P\geqslant\frac{h}{4\pi}\tag{11.19}$$

即，位置的不确定性 Δx 与动量的不确定性 ΔP 成反比。当位置精度较高的时候，动量的不确定性就较大；反之，当动量不确定性小时，位置的误差就较大。以电子为例，若要清晰地看到电子的轮廓，电子至少应定位在 1×10^{-12} m 范围内①，亦即位置的不确定程度 $\Delta x\approx1\times10^{-12}$ m，电子的静止质量是 9.1×10^{-31} kg，则电子动量的不确定程度

$$\Delta P_x=h/(4\pi\Delta x)$$

因 $\Delta P_x=\Delta(mv_x)=m\Delta v_x$，将电子质量 $m=9.1\times10^{-31}$ kg 代入，得

$$\Delta v_x=\frac{h}{m\times4\pi\Delta x}=\frac{6.626\times10^{-34}\ \text{J}\cdot\text{s}}{9.1\times10^{-31}\ \text{kg}\times4\times3.14\times1\times10^{-12}\ \text{m}}\approx10^{8}\ \text{m}\cdot\text{s}^{-1}$$

电子的速度不确定程度既然如此之大，就意味着电子运动轨道不复存在。对于宏观物体的运动，不确定性关系的限制完全可以忽略。设宏观物体位置测量准确度最高可达 $\Delta x\approx10^{-8}$ m，如将较小的宏观物体质量约 $m\approx10^{-10}$ kg 也代入不确定性关系式，由于式中 h(Planck 常数)是一个非常小的数值，计算求得的 Δv($\approx10^{-16}$ m·s^{-1})完全可以忽略不计。因此，宏观物质可以认为同时有确定的位置和动量(或速度)，它们服从经典力学规律。

电子衍射实验还表明，运动服从不确定性原理的电子在空间只有一个概率分布。如一束较强的电子流经过晶体衍射，各电子不会落在照相底片的同一点上，电子落在底片中间部分机会多，该区域的衍射图样就较深，那些较浅的区域表明电子到达机会少。如果改用很弱的电子流进行实验，使得电子一个个到达底片上，虽每个电子到达的位置不能预测，但它们服从统计分布规律。用弱电子流经足够长的时间，电子在衍射图中各处出现的机会与用强电子流出现的机会是一样的，我们称电子的概率分布(probability distribution)相同。由此可见，**具有波动性的电子在空间的概率分布规律是与电子运动的统计性②联系在一起的。**

对大量粒子行为而言，粒子出现数目多的区域衍射强度(或波强度)大，粒子出现数目少的区域波强度小。对一个粒子行为而言，粒子到达机会多的区域是衍射强度大的地方。所以，这种概率分布规律又与波的强度有关，波的强度反映粒子出现概率的大小。在这个意义上讲，实物微粒波是一种概率波。

2012 年，日本科学家小泽正直等在观测中子运动时，发现中子位置和动量关系的不确定性比 Heinsenberg 测不准原理给出的低。据此他们给出了一个新的更普遍的测不准关系式(小泽关系式)，而 Heinsenberg 原理可以包含在这一关系式中。

综上所述，具有波性的微观粒子不再服从经典力学规律，而遵循不确定性关系。它们的运动没有确定的轨道，只有一定的和波的强度大小成正比的空间概率分布规律。

11.4 氢原子的量子力学模型

(Quantum Mechanical Model of Hydrogen Atom)

上一节介绍了实物粒子具有波动性及实物粒子的运动具有不确定性质。因此，描述实物粒子的空间位置必须用概率密度这个概念，即电子在某一单位空间出现的概率。Heisenberg 发现

① 电子活动的范围，即原子和分子空间约为 10^{-10} m，所以电子位置的不确定程度 Δx 约为 1×10^{-10} m 才有意义，再缩小到 10^{-12} m 也是合理的。

② 所谓统计性，就是大量数目的物质(或事件)经大量次数的重复试验结果所显示的一种普遍性质。

不确定性原理之后不久，1926 年奥地利物理学家 Schrödinger 意识到微观粒子的上述两种性质(波粒二象性和不确定性)之间的联系，提出用波动力学方程来描述电子的波动性质。Schrödinger 方程是量子力学的最基本形式之一，对于近代量子力学的发展起到了重要作用。

11.4.1　波函数

Schrödinger 方程的形式为

$$\frac{\partial^2\psi}{\partial x^2}+\frac{\partial^2\psi}{\partial y^2}+\frac{\partial^2\psi}{\partial z^2}+\frac{8\pi^2 m}{h^2}(E-V)\psi=0$$

式中：h 为 Planck 常数，m 为电子的质量，E 是电子的总能量(动能与势能之和)，V 是电子的势能，x、y、z 为电子的空间坐标，ψ(音为 psi)为电子波函数。

与电磁波相似，电子的波函数也有正值(正相)和负值(负相)，在波函数从正相过渡到反相的过程中(反之亦然)波函数在某一点会为零值，此处称为波函数的节点(node)。同样与电磁波相似，$|\psi|$ 代表波函数的振幅，ψ^2 为波函数的"强度"，即电子出现在空间某点的**概率密度**。

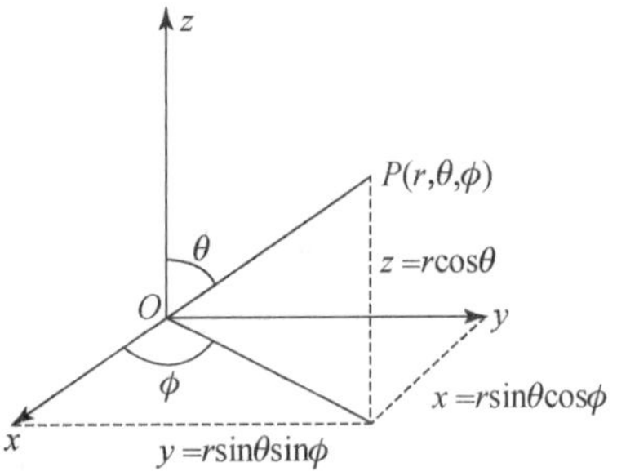

图 11.11　球坐标与直角坐标关系

Schrödinger 方程是一个二阶偏微分方程，求解这个方程需要较高级的数理技巧，这里不详述，而只介绍求解 Schrödinger 方程之后的一些结论，这对了解原子结构很有用。

在研究原子体系时，用球坐标(r,θ,ϕ)比用直角坐标(x,y,z)更为方便。r,θ,ϕ 与 x,y,z 的换算关系如图 11.11 所示。

在解 Schrödinger 方程的时候，为满足一定的驻态条件(边值条件)①，方程的解只限于若干分立的能量值。因此，在解 Schrödinger 方程的进程中自然而然地引入量子化条件。

氢原子是所有单电子体系中最简单的一个，其他单电子体系包括 He^+、Li^{2+} 等。由 Schrödinger 方程可以解得氢原子的能量和波函数，其中，每个能量 E 对应一个或几个波函数 ψ，波函数又被称为原子轨道②，能量称为原子轨道能。当若干个原子轨道能量相同时，称它们为简并原子轨道(degenerate atomic orbitals)。类氢原子的原子轨道能量(eV)写为

$$E_n=-13.6\frac{Z^2}{n^2}\qquad(n=1,2,3,\cdots)$$

上述能量的解与(11.12)式完全相同。式中：Z 为原子序数，对于氢原子，$Z=1$；n 称为**主量子数**(principal quantum number)，只能取正整数。主量子数也是不同能量轨道的指标，不同的主量子数对应不同的轨道能。

对于类氢原子，电子的能量只与主量子数 n 有关。这是因为类氢原子势能只与径向距离有

① 原子中电子运动局限在一定范围内，它作为一种波动很像两端被固定的琴弦的振动。琴弦振动是一种驻波，其波长只能采取一系列特定的数值，即其波长一半的整数倍必须等于琴弦两端的距离(d)$\left(即\ n\dfrac{\lambda}{2}=d\right)$。原子中电子的波动与驻波类似，故波函类 ψ 为一些特定数值，即通过与驻波的类比就可以自然地得到量子化的结论。

② 轨道这个词源自于 Bohr 轨道，但是并不是指电子绕确定轨道运动。当我们说电子位于 $\psi_{n,l,m}$ 轨道的时候，本意是指在空间某点发现电子的概率为 $\psi^2_{n,l,m}$。

关,而与角度无关。除主量子数之外,还有两个量子数,一个是角量子数 l (angular quantum number),另一个是磁量子数 m(magnetic quantum number)。这两个量子数与角动量的量子化有关,也来自求解 Schrödinger 方程。l 的取值范围为从 0 到 $n-1$ 的正整数,m 为从 $-l$ 到 $+l$ 之间的整数。由于 l 和 m 的取值范围有上述限制,所以对于每个 n,都有确定数目的原子轨道。例如 $n=2$ 时,共有 4 个原子轨道;$n=3$ 时,共有 9 个原子轨道;$n=4$ 时,共有 16 个原子轨道。

此外,在求解氢原子 Schrödinger 方程时,解得波函数为 $\psi_{n,l,m}$,能量为 $E_{n,l}$。一般,把与 $l=0,1,2,3,\cdots$对应的波函数称为 s,p,d,f,…态,或 s,p,d,f,…轨道。

由于波函数的径向变量和角度变量相互独立,因此波函数可以写成径向波函数 $R_{n,l}(r)$与角度波函数 $Y_{l,m}(\theta,\phi)$的乘积(这个过程称为变量分离),即

$$\psi_{n,l,m}(r,\theta,\phi)=R_{n,l}(r)\cdot Y_{l,m}(\theta,\phi) \tag{11.20}$$

表 11.3 列出了氢原子及类氢原子一些波函数及其分解成的径向和角度两个部分。

表 11.3　氢原子和类氢离子的几个波函数(a_0 为 Bohr 半径)

几组允许的 n,l,m 值			$\psi_{n,l,m}(r,\theta,\phi)$	$R_{n,l}(r)$	$Y_{l,m}(\theta,\phi)$
n	l	m			
1	0	0	ψ_{100}(或 ψ_{1s})$=\frac{1}{\sqrt{\pi}}\left(\frac{Z}{a_0}\right)^{3/2}e^{-Zr/a_0}$	$2\sqrt{\frac{Z^3}{a_0^3}}e^{-Zr/a_0}$	$\sqrt{\frac{1}{4\pi}}$
2	0	0	ψ_{200}(或 ψ_{2s})$=\frac{1}{4\sqrt{2\pi}}\left(\frac{Z}{a_0}\right)^{3/2}\left(2-\frac{Zr}{a_0}\right)e^{-Zr/2a_0}$	$\sqrt{\frac{Z^3}{8a_0^3}}\left(2-\frac{Zr}{a_0}\right)e^{-Zr/2a_0}$	$\sqrt{\frac{1}{4\pi}}$
2	1	0	ψ_{210}(或 ψ_{2p_z})$=\frac{1}{4\sqrt{2\pi}}\left(\frac{Z}{a_0}\right)^{3/2}\frac{Zr}{a_0}e^{-Zr/2a_0}\cos\theta$	$\sqrt{\frac{Z^3}{24a_0^3}}\left(\frac{Zr}{a_0}\right)e^{-Zr/2a_0}$	$\sqrt{\frac{3}{4\pi}}\cos\theta$
2	1	±1	$\psi_{2p_x}=\frac{1}{4\sqrt{2\pi}}\left(\frac{Z}{a_0}\right)^{3/2}\frac{Zr}{a_0}e^{-Zr/2a_0}\sin\theta\cos\phi$		$\sqrt{\frac{3}{4\pi}}\sin\theta\cos\phi$
2	1		$\psi_{2p_y}=\frac{1}{4\sqrt{2\pi}}\left(\frac{Z}{a_0}\right)^{3/2}\frac{Zr}{a_0}e^{-Zr/2a_0}\sin\theta\sin\phi$		$\sqrt{\frac{3}{4\pi}}\sin\theta\sin\phi$

这里,波函数不是直观的波动,也不可能通过测量得到。**而 ψ^2 具有明确的意义,即代表电子在空间某点出现的概率密度。**因此,(11.20)式可以重写为

$$\psi_{n,l,m}^2(r,\theta,\phi)=R_{n,l}^2(r)\cdot Y_{l,m}^2(\theta,\phi) \tag{11.21}$$

在三维坐标中**粗略表示 $\psi_{n,l,m}^2$ 的形状,这种图形被称为电子云。**

11.4.2 氢原子波函数和电子云图像

了解氢原子轨道的大小和形状对化学具有特殊意义,因为它们是阐述化学键和解释分子形状的基础。

1. 径向部分图像

电子各态 $R_{n,l}(r)$值只与半径有关,故分别以 $R(r)$、$R^2(r)$或 $r^2R^2(r)$对 r 作图,都能表示不同 r 时,电子运动状态径向部分的分布情况,图 11.12 中绘出了后两种情况。

以 $R^2(r)$ 对 r 作图来表示不同 r 时波函数平方（概率密度）径向分布的情况称为电子云径向密度分布图[图 11.12(a)]。现以 1s 状态为例，由图中可见，在原子核附近电子云密度最大，随着 r 增大，密度逐渐减小；2s，3s…态与 1s 态相同，都是在原子核附近电子云密度最大，但它们在离核较远分别还有一、二…处电子云密度较大。p 态和 d 态的特点是在原子核附近电子云密度接近于零。

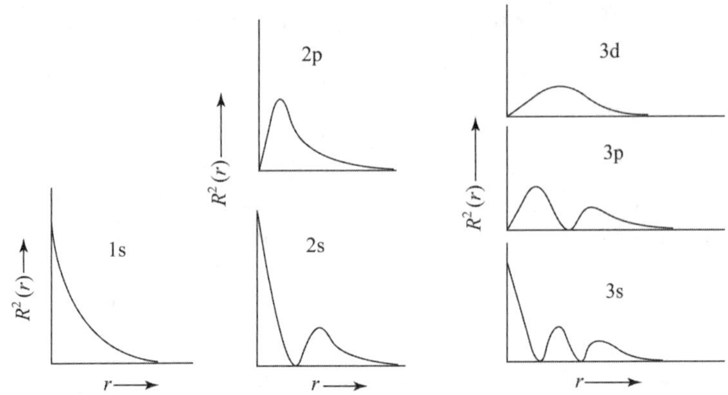

(a)

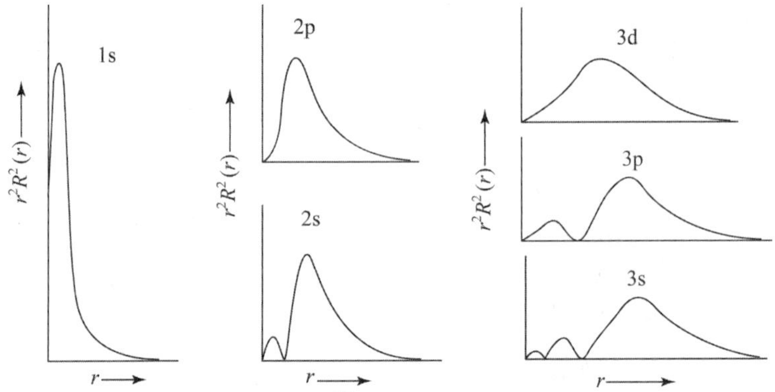

(b)

图 11.12　径向部分图像

(a) 氢原子电子云径向密度分布示意图，(b) 氢原子电子云径向分布示意图

以 $r^2R^2(r)$ 对 r 作图表示在半径 r 与 $r+\mathrm{d}r$ 之间的球面薄壳层内电子出现概率与半径(r)之间的关系，由此得到电子云径向分布图[图 11.12(b)]。以 s 态的电子为例，薄壳层的球面积是 $4\pi r^2$，其厚度为 $\mathrm{d}r$（见左图）；薄壳层内电子概率应等于概率密度 R^2 乘以薄壳层的体积 $4\pi r^2\mathrm{d}r$，即 $R^2 4\pi r^2\mathrm{d}r$，故可以 $4\pi r^2R^2\mathrm{d}r$ 来表示电子在薄球壳体积内概率的径向部分。为此，我们定义 $D(r)=r^2R^2$ 为径向分布函数，它的物理意义是：**单位厚度球壳内电子的分布概率**。D 与 r 的关系图为电子云径向分布图①。图中出现的极大值不难理解，例如对于 1s 电子来说，靠近核时 R^2 虽最大，但单位球壳体积 $4\pi r^2\mathrm{d}r$ 趋于零，所以 D 几乎为零；当 r 增大时，$4\pi r^2$ 虽然加大，但由于 R^2 减小而影响 D 的增大。这两个变化趋势相反的因素相乘就出现极大值。对于氢原子的基态，1s 态 D 函数的极大

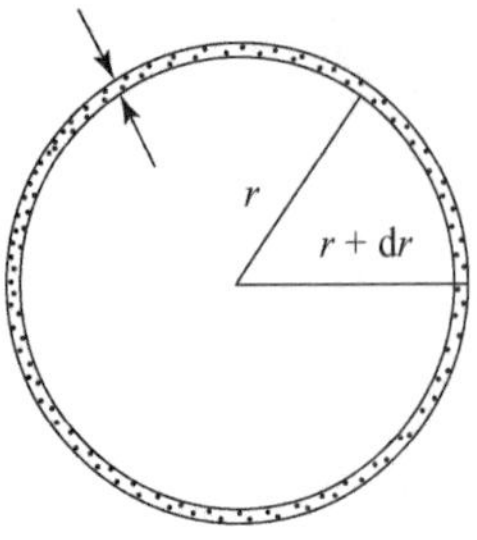

① n 相同、l 不同的各径向分布曲线最大峰离核的平均距离大致相同，但峰值的多少不同，各有 $n-l$ 个峰，例如 3s 有 3 个峰，3p 有 2 个峰，3d 有 1 个峰。

值正好位于 Bohr 半径 $r=53$ pm 处。对于 1s、2s、3s 态，出现 D 函数极大值（峰）的个数正好与各自的主量子数 n 相等，但主峰位置随主量子数 n 增加而依次离核越来越远。但 2s 与 2p 态相比较，2s 态 D 函数的峰有 2 个（即 $n-l=2-0=2$），2p 态只有 1 个（$n-l=2-1=1$）。可见，l 越大，峰的数目越小，而且主峰离核越近。电子云径向分布图共同特点是原子核附近 D 总是接近于零，这些图很好地描写了电子概率分布与它们离核远近的关系。

2. 角度部分图像

以 $Y(\theta,\phi)$ 及 $Y^2(\theta,\phi)$ 函数分别随角度 θ、ϕ 的变化而作图，都能表示电子运动状态角度部分的分布情况。这两种图像略有不同，一并绘入图 11.13 中以资比较。

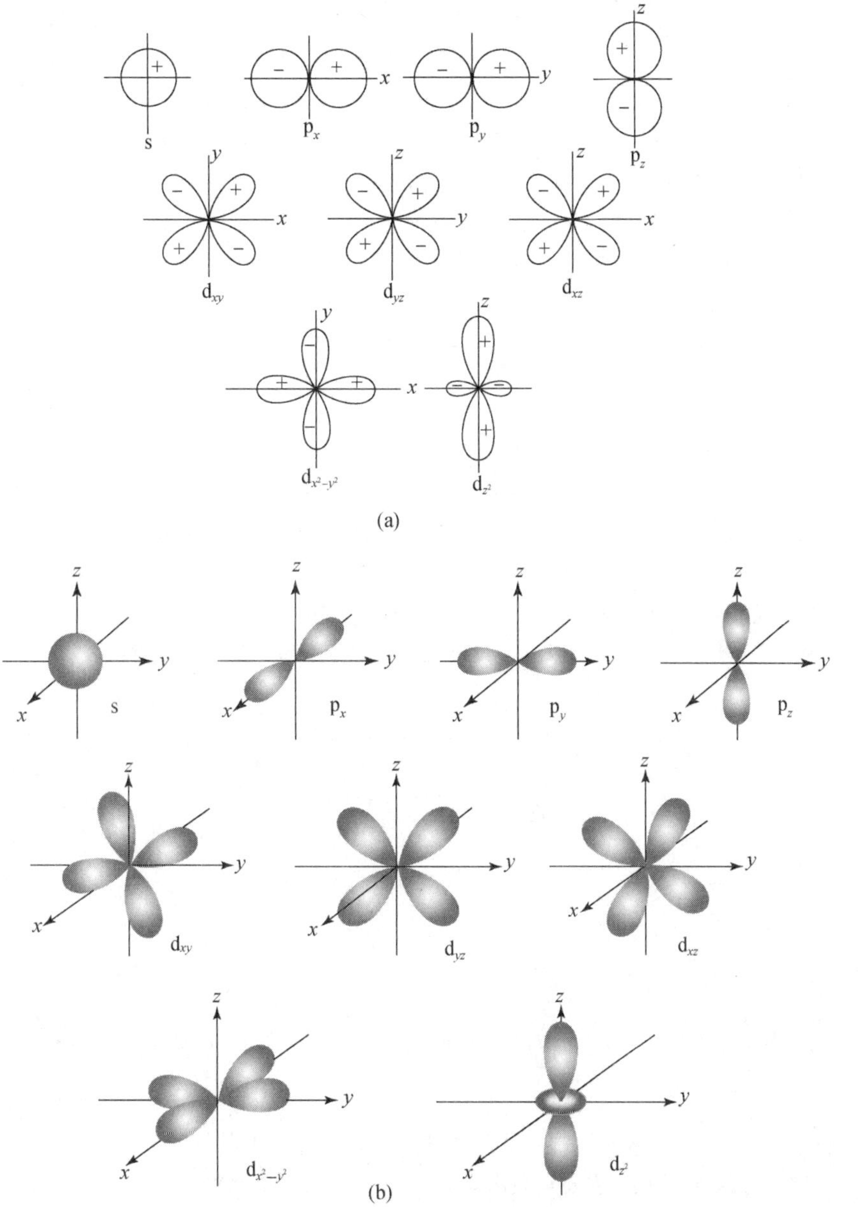

图 11.13　角度部分图像

(a) 波函数角度分布图（所绘为剖面图），(b) 电子云角度分布图

以 $Y(\theta,\phi)$ 对角度 θ、ϕ 作图时，借助球坐标，选原子核为原点，引出方向为 θ、ϕ 的直线，使其长度等于 Y 的绝对值大小，所有这些直线的端点在空间构成一个立体曲面，这个曲面就是波函数角度分布图[图 11.13(a)]，每一个点到原点的距离代表在这个角度方向 (θ,ϕ) 上 Y 的相对大小。波函数角度分布主要决定于量子数 l 和 m 而与量子数 n 无关，s、p、d、f 状态的角度分布图各不相同(为了方便起见，只画出它们的一个剖面)。由图可见：s 态是一个球面；p 态的 p_x、p_y、p_z 都是"8"字形双球面；5 个 d 态中，有 4 个，即 d_{xy}、d_{yz}、d_{xz}、$d_{x^2-y^2}$ 是"叶瓣"形曲面，前三者曲面分别位于对应两个主轴之间，而 $d_{x^2-y^2}$ 的曲面落在主轴上。d_{z^2} 态有两个叶瓣是在 z 轴方向上，而另有一个小环在 xy 平面。图中标出的"＋"、"－"，代表角度分布函数 Y 在不同区域内数值的正号或是负号。由此可见，波函数角度分布图突出表示"原子轨道"的极大值方向以及"原子轨道"的正负号，它们在化学键成键方向和能否成键方面有重要作用。

如何绘出波函数角度分布图。例如 $l=0$ 的 ns 态，其 $Y(\theta,\phi)$ 都是一个常数$(=\sqrt{1/4\pi})$，这表明 s 状态的波函数与角度 (θ,ϕ) 无关，其角度部分的 Y_s 图像[图 11.14(a)]是一个球面，其半径等于 $\sqrt{1/4\pi}$，一般先画出 Y_s 在 xz 平面上的曲线(圆)，令这个圆绕 z 轴或 x 轴旋转，得一球面，即为 Y_s 立体角度分布图。通常 Y_s 的数值取正值，在圆或球面内以"＋"号标记之。又例如 $l=1$ 的 $n\text{p}_z$ 态，$Y(\theta,\phi)$ 都等于 $\sqrt{3/4\pi}\cos\theta$，则可得到不同角度 θ 时 Y 的相对大小，并将其列入下表中：

θ	0°	30°	45°	60°	90°	120°	135°	150°	180°
$\cos\theta$	1	$\frac{\sqrt{3}}{2}$	$\frac{\sqrt{2}}{2}$	$\frac{1}{2}$	0	$-\frac{1}{2}$	$-\frac{\sqrt{2}}{2}$	$-\frac{\sqrt{3}}{2}$	-1
Y_{p_z}	0.489	0.423	0.346	0.244	0	−0.244	−0.346	−0.423	−0.489

由表中数据可以画出 Y_{p_z} 在 xz 平面上如图 11.14(b)所示的"8"字形曲线。由于 Y_{p_z} 不随 ϕ 而变化，因此将这个"8"字形曲线绕 z 轴旋转得到的曲面，即为 Y_{p_z} 立体的角度分布图；Y_{p_z} 的数值可为正的或负的，在相应的曲线或曲面区域内分别以"＋"或"－"号标记之。用类似方法可以画出波函数角度部分 Y_{p_x}，Y_{p_y} 的示意图，它们与 Y_{p_z} 形状相同，差别仅仅在于它们分别沿 x 轴和 y 轴伸展。

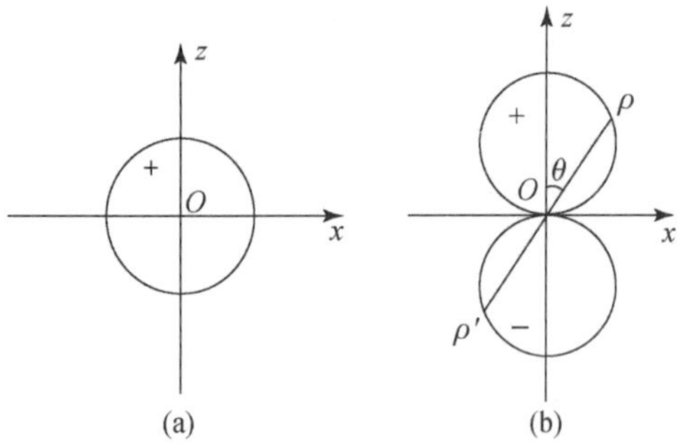

图 11.14 波函数角度分布 Y_s(a)及 Y_{p_z}(b)示意图

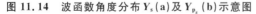

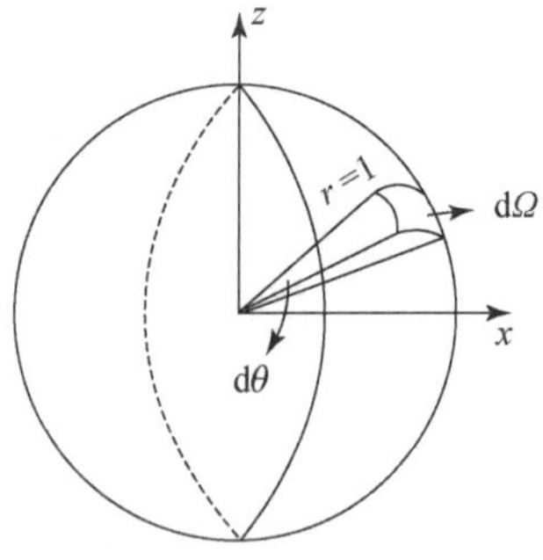

图 11.15 单位立体角示意图

以 $Y^2(\theta,\phi)$ 对角度 θ,ϕ 作图时，设在原子核外空间不同方向(一定 θ,ϕ)的单位立体角 $d\Omega$(图 11.15)中电子出现的概率为 $Y^2(\theta,\phi)$。从坐标原点引出方向为 θ、ϕ 的直线，使其长度 ρ 等于 $Y^2(\theta,\phi)$ 的绝对值大小，将所有这些直线的端点连接起来在空间构成了一个曲面，这个曲面就是电子云角度分布图[图11.13(b)]。s 电子各方向立体角中电子出现概率是一样的，所以 ρ 值相等，相互连接成一个等径的球面。p 电子在各立体角中概率不同，ρ 不等，曲面上各点之 ρ 越大即表示该方向上单位立体角内电子出现概率密度越大；反之，越小。注意图中所示是 s、p 和 d 电子云角度分布曲面图，它也很好地描写了电子概率分布与方向的关系，其图形与波函数角度分布图类似，但却再没有正负号了。

3. 电子云空间分布图像

由(11.21)式已知，波函数平方(ψ^2)是其径向部分(R^2)和角度部分(Y^2)的乘积。则完整的电子云(ψ^2)空间分布图像也可由图 11.12(a)电子云径向密度(R^2)图像和图 11.13(b)电子云角度(Y^2)分布图像综合而得。ψ^2 的大小可以形象地用很多小黑点在空间分布的疏密程度来表示，这就是所谓的电子云空间分布图；又称小黑点图，简称**电子云图**(图 11.16)，它们只是一种近似的图像。

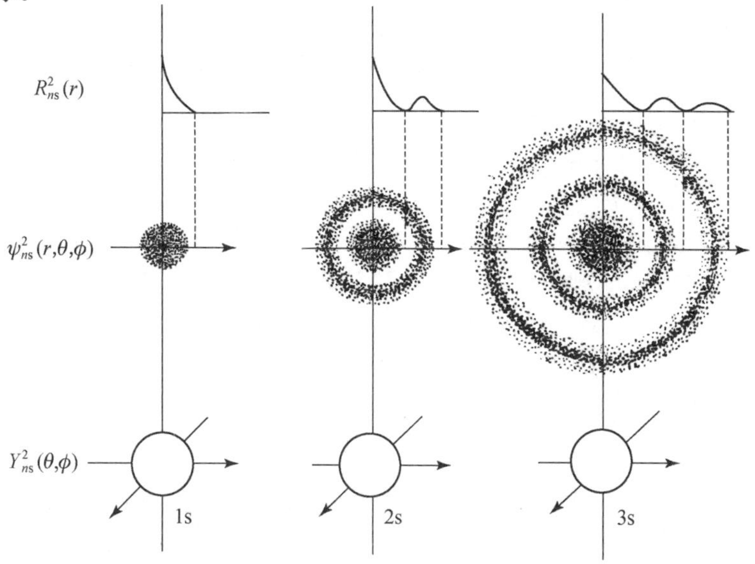

(a) ns电子云空间分布图[可由$R_{ns}^2(r)$及$Y_{ns}^2(\theta,\phi)$电子云图综合而成]

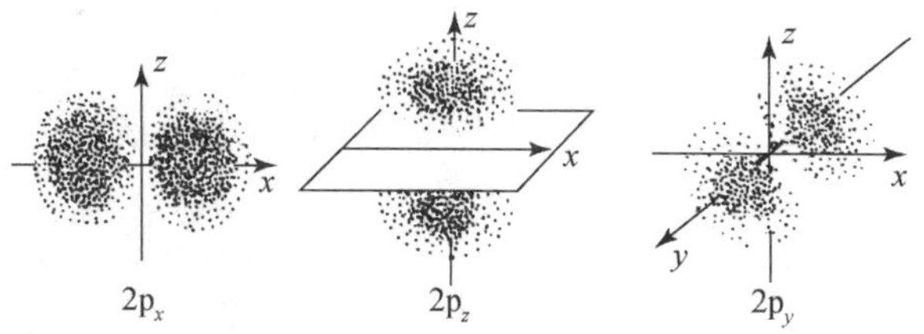

(b) 2p 电子云空间分布图

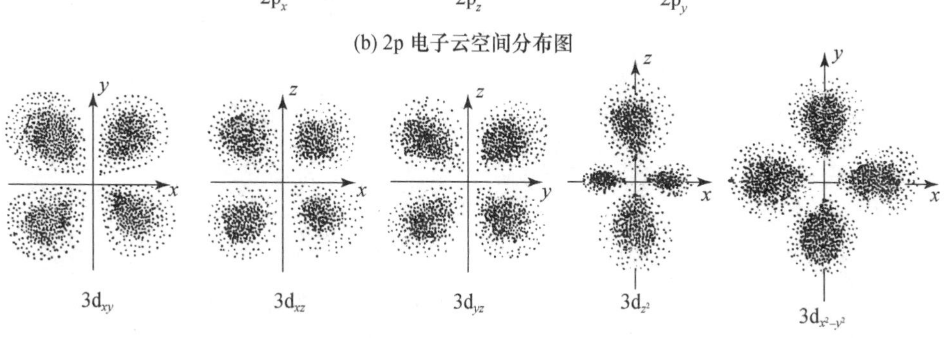

(c) 3d电子云空间分布图

图 11.16　电子云空间分布图(三维图像的剖面图)

s态 因为s态波函数ψ_{1s},ψ_{2s},ψ_{3s},…中的角度部分$Y_{ns}(\theta,\phi)$等于常数，即$\psi_{ns}^2=R^2(r)\cdot C$,所以它们只是$r$的函数。综合$R^2(r)$和$Y^2(\theta,\phi)$电子云图，可见图11.16(a)中示出的1s,2s,3s等电子云都是球形对称的，这就意味着在核外空间半径相同的各个方向上概率密度都相等。图中所示3种s状态，虽然在靠近核附近电子出现机会最多，但随n增加，电子出现的空间范围也随之增大；而且2s态概率密度较大处有两个区域，一个离核较近，另一个离核较远，两者中间有一个电子概率密度很小的区域。3s态概率密度较大处有3个区域，4s与5s态分别有4个、5个区域，…，以此类推。

由于p态和d态波函数角度部分不等于常数，它们的电子云图形是综合相应$R^2(r)$和$Y^2(\theta,\phi)$电子云图得到的，它们不仅与r有关，而且与空间角度θ、ϕ有关。

p态 p态的概率密度是沿着一个坐标轴(x,y或z)对称分布的，概率密度较高的两个"叶瓣"被一个垂直于它且密度等于零的节面分开[见图11.16(b)]。3p,4p等能量更高的p电子云在轴的两侧出现离核距离不等的更多节面。

d态 d态比s、p电子云更复杂。它们在空间的取向和形状与图11.13(a)波函数角度分布图类似。图11.16(c)给出3d电子云。3d态电子概率密度最大的地方不是在靠近核之处，而是在各"叶瓣"的中心。此外，图11.16中只是画出了ψ^2在xz(或yz,xy)平面上的分布图像，若将各图像分别绕相应轴旋转一周，才是电子云空间分布图。

描写波函数和电子云的图像还有其他方法，将在后续课程中介绍。基于ψ是一个复杂函数，任何一种图像也只能表达ψ的某一方面性质。因此，需正确理解每一种图的含义，还需知道它的作用和应用范围。

11.4.3 4个量子数

由波动方程解出的ψ可以描述在原子中电子的运动状态，不同的电子运动状态可用下述4个量子数来区别。

1. 主量子数 *n*

主量子数n规定**电子出现最大概率区域离核的远近和电子能量的高低**，取值是1,2,3,…n等正整数。从径向分布图11.12(b)可见，主量子数n不同的s态电子，如1s,2s,3s,…的径向分布主峰随主量子数增加而离核渐远。凡n相同的电子称为同层电子，并用符号K,L,M,N,O,P,…来代表$n=1,2,3,4,5,6,\cdots$电子层。下式为氢原子和类氢离子的能量(eV)公式：

$$E_n=-\frac{me^4Z^2}{8\varepsilon_0^2h^2n^2}=-13.6\frac{Z^2}{n^2} \tag{11.22}$$

由式中可见，n越大，电子能量越高，同层中的电子能量仍有所差别，但其电子云的主要部分基本上是重合在一起的，电子各种活动状态是在大致相同的空间范围内。

2. 角量子数 *l*

从原子光谱和量子力学计算得知，l决定电子角动量的大小，它规定了**电子在空间角度分布情况**，与电子云形状密切有关。l受n的限制，只能是小于n的非负整数：对于一定的n，l可取0,1,2,3,…,$(n-1)$等共n个数值，相应的电子称为s,p,d,f,…电子。

多电子原子中l与电子能量有关。通常将主量子数n相同的电子归为一层，同一层中l相同的电子归为同一"亚层"。

$n=1$的第一层中，l的最高值$n-1=0$，所以只有$l=0$的角量子数，相当于只有一个1s

态，或称 1s“亚层”，相应电子为 1s 电子。

$n=2$ 的层中，$l=0$、1，有 2 个“亚层”，即 2s、2p，相应有 2s、2p 电子。

$n=3$ 的层中，$l=0$、1、2，有 3 个“亚层”，即 3s、3p、3d，相应有 3s、3p、3d 电子。

$n=4$ 的层中，$l=0$、1、2、3，有 4 个“亚层”，即 4s、4p、4d、4f，以此类推。

3. 磁量子数 m

根据原子光谱在磁场中发生分裂的现象得知，不同取向的电子在磁场作用下发生能量分裂。磁量子数 m 决定在外磁场作用下，电子绕核运动的角动量在磁场方向上的分量大小，它反映了**原子轨道在空间的不同取向**。m 的允许取值由 l 决定，即 $m=0,\pm1,\pm2,\cdots,\pm l$，共 $2l+1$个值，这些取值意味着“亚层”中的电子有 $2l+1$ 个取向，每一个取向相当一个“轨道”。例如 n、l、m 3 个量子数规定一个“轨道”：p_z 及 d_{z^2} 轨道磁量子数 m 的取值定为零。例如 $4d_{z^2}$ 轨道符号对应的量子数 $n=4$、$l=2$、$m=0$，p_y、p_x 轨道 m 值是由 +1、−1 线性组合①而成，其他 4 个 d 轨道 m 可为 ±1 或 ±2。

	s ($l=0$)	p ($l=1$)	d ($l=2$)
取向数	1	3	5
($2l+1$)	(s)	(p_x, p_y, p_z)	(d_{xy}, d_{xz}, d_{yz}, d_{z^2}, $d_{x^2-y^2}$)
m 取值	0	0, ±1	0, ±1, ±2

氢原子中可能存在的各轨道能量高低、轨道个数和轨道类型的多少综合表示于图 11.17 中。由图可见，氢原子中主量子数相同的轨道能量相同（称简并轨道），主量子数越高不仅轨道能量升高，轨道的个数也增多，而且类型（形状和取向）也更多样。

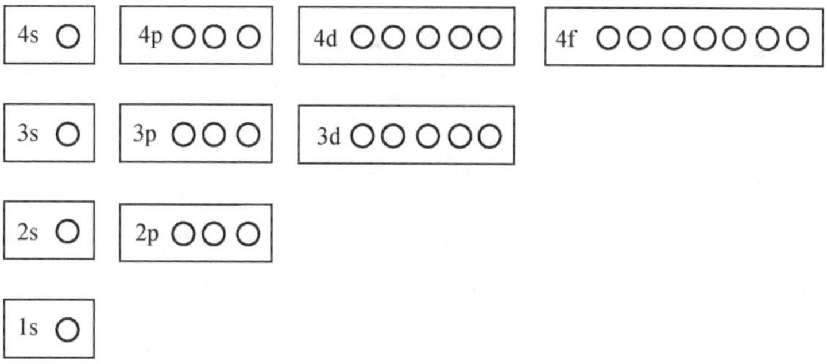

图 11.17　氢原子中各轨道能量高低次序和各层中轨道的个数

（图中每一个小圆圈代表一个轨道）

4. 自旋量子数 m_s

以上 3 个量子数是由氢原子波动方程解出，与实验相符合。但在应用分辨率很高的光谱仪观察氢原子光谱时，发现氢原子在无外磁场时，电子由 2p 能级跃迁到 1s 能级时得到的不是一条谱线而是靠得很近的两条谱线，这一现象用前面 3 个量子数不能解释。1925 年人们为了解释此现象沿用旧量子论中习惯名词提出电子有自旋运动的假设，引出了第四个量子数，称自旋量子数。但“电子自旋”并非真像地球绕轴自旋一样，它只是表示电子的两种不同状态。这

① 例如 $2p_x$ 和 $2p_y$ 轨道是由 $\psi_{2,1,1}$ 和 $\psi_{2,1,-1}$ 线性组合得到，即在 $2p_x$ 和 $2p_y$ 中分别都有 $\psi_{2,1,1}$ 和 $\psi_{2,1,-1}$ 成分，所以 $2p_x$、$2p_y$ 轨道只能一起对应于 $\psi_{2,1,1}$ 和 $\psi_{2,1,-1}$。

两种状态**有不同的“自旋”角动量**，可取＋1/2 或－1/2，这个数字称为自旋量子数 m_s，常用正、反箭头↑、↓来表示。考虑自旋后由于自旋磁矩和轨道磁矩相互作用分裂成两个相隔很近的 2p 能级，因此 2p 与 1s 间的跃迁可得两条很相近的谱线。

Stern-Gerlach 实验：这是一个与电子自旋有关的实验。将一束 Ag 原子束通过狭缝再通过非均匀磁场，结果原子束在磁场中沿磁场梯度方向发生分裂，一半原子向上偏转，一半向下偏转。由于磁场梯度的存在，使通过磁场的带有磁矩的粒子受到磁场作用力，因此上述实验表明电子具有两种微观状态，两种状态在非均匀磁场中表现出大小相同、符号相反的磁矩。

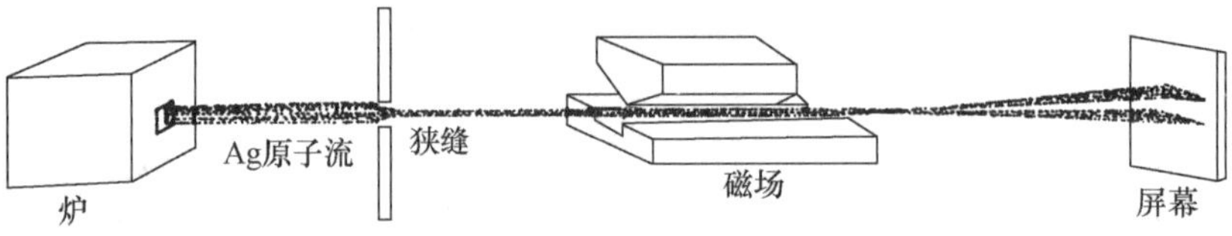

图 11.18　证明电子有自旋运动的实验示意图

综上所述，4 个量子数 n、l、m、m_s 可规定原子中每个电子的运动状态：主量子数 n 决定电子的能量和电子离核的远近；角量子数 l 决定电子轨道的形状，在多电子原子中也影响电子的能量；磁量子数 m 决定磁场中电子轨道在空间伸展的方向不同时，电子运动的角动量的分量大小；自旋量子数决定电子自旋的方向。现将 4 个量子数之间的关系归纳总结在表 11.4 中。

表 11.4　量子数和原子轨道

n	l	亚层符号	m	轨道数	m_s	电子最大容量
1	0	1s	0	1	±1/2	2
2	0 1	2s 2p	0 0,±1	1 3 } 4	±1/2 ±1/2	2 6 } 8
3	0 1 2	3s 3p 3d	0 0,±1 0,±1,±2	1 3 5 } 9	±1/2 ±1/2 ±1/2	2 6 10 } 18
4	0 1 2 3	4s 4p 4d 4f	0 0,±1 0,±1,±2 0,±1,±2,±3	1 3 5 7 } 16	±1/2 ±1/2 ±1/2 ±1/2	2 6 10 14 } 32

用量子力学方法描写核外电子运动状态，归纳为以下几点：

(1) 电子在原子中运动服从 Schrödinger 方程，没有确定的运动轨道，但有与波函数对应的、确定的空间概率分布。$\psi^2(r,\theta,\phi)$是电子概率密度分布函数，可分别通过径向分布、角度分布及电子云空间分布图来描绘电子单位球壳、单位立体角以及核外空间单位体积内的概率分布情况。波函数角度分布图突出表示了轨道函数极值方向和正负号。

(2) 电子的概率分布状态与确定的能量相联系，而能量是量子化的。在氢原子中 E 由 n 规定，在多电子原子中还与 l 有关。

(3) 量子数规定了原子中电子的运动状态。4 个量子数的取值规定为：$n=1,2,3,\cdots$；

$l=0,1,2,\cdots,(n-1)$；$m=0,\pm1,\pm2,\cdots,\pm l$。对于每个 n，有 0 至$(n-l)$个不同的 l；对于每个 l，可有$(2l+1)$个不同的 m。所以对于每个 n，共有 n^2 个状态(或轨道)。

11.5　多电子原子结构与周期律

(Configuration of Polyelectronic Atom and Periodic Rule)

前面几节讨论了氢原子、类氢原子的电子结构。氢原子、类氢原子核外只有一个电子，这个电子仅仅受到原子核的作用，量子力学可以解出它们的电子概率分布和轨道能量。在多电子原子中，对某一指定电子而言，它除了受到核的引力之外，还受到其他电子的排斥作用。多个电子间相互排斥是很复杂的，以致多电子原子的 Schrödinger 方程无法精确求解，作为一种近似，可采用中心力场模型①，即对某一电子来说，把其他电子对它的排斥平均起来看成是球面对称的。此时 Schrödinger 方程可近似求解，得到波函数和能级。波函数的角度部分和单电子原子大致相同，而径向部分和单电子原子不同。本节着重讨论多电子原子的轨道能级。

11.5.1　多电子原子轨道能级

美国著名化学家 Pauling 根据大量光谱实验数据以及理论计算的结果指出，在氢原子中原子轨道能量只与 n 有关，与 l 无关；而在多电子原子中，**轨道能量与 n 和 l 都有关**。Pauling 用小圆圈代表原子轨道，按它们能量的高低顺序排列，并绘成近似能级图(图 11.19)。

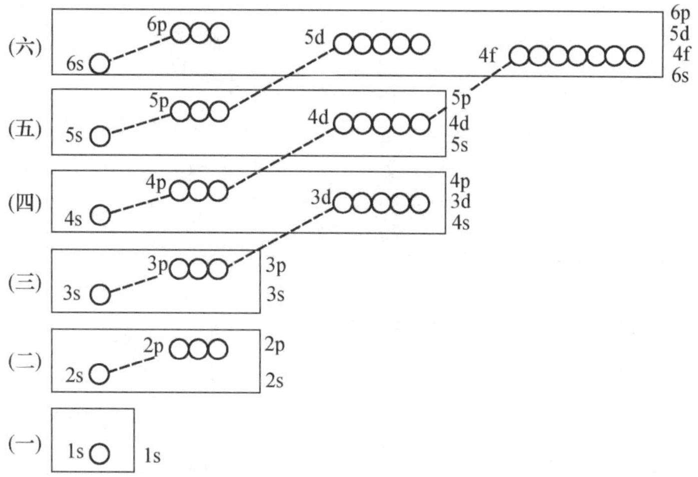

图 11.19　近似能级图

图中每一个方框中的几个轨道能量相近，称为一个能级组；虚线相连的轨道是氢原子中的简并(能量相等)轨道。由图可见：角量子数 l 相同的能级其能量由主量子数 n 决定，如 s 和 p 能级的能量顺序是

$$E_{1s}<E_{2s}<E_{3s}<E_{4s},\quad E_{2p}<E_{3p}<E_{4p}\cdots$$

但主量子数 n 相同、角量子数 l 不同的能级，能量随 l 的增大而升高，例如

$$E_{ns}<E_{np}<E_{nd}<E_{nf}$$

① 中心力场模型是一种处理多电子原子的近似方法。

此现象称为“能级分裂”；当主量子数 n 和角量子数 l 均不相同时，还会出现下列“能级交错”现象，例如

$$E_{4s}<E_{3d}<E_{4p},\quad E_{5s}<E_{4d}<E_{5p},\quad E_{6s}<E_{4f}<E_{5d}<E_{6p}$$

但必须指出 Pauling“能级图”仅仅反映了多电子原子中原子轨道能量的近似高低，不要误认为所有元素原子的能级高低都是一成不变的。例如氢原子与其他原子的能级高低有明显区别，如按照 Pauling 能级图中各轨道能量高低的顺序来填充电子的话，所得结果与光谱实验得到的各元素原子中电子排布情况大致相符合。所以也可将这种能级图看做电子填充顺序图。

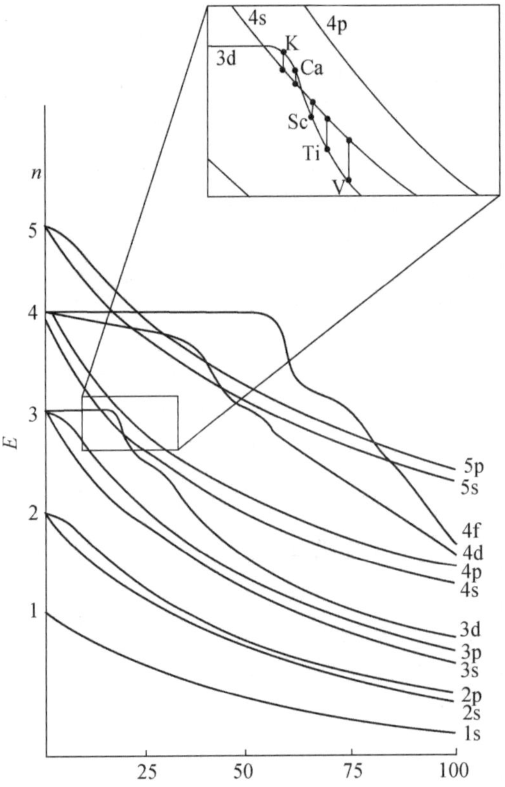

图 11.20　原子轨道能量和原子序数关系图

（方框内是部分元素原子能级次序的放大图）

本图摘自 D. F. Shriver 无机化学（第二版），中译本（p. 25）

Herzberg 等很多学者根据光谱实验结果和量子力学原理总结出周期表中元素原子轨道能量高低随原子序数增加的变化规律，由此给出各种图形，尤以 1962 年美国当代无机结构化学家 Cotton 的图更简单表明了这种变化规律（图 11.20）。图中横坐标是原子序数，纵坐标是轨道能量。由图可见，氢原子轨道能量是简并的；并且随原子序数增加，核电荷增加，核对电子的吸引力也加强，所以轨道能量都降低了。

所谓轨道能量，根据光谱实验和量子力学理论定义为：中性原子失去某个轨道电子，而其余电子仍然处于最低能态时所需的电离能（I）的负值，称为中性原子轨道能（E）。例如，K 原子 3d 和 4s 轨道能：

$$E([\mathrm{Ar}]4s^0 3d^1) \longrightarrow E([\mathrm{Ar}]4s^0 3d^0)+e$$

3d 电子电离能（I）＝1.67 eV

$$E_{3d}=-1.67\ \mathrm{eV} \tag{11.23}$$

$$E([\mathrm{Ar}]4s^1 3d^0) \longrightarrow E([\mathrm{Ar}]4s^0 3d^0)+e$$

4s 电子电离能（I）＝4.34 eV

$$E_{4s}=-4.34\ \mathrm{eV} \tag{11.24}$$

怎样说明氢原子各层中轨道能量简并，而多电子原子各层能级分裂、能级交错现象呢？通常可以用屏蔽效应和钻穿效应来解释。

11.5.2　屏蔽效应和钻穿效应

1. 屏蔽效应

在多电子的中性原子中，每个电子除了受原子核（Z）的吸引外，同时还受其他（$Z-1$）个电子的排斥。如不考虑电子间的相互作用，多电子原子中的电子 i 就只受核电荷吸引，它的能量（eV）公式就与类氢离子一样，即

$$E_i=-\frac{Z^2}{n^2}\times 13.6\ \text{eV}$$

当考虑其他电子排斥作用时，这个能量公式就需要修正。其他电子对此电子的排斥作用实际上相当于部分地抵消(或削弱)了原子核对 i 电子的吸引，其他$(Z-1)$个电子的电子云分散在核周围，像一个"罩"屏蔽了一部分原子核的正电荷，这时 i 电子所受**有效核电荷 Z^***(effective nuclear charge)的吸引小于 Z，即

$$Z^*=Z-\sigma$$

σ 称为屏蔽常数(screening constant)，相当于核电荷数被抵消的部分。它是其他各个电子对电子 i 屏蔽作用的总和($\sigma=\sigma_1+\sigma_2+\sigma_3+\cdots$)。这种由核外电子云抵消部分核电荷的作用即称为"屏蔽效应"。i 电子能量公式应修正为

$$E_i=-\frac{(Z-\sigma)^2}{n^2}\times 13.6\ \text{eV}=-\frac{(Z^*)^2}{n^2}\times 13.6\ \text{eV} \tag{11.25}$$

根据光谱实验资料可得出屏蔽常数 σ 近似值[①]。若将原子的电子层结构用括号分成下列各个小组

(1s)(2s,2p)(3s,3p)(3d)(4s,4p)(4d)(4f)(5s,5p)…

则有下述原则：

(1) 在某小组[以(　　)表示]右边任何小组内的电子对该组电子的屏蔽效应可忽略不计；

(2) 在各小组之中的每一个电子屏蔽同组价电子的程度是 0.35(如果同在 1s 层上则为 0.30)；

(3) 相邻两组中，内组对外组 s 和 p 电子的屏蔽常数为 0.85，对 d 和 f 电子的屏蔽常数为 1.00；

(4) 再向内的各组对外组 s,p,d,f 各电子的屏蔽常数为 1.00。

利用这个规则能粗略估计电子在不同轨道上的能量，例如钠原子序数为 11，其电子结构式是 $1s^2 2s^2 2p^6 3s^1$。按(11.25)式计算的各电子能量列于下表中：

价电子	$Z-\sigma=Z^*$	$E=-13.6\text{eV}\times\frac{(Z^*)^2}{n^2}$
1s 电子	$11-(1\times 0.30)=10.7$	$-\frac{13.6\ \text{eV}\times(10.7)^2}{1^2}=-1557\ \text{eV}$
2s 或 2p 电子	$11-[(7\times 0.35)+(2\times 0.85)]=6.85$	$-\frac{13.6\ \text{eV}\times(6.85)^2}{2^2}=-160\ \text{eV}$
3s 或 3p 电子	$11-[(8\times 0.85)+(2\times 1.00)]=2.20$	$-\frac{13.6\ \text{eV}\times(2.20)^2}{3^2}=-7.3\ \text{eV}$
3d 电子**	$11-(10\times 1.00)=1$	$-\frac{13.6\ \text{eV}\times(1.0)^2}{3^2}=-1.5\ \text{eV}$

** 指 Na 原子的 3s 电子被激发到 3d 轨道上

(11.25)式说明多电子原子中原子轨道的能量取决于核电荷 Z、主量子数 n 和屏蔽常数 σ，而 σ 又取决于电子 i 所处状态和其余电子的数目和状态，因而电子 i 的能量与它所处轨道的量子数(n,l)及其余电子的数目和状态有关。由此可见，一个内层电子不仅由于它靠近核(n 小)，而且它被其他电子屏蔽得少，所以核对其吸引力强，它的能量低；而一个外层电子不仅由于它离核远(n 大)，而且它受内层电子屏蔽多，所以核对其吸引力弱，它的能量高。但又如

① Slater 根据光谱实验提出的计算规则，又称 Slater 规则，它仅是一个经验的近似计算，应用时要注意。这一部分内容，仅供读者参考。

何解释主量子数 n 相同、角量子数 l 不同的轨道能级分裂现象和 n、l 均不相同的轨道能级交错现象呢?

2. 钻穿效应

钻穿效应(penetration effect)主要是指 n 相同、l 不同的轨道,由于电子云径向分布不同,电子穿过内层钻穿到核附近回避其他电子屏蔽的能力不同,从而使其能量不同的现象。如图 11.21 所示:主量子数相同的 3s、3p、3d 电子中,角量子数最小的 3s 电子不仅径向分布峰的个数最多,而且在最靠近核处有一小峰(即钻得深),因此 3s 电子被内层电子屏蔽得最少,平均受核吸引力较大,其能量最低;而 3p 及 3d 电子钻入内层的程度依次减小,内层电子对其屏蔽作用逐渐增强,故它们的能量相继增大。

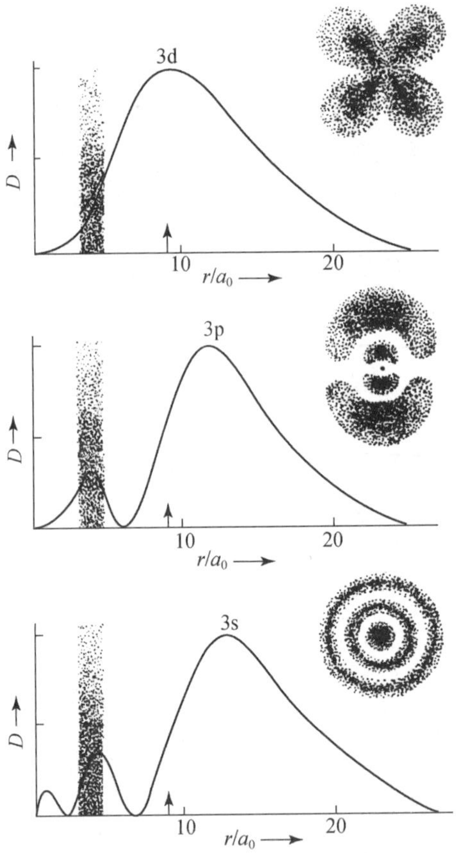

图 11.21　3s、3p、3d 轨道的径向分布函数图和电子云图

(图中阴影部分示意 $n=2$ 内层电子的屏蔽,箭头相当于 $n=3$ 的 Bohr 轨道半径之处)

由此可见,钻穿与屏蔽是相互联系的,n 相同、l 不同的各个电子,钻穿回避内层电子的能力一般是

$$ns > np > nd > nf$$

由此

$$E_{ns} < E_{np} < E_{nd} < E_{nf}$$

这与光谱实验结果完全一致。

由图 11.20 还可以看到,各元素原子能级分裂的程度是不相同的:氢原子只有一个电

子，既没有其他电子的屏蔽作用，也无所谓钻穿效应，故氢原子 n 相同、l 不同的轨道能量简并；但在多电子原子中，随着原子序数(即核电荷数)的增加以及内层电子增多，内层电子屏蔽效应越加显著，使得外层电子回避屏蔽而产生的钻穿效应随之增强，发生能级分裂，且分裂的程度越来越大，以至于各元素的原子轨道相继发生能级交错现象。例如，由实验结果知，$_{19}$K 和 $_{20}$Ca 元素的 $E_{4s}<E_{3d}$，这是因为 4s 和 3d 电子径向分布不一样(图11.22)，虽然 4s 的最大峰比 3d 离核较远，但它的小峰却钻到靠核很近之处，大大降低了 4s 电子的平均能量，使得 4s 比 3d 电子能量还低。又如，$_{37}$Rb 和 $_{38}$Sr 元素的 $E_{5s}<E_{4d}$，$_{55}$Cs 和 $_{56}$Ba 元素的 $E_{6s}<E_{4f}<E_{5d}\cdots$。

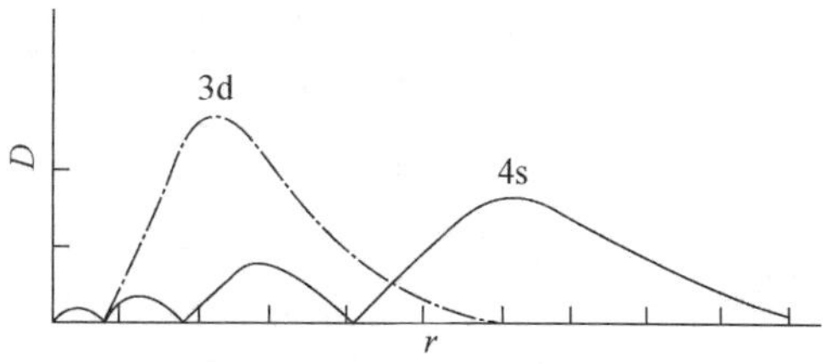

图 11.22 4s 及 3d 电子云的径向分布图

但上述轨道能级交错的现象随原子序数增加的趋向并非持续不变，例如，$_{21}$Sc 以后的元素，E_{4s} 又高于 E_{3d}。这可以解释为：4s 电子云从整体看比 3d 离核远得多，当 2 个 4s 电子填入以后，核电荷同时增加了 2 个单位，作用于 3d 的有效核电荷增加使 3d 能量降低。此时 3d 电子对 4s 屏蔽又起作用，相比之下 4s 钻穿作用不再突出，能级不再交错，4s 电子能量又高于 3d 电子了。这就说明了光谱实验测得 Sc 的 4s 和 3d 轨道能量(E_{4s} 及 E_{3d})的结果。

$E([Ar]3d^1 4s^2) \longrightarrow E([Ar]3d^1 4s^1)+e$ 　4s 电子电离能 $=+6.62$ eV　$E_{4s}=-6.62$ eV

$E([Ar]3d^1 4s^2) \longrightarrow E([Ar]3d^0 4s^2)+e$ 　3d 电子电离能 $=+7.98$ eV　$E_{3d}=-7.98$ eV

可见，电子轨道能量高低应根据能量公式[(11.25)式]综合考虑各个因素(主量子数，角量子数，核电荷数)的总效果。

既然 Sc 及其以后原子中 4s 能级高于 3d，为什么 Sc 的 3 个价电子按 $3d^1 4s^2$，而不按 $3d^3 4s^0$ 或 $3d^2 4s^1$ 排布呢？因为实际上原子中各电子相互作用构成一个整体，影响原子能量的因素是多方面的。就 Sc 来说，如果有 2 个电子处于 4s 轨道上，由于 4s 电子比 3d 电子对其他电子的排斥能较低，加上 4s 存在钻穿效应其能量也不会太高。如电子都排在 3d 轨道上，相互排斥能加大，3d 电子能量升高，原子就会处于不稳定状态，因此原子采取 $3d^1 4s^2$ 构型而不采取 $3d^3 4s^0$ 构型对降低整个原子的能量更为有利。这说明决定基态中性原子或离子的核外电子排布时，最根本的是考虑整个原子或离子在哪一种状态能量最低，而不是任何情况下只看轨道的能量高低。所以，上面讨论的 4s 电子的 E_{4s} 是有特定意义的。

11.5.3 核外电子排布及周期律

根据原子光谱实验和量子力学理论，人们认为原子核外电子排布应依照以下两个原理：

1. Pauli 不相容原理

在同一原子中没有 4 个量子数完全相同的电子。这一原理也可这样表达："同一原子轨道仅可容纳 2 个自旋相反的电子"。这样，4 个量子数可决定一个电子的运动状态，按图 11.19 即可推算各能级组最多容纳的电子数。

2. 能量最低原理

在不违背不相容原理的前提下，核外电子在各原子轨道上的排布方式应使**整个原子能量处于最低的状态。**

Hund 从大量光谱实验中发现：电子在能量相同的轨道上分布时，总是尽可能以**自旋相同**

的方向分占不同的轨道。这样的电子填入方式可使原子能量最低，例如以碳原子基态 $2s^2 2p^2$ 为例，如 2 个 p 电子在同一轨道上排斥能大，而在不同轨道并且自旋平行时排斥力小。所以，当轨道被电子半充满或全充满时较为稳定（如 p^3，d^5，f^7 或 p^6，d^{10}，f^{14}）。以上规则称为 **Hund 规则**（Hund's rule），实际上它属于能量最低原理。

根据上述 Pauli 原理和 Pauling 电子填充顺序（图 11.19），随原子序数增加，将电子依次（1s，2s 2p，3s 3p，4s 3d 4p，5s 4d 5p，6s 4f 5d 6p，7s 5f 6d，…）填入到各原子的原子轨道中，再考虑 Hund 规则，最后内层电子再按主量子数能量顺序调整，即可得到各个原子的基态电子构型（参见表 11.6）。

各元素原子结构呈现周期性的变化，**一个周期相当于一个能级组**，周期与能级组的关系列于表 11.5 中。若将表 11.6 中各种元素及相应原子的价层电子构型按此周期关系排列，即得元素周期表（见附录 D.1）。

表 11.5 能级组与周期关系

	能级组（周期）					电子容量（周期内元素数）
特短周期	（一）	$1s^{1\sim2}$				2
短周期	（二）	$2s^{1\sim2}$			$2p^{1\sim6}$	8
	（三）	$3s^{1\sim2}$			$3p^{1\sim6}$	8
长周期	（四）	$4s^{1\sim2}$ ⟶		$3d^{1\sim10}$ ⟶	$4p^{1\sim6}$	18
	（五）	$5s^{1\sim2}$ ⟶		$4d^{1\sim10}$ ⟶	$5p^{1\sim6}$	18
特长周期	（六）	$6s^{1\sim2}$ ⟶	$4f^{1\sim14}$ ⟶	$5d^{1\sim10}$ ⟶	$6p^{1\sim6}$	32
	（七）	$7s^{1\sim2}$ ⟶	$5f^{1\sim14}$ ⟶	$6d^{1\sim10}$ ⟶	7p	待定

周期表中 7 个周期分别相应于 7 个能级组，各周期所包括的元素数目分别是 2，8，8，18，18 和 32，这些数字正是每个周期相应的能级组中轨道数 1，4，4，9，9 和 16 的两倍。这是由于每一个轨道至多能容纳 2 个电子的缘故：第一周期元素从 H 到 He，电子排布在最低能级的 1s 轨道上，He 的 2 个电子同在 1s 轨道而自旋方向相反，体现了能量最低原理与 Pauli 原理；第二周期 Li、Be 的外层电子相继填在 2s 轨道上，B、C、N 三元素后续增加的电子填在 2p 轨道上。按 Hund 规则，N 中最后 3 个电子需分占 3 个 2p 轨道且自旋方向相同，后面 O、F、Ne 的电子继续填充 2p 轨道；最后 Ne 的 6 个 2p 电子分别填满 3 个 2p 轨道且自旋成对，Ne 具有所谓稀有气体稳定的电子构型。

第三周期从第 11 号元素 Na 到第 18 号元素 Ar，电子排布在第三层的 3s 和 3p 能级的共 4 个轨道中。电子排布方式与第二周期相似，即 Na、Mg 的外层构型为 $3s^{1\sim2}$，Al 到 Ar 为 $3p^{1\sim6}$。第一、二、三周期因包含元素数目较少，称为**短周期**（第一周期又称特短周期）。短周期的原子只在 s 轨道和 p 轨道上排布电子。

第四周期元素包括自 19 号元素 K 到 36 号元素 Kr 的 18 种元素，第五周期元素包括37 号元素 Rb 到 54 号元素 Xe 的 18 种元素，它们是周期表中的两个**长周期**。这个长周期的能级交错表现在

$$E_{4s} < E_{3d}, \quad E_{5s} < E_{4d}, \quad \cdots$$

表 11.6　元素基态电子构型

周期序号	原子序数	元素	电子构型	周期序号	原子序数	元素	电子构型
(一)	1	H	$1s^1$	(六)	55	Cs	$[Xe]6s^1$
	2	He	$1s^2$		56	Ba	$[Xe]6s^2$
(二)	3	Li	$[He]2s^1$		57	La	$[Xe]5d^1 6s^2$
	4	Be	$[He]2s^2$		58	Ce	$[Xe]4f^1 5d^1 6s^2$
	5	B	$[He]2s^2 2p^1$		59	Pr	$[Xe]4f^3 6s^2$
	6	C	$[He]2s^2 2p^2$		60	Nd	$[Xe]4f^4 6s^2$
	7	N	$[He]2s^2 2p^3$		61	Pm	$[Xe]4f^5 6s^2$
	8	O	$[He]2s^2 2p^4$		62	Sm	$[Xe]4f^6 6s^2$
	9	F	$[He]2s^2 2p^5$		63	Eu	$[Xe]4f^7 6s^2$
	10	Ne	$[He]2s^2 2p^6$		64	Gd	$[Xe]4f^7 5d^1 6s^2$
(三)	11	Na	$[Ne]3s^1$		65	Tb	$[Xe]4f^9 6s^2$
	12	Mg	$[Ne]3s^2$		66	Dy	$[Xe]4f^{10} 6s^2$
	13	Al	$[Ne]3s^2 3p^1$		67	Ho	$[Xe]4f^{11} 6s^2$
	14	Si	$[Ne]3s^2 3p^2$		68	Er	$[Xe]4f^{12} 6s^2$
	15	P	$[Ne]3s^2 3p^3$		69	Tm	$[Xe]4f^{13} 6s^2$
	16	S	$[Ne]3s^2 3p^4$		70	Yb	$[Xe]4f^{14} 6s^2$
	17	Cl	$[Ne]3s^2 3p^5$		71	Lu	$[Xe]4f^{14} 5d^1 6s^2$
	18	Ar	$[Ne]3s^2 3p^6$		72	Hf	$[Xe]4f^{14} 5d^2 6s^2$
(四)	19	K	$[Ar]4s^1$		73	Ta	$[Xe]4f^{14} 5d^3 6s^2$
	20	Ca	$[Ar]4s^2$		74	W	$[Xe]4f^{14} 5d^4 6s^2$
	21	Sc	$[Ar]3d^1 4s^2$		75	Re	$[Xe]4f^{14} 5d^5 6s^2$
	22	Ti	$[Ar]3d^2 4s^2$		76	Os	$[Xe]4f^{14} 5d^6 6s^2$
	23	V	$[Ar]3d^3 4s^2$		77	Ir	$[Xe]4f^{14} 5d^7 6s^2$
	24	Cr	$[Ar]3d^5 4s^1$		78	Pt	$[Xe]4f^{14} 5d^9 6s^1$
	25	Mn	$[Ar]3d^5 4s^2$		79	Au	$[Xe]4f^{14} 5d^{10} 6s^1$
	26	Fe	$[Ar]3d^6 4s^2$		80	Hg	$[Xe]4f^{14} 5d^{10} 6s^2$
	27	Co	$[Ar]3d^7 4s^2$		81	Tl	$[Xe]4f^{14} 5d^{10} 6s^2 6p^1$
	28	Ni	$[Ar]3d^8 4s^2$		82	Pb	$[Xe]4f^{14} 5d^{10} 6s^2 6p^2$
	29	Cu	$[Ar]3d^{10} 4s^1$		83	Bi	$[Xe]4f^{14} 5d^{10} 6s^2 6p^3$
	30	Zn	$[Ar]3d^{10} 4s^2$		84	Po	$[Xe]4f^{14} 5d^{10} 6s^2 6p^4$
	31	Ga	$[Ar]3d^{10} 4s^2 4p^1$		85	At	$[Xe]4f^{14} 5d^{10} 6s^2 6p^5$
	32	Ge	$[Ar]3d^{10} 4s^2 4p^2$		86	Rn	$[Xe]4f^{14} 5d^{10} 6s^2 6p^6$
	33	As	$[Ar]3d^{10} 4s^2 4p^3$	(七)	87	Fr	$[Rn]7s^1$
	34	Se	$[Ar]3d^{10} 4s^2 4p^4$		88	Ra	$[Rn]7s^2$
	35	Br	$[Ar]3d^{10} 4s^2 4p^5$		89	Ac	$[Rn]6d^1 7s^2$
	36	Kr	$[Ar]3d^{10} 4s^2 4p^6$		90	Th	$[Rn]6d^2 7s^2$
(五)	37	Rb	$[Kr]5s^1$		91	Pa	$[Rn]5f^2 6d^1 7s^2$
	38	Sr	$[Kr]5s^2$		92	U	$[Rn]5f^3 6d^1 7s^2$
	39	Y	$[Kr]4d^1 5s^2$		93	Np	$[Rn]5f^4 6d^1 7s^2$
	40	Zr	$[Kr]4d^2 5s^2$		94	Pu	$[Rn]5f^6 7s^2$
	41	Nb	$[Kr]4d^4 5s^1$		95	Am	$[Rn]5f^7 7s^2$
	42	Mo	$[Kr]4d^5 5s^1$		96	Cm	$[Rn]5f^7 6d^1 7s^2$
	43	Tc	$[Kr]4d^5 5s^2$		97	Bk	$[Rn]5f^9 7s^2$
	44	Ru	$[Kr]4d^7 5s^1$		98	Cf	$[Rn]5f^{10} 7s^2$
	45	Rh	$[Kr]4d^8 5s^1$		99	Es	$[Rn]5f^{11} 7s^2$
	46	Pd	$[Kr]4d^{10}$		100	Fm	$[Rn]5f^{12} 7s^2$
	47	Ag	$[Kr]4d^{10} 5s^1$		101	Md	$[Rn]5f^{13} 7s^2$
	48	Cd	$[Kr]4d^{10} 5s^2$		102	No	$[Rn]5f^{14} 7s^2$
	49	In	$[Kr]4d^{10} 5s^2 5p^1$		103	Lr	$[Rn]5f^{14} 6d^1 7s^2$
	50	Sn	$[Kr]4d^{10} 5s^2 5p^2$		104	Rf	$[Rn]5f^{14} 6d^2 7s^2$
	51	Sb	$[Kr]4d^{10} 5s^2 5p^3$		105	Ha	$[Rn]5f^{14} 6d^3 7s^2$
	52	Te	$[Kr]4d^{10} 5s^2 5p^4$		106	Sg	$[Rn]5f^{14} 6d^4 7s^2$
	53	I	$[Kr]4d^{10} 5s^2 5p^5$		107	Bh	$[Rn]5f^{14} 6d^5 7s^2$
	54	Xe	$[Kr]4d^{10} 5s^2 5p^6$		108	Hs	$[Rn]5f^{14} 6d^6 7s^2$
					109	Mt	$[Rn]5f^{14} 6d^7 7s^2$

因此，在 3d 轨道或 4d 轨道未填入电子前电子分别先填入 4s 或 5s，随后再分别填入 3d 或 4d 轨道，5 个 d 轨道可以容纳 10 个电子，因此第四和第五周期都有 10 种所谓**过渡元素**(transition elements)，这些元素分别称为第一、二过渡系列。在 3d 或 4d 轨道填满这 10 种元素以后，电子继续填入 4p 或 5p 轨道，完成这两个周期。可见，第四、五周期元素的电子排布顺序的共同特点是 $ns^{1\sim2} \rightarrow (n-1)d^{1\sim10} \rightarrow np^{1\sim6}$。

第六周期中，从 58 号到 71 号的 14 种元素，其中最末一种元素最后一个电子填满 4f 轨道，这些元素总称为镧系元素(Lanthanide elements，包括 La 在内共 15 种元素)。第七周期中，从第 90 号到 103 号的 14 种元素，其中的最后电子填满 5f 轨道，统称为锕系元素(Actinide elements，连 Ac 共 15 种元素)。这两组元素的共同特点是：最后一个电子均排布在 $(n-2)f$ 轨道(由外向内数第三层)上，故常称它们为**内过渡元素**(inner transition elements)。在长式周期表中常把内过渡元素分出放在周期表的下方。由于能级交错，第六周期电子排布的顺序是

$$6s^{1\sim2} \rightarrow 4f^{1\sim14} \rightarrow 5d^{1\sim10} \rightarrow 6p^{1\sim6}$$

第七周期是

$$7s^{1\sim2} \rightarrow 5f^{1\sim14} \rightarrow 6d^{1\sim10} \rightarrow 7p(\text{待定})$$

第六周期包括 32 种元素又称**特长周期**或称第三过渡系列，第七周期是未完成的周期。

根据价层电子构型，元素在元素周期表中的分布分为 5 个区域(见表 11.7)。

表 11.7 周期表中元素的分区

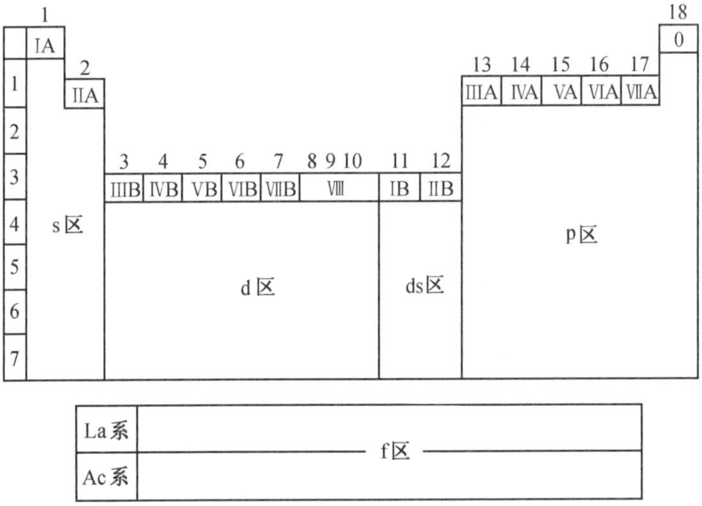

s 区元素 包括周期表中的ⅠA 和ⅡA 族元素，即碱金属和碱土金属。它们最后一个电子排布在 s 轨道上，所以价电子的构型为 $ns^{1\sim2}$。

p 区元素 包括周期表中从ⅢA 到ⅦA 族和零族共六族元素，它们最后一个电子排布在 p 轨道上，价电子构型是 $ns^2np^{1\sim6}$。s 区和 p 区元素共同特点是：最后一个电子都是排布在最外层，最外层电子的总数等于该元素的族数，习惯上称它们为周期表的**主族**。

d 区元素 是周期表中的过渡元素，它们的价电子构型是 $(n-1)d^{1\sim9}ns^{1\sim2}$，最后一个电子基本上都排布在倒数第二层即 $(n-1)d$ 轨道上(个别元素例外)，第 3～7 列最高能级组中的电子总数等于这些元素的族数，被称为周期表的**副族**元素，记为ⅢB，ⅣB，…，ⅦB，8～10 列为Ⅷ族。

ds 区元素 含ⅠB、ⅡB 副族元素，电子构型为 $(n-1)d^{10}ns^{1\sim2}$，其电子虽填充在外层 s 轨

道上，但与 s 区不同，它的次外层有充满电子的 d 轨道，也可以把它们列为 d 区元素。

f 区元素 包括前述的内过渡元素，电子构型为 $(n-2)f^{1\sim14}(n-1)d^{0\sim2}ns^2$。

总之，周期表共分 7 个周期、7 个主族（ⅠA～ⅦA）、7 个副族（ⅠB～ⅦB）、Ⅷ族和零族。也可以将自左至右的 18 列作为 18 族。基态原子的电子构型随原子序数递增呈现周期性的变化规律是元素周期律的内在原因。要熟练应用周期表，首先要会根据元素的原子序数写出该元素的电子层结构，并由此判断该元素所在的周期和族；或者已知某元素所在的周期和族，可以推出它的原子序数，从而写出其电子层结构以估计其主要性质。电子的排布原则上是按能量最低原理，由低能级向高能级逐一排布。如按电子层和亚层顺序书写，有以下两种方式可循。

例如，元素 Mn 的原子序数为 25，其电子构型可写成

$$1s^2,2s^22p^6,3s^23p^6,4s^23d^5 \quad (\text{或}[Ar]4s^23d^5) \qquad (\text{Ⅰ})$$

$$1s^2,2s^22p^6,3s^23p^63d^5,4s^2 \quad (\text{或}[Ar]3d^54s^2) \qquad (\text{Ⅱ})$$

第Ⅰ种方式是按 Pauling 近似能级图中电子填充次序排布，最后一个电子填充到 3d，因此有助于我们判断它是 d 区过渡元素。近似能级图中，最高能级组的组数等于周期数，其中有 7 个价电子，故该元素属于第四周期ⅦB 族元素锰（Mn）。第Ⅱ种方式是按主量子数（n）和角量子数（l）数值由低到高的次序排列。一般先按Ⅰ式写出，然后再整理为Ⅱ式，因为Ⅱ式是符合过渡元素轨道能量高低的实际情况。

元素的化学性质主要决定于价电子，因此为方便起见，只需写出每种元素的价电子构型，内层电子可用相应的稀有气体构型来代替，常用稀有气体元素符号加方括号来表示。对于非过渡元素，外层电子就是价电子，如 P 的价电子是 $3s^23p^3$，Ca 是 $4s^2$。过渡元素的价电子应包括次外层和外层的电子，例如 Mn 是 $3d^54s^2$，Zn 是 $3d^{10}4s^2$ 等。对于镧系和锕系元素，还需标明外数第三层有关能级，如铈（Ce）是 $4f^15d^16s^2$，铀（U）是 $5f^36d^17s^2$ 等。

为了比较形象地体现出电子填入轨道的三原则，通常还可用**电子轨道图**来表示电子在轨道中的分布方式和自旋取向。例如，Mn 和 Sb 的价电子电子轨道图为

		3d					4s			
Mn:	[Ar]	↑	↑	↑	↑	↑	↑↓			
		4d					5s	5p		
Sb:	[Kr]	↑↓	↑↓	↑↓	↑↓	↑↓	↑↓	↑	↑	↑

最后必须指出，核外电子排布总是有例外的不完全符合规则的情况，特别是过渡元素。例如钯（Pd）的电子构型不是 $[Kr]4d^85s^2$，而是 $[Kr]4d^{10}$；铂（Pt）的电子构型不是 $[Xe]5d^86s^2$，而是 $[Xe]5d^96s^1$。这些构型都是由光谱实验确定的。

元素周期律是在 19 世纪中叶由 Mendeleev、Mayer 等化学家总结大量前人成果，并根据原子量大小顺序、比较各元素原子化学性质相似相异规律性而提出的，但当时对其实质并不了解。几乎经过半个世纪，直到 20 世纪初原子结构理论提出后，周期律的实质才被确认。元素周期律实质上是原子的基态电子构型随原子序数递增呈现周期性变化的必然结果。

11.6 元素基本性质的周期性变化规律

(The Periodical Rules of Element Properties)

原子的电子层结构具有周期性变化规律，因此与原子结构有关的一些原子基本性质，如原

子半径、电离能、电子亲和能、电负性等也随之呈现显著的周期性。人们常将这些性质(还包括核电荷数以及原子量)统称为原子参数。一般只要知道元素原子的特征电子构型、原子参数以及它们周期变化规律,不仅足以描述一个原子的特征,还可预示和说明元素的一些化学性质。

11.6.1 原子半径

原子核的周围是电子云,它们没有确定的边界。一般所谓原子半径,是指形成共价键或金属键时原子间接触所显出的半径。如同种元素的两个原子以共价单键连接时,它们核间距离的一半称为原子的共价半径(covalent radius)。在金属晶格中相邻金属原子核间距离的一半称为原子的金属半径(metal radius)。原子的金属半径一般比其单键共价半径大 10%~15%。附录 D.2 列出了金属原子半径、非金属单键共价半径和稀有气体的 van der Waals 半径[①]以资比较。如以原子半径(pm)对原子序数作图(图 11.23),可以更清楚地显出原子半径的周期变化规律。

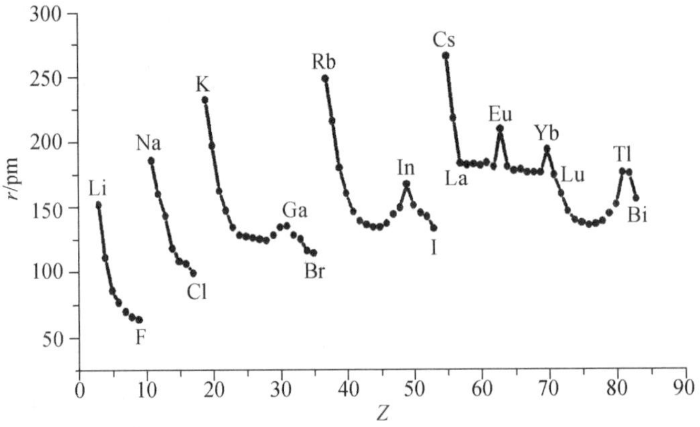

图 11.23 元素原子半径与原子序数的关系

1. 在同一族中原子半径的变化

在同一主族中由上而下,原子半径一般是增大的,如 Li→Na→K→Rb→Cs 或 F→Cl→Br→I。因为同族元素原子由上而下电子层数增多,虽然核电荷由上至下也增大,但由于内层电子的屏蔽,有效核电荷 Z[②] 增加使半径缩小的作用不如因电子层(n)增加而使半径加大所起的作用大。所以,总的效果是半径由上至下加大。副族元素由上至下半径增大的幅度较小,特别是第五、六周期的同族元素,其原子半径非常接近,这是由于镧系收缩效应(见 p. 257)所造成的结果。

---

① 稀有气体借分子间作用力互相靠近;在单质晶体中,当相邻两个分子相互接触时,核间距离的一半叫 van der Waals 半径。

② 根据 Slater 规则计算,所得 I A 主族元素由上至下有效核电荷 Z^* 列于下表:

I A 主族元素	H	Li	Na	K	Rb	Cs
有效核电荷 Z^*	1.0	1.3	2.2	2.2	2.2	2.2

2. 在同一周期中原子半径的变化

每一个短周期中由左向右原子半径都是减小的，如 Na→Mg→Al→Si→P→S→Cl(稀有气体例外，因为它们的原子半径是比共价半径大得多的 van der Waals 半径)。这是因为在短周期中，从左向右电子都增加在同一外层，电子在同一层内的相互屏蔽作用是比较小的，所以随着原子序数增大，核电荷对电子吸引力增强，导致原子收缩、半径减小。

过渡元素自左至右，电子逐一填入$(n-1)$d 层，d 电子处于次外层对核的屏蔽作用较大，所以随着有效核电荷的增加，半径减小的幅度不如主族元素那么大。对于内过渡元素，如镧系元素，电子填入再次外层，即$(n-2)$f 层，由于 f 电子对核的屏蔽作用更大，原子半径由左至右收缩的平均幅度更小。比较短周期和长周期，相邻元素原子半径减小的平均幅度大致是

非过渡元素＞过渡元素＞内过渡元素

(≈10 pm)　(≈5 pm)　　(＜1 pm)

所谓**镧系收缩**效应，就是指镧系 15 种元素随着原子序数的增加，原子半径收缩的总效果(从镧到镥半径总共减小 11 pm)使镧系以后的第三过渡系和第二过渡系同族元素的半径相近因而性质相似的现象(例如 Zr 与 Hf，Nb 与 Ta，Mo 与 W 原子半径相近，性质相似)。实际上镧系元素各相邻元素原子半径缩小的幅度并不大，因为每增加一个核电荷时，由于增加的电子填入再次外层，其对核的屏蔽作用较大，有效核电荷增加较小，原子半径收缩也较小，致使镧系各元素彼此的原子半径十分接近，故性质也十分接近。镧系收缩是从镧到镥 15 种元素原子半径收缩累计的总结果，这一效应对镧系后面元素性质影响就很大了。

11.6.2　电离能

基态的气体原子失去最外层的第一个电子成为气态+1 价离子所需的能量叫**第一电离能**(I_1)，再相继逐个失去电子所需能量依次称为第二电离能、第三电离能……(ionization energy)$(I_2, I_3, \cdots)$。第一电离能数值最小。因为从正离子电离出电子远比从中性原子电离出电子困难，所以 $I_1 < I_2 < I_3 \cdots$。电离能单位常用“eV(电子伏特)/原子(或离子)”或 $kJ \cdot mol^{-1}$ 表示①。附录 D.3 中列出了各元素的第一电离能，它可以用来衡量原子失去电子倾向的大小，这些数值与元素的许多化学和物理性质密切相关。图 11.24 和附录 D.3 给出了第一电离能随原子序数的周期性变化。

在同一主族元素中，由上向下随着原子半径增大电离能减小，如 Li→Na→K→Rb→Cs，所以元素的金属性依次增加。由图 11.24 可见：ⅠA 族下方的 Cs(铯)第一电离能最小，它是最活泼的金属；而稀有气体 He(氦)的第一电离能最大。副族元素电离能变化不规则，第六周期由于增加了镧系的 14 个核电荷而使第三系列过渡元素电离能比相应同一副族增大，金属性减弱。

同一周期元素由左向右电离能一般是增大的，增大的幅度随周期数的增大而减小。第二、第三周期元素由左向右，电离能变化有两个转折。B 和 Al 的最后一个电子是加在钻穿能力较小的 p 轨道上，轨道能量升高，所以它们电离能低于 Be 和 Mg；O 和 S 最后一个电子是加在已有一个 p 电子的 p 轨道上，由于 p 轨道成对电子间的排斥作用使它们的电离能减小。一般来说，具有 p^3、d^5、f^7 等半充满电子构型的元素都有较大的电离能，即比其前、后元素的电离能都

---

① $1\ eV \cdot atom^{-1} \approx 96.49\ kJ \cdot mol^{-1}$　　$1\ kJ \cdot mol^{-1} \approx 1.036 \times 10^{-2}\ eV \cdot atom^{-1}$

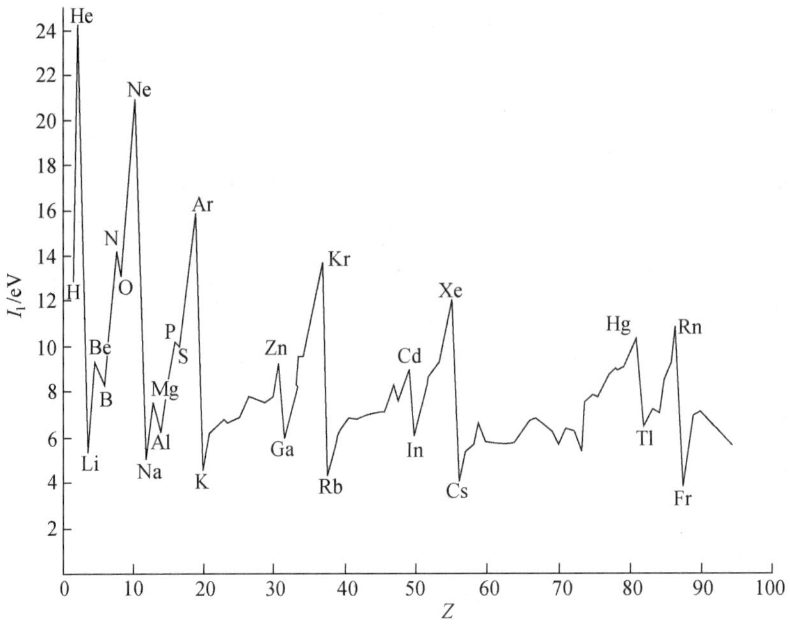

图 11.24　元素的第一电离能随原子序数的周期性变化

要大。稀有气体原子与外层电子为 ns^2 结构的碱土金属以及具有 $(n-1)d^{10}ns^2$ 构型的ⅡB 族元素，都属于轨道全充满的构型，它们都有较大的电离能。同一周期过渡元素和内过渡元素，由左向右电离能增大的幅度不大，且变化没有规律。

在此，值得谈一谈过渡元素的电离问题。第一过渡系列电子填充顺序是 4s→3d，据此，电离时似应先电离 3d 后电离 4s，但实际情况正好相反。例如 Fe 原子的外层电子是 $4s^23d^6$，电离为 Fe^{2+} 时不是变为 $4s^23d^4$，而是变为 $3d^64s^0$。原因是 Fe 原子和 Fe^{2+} 离子的核外电子数目及有效核电荷都是不相同的，以致轨道能量不相同。Fe^{2+} 中电子数目减少 2，有效核电荷比 Fe 大，钻穿效应影响相对减弱，而主量子数 n 对能量的影响变为主要的，因此使 Fe^{2+} 中的 3d 轨道能量显著低于 4s，Fe^{2+} 的电子排布应为 $3d^64s^0$。

对于主族元素，可用电离能说明常见价态，例如 Na、Mg、Al 都是金属元素，各级电离能如表 11.8 所示。Na 的第二电离能比第一电离能大得多，故通常只失去一个电子形成 Na^+；Mg 的第一、第二电离能较小，而第三电离能相当大，通常形成 Mg^{2+}；而 Al 的第四电离能特别大，故 Al 形成 Al^{3+} 离子。金属元素的电离能一般低于非金属元素，元素中有 80%以上是金属，所以了解电离能数据及其变化规律对于掌握金属元素性质是很有帮助的。

表 11.8　钠、镁、铝三元素的各级电离能

元素 \ 电离能/$kJ \cdot mol^{-1}$	I_1	I_2	I_3	I_4
$Na(3s^1)$	496	4562	6912	9540
$Mg(3s^2)$	738	1451	7733	10540
$Al(3s^23p^1)$	578	1817	2745	11578

11.6.3 电子亲和能

原子的电子亲和能(electron affinity)是指一个气态原子得到一个电子形成气态负离子所放出的能量,常以符号 E_{ea} 表示。电子亲和能等于电子亲和反应焓变的负值($-\Delta H^\ominus$),例如

$$Cl(g)+e \longrightarrow Cl^-(g) \qquad \Delta H^\ominus=-349\ kJ\cdot mol^{-1}$$
$$E_{ea}=-\Delta H^\ominus=349\ kJ\cdot mol^{-1}$$
$$O(g)+e \longrightarrow O^-(g) \qquad \Delta H_1^\ominus=-141\ kJ\cdot mol^{-1}$$
$$E_{ea_1}=-\Delta H_1^\ominus=141\ kJ\cdot mol^{-1}$$
$$O^-(g)+e \longrightarrow O^{2-}(g) \qquad \Delta H_2^\ominus=+780\ kJ\cdot mol^{-1}$$
$$E_{ea_2}=-\Delta H_2^\ominus=-780\ kJ\cdot mol^{-1}$$

一般元素的第一电子亲和能($-\Delta H^\ominus$)为正值,而第二电子亲和能($-\Delta H^\ominus$)为负值,这是由于负离子带负电排斥外来电子,如要结合电子必须吸收能量以克服电子的斥力。由此可见,O^{2-}、S^{2-} 等离子在气态时都是极不稳定的,只能存在于晶体和溶液之中。现将实验测得的几种重要非金属元素的电子亲和能列入表 11.9 中。所有主族元素的电子亲和能列入附录 D.4。

表 11.9 某些非金属元素的第一电子亲和能

元 素	$E_{ea_1}/(kJ\cdot mol^{-1})$	元 素	$E_{ea_1}/(kJ\cdot mol^{-1})$
C	122	F	328
N	0±20	Cl	348.6
O	141	Br	324.6
S	200	I	295

由表 11.9 可见,氯的电子亲和能最大,氟的电子亲和能比氯的还要小。但单质进行化学反应(氟与金属或非金属反应)时,氟却是非金属单质中最活泼的。这说明,化学反应趋势不能只考虑单个原子电离能及电子亲和能的大小,还必须考虑原子间的成键作用等其他因素①。

周期表中,非金属原子的电子亲和能越大,则表示该原子生成负离子的倾向越大。由附录 D.4 可见,电子亲和能的周期变化规律与电离能的规律基本相同。如果元素具有高电离能,则它也倾向于具有高电子亲和能,但一般第二周期元素的电子亲和能却比第三周期元素的小。这是由于第二周期非金属原子半径小,电子间排斥力很强,以致当加和一个电子形成负离子时放出的能量减小;而对应的第三周期元素,原子体积较大,且同一层中有空的 d 轨道容纳电子,电子排斥作用减小,因而加和电子形成负离子时放出的能量相对增大。

11.6.4 原子的电负性

电离能反映一个原子失去电子成阳离子的能力,电子亲和能反映一个原子得到电子成阴离子的能力。那么当两个原子形成了分子,其中的原子对成键电子的吸引能力怎样度量?

---

① 原子间成键时除要考虑原子得失电子难易,还需考虑分子的离解能、原子化热、晶格能(或键能)等因素(见第 12 章)。

1932 年Pauling 在深入研究键能时，提出了电负性(electronegativity)概念，作为**在分子中的原子对成键电子吸引能力的量度**。他认为：若单质分子 A—A 的键能为 E_{AA}，单质分子 B—B 的键能为 E_{BB}，若化合物 AB 是由“纯”共价键组成，那么 A—B 的键能应为 E_{AA} 和 E_{BB} 的几何平均值，即 $E_{AB}=\sqrt{E_{AA}\times E_{BB}}$。但实验测得的 E_{AB} 总是要高些，二者的差值 Δ 反映了 A 和 B 之间吸引电子能力的差别(即电负性的差别)，即

$$\Delta=E_{AB}-\sqrt{E_{AA}\times E_{BB}}$$

显然，Δ 也反映了 A—B 键的极性和 A—B 键的离子性成分。Pauling 定义 χ_A 和 χ_B 分别为 A 和 B 的电负性，并提出下列半经验公式[①]：

$$\chi_A-\chi_B=0.089\sqrt{\Delta}$$

其中：Δ 可由键能数据(单位是 $kJ\cdot mol^{-1}$)求算，0.089 由实验值拟合而得。选定对电子吸引力最大的氟 $\chi_F=4.0$，即可得到 χ_B 的电负性。1932 年 Pauling 给出第一批 8 种元素的数据：

M	H	C	N	O	F	Cl	Br	I
χ_M	2.1	2.5	3.0	3.5	4.0	3.0	2.5	2.5

经过几十年来的研究和发展，至今除部分稀有气体和锕系元素之外，常见元素电负性都已有了公认的数值(见附录 D.5)，在化学工作中得到广泛应用。

电负性从表面上看只是一个简单的相对数值，但确实揭示了原子结构和化合物之间的联系。化学家从不同的角度对电负性进行了研究和比较。例如 1934 年 Mulliken 提出了以电离能 I 和电子亲和能 E 的平均值作为电负性的量度，I 和 E 都用 eV(电子伏特)为单位：

$$\chi=\frac{1}{2}(I+E)$$

Mulliken 电负性与 Pauling 电负性的差别是，前者是由单一原子的性质来定义的，而后者涉及两种原子的成键性质。经过适当的拟算，取 $\chi=0.18(I+E)$，Mulliken 和 Pauling 数据是吻合的，这使电负性有了简洁直观的含义。1957 年 Allred-Rochow 根据原子有效核电荷对电子的静电引力，也计算出一套电负性数据。1989 年 Allen 从光谱数据计算基态时原子价层电子的平均单电子能量，以此标定电负性等等。现在还认为同一元素的不同氧化态可以有不同电负性，如 Fe^{3+} 和 Fe^{2+} 分别是 1.96 和 1.83；还有基团的电负性，如—CH_3 和—C_6H_5，分别为 2.3 和 3.0 等。

电负性周期变化的规律示于图 11.25，并参考附录 D.5 中数据，可见这些规律是：在同一族中由上向下元素的电负性减小，同一周期中由左向右元素的电负性增大。

因为电负性是原子在分子中吸引电子能力大小的比较值，所以它可以用来衡量金属和非金属性的强弱。由图 11.25 及附录 D.5 元素电负性数据可见：非金属(nonmetal)的电负性大致在 2.0 以上，电负性大而原子半径小的几种非金属有 N(3.0)、O(3.4)、F(4.0)，特别是 F，位于周期表右上方，是电负性最大、非金属性最强的元素；金属(metal)的电负性一般较低，在

① Pauling 曾采用 $\Delta=E_{AB}-\left(\frac{E_{AA}+E_{BB}}{2}\right)$，那么拟合系数为 0.102，键能单位为 $kJ\cdot mol^{-1}$，即 $\chi_A-\chi_B=0.102\sqrt{\Delta}$。

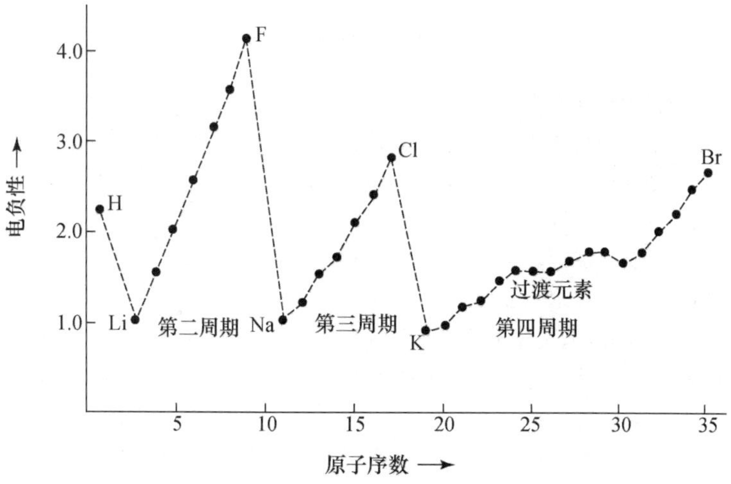

图 11.25　元素电负性与原子序数的关系

2.0 以下。碱金属和碱土金属(除去 Be、Mg)电负性均在 1.0 和 1.0 以下。周期表左下方铯和钫的电负性最低,金属性最强。根据元素的电负性,附录 D.5 周期表中粗线两侧的元素称为半金属(metalloid),它们的电负性约在 2.0 左右,兼有金属性和非金属性。周期表中有一些元素与其右下角紧邻的元素有相近的原子半径,例如 Li 和 Mg、Be 和 Al 以及 Si 和 As 等,其原子半径大小都很接近,因此它们的电离能、电负性及一些化学性质也十分相似,这就是所谓的对角规则(diagonal rule)。

小　　结

20 世纪初,物理学家在大量科学实验与理论计算的基础上,确立了经典的核原子模型。同时通过对黑体辐射、光电效应和氢原子光谱的研究,发现了微观粒子能量量子化规律。虽然 Bohr 的氢原子模型较成功地解释了氢原子光谱,但因他的理论基础是经典物理和旧量子论,所以在解释多电子原子光谱时遇到挫折。只有建立在微观粒子波粒二象性基础上的近代量子力学理论,才能正确地反映微观粒子的运动规律。

微观粒子的运动服从 Schrödinger 波动方程式,可用特定的波函数来描述它们的运动状态。在原子中并不存在 Bohr 模型的电子运动轨道,但各种运动状态的电子在空间都有一定的概率分布(电子云)。不同的电子运动状态可以用 4 个量子数 n,l,m,m_s 来描述,这些量子数具体地规定了各电子在空间的概率分布、运动能量、"轨道"的形状与空间取向,以及电子的自旋状态等。以上概念涉及较多数学、物理知识,只要求初步的了解。

多电子原子中由于存在电子间屏蔽效应和钻穿效应,"原子轨道"能量高低不仅与量子数有关,也随原子序数不同而变化。根据原子轨道能级图以及 Pauli 不相容原理、能量最低原理、Hund 规则等,就可排出元素周期表。周期律不仅反映原子核外电子排布的周期变化规律,也概括了元素基本性质的周期性变化规律。化学反应的特征是核外电子的重排,所以本章的重点在于认识核外电子的运动状态、排布以及它与化学性质间的关系。

课外读物

[1] 谢有畅.电子云的钻穿效应和元素周期系.化学通报,1979,(2),17

[2] 严成华.原子结构的轨道概念.化学教育,1980,(2),1

[3] 余大猷.电子亲和能及其测定.化学教育增刊,1982,(2),1

[4] 徐佳,徐光宪.中性原子的轨道能量.化学通报,1986,(3),52

[5] 周公度.对原子轨道图形教学的意见.大学化学,1987,(2),1

[6] 倪申宽.周期表中相对论性效应.大学化学,1991,(2),29

[7] 武永兴.浅淡电负性.大学化学,1998,(3),46

[8] J S Lundeen, et al. Direct measurement of the quantum wavefunction. Nature, 2011, 474, 188

[9] J Erhart, et al. Experimental demonstration of a universally valid error-disturbance uncertainty relation in spin-measurements. Nature Physics, 2012, 8,185

思考题

1. 为什么原子光谱是线状光谱?怎样用 Bohr 氢原子模型解释氢原子光谱?黑体辐射和光电效应这两个实验对原子结构理论发展起了什么作用?Bohr 理论对原子结构理论的发展有什么贡献?这一理论存在什么缺陷?

2. 什么叫波粒二象性?光和实物微粒具有波粒二象性的实验基础各是什么?

3. 为什么宏观粒子的位置和速度可以测得很准确,而微观粒子却不能?微观粒子运动规律的主要特点是什么?

4. 量子力学怎样描述电子在原子中的运动状态,一个原子轨道要用哪几个量子数来描述?说明各量子数的物理意义、取值要求和相互关系。

5. Bohr 原子轨道与波动力学的“原子轨道”有哪些主要差别,它们有无相似之处?

6. 电子云的图像有哪几种?它们有何区别?各代表什么物理意义?波函数、“原子轨道”、概率密度和电子云等概念有何联系和区别?

7. 判断下列说法是否正确?为什么?

(1) s 电子轨道是绕核旋转的一个圆圈,而 p 电子是走 8 字形。

(2) 电子云图中黑点越密之处表示那里的电子越多。

(3) 主量子数为 4 时,有 4s、4p、4d、4f 共 4 个原子轨道;主量子数为 1 时,有自旋相反的 2 个轨道。

(4) 氢原子中原子轨道的能量由主量子数 n 来决定。

(5) 氢原子的核电荷数和有效核电荷数不相等。

8. 什么叫屏蔽效应和钻穿效应?试解释第三电子层最多可容纳 18 个电子,而为什么第三周期不是 18 种元素而只有 8 种元素?

9. 从原子轨道能量和原子序数关系图(图 11.20),举出几点重要的规律。氢原子中 4s 和 3d 哪一个状态能量高?在 19 号元素钾和 26 号元素铁中 4s 和 3d 哪一个状态能量高?说明理由。

10. 周期表中可分成哪几个区?每区包括哪几个族,各区外层电子构型有什么特征?

11. 为什么电离能都是正值,而电子亲和能却有正有负,且数值比电离能小得多?

12. 为什么不用电离能来衡量吸引成键电子的能力而用电负性?两者有何异同?电负性数值大小与元素的金属性、非金属性之间有何联系?

习　　题

11.1 根据 Balmer 氢原子可见光谱经验公式 $\lambda=\frac{3646\times n^2}{n^2-4}$，计算：

(1) Balmer 系中波长最长的谱线 n 和 λ(pm)各为多少？

(2) Balmer 系中某谱线的波长为 379 800 pm，其 $n=$？

(3) Balmer 系中波长最短的谱线 n 和 λ(pm)各为多少？λ 如以 nm(纳米)表示，是多少？

11.2 根据 Bohr 理论计算第五个 Bohr 轨道半径(nm)和电子在此轨道上的能量。

11.3 (1) 计算氢原子中的电子由 $n=4$ 能级跃迁到 $n=3$ 能级时发射光的频率和波长(μm)；

(2) 该辐射的波长属于电磁波的哪一个光谱区？

11.4 光解作用使 NO_2 分解为 NO 和原子氧。分解所吸收的能量为 304 kJ・mol^{-1}，问此能量相当于波长是多少的电磁波？

11.5 试根据 Bohr 理论求证单电子离子(或原子)如 He^+ 与 Li^{2+} 在第 n 态的能量为 $-\frac{Z^2B}{n^2}$，此处 Z 为核电荷数，$B=2.179\times10^{-18}$ J。在此基础上，求 He^+ 离子的电离能(先以 J・$atom^{-1}$，再以 kJ・mol^{-1} 表示)。

11.6 计算下列光子的质量和能量：

(1) 波长为 401 400 pm 相当于钾的紫光的光子；

(2) 波长为 0.20 pm 的 γ 射线光子。

11.7 如果一束电子的 de Broglie 波长为 1 nm，则其速度应该是多少？

11.8 设子弹质量为 10 g，速度为 1000 m・s^{-1}。根据 de Broglie 式和不确定性关系式，用计算说明宏观物质主要表现为粒性，它们的运动服从经典力学规律(设子弹速度的不确定程度为 $\Delta v_x=10^{-3}$ m・s^{-1})。

11.9 写出 $n=4$ 主层中各个电子的 n,l,m 量子数与轨道符号，并指出各亚层中的轨道数和最多能容纳的电子数、总的轨道数和电子数。(统一按下法列表表示。)

$n=$
$l=$
$m=$
轨道符号
亚层轨道数
电子数
总的轨道数
总电子数

11.10 用原子轨道符号表示下列各套量子数。

(1) $n=2,l=1,m=-1$；(2) $n=4,l=0,m=0$；(3)$n=5,l=2,m=0$。

11.11 假定有下列电子的各套量子数，指出哪几套不可能存在，并说明原因。

(1) $3,2,2,\frac{1}{2}$；(2) $3,0,-1,\frac{1}{2}$；(3) 2,2,2,2；(4) 1,0,0,0；(5) $2,-1,0,\frac{1}{2}$；(6) $2,0,-2,\frac{1}{2}$。

11.12 第四周期中，基态原子中有 2 个未成对电子的元素有哪些？写出其符号及名称。

11.13 用 s、p、d、f 等符号表示 Al，Cr，Fe^{2+}，As，Ag^+，Pb^{2+} 原子(或离子)的核外电子构型，判断它们属于第几周期、第几主族(或副族)元素。

11.14　以(1)为范例,填充下表中各题的空白。

元素符号	原子序数 Z	电子构型
(1) Na	11	$1s^2 2s^2 2p^6 3s^1$
(2) —	—	$1s^2 2s^2 2p^6 3s^2 3p^3$
(3) Zr	40	$[Kr]4d^{(\ )}5s^2$
(4) —	—	$[Kr]4d^{(\ )}5s^2 5p^4$
(5) —	—	$[Kr]4d^{(\ )}5s^{(\ )}5p^5$
(6) Bi	83	$[Xe]4f^{(\ )}5d^{(\ )}6s^{(\ )}6p^{(\ )}$

11.15　画出 V、Si、Fe 电子轨道图,并指出这些原子各有几个未成对电子?

11.16　已知下列元素在周期表中的位置如下,写出它们的价层电子构型和元素符号。

	(1) 第四周期ⅣB 副族	(2) 第四周期ⅦB 副族	(3) 第五周期ⅦA 主族	(4) 第六周期ⅡA 主族
价层电子构型				
元素符号				

11.17　价层电子构型满足下列条件之一的是哪一类或哪一种元素?

(1) 具有 2 个 p 电子;

(2) 有 2 个量子数为 $n=4$ 和 $l=0$ 的电子,6 个量子数为 $n=3$ 和 $l=2$ 的电子;

(3) 3d 为全充满、4s 只有 1 个电子的元素。

11.18　完成下表:

序号	量子数			轨道符号	轨道角度分布图	电子云径向分布图
	n	l	m			
1				2s		
2	3	0				
3				$3p_z$		
4	2				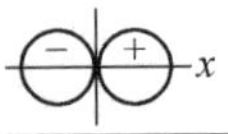	
5	3				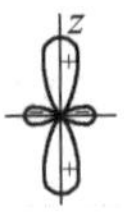	

11.19　据理判定下列各对原子(或离子)中,哪一个半径大:H 与 He, Ba 与 Sr, Sc 与 Ca, Cu 与 Ni, Zr 与 Hf, La 与 Gd, S^{2-} 与 S, Na 与 Al^{3+}, Fe^{2+} 与 Fe^{3+}, Pb^{2+} 与 Sn^{2+}。

11.20　试说明下列等电子离子的离子半径值为什么在数值上有差别:

F^-(133 pm), O^{2-}(140 pm);　Na^+(102 pm), Mg^{2+}(72 pm), Al^{3+}(54 pm)。

11.21　解释下列现象:

(1) Na 的第一电离能小于 Mg,而 Na 的第二电离能却大大超过 Mg。

(2) Na^+ 和 Ne 是等电子体,为什么它们的第一电离能 I_1 的数值差别较大?

[Ne(g) $I_1=21.6$ eV,　Na^+(g) $I_1=47.3$ eV。]

(3) Be 原子的第一、二、三、四各级电离能(I)分别为：

$$899, 1757, 1.484\times10^{4}, 2.100\times10^{4}\ \mathrm{kJ\cdot mol^{-1}}$$

解释各级电离能逐渐增大并有突跃的原因。

11.22 计算：

(1) 1.00 g 气态 Cl 原子完全转化为气态 Cl^- 离子所释放出的能量(以 kJ 为单位表示)。已知 Cl 原子的电子亲和能为 3.6 $\mathrm{eV\cdot atom^{-1}}$。

(2) 氢原子的电离能，试根据氢原子能级图的数据并以 $\mathrm{eV\cdot atom^{-1}}$ 为单位表示之。

11.23 下列不同原子的价层电子构型，其中第一电离能最大的是(　)，第一电离能最小的是(　)。

	2s	2p		
(1)	↑↓	__	__	__
(2)	↑↓	↑	__	__
(3)	↑↓	↑↓	↑	↑
(4)	↑↓	↑	↑	↑

11.24 判断常温下，以下气相反应能否自发发生，并计算(2)的反应热。

(1) $Na + Rb^+ \longrightarrow Na^+ + Rb$

(2) $F^- + Cl \longrightarrow Cl^- + F$

(3) $N^+ + O \longrightarrow N + O^+$

(4) $Br^- + I \longrightarrow I^- + Br$

第 12 章　化学键与分子结构

本章主要讨论分子中原子间的相互作用力以及化学键的性质。本章将介绍离子键、共价键、金属键三种化学键，还将讨论分子间的作用力、氢键以及物质性质与物质结构之间的关系。

12.1　离子键理论
(Ionic Bond Theory)

1916 年，德国化学家 Kossel 根据惰性气体原子具有稳定结构的事实提出了离子键理论。他认为，当电离能较小的金属原子(如碱金属与碱土金属原子)与电子亲和能较大的非金属原子(如卤素及氧族原子)靠近时，前者易失去外层电子成正离子(cation)，后者易获得电子成负离子(anion)，这样正、负离子便都具有类似稀有气体原子的稳定结构。它们之间靠静电引力结合在一起而生成离子化合物。这种**正负离子间的静电吸引力叫做离子键**。Kossel 的观点与离子化合物在熔融之后或在水溶液中具有导电性的事实相符合。此外，由于 X 射线衍射实验能直接测出晶体中各质点的电子相对密度，可以证明氯化钠晶体确是由具有 10 个电子的钠离子和 18 个电子的氯离子按一定方式排列而成，因此晶体中存在正负离子及离子间的成键本质是静电引力就毫无疑义了。本节将依次讨论离子键的特点、强度和各类离子的特征。

12.1.1　离子键的特点

由于离子键的本质是静电引力，所以离子键的主要特点是**既没有方向性，也不具饱和性**。例如可以把 NaCl 晶体中的 Na^+ 和 Cl^- 离子看成是带电的小球，这些小球在空间各个方向上吸引异性电荷离子的能力都是等同的，所以形成的离子键就没有一定方向。NaCl 晶体中每个 Cl^- 和 6 个相邻的 Na^+ 相接触，而在 CsCl 晶体中每个 Cl^- 则和在它周围的 8 个 Cs^+ 相接触(见图 12.1)。正负离子周围邻接的异性电荷离子数目主要取决于正负离子的相对大小，而与它们所带的电荷多少并无直接关系。只要周围空间许可，一个负(正)离子可以尽量多地吸引正(负)离子，所以说离子键不具有饱和性。此外，无论是 NaCl 或 CsCl 晶体，中心离子如 Na^+，除和最邻近的 6 个 Cl^- 相互吸引外，还可以与远层的若干 Na^+ 和 Cl^- 离子相互排斥和吸引。从这个意义上讲，离子键更无所谓饱和性了。

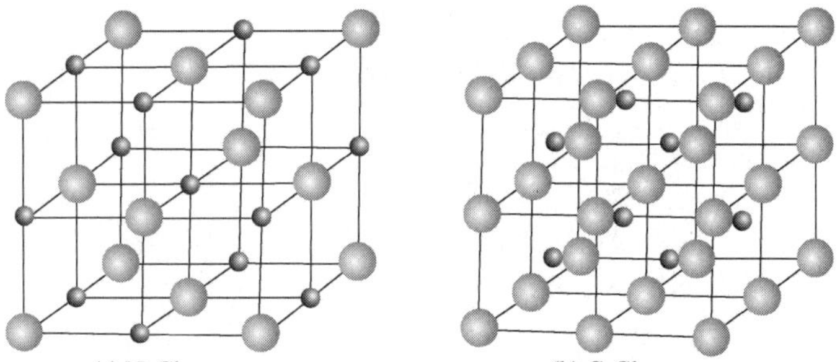

图 12.1　NaCl 与 CsCl 晶体示意图

(● Na^+ 或 Cs^+，● Cl^-)

在通常条件下[①]，离子化合物是由正负离子通过离子键交替连接而构成的晶体物质。我们无法从晶体中划分出各个孤立的 NaCl 分子，而只能把整个晶体看成是一个巨大的分子。因此符号 NaCl 实际上并不代表氯化钠的分子式，而只是表示在氯化钠晶体中 Na^+ 和 Cl^- 的摩尔比为 1∶1，确切地说，符号 NaCl 仅是氯化钠的化学式。

12.1.2　离子键的强度

离子键的强度可用**晶格能**(lattice energy)，也称点阵能的大小来衡量。晶格能表示相互远离的气态正离子和负离子结合成 1 mol 离子晶体时所释放的能量，或 1 mol 离子晶体解离成自由气态离子时所吸收的能量。在热化学计算中正向反应释放的能量和逆向反应吸收的能量，数值相同，符号相反，取其绝对数值称为晶格能(U)。例如对于以下晶体生成反应，焓变 ΔH 的负值就是晶格能 U。

$$mM^{x+}(g) + xX^{m-}(g) \longrightarrow M_mX_x(s)$$

$$-\Delta H = U \qquad (12.1)$$

晶格能数值的大小常用来比较离子键的强度和晶体的稳定性。

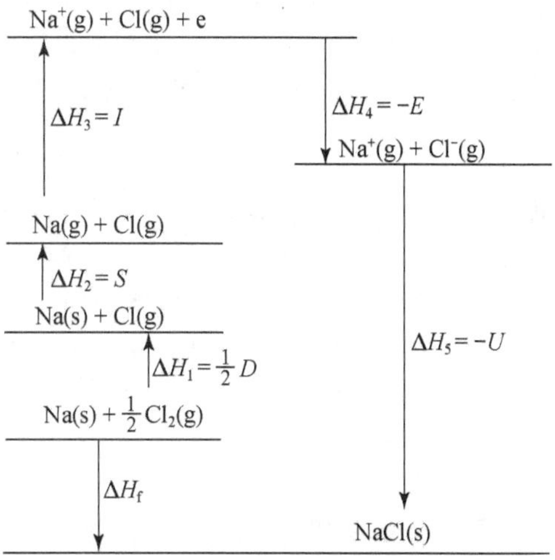

图 12.2　Born-Haber 循环计算晶格能示意图

Born 与 Haber 设计了一个热化学循环，利用这一循环，就可以根据实验数据间接求算晶体的晶格能。例如，设 NaCl 晶体参与图 12.2 所示的热化学循环：其中 D 代表离解热(heat of dissociation)，$D/2$ 表示 0.5 mol 气态氯分子离解为

① 在高温蒸气或某些特殊条件下有正负离子结合的小分子存在。

1 mol 气态氯原子所吸收的能量(121.5[①] kJ·mol^{-1})；S 是升华热[②](heat of sublimation)，即 1 mol 固态金属钠升华成气态钠原子所吸收的能量(107.5 kJ·mol^{-1})；I 为气态钠原子的电离能(495.8 kJ·mol^{-1})；E 为气态氯原子的电子亲和能(348.6 kJ·mol^{-1})；**U 为氯化钠晶体的晶格能**。根据热化学 Hess 定律，以上五步能量变化的总和应该等于 1 mol 固态金属钠和(1/2) mol 氯气分子直接化合，生成 1 mol 固态 NaCl 释放出的能量，即 NaCl 的生成焓 ΔH_f(−411.2 kJ·mol^{-1})。以上 Born-Haber 循环中的热化学方程式表示如下：

$$\begin{array}{ll}
1/2\ Cl_2(g) \longrightarrow Cl(g) & \Delta H_1 = D/2 \\
Na(s) \longrightarrow Na(g) & \Delta H_2 = S \\
Na(g) \longrightarrow Na^+(g) + e & \Delta H_3 = I \\
Cl(g) + e \longrightarrow Cl^-(g) & \Delta H_4 = -E \\
+)\ Na^+(g) + Cl^-(g) \longrightarrow NaCl(s) & \Delta H_5 = -U \\
\hline
Na(s) + \frac{1}{2}Cl_2(g) \longrightarrow NaCl(s) & \Delta H_f = Q
\end{array}$$

$$\Delta H_f = \Delta H_1 + \Delta H_2 + \Delta H_3 + \Delta H_4 + \Delta H_5$$

$$\Delta H_f = \frac{1}{2}D + S + I + (-E) + (-U)$$

所以

$$U = -\Delta H_f + \frac{1}{2}D + S + I - E \tag{12.2}$$

即 NaCl(s)晶格能

$$\begin{aligned} U &= (411.2 + 121.5 + 107.5 + 495.8 - 348.6)\,\text{kJ}\cdot\text{mol}^{-1} \\ &= 787.4\ \text{kJ}\cdot\text{mol}^{-1} \end{aligned}$$

晶格能也可从理论上进行计算。根据库仑定律，电荷分别为 $+Z_1e$ 和 $-Z_2e$ 的正负离子间吸引力和正负离子间电子排斥力达平衡时，相邻正负离子间距为 r_0(称为平衡距离)，体系位能(V)的最小值为 $V(r_0)$，由此可推算出晶格能理论表示式：

$$U = -V(r_0) = \frac{N_A A Z_1 Z_2 e^2}{4\pi\varepsilon_0 r_0}\left(1 - \frac{1}{n}\right) \tag{12.3}$$

式中：N_A 是 Avogadro 常数；A 称为 Madelung 常数，它与晶格的类型(包括原子配位数)有关；n 是与原子的电子构型有关的因子；Z_1、Z_2 为离子电荷数。(12.3)式中 U 主要由晶体中 Z_1、Z_2 和 r_0 的大小来决定，由此式计算得 NaCl 晶体 U=769 kJ·mol^{-1}，与实验值 787 kJ·mol^{-1} 相比，相差不大。如果充分考虑到实验误差以及理论计算中还需加上一些修正因素，那么这个结果是令人满意的。它表明用离子键理论处理 NaCl 晶体结构基本上是合理的，也说明离子键本质上是以库仑静电引力为基础的。其他碱金属卤化物晶体的处理也有类似结果。

根据晶格能理论可知，在晶体类型相同时，晶体晶格能与正负离子电荷数成正比，而与它们的平均距离 r_0 成反比。离子化合物的晶格能越大，正负离子间结合力越强，相应晶体的熔点越高、硬度越大、热膨胀系数和压缩系数越小。表 12.1 列举了一些常见的晶体结构均为 NaCl 型离子化合物的熔点、硬度随离子电荷 Z 及 r_0 变化的情况，其中离子电荷的变化影响最突出。

① Cl—Cl 的键能除以 2。

② 金属的升华热又称金属原子化热，参看附录 D.6。

表 12.1 离子电荷 Z 及 r_0 对晶格能 U 和晶体熔点、硬度的影响

NaCl 型离子化合物	Z	r_0/pm	$\frac{U}{kJ\cdot mol^{-1}}$	mp/℃	Mohs 硬度
NaF	1	231	923	993	3.2
NaCl	1	282	787	801	2.5
NaBr	1	298	747	747	<2.5
NaI	1	323	704	661	<2.5
MgO	2	210	3791	2852	6.5
CaO	2	240	3401	2614	4.5
SrO	2	257	3223	2430	3.5
BaO	2	256	3054	1918	3.3

物质的硬度可按 Mohs 硬度标准(分 10 级)来表示。表 12.2 列出了 10 种不同硬度的物质以及它们分属的 10 个 Mohs 硬度等级。近年有人建议增加一些硬材料作为标准,将 10 等级改成 15 等级,表 12.2 中括号内为 15 级硬度数据。等级越高,物质越坚硬。凡硬度较高的物质,其尖端均可在硬度较低物质的表面划出刻痕。金刚石的硬度最高(10 级或 15 级),它可以在硬度较小的物质(排在它前面的)表面划出刻痕。用以上原则,可以确定其他物质的硬度。如欲确定 MgO 的硬度,经刻痕试验,它能刻画正长石,而本身又能被石英所刻画,则其硬度介于 6 与 7 之间。

表 12.2 一些物质的 Mohs 硬度

物 质	Mohs 硬度	物 质	Mohs 硬度
滑石 $Mg_3(OH)_2[Si_2O_5]_2$	1 (1)*	黄玉 $Al_2(F,OH)_2SiO_4$	8 (9)
石膏 $CaSO_4\cdot 2H_2O$	2 (2)	锌光晶石 $ZnAl_2O_4$	(10)
方解石 $CaCO_3$	3 (3)	玻璃态锆石 ZrO_2	(11)
萤石 CaF_2	4 (4)	玻璃态氧化铝 α-Al_2O_3	9 (12)
磷灰石 $Ca_5F(PO_4)_3$	5 (5)	碳化硅 SiC	(13)
正长石 $K[AlSi_3O_8]$	6 (6)	碳化硼 BC	(14)
玻璃态硅石 SiO_2	(7)	金刚石 C	10 (15)
石英 SiO_2	7 (8)		

* 括号内为 15 级硬度数据

12.1.3 离子键的特点

离子化合物的性质与离子键的强度有关,而离子键的强度又与离子的**电荷**、离子的**构型**和离子的**半径**有密切关系。

1. 正负离子电荷

离子电荷指原子在形成离子化合物过程中失去或获得的电子数,它与各元素原子的电子构型有关。例如ⅠA、ⅡA、ⅢA族金属元素与ⅦA族卤素、ⅥA族氧族等非金属元素化合生成离子化合物时,金属原子失去外层电子,形成带正电荷的 Na^+、Mg^{2+}、Al^{3+} 等离子,而非金属原子获得电子,形成带负电荷的 X^-、O^{2-}、S^{2-} 等离子。

2. 离子构型

简单负离子最外层一般具有稳定的 8 电子构型(如 F^-、O^{2-} 等离子)，而正离子最外层电子构型则有(见下表)：

电子构型	2 电子	8 电子	18 电子	(18+2)电子	9～17 电子 (最外层不饱和结构离子)
举　例	Li^+，Be^{2+}	Na^+，K^+，Ca^{2+}	Ag^+，Zn^{2+}，Hg^{2+}	Pb^{2+}，Sn^{2+}	Fe^{2+}，Fe^{3+}，Cr^{3+}，Mn^{2+}

3. 离子半径

离子和原子一样，它们的电子云连续分布在核的周围而没有确定边界，严格地说，离子半径是不能确定的。但是在晶体中，正负离子间保持一定的平衡核间距离(r_0)。这样就显示出离子有一定的大小。我们可以将正负离子看做一个个有一定半径的带电小球，它们堆积在一起构成晶体。因此可以把离子半径看做是一种接触半径，它反映离子在晶体中显现出来的大小。晶体中相邻正负离子间的平衡距离 r_0 可由 X 射线衍射法测定。假定 r_0 等于正负离子半径之和，若知道了负离子的半径，就可推算出正离子的半径。

如何才能得到负离子的半径？半个多世纪以来，科学家们先后提出了几种方案，下面分别简单介绍。

1920 年 Lande 首先考虑到负离子一般比正离子大。在大多数晶体中正负离子相互接触而负离子则彼此隔开，见图 12.3(a)。但在有些晶体中，负离子要比正离子大得多，以致负离子与负离子直接接触，而正离子则填充在负离子堆积的空隙之中(正负离子相互接触或不相接触)，如图 12.3(b)所示，这时由实验测定所得到的负离子间距离的一半，就是该负离子的半径了。

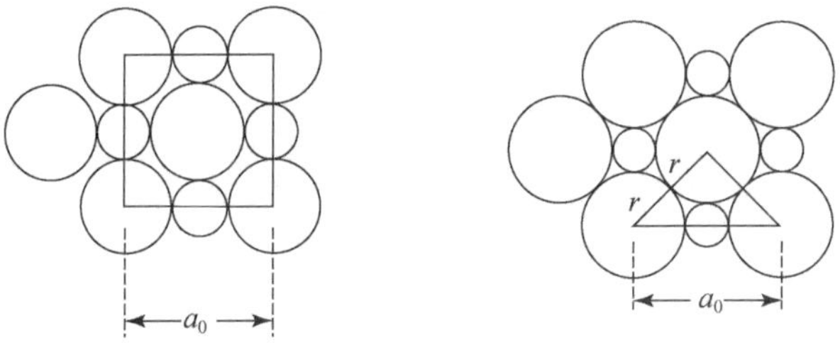

(a) 正负离子接触，负离子与负离子不接触　　(b) 正负离子、负离子与负离子都接触

图 12.3　晶体中正负离子接触情况

例如，下表所列几种 NaCl 型结构的化合物，其中相邻两个正负离子间的距离 $r_0=a_0/2$ 是可以用 X 射线衍射实验直接测定的。

化合物	MgO	MnO	MgS	MnS	MgSe	MnSe
$\frac{r_0(=a_0/2)}{\text{pm}}$	210	224	260	259	273	273

比较表中 r_0 的大小，可见：Mg—O 和 Mn—O 的 r_0 不同(差值 14 pm，即为 Mg^{2+} 和 Mn^{2+} 的半径差)；而 Mg—Se 和 Mn—Se(或 Mg—S 和 Mn—S)的 r_0 很接近，表明硫化物或硒化物中负离子与负离子直接接触，而正离子 Mg^{2+} 或 Mn^{2+} 位于负离子空隙中。根据图 12.3(b)，Lande 利用下面简单的几何关系计算出 S^{2-} 和 Se^{2-} 负离子的半径。若设正负离子的半径分别为 r_+ 与 r_-，则

$$a_0^2 = (2r_-)^2 + (2r_-)^2 = 8r_-^2$$

$$a_0 = 2\sqrt{2} \cdot r_- = 2r_0, \qquad r_- = r_0/\sqrt{2}$$

$$r(S^{2-}) = 260/\sqrt{2} = 184 \text{ pm}, \quad r(Se^{2-}) = 273/\sqrt{2} = 193 \text{ pm}$$

以 S^{2-}（或 Se^{2-}）的半径为基准，晶体中凡能与 S^{2-}（或 Se^{2-}）直接接触的正离子半径 r_+ 就可由 r_0 减去 S^{2-}（或 Se^{2-}）的半径得到。再由这样得到的正离子半径，可进一步推算其他一些负离子的半径，从而得到第一批正负离子的半径数据。

1927 年 Goldschmidt 则是采用他人利用正负离子对光折射能力不同而求得的 F^- 半径(133 pm)和 O^{2-} 半径(132 pm)为基准，再按实验求得的 r_0（正负离子间距离）推出近百种离子半径数据，称之为 Goldschmidt 数据。

1960 年美国著名化学家 Pauling 从另一角度根据离子半径与离子有效核电荷（Z^*）成反比（$r_\pm = C/Z^*$）的规则出发，首先测得碱金属和卤素等电子离子对(Na^+F^-，K^+Cl^-等)的离子半径

$$r(Na^+) = \frac{C}{Z^*(Na^+)} = \frac{C}{6.50}, \quad r(F^-) = \frac{C}{Z^*(F^-)} = \frac{C}{4.50}$$

式中：C 为比例常数，Z^* 由 Slater 规则求算。则

$$6.5\, r(Na^+) = 4.5\, r(F^-), \qquad r_0 = r(Na^+) + r(F^-) = 231 \text{ pm (实验值)}$$

解上述联立方程，即得　　$r(Na^+) = 95$ pm，　　$r(F^-) = 135$ pm

同样方法，还可求得　　$r(K^+) = 133$ pm，　　$r(Cl^-) = 181$ pm，　　$C \approx 614$

Pauling 再用这种单价离子半径的计算式和 C 值去求其他离子的单价半径，例如

$$r_+(Mg^{2+}) = \frac{614}{7.50} = 82 \text{ pm}, \quad r_-(O^{2-}) = \frac{614}{3.50} = 176 \text{ pm}$$

由于 Mg^{2+} 和 O^{2-} 是二价离子，在相同距离的同型晶体中正负离子的引力显然比单价离子大，进行高价离子在晶体中的压缩效应校正后，得

$$r(Mg^{2+}) = 65 \text{ pm}, \quad r(O^{2-}) = 140 \text{ pm}$$

由此求得 Mg^{2+} 和 O^{2-} 离子之和(205 pm)与实验值(210 pm)仅有 2%的误差。Pauling 就以 $r(O^{2-}) =$ 140 pm 为基准，由实验 r_0 推算其他所有离子半径。Pauling 离子半径广泛被采用。

在 1968 年 Ladd 用电子云密度图提出较新的离子半径数据之后，1976 年 Shannon 等进一步采用高分辨 X 射线衍射法求得的上千种氧化物和氟化物中正负离子间距离(r_0)，并以 Pauling 的 $r(O^{2-})$ 的 $r=140$pm、Goldschmidt 的 $r(F^-) = 133$ pm 为基准，或以 $r(O^{2-}) = 126$ pm、$r(F^-) = 119$ pm 为基准，且考虑离子在晶体中配位数、电子自旋情况、几何构型等影响，经多次修正，推算出一套较完整的离子半径数据。因正负离子半径和与实验测定的核间距离吻合得最好，故称有效离子半径。

由于离子半径只是一个近似的概念，本身并无明确的界线，上述各种离子半径的划分方案都是在一定假设下推得的结果，其目的都是使推得的正负离子半径的加和值能尽可能地与实验测得的各种化合物中正负离子间距离接近。离子半径划分方案各有优缺点，各套离子半径都是自洽的，但不要同时用不同方案的数据，根据使用时不同的要求，用哪一套半径都是可以的。当然有效离子半径概括的数据较多、较精确，目前应用也较广。通过这段历史的叙述，读者也能初步领略到科学家们的智慧、科学研究的方法以及精益求精的精神。

附录 D.7 为较新的离子半径数据表，表中"配位数"指晶体结构中某个离子最靠近的相异电荷离子数目。如 NaCl 晶体中 Na^+ 周围有 6 个 Cl^-，配位数为 6；CsCl 晶体中 Cs^+ 周围有 8 个 Cl^-，配位数为 8。如表所示，离子(特别是阳离子)半径大小与配位数有关，配位数越大，半径越大。

离子半径的大小,主要是由核电荷对核外电子吸引的强弱所决定的。从离子半径表中可以看到,配位数相同晶体中,负离子的半径一般比正离子大。例如 Na^+ 和 F^- 的总电子数相等,配位数为 6 的 Na^+ 半径是 102 pm,F^- 半径是 133 pm。几乎所有负离子半径均在 130～250 pm 之间,正离子半径则在 10～170 pm 之间。就同一元素不同价态的正离子而言,离子电荷越少的离子其半径越大,例如

$$r(Fe^{2+}) > r(Fe^{3+})$$

同族元素离子半径从上而下递增,例如

碱金属离子半径　$r(Li^+) < r(Na^+) < r(K^+) < r(Rb^+) < r(Cs^+)$

卤离子半径　$r(F^-) < r(Cl^-) < r(Br^-) < r(I^-)$

同一周期的离子半径随离子电荷增加而减小,例如

$$r(Na^+) > r(Mg^{2+}) > r(Al^{3+})$$

与上述离子半径变化规律相联系,还有一个**对角规则**,即周期表中某元素与其紧邻的右下角或左上角元素的离子半径相近,例如配位数为 6 的下列离子对半径相近(见下表):

离子对	Li^+ 和 Mg^{2+}		Sc^{3+} 和 Zr^{4+}		Ti^{4+} 和 Nb^{5+}	
r/pm	76	72	75	72	61	64

这些半径相近的离子容易相互置换,在矿物中这些元素往往共生在一起。

离子键理论可以很好地说明离子化合物的形成和特性,但不能说明相同原子如何形成单质分子(如 O_2,N_2 等),也不能说明电负性相近的元素原子如何形成化合物分子(如 H_2O,NH_3 等)。为了描述这类分子的本质和特征,提出了共价键理论。共价键理论涉及经典 Lewis 学说和近代的价键理论及分子轨道理论等,后面各节中分别介绍。

12.2　经典 Lewis 学说
(Classical Lewis Theory)

Lewis 学说的出现是由于人们注意到惰性气体原子外围具有 ns^2np^6(包括 $1s^2$)稳定电子结构。1916 年,Lewis 通过对于实验现象的归纳总结,提出分子中原子之间可以通过共享电子对而使分子中的每一个原子具有稳定的惰性气体电子结构,这样形成的分子称为共价分子,原子通过**共用电子对而形成的化学键称为共价键**(covalent bond)。如果用黑点代表原子的价电子(即最外层 s,p 轨道上的电子),则可以用下面的 Lewis 结构图描述分子的形成情况:

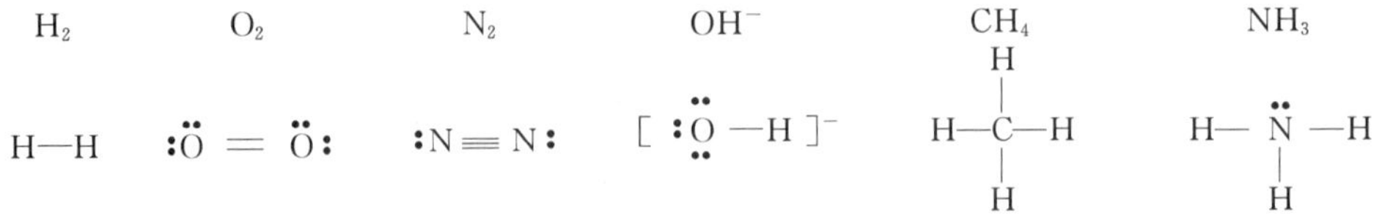

其中为了方便,用一根短线代替一对共享价电子,表示原子间的共价成键,两根短线代表共享两对电子形成双键(double bond),三根短线代表叁键(triple bond)。分子中两原子间共享电子对的对数叫做键级(bond order),原子中未参与成键的电子对称为孤对电子(lone pair electrons)。下表给出实验测得的 N_2、O_2 和 F_2 的键长(bond length,共价分子中两个成键原

子的核间距离)和键能(参见表 5.1),从中可以看出不同键级化学键之间的键长和键能存在显著差别。一般,键级越高,原子之间的结合力越强,键能越大,键长越短。

	N_2	O_2	F_2
键级	3	2	1
键能/($kJ \cdot mol^{-1}$)	941	495	159
键长/pm	110	121	142

Lewis 结构规则又称**八隅体规则**(octet rule),如何书写 Lewis 结构?归纳如下:

(1) 计算分子或离子的总价电子数目 n(含离子的电荷数),保证所有的价电子都出现在 Lewis 结构中。

(2) 画出分子或离子的骨架结构。确定中心原子和端基原子,用短线将它们连接起来,每根短线代表一对电子。**一般原则是:电负性小的原子为中心原子,电负性大的原子为端基原子。**具体而言,

- 碳原子总是作为中心原子。
- 氢原子总是作为端基原子(硼烷中除外)。
- 卤素原子通常为端基。
- 氧原子一般为端基,而当分子或离子中存在氢原子时,可以形成 OH 基团作为端基;在有机化合物中,氧原子可能作为中心原子。
- 一般无机小分子更倾向于采用紧凑而对称的结构,有机分子可以形成链状结构。

(3) 剩余电子分配:根据成键情况得出骨架连接所需电子数 m,剩余的价电子数$=n-m$。将剩余的电子成对首先分配给端基原子使其满足 8 电子要求(H 为 2 电子),多余的电子分配给中心原子。

(4) 8 电子检查:检查中心原子的电子数,如果仍不满足 8 电子要求,则需要移动端基原子的电子对使端基和中心原子共享电子以满足中心原子的要求。**这也意味着,中心原子和端基原子之间可以形成双键或叁键。**

按照上述规则,可以画出很多常见分子的 Lewis 结构。

【例 12.1】 画出甲醛 HCHO 的 Lewis 结构。

解 (1) 计算总价电子数:$n=1+4+1+6=12$;

(2) 画出结构骨架,原子间成键用短线连接:

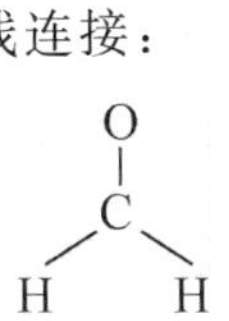

(3) 计算结构骨架原子之间连接所用电子数:$m=3\times2=6$;

剩余电子数为$(12-6)=6$,将这 3 对 6 个电子分配给端基的氧原子:

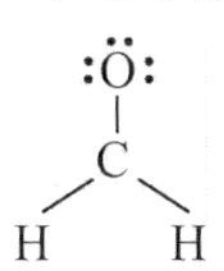

(4) 计算各原子周围的电子数，O 有 8 个，H 有 2 个，满足要求；但 C 只有 6 个，不满足 8 电子要求。那么，将 O 的一对电子移到 O 和 C 之间，这便意味着 O 和 C 之间形成了双键。

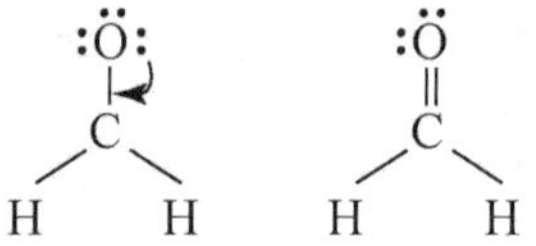

至此，便画出了甲醛 HCHO 的 Lewis 结构。

但是，对于有些分子或离子，有可能写出两种或两种以上的 Lewis 结构，如何判断哪种结构更为合理？可根据下述形式电荷规则进行判断：

(1) 计算各原子的形式电荷：原子的形式电荷＝(原子固有的价电子数目)－(单独被该原子占有的电子数目)－(1/2×共享电子的数目)；

(2) 判断：能量最低的结构通常是各原子形式电荷最小的结构(一般在＋1 和－1 之间)，特别是所有原子的形式电荷都等于零的结构；同号电荷的原子不能相邻接；一般情况下，形式负电荷归属于电负性较大的元素，形式正电荷归属于电负性较小的元素。

根据形式电荷的大小和分布，通常可得到一种合理结构，但有时候仍可能得到多于一种的结构。这就需要结合分子或离子所处的具体环境及其他参数进行判断。

【例 12.2】 画出 SCN^- 离子的 Lewis 结构。

解 (1) 计算总价电子数：$n=6+4+5+1=16$；

(2) 画出结构骨架，原子间成键用短线连接：

$$[S—C—N]^-$$

(3) 计算结构骨架原子之间连接所用电子数：$m=2\times2=4$；

剩余电子数为(16－4)＝12，将这 12 个电子分配给端基的氮原子和硫原子：

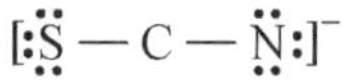

(4) 计算各原子周围的电子数，N 和 S 均有 8 个，满足要求；但 C 只有 4 个，不满足 8 电子要求。可见，需要从 N 和 S 上将电子对移到 N—C 或 S—C 之间。这里，如何移动电子对有不同的方法，较为合理的两种办法是：

从 N 和 S 上各移一对电子，得到结构式(a)：

S 的电子不动，从 N 上移两对电子，得到结构式(b)：

这两种结构都符合 Lewis 规则，哪种更合理？

(5) 计算形式电荷：

对于结构式(a)，　C 的形式电荷＝4－4＝0

N 的形式电荷＝5－4－2＝－1

S 的形式电荷＝6－4－2＝0

对于结构式(b)，　C 的形式电荷＝4－4＝0

N 的形式电荷＝5－2－3＝0

S 的形式电荷＝6－6－1＝－1

从形式电荷看，两种结构也都有合理性；结合电负性进行比较，N 比 S 电负性大，那么(a)更合理一些。在实际体系中，随周围环境的不同，(b)也有可能出现。例如，当 SCN^- 离子用 N 和正离子结合时，采用结构(a)；当 SCN^- 离子用 S 和正离子结合时，则采用结构(b)。

Lewis 八隅体规则能够初步解释很多主族元素化合物的成键情况，也可以作为进一步几何结构分析的基础，至今仍然受到广泛重视。但是，由于 Lewis 规则起源于早期人们对于少数主族元素的了解，因此具有较大的局限性：

(1) Lewis 结构未能阐明共价键的本质和特性。例如，它不能说明为什么共用电子对就能使两个原子牢固结合。

(2) 八隅体规则的例外很多。八隅体能较好地适用于第二周期元素的原子，而其他周期某些元素的原子并不完全遵守此规则。例如，第三周期的磷和硫所形成的 PCl_3、H_2S 等分子符合八隅体规则，但 PCl_5、SF_6 等分子，中心原子周围价电子数不再是 8，而分别是 10 或 12。又如，实验证明 BeF_2、BF_3 中心原子是以单键与 F 相连接，故中心原子价电子数分别是 4 与 6。又如，NO 和 NO_2 是含奇数价电子的分子。上述这些结构列于表 12.3。

表 12.3 一些不符合 Lewis 八隅体规则的分子结构

中心原子价电子数	>8		<8		奇数	
分子结构	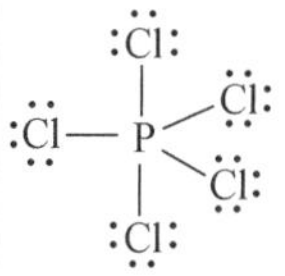 PCl_5	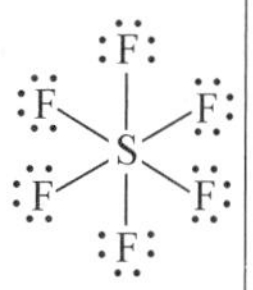 SF_6	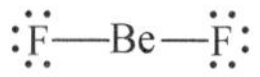 BeF_2	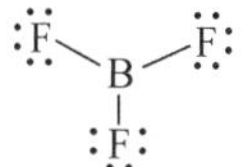 BF_3	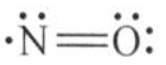 NO	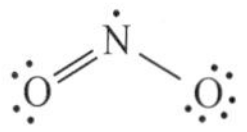 NO_2

(3) 不能解释某些分子的一些性质。含有未成对电子的分子通常是顺磁性的(即它们在磁场中表现出磁性)。人们熟悉的氧分子，其 Lewis 结构式应是 :Ö ═ Ö: 式中不含未成对电子，但实验测得氧分子是顺磁性的，若把 O_2 的结构式改写成 :Ȯ — Ȯ:，虽可说明 O_2 的顺磁性但又不符合八隅体规则，且与氧分子键能和键长的实验数据不相吻合。另外，像 NO_2、NO_3^-、SO_2、SO_3 的 Lewis 结构式中都含有 2 个或 2 个以上不同的 N—O 或 S—O 键，例如

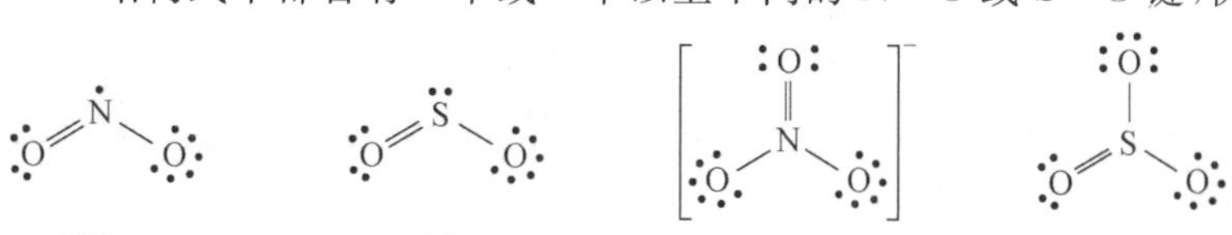

NO_2　　SO_2　　NO_3^-　　SO_3

但由实验测得上述每个分子或离子中不仅各个 N—O 或 S—O 键键长相等，而且它们的键长介于单、双键之间。

上述这些问题可用价键理论和分子轨道理论给予回答。

12.3　价键理论
(Valence Bond Theory)

1927 年德国化学家 Heitler 和 London 首先把量子力学应用到分子结构中，后来 Pauling 等人又加以发展，建立了现代价键理论，简称 VB 理论（又称电子配对理论）。它进一步阐明了共价键本质，并可解释更多的实验现象。

12.3.1　共价键的本质和特点

Heitler 和 London 用量子力学来处理 H 原子形成 H_2 分子的过程，得到 H_2 分子的能量(E)与核间距离(R)关系曲线，如图 12.4 所示。假设 A、B 两个氢原子的电子自旋相反，那么当它们相互接近时两个原子轨道发生重叠，核间电子云密度增大。此时 A 原子的电子不但受 A 原子核的吸引，而且也要受到 B 原子核的吸引；同理，B 原子的电子也同时受到 B 原子核和 A 原子核的吸引。整个体系的能量低于两个 H 原子单独存在时的能量。在核间距离达到平衡距离 R_0 时，体系能量达到最低点。然而如果两个原子核进一步靠近，由于原子之间以及电子云之间的库仑斥力逐渐增大，又会使体系能量升高。两个氢原子在平衡距离 R_0 处形成稳定的 H_2 分子，这种状态称为 H_2 分子的基态。基态 H_2 分子中的两个电子自旋相反，这是 Pauli 原理的要求，一对自旋相反的电子相当于 Lewis 结构中的一个单键，R_0 即 H_2 分子单键的键长（分子中两个氢原子的核间距离），实验测得 $R_0=74$ pm；H_2 分子在平衡距离时有最低的能量，它与两个氢原子相比，能量降低的数值近似等于 H_2 分子的键能($D_e \approx 458\ \text{kJ}\cdot\text{mol}^{-1}$)①。如果两个氢原子的电子自旋平行，它们相互靠近时，由量子力学原理可证明将会产生相互排斥作用，使体系能量高于两个单独存在的氢原子能量之和。它们越是靠近，能量越升高，这样不能形成稳定的 H_2 分子，最终自发解离成两个游离氢原子，这种不稳定的状态称为 H_2 分子的排斥态。

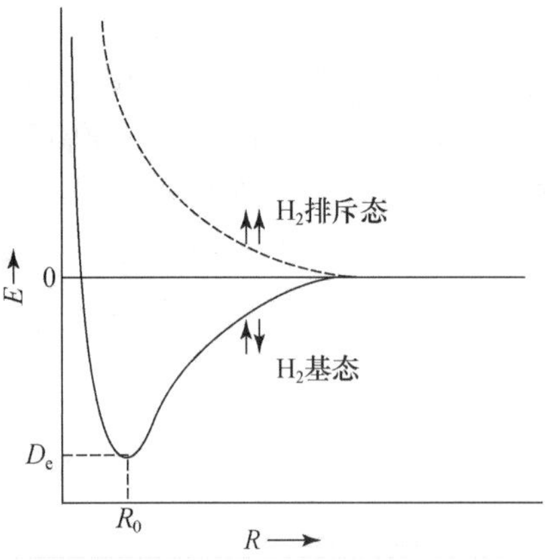

图 12.4　分子形成过程能量随核间距离变化示意图

综上所述，价键理论认为共价键的本质是由于原子相互接近时**轨道重叠（即波函数叠加）**，原子间通过共用自旋相反的电子对使能量降低而成键。价键理论继承了 Lewis 共享电子对的概念，但它在量子力学理论的基础上，指出这对成键电子是自旋相反的，而且电子不是静止的，是运动的，并在核间有较大的概率分布。

共价键的主要特点是**具有饱和性和方向性**。

1. 饱和性

共价键是由原子间轨道重叠、原子共有电子对形成的，每种元素原子所能提供的成键轨道

① 实际 D_e 称为结合能，等于 $458\ \text{kJ}\cdot\text{mol}^{-1}$。$H_2$ 在 0 K 时的键能(ΔU)为 $432\ \text{kJ}\cdot\text{mol}^{-1}$，$H_2$ 在 298 K 时的键焓(ΔH)为 $436\ \text{kJ}\cdot\text{mol}^{-1}$。

数和形成分子所需提供的未成对电子数是一定的，所以在共价分子中每个原子成键的总数或以单键邻接的原子数目也就一定，这就是所谓共价键的饱和性。例如第二周期元素的原子形成共价分子时，最多只能有 4 个共价键，因为这些元素的价原子轨道最多是 4(1 个 s 和 3 个 p)。当价电子数小于价轨道数时，成键时已成对的电子可以被激发到空轨道上成为未配对电子以形成共价键。例如 Be($2s^2$)形成 2 个共价键，B($2s^2 2p^1$)能形成 3 个共价键，C($2s^2 2p^2$)能形成 4 个共价键。此外，原子的空轨道也可被其相邻原子的孤对电子填入形成共价配键，如 BF_4^- 离子的生成。但当价电子数大于价轨道数时，成对电子不可能再被激发，生成的共价分子中就含有孤对电子了。

第三周期原子价轨道数是 9，已成对的电子不仅可以被激发到空 p 轨道上，而且还可以激发到 d 轨道上，生成如 PCl_3、PCl_5、SF_4、SF_6 等分子。原子能提供空轨道接受外来电子对形成共价配键的有 Al 和 Si，生成如 AlF_6^{3-}、SiF_6^{2-} 离子。但实验表明，第三周期元素的原子形成共价分子时，最多只能有 6 个共价键，这与它们成键时所需能量和原子周围空间大小有关。第四、五、六周期元素原子形成共价键的情况更为复杂。总之，按价键理论，元素原子可能形成的共价键数是与原子的价轨道数和价电子数有关，并不受 Lewis 八隅体的限制。

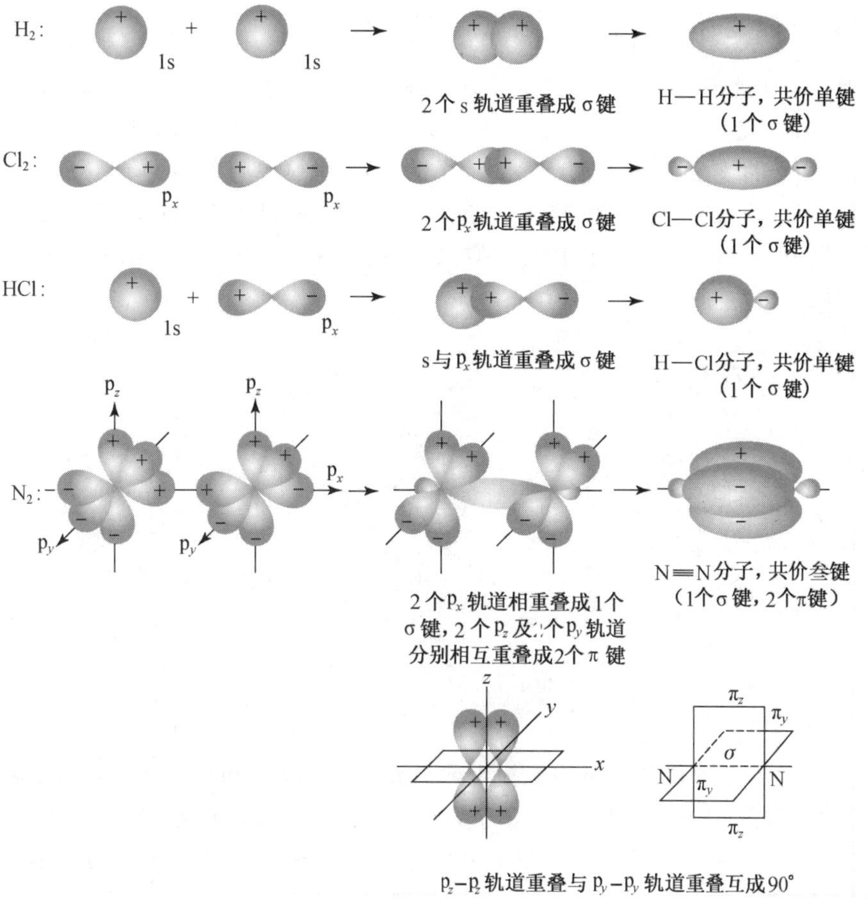

图 12.5　H_2，Cl_2，HCl，N_2 分子形成示意图

2. 方向性

共价键具有方向性。原子中 p、d、f 等原子轨道在空间有一定的取向(s 轨道例外)。形成共价键时,各原子轨道总是尽可能沿着电子出现概率最大的方向重叠成键,以尽量降低体系能量。这样,一个原子与周围原子形成的共价键就有一定的方向(或角度),这就是所谓共价键的方向性。图 12.5 列出了 H_2、Cl_2、HCl、N_2 等分子的形成过程,以示共价键的方向性和由此产生的键型差别。由图可见,各种分子的生成都是原子轨道按一定方向相互重叠的结果,各原子未配对的 s、p_x、p_y、p_z 电子可以沿 x 轴(或 y 轴)彼此接近,形成 s-s、p_x-p_x、s-p_x、s-p_y 等共价单键,它们共同的特征是:成键时两原子沿键轴(两个原子核的连线)方向,以"头碰头"的方式发生轨道重叠。如图 12.5 所示 H_2 分子中的 s-s 键,Cl_2 分子中的 p_x-p_x 键,HCl 分子中的 s-p_x 键等。轨道重叠的部分呈圆柱形对称,由此生成的共价键称为 **σ 键**。但在 N_2 分子中除了有一个由 p_x-p_x 重叠而成的 σ 键以外,还有两个键是由两个 N 原子的 p 轨道以"肩并肩"(即垂直于 σ 键轴)方式,平行重叠而成,例如图 12.5 中 N_2 分子中的 p_z-p_z 和 p_y-p_y 键,其特点是电子云对一个通过键轴、密度为零的平面呈对称分布,这种重叠后生成的键称为 **π 键**。N_2 分子中的叁键,一个是 σ 键,两个是 π 键。

12.3.2 杂化轨道

价键理论简明地描述了共价键的本质并且解释了共价键的特点,但在解释分子的空间结构时却遇到困难。近代实验结果表明,某些共价分子中各个键的键长、键角(bond angle)彼此相等,从中心原子的核出发,通过两个键合原子的核,分别画出两条直线,这两条直线相交的内角称为键角。例如 C 的价电子是 $2s^2 2p^2$,它和 H 形成 CH_4 时的 4 个共价键键长、键角都是完全等同的。在 BCl_3、$BeCl_2$ 等分子中也有类似的情况(见图 12.6)。当时价键理论还不够完善,尚不能解释这个矛盾。

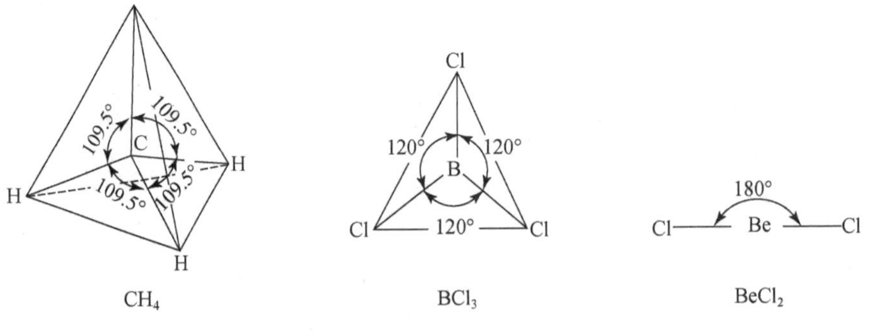

图 12.6　CH_4、BCl_3、$BeCl_2$ 分子的几何构型

为了解释这一实验现象,Pauling 提出的杂化(hybridization)概念丰富和发展了价键理论。从电子具有波动性、波可以叠加的量子力学观点出发,他认为:在同一个原子中能量相近的不同类型(s,p,d,…)的几个原子轨道波函数可以相互叠加,而组成同等数目的能量完全相同的**杂化原子轨道**。

1. 杂化轨道分类

根据组合的原子轨道数目和类型的差别,常见的有以下几种杂化轨道。

sp 杂化轨道 由 1 个 s 轨道和 1 个 p 轨道组合可以产生 2 个等同的 sp 杂化轨道，每 1 个 sp 杂化轨道中含有(1/2)个 s 轨道和(1/2)个 p 轨道的成分。图 12.7(a)描述了这类分子的形成过程，Be 原子中的 1 个 2s 电子被激发到 2p 轨道，能量和形状都不相同的 2s 和 2p 轨道由于杂化而形成 2 个完全等同的 sp 杂化轨道，Be 原子就是通过这样的 2 个 sp 杂化轨道分别与氯原子的 3p 轨道重叠，形成 2 个 sp-p 的 σ 键，而形成 $BeCl_2$ 分子。因为 2 个 sp 杂化轨道间的夹角是 180°，所以 $BeCl_2$ 分子具有直线形的空间结构。

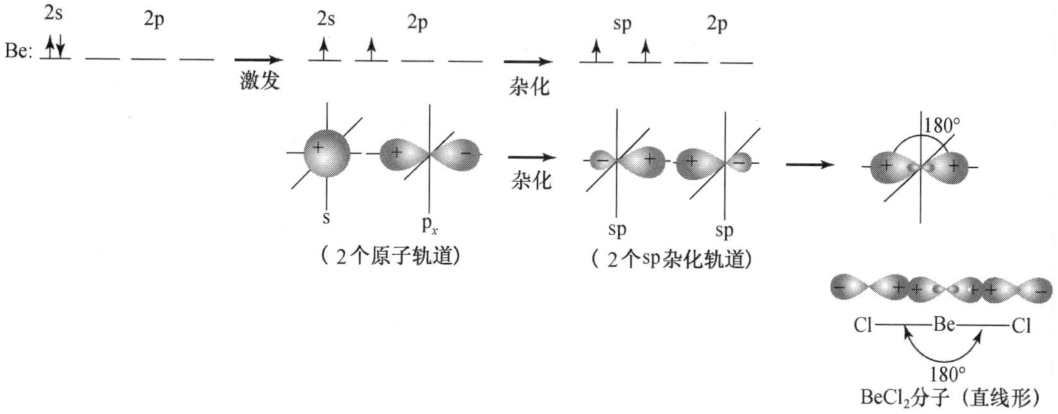

图 12.7(a) $BeCl_2$ 共价分子 sp 杂化轨道形成示意图

sp^2 杂化轨道 由 1 个 s 轨道和 2 个 p 轨道组合可以产生 3 个等同的 sp^2 杂化轨道，每 1 个 sp^2 杂化轨道中含有(1/3)个 s 轨道和(2/3)个 p 轨道的成分。B 原子就是通过 3 个 sp^2 杂化轨道分别与 3 个 Cl 原子的 2p 轨道重叠形成 BCl_3 分子的。参考图 12.7(b)可见，BCl_3 分子的形成过程与 $BeCl_2$ 分子十分相似。由于 3 个 sp^2 杂化轨道间的夹角为 120°，所以 BCl_3 分子为平面三角形。

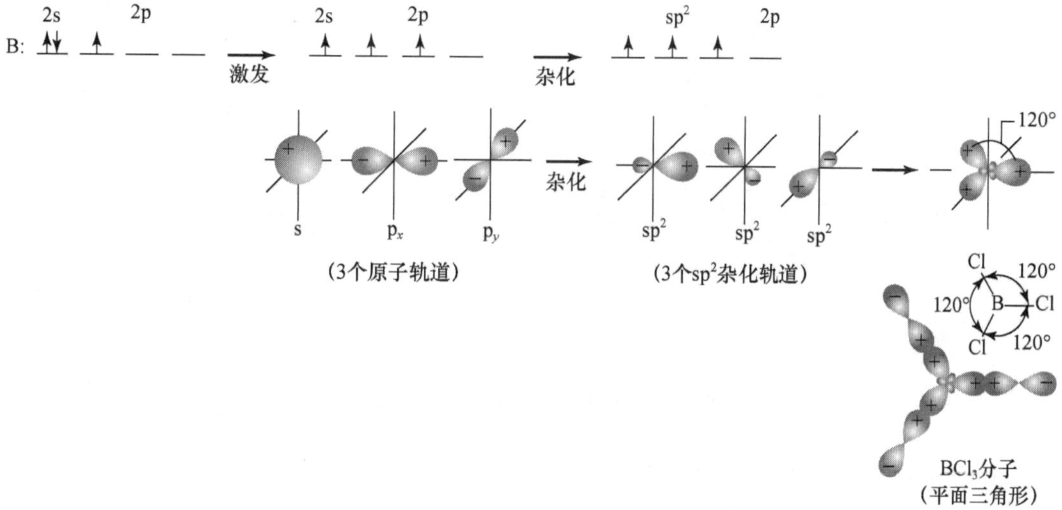

图 12.7(b) BCl_3 共价分子 sp^2 杂化轨道形成示意图

sp^3 杂化轨道 由 1 个 *n*s 轨道和 3 个 *n*p 轨道组合产生 4 个等同的 sp^3 杂化轨道，每 1 个 sp^3 杂化轨道含有(1/4)个 s 轨道和(3/4)个 p 轨道的成分。CH_4 分子就是 C 原子通过 4 个

sp^3 杂化轨道与 4 个氢原子的 1s 轨道重叠成键而生成，由于 4 个 sp^3 杂化轨道间的夹角是 109.5°，所以 CH_4 分子的空间结构为四面体形，见图 12.7(c)。

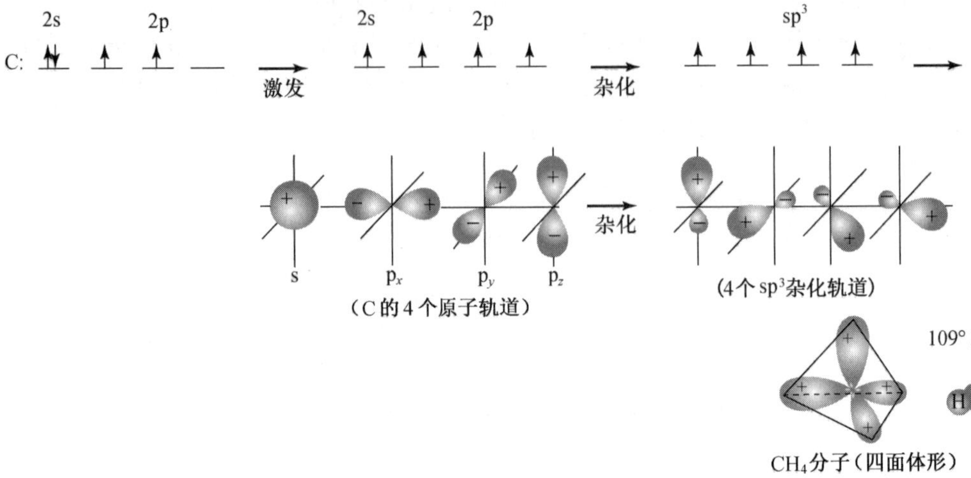

图 12.7(c)　CH_4 共价分子 sp^3 杂化轨道形成示意图

氮原子与氧原子也和碳原子相似，通过 2s 轨道与 3 个 2p 轨道杂化，但由于氮、氧原子分别比碳原子多 1 个与 2 个电子，它们各自形成的 sp^3 杂化轨道中分别含有未成键的一对与两对孤对电子，这种含有孤对电子的杂化轨道和成键的杂化轨道略有差异(化学上称它们为不等性杂化轨道)。

CH_4、NH_3、H_2O 的空间结构比较示于图 12.8 中。

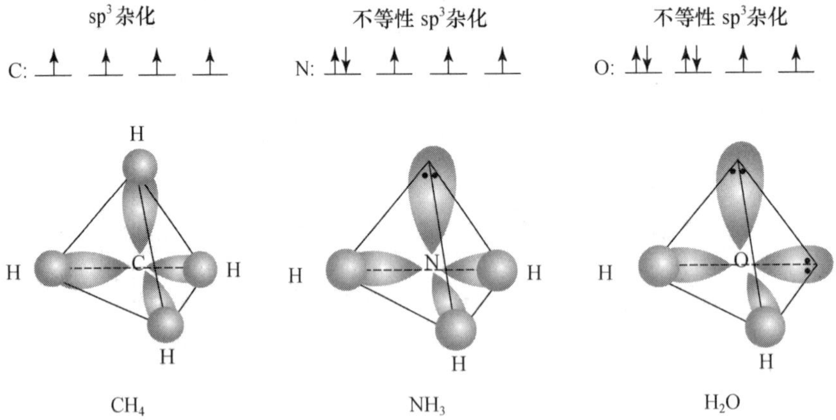

图 12.8　CH_4，NH_3，H_2O 空间结构图

sp^3d，sp^3d^2 杂化轨道　第三周期元素的原子由于 d 轨道能参与成键，所以还能生成由 s 轨道、p 轨道和 d 轨道组合的 sp^3d 和 sp^3d^2 等杂化轨道。PCl_5、SF_6 等分子中的磷、硫原子就是通过这些杂化轨道与 Cl 原子或 F 原子的原子轨道重叠成键而生成的。

图 12.9 中示意出形成这两种杂化轨道的情况。

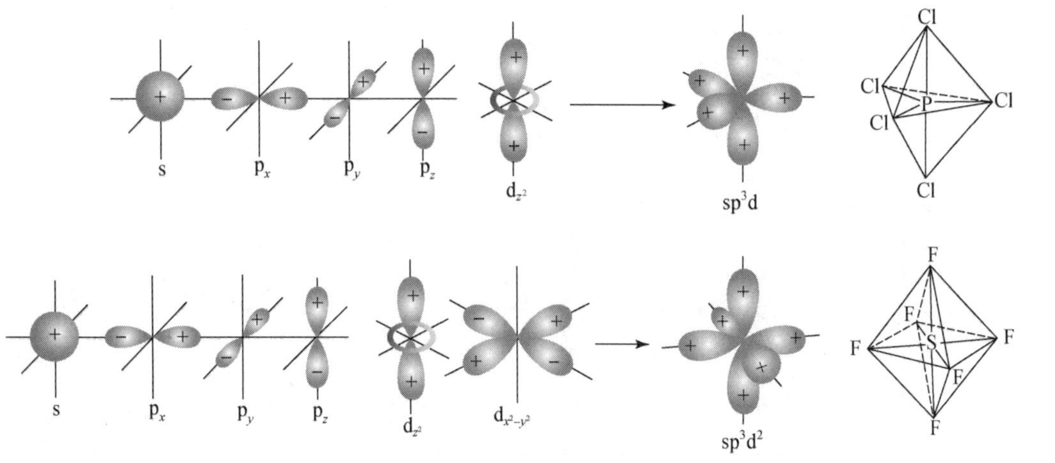

图 12.9 PCl_5、SF_6 共价分子 sp^3d、sp^3d^2 杂化轨道形成示意图

在 PCl_5 分子中，3 个 sp^3d 杂化轨道互成 120°位于一个平面上，另外 2 个 sp^3d 杂化轨道垂直于这个平面，所以 PCl_5 分子的空间构型为三角双锥形。SF_6 分子中 6 个 sp^3d^2 轨道指向八面体的 6 个顶点，4 个 sp^3d^2 轨道在同一平面上夹角互成 90°，另外 2 个垂直于平面，所以 SF_6 分子的空间构型为正八面体①。

以上 5 种杂化轨道（sp、sp^2、sp^3、sp^3d、sp^3d^2）是最常见的。过渡元素原子 ns、np 轨道与 $(n-1)$d 轨道形成的其他类型杂化轨道，将在配合物一章讨论。但需要注意，不是任何原子轨道都可以相互杂化，只有那些能量相近的原子轨道在分子形成过程中才能有效地杂化。例如 2s 和 2p 可以杂化，但 1s 轨道和 2p 轨道能量相差较大，电子激发所需的能量不能为成键时释放出的能量所补偿，它们的杂化就难于实现了。

有机分子的结构也可用杂化轨道说明，例如乙烷（C_2H_6）分子中每个 C 原子以 4 个 sp^3 杂化轨道分别与 3 个 H 原子结合成 3 个 sp^3-s 的 σ 键，第四个 sp^3 杂化轨道则与另一个 C 结合成 sp^3-sp^3 的 σ 键[图 12.10(a)]。丙烷（$CH_3—CH_2—CH_3$）和丁烷（$CH_3—CH_2—CH_2—CH_3$）以及所有的直链与带支链的烷烃类化合物都是以 C 原子的四面体向 sp^3 轨道与氢或相邻 C 原子连接成键。又如在乙烯（C_2H_4）分子中，C 原子含有 3 个 sp^2 杂化轨道。由图 12.10(b)可见，每个 C 原子的 2 个 sp^2 杂化轨道与 2 个 H 原子结合成 sp^2-s 的 σ 键，第三个 sp^2 杂化轨道与另一 C 原子相连成 sp^2-sp^2 的 σ 单键，2 个 C 原子各有 1 个未杂化的 2p 轨道（与 sp^2 杂化轨道平面垂直）相互“肩并肩”重叠而形成 1 个 π 键。所以 C_2H_4 分子中的 C—C 双键：一个是 sp^2-sp^2 的 σ 键；一个是 p_z-p_z 的 π 键。乙烯分子中所有 6 个原子均处在同一平面上，而且 HCH 键角与由 sp^2 杂化所预料的 120°相近。又例如乙炔（C_2H_2），其分子中每个 C 原子各有 2 个 sp 杂化轨道，如图 12.10(c)所示，其中一个与 H 结合，另一个与 C 结合形成 σ 键，每个 C 原子中未杂化的 2 个 2p 轨道对应重叠形成 2 个 π 键，所以 C_2H_2 分子的 C—C 叁键中：1 个是 sp-sp 的 σ 键；2 个是 p_z-p_z 和 p_y-p_y 的 π 键。乙炔分子中的 4 个原子在一条直线上。

① 大多数书刊中的记载：SF_6 分子中，S 用 sp^3d^2 杂化轨道和 F 相连接。但 1997 年美国化学家 Burdett 在 *Chemical Bond: A Dialogue* 一书中则认为：按分子轨道理论，SF_6 中只有 4 个成键轨道，另外 2 个为非键轨道，可认为 SF_6 也符合八隅体规则。

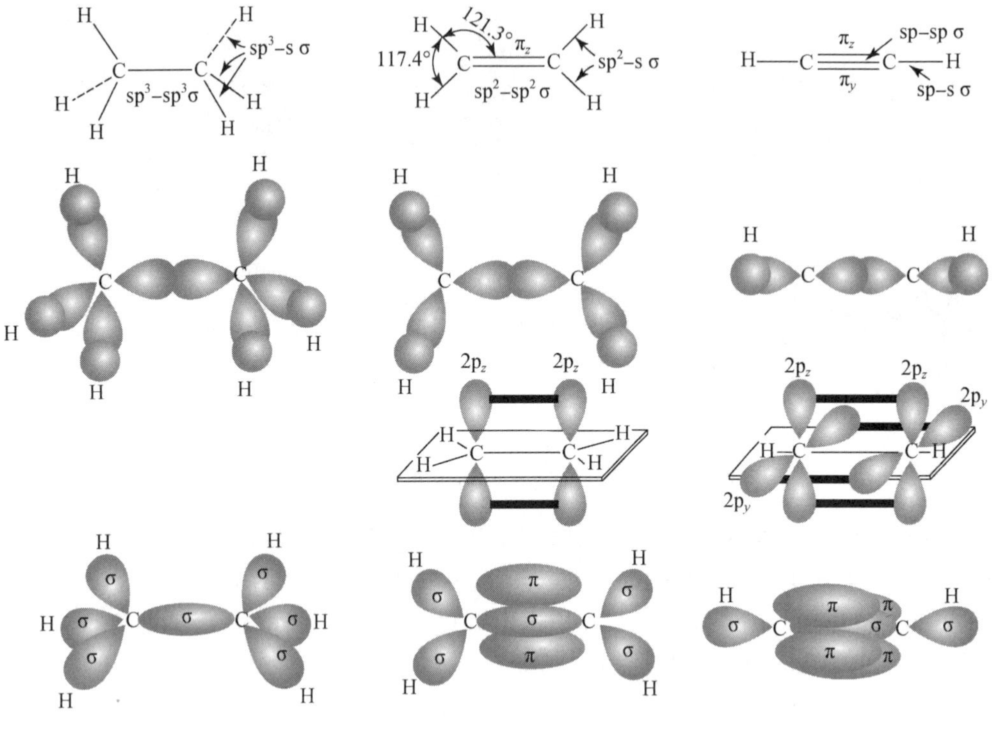

(a) 乙烷 (C_2H_6) 分子 (b) 乙烯 (C_2H_4) 分子 (c) 乙炔 (C_2H_2) 分子

图 12.10 乙烷、乙烯、乙炔分子的结构示意图

上述 C_2H_6、C_2H_4 及 C_2H_2 等分子 C—C 键级(该键中含有的有效成键电子对数),键长及键能的关系都已为实验所证明。如表 12.4 所示,当 C—C 键级增加时,键长缩短,键能增强。

表 12.4 乙烷、乙烯与乙炔分子的键级、键长和键能的比较

分 子	C_2H_6	C_2H_4	C_2H_2
C—C 键级	1	2	3
C—C 键长/pm	154	134	120
碳碳间键能/($kJ \cdot mol^{-1}$)	368	682	962

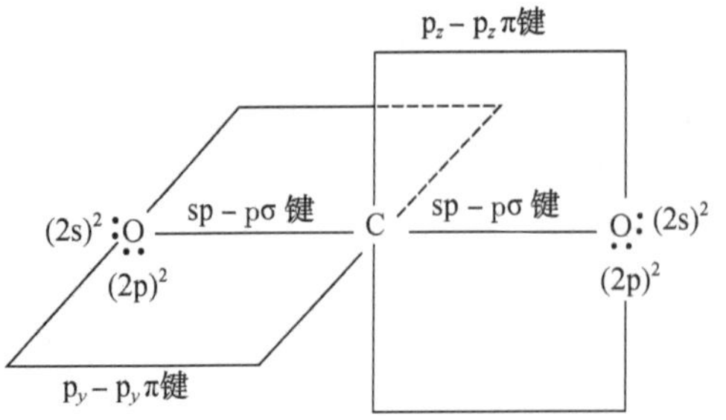

图 12.11 CO_2 分子结构示意图

有杂化轨道参与形成的多重键(双键及叁键)不仅存在于有机分子中,一些无机分子或离子结构中也有完全类似情况。以 CO_2 分子为例:C 原子以 2 个 sp 杂化轨道分别与 2 个 O 原子的 p 轨道(含有未成对电子)形成 2 个 sp-p 的 σ 键,C 原子再以 2 个未杂化的 p 轨道分别与 2 个 O 原子的另一 p 轨道"肩并肩"形成 2 个 p-p 的 π 键(图 12.11)。

2. 杂化轨道的主要特征

(1) 杂化轨道具有确定的方向性

杂化轨道	键 角	分子几何构型	实 例
2 个 sp	180°	直线形	$BeCl_2$
3 个 sp^2	120°	平面三角形	BF_3
4 个 sp^3	109.5°	四面体形	CH_4
5 个 sp^3d	90°,120°	三角双锥形	PCl_5
6 个 sp^3d^2	90°	正八面体形	SF_6

(2) 杂化轨道随 s 成分增加,键能增大,键长减小

s 和 p 电子云分别是球形对称或在节面两侧对称分布。但当它们组成 sp 杂化轨道后,电子云密集于一端,另一端分布很少,以电子云密度大的一端与其他原子成键,使轨道重叠部分增大,形成的分子更加稳定。

表 12.5 杂化轨道中 s 成分增加对键长和键能的影响

分 子	杂化轨道	C—H 键长/pm	C—H 键能/($kJ \cdot mol^{-1}$)
CH 基	≈p	112	≈337
C_2H_6	sp^3	109	410
C_2H_4	sp^2	108	≈427
C_2H_2	sp	106	≈523

由表 12.5 所列数据可见,与 p 轨道对比,各杂化轨道成键的键能随 s 成分增加而增大,即

$$p < sp^3 < sp^2 < sp$$

12.3.3 共振体

杂化轨道理论的引入的确可以解释很多共价分子的几何结构,但是仍然有一些共价分子结构不能解释,特别是电子离域体系。其中一个典型的例子就是苯 C_6H_6 的结构,根据价键理论,每个碳原子都采取 sp^2 杂化,分子结构应当为 Kekule 型结构(式 Ⅰ),单键双键交替成六元环,那么似乎应该有不同的键长。但实际上苯具有等边平面六边形结构,如式 Ⅱ 所示。

Ⅰ

苯的 Kekule 结构

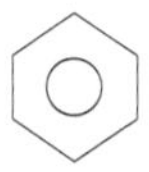

Ⅱ

苯的结构

为解释上述现象,在 1931—1933 年间,Pauling 引入了共振体的概念。Pauling 认为,苯这类分子的真实结构是两种或两种以上结构式的共振结果,如下图所示:

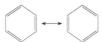

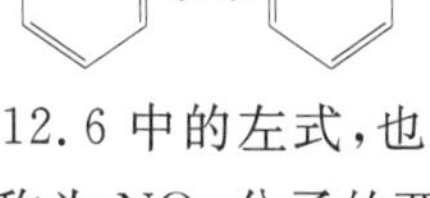

例如 NO_2 分子,其结构既不是表 12.6 中的左式,也不是右式,而是这两个结构式的叠加结果(平均中间状态)。左式和右式就称为 NO_2 分子的两个共振体。这是符合实验事实的,一般 N—O 单键和 N═O 双键的键长分别是 136 pm 和 115 pm,但实验测得 NO_2 分子中 2 个

N—O 键键长相等且是单键和双键键长的中间值(120 pm)。

表 12.6　NO_2,SO_2,O_3,NO_3^-,SO_3,CO_3^{2-} 等分子或离子的共振体

分　子 (或离子)	NO_2	SO_2 (O_3 同)	NO_3^- (SO_3,CO_3^{2-} 同)
共振体	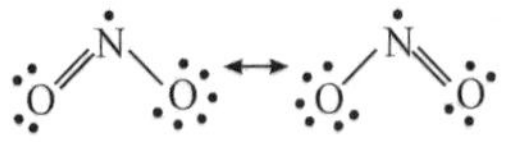	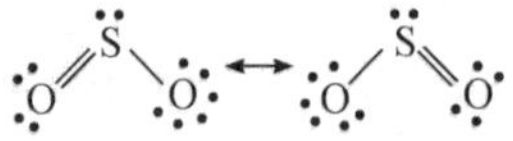	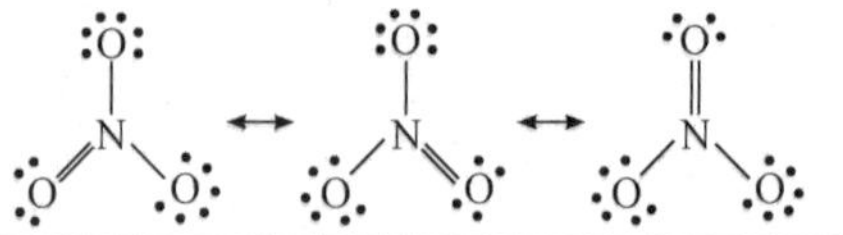

共振结构概念建立在经典结构概念的基础上,它能解释一些实验现象,特别对讨论有机分子的结构和性质很有帮助①。它扩大了电子配对的概念。前已述及价键理论过分强调了成键电子对的定域性(即电子只能在成键的两个原子之间运动),但实际上电子可以离域运动(即电子可以在成键的两个原子间的范围以外运动)。在书写分子的共振结构时,虽然不能移动原子,但在结构式中可以移动电子,这种做法反映了电子的**离域性**。有几种合理的 Lewis 结构,就可能有几种共振体。

共振论在 20 世纪 50 年代曾经引起国内外化学界的激烈争论,争论的焦点在于共振论的主观印迹比较明显。但是,在下一节我们即将学习的分子轨道理论中可以发现,共振论以及杂化轨道理论都可以在分子轨道理论里找到对应的原理(原子轨道线性组合)。从理论角度来看,价键理论建立在电子对成键的基础上,因此属于电子定域图像;而分子轨道理论建立于离域的分子轨道基础之上,因此属于电子离域图像。为使定域的价键理论能解释说明离域分子的结构,引入共振论是必然的一步。

价键理论在继承经典 Lewis 结构概念的基础上,应用量子力学对 Lewis 八电子规则的缺陷作出了补充和说明,其基本内容包括:

(1) 原子间轨道重叠,共用自旋相反的电子对,共价键具有饱和性和方向性。

(2) 原子内能量相近的轨道可组合成杂化轨道,使轨道成键能力增大,杂化轨道解释了分子几何构型。

(3) 共振概念可以解释一些用经典结构式难以解释的问题,反映了电子的离域性。

但价键理论不能解释为什么最简单的 O_2 分子具有顺磁性、为什么单电子 H_2^+ 和三电子 He_2^+ 能存在,也不能解释一些复杂分子结构与性能的关系。这些都要用分子轨道理论来讨论。

12.4　分子轨道理论

(Molecular Orbital Theory)

12.4.1　分子轨道理论

分子轨道理论是由 Mulliken、Hund 等人在 1932 年前后提出来的。它的基本观点大致可归纳为以下三方面。

---

① 共振论可以说明很多有机化合物的物理性质和化学性质。如从实验测得苯分子中 C—C 键长为 140 pm,此值正好介于 C—C 单键键长 154 pm 和 C═C 双键键长 134 pm 之间,所以苯分子也存在几种共振结构。

(1) 分子轨道理论是把分子看做一个整体，其中电子不再从属于某一个原子而是在整个分子势场范围内运动。因此，分子中的电子运动状态应该用分子轨道波函数(简称分子轨道)来描述，各个分子轨道可近似地用组成它的电子的原子轨道波函数 $\psi_1, \psi_2, \cdots, \psi_n$ 线性组合得到。如双原子分子的分子轨道波函数可表达为原子轨道波函数 ψ_1 和 ψ_2 的线性组合，即

$$\psi = \psi_1 \pm \psi_2$$

在一个分子中，分子轨道的数目等于组成分子的各原子的原子轨道数目之和。例如第二周期某元素的 2 个原子组成双原子分子时，如图 12.12 所示，2 个原子的 2 个 1s 轨道可以组合成 2 个分子轨道(σ_{1s}和 σ_{1s}^*)，2 个 2s 轨道可以同样组合成 2 个分子轨道(称为 σ_{2s}和 σ_{2s}^*)，2 个原子共有 6 个 2p 轨道可组合成相应的 6 个分子轨道(称为 $\sigma_{2p_x}, \pi_{2p_z}, \pi_{2p_y}$ 和 $\sigma_{2p_x}^*, \pi_{2p_z}^*, \pi_{2p_y}^*$)①。所以这两个原子的 10 个原子轨道共组成 10 个分子轨道：其中凡是不带星号的 σ 和 π 分子轨道，由于电子在两核间出现的概率较大，电子同时受两核吸引，故其能量低于原子轨道能量，它们通称为**成键**(bonding)**分子轨道**；带星号的 σ^* 和 π^* 分子轨道，由于电子在两核的左右两侧出现概率较大，核间节面处电子云密度等于零，因此两核共同吸引电子的能力减弱，故其能量总是比相应原子轨道能量高，都称为**反键**(antibonding)**分子轨道**。在图 12.12(a)中将这些分子轨道按能量高低排列成分子轨道能级图，图中每一个短横"━"表示一个分子轨道；(b) 中的图形描述了选定的原子轨道如何组成分子轨道以及成键、反键分子轨道。

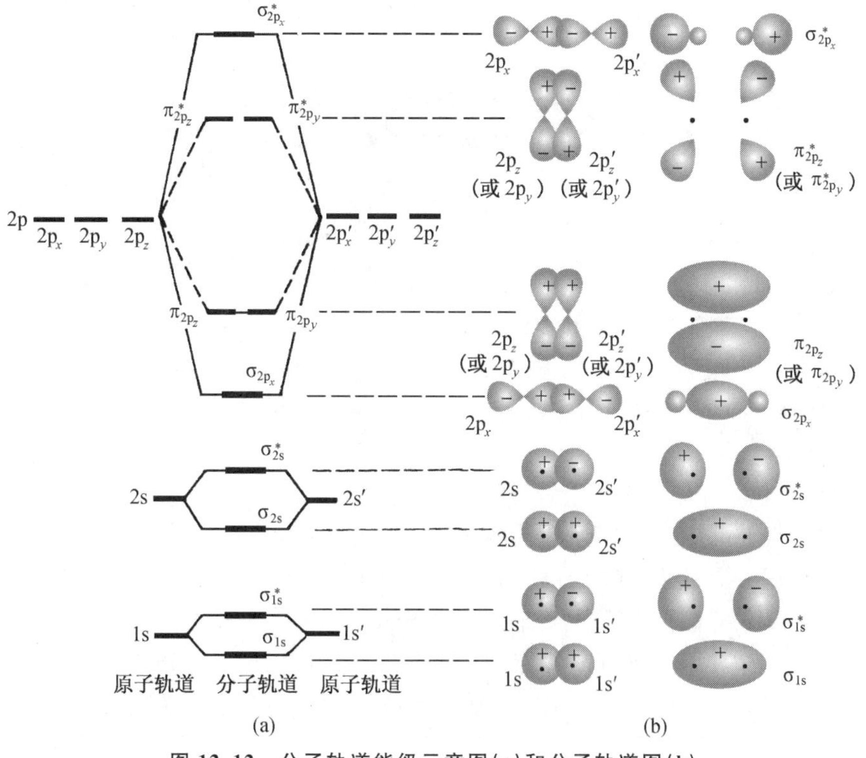

图 12.12 分子轨道能级示意图(a)和分子轨道图(b)

① 每一个分子轨道 ψ 不仅有确定的能量，也与一定概率分布图相联系，$|\psi|^2$ 代表分子中电子在空间各处出现的概率密度。与价键理论相同，由于原子轨道重叠的方式("头碰头"或"肩并肩")不同而称为 σ 或 π 分子轨道。

(2) 原子轨道有效组合成分子轨道必须满足 3 条原则：对称性匹配原则，能量近似原则和最大重叠原则。

对称性匹配原则　原子轨道波函数相互叠加组成分子轨道时，要像波叠加一样需考虑位相的正负号，如图 12.12(b)所示，σ 和 π 成键分子轨道都是由两个原子轨道波函数同号区域(正值与正值部分，负值与负值部分)相重叠而成($\psi=\psi_1+\psi_2$)；而 σ^* 和 π^* 反键分子轨道则是由波函数异号区域(正与负，负与正)相重叠而成($\psi=\psi_1-\psi_2$)。这就是所谓对称性匹配原则。

图 12.13 是第二周期各元素同核双原子分子的分子轨道能级图。这些分子的分子轨道能级高低和能级顺序均有所不同，其原因一般可以这样解释：第二周期从左到右随着各元素原子核电荷递增，内层原子轨道离核越近，2s-2p 能级差也越大(见 $\Delta E_{2s\text{-}2p}$ 数据)。因此对于 O_2(或 F_2)双原子分子来说，一个原子的 2s 电子和另一个原子的 2p 电子相互作用的可能性可以完全不考虑；而对于 B、C、N 等原子，2s-2p 能量相差较小，当形成分子时，$2s_1$-$2p_{x_1}$ 和 $2s_2$-$2p_{x_2}$ 相互作用使 σ_{2s} 和 σ_{2p_x} 兼有 s 和 p_x 的性质，所以 σ_{2p_x} 能量升高位于 π_{2p_z} 和 π_{2p_y} 之上①。分子轨道能级高低可以由分子光谱实验确定，实验结果与理论计算值大致相符。因此，各分子的分子轨道能级高低正像各元素原子轨道能级一样，并不是一成不变而是随分子不同而异。

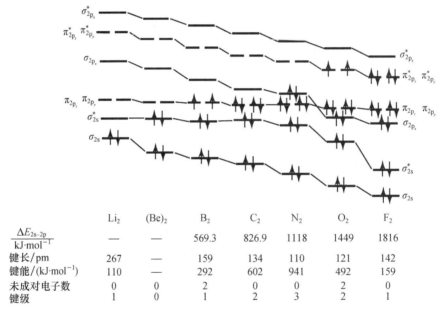

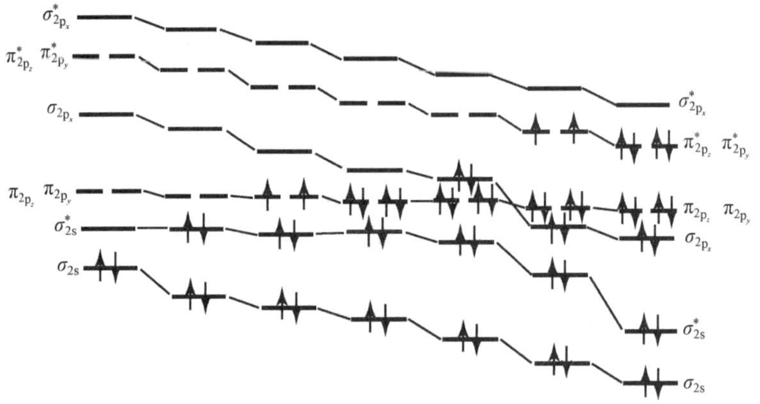

	Li_2	$(Be)_2$	B_2	C_2	N_2	O_2	F_2
$\dfrac{\Delta E_{2s-2p}}{kJ\cdot mol^{-1}}$	—	—	569.3	826.9	1118	1449	1816
键长/pm	267	—	159	134	110	121	142
键能/($kJ\cdot mol^{-1}$)	110	—	292	602	941	492	159
未成对电子数	0	0	2	0	0	2	0
键级	1	0	1	2	3	2	1

图 12.13　第二周期 Li_2 到 F_2 双原子分子轨道能级示意图及有关数据

能量近似原则　是指只有能量相近的原子轨道才能组合成有效的分子轨道。如图 12.12(a)所示，同核双原子分子中，2 个原子能量等同的 1s (或 2s，2p)轨道组合成分子轨道；而内层的 1s 轨道不可能和能量相差很大的 2s，2p 轨道组合成分子轨道；至于 2s 和 2p 轨道之间能否进行组合，取决于 2s 和 2p 原子轨道间能量差是多少。这个能量差则随原子不同而异。

最大重叠原则　是指两个原子轨道要有效组成分子轨道，必须尽可能地多重叠，以使成键

① 由于 2s-$2p_x$ 相互作用使分子轨道的能级顺序发生变化，所以仍用 σ_{2p_x}、π_{2p_y} 等表示有欠妥之处。详见周公度、段连运编著《结构化学基础》(第 4 版)p. 85～86(北京大学出版社)。

分子轨道的能量尽可能降低。

(3) 电子在分子轨道上的排布也遵从原子轨道电子排布的同样原则，即每个分子轨道最多能容纳 2 个自旋相反的电子(Pauli 原理)；电子总是尽量先占据能量最低的轨道，只有当能量较低的轨道填满以后，才开始填入能量较高的轨道(能量最低原理)；当电子填入两个或多个等能量的轨道(又称简并分子轨道)时，电子总是先以自旋相同的方式分占这些轨道直到半充满(Hund 规则)。

12.4.2 几种单质的双原子分子结构

为了具体说明分子轨道理论的基本概念，下面介绍几种单质的双原子分子结构，并与价键理论相比较。

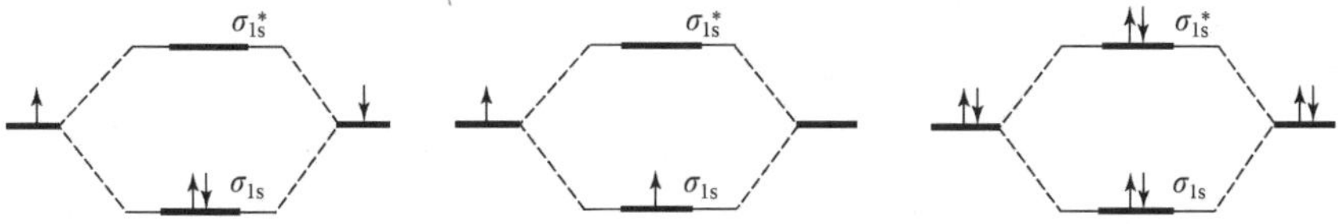

(a) H_2分子基态　(b) H_2^+离子　(c) He_2分子

图 12.14　H_2 分子基态(a)、H_2^+ 离子(b)和"He_2 分子"的电子排布(c)

H_2 分子　两个氢原子的 1s 原子轨道组成 σ_{1s}及 σ_{1s}^*分子轨道时，两个电子以自旋反平行的方式优先填入能量低的 σ_{1s}成键分子轨道，而 σ_{1s}^*反键轨道是空着的[图 12.14(a)]。这就是氢分子的基态①。

H_2^+ 离子　从 H_2 分子电离出一个电子得到 H_2^+ 离子，其中只有一个未配对电子填在成键轨道上[图 12.14(b)]，称为单电子键(one electron bond)。H_2^+ 离子的存在是 Lewis 电子配对和价键理论成键概念所不能解释的，但用分子轨道理论很容易理解。

He_2 分子　两个氦原子的 1s 原子轨道上已经各有一对自旋相反的电子，当它们组成分子时，两对电子分别占据成键轨道和反键轨道[图 12.14(c)]，两者能量相互抵消，不能成键。因此，"He_2 分子"实际上是不能存在的。

O_2 分子　氧是第二周期元素，除了 1s 轨道外，它的 2s、2p 轨道也组成相应分子轨道，O_2 分子中的 16 个电子分别填入各 O_2 分子轨道。由图 12.15 可见，σ_{1s}和 σ_{1s}^*，σ_{2s}和 σ_{2s}^*两对成键和反键轨道都充满电子，这两类轨道由于能量降低和升高互相抵消，

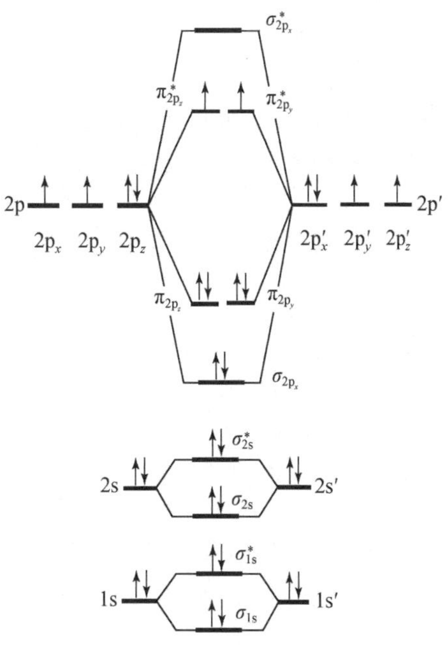

图 12.15　O_2 分子轨道和原子轨道能量关系

① 氢分子的一种激发态是 2 个自旋平行的电子分占成键和反键轨道。两者能量相互抵消，不能有效成键，因此是一个不稳定状态。

对成键没有贡献；实际上有效成键的只有 σ_{2p_x}，π_{2p_z}，π_{2p_y} 3 对电子和居于反键 π^* 轨道上能量最高的两个电子。根据 Hund 规则，后面这 2 个电子自旋平行分占反键 $\pi^*_{2p_z}$ 和 $\pi^*_{2p_y}$ 轨道，这样的排布可用

$$(\sigma_{1s})^2(\sigma^*_{1s})^2(\sigma_{2s})^2(\sigma^*_{2s})^2(\sigma_{2p_x})^2(\pi_{2p_z})^2(\pi_{2p_y})^2(\pi^*_{2p_z})^1(\pi^*_{2p_y})^1$$

轨道式[①]来表示。O_2 分子的这种电子排布方式是分子轨道理论获得成功的一个突出例子。如按价键理论，O_2 的成键式是

$$:\ddot{O}=\ddot{O}:$$

其中所有电子都已配对，不存在自旋平行电子，无法解释 O_2 分子具有顺磁性这个实验事实。但按分子轨道理论观点，σ_{2p_x} 是由 2 个 p 电子形成的 σ 键，而 $(\pi_{2p_z})^2(\pi^*_{2p_z})^1$ 和 $(\pi_{2p_y})^2(\pi^*_{2p_y})^1$ 各有 3 个电子，可称之为 2 个三电子 π 键。因此可以写成

每个三电子 π 键有 2 个电子在成键 π 轨道上，1 个电子在反键 π^* 轨道上。未配对电子的存在，可以很好解释 O_2 分子具有顺磁性。

在价键理论中，以键的数目来表示键级；在分子轨道理论中则以成键价电子数与反键价电子数之差（即净的成键电子数）的一半来表示分子的键级，即

$$键级 = \frac{成键电子数-反键电子数}{2}$$

根据键级计算[②]，O_2 分子中的 2 个三电子 π 键相当于 1 个共价单键[因为(4 个成键电子－2 个反键电子)/2＝1]，再加 σ_{2p_x} 键，总共约相当一个双键。实验测得 O_2 分子的键能和键长（见图 12.13 所示分别为 492 kJ · mol^{-1}和 121 pm）的数据大致与典型的双键（如乙烯的双键）接近。由此可见，分子轨道理论对氧分子性质（磁性、键能、键长等）的说明是比较成功的，而价键理论对此却无能为力。

F_2 分子　其轨道式为 $KK(\sigma_{2s})^2(\sigma^*_{2s})^2(\sigma_{2p_x})^2(\pi_{2p_z})^2(\pi_{2p_y})^2(\pi^*_{2p_z})^2(\pi^*_{2p_y})^2$，其中 2 个反键 π^* 轨道和 2 个成键 π 轨道的作用相互抵消，实际有效成键的只有 σ_{2p_x} 一对电子。这和 F_2 的价键结构式 $:\ddot{F}-\ddot{F}:$ 完全相当。

N_2 分子　其轨道式为 $KK(\sigma_{2s})^2(\sigma^*_{2s})^2(\pi_{2p_z})^2(\pi_{2p_y})^2(\sigma_{2p_x})^2$，其中对成键有贡献的是 1 个 σ 键、2 个 π 键。这和价键结构式 :N≡N: 也完全一致。

对分子的顺磁性和反磁性可作如下简要介绍。不同物质的分子在磁场中表现出不同磁性质（顺磁性、反磁性等）。顺磁性物质的分子中含有未成对电子，这些电子具有自旋磁矩和绕核运动所产生的轨道磁矩，这种磁矩称为分子的永久磁矩。具有永久磁矩的分子像一个个微观的磁子。因此如把这样的

---

① 两个原子的内层电子轨道实际上很少相互重叠，一般可认为无相互作用，相互作用成键的主要是原子的外层电子，因此分子轨道式子有时可以不写内层电子而以 KK 等符号代替，KK 代表两个原子的内层 1s 电子，因它们基本上保持为原子轨道 K 层的状态。

② H_2 分子的键级为 $\frac{2-0}{2}=1$，形成一个单键。He_2 分子的净键数目 $=\frac{2-2}{2}=0$，所以 He_2 分子不能稳定存在。

物质置于外磁场作用下，这些微观磁子的磁矩取向就会与外磁场的一致，并使磁场强度增加。在非均匀磁场中这种物质会被吸引而趋向磁感应强度大的地方，导致样品所连的Gouy磁天平表现出增重[图12.16(b)]。抗磁性物质中电子均已成对，由于电子自旋相反，这种物质的分子不存在磁矩，但运动的电子在外磁场作用下产生诱导磁矩，其方向与外磁场方向相反。这种物质就会被外磁场所排斥，样品所连的磁天平表现为减重[图12.16(c)]。根据天平增重或减重便可由实验间接测得物质磁矩 μ，由理论计算也可求得 μ(以Bohr磁子 μ_B 为单位)。根据物质的磁矩大小，还可计算组成该物质的分子中所含未成对电子数目(n)。一般未成对电子数越多，μ 越大。如果电子都已配对，则 μ 为零。利用磁性测量，我们可以判断分子或离子中有无未成对电子，并推算出未成对电子数，从而有助于了解分子的结构。

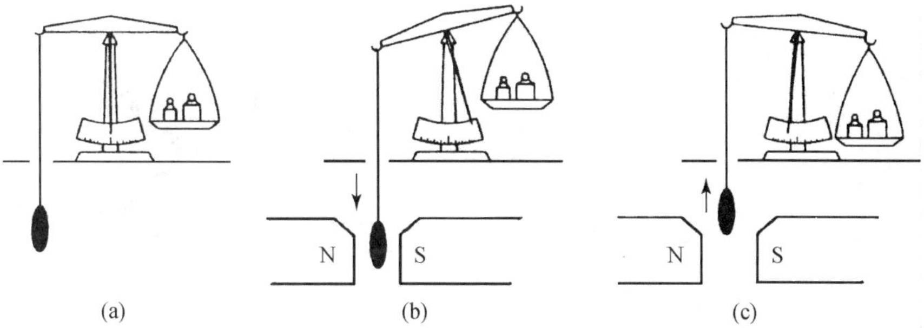

图12.16 用Gouy磁天平测量物质磁性的装置示意图

(a) 无外磁场时的样品；(b) 顺磁样品受磁场吸引，磁天平增重达到平衡；(c) 反磁样品受磁场排斥，磁天平减重达到平衡

分子轨道理论在解释一些无机化合物中较复杂的异核双原子或多原子分子(或离子)以及一些有机化合物的结构和性质关系时，提出离域 π 键概念，更加显示其优越性。例如，NO_2 分子中N—O键长介于单键与双键之间，价键理论只能采用共振结构来说明(见表12.6)，而分子轨道认为：中心N原子用 sp^2 杂化轨道与2个O原子组成2个 σ 键，但N原子的另一个p轨道与2个O原子的p轨道都垂直于 NO_2 分子的平面。3个相互平行的p原子轨道组成3个 π 键分子轨道[图12.17(a)，包括成键、反键和非键①]，每一个分子轨道上的 π 电子(原来固有或被激发的)都不再局限于2个原子之间，而为分子中3个原子所共有，故称之为离域 π 键(或称大 π 键)，它们共同以 π_3^3 符号来表示(π 的右下角代表3个原子，右上角代表3个电子)。由于离域 π 键的存在，NO_2 中每个N—O键都具有某些双键特征，键长介于单键与双键之间。

又例如，用价键理论解释苯分子中6个C—C键键长相等这一实验事实时，也必须求助于共振概念。而根据分子轨道理论6个C原子的6个p轨道②可以形成6个分子轨道，其中3个是成键轨道，3个是反键轨道，6个p电子放在3个成键轨道上[图12.17(b)]，由此形成了苯分子的 π_6^6 离域大 π 键。其中6个电子由6个C原子共有，所以每个C—C间的键长都相等，并介于单键与双键之间。

---

① 非键 π 轨道由于与p原子轨道能级相当，对生成化学键没有贡献，只有成键 π 轨道的一对电子成为有效的化学键，此分子轨道键级为1。

② 实验测得苯分子中各键角(∠CCC和∠CCH)都等于120°，所以C原子是采用的 sp^2 杂化轨道，以其构成6个C—C σ 键和6个C—H σ 键，因此每一个C原子还多余1个p轨道和1个p电子。

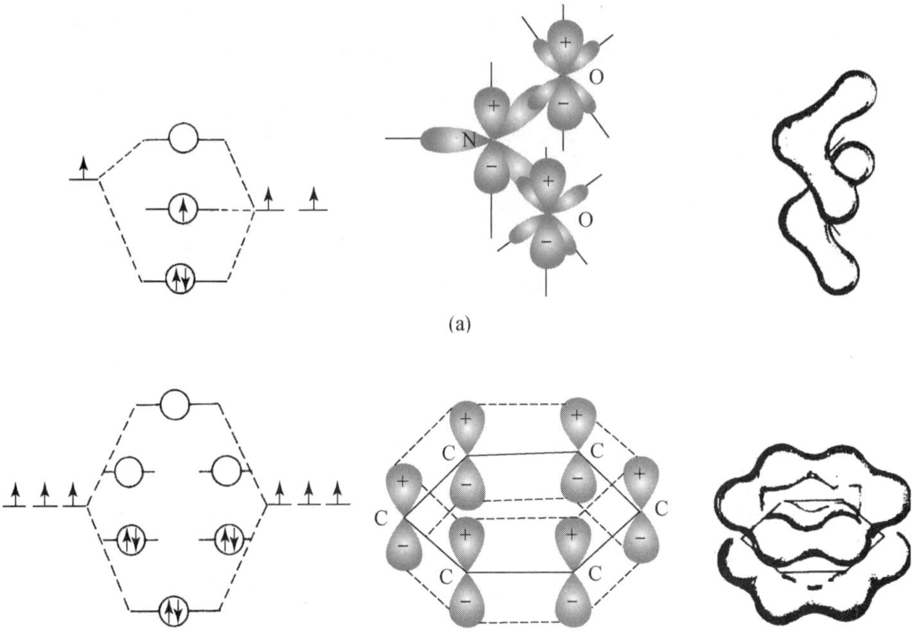

(a)　(b)

图 12.17　NO_2 及 C_6H_6 分子离域 π 键示意图

(a) NO_2：左侧为 3 个 π 分子轨道能级图，右侧为最低能级的 π 分子轨道

(b) C_6H_6：左侧为 6 个 π 分子轨道能级图，右侧为最低能级的 π 分子轨道

综合上述，共价键理论经历了 Lewis 学说、价键理论和分子轨道理论等各个阶段。这是一个历史发展的过程，但并不能说现代的分子轨道理论已经可以完全代替价键理论。实际上，这两种理论各具优缺点：价键理论将共价键看做两个原子之间的定域键，反映了原子间直接的相互作用，虽不全面，但却形象直观而易于与分子的几何构型相联系，因此得到化学家的广泛应用；分子轨道理论着眼于分子的整体性，数学形式更完整，可对那些价键理论不能说明的问题给予较合理的解释。例如，它成功解释了三电子键和单电子键的存在，并且通过电子离域概念令人满意地处理了大量多原子 π 键体系。但是分子轨道理论的缺点是不够直观，不易与实际情况联系起来。随着计算机技术的发展和普及，目前分子轨道理论的发展较快，应用较广。

12.5　价层电子对互斥理论

(Valence-Shell Electron-Pair Repulsion Theory)

价键杂化轨道理论可以解释和预见分子的空间构型，但是一个分子究竟采取哪种类型的杂化轨道，在不少情况下难以预言。1940 年 Sidgwick 等人在归纳了许多已知的分子几何构型后，提出价层电子对互斥理论(valence shell electron pair repulsion，简称 VSEPR)。他们认为："分子的共价键(单键、双键或叁键)中的电子对以及孤对电子由于相互排斥作用而趋向**尽可能彼此远离，分子尽可能采取对称的结构**"。所以，VSEPR 法仅需依据分子中成键电子对及孤电子对的数目，便可定性判断和预见分子属于哪一种几何构型。

下面按价电子成键特点分三种类型来讨论。

12.5.1 AX_n 型

分子的中心原子 A 周围只有 n 个以单键邻接的原子 X(或 n 个单键电子对)而没有孤电子对存在时,一般只要知道 n 的数目(1～6)就可预测分子构型和相应键角。

例如在 AX_4 型 $\mathbf{CCl_4}$ 分子的 Lewis 结构式中,共有 4 对成键电子,没有孤对电子,当它们分别占据四面体 4 个顶点位置而彼此远离时,相互排斥力最小,分子最稳定,所以电子对几何分布和分子构型都呈正四面体。

AX_6 型的 $\mathbf{PF_6^-}$ 离子,其 Lewis 结构式中只有 6 对成键电子,当它们处于八面体 6 个顶角位置,分子最稳定。所以,电子对几何分布和离子构型都是正八面体。

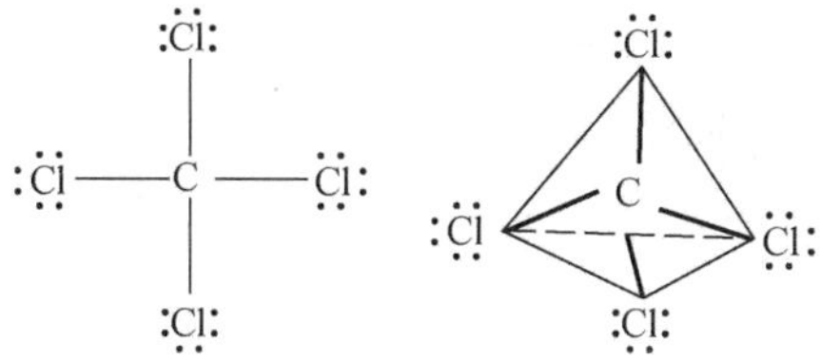

AX_4

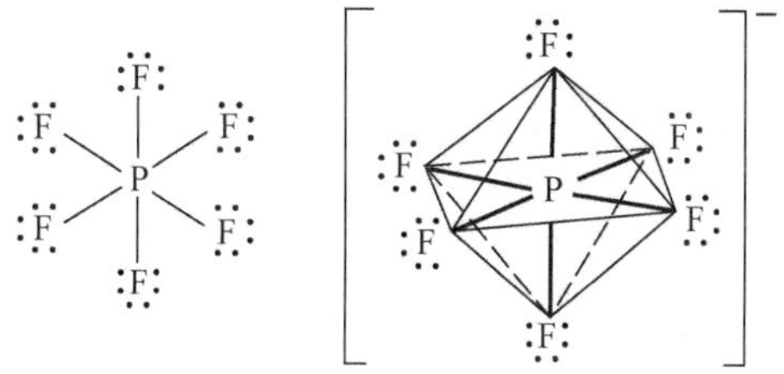

AX_6

由此可以推论,AX_n 型分子构型共有以下 5 种基本类型(图形及实例可参见图 12.7 及图 12.9)。

AX_n	AX_2	AX_3	AX_4	AX_5	AX_6
分子构型	直线	平面三角	正四面体	三角双锥	正八面体

12.5.2 AX_nE_m 型

分子的中心原子 A 周围不仅有 n 个邻接原子(X)的成键电子对,还有 m 个孤电子对(E)。在这种情况下预测分子构型时除需知 X 的数目外,还需知 E 的数目及其作用。根据 VSEPR 法,在具体应用时有以下几条规则:

(1) 有孤电子对存在,分子中价层电子对的几何分布情况一般仍然保持上述 5 种基本类型(电子对尽可能彼此远离),但分子的构型就不限于这 5 种类型了,因为描绘分子构型时不包括孤电子对,也就是说,分子的形状是由中心原子与相应邻接原子来决定。

(2) 孤电子对的存在影响分子基本构型中的键角而使分子变形,这是由于孤电子对只受一个原子核的束缚,电子云偏向中心原子一侧,从而对邻近的成键电子有较强的排斥作用,使邻近键角发生变化。

(3) 电子对之间的排斥力大小顺序为:

孤电子对-孤电子对 > 孤电子对-成键电子对 > 成键电子对-成键电子对

而且两对电子与中心原子形成的键角为 90°时的排斥力>120°>180°时的排斥力。因此在分子(或离子)的几种可能的几何构型中,以含 90°角孤电子对-孤电子对排斥作用和含 90°角孤电子对-成键电子对排斥作用数目最少的构型是分子较稳定的构型。

下面用这些规则来分析一些具体例子。

CH_4，NH_3，H_2O　已知 CH_4 分子为正四面体，∠HCH 键角为 109.5°。而 NH_3 分子因有 3 个成键电子对、1 个孤电子对，则 NH_3 分子构型是通过 N 原子与 3 个 H 原子相连接而成，它不再是正四面体而是三角锥形分子。由于孤电子对的排斥作用，NH_3 中的∠HNH 键角小于 109.5°，实验测得为 107°。H_2O 分子中 O 原子有两对孤电子对，O 原子只能与 2 个 H 原子连接得到一个平面构型的 H_2O 分子，称为 V 形或弯曲形。此两对孤电子对排斥作用更强，H_2O 中∠HOH 键角就更小，为 104.5°。比较这 3 种分子（图 12.18），它们的中心原子都有 4 对电子，电子对几何分布都为四面体形，但因有孤电子对存在，分子构型由 1 种变为 3 种了。

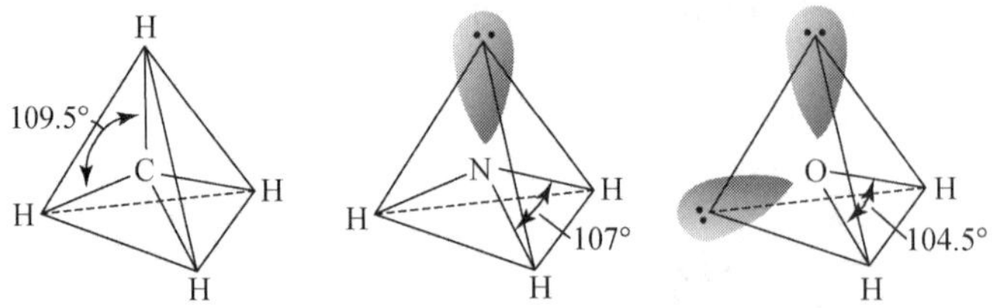

CH_4　　　　NH_3　　　　H_2O

CH_4（AX_4 型）　正四面体形

NH_3（AX_3E 型）　三角锥形

H_2O（AX_2E_2 型）　弯曲形（或 V 形）

图 12.18　CH_4、NH_3、H_2O 分子的构型和键角比较

PCl_5，SF_4，ClF_3　根据 Lewis 结构，这 3 种分子的中心原子周围都有 5 对价电子（包括孤电子对）。虽然它们的电子对几何分布均为三角双锥构型，但因有孤电子对，分子构型可以有以下 3 种：三角双锥，变形四面体和 T 形（图 12.19）。

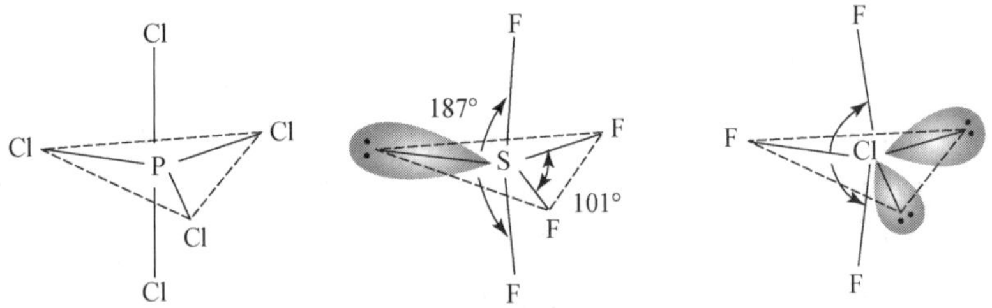

PCl_5（AX_5型）　三角双锥

SF_4（AX_4E型）　变形四面体

ClF_3（AX_3E_2型）　T形

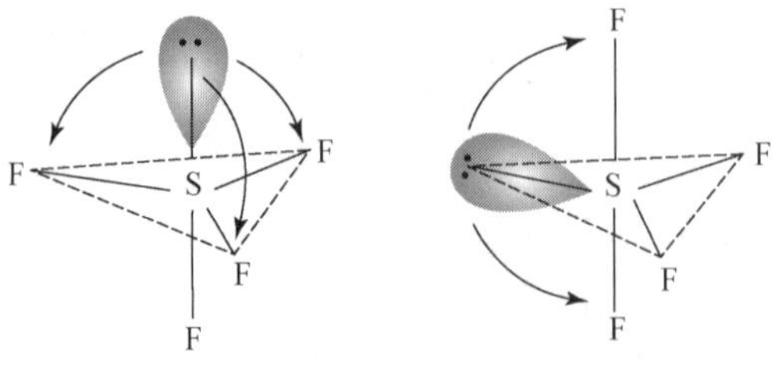

(a)　　　　(b)

图 12.19　PCl_5、SF_4、ClF_3 分子构型和键角比较

(a)和(b)为 SF_4 分子中孤电子对可能的排布方式

孤电子对在上述分子中总是位于三角双锥中三角平面的角上，而不是位于三角双锥的顶部。根据 VSEPR 法规则，以 SF_4 分子为例，不难说明：若孤电子对位于三角双锥顶部，如图 12.19(a)所示，则分子中存在 3 个 90°角的孤电子对-成键电子对的排斥作用；而孤电子对如位于三角平面的一角，如图 12.19 中的(b)，只存在 2 个这样的排斥作用。排斥作用越小，分子越稳定，SF_4 分子中电子对显然以(b)的方式排列为好。SF_4 分子构型(不包括孤电子对)实际是一个变形的四面体，由于孤电子对对键角有影响，所以实验测得位于水平方向的∠FSF 键角不再是 120°，而是 101.5°；轴线方向∠FSF 键角也不再是 180°，而是 187°。由于 90°角孤电子对-孤电子对排斥力最大，所以 ClF_3 分子的稳定构型只能是 T 形。

ICl_4^- 离子的几何构型也可以用 VSEPR 法来判断。由 ICl_4^- 离子的 Lewis 结构式可知，中心原子 I 有 4 对成键电子对和 2 对孤电子对，相当于 AX_4E_2 类型。它的电子对几何分布是八面体，但孤电子对可能有图 12.20 所示的两种排布。显然，如果两对孤电子对位于水平方向四方平面邻近的两个角上，孤电子对-孤电子对之间排斥作用就会远远大于它们位于四方平面的上部或下部，所以 ICl_4^- 稳定的结构应该是平面正方形。这与实验测得的构型相符合。

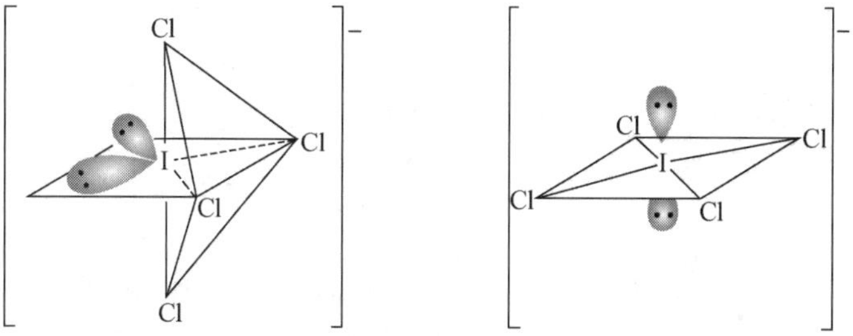

(不正确)　　　　(正确) 平面正方形

图 12.20　ICl_4^- 的两种可能排布

总之，孤电子对的存在改变了分子构型的基本类型，增加了电子对间的排斥力，影响了分子中的键角。几种常见分子几何构型总结于图 12.21 中。

12.5.3　具有双键或叁键的 AX_n 型

当中心原子(A)和邻接原子(X)之间通过 2 对电子或 3 对电子(即通过双键或叁键)结合成 AX_n 分子时，VSEPR 法仍然适用。这时可将双键或叁键当做一个电子对来看待，单电子键也按一对电子处理。

AX_2 型的 CO_2 分子，其 Lewis 结构为 :Ö═C═Ö:。可将 C═O 之间的双键当做一对电子，则 C 的周围相当于两对成键电子对。根据电子对互斥作用这两组电子应分布在 C 原子的两侧，其构型类同于 $BeCl_2$ 分子，因此 CO_2 分子结构为直线形。AX_3 型的 SO_3 分子构型是平面三角形。AX_2E 型的 SO_2 分子呈 V 形。AX_4 型的 SO_4^{2-} 离子则是四面体形(可以把中心 S 原子周围看成有 4 对电子)，如右图所示。

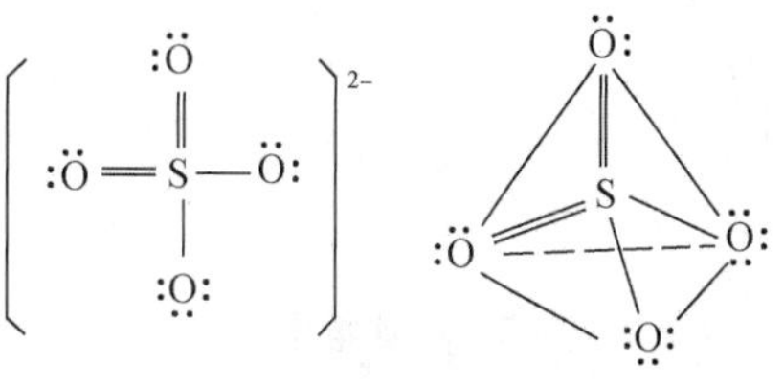

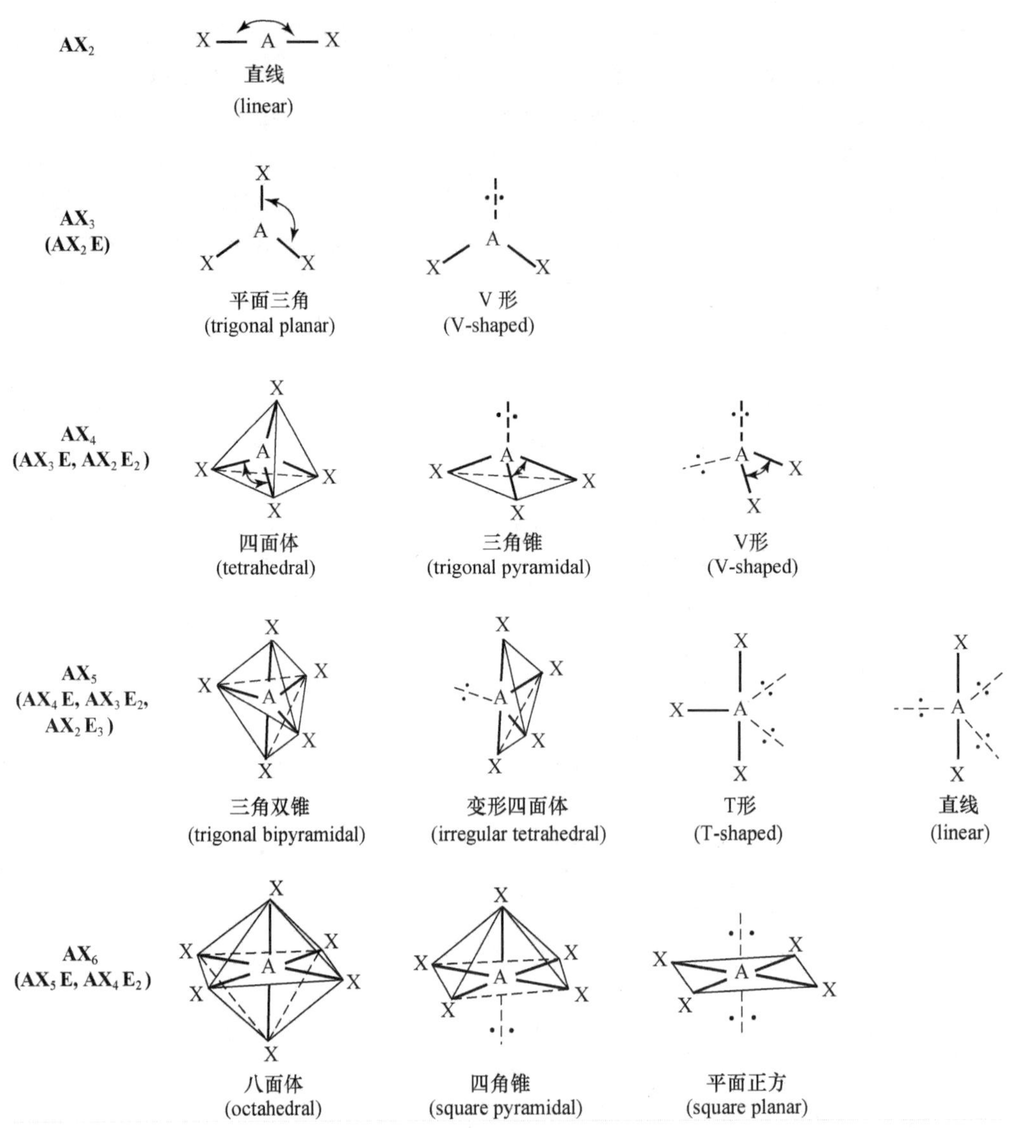

图 12.21　5 种分子基本构型以及它们的变体

双键和叁键存在时，因分子中的多重键部分电子密度高，排斥作用更强，使相应的键角有所增加。例如，实验测得甲醛（formaldehyde）CH_2O 和乙烯（ethylene）C_2H_4 分子中键角不再是平面三角形的 120°：在 CH_2O 分子中∠HCO 键角增大为 122.1°，而使∠HCH 键角减小为 115.8°；在 C_2H_4 分子中∠HCC 和∠HCH 键角也分别改变为 121.3° 和 117.4°。

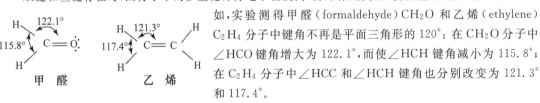

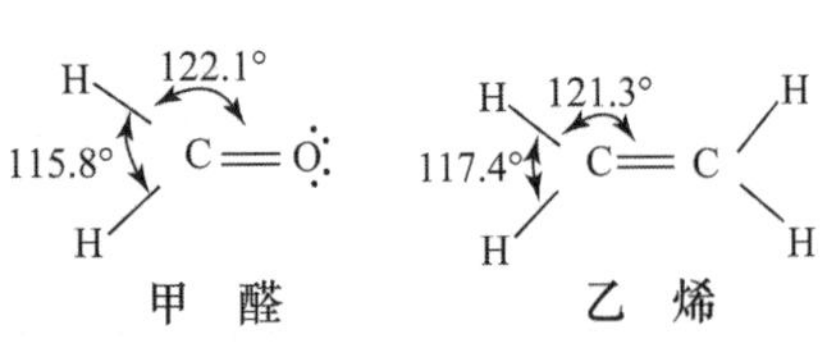

用 VSEPR 法判断由第一、二、三周期元素所组成的一些分子（或离子）的几何构型确实比较简单和方便，并且用这个方法几乎与用杂化轨道法判断分子构型所得结果完全吻合。但用此法判断少数含单电子的分子（或离子）以及由ⅤA、ⅥA 主族元素形成的一些分子（或离子）

构型时与实验结果常有出入，而且也不能很好说明各分子构型中键形成的原因和键的相对稳定性。在这方面仍需依赖价键理论和分子轨道理论。

以上各共价键理论在表征共价键或描述共价分子结构时，都用到了键级、键能、键长、键角等物理参量，它们统称为分子结构参数或**键参数**(bond parameter)，这些实验数据在创立化学键理论过程中也起过十分重要的作用。分子结构参数还包括偶极矩及键矩，它们与分子的极性和键的极性有关，很多键参数数据都可以直接或间接地通过分子光谱获得，下一节介绍分子的极性和分子光谱的初步概念。

12.6 分子的极性

(Molecular Polarity)

双原子分子共价键有非极性和极性之分。前者属于相同原子组成的分子(如 H_2、O_2 等)，而后者属于不同原子组成的分子(如 HCl、CO 等)。原因在于不同种原子电负性的差别，正负电荷中心不相重合，在原子间就形成了**极性共价键**(polar covalent bond)，相应的分子为**极性分子**(polar molecule)。一般说来，原子的电负性差值越大，键的极性也越强。所以对双原子分子来说，共价键的极性决定了分子的极性。

但在多原子分子中，键的极性和化合物的极性并不完全一致。例如在 H_2O 和 NH_3 分子中，O—H 和 N—H 键都是极性键，H_2O 分子是弯曲形的，NH_3 分子是三角锥形的，所以它们都是极性分子。然而在 CH_4 分子中，虽然每一个 C—H 键都是极性键，但是由于 4 个 H 原子四面体向对称地分布在 C 原子周围，整个分子的正、负电荷重心仍相重合，所以 CH_4 分子是非极性的。CCl_4 分子也是如此。CO_2 和 CS_2 分子呈直线形对称结构，它们也是非极性分子。因此，多原子分子的极性不仅与键的极性有关，还同分子构型的对称性有关。

分子极性强弱，可以用**偶极矩**(dipole moment，μ)表示。偶极矩是表示分子电荷分布情况的一个物理量，等于极性分子正负电荷之重心间的距离 d(又称偶极长)与偶极电荷量 q 的乘积，即

$$\mu = qd \tag{12.4}$$

由于分子中原子间距离数量级是 10^{-8} cm，电子电量数量级是 10^{-10} esu，过去把 10^{-18} esu · cm 作为偶极矩 μ 的单位称为“Debye”(德拜)，以 D 表示，1 D=10^{-18} cm · esu。偶极矩的 SI 制单位是 C · m①。偶极矩是一个矢量，大小可以通过实验测定，现规定其方向由负到正。但传统上曾规定方向由正指向负，在目前常用的教材里还是沿用传统的办法，本书也照此办理。

双原子分子中，两个原子间的偶极矩称为键矩。原子电负性差值的大小可决定双原子分子的键矩大小。例如，在 HF、HCl、HBr、HI 分子中原子的电负性差($\chi_{卤素}-\chi_{氢}$)分别为 1.8、1.0、0.8、0.5，相应键矩数值为 1.91 D、1.08 D、0.80 D、0.42 D。但对多原子分子来说，偶极矩 μ 是分子中所有化学键键矩的矢量和。如实验测得 CO_2 和 CCl_4 分子的 μ 都等于零，这表示 CO_2 分子中 2 个 C═O 键和 CCl_4 中 4 个 C—Cl 键键矩之矢量和分别为零，这是由于它们为直线形和四面体形对称结构[图 12.22(a)]。对于 H_2O 分子，实验测得 μ=1.85 D，即 2

① 1 个 esu · cm(静电单位 · 厘米)=3.336×10^{-12} C · m(库仑 · 米)，1 D=3.336×10^{-30} C · m。

个 H—O 键矩[μ(H—O)]矢量和①不等于零，故可以认为 H_2O 是一个非对称结构的极性分子[图 12.22(b)]，可见 μ 的数值与分子结构的对称性密切有关。多数分子都可以通过测定偶极矩来判断其构型：其中 $\mu=0$ 的分子必定都是结构对称的非极性分子；而 $\mu\neq0$ 的分子则为结构不对称的极性分子，而且分子的极性随 μ 的增大而增加。

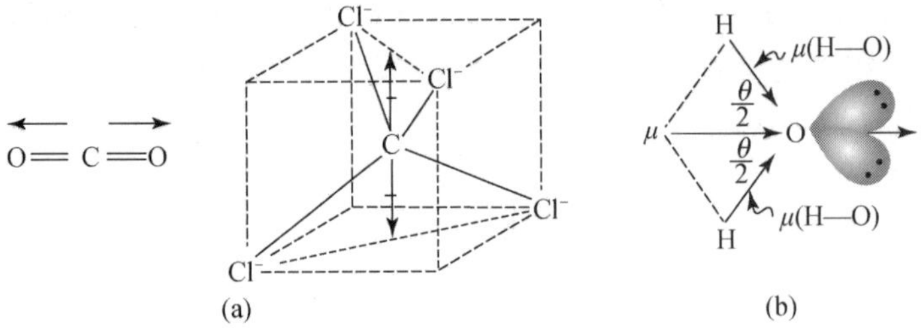

图 12.22　CO_2、CCl_4 的键矩加和为零，H_2O 键矩加和不等于零

要注意，键长 R 与偶极长 d 是两种不同的概念。用现代的实验技术可以测定分子的键长 R(即分子中原子间的距离)以及分子的偶极矩 μ，但无法单独测定偶极长 d 及偶极电荷量 q。

此外，由表 12.7 所列各种卤化氢(HX)的键长(R)和偶极矩(μ)数据可见，由 HF 到 HI，虽然 R 增大，但 μ 却依次减小。这是因为从 F 到 I 原子的电负性降低，偶极长 d 减小的缘故。现假设 HX 分子中 H 原子的电子完全偏向于卤素原子一边形成典型的离子键，偶极电荷就应该是一个电子的电荷量，$e=1.60\times10^{-19}$ C(或 4.80×10^{-10} esu)，此时键长(R)应等于偶极长(d)，故由计算可得 $\mu_{计}=eR$。这个数值自然与实验测定的 $\mu_{实}$ 不相等，有人建议用($\mu_{实}/\mu_{计}$)×100%来表示分子的电价性(或离子性)百分数(%)。由表 12.7 列出的数据可见，HI 只有 5% 的离子性，而 HF 是 41%。这是偶极矩的另一个用途。

表 12.7　卤化氢的电价性比较

分　子	键长(R)/pm	计算偶极矩($\mu_{计}=eR$)/10^{-30} C·m	实验测得偶极矩($\mu_{实}$)/10^{-30} C·m	离子性百分数($\mu_{实}/\mu_{计}$)/(%)
H_2	74.6	11.9 (3.54 D)	0.00	0
F_2	142	22.7 (6.80 D)	0.00	0
HI	160	25.6 (7.67 D)	1.40 (0.42 D)	5
HBr	141	22.6 (6.77 D)	2.67 (0.80 D)	12
HCl	127	20.3 (6.10 D)	3.60 (1.08 D)	18
HF	91.7	14.7 (4.41 D)	6.37 (1.91 D)	41

分子光谱是提供有关化学键信息的重要实验方法之一②。与原子光谱类似，分子光谱是表示分子中电子在不同量子状态(分子轨道)之间跃迁时，或分子因内部运动(转动，振动)激烈程度不同而处于不同

---

① 根据矢量加和规则，可以由实验测得的 H_2O 分子偶极矩值推算 H—O 键矩 μ(H—O)为

$$\mu_{(H_2O)}=2\mu_{(H-O)}\cos\frac{\theta}{2},\quad 1.85=2\,\mu_{(H-O)}\cos\frac{105^\circ}{2}$$

即

$$\mu_{(H-O)}=\frac{1.85}{2\cos52.5^\circ}=1.51\ \mathrm{D}$$

② 测定键参数的另一个重要实验方法是 X 射线晶体衍射法，于第 13 章介绍。

量子状态时，分子吸收或辐射光子而产生的光谱。当分子吸收能量不同的光子时分别能引起分子转动、振动和价层电子在能级间跃迁，从而得到相应的各种光谱线。因为分子吸收某一波长光子引起上述各分子运动同时发生，所以分子光谱不像原子光谱那样是线状谱线，而是同时有许多条相距很近的密集谱线形成的带状光谱。根据归纳出的大量光谱实验数据和量子力学所得分子转动、振动能量公式，即可求得分子一些键参数数据，从而推断出分子的结构。对比图 12.23 和图 11.9(氢原子谱线形成示意图)，可得到分子光谱形成的初步概念。

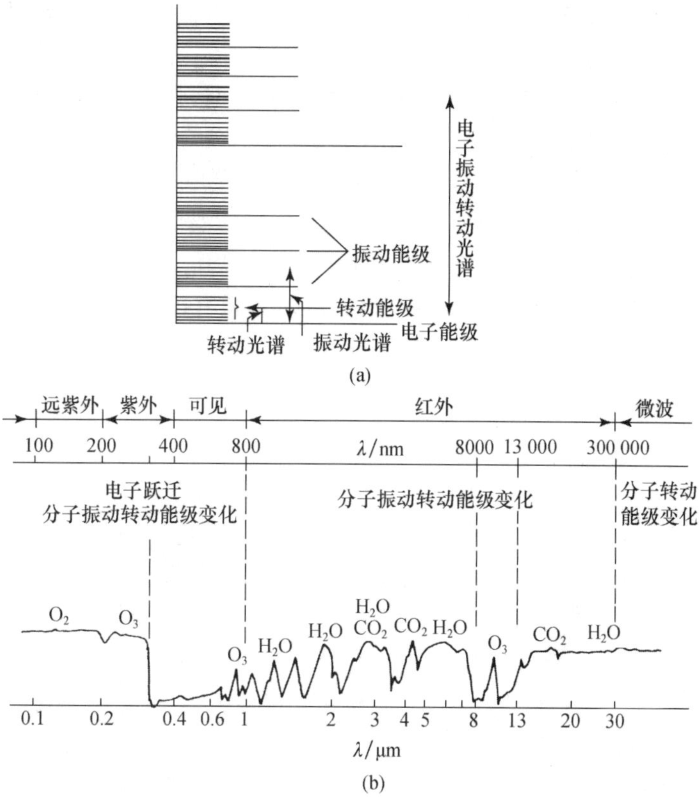

图 12.23 分子能级示意(a) 和一些多原子分子吸收光谱图(b)

(注：图中波长坐标未按比例)

图 12.23 给出一些多原子小分子如 H_2O、CO_2、O_3 等的吸收光谱分布。这些结构不同的多原子分子由于吸收红外(或微波)的长波辐射处于各种转动、振动或电子运动的激发状态，可以通过计算分别获得一些它们的键参数信息。这些激发态的小分子常存在于地球表面，它们极不稳定，可以将吸收的光子立即以热或其他长波辐射型式释放出来，其本身由激发态回到基态。由于这种逆辐射造成地球温室效应，随着全球矿物燃料消耗量的迅速增长，排放到大气中的 CO_2 等分子剧增。当代科学家认为，可能这就是引起温室效应加剧而导致全球气候变暖的根源。

12.7 金属键理论

(Metallic Bond Theory)

周期表中约有 4/5 元素是金属元素。除金属汞在室温是液态外，所有金属在室温都是固体，且通常以多晶形式存在，其共同特征是：**具有金属光泽、能导电传热、富有延展性**。金属的特性是由金属内部特有的化学键的性质所决定。

金属原子的半径都比较大，价电子数目较少，因此与非金属原子相比，原子核对其本身价电子或其他原子电子的吸引力都较弱，电子容易脱离金属原子成为自由电子或离域电子。这些电子不再属于某一金属原子，而可以在整个金属晶体中自由流动，为整个金属所共有，留下的正离子就浸泡在这些自由电子的“海洋”中[图 12.24(a)]。金属中这种**自由电子与正离子间的作用力**将金属原子胶合在一起而成为金属晶体，这种作用力即称为**金属键**。

金属的特性和其中存在着自由电子有关。自由电子并不受某种具有特征能量和方向的键的束缚，所以它们能够吸收并重新发射很宽波长范围的光线，使金属不透明而具有金属光泽。自由电子在外加电场的影响下可以定向流动而形成电流，使金属具有良好导电性。由于自由电子在运动中不断地和金属正离子碰撞而交换能量，当金属一端受热，加强了这一端离子的振动，自由电子就能把热能迅速传递到另一端，使金属整体的温度很快升高，所以金属具有好的传热性。又由于自由电子的胶合作用，当晶体受到外力作用时，金属正离子间容易滑动而不断裂，所以金属经机械加工可压成薄片和拉成细丝，表现出良好的延展性和可塑性。对比离子晶体就不具有这些性质了，当外力作用时离子层发生移动，使得相同电荷的离子靠近，由于斥力增加，导致离子晶体碎裂，如图 12.24(b)所示。

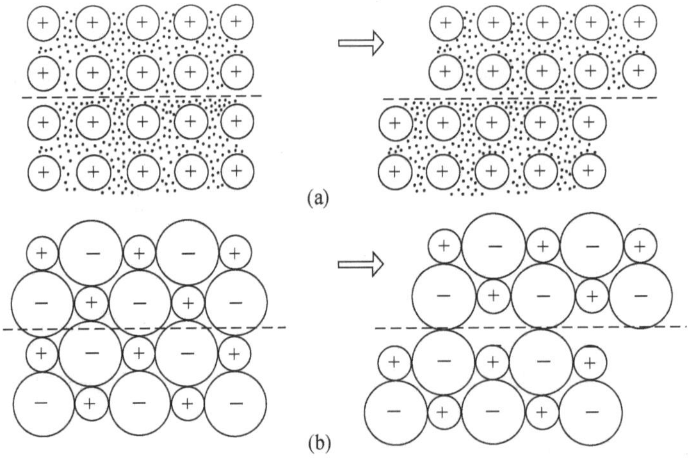

图 12.24　外力作用下金属晶体(a)和离子晶体(b)内部结构的变化

经典的自由电子“海洋”概念虽能解释金属的某些特性，但关于金属键本质的更加确切的阐述则需借助近代物理的能带理论。能带理论把金属晶体看成一个大分子，这个分子由晶体中所有原子组合而成。由于各原子原子轨道之间的相互作用便组成一系列相应的分子轨道，其数目与形成它的原子轨道数目相同。根据分子轨道理论，一个气态双原子分子 Li_2 的分子轨道是由 2 个 Li 原子的原子轨道($1s^2 2s^1$)组合而成，2 个 Li 原子所提供的 6 个电子在分子轨道中的分布如图 12.25(a)所示。成键价电子对占据 σ_{2s} 分子成键轨道，而 σ_{2s}^* 反键轨道没有电子填入。现在若有 n 个 Li 原子聚积成金属晶体大分子，则各价电子波函数将相互重叠而组成 n 个分子轨道，其中 $n/2$ 个分子轨道有电子占据，而另 $n/2$ 个是空着的，如图 12.25(b)所示。

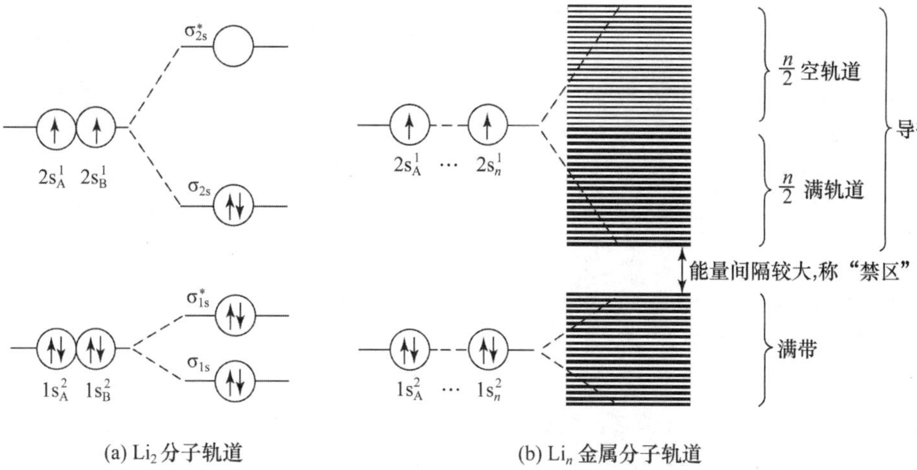

图 12.25 比较 Li_2 双原子分子的分子轨道和 Li_n 金属分子轨道(能带模型)

由于金属晶体中原子数目 n 极大,所以这些分子轨道之间的能级间隔极小,形成所谓能带(energy band)。由已充满电子的原子轨道所形成的低能量能带,称为满带;由未充满电子的能级所组成的高能量能带,称为导带;满带与导带之间的能量间隔较大,电子不易逾越,故又称为禁带或禁区。

价电子半充满的导带相当于生成了较稳定的金属键,价电子在这一系列离域分子轨道中无规则的运动贯穿于整个晶体,从而将无数金属正离子联系在一起。金属成为导体也是由于价电子能带尚未充满①,其中有很多能量相近的空轨道,故在外电场作用下,电子被激发到未充满的轨道中向一个方向运动形成电流。温度增加,使金属晶格中的正离子热振动加剧,电子与它们碰撞的频率增加,从而导电能力降低。

金属键强弱与各金属原子的大小、电子层结构等许多因素密切有关,这是一个比较复杂的问题。金属键强弱可以用金属原子化热来衡量。金属原子化热是指 1 mol 金属变成气态原子所需要吸收的能量(如 298 K 时的气化热)。一般说来金属原子化热的数值较小时,这种金属的质地较软,熔点较低;而金属原子化热数值较大时,这种金属质地较硬而且熔点较高。附录 D.6 列出了各金属原子化热和熔点数据以便比较。

12.8 分子间作用力和氢键

(Intermolecular Force and Hydrogen Bond)

12.8.1 分子间作用力

前面我们讨论了三类化学键(离子键、共价键、金属键),它们都是分子内部原子间的作用力,原子通过这些化学键结合成各种分子和晶体。但除了这些原子间较强的作用力以外,分子

① 如金属价电子能带已经填满,也可能与较高能量的空能带发生重叠,例如 Be 的 2s 满带(Be 的电子构型为 $1s^2 2s^2$)可与空的 2p 能带重叠,2s 电子可以跃迁到 2p 能带中使 Be 金属有导电性。

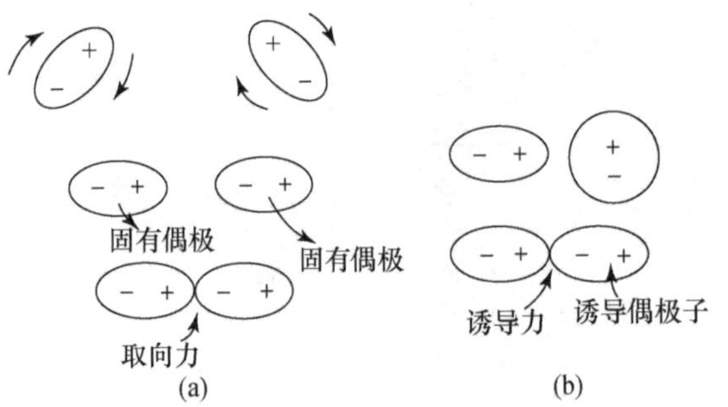

图 12.26　取向力和诱导力的产生

(a) 极性分子相互作用，(b) 极性分子与非极性分子相互作用

与分子之间还存在一种比化学键弱得多的相互作用力，就是靠这种分子间作用力，气体分子才能凝聚成相应的液体和固体。19 世纪后期(1873 年)，van der Waals 就发现实际气体的行为偏离理想气体。van der Waals 气体方程式中的修正项与分子间作用力有关，后来人们就把这种分子间作用力称为 van der Waals 引力，它由取向力、诱导力、色散力三部分组成。

1. 取向力

这是指极性分子和极性分子之间的作用力。极性分子是一种偶极子，它们具有正负两极。当两个极性分子相互靠近时，同极排斥，异极相吸，使分子按一定的取向排列，如图 12.26(a)，从而使化合物处于一种比较稳定的状态。这种固有偶极子之间的静电引力叫做**取向力**(又称库仑力、定向力或偶极力)。

2. 诱导力

这是发生在极性分子和非极性分子之间以及极性分子和极性分子之间的作用力，又称 Debye 力。当极性分子与非极性分子相遇时，极性分子的固有偶极所产生的电场，使非极性分子电子云变形(即电子云偏向极性分子偶极的正极)，结果使非极性分子正负电荷重心不再重合，从而形成诱导偶极子，如图 12.26(b)。极性分子固有偶极与非极性分子诱导偶极间的这种作用力称为**诱导力**。在极性分子之间，由于它们相互作用，每一个分子也会由于变形而产生诱导偶极，使极性分子极性增加，从而使分子之间的相互作用力也进一步加强。

3. 色散力

非极性分子(O_2、N_2 和稀有气体原子等)在一定条件下也都可以液化或固化，说明它们的分子间也存在一定作用力。通常情况下非极性分子的正电荷与负电荷重心是重合的，但在核外电子的不断运动以及原子核的不断振动过程中，就有可能在某一瞬时产生电子与核的相对位移，造成正负电荷重心分离，产生瞬时偶极。这种瞬时偶极可使和它相邻的另一非极性分子产生瞬时诱导偶极，于是两个偶极处在异极相邻的状态，而产生分子间吸引力(图 12.27)，这种由于分子不断产生瞬时偶极而形成的作用力叫做**色散力**(dispersion force)，又称 London 力。虽然瞬时偶极存在的时间极短，但异极相邻的状态却是不断地重复出现，使得分子之间始终存在这种作用力。

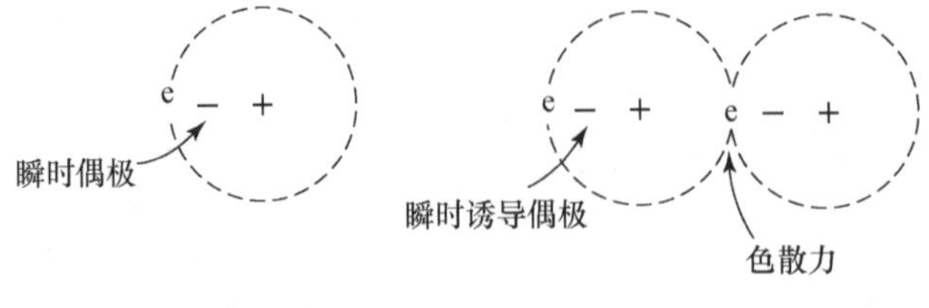

图 12.27　非极性分子相互作用时的情况

综上所述，分子间的作用力可分为 3 种：在非极性分子之间只有色散力的作用；而在极性分子和非极性分子之间有诱导力和色散力的作用；在极性分子之间，除了有取向力的作用外，

还有色散力和诱导力的作用。根据量子力学计算结果，表12.8中列出了一些分子3种作用力的能量分配情况。除极少数强极性分子(如HF、H_2O)外，大多数分子间的作用力以色散力为主，可见色散力是普遍存在于各种分子之间的。

表 12.8 分子间作用能的分配

分子	偶极矩($\mu_{实}$)/10^{-30} C·m	取向力/kJ·mol^{-1}	诱导力/kJ·mol^{-1}	色散力/kJ·mol^{-1}	总作用力/kJ·mol^{-1}
Ar	0	0.00	0.00	8.50	8.50
CO	0.39	0.003	0.008	8.75	8.75
HI	1.40	0.025	0.113	25.87	26.00
HBr	2.67	0.69	0.502	21.94	23.11
HCl	3.60	3.31	1.00	16.83	21.14
NH_3	4.90	13.31	1.55	14.95	29.60
H_2O	6.17	36.39	1.93	9.00	47.31

分子间作用力就其本质来说是一种静电力，只有在分子相距甚近(约500 pm以内)时才起作用；当分子稍为远离时，分子间作用力迅速减弱(与分子间距离的六次方成反比)。根据量子力学理论计算，取向力和诱导力都与分子的偶极矩平方成正比，亦即分子的极性越强，作用力也越大(表12.8中所列数据可以说明)。诱导力还与被诱导的非极性分子或极性分子本身的变形性①有关，如分子中各原子外层电子数目较多，电子离核较远，则在邻近原子静电力作用下越易变形，原子相互吸引也越强。色散力大小主要与相互作用分子的变形性有关，一般说来，分子的体积越大，其变形性也越大，分子间的色散力随之增强。除了取向力与温度有关(温度越高，取向力越弱)以外，其余两种作用力，受温度的影响不大。

分子间作用力比化学键弱得多。化学键键能约为100～600 kJ·mol^{-1}；而分子间作用力一般在2～20 kJ·mol^{-1}之间，比化学键键能小约1～2个数量级。分子间作用力一般说没有方向性和饱和性。只要分子周围空间允许，当气体分子凝聚时，它总是吸引尽量多的其他分子于其正负两极周围。

分子间作用力大小与物质的物理化学性质，如沸点、熔点、气化热、熔化热、溶解度、黏度等密切有关。例如F_2、Cl_2、Br_2、I_2的熔点随相对分子质量增大而依次升高(见表12.9)，在常温下F_2、Cl_2是气体，Br_2是液体，而I_2是固体。因为它们都是非极性分子，分子间色散力随相对分子质量增加、分子变形性增大而加强。稀有气体从He到Xe在水中溶解度依次

表 12.9 卤素的熔点与沸点

	F_2	Cl_2	Br_2	I_2
熔点/℃	−223	−102.4	−7.3	113.6
沸点/℃	−187.9	−34.0	58.0	184.5

① 变形性指在外电场作用下，电子云变形的能力。参考13.5.2节中离子极化部分。

增加(表 12.10)，也是因为由 He 到 Xe 原子体积逐渐增加，致使水分子与稀有气体间的诱导力依次加大。烷烃(C_nH_{2n+2})的熔点与沸点随相对分子质量和分子体积加大而依次增加，二十(碳)烷的沸点比乙烷的沸点高 500 多度(见图 12.28)。

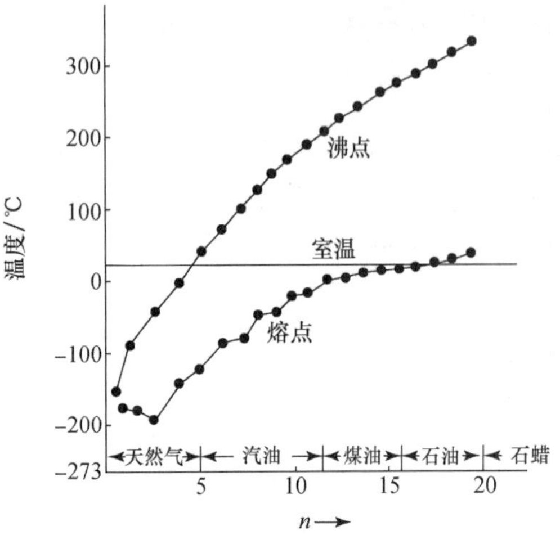

图 12.28　C_nH_{2n+2} 的熔点与沸点随 n 的变化

表 12.10　稀有气体溶解度的变化(20℃)

气　体	溶解度/($cm^3 \cdot dm^{-3}$ H_2O)
He	13.8
Ne	14.7
Ar	37.9
Kr	73
Xe	110.9

此外，当分子借 van der Waals 引力相互靠近时，其接近程度是有限的。因为分子相互非常接近时，电子云又会互相排斥而使分子远离。引力和斥力达成平衡时，分子间保持一定的接触距离。相邻两个分子中相互接触的那两个原子的核间距离的一半叫做 **van der Waals 半径**。例如在 Cl_2 晶体中，相邻两个 Cl_2 分子相互接触的两个 Cl 原子核间距离约为 360 pm，它的一半 180 pm 就是 Cl_2 的 van der Waals 半径。Cl_2 的 van der Waals 半径比 Cl 的共价半径 99 pm 大得多(图 12.29)。掌握这些数据对研究分子的立体模型和性质是不可缺少的。

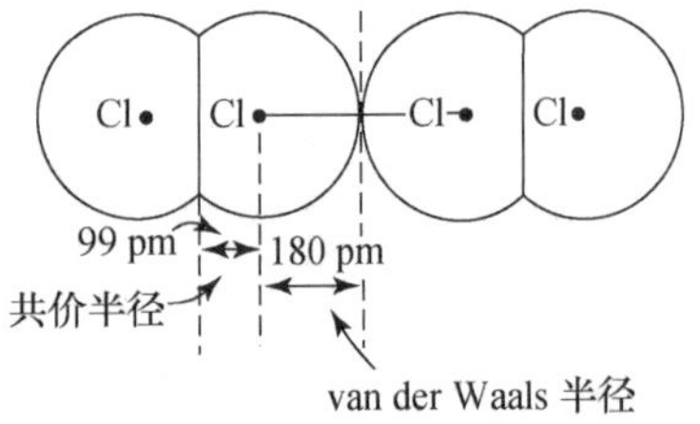

图 12.29　van der Waals 半径示意图

除了对于物质物理性质影响之外，在化学前沿日益走向精细和深入的今天，分子间作用力对于分子组装、分子器件以及蛋白质折叠等新兴领域也有着特殊的意义。van der Waals 力是一种近程发挥作用，而远程衰减很快的静电力。人们相信，蛋白质和酶等大分子的生物功能与它们的构象密切相关，而这些令人叹为观止的、高度有序的三维结构几乎完全是依靠 van der Waals 力及氢键建立起来的(除此之外，蛋白质中也有少量的二硫键)。然而，直到今天人们对于 van der Waals 力的了解仍非常有限，仍然不能准确地给出 van der Waals 力的数学形式，也不能准确预测它们所导致的结果。这主要是因为这些相互作用力太微弱了，因而从事这个方面的研究工作，无论对于实验化学家还是理论化学家都是异常艰巨的挑战。

12.8.2　氢键

它是一种存在于分子之间、也存在于分子内部的作用力，比化学键弱而比 van der Waals 力强。例如，在氧族氢化物 H_2O、H_2S、H_2Se、H_2Te 熔点沸点递变规律中，H_2O 显得特殊；NH_3 在氮族氢化物中，HF 在卤族氢化物中都有类似情况，而 CH_4 在碳族氢化物中则不然。

上述的“特殊性”即缘于 H_2O、NH_3、HF 分子间存在着氢键。

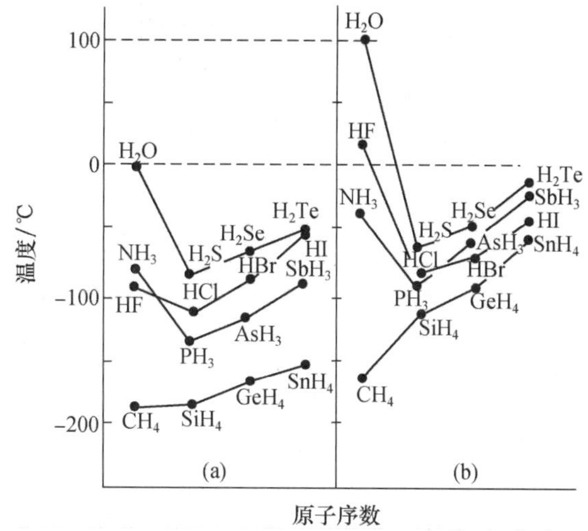

图 12.30　ⅤA、ⅥA、ⅦA 族元素氢化物熔点(a)与沸点(b)变化

所谓氢键，是指分子中与高电负性原子 X 以共价键相连的 H 原子，和另一分子中一个高电负性原子 Y 之间所形成的一种弱键

$$X—H\cdots Y$$

X、Y 均是电负性高、半径小的原子，最常见的有 F、O、N 原子[电负性：F(4.0)，O(3.4)，N(3.0)]。当 H 原子和 F、O、N 以共价键结合成 HF、H_2O 和 NH_3 等分子时，成键的共用电子对强烈地偏向于 F、O、N 原子一边，使得 H 原子几乎成为“赤裸”的质子。由于质子的半径特别小(30 pm)，它可以把另一分子中的 F、O 或 N 原子吸引到它的附近而形成氢键。氢键的特征有以下两点：

(1) 它比化学键弱很多，但比 van der Waals 引力稍强。其键能是指由 X—H⋯Y—R 分解成 X—H 和 Y—R 所需的能量，约在 10～40 $kJ \cdot mol^{-1}$ 范围内。氢键键长是指 X—H⋯Y 中 X 原子中心到 Y 原子中心的距离，它比 van der Waals 半径之和要小，但比共价键键长(共价半径之和)要大得多。表 12.11 列出了几种常见氢键的键能和键长：F—H⋯F 的氢键最强，O—H⋯O 次之，其余由强至弱的顺序为 N—H⋯F、N—H⋯O、N—H⋯N 等。Cl 的电负性和 N 相同，但半径比 N 大，只能形成极弱氢键(O—H⋯Cl)，O—H⋯S 氢键更弱。另外，C 因电负性甚小，一般不形成氢键。所以，氢键的强弱与 X、Y 的电负性和半径大小有密切关系。

(2) 传统上认为氢键具有方向性和饱和性，但是，普通氢键一般以静电力为主，而静电作用没有方向性和饱和性，因此氢键并不具有共价键那样的方向性或饱和性。氢键的方向性和饱和性更类似于偶极相互作用。常见的氢键键角接近 180°[①]，氢键中氢的配位数多数为 2。近年以来也有实验和理论证明，某些超强氢键具有接近共价键的键长和键能，显示出共价性。因此，关于氢键的本质问题目前仍然有争议。

---

① 氢键的键角不都是 180°，特别是分子内氢键。

由表 12.11 和表 12.12 可以看到，氢键的键长和键能范围是相当大的，也就是说，很多化合物之间可以形成或强或弱的氢键。新近发现的一些极端的例子包括 C—H 与适当的氢键受体形成氢键，π 电子也可以作为质子受体与质子给体形成氢键。

表 12.11　一些氢键的键能和键长

X—H···Y	键能/(kJ·mol^{-1})	键长/pm	代表性化合物
F—H···F	28.1	255	$(HF)_n$
O—H···O	18.8	276	冰
	25.9	266	甲醇，乙醇
N—H···F	20.9	268	NH_4F
N—H···O	20.9	286	CH_3CONH_2
N—H···N	5.4	338	NH_3

表 12.12　氢键强度的分类

分　类	举　例	键长/pm	键能/(kJ·mol^{-1})
弱氢键	$H_2NH\cdots NH_3$	338	5.4
中强氢键	$H_2O\cdots HOH$	276	18.8
强氢键	KH_2PO_4	255	40
超强氢键	$H_2OH^+\cdots OH_2$	240	150

由于氢键的存在，冰和水具有很多不寻常的性质。例如冰结构中每个 H 都参与形成氢键，使 H_2O 分子之间构成一个四面体向的骨架结构，如图 12.31 所示。在冰的结构中，因 O 的配位数是 4，每一个 O 原子周围有 4 个 H 原子：其中 2 个 H 是共价结合，另外 2 个 H 离得稍远，是氢键结合。由此形成一个有很多"空洞"的结构，从而使冰的密度小于水。所以，冰是浮在水面上的。正是由于氢键造成的这一重要自然现象，才使冬季江湖中一切生物免遭冻死的灾难。当冰在冰点融化时，部分氢键被破坏，冰的骨架结构总体崩溃而变成水，但这时水中仍有大量的氢键存在。实验测得冰的熔化热只有 5.0 kJ·mol^{-1}，它约占氢键键能(18.8 kJ·mol^{-1})的 30%，可见冰刚融化后的水中仍有许多类似冰的以氢键结合的$(H_2O)_n$小团簇。随着温度的升高，水中小团簇也不断破坏，使水的体积进一步收缩，密度又增大；但如果温度再升高，由于热膨胀，又使水的密度降低。其结果造成约在 4℃时，水的摩尔体积最小、密度最大(1.000 g·cm^{-3})。在液态水的升温过程中总会涉及水中氢键的断裂，需要付出额外的能量，因此水相对于其他液体而言，具有很大的比热容，甚至升温到 100℃，因水中仍有足够多的氢键存在，使得水的蒸发热大于其他液体。

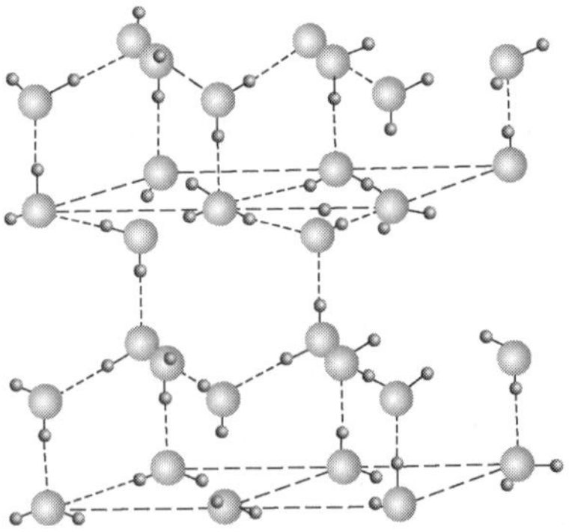

图 12.31　冰的四面体向骨架结构

氢键对于生命非常重要，因为生物体内的蛋白质和 DNA(脱氧核糖核酸)的分子内或分子间都存在着大量的氢键。蛋白质分子是许多氨基酸以酰胺键(见左图，又称肽键)连接而成，这些长键分子之间又是靠羰基上的氧和氨基上的氢以氢键(C=O···H—N)彼此在折叠平面上相连接，见图 12.32(a)。蛋白质长链

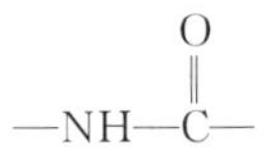

分子本身又可成螺旋形排列，螺旋各圈之间也因存在上述氢键而增强了结构的稳定性，见图 12.32(b)。此外，更复杂的DNA双螺旋结构也是靠大量氢键[以图12.32(c)中横线表示]相连而稳定存在。由此可见，没有氢键的存在，也就没有这些特殊而又稳定的大分子结构，也正是这些大分子支撑了生物机体，担负着贮存营养、传递信息等一切生物功能。

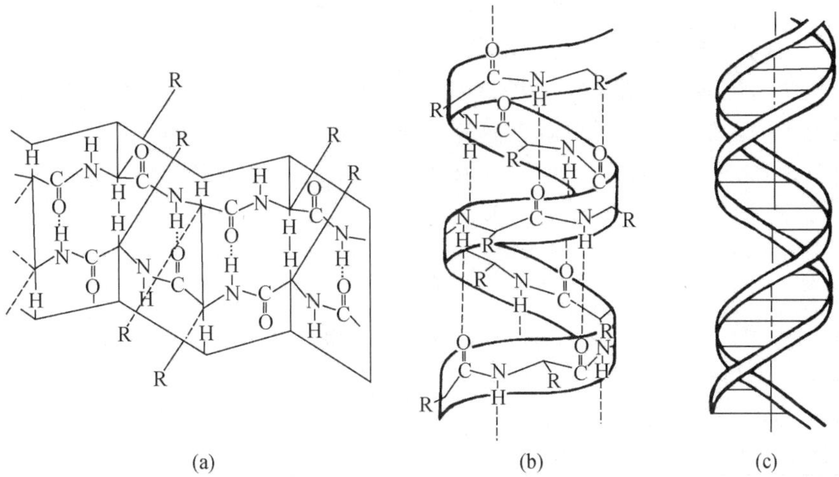

图 12.32 蛋白质多肽折叠结构模式(a)、蛋白质 α-螺旋结构模式(b)和DNA双螺旋结构模式(c)

氢键不仅能存在于分子之间，也能存在于一些小分子内部，形成分子内氢键。例如邻硝基苯酚可以形成内氢键(图12.33)，而间、对位硝基苯酚则不能形成内氢键。由于内氢键的生成，减少了分子之间的氢键作用，致使前者的熔、沸点明显低于后两者。

总之，氢键相当普遍地存在于许多化合物与溶液之中。虽然氢键键能不大，但在许多物质如水、醇、酚、酸、氨、胺、氨基酸、蛋白质、碳水化合物、氢氧化物、酸式盐、碱式盐(含OH基)、结晶水合物等的结构与性能关系的研究过程中，氢键的作用是绝不可忽视的。由于氢键的特殊性，近年来关于氢键本质以及氢键性质的研究进展很快。人们对于氢键在生物分子、酶催化反应、分子组装以及材料性质等领域中的潜在应用寄予了极大的热情，也越来越关注这些曾经被忽略的弱分子间(内)作用力所具有的巨大潜力。

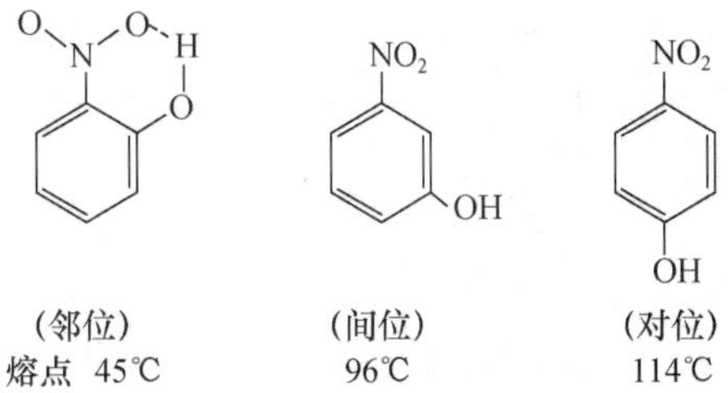

图 12.33 内氢键对各种硝基苯酚熔点的影响

小 结

本章着重讨论了离子键、共价键、金属键三类化学键的特征和它们之间的差别：离子键的实质是原子在得到或失去电子后所形成的正、负离子之间静电相互作用力；金属键则是金属原子的自由电子与金属正离子之间的作用力。这两种键都没有方向性和饱和性，键的强弱分别可用离子晶体的晶格能和金属的原子化热来衡量。共价键理论包括经典Lewis八隅体假说、价键理论和分子轨道理论。价键理论依据量子力学中波的叠加原理阐明了由原子“轨道”相互重叠电子配对形成共价键的过程。同一原子中几种能量相近的原子轨道也可以相互叠加组成等能量的杂化轨道。杂化轨道理论很好地解释了共价分子的几何构型，与用价层电子对互斥理论对分子几何构型的解释相吻合。分子轨道理论从原子轨道的线性组合出发，着眼于分子的整体性，解释了价键理论所不能说明的单电子键和三电子键、分子的磁性以及比较复杂的分子结构和性质的关系等。价键理论和分子轨道理论在许多方面结论一致。这两种理论互相补充，目前尚无一种统一的理论可以完全取代它们。

分子间作用力包括取向力、诱导力和色散力三部分。共价化合物的熔沸点、溶解度等都与分子间作用力有关。氢键是一种特殊的具有方向性和饱和性的分子间作用力，在一定条件下氢键也可以出现在分子内部，许多物质的物理性质与氢键的存在密切有关。

课外读物

[1]　甘兰若. 离子化合物和离子键有哪些特点. 化学通报，1978，(2)，45

[2]　袁履冰. 鲍林及其共振论简评. 化学教育，1981，(1)，1

[3]　田荷珍，等. 试评价层电子对排斥理论. 化学教育，1981，(增刊 1)，72

[4]　袁德俊. 怎样解释金属的光泽和颜色. 化学教育，1984，(1)，5

[5]　段连运，等. 决定物质性质的一种重要因素——分子间作用力. 大学化学，1989，(2)，1

[6]　吴贵集，等. 介绍一种判断小分子或离子中原子杂化轨道类型的方法. 大学化学，1991，(6)，1

[7]　杨骏英，华彤文. 环境化学知识可渗入普通化学. 大学化学，1994，(5)

[8]　G R Desiraju. Chemistry beyond the molecule. Nature，2001，412，397

[9]　J M Galbraith. On the role of d orbital hybridization in the chemistry curriculum. J Chem Educ，2007，84，783

[10]　S C A H Pierrefixe, et al. Hypervalent carbon atom：'freezing' the S_N2 transition state. Angew Chem Int Ed Engl，2009，48，6469

思　考　题

1. "离子键没有饱和性和方向性"和"离子在一定晶体中有一定配位数，而且配位的异电荷离子位置一定(有四面体向和八面体向等)"。这两种说法是否矛盾？

2. 我们在使用许多无机固体试剂，如 NaCl、$AgNO_3$、Na_2CO_3 等时，常计算其"分子量"。在这些场合，"分子量"一词是否确切？如不确切，为什么在化学计算中又可以这样做？确切的名词应是什么？

3. 离子半径的周期变化有哪几条重要规律？试简单解释之。

4. 共价键饱和性和方向性的根源是什么？

5. 从以下诸方面比较 σ 键和 π 键：原子轨道的重叠方式，成键电子的电子云分布，原子轨道的重叠程度(键能大小)，成键原子轨道种类，价键上电子的活泼性，电子云是否集中，容易不容易被极化。

6. 从以下诸方面比较 sp^3、sp^2、sp 杂化轨道：用于杂化的原子轨道，s 和 p 的成分，杂化轨道数，杂化后剩下的 p 轨道数，键角，杂化轨道形成键的类型(σ 或 π)，轨道上电子的几何分布，键能大小。

7. 试比较和评价用价层电子对互斥理论或杂化轨道理论来确定分子几何构型的优缺点。

8. 为什么 $COCl_2$ 是平面三角形结构？试说明∠ClCO>120°而∠ClCCl<120°。

9. (1) 简述价键理论和分子轨道理论的基本要点，并分别用它们解释 H_2、O_2、F_2 分子的结构。

(2) 试比较共价键和离子键、金属键的本质和特点，反映在有关单质及化合物性质上有何不同？

10. 判断下列说法是否正确，为什么？

（1）分子中的化学键为极性键，则分子为极性分子；

（2）van der Waals 力是属于一种较弱的化学键；

（3）氢化物分子间能形成氢键。

习　题

12.1　写出下列各离子的核外电子构型，并指出它们分别属于哪一类的离子构型：Al^{3+}，Fe^{2+}，Bi^{3+}，Cd^{2+}，Mn^{2+}，Hg^{2+}，Ca^{2+}，Br^{-}。

12.2　试由以下数据画出 Born-Haber 循环，并计算氯化钾的晶格能（$kJ \cdot mol^{-1}$）。

$$K(s) \longrightarrow K(g) \qquad \Delta H_1 = 89\ kJ \cdot mol^{-1}$$
$$Cl_2(g) \longrightarrow 2Cl(g) \qquad \Delta H_2 = 243\ kJ \cdot mol^{-1}$$
$$K(g) \longrightarrow K^+(g) + e \qquad \Delta H_3 = 419\ kJ \cdot mol^{-1}$$
$$Cl(g) + e \longrightarrow Cl^-(g) \qquad \Delta H_4 = -349\ kJ \cdot mol^{-1}$$
$$K(s) + \frac{1}{2}Cl_2(g) \longrightarrow KCl(s) \qquad \Delta H_5 = -436.5\ kJ \cdot mol^{-1}$$

12.3　根据 BaO 生成焓及其他数据，按 Born-Haber 循环计算氧的第二电子亲和能（Ba 的 $I_2 = 10.00$ eV，BaO 的晶格焓为 3054 $kJ \cdot mol^{-1}$）。

12.4　根据查得的 NH_4Cl(cr)生成焓、晶格焓（$-663\ kJ \cdot mol^{-1}$）以及其他必要数据组成循环，计算气态 NH_3 的质子亲和焓。

12.5　试总结第二周期元素 Be、B、C、N、O、F 生成共价单键的规律性，并填入下表中：

	Be	B	C	N	O	F
元素的电子层结构						
最外层总轨道数						
成键时的最高未配对电子数（即生成共价键数）						
成键后最高孤电子对对数						
成键后余下空轨道数						

12.6　画出下列各分子（或离子）的 Lewis 结构：

CO_2，Cl_2CO，ClO_3^-，PH_4^+，HO_2^-，CN^-，$F_2N—NF_2$，$H_2C═CHCl$，$HO—NO_2$，$H_3C—CHO$，N_2O_3。

12.7　画出 Si、P、S 在生成 SiF_4、PCl_3、SF_4 3 种化合物时的杂化轨道类型。（注明是等性或不等性。）

12.8　指出下列各分子中各个 C 原子所采用的杂化轨道：（1）CH_4；（2）C_2H_2；（3）C_2H_4；（4）H_3COH；（5）CH_2O；（6）$H_3C—\underset{\underset{O}{\|}}{C}—\underset{\underset{H}{|}}{C}═\underset{\underset{H}{|}}{C}—CH_3$。

12.9　在 OF_2、NF_5、XeF_4 中，可能存在的分子及其几何构型；N_2H_4 是极性分子，N 原子以何种杂化轨道成键，最多会有几原子共面？

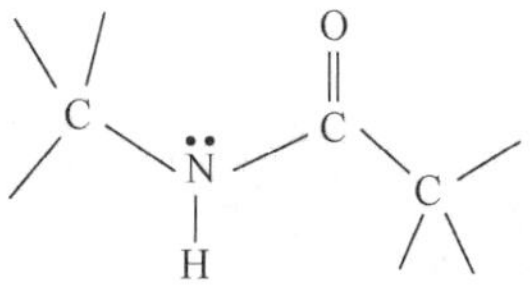

12.10　含碘的化合物常用来制备防腐和消毒用的药物，其中某一种碘化合物的分子式是 HC_4NI_4，请写出它的 Lewis 结构（其中 4 个碳和 1 个氮组成五元环）。

12.11　蛋白质是由多肽链组成，多肽链的基本单元如右图。注明各原子间是什么类型的键，并由此推测 6 个原子能共平面的主要原因。

12.12　写出下列分子或离子可能的共振体：

(1) NO_2^- 和 O_3；(2) SO_3 和 CO_3^{2-}。

12.13　写出所有第二周期同核双原子分子的分子轨道表示式，其中哪些分子不能稳定存在？哪些分子是顺磁性，哪些是反磁性？

12.14　画出 NO 分子轨道能级图(能级高低次序与 N_2 相似)，分别写出 NO、NO^+ 的分子轨道表示式，计算键级，比较稳定性，并解释之。

12.15　试用价层电子对互斥理论，判断下列分子或离子的空间几何构型：

NO_2，NF_3，SO_3^{2-}，ClO_4^-，CS_2，BO_3^{3-}，SiF_4，H_2S，AsO_3^{3-}，ClO_3^-。

12.16　填充下表：

分子或离子	中心原子杂化轨道类型	电子对几何分布	分子几何构型 (中英文名称)	VSEPR 符号
H_2S				
$SbCl_5$				
ICl_3				
AlF_6^{3-}				
XeF_4				

12.17　根据价层电子对互斥理论，写出 NH_2OH、CH_3COOH、CH_3OCH_3 几种分子的几何构型，并注明每一个键的键型和键角的大概数值。

12.18　光化烟雾中最有害的化合物有过氧化乙酰基硝酸酯和丙烯醛，其分子骨架分别为

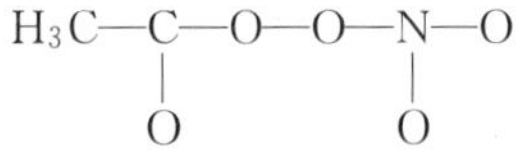

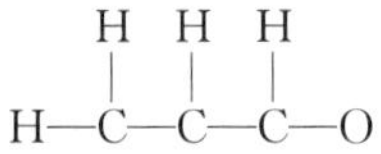

试粗略画出其几何构型和 Lewis 结构，指明各键角约为多少。

12.19　判断下列各组化合物中，哪种化合物键的极性较大：

(1) ZnO，ZnS；(2) HI，HCl，HF，HBr；(3) H_2S，H_2Se，H_2Te；(4) NH_3，NF_3；(5) F_2O，H_2O。

12.20　指出题 12.15 所有分子(或离子)中哪些是偶极子？哪些是非偶极子？

12.21　判断下列各组分子之间存在什么形式的分子间作用力：

(1) H_2S；(2) CH_4；(3) Ne 与 H_2O；(4) CH_3Br；(5) NH_3；(6) Br_2 与 CCl_4。

12.22　按沸点由低到高的顺序依次排列下列两个系列中的各个物质，并说明理由。

(1) H_2，CO，Ne，HF；(2) CI_4，CF_4，CBr_4，CCl_4。

12.23　比较下列各组中两种物质的熔点高低，简单说明原因：

(1) NH_3，PH_3；(2) PH_3，SbH_3；(3) Br_2，ICl。

12.24　利用键能数据估算：

(1) P_4 原子化能；(2) 金刚石气化热；(3) 冰的气化热。

第 13 章　晶体与晶体结构

物质常见的三态是气态、液态和固态，本书第 2 章和第 3 章已介绍了气态、液态的一些基本性质，本章将主要讨论固态物质。固态物质简称为固体，在固体中，原子、分子、离子或原子团等被限制在固定的位置周围振动，所以固体具有比较刚性的结构，难以被压缩。固体可以是晶态或非晶态，晶体以其结构中原子、分子、离子或原子团的有规则排列而区别于非晶体。晶体随处可见，在日常生活中起着非常重要的作用，例如，食盐、糖、苏打、红宝石、金刚石、石英等都属晶态。了解晶体的特征，掌握晶体结构知识，对认识物质性质具有重要意义。

晶体呈有规则的几何外形，晶体特殊的外形决定于其内在的结构。测定晶体结构最有效的方法是 X 射线衍射，随着计算机在衍射数据采集、分析及处理中的应用以及同步辐射、中子衍射、电子衍射等技术的发展，解析晶体结构的工作取得了很大的进展。人们积累了丰富的晶体结构数据，现已汇编成册或整理成数据库。常见的数据库有：无机晶体结构数据库(Inorganic Crystal Structure Database, ICSD)——主要收录无机化合物的结构数据；剑桥结构数据库(The Cambridge Structural Database, CSD)——主要收集含碳化合物的结构数据；粉末衍射文件(The Powder Diffraction File, PDF)——汇集了纯物质的粉末衍射数据，由国际粉末衍射标准联合会与衍射数据中心(Joint Committee on Powder Diffraction Standards-International Center for Diffraction Data)管理，主要用于物相的鉴定。其他还有，蛋白质数据库、金属晶体学数据文件等专业数据库，这些数据对于我们研究晶体结构有非常重要的价值。

13.1　晶体的特征

(Characteristic Properties of Crystal)

人们常从以下三方面来区别晶体和非晶体。

(1) 晶体呈**自发形成的规则的几何外形**，而非晶体没有一定的外形。

有些晶体很大，直接地呈现出美丽的多面体形状，如石英晶体呈菱柱或菱锥状，明矾晶体呈八面体形，雪花有多种形状，但都为六角形，我国古代早有“雪花多六出”的记载；有些晶体很小，肉眼看来是细粉末，似乎没有晶面，但借助于光学显微镜或电子显微镜也可以观察到它们整齐而有规则的外形，如我们可以观察到立方体状的氯化钠、棱柱状的硫酸铜、针状的羟基氧化铁等晶粒外形；而玻璃、沥青、石蜡等是非晶体，它们冷却凝固时不会自发形成多面体外形，没有特征的形状，所以又称无定形体(amorphous solids)。

(2) 晶体具有**固定的熔点**，而非晶体没有固定熔点。

如冰在 0 ℃融化，氯化钠在 801 ℃熔化，这些物质在熔点以上成液态，熔点以下成固态，在熔点液-固两相共存；而非晶体玻璃受热时，只是慢慢软化而成液态，它没有固定的熔点。

(3) 晶体显**各向异性**①(anisotropy)，而非晶体显各向同性(isotropy)。

在石英表面涂一薄层石蜡，用热的针尖接触石蜡，接触点周围石蜡熔化成椭圆形；用玻璃代替石英，熔化的石蜡则铺成圆形。这表明石英各个方向导热性不同，而玻璃的各个方向导热性都是相同的。此外，导电性、膨胀系数、折射率等也都显示类似的差别。

判别晶体、非晶体要将上述三方面综合考虑。有规则的几何外形是指物质凝固或从溶液中结晶的自然生长过程中所形成的外形，而不是指加工成某种特定的几何外形。如玻璃是非晶体，但它很容易被加工成各式各样的有规则外形。一种物质随其生长条件的不同，外形也会略有不同，如水溶液中结晶得到的氯化钠晶粒形状为立方体，而溶液中若同时含有尿素，则可以结晶为八面体。有些物质颗粒很小不易观察其外形，所以单从"外形"难于正确判断是否是晶体。固定的熔点是晶体的特征，例如铁的熔点是 1538 ℃，铜的熔点是 1085 ℃。而铁、铜等受热会变得软一些，可以进行"热轧"，但此时它们并没有液化。各向异性是晶体的重要特征，但也有例外，如氯化钠是晶体，但由于这种晶体的高度对称性，光在其中的传播速度却显各向同性。上述三点是宏观地、外表地描述晶体的特征。

17 世纪中叶，丹麦矿物学家 Steno 在仔细研究石英晶体时发现，石英晶面的形状大小尽管变化多端(如图 13.1)，但对应晶面间的夹角却相等。即不论哪一种形状的石英晶体，其 a 面与 b 面所成的夹角都相等，b 面与 c 面，c 面与 a 面之间的夹角也相等。随后人们广泛地测量各种晶体的晶面夹角，证实晶面夹角相等是普遍正确的规律，这就是晶体学的第一个定律——**晶面夹角守恒定律**。这个定律在寻找矿物、鉴定矿物等工作中至今还有实用价值。

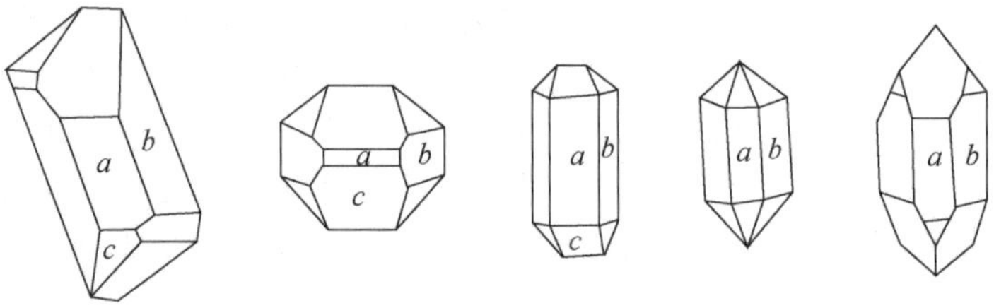

图 13.1　石英晶体的不同外形与晶面

根据晶面夹角的关系，可以"去伪存真"地找出晶体的理想外形，随之即可看到晶体外形的对称性，从而促使人们去探索晶体内部的对称规律性。

18 世纪中叶，法国科学家 Haüy 在研究方解石的解理情况时发现，各种外形的方解石都可劈成相同的菱面体，并且可以不断地劈成越来越小的菱面体。由此他设想，如果不断地分割

① 物质性质可以分为无向性和有向性两类：如密度、比热容属于无向性，而导电、导热性属于有向性。各向异性是对这类有向性而言。

下去,最后可能得到无法再分的小菱面体;反之,方解石就可以由这样一个个小菱面体单元在空间平行地、无隙地堆砌而成。同理,食盐是由一个个小的立方体堆成的。晶体的外形反映了构造该晶体所用亚单元(subunit)的对称特征。Haüy 的假想虽然不很完善,如萤石(CaF_2)可解理成正八面体,而仅用正八面体不能平行、无间隙地堆砌形成晶体,但是,他的假想却含有现代晶格理论的雏形。

人的认识过程总是"由表及里","由宏观到微观"。晶体的外形与其内部的结构特征如何联系?晶体具有怎样的内部结构特征?人们经历两个多世纪的努力才逐渐回答了这个问题。

13.2 晶体结构的周期性

(Periodicity of Crystal Structure)

19 世纪,Bravais、Fedorow、Shöenflies 等结晶学家综合原子分子学说、晶体对称性规律及 Haüy 的假想,提出**晶体内部的结构单元(原子、分子、原子团或离子)在空间作有规则的周期性排列**。这种设想在 20 世纪初由 Laue、Bragg 等物理学家利用 X 射线衍射实验给出直接证明,现在称为**晶格理论**。我们可以把晶体中的每个结构单元抽象为一个点,间距相等的点排成一行直线点阵,直线点阵平行排列而形成一个平面点阵,各行之间距离也相同,许多平面点阵平行排列即形成所谓的三维空间点阵,见图 13.2,空间点阵的基本特性是**周期性**。把这些点连接在一起即形成空间格子,简称晶格(lattice)。将点阵按一定方式划分,在点阵中以三维空间 3 个周期 a、b 和 c 为边长而形成的平行六面体格子被称为**晶格单位**(crystal lattice)。晶格是一种几何概念,是从晶体结构中抽象出的简化的数学描述。

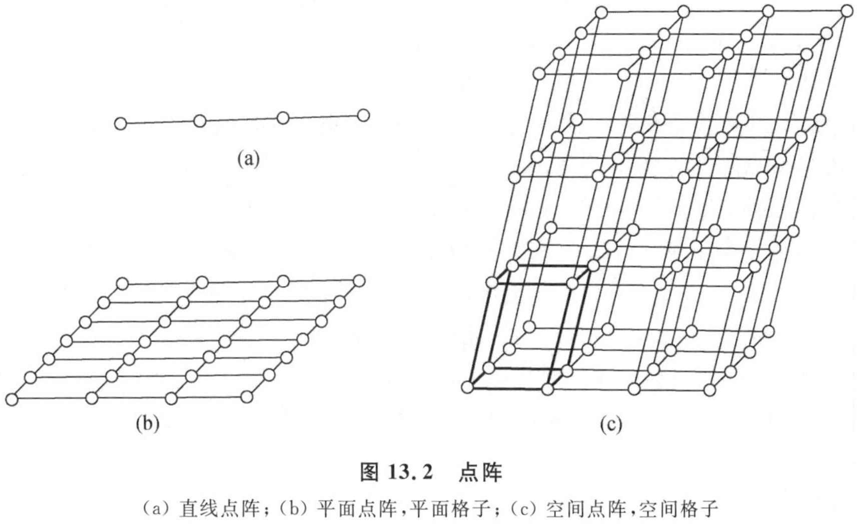

图 13.2 点阵

(a) 直线点阵;(b) 平面点阵,平面格子;(c) 空间点阵,空间格子

如果将组成晶体的结构单元置于晶格的结点上,可以得到晶体中与晶格单位相对应的实际结构单元——**晶胞**(unit cell)。晶胞是一个大小和形状与晶格单位相同的平行六面体,它代表晶体的基本重复单位,既包括晶格单位的形式和大小,也包括对应于晶格结点的结构单元的内容。晶胞在空间平移可无间隙地堆砌而形成三维晶体结构。点阵、晶格和晶胞都是描述晶体周期性结构的方法。晶胞的大小和形状可用六面体的 3 个边长 a、b、c 及其所成的 3 个夹角

$\alpha(b\wedge c)$、$\beta(c\wedge a)$、$\gamma(a\wedge b)$进行描述，这 6 个参数总称为**晶胞参数**。它们之间的相互关系由晶体结构的对称性[①]决定。按对称性特征的不同，可分为 **7 种晶系**(the seven crystal systems)，列于表 13.1 中。

表 13.1 7 种晶系

晶 系	晶胞参数	对称性要求	晶体实例
立方 (cubic)	$a=b=c$, $\alpha=\beta=\gamma=90°$	沿立方体体对角线方向有 4 个三重旋转轴	Cu, NaCl
六方 (hexagonal)	$a=b\neq c$, $\alpha=\beta=90°$, $\gamma=120°$	1 个六重轴	Mg, AgI
四方 (tetragonal)	$a=b\neq c$, $\alpha=\beta=\gamma=90°$	1 个四重轴	β-Sn, SnO_2
三方 (trigonal)	简单三方 $a=b\neq c$, $\alpha=\beta=90°$, $\gamma=120°$	1 个三重轴	α-SiO_2, β-Fe_2O_3
	菱面体格子(rhombohedral) $a=b=c$, $\alpha=\beta=\gamma\neq 90°$		Bi, α-Al_2O_3
正交 (orthorhombic)	$a\neq b\neq c$, $\alpha=\beta=\gamma=90°$	2 个互相垂直的对称面或 3 个互相垂直的二重轴	I_2, $HgCl_2$
单斜 (monoclinic)	$a\neq b\neq c$, $\alpha=\gamma=90°$	1 个对称面或 1 个二重轴	S, $KClO_3$
三斜 (triclinic)	$a\neq b\neq c$, $\alpha\neq\beta\neq\gamma\neq 90°$	无	$CuSO_4\cdot 5H_2O$

立方晶系又有简单立方、体心立方、面心立方 3 种点阵型式，正交晶系可以有 4 种型式，四方和单斜晶系各有 2 种型式，六方晶系和三斜晶系各有一种型式，三方晶系情况稍微复杂一点，简单三方的点阵型式与六方晶系相同，而 R 心三方可以取菱面体的点阵型式，也可以取成 R 心六方的型式，二者是等价的。可见，晶体共有 **14 种空间点阵型式**，见图 13.3。这是 Bravias 于 1866 年最早从点阵对称性推论得出的，所以这 14 种型式也叫 Bravias 点阵型式。

晶格理论是人们从晶体外形的对称性推测设想微粒在空间有规则排列的几何理论。由相对原子质量、相对分子质量、Avogadro 常数以及晶体密度等数据可以算出晶体中原子间距离的数量级是 10^{-10} m(10^{-8} cm, Å)，到 19 世纪末，人们发现 X 射线的波长也在这个数量级。Laue 等人在 20 世纪初用 $CuSO_4\cdot 5H_2O$ 晶体作光栅，得到了该晶体的 X 射线衍射图。随后 W. H. Bragg 和 W. L. Bragg 父子又把 Laue 的衍射理论简化为反射原理，推导出著名的 Bragg 方程，并利用 X 射线衍射法测定了 NaCl、KCl 等化合物的晶体结构，使人们对晶体内部结构的认识达到一个崭新的阶段。

---

① 对称性是晶体最重要的特性。所谓对称，顾名思义，就是对应而匀称，指研究的对象(可以是分子、晶体、宏观物体等)经过一定的变换操作之后仍然可以保持原样。这些变换操作可以是点、线、面。若一个平面将研究的对象分为两个互呈镜像关系的部分，这个平面就叫做**对称面**；若以一根直线为轴将研究对象旋转一定的角度后，研究对象仍然可以恢复原来的状况，这根直线就被称做**对称轴**。当旋转角度分别为 60°、90°、120°和 180°，相应的对称轴则分别为六重轴、四重轴、三重轴和二重轴。在晶体结构中，只存在六次轴、四次轴、三次轴和二次轴对称轴，而五次轴或其他高次轴皆不存在；若研究对象中存在一个点，过该点的任意直线上的两边以此点为中心相互对应，此点即为**对称中心**。

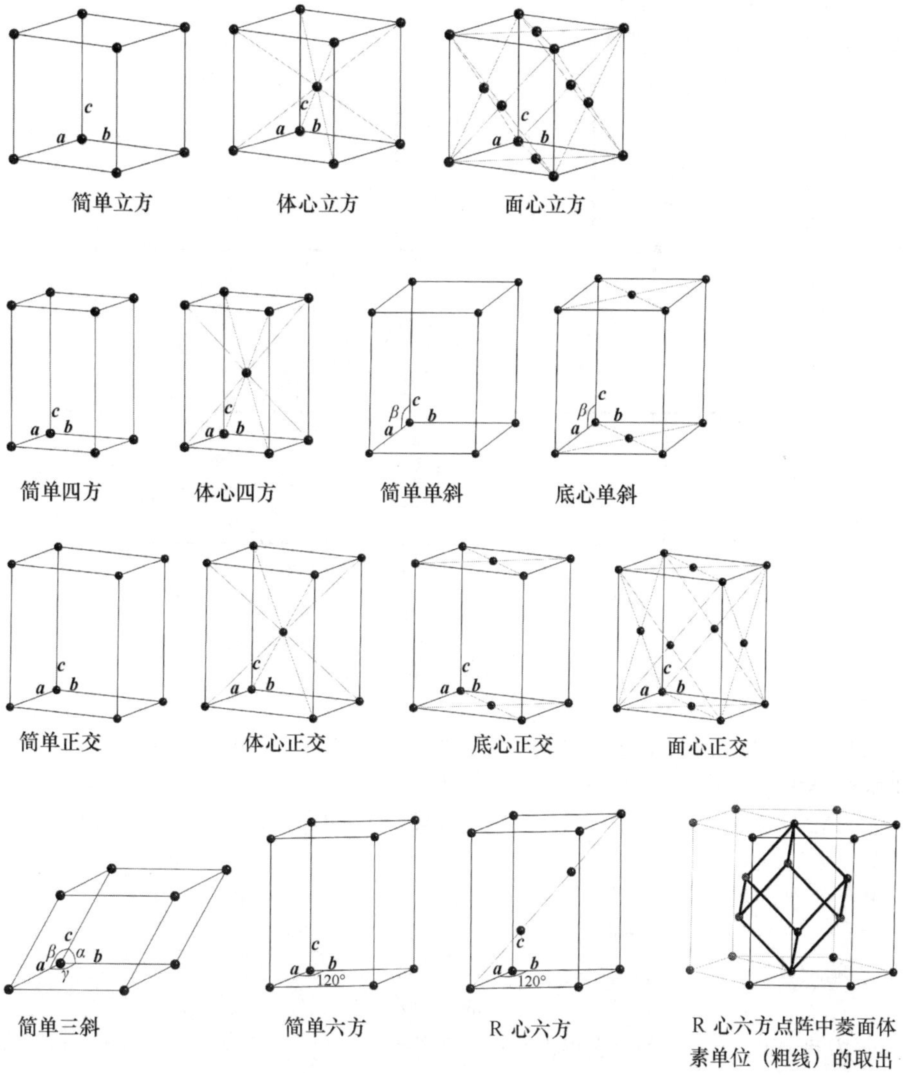

图 13.3　14 种 Bravias 点阵型式

下面简单介绍 Bragg 方程。

设晶体是由一层层原子(或分子或离子等)有规则地排列而组成的,层间距离为 d,当波长为 λ 的 X 射线沿着 AB 的方向射到晶面上时,有一部分射线反射到 C,另外一部分顺着 A′B′透过第一层射到第二层,再反射到 C′,还有部分射线透过第三层、第四层……进行反射,如图 13.4 所示。X 射线因入射到晶体的深度不同而产生光程差。第一层光的路程是 ABC,第二反射路程则是A′B′C′,两者之差为 MB′+B′N。路程差若等于入射光波长的整数倍,即 $n\lambda$,则在该反射方向上由于光波叠加而出现亮线;若光程差为$n\lambda/2$,则光波相互抵消。光程差与入射角 θ 有关,当波长为 λ 的 X 射线射到晶面距离为 d 的晶体上时,随入射角 θ 的不同可以得到强弱相

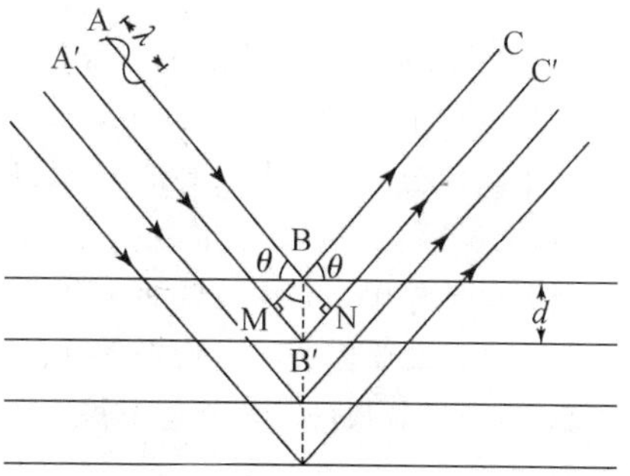

图 13.4　晶面对 X 射线的反射

间的衍射谱图。图 13.5 示出几种化合物的多晶 X 射线衍射谱，横坐标代表衍射产生的角度(2θ)，纵坐标代表衍射强度，各种化合物都有其特征的衍射谱。

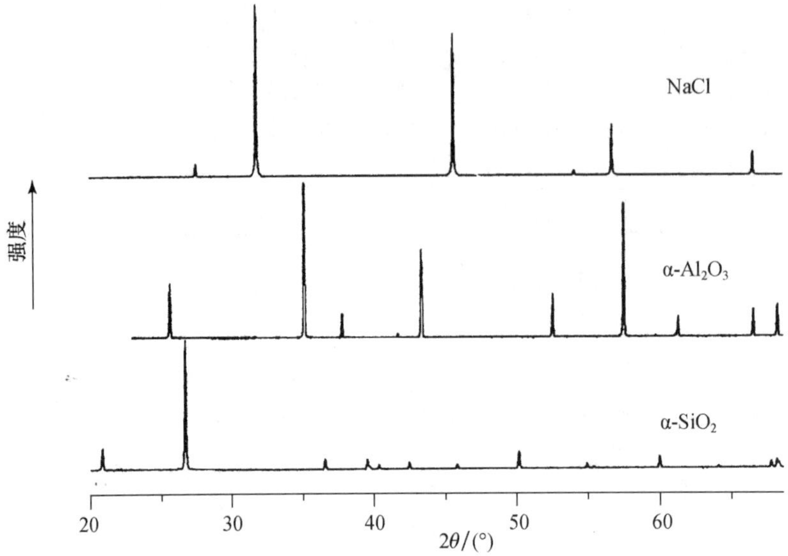

图 13.5　多晶 X 射线衍射图

那么，能产生光波叠加的条件是什么？θ、d、λ 之间有什么关系？由图 13.5 知，$\angle MBB' = \angle NBB' = \theta$，$\triangle BMB'$和$\triangle BNB'$都是直角三角形，所以

$$\sin\theta = \frac{MB'}{BB'} = \frac{MB'}{d} = \frac{NB'}{d}$$

若 $MB' + B'N = n\lambda$，那么

$$MB' + B'N = d\sin\theta + d\sin\theta$$

所以出现衍射峰的条件是

$$2d\sin\theta = n\lambda$$

这就是 **Bragg 方程**。可以从实验数据获得衍射峰的角度 θ，当 X 射线波长 λ 已知时，即可利用 Bragg 公式求出晶面间距 d。晶体中原子、分子排列方式不同，种类不同，出现衍射峰的位置及强度也不同，由此可以推测晶体的结构。

用 X 射线衍射法不仅可以测定简单晶体如 NaCl、KCl 的结构，也可测定复杂化合物结构。英国结晶化学家 Hodgkin 测定了维生素 B_{12} 的晶体结构(每个晶胞中含 177 个原子)而获 1964 年诺贝尔化学奖。1966 年到 1971 年间我国科学家测定了猪胰岛素的晶体结构(每个晶胞中含 700 多个原子)。应用近代计算机技术，上千个原子的生物大分子晶体结构，也在陆续被研究之中。中草药晶体结构的研究对发扬我国传统医药将有重要价值。X 射线衍射仍是晶体研究应用最广的方法之一，此外，近年来，中子衍射、同步辐射 X 射线衍射、电子衍射及高分辨显微成像发展十分迅速，并在晶体结构的测定中起着越来越重要的作用。晶体结构的测定涉及结晶学、物理学、数学等学科多方面知识，涉及多学科的相互渗透和交叉。化学家关心自然界各种各样物质的内在结构，他们也在实验室不断制造出各种新化合物。总之，研究物质的晶体结构对深入认识物质的性质并进行新物质、新材料的设计合成都具有十分重要的意义。

13.3 等径圆球的堆积

(The Packing of Idealized Hard Spheres)

在讨论实际的晶体结构之前，先来搭建等径圆球的密堆积模型，从而建立一个较为清晰的几何图像，这对于分析和描述晶体结构将非常有用。

将大小和形状相同的圆球在一个平面上排列时，常见的有两种方式，如图 13.6 所示。图(a)中的原子的排列方式显然不如图(b)的排列方式紧密，其中所含空隙较大；而(b)中的层的排列则是最紧密的，称为**密置层**，密置层中每个球周围有 6 个球，同时有 6 个小空隙。如果将这些层在三维空间以一定方式堆积起来，则可以形成不同的三维空间结构。

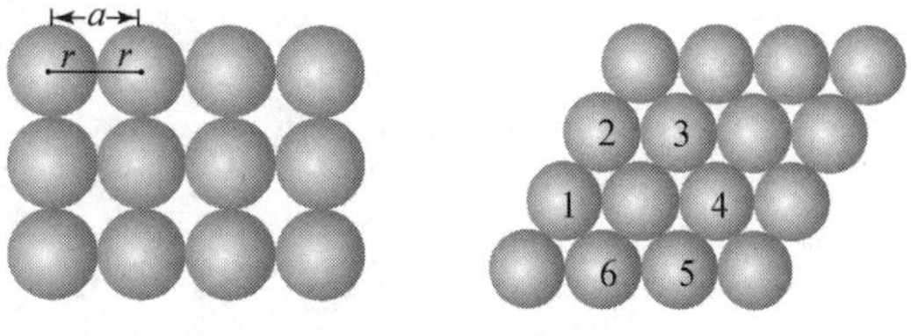

(a) 一种常见的非密置层　　(b) 密置层

图 13.6　等径圆球二维排列的两种方式

下面分别描述它们的构建和结构特征。

13.3.1 简单立方堆积和体心立方堆积

简单立方堆积和体心立方堆积(符号为 A2)都与图 13.6 中非密置层(a)的排列和相互堆积有关。将图 13.6 中的非密置层(a)之间以球对球方式垂直地相互堆积在一起，就可以得到**简单立方堆积**(simple cubic packing)的结构，见图 13.7(a)。从这种结构中取出的晶胞称为简单立方晶胞，见图 13.7(b)。这种晶胞的立方体由 8 个相互接触的圆球所组成，其中每一个原子各占据立方体的 1 个顶点，而且每个小球都为 8 个相邻的立方晶胞所共有，相当于每一个晶胞中只含有 8×(1/8)=1 个圆球。整个结构中，每一个圆球有上下、左右、前后 6 个最邻近的圆球与其相接触，故其配位数均是 6。设立方晶胞的边长为 a，球的半径为 r，由于圆球沿边长方向相互接触，则 $a=2r$，晶胞的体积为 a^3，每个圆球的体积是 $4\pi r^3/3$，由此可以计算在简单立方晶胞中的空间利用率：

$$\frac{\frac{4}{3}\pi\left(\frac{a}{2}\right)^3}{a^3}\times 100\%=\frac{4\pi}{24}\times\frac{a^3}{a^3}\times 100\%=52\%$$

若将图 13.7 中的非密置层(a)内的原子适当拉开距离，再将这种非密置层间相互错开放置则可形成**体心立方堆积**，如图 13.7(a′)所示。从这种结构中取出的体心立方(body-centered cubic, BCC)晶胞见图 13.7(b′)，其中，每一个圆球的配位数是 8，由图还可以看到晶胞各顶点圆球彼此并不接触，只有沿着立方体对角线方向的原子才互相接触。每个晶胞中共有 2 个圆球，其中，顶点有 8×(1/8)=1 个，立方体中心还有 1 个。球的半径 r 与立方体边长 a 的关系为 $r=\sqrt{3}a/4$，这种堆积中的空间利用率为

$$\frac{2\times\frac{4}{3}\pi\left(\frac{\sqrt{3}a}{4}\right)^3}{a^3}=\frac{\pi(\sqrt{3})^3\times a^3}{24\times a^3}\times 100\%=68\%$$

简单立方堆积和体心立方堆积中都有较大的空隙，这两种堆积都不够紧密。

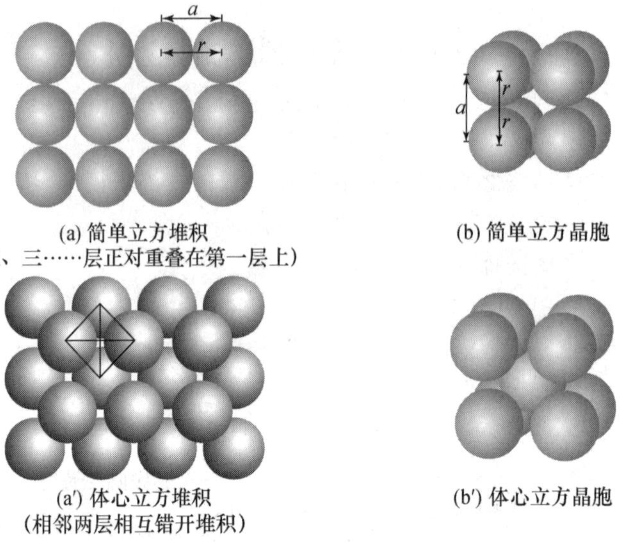

(a) 简单立方堆积
(二、三……层正对重叠在第一层上)

(b) 简单立方晶胞

(a′) 体心立方堆积
(相邻两层相互错开堆积)

(b′) 体心立方晶胞

图 13.7　简单立方堆积和体心立方堆积的比较

13.3.2　立方密堆积和六方密堆积

等径圆球若按图 13.6 密置层(b)的方式排列，并按密置层相互错开的方式堆积，可以形成最密堆积。最密堆积有立方密堆积(A1)和六方密堆积(A3)两种形式。

当在一个密置层上放置第二个密置层时，两层中的圆球可以相互错开，第二层的圆球恰好落在第一层的凹陷处，第二密置层上的圆球占据了、也只能占据第一层凹处的一半，如图 13.8(a)所示，形成密置双层。在这两层之间存在两种类型的空隙："四面体空隙"和"八面体空隙"，四面体空隙由 4 个圆球按四面体顶点位置放置而成，如图 13.8(b)所示。八面体空隙是由 6 个圆球按八面体 6 个顶点位置放置而成，如图 13.8(c)所示。由图 13.8(a)可以很清楚地看出，密堆积结构中，被第二密置层上的圆球占据了的凹处形成四面体空隙，而未被圆球占据的另一半空隙处均为八面体空隙。

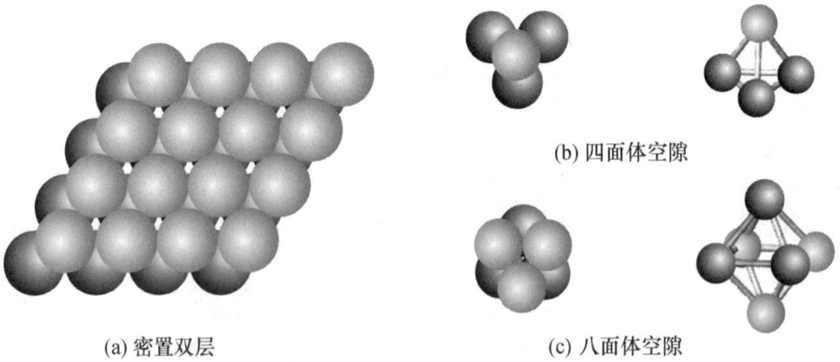

(a) 密置双层

(b) 四面体空隙

(c) 八面体空隙

图 13.8　密置层双层及密堆积中的空隙

当在密置双层的基础上排列第三个密置层时，可以有两种方式：

(1) 第三密置层的圆球可以放在正对着一、二层形成的八面体空隙，而与一、二层圆球都错开。在这种堆积方式中，第一层记做 A，第二层记做 B，则第三层记做 C，所有密置层按 ABCABC…方式不断重复排列下去，即得**立方密堆积**(cubic close packing，CCP)结构，这种堆积的特征是密置层按三层一组相互错开，第四层重复第一层，可以取出面心立方晶胞，也称面心立方堆积，如图 13.9(a)(b)(c)所示。

(2) 若第三密置层按正对着第一层的方式放置在第二层的凹陷处，即可得到**六方密堆积**(hexagonal close packing，HCP)。六方密堆积中所有密置层按 ABAB…方式不断重复排列，如图 13.9(a′)(b′)(c′)所示。

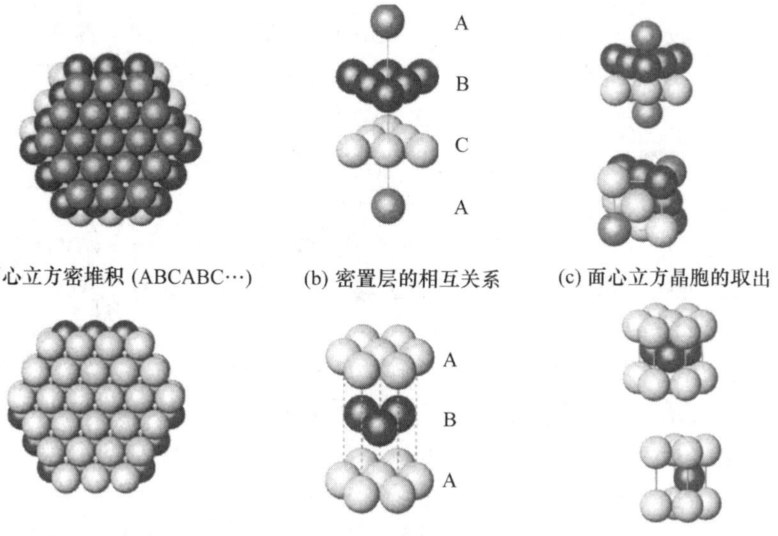

(a) 面心立方密堆积 (ABCABC…)　(b) 密置层的相互关系　(c) 面心立方晶胞的取出

(a′) 六方密堆积(ABAB…)　(b′) 密置层的相互关系　(c′) 简单六方晶胞的取出

图 13.9　面心立方密堆积和六方密堆积

在这两种堆积中，每一个圆球在同一层周围有 6 个近邻，在它的上一层和下一层又各有 3 个邻接圆球，其配位数高达 12。从密置层按 ABCABC…方式堆积形成的结构中，我们可以划分出面心立方晶胞，见图 13.9(c)。在每一个晶胞中有 4 个圆球[8 个顶角各有(1/8)个球，6 个面心各有(1/2)个球，则 $8\times(1/8)+6\times(1/2)=4$]，晶胞参数 a 与圆球半径 r 的关系为：$a=2\sqrt{2}r$，见图 13.9(c)。由此可以得出面心立方密堆积中空间利用率为

$$\frac{4\times\frac{4}{3}\pi r^3}{a^3}=\frac{4\times\frac{4}{3}\pi r^3}{(2\sqrt{2}r)^3}=74\%$$

六方密堆积中的空间利用率也是 74%。在这两种堆积结构中，球体堆积的紧密程度相当高，被称为**最密堆积**。

金属晶体中，原子可以近似地看做球体。了解并掌握等径圆球的堆积特点，不仅可以帮助我们近似用等径球模型处理金属晶体结构，也有助于我们理解离子晶体的结构，这是因为离子晶体中阴离子的排列方式也常常可以用密堆积模型进行处理。

13.4　晶体的基本类型及其结构

(Types of Crystals and their Structures)

根据晶体中质点间作用力的差别，可将晶体分成 4 大基本类型：金属晶体、离子晶体、分

子晶体和共价晶体。本节主要讨论晶体中质点的堆积方式、各类晶体结构的特征以及这些结构与晶体性质的关系。

13.4.1　金属晶体

第 12 章已经指出，金属键没有方向性，金属原子之间通过自由电子的胶合作用而结合成晶体，因此在每个金属原子周围总是有尽可能多的邻接金属原子堆积在一起，以使体系能量最低。金属能带理论的研究也指出，一般金属原子对其价电子吸引力较弱，所以金属原子的电离能与电子亲和力均较低。金属在凝聚时，金属原子之间的相互作用不像非金属原子那样共用电子对生成稳定分子，而是各金属原子与若干最邻近的原子发生原子轨道重叠形成许多分子轨道，价电子依次填入低能级轨道以使体系能量降低，从而使金属晶体稳定存在。因此，金属原子倾向于采取**较高的配位数**。X 射线衍射结构分析表明，室温下稳定结构中半数以上的金属采取配位数为 12 的最密堆积结构(close-packed structures)。

前已述及，可以用等径球的堆积来描述金属的结构，即把每一个金属原子看做是一个圆球，它们以一定的方式堆积在一起就形成了金属的晶体结构。表 13.2 列举了几种金属堆积的特点，以资归纳比较。表 13.3 列举了在周期表中部分金属元素的晶体结构分布情况，可以看出，碱金属 Li、Na、K、Rb、Cs 和一些过渡金属 V、Nb、Ta、Cr、Mn、Fe 等多种金属采取体心立方堆积(A2)，Ca、Sr、Pt、Pd、Cu、Ag、Au 等多种金属采用面心立方密堆积(A1)，Be、Mg、Sc、Ti、Zn、Cd 等金属采用六方密堆积(A3)。采用配位数小、空间利用率低的简单立方堆积的金属极少见，现在所知只有第 84 号元素 α-Po 采取这种结构。

表 13.2　比较几种金属原子堆积

金属原子堆积方式	晶格类型	配位数	原子空间利用率/(%)
简单立方堆积	简单立方	6	52
体心立方堆积(A2)	体心立方	8	68
面心立方密堆积(A1)	面心立方	12	74
六方密堆积(A3)	六方	12	74

表 13.3　金属元素的晶体结构

A1　面心立方密堆积
A2　体心立方堆积
A3　六方密堆积

Li A2	Be A3										
Na A2	Mg A3	Al A1									
K A2	Ca A1	Sc A3	Ti A3	V A2	Cr A2	Mn A2	Fe A2	Co A3	Ni A1	Cu A1	Zn A3
Rb A2	Sr A1	Y A3	Zr A3	Nb A2	Mo A2	Te A3	Ru A3	Rh A1	Pd A1	Ag A1	Cd A3
Cs A2	Ba A2	La A3	Hf A3	Ta A2	W A2	Re A3	Os A3	Ir A1	Pt A1	Au A1	Hg —

【例 13.1】　金属铜的晶胞属于立方晶系，为面心立方点阵型式，其晶胞参数 $a=b=c=0.356$ nm，$\alpha=\beta=\gamma=90^\circ$。在这个晶胞中含有几个 Cu 原子？Cu 原子的半径多大？

解　图 13.10 为金属铜的晶胞示意图，这个立方体有 8 个顶角和 6 个面，那么是不是含

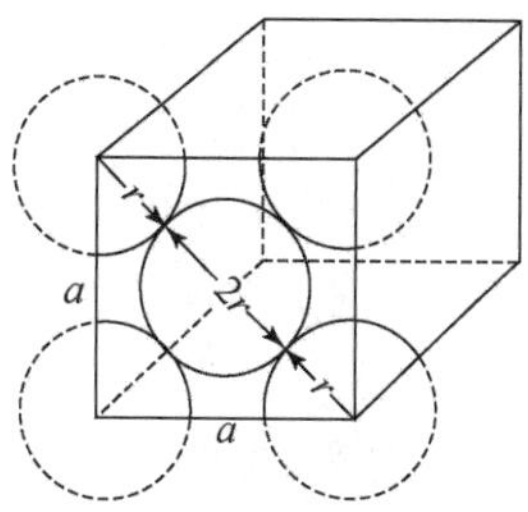

图 13.10　金属铜的面心立方晶胞

14 个 Cu 原子呢？不是。在顶角上的每个 Cu 原子实际为相邻的 8 个晶胞所共有，对 1 个晶胞来说仅平均分摊到(1/8)个，8 个顶角加在一起是 8×(1/8)＝1 个。即每个晶胞位于角上的 Cu 原子只有 1 个属于这个晶胞，位于面心上的 Cu 原子被相邻两个晶胞共有，对 1 个晶胞来说算(1/2)个，6 个面合在一起是 6×(1/2)＝3 个，即每个晶胞含有 3 个位于面心上的铜原子。角上的和面上的原子数加在一起总共是 4 个 Cu 原子。

所谓 Cu 原子的半径，就是把 Cu 原子看做球体，最近邻两个相接触的原子核间距离的一半即为金属 Cu 的原子半径。参考图 13.10 可以看出原子半径 r 和晶胞边长 a 的关系：晶胞面对角线长度为 $4r$，两个边长和对角线成直角三角形，所以

$$(4r)^2=a^2+a^2=2a^2,\quad r=\frac{\sqrt{2}}{4}a$$

由实验直接测定铜的晶胞参数 $a=0.356$ nm，由此可以计算出它的原子半径

$$r=\frac{\sqrt{2}}{4}\times 0.356\ \text{nm}=0.126\ \text{nm}$$

金属钠也属立方晶系，为体心立方型式，每个晶胞中含两个 Na 原子，这种型式的晶胞边长和原子半径关系式为 $r=(\sqrt{3}/4)a$。对于简单立方型式的金属，例如第六周期ⅥA 主族的 Po，在 1 个晶胞里有 1 个 Po 原子，其晶胞边长和原子半径关系式为 $r=a/2$。

研究金属的晶体类型，既有助于我们了解它们的物理性质，也有助于探讨它们的化学性质。例如，若 A、B 两种金属的结构相同，而且它们的原子半径、原子电子层结构与电负性相近，这两种金属就容易完全互溶而形成合金。又例如 Fe、Co、Ni 等过渡金属均是很重要的催化剂，其催化作用除与这些元素 d 轨道有关外，也和它们的晶体结构有关。对有些加氢反应，面心立方的 β-Ni 具有较高的催化活性，而六方的 α-Ni 则没有这种活性。

13.4.2　离子晶体

离子晶体由带正电的正离子和带负电的负离子通过静电吸引而结合在一起。离子键没有方向性和饱和性，所以离子在晶体中常常也趋向于采取尽可能紧密的堆积形式，只是各离子周围接触的是带异号电荷的离子。许多离子晶体中的结构也可以通过等径球的堆积模型来处理和描述。由于负离子的体积一般比正离子大得多，而且负离子间的排斥力比较弱，它们可以相距很近，甚至彼此接触。所以，可从负离子的堆积形式出发来描述离子晶体的结构。如将卤化物、氧化物和硫化物等离子化合物中的负离子(X^-，O^{2-} 及 S^{2-})看做等径圆球进行堆积，最常见的负离子堆积有面心立方、简单立方、六方等形式。较小的正离子处在负离子堆积形式的空隙之中，这些空隙的形状通常有立方体、八面体和四面体等，它们的相对大小是不同的。为了降低晶体体系的能量，正离子所选择的负离子空隙一般是既要有尽可能高的负离子配位数(对同种负离子而言，空隙大，配位数也大)，又要使正负离子尽可能接触(相邻正负离子的核间距离尽可能地短)，所以离子晶体的堆积方式与**正负离子的半径比**有一定关系，从而形成不同类型的离子晶体。这里介绍 3 种最基本的 AB 型二元离子化合物的晶体结构。

NaCl 型　NaCl 型结构在 AB 型化合物中相当普遍。其中负离子(Cl^-)按面心立方密堆积排布，而正离子(Na^+)则位于负离子堆积形成的所有八面体空隙中，见图 13.11(a)。在这种结构中，正负离子的配位数都是 6，记做 6∶6，晶胞中有 4 个 NaCl 单位，亦即正负离子数均为 4。具有这种结构类型的典型 AB 型化合物有 KCl、CaO、BaS、MnO 等。

CsCl 型　在 CsCl 型结构中，负离子按简单立方堆积排列，正离子则占据由负离子所构成的立方体空隙，见图 13.11(b)。在此结构中，正负离子配位数都是 8，记做 8∶8，晶胞中正负离子数各等于 1。具有 CsCl 型结构的化合物有 CsCl、RbCl、TlCl、NH_4Cl、NH_4Br、NH_4I 等。

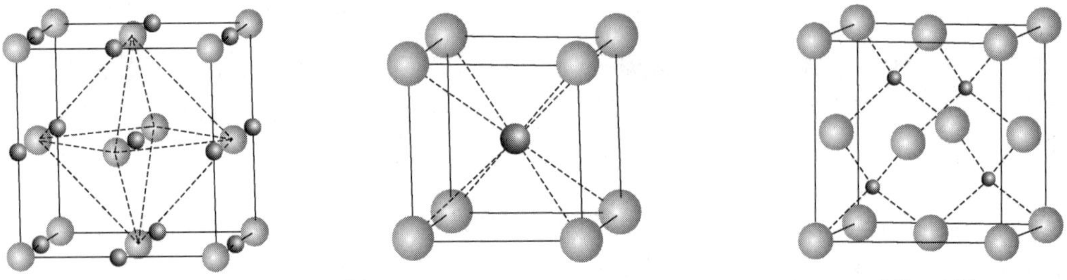

(a) NaCl型　　(b) CsCl型　　(c) 立方ZnS型

图 13.11　3 种典型的 AB 型化合物的晶体结构

立方 ZnS 型　立方 ZnS 结构中，负离子(S^{2-})排布采用的也是面心立方密堆积的方式，但由于正离子(Zn^{2+})半径较小，正离子均匀地填充在半数的四面体空隙中，见图 13.11(c)。在这种结构中，正负离子配位数都是 4，晶胞中正负离子数也各为 4。采用这种结构类型的 AB 型化合物有 BeS、CuCl、CuBr、CuI、CdS 等。

【例 13.2】　在配位数为 6 的 NaCl 型晶胞中，半径较大的负离子呈面心立方密堆积，较小的正离子位于负离子形成的八面体空隙中。若要保持正、负离子恰好相互接触，半径比 r_+/r_- 的最小值是多少？

解　参见图 13.12，在八面体孔隙中的正离子和 4 个负离子位于同一平面上，负负离子相互接触时，形成的孔隙最小。若正离子恰好嵌入其中，保持正离子与负离子、负离子与负离子都能相互接触，则离子半径满足以下关系：

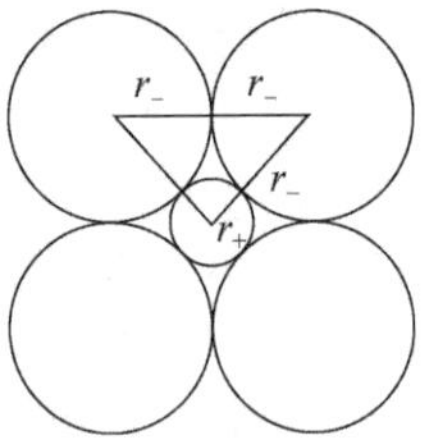

图 13.12　八面体配位图

$$2(r_+ + r_-)^2 = (2r_-)^2$$

$$(r_+ + r_-)^2 = 2r_-^2$$

$$r_+/r_- = \sqrt{2} - 1 = 0.414$$

若半径比(r_+/r_-)<0.414，即正离子半径太小，正负离子不能接触，则结构不稳定；若半径比在 0.414～0.732 之间，正离子半径较大时，会将负离子撑开一些，但仍然保持正负离子的相互接触，结构可以稳定存在；而随着正离子半径增大到一定程度至(r_+/r_-)>0.732，正离子周围就有较大的空隙，允许较多的负离子与其接触，相应的负离子就会采取配位数较高的堆积方式，如 CsCl 型。

AB 型离子晶体半径比 r_+/r_- 在 0.414～0.732 范围内时，一般都是 6 配位的 NaCl 型的结构；(r_+/r_-)>0.732 时，则是 8 配位的 CsCl 型结构；(r_+/r_-)<0.414 时，则为 4 配位的 ZnS 型结构。表 13.4 归纳了上述几种离子晶体的特点，以便于比较。

表 13.4　几种 AB 型二元离子晶体

负离子堆积方式	离子晶体类型	正离子所占间隙	正负离子配位数	r_+/r_-	晶体实例
简单立方堆积	CsCl 型	立方体	8 ∶ 8	0.732～1	CsCl、CsBr、CsI、TlCl、NH_4Cl 等
面心立方密堆积	NaCl 型	八面体	6 ∶ 6	0.414～0.732	大多数碱金属卤化物，某些碱土金属氧化物，硫化物（CaO、MgO、CaS、BaS 等）
	立方 ZnS 型	四面体	4 ∶ 4	0.225～0.414	ZnS、MgTe、BeS、CuCl、CuBr、CdS 等

在大多数情况下，离子晶体结构遵守半径比规则，可以通过半径比值的计算来预测某些物质的结构和配位数。离子晶体还有其他一些类型，如 AB 型晶体中还有六方 ZnS 型、NiAs 型；AB_2 型中有萤石型（CaF_2）、金红石型（TiO_2）；ABX_3 型有钙钛矿型（$CaTiO_3$）、方解石型（$CaCO_3$）等；AB_2X_4 型有尖晶石型（$MgAl_2O_4$）和反尖晶石型（$MgFe_2O_4$）等。

13.4.3　分子晶体

不少非金属单质（如 H_2、O_2、Cl_2、I_2 等）和化合物（如 H_2O、NH_3、CH_4、CO_2 等小分子及大量有机分子）在常温下是气体、易挥发的液体或易熔化易升华的固体。处于气相和液相的共价分子在降温凝聚时可**通过分子间作用力而聚集在一起，形成分子晶体**。

分子晶体的特点是共价分子（包括极性分子或非极性分子）整齐排列在晶体中，见图 13.13(a)和(b)。分子内部存在较强的共价键，而分子之间则通过较弱的分子间作用力或氢键聚集在一起。对于那些球形和近似球形的分子，通常也用配位数高达 12 的最紧密的堆积方式组成分子晶体，这样可以使能量降低。例如，所有单原子惰性气体分子都是面心立方或六方密堆积结构。像氢分子等简单分子晶体，由于分子可以自由转动似球体，所以这些分子在晶体中常常也是采取最紧密的堆积方式。H_2 分子晶体是六方密堆积结构，HCl、HBr、HI、H_2S、CH_4 等分子晶体则是面心立方密堆积结构。

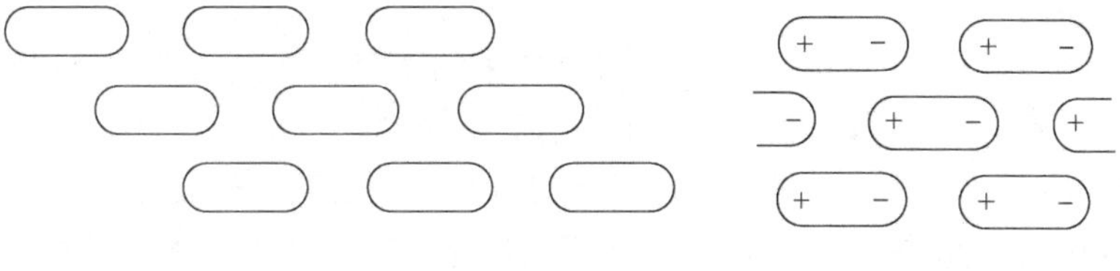

(a) 非极性分子　　　　(b) 极性分子

图 13.13　分子晶体示意图

最典型的球形分子是 1985 年发现的 C_{60} 分子，由于它的外形像足球，亦称为足球烯（footballene），60 个 C 原子组成这个笼状的多面体圆球，球面有 20 个六元环面、12 个五元环面，每个顶角上的 C 原子与周围 3 个 C 原子相连，形成 3 个 σ 键。各 C 原子剩余的轨道和电子共同组成离域大 π 键。这个球形 C_{60} 分子内部碳碳间是共价键，而分子间靠 van der Waals 引力结合成分子晶体。经 X 射线衍射法测定，球形 C_{60} 分子也是采用面心立方密堆积结构堆积，每个立方面心晶胞中含有 4 个 C_{60} 分子。一般分子晶体的熔点与沸点都比较低，硬度较小，不导电，是绝缘体。已发现球烯分子晶体还有一些特殊性质，由于 C_{60} 球体间作用力弱，它可作为极好润滑剂，其衍生物有可能在超导、半导体、催化剂等许多领域得到应用。

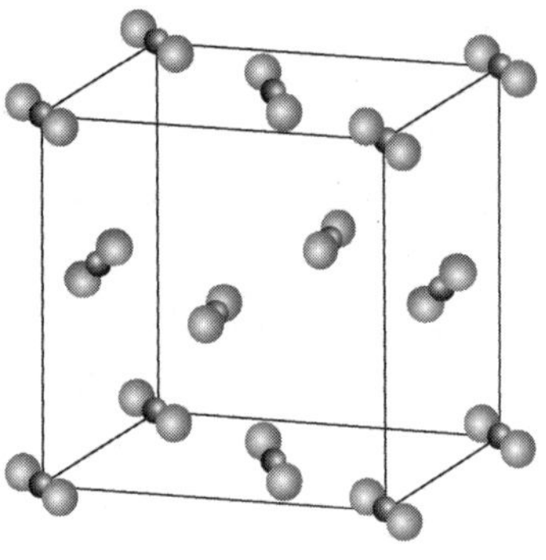

图 13.14　CO_2 分子晶体的晶胞

直线形的共价分子堆积为分子晶体时，因有分子取向问题就不如球形的紧密，例如 CO_2 分子晶体（俗称干冰），其晶胞如图 13.14 所示。虽然 CO_2 分子占据在立方面心的各个结点上，但只有立方体 8 个顶角上的 CO_2 分子取向相同，其余分子取向不同，所以它不是面心立方晶胞，而属于简单立方晶胞。

有机化合物晶体大多是分子晶体，它们的堆积比较复杂，不仅取决于分子的形状和大小，有些晶体形成还与氢键作用相关。目前通过 X 射线衍射已测定了不少蛋白质和核酸的晶体结构，在分子生物学中有重要意义。

上面讨论的 3 种晶体，由于是通过没有方向性和饱和性的金属键、离子键和分子间作用力使质点聚集在一起的，所以为了使晶体稳定，各类质点一般都趋向于紧密排列而具有较大的配位数。但另有一类晶体却与它们大不相同，这就是下面要讨论的第四类晶体——共价晶体。

13.4.4　共价晶体

在共价晶体中，原子与原子间以共价键相结合，组成一个由“无限”数目的原子构成的大分子，整个晶体就是一个巨大的分子。最典型的例子是金刚石（diamond）。金刚石晶体中每一个 C 原子通过四面体向的 4 个 sp^3 杂化轨道与邻近另外 4 个 C 原子形成共价键，无数 C 原子这样相互连接构成一个三维空间的骨架结构，如图 13.15(a)所示，从中可以划出金刚石的一个面心立方晶胞，如图 13.15(a′)所示。金刚砂（SiC）的结构和金刚石相似，只是碳的骨架结构中有一半位置为 Si 所取代，形成 C—Si 交替的空间骨架。石英有多种晶型，其中方石英（SiO_2）的结构中，Si 和 O 以共价键相结合。每一个 Si 原子周围有 4 个 O 原子排列成以 Si 为中心的正四面体，许许多多的 Si—O 四面体通过 O 原子相互连接而形成巨型分子，见图 13.15(b)，图 13.15(b′)为方石英的面心立方晶胞。

由以上各例可见，共价晶体的主要特点是：原子间**不再以紧密的堆积为特征**，与金属堆积相比，其空间利用率低得多，如金刚石的空间利用率只有 34%，配位数只有 4，C 原子之间通过成键能力很强的杂化轨道重叠成键。共价晶体虽是**低配位数、低密度的构型**，但因为这种晶体中原子间通过很强的共价键相连接，因此它们有熔点高、硬度大的特征。例如金刚石是自然界中硬度最大的晶体之一，由于它的坚硬，在精密机械工业中每年就要消耗几百万克拉（carats，钻石质量单位，1 克拉＝200 mg），它还广泛用做金属表面的磨料、石油勘探的钻头。金刚砂（SiC）质地坚硬，也是一种优质磨料。石英玻璃常用于制作耐高温的器皿，如此等等，都说明通过较强共价键相连接的晶体是坚硬的，这种晶体中不含离子和自由电子，一般不导电。与碳同族的 Ge 和 Si 的晶体均存在立方晶系金刚石结构。但它们的最高满带和最低空带之间的禁带较窄，它们的导电性处于绝缘体和金属之间，是半导体的基质材料。20 世纪后半叶，半导体研究发展使电子工业发生了革命，从而使人类社会步入信息时代，人类生活大为改观。

表 13.5 归纳了上述 4 类典型晶体结构和性质的特征，以供比较。由该表可见，晶体结构与晶体的性质关系十分密切，近代固体材料，例如半导体、各种合金以及激光、超导材料等大部

分都是晶体。专门从事于研究晶体的化学组成、结构与性质关系的固体化学近年来在理论和应用方面都有很大的发展。

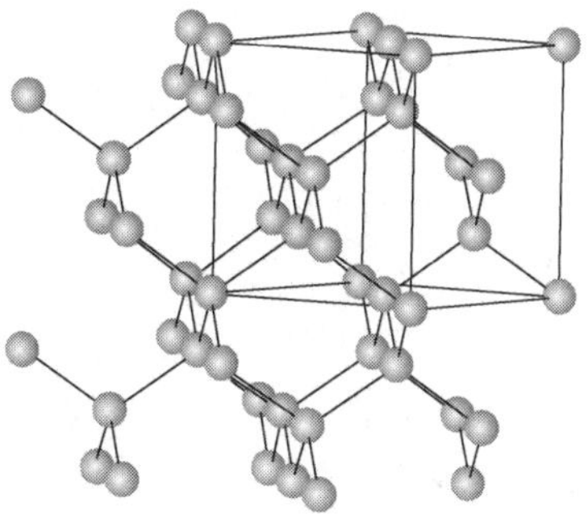

(a) 金刚石

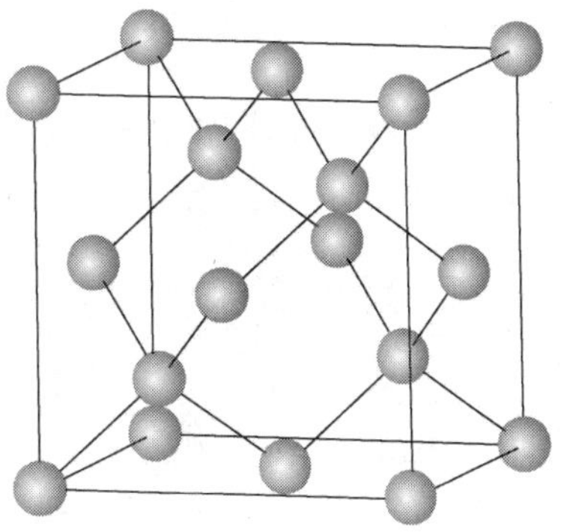

(a′) 金刚石晶胞

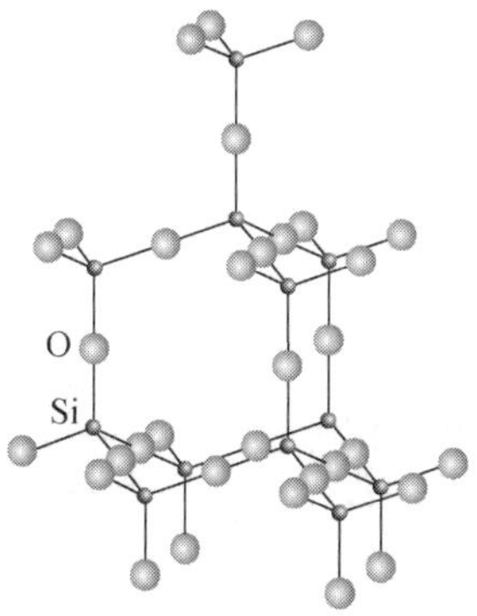

(b) 方石英

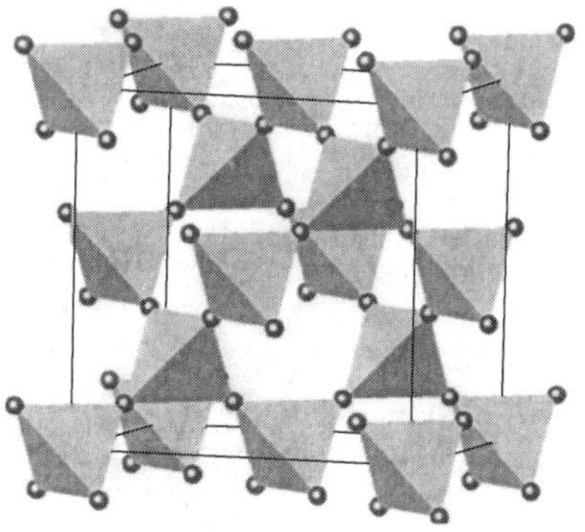

(b′) 方石英晶胞

图 13.15　金刚石和方石英的晶体结构

表 13.5　晶体的基本类型和性质

晶体基本类型	晶体中的质点	质点间作用力	质点在晶体中堆积情况	熔、沸点	物理性质		导电性
					硬度	延展性	
金属晶体	金属正离子	金属键	多数是密堆积 配位数≥6	一般较高，部分低	一般较大，部分低	良	良
离子晶体	正、负离子	离子键	多数负离子是密堆积构型，但受 r_+/r_- 限制，正离子填入大小不同的空隙中	较高	较大	差	绝缘体 （熔融态或多数水溶液导电）
分子晶体	分子（极性或非极性）	分子间作用力或氢键	多数是密堆积 （氢键结合例外）	低	小	差	绝缘体 （许多极性分子水溶液能导电）
共价晶体	原子	共价键	空间利用率和配位数最低	高	大	差	绝缘体 （半导体）

13.5　化学键键型和晶体构型的变异

(The Variation of Type of Chemical Bond and the Structure of Crystal)

以上介绍了由 3 种典型的化学键和分子间作用力所构成的 4 种典型晶体。但实际上，在多数晶体的原子之间存在着一系列过渡性键型，从而产生过渡性的晶型。

13.5.1　键型和晶型的变化

表 13.6 中列出了若干化合物和单质的键型与晶型变化的示意图，三角形的 3 个顶点代表由 3 种典型化学键组成 3 种典型晶体：Na 金属晶体、NaCl 离子晶体和 Cl_2 分子晶体。其他化合物和单质晶体则或多或少含有几种键型成分，键型是依次逐渐递变的过渡性的。键型变化与电子离域、离子极化等因素密切有关。

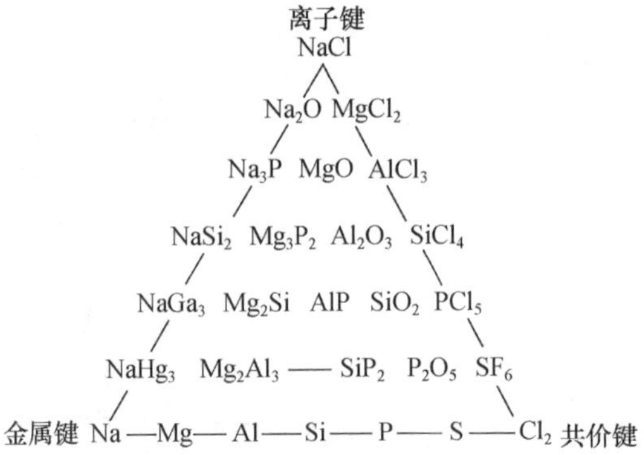

表 13.6　一些晶体中键型变化趋势

表中三角形底边表示第三周期各元素从左到右，单质的键型和晶型递变情况，左边的 Na、Mg、Al 单质是由金属键组成的金属晶体，右端则是由共价键组成的双原子分子晶体，中间的 Si、P、S 单质的键型和晶型则为比较复杂的过渡状态。由表 13.7 可见，各种元素的单质晶体结构可以分为三类：位于左侧的一大片为金属晶体；右上侧为非金属双原子分子(如 N_2、O_2、F_2、I_2 等)或单原子分子(稀有气体)晶体；位于两类之间带阴影的那些元素的单质的键型和晶型则比较复杂，为过渡状态或混合态。例如金刚石是单质碳的一种同素异形体(allotrope)，它是典型的共价晶体，见图 13.15(a)和(a′)。而碳的另一种同素异形体石墨则是典型的混合型晶体，其晶体结构如图 13.16 所示，其中每层 C 原子是以 sp^2 杂化轨道与邻接的另 3 个 C 原子由 σ 键结合，形成一个具有六角对称性的无限的平面层状结构。层内相邻 C 原子之间距离为 142 pm，每个 C 原子各有一个垂直于这个平面但相互平行的 p 轨道，这些 p 轨道相互重叠而组成大 π 键，键中的 π 电子可以在整个 C 原子平面层上活动，所以石墨有类似金属的导电性，是一种很好的电极材料。石墨晶体中层与层之间是依靠分子间作用力结合在一起，层间 C 原子的距离较长，为 340 pm。因分子间作用力较弱，层与层之间易于断开而滑动，所以石墨具有润滑性，工

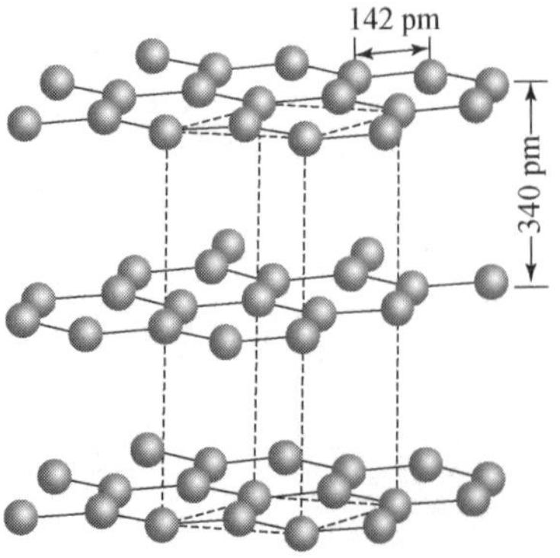

图 13.16　石墨晶体结构

业上用做固体润滑剂。在石墨晶体中既有共价键又带有金属键性质，而层间结合则依靠分子间作用力。所以，这是一种十分典型的混合键型单质晶体。

表 13.7　金属和非金属单质的晶体结构

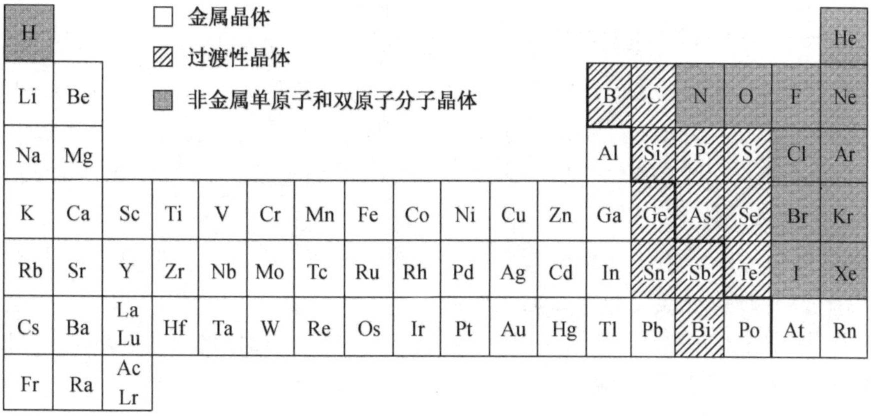
金属晶体
过渡性晶体
非金属单原子和双原子分子晶体
H He
Li Be B C N O F Ne
Na Mg Al Si P S Cl Ar
K Ca Sc Ti V Cr Mn Fe Co Ni Cu Zn Ga Ge As Se Br Kr
Rb Sr Y Zr Nb Mo Tc Ru Rh Pd Ag Cd In Sn Sb Te I Xe
Cs Ba La Lu Hf Ta W Re Os Ir Pt Au Hg Tl Pb Bi Po At Rn
Fr Ra Ac Lr

单质晶体键型变化的根本原因，在于周期表各元素原子电子结构和性质上的差别。金属原子电离能较低，电子容易离域，离域电子可在较大范围内活动便形成金属键。但周期表从左向右，随原子电负性递增，电子受原子核的束缚力逐一增大，电子定域性质增加，而过渡为由两个原子共享电子形成共价键，单质也由共价大分子过渡到共价小分子。在化合物中键型和晶型也有依次递变的规律。

再看表 13.6 三角形左右两侧的情况。三角形右侧两行所列的化合物为第三周期元素的氯化物和氧化物，它们的键型由离子键向共价键过渡。现将它们各自的键型和晶型以及相应熔点列于表 13.8 中。

表 13.8　第三周期元素卤化物及氧化物键型与晶型变化情况

卤化物	$NaCl$	$MgCl_2$	$AlCl_3$	$SiCl_4$	PCl_5	SF_6	
熔点/℃	801	714	193	−68	166	−56	
化学键型	离子键	离子键	过渡型	共价键	共价键	共价键	
晶体结构	离子晶体	离子晶体	过渡型	分子晶体	离子晶体*	分子晶体	
氧化物	Na_2O	MgO	Al_2O_3	SiO_2	P_2O_3	SO_3	Cl_2O_7
熔点/℃	920	2802	2027	1700	24	16.9	−91.5
化学键型	离子键	离子键	离子键	共价键	共价键	共价键	共价键
晶体结构	离子晶体	离子晶体	离子晶体	原子晶体	分子晶体	分子晶体	分子晶体

* PCl_5 固态为离子晶体：[PCl_4^+][PCl_6^-]

表 13.6 中三角形左侧两行所列的化合物，键型是由金属键向离子键过渡，相应的化合物由金属间化合物过渡为离子化合物。

13.5.2　离子极化及其对晶体结构的影响

化合物键型和晶型的变化，可以用离子极化现象来说明。前面讨论的都是离子键的理想情况，离子的电子云分布是球形对称的，实际上，离子在周围异性电荷离子电场的作用下被诱

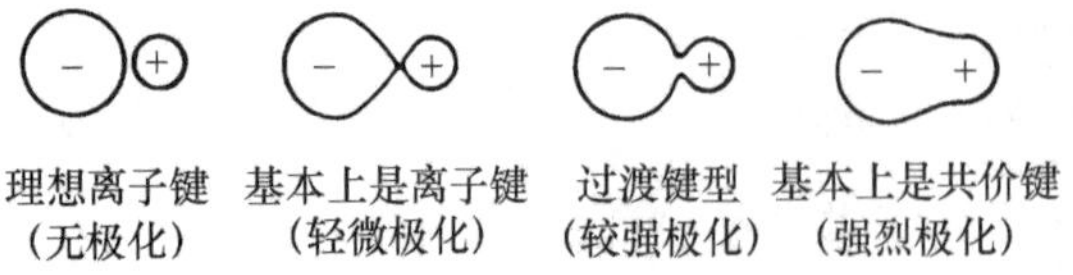

图 13.17　离子极化示意图

导极化,或多或少会发生电子云变形而偏离原来的球形分布,这一现象就称为**离子的极化**。离子极化后,电子云较多地分布在正、负离子之间,增加了键的共价性成分。随着离子极化程度增大,离子键也逐渐向共价键过渡。在强烈极化的情况下,离子键实际上已转化为共价键了。图 13.17 为正、负离子间极化的示意图。实际上理想的离子键是不存在的,所谓离子化合物,只不过是指其键型基本上是离子键罢了。离子极化程度的大小,取决于离子的变形性(被极化能力,又称离子可极化性)和离子的极化能力。

离子的变形性　表示离子在外电场作用下电子云变形的能力,它主要决定于离子的核电荷对外层电子吸引的紧密程度和外层电子的数目。

(1) 离子半径越大,变形性越大,如 F^-、Cl^-、Br^-、I^- 半径依次增大,变形性也依次增大;

(2) 负离子价数越高,变形性越大,如变形性 O^{2-} 大于 F^-,S^{2-} 大于 Cl^-;

(3) 正离子价数越低,变形性越大,如变形性 Na^+ 大于 Mg^{2+},K^+ 大于 Ca^{2+};

(4) 负离子的变形性比正离子的大得多,如 Cl^-、S^{2-} 等的变形性比 Na^+、Mg^{2+} 大得多。

离子的极化能力　表示离子对周围离子电子云所施加的电场强度,对外围电子构型相同的离子而言,半径越小,正电荷越高,极化能力越强。例如:

Cs^+、Rb^+、K^+、Na^+、Li^+ 半径依次减小,极化能力依次增大;

Na^+、Mg^{2+}、Al^{3+} 的正电荷依次增加,极化能力也依次增强;

正离子的极化能力比负离子强得多,如 Na^+、Mg^{2+} 的极化能力比 Cl^-、S^{2-} 强得多。因此,在考虑离子极化时,应主要着眼于**正离子的极化能力和负离子的变形性**。

此外,离子的电子构型也是影响离子极化能力和离子变形性非常重要的因素,与具有稀有气体 8 电子结构的离子(如 Na^+、Mg^{2+} 等)相比,最外层含有 d^n 电子的过渡金属离子(如 Ag^+、Cu^{2+}、Zn^{2+} 等)具有很强的极化能力和变形性。这是因为 d^n 电子的填入,使得该离子的有效核电荷增加,从而这种离子的极化力增加,又因 d^n 电子最外层电子数目较多,电子云在空间分布离核较远,离子变形性也增大了。例如 d^{10} 型的 Ag^+、Cu^+、Zn^{2+}、Hg^{2+} 等正离子既有较强的极化能力,同时变形性也大,它们和负离子作用时,两种因素同时起作用而相互加强,产生非常强烈的极化作用。

离子极化显著影响着晶体的结构。它加强了正负离子间的作用力,使共价键成分增加,例如表 13.8 中的氧化物晶体 Na_2O、MgO、Al_2O_3、SiO_2,随着价数增加,离子极化依次加强,到 SiO_2 已过渡为共价键型的原子晶体;而 P_2O_5、SO_3、Cl_2O_7 等则已属于有限小分子,靠分子间作用力形成分子晶体。表中所列熔点数据足以说明这些变化。表中所列氯化物晶体亦有类似情况。另外,还可以比较表 13.9 中几种 AgX 的构型,从 AgF 到 AgI,其中实验测定的正负离子间距离 r_0 越来越短于正、负离子半径之和,这是由于正、负离子极化作用逐渐加强,键型向共价键过渡的原因,在 AgI 晶体中正、负离子间的键型已经基本上是共价键的了。一般晶体共价键成分增加时,晶体在水中的溶解度降低,所以卤化银的溶解度顺序是 AgF > AgCl > AgBr > AgI。此外,由于 Ag^+ 为 d^{10} 电子结构,它与较大体积的 I^- 能相互产生特别强的极化作用,晶体构型则由配位数为 6 的NaCl型变为配位数为 4 的 ZnS 型。离子极化还可以解释无机物的稳定性、酸碱性、水解能力、颜色及其他性质。

表 13.9 离子极化对 AgX 晶型结构的影响

	AgF	AgCl	AgBr	AgI
实验值 r_0/pm	246	277	289	281
$(r_+ + r_-)^*$/pm	246	294	309	333
键型	离子键	过渡型键		共价键
晶体构型	NaCl 型	NaCl 型		ZnS 型

* r_+ 及 r_- 采用 Goldschmidt 离子半径数据

通过上述离子极化的讨论可见，离子键和共价键只是两种极端的情况，在这两种键型之间并没有明显的界线。周期表左右两端的元素（如碱金属和卤素）由于电负性相差很大，它们以离子键结合生成典型离子晶体；而周期表中间部分的元素，由于原子间电负性差别不大，形成的化合物常为过渡性键型。通常可用离子性百分数来定性地描述这些过渡性键型对于典型离子键偏离的程度。一般两元素电负性相差越小，它们之间形成键的离子性也就越小。对于 AB 型化合物而言，A—B 键的**离子性百分数**，可以参考表 12.7，用偶极矩数据($\mu_{实}/\mu_{计}$)×100%求得。也可根据元素间的电负性差值，由下列经验公式计算离子性百分数：

$$f(i)=1-\exp\left[-\frac{(\chi_A-\chi_B)^2}{4}\right]$$

表 13.10 给出了二元离子化合物中化学键的离子性百分数和 A 与 B 之间的电负性差值($\chi_A-\chi_X$)的关系，并将多种电负性差不同的化合物列在图 13.18 中。

表 13.10 电负性差值与单键离子性百分数之间的关系

$\chi_A-\chi_X$	离子性/(%)	$\chi_A-\chi_X$	离子性/(%)	$\chi_A-\chi_X$	离子性/(%)
0.2	1	1.2	30	2.2	70
0.4	4	1.4	39	2.4	76
0.6	9	1.6	47	2.6	82
0.8	15	1.8	55	2.8	86
1.0	22	2.0	63	3.0	89
				3.2	92

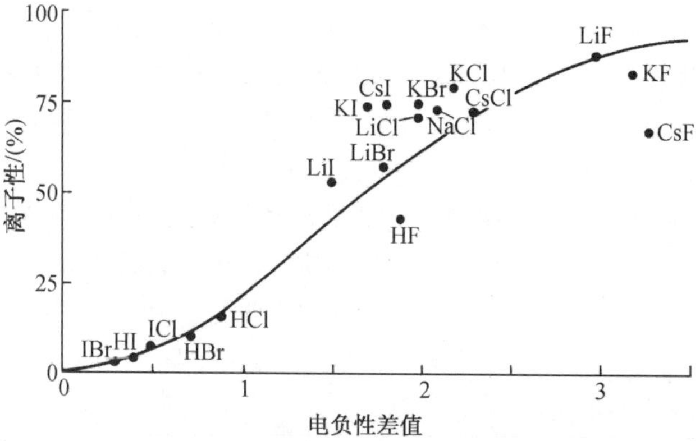

图 13.18 AB 型化合物单键的离子性百分数与电负性差值之间的关系

（摘自 L. Pauling,《化学键的本质》中文译本，p. 89，图 3.8）

由此可见，相应于电负性差值为 1.7 的键，约具有 50%的离子性；如果化合物中原子电负性差值小于 1.7 时，可认为是共价性或接近共价性的化合物；若大于此值，可看成是离子性或接近离子性的化合物。氯和钠元素的电负性差值为 2.23，相应离子性百分数约为 70%，因此 NaCl 是一个较典型的离子性晶体。如以 1.7 相当于 50%为标准，并知某化合物中元素原子电负性的差值，也可粗略地估计该化合物的离子性百分数。

【例 13.3】 实验测得 KBr、KCl 的偶极矩分别为 3.47×10^{-29} C·m(10.41 D)和 3.43×10^{-29} C·m(10.27 D)，键长分别为 282 pm 和 267 pm。用计算说明哪种键的离子性强。

解　　　离子性百分数 $=(\mu_{实}/\mu_{计})\times100\%$，　$\mu_{计}=eR$

$\mu_{计}(\mathrm{KBr})=eR=1.60\times10^{-19}\,\mathrm{C}\times2.82\times10^{-10}\,\mathrm{m}=4.51\times10^{-29}\,\mathrm{C\cdot m}$ (13.5 D)

$\mu_{计}(\mathrm{KCl})=eR=1.60\times10^{-19}\,\mathrm{C}\times2.67\times10^{-10}\,\mathrm{m}=4.27\times10^{-29}\,\mathrm{C\cdot m}$ (12.8 D)

$$\mathrm{KBr}:\ \frac{10.41}{13.5}\times100\%=77.1\%$$

$$\mathrm{KCl}:\ \frac{10.27}{12.8}\times100\%=80.2\%$$

计算结果说明，KCl 比 KBr 具有更强的离子性。K 和 Cl 的电负性差值大于 K 和 Br 的差值，K—Cl 化学键的离子性更强一些。

总之，通过上述讨论可以说明，根据各个原子结构和性质的特征以及它们相互之间不同的作用，原子间除了能产生 3 种典型化学键以外，还能形成各种形式的过渡键型，组成多种多样键型及晶型变异的化合物。由此使各种物质具有千差万别的性质，构成了内容极其丰富的大自然。

13.6　晶体的缺陷·非晶体

(Crystal Defect, Noncrystal)

13.6.1　晶体的缺陷

以上各节所讨论的晶体几何图像是理想情况，原子、离子或分子都是很精确地、完全有规则地排列着，实际晶体并非如此完美无缺。不论自然界存在的还是人工制备的晶体一般总是有缺陷的，这种少量缺陷对晶体的性质却有很大的影响。

常见的晶体缺陷(defects of crystals)是由于离子离开了正常位置去占领一个间隙位置而产生的。如摄影用的感光胶片上涂有 AgBr，它的理想晶体结构应如图 13.19(a)所示；但实际上有少数 Ag^+ 可以挤到其他空隙中去，而出现空位，如图 13.19(b)所示。当光线射到 AgBr 晶体上时，个别 Br^- 会失去电子变成 Br 原子，位于间隙位置上的 Ag^+ 容易接受这个电子变成 Ag 原子。感光程度不同，产生 Ag 原子多少不同，形成了不同显影中心 Ag_n，其有催化显影作用，胶片显影时因黑白程度不同而成像。

催化剂可以加快反应速率，也往往与晶体缺陷有关。晶体缺陷的位置通常能量较高，成为活化中心，使分子在此迅速起反应。

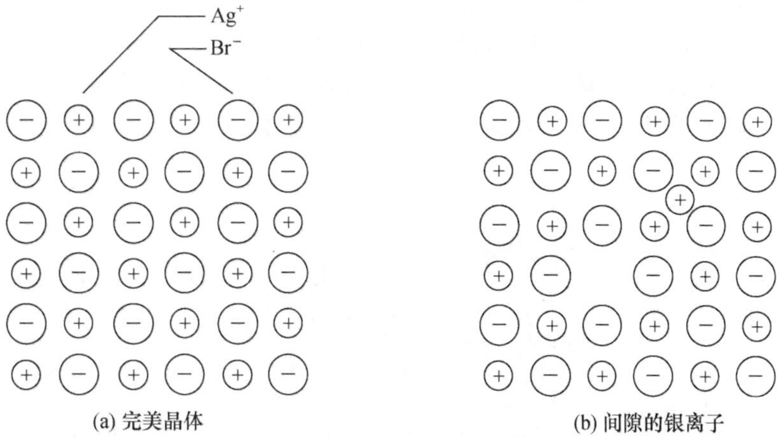

图 13.19 AgBr 晶体的缺陷示意图

另外一类晶体的缺陷是由于少量其他原子或离子掺入晶格而产生的。如纯硅的理想晶体如图 13.20(a)所示，当有少量砷(As)掺入时，砷是ⅤA 主族元素，硅是ⅣA 主族元素，砷取代了硅的位置，就多余一个可自由活动的电子，如图 13.20(b)所示。硼是ⅢA 主族元素，它比硅少一个外层电子，当硼取代了硅的位置，则产生了正电荷空穴，如图 13.20(c)所示。这类多电子或缺电子的有缺陷的晶体都是半导体材料。少量铕(Eu)的氯化物掺入氟氯化钡(BaClF)，使晶体产生了缺陷，利用这种含 Eu 的 BaClF 可制成优质的 X 射线增感材料，它接受 X 射线后，能放出可见光而使底片感光成像，利用这种胶片病人体检时可以大大减少 X 射线的照射量。

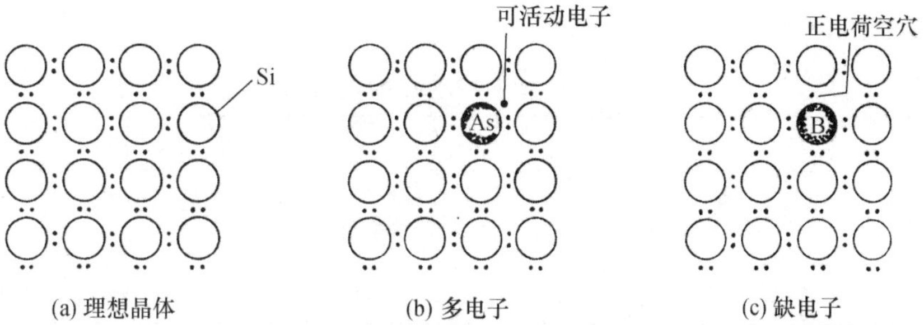

图 13.20 晶体硅的多电子和缺电子状况示意图

晶体缺陷在材料工业中已有很广泛的应用，但研究晶体缺陷的手段以及怎样控制缺陷的生长仍是化学家、材料科学家、物理学家们非常关切的课题。

13.6.2 非晶体

固态物质除了晶体之外，还有许多是非晶体。组成非晶体的微粒的空间排列是杂乱无章的，因此它不能像晶体那样产生特定的晶面，而显得无一定形状。就这一点来看，非晶体颇像液体，所以也可以把非晶体看做“过冷的液体”。既然微粒的排列是无规则的，微粒间的距离和作用力当然也各不相同，因此它没有固定的熔点；既然在各方向上微粒的排列是无序的，当然它也不显各向异性。例如人们熟知的玻璃是典型的非晶体，石英玻璃的组成和石英一样都是 SiO_2，但其中 Si 和 O 原子不再是整齐的排列，如图 13.21(b)所示，X 射线衍射证明玻璃是长程无序而短程有序，而且像液体一样，它们有一定的流动性，只是在室温下流动的速率非常慢，若干年之后才可能有显著的变化(例如，在古建筑中能发现，窗户底部的玻璃因流动而厚度增加了)。

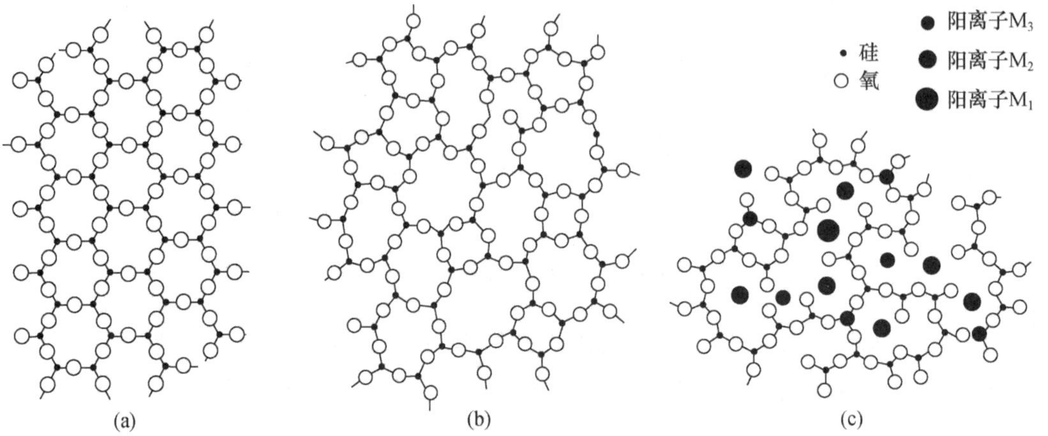

图 13.21　石英(a)、石英玻璃(b)和多组分玻璃(c)的二维图像

当今被人们利用的玻璃约有近千种不同的组成，表 13.11 中只列出了其中 3 种最常见玻璃的组成和性质。图 13.21(c)是这些多组分玻璃二维结构示意图。有色玻璃大部分都是由于其中存在着过渡金属离子，例如，绿色玻璃是含有 Fe_2O_3 或 CuO；显蓝色是因有 CoO 和 CuO；显红色是因具有 Au、Cu 微粒。如图所示，这些离子有可能位于玻璃 SiO_2 骨架结构的空隙中，也可能取代 Si 的位置。

表 13.11　几种玻璃的组成和性质

名　　称	组　　成	性质和应用
纯石英玻璃	SiO_2，100%	热膨胀系数低，能通过波长范围很宽的光，包括一些紫外光，在光学中广泛应用
Pyrex 玻璃	SiO_2，60%～80% B_2O_3，10%～25% Al_2O_3，少量	热膨胀系数低，能通过可见和红外光，但紫外辐射(UV radiation)不能通过，主要用于实验室和家用玻璃制品
钠石灰玻璃 (soda-lime glass)	SiO_2，75% Na_2O，15% CaO，10%	易受化学药品侵蚀，受热易碎，可见光可以通过，但吸收红外辐射。这种玻璃主要用于制作窗玻璃和瓶子

除玻璃外，金属和合金在某些特定条件下，也可以变成非晶态，称为金属玻璃。一些有机化合物，如橡胶、塑料、沥青、石蜡、高分子聚苯乙烯等聚合固体也都是非晶态。实验室常见的物质，如活性炭、硅胶($SiO_2 \cdot xH_2O$)等也是非晶态。由这些极小微粒堆砌而成的多孔结构具有很高的比表面积(几百以至上千 m^2/g)，在工业上或实验室中广泛用做吸附剂和催化剂的载体。

非晶态有序程度增大了，向微晶过渡，微晶介于非晶态和晶态之间，它们是“近程有序”，即在很小的范围内微粒作有规则排列，因此可以把它们看做是由许多微小晶体组成的。

小　结

许多固态物质是晶体，人们对晶体的宏观特征早就有所了解，对晶体微观结构的测定始于20世纪初，至今仍是化学、物理学、生物学、地质学工作者们感兴趣的课题，国际上现有多种晶体结构的杂志专门刊登新测定的结构数据。本章先对晶体的特征、晶体结构的周期性、晶格、晶胞、晶系、晶格型式和等径球的堆积模型等作初步介绍，再结合化学键介绍晶体类型及其特性。晶体可分成金属晶体、离子晶体、分子晶体与共价晶体4种基本类型。各类型晶体质点的堆积方式有所不同：金属晶体大致可看成是金属原子等径圆球的密堆积；离子晶体在许多情况下是以负离子的密堆积为骨架，正离子则位于相应空隙之中；在分子晶体中分子以 van der Waals 力聚集成较密堆积；在共价晶体中晶格原子按共价键方向性的要求进行堆积。各类晶体的物理化学性质由于质点间作用力及堆积方式之不同呈现很大差异。

虽然离子键、共价键、金属键的成键原因有本质的差别，但根据键的极性概念，这三种化学键之间并没有绝对的界限。离子间的极化作用使键的性质可从离子键逐步过渡到共价键。键型的变异又导致晶体类型变异，从而使物质的性质变化万千。实际晶体是有缺陷的，这种少量缺陷对晶体的性质有较大影响。此外，非晶态固体物质种类也不少，也有很多实际应用。

课外读物

[1] 周志华，杨星水. 对结晶化学教学中某些常见问题的讨论. 化学教育，1985，(4)，29

[2] 唐有祺. 漫谈对称性. 大学化学，1987，(1)，1

[3] 周公度. 碳的结构化学的新进展——球烯结构化学述评. 大学化学，1992，(4)，29

[4] L J Norrby. Why is mercury liquid? J Chem Educ, 1991, 68, 110

思　考　题

1. 晶体的外形是否随生成条件不同而有差异，其相应晶面的夹角是否也随之不同？

2. 下面几种说法是否正确？并说明原因。

(1) 凡有规则外形者都必定是晶体；(2) 晶体的光学性质一定显各向异性；(3) 晶胞就是晶格；(4) 每个体心立方晶胞中含9个原子。

3. 如何划分7个晶系和14种点阵型式？能否说 NaCl 是由 Na^{+} 离子面心立方晶格和 Cl^{-} 离子面心立方晶格相套而成？为什么？

4. 金属原子堆积方式与离子晶体堆积方式有无相似之处？通过晶体模型实习，比较3种基本金属晶体特征和两种离子晶体(CsCl 型、NaCl 型)的特征。

5. 分别通过计算说明面心立方晶胞和六方晶胞中金属原子空间利用率均为74%。

6. 能否说金属 Na 和 CsCl 的晶胞都是体心立方晶胞？为什么？

7. 为什么 Zn^{2+} 离子只能填充在 S^{2-} 面心立方密堆积中的半数四面体空隙里？Zn^{2+} 与 S^{2-} 离子是否各自以相同的形式联系在一起？

8. 碳有几种同素异形体？它们的晶体结构和性质各有何特点？

9. 金刚石晶胞是面心立方晶胞,为什么一个金刚石晶胞中含有 8 个碳原子?金刚石与方石英晶体结构和晶胞有何异同?

10. 离子的极化能力、变形性和价数、半径、电子层结构有何关系?为什么 Ag^+ 的半径(115 pm)虽比 Na^+ 的半径(102 pm)大,但 Ag^+ 的极化能力却比 Na^+ 强?为什么 Cu^+ 的卤化物(CuX),虽然(r_+/r_-)> 0.414,但全部是 ZnS 结构?而价数更高的 Zn^{2+}、Cd^{2+}、Hg^{2+} 的氧族元素化合物(如 ZnS)大多采用 ZnS 型晶体结构?

习　题

13.1 根据晶胞参数,判断下列物质各属什么晶系:

化合物	a/pm	b/pm	c/pm	α	β	γ	晶　系
$K_2S_2O_8$	510	683	540	106°54′	90°10′	102°35′	
$FeSO_4 \cdot 7H_2O$	1534	1098	2002	90°	104°15′	90°	
CsCl	411	411	411	90°	90°	90°	
TiO_2	458	458	295	90°	90°	90°	
Sb	623	623	623	57°5′	57°5′	57°5′	

13.2 已知金(Au)的晶格型式是面心立方,a=0.409 nm,求金的原子半径。

13.3 金属 Fe 的晶格型式是体心立方,且 a=0.286 nm,求:

(1) 铁的原子半径;(2) 晶胞体积;(3) 一个晶胞中铁的原子数;(4) 铁的密度。

13.4 金属 Ni 的晶格型式是面心立方,密度为 8.90 g·cm^{-3}。计算:

(1) Ni 晶体中最邻近原子之间的距离。

(2) 能放入到 Ni 晶体空隙中的最大原子半径是多少?

13.5 经 X 射线分析鉴定,钛酸钡离子晶体属于立方晶系(如右图所示,并知 Ti^{4+}、Ba^{2+} 分别和 O^{2-} 互相接触),其晶胞参数 a=403.1 pm。据此回答或计算:

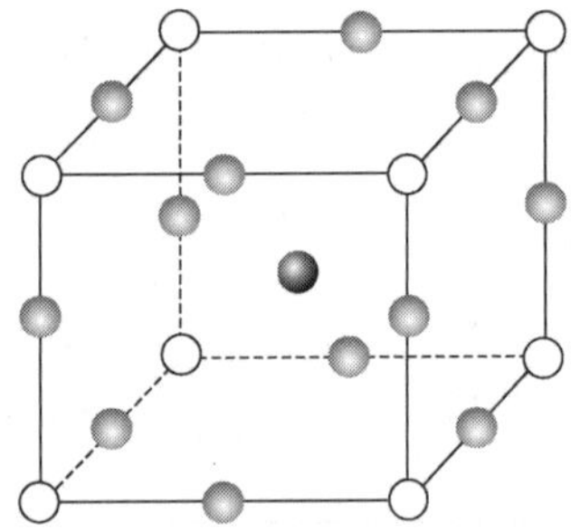

(1) 写出该晶体的化学式;

(2) 分别指出 Ti^{4+} 和 Ba^{2+} 的配位氧原子的个数;

(3) O^{2-} 半径为 140 pm,计算两种正离子的半径值。

13.6 灰锡(Sn)为面心立方金刚石结构,晶胞参数 a=648.9 pm。

(1) 算出 Sn 的原子半径;

(2) 灰锡的密度为 5.77×10^3kg·m^{-3},求 Sn 的相对原子质量;

(3) 其同素异形体白锡(Sn)为四方晶系,a=583.1 pm,c=318.2 pm,晶胞中含 4 个锡原子,请通过计算说明白锡变成灰锡,体积是膨胀还是收缩;

(4) 已知白锡中的平均键长为 310 pm,判断哪一种晶型中的 Sn—Sn 键强。

13.7 某蛋白质是正交晶体,晶胞参数为 a=130×10^2 pm,b=74.8×10^2 pm,c=30.9×10^2 pm,每个晶胞中有 6 个分子。若晶体密度为 1.315 kg·dm^{-3},求此蛋白质的摩尔质量。

13.8 3,4-吡啶二羧酸的盐酸盐($C_7H_5NO_4 \cdot n$HCl)从水中结晶为一透明的单斜平行六面体,其晶胞参数a=740 pm,b=760 pm,c=1460 pm,β=99.5°,密度为 1.66 g·cm^{-3},其晶胞可能含有 4 个或 8 个羧酸分子。计算晶胞中每个酸分子结合的 HCl 分子数 n。

13.9 铜靶产生的 X 射线波长为 154 pm,射到 NaCl 晶体上,对一组晶面能产生光波叠加的衍射角为：$\theta=15.85°(n=1)$，$\theta=33.09°(n=2)$，$\theta=54.97°(n=3)$，计算这组晶面间的距离。

13.10 黄铜(brass)实际上是 Cu、Zn 合金，纯金属 Cu 和纯金属 Zn 的晶体分别都是 ABCABC…密堆积结构，当 Zn 的质量分数低于 33%时，X 射线衍射证明黄铜结构仍然与纯金属相同。假定当 Zn 原子取代了 Cu 晶胞中所有顶点的 Cu 原子时，黄铜晶胞的质量是多少？Zn 在黄铜中的质量分数是多少？

13.11 试根据晶体中正负离子半径比值，判断 AX 型离子化合物 CaS、BeO、NaBr、CsBr、MgTe 的晶体构型。（注：本题 r_+、r_- 采用附录 D.7 中的数据。）

13.12 CsI 晶体结构类型与 CsCl 相同，相邻的 Cs^+ 和 I^- 彼此接触，$r(Cs^+)=174$ pm，$r(I^-)=224$ pm，计算 CsI 晶胞参数 a 和晶体密度。

13.13 说明导致下列每组内化合物之间熔点差别的原因：

(1) NaF(992℃)，MgO(2800℃)；

(2) MgO(2800℃)，BaO(1923℃)；

(3) BeO(2530℃)，MgO(2800℃)，CaO(2570℃)，SrO(2430℃)，BaO(1923℃)；

(4) NaF(992℃)，NaCl(800℃)，AgCl(455℃)；

(5) $CaCl_2$(782℃)，$ZnCl_2$(215℃)；

(6) $FeCl_2$(672℃)，$FeCl_3$(282℃)。

13.14 AX 型化合物中如 A 与 X 电负性相差 1.7，则该化合物离子性约 50%。如 Mg 与 O 和 Al 与 N 形成键时，粗略估计各键中离子性所占百分数。

13.15 计算比较 HCl、CsCl 和 TlCl 化合物的离子性百分数的大小，解释计算结果（H—Cl 键长和偶极矩分别为 127 pm、1.08 D；Tl—Cl 键长和偶极矩分别为 320 pm、4.44 D；而 Cs—Cl 键长和偶极矩分别为 290 pm、10.42 D）。

13.16 若在高温下 NaCl 晶体导电是由于 Na^+ 迁移到另一空位而造成，其中 Na^+ 离子要经过一个由 3 个 Cl^- 离子组成的最小三角形窗孔（Cl^- 相互不接触）。

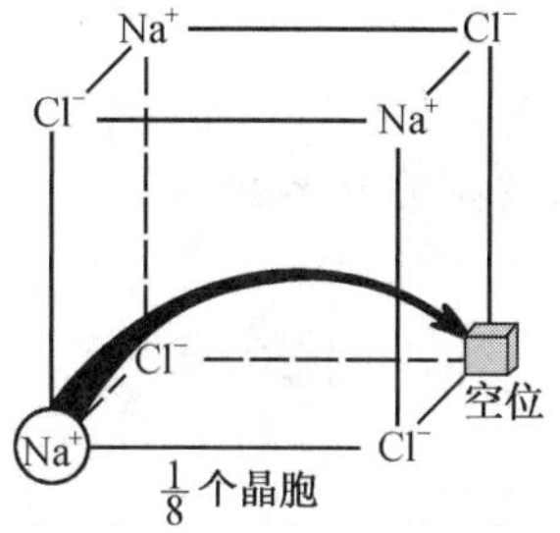

$\frac{1}{8}$个晶胞

如已知：$a/2=282$ pm，$r(Cl^-)=181$ pm，$r(Na^+)=102$ pm，请计算三角形窗孔半径，并参考计算结果说明：离子晶体 NaCl 在室温是绝缘体；在接近熔点时电导率明显增加；熔融之后，则是导体。

第14章　配位化合物

配位化合物简称配合物，或称络合物，是近代无机化学的重要研究对象。近代物质结构理论的发展为深入研究配合物提供了有利条件，使它充分发展成为无机化学的重要分支学科。配位化学的研究成果广泛应用于物质的分析、分离、提纯，并应用到电镀、药物、照相、印刷等等诸多方面；同时推动分析化学、生物化学、电化学、催化动力学的发展，还涉及生命科学、高新技术开发等方面。配位化学的发展打破了有机化学和无机化学的界限，目前研究重点在金属有机配合物及生物体内微量金属元素形成的配合物。本章首先介绍有关配合物基本概念，如配合物的组成、类型、命名和异构现象等，再扼要介绍配合物的微观结构和所涉及的成键理论，最后讨论配合物在溶液中的解离平衡及有关的多重平衡。

14.1　配位化合物及其组成

(Composition of Coordination Compound)

常见的 HCl、NH_3、H_2O、$CuSO_4$、AgCl、$PtCl_4$、KCl、NaF、AlF_3 等都是由共价键或离子键结合而成的简单化合物。这些简单化合物之间还可进一步形成复杂的分子间化合物，例如

$$CuSO_4 + 4NH_3 \rightleftharpoons [Cu(NH_3)_4]SO_4$$

$$AgCl + 2NH_3 \rightleftharpoons [Ag(NH_3)_2]Cl$$

$$PtCl_4 + 2KCl \rightleftharpoons K_2[PtCl_6]$$

$$3NaF + AlF_3 \rightleftharpoons Na_3[AlF_6]$$

这些分子间化合物都含有复杂离子(用方括号标出)。这些复杂离子既可存在于晶体中，也可存在于溶液中；既可以是带正电荷的阳离子，如 $Ag(NH_3)_2^+$ 与 $Cu(NH_3)_4^{2+}$，也可以是带负电荷的阴离子，如 $PtCl_6^{2-}$ 与 AlF_6^{3-}，也有一些分子间化合物是不带电荷的中性分子，如$[Co(NH_3)_3Cl_3]$。这类分子间化合物都叫做配位化合物，其中的复杂离子叫做配离子(coordination ion)。虽然配离子是一种较为稳定的结构单元，但它们可以在一定条件下(如在水中)再部分解离为更简

单的离子。配合物的形成和结构具有其自身的规律性，不能简单地用经典的价键理论来解释。

明矾[$KAl(SO_4)_2 \cdot 12H_2O$]虽然也是一种组成相对复杂的化合物，但在明矾晶体中仅含有 K^+、Al^{3+}、SO_4^{2-} 等简单离子，而并没有配离子存在。这种化合物若溶于水，便完全解离成简单的$K^+(aq)$、$Al^{3+}(aq)$、$SO_4^{2-}(aq)$离子，其性质犹如简单的 K_2SO_4 和 $Al_2(SO_4)_3$ 的混合水溶液，因此称明矾为复盐(double salt)。复盐和配合物都是由简单化合物结合而成的较复杂的化合物，但在水溶液中前者全部解离为简单离子，后者除了部分解离出简单离子外，尚存在稳定的配离子。然而复盐和配合物之间并没有绝对的界限，在它们之间存在大量的处于中间状态的复杂化合物。

配合物可以划分为**内界**和**外界**两个部分。例如铜氨配合物分子由中心离子(Cu^{2+})和配位体(NH_3)组成内界，这一组成部分在书写时通常放在方括号内，方括号以外部分为外界(如 SO_4^{2-})。

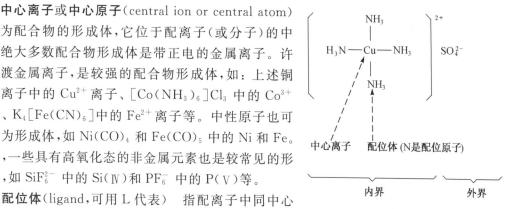

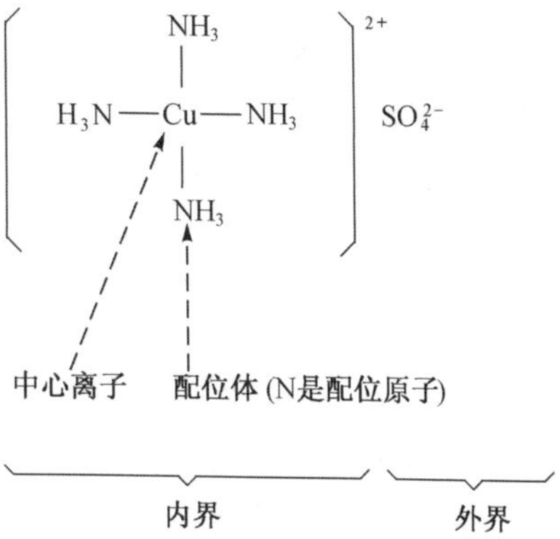

中心离子或中心原子(central ion or central atom)也称为配合物的形成体，它位于配离子(或分子)的中心。绝大多数配合物形成体是带正电的金属离子。许多过渡金属离子，是较强的配合物形成体，如：上述铜氨配离子中的 Cu^{2+} 离子、$[Co(NH_3)_6]Cl_3$ 中的 Co^{3+} 离子、$K_4[Fe(CN)_6]$中的 Fe^{2+} 离子等。中性原子也可以作为形成体，如 $Ni(CO)_4$ 和 $Fe(CO)_5$ 中的 Ni 和 Fe。另外，一些具有高氧化态的非金属元素也是较常见的形成体，如 SiF_6^{2-} 中的 Si(Ⅳ)和 PF_6^- 中的 P(Ⅴ)等。

配位体(ligand，可用 L 代表)　指配离子中同中心离子结合的离子或分子，简称配体。在每一个配位体中直接同中心离子相连接的原子叫配位原子。例如，NH_3 和 H_2O 分别是 $Cu(NH_3)_4^{2+}$ 离子和 $Cu(H_2O)_4^{2+}$ 离子中的配位体，而这两种配位体中的 N 原子和 O 原子因直接与中心离子相连接就称为配位原子。配位原子主要是非金属 N、O、S、C 和卤素等原子。有些配位体只有一个配位原子同中心离子结合，例如表 14.1 中所列的 NH_3、H_2O、F^- 等，称为单齿配位体(unidentate ligand)；另一些配位体有两个以上的配位原子同时与中心离子相连接，例如 CO_3^{2-}、$C_2O_4^{2-}$、$H_2N—CH_2—CH_2—NH_2$(乙二胺，缩写为 en)等无机和有机配位体，它们称为多齿配位体(multidentate ligand)。常见的多齿配位体列于表 14.2 中。

表 14.1　常见的单齿配位体

中性分子配位体及其名称		阴离子配位体及其名称			
H_2O	水(aqua)	F^-	氟(fluoro)	NH_2^-	氨基(amide)
NH_3	氨(ammine)	Cl^-	氯(chloro)	NO_2^-	硝基(nitro)
CO	羰基(carbonyl)	Br^-	溴(bromo)	ONO^-	亚硝酸根(nitrite)
NO	亚硝酰基(nitrosyl)	I^-	碘(iodo)	SCN^-	硫氰酸根(thiocyano)
CH_3NH_2	甲胺(methylamine)	OH^-	羟基(hydroxo)	NCS^-	异硫氰酸根(isothiocyano)
C_5H_5N	吡啶(pyridine，缩写 py)	CN^-	氰(cyano)	$S_2O_3^{2-}$	硫代硫酸根(thiosulfate)

表14.2　常见的多齿配位体

分子式	中英文名称(缩写)
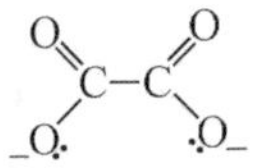	草酸根(ox) oxalate
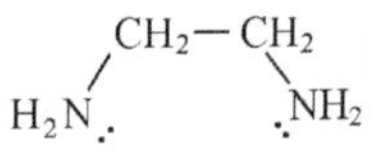	乙二胺(en) ethylenediamine
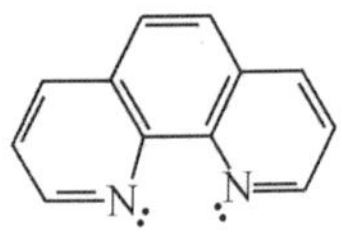	1,10-邻菲啰啉(phen) *o*-phenanthroline
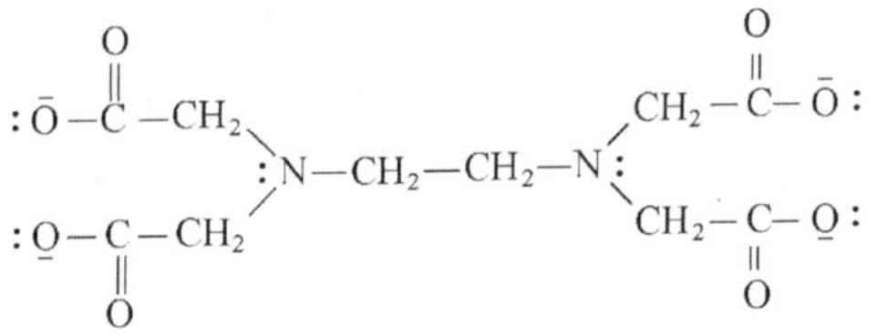	乙二胺四乙酸根(EDTA) ethylenediaminetetraacetate

配位数(coordination number)　是指中心离子(或原子)所接受的配位原子数目。若配位体是单齿的,则配位体数目就是该中心离子或原子的配位数,例如 $Cu(H_2O)_4^{2+}$、$Co(NH_3)_6^{3+}$、AlF_6^{3-} 的配位数分别是4、6、6;若配位体是多齿的,那么配位体的数目不等于中心离子的配位数,例如 $Pt(en)_2^{2+}$ 中的乙二胺(en)是双齿配位体,即每1个en有2个N原子与中心离子 Pt^{2+} 配位,因此,Pt^{2+} 的配位数不是2而是4。同理,$Co(en)_3^{3+}$ 配离子中 Co^{3+} 的配位数不是3而是6。

配合物中,中心离子或原子的配位数可从2～9,配位数为10或更高(11或12)的只有在镧系和锕系或个别其他重元素配合物中偶尔见到。表14.3列举了一些典型配合物的配位数。

中心离子配位数的多少一般决定于中心离子和配位体的性质(例如它们的半径、电荷、中心离子核外电子排布等)以及形成配合物的条件(浓度和温度等)。由表14.3可见:中心离子电荷数越高,配位数越大;半径越大,其周围可容纳的配位体就越多,配位数也越大。而配位体的负电荷数越高,半径越大,则配位数减小。此外,配位数与成键性质也有关系。一般中心体的常见配位数为2、4、6、8,最常见的为4、6。配位数为5的配合物在1960年前还是比较少见的,随着合成化学的发展,现今五配位也很常见了。

在水溶液中,金属离子往往与水分子结合,它的配位数是指与金属离子直接结合的水分子数。第一层水合分子外面还可能有第二层、第三层水分子,如铝离子外面的第二层有12个水分子,第三层则是部分有序排列的水分子。对二、三价过渡金属离子,常用六水合表示。水溶液中若有其他配位体时,水分子可能被取代,取代数目与配位体性质和浓度有关。

配离子的电荷数等于中心离子和配位体电荷的代数和。若配位体全部是中性分子(如 NH_3、CO等),则配离子的电荷数就等于中心离子的电荷数。

表 14.3 一些典型配位中心的实测配位数(对中性或一价配位体)

(罗马字:氧化数; 阿拉伯字:配位数)

最高配位	周期																	
2	1	**H** Ⅰ2																
4	2	**Li** Ⅰ4	**Be** Ⅱ4											**B** Ⅲ4	**C** Ⅳ4	**N**	**O**	**F**
6	3	**Na** Ⅰ6	**Mg** Ⅱ4,6											**Al** Ⅲ4,6	**Si** Ⅳ6	**P** Ⅴ6	**S**	**Cl**
6	4	**K** Ⅰ6,8	**Ca** Ⅱ6,8	**Sc** Ⅲ6	**Ti** Ⅳ6	**V** Ⅲ6 Ⅳ5,6	**Cr** Ⅱ6 Ⅲ6	**Mn** Ⅰ6 Ⅱ4,6 Ⅲ6	**Fe** Ⅱ4,6 Ⅲ4,6	**Co** Ⅱ4,6 Ⅲ6	**Ni** 0 4 Ⅰ4,6 Ⅱ6	**Cu** Ⅰ2,3 Ⅱ4,6	**Zn** Ⅱ4,6	**Ga** Ⅲ4,6	**Ge** Ⅳ6	**As** Ⅲ4 Ⅴ6	**Se**	**Br**
8	5	**Rb** Ⅰ8	**Sr** Ⅱ6,8	**Y** Ⅲ6	**Zr** Ⅳ6,8	**Nb** Ⅴ6～8	**Mo** Ⅲ6 Ⅳ6,8 Ⅴ8	**Tc**	**Ru** Ⅱ6 Ⅲ6	**Rh** Ⅲ6	**Pd** Ⅱ4,6 Ⅳ6	**Ag** Ⅰ2,3 Ⅱ4	**Cd** Ⅱ4,6	**In** Ⅲ4,6	**Sn** Ⅱ4 Ⅳ6	**Sb** Ⅲ6 Ⅴ6	**Te**	**I**
8	6	**Cs** Ⅰ8	**Ba** Ⅱ6,8	**La**	**Hf** Ⅳ6,8	**Ta** Ⅴ6～8	**W** Ⅴ6,8	**Re** Ⅳ4,6	**Os** Ⅲ6	**Ir** Ⅲ6	**Pt** Ⅱ4,6 Ⅳ6	**Au** Ⅰ2,3 Ⅲ4	**Hg** Ⅱ4,6	**Tl** Ⅰ2,4	**Pb** Ⅱ4 Ⅳ6	**Bi** Ⅲ4～6 Ⅴ6	**Po**	**At**

14.2 配位化合物的类型和命名

(Types and Nomenclature of Coordination Compound)

14.2.1 配位化合物的类型

配合物有不同类型,按与中心离子结合的是单齿配体或多齿配体不同,分为简单配合物与螯合物。

1. 简单配合物

这是一类由单齿配位体(NH_3、H_2O、X^- 等)与中心离子直接配位形成的配合物,例如 $K_2[PtCl_6]$、$Na_3[AlF_6]$、$[Cu(NH_3)_4]SO_4$ 和 $[Ag(NH_3)_2]Cl$ 等。另外,大量水合物实际上也是以水为配位体的简单配合物,例如

$FeCl_3 \cdot 6H_2O$,即 $[Fe(H_2O)_6]Cl_3$　　$CuSO_4 \cdot 5H_2O$,即 $[Cu(H_2O)_4]SO_4 \cdot H_2O$

$CrCl_3 \cdot 6H_2O$,即 $[Cr(H_2O)_6]Cl_3$　　$FeSO_4 \cdot 7H_2O$,即 $[Fe(H_2O)_6]SO_4 \cdot H_2O$

右边列出的两种水合物,其中的水分子大部分以配位体的形式存在,少部分是在其他位置的结晶水,这些简单配合物又称 Werner 型配合物。早在 19 世纪末(1893 年),瑞士化学家 Werner 就合成了大量简单配合物,并仔细研究了它们的组成、性质和空间构型。虽然当时还没有近代的原子、分子结构理论和近代的光谱等实验技术,但 Werner 用最简单的化学分析方法以及电导方法,确定了大量简单配合物的内外界和配位数,直到现在仍为世人所公认。他不愧为近代配合物化学的奠基人。

【例 14.1】 一种由 Cr、NH_3、Cl 组成的配合物,摩尔质量为 260.6 $g \cdot mol^{-1}$。已知:

(1) 质量分数分别是：Cr 20.0%，NH_3 39.2%，Cl 40.8%；(2) 25.0 cm^3 0.052 $mol \cdot dm^{-3}$ 该配合物水溶液中的 Cl^- 离子需用 32.5 cm^3 的 0.121 $mol \cdot dm^{-3}$ $AgNO_3$ 溶液方可完全沉淀。此外，若向盛有该配合物溶液的试管中加入 NaOH 溶液，并加热，在试管口处的湿石蕊试纸不变蓝色。根据上述实验结果推断该配合物的结构式。

解　由(1)可知

$$n(\mathrm{Cr})=\frac{20.0\%\times 260.6}{52}=1,\ n(\mathrm{NH_3})=\frac{39.2\%\times 260.6}{17}=6,\ n(\mathrm{Cl^-})=\frac{40.8\%\times 260.6}{35.5}=3$$

由(2)可知

$$\frac{被\ \mathrm{Ag^+}\ 沉淀的\ n(\mathrm{Cl^-})}{配合物总的\ n_{总}}=\frac{32.5\times 0.121}{25.0\times 0.052}=\frac{3.93}{1.30}\approx 3$$

由此可知，1 mmol 该配合物中的 3 mmol Cl^- 全部都位于配离子的外界。另根据该配合物溶液不能与 NaOH 发生反应放出 NH_3，可知 NH_3 全在配离子内界。因此，该配合物结构式应为 $[Cr(NH_3)_6]Cl_3$。19 世纪末化学家就是用这类方法开始研究配合物的。

2. 螯合物(也称内络盐)

这是一类由中心离子和多齿配位体结合而成的配合物，其特点是具有含 2 个或 2 个以上配位原子的配位体(称为螯合剂，chelating agents)，该配位体与金属离子结合时犹如螃蟹双螯钳住中心离子，而使中心离子与配位体结合时形成环状结构。例如：2 个乙二胺(en)与 Cu^{2+} 形成 2 个五原子环(—Cu—N—C—C—N—)，3 个 1,10-邻菲啰啉(*o*-phen)与 Fe^{2+} 形成 3 个五原子环(—Fe—N—C—C—N—)。它们的结构式如下：

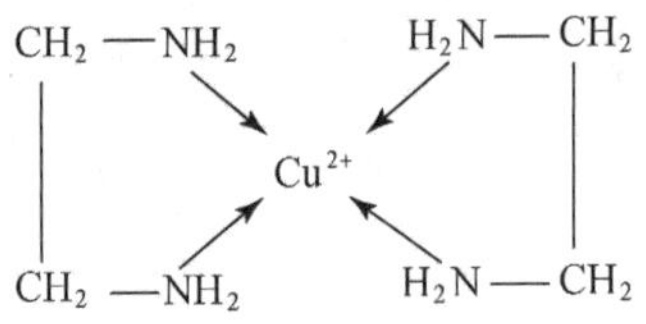

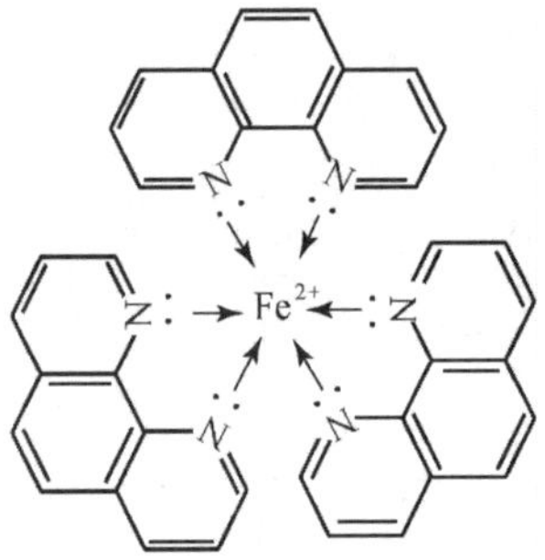

这种具有环状，特别是五元环或六元环的螯合物相当稳定，有的在水中溶解度很小，有的还具有特殊的颜色，明显地表现出各种金属离子的个性，常应用于金属元素的分离和鉴定。如 *o*-phen与 Fe^{2+} 生成橙红色螯合物，可用于定性鉴定 Fe^{2+}，被称为亚铁试剂。

在分析化学领域广泛应用的氨羧螯合剂中以乙二胺四乙酸(化学式简写为 H_4Y，简称为 EDTA)最重要，它具有 4 个可置换的 H^+ 离子和 6 个配位原子(2 个氨基氮原子和 4 个羧基氧原子)，见图 14.1(a)。这些配位原子提供孤电子对与中心离子形成配位键而相连接。大多数金属离子都能与 EDTA 形成具有五元环的、稳定的、组成为 1∶1 的螯合物。Ca^{2+}-EDTA 螯合物的立体结构示于图 14.1(b)。在 CaY^{2-} 配位离子中，中心离子 Ca^{2+} 的配位数等于 6，在其周围有 4 个羧基氧原子和 2 个氨基氮原子形成正八面体结构。由图可见，这个配位离子中有 5 个五元环(1 个—Ca—N—C—C—N—环，4 个—Ca—O—C—C—N—环)。这类配位离子生成的配合物比相应非螯合的稳定得多，常称之为螯合效应。不仅分析化学中采用 EDTA 作螯合试剂，在工业上也用 EDTA 来软化硬水。EDTA 与硬水中 Ca^{2+}、Mg^{2+} 离子结合，使 Ca^{2+}、

Mg^{2+} 离子浓度降低到 $10^{-7} \sim 10^{-6}\ mol \cdot dm^{-3}$，而避免结成锅炉水垢。

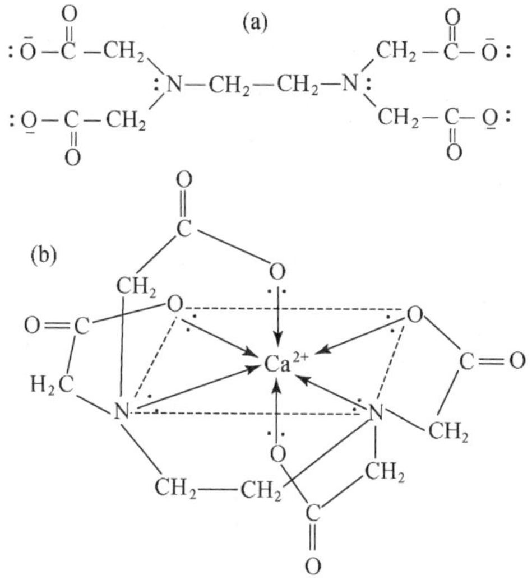

图 14.1　EDTA(H_4Y)酸根离子式(a) 和 CaY^{2-} 螯合物的立体构型(b)

大多数金属元素都可以与螯合剂形成稳定的螯合物。表 14.4 中粗黑线范围内的 22 种元素既能形成很稳定的螯合物，也能形成比较稳定的非螯形配合物；粗黑线以外、细黑线以内的元素，虽然也能形成稳定的螯合物，但其非螯形配合物的稳定性较差；虚线和细黑线之间的碱金属和碱土金属可与氨羧螯合剂形成具有一定稳定性的螯合物，但不能形成非螯形配合物。

表 14.4　周期表中生成稳定程度不同螯合物的金属离子的分布情况

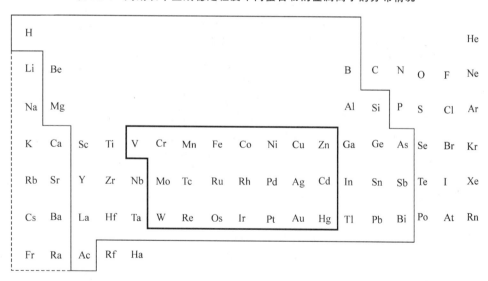

H																	He
Li	Be											B	C	N	O	F	Ne
Na	Mg											Al	Si	P	S	Cl	Ar
K	Ca	Sc	Ti	V	Cr	Mn	Fe	Co	Ni	Cu	Zn	Ga	Ge	As	Se	Br	Kr
Rb	Sr	Y	Zr	Nb	Mo	Tc	Ru	Rh	Pd	Ag	Cd	In	Sn	Sb	Te	I	Xe
Cs	Ba	La	Hf	Ta	W	Re	Os	Ir	Pt	Au	Hg	Tl	Pb	Bi	Po	At	Rn
Fr	Ra	Ac	Rf	Ha													

为什么螯合物特别稳定？这可从热力学和结构角度来说明。已知下列两个反应

① $Ni(H_2O)_6^{2+}(aq) + 6NH_3(aq) \rightleftharpoons Ni(NH_3)_6^{2+}(aq) + 6H_2O(aq)$　　$K=10^{8.74}$

② $Ni(H_2O)_6^{2+}(aq) + 3\ en(aq) \rightleftharpoons Ni(en)_3^{2+}(aq) + 6H_2O(aq)$　　$K=10^{18.33}$

由①、②式组合，可得

③ $Ni(NH_3)_6^{2+}(aq) + 3en(aq) \rightleftharpoons Ni(en)_3^{2+}(aq) + 6NH_3(aq)$　　$K=10^{9.59}$

则此反应的 Gibbs 自由能变化为

$$\Delta G^{\ominus}=-2.30RT\lg K^{\ominus}=-55\ \mathrm{kJ\cdot mol^{-1}}$$

说明反应③中 3 个乙二胺分子与金属 Ni^{2+} 配位置换 6 个氨分子可大大降低反应 Gibbs 自由能。Gibbs 自由能变化是由焓变和熵变两部分组成的($\Delta G^{\ominus}=\Delta H^{\ominus}-T\Delta S^{\ominus}$),焓变 $\Delta H^{\ominus}$ 主要来源于反应前后键能的变化,在反应③中反应前后都是 6 个 N→Ni 配位键,故焓变 $\Delta H^{\ominus}$ 不大($-12\ \mathrm{kJ\cdot mol^{-1}}$);但由于 en 是螯合分子,反应前后自由分子的数目由 3 个(en)变为 6 个(NH_3),混乱度大大增加,因而熵增加,相应 $T\Delta S^{\ominus}$ 较大,这是 $\Delta G^{\ominus}$ 降低的主要原因。由此可见,螯合效应使螯合物稳定的原因主要是熵效应,即只要螯合键能变化不大,而螯合引起熵增加,就可使 Gibbs 自由能大大降低,生成稳定的螯合物。此外,在螯合物中螯合环一般是五元环和六元环,这两种环的夹角分别是 108°和 120°,比较有利于成键。

在简单配合物中,中心体结合多种配体称混配配合物。还有多种其他类型的配合物。按中心原子组合不同分类,除一般的单核配合物外还有多核配合物,如$[(NH_3)_5Co—O—Co(NH_3)_5]^{4+}$;还有具有金属原子或离子之间直接连接的簇状配合物,如 $Fe_2(CO)_9$、$Re_2Cl_6^{2-}$。按成键类型划分,分为 σ 配键的配合物和π 键配合物,如 $PtCl_3(C_2H_4)^-$;还有夹心配合物,如$(C_2H_5)_2Fe$;穴状和笼状配合物,如碱金属大环多醚配合物。按学科划分,则分为无机配合物、有机金属配合物、生物无机配合物等。

14.2.2 配位化合物的命名

配合物组成比较复杂,需按统一的规则命名。根据 1980 年中国化学会无机专业委员会制订的汉语命名原则①,现列举一些配合物的全名。

(1) 含有配位阴离子的配合物

$K_3[Fe(CN)_6]$	六氰合铁(Ⅲ)酸钾(俗称铁氰化钾或赤血盐)
$K_4[Fe(CN)_6]$	六氰合铁(Ⅱ)酸钾(俗称亚铁氰化钾或黄血盐)
$H_2[PtCl_6]$	六氯合铂(Ⅳ)酸
$Na_3[Ag(S_2O_3)_2]$	二(硫代硫酸根)合银(Ⅰ)酸钠
$K[Co(NO_2)_4(NH_3)_2]$	四硝基·二氨合钴(Ⅲ)酸钾

(2) 含有配位阳离子的配合物

$[Cu(NH_3)_4]SO_4$	硫酸四氨合铜(Ⅱ)
$[Co(ONO)(NH_3)_5]SO_4$	硫酸亚硝酸根·五氨合钴(Ⅲ)
$[Co(NCS)(NH_3)_5]Cl_2$	二氯化异硫氰酸根·五氨合钴(Ⅲ)
$[CoCl(SCN)(en)_2]NO_2$	亚硝酸氯·硫氰酸根·二(乙二胺)合钴(Ⅲ)
$[Pt(py)_4][PtCl_4]$	四氯合铂(Ⅱ)酸四(吡啶)合铂(Ⅱ)

(3) 非电解质配合物

$[Ni(CO)_4]$	四羰基合镍
$[Co(NO_2)_3(NH_3)_3]$	三硝基·三氨合钴(Ⅲ)
$[PtCl_4(NH_3)_2]$	四氯·二氨合铂(Ⅳ)

由以上例子可见,如配合物为配离子化合物,则命名时阴离子名称在前、阳离子名称在后,与无机盐命名规则相同。而配离子命名顺序为:(配位体数)配体合中心离子或原子(氧化数)。

---

① 详见中国化学会《无机化学命名原则》,北京:科学出版社(1980)。该原则主要参考国际纯粹化学和应用化学联合会(IUPAC)1970 年公布的《无机化学命名法》修订。

1990 年 IUPAC 又编写了新的《无机化学命名法》(Nomenclature of Inorganic Chemistry, 3rd. ed., Blackwell Scientific Publication, Oxford, 1990),中国化学会的无机化学命名原则尚未出新版。

如配离子内界含有两种及两种以上的配体，则配体列出的顺序按如下规定：

(1) 无机配位体列在前面，有机配位体列在后面。

(2) 先列出阴离子名称，后列出阳离子、中性分子名称。

(3) 同类配位体的名称，可按配位原子元素符号的英文字母顺序排列，如三氯化五氨·水合钴(Ⅲ)，化学式为$[Co(NH_3)_5H_2O]Cl_3$。

(4) 同类配体的配位原子也相同，则将含较少原子数的配位体排在前面，如氯化硝基·氨·羟氨·吡啶合铂(Ⅱ)，化学式为$[PtNO_2NH_3NH_2OH(py)]Cl$。

(5) 配位原子相同，配位体中所含原子数目也相同，则按在结构式中与配位原子相连的原子的元素符号的英文顺序排列，如$[PtNH_2NO_2(NH_3)_2]$，氨基·硝基·二氨合铂(Ⅱ)。此外，配位体的数目用二、三、四等(希腊文字头列入下表，如配体中已含有希腊字头或多齿配体，则改用 bis，tris，tetrakis，pentakis，…)表示，而氧化数用罗马数字表示，配位体所用缩写符号一律用小写字母(如 en)。

二	三	四	五	六	七	八
di	tri	tetra	penta	hexa	hepta	octa

14.3　配位化合物的异构现象

(Isomerism of Coordination Compound)

两种或两种以上化合物，具有**相同的化学式**(原子种类和数目相同)**但结构和性质不相同**，它们互称为**异构体**(isomer)。在配合物和配位离子中，这种异构现象相当普遍。当年 Werner 就已研究了大量配合物的异构现象。一般可将异构现象分为结构异构和空间异构两大类。

14.3.1　结构异构

由于配位体在内界、外界分配不同，配位体在阴阳配离子中分配不同，同种配体所用配位原子不同，或配体本身具有异构体等所形成的异构体，叫**结构异构体**。

表 14.5　几类结构异构体

异构名称	化学式	某些性质
(1) 电离异构	$[CoSO_4(NH_3)_5]Br$(红色) $[CoBr(NH_3)_5]SO_4$(紫色)	向溶液中加 $AgNO_3$，生成 AgBr 沉淀。 向溶液中加 $BaCl_2$，生成 $BaSO_4$ 沉淀。
(2) 水合异构	$[Cr(H_2O)_6]Cl_3$(紫色) $[CrCl(H_2O)_5]Cl_2\cdot H_2O$(亮绿色) $[CrCl_2(H_2O)_4]Cl\cdot 2H_2O$(暗绿色)	内界所含 H_2O 分子数随制备时温度和介质不同而异，溶液摩尔电导率随配合物内界水分子数减少而降低。
(3) 配位异构	$[Co(en)_3][Cr(ox)_3]$ $[Cr(en)_3][Co(ox)_3]$	
(4) 键合异构	$[CoNO_2(NH_3)_5]Cl_2$ $[CoONO(NH_3)_5]Cl_2$	黄褐色，在酸中稳定。 红褐色，在酸中不稳定。
	$[Cr(H_2O)_5SCN]SO_4$ $[Cr(H_2O)_5NCS]SO_4$	
(5) 配体异构	$CoCl_2(NH_2CH_2CH_2NHCH_3)_2$ $CoCl_2(NH_2CH_2CH_2CH_2NH_2)_2$	

表 14.5 中,前三类是由于离子在内外界分配不同或配位体在配位阳阴离子间分配不同所形成的结构异构体,它们的颜色及化学性质均不相同;第(4)类称为键合异构,它们是由于配位体中不同的原子与中心离子配位所形成的结构异构体,表中列举的第一对异构体中前一个是 NO_2^- 配位体中的 N 原子与 Co^{3+} 相连,后一个是 NO_2^- 中的 O 原子与 Co^{3+} 相连;第二对 SCN^- 配位体分别通过 S 原子和 N 原子与 Cr^{3+} 相连接,形成键合异构体。在一般条件下第一过渡系列金属与 SCN^- 形成的配离子中往往是金属离子与 N 原子结合,而第二、三过渡系列(特别是铂系金属)则倾向于与 S 原子相连接。第(5)类异构体中,一个含有 2 个五元环,另一个含有 2 个六元环。

14.3.2 空间异构

在配合物中,配位体分布在中心体周围形成一定的空间构型。早在 19 世纪末,Werner 就推测二配位的配合物为直线形,四配位为平面正方形或四面体形,六配位为八面体形。随着 X 射线衍射技术的发展,这种推测得到认同。**空间异构体**就指那些内界外界相同、配体相同、配位原子相同,而仅配体在中心体周围空间分布不同的配合物。它又分为**几何异构**和**旋光异构**,本节主要介绍几何异构(geometric isomerism)。几何异构常见于配位数为 4 的平面正方形配合物和配位数为 6 的八面体配合物中。配位体围绕中心体可占不同位置,通常分为顺式、反式异构,顺式为邻位,反式为对位。

例如$[PtCl_2(NH_3)_2]$有两种几何异构体。这种配合物具平面正方形[①]结构,如它的 2 个 NH_3 和 2 个 Cl^- 分别占据相邻位置者称为**顺式**(*cis*-)结构,而彼此处于对角位置者则称为**反式**(*trans*-)结构。这两种几何异构体的制备方法、颜色和化学性质都不相同,表 14.6 列出了它们的差别以资比较。

表 14.6　顺式、反式$[PtCl_2(NH_3)_2]$的性质

	顺式异构 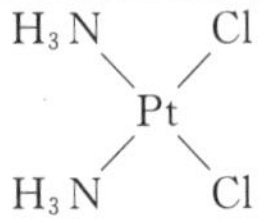	反式异构 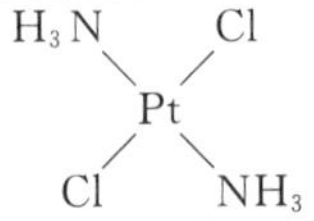
制备方法	$K_2[PtCl_4] \xrightarrow{NH_3(aq)} K[PtCl_3(NH_3)]+KCl \xrightarrow{NH_3(aq)}$ *cis*-$[PtCl_2(NH_3)_2]+KCl$	$K_2[PtCl_4]+4NH_3(aq) \longrightarrow [Pt(NH_3)_4]Cl_2+2KCl$ 加热到 250 ℃或用 HCl 处理 ↓ *trans*-$[PtCl_2(NH_3)_2]+2NH_4Cl$
颜色	棕黄色	淡黄色
极性	结构不对称,偶极矩 $\mu \neq 0$	结构对称,$\mu=0$
溶解度	易溶于极性溶剂中 (0.2577 g/100 g H_2O)	难溶于极性溶剂中 (0.0366 g/100 g H_2O)
化学反应	邻位的 Cl^- 先被 OH^- 取代,然后被草酸根取代 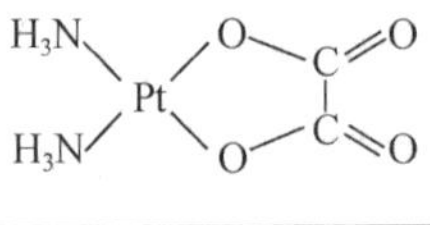	不能转变为草酸配位化合物,因草酸根中 2 个配位氧原子不能取代对位上的 OH^- 离子

① 配位数为 4 的另一类配合物具有正四面体构型,正四面体型配合物没有几何异构体。

顺式和反式[$PtCl_2(NH_3)_2$]性质的最大差异在于，前者是一个很好的抗癌药物称为顺铂（*cis*-platin）①，而后者则不是。一种流行的看法认为，当它们进入到人体中，顺铂能迅速而又牢固地与DNA（脱氧核糖核酸）结合在一起，成为一种隐蔽的 *cis*-DNA 加合物，它能干扰DNA的复制，阻止癌细胞的再生；而 *trans*-加合物由于结构连接方式的“笨拙”，生成后很快为细胞识别而被除掉，因此它没有抗癌功能。但由于顺铂仍有副作用，目前国内外学者在研究总结这个简单异构体药物作用的基础上，仍致力于研制类似于顺铂、有效但副作用小的抗癌新药。

Pd(Ⅱ)、Au(Ⅲ)等金属离子都易于生成类似的顺反异构体[MX_2A_2]、[MX_2AB]、[$MXYA_2$]，其中M代表中心离子，A和B代表中性配位体，X和Y代表−1价阴离子配位体，如NO_2^-、SCN^-以及Cl^-、Br^-、I^-等。

配位数为6的八面体形配合物也存在类似的顺、反异构体如[MX_2A_4]，其中中心离子可以是Cr(Ⅲ)、Co(Ⅱ)、Pt(Ⅳ)及其他铂系金属离子。它们都有两种异构体，例如[$CrCl_2(NH_3)_4$]$^+$，其顺式为紫色而反式是绿色。

MX_2A_4型

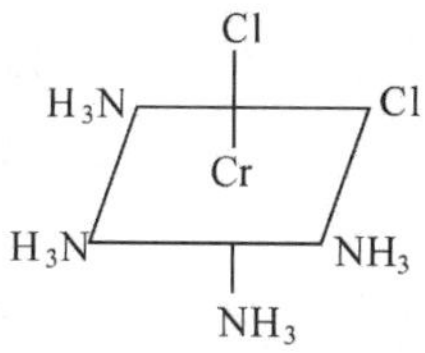

紫色 *cis*-[$CrCl_2(NH_3)_4$]$^+$

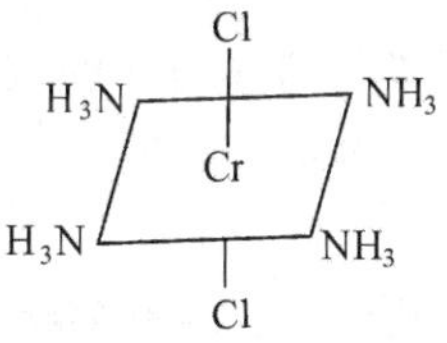

绿色 *trans*-[$CrCl_2(NH_3)_4$]$^+$

MX_3A_3型

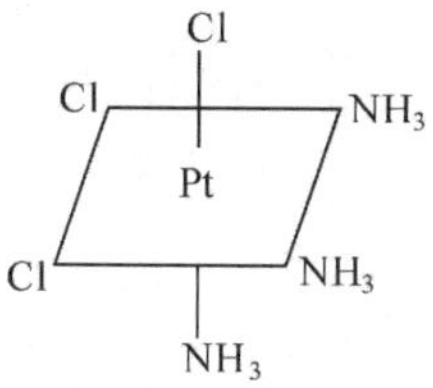

面式(fac-)

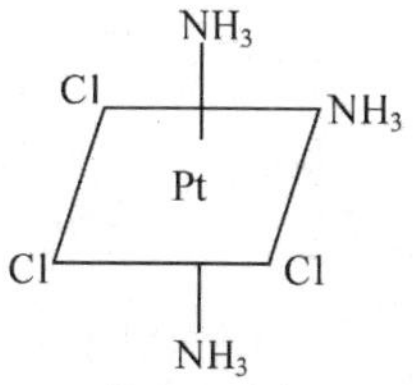

经式(mer-)

具有[MX_3A_3]型式的配离子，如上图中的[$PtCl_3(NH_3)_3$]$^+$也只有两种异构体，分别称为面式(fac-)和经式(mer-)异构体。

另一类具有[$MX_2Y_2A_2$]型式的配离子，如[$PtCl_2(OH)_2(NH_3)_2$]，可有5种异构体：

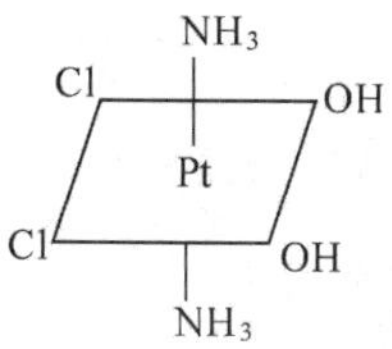

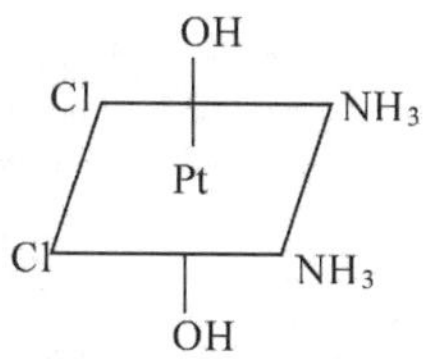

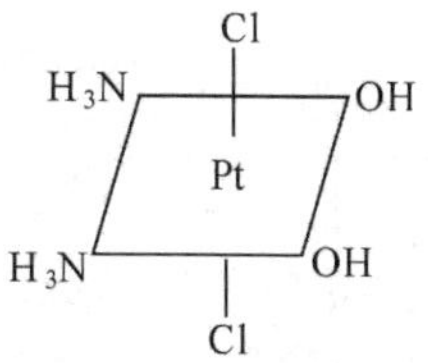

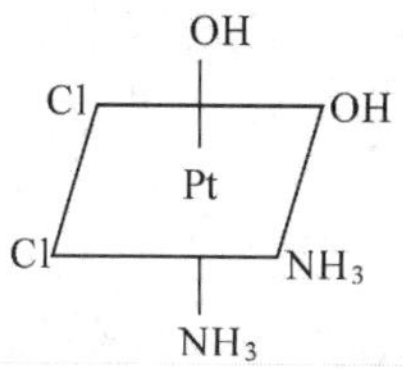

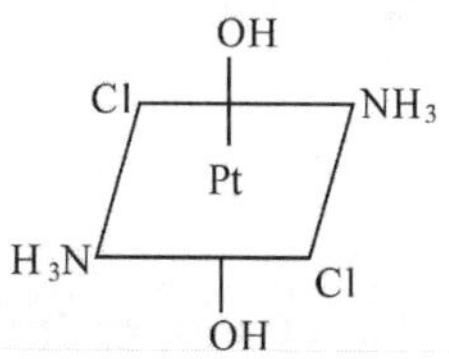

① 铂的英文名称 platinum，故简称顺式-[$PtCl_2(NH_3)_2$]为 *cis*-platin（顺铂）。

有些配位化合物的几何异构体的数目比较容易确定，结构式也不难画出。有的却相当复杂，本书将不作介绍。现将一些基本配合物类型的异构体数目列于表 14.7 中以资参考。表中 X、Y、Z、K 分别代表中心离子 M 的单基配位体，这里没有标出配离子的电荷。

表 14.7　内界组成不同的配离子异构体数目

配离子类型	几何异构体数目	实　例（铂配位化合物）	配离子类型	几何异构体数目	实　例（铂配位化合物）
MX_4	1	$[Pt(NH_3)_4]Cl_2$，$K_2[PtCl_4]$	MX_5Y	1	$[PtCl(NH_3)_5]Cl_3$，$K[PtCl_5(NH_3)]$
MX_3Y	1	$[PtCl(NH_3)_3]Cl$，$K[PtCl_3(NH_3)]$	MX_4Y_2	2	$[PtCl_2(NH_3)_4]Cl_2$，$[PtCl_4(NH_3)_2]$
MX_2Y_2	2	$[PtCl_2(NH_3)_2]$	MX_3Y_3	2	$[PtCl_3(NH_3)_3]Cl$
MX_2YZ	2	$[PtCl(NO_2)(NH_3)_2]$	MX_4YZ	2	$[PtCl(NO_2)(NH_3)_4]Cl_2$
MXYZK	3	$[PtBrCl(NH_3)py]$	MX_3Y_2Z	3	$[PtCl_3(OH)(NH_3)_2]$
MX_6	1	$[Pt(NH_3)_6]Cl_4$，$K_2[PtCl_6]$	$MX_2Y_2Z_2$	5	$[PtCl_2(OH)_2(NH_3)_2]$

表中配合物所得几何异构体的数目，仅是从几何对称关系上推理得到的，实际上未必已经制得。配位数为 5、7、8 的配合物，从几何关系原则上看亦应有几何异构，但研究得较少。

就配合物空间异构体而言，除几何异构体外还存在旋光异构体。旋光异构体是指两种异构体的对称关系类似于一个人的左手和右手，互成镜像关系（图 14.2）。

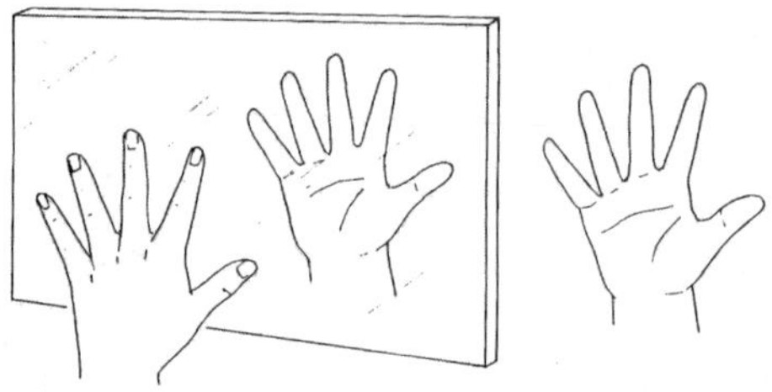

图 14.2　手性与镜像

例如二氯二（乙二胺）合铑（Ⅲ）离子，$[RhCl_2(en)_2]^+$，存在顺反异构体，而顺式异构体还可以分离出两种旋光异构体（图 14.3）。

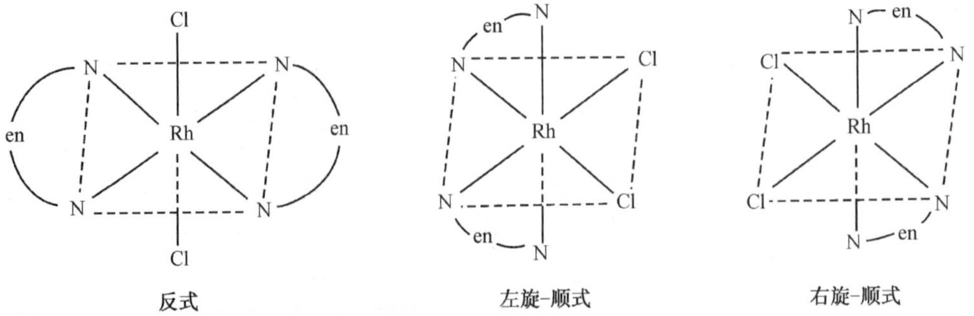

图 14.3　顺式-$[Rh(en)_2Cl_2]^+$ 的两种旋光异构体

这两种旋光异构体互成镜像。一定波长的偏振光通过两种不同旋光异构体的水溶液时，向不同方向偏移：一称右旋(dextro)异构体符号为D或(＋)，一称左旋(levo)异构体符号为L或(－)；混合体称为消旋体，分离消旋体称为拆分。有些理论上可以形成的旋光异构体，由于转变速率太快，不一定能拆分出来。如[Pt(py)$(NH_3)(NO_2)$Cl Br I]，按理论计算有15种几何异构体，已制出几种，每种几何异构都应有旋光异构；但至今都未拆分出来。

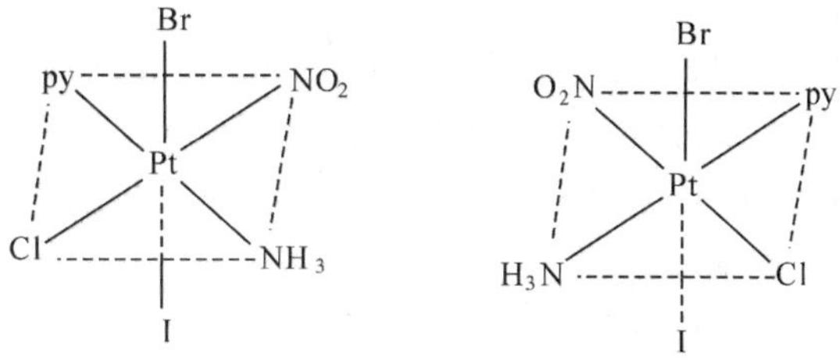

右旋　　　　左旋

图14.4　[Pt(py)$(NH_3)(NO_2)$Cl Br I]一种形式的旋光异构

事实上，动植物体内含有许多具有旋光活性的有机化合物，这类化合物对映体在生物体内的生理功能有极大的差异，如存在于烟草中的天然左旋尼古丁对人体的毒性比实验室制得的右旋尼古丁大得多。

既然配合物由中心离子和配位体所组成，那么中心离子和配位体之间通过什么作用力结合在一起？这种结合力的本质是什么？为什么配离子具有一定的空间构型而它们的稳定性又各不相同？19世纪末Werner曾提出一些主价、辅价的设想试图回答上述问题，但没有成功。直到20世纪中，近代原子和分子结构理论建立以后，用价键理论、晶体场理论、配位场理论才较好地阐明了配合物化学键的本质，说明了其成键、空间构型、磁性及其他物理化学性质。

14.4　配合物的价键理论

(Valence Bond Theory of Coordination Compound)

20世纪20年代，Sidgwick和Pauling首先提出配位共价模型，并逐渐形成近代配合物价键理论。配合物中心离子与配位体之间的结合，一般是由于配位原子孤对电子轨道与中心离子(或原子)的空轨道重叠，两者共享该电子对而形成配位键。因此，形成的配位键从本质上说是共价性质的。配位键的形成条件是：**配位体是含有孤对电子的离子或中性分子**，如

$$:\ddot{\underset{..}{F}}:^{-}\qquad :NH_3\qquad H_2\ddot{O}:\qquad :C\equiv N:^{-}\qquad :\ddot{\underset{..}{S}}-C\equiv N:^{-}$$

中心体必须具备相应的空轨道。以FeF_6^{3-}配位离子的形成为例加以说明。当Fe^{3+}离子与F^-离子接近时，Fe^{3+}离子有5个3d电子，而最外层的1个4s，3个4p和2个4d空轨道杂化为6个能量相等的sp^3d^2杂化轨道，它们分别与6个含孤对电子的F^-离子的p轨道相重叠而形成6个配位键，形成十分稳定的FeF_6^{3-}配位离子。上述过程可用以下轨道图来表示，6个sp^3d^2杂化轨道中的所有电子对都是由F^-离子所提供的。

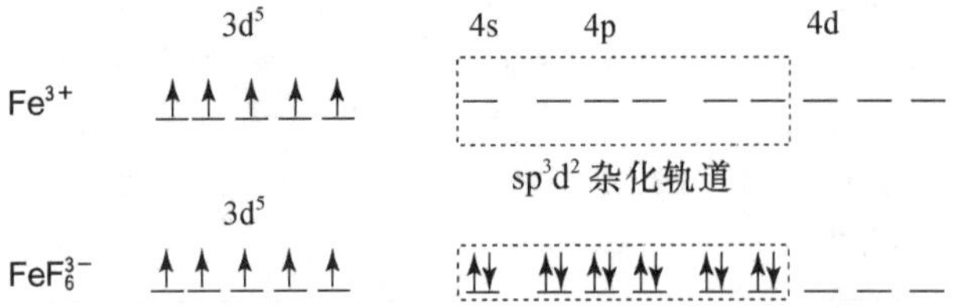

但 $Fe(CN)_6^{3-}$ 配离子的形成情况有所不同。当 6 个 CN^- 离子接近 Fe^{3+} 时，Fe^{3+} 离子中的 5 个价电子挤入 3 个 3d 轨道上，其余 2 个 3d 空轨道再加上外层的 1 个 4s 和 3 个 4p 轨道组成 6 个 d^2sp^3 杂化轨道，这些杂化轨道分别与 6 个含孤对电子的 CN^- 离子轨道重叠形成 $Fe(CN)_6^{3-}$ 配离子。其轨道图如下：

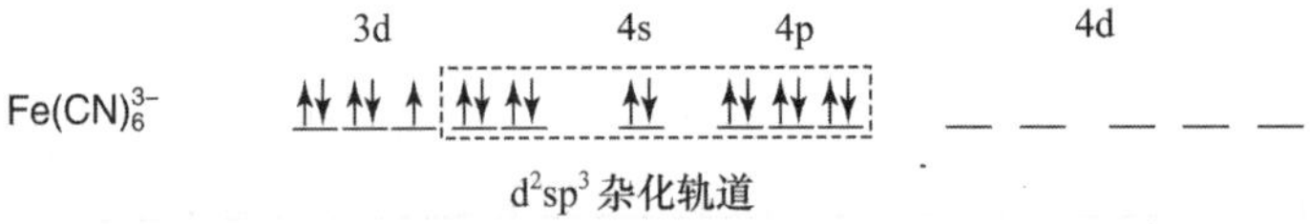

凡配位体的孤对电子填入中心离子外层杂化轨道所形成的配合物(如上述 FeF_6^{3-} 配离子)，称为**外轨型配合物**(outer orbital coordination compound)。卤素、氧(如 H_2O 配体的氧配位)等配位原子电负性较高，不易给出孤对电子，它们占据中心离子的外轨，而对其内层 d 电子排布几乎没有影响，故内层 d 电子尽可能分占每个 3d 空轨道而自旋平行，因此未成对电子数较高，所以这类配合物又被称为**高自旋**(high spin)配合物。它们常常具有顺磁性，未成对电子数目越多，顺磁磁矩越高。根据磁学理论，物质磁性大小以磁矩 μ 表示。对于第一过渡系列的金属，μ 与未成对电子数(n)之间关系为

$$\mu=\sqrt{n(n+2)}\ \mu_B$$ ①

式中：μ_B 称为 Bohr(玻尔)磁子，是磁矩单位。表 14.7 列出了一些高自旋配合物的磁矩。

表 14.8　某些高自旋配合物的电子结构和磁矩

配离子	中心离子内层($n-1$)"轨道"电子排布	杂化轨道类型	未成对电子数	磁矩(Bohr 磁子单位)	
				理论值($\mu=\sqrt{n(n+2)}$)	实验值
FeF_6^{3-}	Fe^{3+} ↑ ↑ ↑ ↑ ↑	sp^3d^2	5	5.92	5.88
$Fe(H_2O)_6^{2+}$	Fe^{2+} ↑↓ ↑ ↑ ↑ ↑	sp^3d^2	4	4.90	5.30
CoF_6^{3-}	Co^{3+} ↑↓ ↑ ↑ ↑ ↑	sp^3d^2	4	4.90	5.39
$Co(NH_3)_6^{2+}$	Co^{2+} ↑↓ ↑↓ ↑ ↑ ↑	sp^3d^2	3	3.87	5.04*
$MnCl_4^{2-}$	Mn^{2+} ↑ ↑ ↑ ↑ ↑	sp^3	5	5.92	5.88

* 实验值与理论值差异较大，原因在于 Co(Ⅱ)的磁性中，轨道磁矩也有贡献。

配位体的孤对电子填入中心离子内层杂化轨道如 $Fe(CN)_6^{3-}$ 配离子，形成的配合物称为**内轨型配合物**(inner orbital coordination compound)。像碳(如 CN^- 配体以 C 配位)、氮(如 —NO_2^- 配体以 N 配位)等配位体原子电负性较低，容易给出孤对电子，它们在接近中心离子时，对内层 d 电子影响较大，使 d 电子发生重排，电子挤入少数轨道，故自旋平行的 d 电子数目减少，磁性降低，甚至变为反磁性物质。所以，这类配合物又称为**低自旋**(low spin)配合物。

① 该关系式适用于大部分第一过渡系列的配离子，磁矩的测定值接近或略高于计算值。

表 14.9 列出了一些常见低自旋配合物的电子结构与磁矩。

表 14.9 某些低自旋配合物的电子结构和磁矩

配离子	中心离子内层$(n-1)$“轨道”电子排布	杂化轨道类型	未成对电子数	磁矩(Bohr 磁子单位)	
				理论值$(\mu=\sqrt{n(n+2)})$	实验值
$Fe(CN)_6^{3-}$	Fe^{3+} ↑↓ ↑↓ ↑ _ _	d^2sp^3	1	1.73	2.3
$Co(NH_3)_6^{3+}$	Co^{3+} ↑↓ ↑↓ ↑↓ _ _	d^2sp^3	0	0	0
$Mn(CN)_6^{4-}$	Mn^{2+} ↑↓ ↑↓ ↑ _ _	d^2sp^3	1	1.73	1.70
$Ni(CN)_4^{2-}$	Ni^{2+} ↑↓ ↑↓ ↑↓ ↑↓ _	dsp^2	0	0	0

上述配合物的分类都是基于将所有配键都看成共价性质的，如外轨型的配合物中心离子轨道采取 ns-np-nd 杂化方式，内轨型采用$(n-1)$d-ns-np 杂化方式。由于$(n-1)$d 轨道的能量比 nd 轨道低，所以一般内轨型配合物比外轨型配合物稳定，这一推测与实验测得内轨型配位键键长较短的结果也是一致的。

一般说来，卤素离子、H_2O 分子等配位体与中心离子易形成外轨型配合物(高自旋)；而 CN^-、NO_2^- 等配位体容易与中心离子结合成稳定的内轨型配合物(低自旋)；NH_3 分子则介乎两者之间，随中心离子不同，既有高自旋，也有低自旋配合物。

配合物价键理论曾将中心体和配位体之间的化学键分成两大类：一类是带正电的中心离子与带负电的配位体或带偶极矩的配位体，通过静电作用力而结合在一起，由此形成的化学键称为电价配键，相应的配合物称为电价配合物。另一类是由配位体提供孤对电子与中心体的空轨道形成共价键。这种配键称为共价配键，相应的配合物称为共价配合物。电价配键并不引起中心离子未成对电子数的变化，它相当于表 14.8 列举的那些高自旋配合物(或称外轨型配合物)。当形成较强的共价配键时，中心离子未成对电子数常常减少，它们相当于表 14.9 列举的那些低自旋配合物(或称内轨型配合物)。事实上，电价配键与共价配键并无绝对界限，因而把配合物截然分成电价与共价两类是有缺陷的。不管名称如何，根据实验事实，将配合物分为高自旋与低自旋两类，应该是一种简明的划分。

表 14.10 列出了常见配离子在形成配键时所采用的杂化轨道类型以及相应的空间构型。

价键理论根据配离子所采用的杂化轨道类型，较成功地说明了许多配离子的空间结构和配位数，而且解释了高、低自旋配合物的磁性和稳定性差别。但其应用仍有较大的局限性，例如在解释八面体型的 $Co(CN)_6^{4-}$ 离子的不稳定性时，从价键理论的角度可以认为这是一种内轨型低自旋配合物，它有一个未成对电子分布在较高能级上，所以它易于失去电子而被氧化，性质极不稳定。这一推测与实验事实非常吻合。然而平面四方形的 $Cu(NH_3)_4^{2+}$ 离子，也有一个未成对的电子位于较高能级上，但 $Cu(NH_3)_4^{2+}$ 离子却是很稳定的，并不具有还原性。这一点与实验事实是相互矛盾的。

$Co(CN)_6^{4-}$　↑↓ ↑↓ ↑↓ [↑↓ ↑↓　↑↓　↑↓ ↑↓ ↑↓]　↑ _ _ _ _

d^2sp^3 杂化轨道

$Cu(NH_3)_4^{2+}$　↑↓ ↑↓ ↑↓ ↑↓ [↑↓　↑↓　↑↓ ↑↓] ↑　_ _ _ _ _

dsp^2 杂化轨道

此外，价键理论无法定量地说明高低自旋产生的原因，也不能解释配合物的可见和紫外吸收光谱及过渡金属配合物普遍具有特征颜色的现象，这就要用晶体场理论进行解释。

表 14.10　几种配离子的空间立体构型

配离子	电子排布	杂化类型	几何构型	配位数
$Ag(NH_3)_2^+$ $Ag(CN)_2^-$ $Cu(NH_3)_2^+$		sp	 直线形 (linear)	2
$Cu(CN)_3^{2-}$	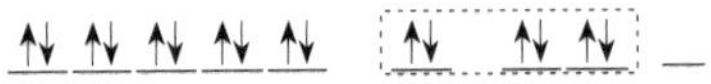	sp^2	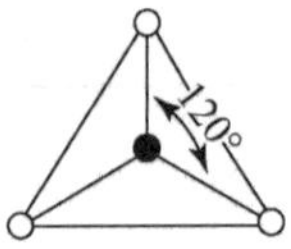 平面三角形 (planar triangle)	3
$Zn(NH_3)_4^{2+}$ $Cd(CN)_4^{2+}$		sp^3	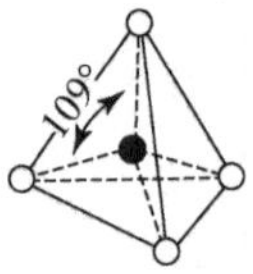 正四面体形 (tetrahedron)	4
$Ni(CN)_4^{2-}$	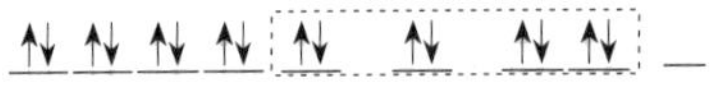	dsp^2	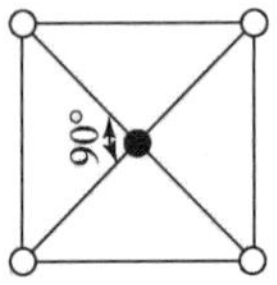 四方形 (square planar)	4
$Ni(CN)_5^{3-}$ $Fe(CO)_5$		dsp^3	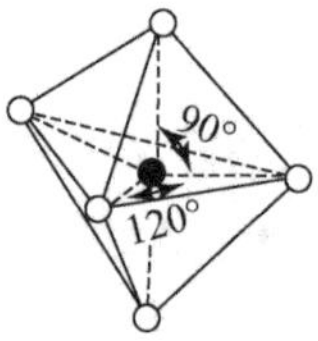 三角双锥形 (trigonal bipyramid)	5
$Fe(H_2O)_6^{3+}$、 FeF_6^{3-} $Fe(CN)_6^{3-}$ $Cr(NH_3)_6^{3+}$	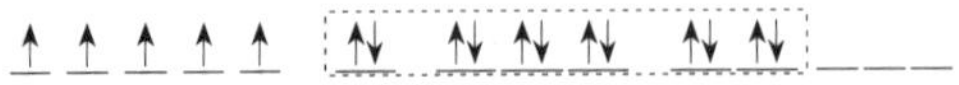 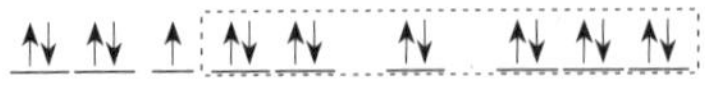 	sp^3d^2 d^2sp^3 d^2sp^3	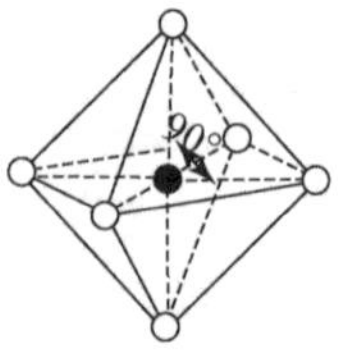 八面体形 (octahedron)	6

14.5 晶体场理论

(Crystal Field Theory)

晶体场理论于 1928 年由 H. A. Bethe 提出,到 1953 年成功地解释了$[Ti(H_2O)_6]^{3+}$等的光谱特性和过渡金属配合物其他性质之后,才受到化学界的普遍重视。

14.5.1 晶体场理论的基本要点

(1) 晶体场理论认为,配合物中化学键的本质是**静电作用力**。即中心离子和周围配位体的相互作用类似于离子晶体中正负离子间的相互作用,中心离子与配位负离子或配位极性分子之间由于静电吸引而放出能量,体系能量降低。配合物的稳定性主要由它决定,故称成键效应。

(2) d 轨道能级的分裂。过渡金属中心离子有 5 个 d 轨道,如图 14.5(a)所示。当它们受到周围非球形对称的配位负电场(负离子或偶极分子的负端)的作用时,配位体的负电荷与 d 轨道上的电子相互排斥,不仅使得各 d 轨道电子能量普遍升高,而且不同 d 轨道的电子因受到的影响不一样,各轨道能量升高值不同,从而发生 **d 轨道能级分裂**。这称为附加成键效应。

在八面体配合物中 6 个配位体分别沿着$\pm x$、$\pm y$、$\pm z$方向接近中心离子,d_{z^2}和$d_{x^2-y^2}$电子出现概率最大的方向与配位体负电荷迎头相碰,排斥作用较大,使能量升高。但与此同时,d_{xz}、d_{yz}和d_{xy}的电子出现概率最大的方向则与配位体负电荷方向错开,因此所受斥力较小,能量较低。结果在正八面体配位化合物中,原来能量相等的 5 个 d 轨道分裂为两组:能量较高的d_{z^2}和$d_{x^2-y^2}$称为e_g(或d_γ)轨道;另一组能量较低的d_{xz}、d_{yz}、d_{xy}轨道称为t_{2g}(或d_ε)轨道①。两组轨道能级差常记做Δ_o,也称为分裂能②,见图 14.5(a)。

在正四面体配合物中,4 个配位体接近中心离子时正好和坐标轴x、y、z错开,避开了d_{z^2}和$d_{x^2-y^2}$的极大值方向,而靠近d_{xy}、d_{yz}、d_{xz}的极大值。它们占据了立方体 8 个顶点中相互错开的 4 个顶点位置,中心离子 5 个 d 轨道分裂与八面体场情况不同,即d_{z^2}和$d_{x^2-y^2}$能量低于d_{xy}、d_{yz}、d_{xz},两组**分裂能记做 $\boldsymbol{\Delta_t}$**,见图 14.5(b)。

(3) 配合物的构型不同,d 轨道能级分裂的情况不同。如图 14.5 所示,八面体和四面体配合物中两组 d 轨道能级分裂情况和分裂能(Δ)大小就不相同;其他构型的配合物不仅分裂能不同,d 轨道分裂成的能级数目也各异。

(4) 同一种构型的配合物,分裂能(Δ)的大小与中心离子(或原子)的种类、价态、在周期表中的位置有关。一般来说,同一过渡系列中心离子电荷越高,半径越大,分裂能也越大。周期表中第二过渡系列的金属离子作为中心离子时比第一过渡系列的分裂能大 40%～50%,第三过渡系列的又比第二过渡系列的大 20%～25%,这些差别都可根据分子吸收光谱实验数据结合模型推算得知。同一种构型的配合物中若中心金属离子相同,分裂能还与配位体的电荷或偶极矩密切有关。根据光谱实验数据结合理论计算,可归纳出不同配位体配位场强弱的顺序:

$I^- < Br^- < Cl^- < F^- < OH^- < C_2O_4^{2-} < H_2O < SCN^- < NH_3 < en < SO_3^{2-} < o\text{-phen} < NO_2^- < CN^-, CO$

弱场配位体 | 中等强场配位体 | 强场配位体

① e_g、t_{2g}是群论所用符号,d_γ、d_ε是晶体场理论所用符号,现在多用前者。

② 分裂能符号Δ_o,其右下角 o 代表八面体(octahedral);Δ_t,其右下角 t 代表四面体(tetrahedral)。

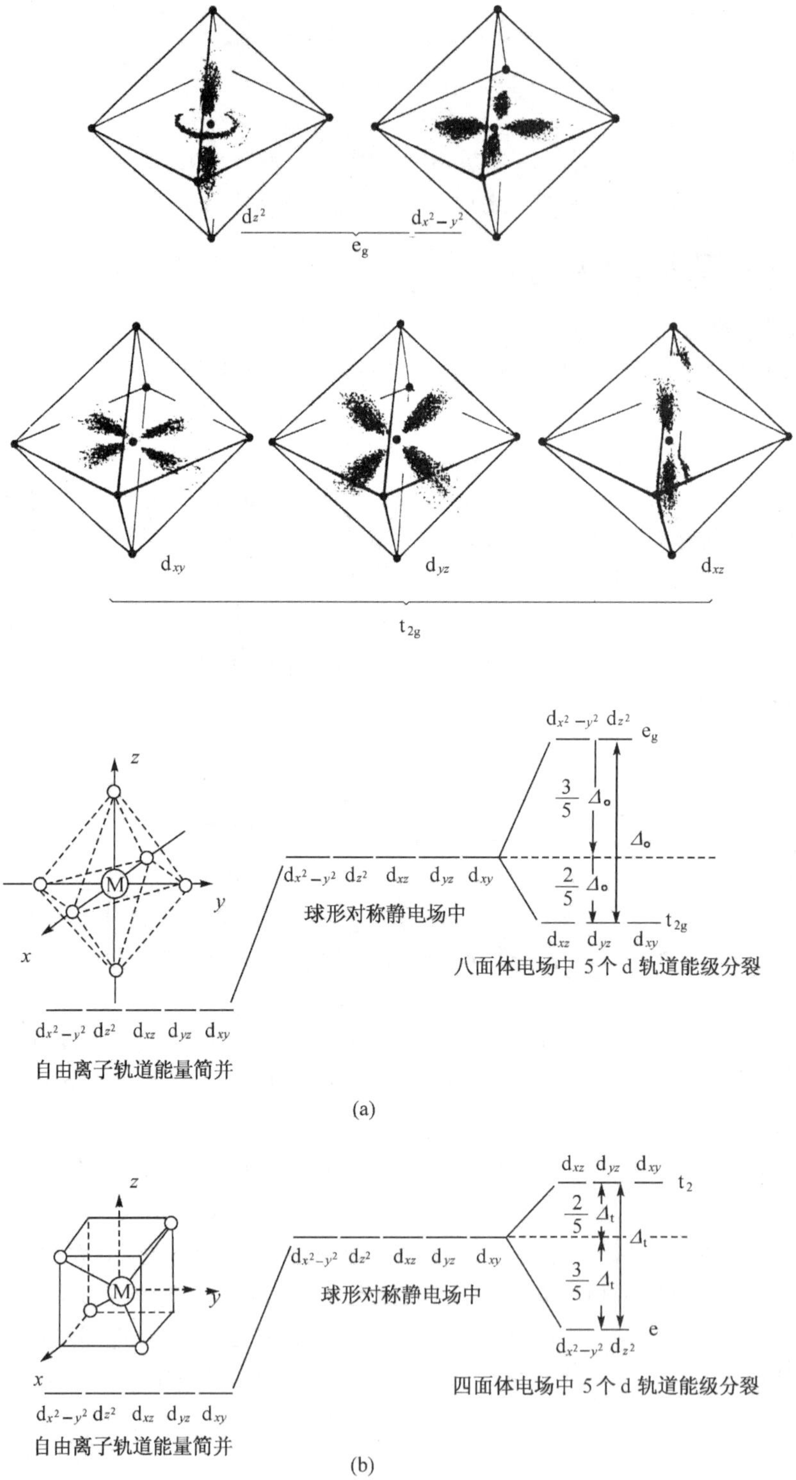

图 14.5 过渡金属5个d轨道和它们在八面体(a)及四面体(b)配位场中能级分裂情况

大体上可以将水和 NH_3 作为分界，而将各种配位体分成强场配位体（Δ 大，如 NO_2^- 或 CN^- 等）和弱场配位体（Δ 小，如 I^-、Br^-、Cl^-、F^- 等）。对不同的中心离子，以上顺序略有差异。

14.5.2 晶体场理论的应用

应用晶体场理论可以较好地解释配合物的若干性质，例如为什么$[FeF_6]^{3-}$具有高自旋，而$[Fe(CN)_6]^{3-}$则属于低自旋？在相同构型的 FeF_6^{3-} 和 $Fe(CN)_6^{3-}$ 配离子中因配位体不同，中心离子 d 轨道分裂能就不同：在这里 F^- 离子是弱场配位体，分裂能（$\Delta=13\,700\ cm^{-1}$）较小；而 CN^- 离子是强场配位体，分裂能（$\Delta=34\,250\ cm^{-1}$）较大。由此，Fe^{3+} 离子的 5 个 d 电子在这两种配离子中分占轨道的情况就不相同了，如图 14.6 所示。在 FeF_6^{3-}（弱场）中，5 个 d 电子根据 Hund 规则尽可能分占 t_{2g}和 e_g 轨道并且自旋平行，以使能量最低，当第四、五个电子填入时，由于分裂能较小，它们倾向分占能量较高的 2 个 e_g 轨道，而不挤入能量较低的 t_{2g}轨道，以尽量避免在同一轨道内电子配对而使能量增高。这个增高的能量在量子力学中称为**电子成对能（P）**，在这里电子成对能 $P=30\,000\ cm^{-1}$，因 $P>\Delta$，故电子进入 e_g 更为稳定。由此，FeF_6^{3-} 中未成对电子数目和自由离子一样，成为高自旋配合物，具有顺磁性。而在 $Fe(CN)_6^{3-}$（强场）中正相反，$P<\Delta$，所以电子尽可能占据能量较低的 t_{2g}轨道，5 个 d电子两两配对，未成对电子数目为 1，为低自旋配合物。在弱配位场中$\Delta<P$，d 电子尽可能占有较多的轨道，自旋平行则形成高自旋配合物；而在强配位场中$\Delta>P$，d 电子尽可能占据能量较低的轨道形成低自旋配合物。

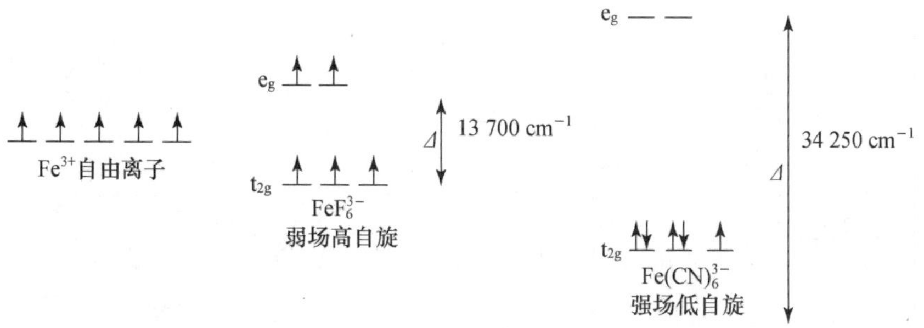

图 14.6 Fe(Ⅲ)八面体配合物 d 轨道分裂和 d 电子的排布

晶体场理论还能令人满意地解释这些配合物的颜色。凡能吸收某种波长的可见光，并将未被吸收的那部分光反射（或透射）出来的物质都能呈现颜色。被物质吸收的光的颜色与反射光即观察到的光的颜色为互补色，两者的关系列于表 14.11。

表 14.11 物质吸收的可见光波长与其颜色的关系

吸收波长/nm	波数/cm^{-1}	被吸收光的颜色	观察到物质的颜色
400～435	25 000～23 000	紫	绿黄
435～480	23 000～20 800	蓝	黄
480～490	20 800～20 400	绿蓝	橙
490～500	20 400～20 000	蓝绿	红
500～560	20 000～17 900	绿	红紫
560～580	17 900～17 200	黄绿	紫
580～595	17 200～16 800	黄	蓝
595～605	16 800～16 500	橙	绿蓝
605～750	16 500～13 333	红	蓝绿

过渡金属配合物的d轨道分裂能(Δ)正好在可见光能量区域。在白光照射下，d电子吸收其中部分可见光能而从能量较低的t_{2g}轨道跃迁到能量较高的e_g轨道(称d-d跃迁)。分裂能(Δ)越大，电子跃迁所需要的能量就越大，相应吸收的可见光波长就越短：假如被吸收的是波长较短的紫光，则观察到的配合物颜色应为紫色的互补色——黄绿色；如分裂能较小，则相应吸收的可见光波长就较长，假如被吸收的是波长较长的红光，则观察到的配合物颜色应为红色的互补色——蓝绿色。例如，由光谱实验测得过渡金属钛的水合配离子$Ti(H_2O)_6^{3+}$的d轨道分裂能(Δ)为20 400 cm^{-1}。当白光通过这个配离子的溶液时，$Ti(H_2O)_6^{3+}$中处于t_{2g}的d电子吸收波长约为500 nm的蓝绿光，经d-d跃迁到e_g轨道，如图14.7(a)所示。再由图14.7(b)$Ti(H_2O)_6^{3+}$的吸收光谱，可知透过溶液或反射的光呈现红紫色，即人们所见到的$Ti(H_2O)_6^{3+}$配离子溶液是红紫色。又如，水合配离子$Ni(H_2O)_6^{2+}$因吸收红光而呈现绿色。但溶液中加入乙二胺(en)后，因乙二胺的强场配位体作用，d-d分裂能则相应增加，因此溶液也相应由$Ni(H_2O)_6^{2+}$配离子的绿色转变成$Ni(en)_3^{2+}$配离子的深蓝色(黄色的互补色光)。

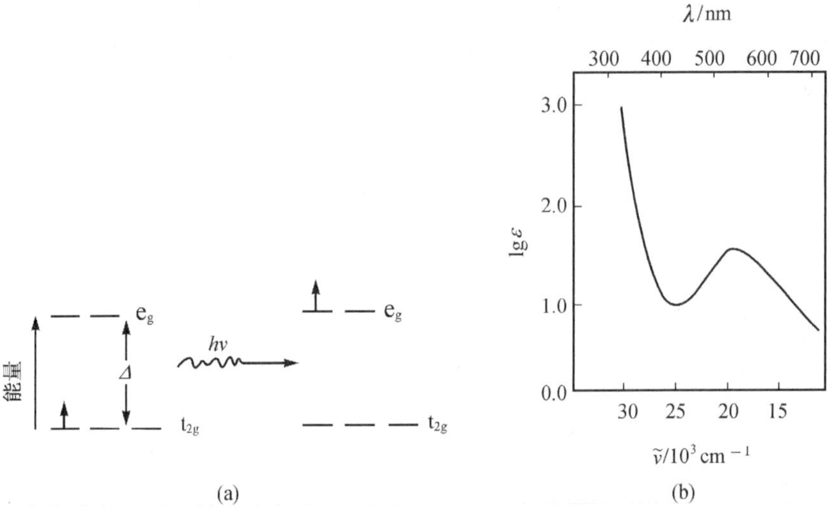

图14.7 $Ti(H_2O)_6^{3+}$吸收绿光光子发生d-d跃迁(a)和$Ti(H_2O)_6^{3+}$的吸收光谱(b)

利用晶体场理论还能说明一些配合物的其他性质。如$[Cu(NH_3)_4(H_2O)_2]^{2+}$是怎样变成一个拉长了的畸形八面体？在第一过渡系列中，随原子序数增加M^{2+}离子半径递变规律中为什么会出现极小值？它们的M^{2+}离子水合焓的变化规律等。这些问题都能用晶体场理论得到相当满意的解释。但该理论仅从静电作用模型来考虑问题，不能解释为什么会有强弱配位体场之分，也难以说明分裂能大小变化的次序，例如：中性的NH_3分子为什么比带负电荷的卤素离子分裂能更大，而CO和CN^-等配位体的分裂能则特别大，这些问题都无法单纯用静电场解释。现已经顺磁共振波谱和核磁共振波谱等近代实验方法证明，金属离子的轨道与配位体分子轨道仍有重叠，也就是说，金属离子与配位体之间的化学键具有一定程度的共价成分。从1952年开始人们把**静电场理论与分子轨道理论结合起来**，即不仅考虑中心离子与配位体之间的静电效应，也考虑到它们之间所生成的共价键分子轨道的性质，从而提出了**配位场理**

论。它能更合理地说明配合物结构和性质的关系。配位场理论以及有关晶体场和配位场理论的更广泛的应用，将在后继课程中讨论。

14.6 配位平衡及其平衡常数

(Coordination Equilibrium and its Equilibrium Constant)

水溶液中，中心离子与配体结合常常分步进行，生成一系列配位数不等的配合物。配离子生成反应相应的平衡常数称为**生成常数**(formation constant)，以 $Cu(NH_3)_4^{2+}$ 为例：

$$Cu^{2+} + NH_3 \rightleftharpoons Cu(NH_3)^{2+} \qquad K_{稳_1} = \frac{[Cu(NH_3)^{2+}]}{[Cu^{2+}][NH_3]} = 2.0\times10^4$$

$$Cu(NH_3)^{2+} + NH_3 \rightleftharpoons Cu(NH_3)_2^{2+} \qquad K_{稳_2} = \frac{[Cu(NH_3)_2^{2+}]}{[Cu(NH_3)^{2+}][NH_3]} = 4.7\times10^3$$

$$Cu(NH_3)_2^{2+} + NH_3 \rightleftharpoons Cu(NH_3)_3^{2+} \qquad K_{稳_3} = \frac{[Cu(NH_3)_3^{2+}]}{[Cu(NH_3)_2^{2+}][NH_3]} = 1.1\times10^3$$

$$Cu(NH_3)_3^{2+} + NH_3 \rightleftharpoons Cu(NH_3)_4^{2+} \qquad K_{稳_4} = \frac{[Cu(NH_3)_4^{2+}]}{[Cu(NH_3)_3^{2+}][NH_3]} = 2.0\times10^2$$

各步生成常数的乘积就是 Cu^{2+} 与 NH_3 生成 $Cu(NH_3)_4^{2+}$ 的总生成常数。这一常数习惯上常称为配合物的**稳定常数**(stability constant)，以 $K_稳$ 表示：

$$\frac{[Cu(NH_3)_4^{2+}]}{[Cu^{2+}][NH_3]^4} = K_{稳_1}\times K_{稳_2}\times K_{稳_3}\times K_{稳_4} = K_稳 = 2.1\times10^{13}$$

表 14.12 列出了几种常见金属氨配离子的逐级稳定常数。由表中所列数据可见，一般配离子的逐级稳定常数彼此相差不大，因此在计算离子浓度时必须考虑各级配离子的存在。但在实际工作中，一般总是加入过量配位试剂(又称配合剂，络合剂)，这时金属离子绝大部分处在最高配位数的状态，故其他较低级配离子可忽略不计。如果只需计算简单金属离子的浓度，可以按总的 $K_稳$ 来计算，这样就大为简化了。用 $K_稳$ 的大小比较配离子的稳定性时，只有在相同类型的情况下才行。附录 C.7 列出了一些常见配(络)离子的 $K_稳$。

表 14.12 几种金属氨配离子的逐级稳定常数

配离子	K_1	K_2	K_3	K_4	K_5	K_6
$Ag(NH_3)_2^+$	1.7×10^3	6.5×10^3				
$Zn(NH_3)_4^{2+}$	2.3×10^2	2.8×10^2	3.2×10^2	1.4×10^2		
$Cu(NH_3)_4^{2+}$	2.0×10^4	4.7×10^3	1.1×10^3	2.0×10^2	0.35	
$Ni(NH_3)_6^{2+}$	6.3×10^2	1.7×10^2	5.4×10^1	1.5×10^1	5.6	1.1

【例 14.2】 计算$[NH_3]$为 1.0 $mol\cdot dm^{-3}$，$Cu(NH_3)_4^{2+}$ 为 0.10 $mol\cdot dm^{-3}$混合溶液中的$[Cu^{2+}]$。

解 设$[Cu^{2+}] = x\ mol\cdot dm^{-3}$

$$Cu(NH_3)_4^{2+} \rightleftharpoons Cu^{2+} + 4NH_3 \qquad K = \frac{1}{K_稳} = 4.8\times10^{-14}$$

$\frac{平衡浓度}{mol\cdot dm^{-3}}$	0.10	x	1.0

$$\frac{x(1.0)^4}{(0.10)} = 4.8\times10^{-14}$$

$$x = 4.8\times10^{-15},\quad [Cu^{2+}]=4.8\times10^{-15}\,mol\cdot dm^{-3}$$

注意，在 $Cu(NH_3)_4^{2+}$ 溶液中总存在有各级低配位离子即 $Cu(NH_3)_3^{2+}$、$Cu(NH_3)_2^{2+}$ 和 $Cu(NH_3)^{2+}$ 离子，因此不能认为溶液中$[Cu^{2+}]$与$[NH_3]$之比是 1∶4 关系。在上例中因有过量氨存在，且 $Cu(NH_3)_4^{2+}$ 的 $K_{稳}$ 又很大，故忽略配离子的解离部分是较合理的。切记，反应方程式中的系数并不代表溶液中离子实际的物质的量之比，正像 $H_2S+H_2O \rightleftharpoons 2H_3O^+ + S^{2-}$ 式子并不代表 1 mol H_2S 一步解离出 2 mol H_3O^+ 和 1 mol S^{2-} 离子一样。

【例 14.3】　(1) 将 $AgNO_3$ 溶液(10.0 cm^3，0.20 $mol\cdot dm^{-3}$)与氨水(10.0 cm^3，1.0 $mol\cdot dm^{-3}$)混合，计算溶液中$[Ag^+]$；(2) 以 NaCN 溶液(10.0 cm^3，1.0 $mol\cdot dm^{-3}$)代替氨水，溶液中$[Ag^+]$又是多少？

解　(1) 两种溶液混合后，溶液中存在过量 NH_3，Ag^+ 定量地转变为 $Ag(NH_3)_2^+$，而每形成 1 mol $Ag(NH_3)_2^+$ 要消耗 2 mol NH_3。

	Ag^+	+ $2NH_3$	$\rightleftharpoons$ $Ag(NH_3)_2^+$
起始浓度/($mol\cdot dm^{-3}$)	0.10	0.50	
平衡浓度/($mol\cdot dm^{-3}$)	x	$0.50-2\times0.10$	0.10

由于 $Ag(NH_3)_2^+$ 的 $K_{稳}$(1.1×10^7)很大，反应进行较完全。设平衡时$[Ag^+]$为 x $mol\cdot dm^{-3}$，代入银氨配离子平衡常数式，得到

$$x=\frac{0.10}{[0.30]^2\times1.1\times10^7}=1.0\times10^{-7},\quad [Ag^+]=1.0\times10^{-7}\ mol\cdot dm^{-3}$$

(2) 同样方法可以计算含有过量 NaCN 溶液中 Ag^+ 浓度，得到

$$y=\frac{0.10}{[0.30]^2\times1\times10^{21}}=1\times10^{-21},\quad [Ag^+]=1\times10^{-21}\ mol\cdot dm^{-3}$$

计算结果表明，在 NaCN 溶液中 Ag^+ 浓度比在 $NH_3\cdot H_2O$ 中小得多，也就是说明 $Ag(CN)_2^-$ 比 $Ag(NH_3)_2^+$ 更加稳定。

14.7　配位平衡的移动

(Shift of Coordination Equilibrium)

配离子 $ML_x^{(n-x)+}$、金属离子 M^{n+} 和配位体 L^- 在水溶液中存在

$$M^{n+} + xL^- \rightleftharpoons ML_x^{(n-x)+}$$

配位平衡。当向溶液中加入其他试剂(如酸、碱、沉淀剂、氧化还原剂或其他配合剂)时，由于这些试剂与 M^{n+} 或 L^- 可能发生各种化学反应，势将导致上述配位平衡移动，其结果是原溶液中各组分的浓度发生变化。这一过程所涉及的就是配位平衡与其他各种化学平衡相互联系的多重平衡，下面我们结合实例讨论有关的各类平衡相互联系的问题。

14.7.1　配位平衡与酸碱平衡

许多配位体是弱酸根(如 F^-、CN^-、SCN^-、CO_3^{2-}、$C_2O_4^{2-}$ 等)，它们能与外加的酸生成弱酸而使平衡移动，例如当$[H_3O^+]>0.5\ mol\cdot dm^{-3}$时，$FeF_3$ 配合物将按下列平衡中箭头所指方向解离：

$$\overleftarrow{Fe^{3+} + 3F^- \rightleftharpoons FeF_3}$$
$$\underrightarrow{3F^- + 3H_3O^+ \rightleftharpoons 3HF + 3H_2O}$$

配合物越不稳定，配位体的酸越弱，则配离子越容易被加入的酸所离解。在不同的 pH 条件下，Fe^{3+} 与水杨酸(salicylic acid)根①可生成下列各种有色螯合物，水杨酸根用 sal^- 表示：

$$Fe^{3+}(aq) + sal^-(aq) \rightleftharpoons \underset{\text{(紫红色)}}{Fe(sal)^+(aq)} + H_3O^+(aq) \qquad (pH=2\sim3)$$
$$Fe(sal)^+(aq) + sal^-(aq) \rightleftharpoons \underset{\text{(红褐色)}}{Fe(sal)_2^-(aq)} + H_3O^+(aq) \qquad (pH=4\sim8)$$
$$Fe(sal)_2^-(aq) + sal^-(aq) \rightleftharpoons \underset{\text{(黄色)}}{Fe(sal)_3^{3-}(aq)} + H_3O^+(aq) \qquad (pH\geqslant9)$$

在比色分析中用缓冲溶液控制溶液的 pH，使 Fe^{3+} 与 sal^- 基本上只生成某一种组成的螯合物，就可以根据这种有色螯合物颜色的深浅测定 Fe^{3+} 的浓度。

又如，Zn^{2+}、Ca^{2+} 可与 EDTA 生成螯合物 ZnY^{2-}、CaY^{2-}，但这两种螯合物的稳定性不同(它们的 $\lg K_{稳}$ 分别为 16.4 和 11.0)。若控制溶液的 pH 在 4～5，则 EDTA 只与 Zn^{2+} 反应，而不与 Ca^{2+} 作用，这样就能利用控制酸度提高反应选择性。

14.7.2　配位平衡与沉淀平衡

一些沉淀溶解平衡和配位平衡的相互联系和移动，可按以下示意过程进行实验观察：

	$K_{稳}$	K_{sp}
白色沉淀 $AgCl(s) \rightleftharpoons Ag^+ + Cl^-$		1.8×10^{-10}
$\Updownarrow NH_3\cdot H_2O$		
$Ag^+ + 2NH_3 \rightleftharpoons Ag(NH_3)_2^+$	1.1×10^{7}	
$\Updownarrow Br^-$		
淡黄色沉淀 $AgBr(s) \rightleftharpoons Ag^+ + Br^-$		5.4×10^{-13}
$\Updownarrow S_2O_3^{2-}$		
$Ag^+ + 2S_2O_3^{2-} \rightleftharpoons Ag(S_2O_3)_2^{3-}$	2.9×10^{13}	
$\Updownarrow I^-$		
黄色沉淀 $AgI \rightleftharpoons Ag^+ + I^-$		8.5×10^{-17}
$\Updownarrow CN^-$		
$Ag^+ + 2CN^- \rightleftharpoons Ag(CN)_2^-$	1.3×10^{21}	
$\Updownarrow S^{2-}$		
黑色沉淀 $Ag_2S \rightleftharpoons 2Ag^+ + S^{2-}$		6.3×10^{-50}

①

	水杨酸根 sal^-	$Fe(sal)^+$
结构式	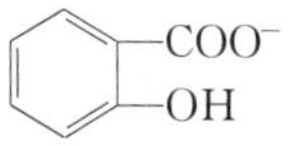	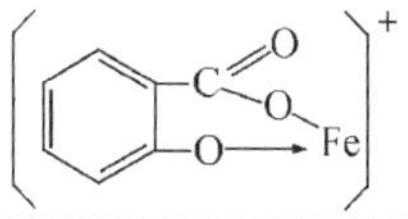

白色的 AgCl 沉淀既不溶于强酸也不溶于强碱，但可溶于较浓的弱碱氨水，因为 NH_3 和 Ag^+ 容易生成较为稳定的 $Ag(NH_3)_2^+$ 配离子，使沉淀向溶解方向移动。溶度积更小的 AgBr 却不溶于氨水，而可溶于 $K_{稳}$ 更大的配合剂硫代硫酸钠（$Na_2S_2O_3$）。AgI 的 K_{sp} 比 AgBr 还小，氨水和 $Na_2S_2O_3$ 都不能使它溶解，而它可溶于 NaCN，生成 $Ag(CN)_2^-$ 配离子，其 $K_{稳}$ 为 1.3×10^{21}。溶度积非常小的 Ag_2S，其 K_{sp} 为 6.3×10^{-50}，通常的配合剂不能把它显著溶解。

综上所述，配位离子的 $K_{稳}$ 越大，才能使 K_{sp} 小的难溶物溶解，如在此只有 $Ag(CN)_2^-$ 的生成才能使 AgI 溶解；或者说 K_{sp} 较大的难溶物就容易被溶解，如 AgCl 能溶于氨水，更可溶于 $Na_2S_2O_3$ 或 NaCN，形成 $K_{稳}$ 更大的配位离子。与沉淀生成和溶解相对应的是配合物的解离和形成，决定上述各反应方向的是 $K_{稳}$ 和 K_{sp} 的相对大小，以及配合剂与沉淀剂的浓度。配合物的 $K_{稳}$ 越大，越易于形成相应配合物，沉淀越易溶解；而沉淀的 K_{sp} 越小，则配合物越容易解离而生成沉淀。有关配合剂与沉淀剂的加入量可根据沉淀和配位平衡在内的多重平衡来计算。表 14.13 列出了上述实验中有关的多重平衡常数（可称配溶常数），除了第一个反应以外，其他各个反应的 K 都较大，所以反应进行得较为完全。

表 14.13　配位平衡与沉淀溶解平衡共存的反应平衡常数

(1) $AgCl + 2NH_3 \rightleftharpoons Ag(NH_3)_2^+ + Cl^-$	$K_1 = \dfrac{[Ag(NH_3)_2^+][Cl^-]}{[NH_3]^2}\times\dfrac{[Ag^+]}{[Ag^+]} = K_{稳}(Ag(NH_3)_2^+)\times K_{sp}(AgCl) = 2.0\times10^{-3}$
(2) $AgBr + 2S_2O_3^{2-} \rightleftharpoons Ag(S_2O_3)_2^{3-} + Br^-$	$K_2 = K_{稳}(Ag(S_2O_3)_2^{3-})\times K_{sp}(AgBr) = 16$
(3) $AgI + 2CN^- \rightleftharpoons Ag(CN)_2^- + I^-$	$K_3 = K_{稳}(Ag(CN)_2^-)\times K_{sp}(AgI) = 1.1\times10^5$
(4) $Ag(NH_3)_2^+ + Br^- \rightleftharpoons AgBr\downarrow + 2NH_3$	$K_4 = \dfrac{[NH_3]^2}{[Ag(NH_3)_2^+][Br^-]}\times\dfrac{[Ag^+]}{[Ag^+]} = \dfrac{1}{K_{稳}(Ag(NH_3)_2^+)\times K_{sp}(AgBr)} = 1.7\times10^5$
(5) $Ag(S_2O_3)_2^{3-} + I^- \rightleftharpoons AgI\downarrow + 2S_2O_3^{2-}$	$K_5 = \dfrac{1}{K_{稳}(Ag(S_2O_3)_2^{3-})\times K_{sp}(AgI)} = 4.1\times10^2$
(6) $2Ag(CN)_2^- + S^{2-} \rightleftharpoons Ag_2S\downarrow + 4CN^-$	$K_6 = \dfrac{1}{K_{稳}^2(Ag(CN)_2^-)\times K_{sp}(Ag_2S)} = 9.4\times10^6$

【例 14.4】　(1) 欲使 0.10 mmol 的 AgCl 完全溶解，生成 $Ag(NH_3)_2^+$ 离子，最少需要 1.0 cm^3 多大浓度的氨水？(2)欲使 0.10 mmol 的 AgI 完全溶解，最少需要 1.0 cm^3 多大浓度的氨水？需要 1.0 cm^3 什么浓度的 KCN 溶液？

解　(1) 假设 0.10 mmol AgCl 被 1.0 cm^3 氨水恰好完全溶解，则在此情况下 $[Ag(NH_3)_2^+]$ 和 $[Cl^-]$ 都是 0.10 $mol\cdot dm^{-3}$。设氨水的平衡浓度为 x $mol\cdot dm^{-3}$，则

$$AgCl + 2NH_3 \rightleftharpoons Ag(NH_3)_2^+ + Cl^-$$

平衡浓度/($mol\cdot dm^{-3}$)　　　x　　　0.10　　　0.10

$$\frac{0.10\times0.10}{x^2} = K_{稳}(Ag(NH_3)_2^+)\times K_{sp}(AgCl) = 2.0\times10^{-3}$$

所以　$$x = \sqrt{\frac{1.0\times10^{-2}}{2.0\times10^{-3}}} = 2.2,\quad [NH_3] = 2.2\ mol\cdot dm^{-3}$$

这一浓度为维持平衡所需的 $[NH_3]$，另外生成 0.10 mmol $Ag(NH_3)_2^+$ 需消耗 0.20 mmol

NH_3，故共需 NH_3 的量为：(2.2 + 0.2) mmol=2.4 mmol，即最少需要 1.0 cm^3 浓度为 2.4 $mol \cdot dm^{-3}$的氨水。

(2) 同样可计算出溶解 AgI 所需氨的浓度是 3.3×10^3 $mol \cdot dm^{-3}$，氨水实际上不可能达到这样大的浓度，所以 AgI 沉淀不可能被氨水溶解。若改用 KCN 溶液，同样也可计算溶解沉淀所需的最低 KCN 浓度：

$$AgI + 2CN^- \rightleftharpoons Ag(CN)_2^- + I^-$$

平衡浓度/($mol \cdot dm^{-3}$)　　x　　0.10　　0.10

$$\frac{0.10\times0.10}{x^2}=K_{稳}(Ag(CN)_2^-)\times K_{sp}(AgI)=1.1\times10^5$$

$$x=\sqrt{\frac{1.0\times10^{-2}}{1.1\times10^5}}=3\times10^{-4},\quad [CN^-]=3\times10^{-4}\ mol\cdot dm^{-3}$$

故共需 CN^- 的量为 $(3\times10^{-4}+0.20)mol\cdot dm^{-3}\approx0.20\ mol\cdot dm^{-3}$ KCN。显然，AgI 沉淀是易溶于 KCN 的。

【例 14.5】 计算 AgBr 在 1.0 $mol \cdot dm^{-3}$氨溶液中的溶解度。

解

$$AgBr + 2NH_3 \rightleftharpoons Ag(NH_3)_2^+ + Br^-$$

平衡浓度/($mol \cdot dm^{-3}$)　　$1.0-2x$　　x　　x

$K=K_{稳}\times K_{sp}\approx5.9\times10^{-6}$，设溶解度 $s=x\ mol\cdot dm^{-3}$

$$\frac{x^2}{(1.0-2x)^2}=5.9\times10^{-6}$$，因 K 很小，$x\ll1$，$1.0-2x\approx1$

故所求溶解度

$$x^2=5.9\times10^{-6}$$

$$x=\sqrt{5.9\times10^{-6}}=2.4\times10^{-3},\quad s=2.4\times10^{-3}mol\cdot dm^{-3}$$

即 AgBr 在氨水中溶解度不大，或者说 AgBr 难溶于氨水。

这类沉淀和配位的多重平衡在生产和科学实验中均有广泛的应用。例如，必须用海波($Na_2S_2O_3$)溶液溶解胶片上未感光的 AgBr 乳胶，而不是用氨水；又如，可用生成 Ag_2S 沉淀的方法来回收 $Ag(S_2O_3)_2^{3-}$ 定影液或 $Ag(CN)_2^-$ 电镀液中的 Ag^+ 离子。

14.7.3 配位平衡与氧化还原平衡

配位平衡与氧化还原平衡也可以相互影响。铁或锌能和盐酸起反应，放出氢气，铜或金则不能。铜能和硝酸发生氧化还原反应，而金还是不能。金只能与浓硝酸和浓盐酸 1+3(体积)混合酸(俗称王水)起反应，这是因为 $AuCl_4^-$ 配离子的生成使 NO_3^- 的氧化能力增强了，Au 不溶于 HNO_3，而可溶于 HNO_3 和 HCl 混合酸这个现象，可用下述多重平衡的计算加以说明。

【例 14.6】 已知：
① $Au^{3+} + 3e \rightleftharpoons Au$　　$E_1^\ominus=1.52\ V$
② $NO_3^- + 4H^+ + 3e \rightleftharpoons NO + 2H_2O$　　$E_2^\ominus=0.96\ V$
③ $Au^{3+} + 4Cl^- \rightleftharpoons AuCl_4^-$　　$K_{稳}=3\times10^{26}$

计算下述两个平衡常数，并说明 Au 不溶于 HNO_3、可溶于王水的现象。

④ $Au + 4H^+ + NO_3^- \rightleftharpoons Au^{3+} + NO + 2H_2O$　　$K_4^\ominus=?$

⑤ $Au + 4H^+ + NO_3^- + 4Cl^- \rightleftharpoons AuCl_4^- + NO + 2H_2O$　　$K_5^\ominus=?$

解　式④＝式②－式①，即 $Au + 4H^+ + NO_3^- \rightleftharpoons Au^{3+} + NO + 2H_2O$

$$E^\ominus_{池} = 0.96\ V - 1.52\ V = -0.56\ V$$

$$\lg K_4^\ominus = \frac{nE^\ominus_{池}}{0.059\ V} = \frac{3\times(0.96 - 1.52)}{0.059},\quad K_4^\ominus = 3\times10^{-29}$$

$K_4^\ominus$ 很小，表明 Au 与 HNO_3 的反应难以发生。

式⑤＝式④ ＋式③，即

$$Au + 4H^+ + NO_3^- + 4Cl^- \rightleftharpoons AuCl_4^- + NO + 2H_2O$$

$$K_5^\ominus = K_4^\ominus \times K_{稳} = 3\times10^{-29}\times3\times10^{26} = 9\times10^{-3}$$

$K_5^\ominus$ 不算很大，但也不太小，这是酸浓度 1 $mol\cdot dm^{-3}$ 时的计算结果，实际所用王水是浓硝酸和浓盐酸的 1∶3 混合液，才使 Au 溶解。

【例 14.7】　有许多 $K_{稳}$ 是借助于电化学方法测定的，例如实验组装了下列电池：

$$(-)\ Ag\left|\begin{matrix} AgNO_3(0.025\ mol\cdot dm^{-3}) \\ NH_3\cdot H_2O(1.0\ mol\cdot dm^{-3}) \end{matrix}\right\|\begin{matrix} AgNO_3(0.010\ mol\cdot dm^{-3}) \\ KNO_3(0.015\ mol\cdot dm^{-3}) \end{matrix}\left|Ag\ (+)\right.$$ ①

测得电池电动势 $E=0.40$ V，即可求 $Ag(NH_3)_2^+$ 的 $K_{稳}$。

解　左侧半电池中的配位平衡为

$$Ag^+ + 2NH_3 \rightleftharpoons Ag(NH_3)_2^+$$

平衡浓度/($mol\cdot dm^{-3}$)　　x　　1.0－0.05　　0.025

$$\frac{0.005}{x(1.0-0.050)^2} = K_{稳},\quad x = \frac{0.025}{K_{稳}(1.0-0.050)^2} = \frac{0.028}{K_{稳}}$$

$$E_{池} = E_{正} - E_{负}$$

$$= [E^\ominus(Ag^+/Ag) + 0.059\ V\times\lg(0.010)] - \left[E^\ominus(Ag^+/Ag) + 0.059\ V\times\lg\left(\frac{0.028}{K_{稳}}\right)\right]$$

$$0.40\ V = 0.059\ V\times\lg\frac{0.010K_{稳}}{0.028},\quad K_{稳} = 1.6\times10^7$$

14.7.4　配合物之间的转化和平衡

多数过渡金属离子的配合物都有颜色，可用这些特征颜色来鉴定离子的存在。但一种配合试剂有时能同时与两种金属离子生成不同颜色的配离子，就要相互干扰。例如钴盐溶液中若含有少量杂质三价铁离子，当加入 NH_4SCN 试剂鉴定 Co^{2+} 离子时，就会同时发生下述两个配位平衡②：

$$Co^{2+} + 4SCN^- \rightleftharpoons Co(NCS)_4^{2-}\qquad(蓝紫色)$$

$$Fe^{3+} + SCN^- \rightleftharpoons Fe(NCS)^{2+}\qquad(血红色)$$

为了消除铁对钴的干扰，可加入 NH_4F，使 Fe^{3+} 与 F^- 生成更稳定的无色 FeF_3 配合物而将 Fe^{3+} 掩蔽③起来。这种配合物之间的转化，主要取决于两个配合物稳定常数的差别。考虑以下的转化平衡：

---

① 加入 KNO_3 是为了使两个半电池溶液中离子强度相同，正、负离子浓度分别都是 0.025 $mol\cdot dm^{-3}$。

② 周期表中第一过渡系列的金属除 Cu 以外，与 SCN^- 形成配离子时，往往是金属离子与 N 原子结合。

③ 分析化学把起掩蔽作用的试剂(如 NH_4F)叫做掩蔽剂。

$$Fe(NCS)^{2+} + 3F^- \rightleftharpoons FeF_3 + SCN^-$$

$$\frac{[FeF_3][SCN^-]}{[Fe(NCS)^{2+}][F^-]^3} = \frac{[FeF_3][SCN^-]}{[Fe(NCS)^{2+}][F^-]^3} \times \frac{[Fe^{3+}]}{[Fe^{3+}]}$$

$$= \frac{K_{稳}(FeF_3)}{K_{稳}(Fe(NCS)^{2+})} = \frac{1.2 \times 10^{12}}{8.9 \times 10^2} = 1.3 \times 10^9$$

设达到平衡后 $[SCN^-] = 1.0\ mol \cdot dm^{-3}$， $[F^-] = 1.0\ mol \cdot dm^{-3}$

所以

$$\frac{[FeF_3]}{[Fe(NCS)^{2+}]} = 1.3 \times 10^9$$

可见溶液中 $Fe(NCS)^{2+}$ 几乎全部转化为 FeF_3 了。

由以上这些实例可见：在水溶液中，酸碱平衡、沉淀溶解平衡、氧化还原平衡和配位平衡往往是相互联系，共存于同一体系中的。化学家巧妙地利用它们移动平衡位置，进行制备、测量等等各种化学工作。

14.8 配位化合物的应用

(Application of Coordination Compound)

配位化合物在自然界普遍存在，随着科学技术的发展，它在科学研究与生产领域中显示出越来越重要的作用，配合物化学不仅成为无机化学的一个重要组成部分，而且与其他学科(如生物化学、药物学、电化学、有机化学、染料化学等)有密切的关系。下面举例扼要介绍。

无机化学除了研究无机元素化合物的组成结构与性质之间的关系外，还有提取、分离和制备各种无机材料的任务，配合物的应用在其中发挥了重要作用。例如，从矿砂提取金(Au)一般是应用了下列两个重要的配合反应：

$$4Au + 8CN^- + 2H_2O + O_2 \rightleftharpoons 4Au(CN)_2^- + 4OH^-$$

$$Zn + 2Au(CN)_2^- \rightleftharpoons 2Au + Zn(CN)_4^{2-}$$

又如在浓盐酸中电解处理电解铜的阳极泥时，其中 Au、Pt 等贵金属分别生成 $HAuCl_4$ 和 H_2PtCl_4 等配位化合物，从而可以有效地回收这些稀有贵金属。再如，利用以下反应：

$$Ni(s) + 4CO \xrightarrow{约\ 60 \sim 70\ ℃} Ni(CO)_4(g) \xrightarrow{200℃} Ni + CO$$

先使金属镍转变为四羰基镍配合物，气态的四羰基镍被加热到 200 ℃，分解而得到高纯度的镍；铁必须在 200 ℃、2 MPa 以上，才能与 CO 直接生成类似的五羰基铁配合物；钴不能与 CO 发生这个反应。利用上述差别就能将镍与铁、钴分离并提纯。也可以利用在室温下 CO 或烯烃能与 Cu^+、Ag^+ 等低价金属离子形成配位键，将 CO 或烯烃与 H_2、N_2、烷烃等分离。近年利用此原理已制成吸附活性和选择性很好的 CO 和烯烃吸附剂。半径几乎相等的稀土元素，它们的化学性质彼此极为相似，通过形成较复杂的配合物以后，扩大它们之间的性质差异可以达到分离提纯的目的。

配合物在分析化学方面的应用更为广泛，为了准确而快速地检出和测定试样中的元素组成，常常需要用某些特殊试剂，这些试剂多数是稳定的配合物或螯合物。例如铜的特征试剂(称为铜试剂，即二乙氨基二硫代甲酸钠，结构式见下表)在氨性溶液中，能与 Cu^{2+} 离子配位生成棕色螯合物沉淀。又如，8-羟基喹啉等分子量较大的有机试剂能与金属离子生成螯合物沉淀，可作为有机沉淀剂。EDTA 是最常用的配位滴定剂。此外，分析化学中常用的指示剂、显色剂和掩蔽剂都在不同程度上利用了各种各样特殊配合物的生成。

	① 二乙氨基二硫代甲酸钠	② 8-羟基喹啉
结构式	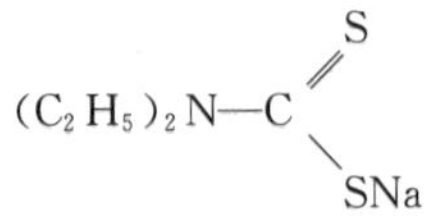	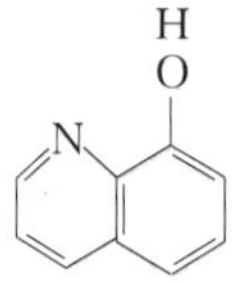

配合物在催化反应中的应用也是十分重要的，例如将乙烯(CH_2CH_2)和空气通入 $PdCl_2$-$CuCl_2$-HCl 的水溶液，在约 100℃和 0.4 MPa，乙烯几乎全部被氧化为乙醛(CH_3CHO)，而 $PdCl_2$ 被还原为 Pd，随后 Pd 又被 $CuCl_2$ 氧化再生为 $PdCl_2$。这是一个已经应用于工业生产的配位催化反应，其反应过程可表示为

$$C_2H_4 + PdCl_2 + H_2O \longrightarrow CH_3CHO + Pd + 2HCl$$

$$Pd + 2CuCl_2 \longrightarrow PdCl_2 + 2CuCl$$

$$2CuCl + \frac{1}{2}O_2 + 2HCl \longrightarrow 2CuCl_2 + H_2O$$

$$\text{总反应} \qquad C_2H_4 + \frac{1}{2}O_2 \longrightarrow CH_3CHO$$

化学家曾多方面研究该催化过程，得知有多种配合物形成和转化，如 $Pd(C_2H_4)(H_2O)Cl_2$、$[Pd(C_2H_4OH)(H_2O)Cl_2]^-$、$Pd(CH_2CHOH)HCl_2$ 等，最后的产物是 CH_3CHO。

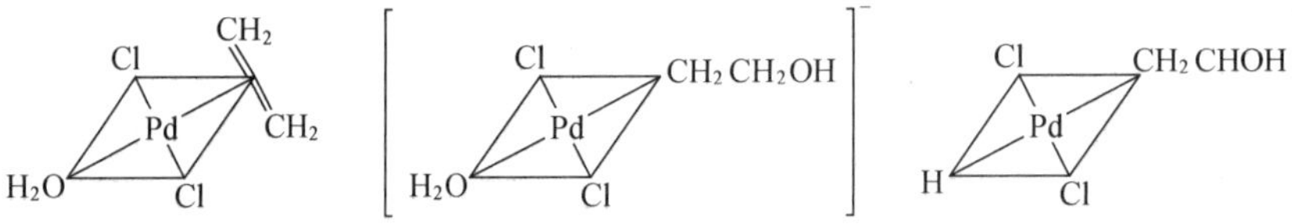

合成聚乙烯、聚丙烯的著名 Ziegler-Natta 催化剂是以三价、四价钛为中心的配位催化剂。

配合物在生命化学中更不胜枚举。在生物体内微量金属离子所形成的配合物对生命过程起着特别微妙的作用。例如在已知的 1000 多种生物酶中，约有 1/3 是复杂的金属离子配合物，这些金属离子(包括 Cu^{2+}、Zn^{2+}、Fe^{2+} 等)起着催化剂的作用，例如：植物生长中起光合作用的叶绿素是含 Mg^{2+} 的复杂配合物，在动物血液中起着运送氧作用的血红素是 Fe^{2+} 的配合物，这两种配合物结构见图 14.8(a)和(b)。植物界的叶绿素、动物界的血红素，一绿一红，它们的中心离子一个是 Mg^{2+}，另一个是 Fe^{2+}，而它们的配位体却很相似，均含卟啉环。固氮菌借助于固氮酶而将空气中的 N_2 固定并还原为 NH_4^+，固氮酶则是一种铁-钼蛋白。随着自然科学的发展，人们正在更加深入地了解上述催化、光合、呼吸、固氮等生物化学作用的机理，以达到控制及仿生的目的。生物学家正与化学家密切合作，共同研究这些配合物的结构、组成、性能和有关的反应机理，这些课题已成为当今一个十分受关注的科学研究领域。

生物化学的研究也带来配合物在药物上的应用，顺铂类配合物用于癌症的治疗，酒石酸锑钾用于治疗血吸虫病，含锌螯合物用于治疗糖尿病；维生素 B_{12} 是含钴配合物，主要用于治疗恶性贫血。

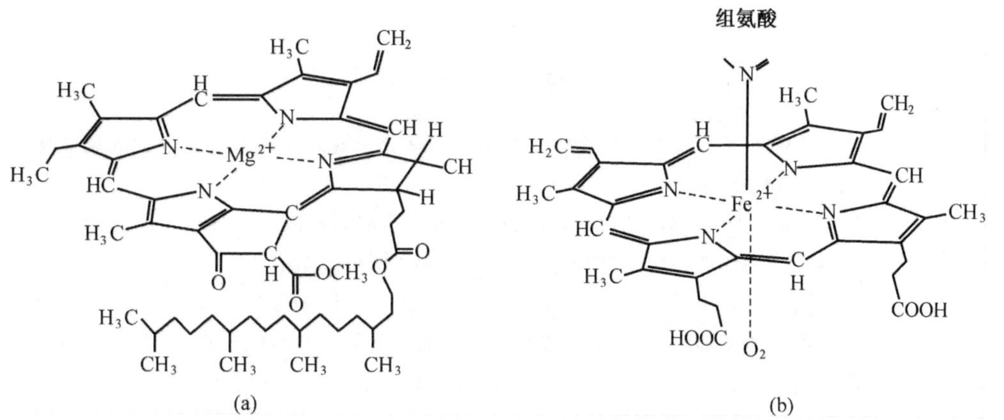

图 14.8 叶绿素分子结构 (a)和血红素结构 (b)

研究中还发现一些配合物具有特殊的光、电、热、磁等功能，在电子、激光和信息等高新技术的开发方面具有可喜的应用前景。

小　　结

配位化合物是一大类化合物，它们的种类繁多，应用广泛。有关配合物的研究已有百年的历史。通过 X 射线衍射实验和其他结构化学实验方法，不仅测定了配合物晶体的各种空间几何构型，也证实了配合物的各种异构现象。关于中心体与配位体之间结合本质的探讨是近代化学键理论重要议题之一。配合物价键理论可以简要说明配合物的几何构型和磁学性质。晶体场理论着重考虑中心体与配位体之间的静电作用力，该理论较好地解释了配合物的磁性、颜色及其他一些热力学性质。综合分子轨道理论与晶体场理论，近代配位场理论可以更全面地解释配合物的结构和性质，并已发展成为配位化学的基础理论。本章只要求掌握价键理论，晶体场理论可作初步了解，配位场理论则在后继课程中讨论。

配位平衡常数 $K_{稳}$ 表明配离子在水溶液中的稳定性。配位平衡经常和酸碱平衡、沉淀平衡或氧化还原平衡同时共存于同一体系。根据各有关平衡常数求得多重平衡常数，便可定量地估计有关平衡的移动方向和程度。这类多重平衡在分析、分离提纯、催化、生化等各个领域都有很实际的应用。

课 外 读 物

[1] 徐光宪. 络合物的化学键理论. 化学通报，1964，(10)，1

[2] 郭宝章. 配位化学的奠基人——维纳尔 A. Werner. 化学教育，1981，(6)，37

[3] 王则民. 晶体场理论在无机化学中的应用. 化学教育，1983，(2)，14

[4] 赵梦月. 多重平衡原理在无机化学上的应用. 化学通报，1983，(2)，39

[5] 钱琪苏. 确定八面体配合物异构体构型的数目的简单方法. 化学通报，1989，(5)，57

[6] 徐华民. 试剂颜色的物理学与化学起源. 大学化学，1991，(6)，47

[7] 贾桐源. 配合物的化学式、命名方面的若干问题. 大学化学，1992，(4)，27

[8] 王夔. 顺铂——多学科探索的成果. 大学化学，1995，(5)，57

思考题

1. 哪些元素的离子或原子容易形成配合物中心体？哪些分子或离子常作为配合物的配位体？它们形成配位化合物时需具备什么条件？

2. 在$[Cu(NH_3)_4]SO_4$和$K_3[Fe(CN)_6]$晶体的水溶液中含有哪些离子或分子，写出电离式。

3. 试标出下列各配合物的中心离子、配位体以及配位离子的电荷数：

(1) $K_4[Fe(CN)_6]$； (2) $Na_3[AlF_6]$； (3) $[CoCl_2(NH_3)_3(H_2O)]Cl$； (4) $[PtCl_4(NH_3)_2]$。

4. 以下各配合物中心离子的配位数是6，若假定它们的浓度都是0.001 $mol \cdot dm^{-3}$，试指出各溶液导电能力大小的顺序，并解释之：$[CrCl_2(NH_3)_4]Cl$，$[Pt(NH_3)_6]Cl_4$，$K_2[PtCl_6]$，$[Co(NH_3)_6]Cl_3$。

5. 写出反应方程式，以解释下列现象：

(1) $Mg(OH)_2$和$Zn(OH)_2$混合沉淀物如用氨水处理，$Zn(OH)_2$溶解而$Mg(OH)_2$不溶。

(2) NaOH加入到$CuSO_4$溶液中生成浅蓝色的沉淀；再加入氨水，浅蓝色沉淀溶解成为深蓝色溶液，如用HNO_3处理此溶液又能得到浅蓝色溶液。

6. $K_2[PtCl_6]$及$K_2[PtCl_4]$两种配合物晶体中，配离子分别按面心立方晶格和简单四方晶格排列，能否画出它们的晶胞。

7. 价键理论和晶体场理论的基本要点各是什么？后者比前者有何优点？

8. 已经测知水溶液中的Co(Ⅱ)形成一种带有3个未成对电子、具有顺磁性的八面体配离子。下面哪一种说法与上述结论一致，并说明理由。

(1) $Co(H_2O)_6^{2+}$ 晶体场分裂能(Δ)大于成对能(*P*)；

(2) d轨道分裂后，电子填充情况是$(t_{2g})^5(e_g)^2$；

(3) d轨道分裂的电子填充情况是$(t_{2g})^6(e_g)^1$。

9. 配离子与弱酸(碱)、难溶物在纯水中电离或溶解的情况有何区别？

10. $E^\ominus(Cu(NH_3)_4^{2+}/Cu)$或$E^\ominus(Fe(CN)_6^{3-}/Fe(CN)_6^{4-})$分别与$E^\ominus(Cu^{2+}/Cu)$或$E^\ominus(Fe^{3+}/Fe^{2+})$比较，是升高还是降低？为什么？

习题

14.1 无水$CrCl_3$和氨作用能形成两种配合物，组成相当于$CrCl_3 \cdot 6NH_3$及$CrCl_3 \cdot 5NH_3$。加入$AgNO_3$溶液能从第一种配合物水溶液中将几乎所有的氯沉淀为AgCl，而从第二种配合物水溶液中仅能沉淀出相当于组成中含氯量2/3的AgCl。加入NaOH并加热时两种溶液都无氨味。试从配合物的形式推算出它们的内界和外界，并指出配离子的电荷数、中心离子的价数和配合物的名称。

14.2 指出下列配合物的中心离子及价数、配位体及配位数、配合离子的电荷和配合物名称。

(1) $K_2[PtCl_6]$；(2) $K_4[Fe(CN)_6]$；(3) $[Ag(NH_3)_2]Cl$；(4) $[CrCl_2(H_2O)_4]Cl$；

(5) $[Co(NO_2)_3(NH_3)_3]$；(6) $K_2Na[Co(ONO)_6]$；(7) $Ni(CO)_4$；(8) $[Co(en)_3]Cl_3$。

14.3 根据下列配合物的名称写出它们的化学式：

(1) 二硫代硫酸合银(Ⅰ)酸钠；(2) 四硫氰二氨合铬(Ⅲ)酸铵；(3) 四氯合铂(Ⅱ)酸六氨合铂(Ⅱ)；

(4) 硫酸氯·氨·二(乙二胺)合铬(Ⅲ)；(5) 二氯·(草酸根)·(乙二胺)合铁(Ⅲ)离子。

14.4 (1) 指出在下列化合物中，哪些可能作为有效的螯合剂。

H_2O，	过氧化氢 HO—OH，	$H_2N—CH_2—CH_2—CH_2—NH_2$，	$(CH_3)_2N—NH_2$
(a)	(b)	(c)	(d)

(2) 下列配合物具有平面四方或八面体几何构型，问其中哪种 CO_3^{2-} 作为螯合剂？

$[Co(CO_3)(NH_3)_5]^+$，$[Co(CO_3)(NH_3)_4]^+$，$[Pt(CO_3)(en)]$，$[Pt(CO_3)(NH_3)(en)]$。
(a)　(b)　(c)　(d)

14.5 画出下列物质的几何图形：

(1) $[CuCl(H_2O)_3]^+$(平面四方形)；(2) 顺式-$[CoBrCl(NH_3)_4]^+$；(3) 反式-$NiCl_2(H_2O)_2$；(4) 反式-$[CrCl_2(en)_2]^+$；(5) $Pt(en)_2^{2+}$(平面四方形)。

14.6 下列配合物各有多少种几何异构体？(M 代表金属离子，A、B、C 代表配位体)：

(1) MA_4BC；(2) MA_3B_2C；(3) $MA_2B_2C_2$；(4) MA_2BC(四面体形)；(5) MA_2BC(平面四方形)。

14.7 给出下列各配离子的空间构型和可能有的异构体：

(1) $[FeCl_4(en)]^-$；(2) $[FeCl_2(ox)(en)]^-$；(3) $[Fe(ox)_3]^{3-}$；(4) $[Fe(EDTA)]^{2-}$。

14.8 指出下列各物质有无异构现象。如有异构现象，分别属于哪一类的异构？

(1) $[Zn(NH_3)_4][CuCl_4]$；(2) $[Fe(CN)_5SCN]^{4-}$；(3) $[PtCl_3(py)]^-$；(4) $[Cr(OH)_2(NH_3)_4]^+$。

14.9 已知一些铂金属配合物，如 *cis*-$PtCl_4(NH_3)_2$、*cis*-$PtCl_2(NH_3)_2$ 和 *cis*-$PtCl_2(en)$可以作为活性抗癌试剂(所有反式异构体抗癌无效)，实验测得它们都是反磁性物质。试用价键理论画出这些配合物的杂化轨道图，它们是内轨型，还是外轨型配合物？各采用哪种类型的杂化轨道？

14.10 用价键模型绘出轨道图，以表示中心离子的电子结构，其中(3)～(5)是高自旋物质。

(1) $Ag(NH_3)_2^+$；(2) $Cu(NH_3)_4^{2+}$；(3) CoF_6^{3-}；(4) MnF_6^{4-}；(5) $Mn(NH_3)_6^{2+}$。

14.11 实验测得 $Co(NH_3)_6^{3+}$ 呈反磁性，而 $Co(NH_3)_6^{2+}$ 为顺磁性(磁矩 $\mu=4.5\mu_B$)，完成下表：

		$Co(NH_3)_6^{3+}$	$Co(NH_3)_6^{2+}$
价键理论	中心离子杂化轨道类型		
	几何形状		
晶体场理论	场的相对强弱		
	中心离子 d 电子排布		
磁矩计算值(μ_B)			

14.12 Cr^{3+}、Cr^{2+}、Mn^{2+}、Fe^{2+}、Co^{3+}、Co^{2+}离子在强八面体晶体场中和弱八面体晶体场中各有多少未成对电子？绘图说明 t_{2g}和 e_g 电子数目。

14.13 现有物种(a)～(e)：

$[CrCl_2(H_2O)_4]^+$；$Na_3[Co(NO_2)_6]$；$[Al(C_2O_4)_3]^{3-}$；$K[Fe(en)(C_2O_4)Cl_2]$；(e) $K_2[Zn(CN)_4]$。
(a)　(b)　(c)　(d)　(e)

请指出：

(1) 其中哪些可能会显示颜色？哪些具有反磁性？

(2) (d) 的名称及中心离子配位数。

(3) (b)、(e)中的中心离子采用的杂化轨道。

14.14 写出下列反应的方程式，并计算反应平衡常数。

(1) 碘化银溶解在 NaCN 水溶液中；

(2) 溴化银微溶在 NH_3 水中，但当酸化溶液时又析出沉淀。(分别写出两个方程式。)

14.15 往硝酸银溶液中加入过量的 $NH_3\cdot H_2O$，达平衡时$[NH_3\cdot H_2O]=1.0\ mol\cdot dm^{-3}$。求此时 $Ag(NH_3)_2^+$、$Ag(NH_3)^+$、Ag^+各离子浓度的比值。[已知 $Ag^+ + NH_3 \rightleftharpoons Ag(NH_3)^+$，其 $K_1=2.2\times10^3$。]

14.16 某溶液中含 $0.10\ mol\cdot dm^{-3}$的游离 $NH_3\cdot H_2O$，$0.10\ mol\cdot dm^{-3}$的 NH_4Cl 和$0.15\ mol\cdot dm^{-3}$的 $[Cu(NH_3)_4]^{2+}$。用计算说明有无 $Cu(OH)_2$ 生成[$Cu(OH)_2$ 的 $K_{sp}=2.6\times10^{-19}$]。

14.17 计算 AgBr 在 1.00 mol·dm^{-3} $Na_2S_2O_3$ 中的溶解度。500 cm^3 浓度为 1.00 mol·dm^{-3}的 $Na_2S_2O_3$ 溶液可溶解 AgBr 多少克？

14.18 分别计算 $Zn(OH)_2$ 溶于氨水生成 $Zn(OH)_4^{2-}$ 和 $Zn(NH_3)_4^{2+}$ 时的平衡常数 K。若控制 $[NH_3 \cdot H_2O]=[NH_4^+]=0.10$ mol·dm^{-3}，则 $Zn(OH)_2$ 溶于 $NH_3 \cdot H_2O$ 中主要生成哪一种配离子？$Zn(NH_3)_4^{2+}$ 和 $Zn(OH)_4^{2-}$ 浓度比值是多少？

14.19 电极反应 $Au^{3+} + 3e \rightleftharpoons Au$ 的标准电极电势为 1.52 V，若向溶液中加入足够的 Cl^- 以形成 $AuCl_4^-$，当溶液中 Cl^- 和 $AuCl_4^-$ 浓度均为 1.00 mol·dm^{-3}，电极电势降为 1.00 V。试计算反应 $Au^{3+} + 4Cl^- \rightleftharpoons AuCl_4^-$ 的配位平衡常数($K_{稳}$)。

14.20 某溶液中原来 Fe^{3+} 和 Fe^{2+} 的浓度相等，若向溶液中加入 KCN 固体使 CN^- 离子浓度为 1.0 mol·dm^{-3}，计算这时电极反应 $Fe^{3+} + e \rightleftharpoons Fe^{2+}$ 的电极电势是多少？

14.21 已知反应 $Au^+ + e \rightleftharpoons Au$ 的 $E^\ominus=1.70$ V。再查找必要的数据，回答下列问题：

(1) 计算反应 $4Au+8CN^- +2H_2O+O_2 \rightleftharpoons 4Au(CN)_2^- +4OH^-$ 的平衡常数。

(2) 在中性条件下，溶液中氰化物浓度[$c(HCN)+c(CN^-)$]为 0.10 mol·dm^{-3}，$Au(CN)_2^-$ 浓度为 0.10 mol·dm^{-3}。若向溶液中通入 101.3 kPa 的空气，计算上述反应的 ΔG。

14.22 将 20 cm^3 0.025 mol·dm^{-3} $AgNO_3$ 溶液与 2.0 cm^3 1.0 mol·dm^{-3}的 $NH_3 \cdot H_2O$ 混合，所得溶液的 $Ag(NH_3)_2^+$ 浓度是多少？在此溶液中再加 2.0 cm^3 1.0 mol·dm^{-3}的 KCN，所得溶液中 $Ag(NH_3)_2^+$ 浓度是多少(忽略 CN^- 水解)？配位反应的方向与配合物稳定性关系如何？

14.23 分别判断在标准状态下，下列两个歧化反应能否发生：

(1) $2Cu^+ \rightleftharpoons Cu^{2+} + Cu$

(2) $2Cu(NH_3)_2^+ \rightleftharpoons Cu + Cu(NH_3)_4^{2+}$

14.24 利用过量无色的 $Cu(NH_3)_2^+$、$NH_3 \cdot H_2O$ 混合液与 O_2 发生反应生成有色 $Cu(NH_3)_4^{2+}$ 的方法，可以测量 N_2、O_2 混合气中 O_2 的含量。取体积为 8.00 dm^3 的一容器使其充满 N_2、O_2 混合气(压力为 101 kPa，温度 25℃)，然后向其中加入 500 cm^3 的 $Cu(NH_3)_2^+$、$NH_3 \cdot H_2O$ 混合液。经过摇晃和振荡使液气充分混合反应后，用比色法测得$Cu(NH_3)_4^{2+}$ 的浓度为 2.35×10^{-3} mol·dm^{-3}。(设反应过程中混合液的体积不变。)

(1) 写出测量中所发生的化学反应方程式；

(2) 求所写反应方程式的平衡常数；

(3) 求算 N_2、O_2 混合气中 O_2 的体积分数；

(4) 为了使保存的 $Cu(NH_3)_2^+$、$NH_3 \cdot H_2O$ 混合液不变色，需向其中加入单质铜屑，为什么？

第 15 章　元 素 化 学

现在已知约 7000 万种化合物都是由 100 多种元素巧妙组合而成的。这些化合物中，有些已存在于自然界，但大多数是人工合成的产物。在五彩缤纷的物质世界中，有的简单，有的复杂，但它们都具有特定的结构和性质。根据原料和产物的组成和性质的特点，化学家发展了各种制备和提纯物质的方法以便高效合成目标产物。要把这 100 多种元素一个个或一族族地作介绍至少需要几十万字，如一般的无机化学教科书。比较全面的手册式的丛书则是几百万甚至上千万字，如我国第一部无机化学百科全书——《无机化学丛书》(顾问戴安邦、顾翼东，主编张青莲、副主编申泮文，北京：科学出版社)分 18 卷、41 个专题，共约 700 万字，其中前 10 卷为各族元素分论。该书自 1977 年开始组织协调，先后经历了近 20 年才全部出齐。R. B. King 主编了一套英文无机化学大全，共 8 卷，4819 页(1994)。德文的《Gmelin 无机化学手册》，1817 年第一版，经历了近 2 个世纪的不断更新补充，至今已有 430 个分册。此外，各类专门手册、专集，品种繁多，在数字时代，各种光盘、数据库、网络……更令人目不暇接。如何从这些知识海洋中迅速查找所需资料，准确获取所需信息，是化学工作者必备的基本功。学会"大海捞针"将会受益终身。当我们在实际工作中遇到各式各样实际问题时，需要一份漫游化学世界的导游图，元素周期表就是引导我们进入元素世界的向导。

元素及其化合物的性质虽然千差万别，但也有其内在的联系和规律。元素周期表是认识各种化学元素的基础工具，周期律源于原子基态电子构型的周期性递变规律。化学变化的实质是价层电子的重排，是原化学键的断裂和新化学键的形成过程。周期表里各元素按其价层电子构型而分为 s、p、d 和 f 四个区，了解各区中元素的分布情况、掌握它们的共性和差异，是学习元素化学知识的起点。

15.1　s 区 元 素

(The Elements of s Block)

周期表中第 1 列和第 2 列为 s 区元素，它们的价电子构型分别为 ns^1 和 ns^2。其中第 1 列包括氢(H)和碱金属锂(Li)、钠(Na)、钾(K)、铷(Rb)、铯(Cs)、钫(Fr)，即第 1 主族(ⅠA)。第 2 列(ns^2)包括碱土金属铍(Be)、镁(Mg)、钙(Ca)、锶(Sr)、钡(Ba)、镭(Ra)，即第 2 主族

（ⅡA）。这两族元素位于周期表左侧，它们在化学反应中参与成键的只是 s 电子，所以化学性质比较简单些。最为突出的是其氧化物和氢氧化物的碱性，因而得名。其中 Fr 和 Ra 为放射性元素。

15.1.1　通性

表 15.1 列出了ⅠA、ⅡA 族元素的一些性质。从这些数据可以看到，ⅠA 族的金属单质具有**软、轻、熔点较低**的特点，这是由于这些金属原子半径大，而价电子只有 1 个，所形成的金属键相对较弱之故。例如金属钠和钾可以用小刀切割；金属锂、钠、钾的密度都比水还小，它们和水作用时是浮在水面上的；它们的熔点都比较低，其中金属铯的熔点为 28.5℃，低于人的体温。ⅡA 族金属有 2 个价电子，所形成的金属键要强一些，其单质的熔点就要比碱金属高得多，但和常见金属铜、铁相比，还是比较低的。

表 15.1　碱金属、碱土金属的性质

		相对原子质量	密度	熔点	沸点	原子半径	离子半径	电离能/($kJ \cdot mol^{-1}$)		电子亲和能	标准电极电势
			$g \cdot cm^{-3}$	℃	℃	pm	pm	第一	第二	$kJ \cdot mol^{-1}$	$E^{\ominus}(M^{n+}/M)$/V
$2s^1$	$_{3}Li$ 锂	6.94	0.534	181	1347	152	76	520.2	—	59.6	−3.04
$3s^1$	$_{11}Na$ 钠	23.0	0.971	97.8	883	186	102	495.8	—	52.9	−2.71
$4s^1$	$_{19}K$ 钾	39.1	0.862	63.5	774	232	138	418.8	—	48.4	−2.931
$5s^1$	$_{37}Rb$ 铷	85.5	1.532	39.3	688	248	152	403.0	—	46.9	−2.924
$6s^1$	$_{55}Cs$ 铯	133	1.873	28.5	678	265	167	375.7	—	45.5	−2.923
$7s^1$	$_{87}Fr$ 钫	223	—	26.8	677	≈270	—	393.0	—	44（计算）	≈−2.9
$2s^2$	$_{4}Be$ 铍	9.01	1.848	1289	2970	111	45	899.5	1757	—	−1.97
$3s^2$	$_{10}Mg$ 镁	24.3	1.738	650	1090	160	72	737.7	1451	—	−2.372
$4s^2$	$_{20}Ca$ 钙	40.1	1.550	842	1484	197	100	589.8	1145	2.37	−2.868
$5s^2$	$_{38}Sr$ 锶	87.6	2.540	777	1384	215	118	549.5	1064	4.6	−2.89
$6s^2$	$_{56}Ba$ 钡	137	3.594	727	1637	217	135	502.9	965.1	14	−2.92
$7s^2$	$_{88}Ra$ 镭	226	≈5	700	1140	220	152	509.2	979.0	—	−2.916

此外，从表中数据还可以看出：

（1）同一族中，随着原子序数增加，**原子半径、离子半径依次增大，电离能依次减小**，铯（Cs）的电离能最小。s 区元素容易失去电子而形成离子化合物。

（2）碱金属的**电子亲和能**很小，碱土金属的则更小，这表示它们都难以形成负价离子。

(3) 碱金属的**标准电极电势** $E^\ominus$ 在 $-2.7 \sim -3.0$ V之间，碱土金属的 $E^\ominus$ 在 $-1.9 \sim -2.9$ V之间，这表示它们都是活泼金属。

【例15.1】 参看表15.1数据，可知Li的第一电离能大于Na，电离Gibbs自由能更确切表示失电子的难易，经计算又知第一步电离时的$\Delta G^\ominus(Li^+/Li)=523.0\ kJ \cdot mol^{-1}$，而$\Delta G^\ominus(Na^+/Na)=497.9\ kJ \cdot mol^{-1}$，这表示Na比Li容易失去电子。而又知$E^\ominus(Li^+/Li)<E^\ominus(Na^+/Na)$，即在水溶液中Li比Na容易失去电子。两者是否矛盾？试对上述现象进行分析。

解 元素的第一电离能是指该元素的气态原子M(g)失去一个电子而形成气态离子$M^+(g)$时所需要的能量，电离过程的$\Delta G^\ominus$更确切表明失去一个电子的难易。而元素的电极电势$E^\ominus$反映的是在水溶液中金属失去电子而生成水合离子的倾向$M(s) \longrightarrow M^{n+}(aq)+ne$，并涉及以氢标准电极作为参照标准。这是两个不同的概念，但两者之间也有联系，可以按照Born-Haber循环进行关联和分析。

据锂电极Li^+/Li和氢电极H^+/H_2组成的电池反应

$$Li(s) + H^+(aq) \rightleftharpoons Li^+(aq) + \frac{1}{2}H_2(g) \qquad E^\ominus_池 = E^\ominus(H^+/H_2) - E^\ominus(Li^+/Li)$$

求得该电池反应的$\Delta_r G^\ominus_m$。根据Nernst方程，$E^\ominus_池=-\Delta_r G^\ominus_m/nF$，取$E^\ominus(H^+/H_2)=0$ V，即可求得$E^\ominus(Li^+/Li)$。上述电池反应也可以分解为如下步骤：

$$① \ Li(s) \xrightarrow[\Delta G^\ominus_s]{升华} Li(g) \xrightarrow[\Delta G^\ominus_I]{电离} Li^+(g) \xrightarrow[\Delta G^\ominus_H]{水合} Li^+(aq)$$

$$② \ H^+(aq) \xleftarrow[\Delta G^\ominus_H]{水合} H^+(g) \xleftarrow[\Delta G^\ominus_I]{电离} H(g) \xleftarrow[\Delta G^\ominus_D]{解离} \frac{1}{2}H_2(g)$$

锂电极：$\Delta G^\ominus_1 = \Delta G^\ominus_s + \Delta G^\ominus_I + \Delta G^\ominus_H = [128.0+523.0+(-510.5)]\ kJ \cdot mol^{-1}$
$= 140.5\ kJ \cdot mol^{-1}$

氢电极：$\Delta G^\ominus_2 = -(\Delta G^\ominus_H + \Delta G^\ominus_I + \Delta G^\ominus_D) = -(-1088.7+1313.4+203.4)kJ \cdot mol^{-1}$
$= -428.1\ kJ \cdot mol^{-1}$

由式①+式②，得

$$Li(s) + H^+(aq) \rightleftharpoons Li^+(aq) + \frac{1}{2}H_2(g)$$

$$\Delta_r G^\ominus_m = \Delta G^\ominus_1 + \Delta G^\ominus_2 = -287.6\ kJ \cdot mol^{-1}$$

$$E^\ominus_池 = \frac{-\Delta_r G^\ominus_m}{nF} = \frac{-(-287.6\ kJ \cdot mol^{-1})}{1 \times 96.5\ kC \cdot mol^{-1}} = 2.98\ V$$

$$E^\ominus(Li^+/Li) = 0 - 2.98\ V = -2.98\ V$$

同理，对于

$$Na(s) + H^+(aq) \rightleftharpoons Na^+(aq) + \frac{1}{2}H_2(g) \qquad E^\ominus_池 = E^\ominus(H^+/H_2) - E^\ominus(Na^+/Na)$$

钠电极：$\Delta G^\ominus_1 = \Delta G^\ominus_s + \Delta G^\ominus_I + \Delta G^\ominus_H = [77.8 + 497.9 + (-410.0)]kJ \cdot mol^{-1} = 165.7\ kJ \cdot mol^{-1}$

$$\Delta_r G^\ominus_m = \Delta G^\ominus_1 + \Delta G^\ominus_2 = -262.4\ kJ \cdot mol^{-1}$$

$$E^\ominus_池 = \frac{-(-262.4\ kJ \cdot mol^{-1})}{1 \times 96.5\ kC \cdot mol^{-1}} = 2.72\ V$$

$$E^\ominus(Na^+/Na) = -2.72\ V$$

比较上述过程可以看出，在水溶液中，金属的离子化过程不仅与电离有关，也与金属离子的水合以及金属的升华有关。尽管锂的第一电离能或电离 Gibbs 自由能皆大于钠，但由于 Li^+ 半径小，水合能力比 Na^+ 强得多，所以在水溶液中，Li 更容易失去电子。由以上计算分析可以清楚地看出，Li 的第一电离能及其第一电离 Gibbs 自由能大于 Na 的，而标准电极电势 $E^\ominus(Li^+/Li) < E^\ominus(Na^+/Na)$，这两点并不矛盾。对于 K、Rb、Cs，也可以作类似的计算。

从表 15.1 看，$E^\ominus(Li^+/Li)$ 和 $E^\ominus(K^+/K)$ 差不多。实际现象：金属钾和水的反应非常猛烈，近乎燃烧，而金属锂与水起反应时则较平稳。这是因为 K 的熔点低，起反应时呈熔融状态，能和水充分接触，反应快。而锂与水反应，除因熔点较高之外，生成的 LiOH 溶解度较小，并且溶解得慢，LiOH 包在金属锂的表面也降低了反应速率。

15.1.2　化学活泼性

这两族元素的价电子构型为 $ns^{1\sim2}$，其 $(n-1)$ 层为八电子构型（锂、铍除外，它们为 $1s^2$），它们易于失去价电子而分别形成 M^+ 或 M^{2+}，显示出较强的化学活泼性，ⅠA 族更明显。了解元素单质的化学反应性能，首先要了解其单质与各类物质的反应性，例如与**活泼的非金属**如 O_2、F_2、Cl_2 等，与**不活泼的非金属**如 N_2、S、C 等，与**酸或碱**，与 $\mathbf{H_2O}$**、**$\mathbf{NH_3}$**、**$\mathbf{CO_2}$ 等各类物质起反应的难易程度。现将碱金属、碱土金属的一些化学反应性能归纳于表 15.2。碱金属、碱土金属都可以与 O_2、H_2O 直接反应，同一族元素随原子序数增大作用更强烈。新切开的金属钠表面呈银灰色光泽，但很快就被氧化变为淡黄色的过氧化钠，所以 Na、K、Cs 等必须储存在煤油或石蜡油中。使用时可以用小刀切削去表面氧化膜，用多少取多少，剩余的一定要放回原处，切忌随便丢弃。存有金属钠的地方，一旦有火灾发生，绝对不能用水灭火，这样只会加大火势，这种情况需用沙子灭火。

表 15.2　碱金属、碱土金属的化学反应性能

碱金属	碱土金属
$M+O_2 \longrightarrow M_2O$	$M+O_2 \longrightarrow MO$
$\longrightarrow M_2O_2$（过氧化物），Li 较难	$\longrightarrow MO_2$，　$M\neq Be, Mg$
$\longrightarrow MO_2$（超氧化物），$M\neq Li$	
$M+2H_2O \longrightarrow MOH+H_2$	$M+2H_2O \longrightarrow M(OH)_2+H_2$
$M+H_2 \longrightarrow MH$	$M+H_2 \longrightarrow MH_2$（Be 与 H_2 1000℃以上才反应）
$M+H^+ \longrightarrow M^++H_2$	$M+H^+ \longrightarrow M^{2+}+H_2$
$M+X_2 \longrightarrow MX$	$M+X_2 \longrightarrow MX_2$
$M+N_2 \longrightarrow M_3N$，　$M=Li$	$M+N_2 \longrightarrow M_3N_2$
$M+NH_3 \longrightarrow MNH_2+H_2$	$M+NH_3 \longrightarrow M_3N_2+H_2$
$M+xC \longrightarrow MC_x$	$M+C \longrightarrow MC_2$
$M+CO_2 \longrightarrow M_2O+C$	$M+CO_2 \longrightarrow MO+C$

在一定条件下，ⅠA、ⅡA 族金属皆可生成过氧化物（Be、Mg 除外）。Na 在加压氧气中燃烧可以进一步形成超氧化钠 NaO_2，K、Rb、Cs 在空气中燃烧就可以形成超氧化物 MO_2。过氧化物中含有过氧离子 O_2^{2-}，其中 O 的氧化数为 −1。超氧化物中含超氧离子 O_2^-，其中 O 的氧化数为 −1/2。过氧化物和超氧化物都是强氧化剂，与 H_2O 或 CO_2 反应可放出氧气，可用

做供氧剂，例如：

$$Na_2O_2 + 2H_2O \longrightarrow 2NaOH + H_2O_2,\qquad H_2O_2 \longrightarrow H_2O + \frac{1}{2}O_2$$

$$Na_2O_2 + CO_2 \longrightarrow Na_2CO_3 + \frac{1}{2}O_2$$

$$2KO_2 + 2H_2O \longrightarrow 2KOH + H_2O_2 + O_2,\qquad H_2O_2 \longrightarrow H_2O + \frac{1}{2}O_2$$

$$4KO_2 + 2CO_2 \longrightarrow 2K_2CO_3 + 3O_2$$

M_2O_2 兼有碱性和氧化性，是很好的熔矿剂，适用于加热分解含 As、Sb、Si、P、V、Cr、Mn、W、U、Ni 等元素的矿石。

15.1.3 氢氧化物的碱性及其变化规律

ⅠA、ⅡA族元素的氧化物、氢氧化物有很强的碱性，其中只有 $Be(OH)_2$ 为两性。关于碱性的强弱及酸碱性的分界，可以从中心离子的离子势 Φ 来判断。离子势 $\Phi = Z/r$，其中 Z 为中心离子的电荷数，r 为中心离子半径。对 $M(OH)_n$ 而言，M^{n+} 的离子电荷小，半径大，对 O 的束缚能力弱，容易发生碱式电离生成 M^{n+} 和 OH^-；反之，电荷高，半径小，对 O 的作用力强，容易发生酸式电离生成 $M—O^-$ 和 H^+。表 15.3 列出了碱金属、碱土金属离子的离子势和氢氧化物的酸碱性。

表 15.3 碱金属、碱土金属离子的离子势

	Z	r/pm	Φ	$\sqrt{\Phi}$*	氢氧化物的碱性*
Li^+	1	76	0.013	0.11	强碱
Na^+	1	102	0.0098	0.099	强碱
K^+	1	138	0.0072	0.085	强碱
Rb^+	1	152	0.0066	0.081	强碱
Cs^+	1	167	0.0060	0.077	强碱
Be^{2+}	2	45	0.044	0.21	两性
Mg^{2+}	2	72	0.028	0.17	中强碱
Ca^{2+}	2	100	0.020	0.14	强碱
Sr^{2+}	2	118	0.017	0.13	强碱
Ba^{2+}	2	135	0.015	0.12	强碱

* 一般说来，$\sqrt{\Phi}<0.2$，氢氧化物呈碱性；$\sqrt{\Phi}>0.3$，相应的化合物呈酸性；$\sqrt{\Phi}$介于两者之间，则为两性。上述经验规律适用于判断 M^{n+} 为 8e 构型（锂、铍为 2e 电子构型）的 $M(OH)_n$ 类化合物的酸碱性强弱。

15.1.4 盐类的溶解性与水解性

影响溶解度的因素比较复杂，规律性不十分明显，s区元素化合物的溶解性大致如下：

（1）ⅠA 族元素容易失去电子而形成离子化合物，绝大多数的ⅠA 族的盐类易溶于水，如 NaCl、KBr、$NaNO_3$ 和 Na_2SO_4 等，也有少数是微溶盐，如 LiF、Li_2CO_3、Li_3PO_4、$NaSb(OH)_6$ 和 $KB(C_6H_5)_4$ 等等。

（2）ⅡA 族元素的氯化物、溴化物、硝酸盐易溶于水，碳酸盐、草酸盐难溶，$MgSO_4$ 可溶，$CaSO_4$ 微溶，而 $SrSO_4$、$BaSO_4$ 难溶。

(3) ⅡA 族元素氢氧化物的溶解性：$Mg(OH)_2$ 不溶，$Ca(OH)_2$、$Sr(OH)_2$ 微溶，$Ba(OH)_2$ 可溶；其氟化物的溶解性变化也有类似的规律：MgF_2、CaF_2、SrF_2 难溶，而 BaF_2 微溶。即ⅡA 族元素氢氧化物和氟化物溶解度随阳离子半径的增大而呈现增大的趋势。

ⅠA、ⅡA 族元素的阳离子水解倾向较小，只有 Li^+、Be^{2+}、Mg^{2+} 有弱的水解能力。$LiCl \cdot H_2O$ 和 $MgCl_2 \cdot 6H_2O$ 水合盐晶体受热时，随分解反应的进行而发生水解：

$$LiCl \cdot H_2O \xrightarrow{\triangle} LiOH + HCl$$

$$MgCl_2 \cdot 6H_2O \xrightarrow{\triangle} Mg(OH)Cl + 5H_2O\uparrow + HCl\uparrow$$

因此，要将这一类水合盐转化为无水盐，不能用直接加热的方法，而应在 HCl 气氛下加热或者与 NH_4Cl 混合加热，HCl 气体的存在或产生抑制了水解反应的发生：

$$LiCl \cdot H_2O \xrightarrow[HCl]{\triangle} LiCl + H_2O$$

$$MgCl_2 \cdot 6H_2O \xrightarrow[NH_4Cl]{\triangle} MgCl_2 + 6H_2O$$

15.1.5　锂、铍的特殊性与对角规则

ⅠA 族的 Li 与 Na、K、Rb、Cs 之间，ⅡA 族的 Be 与 Mg、Ca、Sr、Ba 之间，元素及其化合物性质的差别比较大。例如，金属 Li 与 Na、K、Rb、Cs 相比，单质硬度大、熔点高，难形成过氧化物，能和 N_2 气化合，Li 的化合物中化学键的共价性比较显著，LiF 在水中的溶解度比 NaF、KF 小得多。这些性质与同族元素相比显得有点特殊，而与其右下角的 Mg 更相近。Be 也有类似的情况，它的氧化物、氢氧化物为两性，Be 的化合物中化学键的共价成分明显，无水 $BeCl_2$ 是共价化合物，易发生聚合，这些性质与 Mg、Ca、Sr、Ba 不同，而与其右下方的元素 Al 相似。

上述现象不仅存在于 Li、Be 与各自同族的元素之间。在周期表中，尤其是主族元素，各族的第一种元素往往与同族其他几种元素的性质差别显著，这就是第二周期元素性质的特殊性；周期表中还有一个现象是所谓的**对角规则**，即一种元素与其次周期次族的元素性质相似，例如：Li 与 Mg、Be 与 Al、B 与 Si 等等。

15.1.6　氢元素

氢在元素周期表中名列第一，其核外电子构型为 $1s^1$。关于氢在周期表中的位置，曾有几种不同的建议：(i) H 原子可以失去一个电子而形成 H^+，与碱金属相似，因此可以列在ⅠA 族；(ii) H 原子也可以得到一个电子而形成满壳层构型 $1s^2$ 的负氢离子 H^-，这一点和卤素相似，因此它也可以排在卤素的队列中；(iii) 认为 H 和 C 相似，都是“半充满状态”，并且许多元素的氢化物的性质与其烷基化合物相似，那么 H 又可以归入ⅣA 族；(iv) 鉴于此，也有人建议把 H 放在元素周期表的中间位置，自成体系。目前，通用的周期表仍采用的是第一种方法，将最轻的元素 H 放在第一周期第一列，即 Li 的上方。

氢单质 H_2 是双原子分子，无色、无味、无臭、密度最小。在高压低温下，H_2 也可以形成性质与金属相似的固体。从氢的核外价电子排布特点可知，H 元素的化学性质除与其他元素共价结合外还可能：(i) 失去电子成为 H^+；(ii) 得到电子成为 H^-；(iii) 形成金属氢化物。

H^+ 的半径仅为 10^{-3} pm(10^{-5} Å)，可以形象地将它比喻成一个“裸露的质子”，它有很强的极化能力；H^- 半径为 154 pm，比 F^- 要大；由于 H_2 分子和 H 原子都很小，可以填隙而形成特

殊的金属氢化物。根据以上特点,常见的氢的化合物可分为以下几种类型。

1. 分子型氢化物

这是最常见的,如 HX(X=F、Cl、Br、I)、H_2O、NH_3、PH_3,通常称为某化氢(除 H_2O 以外)。H 和 C 形成烷烃、烯烃、炔烃、芳香烃及其衍生物等系列有机化合物。如果说 C 是有机化学的核心元素,那么 H 往往是其不可缺的助手。最简单的硼烷不是 BH_3,而是 B_2H_6(乙硼烷),这是因为[BH_3]处于缺电子状态,因此会发生进一步聚合作用。硼烷化学内容非常丰富,无机化学中会有进一步的介绍。

2. 氢的负离子型化合物

H_2 与活泼金属如 Li、Na、Mg 等形成氢化物,其中 H 为 −1 价:

$$2Na + H_2 \longrightarrow 2NaH$$

$$Mg + H_2 \longrightarrow MgH_2$$

此类氢化物性质类似盐,大多数不稳定,受热易分解,是很好的还原剂和制氢试剂,H^- 是极强的碱,可以从 H_2O 和 NH_3 中夺取 H^+,如

$$CaH_2 + H_2O \longrightarrow Ca(OH)_2 + H_2$$

$$H^- + NH_3 \longrightarrow H_2 + NH_2^-$$

利用上述性质可以除去有机试剂中的微量水分。H^- 也可以从氟化物中取代 F^-:

$$6H^- + 2BF_3 \longrightarrow B_2H_6 + 6F^-$$

LiH 和 $AlCl_3$ 反应形成 $LiAlH_4$,NaH 和 B_2H_6 反应生成 $NaBH_4$,它们都是化学中很有用的还原剂。

3. 金属型氢化物

H_2 可以与一些过渡金属形成氢化物。这些氢化物仍然保持金属导电性质,因此被称为金属型氢化物。H_2 与这些金属作用时,可以形成整比化合物,如 YH_3、LaH_3 等,也可以形成非整比化合物,如 $PdH_x(x<1)$、$REH_{2-\delta}$、$REH_{2+\delta}$(RE 代表稀土元素)。这是因为在这些氢化物中,氢既可以空位也可以填隙。在适当的温度下,氢原子可以在金属中快速扩散,这一性质使得金属型氢化物成为良好的储氢材料。如,$SmCo_5$、$LaNi_5$ 等合金有很好的吸氢性能[储氢量可达到$(6\sim7)\times10^{22}$氢原子·cm^{-3}],单位体积中的氢含量超过了液态氢(密度 4.2×10^{22} 氢原子·cm^{-3})。$LaNi_5$ 吸放氢的反应为

$$LaNi_5 + 3\ H_2 \rightleftharpoons LaNi_5H_6$$

上述过程在吸氢时为放热反应,放氢时为吸热反应。于是,在压力稍高而温度低时此材料可以吸收氢,而当压力降低或温度升高时又将氢释放出来,从而实现吸氢放氢的反复过程,使氢气的贮存和运输有了新的途径,为氢燃料的普遍使用提供了可能性。金属型氢化物的种类和性质及其成键的本质还有待进一步的研究,是人们很感兴趣的研究领域。

信息、能源、材料被称为现代社会的三大支柱。自工业革命以来,人类社会赖以快速发展的能源主要是化石燃料:煤、石油和天然气。然而,这些燃料的形成始于千百万年之前,难以再生,面临着消耗殆尽的危险。因此,寻找新的可再生能源是人类解决“能源危机”的出路。氢是人类寄予厚望的主要新能源之一。

氢在自然界蕴藏丰富,但以化合物形式存在,如化石燃料煤、石油、天然气等碳氢化合物,自然界最丰富的氢资源存在于 H_2O 中。目前工业上主要以煤或天然气为原料制取氢气。在催化剂(如 TiO_2)存在下,利用太阳能光解水是获取 H_2 的理想途径,其反应式为

$$H_2O \xrightarrow{h\nu} H_2 + O_2$$

反应所得 H_2 再与 O_2 反应生成 H_2O，放出能量，这个过程清洁、无污染。这就是人们所期望的“氢经济”时代。

氢元素是最简单的化学元素，但它的成键类型很丰富，相应化合物的性质也丰富多彩。此节中未涉及氢键，有关内容在第 12 章已有介绍。氢键对于生命具有十分重要的意义，可查阅有关资料深化认识。

15.2　p 区元素
(The Elements of p Block)

周期表里第 13～18 列，即ⅢA～ⅦA 和零族，共 6 族、31 种元素为 p 区元素。它们的价电子构型为 $ns^2np^{1\sim6}$。它们的元素符号、名称和价电子构型汇列于下表：

1	2	3	4	5	6	7	8	9	10	11	12	13 ⅢA	14 ⅣA	15 ⅤA	16 ⅥA	17 ⅦA	18 0
																	2 He 氦 $1s^2$
												5 B 硼 $2s^22p^1$	6 C 碳 $2s^22p^2$	7 N 氮 $2s^22p^3$	8 O 氧 $2s^22p^4$	9 F 氟 $2s^22p^5$	10 Ne 氖 $2s^22p^6$
												13 Al 铝 $3s^23p^1$	14 Si 硅 $3s^23p^2$	15 P 磷 $3s^23p^3$	16 S 硫 $3s^23p^4$	17 Cl 氯 $3s^23p^5$	18 Ar 氩 $3s^23p^6$
												31 Ga 镓 $4s^24p^1$	32 Ge 锗 $4s^24p^2$	33 As 砷 $4s^24p^3$	34 Se 硒 $4s^24p^4$	35 Br 溴 $4s^24p^5$	36 Kr 氪 $4s^24p^6$
												49 In 铟 $5s^25p^1$	50 Sn 锡 $5s^25p^2$	51 Sb 锑 $5s^25p^3$	52 Te 碲 $5s^25p^4$	53 I 碘 $5s^25p^5$	54 Xe 氙 $5s^25p^6$
												81 Tl 铊 $6s^26p^1$	82 Pb 铅 $6s^26p^2$	83 Bi 铋 $6s^26p^3$	84 Po 钋 $6s^26p^4$	85 At 砹 $6s^26p^5$	86 Rn 氡 $6s^26p^6$

在 B、Si、As、Te 下划线，可将这个区域一分为二，右上方为非金属区，左下方为金属区。21 种非金属元素位于右上方，其中在常温常压下，单质为气态的共 10 种，其名字都有“气”字头；单质为液态的只有一种，就是溴，它的名字有“氵”旁；其他 10 种非金属在常温常压下为固态，都是“石”为旁。左下方的 10 种金属元素都有“钅”字旁。

在斜角线两侧的元素如 Si、Ge、As、Sb、Te 等既有金属性也有非金属性，有半金属之称，是制造半导体材料的重要元素，是电子革命数码时代的核心。位于第六周期的 $_{84}$Po(钋)、$_{85}$At(砹)和 $_{86}$Rn(氡)则为放射性元素。p 区元素最重要的性质是氧化还原性和酸碱性。

15.2.1　p 区元素的氧化还原性

p 区元素的 ns 电子和 np 电子都能参与成键，可以接受电子成负价离子，容易和 s 区元素形成离子型化合物，如 NaCl、KBr 等。也可以共用电子对形成共价型化合物，非金属元素的电负性都较大，它们之间容易形成共价键，如常见的 H_2O、SO_2、NH_3 等都是共价化合物。非金属元素还可以提供孤对电子作为配位原子形成配合物，F、Cl、C、O、N 等是常见的配位原子。所以，p 区元素的化学性质丰富多彩，变化多端。因参与成键的电子数目不同，一种元素可以有多种氧化态，各族元素的常见氧化态见表 15.4。

表 15.4　p 区元素常见氧化态

ⅢA ns^2np^1	ⅣA ns^2np^2	ⅤA ns^2np^3	ⅥA ns^2np^4	ⅦA ns^2np^5
	−4	−3	−2	−1
0	0	0	0	0
+1	+2	+3	+2	+1
+3	+4	+5	+4	+3
			+6	+5
				+7

若以 m 代表族数，则元素的**最低氧化态为 $m-8$**，如卤族为−1，氧族为−2，相应的每个原子得到 $8-m$ 个电子形成 ns^2np^6 稳定结构，如 Cl^-、S^{2-} 等；**最高氧化态则与族数相等，为 $+m$**，如高氯酸 $HClO_4$ 中 Cl 的氧化态为+7，H_2SO_4 中 S 的氧化态为+6，即表明参与成键的价电子有 m 个。常见的氧化态呈现 1、3、5 或 2、4、6 的不连续双间隔。上表所列氧化态是常见的，其实还有些其他情况，如 O 元素在 H_2O_2 中为−1 氧化态，因为有过氧键(—O—O—)的存在；N 元素还可以有−2、−1、+1、+2、+4 等氧化态的化合物，这都与它们的分子结构有关。

p 区元素氧化态的多样性，令人特别关注它们的氧化还原性。尤其是在水溶液中的氧化还原性。例如氯元素常见的氧化态有 6 种，它们在酸、碱性介质条件下的标准电极电势，可由如下的 Latimer **元素电势图**归纳所示：

氧化态	+7	+5	+3	+1	0	−1
命名	高-	正-	亚-	次-		

酸性：

$$ClO_4^- \xrightarrow{1.19\ V} ClO_3^- \xrightarrow{1.21\ V} HClO_2 \xrightarrow{1.65\ V} HClO \xrightarrow{1.61\ V} Cl_2 \xrightarrow{1.36\ V} Cl^-$$

ClO_3^-—HClO：1.43 V；ClO_3^-—Cl_2：1.47 V

碱性：

$$ClO_4^- \xrightarrow{0.36\ V} ClO_3^- \xrightarrow{0.33\ V} ClO_2^- \xrightarrow{0.66\ V} ClO^- \xrightarrow{0.36\ V} Cl_2 \xrightarrow{1.36\ V} Cl^-$$

ClO^-—Cl^-：0.81 V；ClO_3^-—Cl_2：0.47 V

上述元素电势图包含着相当丰富的信息：

(1) 在酸性介质的元素电势图中一些化学式是酸根离子式，但有一些是酸的分子式，如 HClO、$HClO_2$ 等，表示这些酸的酸性弱，电离度很小，如 HClO 的 K_a 为 4.0×10^{-8}，$HClO_2$ 的 K_a 为1.1×10^{-2}。

(2) 次氯酸的化学式有时写 HClO，有时写 HOCl，哪个对？现已知道它的结构式是 H—O—Cl，所以 HOCl 更为确切，亚氯酸的结构式是 H—O—Cl═O，那么应写为 HOClO 了，氯酸按结构式应写为 $HOClO_2$，高氯酸应写为 $HOClO_3$。但为了书写之便，把这些化学式分别写成 HClO、$HClO_2$、$HClO_3$、$HClO_4$ 也是可以的。

(3) 氧化态高的物质显氧化性，但氧化态最高的氧化能力不一定最强，如在酸性介质中 ClO_4^--Cl_2 的 $E^\ominus$ 小于 $HClO_2$-Cl_2 和 $HClO$-Cl_2 的 $E^\ominus$，在酸性条件下 $HClO_2$ 和 $HClO$ 氧化能力都很强。亚氯酸钠 $NaClO_2$ 是一种不损伤织物强度的高级漂白剂，就是利用了它的氧化能力。

(4) 参考元素电势图，还可以判断哪种氧化态物种容易发生歧化反应而显得不稳定。

例如碱性条件下，$ClO^- \xrightarrow{0.40\ V} Cl_2 \xrightarrow{1.36\ V} Cl^-$ 代表如下两个电极反应：

$$① \ ClO^- + H_2O + e \longrightarrow \frac{1}{2}Cl_2 + 2OH^- \qquad E^\ominus = 0.40\ V$$

$$② \ \frac{1}{2}Cl_2 + e \longrightarrow Cl^- \qquad E^\ominus = 1.36\ V$$

式②－式①，得　$Cl_2 + 2OH^- \longrightarrow Cl^- + ClO^- + H_2O \qquad E^\ominus_{池} = 0.96\ V$

上述反应表示 Cl_2 在碱性条件下容易歧化生成 Cl^- 和 ClO^-。

再看酸性条件下，$HClO \xrightarrow{1.61\ V} Cl_2 \xrightarrow{1.36\ V} Cl^-$ 代表的两个电极反应是

$$③ \ HClO + H^+ + e \longrightarrow \frac{1}{2}Cl_2 + H_2O \qquad E^\ominus = 1.61\ V$$

$$④ \ \frac{1}{2}Cl_2 + e \longrightarrow Cl^- \qquad E^\ominus = 1.36\ V$$

式④－式③，得　$Cl_2 + H_2O \longrightarrow HClO + H^+ + Cl^- \qquad E^\ominus_{池} = -0.25\ V$

$E^\ominus_{池} < 0$ 表示 Cl_2 在酸性条件下的歧化反应不易进行，而逆向反应则容易发生。当选两组电极反应相邻的 3 种氧化态物种时，若右边的 $E^\ominus$ 大于左边的，歧化反应容易发生，即中间态不稳定，Cl_2 在碱性介质中容易歧化为 Cl^- 和 ClO^-。而在酸性介质中，利用 Cl_2 的歧化，制取次氯酸 $HClO$ 是不行的，将 Cl_2 通入 $NaOH$ 制取 $NaClO$ 则是行之有效的。市售 84 消毒液的主要成分就是 $NaClO$，利用它的氧化性，有很好的消毒杀菌作用，但对金属和织物有腐蚀和脱色作用，使用后应注意充分的漂洗。

(5) 由已给出的数据，可以间接求算其他价态之间的 $E^\ominus$ 数据。如图中没有 ClO_3^--Cl^- 的 $E^\ominus$，根据图中已知的 ClO_3^--Cl_2 和 Cl_2-Cl^-，按 10.4 节的方法容易求算：

$$E^\ominus(ClO_3^-/Cl^-) = (1.47\ V \times 5 + 1.36\ V \times 1)/6 = 1.45\ V$$

(6) 元素电势图中的数值只适用于常温下水溶液中，并且是标准状态；若是非标态，若是非水溶液，则需另予考虑。例如从 $E^\ominus$ 看，MnO_2 不能使 Cl^- 氧化为 Cl_2，但事实上用浓的 HCl 在加热条件下，反应 $MnO_2 + 4HCl \longrightarrow Cl_2 + MnCl_2 + 2H_2O$ 是可以发生的，这是实验室制备少量 Cl_2 的方法之一。

各种元素都有各自的元素电势图，与附录 C.5 和 C.6 的电极电势数据表相比，电势图显得更简明，便于应用。再列举几种 p 区常见元素的电势图。

硫元素

$$\frac{E_a(\text{酸性})}{V} \qquad \overbrace{SO_4^{2-} \xrightarrow{-0.25} S_2O_6^{2-} \xrightarrow{0.57}}^{0.17} H_2SO_3 \overbrace{\xrightarrow{0.40} S_2O_3^{2-} \xrightarrow{0.5}}^{0.45} S \xrightarrow{0.14} H_2S$$

$$\frac{E_b(\text{碱性})}{V} \qquad SO_4^{2-} \xrightarrow{-0.93} \overbrace{SO_3^{2-} \xrightarrow{-0.57} S_2O_3^{2-} \xrightarrow{-0.74}}^{-0.66} S \xrightarrow{-0.445} S^{2-}$$

砷元素

$$\frac{E_a(\text{酸性})}{V} \qquad H_3AsO_4 \xrightarrow{0.56} HAsO_2 \xrightarrow{0.248} As \xrightarrow{-0.61} AsH_3$$

$$\frac{E_b(\text{碱性})}{V} \qquad AsO_4^{3-} \xrightarrow{-0.71} AsO_2^- \xrightarrow{-0.68} As \xrightarrow{-1.43} AsH_3$$

15.2.2 p 区元素的氧化物和含氧酸

p 区元素化合物种类繁多，最重要并令人关注的是氧化物、含氧酸及其盐。最值得注意的一类化学性质是酸碱性，**氧化物的酸碱性**可以从几种不同的角度辨认：

(1) 简单的是由水溶液的酸碱性直接判定，非金属氧化物的水合物显酸性，如 SO_2 的水合物为 H_2SO_3，酸性；金属氧化物的水合物显碱性，如 Na_2O 溶于水成 NaOH，碱性。

(2) 有些氧化物难溶于水，则视其易与酸反应还是易与碱反应来判定，如 SiO_2 既不溶水，也难溶于酸，但能与碱反应，所以 SiO_2 为酸性氧化物；而 CaO 则不溶于碱而可溶于酸，CaO 则是碱性氧化物。

(3) 还有许多氧化物或氢氧化物既可溶于酸也可溶于碱，则为两性化合物，如 As_2O_3 可和强酸反应生成 As^{3+}，更容易与碱反应生成 AsO_2^-，所以 As_2O_3 具有两性，以酸性为主；Sb_2O_3 也为两性但以碱性为主；而 Bi_2O_3 或 $Bi(OH)_3$ 可溶于酸形成 Bi^{3+} 如 $Bi(NO_3)_3$，随 pH 升高，Bi^{3+} 会生成难溶碱式盐，如 $BiO(NO_3)$，所以 $Bi(OH)_3$ 为碱性。

(4) 对金属氢氧化物而言，人们也常用是否容易形成含氧酸根（即酸式电离）来了解其酸碱性，如 Bi_2O_5 是否存在尚未定论，但 Bi(Ⅴ)的含氧酸盐铋酸钠 $NaBiO_3$ 的存在是无疑的，它是很强的氧化剂，与 Bi(Ⅲ)相比，它更容易形成酸根，即酸性较强。

(5) 还有少数氧化物如 CO、NO 等，既不能和酸作用，也不能和碱起反应，也没有相应的含氧酸盐，则为中性氧化物。

含氧酸是指那些酸根中含氧原子的酸，如 H_2SO_4、HNO_3、H_3PO_4 等都是含氧酸，它们的盐叫含氧酸盐，如 Na_2SO_4、KNO_3、$Ca_3(PO_4)_2$ 等。随形成酸根的中心原子氧化态不同或水合情况的不同等，含氧酸变化多端，有必要先了解一些它们的命名①。

1. 含氧酸的命名

随中心原子氧化态的高低可以有**次**、**亚**、**正**、**高**之分，选最常见的冠以“正”，但这个“正”字又经常被省略。多 1 个氧原子即氧化态高了 2，冠以“高”；少一个 O 即氧化态低了 2，冠以“亚”；比亚还少 1 个 O，即氧化态还要低 2，则冠以“次”，如

$HClO_4$	高氯酸	perchloric acid
$HClO_3$	氯　酸	chloric acid
$HClO_2$	亚氯酸	chlorous acid
HClO	次氯酸	hypochlorous acid

这些命名规则也适用于其他多种含氧酸。

随缩水情况不同，含氧酸又有**正**、**偏**、**焦**、**聚**之分：凡 1 个分子的正某酸缩去 1 个水分子而成的酸为偏某酸；凡 2 个正酸分子缩去 1 个水分子而成的酸为焦某酸；3 个正酸分子缩去 2 个水分子时，则为三聚酸，如

H_3PO_4	正磷酸	phosphoric acid
HPO_3	偏磷酸	metaphosphoric acid
$H_4P_2O_7$	焦磷酸	pyrophosphoric acid
$H_5P_3O_{10}$	三聚磷酸	tripolyphosphoric acid

① 中国化学会. 无机化学命名原则. 北京：科学出版社，1980

由同一种酸根缩合而成的叫**同多酸**；由不同酸根缩合而成的，则叫**杂多酸**(见 p. 396)。酸根缩合现象普遍存在于无机化合物中。

一个分子中成酸原子不止一个，而原子之间又是直接相连的，则称**连某酸**，如连二硫酸 $H_2S_2O_6$，连四硫酸 $H_2S_4O_6$。

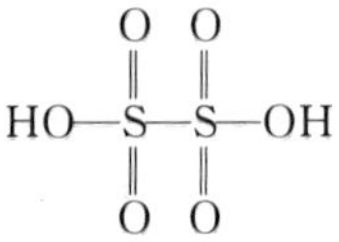

连二硫酸(dithionic acid)

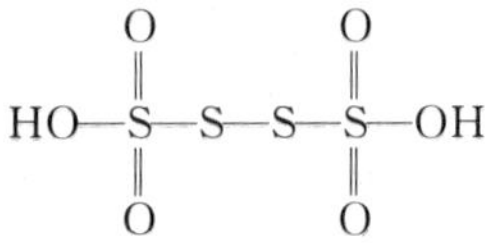

连四硫酸(tetrathionic acid)

硫与氧同在第 16 列ⅥA 族，硫酸根中 O 的位置可以被 S 取代而成**硫代酸**，如 $H_2S_2O_3$ 叫硫代硫酸，带有 5 个结晶水的硫代硫酸钠 $Na_2S_2O_3 \cdot 5H_2O$ 俗称海波，被广泛用于摄影业的定影液中。含氧酸根中某个氧为过氧基所取代，则为**过某酸**，如过一硫酸的化学式是 H_2SO_5，过二硫酸的化学式为 $H_2S_2O_8$，从它们的结构简式可以看得更清楚。以上是常见的基本的含氧酸的命名原则。

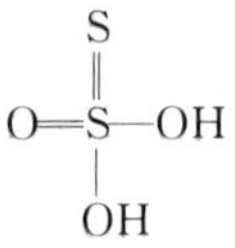

硫代硫酸

(thiosulfuric acid)

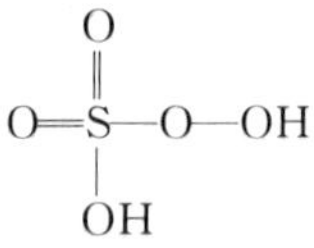

过一硫酸

(peroxy-monosulfuric acid)

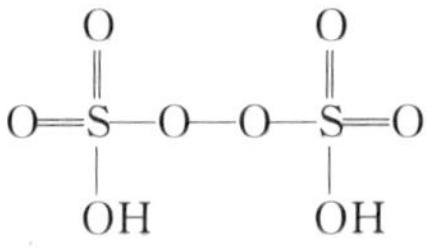

过二硫酸

(peroxy-disulfuric acid)

2. 含氧酸的酸性

含氧酸的通式可写成 H_mRO_n，其中 R 代表成酸的中心原子。从结构简式看，氧原子都和 R 成键，但有的 O 还和 H 成键，这叫**羟基氧**；其他的 O 只和 R 成键，为**非羟基氧**。例如

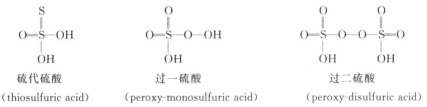

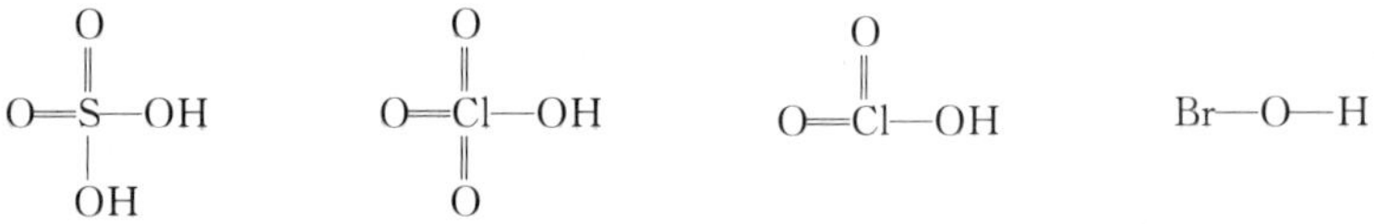

酸性的强弱视羟基是否容易给出 H^+ 而定，若非羟基氧原子越多，或中心原子 R 的氧化态越高，会使酸根 RO_n^{m-} 对羟基氧的吸引力越大，就越容易放出 H^+，即酸性越大。例如

化合物	化学式	K_a	氯的几种含氧酸相比较
高氯酸	$HClO_4$	$K_a=1\times10^{10}$	↑ 非羟基氧增多，氯的氧化态增高，酸性依次增大
正氯酸	$HClO_3$	$K_a=1\times10^{1}$	
亚氯酸	$HClO_2$	$K_a=1\times10^{-2}$	
次氯酸	$HClO$	$K_a=4\times10^{-8}$	

又如将同一族元素同一种氧化态的含氧酸相比较时，则随成酸原子 R 半径越小或电负性越大，对羟基氧吸引力越大，就越容易放出 H^+，酸性越大。

化合物	化学式	K_a	I，Br，Cl 三种元素相比较
次氯酸	HOCl	$K_a=4\times10^{-8}$	↑ 半径依次递减，电负性依次增大，酸性依次增大
次溴酸	HOBr	$K_a=3\times10^{-9}$	
次碘酸	HOI	$K_a=3.2\times10^{-11}$	

将同一周期的几种最高氧化态含氧酸相比较时，非羟基氧越多，R 电负性越大，氧化态越高，对羟基氧吸引力越大，越容易放出 H^+，酸性越大。

化合物	化学式	K_a	Si，P，S，Cl 四种元素相比较
高氯酸	$HClO_4$，$(HO)ClO_3$	$K_a=1\times10^{10}$	↑ 均为第三周期非金属，电负性依次增大，最高氧化态依次增高，非羟基氧依次增多，酸性依次增大
硫酸	H_2SO_4，$(HO)_2SO_2$	$K_{a_1}=1\times10^{3}$	
磷酸	H_3PO_4，$(HO)_3PO$	$K_{a_1}=7\times10^{-3}$	
硅酸	H_4SiO_4，$(HO)_4Si$	$K_{a_1}=1\times10^{-10}$	

缩合酸的酸性总是大于原正酸，因为非羟基氧的增多，增大了对羟基氧的吸引力，如焦磷酸 $H_4P_2O_7$ 的 $K_{a_1}=3.2\times10^{-2}$，大于正磷酸的 $K_{a_1}=7\times10^{-3}$。

由以上几例的纵横比较，可以了解含氧酸酸性大致的递变规律。具体的 K 数据，可查阅有关手册的数据直接得到或进行间接求算。

3. 含氧酸盐的热稳定性

大多数含氧酸盐在室温是固态物质，它们的热稳定性也是化学工作者关心的问题。如石灰石主要成分是 $CaCO_3$，加热分解可以制得生石灰 CaO，炉窑温度取决于 $CaCO_3$ 的分解温度。石膏 $CaSO_4\cdot2H_2O$ 在 128℃左右脱水生成熟石膏 $2CaSO_4\cdot H_2O$，在 163℃继续脱水，变成无水 $CaSO_4$，加热到 1800℃左右也得 CaO，但人们都不用这个方法制造 CaO，为什么？

从表 15.5 所列的 $\Delta_f H_m^\ominus$ 和 $\Delta_f G_m^\ominus$ 可以看到相关含氧酸盐都是稳定的物质，但相比之下，可以看出：**硅酸盐最稳定，硫酸盐次之，碳酸盐和硝酸盐更次之**。

表 15.5 几种含氧酸盐的 $\Delta_f H_m^\ominus$ 和 $\Delta_f G_m^\ominus$

	Na_2SiO_3	Na_2SO_4	Na_2CO_3	$NaNO_3$	$CaSiO_3$	$CaSO_4$	$CaCO_3$	$Ca(NO_3)_2$
$\Delta_f H_m^\ominus/(kJ\cdot mol^{-1})$	−1519	−1385	−1131	−425	−1584	−1435	−1207	−937
$\Delta_f G_m^\ominus/(kJ\cdot mol^{-1})$	−1427	−1267	−1044	−366	−1499	−1322	−1129	−742
$S_m^\ominus/(kJ\cdot mol^{-1}\cdot K^{-1})$	0.114	0.150	0.135	0.116	0.0820	0.107	0.092	0.193

上表列举的是钠盐和钙盐，其他钾盐、镁盐等大致也是如此。但要注意的是，$\Delta_f H_m^\ominus$ 和 $\Delta_f G_m^\ominus$ 是指在 298 K、100 kPa 条件下，由稳定单质形成 1 mol 该化合物时的焓变和 Gibbs 自由能变。

在比较化合物的热稳定性时，分解产物不是单质，分解温度也不是 298K，所以只看 $\Delta_f G_m^\ominus$ 是不确切的，而要根据分解反应的 $\Delta_r H_m^\ominus$、$\Delta_r S_m^\ominus$ 和 $\Delta_r G_m^\ominus$，综合计算转变温度才能进行比较。现以表 15.6 中几种钙盐为例来说明。

表 15.6 几种钙的含氧酸盐的热力学数据

	$\dfrac{\Delta_r H_m^\ominus}{kJ\cdot mol^{-1}}$	$\dfrac{\Delta_r G_m^\ominus}{kJ\cdot mol^{-1}}$	$\dfrac{\Delta_r S_m^\ominus}{kJ\cdot mol^{-1}\cdot K^{-1}}$	$\dfrac{T=\Delta_r H_m^\ominus/\Delta_r S_m^\ominus}{K}$	$\dfrac{t}{℃}$
$CaSiO_3 \longrightarrow CaO+SiO_2$	+89	+90	−0.0004		
$CaSO_4 \longrightarrow CaO+SO_3$	+403	+348	+0.190	2121	1848
$CaCO_3 \longrightarrow CaO+CO_2$	+177	+131	+0.161	1099	826

表中所列三种化合物，其热分解产物是 CaO 和含氧酸的酸酐，即热分解为金属氧化物和非金属氧化物。分解反应的 $\Delta_r H_m^\ominus$ 和 $\Delta_r G_m^\ominus$ 都为(＋)，表明在 298 K 标态下分解反应都不能发生，

而 $CaSO_4$ 和 $CaCO_3$ 分解反应的 $\Delta_r S_m^\ominus$ 都为(+)，根据 $\Delta G^\ominus = \Delta H^\ominus - T\Delta S^\ominus$ 可知，对于(+，+)反应，当温度升高时，反应能转变为自发，转变温度可由 $\Delta H^\ominus/\Delta S^\ominus$ 求算。$CaCO_3$ 转变温度为 826℃，工业上用石灰石制造生石灰的石灰窑里的温度就是在 900℃左右。而要使 $CaSO_4$ 分解为 CaO，温度却要在 1800℃以上，同时还产生有害气体 SO_3，所以热分解 $CaSO_4$ 制取 CaO 的方法是不可取的。但这个反应的逆反应在 1800℃以下，则是自发的，所以人们利用 CaO 吸收燃煤时产生的 SO_3 倒是很有效的(见例题 5.9)。再看 $CaSiO_3$ 的分解反应，不仅在常温不能自发，它是(+，−)型，在任意温度正向反应都不自发，也可以说 $CaSiO_3$ 是非常稳定的。高炉炼铁成渣就是利用了它的逆反应，让原料中的脉石(主要成分为 SiO_2)和 CaO 结合生成很稳定的 $CaSiO_3$，在高炉 1500℃左右熔融成液态，密度小于铁水而浮于表面，冷却时与铁分离。利用热力学函数对上述 3 种热分解情况的分析可以看出，$CaSiO_3$、$CaSO_4$、$CaCO_3$ 的热稳定性是依次减弱的。

用 $\Delta_f G_m^\ominus$ 了解含氧酸盐稳定性的大致情况是可行的，但要了解它们的热分解就比较复杂，要算 $\Delta_r G_m^\ominus$，必须知道分解产物。例如 $Ca(NO_3)_2$ 热分解也生成金属氧化物 CaO，但非金属氧化物既有 N_2O_5 也有 NO_2、NO 或 N_2 和 O_2 等。$NaNO_3$ 遇热分解时生成 $NaNO_2$ 和 O_2，温度高了 $NaNO_2$ 会进一步分解。热分解产物的多样性，带来 $\Delta_r G_m^\ominus$ 计算的复杂性，因此只能具体问题具体分析了。

以上按价电子构型对 p 区元素的氧化还原性及氧化物和含氧酸作了简要介绍。在其他性质方面，p 区元素也是各有特色，以下再分别按族作些点评。

15.2.3　第 17 列ⅦA 族 卤素

卤素包括氟(F)、氯(Cl)、溴(Br)、碘(I)、砹(At)五种元素，其中砹是放射性元素。卤素英文 halogen 的意思是“成盐”，人们最熟悉的食盐，其主要成分就是氯化钠。盐是人类赖于生存的营养成分，在历史上食盐曾是人们进行交换的计量物质。盐官是高官，盐商是富商。电解食盐水所得的 Cl_2、H_2、NaOH 都是基本化工原料：

$$2NaCl + 2H_2O \xrightarrow{\text{电解}} Cl_2 + H_2 + 2NaOH$$

19 世纪中叶，工业生产所需 Cl_2 是利用 O_2 在高温下，催化($CuCl_2$)氧化 HCl (g) 中的 Cl^- 而得到的，该法成本高，产量小。现在实验室若需少量 Cl_2 时，可用 MnO_2 或 $KMnO_4$ 等氧化剂和浓盐酸作用制取。

$$2HCl + \frac{1}{2}O_2 \xrightarrow{\triangle} Cl_2 + H_2O$$

$$4HCl + MnO_2 \xrightarrow{\triangle} Cl_2 + MnCl_2 + 2H_2O$$

时代不同了，需求不同，方法技术不同，成本产量也不同，但它们的原理却相同——把存在于自然界的 Cl^- 氧化成人们所需要的 Cl_2。

溴和碘在自然界与氯共生，在海水中氯溴碘质量比约为 300∶1∶0.001。人们常用 Cl_2 作氧化剂，将 Br^- 和 I^- 氧化成 Br_2 和 I_2。**溴(Br_2)是在室温下唯一呈液态的非金属单质**，溴最重要的化合物是溴化银(AgBr)。它受光照程度不同，分解产生密度不同的“银核”而成像，经显影、定影等步骤处理，获得照片。溴化合物的世界产量中有 90%用于摄影业。溴化物在医药方面可用做镇静剂，三溴片就是含 KBr、NaBr 和 NH_4Br 三种溴化物的药物，人的神经系统对溴敏感，溴能使神经麻痹，在新陈代谢过程中从肾脏排泄出去。**碘在室温是紫黑色的固体**，受热容易升华，蒸气呈紫红色，碘的希腊文就是紫色的意思。人体内的甲状腺里，含有相对多的碘，甲状腺分泌的甲状腺素是含碘的化合物，它与人体的发育直接相关，胎儿期如缺碘会给智力造成先天性的影响。缺碘还会患甲状腺肿大症，俗称“大脖子病”。为解决缺碘的状况，国家规定 1 kg 食用精盐中应加入约 59 mg 的 KIO_3（折合含碘 35 mg），以保障碘的摄入。当然“过则为灾”，过量的加碘、用碘也会产生负面作用。碘有很好的消毒作用，但 I_2 难溶于水，而易溶于酒精，碘和碘化钾的酒精溶液俗称“碘酒”或“碘酊”，是常用的皮肤消毒剂。

氟位于第二周期，价电子为 $2s^2 2p^5$，第二电子层没有 d 轨道，它的化学性质和同族的 Cl、Br、I 不甚相似，在自然界，它有独立的矿石，如萤石（CaF_2）、冰晶石（Na_3AlF_6）、氟磷灰石[$CaF_2 \cdot 3Ca_3(PO_4)_2$]等。早在 18 世纪中期，化学家已从 H_2SO_4 和萤石（CaF_2）的作用中发现了具有强腐蚀性的酸，并取名为氢氟酸。但如何制备单质 F_2，却经历了一个多世纪的悲壮过程，其间 G. Knox、T. Knox、P. Louyet 等化学家都因氟中毒而病倒，甚至献身。**单质 F_2 是最活泼的非金属**，它具有最强的氧化性，还没有找到一种氧化剂能把 F^- 氧化为 F_2，而只能用电解法了。电解制 F_2 也是困难重重，F_2 几乎能和所有金属起反应，那么电解槽用什么材料？在 F_2 的储存和运输时用什么容器？对多种合金研究之后，得知铂铱合金可以不受腐蚀，但太昂贵，后来发现纯铜（或镍），表面可生成 CuF_2 保护膜而防腐，故现在电解槽一般用铜。那么电解液用什么？F_2 和 H_2O 猛烈反应，不能用水溶液，无水的 HF 又不导电，后来发现加入 KF 之后，有 HF_2^- 离子形成，HF_2^- 在阳极上放电生成 F_2，阴极则析出 H_2。阴阳两极必须严格隔离，以免 F_2 和 H_2 猛烈反应，整个电解槽还必须很好密闭并与空气隔绝，以免 F_2、O_2 与 H_2 起反应。电解法制 F_2 的化学反应方程式可写为

$$HF + KF \longrightarrow KHF_2, \quad 2KHF_2 \xrightarrow[300\,^\circ C]{\text{电解}} 2KF + H_2 + F_2$$

此方法是 1886 年 H. Moisson 发明的，至今仍用于生产 F_2。不用电解法，如何制 F_2、如何储运 F_2？这些仍是 20 世纪化学难题之一。至 1985 年，K. Christe 终于找到了以 HF 为原料，用一般化学法制得了 F_2，其化学反应式为

$$10HF + 2KF + 2KMnO_4 + 3H_2O_2 \longrightarrow 2K_2MnF_6 + 8H_2O + 3O_2$$

$$5HF + SbCl_5 \longrightarrow SbF_5 + 5HCl$$

$$K_2MnF_6 + 2SbF_5 \xrightarrow{150\,^\circ C} 2KSbF_6 + MnF_3 + \frac{1}{2}F_2$$

此发现的理论意义在于：SbF_5 这类强 Lewis 酸能将另一个较弱的 Lewis 酸 MnF_4 从稳定的配离子 MnF_6^{2-} 中置换出来，不稳定的 MnF_4，容易分解为 MnF_3 和 F_2。这种方法目前尚不能替代电解法制 F_2。关于 F_2 的储运办法，现在是将 F_2 制成配合物 K_2PbF_6，K_2PbF_6 遇热就分解成 F_2 和 K_2PbF_4。

氢氟酸（HF）和单质氟（F_2）有毒，但并不是含氟化合物都有毒。20 世纪 80 年代用于临床试验的能像红血球那样具有输送氧气运载二氧化碳功能的“人造血”，在其制备中就用到了一种叫氟化碳的含氟化合物。人体的骨骼和牙齿中都含有一定量的氟元素，含氟化锶或其他氟化物的牙膏确实有防龋齿的作用，因为 SrF_2 等对乳酸杆菌有抑制能力，F^- 可以和牙齿中的羟基磷灰石反应生成较坚固的氟磷灰石：

$$Ca_{10}(PO_4)_6(OH)_2 + 2F^- \longrightarrow Ca_{10}(PO_4)_6(F)_2 + 2OH^-$$

聚四氟乙烯号称“塑料之王”，和一般塑料相比，它既耐高温（约250℃），又耐低温（约－200℃），还耐腐蚀。市售不粘锅的涂层中就含聚四氟乙烯。多种新的优良灭火剂也都是含氟的化合物。它在航空、航天、化工、机械、电子、医疗器械等许多工业部门都有广泛用途。

卤族元素在自然界主要以氧化态为－1的离子形式存在，但制备单质的方法不同，F_2 用电解法，Cl_2 可以用电解法，也可以用氧化剂氧化 Cl^-，Br_2 和 I_2 只用氧化剂就可制备了。比较制取方法的异同，也可以看出 F_2、Cl_2、Br_2、I_2 氧化性的递变规律。

【例15.2】 卤化氢(HX)是典型的非含氧酸，HCl的水溶液盐酸是人们熟悉的强酸，它的同伴HBr、HI水溶液也是强酸，HCl(aq)、HBr(aq)、HI(aq)的酸性依次加强，唯独HF(aq)是弱酸，$K_a = 6.3\times10^{-4}$，为什么？

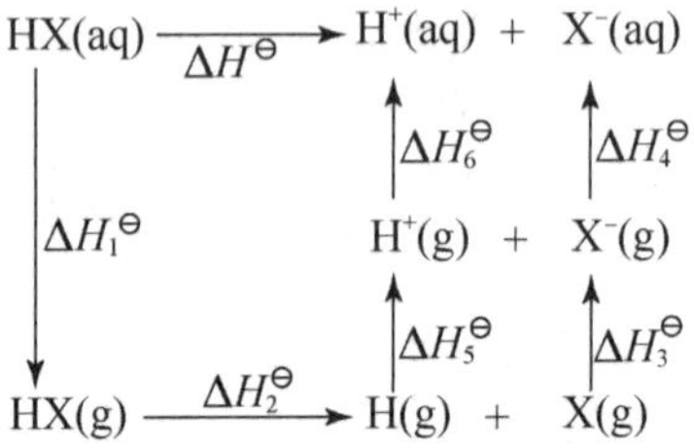

解　氢卤酸的电离过程，可以分解为6步(见右图所示)。

查阅手册，分别列出各步的 ΔH，并进行比较(表15.7)。

表15.7　有关氢卤酸电离过程的热力学数据(298K)

	HF(aq)	HCl(aq)	HBr(aq)	HI(aq)
$\Delta H_1^\ominus/(kJ\cdot mol^{-1})$	48	18	21	23
$\Delta H_2^\ominus/(kJ\cdot mol^{-1})$	567	431	366	298
$\Delta H_3^\ominus/(kJ\cdot mol^{-1})$	－334	－355	－331	－302
$\Delta H_4^\ominus/(kJ\cdot mol^{-1})$	－524	－378	－348	－308
$\Delta H_5^\ominus/(kJ\cdot mol^{-1})$	1318	1318	1318	1318
$\Delta H_6^\ominus/(kJ\cdot mol^{-1})$	－1091	－1091	－1091	－1091
$\Delta H^\ominus/(kJ\cdot mol^{-1})$	－16	－57	－65	－62
$\Delta S^\ominus/(kJ\cdot mol^{-1}\cdot K^{-1})$	－0.102	－0.035	－0.013	＋0.011
$\Delta G^\ominus/(kJ\cdot mol^{-1})$	14	－47	－61	－65
K_a	3.5×10^{-3}	1×10^{8}	1×10^{10}	1×10^{11}

数据摘自：W E Dasent. Inorganic Energetics, 2nd. (1982), p.168

氢卤酸HX(aq)电离成为 H^+(aq)和 X^-(aq)的 ΔH，是这6步 ΔH 的总和。同理，可以知道 $\Delta S^\ominus$ 和 $\Delta G^\ominus$，并由 $\Delta G^\ominus = -2.30\,RT\lg K^\ominus$ 计算平衡常数 K_a。比较这些数据，其中第(5)和第(6)两步是 $H(g)\rightarrow H^+(g)\rightarrow H^+(aq)$，对几种氢卤酸都是一样的，比较其他几步的 ΔH，则可以看到HCl、HBr、HI差别不很大，并且依次递变。而HF则显得特殊，尤其是HF解离为H(g)和X(g)的 ΔH_2，和 F^-(g)水合形成 F^-(aq)的 ΔH_4，与其他HX差别显著；还有HF水溶液中，存在氢键作用，使 $\Delta H_1^\ominus$ 大于其他卤化氢。综合各分步的差别，使HF(aq)电离过程总的 $\Delta_r G_m^\ominus$ 成为正值，K_a 很小。这和F的电负性大、半径小、容易形成氢键等微观结构有关。第二周期ⅥA族的氧元素和ⅤA族的氮元素的氢化物 H_2O 和 NH_3，与同族其他氢化物相比也有类似情况。

弱酸的强弱用电离常数 K_a 进行比较，那么强酸尽管可以完全电离是否还有强中之强呢？从表15.7可以看到由 $\Delta_r G_m^\ominus$ 也可计算 K_a，并且也有方次不同。HCl(aq)、HBr(aq)、HI(aq)酸性依次递增之描述，就是根据它们的 K_a。

15.2.4 第 16 列 ⅥA 族 氧族

氧族含氧(O)、硫(S)、硒(Se)、碲(Te)和钋(Po)五种元素，英文取名 chalcogen 的意思是"成矿"，因为大多数矿石的主要成分是氧化物、硫化物或含氧酸盐，如表 15.8 所示。本族五种元素之中，钋是放射性元素，它是镭的蜕变产物。硒和碲是稀散元素，在自然界不仅量少而且很分散，常与硫共生。硫最常见最重要的化合物是氧化物(SO_2 和 SO_3)、含氧酸(硫酸、亚硫酸)及其盐(硫酸盐、亚硫酸盐等)，它们也都是氧的化合物，所以本节关注的焦点是氧元素。

表 15.8 几种常见矿石的主要成分

矿石	主要成分	矿石	主要成分	矿石	主要成分
赤铁矿	Fe_2O_3	黄铁矿	FeS_2	重晶石	$BaSO_4$
磁铁矿	Fe_3O_4	辰 砂	HgS	石 膏	$CaSO_4 \cdot 2H_2O$
赤铜矿	Cu_2O	辉铜矿	Cu_2S	孔雀石	$CuCO_3 \cdot Cu(OH)_2$
红锌矿	ZnO	闪锌矿	ZnS	菱锌矿	$ZnCO_3$
白砷矿	As_2O_3	雌 黄	As_2S_3	白云石	$CaCO_3 \cdot MgCO_3$
软锰矿	MnO_2	辉钼矿	MoS_2	钾长石	$K[AlSi_3O_8]$

氧的价层电子是 $2s^2 2p^4$，它的电负性仅次于氟(F 为 4.0，O 为 3.5)，一般化合物中 O 的氧化数总是－2，只有在氟化氧 OF_2 中 O 的氧化数为正值，但没有高于＋2 的，因为作为第二周期的元素它没有可供成键用的 d 轨道，而 S、Se、Te 都有氧化数为＋4 和＋6 的化合物。**氧是丰度最大的元素**，其质量几乎占了地壳的一半(见附录 D.8)。空气中单质 O_2 约占总体积的 21％；存在于海洋、江河、湖泊的大量水中的氧占 86％(质量)；陆地上许多矿石的主要成分是氧化物或含氧酸盐，估计氧约占总质量的 46％。人类的生存须臾离不开氧气。

空气中有取之不尽的 O_2，它的沸点是－183℃，N_2 的沸点是－196℃，利用两者沸点之差，用分馏法能使它们分离，可得纯度为 99.5％的 O_2，储于蓝色的高压钢瓶中(压力约为 1.5×10^4 kPa)，供科研、医院、生产使用。某些特殊需要也可用电解水或氧化物热分解的方法制取 O_2。

氧气(O_2)有一个重要的同素异形体**臭氧(O_3)**，受到环境科学家的特别关注。在离地面约 15～35 km 的高度有臭氧层存在。在 100 km 以上的热电离层中，几乎所有波长小于 180 nm 的紫外辐射都被 O_2、N_2 吸收，发生电离等复杂的化学反应。波长在 180～310 nm 的太阳辐射又在离地面 15～50 km 的平流层中被 O_2 和 O_3 所吸收。其主要反应可简单表示为

$$O_2 \xrightarrow{<180\ nm} O+O \qquad O_2+O \xrightarrow{<240\ nm} O_3$$

$$O_3 \xrightarrow{<255\ nm} O_2+O \qquad O_3+O \longrightarrow 2O_2$$

实际上，现在已知这些光化学反应是相当复杂的，至少有 100 多种，以上只是简单的示意。大气中的臭氧大部分存在于离地面 15～35 km 的高度，形成所谓的臭氧层。波长在 180～310 nm 的太阳强紫外线辐射，在 O_3 的生成和分解过程中被吸收，地球上的生物才免受伤害而能生存，所以这个臭氧层有**生命之伞**的美称。不幸的是，这把保护伞正在遭到破坏，南极、北极上空的臭氧层已有"空洞"形成，导致气候、生态、人类健康的异常。人们正在进行全球合作进

行多方面的研究、防止臭氧层的破坏。在高空雷鸣放电、在X射线发射、电器放电等过程中也有少量 O_3 的生成。

$$3O_2 \longrightarrow 2O_3 \qquad \Delta_r G_m^\ominus = 326\ \text{kJ} \cdot \text{mol}^{-1}$$

这种具有特殊臭味的 O_3，早在19世纪中叶，电解稀硫酸溶液时就发现了，但其组成和结构的确定却经历了一个多世纪。经分离提纯之后，用蒸气密度法测定其分子量为48，分子式 O_3。

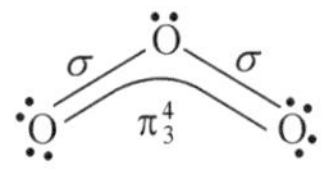

那么这3个O原子是怎样组合的？根据它的价电子和不稳定性，曾认为它呈正三角形结构，有3个单键，但这与吸收光谱不符。后来Pauling等人主张是几种共振体，按此计算的偶极矩与实验值仍不符。现在公认的结构为折线状，键角116.8°，键长127.8 pm，中间的O以 sp^2 杂化轨道和另外2个O形成 σ 键，此外还有一个离域的 π_3^4 键。臭氧虽是比较简单的三原子分子，但其组成和结构也是经过一番实验和理论的反复论证才最后被确定的。

O_3 是很好的**消毒剂**、**漂白剂**，还可用于污水处理，如电镀含 CN^- 的废水中，CN^- 是毒性很强的污染物，可用 O_3 和它起反应，使之变为无害的物质，并且不会产生二次污染物。

$$5O_3 + 2CN^- + H_2O \longrightarrow 2HCO_3^- + N_2 + 5O_2$$

几乎所有的元素都可以和氧生成氧化物，所以氧化物不仅数量多、种类也繁杂。若按酸碱性可以分为酸性、碱性、两性和中性四大类。若按结构，则可分为离子型和共价型。

含氧酸及其盐又是一大类无机化合物，非金属氧化物的水合物，一般都形成有配位键的含氧酸或含氧酸根，p区和d区的金属元素也可以形成含氧酸根。

以上所述都是对氧化数为−2的氧化物而言，实际上还有一些特殊氧化态的氧化物，如过氧化物 Na_2O_2（过氧化钠）、H_2O_2（过氧化氢）、$H_2S_2O_8$（过二硫酸），其中都含过氧键—O—O—，在此氧的氧化数为−1，所以 H_2O_2 既可作氧化剂，又可作还原剂。纯的 H_2O_2 是黏稠的液体，在低压下可以蒸馏，常压下加热则容易爆炸。市售 H_2O_2 试剂是30%左右的水溶液，是比较稳定的，但若有微量金属离子 Fe^{3+} 或 MnO_2 等杂质混入，它会迅速分解产生 O_2 并大量放热。

将 H_2O_2 和醋酸 CH_3COOH 在室温混合均匀，即可得到**过氧乙酸**，$CH_3\overset{\overset{\displaystyle O}{\|}}{C}—OOH$。它的稀溶液（约0.5%）是一种高效快速的广谱杀菌消毒剂，尤其对呼吸道、肠道传染病菌有良好的杀灭作用，在2003年的SARS和2004年禽流感流行期间，曾广为使用。

金属钠在干燥无二氧化碳的空气中燃烧得到的是过氧化钠（Na_2O_2），其中有过氧离子 O_2^{2-}，可以看做是 H_2O_2 的盐。钾在氧气中燃烧，则得 KO_2，现已经实验确证它是由 K^+ 和 O_2^- 所组成，在此O的氧化数为−1/2，O_2^- 为超氧离子，关于 O_2^{2-} 和 O_2^- 的分子轨道见习题15.8。

过氧化物、**超氧化物**都是强氧化剂，稳定性差。遇热、遇酸和水都易放出 O_2，它们还能和 CO_2 作用生成 O_2：

$$2Na_2O_2 + 2CO_2 \longrightarrow 2Na_2CO_3 + O_2$$

$$4KO_2 + 2CO_2 \longrightarrow 2K_2CO_3 + 3O_2$$

所以 Na_2O_2 或 KO_2 可用于高空、深海、矿井、边防等缺氧的工作岗位，作为“氧源”供工作人员呼吸用，也用于氧气面罩中。

15.2.5　第15列ⅤA族 氮族

氮族包括氮（N）、磷（P）、砷（As）、锑（Sb）、铋（Bi）五种元素。它们的价电子构型是

ns^2np^3,常见化合物的氧化态为＋3 和＋5。本族元素 N、P、As、Sb、Bi 由非金属性向金属性明显递变。其中氮和磷是与生物界关系密切的非金属,锑和铋是熔点比较低的金属,位于中间的砷为非金属,但带有金属性,它是与半导体材料密切相关的元素之一。

1. 氮

氮的常见化合物,除 NH_3、NO_x、HNO_3 和硝酸盐等之外,还有作为蛋白质基本结构单元的氨基酸。羧酸分子里烃基上的氢原子被氨基取代后,生成的化合物叫**氨基酸**,它们的通式(见左下式)中氨基—NH_2 为碱性,羧基—COOH 为酸性,所以,它们常以内盐的形式存在(见右下式)。

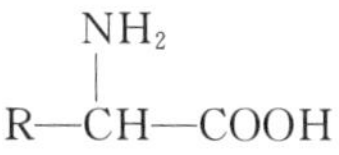

$$\begin{array}{cc} \overset{\displaystyle NH_2}{\underset{\displaystyle |}{R—CH—COOH}} & \overset{\displaystyle NH_3^+}{\underset{\displaystyle |}{R—CH—COO^-}} \\ \text{氨基酸} & \text{内盐} \end{array}$$

其中 R 基团不同,可形成各式各样的氨基酸,如:

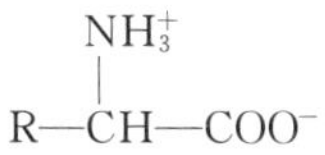

$$\begin{array}{cccc} (CH_3)_2CHCH_2\overset{NH_3^+}{\underset{|}{C}}HCOO^- & CH_3\overset{HO}{\underset{}{C}}H\overset{NH_3^+}{\underset{|}{C}}HCOO^- & CH_3S(CH_2)_2\overset{NH_3^+}{\underset{|}{C}}HCOO^- & C_6H_5CH_2\overset{NH_3^+}{\underset{|}{C}}HCOO^- \\ \text{亮氨酸} & \text{苏氨酸} & \text{蛋氨酸} & \text{苯丙氨酸} \end{array}$$

一个氨基酸分子的羧基和另外一个氨基酸分子的氨基脱去一个水分子,缩合而成的新化合物叫**肽**,其中的酰胺键叫肽键。许多氨基酸脱水形成的肽叫多肽,它是链状化合物,相对分子质量在 10^4 以上的多肽长链由 S—S 键使它们卷曲折叠而成为蛋白质。

$$\underset{\text{肽键}}{\overset{\displaystyle O \quad H}{\underset{\displaystyle ||}{—C—N—}}}$$

它的原文 protein 的意思是"头等重要的",因为一切生命活动都以蛋白质为基础,蛋白质是生物体内各种组织的基本组成部分,而氨基酸则是蛋白质的基本单元。人体内的主要蛋白质是由 20 种氨基酸组成的,其中有 8 种是必不可少的,但人体自身却不能合成,必须从食物摄取。不同食物的氨基酸尽管组成不同,但都必定含有 C、H、O、N 四种元素,其中 C、H、O 可由 H_2O 和 CO_2 的光合作用获取,而 N 元素从哪儿来?少数作物,如豆科类植物,因含固氮酶可以利用空气中的氮自己进行氨基酸的合成,而大多数作物生成过程所需的氮则要从土壤吸收,所以我们需要向土壤不断施加氮肥以补充土壤中的含氮量。空气中有取之不尽的氮元素,但 N_2 分子由叁键结合,键能高达 $945\ kJ \cdot mol^{-1}$,N_2 在水中溶解度很小($2.4\ cm^3/100\ g\ H_2O$),所以打开 $N\equiv N$ 叁键,使氮元素变成易溶于水的化合物是极其重要的问题。使空气中游离的 N_2 变为能被人类直接使用的化合态,就称为**固氮**。比较以下两个反应的热力学数据:

$$N_2 + O_2 \longrightarrow 2NO \qquad \Delta G^\ominus = \Delta H^\ominus - T\Delta S^\ominus = 181 - 0.025T$$

$$N_2 + 3H_2 \longrightarrow 2NH_3 \qquad \Delta G^\ominus = -92.2 + 0.199T$$

可见,N_2 和 O_2 的反应为(＋,＋)型,需在高温才能进行,转变温度为

$$T = \frac{\Delta H^\ominus}{\Delta S^\ominus} = \frac{181}{0.025} = 7.2 \times 10^3\ K$$

这样高的温度在高空大气层闪电的瞬间是会发生的;在汽车发动机附近,局部温度可达 1200℃ 以上,也会有少量 NO 产生,并迅速又与 O_2 化合生成 NO_2,这是令人讨厌的汽车尾气的主要成分之一。要想利用这个反应作为工业固氮是行不通的。而 N_2 和 H_2 起反应生成 NH_3 是(－,－)型,转变温度

$$T = \frac{92.2}{0.199} = 463\ K = 190℃$$

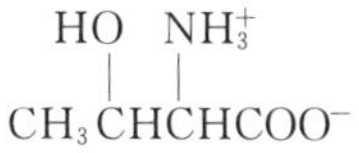

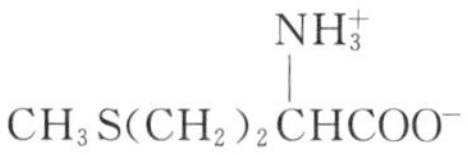

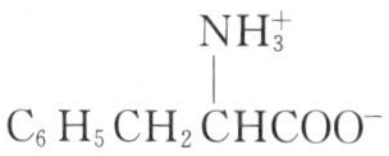

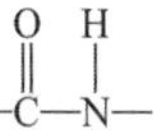

也就是在标态190 ℃以下反应正向自发进行[①]，在较低温度，转化率虽高，但速率太慢。此外，该反应的 Δn 为 −2，所以加压有利于 NH_3 的生成。经过几十年认真仔细的研究，目前工业生产常用条件是压力 20～30 MPa，温度 400～530 ℃，催化剂的主要成分是 Fe_2O_3 和 FeO，辅助成分是 Al_2O_3-CaO-K_2O 等。在纸上书写反应式 $N_2 + 3H_2 \longrightarrow 2NH_3$ 是很简单的，但实际生产却相当复杂。要有空气分离设备制 N_2，要用水煤气炉制 H_2，气体需要纯化，以免损害催化剂，还要用压缩机加压，H_2 分子很轻很小，又在高压状态，它能钻过一般钢材，因此合成氨厂的设备，包括管道都需要用特种钢，H_2 是容易燃爆的气体，不能有半点泄漏。合成氨是涉及化学、化工、电子、机械、冶金等多种行业技术密集的综合工业，它是增产粮食必需的基础工业，研究低温低压合成氨的催化剂乃是人类十分关心的课题。2010年，研究人员利用金属铪的配合物作为催化剂，在室温、常压下由 N_2 和 CO 制备出草酰胺，该过程绕开了打断氮氮叁键的步骤，对低温合成氨的发展也有借鉴作用。

氨(NH_3)的沸点是 −33 ℃，临界温度是 132 ℃，临界压力为 1.1×10^4 kPa，它在常温为气体，但加压降温容易被液化。液氨是合成化学中常用的非水溶剂之一，有些在水溶液中不易进行的反应，可以在液氨为溶剂的情况下进行。NH_3 容易液化，它的气化热相当大($23.4\ kJ\cdot mol^{-1}$)，所以可用做制冷剂。

NH_3 接受质子的能力比 H_2O 强，在水溶液中部分电离成 NH_4^+ 和 OH^- 而显碱性，氨水 $NH_3\cdot H_2O$ 是典型的弱碱。NH_3 分子中 N 原子上有孤对电子，它和具有空轨道的中心体容易形成配位化合物，氨配合物的详细研究，曾对配位化学理论的发展有重要作用。NH_3 分子中的 H 可以被取代生成多种衍生物，如前述的氨基酸也可以看做 NH_3 分子中的一个 H 被羧酸基 $\mathrm{R\overset{|}{C}HCOOH}$ 所取代，此外，常见的还有 NH_2OH(羟氨)、$NH_2—N(CH_3)_2$(偏二甲基肼)、$NH_2—NH_2$(联氨、肼)、$NaNH_2$(氨基化钠)、Li_3N(氮化锂)等。这些化合物具有很强的还原性，是有机合成中有特殊用途的试剂。其中如 $NH_2N(CH_3)_2$，与液态 N_2O_4 混合物是发射火箭的高能燃料。

氨气可溶于水制成浓度约为25%的氨水，供农田直接使用，但不便运输，所以进一步转化为 $(NH_4)_2SO_4$、NH_4Cl、$CO(NH_2)_2$ 等各种固态氮肥出售。NH_3 产量的90%左右用于制化肥，NH_3 的另一个重要用途是**制硝酸(HNO_3)**。硫酸、盐酸、硝酸、烧碱(NaOH)和纯碱(Na_2CO_3)被称为“三酸二碱”，是无机化学工业的最基础原料。氨氧化法制硝酸的相关化学反应是：

$$4NH_3 + 5O_2 \longrightarrow 4NO + 6H_2O$$

$$2NO + O_2 \longrightarrow 2NO_2$$

$$3NO_2 + H_2O \longrightarrow 2HNO_3 + NO$$

HNO_3 是具有强氧化性的强酸，许多不活泼金属如铜、银不溶于稀 H_2SO_4 或 HCl，但可溶于 HNO_3，反应不是和 H^+ 发生的氧化还原(即置换)，而是与 NO_3^- 发生的氧化还原，如：

$$3Cu + 8HNO_3 \longrightarrow 3Cu(NO_3)_2 + 2NO + 4H_2O$$

有些教科书里往往注明 Cu 和稀 HNO_3 产生 NO，Cu 和浓 HNO_3 产生 NO_2，但浓稀之间没有严格的界线，即使开始是浓的，反应过程中也会逐渐变稀，所以随 HNO_3 浓度不同产生的都是混合氧化氮，可用 NO_x 代表。1体积市售浓硝酸(70%)和3体积市售浓盐酸(37%)的混合酸

① 参考本书习题6.9有关的计算结果。

叫“**王水**”,它既有硝酸的氧化性又有盐酸的络合性,它能溶解金(Au)、铂(Pt)等贵金属。

$$Au+4HCl+HNO_3 \longrightarrow HAuCl_4+NO+2H_2O$$

氮的氧化物有 N_2O、NO、N_2O_3、NO_2 和 N_2O_5,氧化数从+1 至+5 齐全。其中氧化数为+1 的 N_2O,一氧化二氮是有甜味的麻醉剂,会使人傻笑而被称为“笑气”。其偶极矩不等于零,所以这 3 个原子不是 N—O—N 相连,现已有实验证明分子结构为直线形 N—N—O,由 σ 键相连,并有 π_3^4 键。氧化数为+2 的 NO,最引人关注,曾因它是大气污染元凶之一而令人讨厌,又随发现 NO 在血管内有调节血压、舒张血管的作用,在 *Science* 杂志里被评选为**1992 年的明星分子**,发现 NO 在人体中独特功能的 Murad 等三位科学家获 1998 年 Nobel 医学与生理学奖。氧化数为+3 的 N_2O_3 是亚硝酸 HNO_2 的酸酐,氧化数为+5 的 N_2O_5 则为 HNO_3 的酸酐。实际上 HNO_3 是氧化数为+4 的 NO_2 在和 H_2O 作用歧化过程中生成的,NO_2 则容易由 NO 和 O_2 化合,NO 则由 NH_3 和 O_2 作用而成。这 3 个有关的反应已如前述。

2. 磷

磷是生物界不可缺少的元素。一切生物体都含有核酸 DNA 和 RNA,它们携带着遗传秘密,是细胞中最重要的一类物质。核酸由 3 个基本结构单元组成,即磷酸、五元糖(戊糖)和含氮碱基。组成生物膜的主要成分是磷脂,磷脂指含有磷酸根基团的脂类,脑子、肌肉、神经中都含有磷脂,从大豆提取的卵磷脂①有防止血管硬化的作用,颇受老年人的青睐。磷脂基团的多种特殊功能与其价电子状况有关,它的 3s、3p 和 3d 轨道能量比较相近,可以形成多种杂化轨道,发生多种生化反应。磷化学研究是当今生化领域热门课题之一。此外,动物骨骼、牙齿的主要成分是磷酸盐。土壤里没有足够的磷供作物生长的需要,所以也靠施肥。作物生长过程中对氮和磷是按比例吸收的,约为 2∶1。“以磷增氮”的丰收经验就是指适量的磷还可以促进氮的肥效。

磷在自然界中主要矿物是磷灰石,其主要成分是磷酸钙 $Ca_3(PO_4)_2$,它在水中溶解度很小(0.002g/100g H_2O)。将磷灰石直接撒在农田里,几乎没有肥效。实用磷肥是用适量的 H_2SO_4 使 $Ca_3(PO_4)_2$ 转化为可溶的磷酸二氢钙 $Ca(H_2PO_4)_2$:

$$Ca_3(PO_4)_2+2H_2SO_4+4H_2O \longrightarrow Ca(H_2PO_4)_2+2CaSO_4\cdot 2H_2O$$

市售磷肥**过磷酸钙**就是上述混合物。注意俗名中的“过”,其意思不是过氧键(—O—O—)的“过”。

磷酸和硝酸不同,它既没有氧化性又没有还原性,是中等强度的三元酸,分三步电离,$K_1>K_2>K_3$,可形成磷酸盐(PO_4^{3-})、磷酸氢盐(HPO_4^{2-})和磷酸二氢盐($H_2PO_4^-$),利用这些盐和它们的共轭酸可配制缓冲溶液。

3. 砷

砷在自然界的矿物主要是硫化物,如雌黄(As_2S_3)、雄黄(As_4S_4)。它们在空气中灼烧很

① α-卵磷脂的化学结构简式是:

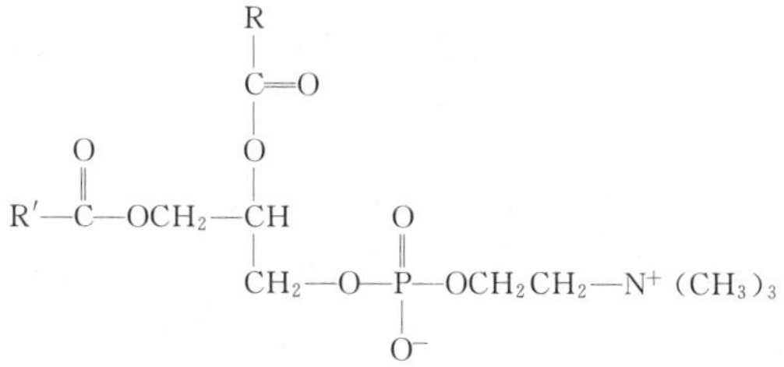

容易转化为 As_2O_3，俗名"砒霜"，这是众所周知的毒药。谚语"饮鸩止渴"意指：为满足一时的需要而不顾后果，其中的"鸩"字原指羽毛有毒的鸟，用其羽毛泡制的酒则是毒酒，在民间"鸩"就是泛指有毒的酒，包括含有 As_2O_3 的酒。我国湖南有丰富的砷矿资源，在穷乡僻壤，有些人不顾国家禁令，用敞口土窑炼砒霜造成严重污染，导致寸草不生，鱼虾绝迹，个别人在腰缠万贯的同时，却骨瘦如柴，甚至断送了生命，这种惨剧绝不能重演。但只要用量恰当、使用得法，砷化物可用于制造杀虫剂和杀菌剂等。

三氧化二砷在室温为二聚体，分子式应为 As_4O_6，在高温则解离为 As_2O_3，它是以弱酸性为主的两性化合物，难溶于水，易溶于 NaOH 生成 AsO_3^{3-} 或 AsO_2^-，亚砷酸钠 $NaAsO_2$ 具有还原性，在强酸性介质中可以生成 As^{3+}。浓 HNO_3 能使 As_2O_3 氧化为 H_3AsO_4，脱水后成五氧化二砷，也呈双聚分子 As_6O_{10}，As(Ⅴ)显酸性，容易生成 AsO_4^{3-}。

【例 15.3】 用升华法可获得分析纯的 As_2O_3，在实验室，可用它作基准物，标定 I_3^- 溶液的浓度。实际操作时酸度必须控制在近中性，pH≈8 左右，为什么？

解　在此是利用亚砷酸的还原性和 I_2 的氧化性，涉及的电极反应为

$$I_3^- + 2e \longrightarrow 3I^- \qquad E^\ominus(I_3^-/I^-) = 0.536\ \text{V}$$

$$H_3AsO_4 + 2H^+ + 2e \longrightarrow HAsO_2 + 2H_2O \qquad E^\ominus(H_3AsO_4/HAsO_2) = 0.560\ \text{V}$$

比较这两个 $E^\ominus$ 可见：当其中各物质的浓度都为 1 mol·dm^{-3} 时，能发生的反应是 H_3AsO_4 把 I^- 氧化为 I_2，但两个 $E^\ominus$ 的差值只有 0.024 V，降低 H^+ 的浓度即能提高 $HAsO_2$ 的还原能力。若 pH=8，即$[H^+]=1\times10^{-8}$ mol·dm^{-3}时，对于反应

$$I_3^- + HAsO_2 + 2H_2O \longrightarrow 3I^- + H_3AsO_4 + 2H^+$$

则有

$$E_{池} = E^\ominus_{池} - \frac{0.0592\ \text{V}}{2}\lg\frac{(H_3AsO_4)(H^+)^2(I^-)^3}{(HAsO_2)(I_3^-)}$$

$$= -0.024\ \text{V} - \frac{0.0592\ \text{V}}{2}\lg(10^{-8})^2 = 0.450\ \text{V}$$

可见，pH=8 时 I_2 能氧化 $HAsO_2$，而且实际上反应进行得也很完全，所以可以用于定量分析。当然，反应中碱性不能太大，因为在碱性溶液中 I_2 将发生歧化。实际操作时，为了保持溶液呈中性，还要适当加一些 $NaHCO_3$，以便中和由反应产生的 H^+。

ⅤA 族的锑(Sb)和铋(Bi)是金属元素，除了常见氧化态仍和 N、P、As 相似，为+3 和+5 之外，其他性质就很少相似了。Sb_2O_3 属两性氧化物，以碱性为主。Bi_2O_3 则是可溶于盐酸而不溶于 NaOH 的碱性氧化物了。ⅤA 族元素中，N 和 P 的氧化物为酸性，As 和 Sb 的氧化物为两性，Bi 的氧化物则为碱性，Sb、Bi 和 p 区Ⅳ族的金属元素 Ge、Sn、Pb，以及ⅢA 族的 Ga、In、Tl 有更多的相似性。

15.2.6 碳(C)，硅(Si)，硼(B)——ⅣA 和ⅢA 族的非金属元素

1. 碳

碳是一种很特殊的元素，它的价电子是 $2s^22p^2$，2 个 p 电子自旋量子数相同，还有一个空的 p 轨道，1 个 s 电子可以被激发到 p 轨道上，然后形成 sp^3 杂化轨道，并呈四面体向成键，可以和其他 C 原子相连，也可以和 H、O、N、S、Cl 等其他元素的原子相连，形成一系列**直链有机**

化合物。它也可以 sp^2 杂化轨道形成呈平面六边形 C—C 环状化合物,这个六元环与其他官能团相连接,形成了一系列**芳香族化合物**。现在已知的 7000 多万种化合物中,90%以上是含碳的有机化合物,也可以说有机化学就是"碳的化学",这是其他 100 多种元素没有任何一种能与之相比的。人们现在只是把 CO、CO_2、碳酸盐等最简单的含碳化合物归入无机化学,其他含碳化合物都归类为有机化学。1985 年 Kroto 和 Smalley 等人用激光照射石墨时,通过质谱法检测到了 C_{60} 分子。受建筑学家 Buckminster Fuller 用五边形、六边形构成球形薄壳建筑的启发,经多方研究测定这 60 个碳原子是由 12 个五边形和 20 个六边形组成了 32 面体,颇像足球状(如右图所示),它所用杂化轨道似介于 sp^2 和 sp^3 之间,约为 $sp^{2.28}$。随后又发现一系列这类分子,碳原子数可以由 32 至几百,现在认为它们都是碳的同素异形体,取名**富勒烯**(fullerenes),也称足球烯(footballene)。它们的球面上可以加成各种基团,空腔内还可容纳大小合适的单个原子,将生成多种多样的新型化合物。

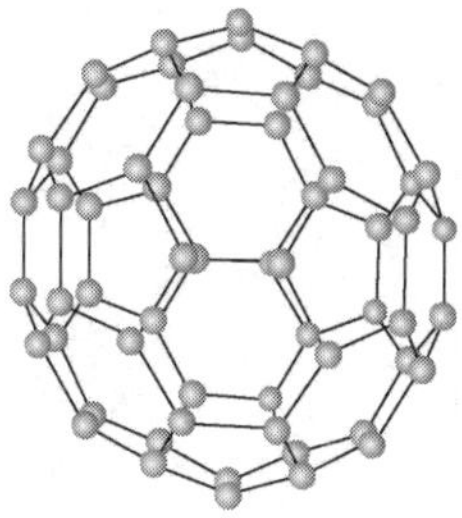

2. 硅

硅位于碳的下一个周期,同属ⅣA 族,虽然 Si 原子本身也有 sp^3 杂化轨道成键的四面体结构,但因 Si—Si 键很弱,Si—H 也不很强,只有 Si—O 键最强,每个 Si 周围可以连接四个 O,而每个 O 又可以连接 2 个 Si,所以常见的含硅化合物,以"Si—O"为骨干。

表 15.9 碳硅若干键焓的比较

	C—C	C—H	C—O	Si—Si	Si—H	Si—O
键焓/($kJ \cdot mol^{-1}$)	344	413	343	197	323	368

硅的化学就不像碳那样复杂多变,但以硅氧为骨干的硅酸盐也有其本身的特点。各种硅酸盐的共性是在水中溶解度小,耐高温、耐腐蚀、非导体。当然还有各自的特性:如长石很坚硬,可作建筑材料;云母呈片状,是电子器件中的绝缘材料;石棉呈丝状,织成石棉布是耐火防火材料。这些物质的主要成分是 Si、Al 和 O,但性质很不同,按传统的含氧酸盐分类正、偏、焦等不能表明其性质的不同,矿物学家曾从使用的角度,按密度、硬度的不同,分为轻硅酸盐、重硅酸盐,或从外观及解理性质的不同分为链型、层型及架型,但都未涉及其内在的结构。到 20 世纪 30 年代,结晶化学工作者用 X 射线为工具,测定了一系列硅酸盐的结构,归纳起来,多以硅氧四面体为基本单位(Al 可以取代部分硅的位置成铝硅酸盐)。按硅氧四面体结合方式的不同,可分为四大类:

有限硅氧团 单个的硅氧四面体 SiO_4^{4-},或 2 个四面体共用 1 个顶点的 $Si_2O_7^{6-}$,或 3 个四面体各有 2 个共用的顶点 $Si_3O_9^{6-}$,金属正离子和这些负离子结合成晶体,如锆英石($ZrSiO_4$)、镁橄榄石(Mg_2SiO_4)、钪硅石($Sc_2Si_2O_7$)等。

链型 硅氧四面体中的 2 个氧原子分别与其他四面体共用,连接成一个长链,在此 Si 和 O 之比为 1∶3,可写成$(SiO_3)_n^{2n-}$,如透辉石[$MgCa(SiO_3)_2$]属此类,Mg 和 Ca 正离子位于链与链之间,其外貌有明显的条纹。

层型 硅氧四面体中有 3 个氧原子分别与其他四面体共用,连接成片状,其中 Si∶O 为 1∶2.5,即$(Si_2O_5)_n^{2n-}$,白云母[$KAl_2(AlSi_3O_{10})(OH)_2$]属于此类,其中 1/4 的 Si 为 Al 所取代,正离子 K^+ 和部分 Al^{3+} 位于层间,电荷则由 OH^- 平衡。

图 15.1 是几种硅酸盐中硅氧四面体的结构示意图。

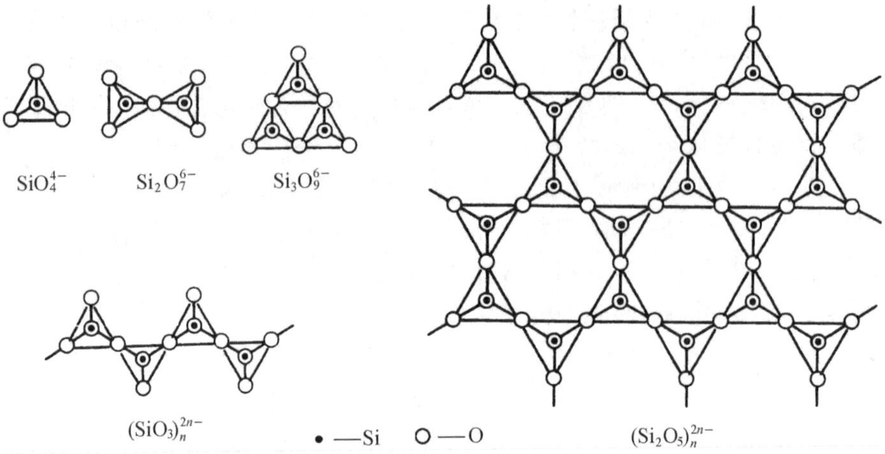

图 15.1　各种硅酸盐阴离子的结构示意图

骨架型　硅氧四面体中的 4 个氧原子全都是与其他“SiO_4”共用，连成骨架型结构，其中 Si∶O 为 1∶2，即$(SiO_2)_n$，石英就是 SiO_2 骨架结构[见图 13.15 (b)及(b′)]，钾长石的化学式为 $K(AlSi_3O_8)$，其中有 1/4 的硅位置为 Al 所取代，不平衡的电荷则由钾离子插在空隙中补足。

硅的重要性还在于它的半导体性能，超纯单晶硅是电脑芯片基质材料，电脑业的发源地取名“硅谷”。超纯硅的制备见 15.6.5 节。

碳和硅虽然都容易形成四价化合物，但性质却并不相似，如 CO_2 是气体，SiO_2 是固体；CH_4 稳定，SiH_4 不稳定；H_2CO_3 存在于水溶液中，H_2SiO_3 不溶于水；CCl_4 不水解，$SiCl_4$ 容易水解等。

3. 硼

p 区还有一个非金属，是ⅢA 族的硼(B)，它和同族的铝相比，一是非金属，一是金属，物理性质、化学性质都不相似，而与右下角的硅比较相似些，这是对角规则的又一例。硼在自然界的储量不多，有人把它归入“稀有”之列，我国西部，尤其在青海、西藏干旱地区有大量矿藏，主要矿石为**硼砂(四硼酸钠)矿**，四硼酸钠可溶于水，重结晶即可得相当纯的四硼酸钠，根据结晶温度不同可得到 $Na_2[B_4O_5(OH)_4]\cdot 8H_2O$ 晶体，也可得到 $Na_2[B_4O_5(OH)_4]\cdot 3H_2O$。左图所示为阴离子 $[B_4O_5(OH)_4]^{2-}$ 的结构简式。

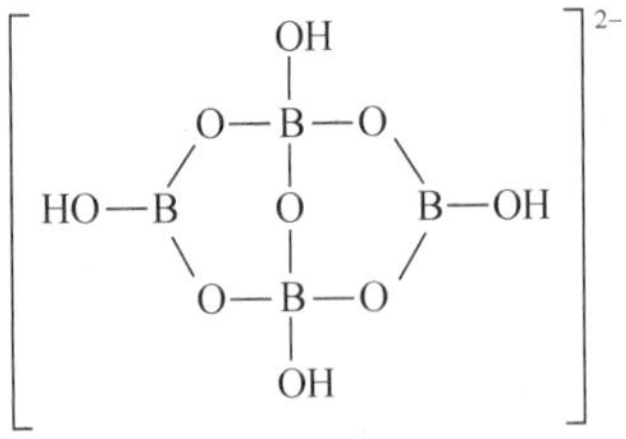

在$[B_4O_5(OH)_4]^{2-}$的结构中，既有“BO_4”四面体，又有“BO_3”平面三角形，即 B 可以有三配位，也可以有四配位，在其他硼酸盐中也有这类情况。“BO_4”四面体和“SiO_4”四面体相似，但只有“BO_3”而没有“SiO_3”平面三角形，$(SiO_3)_n^{2n-}$ 则是由 n 个“SiO_4”共用顶角而成的长链，而不是平面三角形。

热的浓的硼砂溶液和过量 HCl 起反应，冷却后即可析出**硼酸 H_3BO_3**：

$$Na_2B_4O_7 + 2HCl + 5H_2O \longrightarrow 2NaCl + 4H_3BO_3$$

从形式上看，硼酸似乎是三元酸，但其实它是一元弱酸：

$$H_3BO_3 + H_2O \rightleftharpoons B(OH)_4^- + H^+ \qquad K = 5.4\times 10^{-10}$$

硼和右边的碳也有些类似之处，如硼能和氢形成一系列**硼氢化物**，如 B_2H_6、B_4H_{10}、B_5H_9、B_5H_{11}、B_6H_{10}、$B_{10}H_{14}$ 等，它们被称为硼烷，以表示与碳烷烃相似。这些硼烷在空气中燃烧能生成 B_2O_3 和 H_2O 并大量放热；和 HCl 能发生取代反应生成如 B_2H_5Cl 等。但 B 比 C 少一个电子，借用对碳氢化合物结构的认识去考查硼烷时曾遇到了许多问题，对化学键概念提出不少挑战。在研究硼氢化合物的过程中还发现了 BH_4^-，几乎所有的金属都能和它形成化合物，如 $Al(BH_4)_3$、$LiBH_4$ 等，随后又发现了 AlH_4^-，这些都是具有特殊用途的还原剂。C 位于 B 和 N 之间，将 B 和 N 取代了 C 的位置生成**氮化硼(BN)**，它的性质与石墨很相似，还有 $B_3N_3H_6$ 和 C_6H_6 的性质也很相似，被称为"无机苯"。下图是 C_6H_6 和 $B_3N_3H_6$ 的结构示意：

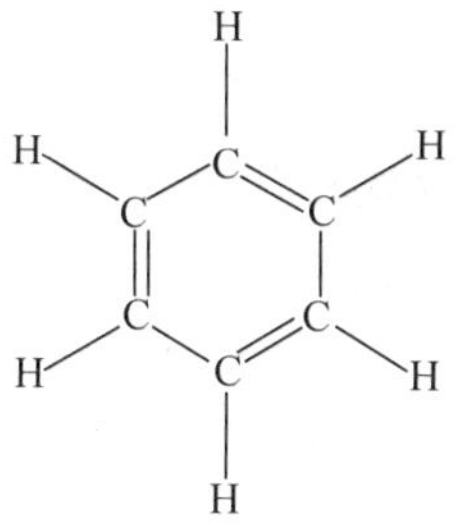

C_6H_6

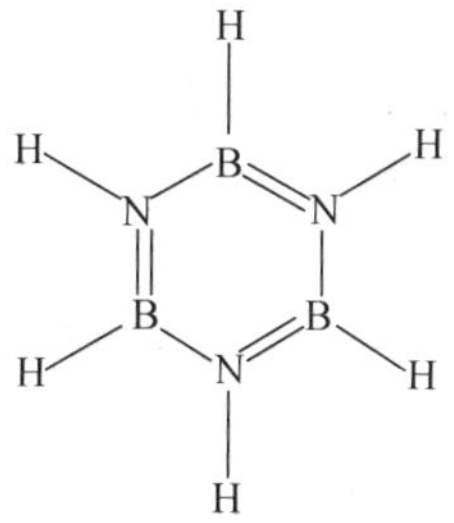

$B_3N_3H_6$

总之，p 区非金属元素相互之间虽有相似，但更多的还是各有特色。

15.2.7 p 区金属

共 10 种，其中铝(Al)为常见，钋(Po)是镭的蜕变产物，为放射性元素。其他 8 种连同砷(As)在内的 9 种元素，有相似的化学性质和变化规律，但其重要性不能和铝相提并论，以下先单独介绍铝元素。

1. 铝

铝在地壳中的**丰度仅次于氧和硅，而居金属之首**。金属铝有许多重要用途，它的导电能力虽略小于铜，但铝又轻又便宜，在地壳中储量比铜多得多，所以有些场合的电线电缆可用铝代铜。纯铝比较软，展延性、可塑性好，但强度不高，适当掺入 Cu、Mn、Mg 或 Si 等制成的合金，不仅增加强度，并且增加耐腐蚀性，可用于飞机、汽车制造业，也用于建筑业。

在自然界大部分的铝是以铝硅酸盐的形式存在，如高岭土[$H_2Al_2(SiO_4)_2 \cdot H_2O$]、正长石[$KAlSi_3O_8$]等，因 Al 和 Si 分离的困难，所以不宜作炼铝的原料。单独氧化铝的矿石有铝矾土[AlO(OH)]、刚玉(α-Al_2O_3)等，其中铝矾土是炼铝的工业原料，刚玉则是天然的晶态氧化铝，颜色白如玉，硬度仅次于金刚石，所以取名为刚玉，宜作轴承、磨料等。含少量 Cr_2O_3 的 Al_2O_3 显红色，称红宝石；含少量 Fe_2O_3(或 FeO)及 TiO_2 的 Al_2O_3 显蓝色，称蓝宝石。不少精密仪器需要用这类宝石，靠天然储藏不能满足需要，现已有成熟的人工制造技术。

氧化铝的化学式是 Al_2O_3，看来很简单，其实因制备条件的不同可以有 α、β、γ、δ、θ 等多种形式，相互间性质差别也很大。刚玉就是 α 型的 Al_2O_3；作为催化剂载体或吸附剂用的 Al_2O_3 则是 γ 型的，它具有许多孔隙，1 g γ-Al_2O_3 的小孔表面面积在 200～600 m^2 之间。按用途不同，还可有不同的孔径分布。总之，写出化学反应式，判别反应进行的可能性，估计反应条件等等虽是必要的，但具体实现这个反应并得到符合要求的产品还必须经过一番详尽的研究才行。

2. 金属镓(Ga),铟(In),铊(Tl)和锗(Ge)

这些元素位于p区左下方,为**稀散元素**。它们在自然界高度分散,几乎没有集中的矿石,如在煤中含锗量约为10万分之一,在铝矾土中含镓量约为3×10^{-5},高度分散给提炼带来很大困难,对它们的研究应用也就较少。20世纪40年代随着半导体工业的迅速发展,促使人们积极开展分离提纯和分析等方面的研究。燃煤烟囱的烟道灰中,Ge可富集到$10^{-3}\sim10^{-2}$。作为半导体材料的锗,其纯度要求在99.9999%以上,还要制成单晶体,这是十分复杂艰巨的工作。有了晶体,还要一端掺入纯Ga原子成p型,另一端掺入As原子成n型,连接成p-n结。后来发现,同族的Si也有类似功能,硅芯片的出现,才有了普及电脑的数码时代。GaAs、InSb等也都是很重要的半导体化合物。

3. 锡(Sn),铅(Pb),锑(Sb),铋(Bi)

这些元素是**低熔点合金**的主要成分。例如电路保险丝使用的伍德合金,其成分约为Bi 50%、Pb 25%、Sn 13%、Cd 12%,熔点71℃;常用的焊锡是铅锡合金,铅锡比例约为50%,按用途不同实际比例会有所不同。

p区这些金属元素的化合物中若只是p电子参与成键的,则显低价;s电子和p电子都参与成键时,则为高价。表15.10以氧化物为例。

表15.10 高价、低价氧化物

	ⅢA s^2p^1	ⅣA s^2p^2	ⅤA s^2p^3
低价	Ga_2O In_2O Tl_2O	GeO SnO PbO	As_2O_3 Sb_2O_3 Bi_2O_3
高价	Ga_2O_3 In_2O_3 Tl_2O_3	GeO_2 SnO_2 PbO_2	As_2O_5 Sb_2O_5 Bi_2O_5 *

* Bi_2O_5是否存在尚无定论,若确实存在也是很不稳定的,但+5价铋酸盐的确存在,如$NaBiO_3$是一种有用的强氧化剂

位于第六周期的Pb和Bi因受La系收缩的影响,$6s^2$不易参与成键,所以它们的低价化合物比较稳定,而高价化合物如PbO_2和$NaBiO_3$都有很强的氧化性。位于第四周期、第五周期的低价化合物,如$SnCl_2$、$NaAsO_2$,则是实验室常用的还原剂。

ⅢA、ⅣA族氧化物的酸碱性递变和ⅤA族相似,由上而下酸性减弱,碱性增强:如碳酸、硅酸为弱酸,而锗、锡、铅的氢氧化物都是两性,并且碱性依次增大。

15.2.8 稀有气体

位于周期表的最右侧,第18列,零族:氦(He)、氖(Ne)、氩(Ar)、氪(Kr)、氙(Xe)、氡(Rn)。它们的价电子构型为ns^2np^6,稳定的八电子结构。位于第一周期的氦(He)虽无p电子,但它的$1s^2$也是稳定电子结构,它的性质和氖、氩等相似,而与ⅡA族的ns^2迥然不同,所以氦位于零族是恰当的。19世纪末,周期律已经发现,大多数元素的原子量已经确定,人们已开始研究原子的结构。英国物理学家L. Rayleigh在精确测定N的原子量时,发现了一个新的问题:分离空气所得氮气的密度是$1.2572\ g\cdot L^{-1}$,而NO或NH_3等分解所得氮气的密度则为$1.2508\ g\cdot L^{-1}$,两者差别虽然仅在小数点后第3位,但已超出实验误差范围,原因何在?Rayleigh在*Nature*杂志上公布反复试验的结果,引起了英国化学家W. Ramsay的兴趣,他俩合作,认为空气中可能含有比氮气、氧气重的元素。他们用两种不同的方法研究空气组成:一种方法是将干燥空气和氧气混合,通过电火花生成氮氧化物,并用碱液吸收,再用红热的铜除

去剩余的氧，如此反复多遍，空气中的氮和氧应该都已除去，结果总是还剩少量气体，化学性质很不活泼。另一实验是用干燥剂除空气中的 H_2O，碱液除去 CO_2，红热的铜除 O_2，镁条燃烧除 N_2，最后也是剩下少量不活泼气体。经物理学家 Crooks 以分光镜检查，发现有 200 多条明线，和当时已知的其他气体光谱显然不同。1894 年在英国召开的科学家代表大会上，获得世界公认的这种新元素取名为 Argon，意指"懒惰"、"迟钝"，元素符号为 Ar，中文译名为氩。这个发现被誉为**第 3 位小数**的胜利、**明察秋毫**的胜利。测定其原子量为 39.9，当时的周期表是按原子量递增排列的，那么 Ar 应位于 K(39.1)和 Ca(40.1)之间。但从化学性质看 K 和 Ca 的位置各得其所，Ar 插不进去，因而认为可能位于 Cl 与 K 之间比较合适。Cl 是非金属，K 是金属，两者之间有一个不活泼的元素作为过渡。但 Ar 和 K 原子量次序(Cl 35.5，Ar 39.9，K 39.1)为什么颠倒？这个问题直到 20 世纪 30 年代认清原子核外电子排布之后才获明确答案：Cl、Ar、K 原子序数依次为 17、18、19，Ar 位于 Cl 和 K 之间是完全正确的，原子量的颠倒是因为 ^{40}Ar 丰度最大，而 K 中是 ^{39}K 丰度最大。

当时 Mendeleev 指出：既然 Cl 和 K 之间有 Ar，那么 F 和 Na 之间、Br 和 Rb 之间、I 和 Cs 之间也应有不活泼气体元素。随后 Ramsay 仔细研究空气液化后的残余气体，很快先后发现了氪 Krypton，意指"隐藏"，符号是 Kr；氖 Neon 意思是"新的"，符号是 Ne；氙 Xenon，意思是"陌生"，符号 Xe。Ramsay 又根据光谱实验证明铀矿放出的不活泼气体和 1868 年太阳光谱中发现的新元素相同，也是一种不活泼气体，命名为氦 Helium，意思是太阳，符号是 He。1900 年，F. E. Dorn 和 Ramsay 合作从镭的放射性产物中发现了又一种不活泼气体，它具有放射性，命名为氡 Radon，意为"有荧光"，符号为 Rn。前后五六年间，周期表右侧添了一族新元素，证实了 Mendeleev 的预言，这是化学史里精彩的一页。

这些元素的第一电离能较高，分别位于同周期元素之首(图 11.24)。它们的不活泼性曾使人们误认为这些元素只存在单原子分子而没有化合物，因此被叫做"惰性气体"(inert gas)或"钝气"。半个多世纪之后，年轻的英国化学家 N. Bartlett 受到 O_2 能和 PtF_6 化合生成 $O_2^+[PtF_6]^-$ 的启发，联想到 Xe 的第一电离能($1170\ kJ\cdot mol^{-1}$)要比 O_2 的第一电离能($1177\ kJ\cdot mol^{-1}$)小些，而理论计算 $Xe[PtF_6]$ 的晶格能又比 $O_2[PtF_6]$ 的大了 $42\ kJ\cdot mol^{-1}$，所以他想 Xe 与 PtF_6 有可能起反应生成 $XePtF_6$。1962 年 Bartlett 在实验室制得了稳定的橙黄色固体 $XePtF_6$，这是人类获得的**第一个惰性气体化合物**，不久又合成了 $XeRuF_6$ 和 $XeRhF_6$。至今，这类零族元素的化合物已合成了几百种，还测定了它们的结构：其中氙的化合物最多，如 XeF_2、XeF_4、XeF_6、$XeCl_2$、$XeCl_4$、$XeBr_2$、XeO_3、XeO_4、$XeOF_4$、$Xe_2O_2F_2$ 以及含氧酸盐($HXeO_4^-$、XeO_6^{4-}、XeO_3F^-)等等；氪、氡的化合物都已制得，如 KrF_2、RnF_2、RnF_6 等；氦、氖、氩的化合物虽然至今尚未制得，但有些学者从理论上认为有制成某些化合物的可能性，并设想了一些合成途径。于是，惰性气体改名为**稀有气体**了。

15.3 d 区 元 素

(The Elements of d Block)

d 区元素是指周期表中第 3～12 列，即ⅢB、ⅣB、ⅤB、ⅥB、ⅦB、Ⅷ、ⅠB 和ⅡB 族的元素(图 15.2)，共有 30 种金属元素，其价电子构型为 $(n-1)d^{1\sim10}ns^{1\sim2}$。因为位于典型的金属元素(s 区元素)与典型的非金属元素(p 区元素)之间，d 区元素和 f 区元素又共称为过渡元素或过渡金属。d 区第四周期被称为第一过渡系，第五和第六周期分别为第二和第三过渡系。d 区元素都是副族元素，各族元素之间性质的差异源于次外层 d 电子的不同，所以和主族元素相比，各族之间的差别较小。过渡金属在我们的日常生活和生产活动中都有重要的应用，铁和钢是应用最广的金属材料，铜是优良的导电材料，铁、钴、镍及其合金常用于制造磁性材料，Ⅷ族元素是许多催化剂的活性组分。

	3 ⅢB	4 ⅣB	5 ⅤB	6 ⅥB	7 ⅦB	8	9 Ⅷ	10	11 ⅠB	12 ⅡB
一										
二										
三										
四	21 Sc 钪 $3d^14s^2$	22 Ti 钛 $3d^24s^2$	23 V 钒 $3d^34s^2$	24 Cr 铬 $3d^54s^1$	25 Mn 锰 $3d^54s^2$	26 Fe 铁 $3d^64s^2$	27 Co 钴 $3d^74s^2$	28 Ni 镍 $3d^84s^2$	29 Cu 铜 $3d^{10}4s^1$	30 Zn 锌 $3d^{10}4s^2$
五	39 Y 钇 $4d^15s^2$	40 Zr 锆 $4d^25s^2$	41 Nb 铌 $4d^45s^1$	42 Mo 钼 $4d^55s^1$	43 Tc 锝 $4d^55s^2$	44 Ru 钌 $4d^75s^1$	45 Rh 铑 $4d^85s^1$	46 Pd 钯 $4d^{10}$	47 Ag 银 $4d^{10}5s^1$	48 Cd 镉 $4d^{10}6s^2$
六	57 La 镧 $5d^16s^2$	72 Hf 铪 $5d^26s^2$	73 Ta 钽 $5d^36s^2$	74 W 钨 $5d^46s^2$	75 Re 铼 $5d^56s^2$	76 Os 锇 $5d^66s^2$	77 Ir 铱 $5d^76s^2$	78 Pt 铂 $5d^96s^1$	79 Au 金 $5d^{10}6s^1$	80 Hg 汞 $5d^{10}6s^2$
七										

图 15.2　d 区元素在周期表中的位置及价电子构型

d 区元素从左至右原子序数递增，增加的电子依次进入$(n-1)$d 亚层，对 ns 电子具有较强的屏蔽作用，所以原子半径减小的幅度总体上小于主族元素(参见图 11.23)。镧系收缩导致第五、六周期的同族元素半径差别特别小(图 15.3)，其他性质也非常相似，矿物往往共生，分离困难。

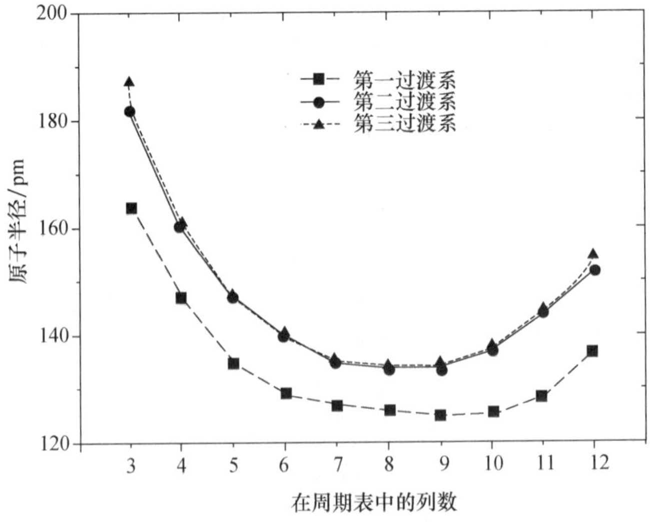

图 15.3　d 区元素的原子半径

例如ⅣB族锆($_{40}Zr$)的原子半径为 160 pm,而铪($_{72}Hf$)为 159 pm,ⅤB族铌($_{41}Nb$)为 146 pm,钽($_{73}Ta$)也是 146 pm。1789 年就发现了 Zr,但很长时间人们不知道其中还藏着另一个同伴,直到 20 世纪 20 年代,在原子结构和周期律的启发下,对 K_2ZrF_6 做了 5000 次重结晶,于 1923 年才发现了 Hf,它之所以长期未能被发现,就是因为 Hf 的性质与 Zr 太相似,难于分离。化学史记载 Nb 是 1801 年由英国化学家从一块美国矿石中发现的,而 Ta 则是 1802 年由瑞典化学家从一块芬兰矿石中发现的。但许多化学家一直认为,两者只是来源不同的同一种元素。直到 20 世纪初,有了 3500℃的高温炉,才得到了纯的金属铌,它的名称和符号到 1949 年才取得国际纯粹和应用化学联合会(IUPAC)正式命名。

第 11 和 12 列的铜族(ⅠB)和锌族(ⅡB)的价电子构型为$(n-1)d^{10}ns^{1\sim2}$。其中 $s^2p^6d^{10}$ 是稳定的 18 电子构型,它们有 *n*s 电子,有点像 s 区元素,虽然有 d 电子的影响,但又与其他 d 区元素不尽相似,所以有人建议把它们另列为 ds 区元素。从图 15.3 曲线看,ⅠB 族和ⅡB 族元素的原子半径不是减少而是略为增大。从表 15.11 数据看,除ⅠB 和ⅡB 族金属外,其他 d 区元素的熔点都比较高,多数在 1500℃以上,尤以ⅥB 族金属为甚。同族中从上到下熔点一般都呈增高的趋势,第六周期ⅥB 族的**钨(W)是熔点最高的金属**,其熔、沸点分别高达 3422℃和 5927℃。而ⅡB 族金属熔点都较低,而且从上到下呈递减的趋势。汞(Hg)的熔、沸点分别为-38.84℃和 357℃,是唯一在室温下呈**液态的金属**。汞在室温下蒸气压较大,所以必须储存在密闭容器中或者加水封保存,在使用中也要特别小心,以免其挥发,被人体吸收而造成汞中毒,危害人体健康。

表 15.11 d 区元素的熔点(℃)和密度($g\cdot cm^{-3}$)(298 K)

	ⅢB	ⅣB	ⅤB	ⅥB	ⅦB	Ⅷ			ⅠB	ⅡB
	Sc 钪	Ti 钛	V 钒	Cr 铬	Mn 锰	Fe 铁	Co 钴	Ni 镍	Cu 铜	Zn 锌
熔点→	1541	1668	1910	1907	1246	1538	1495	1455	1085	419.5
密度→	2.99	4.54	6.11	7.19	7.44	7.87	8.90	8.90	8.96	7.13
	Y 钇	Zr 锆	Nb 铌	Mo 钼	Tc 锝	Ru 钌	Rh 铑	Pd 钯	Ag 银	Cd 镉
	1522	1855	2477	2623	2157	2334	1964	1555	962	321.1
	4.47	6.51	8.57	10.22	11.50	12.37	12.41	12.02	10.50	8.65
	La 镧	Hf 铪	Ta 钽	W 钨	Re 铼	Os 锇	Ir 铱	Pt 铂	Au 金	Hg 汞
	918	2233	3017	3422	3186	3033	2446	1768	1064	−38.84
	6.145	13.31	16.65	19.30	21.02	22.59	22.42	21.45	19.32	13.55

d 区金属的密度比 s 区和 p 区金属大得多,多数在 6 $g\cdot cm^{-3}$以上,尤其是第六周期镧以后元素的单质密度特别大,其中**锇(Os)的密度高达 22.59 $g\cdot cm^{-3}$,是最重的金属**。一般来说,核电荷增大,半径减小,则金属原子间作用力增大,其熔沸点和密度都相应增加。第五、六周期同族元素核电荷数相差 32,而半径却相差不多,因此第六周期元素金属原子间的相互作用明显增大,从而导致它们的熔沸点特别高,密度特别大。此外,ⅢB 至Ⅷ族金属硬度一般都较大,其中**铬是最硬的金属**。

d 区元素化合物呈现**多姿多彩的颜色**,例如 TiO_2(白)、V_2O_5(红)、CrO_3(暗红)、Mn_2O_7(紫红);同一种元素,氧化态不同时,颜色也不同,如钒(V)元素在水溶液中随酸度不同,价态不同,颜色多变,VO_2^+(黄)、VO^{2+}(蓝)、V^{3+}(绿)、V^{2+}(紫);同一种元素,相同的氧化态,酸度不同,颜色不同,如 $Cr_2O_7^{2-}$(橙)、CrO_4^{2-}(黄);同一种元素,不同的配体,颜色不同,如

$Fe(C_2O_4)_3^{3-}$（黄）、$Fe(NCS)_6^{3-}$（血红）、$Ni(H_2O)_6^{2+}$（绿）、$Ni(en)_3^{2+}$（深蓝）；化学式相同的异构体，颜色也不同，如 $Pt(NH_3)_2Cl_2$ 顺式（棕）、反式（浅黄）。它们之所以呈现五颜六色，d-d 跃迁吸收能量恰好在可见光区是其内在原因之一。

d 区虽然都是金属元素，但它们的氧化物的水合物，除ⅢB 族的钪(Sc)、钇(Y)明显显碱性之外，其他都以两性为主，最高氧化态的化合物可以呈酸性，酸碱性的递变趋势与主族元素相似。如第四周期ⅢB 至ⅦB 族：

$Sc(OH)_3$	$Ti(OH)_4$	H_3VO_4	H_2CrO_4	$HMnO_4$
弱碱	两性	两性	酸性	酸性
	（碱性为主）	（酸性为主）		

在 d 区 30 种金属元素中，ⅢB族和第四周期的元素比较活泼，它们虽然难和水作用，但能和稀酸作用放出 H_2（Cu 除外）。第五、六周期元素则比较稳定，例如铂(Pt)只溶于王水，钽(Ta)只溶于 HNO_3 和 HF 的混合酸，这都是氧化和配合共同作用的效果。

d 区金属在高温可以和一些体积小的非金属如 N、B、Si、C 等形成**间隙化合物**，如 TiN、WC、W_2C 等，是耐腐蚀、耐高温、耐磨的高硬度特种材料。d 区金属与金属之间可以形成各式各样性能的合金，Cr、Mn、Ni、Co、Cu 等都是特种钢的成分。还应提及，H_2 体积小，可被金属吸附在晶体的孔隙之间而并不改变晶体的结构，如镍(Ni)及其合金吸氢能力很强，是优质的储氢材料。

d 区元素因 s 电子和 d 电子都能参与成键，在化合物中常见氧化态种类多，并且氧化数是连续的（见表 15.12），而 p 区元素化合物中的常见氧化数则是间隔式的。

d 区元素容易作为中心原子**形成配合物**，这一点和主族金属元素有很大的差别，因为它们有空着的$(n-1)$d 轨道，而能量和 ns、np 差得不很多，容易形成多种杂化轨道。

以下再具体介绍一些常见的与 d 区元素有关的氧化还原剂、配合物以及 ds 区元素。

15.3.1　氧化态的多样性

与 s 区和 p 区元素不同，由于 d 区元素的$(n-1)$d 电子和 ns 电子均可参与成键，所以多数元素存在连续可变的多种氧化态。除Ⅷ族的 Fe、Co、Ni 等元素外，其他元素的最高氧化数一般与其族数相同，而ⅠB 族的元素氧化数可高于其族数。在一些金属有机化合物中，过渡元素的氧化数可以为 0。d 区元素的常见氧化态列于表 15.12 中，排黑体的为常见氧化态。

在酸性介质中，第一过渡系ⅢB～ⅦB 族元素从左至右最高氧化态依次升高，其最高氧化态的标准电极电势依次增大，氧化性依次增强，如表 15.13 所示。其中，$\mathbf{Cr_2O_7^{2-}}$ **和** $\mathbf{MnO_4^-}$ **是常用的氧化剂**。

1. Cr(Ⅲ)和 Cr(　)的相互转换

铬(Cr)的常见氧化数为＋3 和＋6。＋3 氧化数的 Cr 在酸性溶液中一般以 Cr^{3+} 的形式存在，可以与 Cl^-、H_2O 等形成配合物；在碱性溶液中，则生成 $Cr(OH)_3$ 沉淀。$Cr(OH)_3$ 具有两性，在过量强碱存在时会溶解得到亚铬酸根离子 $Cr(OH)_4^-$ 或 CrO_2^-。

氧化数为＋6 的 Cr 的化合物主要有铬酸盐、重铬酸盐和三氧化铬等。在水溶液中，存在两种铬的酸根离子 CrO_4^{2-}（铬酸根）和 $Cr_2O_7^{2-}$（重铬酸根），不同 pH 时，两种酸根离子的浓度分布不同：在较低 pH 时，溶液中以 $Cr_2O_7^{2-}$ 为主，溶液为橙色；而在较高 pH 时，溶液中以

表 15.12 d区元素在化合物中的氧化态

元素	Sc	Ti	V	Cr	Mn	Fe	Co	Ni	Cu	Zn
氧化态					**+7**					
				+6	+6	+6				
			+5	+5	+5	+5				
		+4	+4	+4	**+4**	+4	+4			
	+3	+3	+3	**+3**	+3	**+3**	**+3**	+3		
		+2	+2	+2	**+2**	**+2**	**+2**	**+2**	**+2**	**+2**
									+1	
			0	0	0	0	0	0		
元素	Y	Zr	Nb	Mo	Tc	Ru	Rh	Pd	Ag	Cd
氧化态						**+8**				
					+7	+7				
				+6	+6	**+6**	+6			
			+5	**+5**	+5	+5	+5			
		+4	+4	**+4**	**+4**	**+4**	+4	**+4**		
	+3	+3	+3	+3	+3	**+3**	**+3**		+3	**+2**
				+2	+2	+2	+2	**+2**	+2	
									+1	
				0	0	0	0	0		
元素	La	Hf	Ta	W	Re	Os	Ir	Pt	Au	Hg
氧化态						**+8**				
					+7	+7				
				+6	**+6**	+6	+6	+6		
			+5	**+5**	+5	+5	+5	+5	+5	
		+4	+4	**+4**	**+4**	**+4**	**+4**	**+4**		
	+3	+3		+3	+3	+3	**+3**		**+3**	
				+2	+2	+2		**+2**		**+2**
									+1	**+1**
				0	0	0	0	0		

表 15.13 第一过渡系ⅢB～ⅦB族元素最高氧化态的标准电极电势

电极反应	电极电势
$Sc^{3+} + 3e \rightleftharpoons Sc$	−2.03 V
$TiO^{2+} + 2H^+ + 2e \rightleftharpoons Ti^{3+} + H_2O$	0.1 V
$VO_2^+ + 2H^+ + e \rightleftharpoons VO^{2+} + H_2O$	1.0 V
$Cr_2O_7^{2-} + 14H^+ + 6e \rightleftharpoons 2Cr^{3+} + 7H_2O$	1.36 V
$MnO_4^- + 8H^+ + 5e \rightleftharpoons Mn^{2+} + 4H_2O$	1.51 V

CrO_4^{2-} 离子为主，溶液为黄色。其反应平衡(平衡常数大约 10^{14})为

$$\underset{(黄色)}{2CrO_4^{2-}} + 2H^+ \rightleftharpoons \underset{(橙色)}{Cr_2O_7^{2-}} + H_2O$$

在酸性和碱性介质中，Cr(Ⅵ)的氧化还原电极电势差别很大：

$$CrO_4^{2-} + 4H_2O + 3e \rightleftharpoons Cr(OH)_3 + 5OH^- \qquad E^\ominus = -0.13\ V$$

$$Cr_2O_7^{2-} + 14H^+ + 6e \rightleftharpoons 2Cr^{3+} + 7H_2O \qquad E^\ominus = 1.36\ V$$

从以上反应的标准电极电势大小可以看出，在酸性介质中 Cr(Ⅵ)的氧化性较强，而在碱性介质中 Cr(Ⅲ)的还原性较强。因此，要将 Cr(Ⅵ)还原到 Cr(Ⅲ)，宜在酸性溶液中进行；将Cr(Ⅲ)转化为 Cr(Ⅵ)，则宜在碱性条件下进行。

铬在某些条件下还可以生成过氧化合物。如向上层有乙醚的 H_2O_2 的稀 H_2SO_4溶液中加入 $Cr_2O_7^{2-}$，稍振荡后乙醚层显深蓝色，其中发生了如下化学反应：

$$Cr_2O_7^{2-} + 4H_2O_2 + 2H^+ \longrightarrow 2CrO_5 + 5H_2O$$

$$CrO_5 + (C_2H_5)_2O \longrightarrow CrO_5 \cdot (C_2H_5)_2O \text{（深蓝色）}$$

过氧化铬的乙醚复合物为深蓝色，常用此反应来鉴定 Cr(Ⅵ)。过氧化铬不稳定，放置后分解生成 Cr^{3+} 和 O_2。

重铬酸($H_2Cr_2O_7$)，按命名规则应属同多酸类的二聚铬酸，由 2 分子 H_2CrO_4 脱去 1 分子 H_2O，缩合为二聚酸 $H_2Cr_2O_7$，还有三聚铬酸 $H_2Cr_3O_{10}$。同为 ⅥB 族的钼(Mo)和钨(W)以及 ⅤB 族的钒(V)都容易形成多酸。例如人们比较熟悉的七钼酸根是由 7 个 Mo—O 八面体共边连接而成 $H_6Mo_7O_{24}$(也可以写成 $7MoO_3 \cdot 3H_2O$)，它是同多酸。H_2MoO_4 也可以和 H_3PO_4 缩合成十二钼磷杂多酸 $H_3PMo_{12}O_{40}$，它是由 P 为中心体，MoO_4^{2-} 为配位体组合而成的。目前，已经合成了几十种同多酸、杂多酸，如十二钨酸($H_{10}W_{12}O_{41}$)、十二钨硅杂多酸($H_4SiW_{12}O_{40}$)、十钒酸($H_6V_{10}O_{28}$)等等都是在不同的浓度、酸度和温度条件下制得的，并测定了它们的空间结构，研究了它们的性质。由于其特殊的结构，以及在催化等领域的应用前景，多酸引起了大家的研究兴趣。近年，随着纳米科技的发展，多酸再一次为大家所关注。在一定条件下可以得到上百个原子所组成的多酸，这些多酸的分子大小在纳米尺度，因此又被称为纳米分子。这些纳米分子与普通纳米粒子相比具有结构和组成完全确定的特点，因此每个粒子的性质也完全一样，这是普通纳米粒子很难实现的。

2. 不同氧化态的 Mn 的化合物

Mn 有氧化数从+2 到+7 的各种化合物，其中比较常见的是+2、+4 和+7 氧化数的化合物。+6 氧化数的化合物 MnO_4^{2-} 在酸性介质中极不稳定，非常容易发生歧化反应得到 MnO_4^- 和 MnO_2；在强碱性介质中 MnO_4^{2-} 可以存在。在酸性溶液中，呈淡粉红色的 Mn^{2+} 非常稳定，但在碱性介质中 Mn(Ⅱ)很容易被氧化成 MnO_2；Mn(Ⅶ)的化合物，如 $KMnO_4$ 是最常用的氧化剂之一。与 Cr(Ⅵ)的含氧酸根离子类似，Mn(Ⅶ)在酸性介质中具有更强的氧化性。当反应介质不同时，MnO_4^- 被还原所得到的产物也不同。如 $KMnO_4$ 与 Na_2SO_3 反应时，在酸性介质中得到的是淡粉红色的 Mn^{2+}，在中性介质中得到的是棕色的 MnO_2，而在强碱性介质中得到的则是绿色的 MnO_4^{2-}。有关的 3 个反应方程式请见第 211 页。关于如何由 MnO_2 制备 $KMnO_4$，可参阅第 15.6.3 节。

位于第五周期 Mn 的同族元素锝(Tc)是放射性元素，1937 年用氘原子核轰击钼片时发现了锝，它是实验室里人工合成的第一种新元素，取名 technetium 外文意思就是“人造的”，到 20 世纪 60 年代，化学家从 3.5 kg 沥青铀矿中提炼得到了 1×10^{-9}g 的 $_{43}Tc$，此后人们把它列入天然放射性元素，不再作为人造元素了。

ⅦB 族还有一个成员铼(Re)，它在地壳中不仅少又很分散，主要分散在钼矿中，钼与铼处于斜角线位置。其丰度小于氦(He)、氖(Ne)等稀有气体。化学性质和 Mn 相似,可以有+2～+7 各种氧化态的化合物。高铼酸 $HReO_4$,显强酸性和氧化性。文献报道过 KRe 和 LiRe 的存在,其中 Re 为－1 价,这是过渡元素中罕见的情况,原因尚不清楚。

15.3.2 d 区元素配位化合物

与 s 区及 p 区金属不同,d 区元素含有未充满的 d 轨道。未充满的 d 轨道可与外层的 s 和 p 轨道形成能量相对较低、成键能力较强的杂化轨道,因此,d 区元素的离子和原子都可形成配位化合物,可形成配位数为 2、3、4、5、6,甚至更高的配合物。由于存在未充满的 d 轨道,d 电子的跃迁导致大部分 d 区元素的配位化合物都有颜色,未成对的 d 电子使得这些配合物多为顺磁性。Ⅷ族的铁系和铂系元素以及 ds 区的铜族和锌族元素的配合物的详细研究,对配位化学理论的形成和发展有重要作用。配合物是过渡元素的一类重要的化合物,在许多领域都有重要的应用。

1. Fe(Ⅱ)和 Fe(Ⅲ)的配合物

氧化数为+2 和+3 的铁离子都可与卤素和类卤离子(如 CN^-、CNS^-)、NH_3、H_2O 等许多配体形成配合物。

黄血盐($K_4[Fe(CN)_6]$,亚铁氰化钾)和赤血盐($K_3[Fe(CN)_6]$,铁氰化钾)也许是最早被人们认识和利用的铁的配位化合物。在水溶液中,前者与 Fe^{3+},后者与 Fe^{2+} 反应都生成蓝色的沉淀,分别被称为普鲁士蓝(Prussian Blue)和滕氏蓝(Turnbull's Blue),过去它们都被用做蓝色染料。这两个反应常被用于 Fe^{3+} 与 Fe^{2+} 的鉴别。X 射线结构分析证明,实际上普鲁士蓝和滕氏蓝是同一种物质,不仅具有完全相同的化学组成 $KFe[Fe(CN)_6]$,其结构也完全相同①,Fe(Ⅱ)、Fe(Ⅲ)和 CN^- 的空间位置如图 15.4 所示。Fe^{2+} 和 Fe^{3+} 分别占角,CN 占边。其中,N 原子与 Fe(Ⅲ)键合,C 原子与Fe(Ⅱ)键合,K^+ 则间隔地位于立方体中心,可以看到 K∶Fe∶(CN)为 1∶2∶6 的关系。$KFe[Fe(CN)_6]$中存在氧化数不同的铁原子,称做**同素异价化合物**。

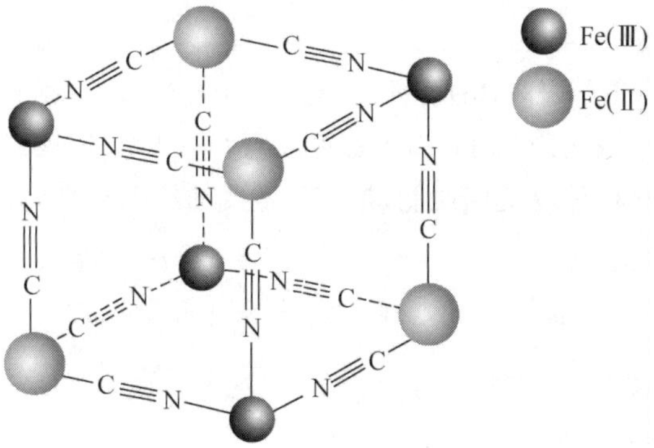

图 15.4 普鲁士蓝和滕氏蓝的结构

Fe(Ⅱ)和 Fe(Ⅲ)都能与多种配体形成稳定的配位化合物。但水溶液中 Fe^{2+} 不如 Fe^{3+} 稳定,

① 1999 年有文献报道,认为滕氏蓝是普鲁士蓝的激发态。

尤其在碱性条件下 Fe^{2+} 和 OH^- 生成白色 $Fe(OH)_2$，很快被空气氧化成棕红色的 $Fe(OH)_3$。配制 $FeSO_4$ 或 $FeCl_2$ 溶液不仅要保持酸性，并且还要加一些铁屑或铁丝以防氧化。酸化的 Fe(Ⅱ)溶液是实验室常用还原剂。而 $FeCl_3$ 或 $Fe_2(SO_4)_3$ 溶液只要加些酸防止水解即可。

2. Co(Ⅱ)和 Co(Ⅲ)的配合物

含不同数目结晶水的二氯化钴呈现出不同的颜色，因此，它常被用做硅胶干燥剂中吸湿程度的指示剂。而这种颜色的变化实际上是因为 Co(Ⅱ)与不同数目的 Cl^- 及 H_2O 分子形成的配合物颜色不同所致，$Co(H_2O)_6^{2+}$ 为粉红色，而 $CoCl_4^{2-}$ 为蓝色。

$$\underset{(粉红)}{CoCl_2 \cdot 6H_2O} \xrightarrow{52.3\,℃} \underset{(紫红)}{CoCl_2 \cdot 2H_2O} \xrightarrow{90\,℃} \underset{(蓝紫)}{CoCl_2 \cdot H_2O} \xrightarrow{120\,℃} \underset{(蓝)}{CoCl_2}$$

Co^{3+} 为强氧化剂，在水溶液中极不稳定。但是，在形成配位化合物后，Co(Ⅲ)则可以在水溶液中稳定存在。与 NH_3 形成配合物后，其氧化还原电极电势为 0.1 V，而在与 CN^- 配位后，其标准电极电势甚至降为 −0.61 V。这个现象可以用晶体场理论进行解释。

$$[Co(NH_3)_6]^{3+} + e \rightleftharpoons [Co(NH_3)_6]^{2+} \qquad E^\ominus = 0.1\,V$$

$$Co(CN)_6^{3-} + e \rightleftharpoons Co(CN)_6^{4-} \qquad E^\ominus = -0.61\,V$$

NH_3 是一个中等强度的配体，Co^{3+} 作中心离子时，由于其电荷较高，晶体场分裂能较大，d 电子趋向于低自旋排布，d 轨道上的 6 个电子全部在八面体晶体场中能级分裂后能量较低的 t_{2g} 轨道，实验证明 $Co(NH_3)_6^{3+}$ 是反磁性的；而 Co^{2+} 作中心离子时由于电荷较低，晶体场分裂能较小，d 电子趋向于高自旋排布，d 轨道上的 7 个电子的排布方式为 $t_{2g}^5 e_g^2$。因此，$Co(NH_3)_6^{3+}$ 在水溶液中可以稳定存在。而 CN^- 是更强的配体，它和 Co^{3+}、Co^{2+} 的配合物中晶体场分裂能都较大，d 电子均采用低自旋，其排布方式分别为 $t_{2g}^6 e_g^0$ 和 $t_{2g}^6 e_g^1$。因为 e_g^1 电子易丢失，所以 $Co(CN)_6^{4-}$ 具有强的还原性。

对Ⅷ族 Fe、Co、Ni 来说，在水溶液中 $E^\ominus(Fe^{3+}/Fe^{2+}) = 0.771\,V$，$E^\ominus(Co^{3+}/Co^{2+}) = 1.92\,V$，可见 Co^{3+} 是强氧化剂，不稳定，Fe^{3+} 稳定，而 Fe^{2+} 不如 Co^{2+} 稳定，可作还原剂。在手册里可以查到 $E^\ominus(Ni^{2+}/Ni) = -0.257\,V$，但是找不到 $E^\ominus(Ni^{3+}/Ni^{2+})$ 的数据，这说明在水溶液中不存在 Ni^{3+}，常用的镍化合物都是 Ni(Ⅱ)的，Ni(Ⅲ)有 NiO(OH)和少数配合物存在。

3. 铂系元素的配合物

Ⅷ族第五、六周期的钌(Ru)、铑(Rh)、钯(Pd)和锇(Os)、铱(Ir)、铂(Pt)6 种元素常被称做铂系元素，都是比较惰性的贵金属。Pt 和 Pd 离子都可以与 Cl^- 和 NH_3 等形成配合物。$PtCl_2(NH_3)_2$ 有两种几何异构体，顺式异构体有抗癌性能，是一类重要的抗癌药物，俗称“顺铂”。

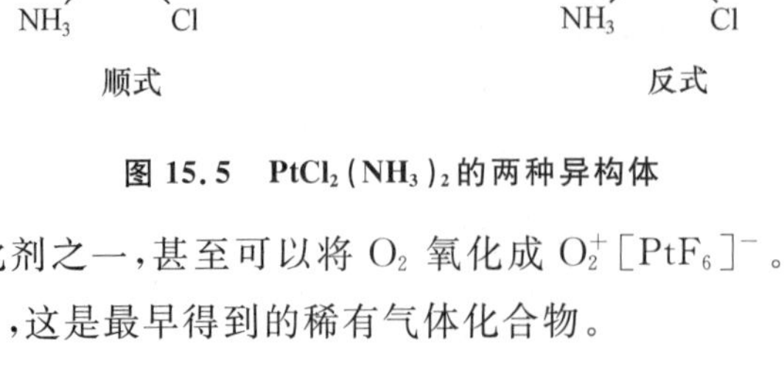

图 15.5　$PtCl_2(NH_3)_2$ 的两种异构体

PtF_6 是最强的氧化剂之一，甚至可以将 O_2 氧化成 $O_2^+[PtF_6]^-$。它也可与稀有气体 Xe 反应，得到 $Xe^+[PtF_6]^-$，这是最早得到的稀有气体化合物。

铂系元素在地壳中丰度很小,单独的矿物罕见,主要和铜矿、镍矿共生。铂系金属化学性质很稳定,其中只有 Pd 可溶于浓 HNO_3 或王水,Pt 可溶于王水,其他几种金属块状时都不溶于任何强酸,而在高温可微溶于强碱,在高温也不能和 Cl_2、O_2 等反应。利用它们的化学稳定性,可制作精密仪器零件及器皿。国际标准米尺是用 Pt-Ir 合金制成的。Pt 金属的电阻随温度升高的变化很有规律,Pt-Pt-Rh 热电偶常用于高温的测量(≈1300 ℃)。汽车尾气净化装置中所用的催化剂是以铝硅酸盐为载体的 Pt-Rh-Pd 贵金属,它能使尾气中三种主要有害的 NO_x、CO 和 HC(碳氢化合物)转化为无害的 N_2、H_2O、CO_2,这种高效催化剂叫三元(或三效)催化剂。可惜其价格昂贵,研制廉价高效的尾气催化剂仍是当务之急。

参考表 15.12 可见,Ru 和 Os 可以有+8 氧化态,尤其是 OsO_4 是稳定氧化物,只有这两种元素能有+8 氧化数的化合物。

4. d 区元素的羰基化合物

大部分 d 区元素的原子都可以生成 CO 的配合物,称为羰基化合物(carbonyl compounds),如 $Fe(CO)_5$、$Ni(CO)_4$、$Mo(CO)_6$、$Co_2(CO)_8$ 等。其中,C 是配位原子,因此它们属于金属有机化合物(organometallic compounds)。

羰基化合物中的成键情况与一般无机配合物中有些不同,配体中 C 上的孤对电子与金属原子的空轨道形成 σ 配键;同时金属原子的 d 轨道电子和 CO 分子中的空的反键轨道 π_{2p}^* 重叠形成 π 键。因为是金属原子提供孤电子对,配体提供空轨道成键,所以这样形成的键被称为**反馈键**。σ 配键造成中心原子上负电荷富集,反馈键则能使这些负电荷得到有效的分散,从而使得配合物更为稳定。

羰基化合物一般都较易挥发,毒性较大,受热易分解。金属在较低温度时可与 CO 反应生成羰基化合物,在较高温度时羰基化合物又会分解得到金属。实际生产中可利用此进行某些金属的提纯。另外,羰基化合物在催化领域也有一些重要的应用。

15.3.3 ds 区的铜族和锌族

第 11 列的 Ⅰ B 族的铜(Cu)、银(Ag)、金(Au)和第 12 列的 Ⅱ B 族的锌(Zn)、镉(Cd)、汞(Hg)最外层有 $ns^{1\sim2}$ 价电子,容易形成+1 或+2 价化合物。人们在认识周期律的初期,元素的化合价是确定其在周期表中位置的重要根据之一,所以认为它们似乎也应属 Ⅰ A 和 Ⅱ A 族,但其他的性质却与碱金属、碱土金属并不相似,所以把它们标记为 Ⅰ B 副族和 Ⅱ B 副族。如今从价电子构型可以清楚了解,这些元素原子核外电子的次外层为 18 电子结构,而 s 区元素的次外层为 8 电子结构,在长式周期表中位于Ⅷ族之后很合适,归于 d 区或另立 ds 区都可以。

现将 Ⅰ A 、Ⅱ A 和 Ⅰ B 、Ⅱ B 第四、五、六周期元素的一些性质汇列于表 15.14,以便比较。比较所述现象,可见:

(1) Ⅰ A 、Ⅱ A 族元素都是活泼金属,而 Ⅰ B 族元素在常温常压则是不怕水、不怕酸、不怕氧化的很稳定的金属,其中 Ag 和 Au 在自然界有单质存在,可以采集;而 Cu 的冶炼发展较早,所以铜钱、银元、金元宝自古以来就是人们进行贸易的货币。现代各国所用的纸币,也都要有国家黄金储备赋予流通的价值,国际贸易以金作为交换的标准。所以,**铜族有货币金属之称**。Ⅱ B 族金属比较活泼一些,尤其是 Zn,它们的化学性质则介于 Ⅰ B 铜族和 Ⅱ A 碱土族之间。

(2) 比较其氧化态, Ⅰ A 族碱金属只有+1 价化合物, Ⅱ A 碱土族和 Ⅱ B 锌族都只有+2

价化合物，所谓 Hg(Ⅰ)其中含的是—Hg—Hg—(即 Hg_2^{2+})。而ⅠB 铜族三元素都有不同的氧化态存在，但最常见的稳定氧化态 Cu 为+2，如 $CuSO_4$、$CuCl_2$ 等；Ag 为+1，如 $AgNO_3$、AgCl 等；Au 则为+3，如 $AuCl_3$、Au_2O_3 等。这些现象与 ns 和(n−1)d 电子能量差别小，而水合能、配位能又较大等因素有关。例如，铜的电势图为

$$Cu^{2+} \xrightarrow{0.153\ V} Cu^{+} \xrightarrow{0.521\ V} Cu$$

Cu^+-Cu 的 $E^\ominus$ 大于 Cu^{2+}-Cu^+ 的，所以在水溶液中 Cu^+ 容易歧化变成 Cu^{2+} 和 Cu①。在高温情况则不同，黑色的 CuO 加热到 1026 ℃以上，则分解为红色的 Cu_2O。

表 15.14　ⅠA、ⅡA 和ⅠB、ⅡB 族元素某些性质的比较

	ⅠA(K, Rb, Cs)	ⅡA(Ca, Sr, Ba)	ⅠB(Cu, Ag, Au)	ⅡB(Zn, Cd, Hg)
与氧作用	剧烈	较剧烈	$Cu \xrightarrow{\triangle} CuO \xrightarrow{\triangle} Cu_2O$ $Ag、Au \xrightarrow{\triangle} \times$	$Zn、Cd \xrightarrow{1000\ ℃以上} ZnO、CdO$ $Hg \xrightarrow{\triangle} HgO \xrightarrow{\triangle}$ 分解
与水作用	剧烈	Ca 与冷水反应较缓，Sr、Ba 反应剧烈	不起作用	Zn 在高温与水蒸气作用，Cd 在高温和水蒸气作用生成 $Cd(OH)_2$，Hg 和 H_2O 不起作用
与酸作用	非常剧烈	很剧烈	Cu 与浓的氧化性酸作用 Ag 与 HNO_3 起作用 Au 与王水起作用	Zn、Cd 和稀酸反应放出 H_2 Hg 和 HNO_3 作用
氧化态	只有+1 价	只有+2 价	有变价，Cu 有+1 和**+2** 价 Ag 有 **+1**、+2、+3 价 Au 有 +1、**+3** 价	Zn、Cd 只有+2 价 Hg 有+1、+2 价
化合物	离子型，不易成配合物 氢氧化物强碱性	离子型，不易成配合物 氢氧化物强碱性	共价型，很容易形成配合物 $Cu(OH)_2$ 两性，碱性为主 AgOH 不稳定，分解为 Ag_2O $Au(OH)_3$ 两性，酸性为主	共价型，也能形成配合物 $Zn(OH)_2$ 两性 $Cd(OH)_2$ 两性，酸性极弱 $Hg(OH)_2$ 不稳定，分解为 HgO

(3) ⅠA、ⅡA 族形成离子型化合物，不易形成配合物。而ⅠB、ⅡB 族化合物为共价型并容易形成配合物，所用杂化轨道不仅有 sp、sp^2 和 sp^3，还可以有 dsp^2 和 sp^3d^2 等。其中以 sp^3 四面体形和 dsp^2 平面四边形最为常见。

总的看来，铜族与碱金属差别大而与其他 d 区元素相似多些，而锌族和碱土族相似多些。

15.4　f 区 元 素
(The Elements of f Block)

f 区元素由镧系元素和锕系元素组成，共有 30 种元素，位于周期表的下方，多数具有 f 电子。其中，15 种镧系元素以及ⅢB 族的钪(Sc)、钇(Y)共计 17 种元素又被称为"稀土元素"。在历史上，"稀土"(rare earth)这个名词首先是用来笼统称呼那些稀有的、难以获取的金属氧

① 参考习题 14.23 中的计算结果，$Cu(NH_3)_2^+$ 在水溶液中很稳定，不发生歧化现象。

化物和金属，后来又用来专指镧系元素以及钪和钇。实际上，这些元素并不稀少，例如，Sc 的地壳丰度是 Hg 的 260 倍，而 La 的丰度比 Pb 还要高，所以有“稀土不稀”的说法。在镧系元素中钷($_{61}$Pm)是 1946 年在美国橡树岭国家实验室由反应堆裂变产物中获得的，也可由中子轰击 Nd 人工合成，曾被认为是人造元素；但 1965 年在处理天然高品位铀矿中得到了^{147}Pm。自此，它不再属于人造元素了。

15 种锕系元素在周期表中位于镧系元素之下。在 1940 年之前，人们只发现了几种自然界存在的锕系元素(锕 $_{89}$Ac，钍 $_{90}$Th，镤 $_{91}$Pa，铀 $_{92}$U)，其他锕系元素是在 1940—1961 年间人工合成的。第一种锕系元素是由德国化学家 M. H. Klaproth 于 1789 年发现的。他在分析沥青铀矿中的混生矿石时发现了一种新元素，并把它命名为铀(Uranium)，意为天王星(Uranus)，这是因为当时刚刚发现天王星。1923 年 Bohr 曾提出，元素周期表的最后一部分元素可能与镧系元素相似，存在一组性质相近的锕系元素。20 世纪 40 年代，Seaborg 提出：与镧系元素相似，在锕后面有 14 种锕系元素。锕系理论的建立为锕系新元素的发现提供了理论依据。与镧系元素相比，锕系元素要稀少得多，而且它们中的大多数都是人工合成元素，有些元素的同位素只有在巨型回旋加速器中才能短期微量存在。例如，^{260}Lr 是元素铹的最稳定同位素，它的半衰期只有 3 min。但是相对于^{258}Fm 的 3.8×10^{-4} s 来说，这个半衰期已经算很长的了。

镧系和锕系元素都有重要的应用价值。镧系元素已经广泛应用于各种新材料和功能材料中，而锕系元素因与核燃料有关，其战略意义更显重要。

镧系元素和锕系元素的分离提取都有较大难度。由于这些元素的物理性质和化学性质极为相似，所以给提取分离造成了困难。镧系元素在矿石中总是共生在一起，所以分离提取不可能在一步内完成。镧系元素的提取分离要经过矿石浮选、精矿分解(酸法或碱法)以及离子分离等几个步骤。常用的离子分离方法是液相萃取法。这种方法利用镧系金属离子与萃取剂配合能力的细微差别，逐步富集提纯，可以得到高纯度的镧系金属以及它们的氧化物。中国化学家在镧系元素的提取分离中独立发展了一套行之有效的方法，为我国稀土资源的有效开发利用奠定了技术基础。与镧系元素相比，锕系元素的分离和性质研究是一项更为艰巨的工作。天然的铀矿石同时不仅含有铀的不同同位素，通常还有稀土元素共生，因此提纯出某种单一同位素是一项异常繁重的工作。另外，所有的锕系元素都有放射性同位素，而且它们的寿命都不长，使提取和分析异常艰难。本节还将对锕系元素和核反应作简要介绍。

15.4.1 镧系元素

位于周期表下方的 15 种镧系元素，挤在第六周期ⅢB 族的同一格子内，常用符号 Ln(Lanthanides 的缩写)作为这 15 种元素的总代表。它们的价层电子构型为 $6s^2 4f^{1\sim14} 5d^{0\sim1}$。4f 轨道能量略低于 5d，所以自铈(Ce)开始，随原子序数增加，电子依次填入 4f，只有钆($_{64}$Gd)和镥($_{71}$Lu)的新增电子进入 5d，从而保持 $4f^7$ 的半充满和 $4f^{14}$ 的全充满，这样的电子排布符合 Hund 规则，可以获得额外的稳定性。它们的名称、符号、价层电子构型、若干性质汇列于表 15.15 中，参考该表可以对镧系元素有所了解。

表 15.15 镧系元素的性质

镧系元素	价层电子构型	Ln 氧化态 +2	+3	+4	$E^\ominus(Ln^{3+}/Ln)$ / V	Ln^{3+} 的颜色	原子半径 / pm	离子半径 / pm	Ln^{3+}(EDTA)的 $\lg K_稳$
镧 $_{57}La$	$6s^2$ $5d^1$		√		−2.37	无	183	103.2	15.50
铈 $_{58}Ce$	$6s^2$ $4f^1$ $5d^1$		√	√	−2.34	无	181.8	102	15.98
镨 $_{59}Pr$	$6s^2$ $4f^3$		√		−2.35	绿	182.4	99	16.40
钕 $_{60}Nd$	$6s^2$ $4f^4$		√		−2.32	紫红	181.4	98.3	16.61
钷 $_{61}Pm$	$6s^2$ $4f^5$		√		−2.29	橙黄	183.4	97	—
钐 $_{62}Sm$	$6s^2$ $4f^6$		√		−2.30	黄	180.4	95.8	17.14
铕 $_{63}Eu$	$6s^2$ $4f^7$	√	√		−1.99	无	208.4	94.7	17.35
钆 $_{64}Gd$	$6s^2$ $4f^7$ $5d^1$		√		−2.29	无	180.4	93.8	17.37
铽 $_{65}Tb$	$6s^2$ $4f^9$		√	√	−2.30	无	177.3	92.3	17.93
镝 $_{66}Dy$	$6s^2$ $4f^{10}$		√		−2.29	黄绿	178.1	91.2	18.30
钬 $_{67}Ho$	$6s^2$ $4f^{11}$		√		−2.30	橙黄	176.2	90.1	18.74
铒 $_{68}Er$	$6s^2$ $4f^{12}$		√		−2.29	红	176.1	89.1	18.85
铥 $_{69}Tm$	$6s^2$ $4f^{13}$		√		−2.33	淡绿	175.9	99	19.32
镱 $_{70}Yb$	$6s^2$ $4f^{14}$	√	√		−2.22	无	193.3	86.8	19.51
镥 $_{71}Lu$	$6s^2$ $4f^{14}$ $5d^1$		√		−2.30	无	173.8	86.1	19.83

镧系元素的**常见氧化态为+3**，只有$_{63}Eu$ 和$_{70}Yb$ 容易成+2 氧化态，$_{58}Ce$ 和 $_{65}Tb$ 则容易形成+4 氧化态，这是因为 2 个或 4 个电子参与成键之后，有 f^0、f^7 或 f^{14} 壳层的形成。如镧系金属与 O_2 作用都生成 Ln_2O_3，而 Ce 与 O_2 则生成 CeO_2。能以+4 氧化态较稳定存在于水溶液的镧系离子只有 Ce^{4+}，其氧化性很强，$Ce^{4+}+e \rightleftharpoons Ce^{3+}$ 的$E^\ominus$=1.45 V，和 $ClO^{3-} \rightarrow Cl^-$ 的 $E^\ominus$差不多，它可定量地使 Fe^{2+} 氧化为 Fe^{3+}，用 Ce^{4+} 为氧化剂的滴定分析方法叫做“铈量法”(参考习题 15.23)。Ln 在 300～400 ℃间和 H_2 可以生成 LnH_2，但 EuH_2 和 YbH_2 为离子型氢化物，而其他 LnH_2 则为金属型氢化物，并且具有导电性。其实这类金属氢化物中 Ln 的氧化态还是+3，因为还有一个电子占据导带呈离域状态，所以能导电。

镧系金属都是活泼金属，它们的标准电极电势 $E^\ominus(Ln^{3+}/Ln)$在－2.3 V 左右，其中只有 $E^\ominus(Eu^{3+}/Eu)$=－2.0 V，$E^\ominus(Yb^{3+}/Yb)$=－2.2 V，这也是因为这两种元素的+2 价离子更为稳定。参考本书表 10.1 数据可见，Ln 比铝的反应活性更高，而和镁差不多。

与 d 区元素离子相似，镧系元素**离子的颜色**也非常丰富。d 区元素离子的颜色主要来源于 d 轨道分裂，即 d-d 跃迁；而镧系元素的颜色主要源于 f 轨道分裂，即 f-f 跃迁。此外，由于 f 轨道深处内层，很少受到外界环境(如配体和溶剂)的影响，因此镧系离子的颜色和吸收光谱都相当稳定，可以用于定性和定量分析。镧系元素三价阳离子的颜色呈现有趣的规律性，参见表 15.15。自$_{57}La^{3+}$ 至$_{71}Lu^{3+}$，其颜色由无色→有色→无色→有色→无色不断变化。以$_{64}Gd$ 为中点，分别向原子序数增加和减少两个方向移动时，依次的颜色变化很相似，但由于镧系元素电子能级的复杂性，至今对这种颜色变化规律尚无简明的解释。

镧系金属离子中，除了 La^{3+}、Ce^{4+} 和 Lu^{3+}、Yb^{2+} 的核外电子排布是全空或全满，具有反磁性之外,其他离子都有未成对电子,因此都具有顺磁性。由于镧系元素内层 f 电子的能级受外界环境变化的影响较小,因此镧系合金或化合物可作为优良的**磁性材料**。例如,Nd-Fe-B 永磁材料以及其他许多磁性材料中都应用了镧系元素。

镧系元素还有一个重要特性就是**镧系收缩现象**。由于镧系元素的电子几乎是依次填入内层的 4f 轨道,而 f 轨道对外层电子的屏蔽效应显著,因此导致镧系元素的**原子半径随原子序数增加缓慢下降**,参看表 15.15 的数据,由$_{57}$La 至$_{71}$Lu 原子序数增加,而原子半径则由 183 pm 降低为 174 pm。这是镧系元素物理化学性质相近的主要因素。按表 15.15 中的原子半径和离子半径(Ln^{3+})数据对原子序数作图(图 15.6),由图可见:Eu 和 Yb 的原子半径显著大于其他各元素。这是因为镧系金属中 Eu 和 Yb 的 2 个电子进入 5d/6s 导带后,呈现稳定的+2 价离子结构,而其他镧系元素在金属体系中稳定的则是+3 价离子结构。Ln^{3+} 的**离子半径也是随原子序数增加而递减**,由$_{57}La^{3+}$ 至$_{71}Lu^{3+}$ 离子半径由 103 pm 降低至 86 pm。由图 15.6 可见,在$_{64}Gd^{3+}$ 处有斜度的转折。

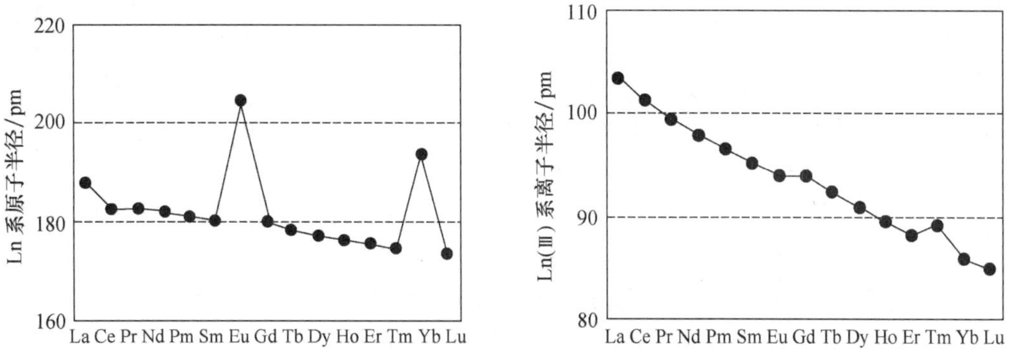

图 15.6 镧系元素的原子半径和离子半径

参考表 15.16 所列数据,镧系收缩现象使位于镧系元素后面ⅣB 族的$_{72}$Hf(铪)和$_{40}$Zr(锆)、ⅤB 族的$_{73}$Ta(钽)和$_{41}$Nb(铌)以及ⅥB 族的$_{74}$W(钨)和$_{42}$Mo(钼)的原子半径差不多相等。原子序数相差 32,而原子半径却变化不大,导致这些第五周期、第六周期的同族元素性质非常相似,在自然界共生、难于分离等。第六周期位于 Ln 后面的$_{72}$Hf、$_{73}$Ta、$_{74}$W、$_{75}$Re、$_{76}$Os 等金属都具有密度大、熔点高、硬度大等特点,这也是因为受镧系收缩的影响,核电荷增大,半径增大很少,原子间作用力则增强有关。

表 15.16 镧系收缩对于过渡金属半径的影响

ⅣB	原子半径/pm	ⅤB	原子半径/pm	ⅥB	原子半径/pm
$_{40}$Zr	160	$_{41}$Nb	146	$_{42}$Mo	139
$_{72}$Hf	159	$_{73}$Ta	146	$_{74}$W	139

总之,镧系 15 种元素**相似性为主**,在自然界共生,但也**有微小的差异**。化学家在 19 世纪初就发现了一种新元素,取名铈土,其实它是镧系元素的混合物。经历了几代人的努力,到 20 世纪初才把它们一一分离开来。镧系元素的分离是一项复杂而艰巨的工作,初步分离可利用它们氧化还原能力的不同或溶解度的不同,精分则利用它们配位性能差别。表 15.15 中列举

了各种镧系元素和EDTA络合物的$K_{稳}$。由$_{57}La$～$_{71}Lu$，原子序数增加，半径减小，Ln^{3+}的极化能力增强，使配合物稳定。时至今日，镧系元素已经在激光、磁记录、机电、合金、催化等新型材料之中有着广泛的应用。

15.4.2 锕系元素

15种锕系元素位于第七周期ⅢB族，在镧系的下面，其名称和符号见书后元素周期表。它们的性质与镧系相似，有锕系收缩现象；三价金属离子的颜色也是无色→有色→无色，依次变化。

与镧系元素相比，锕系元素的核外电子排布更为复杂。例如，镧系元素的4f轨道能量低于5d轨道，所以La之后的元素(除电子半充满结构之外)的新增电子基本上是依次填入4f轨道。但是，锕系的前几种元素(Th、Pa、U、Np)的5f和6d轨道的能量差很小，所以这些元素以及它们的离子的外层电子既可能填入5f轨道，也可能填入6d轨道，有时甚至是两者都同时占据。

镧系元素的特征氧化态是+3，但是锕系元素则没有这么规律。锕系元素的主要氧化态除了+3之外，+2、+4和+5都比较常见。这主要是因为5f电子比4f电子更容易失去，从而易于形成高价稳定离子。当原子序数增大时，锕系元素半径会发生收缩，就像镧系收缩一样，使得5f电子不易失去，此时低价离子成为主要氧化态。

在锕系元素中最受关注的是铀(U)，它是核能利用的关键元素。沥青铀矿为铀的主要矿石之一，其中以U(Ⅵ)为主，也含有U(Ⅲ)、U(Ⅳ)等，可以用化学式U_3O_8代表。用硫酸处理铀矿石，把铀转入溶液之后，用氨沉淀为$(NH_4)_2U_2O_7$，灼烧得UO_3，经还原、氟化得UF_6。

$$UO_3 \xrightarrow[650\,^\circ C]{H_2} UO_2 \xrightarrow{HF} UF_4 \xrightarrow[400\,^\circ C]{F_2} UF_6$$

天然铀主要有两种同位素，^{238}U的同位素丰度为99.3%，^{235}U为0.7%。作为核燃料，必须经过^{235}U富集。UF_6为无色晶体，熔点64℃，在常压下56℃开始升华为气体，核工业就是利用UF_6的挥发性、$^{235}UF_6$和$^{238}UF_6$微小的质量差别，通过气相扩散进行$^{235}UF_6$的富集。

锕系元素都是放射性元素，位于$_{92}U$之后的元素被称为超铀元素(trans-uranium elements)。普通的化学反应涉及的是原子核外电子重排，而放射化学反应则涉及原子核内中子和质子的重新组合，所以也叫核化学反应。

15.4.3 核化学反应

核化学反应分为3类：核衰变、核裂变和核聚变。在核化学方程式中，元素符号的左下角写原子序数，即质子数，左上角写质量数，即质子数和中子数之和。质子数、中子数都相同的一类原子称为**核素**，质子数相同、中子数不同的核素互为**同位素**。如$^{235}_{92}U$和$^{238}_{92}U$互为同位素，它们的原子核内都含92个质子，核外有92个电子，它们的物理化学性质很相似，难以分离。但它们的核化学性质差别却很大，作为核电燃料，必须将^{235}U的含量由天然的0.7%富集到一定程度才能利用(参见习题2.18和2.19)。

1. 核衰变

在迄今已知的3000多种核素中，绝大多数是不稳定核素。不稳定的原子核能自发地发射出射线蜕变为另一种原子核，这种过程称为核衰变(nuclear decay)。这些核自发地放射出射线的性质称为放射性(radioactivity)。具有这种特性的核素称为放射性核素,不具有这种性质的称为稳定核素。核衰变是核素的特征核性质,一般情况下,不受温度、压力、电磁场等的影响。

根据放射出的射线性质对核衰变进行分类,可以分为 α 衰变、β 衰变和 γ 衰变。

α 衰变　是指放射性核发射 α 粒子(He 原子核)蜕变为另一种核的过程,如

$$^{226}_{88}Ra \longrightarrow {}^{222}_{86}Rn + \alpha({}^{4}_{2}He)$$

β 衰变　是指核电荷改变而质量数不变的核衰变,如

$$^{210}_{83}Bi \longrightarrow {}^{210}_{84}Po + \beta^-\ ({}^{\ 0}_{-1}e)$$

γ 衰变　由激发态原子通过发射 γ 射线(亦叫 γ 光子)跃迁到低能态(或基态)的过程称为 γ 衰变。如

$$^{60}_{27}Co^* \longrightarrow {}^{60}_{27}Co + \gamma$$

任何一种放射性核素的衰变,并不是所有放射性原子核在某一瞬间同时完成的,而是有先后、相互独立的,但总的趋势是放射性原子核的数目随时间逐渐减少。核衰变是个随机过程,在某一时刻哪一些核发生衰变是不确定的,但由于放射性核素的数目总是大量的,衰变服从统计规律。因此,从整体来看,它的衰变规律是确定的。核衰变都是动力学一级反应。它们的半衰期 $t_{1/2}$ 表达式为

$$t_{1/2} = \frac{\ln 2}{\lambda} = \frac{0.693}{\lambda}$$

其中 λ 为衰变速率常数,它的数值取决于原子核内部的特性。人们习惯用半衰期表示放射性核素衰变的快慢程度,不同的核素半衰期差别很大,短的小于 1 s,长的达 10^{15} a 以上。此外,人们还常用放射性活度表示在一定时刻内发生核衰变的数量。现行 SI 制规定其单位为"贝可",符号为 Bq;每秒发生 1 次衰变为 1 Bq,由于单位太小,而用 kBq 或 MBq。但长期沿用的单位是居里,符号为 Ci, $1\ Ci = 3.7\times10^{10}\ Bq$。

人工核反应和人工放射性　第一个人工核反应是 1919 年 Rutherford 在研究 ^{214}Po 放射的 α 粒子的时候发现:如果在放射源周围存在氮气氛,经 α 粒子轰击后就会生成一种射程很长的离子,经鉴定它是质子。由此,认为发生了以下的核反应:

$$^{14}_{7}N + \alpha({}^{4}_{2}He) \longrightarrow {}^{17}_{8}O + {}^{1}_{1}p$$

即 α 粒子与氮核发生核反应生成了 $^{17}_{8}O$ 核,同时放出质子。

1934 年约里奥·居里夫妇在用强 Po 源的 α 粒子轰击铝箔时,第一次发现了人工放射性。他们用化学实验证实了下述核反应存在:

$$^{27}_{13}Al + \alpha({}^{4}_{2}He) \longrightarrow {}^{30}_{15}P + {}^{1}_{0}n, \qquad {}^{30}_{15}P \longrightarrow {}^{30}_{14}Si + \beta^+\ ({}^{\ 0}_{+1}e)$$

能发射正电子(β^+)的原子是一种人工获得的放射性同位素 $^{30}_{15}P$ ($t_{1/2} = 2.50$ min)。此后,人们用不同来源获得的高能粒子轰击各种元素,获得了众多的人工放射性核素。

核反应是由入射粒子轰击原子核靶产生的,其反应通式为

$$^{m}_{n}X + {}^{j}_{k}a \longrightarrow {}^{p}_{r}Y + {}^{s}_{t}b$$

式中:X 为靶核,a 为入射粒子,Y 为剩余核(产物),b 为射出粒子,可简写为 $^{m}X(a,b)^{p}Y$,称之为(a,b)反应。如可将前述反应写为 $^{14}N(\alpha,p)^{17}O$、$^{27}Al(\alpha,n)^{30}P$ 等。

2. 核裂变

1938 年,O. Hahn 和 F. Strassman 用中子轰击铀靶时,发现铀核俘获中子后会分裂成质

量相差不多的两块碎片，同时放出巨大能量，这种核反应过程称为核裂变。后来又发现重原子核在没有外界激发条件下也会发生裂变，称为**自发裂变**。前者相应又称为**诱发裂变**。重核的诱发裂变不仅可由中子诱发，也可以由质子、氘核、α 粒子等诱发。

重原子核在中子轰击下俘获中子形成激发态复合核，随后分裂成两块碎片，可写为(n,f)。也有一部分激发态复合核可以发射 γ 射线而退激，例如 $^{235}U(n,f)$ 裂变反应为

$$^{235}_{92}U + ^{1}_{0}n \longrightarrow ^{236}_{92}U^{*} \longrightarrow X + Y + i\ ^{1}_{0}n$$

式中：X 和 Y 分别为质量差不多的两块碎片，称为裂片，i 为正值。在热中子作用下铀核裂变生成的裂片元素的组分很复杂，它们的原子序数在 30(Zn)～65(Tb)的范围内分布，形成了有 36 种元素的几百种放射性核素。例如

$$^{235}_{92}U + ^{1}_{0}n \longrightarrow ^{144}_{56}Ba + ^{89}_{36}Kr + 3\ ^{1}_{0}n$$

$$^{235}_{92}U + ^{1}_{0}n \longrightarrow ^{140}_{54}Xe + ^{94}_{38}Sr + 2\ ^{1}_{0}n$$

$$^{235}_{92}U + ^{1}_{0}n \longrightarrow ^{137}_{52}Te + ^{96}_{40}Zr + 3\ ^{1}_{0}n$$

$$^{235}_{92}U + ^{1}_{0}n \longrightarrow ^{133}_{51}Sb + ^{99}_{41}Nb + 4\ ^{1}_{0}n$$

$^{235}_{92}U$ 裂变时放射出 2～3 个中子，并释放出很大的能量。这几个中子可能再去轰击别的 $^{235}_{92}U$ 核，诱发新的核裂变，导致产生更多的核裂变，形成一连串的裂变反应，这种连续不断的裂变过程称为**链式反应**。在短时间内大量 $^{235}_{92}U$ 核裂变放出巨大能量，这就是原子弹爆炸的原理。如果设法控制这种链式反应，使它维持在一定程度，持续地进行，就可根据需要来利用核能，核电反应堆的运行就是这个原理。控制的办法是利用能吸中子的材料制成的控制棒减少中子数，使反应堆里中子循环形成自持的链式反应保持功率正常运行。$^{235}_{92}U$ 核裂变能发生链式反应，而 $^{238}_{92}U$ 核不能发出类似的核裂变，所以铀 235 和 238 的分离(即 $^{235}_{92}U$ 的富集)就成为核能利用的关键问题之一。

3. 核聚变

由两个或更多个轻原子核聚合形成一个较重的核的过程称为核聚变。除重核裂变外，轻核聚变成较重的核时也会释放出大量的能量，而且比重核裂变释放的能量还要大。例如 1 kg 氘聚变释放的能量，相当于 4 kg 铀核裂变释放的能量。此外，在地球上，聚变燃料氘的资源比铀要丰富得多，提取也更为容易、便宜，但是发生核聚变所需温度非常高。

轻核的聚变反应有很多，但从地球上的资源来说，具有实际意义的是氘(^{2}H)核的聚变反应。总核聚变反应式为

$$6\ ^{2}_{1}H \longrightarrow 2\ ^{4}_{2}He + 2\ ^{1}_{1}p + 2\ ^{1}_{0}n \qquad \Delta H_{总} = -43.15\ MeV$$

当两个 $^{2}_{1}H$ 核相互接近直到能发生核聚变反应时，必须克服核之间巨大的库仑排斥力。若把 0.1 MeV 作为 $^{2}_{1}H$ 核的平均动能，则由 $E_{平} = (3/2)\ kT$ 可知，$T \approx 10^{9}$ K 才能发生聚变反应。氢弹爆炸就是利用小型铀弹产生的高温引发氢弹的聚变反应。

放射性核素在临床医疗和医学研究中已有相当广泛的应用。核素的安全利用仍是世人极为关心的问题。

15.5 元素在自然界的丰度

(Abundance of Elements in Nature)

元素在自然界的含量各是多少？以怎样的形式存在？分布在何处？本节将对此作简要介绍。元素在自然界的存在形式可分为单质和化合物两大类。

1. 单质

单质如 O_2、N_2、C、Au、Ag、Hg、Pt 系和稀有气体等。

2. 化合物

化合物大致可以分为四类：

硫化物　锡、铅、铋、锑等 p 区元素及钒、钼、铁、镍、铜、银、锌、汞等 d 区元素都有硫化物矿石，如 $CuFeS_2$(黄铁矿)。硒化物、碲化物和砷化物也归为此类，如 Cu_2Se(硒铜矿)。

氧化物　处于元素周期表中部、氧化态为＋3 和＋4 的元素，如铝、硅、锡、砷、锑、铋等 p 区元素，钛、锆、锰、铁等 d 区元素以及 f 区元素等存在氧化物形式的矿物。

含氧酸盐　大多数处于高氧化态的非金属元素及 d 区元素存在含氧酸盐矿石，如硼酸盐、碳酸盐、硅酸盐、磷酸盐、硫酸盐、碘酸盐及钒酸盐、铌酸盐、钛酸盐、钼酸盐、钨酸盐等。

卤化物　主要有碱金属、碱土金属、铝、银、汞等元素的卤化物，如 CaF_2(萤石)、Na_3AlF_6(冰晶石)等。

在地壳中，这些元素分布在“三处四圈”，三处即**水、陆、空**，四圈为**大气圈、岩石圈、水圈及生物圈**。生物圈中所含元素主要有 C、H、O、N、P、S 等，它们处在一个动态的过程中。地球的大气圈质量约为 5.1×10^{18} kg，随着大气层高度的变化，大气层的温度、压力、密度等均发生改变。表 15.17 给出了 15 ℃、1×10^5 Pa 条件下，海平面上洁净干燥大气的组成。从表中的数据可以看出，大气中 99％为 N_2 和 O_2，其次是稀有气体氩(Ar)，接近 1％，CO_2 约占 0.03％，其他气体的含量很低。

表 15.17　海平面上大气的组成

组　分	体积分数/(％)	组　分	体积分数/(％)
N_2	78.084	He	0.000524
O_2	20.9476	Kr	0.000114
Ar	0.934	Xe	0.0000087
CO_2	0.0314	CH_4	0.0002
Ne	0.001818	H_2	0.00005

地球的半径约 6000 km，我们了解比较清楚的只是表面薄薄的一层，约 16 km，这层叫地球的岩石圈，其质量约 1.6×10^{22} kg。地球表面约 70％被水所覆盖，形成水圈，水圈的质量约 1.2×10^{21} kg。元素在地壳中存在的多少叫**元素的丰度**。元素的丰度可以用质量百分数或原子百分数表示，质量百分数又叫做质量克拉克(Clarke)，原子百分数叫原子克拉克(Clarke)。按质量克拉克的大小，可将元素的丰度分为 10 个量级，列于表 15.18 中。

地壳中排前 8 位的元素，以质量百分数计，依次是 O、Si、Al、Fe、Ca、Na、Mg 和 K，它们占地壳总质量的 99.09％。除 H、O 外，海水中含量排在前几位的元素依次是 Cl、Na、Mg、S、Ca、K、Br、C，可见，海水也是一个提取各种重要元素的宝库。无论是地壳中，还是海水中，O 的含量都遥遥领先，可以说，地球的表面是个“氧化层”。元素的丰度也可以用 $mg\cdot kg^{-1}$ 表示，见附录 D.8。

需要指出的是，元素的储量和它的可用性不是一回事。有些元素丰度虽然高，但却比较分散，如 Ga 常常分散在 Al 矿中，Rb 常常分散在 K 矿中，难以集中提炼；有些元素则由于冶炼和分离困难，故未能充分利用。如 Al 是丰度最大的金属元素，但在利用电解法制备金属 Al 的方法发明之前，Al 的价值比黄金还贵；自然界中钛(Ti)的丰度也不低，作为基础材料，金属钛具有良好的耐腐蚀性能和抗张强度，性能大大优于金属铁，但由于其冶炼困难、价格昂贵，应用远远不如铁广泛。稀土元素也属于此类。中国的稀土储量较为丰富，稀土分离和应用是值得研究的一个重要课题。

表 15.18 地壳中元素的丰度

质量克拉克量级	元素											元素数目
10^{1}	O	Si										2
10^{0}	Al	Fe	Ca	Na	Mg	K						6
10^{-1}	Ti	H	P									3
10^{-2}	Mn	F	Ba	Sr	S	C	Zr	Cl	V	Cr		10
10^{-3}	Rb	Ni	Zn	Ce	Cu	Nd	La	Y	Co			16
	Sc	Nb	Li	N	Ga	Pb	B					
10^{-4}	Th	Pr	Sm	Gd	Dy	Er	Ar	Yb	Hf	Cs	Be	22
	U	Br	Sn	Eu	Ta	As	Ge	Ho	W	Mo	Tb	
10^{-5}	Tl	Lu	Tm	I	In	Sb	Cd					7
10^{-6}	Hg	Ag	Se	Pd								4
10^{-7}	Bi	He	Pt	Ne	Au	Os	Rh	Ir	Te	Ru		10
$<10^{-8}$	Re	Kr	Xe	Pa	Ra	Ac	Po	Rn				8

上述元素丰度是我们整个地球的家底。中国有广阔的陆地，也有很长的海岸线，可以说资源丰富。然而，我们也有庞大的人口，按人均占有量计算，情况则不容乐观。另外，有些元素，如 Cr、Ni 等在我国的储量偏低，但需求量相当大，仍需进口以补充不足。当然，也有一些元素虽然在地球上储量低，但在我国储量还是比较丰富的，如 B、Sb 等。如何充分合理利用地球上的各种资源，实现人类社会的可持续发展，化学工作者责无旁贷。

15.6 无机物的制备
(Preparation of Inorganic Substance)

化学变化的实质是一些化学键的断裂以及另一些化学键的形成。化学工作者的基本任务是：充分利用各种自然资源进行化学分解和分离、化学合成与纯化，从而获得人类所需的各种物质或模拟生物界的各种化学变化。在长期的实践中，化学工作者已经逐步掌握了众多极为精细、严密和巧妙的化学实验技术。化学制品对于人类社会是如此重要，以至于人们可以用化学制品的演变来勾勒人类文明发展的轨迹，例如青铜、钢铁、高分子、半导体、纳米材料等都是一个时代的重要代表。化学制品中既有单质，也有化合物，其中，化合物又分为无机物和有机物。以碳元素为骨架的数千万种有机化合物具有独特的变化规律，将在有机化学课程中专门介绍，这里仅限于讨论无机物。虽然无机物的种类与有机物相比要少很多，但是，无机物涉及元素众多，分解与合成方法多且杂，因此无机制备是化学合成的一个重要分支领域。

许多无机物是可以在水溶液中起反应的，它们涉及的是水溶液中酸碱性、溶解性、氧化还原性和络合性。有些则需要在高温高压下进行，涉及的则是热稳定性；有的则在低温低压（真空）或无水无氧条件下进行。利用电能进行氧化还原的方法称为电解法，此外还有水热合成法、化学气相沉积法等等。制备过程总是伴随着分离和提纯步骤，最常见的是重结晶、升华、分馏、萃取、离子交换等技术，以及新发展起来的区域熔融、渗析、扩散、薄膜等手段。

化学制备对于任何化学工作者、任何时代而言都是一项挑战，任何一项重大成功的制备方案都是人类经过艰苦探索获得的智慧结晶。当我们着手设计一个制备实验的时候，不仅要考虑该反应是否能够发生（热力学判据），还要考虑反应的速率以及反应条件是否容易实现（动力学判据）。除此之外，还要考虑制备成本、原料价格和环境保护等因素，甚至还要考虑原料的储运和制备过程的安全性等实际问题。因此，一个成功的方案往往要综合考虑各种情况，经过反复实践和探索才能形成可行的方案。本节将简要介绍若干无机物制备的实例，以便了解其一般原理。

15.6.1 由 NaCl 制 Na_2CO_3

Na_2CO_3 俗名纯碱，它是重要的化工原料，是“三酸三碱”成员之一。海水中有取之不尽的 NaCl，自然界有大量的碳酸盐，如石灰石 $CaCO_3$，它和 NaCl 不能发生复分解反应，因为 Na_2CO_3、$CaCl_2$ 和 NaCl 都是水溶性的，而 $CaCO_3$ 难溶于水，所以 Na_2CO_3 和 $CaCl_2$ 可以生成 $CaCO_3$ 和 NaCl，反之不行。先把 $CaCO_3$ 高温分解产生 CO_2，通入饱和 NaCl 溶液，也不能得到 Na_2CO_3，因为 CO_2 在水中溶解度很小，而 Na_2CO_3 溶解度却相当大。现行工业制碱法是将 CO_2 通入吸饱了 NH_3 的 NaCl 溶液（约 40 ℃），降温至 30 ℃ 以下，就有溶解度相当小的 $NaHCO_3$ 结晶析出：

$$NaCl + NH_3 + CO_2 + H_2O \longrightarrow NaHCO_3 + NH_4Cl$$

$NaHCO_3$ 煅烧分解，即得到 Na_2CO_3：

$$2NaHCO_3 \xrightarrow{\triangle} Na_2CO_3 + H_2O + CO_2$$

NH_3 的作用何在？CO_2 在水中溶解度虽小，但溶解后形成弱酸 H_2CO_3，有下列电离平衡：

$$CO_2 + H_2O \rightleftharpoons H_2CO_3 \rightleftharpoons HCO_3^- + H^+$$

加入的 NH_3 和 H^+ 生成 NH_4^+，平衡向右移动，促使溶液中的 HCO_3^- 增多；而 $NaHCO_3$ 溶解度又比 Na_2CO_3 小，控制好温度和浓度，$NaHCO_3$ 便结晶析出。它的分解温度不高，在 180～210 ℃ 之间，即可分解成为 Na_2CO_3。恰如其分地控制酸碱平衡的移动和溶解度是关键。这个方法发明于 19 世纪 60 年代，当时比利时氨水车间技术工人 E. Solvay 发现：用食盐水吸收 NH_3 和 CO_2 时可以得到 $NaHCO_3$，煅烧分解即得 Na_2CO_3，于是获得了用食盐和石灰石为原料制取 Na_2CO_3 的专利。经工程师们的研究设计推广，于 1872 年投产，取名**氨碱法**，也叫 Solvay 制碱法。该法的优点是：NaCl 和 $CaCO_3$ 都是便宜的原料，NH_3 虽然贵些，但可利用石灰窑产生的 CaO，加水生成的石灰乳 $Ca(OH)_2$ 和 NH_4^+ 作用的办法回收 NH_3，循环使用；反应条件温和，可连续操作，适宜大规模生产。其缺点是：用 CaO 回收 NH_3 的同时，生成了 $CaCl_2$。这是一种用处不大的副产物，并且在从母液析出时还会带走相当量的 NaCl；总的物料核算，Na 的利用率只有 70% 左右，Cl 则生成了用途不大的 $CaCl_2$，对环境不利。

一个多世纪以来，世界各国都有人在不断研究改进 Solvay 制碱法，已形成历史悠久的大型化工企业。中国科学家侯德榜于 20 世纪 40 年代发明了**联合氨碱法**，把合成氨厂和制碱厂建成联合企业，其特点是：(i)将氨厂水煤气制 H_2 的副产品 CO_2，输送去碱厂作原料；(ii)不用$Ca(OH)_2$ 去回收 NH_3；(iii)往 $NaHCO_3$ 母液中加适量 NaCl，制取产品 NH_4Cl①，所剩 NH_4Cl 母液又可作制碱的原料。这样，生产 Na_2CO_3 和 NH_4Cl 两种产品的联合企业既省去石灰窑制 CO_2 和 NH_3 的回收设备，又避免了处理 $CaCl_2$ 的麻烦，还提高了 NaCl 的利用率，提高了原子利用率。总化学反应可简写为

$$2NaCl + 2NH_3 + CO_2 + H_2O \longrightarrow Na_2CO_3 + 2NH_4Cl$$

美中不足，产品 NH_4Cl 不是优良化肥品种。国内纯碱年产量中，目前约有 40%是采用联合氨碱法生产的。

世界上许多干旱的地区有天然碱存在，特别是美国 Wyoming 州储量丰富。我国内蒙古、吉林、甘肃、青海、新疆等地也都有天然碱湖。其成分因地而异，有的就是 Na_2CO_3 粗品，大多数则是 $NaCO_3 \cdot NaHCO_3 \cdot 2H_2O$，加热到 120～150℃时，得到 Na_2CO_3。凡有资源的地区，开采天然碱是成本低、污染少的好方法。

15.6.2　分子筛的水热合成

分子筛是一类人工合成的多孔性的铝硅酸盐，孔径大小可以随制备条件不同而异，在分离、吸附、作催化剂载体等方面有广泛应用。例如将清亮的、密度约$1.2\ g \cdot cm^{-3}$左右的水玻璃(Na_2SiO_3)和新配制好的偏铝酸钠($NaAlO_2$)，以及适量的 NaOH 溶液，按下述比例混合均匀：

$$Al_2O_3 : SiO_2 : Na_2O : H_2O = 1 : 2 : 3 : 185$$

之后，在 40℃以上，强烈搅拌下反应，生成凝胶，置于高压釜中，加热至(102±2)℃，经保温、晶化，打开高压釜即见晶态沉淀，经过滤、洗涤烘干，所得为 **4A 分子筛**。这种分子筛的化学式为 $Na_{12}[(AlO_2)_{12}(SiO_2)_{12}] \cdot 27H_2O$，其孔径在 4Å(400 pm)左右，它能让直径在 4Å 以下的分子自由出入，而直径大于 4Å的分子则不能自由通过，因具有筛选分子的功能，而得此美名。用 Ca^{2+} 代替部分 Na^+，可得直径为 5Å的 **5A 分子筛**；用 K^+ 代替部分 Na^+，则得孔径为 3Å的 **3A 分子筛**。这 3 种分子筛的 Si/Al 原子比都是 1∶1，若增加 Si 的含量，使 Si/Al＝1.5～5.5，并升高高压釜的温度，可以制得孔径为 6～10Å 的耐热性、耐酸性更强的多种分子筛。大部分的合成工作在 100～300℃之间进行。现在特种高压釜的温度最高可达 1000℃，压力可达 3×10^5 kPa (H_2O 已处于超临界状态)。这类制备方法称为**水热合成**，是指在密闭体系(高压釜)中，以水为溶剂，在高温水蒸气的压力条件下，进行化学合成的方法。水在常压下超过 100℃，将全部气化；但若在密闭的高压釜中加热到 100℃以上，液态的水仍然存在，但水蒸气压 $p(H_2O)$ 大于大气压，这种状态的 $H_2O(l)$ 密度和黏度变小，电离度增大。在这种水溶液中，硅酸盐、铝酸盐等复杂离子间的反应加速发生。在详细研究 Al_2O_3-SiO_2-Na_2O-H_2O 体系相图的基础上，分子筛的品种越来越多。水热合成法的制备也不仅限于硅铝体系，与 P、As、B、Ga、Ti 等元素有关的体系也都有研究。水热合成法中，反应体系处于密封状态，反应的温度一般高于水的正常沸

① 当 $NaHCO_3$ 沉淀分离后，母液中有大量的 NH_4^+、Cl^- 和少量的 Na^+，加入适量的 NaCl，并冷却时，NH_4Cl 即可析出。因为 NaCl 的溶解度随温度变化不大，而 NH_4Cl 的溶解度随温度的降低明显减小，自然结晶析出。

点，水蒸气压也高于大气压。这种高温高压下液态或气态的水既是传递压力的媒介，又是反应物的良好溶剂。如此，反应可以在液相或气相中进行，从而加速固相之间的反应。这样不仅使原来在无水条件下必须在高温进行的反应得以在温和条件下发生，而且能够合成一些高温下的不稳定物相。水热合成法也被用于制备一些难溶物质的单晶。

15.6.3 以软锰矿为原料，制备高锰酸钾

上述两例在反应过程中各元素的氧化态都没有发生变化，所以不涉及氧化还原问题。此例中 Mn 元素的氧化态将由＋4变为＋7，怎样氧化？另外一个问题是：原料 MnO_2 难溶于水，而产物 $KMnO_4$ 可溶于水，怎样分解矿石？怎样分离杂质？

现行的工业制备过程大致如下：软锰矿矿石(主要成分 MnO_2)经粉碎后，和熔融的 KOH 混合均匀，冷却后再粉碎，置于平炉上，加热到 240 ℃左右，在空气中氧化焙烧(约十几个小时)，发生下列反应：

$$2MnO_2 + O_2 + 4KOH \xrightarrow{\triangle} 2K_2MnO_4 + 2H_2O$$

原为棕褐色的 MnO_2 被氧化为暗绿色的锰酸钾(K_2MnO_4)，其中 Mn 为＋6 价，K_2MnO_4 可溶于水，MnO_4^{2-} 在碱性介质中稳定，所以用水浸出时，溶液为强碱性。过滤除去不溶物，分离所得的暗绿色 K_2MnO_4 溶液进入电解槽。电解过程中，溶液逐渐变为紫红色的 MnO_4^-：

$$2K_2MnO_4 + 2H_2O \xrightarrow{电解} 2KMnO_4 + 2KOH + H_2$$

冷却后，$KMnO_4$ 结晶析出，纯度约为 95%，可用重结晶法提纯。

由此可见，MnO_2 是弱酸性氧化物。它虽然在室温不溶于 KOH 溶液，但在高温与熔融的 KOH 还是可以相互作用的。并且，在此强碱性条件下，MnO_2 可以被空气中 O_2 氧化为 MnO_4^{2-}，然后再用电解法使 MnO_4^{2-} 被氧化为 MnO_4^-，即分两步氧化。要使 Mn(Ⅳ)一步变为 Mn(Ⅶ)，既没有可用的氧化剂，也不可能用直接电解法，而 Mn(Ⅳ)变为 Mn(Ⅵ)，所用的 O_2 来自空气，随手可得，算是零成本的原料了。

大多数元素在自然界是以化合物的形式存在的，地壳中常见的矿石是氧化物、硫化物和含氧酸盐，制备各种无机物都是从这些天然资源开始的。这些矿石的分解大致可分为酸法、碱法和火法。

(1) 酸法

钛铁矿的主要成分是 $FeTiO_3$，另外还含有 Si、Ca、Mg 等杂质。用浓 H_2SO_4 在 200 ℃左右处理矿石，得 $Ti(SO_4)_2$ 和 $FeSO_4$，利用溶解度的不同可分离得 $Ti(SO_4)_2$，水解之后，得 H_2TiO_3，灼烧得 TiO_2，由此可制备金属 Ti 及其他各种 Ti 的化合物。

$$FeTiO_3 + 3H_2SO_4 \longrightarrow Ti(SO_4)_2 + FeSO_4 + 3H_2O$$

$$Ti(SO_4)_2 + 3H_2O \longrightarrow H_2TiO_3 + 2H_2SO_4$$

$$H_2TiO_3 \xrightarrow{\triangle} TiO_2 + H_2O$$

(2) 碱法

铬的主要矿石是铬铁矿，其主要成分是 $FeCr_2O_4$。用 Na_2CO_3 和 NaOH 与它共熔的同时，Cr(Ⅲ)被空气中的 O_2 氧化为 Cr(Ⅵ)。

$$4FeCr_2O_4 + 8Na_2CO_3 + 7O_2 \longrightarrow 2Fe_2O_3 + 8Na_2CrO_4 + 8CO_2$$

用水将 Na_2CrO_4 溶出，加酸变为重铬酸钠($Na_2Cr_2O_7$)，它可以被 C 还原为 Cr_2O_3，后者又可以被 Al 还原为金属 Cr。

$$Na_2Cr_2O_7 + 2C \longrightarrow Cr_2O_3 + Na_2CO_3 + CO$$
$$Cr_2O_3 + 2Al \longrightarrow Al_2O_3 + 2Cr$$

(3) 火法

钡的主要矿石是重晶石，其主要成分是 $BaSO_4$，它既不溶于酸，也不溶于碱，若用 C 和 $BaSO_4$ 一起加热到 800 ℃，它们起反应变成可溶性的 BaS，然后可以制成其他各种钡的化合物。又如闪锌矿，其主要成分是 ZnS，焙烧产物为 ZnO 和 SO_2，ZnO 是制备各种含锌化合物的原料，SO_2 则用于制造硫酸。

15.6.4　冶炼铁、铝和铜化学原理的比较

铁、铝和铜是三种最重要的金属材料。它们在自然界的蕴藏量相当丰富，尤其铝和铁的丰度位于各金属之首。但它们的冶炼方法却完全不同：炼铁用焦炭高温热还原法；炼铝用熔盐电解法；炼铜先用热还原得到粗品，然后再用水溶液电解精炼。

铁矿石种类很多，原料以赤铁矿(Fe_2O_3)为最好，其中含有相当量的脉石(用 SiO_2 代表)。从炉顶加入的原料还有焦炭和石灰石。焦炭和鼓风机送入的热空气中的 O_2 起作用，生成 CO 和 CO_2，CO_2 没有还原能力，但它和 C 作用生成 CO，焦炭在高温虽然也能使氧化铁还原，但在高炉中起主要作用的还原剂是 CO。CO 在高炉上部(温度较低)使 Fe_2O_3 和 Fe_3O_4 先还原为 FeO，然后在温度较高的高炉中部下部使 FeO 还原为金属铁。石灰石($CaCO_3$)在高炉中先分解为 CaO 和 CO_2，CaO 为碱性氧化物，和脉石中的酸性氧化物起作用生成炉渣 $CaSiO_3$，熔融的 $CaSiO_3$ 比铁水轻得多，浮于铁水表面。高炉炉底流出的铁水和炉渣，在冷却后自然分离。炉顶还有 CO、CO_2 和 N_2(由空气带入)等高炉煤气，经必要净化后可作燃料。这一系列反应是在高炉中发生的，如图 15.7 所示。

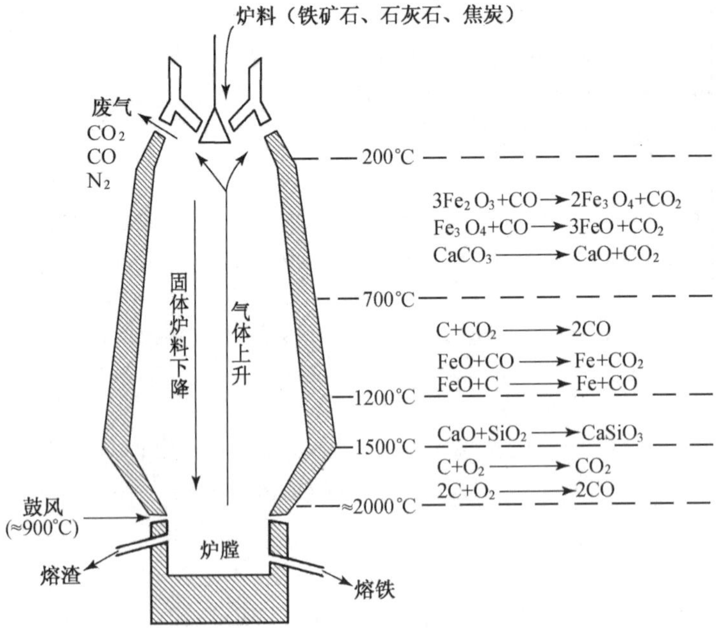

图 15.7　高炉炼铁示意图

炼铝则不能用类似的方法。用 C 或 CO 还原 Al_2O_3 虽然也是(+，+)反应，但 ΔG 的转变温度非常高，已无实用意义。历史上曾有化学家用活泼金属，如 K-Hg 齐、金属 K、金属 Na 等

还原 $AlCl_3$ 而获得金属铝，但制备成本很高。1855 年法国巴黎国际博览会上，一块铝锭是和价值连城的皇冠珠宝一起展出的。到 1866 年发明了熔盐电解法（示意于图 15.8），铝的冶炼成本才大幅度降低，逐渐成为日常生活的主要金属材料之一。

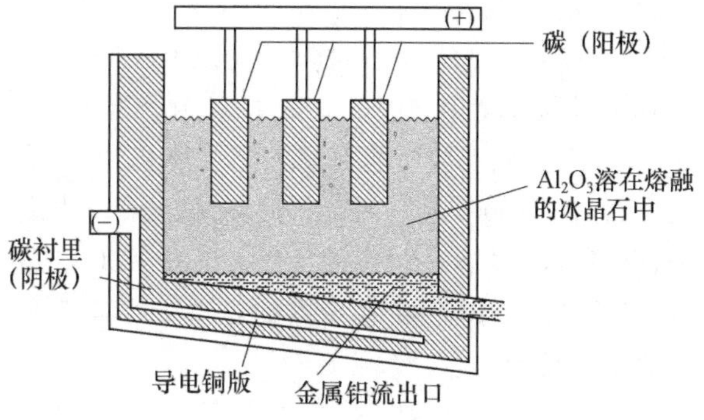

图 15.8 电解法制备铝的装置

电解制铝法的步骤是：将 Al_2O_3 与冰晶石（Na_3AlF_6）的混合物在大约 950 ℃ 的高温下熔化，然后进行电解。由于冰晶石密度较小，所以电解得到的液态金属铝沉于电解槽的下部，可通过导管将其导出。在电解池中加入冰晶石的作用是降低电解液的熔化温度（Al_2O_3 熔点为 2050 ℃），同时也提供导电离子 AlF_6^{3-}。

参考图 15.9，可进一步理解铁和铝的冶炼方法为什么不同。当已知某反应的 $\Delta H^\ominus$ 和 $\Delta S^\ominus$ 时，根据 $\Delta G^\ominus = \Delta H^\ominus - T\Delta S^\ominus$ 即可求算不同温度下的 $\Delta G^\ominus$，将 $\Delta G^\ominus$ 对 T 作图，得直线。将几个有关反应的直线画在一起，即为 $\Delta G^\ominus$-T 图。H. J. T. Ellingham 1944年提出来此法，这类 $\Delta G^\ominus$-T 图又被称为 Ellingham 图，对冶金工业、化学工业很有参考意义。$\Delta G^\ominus$ 是容量性质，为了便于比较，在此是以消耗 1 mol O_2 生成氧化物为基准的。在氯化物的 Ellingham 图中，则以消耗 1 mol Cl_2 为基准；在硫化物图中，以消耗 1 mol S 为基准。

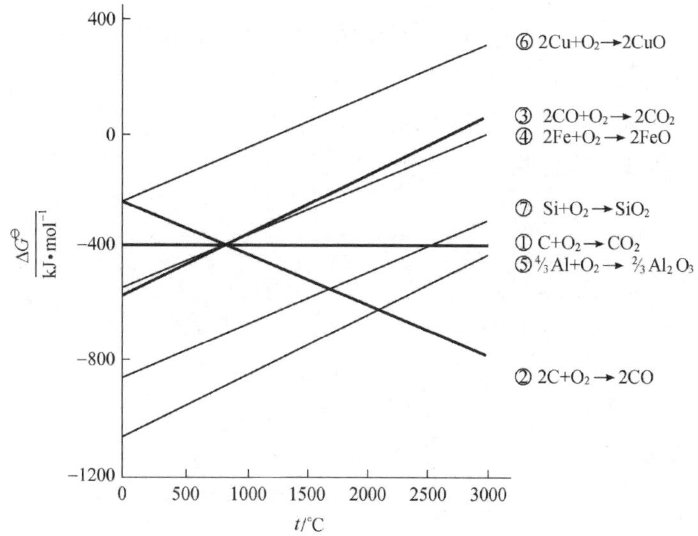

图 15.9 氧化物的 Ellingham 图

焦炭是价廉物美的高温还原剂，作为还原剂，可以有 3 种情况：

① $C+O_2 \longrightarrow CO_2$ 的 $\Delta G^\ominus$ 随温度升高几乎不变，在图中几乎是水平线；

② $2C+O_2 \longrightarrow 2CO$ 的 $\Delta G^\ominus$ 随温度升高而降低，直线斜率为负值，高温还原能力增强；

③ $2CO+O_2 \longrightarrow 2CO_2$ 的 $\Delta G^\ominus$ 随温度升高而增大，直线斜率为正值，高温还原能力减弱。②和③两条直线相交于 710 ℃。在低温，反应③的 $\Delta G^\ominus$ 低，即 CO 的还原能力比 C 强；而在高

温，反应②的 $\Delta G^\ominus$ 低，即 C 的还原能力比 CO 强。

再看铁的直线④：高炉上部温度较低，如在 500 ℃左右，$CO\text{-}CO_2$ 线位于 Fe-FeO 之下，即 $\Delta G^\ominus(CO/CO_2) < \Delta G^\ominus(Fe/FeO)$，故反应 $CO + FeO \longrightarrow Fe + CO_2$ 的 $\Delta G^\ominus$ 为负，正向反应自发进行。而 C-CO 线位于铁线之上，即 $\Delta G^\ominus(C/CO) > \Delta G^\ominus(Fe/FeO)$，故反应 $C + FeO \longrightarrow Fe + CO$ 的 $\Delta G^\ominus$ 为正，正向反应不能自发进行。所以，在较低温度，起还原剂作用的是 CO；而高炉下部温度较高，如在 1200 ℃左右时，则可以看到 C-CO 线位于铁线以下，所以可以认为在高温焦炭也能起还原作用，但这是一个固-固反应。而 $CO\text{-}CO_2$ 线和铁线，在高温靠得很近，即 $\Delta G^\ominus$ 所差不多，这是气-固反应，在高温 CO 对 FeO 的还原作用仍存在，人们就常用 $CO + FeO \longrightarrow CO_2 + Fe$ 代表高炉里的主要反应。

铝线⑤ $Al\text{-}Al_2O_3$ 在图中位于下部，与 C-CO 线相交于 2000 ℃以上，即要用焦炭还原 Al_2O_3 为金属铝的温度必须在 2000 ℃以上。线⑥Cu-CuO 位于上部，在 1000 ℃以下，C 和 CO 都能使 CuO 还原为 Cu。在自然界有氧化铜类的矿石，并且在较低的温度就可以被木炭还原成金属铜，炼铜的技术要求比炼铁容易，所以世界各地冶炼金属的发展过程都是铜先于铁的。在青铜时代，对铜的纯度要求不高，主要和其他几种熔点较低的金属混合炼制成合金，如青铜是 Cu-Sn 合金，黄铜是 Cu-Zn 合金。现代需要大量纯度高的金属铜作电线，则还要通过电解法进行精炼，电解过程中有多种贵金属(如 Au、Ag、Pt、Pd 等)富集在电解法精制铜的阳极泥中。关于铜在自然界的矿物、冶炼、精制等，请读者结合习题 15.30 自己查阅资料，并与铁、铝等进行比较。

从 Ellingham 图还可以看到 $Al\text{-}Al_2O_3$ 线⑤位于最下面，即 $-\Delta G^\ominus$ 大于 Fe-FeO 或 Cu-CuO，所以金属 Al 可以使 FeO 或 CuO 还原为单质 Fe 或 Cu，这就是所谓的**铝热法**。活泼金属氧化物的 $-\Delta_f G_m^\ominus$ 都比较大，它们的 $\Delta G^\ominus\text{-}T$ 直线位于下方，单质具有强还原性，即下方的单质能还原上方的金属氧化物。把多种相关的金属氧化物 $\Delta G^\ominus\text{-}T$ 直线放在一起，便可以一目了然地看出金属氧化物在什么温度下可以被哪种还原剂还原。硫化物、卤化物等也有类似的 Ellingham 图。

15.6.5　超纯硅的冶炼

电子工业所用的硅，纯度要求达 99.9999999%。“9 个 9”的超纯硅是怎么炼成的？分析 Ellingham 图中的⑦，在 1500 ℃以上，C 是可以使 SiO_2 还原为单质 Si 的，用优质的焦炭和石英砂在高温电弧炉中进行反应，所得产品 Si 的纯度只能是 96%～97%。然后将粗硅和 HCl(g)在合成炉中，用 CuCl 为催化剂，制得三氯氢硅 $SiHCl_3$，它是沸点为 61.6 ℃的液体，经精馏，纯度可达“7 个 9”。再用气相沉积法(装置示意见图 15.10)，将 $SiHCl_3$ 蒸气和纯 H_2 混合气体由底部不断喷入反应装置，炉内热载体温度维持在 1150 ℃，$SiHCl_3$ 即被 H_2 还原为 Si，沉积在载体高纯硅棒上，即为纯度可达“9 个 9”的多晶硅。最后用物理方法(如区域熔融精炼等)使它变成单晶硅，作为半导体基质材料。有关的三步反应是：

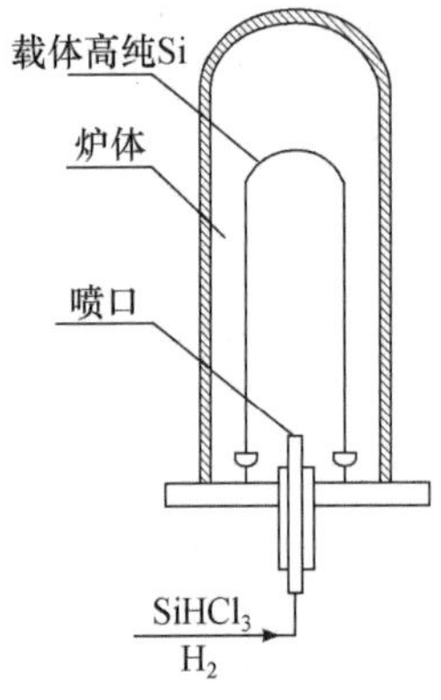

图 15.10　气相沉积法装置示意图

$$SiO_2 + 2C \xrightarrow{1500\ ℃} Si + 2CO \qquad \text{Si 纯度 96\%～97\%}$$

$$Si + 3HCl \xrightarrow{280～330\ ℃} SiHCl_3 + H_2 \qquad SiHCl_3\ \text{纯度“7 个 9”}$$

$$SiHCl_3 + H_2 \xrightarrow{1050～1150\ ℃} Si + 3HCl \qquad \text{Si 纯度可达“9 个 9”}$$

化学气相沉积反应(chemical vapor deposition,简称 CVD) CVD 法是近年发展起来的新技术,普遍用于高纯物质的制备。先将粗品变成一种容易挥发的物质(液态或易挥发的固体),可用精馏法加以纯化,然后在更高的温度发生逆向反应,所得产品沉积在合适的载体上,经此热合成和热分解,纯度大大提高了。例如,纯锆(Zr)也可以用 CVD 法制备:将粗锆和碘混合均匀放在密闭容器中,加热至 200℃,生成 ZrI_4,它容易挥发;此时其他杂质或不与碘作用,或不易挥发而与它分离;把热载体加热到 1300 ℃时,ZrI_4 即分解为纯 Zr,沉积在载体钨丝或锆丝上。

$$Zr + 2I_2 \underset{1300\ ℃}{\overset{200\ ℃}{\rightleftharpoons}} ZrI_4$$

15.6.6 实验室制备几种铁的化合物

用铁屑为原料,在实验室制备下列几种铁的化合物:无水三氯化铁,硫酸亚铁铵和三草酸合铁(Ⅲ)酸钾。

这三种化合物性质各有特点。无水三氯化铁 $FeCl_3$ 很容易水解,所以必须在无水的条件下进行制备和保存。Fe(Ⅱ)很容易被空气中的 O_2 氧化为 Fe(Ⅲ),所以 $FeCl_2$ 或 $Fe(SO_4)$久置容易发黄,而常用的亚铁盐是硫酸亚铁铵 $FeSO_4 \cdot (NH_4)_2SO_4 \cdot 6H_2O$,它是一种容易提纯而又稳定的 Fe(Ⅱ)化合物。三草酸合铁(Ⅲ)酸钾 $K_3[Fe(C_2O_4)_3]$则是配合物,化学式看上去复杂一些,制备并不难。

铁屑可以取自金工车间切削的废料,一般先用热的 Na_2CO_3 溶液洗净铁屑表面的油污,然后用清水漂洗,即为制备各种铁盐的原料,经过一些化学处理,变无用为有用,变废为宝。

1. 制备无水三氯化铁

可以用干法,也可以用湿法。

干法 所谓干法,是将经干燥的 Cl_2 通入盛有热铁丝(110 ℃以上)的反应管中,Fe 和 Cl_2 起反应即可生成 $FeCl_3$。控制反应管分段温度差异,可以让 $FeCl_3$ 经升华和冷凝达到纯化的目的。这种方法的化学反应是简单的,但设备和操作要讲究,铁丝和 Cl_2 要充分干燥,反应炉温控装置要恰当,反应管中水汽也要预先除净,还有产品的收集和包装都要在无水汽的设备中进行。

湿法 所谓湿法,是将过量的铁屑和 HCl 作用,先生成 $FeCl_2$ 溶液;过滤除去不溶性杂质之后,通入 Cl_2,Fe^{2+} 逐渐被氧化为 Fe^{3+}(怎样检测氧化已完全?);在 HCl 气体的保护下蒸发浓缩,冷却析出结晶为 $FeCl_3 \cdot 6H_2O$。该晶体容易潮解,要密封保存。$FeCl_3 \cdot 6H_2O$ 脱水,用的脱水剂是亚硫酰氯 $SOCl_2$,也叫氯化亚砜(室温液态,密度 1.638 g·cm^{-3},沸点 76 ℃)。

$$FeCl_3 \cdot 6H_2O + 6SOCl_2 \longrightarrow FeCl_3 + 6SO_2 + 12HCl$$

将 $SOCl_2$(l)和 $FeCl_3 \cdot 6H_2O$(s)在一起经回流脱水,多余的 $SOCl_2$ 和 SO_2、HCl 都可经蒸馏移去,可得产品无水 $FeCl_3$。

2. 制备硫酸亚铁铵

铁屑和盐酸作用生成 $FeCl_2$,铁屑和稀 H_2SO_4 作用生成 $FeSO_4$,反应过程都有 H_2 产生,为了保证安全,应在通风橱里进行。这些 Fe(Ⅱ)盐都容易被氧化而发黄。将 $FeSO_4$ 和

$(NH_4)_2SO_4$ 溶液按 1∶1 摩尔比混合均匀，适当蒸发浓缩，冷却后即得产品 $FeSO_4 \cdot (NH_4)_2SO_4 \cdot 6H_2O$，在空气中晾干即可。若有需要，可以用重结晶法提纯。它既不怕氧化，也不怕水汽，可保存在一般试剂瓶中，是实验室常用的亚铁盐。

3. 制备三草酸合铁(Ⅲ)酸钾

三草酸合铁(Ⅲ)酸钾是一种配合物，由 Fe 为中心原子，$C_2O_4^{2-}$ 为配位体组成配离子，K^+ 为外界，化学式为 $K_3[Fe(C_2O_4)_3]$。$Fe(C_2O_4)_3^{3-}$ 的稳定常数 $K_{稳}=2\times10^{20}$，从水溶液中析出结晶时为三水合物 $K_3[Fe(C_2O_4)_3]\cdot 3H_2O$，其溶解度为 117.1 g/100 g H_2O(4.7 ℃)。这类水溶性的稳定配合物，一般可以用含中心体元素化合物和含配位体的化合物，在温度比较高的水溶液中起反应，经浓缩、冷却结晶可得产品。如往 $K_2C_2O_4$ 和 $H_2C_2O_4$ 热的混合溶液中逐滴加入 $Fe(OH)_3$ 胶体溶液，并充分搅拌，即有 $Fe(C_2O_4)_3^{3-}$ 配离子生成：

$$2Fe(OH)_3 + 3H_2C_2O_4 + 3K_2C_2O_4 \longrightarrow 2K_3[Fe(C_2O_4)_3] + 6H_2O$$

经浓缩、冷却、结晶、干燥等步骤，得到绿色单斜晶体——$K_3[Fe(C_2O_4)_3]\cdot 3H_2O$。

无机制备涉及反应繁多，大致可归纳为两大类：一大类是元素氧化态没有变化的过程，以酸碱反应、沉淀反应为主；另一类则是有氧化态变化的过程，那么就涉及氧化剂或还原剂的使用。此外，因对产品纯度的要求不同，所以采用方法也会有所不同。有些产量大的品种都逐渐自成体系，如制碱工业、合成氨工业、冶金工业等等，各有专著。一般无机制备手册少则几十万字，多则几百万字，均详载了各种无机物制备和提纯的原理以及方法(包括所需设备)，供查阅参考①。

小　结

元素周期表是学习化学元素知识的主线，周期律的内在规律是各元素原子核外电子排布的周期性。本章按价层电子构型分为 s、p、d、f 4 个区，概要介绍典型元素常见化合物的重要性质。对 s 区元素，参看表 15.1，着重介绍它们的共性及递变情况；指出第二周期 Li 和 Be 的特殊性；氢虽然是非金属，但它位于第一周期第 1 族，所以也在这一节里介绍。p 区元素内容最丰富，以非金属为主，但也有金属。氧化态的多样性及元素电势图是认识它们的切入点，p 区元素的含氧酸及其盐种类繁多，要知道它们的命名规则，了解它们的酸碱性、热稳定性等。p 区元素各族自有特色，分别择要介绍。以族为基础并对同周期元素进行横向比较，纵横交错组成知识网络。d 区元素都是副族金属，除了关注它们的氧化还原性和酸碱性之外，要注意了解它们的络合性。许多新材料和生命现象的奥秘都与 d 区元素有关。f 区元素是一个比较陌生的区域，其中锕系涉及核化学，在此仅要求初步了解。

---

① [1] 日本化学会. 无机化合物合成手册(1～3 卷). 第 2 版. 曹惠民，包文滁，安家驹，陈之川，译. 北京：化学工业出版社，1989

[2] 司徒杰生，王光建，张登高，主编. 化工产品手册——无机化工产品. 第四版. 北京：化学工业出版社，2004

[3] G Brauer. Handbook of Preparative Inorganic Chemistry, 2nd Ed. Vol 1～2. New York: Academic Press Inc, 1963

[4] ACS Inorganic Synthesis Commossion. Inorganic Synthesis, Vol 1～32. McGraw-Hill Book Co, 1998

元素周期表不仅直接展示了元素性质的周期性变化规律，也启发科学家从另一个角度考虑周期性的关系。例如，某些化合物与具有相同价电子数的单质性质相似。ⅣA 族元素 Si、Ge 的单质是典型的半导体材料，Ⅲ-Ⅴ组合的化合物 GaAs，Ⅱ-Ⅵ组合的化合物 ZnS 等也是优质的半导体材料；并且也有团簇或分子型化合物；2010 年研究人员发现，化合物 TiO、ZrO 和 WC 具有与单质 Ni、Pd 和 Pt 相似的性质，理论计算也发现这三对物质之间能级匹配。这些发现促使我们对化学周期律重新审视，也许其中还蕴藏着更多激动人心的奥秘。

了解元素在自然界的丰度，知道地球的家底，合理利用资源，走可持续发展之路。最后一节以若干无机制备的实例，介绍化学工作者如何巧用化学原理，实现化学变化，制造社会发展所需的各种产品。

学习元素化学知识当然离不开化学热力学、化学平衡、化学反应速率、结构化学等基本原理，温故而知新，以点带面，结合习题初步学习查阅资料和分析问题的能力。

课 外 读 物

[1] N N Greenwood，A Earnshaw. 元素化学，中译本(上、中、下三册). 曹庭礼，李学同，王曾隽，等译. 北京：高等教育出版社，1997

[2] 姚守拙，朱元保，等. 元素化学反应手册. 长沙：湖南教育出版社，1998

[3] 严宣申，王长富. 普通无机化学. 第 2 版. 北京：北京大学出版社，1999

[4] 车云霞，申泮文. 化学元素周期系多媒体软件. 天津：南开大学出版社，1999

[5] 金若水，等. 现代化学原理. 北京：高等教育出版社，2003

[6] F A Cotton，G Wilkinson，P L Gaus. Basic Inorganic Chemistry. 3rd Edition. John Wiley & Sons Inc，2001

[7] P P Power. Main-group elements as transition metals. Nature，2010，463，172

[8] S J Peppernick，et al. Superatom spectroscopy and the electronic state correlation between elements and isoelectronic molecular counterparts. Proc Natl Acad Sci，USA，2010，107，975

思 考 题

1. 碱金属、碱土金属是活泼的轻金属(通常将密度小于 5.0 $g \cdot cm^{-3}$的金属称为轻金属)。试查阅 Al、Fe、Cu 等金属的密度、电离能、标准电极电势等数据，并与 Na、K、Ca、Mg 等进行比较。

2. Li、Na、K、Ca、Mg 在空气中燃烧时各生成什么产物？

3. 在氧气面罩中装有 Na_2O_2，它起什么作用？试写出使用过程中所发生的化学反应方程式。

4. 写出下列物质的化学式：烧碱，纯碱，苛性钠，小苏打，生石灰，熟石灰，生石膏，熟石膏，芒硝。

5. Ba 盐通常被认为是有毒的，但医学上可以让病人服用 $BaSO_4$ 以探查疾病，即所谓的“钡餐造影”，为什么？

6. 举例说明周期表中的“对角规则”。

7. 写出 HIO_4、$Ca(ClO)_2$、$NaNO_2$、$Na_2S_2O_4$、$K_2S_2O_8$、$Na_4P_2O_7$、CH_3CO_3H 的中英文名称。

8. 怎样检查精盐中已添加了 KIO_3？为什么不加 NaI 而加 KIO_3？

9. 举例说明离子型氧化物和共价型氧化物的特点。

10. 动物尸体腐烂过程中，体内的含磷化合物有可能变成磷化氢(PH_3，P_2H_4)，它们会在空气中自燃发出蓝绿的光，这就是所谓的“鬼火”。请写出磷化氢自燃的反应方程式。

11. Al_2O_3 是由 $Al(OH)_3$ 在一定条件下脱水而成的，而两性的 $Al(OH)_3$ 可以有如下的三种制法，试从原料成本的角度考虑，哪种方法最好？

(1) $Al \xrightarrow{HCl} AlCl_3 \xrightarrow{NaOH} Al(OH)_3$

(2) $Al \xrightarrow{NaOH} NaAl(OH)_4 \xrightarrow{HCl} Al(OH)_3$

(3) $Al \xrightarrow{H_2SO_4} Al_2(SO_4)_3$
$Al \xrightarrow{NaOH} NaAl(OH)_4$ 两者 $\longrightarrow Al(OH)_3$

12. 解释下列事实：

(1) 硝酸的氧化性强于硝酸钾；

(2) 硅酸盐的热稳定性比碳酸盐强；

(3) 久置空气中的偏硅酸钠(Na_2SiO_3)溶液会变浑浊；

(4) Sn 分别与 Cl_2、HCl 反应的产物不同；

(5) 酸性：$H_4P_2O_7 > H_3PO_4$，$FCH_2COOH > CH_3COOH$；

(6) 氧化性：$HNO_2 > HNO_3$，$HClO_2 > HClO_3$；

(7) 由 $CuCl_2 \cdot 2H_2O$ 加热脱水制 $CuCl_2$ 须在 HCl 气流中进行；

(8) Zn 能溶于 NaOH 溶液中，但比 Zn 活泼的 Mg 却不溶；

(9) Na_2FeO_4 是一种品位更高的饮用水的消毒净化剂。

13. 洗照片时，所用定影液的主要成分是 $Na_2S_2O_3 \cdot 5H_2O$(海波)，它能溶解未被感光的 AgBr。

(1) 写出化学反应方程式。

(2) 定影液为什么怕酸？

(3) 用了一段时间后的定影液中，可适量加一些 Na_2S，其作用何在？但不能过量，为什么？

14. 铬 Cr(Ⅵ)的毒性比 Cr(Ⅲ)大得多，环保标准规定，工业废水中 Cr(Ⅵ)的排放量必须小于 $0.1\,mg \cdot dm^{-3}$。试设计处理含 Cr(Ⅵ)废水的方法。

15. 监测酒后驾车所用到的化学反应是：乙醇被 $Cr_2O_7^{2-}$(橙色)氧化成乙酸，而 $Cr_2O_7^{2-}$ 被还原为 Cr^{3+}(绿色)。写出化学反应方程式，并查阅有关数据，计算其平衡常数。

16. 氯化钴溶液为什么能用做隐显墨水？

17. 分别写出 Ni-Cd 充电电池和锂离子充电电池的电池反应及其电解质。相比而言，锂离子电池有哪些优点？

18. 粗铜中常含有 Zn、Pb、Fe、Ag、Au 等杂质，将粗铜作阳极，纯铜作阴极，进行电解精炼可得到纯度为99.99%的铜。试用电极电势说明这几种杂质是如何和铜分离而被去除的？

19. 金属钛(Ti)有“未来金属”之美名，试写约 1000 字的短文表述你对此种说法的理解。

20. 铌(Nb)位于第五周期ⅤB族，而钽(Ta)位于第六周期ⅤB族，但两者的原子半径却几乎相等，为什么？

21. 镧系元素的特征氧化态为+3，其中哪些元素容易有+4 氧化态，哪些元素容易有+2 氧化态？试从价电子结构加以说明。

22. 镧系元素的氢氧化物显弱碱性，从 $Ce(OH)_3$ 至 $Lu(OH)_3$ 碱性如何递变？为什么？

23. 在大气圈、水圈和岩石圈中元素丰度最大的 3 种元素各是什么？

24. 默写各元素的名称及其元素符号，并将其填入周期表中。

习　　题

15.1 硫酸、硝酸、盐酸都是强酸，不论是稀的还是浓的都可用玻璃瓶保存。为什么弱酸 HF 却不能储在玻璃瓶中？NaOH 溶液可储于玻璃瓶中，但不能用玻璃塞，而必须用橡皮塞，这又是为什么？

15.2　医用生理盐水所用的 NaCl 是以粗盐为原料进行提纯的。粗盐中的杂质有 K^+、Ca^{2+}、Mg^{2+}、Fe^{3+}、SO_4^{2-}、CO_3^{2-} 等。试设计提纯的方案。

15.3　重晶石的主要成分是 $BaSO_4$，它既不溶于酸也不溶于碱，但它是制备各种钡盐的资源。试用化学反应方程式，表述如何由 $BaSO_4$ 制备 $BaCl_2$ 和 $Ba(OH)_2$。

15.4　如何以 $MgCO_3$ 为原料制备无水 $MgCl_2$？

15.5　合成氨所用 H_2 的一般制法为：让 $H_2O(g)$先通过 1000 ℃以上的煤炭，生成水煤气（CO 和 H_2 的混合气体），然后再让 $H_2O(g)$和水煤气在 400 ℃左右催化生成更多的 H_2。写出有关的反应方程式。

15.6　在天然气产地，可以用甲烷分解法制备 H_2，实际生产时是将 $H_2O(g)$和 $O_2(g)$同时通入高温反应塔，CH_4 分别和它们起反应。写出这两个化学反应方程式，分别计算 $\Delta_r H_m^\ominus$、$\Delta_r S_m^\ominus$ 和 $\Delta_r G_m^\ominus$，并说明通入 O_2 的目的。

15.7　查阅有关电极反应的标准电势 $E^\ominus$，说明 H_2O_2 在 MnO_2 和 Mn(Ⅱ)相互转化过程中，既可作为氧化剂，又可以作为还原剂。H_2O_2 水溶液是怎样制备的？在保存和使用过程中应注意什么？

15.8　写出 O_2、O_2^{2-}、O_2^-、O_2^+ 分子或离子的分子轨道式，计算它们的键级，比较它们的稳定性和磁性。

15.9　试用 VSEPR 理论，判断下列分子或离子的几何构型：

H_2S，CO_3^{2-}，XeF_4，PCl_5，AlF_6^{3-}，O_3，N_3^-，I_3^-。

15.10　写出下列分子或离子的 Lewis 结构，并画出它们的几何构型：H_2CO_3，SO_3，H_3PO_4，CS_2，PO_4^{3-}。

15.11　固体 $BeCl_2$ 被称为“缺电子化合物”，其中的 Be 采用四配位方式与氯结合，试推测 $BeCl_2$ 中 Be-Cl 的连接方式。气态 $AlCl_3$ 中存在的是二聚体 Al_2Cl_6，写出其结构简式。

15.12　在碱性介质中氮有如下的元素电势图：

$$NO_3^- \xrightarrow{-0.85\ V} NO_2 \xrightarrow{0.88\ V} NO_2^- \xrightarrow{-0.46\ V} NO$$

根据此元素电势图，说明利用碱液来吸收废气中的有害成分 NO_2 和 NO（NO 少、NO_2 多的情况）是可行的。

15.13　已知 In(铟)有如下元素电势图，求 $In(OH)_3$ 的 K_{sp}。

$$\text{酸性：} In^{3+} \xrightarrow{-0.444\ V} In^+ \xrightarrow{-0.126\ V} In$$

$$\text{碱性：} In(OH)_3 \xrightarrow{-0.99\ V} In$$

15.14　向 $Cu(NH_3)_4SO_4$ 的水溶液通入 SO_2 至溶液呈微酸性，生成白色沉淀 Q，对物质 Q 的分析表明：Q 由 Cu、N、H、S、O 五种元素组成，而且其摩尔比 $n(Cu):n(N):n(S)=1:1:1$，Q 的晶体中有一种呈三角锥体和一种呈正四面体的原子团（离子或分子），Q 为反磁性物质。

(1) 写出 Q 的化学式及生成 Q 的化学方程式。

(2) 将 Q 和足量的 $10\ mol\cdot dm^{-3}$的硫酸混合微热，生成沉淀 A、气体 B 和溶液 C，指出 A、B、C 各是什么物质？并写出有关的化学方程式。

15.15　查阅有关 Mn 的元素电势图，并回答：

(1) 在酸性介质中，锰的哪些氧化态物种能稳定存在？哪些不能稳定存在？哪些两两不能共存？

(2) 强氧化剂$(NH_4)_2S_2O_8$、$NaBiO_3$ 和 PbO_2 能否将 Mn(Ⅱ)氧化为 Mn(Ⅶ)，应在酸性还是碱性介质中进行？

15.16　配制 $SnCl_2$ 水溶液，必须加适量的盐酸和锡粒，为什么？久置空气中的 $SnCl_2$ 水溶液，其酸度是变大还是变小？

15.17　如何用微溶性的橙黄色固体 V_2O_5 分别配制 $NaVO_3$、$(VO_2)_2SO_4$ 和 $VOCl_2$ 溶液？

15.18　(1) 根据电极电势，计算反应 $O_2+4Co(NH_3)_6^{2+}+2H_2O \rightleftharpoons 4Co(NH_3)_6^{3+}+4OH^-$ 的平衡常数。

(2) 现将空气[$p(O_2)=20.3$ kPa]通入到含有 0.10 mol·dm^{-3} $Co(NH_3)_6^{3+}$、0.10 mol·dm^{-3} $Co(NH_3)_6^{2+}$、2.0 mol·dm^{-3} NH_4^+ 和 2.0 mol·dm^{-3} $NH_3·H_2O$ 的混合溶液中，能否发生上述反应？

15.19 $AgNO_3$ 溶液中(50.0 cm^3，0.100 mol·dm^{-3})加入密度为 0.932 g·cm^{-3}含 NH_3 18.2%的氨水30.0 cm^3 后，再加水冲稀至 100 cm^3。

(1) 求算溶液中 Ag^+、$Ag(NH_3)_2^+$ 和 NH_3 的浓度。

(2) 向此溶液中加 0.0745 g 固体 KCl，有没有 AgCl 沉淀析出？如若阻止 AgCl 生成，则原来 $AgNO_3$ 和 $NH_3·H_2O$ 的混合溶液中，NH_3 的最低浓度应是多少 mol·dm^{-3}？

(3) 如加入 0.120g 固体 KBr，有无 AgBr(s)生成？如若阻止 AgBr 生成，在原来 $AgNO_3$ 和氨的混合溶液中，氨的最低浓度应是多少 mol·dm^{-3}？根据(2)、(3)的计算结果，可得什么结论？

15.20 查阅有关资料，说明 Hg_2Cl_2 的结构、键合方式和磁性。

15.21 查阅有关数据说明 Cu 虽为 I B 族金属，但在水溶液中 Cu^+(aq)却不能稳定存在，而易生成的是 Cu^{2+}(aq)。(Cu 的第二电离焓为 1966 kJ·mol^{-1}，Cu^+ 的水合焓为 −581.6 kJ·mol^{-1}，Cu^{2+} 的水合焓为 −2121 kJ·mol^{-1}。)

15.22 固态 SmH_2、LaH_2 等能导电，而固态 EuH_2、LaH_3 等不能导电，为什么？

15.23 已知：$Fe^{3+}+e \longrightarrow Fe^{2+}$ $\quad E^\ominus = 0.77$ V

$Ce^{4+}+e \longrightarrow Ce^{3+}$ $\quad E^\ominus = 1.45$ V

是否可以用已知浓度的 Ce^{4+} 溶液测定 Fe^{2+} 的含量？

15.24 分别写出与下列两个核化学反应有关的方程式：

(1) 实验室用的中子源是利用半衰期很长的镭放出的 α 粒子轰击铍($^{9}_{4}Be$)获得的；

(2) ⅦB 族的锝(^{99}Tc)是在 1937 年用氘核轰击钼(^{98}Mo)而发现的。

15.25 镍(Ni)是制造合金钢和催化剂的重要元素，它在地壳中的丰度如何？在我国的储量如何？

15.26 如何由闪锌矿(ZnS)制取纯 Zn？

15.27 查阅相关数据，在 Ellingham 图(图 15.9)上画出 TiO_2 的 Ellingham 直线，并分析铝热法、焦炭法能否制取金属钛？怎样获得高纯钛？

15.28 工厂含有 $Cd(CN)_4^{2-}$ 的电镀废水或实验室含有 NaCN 的废液，都可以在碱性条件下，用漂白粉或通 Cl_2 进行无害化处理。写出有关化学反应的方程式。

15.29 在实验室长久盛放下列试剂的容器，常常会产生一些固体沉积物沾在器壁或留在器底，这些沉积物分别是什么？为了去除这些沉积物，分别常用哪些试剂？

石灰水，$KMnO_4$ 溶液，$FeSO_4$ 溶液，饱和 H_2S 水，碘水。

15.30 用 2000 字左右的短文描述有关铜的丰度、矿物、冶炼、精炼、常见化合物及其重要性质。

第 16 章　化学与社会发展

前面各章从化学学科的视角分别介绍了化学的基本原理。本章将从另一个角度简述化学在人类社会发展过程中的作用和地位，以便读者能从纵横两个方面对化学有所了解。能源、材料和信息被称为社会发展的三大支柱，环境的保护和改善是人类可持续发展的基础，探索生命奥秘则是人类认识自我，提高生活质量的关键。

本节将从这几方面举例说明化学在满足社会发展的需要和改善人类生活等方面所做出的贡献及面临的机遇和挑战。

16.1　能源的综合利用

(The Integrated Usage of Energy Resources)

人类的生存和演化需要能源，人类社会的发展史可以说是一部能源变迁的历史，所谓能源是指**提供能量的自然资源**。人类经历了三个能源时期：柴薪时期、煤炭时期和石油时期。人类利用化学变化过程中伴随的能量变化创造了五光十色的物质文明。

(1) 柴薪时期

人类文明始于火的使用。从钻木取火到 18 世纪中叶，树枝杂草一直是人类使用的主要能源，这就是柴薪时期。火的使用使人类告别了茹毛饮血的年代，并利用火烧制了陶器、冶炼了金属，提高了支配自然的能力而成为万物之灵。柴薪的主要成分是纤维素，它主要由 C、H、O 等元素组成，在空气中燃烧发光发热，这是人类最早实践的化学变化之一。至今许多生活在偏僻边远地区的人们仍以柴草作为能源。而且，面对能源危机的严峻形势，这种简单普遍又可以再生的能源再次得到关注。

(2) 煤炭时期

18 世纪中叶，工业革命爆发，蒸气机成为大工业普遍应用的发动机，这种蒸气机以煤炭作为燃料产生热能使水变成蒸气，推动活塞运转产生动力，从此开始了煤炭大规模使用的纪元，人类对能源的认识和应用进入了一个崭新的阶段——煤炭时期，社会生产力大幅度提高。

(3) 石油时期

20 世纪，在美国、中东、北非等地相继发现大油田及伴生的天然气。洁净、便利的天然气输入了千家万户，石油的大量开采和使用，使人类的生活发生了巨大的变化。石油加工与炼制提供了许多有用的物质，汽油、柴油等是汽车、飞机用的发动机燃料，乙烯、丙烯和丁烯等是重要的化工原料，由此开始了一个五彩缤纷的"合成高分子"的时代。随着石油勘探和炼制技术的不断进步，石油消费量猛增，至 20 世纪 60 年代初期，石油与天然气的消费比例超过煤炭而居首位，能源进入石油时期。

正当人类陶醉于自己所创造的高度的物质文明之时，20 世纪 70 年代，"能源危机"警钟鸣响。在以往漫长的岁月里，生产力水平低下，对所用能源的质量和数量要求不高，能源的供求矛盾并不突出；而今，工农业生产、交通运输乃至舒适的生活都有赖于矿物燃料的大规模使用，世界能源消费中约有 95% 为矿物燃料，人类对矿物燃料依赖日甚。然而，人类不得不面对这样一个严峻的问题：矿物燃料正在日益减少并在不久的将来走向枯竭，按现在已知的储量和消费水平，石油可用约 50 年，煤炭也只可再维持约 200 年。同时，矿物燃料的大规模使用，也引起了前所未有的环境效应，使人类面临能源危机和环境恶化的双重压力。

原子能是目前可以部分替代矿物燃料的解决途径之一。然而，公众在认识了核反应的巨大威力之后，难免心存疑虑：核电厂的安全与核废料的处理确实是非常棘手的问题。

为此，从根本上解决能源危机的出路在于发展新能源——可再生能源的开发与应用。太阳能、风能、水力能、生物质能、海洋能、地热能等等均展示出诱人的前景。然而如何有效地收集和利用这些能源，是急待解决的课题。高效的光电转换材料的研制、光解水催化剂的开发、由速生植物制备甲醇、乙醇乃至人工合成汽油的反应路线的设计，以一氧化碳、天然气等为原料合成其他化工原料的“一碳化学”等等都还需要艰辛的探索。

16.1.1　煤及其综合利用

煤是远古时代的植物经过复杂的生物化学、物理化学和地球化学作用演变而成的固体可燃物。煤的化学成分主要有碳(C)、氢(H)、氧(O)，三者总和占煤中有机质的 95% 以上，氮的含量约 1%，硫含量则随原始成煤植物及成煤条件的变化而有高有低。由于煤的形成地点、环境不同，煤的组成亦有差异。目前公认的煤的平均组成以质量分数计分别是：

元　素	C	H	O	N	S
质量分数/(%)	85.0	5.0	7.6	0.7	1.7

如果折合成原子比，其化学简式为 $C_{135}H_{96}O_9NS$。其中 C、H、O、N、S 这些原子的连接方式一直是煤化学研究的中心环节，也是一个难题。煤是一种组成、结构非常复杂而且极不均一的混合物。煤中不仅含有有机物，还含有无机物，这些物质可以处在不同的演化阶段。科学家运用了各种各样的研究手段，如 X 射线衍射、核磁共振波谱、红外光谱等物理手段，还有氧化、加氢、热解、水解、官能团分析等化学方法来了解煤的结构信息。几十年来，根据分析和推测，提出了数十种煤的结构模型，图 16.1 是目前公认比较合理、有代表性的一种结构模型。

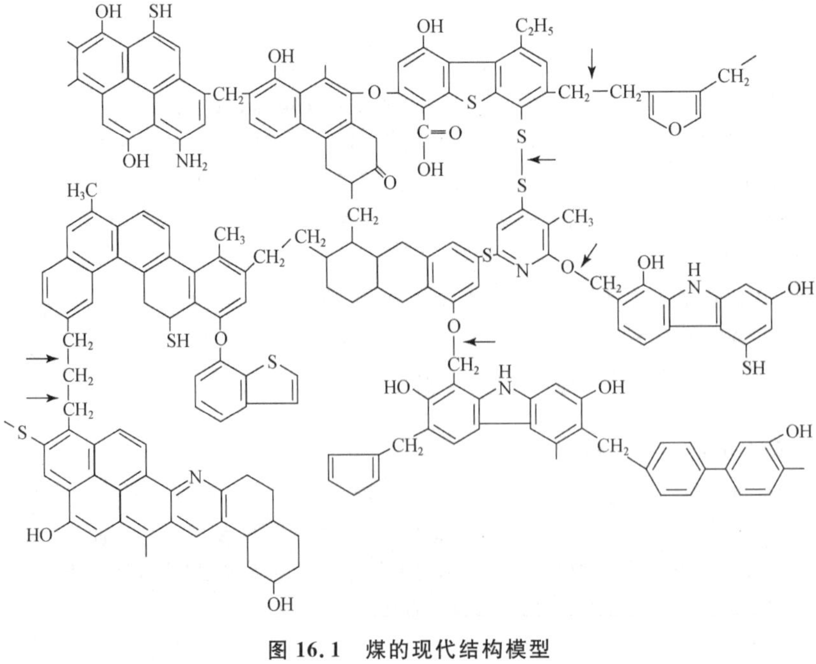

图 16.1　煤的现代结构模型

煤是一种高能的固体燃料，燃烧是煤的传统使用方式和主要用途。因煤的种类不同，单位质量的煤燃烧放出的热量亦不相同。为了统计方便，引入了**标准煤**的概念：**标准煤的发热质量为 29.26 MJ · kg^{-1}**。若某种原煤燃烧时的发热量为 23.82 MJ · kg^{-1}，则 1 kg 的这种原煤就相当于 0.81 kg 标准煤。

煤的主要成分是碳(C)，煤燃烧时的主要化学反应为：

$$(1)\quad 2C+O_2 \longrightarrow 2CO$$

$$(2)\quad C+O_2 \longrightarrow CO_2$$

在空气供应充足的条件下，反应(2)很快发生，产生 CO_2。若燃烧过程中氧气供应不足，则会导致 CO 的生成，从而引起“煤气中毒”。除了 C 之外，煤中还含有 S 和 N(我国的煤中硫的含量较高)，煤燃烧时会产生二氧化硫(SO_2)和氮氧化物(NO_x)，发出刺激性的气味，是造成环境污染的主要气体。特别是冬季，燃煤取暖，SO_2、NO_x 排入大气中，城市环境污染急剧加重。另外，煤堆积、运输和燃烧时伴有粉尘，也是一种大气污染物。直接燃煤有种种弊端，被认为是自然界的主要污染源之一。况且，历经千百万年演变而得到的矿藏难以再生，应该有效利用。这一切有赖于煤的综合利用。

1. 煤的气化

煤的气化是控制适当条件，让煤与气化剂(如空气、氧气、水蒸气等)作用而使之最大限度地转化为煤气的过程。煤气的有效成分主要有 H_2、CO、CH_4 等。选择不同的气化方法，可以得到不同组成和用途的煤气，见表 16.1。在煤的气化反应过程中，涉及的主要化学反应有 12 个，这些反应及其特征列于表 16.2 中。

表 16.1　煤气的种类、组成和用途

煤气名称	气化剂	煤气组成及各组分体积分数/(%)						用　途
		H_2	CO	CO_2	N_2	CH_4	O_2	
空气煤气	空气	2.6	10.0	14.7	72.0	0.5	0.2	燃料气
混合煤气	水蒸气、空气	13.5	27.5	5.5	52.8	0.5	0.2	燃料气
水煤气	水蒸气、氧气	48.4	38.5	6.0	6.4	0.5	0.2	合成甲醇、制氢等
半水煤气	水蒸气、空气	40.0	30.7	8.0	14.6	0.5	0.2	合成氨、尿素
中热值煤气	氧、水蒸气、氢	22.8	18.0	18.5	—	14.1	—	城市煤气
合成天然气	氧、蒸气、氢	1～1.5	0.02	1	1	95～97	—	天然气替代用品

表 16.2　煤的气化反应及特征

化学反应方程式	反应热 ΔH /(kJ · mol^{-1})	反应特征
(1) $C+O_2 \longrightarrow CO_2$	−406	完全燃烧，放热
(2) $C+1/2O_2 \longrightarrow CO$	−123	不完全燃烧，放热
(3) $C+CO_2 \longrightarrow 2CO$	+160	还原反应，吸热
(4) $CO+1/2O_2 \longrightarrow CO_2$	−283	氧化反应，放热
(5) $C+H_2O \longrightarrow CO+H_2$	+118	水煤气生成，吸热
(6) $C+2H_2O \longrightarrow CO_2+H_2$	+76	生成水煤气时副反应，吸热
(7) $CO+H_2O \longrightarrow CO_2+H_2$	−3	水煤气转化制 H_2
(8) $C+2H_2 \longrightarrow CH_4$	−75	合成天然气
(9) $CH_4+2O_2 \longrightarrow 2H_2O+CO_2$	−800	甲烷燃烧，放热
(10) $H_2+1/2O_2 \longrightarrow H_2O$	−482	氢气燃烧，放热
(11) $2CO+2H_2 \longrightarrow CH_4+CO_2$	−247	甲烷生成
(12) $CO+3H_2 \longrightarrow CH_4+H_2O$	−250	甲烷生成

控制适当的温度、压力，特别是选择合适的气化剂，可以促进其中某一个或几个反应发生而得到组成不同的气体，以满足不同需求。例如，作为合成氨的原料，可以选择水汽和空气作为气化剂，促进 H_2 的生成。

作为城市煤气，则希望 H_2、CO、CH_4 等可燃气体含量尽可能高，减少 N_2 的混入，故选用氧、水汽、氢作气化剂。要得到高含量的天然气，则选氧、氢、水汽作气化剂，降低温度，提高压力，使甲烷的收率最大。煤气是比较清洁的二次能源，输送方便，使用便利，对环境污染少；同时，煤气也可用做化工产品的重要原料。

2. 煤的液化

煤的液化又称"人造石油"。比较煤与石油的组成，可以发现，煤含碳量高，含氢少。一般说来，煤中氢、碳的原子比(H∶C)为0.7∶1，而石油中的为1.7∶1，可见，石油中的氢含量高得多，要将煤转变为液体燃料，就必须调整煤中的氢碳比，即要对煤进行加氢，促使其液化。煤的加氢液化方法大致可分为两类：

(1) 将煤直接加氢，将煤研成细粉，分散在适当的烃类溶剂中，让它在适宜的温度下与氢反应，转变为液态的合成石油或接近石油组成的液体，此过程的实质是煤在加氢中发生分解。

(2) 先将煤加热干馏，使煤的结构破坏，析出挥发性的组分，冷凝下来的煤焦油通过加氢而得到液体燃料，从中还可以提取各种芳香烃。

煤的液化研究虽然开展很早，但由于工艺复杂，如操作压力太高(约 350～700 atm，1 atm＝1.013×10^5 Pa)，在经济上还难以与石油产品相竞争。然而，随着"石油危机"的出现，对煤的液化工艺研究进入了又一个黄金时期。科学家们利用石油化工中的各种先进方法和手段，改进工艺，发展各种催化剂，期望找到一种经济的煤加氢液化方法。

3. 煤的焦化

煤的焦化也就是煤的干馏，俗称"炼焦"。煤在隔绝空气加热时，煤的结构随温度的提高而发生一系列的物理和化学变化，生成气态(煤气)、液态(焦油)和固态(半焦和焦炭)等一系列产物。煤的热解过程相当复杂，总的来讲主要可以看做裂解和聚合两类反应。煤的热解按温度及相应的现象划分，大致可分为3个阶段：

(1) 第一阶段：从室温至≈300℃，主要发生脱水、脱气(CH_4、CO_2 和 N_2)过程，煤的外形无明显变化。

(2) 第二阶段：300～600℃，这一阶段以解聚和分解反应为主。在300℃左右，煤开始软化，并有煤气和焦油析出，450℃前后焦油量最大，450～600℃气体析出量最多。气体组分除 H_2O、CO、CO_2 外，主要是气态烃，故热值较高。残留固体结成半焦炭。

(3) 第三阶段：600～1000℃，这是半焦炭变焦炭的阶段。一方面，析出大量煤气，挥发性组分降低，另一方面焦炭本身的密度增加，体积收缩，产生许多裂纹，变成碎块。

如果要生产石墨碳素制品，则需把温度提高到1500℃以上促进焦炭石墨化。煤经过焦化而得的三类主要产品中，焦炉气可用做城市煤气或原料；焦炭主要用于冶金工业，用做钢铁冶炼的还原剂，另外还可作为化工原料制造电石、电极；煤焦油是一种黑色黏稠性的油状液体，它是有机化工的原料宝库！煤焦油中含有丰富的有机化合物，据估计多达上万种。目前已分离鉴定出的化合物有四五百种，而从里面提取生产的物质达100多种。煤焦油中含有苯、酚、萘、蒽、菲等重要的有机物，它们是医药、农药、炸药、染料等行业的重要原料。沥青可以用来铺路。

以上有关煤的化学只是一个轮廓，这里已经展现了煤化学的丰富多彩。我国是世界上最大的耗煤国，至今仍有70%的煤被直接烧掉，煤燃烧的热效率很低，这样不仅浪费资源，又污染环境。我们必须加强煤的综合利用研究工作，为了国家的经济可持续发展，为了我们的子孙后代拥有一个美丽的家园。

16.1.2 石油与石油化工

我国对石油的记载最早见于《易经》，"泽中有火"，即为水面上有东西在燃烧。至于"石油"一词，最早出现在北宋著名科学家沈括(公元1031～1095)的《梦溪笔谈》中，书中有这样的记述："鹿延境内有石油，旧说'高奴县出脂水'，即此也。""石油"的英文名字为"petroleum"，该词源于拉丁文的"石"(petra，意为石头"rock")和"油"(oleum，意为油"oil")，始见于1526年，与中文有异曲同工之妙。1907年美国出版的《化学文摘》(*Chemistry Abstract*，简称CA)创刊号上已有"石油化学"一词，当时主要指有关石油的成因、分布、组成及炼制的研究工作。1920年，世界上第一个石油化学产品——异丙醇在美国问世，随后各种石油化学产品不断出现，笼而统之被称做"源于石油的合成产品"(synthetic products from petroleum)。第二次世界大战期间，英文中出现"石油化学品”(petrochemicals)一词,指从石油中取得的各种化学产品,与此对应的研究和过程为“石油化学”。

1. 石油的形成、组成与结构

19世纪中叶以来,随着石油的开发和炼制业的发展,人们对石油的成因提出了种种设想。通过总结分析了大油田的地质特征后发现,99%以上的油田分布在沉积岩地区。进一步考察研究近代海底和湖底的沉积物,发现其中的有机质正朝石油转化,埋藏越深,则碳、氢含量越高,同石油的组分越接近。根据大量事实,科学家得到结论:石油主要由大量堆积的动物遗体在还原环境下演变而来。与煤炭的形成过程十分相似,石油的形成也经历了漫长的(甚至更长的)地质年代。

石油是一种成分复杂的烃类混合物。直接从地下抽取出尚未经加工的石油为“原油”。稀的原油像清水,稠的如浆糊。由于产地及地质年代的不同,原油呈现出不同的浊度和差异,可以从无色透明、白色,至暗褐、黑色等,大多数情况下石油颜色发污,呈棕黑色。原油中主要元素的含量(质量分数)见下表,表中同时列出煤的组成以资比较。

元　素	C	H	O	N	S
石油中质量分数/(%)	83～87	10～14	0.65～20	0.02～0.2	0.05～8.0
煤炭中质量分数/(%)	80～90	3～6	5～8	0.5～1.0	1～2

可以看出,石油中氢元素的含量较高。这些元素在石油中主要以烷烃、环烷烃和芳香烃等类型的化合物存在。根据其中各种烃类的含量不同,石油可分为石蜡基石油、环烷基石油和芳香基石油。原油直接燃烧时产生黑烟,并且其中所含各种化合物不能恰当利用,因此它必须经过分离和加工处理以便发挥更好的作用。

2. 石油加工

石油加工的主要过程有分馏、裂化、重整、精制等等。

(1) **分馏**——石油加工的起点

石油是多种烃类的混合物,它们的沸点随碳原子数的增加从室温至500℃左右。根据沸点的差异,利用分级蒸馏装置(见图16.2),可分离出沸点不同的各种馏分。表16.3列举出石油分馏所得的主要产品及用途。

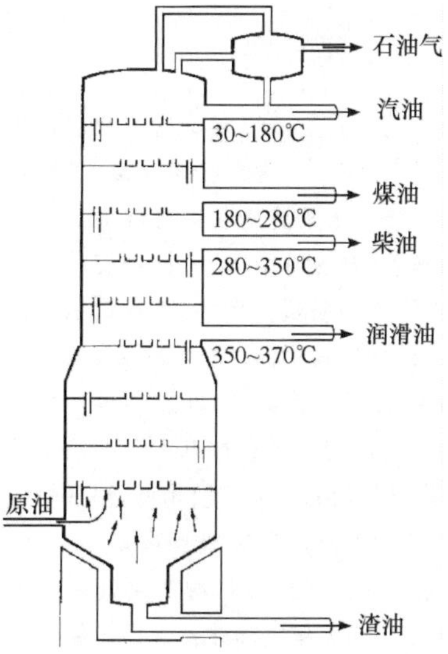

图 16.2　分馏塔示意图

表 16.3　石油分馏的主要产品及用途

	温度范围/℃	分馏产品名称	烃分子中所含碳原子数	主要用途
气体		石油气	C_1～C_4	化工原料,气体燃料
轻油	30～180	溶剂油 汽　油	C_5～C_6 C_6～C_{10}	溶剂 汽车,飞机用液体燃料
	180～280	煤　油	C_{10}～C_{16}	液体燃料,溶剂
	280～350	柴　油	C_{17}～C_{20}	重型卡车,拖拉机,轮船用燃料,各种柴油机用燃料
重油	350～500	润滑油 凡士林	C_{18}～C_{30}	机械,纺织等工业用的各种润滑油,化妆品,医药业用的凡士林
		石蜡	C_{20}～C_{30}	蜡烛,肥皂
		沥青	C_{30}～C_{40}	建筑业,铺路
	>500	渣油	>C_{40}	做电极,金属铸造,燃料

原油的常压蒸馏通常在 350℃以下进行，得到石油气、轻油和重油三大部分，其中汽油、柴油、煤油的总量仅约占总原油的 25%～35%。重油中所含各组分的相对分子质量较大，沸点高，温度低不易蒸出，提高温度，这些大分子在高温下裂解。根据物质沸点随外压降低而降低的原理，利用减压蒸馏的方法，可再得 30%的液体，这一馏分为重油，可用做热裂化及催化裂化的原料。

(2) **裂化**——获得更多的汽油

随着汽车的日益普及，内燃机所需的汽油与日俱增，通过常压或减压蒸馏得到的汽油远远不能满足需要。化学家与化学工程师开始研究如何使长链的相对分子质量大的烃裂解为较小的分子，这就是裂化。裂化有热裂化和催化裂化之分。在原油的分馏过程中，人们发现提高温度到 700℃以上或延长加热时间可以得到更多的汽油组分。美孚石油公司的炼油技师巴尔东对此进行了总结，1913 年发明了提高汽油产率的新方法——**热裂化法**，其核心是让长链的烃分子在加压下隔绝空气加热，分子吸收热量，键被拉伸、活化，以至于断裂，变成较小的分子。裂化过程中发生各种化学变化，可以得到多种产物：气态产物有氢气和低碳烷烃和烯烃；液态产物有 C_6～C_{20} 的溶剂油、汽油、煤油、柴油等；同时产生相对分子质量更大的烃类，即"裂化渣油"；更深度的裂化则生成焦炭。热裂化的方法不仅提高了从原油中获得的汽油数量，而且也提高了汽油的质量。因为裂化汽油中，烃类的分子结构与直馏汽油不同，支链较多，这种结构使得它们能在高压下平稳地氧化燃烧，使汽车发动机运行更稳定。然而飞机对油品质量要求更高。为了解决这个问题，也为了更充分地利用石油资源，在炼制技术上开始了激烈的竞争，出现了催化裂化法。

催化裂化是指在催化剂存在下进行的热裂化过程。1935～1940 年期间，美国 Mobil 石油公司开发出流化床催化裂化法(Fluid Catalytic Cracking，简称 FCC 过程)，第二次世界大战后，催化裂化法在全世界普及。催化裂化过程是目前石油炼制中最重要的一种二次加工过程，过程所用原料有重油、焦化柴油等。由于催化剂的应用，使反应能在 450～550℃的较低温度下进行，提高了汽油收率和质量。在这个过程中发生的反应也非常复杂，不仅有长链烷烃和烯烃分解为小分子的烷烃和烯烃，还有烃的异构化、环烷烃开环或者脂肪烃脱氢环化等等。催化裂化法的汽油收率可达 40%～60%，其辛烷值达 80 左右；产出 10%～20%的裂化气，其中的乙烯、丙烯和丁二烯等是制造塑料、化纤、橡胶的重要原料。

催化裂化过程的发展和变革离不开所用催化剂的改进。早期催化剂为无定形硅铝酸盐，20 世纪 60 年代，Mobil 石油公司将人工合成的一种硅铝酸盐分子筛——Y-沸石应用于催化裂化过程，大大提高了汽油的产率和质量。有关催化剂的研究一直是这一领域的热点。其中，沸石分子筛功不可没。目前，又一种硅铝酸盐分子筛 ZSM-5 也被用做 FCC 过程的助剂以提高所得油品的辛烷值。

辛烷值——量度汽油性能的重要指标。在加油站，油泵上标有醒目的数字：90#、95# 等。这些数字代表的是汽油的标号——辛烷值。汽油在发动机构燃烧室内燃烧时，需要保持平稳持续，倘若燃烧异常，过早点燃，会产生爆震，易损坏发动机。辛烷值就是评价汽油抗爆震性能的特定标准。**正庚烷**是一种直链型的烷烃分子，它使用时产生的爆震相当严重，将它的辛烷值定为 0，而 8 个碳的**异辛烷**(有支链结构)的抗爆震性能十分优越，它的辛烷值就**定为 100**。有了这个标准，人们就可以定量地标示出汽油的质量。例如，某种汽油的爆震性能与含 10%正庚烷和 90%异辛烷的混合物相当，其辛烷值就定为 90，即加油站所标的 90# 汽油。

前面谈到，原油直接分馏所得的汽油质量较差，裂解法得到的汽油质量有所提高，但仍难以满足高性能汽车、飞机等的要求。为了提高辛烷值，曾经普遍使用且效果显著的方法就是使用抗爆添加剂——四乙基铅 $(C_2H_5)_4Pb$。1L 汽油中加入 1mL 四乙基铅，汽油的辛烷值可以提高约 10～12，油品的辛烷值越低，添加效果越明显。这一方法已沿用了几十年，但由于铅的危害，含铅汽油已开始被禁用。铅的危害表现在多个方面：铅随汽车尾气排入大气，污染环境，直接影响人类健康；汽油含铅妨碍了汽车尾气的处理，汽车尾气中所含 CO、CH_x、NO_x 都是环境污染物，为减少并消除这些有害气体排放，需在汽车上安装尾气净化器。但是铅的存在会使催化剂中毒而失去作用。

那么，如何解决汽油的"爆震"问题呢？办法之一仍是采用添加剂，选择适宜的其他化合物以取代四乙基铅。甲基叔丁基醚是一种可行的替代物，不过，它的用量可远远高于四乙基铅，在汽油中的用量可达 7%。甲醇、乙醇、异丙醇、叔丁基醇等含醇类也有类似的作用，它们的添加量达 3% ～ 15%左右。由于这类添加剂的用量大大高于四乙基铅的含量，因此，就不再称为“添加剂”，而称之为“调合剂”。这几种化合物的辛烷值列于表 16.4 中。

表 16.4 几种化合物的辛烷值

名　称	化 学 式	辛 烷 值
甲醇	CH_3OH	130
乙醇	CH_3CH_2OH	120
异丙醇	$(H_3C)_2CHOH$	106
叔丁醇	$(CH_3)_3COH$	108
甲基叔丁基醚	$H_3COC(CH_3)_3$	115

提高辛烷值的另一种方法是合成抗爆震性能强的化合物，如支链烷烃、芳香烃等等。而要获得这类高辛烷值的化合物，有赖于另一个重要的化学过程——催化重整。

(3) **催化重整**——再塑分子结构

催化重整是指在一定的催化剂作用下，使烃类分子重新排列而形成新的分子结构的方法。在这个过程中，低辛烷值的直链烃类可变成支链的异构体，环烷烃可以转化为芳香烃等等。含有一定量(20%～40%)芳烃的汽油也不易发生爆震，用于飞机发动机的航空煤油的主要成分就是异丙苯。重整过程中所用的催化剂主要是贵金属，如铂(Pt)、铼(Re)、铱(Ir)等等，根据所用催化剂的名称，重整过程又称铂重整或铂铼重整等等。由于这些贵金属资源稀少，比黄金贵得多，因此，化学家巧妙地将贵金属分散在多孔氧化铝或氧化硅的表面上，形成高分散、细小的颗粒。这样，反应过程中催化剂可以快速有效地与反应物分子接触，促进化学反应的进行。一般的汽油重整催化剂中仅含约 0.1%的贵金属，这 0.1%似乎微不足道，可汽油在这个表面上只要 20～30 秒就能完成重整过程。

催化重整的原料一般是 C_6～C_{10} 直馏汽油的组分，这一过程中也伴有一些裂化反应，给出氢气以及甲烷、乙烷、丙烷等气体组分。重整后的液体产品占 80%～90%，其中芳香烃含量 25%～60%，重整汽油的辛烷值可达 85～100。

(4) **加氢精制**——提高油品质量

这是各种油品在氢气中处理以进行质量改进的方法的统称。分馏或裂解得到的汽油、煤油、柴油中往往含有氮、硫等杂质，直接使用，燃烧后会产生 SO_2、NO_x 等有害气体，污染环境，加氢精制可以使含硫化合物转化为 H_2S($RSR+2H_2 \longrightarrow 2RH+H_2S$)、含氮物质转化为 NH_3，这些气体收集起来是重要的化工原料，加氢精制可以一举两得，变废为宝。加氢也可以促使油品中的烯烃饱和，进一步改善油品质量。用于加氢精制过程的催化剂有钼酸钴、钼酸镍等。加氢裂化是在催化剂存在下，石油的各种组分与氢气反应而进行的裂化、加氢、异构化反应过程。这一过程原料既可以是重油，也可以是轻油。轻油裂解可以生产液化气，重馏分可以生产高辛烷值汽油、航空煤油、柴油等等。

综上所述，石油工业中的常压蒸馏和减压蒸馏主要是物理过程，称为一次加工。而裂化、重整和精制等则为二次过程，主要是化学变化过程，其中涉及多种催化剂的应用。石油加工的产品 既有各种燃料油，也有各种化工原料，所以炼油厂总是和几个化工厂组成联合企业，是技术密集型的化学化工科技领域。

16.1.3 太阳能——地球上的能源之源

万物生长靠太阳，自古以来，太阳给地球送来光和热，催发了生命，滋养着万物。地球上的绝大部分的能量，都直接或间接地取之于太阳。植物的光合作用是将太阳能转变为化学能储存起来；煤、石油、天然气是古代埋藏在地下的动、植物经漫长的地质年代之后形成的，是古代生物储存的太阳能；江河、海洋、土壤、植物中的水分吸收太阳能而蒸发，形成了云，产生了雷电，变成雨雪降落大地，引起江河水位的落差，这就是水能；由于地球上各种物体吸收太阳能的程度不同，造成温度和压力的差异，引发大气的流动，这就是风能。正是太阳，使地球充满了勃勃生机，也集中着新能源的希望。

太阳每秒钟辐射出的能量约为 3.8×10^{26} J，但这些能量只有极小一部分到达地球。尽管如此，地球每年接收的太阳能约 2.5×10^{24} J，相当于 8.5×10^{16} kg 标准煤，是 1996 年全世界能源消耗总量（1.34×10^{12} kg 标准煤）的约 60000 倍，数量仍大得惊人。其中只有大约 1/10 被植物吸收，通过光合作用而转变成化学能储存下来；其余的绝大部分都变成热能，以不同的波长辐射到宇宙中去了。

太阳能取之不尽，用之不竭，分布广泛，使用便利且清洁无害。但是它的能量密度很低，地面的太阳光辐射通量约为 1 kW/m^2，并且，太阳能的辐射强度不稳定，随季节、气候、昼夜交替而变化。如何把分散的能量聚集在一起成为可使用的能源是太阳能利用的关键问题，目前的主要方式有光-热转换、光-电转换和光-化学转换。

1. 光-热转换

实现光热转换的装置称集热器。集热器的主体是“热箱”——开有透明窗户、内壁涂有黑色采光吸热层的保温箱，箱壁为双层，内填隔热保温材料以减少热损失。光热转换通过采光涂层而实现，研究适宜的涂层材料是提高集热效率的关键。好的涂层材料具有吸光能力强、热辐射作用弱的特点，为此，科学家研制了一种名为“光选择性吸收”的表面涂层材料。这种表面涂层可以充分吸收到达地面的太阳光谱并有效地阻挡热量的损失，大大提高光热转换效率。这种材料可以采取各种化学和物理制备加工手段获得，如高温氧化、化学浸渍、电化学加工、真空沉积等等。例如，在铝箔上涂一层镍黑，或在抛光的金属表面涂一层薄的炭黑，都是良好的吸光材料。太阳能热水器的终端使用温度随涂层材料、封装技术、结构设计不同而异。生活用热水要求温度在 100℃以下，工业用水要求温度 100～300℃，而 300℃可供发电站使用。这一切都有赖于高效的光-热转换材料。

2. 光-电转换

将太阳能转化为电能是太阳能利用的又一种重要途径。实现这种转换的原理是光电效应，所利用的器件为光电池，俗称“太阳能电池”。实用的光电池中采用半导体材料。在半导体中，光激发而产生的自由电子仍“滞留”在物质内部，称做“内光电效应”。在太阳能电池中，光电转换利用了 p-n 结的特性。当太阳光照在器件上时，半导体吸收光能而使电子激发，相应地产生了空穴。这些电子和空穴在内电场作用下迁移，n 区中的电子向 p-n 结处运动与空穴复合，p 区的空穴向 p-n 结处运动与电子复合，相当于在器件上形成一个与内电场方向相反的电场——光生电场，在 p 区和 n 区之间产生了光生电动势，一旦把它们接入外电路，便可产生电流。这就是半导体型太阳能电池的基本工作原理。若将几个电池元件串联或并联起来，在阳光照射下可输出较大的电功率。用于太阳能电池的材料有单晶硅、多晶硅、硫化镉、氯化亚铜等等，制备这种转换效率高的材料，仍是化学研究中的一个热点。太阳能电池的重要参数是光电能转换效率，科学家估计转换效率的极限值为 28%。目前成本较低的非晶硅太阳能电池的转换效率约 10%；而 GaAs 晶体的转换效率可达 20%以上，但原料成本太高。太阳能电池广泛应用于人造卫星等高科技航天领域，太阳能计算器已进入寻常百姓家，太阳能汽车、太阳能飞机的实验也在进行。随着工艺的改进、材料的更新，太阳能电池将大显身手。

3. 光-化学转换

植物的光合作用就是一种光-化学转换过程，是将光能转化为生物质能。另外，还有一些光-化学转换途径，如光化学反应、光解水等等。光化学反应指由光引发的化学反应：当有些反应分子受到光照射时，会吸收光子而活化，发生化学反应，将光能转化为化学能。例如，三氧化硫分子经过太阳能聚集器时，吸收热量而离解，生成二氧化硫和氧气；当混合气体流经热交流器时，再结合成三氧化硫，同时放出热量。太阳能光解水主要是利用催化作用，吸收光能而使水分解成氧气和氢气。这类催化剂有二氧化钛、亚硫酸钠等等。地球上有丰富的水资源，而氢气是一种清洁、高效的能源，燃烧后又产生水。因此利用太阳能使水分解制取氢气具有重大意义，是充实未来新能源的又一好方法。

能源是静态的，其释放出的能量是动态的，正是这一静一动构成了“能”的奇妙世界并使世界更加奇妙。如何提高能源的使用效率，怎样储存能量并使其在转换过程中多做有用功，尽其力而为我所用，科学家也付出了辛勤的劳动。化学电源作为重要的能量储存与转换装置，已和人类的生活密不可分，如常用的锌锰干电池、可充放的镍镉电池、轻巧的纽扣电池、新型的镍氢电池乃至高能的锂离子电池，还有启动汽车必不可少的“电瓶”——铅酸蓄电池。受限于热效率，火力发电能量利用率难如人意，要有突破，能量转换方式必须革新，燃料电池便适应了这一要求。随着人类活动范围的扩大，手提电脑和移动电话的普及、电动汽车的行驶，更需要高效、便利的能量提供装置。符合“三 E”原则——高能、环保、经济(energy, environment, economics)要求的化学电源的研制工作，任重而道远。

凭借自身的智慧，人类利用自然赐予的资源创造了灿烂的物质文明，20 世纪的科学技术发展已在人类文明史中写下了辉煌的一页。现代社会是一个耗能的社会，没有充足的能源就难以进行现代化的建设。我国依然面临着能源短缺、能量利用率低及单位产品能耗偏高的现实。煤、石油、天然气人均储量低，特别是石油，已经严重依赖进口。因此，开源和节流必须并举。“节能”是我国的基本国策，也应该成为我们每个人自觉的习惯和意识。

16.2　功能非凡的材料

(Materials with Extraordinary Functionality)

人类社会发展的历史也是一部材料发展的历史。约公元前 10 万年，原始人类开始使用天然的石头、木棒等材料作为狩猎工具，并逐渐有意识地改变材料的性质，此为石器时代。约在公元前 6000 年，人类学会了钻木取火，火的使用不仅改善了人类的生活质量，利用火烧制黏土和水而得到陶器和瓷器赋予人类创造新事物的自豪和信心。约在公元前 4000 年，人类开始使用金属，天然的单质铜被用于制造饰品和工具，同时人们了解到加热可以软化金属以利于塑造过程。公元前约 3000～1000 年为青铜器时代，青铜是铜和锡形成的合金，它可能是人类制造的最早的合金。在炼铜的过程中，人们发展并熟练掌握了高温加热技术，由炼铜发展为炼铁，铁器时代随之而来。以铁为材料制造的工具大大提高了劳动生产力水平，促进了人类以农业为中心的科学技术的发展。18～19 世纪，随着工业革命的爆发，对钢铁需求激增，煤炭用于炼铁业，同时各种新技术和方法也应用于钢铁的制造分析过程，人类进入钢铁时代，法国巴黎著名的埃菲尔铁塔(建成于 1889 年)就是这个时代钢铁和技术的象征。值得一提的是，1864 年，英国人 Henry Sorby 发展了金属表面的化学刻蚀技术，人类借助于光学显微镜观察到了材料的组成，这才清楚地认识到通常所见的金属块是由大量取向不同的微晶堆积在一起并通过晶界结合而成，对材料的认识开始走向微观和理性的方向。20 世纪，传统材料，如陶瓷、钢铁等依然蓬勃发展，新材料的产生和发展更是日新月异，合成高分子材料、半导体材料、光电材料、超导材料、纳米材料，等等，这一切极大地改变了人们的生活方式和质量。特别是高分子材料，以体积计算其用量已经超过钢铁，所以 20 世纪也曾被称为“高分子时代”。

所谓材料，是指可以用来加工成有用物件的物质。按照组成，通常将材料分为四大类：(i) 金属材料(包括合金)；(ii) 无机非金属材料(又称陶瓷材料)；(iii)高分子材料(包括液晶)和(iv) 复合材料。而按照用途，材料则可分为结构材料(或称工程材料)与功能材料两大类。结构材料着重于材料的强度、耐温性、韧性及稳定性等性能；功能材料则着重研究材料的光、电、声、磁、热等各种物理性能及能量转换效应等等。

16.2.1　金属材料——现代社会的坚实支柱

在 100 多种元素中，有 16 种非金属，6 种稀有气体，其他 90 多种皆为金属元素。金属材料分为黑色金属材料和有色金属材料两大类。黑色金属材料通常指铁、锰、铬以及它们的合金，它们是应用最广的金属材料。除黑色金属以外的其他各种金属及其合金统称为有色金属。有色金属种类繁多，又可分为轻金属(如 Li、Mg、Al、Ti)，重金属(如 Cu、Zn、Hg、Pb)，高熔点金属(如 W、Mo、Zr)，稀土金属(Sc、Y、镧系元素)，稀散金属

(如 Ga、Ge、In)和贵金属(如 Au、Ag、Pt 等)。纯金属的强度较低,金属材料大多是由两种或两种以上金属组成的合金。例如青铜为铜锡合金,黄铜为铜锌合金,白铜为铜镍合金,不锈钢则是在钢中加入铬、镍等金属,还有各种铝合金、钛合金等等。合金也可以由金属元素和非金属元素组成,如碳钢是由铁和碳组成的合金。合金的性能一般都优于纯金属。金属的性能与其成键及结构特征密切相关。

本节重点介绍三种重要的金属:铁、铝和钛。

1. 铁——第一金属

铁是用量最大的工程材料。铁有 α-Fe、γ-Fe、δ-Fe 三种同素异构体。纯铁在室温下采取体心立方结构,称为 α-Fe;将纯铁加热至 1183 K,它转变为面心立方结构的 γ-Fe;温度进一步升至 1663 K,γ-Fe 转化为 δ-Fe,δ-Fe 结构类型与 α-Fe 相似,也是体心立方。图 16.3 示出 α-Fe、γ-Fe 和 δ-Fe 的结构。

(a) α-Fe(体心立方)　　　(b) γ-Fe(面心立方)　　　(b) δ-Fe(体心立方)
$a=b=c=2.886$ Å　　　　$a=b=c=3.430$ Å　　　　$a=b=c=2.9312$ Å

图 16.3　α-Fe、γ-Fe 和 δ-Fe 的结构比较

钢铁是铁和碳合金体系的总称。用于炼铁的铁矿石主要成分为氧化铁,由焦炭还原而得到的铁中含有大量杂质碳,随体系含碳量的不同,可以划分为生铁、熟铁和钢:(i) 通常**生铁**含碳量约 1.7% ～ 4.5%,还可能含有其他杂质如 P、N、Si、S 等,它脆而硬,只能铸造,又称铸铁;(ii) **熟铁**含碳量低于 0.1%,它坚韧而有延展性,可以锻打;(iii) **钢**的含碳量介于两者之间,为 0.1% ～ 1.7%。钢兼有生铁和熟铁的性能特点。炼钢就是调节铁中的杂质特别是碳的含量,同时除去其他有害杂质或者添加一些有益元素的过程。控制通入热空气可以烧去铁中多余的碳质,添加 CaO 和 MgO 可以除去有害元素磷。钢中加入一定量的铬和镍,得到不锈钢,抗腐蚀性能增强;加入锰,则形成锰钢,硬度大大加强。

钢铁中,半径较小的碳原子填入铁原子堆积产生的空隙中而形成不同物相。例如,奥氏体中,碳原子填入 γ-Fe 中的八面体空隙;马氏体中,碳原子填入 α-Fe 中变形的八面体空隙中,形成过饱和的固溶体;铁素体与纯铁相近,只有微量的碳原子填入 α-Fe 间隙中;渗碳体是铁与碳形成的化合物,化学式为 Fe_3C,它脆而硬,结构较复杂,此不赘述。

金属单质结构中存在许多四面体和八面体空隙,半径较小的非金属原子如硼、碳、氮、氢等可填入空隙中,形成金属间隙化合物或金属间隙固溶体,通称为金属间隙结构。具有这类结构的物质中同时存在金属键和共价键,原子间结合得特别牢固,因此它们往往具有高强度、高熔点和高硬度等优异性能。

2. 铝——来自黏土中的银子

铝是地球上储量最多的金属元素,自然界中铝主要以铝矾土(含水 Al_2O_3)、硅铝酸盐、冰晶石($NaAlF_6$)等矿物存在。铝和氧的结合能力非常强,从习题 5.20 和图 15.9 可以看出,利用焦炭还原制备金属铝需要约 2000℃以上的高温,难以实现。因此,单质铝的发现及其工业化过程相当曲折。1827 年,德国化学家 F. Wöhler (1800～1882)设计了如下反应过程:将 Al_2O_3、炭、糖及油脂压紧,烧结得到致密的混合物,将此烧结物置于炽热的管子中,通入 Cl_2,冷却产生的蒸气,得到 $AlCl_3$。这里,Wöhler 利用了化学中的"偶联反应"。即对于某些难以进行的反应,通过寻找合适的试剂,使该反应与另外一个倾向性大的反应相互偶合,从而促使反应向所希望的方向发生,然后再对产物作进一步的处理。上述过程的总反应为

$$2Al_2O_3 + 3C + 3Cl_2 \longrightarrow 4AlCl_3 + 3CO_2$$

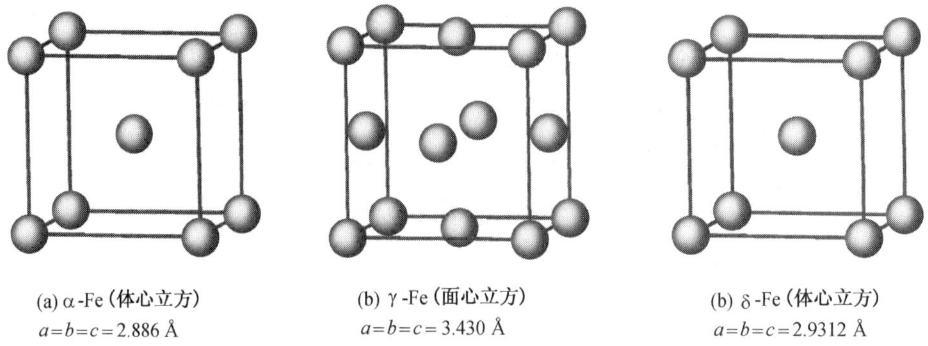

由上述反应得到的 $AlCl_3$ 和金属钠反应而得到金属铝。当时，金属钠通过电解法得到，已经非常昂贵，铝的价值就更高了。能否利用电解的方法直接制备金属铝呢？1853 年，电解铝法问世，电解法要求体系必须导电，Al_2O_3 熔点高达 2050℃以上，直接加热 Al_2O_3 形成熔融导电体系成本依然很高。固体物质混合时会发生“低共熔”现象，即混合体系的熔点低于各组分纯物相的熔点，例如 NaCl 和 KCl 混合物的熔点低于纯 NaCl 和纯 KCl。1886 年，美国化学家 Hall 发现了一种合适的熔融体系——冰晶石(Na_3AlF_6)的熔点为 1012℃，将 Al_2O_3 和 Na_3AlF_6 混合，体系熔融的温度降低到 950℃，使电解过程更易于操作和控制，费用也大大降低。从此，金属铝产量大幅度增加，应用迅速普及。现代制铝工业仍然采用上述过程，虽然成本已经较低，电解铝仍然是高能耗行业。为节约能源，珍惜资源，铝制品应该加以回收利用。

金属铝为立方密堆积结构，密度 $2.7\,g\cdot cm^{-3}$，导电、导热性能好，抗腐蚀性能强——铝与氧作用时，可在表面形成一层致密的氧化膜，从而保护了金属的进一步氧化。铝表面呈银白色，反光性能好，可用于制造天文望远镜，镀铝睡袋保暖性好，镀铝窗可有效地反射太阳光。但是纯铝质软，应用受到限制，当在铝中掺入少量其他金属如镁、锂等形成铝合金，其性能会大大改善。高强度的铝锌镁铜合金——硬铝合金在飞机制造业中发挥了巨大的作用；随着航空业的进一步发展，铝锂合金的研制和应用得到重视，锂的密度小，在铝中的溶解度高，铝中加入金属锂之后，可以降低合金的密度，同时仍然保持较高的强度、较好的抗腐蚀性和抗疲劳性以及适宜的延展性，许多先进的战斗机和民航飞机大都采用铝锂合金。铝锂合金也可用做电极材料。

有这样一种说法，19 世纪的金属是钢铁，20 世纪的金属是铝，那么 21 世纪的金属呢？它就是我们下面要讨论的金属——钛。

3. 钛——“强大”的金属

钛的英文名字为 titanium，来源于希腊神话中地球女神之子——Titan(巨人)的名字。自然界钛主要以钛铁矿($FeTiO_3$)和金红石(TiO_2)存在。钛元素发现于 18 世纪 90 年代，因冶炼困难，所以钛及其化合物并未引起重视。到 20 世纪 40 年代，金属钛以其优良的性能成为制造飞机、坦克装甲车的特殊材料，开始备受关注。金属钛采用六方密堆积结构，密度为 $4.5\,g\cdot cm^{-3}$，仅为钢的 60%，它强度大，既耐低温(≈－250℃)又耐高温(≈500℃)。当飞机在天空飞行时，飞机表面与空气发生强烈摩擦，机体温度升高，飞行速度越快，机体温度就越高。例如，当飞机在同温层飞行(外界温度约为－56℃)，速度等于音速($1200\,km\cdot h^{-1}$)时，飞机表面的温度可达－18℃；两倍于音速时，温度为 98℃；三倍于音速时，温度高达 300℃。当飞机速度达到两倍音速时，铝合金的强度便会显著降低；当速度达到 3 倍音速时，铝合金根本难以承受。因此，人们曾把飞机速度达到音速 2～3 倍的区域看做是难以逾越的“热障”——直到发现性能优异的钛合金。钛合金在温度达到 550℃时，强度仍无明显的变化，它能胜任飞机以 3～4 倍音速下的飞行。钛合金广泛用于航空、航天业，制造火箭、导弹、人造卫星、航天飞机等，被喻为“空中金属”。

金属钛及其合金具有很强的抗腐蚀能力，在海水中浸泡四五年仍然保持闪亮本色，所以被用于潮汐发电装置的建造，加之钛合金无磁性，不会被磁性水雷击中，也用来制造军舰和核潜艇。钛还是“亲生物金属”，钛做的人造骨及人工关节与人骨相近，易于和肌肉长在一起，应用于生物医药领域。钛与镍形成的合金有“形状记忆”功能，又称“镍钛脑”。美国阿波罗号降落月球后，原来安装在表面的一小团天线在太阳照射下慢慢展开，自动变为巨大的半球形。在此利用了合金的“记忆性能”。合金的记忆性能是指它可以记住自己在特定温度下的形状，若将材料在一定条件下赋形，之后改变条件，将其揉成适宜的大小和形状，但不管如何处理，一旦恢复材料赋形时的温度条件，它又可以魔术般地变回到原来的形状。人们把具有这种特殊功能的合金称为形状记忆合金。

16.2.2 无机非金属功能材料

无机非金属材料也是一个庞大的家族，它包括了除金属基材料以外的所有无机材料，有传统的硅铝酸盐、氧化物、氮化物，还有各种单质如金刚石、单晶硅、多晶硅等等。这些材料具有非常广泛的用途，涉及机械、电子、能源、航空航天、激光、计算机以及通信等领域，深刻地影响着人类的生活。

1. 化学与计算机革命

现代的电子学革命诞生了计算机，电子学革命离不开材料，化学为此作出了巨大的贡献。1946 年 2 月 15 日，第一台计算机 ENIAC (Electronic Numerical Integrator and Automatic Calculator)在美国宾西法尼亚大学问世，它由 18 000 个电子管及数量巨大的电阻、电容等元件组成，占地 170 m^2，质量达 30 t，堪称“庞然大物”。尽管它在数值计算中发挥了巨大的威力，开创了电子革命的新纪元，但是，其计算速度仅为 5000 次/秒。目前，一台普通计算机的运算速度都远远高于这一数值。新一代大型电子计算机的运算速度已超过每秒 10 000 亿次。表16.5 列出计算机运算速度及相应器件发展的概况。

表 16.5　计算机的换代与处理速度

代　别	初始年度	使用器件	晶体管集成度/(个/in^2)	处理速度/(次/s)
第一代	1951	电子管	—	10^3
第二代	1958	晶体管		10^6
第三代	1964	集成电路	10^2	10^7
第四代	1978	超大规模集成电路	10^5	$10^8 \sim 10^{10}$
第五代	1990～	极大规模集成电路	10^6	$10^{11} \sim 10^{12}$

可以看出，使计算机飞速发展的关键在于晶体管的发明与发展。

计算机的核心是芯片，它的基质材料是**单晶硅**。晶体管利用了单质硅的半导体性能。硅晶体结构为金刚石型，其禁带宽度 $E_g = 1.14\,eV$，因此，在光、热、电的作用下，满带的电子可以激发到空带，使空带变为导带，而在满带留下空穴，这样在外电场的作用下，电子和空穴发生定向移动而导电。纯硅为本征半导体，其导电能力很弱。若在硅中掺入微量的其他元素，其导电性能会大大提高。如掺入 B，可以在硅晶体中产生空穴，形成 p 型半导体；掺入 P，可以在硅晶体中产生多余的电子，形成 n 型半导体。如在硅片上进行控制掺杂，可以形成 p-n 结，p-n 结是形成晶体管的基础。进一步控制微电路刻蚀，可以得到二极管、三极管等晶体管。目前，在米粒大小的硅片上，已能集成十几万个晶体管，图 16.4 示出计算机芯片中的部分电路。这是一项非常精细的工程，是多学科协同努力的结果，其中化学起着至关重要的作用。首先是高纯硅的制备，普通的集成电路要求硅的纯度达到 6N(99.9999%)，大规模集成电路要求硅的纯度为 9N，超大规模集成电路则要求硅的纯度为 13N。15.6.5 节已经对高纯硅的制备方法进行了描述。除此之外，在硅片上刻蚀集成电路时，还需要多种高纯的化学试剂，涉及多种化学反应。例如，要刻蚀硅片，先要控制表面氧化，再利用 HF 进行腐蚀；用电子束刻蚀线路时，要求高标准的化学合成光刻胶；集成电路的制造必须在超净环境中进行，要求 1 μm 的尘埃量＜3000 m^{-3}，技术人员必须穿着无静电、不起尘的工作服，这也要用特殊的化学材料。

图 16.4　硅芯片上的部分逻辑电路
(放大 23 000 倍)

计算机的每一步发展都伴随着材料的进步。尽管在可预见的将来，单晶硅仍是电子工业的首选材料，但其集成度也有极限，因此开发新材料已刻不容缓。**砷化镓**已成为仅次于硅的重要半导体材料。以砷化镓为代表的Ⅲ-Ⅴ族半导体材料以其优良的光电特性备受关注。用砷化镓制成的晶体管的开关速度比硅晶体管快 1～4 倍，用这样的晶体管可以制造出速度更快、功能更强的计算机。目前存在的主要障碍是砷化镓单晶的制备工艺复杂，成本高昂。如何实现新型半导体材料的突破，仍有赖于化学科学。

2. 光导纤维

光纤通信被誉为“现代社会的神经”，这是由于它在信息传递过程中的作用。人类首先利用自己的感觉器官获取和处理信息,19 世纪电磁波发现之后,电报、电话、广播传真、电视等等大大拓宽了人类的视野和联系,人类进入电信时代;而今,微电子革命、计算机技术等推动的新技术革命将人类带入现代信息时代,卫星传输、数字革命、信息高速公路导致知识爆炸,信息量剧增,使人应接不暇。信息革命已经大大改变了人与世界的联系方式。现在,坐在办公室或者家里,就可以通过卫星电视收看全球资讯,通过网络查阅文献资料,通过电脑和世界各地的朋友保持即时联系。信息技术涉及传感、遥感、微电子、通信等多个交叉领域,其中,信息传输所依赖的重要介质——光导纤维发挥着决定性的作用。

所谓光纤通信,就是以光为信息载体沿着光导纤维传输信息的过程。在发送端,先将文字、声音和图像等转换为电信号,再利用电信号调制激光的强度,使激光负载着传送的信息沿光导纤维传送到终端;在终端,光信号在还原为起始的声音或图像,从而达到通信的目的。相比于普通电缆,光纤通信有着突出的优点:它可传输的信息量大,发丝粗细的光纤可通几万路电话或 2000 路电视,而普通电缆只能传输几十门电话;光纤通信用激光作载波,不受外界电磁场干扰,具有很高的稳定性和保密性;另外,光纤通信损耗很低,电缆通信每隔几千米就要设一个中继站,而光纤通信则可以连续传送 30～70 km,所以在远距离信息传输方面有着独一无二的优越性。

光信号从光导纤维的一端射入后,即使将光导纤维发生弯曲,光线也可以循着管道从另一端射出。本来光线是沿直线传播的,为何它在这里却能够灵活地拐弯呢?光导纤维利用了光的全反射作用,它选用透光率高、折射率大的石英玻璃或其他材料作芯线,外面包有折射率比它小得多的包敷层。这样,进入芯线的光线只能沿着纤维在芯线与外皮包层的界面发生全反射而曲折前进,不会透过界面。光线在任何介质中传播都会因吸收和散射而损耗,用普通玻璃制成光导纤维,肯定传不出信号。科学家研究发现,造成光损失的原因主要有三方面:(i) 材料本身,如硅原子、氧原子及其之间的化学键,在振动过程会吸收光子;(ii) 纤维制造和拉伸过程形成的缺陷如气泡、粗细不均等,对光发生吸收或散射;(iii) 材料中的杂质,如铁、钴、镍、铜等,甚至普通玻璃中含有的 Na^+、Ca^{2+}、Al^{3+} 等的存在也会吸收光子。其中,第三种因素——杂质是危害最重的。因此,光导纤维技术制备的核心就是控制**石英玻璃的纯度**。光导纤维对光的传导效率随着化学纯化技术的发展而提高。所用化学原料纯度和加工方法直接影响纤维的光导性能。1968 年,光导纤维问世时,化学试剂纯度为 10^{-6} 量级,光导纤维中杂质较多,光损耗达 500 dB·km^{-1}(分贝/公里);1970 年,化学纯化技术可控制杂质达 10^{-9} 量级,损耗降为 20 dB·km^{-1};1978 年,得到损耗为 0.20 dB·km^{-1} 的超纯石英纤维;目前,采用高纯度试剂和化学气相沉积制备方法,得到的石英纤维的损耗已降至 10^{-3} dB·km^{-1},接近石英纤维的光导极限。信号衰减的大幅度降低是实现信号远距离传输的基础。目前,我国不仅在自己的疆域铺设了大量光纤,使信息公路通往千家万户,还参与了两条国际海底光缆工程的建设:一条是亚欧国际海底光缆工程,西起英国,东到日本,途经 33 个国家和地区,全长 3.8 万公里,我国的登陆点在广东汕头;另一条是横跨太平洋的中美国际海底光缆工程,在中国的上海、汕头和美国之间形成环形,以南北两条线路从中国直达美国,全长 2.6 万公里。这两条线路均采用最先进的传输技术,总容量高达 140 万门电话线路。

光纤还是医生的得力助手,胃镜、肠镜等内窥镜就是用光纤做的。利用内窥镜可以观察肠胃部位,以便于诊断。通过细微的光纤用高强度的激光来切除病变部位,不用切开皮肤和切割肌肉组织,减少了痛苦,而且部位准确,手术的效果较好。目前科学家仍在研发新的光纤材料,如氟化物玻璃,在 ZrF_4-BaF_2-NaF 三元体系中,存在一种有用的玻璃相,这种玻璃透明度比氧化物玻璃大百倍,而且在辐照条件下不会出现氧化物玻璃的变暗现象,但如何解决超纯氟化物制备中的氧污染及氟化物怕水怕潮的问题,需要进一步的研究攻关。

3. 超导、磁悬浮列车与钙钛矿结构

运输是现代社会的大动脉,火车更是人们出行及物资调运的重要工具。不断提高火车运行的速度是这一行业的重要发展方向,而速度的提高有赖于技术的突破,一种平稳、高速的新型列车——磁悬浮列车是科学研究的热点之一。我国在上海开通磁悬浮列车实验线路后,京沪快速列车种类的选择也成为专家和公众争论的焦点。那么何谓"超导电性"?超导材料的发展情况如何?涉及哪些化合物?高温超导体有怎样的结构特点?

当电流通过导线时，因为“电阻”的存在会使导线发热，引起能量损失。如果，电能输送时没有电阻多好！**“没有可测得的电阻”的性能称为超导电性**。一定条件下显示超导电性的材料就是超导材料。超导在磁铁和电子器件中有很大的应用价值。若导线由超导材料制成，传送时就不会发生浪费；要产生强磁场，需要强电流，普通导体受发热限制电流强度难以满足，需要超导体材料。1911 年，荷兰科学家 H. K. Onnes 在低温技术领域取得突破，将温度降低至约 4 K（−269℃），得到了液氦。通常金属的电阻率随温度下降而降低，于是 Onnes 就利用获得的低温条件试验金属 Hg 的导电性，结果发现，Hg 在 4.2 K 的温度下，电阻急剧下降，难以测出，显示出超导电性。寻找更高温度下的超导材料的工作就此展开，研究体系主要集中在金属、合金的范围。1973 年发现合金 Nb_3Ge 的超导转变温度为 23.3 K，1973～1985 年期间没有多大进展。研究中人们也发现无机聚合物 $(SN)_x$ 显示出超导电性（转变温度 $T_c=0.3$ K），虽然这一发现表明非金属也可能有超导电性，但终因转变温度 T_c 太低而未能引起广泛的关注。

1986 年，IBM 公司瑞士苏黎世研究院的两位科学家 G. Bednortz 和 K. A. Müller 经研究发现，氧化物 $La_{2-x}Ba_xCuO_4$ 在 30 K 以下显示出超导电性，为此，他们荣获了 1987 年的 Nobel 化学奖。这一研究的重大突破不仅在于提升了超导温度，也使超导材料体系从金属扩展到氧化物。因为氧化物在室温下通常导电性很差，甚至是绝缘体，传统观念上它们根本与超导无关，由此而引发了超导研究热。1987 年，美籍华裔科学家朱经武和中国科学家赵忠贤分别报道了化合物 $YBa_2Cu_3O_{7-x}$ 在约 90 K 温度下具有超导电性，这一成果突破了液氮温区，使超导材料的实用性大大增加。液氮的沸点为 77.3 K，其价格比液氦便宜 100 倍，而冷却效率却高 63 倍，所以把超导转变温度高于液氮沸点的材料称为**“高温”超导体**。目前已经发现上百种高温超导材料，它们主要集中在 3 个系列：钇系——$YBa_2Cu_3O_{7-x}$ 及其衍生物，组成为 Bi_2O_3-SrO-CaO-CuO 的铋系和组成为 Tl_2O_3-BaO-CaO-CuO 的铊系。

如何理解这些氧化物中的超导起源？目前高温的超导理论还落后于实验进展。但人们发现，这些物质的结构与钙钛矿有很大关联。钙钛矿（$CaTiO_3$）是一种重要的结构类型，组成为 ABO_3 的许多复合氧化物均为此类结构。理想钙钛矿属于立方晶系，结构中半径较大的阳离子 A 与氧离子共同构成[AO_3]层，[AO_3]层采取立方密堆积（ccp）的形式排列，其中 1/4 的八面体空隙全部由氧离子围成，半径较小的阳离子 B 恰好位于其中。图 16.5(a) 给出立方 $CaTiO_3$ 的晶胞，图 16.5(b) 则突出了钙钛矿结构中 TiO_6 八面体的连接方式。

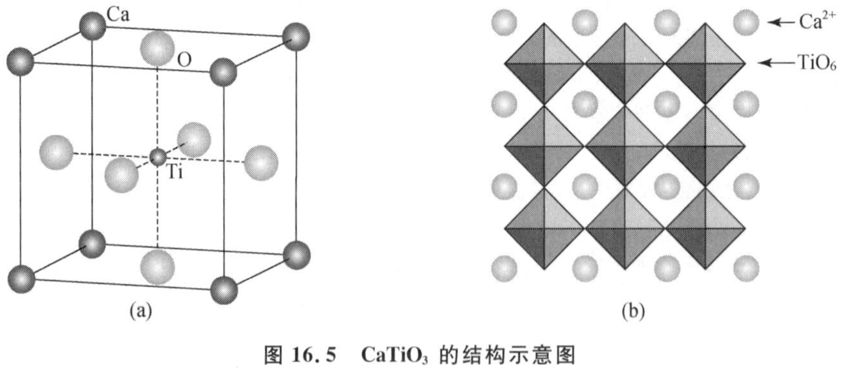

图 16.5　$CaTiO_3$ 的结构示意图

具有钙钛矿及相关结构的化合物，不仅和超导有关，在巨磁阻材料、固体电解质、催化剂等领域也发挥着重要的作用。了解物质的结构，认识结构与性能的关系，是设计合成新材料的一个重要途径。

4. 彩色电视、防伪与荧光材料

自从爱迪生发明了电灯，漫漫长夜就改变了原来黯淡的面目，“华灯初上”，“霓虹闪烁”，夜也平添了迷人的魅力。电灯是一种热光源，电能利用率很低，主要转化为热能，故又称白炽灯；为了有效地使电能转化为光能，人们模仿萤火虫能发出“冷光”的原理，制造了“日光灯”，大大提高了电能的利用效率，且照明效率更高，其中起关键作用的便是荧光材料。人们已合成了各种荧光材料，应用于我们生活的多个领域。荧光材料有这样的特点：在一定的能量激发下，可以发出可见光。在紫外光、太阳光或普通灯光照射后能够发射出另一种波长的可见光的为光致发光材料，如灯用荧光粉；当用阴极射线激发时，能够发射可见光的为阴极射线发光材料，如彩色电视用荧光粉。

日光灯中充有少许汞蒸气，接通外电路后，低压汞蒸气将电能转换为254 nm的紫外线，这些紫外线照射涂在灯管壁上的荧光材料，使它发出可见光。卤磷酸钙[$3Ca_3(PO_4)_2 \cdot Ca(F,Cl)_2$: Sb,Mn]是早期使用的荧光材料，这是一种宽谱带发光材料，但发光光谱中缺少红色组分，抗老化性能差。1970年前后，有关颜色视觉研究发现，人眼对450 nm、540 nm和619 nm附近的窄带发光有很强的色觉反应，因此用能发射上述三个波段的发光材料混合制作灯粉，可以得到效率高、视觉效果好的荧光灯。灯用荧光粉有：红粉 Y_2O_3 : Eu(λ_{max} = 611 nm)、绿粉 $MgAl_{11}O_{19}$: (Ce,Tb) (λ_{max} = 544 nm)和蓝粉 $Mg_2Al_{16}O_{27}$: (Ba,Eu) (λ_{max} = 450 nm)，将这三种荧光粉按一定比例混合，可以得到不同光色的荧光粉。相应的三种材料称为三基色粉，采用这种荧光粉的灯称三基色荧光灯，目前广泛使用的节能型荧光灯就以此为基础。

电视机也与荧光粉密切相关。彩色显像管用荧光粉也由红绿蓝三基色粉组成：红粉为 Y_2O_2S : Eu，绿粉有 ZnS : (Cu, Al)，蓝粉有 ZnS : Ag。当打开电视，显像管中发射阴极射线，随着阴极电流信号变化，所激发的三种粉发光强弱亦变化，从而显示各种绚丽的色彩。

电视所用荧光粉属于短余辉材料，即要求激发停止后，材料受激发光亦在一定的时间内停止，不然，前一幅图像未消失，后一幅图像又出现，电视上就会出现拖影、画面不清晰等现象，但余辉时间太短又会导致闪烁。根据不同需要，电视用荧光粉余辉时间一般从几千纳秒(ns)到几毫秒(ms)。与之相反，还有一种长余辉材料，这种荧光粉受激发光，当激发停止后其发光仍能持续一段时间，从几分钟至几小时不等。这种材料已被用做道路标志，汽车行驶时，司机可以借此清楚地辨别所处方位和道路情况。其他还有各种发光材料，如X射线发光材料、平板显示发光材料、LED(发光二极管)发光材料等等。荧光材料也用于钞票、增值税发票及各种标识印刷中，作为防伪标志。

5. 物质的磁性与磁记录材料 γ-Fe_2O_3

磁性是物质的一种属性。无机固态物质显示的磁效应有反磁性、顺磁性、铁磁性、亚铁磁性和反铁磁性。反磁性是物质所具有的一种基本性质，即物质在外磁场的作用下均产生与外磁场方向相反的磁效应，因此若物质中的电子均已成对，则显示**反磁性**。但是，如果物质中存在未成对电子，则显示出除反磁性以外的磁效应：若不同原子上的未成对电子取向随机分布，物质具有**顺磁性**；若不同原子上的未成对电子取向平行，物质具有很大的总磁矩而显**铁磁性**；若不同原子上的未成对电子取向反平行且物质的总磁矩为零，显示**反铁磁性**；若自旋取向虽然反平行，但两种取向的未成对电子数不相等，物质仍存在净磁矩，则显示**亚铁磁性**。

显然，物质的磁性与其相应的未成对电子数及结构密切相关。由于未成对电子通常定域在金属阳离子上，因此分别具有未成对d电子和f电子的过渡金属和镧系元素及其化合物是磁性材料的主要来源。过渡金属Cr、Mn、Fe、Co、Ni、大部分镧系元素及其合金显示铁磁性或反铁磁性。第一过渡系列金属的氧化物MO的磁性随d电子数的变化而呈现有规律的变化。TiO、VO和CrO是反磁性的，而MnO、FeO、CoO和NiO在高温下是顺磁性的，而在低温下呈反铁磁性。磁性氧化物中，最典型的一类是化学式为 MFe_2O_4 的铁氧体，此处M为二价离子(如 Fe^{2+}, Ni^{2+}, Cu^{2+}, Mg^{2+})，这类材料广泛应用于变压器磁芯、磁记录材料及其他信息储存器件。它们均采取尖晶石型结构。图16.6给出尖晶石 $MgAl_2O_4$ 的结构。其中氧离子采取立方密堆积，Mg^{2+} 占据四面体位置，而 Al^{3+} 占据八面体

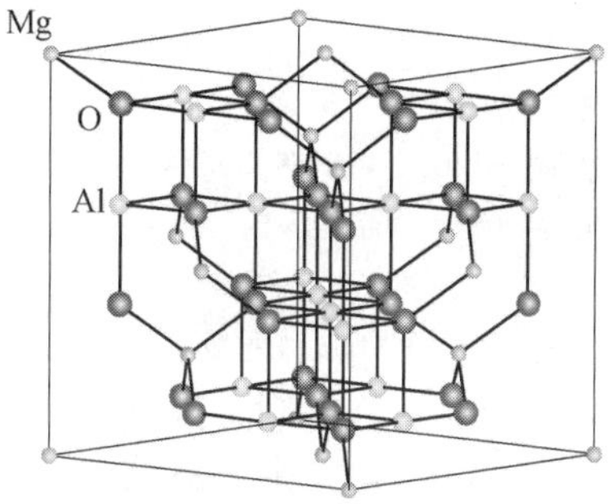

图 16.6 尖晶石 $MgAl_2O_4$ 的结构

位置，此为正尖晶石结构。铁氧体 MFe_2O_4 可采取与 $MgAl_2O_4$ 的完全相同的结构方式，即 M^{2+} 占据四面体位置，而 Fe^{3+} 占据八面体位置，也可以采取反尖晶石结构，即一半的 Fe^{3+} 占据四面体位置，M^{2+} 与另一半的 Fe^{3+} 占据八面体位置。实际结构中，离子在不同位置的分布也可以介于正、反之间。

这些铁氧体通常是反铁磁性或亚铁磁性的。这是因为四面体位置上的离子与八面体位置上的离子磁矩的排列反平行。例如 $ZnFe_2O_4$ 结构为反尖晶石型，Zn^{2+} 没有未成对电子，四面体位置的 Fe^{3+} 与八面体位置的 Fe^{3+} 的磁矩正好抵消，所以 $ZnFe_2O_4$ 的总磁矩为零，显示反铁磁性。Fe_3O_4 也采取反尖晶石型结构，显亚铁磁性，这是因为四面体位置的 Fe^{3+} 与八面体位置的 Fe^{3+} 的磁矩正好抵消，而八面体位的 Fe^{2+} 有未成对电子，所以 Fe_3O_4 有一定的总磁矩；若将 Fe_3O_4 氧化，可得 γ-Fe_2O_3，它是一种缺陷的尖晶石结构。

γ-Fe_2O_3 以其稳定性好、价格低廉、磁性能良好的特点，广泛用做录音录像带、计算机磁盘中的磁记录材料。作为磁记录用 γ-Fe_2O_3 磁粉，除要求良好的磁性能外，也要求适宜的“粒子性能”，即大小适当（0.1～1 μm），针状比好（10∶1～15∶1），粒子内部孔洞少，表面光洁，大小均匀，分散性好。γ-Fe_2O_3 属立方晶系，难以直接得到外形为针状的产物，为制得性能良好的针状 γ-Fe_2O_3，需要巧妙设计相应的化学制备过程：通常首先合成针状羟基氧化铁，然后控制适当的脱水、还原、氧化条件，实现羟基氧化铁向 γ-Fe_2O_3 的“拓扑”转化。例如，以亚铁盐为原料，通过 α-FeO(OH) 中间产物制备 γ-Fe_2O_3 的反应过程如下：

（1）针状 α-Fe O(OH)的形成：

$$4Fe^{2+} + O_2 + 8OH^- \longrightarrow 4\ \alpha\text{-}FeO(OH) + 2H_2O$$

（2）α-FeO(OH)向 γ-Fe_2O_3 转化：

$$\alpha\text{-}FeOOH \xrightarrow[550℃]{N_2} \alpha\text{-}Fe_2O_3 \xrightarrow[370℃]{H_2} Fe_3O_4 \xrightarrow[235℃]{空气} \gamma\text{-}Fe_2O_3$$

若进一步利用钴的氧化物改性 γ-Fe_2O_3，可进一步改善磁粉的磁性能，满足高档录音录像带等高性能仪器磁带的要求。

6. 纳米材料

1959 年，美国著名的物理学家、Nobel 物理奖得主 R. P. Feynman 设想：若逐级地缩小所操纵物质的尺寸，以致最后由人类直接排布分子、原子来制造产品，那么将会产生什么奇迹呢？现在，我们正处于一个“纳米科技”时代。无孔不入的纳米机器人、方便灵巧的纳米发动机、耐脏抗菌的纳米衣料、坚韧耐磨的纳米缆绳等等，成为人们津津乐道的话题。

纳米是一种长度计量单位。1 纳米等于 1 米的 10 亿分之 1（$1\ nm = 10^{-9}\ m$）。如此微小的尺寸，人类用肉眼不能分辨，甚至用光学显微镜、电子显微镜都难以明辨。通常将**尺寸在 1 nm 到 100 nm 之间的粒子称为纳米粒子**，由纳米粒子形成的材料称为纳米材料。纳米材料的独特性质，可以从以下几个方面分析：

（1）小尺寸效应

纳米粒子介于原子、分子和宏观物体之间，是由有限分子、原子结合而形成的集合体。在纳米层次上，物质的尺寸不大不小，所包含的原子、分子数目不多不少，其运动速度不快不慢。由此而决定了其性质既可以不同于宏观物体，也可能区别于原子和分子。例如，当纳米材料的尺寸与光波波长、传导电子的 de Broglie 波长等物理特征尺寸相当甚至更小时，一般晶体材料赖以成立的周期性边界条件将难以满足，声、光、热、电、磁等性质会出现变化。例如，金的熔点是 1063℃，而纳米金只有 330℃；纳米铁的抗断裂应力比普通铁高 12 倍，硬度高 100～1000 倍。

（2）表面与界面效应

随着物质粒子尺寸的减小，比表面积急剧加大，表面原子数迅速增加。以一种密度为 $6.0\ g \cdot cm^{-3}$ 的固体为例：若其粒子为圆形，当微粒半径为 1 mm，比表面为 $5.0\times10^{-4}\ m^2 \cdot g^{-1}$；当微粒为 1 μm 时，比表面为 $5.0\times10^{-1}\ m^2 \cdot g^{-1}$；当粒子尺寸小到 1 nm，比表面高达 $5.0\times10^{2}\ m^2 \cdot g^{-1}$。不仅如此，更重要的是位于纳米颗粒表面的原子占总原子数的份额很大，由于表面原子化学键不饱和，表面过剩自由能很大，纳米粒子处于热力学不稳定状态，加上纳米颗粒表面存在许多缺陷，具有很高的活性，特别容易吸附其他原子或与其他原子发生化学反应。因此，这种表面作用不仅引起纳米粒子表面输运和构型的变化，也使得由纳米粒子聚集形成的材料性能发生变化。例如,常见的陶瓷器皿又硬又脆,一摔就碎,这是因为烧制陶瓷的泥土颗粒比较大;如果把泥土的颗粒缩小到纳米尺度,得到的陶瓷可以像弹簧一样具有韧性。

(3) 量子尺寸效应

随着粒子尺寸的减小,其中所包含的原子数目也相应减少,导致金属费米能级附近的电子能级由准连续变为离散,对于小到一定尺寸的纳米颗粒,由于所含电子数很少,可以形成分立的能级。若分立的能级间隔大于热、磁、电及光子能量等特征能量时,则引起能级改变、能隙变宽,使粒子的发射能量增加,吸收向短波方向移动,这种现象叫做量子尺寸效应。例如,CdS 颗粒为黄色,若制成纳米粒子则变为浅黄色。

人类能够进入神奇的纳米世界,扫描隧道显微镜 (Scanning Tunneling Microscopy, 缩写为 STM)的发明起到十分重要的作用。光学显微镜分辨率约为 $10^{-6}\sim 10^{-7}$ m,电子显微镜分辨率可达 10^{-8} m。上述显微镜已经充分展现了微观世界的奥妙,但相对于纳米尺度仍远远不够。20 世纪 70 年代末期,IBM 公司设在瑞士苏黎士的实验室的科学家研究的"超导隧道效应"为扫描隧道显微镜的发明奠定了基础。受科学家研究物质形貌时常采用的"驱动探针扫描样品表面"方法启发,他们相信利用导体的隧道效应也可以探测物体的表面并得到表面的形貌。1981 年,世界上第一台具有原子分辨率的扫描隧道显微镜诞生。这项天才的发明被称为"原子世界的眼睛",通过它人类得以真正"看到"原子、分子世界的奇异情境。

那么,STM 是如何工作的? 它为什么有如此高的分辨率呢? 电路知识告诉我们,如果在一段导体的两端加上电压,形成回路,就会有电流流过这个导体;如果把导体弄断并分开,也就没有电流了。但是,如果把断为两截的导体放得非常非常近,比如说距离控制到小于 1 nm,情况又会怎样呢? 此时导体似断非断,奥妙也就在这里! 量子力学认为粒子具有波粒二象性,粒子能够以一定概率穿越比其总能量高的势垒的现象称为量子隧道效应。根据量子力学理论的计算和科学实验的证明,当具有电位势差的两个导体之间的距离小到一定程度时,电子将存在一定的概率穿透两导体之间的势垒从一端向另一端跃迁,这种电子跃迁的现象在量子力学中被称为隧道效应,而跃迁形成的电流叫做隧道电流。扫描隧道显微镜的基本原理就是利用加上高电压的探针与样品在近距离(<0.1 nm) 时产生的隧道电流来"感觉"原子的。样品的表面由于原子的排布而"凹凸不平"。扫描隧道显微镜的探针非常尖锐,通常只有一两个原子那么尖,当探针在样品表面有规律地运动时,若运动到样品表面有原子(凸处)的地方,隧道电流就加强;而运动到没有原子的地方(凹处),电流就相对弱一些,与探针相连的电流器会测出探针上电流的变化。通过这一微小的变化,科学家就可以通过计算机"探测"到原子的存在。

利用扫描隧道显微镜,人类不仅可以"观察"原子,还可以重新排布原子,即通过探针的针尖从样品表面吸起原子移到预定的地方。1990 年,IBM 公司的科学家用显微镜的探针将氙原子吸起,一个一个地把它们放到一块金属铁的表面上,组成由 35 个原子拼写的英文字母"IBM"。这是一项划时代的成果,它意味着人类首次可以对物质表面的原子进行操纵! 图16.7(a)是用 CO 分子排成的小人,(b)是中国科学院化学所的科研人员基于电脉冲诱导氧化法利用纳米加工技术在氢钝化的 p 型 Si (111) 表面上刻蚀出的中国科学院院徽的图案。

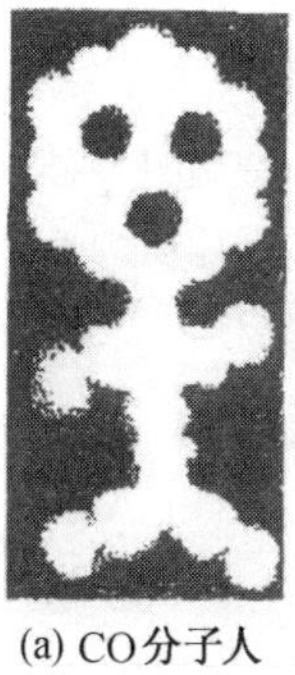

(a) CO分子人

(b) Si表面的微型院徽

图 16.7 STM 下的纳米加工技术

在 0.1 nm 到几百纳米的尺度范围内对原子、分子及原子团进行观察、操纵和加工的技术称为纳米技术。纳米技术已广泛应用于光学、医药、半导体、信息通讯等领域。随着纳米技术的发展，它对环境和人可能造成的负效应也开始引起关注。例如，许多化妆品已包含纳米颗粒，它在皮肤上的吸附和对皮肤的毒性如何？纳米颗粒进入饮用水后产生怎样的影响？它同水中其他污染物如何相互作用？纳米颗粒对操作者肺部组织影响如何？环境中纳米颗粒在什么条件下可能吸收或以后释放环境污染物？等等。

尽管如此，我们期待有关纳米效应本质的进一步研究会带给我们更多更大的惊喜。

16.2.3　高分子材料

20 世纪被誉为"高分子时代"。事实上，天然高分子，如蛋白质、淀粉、纤维早于生命而存在，生物高分子也是人体构造的重要基础物质之一，但高分子材料作为一门科学而受到重视始于 20 世纪，这主要是由于人工合成高分子的迅速发展及人类对高分子的形成、结构和性能的认识。目前，人工合成的高分子已有 6000 多种，年产量近 2 亿吨。各种高分子材料不仅遍及信息、能源、航空航天以及国防等高科技领域，而且融入了人们的日常生活。我们穿的有聚酯衬衫，用的有聚乙烯手提箱，踩的有聚丙烯地毯，乘坐的汽车使用的是聚异丁烯轮胎，记录数据用聚乙酸酯软盘，谈论着"全塑汽车"及复合聚合物飞机等等。

1. 高分子形成的化学基础

高分子通常是指以共价键结合而形成的高分子量的化合物，其相对分子质量一般在几百到几百万之间，通常可达 1 万以上。这类化合物有时被称为高分子(macromolecule)，有时又叫聚合物(polymer)。如果说存在差别的话，高分子着眼于综合的效果——高分子量，而聚合物指出了高分子形成与结构的特点。英文中"polymer"由"poly-"(含义为"多")和"-mer"(含义为"链节")组成，即这一类化合物是由"许多链节"组成的化合物，由具有相同化学结构的单体(monomer)经过化学反应而聚合连接在一起。组成高分子的元素主要有碳、氢、氧、硅、硫等，其核心元素是碳；碳原子成键时化合价为 4 价，它既可以彼此相连也可与其他元素相接，这是高分子结构形成的基础。高分子或聚合物形成的化学反应主要有两类：加成聚合与缩合聚合。

(1) 加成聚合

含有双键或叁键的分子可以互相连接起来使双键变为单键或叁键变为双键的反应为加成聚合反应，简称加聚反应。例如，以乙烯单体合成聚乙烯：

$$n\,CH_2=CH_2 \xrightarrow{\text{加聚}} \left[CH_2-CH_2 \right]_n$$

碳-碳之间存在的不饱和键(双键或叁键)是加聚反应的基础。理论上，只要分子中存在双键或叁键，就有可能作为单体参与多聚物的形成，如氯乙烯、丙烯、苯乙烯、四氟乙烯等等。如果只有一种单体参与反应，称之为"均聚"；若有两种或两种以上的单体参与聚合，即为"共聚"。如果分子中存在叁键或共轭双键，聚合后高分子链中仍会有双键存在，这种高分子可以显示出特殊的性能，也可以经进一步处理而得以改性。如改性聚乙炔是良好的导电材料，聚丁二烯经硫化交联显示出很好的弹性。

(2) 缩合聚合

有机分子中，碳原子可以与 O、N、S 等元素相连接，分子中形成—OH、$—NH_2$、—COOH、—SH 等官能团。它们的存在使得有机物性质更为丰富多彩。含有双官能团或多官能团的单体分子通过分子间官能团的缩合反应而相互连接起来，同时放出水、氨、醇等小分子化合物的反应称为缩合聚合反应，简称缩聚反应。例如，以己二胺 $H_2N(CH_2)_6NH_2$ 和己二酸 $HOOC(CH_2)_4COOH$ 反应制备尼龙-66：

$$H_2N(CH_2)_6NH_2 + HOOC(CH_2)_4COOH \xrightarrow[-H_2O]{\text{缩聚}} \left[\overset{H}{\overset{|}{N}}-(CH_2)_6-\overset{H}{\overset{|}{N}}-\overset{O}{\overset{\|}{C}}-(CH_2)_4-\overset{O}{\overset{\|}{C}} \right]_n$$

利用缩聚反应，可以合成许多重要的高分子材料，如聚酰胺、聚酯、聚碳酸酯、酚醛树脂等等。表 16.6 列出了几种常见高分子材料的基本情况。

表 16.6　几种常见的高分子材料

名　称	英文缩写	单　体	化学式	商品名
聚乙烯	PE	$CH_2=CH_2$	$-(CH_2-CH_2)_n-$	乙纶
聚丙烯	PP	$CH_3CH=CH_2$	$-(CH_2-\underset{\mid}{CH}(CH_3))_n-$	丙纶
聚氯乙烯	PVC	$CH=CHCl$	$-(CH_2-CH(Cl))_n-$	氯纶
聚苯乙烯	PS	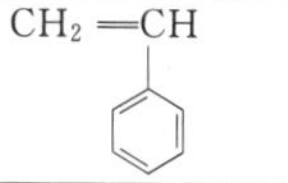	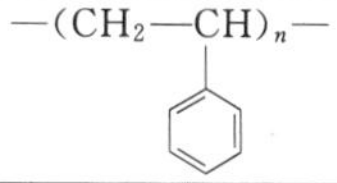	—
聚丙烯腈	PAN	$CH_2=CH(CN)$	$-(CH_2-CH(CN))_n-$	腈纶
聚四氟乙烯	PTFE	$CF_2=CF_2$	$-(CF_2-CF_2)_n-$	特氟隆
聚对苯二甲酸乙二酯	PET	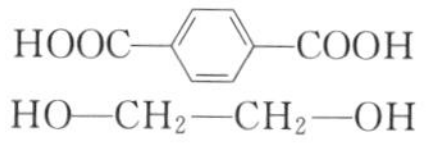	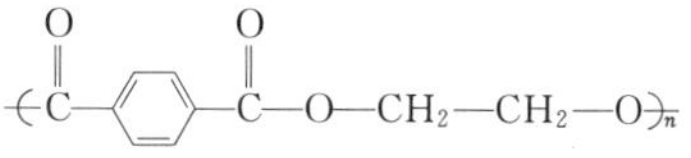	涤纶 的确良
聚己二酰己二胺	PA	$HOOC-(CH_2)_4-COOH$ $H_2N-(CH_2)_6-NH_2$	$-[NH-(CH_2)_6-NH-CO-(CH_2)_4-CO]_n-$	尼龙-66 锦纶-66
聚异戊二烯	PIP	$H_2C=CH-C(CH_3)=CH_2$	$-[H_2C-CH=C(CH_3)-CH_2]_n-$	异戊橡胶

2. 三大合成材料——塑料、合成纤维与合成橡胶

(1) 塑料

指在一定温度和压力下可以加工成型的高分子材料。在三大高分子材料中，塑料占 80%，至 2009 年世界塑料年产量已高达 2.3×10^8 t，我国年产量已达 0.58×10^8 t。这类材料具有良好的成型性、成膜性、绝缘性、耐酸碱性、耐腐蚀性、低透气透水性等特点，广泛用于家电产品、汽车、家具、包装用品、农用薄膜等许多方面。在塑料中占 80%的通用塑料以“四烯”为代表——聚乙烯、聚丙烯、聚氯乙烯与聚苯乙烯，其中**聚乙烯**最典型。乙烯在不同条件下进行加聚反应得到的聚乙烯性能不同：在高压下由自由基引发聚合反应，得到高压聚乙烯，其支链化程度高，分子排列的规整性差，不宜紧密排列，因此结晶度差，密度低，这种聚乙烯性软，熔点低，可做奶瓶、玩具、食品袋等软塑料制品；若利用 Ziegler-Natta 催化剂，在低压下引发反应，得到的聚乙烯线性好，容易排列规整、紧密，结晶度高，因此强度大，熔点高，刚性强，适宜于用做强度、硬度要求高的制品，如桶、瓶、管子等等。**聚氯乙烯**比聚乙烯耐酸碱、耐摩擦，可用于制造雨衣、唱片、水管，但它在光照下会分解放出氯化氢，不能用做食品袋。**聚丙烯**中带有$-CH_3$ 基，这样聚合物在$-CH_3$ 基处有点弯曲而产生螺旋，所以有较好的弹性，比水轻，结实、耐潮、耐腐蚀，可以制作缆绳、容器等。

此外，还有“特氟隆”(Teflon)。特氟隆是美国杜邦公司对其所有的碳氟树脂类产品的总称，包括**聚四氟乙烯**(PTFE)、聚全氟乙丙烯等。其中，聚四氟乙烯最引人注目，有“塑料之王”的美誉。聚四氟乙烯中，F 原子取代了所有的 H 原子，由于 F 原子体积大、电负性高，使这种材料具有独特的性能，它具有优异的耐热性(≈250℃)和耐低温(−200℃)性，耐化学腐蚀和耐老化性能，与浓氢氧化钠、王水甚至原子能工业中的强腐蚀剂五氟化铀都不发生作用，化学工业用它制造管、阀、环、密封圈及设备衬里，还可以用做电线电缆的绝缘材料等等。聚四氟乙烯还有优良的自润滑特性，用它替代钢制造轴承，可以避免加润滑油的麻烦。聚四氟乙烯还具有良好的生物兼容性，医学上用做人工血管、气管及肺透析膜材料等。

(2) 合成纤维

纤维指柔韧而细长的丝状物，要求有一定的长度、强度和弹性。纤维分天然纤维和化学纤维两大类：自然

界中存在如棉、麻、毛和蚕丝等称为天然纤维，化学纤维又分人造纤维和合成纤维。利用自然界存在的原料纤维素(如蔗渣、芦苇、云杉)、蛋白质(如大豆蛋白、玉米蛋白)等经化学处理和机械加工而制得的纤维，称人造纤维；而以煤、石油或天然气作原料制备单体，经过聚合反应并加工而得到的纤维称合成纤维。常见的合成纤维有“四纶”：丙纶、腈纶、锦纶和涤纶。**丙纶**即聚丙烯，它既可用做塑料，也可用做纤维。由于它具有弹性，拉紧时可以伸直变长一点，松开时又发生收缩，可以用来织渔网、毛线和地毯。**腈纶**即聚丙烯腈，又称“人造羊毛”，它可用来织毛线、窗帘和帷幕等等，结实保暖。**锦纶**又称尼龙，是聚酰胺纤维的总称。根据所用原料的种类和原料单体中的碳原子数，又称尼龙-*n*。例如，由己内酰胺一种单体为原料缩聚而形成的尼龙，称尼龙-6，由己二酸和己二胺缩聚而得到的产物为尼龙-66，以此类推。尼龙易洗、不缩皱，特别是强度高，可以拉成细丝，这是因为聚酰胺分子之间存在氢键，分子间作用力强。**涤纶**，俗称的确良，是一类聚酯纤维，最有代表性的是聚对苯二甲酸乙二酯，它具有轻、薄、挺括等特点。合成纤维使人们的衣着打扮更加丰富美丽多彩，但也存在一些缺点，如静电作用强、透气性差等。为改进合成纤维的舒适度，化学家也在不断寻找新的纤维材料，如维纶，即聚乙烯醇缩醛纤维，其单体有乙烯醇，由于结构中含有—OH基，亲水性较好、透气性强，又被称为“合成棉花”。

(3) 橡胶

橡胶为高弹性的高分子化合物。它伸缩自如，不管如何碰撞和打击都能保持自己的形貌。橡胶还具有耐磨、抗腐蚀、不透水、不导电等特性，可以用来制造用具、球类。当然，它最大的用途还是制作轮胎，从汽车到飞机，从火箭到飞船都离不开橡胶。橡胶有天然橡胶和合成橡胶之分。天然橡胶产于热带地区的一种乔木——橡胶树，当割开橡胶树干，便有牛奶似的胶液从树皮里流出，它凝固后再经过加工，就成为橡胶。随着人类工业化的步伐，天然橡胶的品种和数量已远远不能满足需要。于是，科学家开始考虑人造橡胶。通过分析得知，天然橡胶为聚异戊二烯，一个天然橡胶分子由约1万个左右的异戊二烯单体聚合而成。了解了橡胶分子的组成和性质，就打开了合成橡胶工业的大门。科学家先后合成了丁钠橡胶、丁苯橡胶、氯丁橡胶、丁腈橡胶、异戊橡胶等。丁钠橡胶以丁二烯为原料，金属钠作催化剂合成得到，除用来做胶鞋、胶管外，因耐磨性差，已基本淘汰；丁苯橡胶是丁二烯与苯乙烯的共聚物；氯丁橡胶单体为2-氯代丁二烯；丁腈橡胶是丁二烯和丙烯腈的共聚物；异丁橡胶又称丁基橡胶，为异丁烯与少量异戊二烯共聚而成。上述单体聚合形成的高分子链中仍存在双键，在体系中添加硫粉而使链间发生硫化交联，使橡胶的弹性大大增加。另外，在橡胶制备过程中填加炭粉，可以大大加强橡胶的耐磨性。

(4) 功能高分子材料

上述三大合成材料主要利用的是结构工程性质。具有特殊的光、电、磁、分离等性能的高分子功能材料也非常重要。例如光致变色高分子、液晶高分子、导电高分子、光导电高分子、压电及热电高分子、铁磁性高分子、高分子离子交换树脂、高分子分离膜等。此外还有生物功能高分子材料，如用做人工脏器、人造皮肤、骨骼、牙齿等的医用高分子，要求有生物相容性；药用高分子，可以将药物的活性成分接在高分子链上，进入体内后分解产生药物的有效成分，也可以将药物的活性成分用高分子包裹或混合后带入体内，用以控制药物释放速度，从而达到药物使用的长效性和高效性；医疗器械与诊断材料，如临床诊断与分析化验用的高分子材料，包括细胞培养器和生物传感器等。

(5) 废旧塑料与白色污染

高分子材料在给人类带来美好生活的同时，也引起了一些负面效应，其中最明显的是“白色污染”。随着塑料制品产量增大、成本降低，大量的商品包装袋、液体容器以及农膜等采用塑料制品，这些制品用过后即作为垃圾丢弃，由于高分子材料在自然环境下降解缓慢，再加上环境道德意识薄弱，随手乱扔废弃塑料制品，使其遍地可见，随风飘飞，成为严重的公害。聚氯乙烯塑料中残存的氯乙烯单体，能引起使前指骨溶化称为“肢端骨溶解症”的怪病；塑料制品在动物体内无法被消化和分解，误食后会引起胃部不适、行动异常，甚至死亡；农田里的废农用塑料膜会影响土壤透气性，阻碍水分流动和作物根系发育，使土壤环境恶化。塑料制品中的各种添加剂对环境的危害也不容忽视。为了妥善地解决“白色污染”问题，化学家们正在改变着塑料本身的组成和结构，使之在自然界中经过不太长的一段时间可以完全分解。如，光分解型塑料，其中的高分子链上引入了对人工光线安全稳定的光敏基团，但是在太阳光中的紫外线照射下，光敏基团吸收足够的能量而使高分子链断裂，使塑料得以分解；还有生物可降解型塑料，这类塑料的高分子链上引入一些基团，可使其被空气、土壤中的微生物作用而断裂为碎片，进而将其完全分解。同时，我们每个人也应该养成良好的习惯，或回收利用，或分类投放，共同维护我们的美好家园。

16.2.4 复合材料

复合材料广泛存在于自然界的生物体中，如动物骨骼和牙齿。材料的组合体可以将其组成中各种物质的优势发挥到极致。人类有意识地制造复合材料始于20世纪40年代，当时制造飞机需要密度小而强度高的材料，制造潜艇的材料既要耐海水腐蚀，又要防磁，以避开鱼雷的袭击。于是，人们设法把两种甚至更多的材料结合起来，让它们取长补短，相得益彰。玻璃钢是由玻璃纤维作增强体与高聚物(树脂)复合而成，名字应该叫"玻璃纤维增强塑料"，由于它像钢一样坚韧并富有弹性，被誉为"玻璃钢"。玻璃钢的密度仅为铁的1/4，它耐水、耐氧、耐酸，价格也较便宜，现已广泛用于船舶、车辆、化工管道和储罐、建筑结构、体育用品等方面。玻璃钢为普通复合材料，为适应更苛刻条件的要求，如航天飞机的保护层及耐热层需要性能更好的复合材料，可用高性能增强体如碳纤维、硼纤维等，也可以由金属基、陶瓷基材料与高性能聚合物构成。它们性能虽然优良，但价格相当昂贵，主要用于国防工业、航空航天、精密机械、深潜器、机器人结构和高性能体育用品等。复合材料提供设计和复合效应，会使材料的品种更加丰富，性能更为优越，具有广阔的发展前景。

以上介绍仅仅展现了丰富奇妙的材料世界的几个侧面。在材料世界也还有许多未知的现象有待于研究探索。了解材料的结构，探讨并理解材料的性能，进而改进并设计合成特定性能的新材料，已经成为材料科学的研究方向。合成新材料、发现新性能、探索新用途是材料科学义不容辞的责任，探索物质的组成、结构与性能的关系，从而预测、发现并设计新的材料，正是化学家孜孜以求的目标。材料科学作为一门综合性的学科，化学是其中最活跃的领域之一。首先，化学肩负着发现和合成新物质、认识新结构的任务，化学家是最早看到新分子和新材料的人，这项工作既充满挑战，又有近水楼台先得月的兴奋；其次，材料性能的优化、材料的改性及材料的制备工艺也往往以化学过程为基础，正是化学家得以施展身手的舞台。随着科学技术的进一步发展，人类也必然会发掘出更多的新功能材料，并将其派上大用场。

16.3 环境与可持续发展
(Environment and Sustainable Development)

自18世纪工业革命以来，人类社会的生产力得到了空前的发展，随着技术的进步，人类生活的舒适度也不断提高。然而，人口剧增，资源的过度开采，废物的不断排放使大自然无法承受如此沉重的负荷，生态平衡破坏，全球气候变暖，臭氧层空洞，酸雨及水体污染，土地沙漠化，生物多样性锐减，大自然对人类的报复也越来越频繁，越来越剧烈，人类面临着严峻的挑战。"环境与发展"已经成为人类共同关心的话题。

环境污染类型有多种划分法：若按污染物性质划分，可以分为物理污染、化学污染和生物污染；若按污染产生的原因划分，则可以分为生活污染、工业污染、农业污染和交通污染；环境学界则按环境要素来区分，分为大气污染、水体污染和土壤污染。不论怎样，污染的产生、发展与判断以及治理都与化学有着密切的关系。本节举例介绍大气污染、水体污染的种类及可能的解决方法，最后综述几个令人关注的环境事件。

16.3.1 大气污染与保护

大气中的物种按物理状态分类有气体、液体和固体；按粒子大小区分，有原子、分子、气体分散胶体以及微粒。原子、分子或离子，是构成大气的主体。气体分散胶体是指大小为$10^{-9}\sim10^{-5}$ m的颗粒或液滴，一般含$10^3\sim10^{12}$个原子、离子和小分子；微粒指尺寸大于10^{-5} m的粒子。正常的大气中仅含有极微量的污染气体，例如CO含量1.0 mg·m^{-3}，SO_2含量0.15 mg·m^{-3}，氮氧化物(以NO_2计)含量0.15 mg·m^{-3}，这些污染物的“本底浓度”很低，对人及其他生物、设施不会构成危害。但随着工业发展、汽车普及以及人类的其他各种活动增加，不仅增加了大气中上述污染物的数量，还引入了碳氢化合物、氟里昂及其他气体，由此导致大气污染。

大气污染按产生过程分类有一次污染物和二次污染物，直接排放出来的污染物为一次污染物，一次污染物经一系列化学反应过程而形成的污染物称二次污染物。按污染物的种类划分，则主要有八类：

（1）含碳化合物：CO 与 CO_2

（2）含硫化合物：SO_2，SO_3，H_2S，$(CH_3)_2S$，H_2SO_4

（3）含氮化合物：NO，NO_2，NH_3，HNO_3，N_2O

（4）碳氢化合物及其衍生物（烃类，醛，酮）

（5）光化学氧化剂：O_3，PAN，H_2O_2

（6）含卤化合物：HF，HCl，$CF_{4-x}Cl_x$

（7）颗粒物：烟尘，H_2SO_4 雾滴，HNO_3 雾滴，重金属元素

（8）放射性物质

以下分别介绍几种主要的污染物。

（1）CO

CO 产自含碳物质的不完全燃烧，它无色、无味、不溶于水，和血红蛋白结合的能力比 O_2 强 250 倍，会抑制血液中的“氧传输”，导致“煤气中毒”。若空气中的 CO 体积分数达到 0.1%左右，就可使血液中半数的血红蛋白成为一氧化碳血红蛋白，造成人体缺氧、晕眩、恶心、昏迷甚至死亡。

自然界中，CO 可以被土壤吸收，在微生物的帮助下转化为 CO_2。为抑制 CO 的排放，可以通过改善燃煤装置使空气流通而保证煤的充分燃烧，燃烧尾气应通向室外以避免 CO 积累。在汽车中，改进发动机结构与工作状态并安装尾气净化装置以控制尾气排放。汽车尾气净化器实际上是一个催化转化装置，其活性组分为贵金属（如 Pd，Pt），为保证贵金属催化作用的充分发挥，通常将其分散在高比表面的载体如 γ-Al_2O_3 上，并利用 CeO_2 对 γ-Al_2O_3 进行修饰。CeO_2 具有萤石型结构，结构中可以形成氧空位。在贫燃条件下，CeO_2 很快转化为 CeO_{2-x} 而释放出氧气，在富氧条件下再可逆地吸氧变为 CeO_2，具有“储氧”功能，从而保证 CO 的转化。在催化剂的作用下，尾气中的 CO、NO_x、碳氢化合物 C_xH_y 发生如下化学反应：

$$2CO + 2NO \longrightarrow 2CO_2 + N_2$$

$$C_xH_y + O_2 \longrightarrow CO_2 + H_2O$$

$$NO_x \longrightarrow N_2 + O_2$$

从而使尾气中 CO、C_xH_y 和 NO_x 的含量大大降低。这类催化剂又称为“三元催化剂”。

（2）SO_2

SO_2 主要源于含硫煤炭的燃烧。它是一种还原性气体，无色，有刺激性气味，对植物有漂白的作用。SO_2 在空气中存在时间较短，它可以附着在空气中的漂浮微粒上，在光照下转化为 SO_3，SO_3 吸附水而转化为 H_2SO_4，形成酸雾。因此，要控制 SO_2 的排放，减轻其危害。以往采取高空排放，以避免 SO_2 在低空积聚而对人类和其他生物产生强危害。但要从根本上解决问题，应该控制 SO_2 的产生，例如，煤使用之前要经过筛分以除去含硫矿物；在烧煤的炉膛中添加石灰石（$CaCO_3$）、白云石粉（$CaCO_3 \cdot MgCO_3$），燃烧过程中 $CaCO_3$ 受热分解出 CaO，CaO 与 SO_2 作用而形成炉渣亚硫酸钙（$CaSO_3$）；燃烧产生的烟气再进行湿法或干法脱硫。湿法脱硫是用石灰水等碱溶液吸收烟气中的 SO_2，干法则是利用活性炭或磺化煤吸附有害气体。

（3）NO_x

NO_x 是含氮氧化物 N_2O、NO、NO_2 等的总称。危害严重的污染物主要是 NO 和 NO_2：NO 为无色无味的活泼气体，和血液中血红蛋白的结合能力比 CO 还强，会造成血液缺氧而引起中枢神经麻痹；NO_2 是一种棕红色窒息性气体，毒性高于 NO，它有特殊的刺激性臭味，对呼吸道和肺部有严重的刺激作用，能引起支气管哮喘、肺水肿等疾病，对心、肝、肾造血系统也能造成损害。NO_x 的来源有三条途径：(i) 空气中的氮或燃料中的氮在燃烧过程中与氧气反应，$N_2 + O_2$ 产生 NO 的过程为吸热反应，燃烧的温度越高，生成的 NO 越多；

(ii) 制造和大量使用硝酸的工厂，在生产和使用过程中，排出大量含有氮氧化物的废气；(iii) 城市中 NO_x 主要来源于汽车尾气。汽车尾气中又以 NO 为主，NO 遇 O_2 即转化为 NO_2，NO_2 为光化学烟雾的主要组分：

$$NO + O_2 \longrightarrow NO_2$$
$$NO_2 \longrightarrow NO + O\cdot$$
$$O\cdot + O_2 \longrightarrow O_3$$

NO_2、O_3 均为强氧化剂，可以将碳氢化合物氧化：

$$C_2H_6 + [O] \longrightarrow CH_3CHO + H_2O$$
$$CH_3CHO + [O] \longrightarrow H_3C{-}\overset{\overset{\displaystyle O}{\|}}{C}{-}O{-}O\cdot$$
$$H_3C{-}\overset{\overset{\displaystyle O}{\|}}{C}{-}O{-}O\cdot + NO_2 \longrightarrow \underset{(PAN)}{H_3C{-}\overset{\overset{\displaystyle O}{\|}}{C}{-}O{-}O{-}NO_2}$$

PAN，即硝酸过氧化乙酰，又称过氧乙酰硝酸酯，是一种致癌物。O_3 和 PAN 为光化学烟雾中的二次污染物。NO_x 的消除相对难一些，在用碱液吸收除去 85% SO_2 的条件下，NO_x 只能被除去 5%～15%。目前采取的主要还是贵金属催化还原法，使 NO_x 分解或与还原剂(如 NH_3)反应，生成 N_2。

(4) 碳氢化合物及其衍生物

碳氢化合物可以是烷烃、烯烃、芳香烃等等，C 原子数可以是 1 至多个，甚至几百个。主要源于煤、石油等燃料的不完全燃烧过程或者溶剂油、煤油、汽油、柴油等液体的泄漏。苯与甲苯是许多加工业中常用的溶剂，会诱发神经中毒、白血病等。烃类在空气中可进一步被氧化为醛、酮乃至 PAN，产生次级污染。烟雾、烤制食品过程还可能有 α-苯并芘产生，它是一种多环芳烃，会诱发癌症。

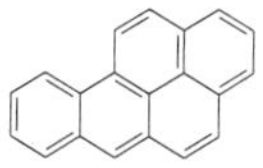

α-苯并芘

(5) 氟里昂(Freon)

氟里昂是一种商品名，指氟氯代烃。为使这类取代烃的性质(如沸点)满足要求，常常进行氟与氯共取代，因此，氟里昂是多种氟氯代甲烷、乙烷、丙烷的总称，英文代号为 CFC，例如 $CFCl_3$(商品名 CFC-11)、CF_2Cl_2(CFC-12)、$C_2Cl_3F_3$(CFC-113)等。氟里昂化学性质稳定，不可燃而且对生物"无害"，因而被广泛用做制冷剂、发泡剂、溶剂等。然而，当氟里昂进入高层大气，在紫外线照射下，可以发生解离，形成自由基 Cl·(氯自由基)，并可进一步与 O_3 发生反应：

$$CF_2Cl_2 \longrightarrow CF_2Cl\cdot + Cl\cdot$$
$$Cl\cdot + O_3 \longrightarrow ClO\cdot + O_2$$
$$ClO\cdot + O\cdot \longrightarrow Cl\cdot + O_2$$

每一个 Cl·(氯自由基)可消耗 10 万个 O_3 分子，从而导致臭氧层破坏。

(6) 大气中的悬浮颗粒

除气体污染外，大气中的悬浮粒子——微粒和气体分散胶体——也会造成污染。大量微粒会引发哮喘、肺气肿，沉降后使植物蒙尘，阻碍光合作用，也可能导致电路接触不良或引发短路，引起机械装置损坏，这些微粒可以吸附有毒气体。微粒一般可以自行沉降。气体分散胶体则可以长时间地分布在大气中，它尺寸小，比表面大，有强烈的吸附作用。气体分散胶体是各种天气现象如云、雨、霞光等发生的重要因素，也可以成为污染物的载体，许多污染气体得助于气体分散胶体表面而发生转化形成二次污染物；它可以吸附水汽而形成水相，随着呼吸进入人体而引起组织破坏。

在空气悬浮颗粒物中，PM10 和 PM2.5 备受关注。PM10 又称为可吸入颗粒物，指粒径小于等于 10 μm 的颗粒物；PM2.5 又称细颗粒物(fine particulate matter)，也称细粒、细颗粒，指粒径小于等于 2.5 μm 的颗粒物。大气中这类悬浮物的存在，会使大气质量变差。

空气中颗粒物来源于自然和人工两大因素：自然因素包括火山喷发、沙漠扬尘、植物花粉传播等过程；而人工因素包括工业过程(如沙石、烟尘)、农业过程(喷洒农药、施用化肥)、露天燃烧等。为防止颗粒物的产生，一方面要保护森林和植被，减少自然危害如沙尘暴的发生，另一方面要合理控制人类活动过程，减少排放。例如，可以加装离心分离、过滤、喷雾、超声波及静电装置，以除去各种颗粒物。

16.3.2　水体的污染与防护

水是滋养生命的摇篮，动物、植物及各种微生物的生存和繁衍都离不开水；水也是一种良好的溶剂，流过岩石，冲刷大地，可以溶解各种各样的物质。千百万年以来，人类汲取大自然所提供的甘洌的清水而繁衍生息。我国的老子赞誉“上善若水，水善利万物而不争”。然而，随着人类社会的发展特别是城市的形成和壮大及工业技术的发展和应用，自然界的水资源也受到极大的污染和破坏。水资源枯竭，水体污染，水体发黑变臭，有毒废物滥排乱放，已经成为摆在人类面前的严峻现实。

1. 水体的状况及其污染

在地球上，水资源看起来极为丰富。地球的表面积约有 $5.1\times10^{14}\ m^2$，其中海洋约有 $3.6\times10^{14}\ m^2$，占地球表面积的 71%。地球上的水总量约有 $1.36\times10^{18}\ m^3$，其中 96.7%的水集中在海洋里，虽然海洋是无比巨大的天然水库，但目前还无法利用。而大陆上所有淡水资源总储量只占地球上的水量的 3.3%，这 3.3%里的约 85%是人类难以利用的两极冰盖、高山冰川和冰冻地带的冰雪。人类真正能够利用的是江河湖泊以及地下水中的一部分，仅约占地球总水量的 0.26%。

自然界的水通过蒸发、凝结、降水、渗透和径流等作用，不断进行着循环。水体具有自我净化污染物的能力——污染物在水中的浓度可自然地降低——即“自净作用”。河流在流动过程中，可将污染物稀释，使之扩散，这是物理净化过程；污染物在水中发生氧化、还原或分解等化学过程，这称为化学净化；水中微生物对有机污染物的氧化、还原、分解的过程则是生物净化作用。

当污染物排放到水体中的量太大，自然净化过程不能应付加到水里的物质时就产生了污染。例如，大面积的森林被砍伐，许多草原被开垦，植被破坏，造成降水减少，水土流失甚至沙漠化；又如修堤筑坝，兴修水利，围湖垦荒等，影响到水的正常循环过程；大量工业和城市污水的排放，化肥、洗涤剂的使用，医院的废水，等等，导致水质恶化，产生水污染。20 世纪 90 年代中期以来，全世界每年约有 $5\times10^{11}\ m^3$ 污水排入江河湖海，造成 $3.55\times10^{9}\ m^3$ 以上的水体受到污染。

水体污染主要有以下几种类型：(i) 需氧废物：各种动物、植物物料；(ii) 致病微生物：细菌和病毒；(iii) 植物养料：硝酸盐，磷酸盐，肥料；(iv) 有机物：杀虫剂，农药，洗涤剂；(v) 其他矿物及无机物：酸、碱、盐，Hg^{2+}，Cd^{2+}；(vi) 其他类型：废热，石油泄漏，放射性。

2. 污染物在水中的作用

(1) 流水不腐与生化需氧量

有机物是城市污水、造纸厂废水的重要组分。有机物主要含 C、H、O、N、S 等元素，它们在水中微生物作用下，可以氧化成简单分子：

$$\text{有机化合物中的碳} \longrightarrow CO_2$$

$$\text{有机化合物中的氢和氧} \longrightarrow H_2O$$

$$\text{含氮有机化合物} \longrightarrow NO_3^-$$

$$\text{含硫有机化合物} \longrightarrow SO_4^{2-}$$

上述过程必须有氧的参与，污水中的有机物是需氧废物。使一定量水样中有机物质氧化所需要的氧气的量叫做**化学需氧量**(chemical oxygen demand，简称 COD)，而有机物被水中需氧微生物分解所需氧气的量称为**生化需氧量**(biochemical oxygen demand，简称 BOD)。若时间和条件充足，有机物均可以完全氧化而变成 CO_2、H_2O、NO_3^- 和 SO_4^{2-} 等简单的无机物。

【例 16.1】 如果某水样中含 0.001%的有机物，若以 $C_6H_{10}O_5$ 表示其组成，计算将其氧化所需的氧气量。

解 水样中有机物含量为0.001%，即1 L水样含0.01 g有机物，若按$C_6H_{10}O_5$计：

$$C_6H_{10}O_5 + 6O_2 \longrightarrow 6CO_2 + 5H_2O$$

$$162\ g \qquad 6\times 32\ g$$

$$0.01\ g \qquad x\ g \qquad x = 0.012$$

即要使1 L水样中的有机物完全氧化，需要的氧气量为0.012 g。20℃、101 kPa条件下，水的饱和溶解氧量为0.0092 g O_2/1 L H_2O。可见，水中有机物氧化所需氧气量还是相当可观的。

若O_2供应不足，需氧量大于供氧量，则水体中的有机质会发生腐烂。有机物中所含的硫和氮，则在厌氧菌作用下发生分解产生H_2S、NH_3，使水质变臭。较大的表面积容许较快地吸收氧，浅而冷的山溪里，水体从空气中吸收氧比温暖而缓慢流动的河湖中快得多，可以及时补充水中所需氧气，所谓"流水不腐"。

化学需氧量(COD)测定：一定条件下，利用化学氧化剂如高锰酸钾、重铬酸钾等氧化水样中的还原性物质，定量测定所消耗的氧化剂的量，再换算成相应的氧气量，即得水样的化学需氧量，以$mg \cdot L^{-1}$表示。化学需氧量越高，表示水中需氧污染物越多。

生化需氧量(BOD)测定：采集指定的水样，向含定量污水样的容器中加入一定体积已知含氧量的NaCl溶液，混合密封，在20℃下保持5天，测定体系中的剩余氧气量，计算所消耗氧气量，即得生化耗氧量。按此方法测得的生化耗氧量以$(BOD)_5$表示：

$$(BOD)_5 = \text{消耗氧气的量(mg)/试样的体积 (L)}$$

根据BOD值的不同可以了解水中需氧废物的情况(见下表)。

BOD	1～3	3～4	> 5	100～400
水质	纯水	可用	纯度可疑	城市污水

(2) DDT的功与过

1962年，美国女科学家Rachel Carson的著作——《寂静的春天》一书出版。书中描述了一幅凄凉的景象：DDT等杀虫剂的使用导致鸟类灭绝，春天失去了鸟儿的歌唱，死一般的沉寂。DDT的化学名称为2,2-双(对氯苯基)-1,1,1-三氯代乙烷，其结构式如下：

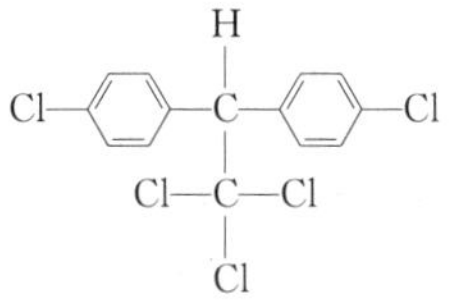

1939年瑞士化学家Paul Muller发现DDT是一种对昆虫有效的神经性毒剂，而对人畜毒性较小。因此，在第二次世界大战期间，DDT大量喷洒使用，以对抗黄热病、斑疹伤寒、丝虫病等虫媒传染病。DDT灭蚊效果特别显著，蚊子的消灭又使全球疟疾的发病得到了有效的控制，挽救了成千上万人的生命。为此，1948年Paul Muller获得Nobel医学奖。战后，DDT作为农药用于农林业，使病虫害得到控制，农作物产量增长。到1962年，全球疟疾的发病已降到很低，世界各国响应世界卫生组织的建议，在当年的世界卫生日发行了世界联合抗疟疾邮票，DDT备受推崇。

恰逢此时出版的《寂静的春天》引起很大反响，在争议甚至指责的声浪中，人类不得不面对DDT及其他杀虫剂使用带来的严峻的环境破坏问题。DDT水溶性差，稳定性好，不易降解，在自然界的生物半衰期为8年。上述特点一度显示出有效控制病虫害的优势。然而，DDT使用十几年之后，一方面，有些昆虫对它产生抗药性，另一方面，它在自然界进入食物链，由于其脂溶性而在动物体内富集。监测表明，在美国长岛的水域中，小鲦鱼体内DDT含量为0.04 $\mu g \cdot g^{-1}$，大鱼中为1 $\mu g \cdot g^{-1}$，而海鸥体内则高达75 $\mu g \cdot g^{-1}$。由于氯化烃会干扰鸟类体内钙的代谢过程，导致鸟类的蛋壳变薄，使其无法正常繁殖，游隼、秃头鹰和鱼鹰数量锐减。杀虫剂甚至可以进入到人和动物的生殖细胞里，破坏或者改变遗传物质DNA。基于此，20世纪70年代以来，许多国家立法禁止使用DDT等有机氯杀虫剂。2001年5月，世界127个国家和地区签署了"斯德哥尔摩公约”，在全世界禁止或限制使用 12 种持续性有机污染物，其中包括 8 种有机氯杀虫剂，4 种其他有机氯化合物。目前尚未找到一种经济有效且对环境危害小的、可替代 DDT 的杀虫剂，疟疾开始在某些地区卷土重来，需要引起警惕。

(3) 重金属污染事件

重金属在人体或动物体内可以与蛋白质作用，也可能取代其他有益元素离子的位置，进而影响正常的生物功能。

汞与“水俣病”　1953 年，在日本九州岛熊本县水俣镇，发生了一幕“疯猫跳海”的事件——一群疯猫惊恐万状，纷纷投海。与此同时，鱼类、鸟类大量死亡，医院里收治了大量病人，其典型特征是四肢、嘴及舌麻木，语言不灵，痴呆，精神失常。水俣湾及其下游地区汞中毒者达 283 人，其中 60 人死亡。1973 年两次水俣病患者共 900 多人，死亡近 50 人，2 万多人受到不同程度的危害。调查发现，当地工厂在生产氯乙烯过程中采用 $HgCl_2$、$HgSO_4$ 作催化剂，含 Hg^{2+} 的废水被排入大海，在水中有机物及细菌的作用下，产生二甲基汞 $(CH_3)_2Hg$，使水俣湾的鱼中毒，猫、人等食鱼后受害。甲基汞可以在脑部组织富集，从而引起中枢神经性疾病。

镉与“痛痛病”事件　1955～1972 年发生于日本富山县神通川流域。当地很多居民出现奇怪的病症——骨痛，剧烈的痛楚使病人难以忍受，得名“痛痛病”。其原因在于，锌、铅冶炼工厂等排放的含镉废水污染了神通川水体，两岸居民利用河水灌溉农田，使土地含镉量高达 $(7\sim8)\times10^{-8}$，居民食用含镉的稻米和饮用含镉的地下水而中毒。由于镉与钙性质相似，可以取代钙离子，导致骨质软化、骨痛等症状。

其他重金属离子，如 Pb^{2+}、Tl^{+}、CrO_4^{2-} 等等，都会引起严重危害。这些物质在自然界不能降解，因此必须在排放之前处理除去。

(4) 水体中的氮与磷

在正常情况下，质量良好的水体中含氮量和含磷量很低。无机磷可以在水中以 $H_2PO_4^-$、HPO_4^{2-} 等形式存在，无机氮则为 NH_4^+、NO_2^-、NO_3^- 等。如果水体中的总含磷量超过 $20\ mg\cdot m^{-3}$，无机氮含量超过 $300\ mg\cdot m^{-3}$，那么这种水体就被认为已处于富营养状态。

随着肥料制造业及农业的发展，氮磷等肥料如 NH_4NO_3、$Ca(H_2PO_4)_2\cdot CaSO_4$ 的生产和使用量越来越大，于是排到水体的氮、磷物质增加。氮和磷过多地进入水体后，增加水中养分，发生所谓的“富营养化”。正常情况下，水中的藻类吸收 CO_2 进行光合作用，释放出氧气，适量的氮、磷有助于这一过程。但是，氮、磷过多，会导致藻类疯长，形成的藻丛聚集在水面，从而大大妨碍氧气的交换和溶解，造成水中缺氧，使水中生物闷死，水体发黑变臭。根据死亡的生物种类的不同，也可能泛起赤潮等等。

磷还有一个来源——洗涤剂的使用。洗涤剂中使用最广泛的活性组分是烷基苯磺酸钠，由于烷基苯磺酸根与 Ca^{2+}、Mg^{2+} 结合会形成难溶盐，大大降低去污能力，所以，洗衣粉中添加了约 15%～25% 的三聚磷酸钠 $Na_5P_3O_{10}$ 作为助剂，三聚磷酸钠不仅可以螯合高价金属离子，起到软化水的作用，同时具有膨润、增溶、促进乳化、增加分散等功能，大大提高洗涤效果。但由于磷会造成水体的“富营养化”，因此寻找三聚磷酸钠的替代品已成为必然。目前，A 沸石可以代替三聚磷酸钠以吸附高价金属离子，但它不具备其他功能。此外，洗涤剂中的有效成分是表面活性剂烷基苯磺酸钠，烷基苯磺酸钠是一种两亲性的分子，其一端有亲水基团磺酸根，易溶于水，另一端有疏水基团烷基链，易溶于油。随同污水排入水体的洗涤剂，对水生生物尤其是鱼类会产生危害。例如，洗涤剂与鱼的味觉器官组织中的类脂质物质作用而使鱼的味觉器官迟钝，甚至丧失觅食能力；洗涤剂排放时产生的泡沫覆盖水面，隔绝了空气，影响水体中氧的溶解。早期的苯磺酸盐是一种带有甲基支链的异构烷烃，容易起泡沫，在水体中很难被微生物降解；后来将烷基改为直链，直链烷基不仅泡沫小，还可以逐步通过 β-氧化而逐步降解。肥料、洗涤剂是我们无法完全抛弃的东西，但至少应该做到合理使用，有效控制，不断改进。

(5) 废热与石油

废热　水具有高比热容、高气化热的特点，自然界的水对调节气候和温度起到非常重要的作用。作为热的传输和储存物质，水是一种理想的流体。然而，热水的直接排放引起水体局部温度升高，导致一系列生物和生化后果。一方面，温度升高会直接改变生物代谢，严重时导致生物死亡；另一方面，则会影响水中的溶解氧量。水中的溶解氧量随温度升高而大大降低，危及水中生物的生存。

石油 随着石油的开发和利用，特别是海底石油的开发和石油海运事业的发展，石油对海洋的污染问题日趋严重，它不仅破坏了优美的海洋环境，而且还会破坏海洋生物资源和海洋生态平衡，进而可能导致世界性的气候异常。石油在海洋环境中氧化分解需要消耗大量的溶解氧，据估计，1 L 石油完全被氧化，需要消耗掉 40×10^4 L(40 万升)海水中的溶解氧，如此势必造成海水缺氧，导致海洋生物死亡；石油密度比水小，总是漂浮在海面上，形成油膜。1 t 石油可以覆盖 12 km^2 的海面。闪闪发光的油膜把海水和大气隔开，不仅破坏了海洋与大气之间的各种正常交换作用，而且能够吸收太阳辐射能，使海洋表层水温升高，导致气候异常。海洋环境生态学的研究发现，一旦海洋遭受石油的污染，污染海域里的生态至少需要 5～7 年的时间才能重新恢复平衡。

3. 污水的处理

为了保护环境，节约水资源，必须进行废水处理。按照处理程序及要求达到的指标分类，废水处理分一级、二级和三级处理；按照处理方法分类，主要有物理法、化学法和生物法。一级处理主要采用物理法，物理法是指通过物理作用分离，如筛滤、沉降、浮选等除去废水中不溶解的悬浮状态污染物；二级处理主要采用化学法和生物化学法；三级处理则主要采用化学法。化学处理法是指通过化学反应和传质作用来分离和除去废水中胶体状态的污染物、可溶性物质或将其转化为无害物质的方法。常见的化学处理方法有絮凝、中和、氧化还原法等等。

(1) 凝聚法

废水中往往悬浮着一些难以自然沉淀的细小颗粒和胶体。向废水中加入絮凝剂，可以使小颗粒和胶体发生聚集而沉淀，再通过物理分离除去。常用的絮凝剂有铝盐和铁盐，如硫酸铝、明矾、硫酸铁等；也可以添加活性硅胶、骨胶等助剂以提高絮凝效果。

(2) 中和法

含酸或碱的废水是两种重要的工业废液。酸含量超过 3%～5%或碱含量超过 1%～3%叫高浓度废水，应当采用适当的方法回收其中的酸和碱。而低浓度的废水回收价值不大，可采用中和法处理后排放。中和酸性废水常用的是石灰石或石灰，中和碱性废水则可以采用废硫酸或通 CO_2 气体。

$$H^+ + CaCO_3 \longrightarrow H_2O + CO_2$$

$$OH^- + CO_2 \longrightarrow H_2O + CO_3^{2-}$$

(3) 氧化法

氧化法是指利用强氧化剂氧化分解废水中污染物质以达到净化废水的方法。通过氧化处理，可以使废水中的有机物和无机物分解，从而降低废水的生化需氧量(BOD)和化学需氧量(COD)，也可以使水中的有毒物质无毒化。常用的氧化剂有：O_3、O_2、Cl_2、$KMnO_4$ 等等。目前使用最广泛的是氯氧化法。例如，通过氧化，可以将剧毒的 CN^- 转化为 CO_2 和 N_2：

$$CN^- + Cl_2 + OH^- \longrightarrow OCN^- + Cl^- + H_2O$$

$$OCN^- + Cl_2 + OH^- \longrightarrow CO_2 + N_2 + Cl^- + H_2O$$

(4) 还原法

还原法是指利用还原剂处理废水中高氧化态的污染物质使其转化为低毒或无毒的物质的方法。然后可以进一步利用化学或物理方法进行处理或回收。常用的还原剂有金属(如 Fe、Zn、Al)、亚铁盐和亚硫酸盐等。典型的例子如下：

用铁处理含 Hg^{2+} 废液：

$$Fe + Hg^{2+} \longrightarrow Fe^{2+} + Hg$$

造革厂废水中六价铬的处理：

$$Fe^{2+} + CrO_4^{2-} + H^+ \longrightarrow Cr^{3+} + Fe^{3+} + H_2O$$

(5) 其他

其他方法还有电解法、吸附法、离子交换法等等。电解法利用电解的原理使废水中有害物质发生氧化还原反应转化成为无害物质，以实现净化的方法。它是氧化还原、分解、絮凝聚沉等综合在一起的处理方法，适用于含油、氰、酚、重金属离子等废水处理。吸附是指利用多孔固体吸附废水中污染物，以便将其回收或除去，从而使废水得到净化的方法。最常采用的吸附剂有活性炭、磺化煤、沸石、硅藻土等。在废水处理中，吸附法处理的主要对象是废水中难以降解的有机物和一般难以氧化的溶解性有机物。它有很好的去除作用。吸附法还对某些金属及其化合物有很强的吸附能力。目前国内已使用活性炭处理含铬废水。离子交换法是一种借助于离子交换树脂进行离子交换反应而除去有害废水中有害离子的方法，是一种特殊的吸附过程。在废水处理中，主要用于回收水中金、银、铜、镉、铬、锌等金属离子，也用于放射性废水及有机废水的净化。

16.3.3 环境事件

1. 温室效应

地球表面吸收太阳能变暖以后，又以长波(红外辐射)的形式向外发生辐射。当大气中 CO_2 增加时，因 CO_2 能吸收红外光，地球通过大气辐射的红外光减少，加剧了大气对地面的保温作用，称做“温室效应”。第二次世界大战后，随世界经济飞速发展，能源消耗与日俱增，目前矿物燃料(煤、石油、天然气等)燃烧排放到大气中的 CO_2 每年多达 50×10^8 t(50亿吨)。从1860～1970年的100多年间，大气中的 CO_2 的浓度从0.028%增加到0.032%，若不加以控制，按照目前的排放速度，估计到2050年，CO_2 浓度将增加一倍，全球平均气温将升高1.5～3.5℃。随之而来的，则是全球变暖，两极冰雪融化，世界经济作物体系北移，海水温度升高，部分沿海地区被淹没，从而导致生态平衡破坏。当然，也有另一种观点，认为 CO_2 浓度增大，气温升高，有利于植物的光合作用，从而使得人类可以从自然中获取更多有用的物质。除 CO_2 外，CH_4、H_2O 及氟里昂等气体对“温室效应”的产生也有关系。

2. 酸雨

正常雨水的pH为6～7，当雨水的酸度增大，pH<5.6时，便形成“酸雨”。大气污染是产生“酸雨”的根源。与此相关的主要污染物有 NO_x、SO_2 和 SO_3。酸雨的危害非常严重，它会导致生物死亡，古建筑被腐蚀和破坏，现代钢铁建筑很快锈蚀，土壤酸化，作物难以生长。在pH<5.5的环境中，鱼类无法生存；而当pH<4时，大多数生物会死亡。

3. 臭氧层空洞

同温层位于大气平流层中，是地球上方约12～55 km高度之间的一个无云、干燥、寒冷的区域，臭氧是同温层中的一种成分，主要分布在15～35 km空间，浓度为$(10\sim8)\times10^{-6}$。由于臭氧吸收紫外线能力强，太阳光中200～300 nm范围的紫外光95%被臭氧吸收，从而阻止了紫外线向地球的辐射，这一大气层又称为臭氧层。紫外线有杀菌作用，还可促使皮肤中产生维生素D，防止佝偻病，但紫外线辐射过量时引起皮肤损伤、眼角膜受损，甚至免疫系统障碍，危害人类及其他生物的健康。科学家发现，由于同温层被污染，污染物使臭氧层局部破坏，形成“臭氧空洞”，从而导致地球表面紫外辐射增强，1974年，在南极上空发现臭氧空洞；1988年，在北极上空发现臭氧空洞。“臭氧空洞”是怎样形成的？经过研究发现，许多气体，如 NO_x、HCl、HOCl，氟里昂等都可与臭氧反应而使之消失，其中，危害最严重的就是氟里昂。

4. 光化学烟雾

大气中 NO_x、SO_2、C_xH_y 为一次污染物，这些污染物在太阳光中紫外线照射下会发生化学反应，产生 O_3、SO_3、PAN(硝酸过氧化乙酰)等二次污染物。由一次污染物和二次污染物混合物所形成的烟雾污染现象，称为光化学烟雾。光化学烟雾又分为洛杉矶型烟雾、伦敦型烟雾及混合型烟雾三种类型。

洛杉矶型烟雾 于20世纪40年代初期发生在美国洛杉矶市，主要是由汽车尾气中的 NO_x 引起。由于该市靠山邻海，处于一个狭长的盆地中，一年有300多天出现逆温层。这样，汽车排出的尾气难以驱散，在阳光作用下发生反应，形成以 O_3 为主的烟雾污染。鉴于此烟雾所含组分主要为氧化性气体(NO_x，O_3)，故又被称为氧化型烟雾。

伦敦型烟雾 发生在英国伦敦市。主要由燃煤产生的 SO_2 引起。典型事件是1952年12月5日至8

日，英国全境为浓雾覆盖，逆温层出现在 40～150 m 的低空，致使燃煤产生的烟雾不断积累。尘粒浓度高达 4.46 mg・m^{-3}，为平时的 10 倍；而 SO_2 的浓度高达 1.34×10^{-6}，为平时的 6 倍。SO_2 附着在煤尘中所含的 Fe_2O_3 微粒上，被 O_2 氧化为 SO_3，继而吸水形成酸雾。鉴于此烟雾中的主要成分为 SO_2，又被称为还原型烟雾。

混合型烟雾　由工厂排放的废气中往往既含 NO_x、又含 SO_2，为混合型烟雾。

除以上涉及的问题外，土壤污染也不容忽视。土壤是指地球表面的疏松层，它为作物提供水分和养料，为人类和动物提供食物和饲料，容纳和转化人类活动产生的废弃物，在消除污染方面起着重要作用。工厂的废渣废料，污水排放，农药喷洒，化肥施用，生活垃圾等等都会对土壤产生危害，将含 Hg、Cd、Pb、Cr、As、F、Cl、P、S 等元素的无机污染物及有机污染物，如酚、氰、农药等引入土壤，土壤污染又会造成大气污染、水污染，使污染物通过呼吸、饮水和食物链进入人体，影响健康。土壤的沙漠化也是一个严重的问题，被称为"地球溃疡症"。造成土壤沙漠化的因素既有自然的，也有人为的。人为的因素如砍伐森林、盲目垦荒、过度放牧、水资源的不合理利用等。

环境是人类赖以生存和发展的基础。正是大自然的支撑，人类奠定了自己在自然界中万物之灵的位置。但是，人类应该清醒地认识到，人类只是自然界中的一员，应该和自然界和谐共处，不应再满足于"万物皆备于我"的法则，也必须摒弃所谓的"人定胜天"的痴想，应该考虑为保护环境做些什么，使社会与经济、人口与资源、环境与发展协调进行，走出一条"可持续发展"的道路。

16.4　生命科学的化学语言

(The Language of Chemistry in Life Science)

1991 年 6 月 28 日在"全美临床化学学会"学术大会上，Nobel 生理学和医学奖获得者 Kornberg 教授发表了题为"Understanding Life as Chemistry"的演讲①。他回顾了 20 世纪生物和医学的发展，指出基因工程把生物化学、遗传学、微生物学和生理学等基础医学学科融汇为一体，其中最主要的是因为它们有**共同的语言——化学语言**。的确，生命的奥妙是生物、化学、物理、医学等多学科共同关心和协作研究的领域。

20 世纪生命科学的巨大进展之一是分子生物学，即对生命现象与生化过程的认识和探讨已经深入到分子层次。科学家从分子水平研究了构成生命的基础物质——糖、蛋白质、脂肪及核酸——的结构及其作用过程；DNA 测序、药物设计更与化学有着密不可分的关系；而要认识和了解生命现象的复杂性，需要在更高层次——分子与分子集合体——上进行探讨。化学是在原子与分子层次上研究物质及其变化规律的科学，生命运动的基础是生命体内物质分子的化学运动，因而揭示生命运动的规律离不开化学。生命现象的物质基础涉及约 30 多种元素。人体内每时每刻都在进行着各种化学反应，人的生老病死过程也都以化学变化为基础。

16.4.1　生命中的基础物质——糖类、蛋白质、脂肪与核酸

1. 糖类

糖类是由碳、氢、氧组成的化合物，其化学通式可以写成 $C_n(H_2O)_m$，所以又称碳水化合物。其基本类型有**单糖**、**低聚糖**及**多糖**：单糖是糖类结构中的最基本的单元，如葡萄糖、果糖、半乳糖等；低聚糖指由两个或几个单糖单元缩合而形成的化合物，如蔗糖、麦芽糖、乳糖；多糖则由许多单糖单元组成，相对分子质量可达 100 万以上，最常见的就是淀粉和纤维素。

糖类主要来源于植物的光合作用：

---

① Kornberg 教授曾多次在不同场合发表演讲，强调化学对生命科学的重要作用。1982 年 10 月 12 日在美国哈佛医学院建立 200 周年纪念大会上的演讲稿已被译成中文，刊登在：生命的化学，1983，3(4)：29 和 1983，3(5)：32

$$6CO_2 + 6H_2O \xrightarrow[\text{太阳能}]{\text{叶绿素}} \underset{\text{葡萄糖}}{C_6(H_2O)_6} + 6O_2$$

$$\underset{\text{葡萄糖}}{nC_6(H_2O)_6} \longrightarrow \underset{\text{淀粉或纤维素}}{C_{6n}(H_2O)_{5n}} + n\,H_2O$$

淀粉在肠胃中又能水解为葡萄糖：

$$C_{6n}(H_2O)_{5n} + nH_2O \xrightarrow[\text{淀粉酶}]{\text{水解}} n\,C_6(H_2O)_6$$

葡萄糖被小肠吸收并由血液运送到全身各组织器官，供细胞利用。在细胞内，葡萄糖经多步酶催化反应，氧化成 CO_2 和 H_2O 并放出能量：

$$C_6(H_2O)_6 + 6O_2 \xrightarrow[\text{酶催化}]{\text{生物氧化}} 6CO_2 + 6H_2O + \underset{\text{(储存在 ATP 中)}}{\text{能量}}$$

这种生物氧化作用叫细胞呼吸，过程中所释放的能量并不能直接利用，而是由 ADP 吸收能量转变为 ATP 储存起来，**ATP 在酶催化变成 ADP 的过程中再释放能量**供给生命活动使用。ADP 与 ATP 之间的相互转化及相应的能量储存与释放过程为

$$ADP + H_3PO_4 + \text{能量} \longrightarrow ATP + H_2O$$

ATP、ADP 及 AMP 的化学结构式如下：

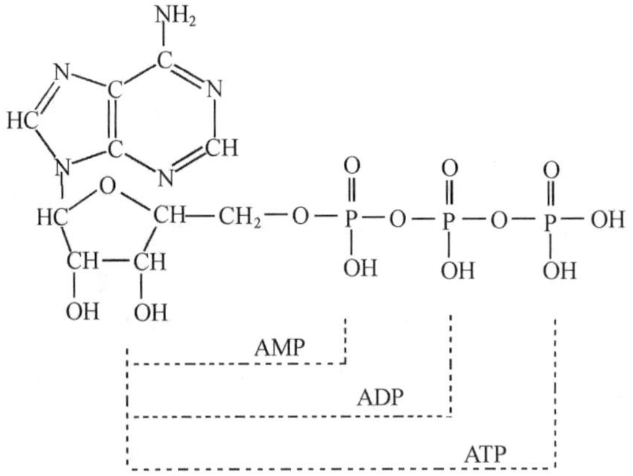

（AMP：单磷酸腺苷，ADP：二磷酸腺苷，ATP：三磷酸腺苷）

1 g 葡萄糖完全氧化时可释放 16.7 kJ 能量，所以说糖是生命活动的“能源”。此外，糖也是人体重要的组成成分之一。糖和蛋白质结合可以形成糖蛋白，糖蛋白是某些激素、酶、血液中凝血因子和抗体的成分，细胞膜上某些激素受体、离子通道和血型物质等也是糖蛋白。糖和脂类结合则形成糖脂，糖脂是神经组织和生物膜的重要组分。核糖是核酸的组分之一。

2. 蛋白质

蛋白质是一类重要的生物高分子，相对分子质量约为 5000 到几百万，主要组成元素有 C、H、O、N、S、P。蛋白质存在于所有的活细胞中，其英文名称“protein”源于希腊文“proteios”，意为“第一，头等重要的”，它可以精巧地完成生命的特定功能。**蛋白质的基本结构单元是氨基酸**，氨基酸分子之间缩合而形成肽键，多个氨基酸分子缩合而形成多肽。蛋白质可以是一条多肽链，也可以由 2 条或多条肽链组合而成。蛋白质的结构分 4 个层次，虽然组成人体主要蛋白质的氨基酸只有 20 种，但由于氨基酸的连接次序不同，可以形成多种蛋白质：(i) 肽链中氨基酸的连接次序称为蛋白质的一级结构。(ii) 肽链的构象称为二级结构，如 α-螺旋、β-折叠等。二级结构的形成源于氢键作用，α-螺旋结构中氢键作用存在同一肽链中，而 β-折叠则由相邻肽链间的氢键作用而形成。(iii) 蛋白质螺旋或折叠结构的盘绕形式或折叠方式为蛋白质的三级结构。(iv) 蛋白质单位的聚集度称为四级结构，如血红蛋白由 4 条肽链形成。蛋白质的生物活性不仅决定于蛋白

质分子的一级结构,而且与其特定的空间结构密切相关,一、二、三、四级结构共同决定了蛋白质的生物活性,异常的蛋白质空间结构很可能导致其生物活性的降低、丧失,甚至会导致疾病。

研究表明,镰刀形红细胞贫血症致病原因在于组成血红蛋白的一条肽链中有一个特定的氨基酸异常:即第六位的正常谷氨酸被缬氨酸代替。疯牛病、爱塞默氏症(Alzheimer's)等都是由于蛋白质折叠异常引起的疾病。蛋白质受热或与酸碱作用而使二级或三级结构改变,从而失去活性。了解蛋白质的组成,研究蛋白质的结构细节,是认识蛋白质的功能及作用机理的基础。

酶是一种具有催化功能的特殊的蛋白质,生命体中几乎所有的反应都是由酶催化完成的。酶催化具有温和、专一的特点。酶可以在众多的物质中,选择性地识别正确的反应物分子,并将其催化转化为相应的产物。酶的这种特性深深地吸引着化学家,研究酶的催化机理、提取天然酶并研究其组成和结构、模拟酶的功能、设计并人工合成酶并将其应用于化学反应,一直是化学研究的重要领域。

3. 脂肪

脂肪是脂肪酸与甘油(丙三醇)所形成的酯类化合物,通常称为甘油三酯。脂肪酸是指链状羧酸。

$$
\begin{array}{l}
CH_2OH \\
| \\
CHOH \\
| \\
CH_2OH
\end{array}
+
\begin{array}{l}
R_1COOH \\
R_2COOH \\
R_3COOH
\end{array}
\underset{\text{水解}}{\overset{\text{缩合}}{\rightleftharpoons}}
\begin{array}{l}
CH_2-O-\overset{O}{\overset{\|}{C}}-R_1 \\
CH-O-\overset{O}{\overset{\|}{C}}-R_2 \\
CH_2-O-\overset{O}{\overset{\|}{C}}-R_3
\end{array}
+3H_2O
$$

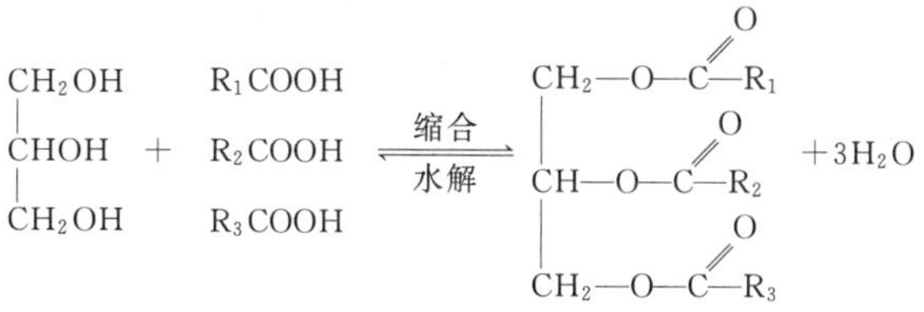

丙三醇　　　脂肪酸　　　　　脂　肪

脂肪是高能化合物,1g脂肪完全氧化时可产生能量 38.9 kJ;脂肪也是人体重要组织的成分之一,动物皮下和器官之间的脂肪有保温和保护作用;脂肪还可以协调脂溶性维生素 A、D 的吸收。脂肪在体内水解产生脂肪酸,人体自身无法合成的必需脂肪酸须从脂肪中获得,如亚油酸、亚麻酸、花生四烯酸等,这些脂肪酸参与前列腺素的合成,前列腺素对于调节血压和体温、控制胃酸分泌和食欲及血小板凝聚等生理过程具有重要的作用。脂肪和糖类通过代谢可以相互转换,过多摄入脂肪和糖都会引起肥胖、动脉粥样硬化等疾病。

4. 核酸与基因工程

(1) 核酸

核酸是细胞中具有遗传性的物质,也是细胞中最重要的物质之一。核酸由核苷酸聚合而成,核苷酸由五元糖(戊糖)、含氮碱基和磷酸 3 个基本结构单元组成,戊糖和碱基脱水缩合形成核苷,核苷和磷酸脱水缩合成核苷酸,它们之间的关系如下图所示:

戊糖、碱基、磷酸 脱水缩合→ 核苷 脱水缩合→ 核苷酸 聚合,顺序排列→ 核酸

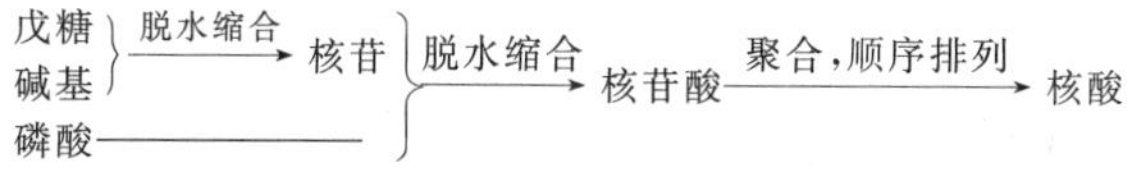

戊糖分为核糖与脱氧核糖:

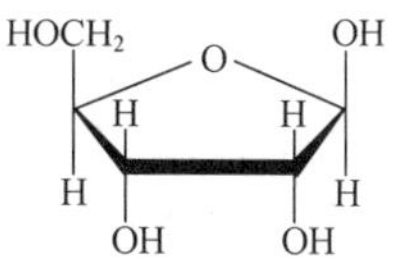

核　糖　　　　　　　　　脱氧核糖

碱基主要有五种,分别为:

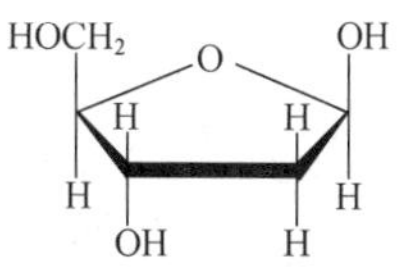

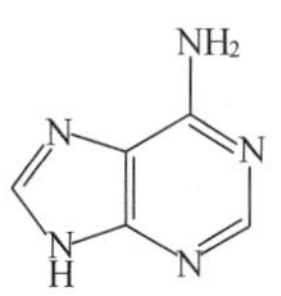

腺嘌呤 A　　　鸟嘌呤 G　　　胞嘧啶 C　　　胸腺嘧啶 T　　　尿嘧啶 U

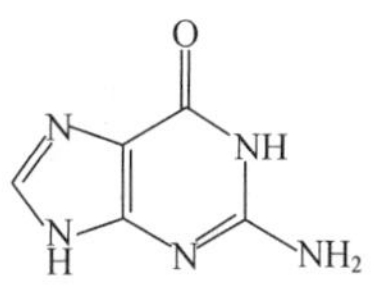

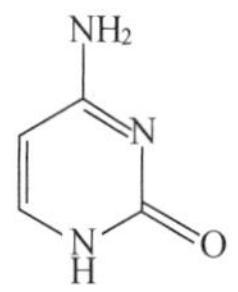

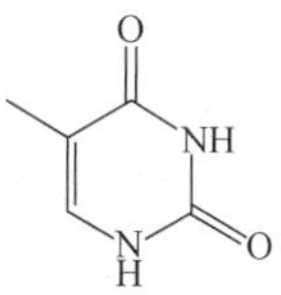

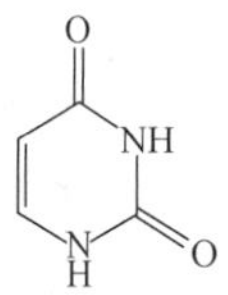

根据核酸中所含戊糖种类的不同而分为核糖核酸(RNA)和脱氧核糖核酸(DNA)两大类。它们的基本性质见表 16.7。

表 16.7　两类核酸的组成、结构、功能

核　酸	戊　糖	碱　基	磷　酸	相对分子质量	结　构	功　能
核糖核酸(RNA)	核糖	腺嘌呤(A),鸟嘌呤(G) 尿嘧啶(U),胞嘧啶(C)	磷酸	$(2.5\sim200)\times10^4$	单链(局部双链)	蛋白质合成的模板
脱氧核糖核酸(DNA)	脱氧核糖	腺嘌呤(A),鸟嘌呤(G) 胸腺嘧啶(T),胞嘧啶(C)	磷酸	$(600\sim1600)\times10^4$	双螺旋	遗传物质

在 DNA 中虽然只有 4 种碱基,但人类细胞中 DNA 涉及 3×10^9 个碱基对,所以它们排列组合可以说是无限多。不同的排列顺序,形成不同的结构和功能。生物体的遗传特征就反映在 DNA 分子的结构上,DNA 携带着遗传的全部信息。遗传密码由 DNA 转录给 RNA,然后传递给蛋白质的合成。生命活动是通过蛋白质来表现的,生物的遗传特征实际就是 DNA →RNA →蛋白质的复制过程,这些过程是由各种酶所控制。DNA 的特定的排列顺序就是通过复制由亲代传给子代。

(2) 基因

基因是具有遗传功能的单元,是 DNA 片段中核苷酸碱基特定的序列。基因工程就是研究 DNA 的分离和分析、合成和重组、功能与遗传等过程的科学,属分子生物学领域。基因工程有下述几种起源:(i)来自医学领域,证明了 DNA 是储存遗传信息的分子;(ii)来自生物遗传学,阐明了主要生物大分子 DAN、RNA 和蛋白质的功能;(iii)来自生物分子的微观结构化学,蛋白质的 X 射线衍射图谱提示了其三维空间结构,DNA 的衍射图谱显示出它的双螺旋结构,揭示了其复制功能的基础;(iv)来自生物化学,即核酸的酶学、分析和合成,核酸酶将 DNA 分解为基因片段及组成构件,聚合酶则把它们组合在一起,连接酶把 DNA 链连成基因,再将基因连成染色体。正是由于这些酶的存在,才使得基因工程切实可行。这些酶在细胞内用来催化基因和染色体的复制、修复和重排反应。可见,医药、遗传学、生物物理学与化学的综合和交叉形成了分子生物学。认识生命有关的基础物质的组成、结构和功能的基础是化学,基因测序利用现代化学分析技术而进行。

2001 年 2 月 12 日,美国 Celera 公司在美国 *Science* 杂志、国际人类基因组组织在英国 *Nature* 杂志上分别宣布,继成功绘制人类基因组工作框架图之后,他们又各自绘制出了更加准确、清晰、完整的人类基因组图谱。初步的结论给出,**人类有(2.6～4)万个基因,涉及 30 亿个碱基对**。人类基因组图谱的完成被认为是生命科学的又一重大进展,将会对生命科学、疾病的防治诊断、新药物的发现、人类的行为和生活方式等产生深远的影响。

16.4.2　生命中的无机物与必需元素

1. 水

水是地球上一切生物赖以生存的必不可少的条件,是构成生物体的基本物质之一。水占水母体质量的 90%以上,占鱼体质量的 80%,占陆生生物体质量的 50%,人体质量的 2/3 也是由水组成的。海洋是孕育生命的摇篮,在生物体的新陈代谢过程中,水起着交换介质的作用,在输送养分和排泄废物等过程中,水参与了一系列生理生化反应,维持了生命的活力。正是由于水在生物体内的循环作用,才使生物体得以产生和发展。由此可见,**水是生命发生、发育和繁衍的源泉**。

2. 一氧化氮

近年来研究发现,一氧化氮(NO)广泛分布于生物体内各组织中,作为一种生物**信使分子**,在心、脑血管调节,神经、免疫调节等病理和生理过程中有着十分重要的生物学作用。1992 年 NO 被美国 *Science* 杂志评选为明星分子。NO 的生物学作用及其作用机制尚有待进一步研究,生命过程中微量 NO 的作用不可忽视,但污染气体中的 NO 对人体的危害也毋庸置疑。NO 生理功能的发现也提示研究人员,其他各种无机分子在生命及医学领域中也可能发挥着广泛的作用，值得关注。

3. 生物体内的元素

存在于生物体内的元素可以分为三大类：必需元素、非必需元素及有害元素。

必需元素指为维持人体的基本结构并保证正常的生理功能而不可或缺的元素，按其在体内的含量不同，又分为常量元素和微量元素。在组成人体所含的约 30 种元素中，有 11 种为常量元素（含量均在万分之一数量级以上），这些元素及其在人体中的含量见表 16.8，这 11 种元素的总量约占人体质量的 99.95%。

表 16.8 人体中常量元素的质量分数

元 素	质量分数/(%)	元 素	质量分数/(%)
O	65.0	K	0.35
C	18.0	S	0.25
H	10.0	Na	0.15
N	3.0	Cl	0.15
Ca	2.0	Mg	0.05
P	1.0		

人体中的蛋白质、脂肪、糖类物质、核酸由 C、H、O、N、P、S 等构成，Ca、K、Mg 是细胞的必要组分，Ca 对骨骼的构成特别重要，而 Na 和 Cl 在体液中维持电解质平衡。为了维持人体的正常功能，人体还有其他一些必需的微量元素和超微量元素，已知的有 Fe、F、Zn、Cu、I、Cr、Mn、Mo、Se 和 Co 等，它们在人体中的含量很低，如 Fe 的含量为 4×10^{-5}（十万分之四），而钴的含量仅亿分之几。还有许多元素被确定为对人体有毒，如 Cd、Hg、Pb、Be、Ga、Ge、As、In、Sn、Te、Sb、Ba、Tl 和 Bi 等，它们都会妨碍人体正常的代谢过程，影响人体的生理机能，属**有害元素**。也有一些元素如 Li、B、Al、Si、Sc、Ti、V、Ni 和 Br 等在人体中的作用尚不清楚，属**非必需元素**。巧合的是，人体必需的元素含量与地球上元素的丰度差别较大，但与宇宙中物质元素的丰度接近，因此，生命究竟起源于何处？令人遐想。

一种元素对人体有用还是有害并不是绝对的，与其含量密切相关。有的元素在一定数量范围内是人体必需的，超过了这个范围可能就有毒。如氟是形成强硬的骨骼和完好的牙釉所必需的元素，缺氟的人骨骼变脆，易发生龋齿；但若氟摄入量过多，可能会得骨骼畸形症（氟骨病）和斑齿症。另外，元素的存在形式、价态、溶解性对其生物效应都有影响。如微量 Cr^{3+} 对人体是必需的，没有 Cr^{3+} 的帮助人体就不能有效地利用糖类物质，而六价铬 Cr(Ⅵ)对人体却是有毒的。一般说来，一种元素在自然界中的最稳定价态（如三价铬和五价砷）对人畜毒性最小，而其他价态（如六价铬和三价砷）对生物的毒性较大。有的元素是否有毒，则以其存在形式来决定：如磷元素，一般认为红磷无毒而白磷是剧毒的；碳元素、氮元素是人体大量需要的，但由它们组成的氰根离子 CN^- 极毒。有的元素毒性的强弱由其化合物的溶解性来决定：汞是剧毒元素，同是汞的化合物，甘汞（氯化亚汞，Hg_2Cl_2）的溶解度小，对人体没有显著的毒性；升汞（氯化汞，$HgCl_2$）是水溶性的，摄入 1～2 g 即能致命；而甲基汞 ($Hg(CH_3)_2$) 是脂溶性的，可渗入细胞和脑中，造成长期的危害。又如钡，它对人体是有毒的，但硫酸钡可在 X 射线透视时作“钡餐”，原因是它既不溶于水又不溶于胃酸。还有些元素是否有毒，取决于它与其他元素在体内浓度的比值，如钾和钠、镁和钙等；还有些元素之间应维持一定平衡关系，如体内钙与磷的浓度乘积就基本上维持恒定。

生物体内的 Na^+-K^+ 平衡 尽管 Na^+ 和 K^+ 的物理化学性质非常相似，但它们在生物体内的功能和分布却不同。例如，K 是动物和植物都必需的元素，而 Na 是动物必需而植物不必需的元素。植物生长需施钾肥，动物食用植物取得 K，而 Na 的摄入则需要通过在食物中添加食盐获得。人体体液中包含着酸、碱和盐，其中的电解质主要是 Na^+、K^+ 盐，人体血液的正常酸度在 pH=7.4 左右，其中包含着多种缓冲体系，如 H_2CO_3-HCO_3^-、$H_2PO_4^-$-HPO_4^{2-}、蛋白质-蛋白质盐等等，因此，Na^+、K^+ 盐在调节人体酸碱平衡和渗透压方面起着至关重要的作用。在新陈代谢过程中，HCO_3^- 浓度的调节是靠 Na^+ 和 H^+ 的传递完成的。

在动物细胞中，细胞膜内外 Na^+ 和 K^+ 的浓度有很大的不同。以神经和肌肉细胞为例，正常时细胞膜内 K^+ 的浓度约为膜外的 30 倍，而膜外 Na^+ 的浓度则约为膜内的 12 倍。这是由于在细胞膜中存在一种特殊的蛋白质，它可以催化 ATP 水解而放出能量，利用此能量可以逆着浓度差方向将细胞内的 Na^+ 移到膜外，同时将 K^+ 从细胞外运送到膜内。人们形象地称之为"钠钾泵"，简称"钠泵"。K^+ 对酶催化、对控制遗传密码等都有重要作用，人体缺乏 NaCl 会出现血液循环障碍、神经迟钝等症状。总之，维持钠、钾平衡对人体健康至关重要。

Ca^{2+}、Mg^{2+} 在生物体的作用 Ca^{2+} 和 Mg^{2+} 在细胞内外的分布也不同，Ca^{2+} 在细胞外浓度高，而 Mg^{2+} 在细胞内浓度高，这种调制由"钙泵"掌控。钙泵也是一种 ATP 蛋白酶，存在于组织细胞及细胞器的膜上借助类似泵的机制来完成离子输送。钠泵和钙泵在人体内的作用相互影响和协调，其活性的大小是各种细胞能量代谢及功能有无损伤的重要指标。Ca^{2+} 和 Mg^{2+} 与 Na^+ 和 K^+ 一起保证神经和肌肉的适当应激水平。人体内钠泵和钙泵的失调可以导致多种疾病的发生。如心衰就和钠泵活性的升高和钙泵活性的降低有着密切的关系，所以可以通过抑制细胞膜 Na^+，K^+-ATP 酶和激活钙通道来治疗心衰。人体疾病和衰老的过程就是由于各种原因所致机体"钙泵"失调，引起细胞内钙离子含量增加、细胞内外钙离子浓度差下降的过程。有人将这种人体内钙跨膜分布梯度降低的过程称为"机体缓慢死亡"过程。

光合作用是生物界中最基本最重要的反应之一，发生光合作用的核心——叶绿素是 Mg^{2+} 和卟啉形成的配合物[结构式见图 14.8(a)]。在人体中，镁离子最重要的作用是激活人体中的许多酶。Mg^{2+} 是形成多种辅酶的中心原子，这些辅酶辅助生命体内的多个生化反应。蛋白质的合成、DNA 的复制中，镁也是不可缺少的元素之一。但过量的镁盐也会对人体造成伤害，如被用做泻药的硫酸镁在血液中的浓度达到 30 mg · L^{-1} 以上时，就会出现呕吐、腹痛、虚脱等症状，对肾脏排泄功能有障碍的病人还可能致死。钙主要存在于牙齿和骨骼之中。在骨骼形成过程中，磷酸八钙 $Ca_8H_2(PO_4)_6 \cdot 6H_2O$ 铺垫在由胶原蛋白组成的骨骼网架上，慢慢地转化为羟基磷灰石 $Ca_{10}(OH)_2(PO_4)_6$。从食物中摄取的钙往往不能被完全吸收，这是由于 Ca^{2+} 和 PO_4^{3-} 之间相互依存，钙的磷酸盐多数难溶，只有 $Ca(H_2PO_4)_2$ 可溶，当肠胃里酸度合适时，Ca^{2+} 和 $H_2PO_4^-$ 才得以吸收，之后，Ca^{2+} 的输送则依赖于维生素 D 和激素，所以服用钙片时往往也需补充维生素 D，否则，多吃亦无用，仍会患软骨病。此外，Ca^{2+} 在神经传递、肌肉收缩、血液凝固等过程中起着非常重要的作用。血液中 Ca^{2+} 含量过高，会造成神经传导和肌肉反应的减弱，使人对刺激反应迟钝；但血液中 Ca^{2+} 含量太少，又会造成神经和肌肉的超应激性，导致对微小刺激的过度反应，一声咳嗽就可能引起打颤、痉挛。

金属离子及其他微量元素 在生命体中金属离子及其他微量元素起着十分重要的作用，它们不仅参与酶和蛋白质的合成、构象、分泌、转运、磷酸化和细胞调节，而且在基因的转录、表达、调控和分子识别中亦具有重要意义。在已知的酶中，约 1/3 涉及各种金属元素，它们或是酶的中心，或是酶活性的激活剂。人体内微量元素的功能大致分 4 种：(i) 像镁那样作为酶的激活剂；(ii) 参与激素的生理调节作用；(iii) 影响核酸的代谢；(iv) 协助其他元素的输送。例如，铜是形成铜蛋白的核心组分，铜蛋白促进铁的吸收和利用；碘是甲状腺素的活性成分，对维持甲状腺的正常功能意义重大。下面较详细地讨论其中的两种元素——铁和锌的作用。

铁在人体内的含量约为 10 万分之 4，为微量元素。铁是血红蛋白的重要组成部分，血红蛋白的每一个亚单位中都含有一个铁原子，没有它就不能制造出血红蛋白，氧就不能得到输送。血红蛋白与氧的结合使血液呈鲜红色。在血红蛋白分子中铁原子与氧分子结合而把氧储存起来，直至输送到需要的部位才把氧释放出来。一个血红细胞从心脏到达身体最远部位循环一周需要一分钟，当它回到肺部后才能取得一个新的氧分子，为了输送氧就需要很多铁原子，所以人体内铁元素的 60% 以上存在于血红蛋白内。铁也是很多种酶的活性部位所在。铁还为许多体系的氧化还原作用所必需，因为铁有两种常见的价态(Fe^{2+} 和 Fe^{3+})，它们在人体内来回转变，其方便程度是其他元素很难替代的。由于人体易吸收 Fe^{2+} 而不易吸收 Fe^{3+}，在给缺铁性贫血病人补充铁时，应给予亚铁盐(如硫酸亚铁等)，同时服用还原性物质(如维生素 C)以利于铁的吸收。

锌在人体中为痕量元素，在人体中的含量约为铁的 1/2，它对于生命的意义也非常重要。锌包含在许多蛋白质中，也是大多数酶的一种必要组分，它可以激活这些酶的催化作用。缺锌会影响骨骼生长和性发育，缺锌儿童的身高和体重都可能偏低。锌可以使动物伤口愈合得更快，氧化锌就被广泛用于皮肤伤口的治疗。缺锌会失去味觉，体内缺锌的儿童常常表现出食欲不好，味觉不灵敏。风湿性关节炎也与缺锌有关。人体中所有的锌几乎都存在于细胞内部，而且它在那里比任何别的痕量元素都更丰富。人和动物的精液中含有0.2%的锌，而在眼的视觉部分含锌高达4%。人体中含锌量过高也不好，体内锌元素对铜元素的质量比值过高时会增加血中胆固醇值，患心脏病的可能性较大。人们吸入氧化锌烟雾后会发病，全身乏力、头痛、咳嗽、恶心、腹痛、寒战并发高烧乃至神志不清或痉挛，此谓"铸造热"，是一种急性中毒。自然界中镉与锌往往伴生在一起，锌中毒往往伴有镉中毒，应当注意。

金属离子与生物分子之间主要形成配合物，属无机化学范畴，随着生命科学进入基因组和蛋白质组的时代，无机化学与生命科学的结合更加紧密，两者融合形成的交叉前沿学科——生物无机化学将迎来更大的发展。

16.4.3 化学与药物设计

20世纪初期，人类的预期寿命为40岁；现在，人类的预期寿命为70多岁，这一巨大的变化仍离不开化学的贡献。1928年，Fleming发现了青霉素并且观察到这种物质的抗菌性，尽管老鼠注射试验也显示此物无毒，但他却未意识到青霉素可以用于疾病的治疗，这是因为当时对付感染流行的观念是采取免疫疗法而非化学疗法。直到1940年，生物化学家Chain和Florey发现了青霉素的治疗作用，才揭开了抗菌素使用的历史。许多化学家参与了此项工作，解决了青霉素制剂的稳定性、安全性及需求量不断增长等问题。随着抗菌素研究的开展，又发现并合成了链霉素、四环素、土霉素、红霉素、氯霉素等一系列药物，大大增强了人类对付感染的能力，拯救了千千万万的生命。随着细菌抗药性问题的出现，医学家与化学家仍在共同努力，合成并筛选新的更安全有效的药物。

阿司匹林是一种重要的解热镇痛药物，其发现和使用也是以化学为基础的。很早以前，人们已发现天然的柳树皮浸出液具有退热止痛作用，通过提取和分析，人们确认其中的有效成分为水杨酸，但水杨酸具有令人讨厌的刺激性气味，还会引起反胃呕吐等副作用。于是，化学家经仔细研究发现，将水杨酸与醋酸作用得到乙酰水杨酸，即阿司匹林，它的副作用就小得多，从此得到广泛使用。以苯酚为原料合成阿司匹林的主要步骤如下：

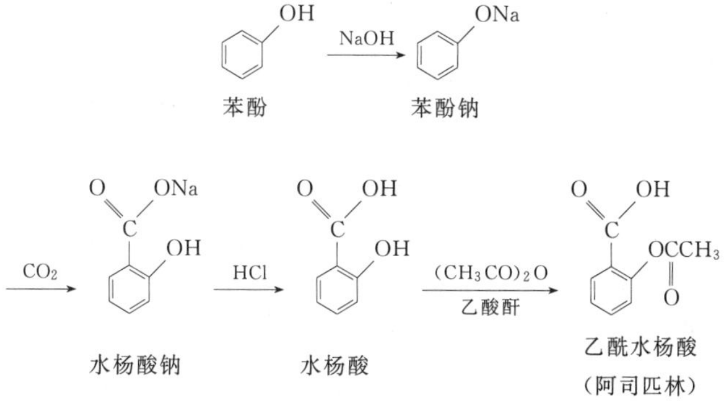

对阿司匹林的药理作用研究发现，它的止痛功能在于抑制了环氧合酶(COX)的作用，但COX是对胃肠道起保护作用的酶，在镇痛的同时抑制了COX对胃肠道的保护功能，所以阿司匹林的服用量太大时，会引起胃溃疡甚至胃出血等副作用。进一步研究发现，环氧合酶(COX)并非一个单独的酶，而是一个系列，至少包括COX-1和COX-2两种酶，其中COX-1对肠道有保护作用，而COX-2与疼痛和炎症的产生有关。因此，科学家正在设计合成只对COX-2起作用的药物，以便减小这类药物的副作用。后来又发现阿司匹林有防治高血压和心血管梗塞的作用，所以许多心血管病患者经常服用小剂量的肠溶性阿司匹林，使它成为年产量最大的药物之一。

寻找更安全有效的药物，是化学家的心愿也是化学家正在从事的工作，这些工作的基础是分子结构和功能的详细认识。在以往的药物研究中主要采用"随机筛选法"，即选择可能有活性的化合物，逐一试验其生物活性及安全性，这一方法效率低、代价大，目前一种称为"组合化学"的方法已经引入药物合成与筛选过程。

此方法中，使带有特定基团或片段的一组化合物同时作用于生物靶，同步筛选，挑出有效的化合物加以鉴定，以此作起点，再合成新的化合物用于试验。将人类积累的知识与理论计算结合，进行新药物的设计和模拟工作并指导合成，已经成为这一领域的发展方向。图 16.8 给出了计算化学与药物设计的概略关系图。

生命现象与生命过程是人类最渴望了解的科学，而目前虽然积累了大量知识但仍未完全揭示其中奥秘。正如 Kornberg 教授指出的那样，“尽管已有了非同小可的业绩，分子生物学在回答一些细胞功能和发育等深层次的问题时仍然不能令人满意。是什么控制了基因的重排以产生抗体？是什么决定了一个原始细胞发育成脑或骨？是什么构成了细胞生长和衰老的基础？…… 我呼吁应该对脑的化学元素，无论是动物的还是人的，正常的还是有病的脑的化学元素的研究给予足够的重视。总之，我们的目的是要以合理的表达方法尽可能地理解生命现象，而生命的许多方面都可用化学语言来表达。这是一个真正的世界语，它是连接物理学与生物学、天文学与地学、医学与农学的纽带。化学语言极为丰富多彩，它能产生出最美的图画。我们应该传授和运用化学术语，以替我们自己、我们的环境和我们的社会表达出最直观的描述。”我们有理由相信，在揭示生命的奥秘和疾病的防治中，化学必将发挥重大而独特的作用。

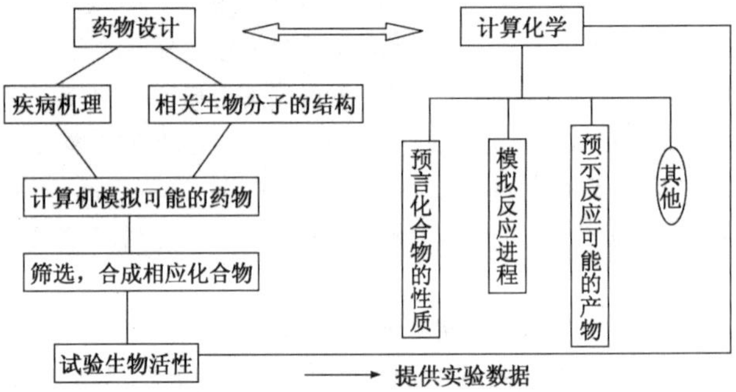

图 16.8　药物设计与计算化学

2003 年，为了应对 21 世纪的挑战并对美国政府的科学决策提供参考，美国国家研究委员会及化学科学与技术分会组织了一些著名化学家撰写了《超越分子前沿》一书，书中总结了化学科学与化学工程对人类幸福与经济实力所作出的贡献，以令人信服的事实说明全人类都从医药发展、环境改善、能源生产与分配、材料制造、信息科学及国家安全中受益。同时指出，化学家与化学工程师仍面临着一些巨大挑战，如何进行分子的可控合成，如何发展新材料，如何走出一条永不枯竭的能源发展之路，如何使化学过程对环境更加友好，如何设计新药物、发展新疗法，如何解释生命的奥秘，等等，这些挑战是如此巨大，相应的机会也如此之多。因此，在通过化学理解我们这个世界的富于智力性的挑战上，富有才华的年轻人将会发挥不可估量的作用。化学学科有理论与实验并重的特点，化学的基础研究与有价值的应用之间存在着密切的关系。基础科学为激动人心的应用发展创造机会，而解决实际难题的工作常常反过来又激发对基础科学新领域的探索。在从事这一令人兴奋的职业、工作在分子前沿或超越分子前沿领域的过程中，年轻的一代化学家将为满足人类的重大需求作出卓越的贡献。

课外读物

[1]　唐有祺，王夔，主编. 化学与社会. 北京：高等教育出版社，1997

[2]　施开良，著. 化学与材料. 长沙：湖南教育出版社，2000

[3]　杨建民，杨艳艳，李顺意，著. 化学与生命. 长沙：湖南教育出版社，2000

[4]　陈军，陶占良. 能源化学. 北京：化学工业出版社，2004

[5]　任仁，于志辉，陈莎，张敦信，编. 第 3 版. 化学与环境. 北京：化学工业出版社，2012

附　　录

A. 习题答案

第 2 章

2.1　1.9×10^{11}

2.2　1.1 kg

2.3　240 K

2.4　P_4

2.5　$1.3\times10^3\ dm^3$

2.6　$8.6\ m^3$

2.7　4.9 g

2.8　50 Pa，105 Pa

450 Pa，605 Pa

2.9　(1) 28.6

(2) 3.8 kPa

2.10　83 kPa，166 kPa

2.11　3∶1

2.12　22%，33%，45%

2.13　(1) $2.00\ dm^3$

(2) $0.45\ dm^3$

(3) $1.10\ dm^3$

(4) $0.72\ dm^3$

2.14　(1) $8.0\ dm^3$

(2) 18 g

2.15　51 kPa，51 kPa，11 kPa

2.16　49.82，O_3

2.17　$3.48\times10^2\ m\cdot s^{-1}$，$1.02\times10^3\ m\cdot s^{-1}$

2.18　7.5

2.19　1.004，5.1×10^2

2.20　2.17 MPa，1.99 MPa

2.21　5.14 kPa，5.14 kPa

2.22　50.54

第 3 章

3.2　(1) 226 K

(2) $19.7\ kJ\cdot mol^{-1}$

3.3　25.6 kPa

3.4　$43\ kJ\cdot mol^{-1}$，13 kPa

3.5　78 kPa

3.6　0.040 g，0.065 g

3.7　30.1 kPa

3.9　$0.79\ dm^3$

3.10　$1.02\ dm^3$

2.34 kPa，20.8 kPa，78.2 kPa

3.11　w(Zn) 71%，w(Al) 29%

3.12　3.57 kPa

3.13　95℃

第 4 章

4.1　540 g，960 g

4.2　0.88 kg $FeCl_3\cdot6H_2O$

0.62 kg H_2O

5.6% $FeCl_3$

4.3　(1) $12\ mol\cdot dm^{-3}$，0.22

(2) $18\ mol\cdot dm^{-3}$，0.90

(3) $16\ mol\cdot dm^{-3}$，0.40

(4) $15\ mol\cdot dm^{-3}$，0.29

4.4　(1) $7.3\times10^2\ cm^3$

(2) $6.4\times10^2\ cm^3$

4.5　(1) 1.0×10^{-3}%

(2) 4.1×10^{-7} mol

(3) 1.0×10^{-3} kPa

4.6　(1) $11.9\ dm^3$

(2) $11.7\ dm^3$

4.7　2.02×10^{-5}

4.8　(1) Ar

(2) C_5H_{12}

(3) CCl_4

4.9 $2.9\times10^{-4}\,mol\cdot dm^{-3}$

4.11 $0.15\,cm^3$

4.12 2.3 g

4.13 (1) $5.8\times10^3\ g\cdot mol^{-1}$

(2) 9.8×10^{-5} kPa

4.14 $C_{10}H_{14}N_2$

4.15 9.4 kPa,7.0 kPa,0.74

4.16 1.7 kg

4.17 3.14 g/100g 苯

4.18 $Hg(NO_3)_2$ 几乎全部电离

$HgCl_2$ 几乎不电离

4.19 $697\ g\cdot mol^{-1}$

4.20 3.5 MPa,7.0 MPa

4.21 99 kPa

第 5 章

5.1 吸热 $26.1\ kJ\cdot mol^{-1}$

5.2 $-5.15\times10^3\ kJ\cdot mol^{-1}$

$-5.15\times10^3\ kJ\cdot mol^{-1}$

5.3 1.8×10^3 kJ

5.4 (1) 288 kJ

(2) $54.0\ kJ\cdot mol^{-1}$

(3) $-196.0\ kJ\cdot mol^{-1}$

(4) $-54.0\ kJ\cdot mol^{-1}$

5.5 $91.3\ kJ\cdot mol^{-1}$

5.6 $-627.8\ kJ\cdot mol^{-1}$

5.7 $50.5\ kJ\cdot mol^{-1}$

$-623\ kJ\cdot mol^{-1}$

5.8 $416\ kJ\cdot mol^{-1}$

$329\ kJ\cdot mol^{-1}$

5.9 $-183\ kJ\cdot mol^{-1}$

$-185\ kJ\cdot mol^{-1}$

5.10 $243\ kJ\cdot mol^{-1}$

5.11 (1),(2),(3),(5)后者大

(4) 前者大

5.12 (1) 熵增

(2) 熵变很小

(3) 熵减

5.13 $158.8\ kJ\cdot mol^{-1}$

5.14 $-146\ kJ\cdot mol^{-1}$

$-1.1\times10^2\ J\cdot mol^{-1}\cdot K^{-1}$

5.15 600 K,分解产物为 MgO、CO_2

1200 K,分解产物为 MgO、CaO、CO_2

5.16 Na_2O 可和 I_2 反应,故不能用玻璃代替石英

5.17 $-89.2\ kJ\cdot mol^{-1}$

$146.2\ kJ\cdot mol^{-1}$

5.18 $\Delta H^\ominus=-374.3\ kJ\cdot mol^{-1}$

$\Delta S^\ominus=-98.9\ J\cdot mol^{-1}\cdot K^{-1}$

$\Delta G^\ominus_{298}=-344.8\ kJ\cdot mol^{-1}$

可能

5.19 (1) $T_{转}=2785$ K

(2) $T_{转}=875$ K

(3) $T_{转}=794$ K

故推荐(2),(3)为好

5.20 第一反应,$T_{转}=3.415\times10^3$ K

第二个反应,$T_{转}=1.53\times10^4$ K

故不能用焦炭还原 Al_2O_3

5.21 (1) $T_{转}=1187$ K

(2) $T_{转}=1413$ K

(3) $\Delta G^\ominus=-98.9\ kJ\cdot mol^{-1}$

且为(−,+)型反应,任意温度均自发

故应选择反应(3)

5.22 无焦炭,$\Delta G^\ominus(298\ K)=162.5\ kJ\cdot mol^{-1}$

$T_{转}=1766$ K

加焦炭　$\Delta G^\ominus(298\ K)=-111.9\ kJ\cdot mol^{-1}$

是(−,+)型反应,反应方可实施

第 6 章

6.2 2.5×10^{-2}

8.5×10^{-2}

1.6×10^3

讨论合成氨反应可用任一种 K_p 数据

6.3 $K_p=K_c=57$

$p(H_2)=p(I_2)=13$ kPa

$p(HI)=95$ kPa

6.4 (1) $0.04\ mol\cdot dm^{-3}$　　$0.02\ mol\cdot dm^{-3}$

(2) 2×10^1 %

(3) 无影响

6.5 1.2×10^6,7.9×10^1($R=0.083$)

6.6 2×10^{14}

6.7 (1) 1.2×10^{-2} kPa

(2) 464 K

6.8 (1) 1.8×10^{2} kJ · mol^{-1}

(2) 5.4 kJ · mol^{-1}

(3) 1.9×10^{2} J · mol^{-1} · K^{-1}

6.9 2×10^{-31}, 4×10^{-37}, 5.8×10^{5}

6.10 370 K

6.11 1.7×10^{2} kPa, 279 K

6.12 (1) 74.8 kJ · mol^{-1}, 7×10^{-14}

(2) 25.8 kJ · mol^{-1}

$CuSO_4 \cdot 5H_2O$ 不会风化为无水 $CuSO_4$

6.13 (1) ⟶

(2) 平衡状态

(3) ⟵

6.14 (1) ⟵

(2) ⟶

(3) ⟶

6.15 -1.9×10^{2} kJ · mol^{-1}

6.16 387 K

6.17 78 %

1.6, 0.037, 1.6

6.18 37%, 1.6×10^{4} kPa

6.19 88

6.20 0.94%

6.21 7.8×10^{4}, −27 kJ · mol^{-1}

6.22 0.77 mol

6.23 10 kJ · mol^{-1}, 0.33

≥0.26

6.24 (1) $K^{\ominus}=1$

(2) 放热

(3) 熵增

(4) Ti 可置换 Si

(5) 温度 d，H_2 可还原 $SiCl_4$；温度低于 b，H_2 不能还原 $SiCl_4$

第 7 章

7.1 6.0×10^{-3} mol · dm^{-3} · s^{-1}

4.0×10^{-3} mol · dm^{-3} · s^{-1}

7.2 (1) 0.13 mol · dm^{-3} · min^{-1}

(2) 0.18 mol · dm^{-3} · min^{-1}

(3) 0.33 mol · dm^{-3} · min^{-1}

7.3 (1) 3.2×10^{4} s

(2) 1.7 g

7.4 1.83×10^{4} a

7.5 零级

7.6 (1) 一级

(2) 4.40×10^{-4} s^{-1}

(3) 72 kPa

7.7 (1) $HgCl_2$ 一级，$C_2O_4^{2-}$ 二级

(2) 7.6×10^{-3} mol^{-2} · dm^{6} · s^{-1}

(3) 7.4×10^{-6} mol · dm^{-3} · s^{-1}

7.8 4.9×10^{-5} kPa^{-1} · s^{-1}

7.9 (1) $k=0.097$ h^{-1}, $t_{\frac{1}{2}}=7.1$ h

(2) 2.7 h

(3) 1/2

7.10 (1) 9.3×10^{-6} mol · dm^{-3}

(2) 7.2×10^{-6} mol · dm^{-3}

(3) 8.5×10^{1} kPa

7.11 (1) 1.8×10^{3} s

(2) 283 K

7.12 1.6×10^{2} kJ · mol^{-1}

1.0×10^{-4} mol^{-1} · dm^{3} · s^{-1}

2.0×10^{-2} mol^{-1} · dm^{3} · s^{-1}

7.13 17%

7.14 (1) 1.02×10^{6} h

(2) 104 kJ · mol^{-1}

7.15 1.8×10^{-11} mol · dm^{-3} · s^{-1}

7.17 (1) 23 kJ · mol^{-1}

(2) 3.0×10^{-3} min^{-1}

第 8 章

8.1 (1) 6.2×10^{-10}

(2) 1.8×10^{-11}

(3) 7.7×10^{-2}

(4) 2.1×10^{-2}

8.2 0.095℃

8.3 (1) 5.10

(2) 1.96

(3) 0.96

8.4 1.3×10^{-5}

8.5 3.92, 4.7×10^{-11}

8.6 (1) 0.108 mol · dm^{-3}

(2) 1.1×10^{-4} mol · dm^{-3}

1.3×10^{-13} mol · dm^{-3}

(3) 1.5×10^{-17} mol·dm^{-3}

8.7 4.0×10^{-2} mol·dm^{-3}

6.2×10^{-8} mol·dm^{-3}

7.7×10^{-19} mol·dm^{-3}

8.8 (1) 0.19 mol·dm^{-3}, 11.81

(2) 0.063 mol·dm^{-3}, 12.57

8.9 1.3×10^{-3} mol·dm^{-3}

4.8×10^{-8} mol·dm^{-3}

8.10 11.28, 8.45

8.11 3.1 g

8.12 (1) 9.4×10^{-4} mol·dm^{-3}

(2) 3.5×10^{-5} mol·dm^{-3}, 0.025 mol·dm^{-3}

(3) 0.025 mol·dm^{-3}, 3.5×10^{-5} mol·dm^{-3}

(4) 1.8×10^{-5} mol·dm^{-3}, 0.025 mol·dm^{-3}

8.13 pH=9.0，以 HCO_3^- 为主

pH=13.0，以 CO_3^{2-} 为主

8.14 黄，黄，橙，红，红

8.15 (2)，(4)可作缓冲液

8.16 2.00, 12.00

8.17 (1) 4.94

(2) 5.14

(3) 4.76

(4) 4.94

8.18 2/1

8.19 HCOOH-HCOONa

取 1.00 dm^{-3} HCOOH 与 0.58 dm^3 HCOONa 相混合

8.20 (1) 0.0016 mol·dm^{-3}, 0.0233 mol·dm^{-3}

(2) 5.2 kPa

8.21 7.21

8.22 1.8×10^{-5}

第 9 章

9.1 (1) 1.82×10^{-8}

(2) 1.32×10^{-10}

9.2 (1) 5.1×10^{-5} mol·dm^{-3}, 1.00×10^{-3} g/100 g H_2O

(2) 2.0×10^{-3} mol·dm^{-3}

(3) 2.5×10^{-7} mol·dm^{-3}

9.3 9.0×10^{-10}

9.4 (1) 1.12×10^{-4} mol·dm^{-3},

2.24×10^{-4} mol·dm^{-3}

(2) 5.6×10^{-8} mol·dm^{-3}

(3) 1.2×10^{-5} mol·dm^{-3}

9.5 有沉淀

1.81×10^{-8} mol·dm^{-3}, 9.8×10^{-3} mol·dm^{-3}

9.6 0.70 g

9.7 0.57 mol·dm^{-3}

9.8 有 CuS 生成

9.9 0.59 mol·dm^{-3}

9.10 (1) 5.3×10^{-17} mol·dm^{-3}

(2) 5.3×10^{-15} mol·dm^{-3}

9.11 (1) 1.8×10^{-17}

(2) 1.7×10^{-2}

(3) 2.2×10^{15}

9.12 (1) 5.7×10^{-7}

(2) 5.1×10^{-7} mol·dm^{-3}

(3) 3.7×10^{-4} mol·dm^{-3}

9.13 0.67 mol, $CaCO_3$

2.3 mol·dm^{-3}

9.14 不能转化，很易转化

9.15 (1) AgBr 先沉淀

(2) 不能有效分离

9.16 $0.38<pH<2.68$

9.17 9.6×10^{-9} mol·dm^{-3}

9.18 5.1×10^{-2}, 2.5×10^{-13}

第 10 章

10.2 (1) 1.22 V

(2) 0.068 V

(3) 0.41 V

10.3 0.07 V, −1.03 V

10.4 (1) −0.32 V

(2) 2×10^{5}

10.5 (1)，(4)不能

(2)，(3)能

10.6 (1) 0.323

(2) 6×10^{46}

(3) 1.0×10^{-10}

10.7 (1) 1.45 V

(2) 1.76 V

10.8　0.34 V

10.9　1.70 V

10.10　0.01 V

10.11　1 mol·dm^{-3} HCl 中，$E(Ag^+/Ag)=0.22$ V

1 mol·dm^{-3} HI 中，$E(Ag^+/Ag)=-0.15$ V

10.12　2.2 mol·dm^{-3}

10.13　7.6×10^{-8}

10.14　7.8×10^{-6} mol·dm^{-3}

10.15　1×10^{-18}

10.16　2×10^{33}

10.17　(1) 2×10^{51}

(2) 7×10^{52}

10.18　4.03 g Ag

1.18 g Cu

得不到 Al

10.19　1.23 V

10.20　(2) 正向、平衡、逆向

(3) -318 kJ·mol^{-1}

(4) $b=9.3$

(6) 2×10^{-19}

第 11 章

11.1　(1) 6.563×10^5 pm

(2) $n=10$

(3) 364.6 nm

11.2　1.3 nm，-8.7×10^{-20} J

11.3　(1) 1.59×10^{14} s^{-1}

(2) 红外部分

11.4　394 nm

11.5　8.716×10^{-18} J·$atom^{-1}$

5.249×10^3 kJ·mol^{-1}

11.6　(1) 5.5×10^{-36} kg，5.0×10^{-19} J

(2) 1.1×10^{-29} kg，1.0×10^{-12} J

11.7　7×10^5 m·s^{-1}

11.8　6.6×10^{-29} m

11.22　(1) 10 kJ

(2) 13.6 eV·$atom^{-1}$

11.24　(1)，(4) 不能自发

(2)，(3)可自发进行

-21 kJ·mol^{-1}

第 12 章

12.2　717 kJ·mol^{-1}

12.3　-752 kJ·mol^{-1}

12.4　-908 kJ·mol^{-1}

12.24　(1) 1284 kJ·mol^{-1}

(2) 688 kJ·mol^{-1}

(3) 37.6 kJ·mol^{-1}

第 13 章

13.2　0.145 nm

13.3　(1) 0.124 nm

(2) 2.34×10^{-23} cm^3

(3) 2

(4) 7.93 g·cm^{-3}

13.4　(1) 250 pm

(2) 52 pm

13.5　(1) $BaTiO_3$

(2) 6，12

(3) 62 pm，145 pm

13.6　(1) 140.5 pm

(2) 119 g·mol^{-1}

(3) 7.30×10^3 kg·m^{-3}

(4) 灰锡键较强

13.7　3.96×10^4 g·mol^{-1}

13.8　晶胞中含有 4 个羧酸分子

每个羧酸分子结合 1 个 HCl 分子

13.9　282 pm

13.10　黄铜晶胞的质量为 4.25×10^{-22} g

Zn 在黄铜中的质量百分数 25.5%

13.12　460 pm，4.44 g·cm^{-3}

13.14　63%，42%

13.15　18%，75%，29%

13.16　49 pm

第 14 章

14.14　(1) 9×10^4

(2) 5.9×10^{-6}，5.5×10^{23}

14.15　$[Ag^+]:[Ag(NH_3)^+]:[Ag(NH_3)_2^+]$

=1：2.2×10^3：1.1×10^7

14.16 没有 $Cu(OH)_2$ 沉淀生成

14.17 0.44 $mol \cdot dm^{-3}$，41 g

14.18 生成 $Zn(NH_3)_4^{2+}$，$K=9\times10^{-8}$

生成 $Zn(OH)_4^{2-}$，$K=4\times10^{-9}$

$[Zn(NH_3)_4^{2+}]$：$[Zn(OH)_4^{2-}]=8\times10^6$

14.19 2×10^{26}

14.20 0.36 V

14.21 1×10^{65}，$-403\ kJ\cdot mol^{-1}$

14.22 0.023 $mol\cdot dm^{-3}$

9×10^{-16} $mol\cdot dm^{-3}$

14.23 反应(1)可以发生

反应(2)不能发生

14.24 (2) 5×10^{26}

(3) 0.090%

第 15 章

15.6 141.9 $kJ\cdot mol^{-1}$，$T_{转}=959\ K$

$-343.9\ kJ\cdot mol^{-1}$

15.8 1，1.5，2，2.5（O_2^{2-}，O_2^-，O_2，O_2^+）

O_2^{2-}，O_2^- 稳定性差

15.13 8×10^{-34}

15.14 (1) NH_4CuSO_3

(2) Cu，SO_2，$CuSO_4$，$(NH_4)_2SO_4$

15.15 稳定：Mn^{2+}，MnO_2，MnO_4^-

不稳定：Mn，Mn^{3+}，MnO_4^{2-}

两两不能共存：MnO_4^- Mn^{2+}，MnO_2 Mn，MnO_4^- Mn

15.18 (1) 7×10^{19}

(2) 反应正向进行

15.19 (1) 5.4×10^{-10} $mol\cdot dm^{-3}$，0.050 $mol\cdot dm^{-3}$，2.9 $mol\cdot dm^{-3}$

(2) 0.61 $mol\cdot dm^{-3}$

(3) 9.3 $mol\cdot dm^{-3}$

15.23 3×10^{11}

15.25 0.0084%

B.1 SI 单位制的词头

表示的因数	词头名称	词头符号	表示的因数	词头名称	词头符号
10^{18}	艾[可萨]	E(exa)	10^{-1}	分	d(deci)
10^{15}	拍[它]	P(peta)	10^{-2}	厘	c(centi)
10^{12}	太[拉]	T(tera)	10^{-3}	毫	m(milli)
10^9	吉[咖]	G(giga)	10^{-6}	微	μ(micro)
10^6	兆	M(mega)	10^{-9}	纳[诺]	n(nano)
10^3	千	k(kilo)	10^{-12}	皮[可]	p(pcio)
10^2	百	h(hecto)	10^{-15}	飞[母托]	f(femto)
10^1	十	da(deca)	10^{-18}	阿[托]	a(atto)

B.2　一些非推荐单位、导出单位与SI单位的换算

物理量	换算单位
长度	1 Å$=10^{-10}$ m，　1 in$=2.54\times10^{-2}$ m
质量	1(市)斤$=0.5$ kg，　1(市)两$=50$ g，　1 lb(磅)$=0.454$ kg，1 oz(盎司)$=28.3\times10^{-3}$ kg
压力	1 atm$=760$ mmHg$=1.013\times10^{5}$ Pa，　1 mmHg$=1$ Torr$=133.3$ Pa 1 bar$=10^{5}$ Pa，　1 Pa$=1$ N·m^{-2}
温度	$\frac{T}{\text{K}}=\frac{t}{^\circ\text{C}}+273.15$ $\frac{F}{^\circ\text{F}}=\frac{9}{5}\frac{T}{\text{K}}-459.67=\frac{9}{5}\frac{t}{^\circ\text{C}}+32$
能量	1 cal$=4.184$ J，1 eV$=1.602\times10^{-19}$ J，1 erg$=10^{-7}$ J
电量	1 esu (静电单位库仑)$=3.335\times10^{-10}$ C
其他	R(摩尔气体常数)$=1.986$ cal·mol^{-1}·K$^{-1}=0.08206$ atm·dm^{3}·mol^{-1}·K^{-1} $=8.314$ J·mol^{-1}·K$^{-1}=8.314$ kPa·dm^{3}·mol^{-1}·K^{-1} 1 eV·粒子$^{-1}$相当于 96.5 kJ·mol^{-1}，1 C·m$^{-1}=12.0$ J·mol^{-1} 1 D (Debye,德拜)$=3.336\times10^{-30}$ C·m

B.3　一些常用的物理化学常数

名　称	符　号	数值和单位
理想气体摩尔体积	V_m	22.413996(39) dm^{3}·mol^{-1}(273.15 K,101.325 kPa) 22.710981(40) dm^{3}·mol^{-1}(273.15 K,1 bar)
标准大气压	atm	101325 Pa
标准压力	$p^{\ominus}$	1 bar$=1\times10^{5}$ Pa
摩尔气体常数	R	8.314472(15) J·mol^{-1}·K^{-1}
Boltzmann 常数	k	1.3806504(24)$\times10^{-23}$ J·K^{-1}
Avogadro 常数	N_A	6.02214179(30)$\times10^{23}$ mol^{-1}
水的三相点	$T_{tp}(H_2O)$	273.16 K
水的沸点	$t_b(H_2O)$	99.975℃
Faraday 常数	F	9.64853399(24)$\times10^{4}$ C·mol^{-1}
Planck 常数	h	6.62606896(33)$\times10^{-34}$ J·s
真空光速	c_0	299792458 m·s^{-1}
元电荷	e	1.602176487(40)$\times10^{-19}$ C
电子质量	m_e	9.10938215(45)$\times10^{-31}$ kg
Rydberg 常数	R_H	10973731.568527(73) m^{-1}
Bohr 半径	a_0	5.2917720859(36)$\times10^{-11}$ m
Bohr 磁子	μ_B	9.27400915(23)$\times10^{-24}$ J·T^{-1}
真空电容率	ε_0	8.854187817$\times10^{-12}$ F·m^{-1}
原子质量常数$\left[\frac{1}{12}m(^{12}C)\right]$	m_u	1.660538782(83)$\times10^{-27}$ kg

摘自 CRC Handbook of Chemistry and Physics，91st ed. (2010)，1-2～1-8

C.1　不同温度下的水蒸气压

温度/℃	蒸气压/kPa		温度/℃	蒸气压/kPa	温度/℃	蒸气压/kPa
−14.0	0.2080*	0.18122	36.0	5.9479	88.0	65.017
−12.0	0.2445*	0.21732	38.0	6.6328	90.0	70.182
−10.0	0.2865*	0.25990	40.0	7.3849	92.0	75.684
−8.0	0.3352*	0.30998	42.0	8.2096	94.0	81.541
−6.0	0.3908*	0.36873	44.0	9.1124	96.0	87.771
−4.0	0.4546*	0.43747	46.0	10.099	98.0	94.390
−2.0	0.5274*	0.51772	48.0	11.177	100.0	101.42
0.0		0.61129	50.0	12.352	102	108.87
2.0		0.70599	52.0	13.631	104	116.78
4.0		0.81355	54.0	15.022	106	125.15
6.0		0.93536	56.0	16.533	108	134.01
8.0		1.0730	58.0	18.171	110	143.38
10.0		1.2282	60.0	19.946	112	153.28
12.0		1.4028	62.0	21.867	114	163.74
14.0		1.5990	64.0	23.943	116	174.77
16.0		1.8188	66.0	26.183	118	186.41
18.0		2.0647	68.0	28.599	120	198.67
20.0		2.3393	70.0	31.201	150	476.16
22.0		2.6453	72.0	34.000	200	1554.9
24.0		2.9858	74.0	37.009	250	3976.2
25.0		3.1699	76.0	40.239	300	8587.9
26.0		3.3639	78.0	43.703	350	16529
28.0		3.7831	80.0	47.414	370	21044
30.0		4.2470	82.0	51.387	373.95	22064
32.0		4.7596	84.0	55.635		
34.0		5.3251	86.0	60.173		

摘自 CRC Handbook of Chemistry and Physics，91st ed.（2010），6-5～6-6

0℃以下为冰蒸气压，* 为过冷水蒸气压

C.2　常见物质的 $\Delta_f H_m^\ominus$、$\Delta_f G_m^\ominus$ 和 $S_m^\ominus$

(298.15 K，100.00 kPa)

物　质	$\frac{\Delta_f H_m^\ominus}{kJ \cdot mol^{-1}}$	$\frac{\Delta_f G_m^\ominus}{kJ \cdot mol^{-1}}$	$\frac{S_m^\ominus}{J \cdot K^{-1} \cdot mol^{-1}}$
Ag(cr)	0.0	0.0	42.6
Ag^+(aq)	105.6	77.1	72.7
$Ag(NH_3)_2^+$(aq)*	−111.29	−17.24	245.2
AgCl(cr)	−127.0	−109.8	96.3
AgBr(cr)	−100.4	−96.9	107.1
Ag_2CrO_4(cr)	−731.7	−641.8	217.6
AgI(cr)	−61.84	−66.2	115.5
Ag_2O(cr)	−31.1	−11.2	121.3
Ag_2S(cr,辉银矿)	−32.6	−40.7	144.0
$AgNO_3$(cr)	−124.4	−33.4	140.9
Al(cr)	0.0	0.0	28.3
Al^{3+}(aq)	−531.0	−485.0	−321.7
$AlCl_3$(cr)	−704.2	−628.8	109.3
Al_2O_3(cr,刚玉)	−1675.7	−1582.3	50.9
B(cr,菱形)	0.0	0.0	5.9
B_2O_3(cr)	−1273.5	−1194.3	54.0
BCl_3(g)	−403.8	−388.7	290.1
BCl_3(l)	−427.2	−387.4	206.3
B_2H_6(g)	36.4	86.7	232.1
Ba(cr)	0.0	0.0	62.5
Ba^{2+}(aq)	−537.6	−560.8	9.6
$BaCl_2$(cr)	−855.0	−806.7	123.7
$BaCO_3$(cr)	−1213.0	−1134.4	112.1
BaO(cr)	−548.0	−520.3	72.1
$Ba(OH)_2$(cr)	−944.7	—	—
$BaSO_4$(cr)	−1473.2	−1362.2	132.2
Br_2(l)	0.0	0.0	152.2
Br_2(g)	30.9	3.1	245.5
Br^-(aq)	−121.6	−104.0	82.4
C(石墨)	0.0	0.0	5.7
C(金刚石)	1.9	2.9	2.4
C(g)	716.7	671.3	158.1
Ca(cr)	0.0	0.0	41.6
Ca^{2+}(aq)	−542.8	−553.6	−53.1

续表

物　　质	$\Delta_f H_m^\ominus$ / $kJ \cdot mol^{-1}$	$\Delta_f G_m^\ominus$ / $kJ \cdot mol^{-1}$	$S_m^\ominus$ / $J \cdot K^{-1} \cdot mol^{-1}$
CaF_2(cr)	−1228.0	−1175.6	68.5
$CaCl_2$(cr)	−795.4	−748.8	108.4
CaO(cr)	−634.9	−603.3	38.1
CaH_2(cr)	−181.5	−142.5	41.4
$Ca(OH)_2$(cr)	−985.2	−897.5	83.4
$CaCO_3$(cr,方解石)	−1207.6	−1129.1	91.7
$CaSO_4$(cr,无水石膏)	−1434.5	−1322.0	106.5
CO(g)	−110.5	−137.2	197.7
CO_2(g)	−393.5	−394.4	213.8
CO_3^{2-}(aq)	−667.1	−527.8	−56.9
CO_2(aq)*	−413.26	−386.0	119.36
CCl_4(l)	−128.2	−65.3	216.4
CH_3OH(l)	−239.2	−166.6	126.8
C_2H_5OH(l)	−277.6	−174.8	160.7
CH_3COOH(l)	−484.3	−389.9	159.8
CH_3COOH(aq,非电离)	−485.76	−396.46	178.7
CH_3COO^-(aq)	−486.0	−369.3	86.6
CH_3CHO(l)	−192.2	−127.6	160.2
CH_4(g)	−74.6	−50.5	186.4
C_2H_2(g)	227.4	209.9	200.9
C_2H_4(g)	52.4	68.4	219.3
C_2H_6(g)	−84.0	−32.0	229.2
C_3H_6(g)	53.3	104.5	237.5
C_3H_8(g)	−103.8	−23.5	270.3
C_4H_6(l,1,3-丁二烯)	88.5	—	199.0
C_4H_6(g,1,3-丁二烯)	165.5	201.7	293.0
C_4H_8(l,1-丁烯)	−20.8	—	227.0
C_4H_8(g,1-丁烯)	1.17	72.04	307.4
n-C_4H_{10}(l,正丁烷)	−14.3	—	—
n-C_4H_{10}(g,正丁烷)	−124.73	−15.71	310.0
C_6H_6(g)	82.9	129.7	269.2
C_6H_6(l)	49.1	124.5	173.4
Cl_2(g)	0.0	0.0	223.1
Cl^-(aq)	−167.2	−131.2	56.5
ClO_3^-(aq)	−104.0	−8.0	162.3

续表

物　质	$\Delta_f H_m^\ominus$ / $kJ \cdot mol^{-1}$	$\Delta_f G_m^\ominus$ / $kJ \cdot mol^{-1}$	$S_m^\ominus$ / $J \cdot K^{-1} \cdot mol^{-1}$
Co(cr)	0.0	0.0	30.0
$Co(OH)_2$(cr)	−539.7	−454.3	79.0
Cr(cr)	0.0	0.0	23.8
Cr_2O_3(cr)	−1139.7	−1058.1	81.2
$Cr_2O_7^{2-}$(aq)	−1490.3	−1301.1	261.9
CrO_4^{2-}(aq)	−881.2	−727.8	50.2
Cu(cr)	0.0	0.0	33.2
Cu^+(aq)	71.7	50.0	40.6
Cu^{2+}(aq)	64.8	65.5	−99.6
$Cu(NH_3)_4^{2+}$(aq)*	−348.5	−111.3	273.6
CuCl(cr)	−137.2	−119.9	86.2
CuBr(cr)	−104.6	−100.8	96.1
CuI(cr)	−67.8	−69.5	96.7
Cu_2O(cr)	−173.1	−150.3	92.5
CuO(cr)	−162.0	−134.3	42.7
Cu_2S(cr,α)*	−79.5	−86.2	120.9
CuS(cr)*	−53.1	−53.7	66.5
$CuSO_4$(cr)	−771.4	−662.2	109.2
$CuSO_4 \cdot 5H_2O$(cr)*	−2279.65	−1880.04	300.4
F_2(g)	0.0	0.0	202.8
F^-(aq)	−332.6	−278.8	−13.8
F(g)	79.4	62.3	158.8
Fe(cr)	0.0	0.0	27.3
Fe^{2+}(aq)	−89.1	−78.9	−137.7
Fe^{3+}(aq)	−48.5	−4.7	−315.9
Fe_2O_3(cr)	−824.2	−742.2	87.4
Fe_3O_4(cr)	−1118.4	−1015.4	146.4
H_2(g)	0.0	0.0	130.7
H(g)	218.0	203.3	114.7
H^+(aq)	0.0	0.0	0.0
HBr(g)	−36.3	−53.4	198.7
HBr(aq)	−121.6	−104.0	82.4
HCOOH(l)	−425.0	−361.4	129.0
HCO_3^-(aq)	−692.0	−586.8	91.2
H_2CO_3(aq,非电离)*	−699.65	−623.16	187.4

续表

物　质	$\Delta_f H_m^\ominus$ / $kJ \cdot mol^{-1}$	$\Delta_f G_m^\ominus$ / $kJ \cdot mol^{-1}$	$S_m^\ominus$ / $J \cdot K^{-1} \cdot mol^{-1}$
HCl(g)	−92.3	−95.3	186.9
HF(g)	−273.3	−275.4	173.8
HNO_3(l)	−174.1	−80.7	155.6
Hg(g)	61.4	31.8	175.0
Hg(l)	0.0	0.0	75.9
HgO(cr)	−90.8	−58.5	70.3
HgS(cr)	−58.2	−50.6	82.4
$HgCl_2$(cr)	−224.3	−178.6	146.0
Hg_2Cl_2(cr)	−265.4	−210.7	191.6
HI(g)	26.5	1.7	206.6
H_2O(l)	−285.8	−237.1	70.0
H_2O(g)	−241.8	−228.6	188.8
H_2O_2(l)	−187.8	−120.4	109.6
H_2O_2(aq)*	−191.17	−134.10	143.9
H_3O^+(aq)	−285.83	−237.13	69.91
H_2S(g)	−20.6	−33.4	205.8
H_2S(aq)*	−38.6	−27.87	126.5
HS^-(aq)*	−16.3	12.05	67.5
H_2SO_4(l)	−814.0	−690.0	156.9
HSO_4^-(aq)	−887.3	−755.9	131.8
I_2(cr)	0.0	0.0	116.1
I_2(g)	62.4	19.3	260.7
I^-(aq)	−55.2	−51.6	111.3
K(cr)	0.0	0.0	64.7
K^+(aq)	−252.4	−283.3	102.5
KCl(cr)	−436.5	−408.6	82.6
KI(cr)	−327.9	−324.9	106.3
KOH(cr)	−424.6	−378.7	78.9
$KClO_3$(cr)	−397.7	−296.3	143.1
$KClO_4$(cr)	−432.8	−303.1	151.0
$KMnO_4$(cr)	−837.2	−737.6	171.7
Mg(cr)	0.0	0.0	32.7
Mg^{2+}(aq)*	−467.0	−454.8	−137.4
$MgCl_2$(cr)	−641.3	−591.8	89.6
$MgCl_2 \cdot 6H_2O$(cr)*	−2499.0	−2115.0	315.1

续表

物　质	$\Delta_f H_m^\ominus$ / kJ·mol^{-1}	$\Delta_f G_m^\ominus$ / kJ·mol^{-1}	$S_m^\ominus$ / J·K^{-1}·mol^{-1}
MgO(cr)	−601.6	−569.3	27.0
$Mg(OH)_2$(cr)	−924.5	−833.5	63.2
$MgCO_3$(cr)	−1095.8	−1012.1	65.7
$MgSO_4$(cr)	−1284.9	−1170.6	91.6
Mn(cr)	0.0	0.0	32.0
Mn^{2+}(aq)	−220.8	−228.1	−73.6
MnO_2(cr)	−520.0	−465.1	53.1
MnO_4^-(aq)	−541.4	−447.2	191.2
$MnCl_2$(cr)	−481.3	−440.5	118.2
N_2(g)	0.0	0.0	191.6
NH_3(g)	−45.9	−16.4	192.8
NH_3(aq)*	−80.29	−26.6	111.3
$NH_3\cdot H_2O$(aq,非电离)*	−361.2	−254.0	165.5
NH_4^+(aq)	−132.5	−79.3	113.4
NH_4Cl(cr)	−314.4	−202.9	94.6
NH_4NO_3(cr)	−365.6	−183.9	151.1
$(NH_4)_2SO_4$(cr)	−1180.9	−910.7	220.1
N_2H_4(g)	95.4	159.4	238.5
N_2H_4(l)	50.6	149.3	121.2
NO(g)	91.3	87.6	210.8
NO_2(g)	34.2	52.3	240.1
N_2O(g)	81.6	103.7	220.0
N_2O_4(g)	11.1	99.8	304.4
N_2O_4(l)	−19.5	97.5	209.2
NO_3^-(aq)	−207.4	−111.3	146.4
Na(cr)	0.0	0.0	51.3
Na^+(aq)	−240.1	−261.9	59.0
NaCl(cr)	−411.2	−384.1	72.1
Na_2O(cr)	−414.2	−375.5	75.1
Na_2O_2(cr)	−510.9	−447.7	95.0
NaOH(cr)	−425.8	−379.7	64.4
Na_2CO_3(cr)	−1130.7	−1044.4	135.0
NaI(cr)	−287.8	−286.1	98.5
NiO(cr)*	−240.6	−211.7	38.00
O_2(g)	0.0	0.0	205.2
O_3(g)	142.7	163.2	238.9
OH^-(aq)	−230.0	−157.2	−10.8

续表

物　质	$\Delta_f H_m^\ominus$ / $kJ \cdot mol^{-1}$	$\Delta_f G_m^\ominus$ / $kJ \cdot mol^{-1}$	$S_m^\ominus$ / $J \cdot K^{-1} \cdot mol^{-1}$
P(cr,白)	0.0	0.0	41.1
P(cr,红)	−17.6	—	22.8
PCl_3(g)	−287.0	−267.8	311.8
PCl_3(l)	−314.7	−272.3	217.1
PCl_5(cr)*	−443.5	—	—
PCl_5(g)	−374.9	−305.0	364.6
Pb(cr)	0.0	0.0	64.8
Pb^{2+}(aq)	−1.7	−24.4	10.5
PbO(cr,黄)	−217.3	−187.9	68.7
PbO(cr,红)	−219.0	−188.9	66.5
PbO_2(cr)	−277.4	−217.3	68.6
Pb_3O_4(cr)*	−718.4	−601.2	211.3
S^{2-}(aq)*	33.1	85.8	−14.6
SO_4^{2-}(aq)	−909.3	−744.5	20.1
SO_2(g)	−296.8	−300.1	248.2
SO_3(g)	−395.7	−371.1	256.8
SO_3(l)	−441.0	−373.8	113.8
Si(cr)	0.0	0.0	18.8
SiO_2(cr,α-石英)	−910.7	−856.3	41.5
SiF_4(g)	−1615.0	−1572.8	282.8
$SiCl_4$(l)	−687.0	−619.8	239.7
$SiCl_4$(g)	−657.0	−617.0	330.7
Sn(cr,白)	0.0	0.0	51.2
Sn(cr,灰)	−2.1	0.1	44.1
SnO(cr)	−280.7	−251.9	57.2
SnO_2(cr)	−577.6	−515.8	49.0
$SnCl_2$(cr)	−325.1	—	—
$SnCl_4$(l)	−511.3	−440.1	258.6
Ti(cr)	0	0	30.7
TiO_2(cr)	−944.0	−888.8	50.6
$TiCl_4$(g)	−763.2	−726.3	353.2
Zn(cr)	0.0	0.0	41.6
Zn^{2+}(aq)	−153.9	−147.1	−112.1
$ZnCl_2$(s)	−415.1	−369.4	11.5
ZnO(cr)	−350.5	−320.5	43.7
ZnS(cr,闪锌矿)	−206.0	−201.3	57.7

摘自 CRC Handbook Chemistry and Physics，91st ed.(2010)，5-4～5-65.

* 摘自 Lange's Handbook of Chemistry，16 ed.(2005)，1.237～1.279

C.3　弱酸、弱碱的电离平衡常数

弱电解质	t/℃	电离常数	弱电解质	t/℃	电离常数
H_3AsO_4	25	$K_1=5.5\times10^{-3}$	H_2S*	25	$K_1=8.9\times10^{-8}$
	25	$K_2=1.7\times10^{-7}$		25	$K_2=1.2\times10^{-13}$
	25	$K_3=5.1\times10^{-12}$	HSO_4^-	25	1.0×10^{-2}
H_3BO_3	20	5.4×10^{-10}	H_2SO_3	25	$K_1=1.4\times10^{-2}$
HBrO	25	2.8×10^{-9}		25	$K_2=6.3\times10^{-8}$
H_2CO_3	25	$K_1=4.5\times10^{-7}$	H_2SiO_3	30	$K_1=1\times10^{-10}$
	25	$K_2=4.7\times10^{-11}$		30	$K_2=2\times10^{-12}$
$H_2C_2O_4$	25	$K_1=5.6\times10^{-2}$	HCOOH	25	1.8×10^{-4}
	25	$K_2=1.5\times10^{-4}$	CH_3COOH	25	1.75×10^{-5}
HCN	25	6.2×10^{-10}	$CH_2ClCOOH$	25	1.3×10^{-3}
HClO	25	4.0×10^{-8}	$CHCl_2COOH$	25	4.5×10^{-2}
H_2CrO_4	25	$K_1=1.8\times10^{-1}$	$H_3C_6H_5O_7$	25	$K_1=7.4\times10^{-4}$
	25	$K_2=3.2\times10^{-7}$	(柠檬酸)	25	$K_2=1.7\times10^{-5}$
HF	25	6.3×10^{-4}		25	$K_3=4.0\times10^{-7}$
HIO_3	25	1.6×10^{-1}			
HIO	25	3.2×10^{-11}	$NH_3\cdot H_2O$	25	1.8×10^{-5}
HNO_2	25	5.6×10^{-4}	NH_2OH**		9.1×10^{-9}
NH_4^+	25	5.6×10^{-10}	AgOH**		1.1×10^{-4}
H_2O_2	25	2.3×10^{-12}	$Be(OH)_2$**		$K_2=5.0\times10^{-11}$
H_3PO_4	25	$K_1=6.9\times10^{-3}$	$Pb(OH)_2$**		$K_1=9.5\times10^{-4}$
	25	$K_2=6.2\times10^{-8}$	$Zn(OH)_2$**		$K_1=9.5\times10^{-4}$
	25	$K_3=4.8\times10^{-13}$			

摘自 CRC Handbook of Chemistry and Physics，91 st.(2010)，8-40～8-46

*　H_2S 数据摘自：Lange's Handbook of Chemistry，16 ed.(2005)，1.330

** 数据摘自：实用化学手册，北京：科学出版社，第 1 版(2001)，p.475(数据为 18～25℃)

C.4　常见难溶电解质的溶度积

(298.15 K)

难溶电解质	K_{sp}	难溶电解质	K_{sp}
AgCl	1.77×10^{-10}	$Fe(OH)_3$	2.79×10^{-39}
AgBr	5.35×10^{-13}	FeS*	6.3×10^{-18}
AgI	8.52×10^{-17}	Hg_2Cl_2	1.43×10^{-18}
Ag_2CO_3	8.46×10^{-12}	HgS(黑)*	1.6×10^{-52}
Ag_2CrO_4	1.12×10^{-12}	HgS(红)*	4×10^{-53}
Ag_2SO_4	1.20×10^{-5}	$MgCO_3$	6.82×10^{-6}
Ag_2S*	6.3×10^{-50}	$Mg(OH)_2$	5.61×10^{-12}
$Al(OH)_3$*	1.3×10^{-33}	$Mn(OH)_2$*	1.9×10^{-13}
$BaCO_3$	2.58×10^{-9}	MnS*	2.5×10^{-13}
$BaSO_4$	1.08×10^{-10}	$Ni(OH)_2$	5.48×10^{-16}
$BaCrO_4$	1.17×10^{-10}	NiS(α)*	3.2×10^{-19}
$CaCO_3$	3.36×10^{-9}	NiS(β)*	1.0×10^{-24}
$CaC_2O_4\cdot H_2O$	2.32×10^{-9}	NiS(γ)*	2.0×10^{-26}
CaF_2	3.45×10^{-11}	$PbCl_2$	1.70×10^{-5}
$Ca_3(PO_4)_2$	2.07×10^{-33}	$PbCO_3$	7.40×10^{-14}
$CaSO_4$	4.93×10^{-5}	$PbCrO_4$*	2.8×10^{-13}
$Cd(OH)_2$	7.2×10^{-15}	PbF_2	3.3×10^{-8}
CdS*	8.0×10^{-27}	$PbSO_4$	2.53×10^{-8}
$Co(OH)_2$	5.92×10^{-15}	PbS*	8.0×10^{-28}
CoS(α)*	4.0×10^{-21}	PbI_2	9.8×10^{-9}
CoS(β)*	2.0×10^{-25}	$Pb(OH)_2$	1.43×10^{-20}
$Cr(OH)_3$*	6.3×10^{-31}	$SrCO_3$	5.60×10^{-10}
CuCl	1.72×10^{-7}	$SrSO_4$	3.44×10^{-7}
CuI	1.27×10^{-12}	$ZnCO_3$	1.46×10^{-10}
CuBr	6.27×10^{-9}	$Zn(OH)_2$	3×10^{-17}
CuS*	6.3×10^{-36}	ZnS(α)*	1.6×10^{-24}
$Fe(OH)_2$	4.87×10^{-17}	ZnS(β)*	2.5×10^{-22}

摘自 CRC Handbook of Chemistry and Physics，91st ed.(2010)，8-127～8-129

K_{sp}由 $\Delta_r G_m^\ominus$ 计算

* 摘自 Lange's Handbook of Chemistry，16 ed.(2005)，1.331～1.342.

C.5　酸性溶液中的标准电极电势

(298.15 K)

	电极反应	$E^\ominus/V$
Ag	$AgBr+e \rightleftharpoons Ag+Br^-$	+0.07133
	$AgCl+e \rightleftharpoons Ag+Cl^-$	+0.22233
	$Ag_2CrO_4+2e \rightleftharpoons 2Ag+CrO_4^{2-}$	+0.4470
	$Ag^++e \rightleftharpoons Ag$	+0.7996
Al	$Al^{3+}+3e \rightleftharpoons Al$	−1.662
As	$HAsO_2+3H^++3e \rightleftharpoons As+2H_2O$	+0.248
	$H_3AsO_4+2H^++2e \rightleftharpoons HAsO_2+2H_2O$	+0.560
Bi	$BiOCl+2H^++3e \rightleftharpoons Bi+H_2O+Cl^-$	+0.1583
	$BiO^++2H^++3e \rightleftharpoons Bi+H_2O$	+0.320
Br	$Br_2(l)+2e \rightleftharpoons 2Br^-$	+1.066
	$BrO_3^-+6H^++5e \rightleftharpoons \frac{1}{2}Br_2+3H_2O$	+1.482
Ca	$Ca^{2+}+2e \rightleftharpoons Ca$	−2.868
Cl	$ClO_4^-+2H^++2e \rightleftharpoons ClO_3^-+H_2O$	+1.189
	$Cl_2(g)+2e \rightleftharpoons 2Cl^-$	+1.35827
	$ClO_3^-+6H^++6e \rightleftharpoons Cl^-+3H_2O$	+1.451
	$ClO_3^-+6H^++5e \rightleftharpoons \frac{1}{2}Cl_2+3H_2O$	+1.47
	$HClO+H^++e \rightleftharpoons \frac{1}{2}Cl_2+H_2O$	+1.611
	$ClO_3^-+3H^++2e \rightleftharpoons HClO_2+H_2O$	+1.214
	$ClO_2+H^++e \rightleftharpoons HClO_2$	+1.277
	$HClO_2+2H^++2e \rightleftharpoons HClO+H_2O$	+1.645
Co	$Co^{3+}+e \rightleftharpoons Co^{2+}$	+1.92
Cr	$Cr_2O_7^{2-}+14H^++6e \rightleftharpoons 2Cr^{3+}+7H_2O$	+1.36
Cu	$Cu^{2+}+e \rightleftharpoons Cu^+$	+0.153
	$Cu^{2+}+2e \rightleftharpoons Cu$	+0.3419
	$Cu^++e \rightleftharpoons Cu$	+0.521
Fe	$Fe^{2+}+2e \rightleftharpoons Fe$	−0.447
	$Fe(CN)_6^{3-}+e \rightleftharpoons Fe(CN)_6^{4-}$	+0.358
	$Fe^{3+}+e \rightleftharpoons Fe^{2+}$	+0.771
H	$2H^++2e \rightleftharpoons H_2$	0.00000

续表

	电 极 反 应	$E^{\ominus}$/V
Hg	$Hg_2Cl_2+2e \rightleftharpoons 2Hg+2Cl^-$	+0.26808
	$Hg_2^{2+}+2e \rightleftharpoons 2Hg$	+0.7973
	$Hg^{2+}+2e \rightleftharpoons Hg$	+0.851
	$2Hg^{2+}+2e \rightleftharpoons Hg_2^{2+}$	+0.920
I	$I_2+2e \rightleftharpoons 2I^-$	+0.5355
	$I_3^-+2e \rightleftharpoons 3I^-$	+0.536
	$IO_3^-+6H^++5e \rightleftharpoons \frac{1}{2}I_2+3H_2O$	+1.195
	$HIO+H^++e \rightleftharpoons \frac{1}{2}I_2+H_2O$	+1.439
K	$K^++e \rightleftharpoons K$	−2.931
Mg	$Mg^{2+}+2e \rightleftharpoons Mg$	−2.372
Mn	$Mn^{2+}+2e \rightleftharpoons Mn$	−1.185
	$MnO_4^-+e \rightleftharpoons MnO_4^{2-}$	+0.558
	$MnO_2+4H^++2e \rightleftharpoons Mn^{2+}+2H_2O$	+1.224
	$MnO_4^-+8H^++5e \rightleftharpoons Mn^{2+}+4H_2O$	+1.507
	$MnO_4^-+4H^++3e \rightleftharpoons MnO_2+2H_2O$	+1.679
N	$NO_3^-+4H^++3e \rightleftharpoons NO+2H_2O$	+0.957
	$2NO_3^-+4H^++2e \rightleftharpoons N_2O_4+2H_2O$	+0.803
	$HNO_2+H^++e \rightleftharpoons NO+H_2O$	+0.983
	$N_2O_4+4H^++4e \rightleftharpoons 2NO+2H_2O$	+1.035
	$NO_3^-+3H^++2e \rightleftharpoons HNO_2+H_2O$	+0.934
	$N_2O_4+2H^++2e \rightleftharpoons 2HNO_2$	+1.065
Na	$Na^++e \rightleftharpoons Na$	−2.71
O	$O_2+2H^++2e \rightleftharpoons H_2O_2$	+0.695
	$H_2O_2+2H^++2e \rightleftharpoons 2H_2O$	+1.776
	$O_2+4H^++4e \rightleftharpoons 2H_2O$	+1.229
P	$H_3PO_4+2H^++2e \rightleftharpoons H_3PO_3+H_2O$	−0.276
Pb	$PbI_2+2e \rightleftharpoons Pb+2I^-$	−0.365
	$PbSO_4+2e \rightleftharpoons Pb+SO_4^{2-}$	−0.3588
	$PbCl_2+2e \rightleftharpoons Pb+2Cl^-$	−0.2675
	$Pb^{2+}+2e \rightleftharpoons Pb$	−0.1262
	$PbO_2+4H^++2e \rightleftharpoons Pb^{2+}+2H_2O$	+1.455

续表

	电极反应	$E^\ominus$/V
	$PbO_2+SO_4^{2-}+4H^++2e \rightleftharpoons PbSO_4+2H_2O$	+1.6913
S	$H_2SO_3+4H^++4e \rightleftharpoons S+3H_2O$	+0.449
	$S+2H^++2e \rightleftharpoons H_2S(aq)$	+0.142
	$SO_4^{2-}+4H^++2e \rightleftharpoons H_2SO_3+H_2O$	+0.172
	$S_4O_6^{2-}+2e \rightleftharpoons 2S_2O_3^{2-}$	+0.08
	$S_2O_8^{2-}+2e \rightleftharpoons 2SO_4^{2-}$	+2.010
	$S_2O_8^{2-}+2H^++2e \rightleftharpoons 2HSO_4^-$	+2.123
Sb	$Sb_2O_3+6H^++6e \rightleftharpoons 2Sb+3H_2O$	+0.152
	$Sb_2O_5+6H^++4e \rightleftharpoons 2SbO^++3H_2O$	+0.581
Sn	$Sn^{4+}+2e \rightleftharpoons Sn^{2+}$	+0.151
V	$V(OH)_4^++4H^++5e \rightleftharpoons V+4H_2O$	−0.254
	$VO^{2+}+2H^++e \rightleftharpoons V^{3+}+H_2O$	+0.337
	$V(OH)_4^++2H^++e \rightleftharpoons VO^{2+}+3H_2O$	+1.00
Zn	$Zn^{2+}+2e \rightleftharpoons Zn$	−0.7618

C.6　碱性溶液中的标准电极电势

(298.15 K)

	电极反应	$E^\ominus$/V
Ag	$Ag_2S+2e \rightleftharpoons 2Ag+S^{2-}$	−0.691
	$Ag_2O+H_2O+2e \rightleftharpoons 2Ag+2OH^-$	+0.342
Al	$H_2AlO_3^-+H_2O+3e \rightleftharpoons Al+4OH^-$	−2.33
	$Al(OH)_4^-+3e \rightleftharpoons Al+4OH^-$	−2.328
As	$AsO_2^-+2H_2O+3e \rightleftharpoons As+4OH^-$	−0.68
	$AsO_4^{3-}+2H_2O+2e \rightleftharpoons AsO_2^-+4OH^-$	−0.71
Br	$BrO_3^-+3H_2O+6e \rightleftharpoons Br^-+6OH^-$	+0.61
	$BrO^-+H_2O+2e \rightleftharpoons Br^-+2OH^-$	+0.761
Cl	$ClO_3^-+H_2O+2e \rightleftharpoons ClO_2^-+2OH^-$	+0.33
	$ClO_4^-+H_2O+2e \rightleftharpoons ClO_3^-+2OH^-$	+0.36
	$ClO_2^-+H_2O+2e \rightleftharpoons ClO^-+2OH^-$	+0.66
	$ClO^-+H_2O+2e \rightleftharpoons Cl^-+2OH^-$	+0.841

续表

	电 极 反 应	$E^{\ominus}$/V
Co	$Co(OH)_2 + 2e \rightleftharpoons Co + 2OH^-$	−0.73
	$Co(NH_3)_6^{3+} + e \rightleftharpoons Co(NH_4)_6^{2+}$	+0.108
	$Co(OH)_3 + e \rightleftharpoons Co(OH)_2 + OH^-$	+0.17
Cr	$Cr(OH)_3 + 3e \rightleftharpoons Cr + 3OH^-$	−1.48
	$CrO_2^- + 2H_2O + 3e \rightleftharpoons Cr + 4OH^-$	−1.2
	$CrO_4^{2-} + 4H_2O + 3e \rightleftharpoons Cr(OH)_3 + 5OH^-$	−0.13
Cu	$Cu_2O + H_2O + 2e \rightleftharpoons 2Cu + 2OH^-$	−0.360
Fe	$Fe(OH)_3 + e \rightleftharpoons Fe(OH)_2 + OH^-$	−0.56
H	$2H_2O + 2e \rightleftharpoons H_2 + 2OH^-$	−0.8277
Hg	$HgO + H_2O + 2e \rightleftharpoons Hg + 2OH^-$	+0.0977
I	$IO_3^- + 3H_2O + 6e \rightleftharpoons I^- + 6OH^-$	+0.26
	$IO^- + H_2O + 2e \rightleftharpoons I^- + 2OH^-$	+0.485
Mg	$Mg(OH)_2 + 2e \rightleftharpoons Mg + 2OH^-$	−2.690
Mn	$Mn(OH)_2 + 2e \rightleftharpoons Mn + 2OH^-$	−1.56
	$MnO_2 + 2H_2O + 2e \rightleftharpoons Mn(OH)_2 + 2OH^-$	−0.05
	$MnO_4^- + 2H_2O + 3e \rightleftharpoons MnO_2 + 4OH^-$	+0.595
	$MnO_4^{2-} + 2H_2O + 2e \rightleftharpoons MnO_2 + 4OH^-$	+0.60
N	$NO_3^- + H_2O + 2e \rightleftharpoons NO_2^- + 2OH^-$	+0.01
O	$O_2 + 2H_2O + 4e \rightleftharpoons 4OH^-$	+0.401
	$HO_2^- + H_2O + 2e \rightleftharpoons 3OH^-$	+0.878
S	$S + 2e \rightleftharpoons S^{2-}$	−0.47627
	$SO_4^{2-} + H_2O + 2e \rightleftharpoons SO_3^{2-} + 2OH^-$	−0.93
	$2SO_3^{2-} + 3H_2O + 4e \rightleftharpoons S_2O_3^{2-} + 6OH^-$	−0.571
	$S_4O_6^{2-} + 2e \rightleftharpoons 2S_2O_3^{2-}$	+0.08
Sb	$SbO_2^- + 2H_2O + 3e \rightleftharpoons Sb + 4OH^-$	−0.66
Sn	$Sn(OH)_6^{2-} + 2e \rightleftharpoons HSnO_2^- + 3OH^- + H_2O$	−0.93
	$HSnO_2^- + H_2O + 2e \rightleftharpoons Sn + 3OH^-$	−0.909

摘自 CRC Handbook of Chemistry and Physics，91st ed.（2010），8-20～8-29

C.7　常见配(络)离子的稳定常数

(293～298 K)

配离子	$K_{稳}$	配离子	$K_{稳}$
$Au(CN)_2^-$	2×10^{38}	$FeCl_3$	98
$Ag(CN)_2^-$	1.3×10^{21}	$Fe(CN)_6^{4-}$	1.0×10^{35}
$Ag(NH_3)_2^+$	1.1×10^{7}	$Fe(CN)_6^{3-}$	1.0×10^{42}
$Ag(SCN)_2^-$	3.7×10^{7}	$Fe(C_2O_4)_3^{3-}$	1.6×10^{20}
$Ag(SCN)_4^{3-}$	1.2×10^{10}	$Fe(C_2O_4)_3^{4-}$	1.7×10^{5}
$Ag(S_2O_3)_2^{3-}$	2.9×10^{13}	$Fe(EDTA)^-$	1.7×10^{24}
$Al(C_2O_4)_3^{3-}$	2.0×10^{16}	$Fe(EDTA)^{2-}$	2.1×10^{14}
AlF_6^{3-}	6.9×10^{19}	$Fe(NCS)^{2+}$	8.9×10^{2}
$Al(OH)_4^-$	1.1×10^{33}	FeF_3	1.15×10^{12}
$Ca(EDTA)^{2-}$	1.0×10^{11}	$HgCl_4^{2-}$	1.2×10^{15}
$Cd(CN)_4^{2-}$	6.0×10^{18}	$Hg(CN)_4^{2-}$	2.5×10^{41}
$CdCl_4^{2-}$	6.3×10^{2}	$Hg(EDTA)^{2-}$	6.3×10^{21}
$Cd(NH_3)_4^{2+}$	1.3×10^{7}	HgI_4^{2-}	6.8×10^{29}
$Cd(SCN)_4^{2-}$	4.0×10^{3}	$Hg(NH_3)_4^{2+}$	1.9×10^{19}
$Co(NH_3)_6^{2+}$	1.3×10^{5}	$Mg(EDTA)^{2-}$	4.4×10^{8}
$Co(NH_3)_6^{3+}$	1.6×10^{35}	$Ni(CN)_4^{2-}$	2.0×10^{31}
$Co(NCS)_4^{2-}$	1.0×10^{3}	$Ni(NH_3)_4^{2+}$	9.1×10^{7}
$Cu(CN)_2^-$	1.0×10^{24}	$Pb(CH_3COO)_4^{2-}$	3.2×10^{8}
$Cu(CN)_4^{3-}$	2.0×10^{30}	$Pb(CN)_4^{2-}$	1.0×10^{11}
$Cu(EDTA)^{2-}$	5.0×10^{18}	$Pb(OH)_3^-$	3.8×10^{14}
$Cu(NH_3)_2^+$	7.2×10^{10}	$Zn(CN)_4^{2-}$	5×10^{16}
$Cu(NH_3)_4^{2+}$	2.1×10^{13}	$Zn(C_2O_4)_2^{2-}$	4.0×10^{7}
$Cu(OH)_4^{2-}$	3.2×10^{18}	$Zn(OH)_4^{2-}$	4.6×10^{17}
$Cu(S_2O_3)_3^{5-}$	6.9×10^{13}	$Zn(NH_3)_4^{2+}$	2.9×10^{9}

摘自 Lange's Handbook of Chemistry，16 ed.(2005)，1.358～1.373

D.1 元素周期表与原子价层的电子结构

能级组或周期	能级组内状态	ⅠA	ⅡA	ⅢB	ⅣB	ⅤB	ⅥB	ⅦB	Ⅷ B			ⅠB	ⅡB	ⅢA	ⅣA	ⅤA	ⅥA	ⅦA	ⅧA	元素数
1	1s	1 **H** s^1																	10 **He** s^2	2
2	2s,2p	3 **Li** s^1	4 **Be** s^2											5 **B** s^2p^1	6 **C** s^2p^2	7 **N** s^2p^3	8 **O** s^2p^4	9 **F** s^2p^5	10 **Ne** s^2p^6	8
3	3s,3p	11 **Na** s^1	12 **Mg** s^2											13 **Al** s^2p^1	14 **Si** s^2p^2	15 **P** s^2p^3	16 **S** s^2p^4	17 **Cl** s^2p^5	18 **Ar** s^2p^6	8
4	4s,3d,4p	19 **K** s^1	20 **Ca** s^2	21 **Sc** d^1s^2	22 **Ti** d^2s^2	23 **V** d^3s^2	24 **Cr** d^5s^1	25 **Mn** d^5s^2	26 **Fe** d^6s^2	27 **Co** d^7s^2	28 **Ni** d^8s^2	29 **Cu** $d^{10}s^1$	30 **Zn** $d^{10}s^2$	31 **Ga** $[d^{10}]s^2p^1$	32 **Ge** s^2p^2	33 **As** s^2p^3	34 **Se** s^2p^4	35 **Br** s^2p^5	36 **Kr** s^2p^6	18
5	5s,4d,5p	37 **Rb** s^1	38 **Sr** s^2	39 **Y** d^1s^2	40 **Zr** d^2s^2	41 **Nb** d^4s^1	42 **Mo** d^5s^1	43 **Tc** d^5s^2	44 **Ru** d^7s^1	45 **Rh** d^8s^1	46 **Pd** $d^{10}s^0$	47 **Ag** $d^{10}s^1$	48 **Cd** $d^{10}s^2$	49 **In** $[d^{10}]s^2p^1$	50 **Sn** s^2p^2	51 **Sb** s^2p^3	52 **Te** s^2p^4	53 **I** s^2p^5	54 **Xe** s^2p^6	18
6	6s,4f,5d,6p	55 **Cs** s^1	56 **Ba** s^2	57~71 dfs^2	72 **Hf** $[f^{14}]d^2s^2$	73 **Ta** d^3s^2	74 **W** d^4s^2	75 **Re** d^5s^2	76 **Os** d^6s^2	77 **Ir** d^7s^2	78 **Pt** d^9s^1	79 **Au** $d^{10}s^1$	80 **Hg** $d^{10}s^2$	81 **Tl** $[f^{14}d^{10}]s^2p^1$	82 **Pb** s^2p^2	83 **Bi** s^2p^3	84 **Po** s^2p^4	85 **At** s^2p^5	86 **Rn** s^2p^6	32
7	7s,5f,6d,…	87 **Fr** s^1	88 **Ra** s^2	89~103 dfs^2	104 **Rf** d^2s^2	105 **Db** d^3s^2	106 **Sg** d^4s^2	107 **Bh** d^5s^2	108 **Hs** d^6s^2	109 **Mt** d^7s^2	110 **Ds**	111 **Rg**	112 **Cn**		114 **Fl**		116 **Lv**			未完
元素分区		s 区		d 区								ds 区		p 区						
价电子构型		$ns^{1\sim2}$		$(n-1)d^{1\sim9}ns^{1\sim2}$								$(n-1)d^{10}ns^{1\sim2}$		$ns^2np^{1\sim6}$						

f 区：$(n-2)f^{1\sim14}(n-1)d^{0\sim2}ns^2$

57~71 镧系元素	dfs^2	57 **La** d^1s^2	58 **Ce** $f^1d^1s^2$	59 **Pr** f^3s^2	60 **Nd** f^4s^2	61 **Pm** f^5s^2	62 **Sm** f^6s^2	63 **Eu** f^7s^2	64 **Gd** $f^7d^1s^2$	65 **Tb** f^9s^2	66 **Dy** $f^{10}s^2$	67 **Ho** $f^{11}s^2$	68 **Er** $f^{12}s^2$	69 **Tm** $f^{13}s^2$	70 **Yb** $f^{14}s^2$	71 **Lu** $f^{14}d^1s^2$
87~103 锕系元素	dfs^2	89 **Ac** d^1s^2	90 **Th** d^2s^2	91 **Pa** $f^2d^1s^2$	92 **U** $f^3d^1s^2$	93 **Np** $f^4d^1s^2$	94 **Pu** f^6s^2	95 **Am** f^7s^2	96 **Cm** $f^7d^1s^2$	97 **Bk** f^9s^2	98 **Cf** $f^{10}s^2$	99 **Es** $f^{11}s^2$	100 **Fm** $f^{12}s^2$	101 **Md** $f^{13}s^2$	102 **No** $f^{14}s^2$	103 **Lr** $f^{14}d^1s^2$

D.2 原子半径

H 32*																	**He** 140**
Li 152 130*	**Be** 111.3 99*											**B** 86 84*	**C** 75*	**N** 71*	**O** 64*	**F** 71.7 60*	**Ne** 154**
Na 186 160*	**Mg** 160 140*											**Al** 143.1 124*	**Si** 118 114*	**P** 108 109*	**S** 106 104*	**Cl** 100*	**Ar** 188**
K 232 200*	**Ca** 197 174*	**Sc** 162 159*	**Ti** 147 148*	**V** 134 144*	**Cr** 128 130*	**Mn** 127 129*	**Fe** 126 124*	**Co** 125 118*	**Ni** 124 117*	**Cu** 128	**Zn** 134 120*	**Ga** 135 123*	**Ge** 128 120*	**As** 124.8 120*	**Se** 116 118*	**Br** 117*	**Kr** 202**
Rb 248 215*	**Sr** 215 190*	**Y** 180 176*	**Zr** 160 164*	**Nb** 146 156*	**Mo** 139 146*	**Tc** 136 138*	**Ru** 134 136*	**Rh** 134 134*	**Pd** 137 130*	**Ag** 144 136*	**Cd** 148.9 140*	**In** 167 142*	**Sn** 151 140*	**Sb** 145 140*	**Te** 142 137*	**I** 136*	**Xe** 216**
Cs 265 238*	**Ba** 217.3 206*	**La** 183 194*	**Hf** 159 164*	**Ta** 146 158*	**W** 139 150*	**Re** 137 141*	**Os** 135 136*	**Ir** 135.5 132*	**Pt** 138.5 130*	**Au** 144 130*	**Hg** 151 132*	**Tl** 175.9 144*	**Pb** 175 145*	**Bi** 154.7 150*	**Po** 164 142*	**At** 148*	**Rn**
Fr 270 242*	**Ra** (220) 211*	**Ac** 187.8 201*	**Rf** 157*														

Ce 181.8 184*	**Pr** 182.4 190*	**Nd** 181.4 188*	**Pm** 183.4 186*	**Sm** 180.4 185*	**Eu** 208.4 183*	**Gd** 180.4 182*	**Tb** 177.3 181*	**Dy** 178.1 180*	**Ho** 176.2 179*	**Er** 176.1 177*	**Tm** 175.9 177*	**Yb** 193.3 178*	**Lu** 173.8 174*
Th 179 190*	**Pa** 163 184*	**U** 156 183*	**Np** 155 180*	**Pu** 159 180*	**Am** 173 173*	**Cm** 174 168*	**Bk** 168*	**Cf** 186 168*	**Es** 186 165*	**Fm** 167*	**Md** 173*	**No** 176*	**Lr** 161*

摘自 Lange's Handbook of Chemistry, 16 ed.(2005), 1.151～1.156　金属半径配位数为 12;当配位数为 8、6、4 时,半径值要分别乘以 0.97、0.96、0.88

* 摘自 CRC Handbook of Chemistry and Physics, 91st ed.(2010),9-49～9-50.为原子共价半径(单位: pm)

** 范氏半径(单位:pm)为 Bondi 数据

D.3 元素的第一电离能

H 13.598																	**He** 24.587
Li 5.392	**Be** 9.323											**B** 8.298	**C** 11.260	**N** 14.534	**O** 13.618	**F** 17.423	**Ne** 21.565
Na 5.139	**Mg** 7.646											**Al** 5.986	**Si** 8.152	**P** 10.487	**S** 10.360	**Cl** 12.968	**Ar** 15.760
K 4.341	**Ca** 6.113	**Sc** 6.562	**Ti** 6.828	**V** 6.746	**Cr** 6.767	**Mn** 7.434	**Fe** 7.902	**Co** 7.881	**Ni** 7.640	**Cu** 7.726	**Zn** 9.394	**Ga** 5.999	**Ge** 7.899	**As** 9.789	**Se** 9.752	**Br** 11.814	**Kr** 14.000
Rb 4.177	**Sr** 5.695	**Y** 6.217	**Zr** 6.634	**Nb** 6.759	**Mo** 7.092	**Tc** 7.28	**Ru** 7.361	**Rh** 7.459	**Pd** 8.337	**Ag** 7.576	**Cd** 8.994	**In** 5.786	**Sn** 7.344	**Sb** 8.608	**Te** 9.010	**I** 10.451	**Xe** 12.130
Cs 3.894	**Ba** 5.212	**La** 5.577	**Hf** 6.825	**Ta** 7.550	**W** 7.864	**Re** 7.834	**Os** 8.438	**Ir** 8.967	**Pt** 8.959	**Au** 9.226	**Hg** 10.438	**Tl** 6.108	**Pb** 7.417	**Bi** 7.286	**Po** 8.414	**At**	**Rn** 10.749
Fr 4.073	**Ra** 5.278	**Ac** 5.17	**Rf** 6.0														

Ce 5.539	**Pr** 5.473	**Nd** 5.525	**Pm** 5.582	**Sm** 5.644	**Eu** 5.670	**Gd** 6.150	**Tb** 5.864	**Dy** 5.940	**Ho** 6.022	**Er** 6.108	**Tm** 6.184	**Yb** 6.254	**Lu** 5.426
Th 6.307	**Pa** 5.89	**U** 6.194	**Np** 6.266	**Pu** 6.026	**Am** 5.974	**Cm** 5.991	**Bk** 6.198	**Cf** 6.282	**Es** 6.42	**Fm** 6.50	**Md** 6.58	**No** 6.65	**Lr** 4.9

摘自 CRC Handbook of Chemistry and Physics，91st ed.（2010），10-196～10-197；表中数据修约到 0.001.

表中数据单位为电子伏特（即 I/eV），将其乘以 96.4846，所得数据单位即为 kJ · mol^{-1}.

D.4 主族元素的第一电子亲和能

H 0.754							He 不确定
Li 0.618	Be 不确定	B 0.280	C 1.262	N 不确定	O 1.461	F 3.401	Ne 不确定
Na 0.548	Mg 不确定	Al 0.433	Si 1.390	P 0.747	S 2.077	Cl 3.613	Ar 不确定
K 0.501	Ca 0.025	Ga 0.43	Ge 1.233	As 0.804	Se 2.021	Br 3.364	Kr 不确定
Rb 0.486	Sr 0.048	In 0.3	Sn 1.112	Sb 1.046	Te 1.971	I 3.059	Xe 不确定
Cs 0.472	Ba 0.145	Tl 0.377	Pb 0.364	Bi 0.942	Po 1.9	At 2.8	Rn 不确定
Fr 0.486	Ra 0.10						

表中数据单位为电子伏特(即 E/eV).

摘自 CRC Handbook of Chemisty and Physics, 91st ed. (2010),10-147～10-149;表中数据修约到 0.001.

D.5　元素的电负性

（L. Pauling 标度）

H 2.20																	He —
Li 0.98	Be 1.57											B 2.04	C 2.55	N 3.04	O 3.44	F 3.98	Ne —
Na 0.93	Mg 1.31											Al 1.61	Si 1.90	P 2.19	S 2.58	Cl 3.16	Ar —
K 0.82	Ca 1.00	Sc 1.36	Ti 1.54	V 1.63	Cr 1.66	Mn 1.55	Fe 1.83	Co 1.88	Ni 1.91	Cu 1.90	Zn 1.65	Ga 1.81	Ge 2.01	As 2.18	Se 2.55	Br 2.96	Kr —
Rb 0.82	Sr 0.95	Y 1.22	Zr 1.33	Nb 1.6	Mo 2.16	Tc 2.10	Ru 2.2	Rh 2.28	Pd 2.20	Ag 1.93	Cd 1.69	In 1.78	Sn 1.96	Sb 2.05	Te 2.1	I 2.66	Xe 2.60
Cs 0.79	Ba 0.89	La～Lu 1.0～1.3	Hf 1.3	Ta 1.5	W 1.7	Re 1.9	Os 2.2	Ir 2.2	Pt 2.2	Au 2.4	Hg 1.9	Tl 1.8	Pb 1.8	Bi 1.9	Po 2.0	At 2.2	Rn —
Fr 0.7	Ra 0.9	Ac 1.1															

元素电负性符号为 χ.

摘自 CRC Handbook of Chemistry and Physics，91st ed.（2010），9-99.

D.6　金属原子化热和熔点

Li	**Be**													
159.3	324													
180.50	1287													
Na	**Mg**	**Al**												
107.5	147.1	330.0												
97.794	650	660.32												
K	**Ca**	**Sc**	**Ti**	**V**	**Cr**	**Mn**	**Fe**	**Co**	**Ni**	**Cu**	**Zn**	**Ga**	**Ge**	
89.0	177.8	377.8	473	514.2	397	283.3	415.5	428.4	430.1	337.4	130.4	254	372	
63.5	842	1541	1668	1910	1907	1246	1538	1495	1455	1084.62	419.53	29.7666	938.15	
Rb	**Sr**	**Y**	**Zr**	**Nb**	**Mo**	**Tc**	**Ru**	**Rh**	**Pd**	**Ag**	**Cd**	**In**	**Sn**	**Sb**
80.9	163.6	424.7	608.8	721.3	658.1	585.2	650.6	556	376.6	284.9	111.8	243	301.2	264.4
39.30	777	1522	1854.7	2477	2623	2157	2333	1964	1554.8	961.78	321.069	156.60	231.93	630.628
Cs	**Ba**	**La**	**Hf**	**Ta**	**W**	**Re**	**Os**	**Ir**	**Pt**	**Au**	**Hg**	**Tl**	**Pb**	**Bi**
76.5	177.8	402.1	619	782	849.8	774	787	669	565.7	368.2	61.38	182.2	195.2	209.6
28.5	727	920	2233	3017	3422	3185	3033	2446	1768.2	1064.18	−38.829	304	327.462	271.406

表中第一排数据为标准状态金属晶体生成气态原子的 $\Delta_f H_m$(298 K)(原子化热,单位:kJ · mol^{-1}),摘自 CRC Handbook of Chemistry and Physics, 91st ed. (2010), 9-63;第二排数据为熔点(单位:℃),摘自相同资料的 12-205～12-206

D.7　离子半径

离子	配位数	r/pm
F^-	6	133
Cl^-	6	181
Br^-	6	196
I^-	6	220
OH^-	4	135
	6	137
O^{2-}	2	121
	6	140
	8	142
S^{2-}	6	184
Se^{2-}	6	198
Te^{2-}	6	221
Li^+	4	59
	6	76
	8	92
Na^+	4	99
	6	102
	8	118
	9	124
	12	139
K^+	4	137
	6	138
	8	151
	12	164
Rb^+	6	152
	8	161
	10	166
	12	172
Cs^+	6	167
	8	174
	10	181
	12	188
Cu^+	2	46
	4	60
	6	77
Ag^+	4	100
	6	115
	8	128
Au^+	6	137
Tl^+	6	150
	8	159
	12	170

离子	配位数	r/pm
Be^{2+}	4	27
	6	45
Mg^{2+}	4	57
	6	72
	8	89
Ca^{2+}	6	100
	8	112
	10	123
	12	134
Sr^{2+}	6	118
	8	126
	10	136
	12	144
Ba^{2+}	6	135
	8	142
	12	161
Ra^{2+}	8	148
	12	170
Cu^{2+}	4(sq)*	57
	6	73
Zn^{2+}	4	60
	6	74
	8	90
Cd^{2+}	4	78
	6	95
	8	110
Hg^{2+}	2	69
	4	96
	6	102
	8	114
Pb^{2+}	6	119
	8	129
	10	140
	12	149
Mn^{2+}	4	66(HS)
	6	83(HS) 67(LS)
	8	96

离子	配位数	r/pm
Fe^{2+}	4	63(HS)
	6	61(LS) 78(HS)
	8	92(HS)
Co^{2+}	4	56
	6	65(LS) 74.5(HS)
	8	90
Ni^{2+}	4(sq)	49
	6	69
Ti^{2+}	6	86
Al^{3+}	4	39
	5	48
	6	54
Sc^{3+}	6	75
	8	87
Y^{3+}	6	90
	8	102
	9	108
Ga^{3+}	6	47
	8	62
In^{3+}	4	62
	6	80
Tl^{3+}	4	75
	6	89
	8	98
Ti^{3+}	6	67
Fe^{3+}	4	49(HS)
	6	55(LS) 64.5(HS)
	8	78(HS)
Cr^{3+}	6	62
Ti^{4+}	4	42
	6	61
	8	74
Ce^{4+}	6	87
	8	97
	10	107
	12	114

摘自 CRC Handbook of Chemistry and Physics，91st ed.（2010），12-11～12-12；数据来源于实验测定，以 $r(O^{2-})$＝140 pm、$r(F^-)$＝133 pm 为参照标准；还有另一种数据以 $r(O^{2-})$＝126 pm、$r(F^-)$＝119 pm 为标准，阴离子要比表中数据小 14 pm，阳离子要大 14 pm

* 表中括号内：sq，平面四方配位；LS，低自旋状态，HS，高自旋状态（见 14.4 节和 14.5.2 节）。一些 HS 和 LS 数据摘自 Lange's 手册，16 ed.（2005）

D.8　地壳与海水中元素的丰度

元素	地壳/($mg \cdot kg^{-1}$)	海水/($mg \cdot L^{-1}$)	元素	地壳/($mg \cdot kg^{-1}$)	海水/($mg \cdot L^{-1}$)
Ac	5.5×10^{-10}		N	1.9×10^{1}	5×10^{-1}
Ag	7.5×10^{-2}	4×10^{-5}	Na	2.36×10^{4}	1.08×10^{4}
Al	8.23×10^{4}	2×10^{-3}	Nb	2.0×10^{1}	1×10^{-5}
Ar	3.5	4.5×10^{-1}	Nd	4.15×10^{1}	2.8×10^{-6}
As	1.8	3.7×10^{-3}	Ne	5×10^{-3}	1.2×10^{-4}
Au	4×10^{-3}	4×10^{-6}	Ni	8.4×10^{1}	5.6×10^{-4}
B	1.0×10^{1}	4.44	O	4.61×10^{5}	8.57×10^{5}
Ba	4.25×10^{2}	1.3×10^{-2}	Os	1.5×10^{-3}	
Be	2.8	5.6×10^{-6}	P	1.05×10^{3}	6×10^{-2}
Bi	8.5×10^{-3}	2×10^{-5}	Pa	1.4×10^{-6}	5×10^{-11}
Br	2.4	6.73×10^{1}	Pb	1.4×10^{1}	3×10^{-5}
C	2.00×10^{2}	2.8×10^{1}	Pd	1.5×10^{-2}	
Ca	4.15×10^{4}	4.12×10^{2}	Po	2×10^{-10}	1.5×10^{-14}
Cd	1.5×10^{-1}	1.1×10^{-4}	Pr	9.2	6.4×10^{-7}
Ce	6.65×10^{1}	1.2×10^{-6}	Pt	5×10^{-3}	
Cl	1.45×10^{2}	1.94×10^{4}	Ra	9×10^{-7}	8.9×10^{-11}
Co	2.5×10^{1}	2×10^{-5}	Rb	9.0×10^{1}	1.2×10^{-1}
Cr	1.02×10^{2}	3×10^{-4}	Re	7×10^{-4}	4×10^{-6}
Cs	3	3×10^{-4}	Rh	1×10^{-3}	
Cu	6.0×10^{1}	2.5×10^{-4}	Rn	4×10^{-13}	6×10^{-16}
Dy	5.2	9.1×10^{-7}	Ru	1×10^{-3}	7×10^{-7}
Er	3.5	8.7×10^{-7}	S	3.50×10^{2}	9.05×10^{2}
Eu	2.0	1.3×10^{-7}	Sb	2×10^{-1}	2.4×10^{-4}
F	5.85×10^{2}	1.3	Sc	2.2×10^{1}	6×10^{-7}
Fe	5.63×10^{4}	2×10^{-3}	Se	5×10^{-2}	2×10^{-4}
Ga	1.9×10^{1}	3×10^{-5}	Si	2.82×10^{5}	2.2
Gd	6.2	7×10^{-7}	Sm	7.05	4.5×10^{-7}
Ge	1.5	5×10^{-5}	Sn	2.3	4×10^{-6}
H	1.40×10^{3}	1.08×10^{5}	Sr	3.70×10^{2}	7.9
He	8×10^{-3}	7×10^{-6}	Ta	2.0	2×10^{-6}
Hf	3.0	7×10^{-6}	Tb	1.2	1.4×10^{-7}
Hg	8.5×10^{-2}	3×10^{-5}	Te	1×10^{-3}	
Ho	1.3	2.2×10^{-7}	Th	9.6	1×10^{-6}
I	4.5×10^{-1}	6×10^{-2}	Ti	5.65×10^{3}	1×10^{-3}
In	2.5×10^{-1}	2×10^{-2}	Tl	8.5×10^{-1}	1.9×10^{-5}
Ir	1×10^{-3}		Tm	5.2×10^{-1}	1.7×10^{-7}
K	2.09×10^{4}	3.99×10^{2}	U	2.7	3.2×10^{-3}
Kr	1×10^{-4}	2.1×10^{-4}	V	1.20×10^{2}	2.5×10^{-3}
La	3.9×10^{1}	3.4×10^{-6}	W	1.25	1×10^{-4}
Li	2.0×10^{1}	1.8×10^{-1}	Xe	3×10^{-5}	5×10^{-5}
Lu	8×10^{-1}	1.5×10^{-7}	Y	3.3×10^{1}	1.3×10^{-5}
Mg	2.33×10^{4}	1.29×10^{3}	Yb	3.2	8.2×10^{-7}
Mn	9.50×10^{2}	2×10^{-4}	Zn	7.0×10^{1}	4.9×10^{-3}
Mo	1.2	1×10^{-2}	Zr	1.65×10^{2}	3×10^{-5}

摘自 CRC Handbook of Chemistry and Physics, 91st ed. (2010), 14-18

元素名称和相对原子质量

原子序数	元素符号	名称	英文名称	相对原子质量	原子序数	元素符号	名称	英文名称	相对原子质量
1	H	氢	Hydrogen	1.007 94	41	Nb	铌	Niobium	92.906 38
2	He	氦	Helium	4.002 602	42	Mo	钼	Molybdenum	95.94
3	Li	锂	Lithium	6.941	43	Tc	锝*	Technetium	(97.907)
4	Be	铍	Beryllium	9.012 182	44	Ru	钌	Ruthenium	101.07
5	B	硼	Boron	10.811	45	Rh	铑	Rhodium	102.905 50
6	C	碳	Carbon	12.010 7	46	Pb	钯	Palladium	106.42
7	N	氮	Nitrogen	14.006 7	47	Ag	银	Silver	107.868 2
8	O	氧	Oxygen	15.999 4	48	Cd	镉	Cadmium	112.411
9	F	氟	Fluorine	18.998 4032	49	In	铟	Indium	114.818
10	Ne	氖	Neon	20.179 7	50	Sn	锡	Tin	118.710
11	Na	钠	Sodium	22.989 770	51	Sb	锑	Antimony	121.760
12	Mg	镁	Magnesium	24.305 0	52	Te	碲	Tellurium	127.60
13	Al	铝	Aluminium	26.981 538	53	I	碘	Iodine	126.904 47
14	Si	硅	Silicon	28.085 5	54	Xe	氙	Xenon	131.293
15	P	磷	Phosphorus	30.973 761	55	Cs	铯	Caesium	132.905 45
16	S	硫	Sulfur	32.065	56	Ba	钡	Barium	137.327
17	Cl	氯	Chlorine	35.453	57	La	镧	Lanthanum	138.905 5
18	Ar	氩	Argon	39.948	58	Ce	铈	Cerium	140.116
19	K	钾	Potassium	39.098 3	59	Pr	镨	Praseodymium	140.907 65
20	Ca	钙	Calcium	40.078	60	Nd	钕	Neodymium	144.24
21	Sc	钪	Scandium	44.955 910	61	Pm	钷*	Promethium	(144.91)
22	Ti	钛	Titanium	47.867	62	Sm	钐	Samarium	150.36
23	V	钒	Vanadium	50.941 5	63	Eu	铕	Europium	151.964
24	Cr	铬	Chromium	51.996 1	64	Gd	钆	Gadolinium	157.25
25	Mn	锰	Manganese	54.938 049	65	Tb	铽	Terbium	158.925 34
26	Fe	铁	Iron	55.845	66	Dy	镝	Dysprosium	162.500
27	Co	钴	Cobalt	58.933 200	67	Ho	钬	Holmium	164.930 32
28	Ni	镍	Nickel	58.693 4	68	Er	铒	Erbium	167.259
29	Cu	铜	Copper	63.546	69	Tm	铥	Thulium	168.934 21
30	Zn	锌	Zinc	65.409	70	Yb	镱	Ytterbium	173.04
31	Ga	镓	Gallium	69.723	71	Lu	镥	Lutetium	174.967
32	Ge	锗	Germanium	72.64	72	Hf	铪	Hafnium	178.49
33	As	砷	Arsenic	74.921 60	73	Ta	钽	Tantalum	180.947 9
34	Se	硒	Selenium	78.96	74	W	钨	Tungsten	183.84
35	Br	溴	Bromine	79.904	75	Re	铼	Rhenium	186.207
36	Kr	氪	Krypton	83.798	76	Os	锇	Osmium	190.23
37	Rb	铷	Rubidium	85.467 8	77	Ir	铱	Iridium	192.217
38	Sr	锶	Strontium	87.62	78	Pt	铂	Platinum	195.078
39	Y	钇	Yttrium	88.905 85	79	Au	金	Gold	196.966 55
40	Zr	锆	Zirconium	91.224	80	Hg	汞	Mercury	200.59

续表

原子序数	元素符号	名称	英文名称	相对原子质量	原子序数	元素符号	名称	英文名称	相对原子质量
81	Tl	铊	Thallium	204.383 3	100	Fm	镄*	Fermium	(257.10)
82	Pb	铅	Lead	207.2	101	Md	钔*	Mendelevium	(258.10)
83	Bi	铋	Bismuth	208.980 38	102	No	锘*	Nobelium	(259.10)
84	Po	钋*	Polonium	(208.98)	103	Lr	铹*	Lawrencium	(260.11)
85	At	砹*	Astatine	(209.99)	104	Rf	𬬻*	Rutherfordium	(261.11)
86	Rn	氡*	Radon	(222.02)	105	Db	𬭊*	Dubnium	(262.11)
87	Fr	钫*	Francium	(223.02)	106	Sg	𬭳*	Seaborgium	(263.12)
88	Ra	镭*	Radium	(226.03)	107	Bh	𬭛*	Bohrium	(264.12)
89	Ac	锕*	Actinium	(227.03)	108	Hs	𬭶*	Hassium	(265.13)
90	Th	钍*	Thorium	232.038 1	109	Mt	鿏*	Meitnerium	(266.13)
91	Pa	镤*	Protactinium	231.035 88	110	Ds	𫟼*	Darmstadtium	(271)
92	U	铀*	Uranium	238.028 91	111	Rg	𬬭*	Roentgenium	(272)
93	Np	镎*	Neptunium	(237.05)	112	Cn	鿔*	Copernicium	(277)
94	Pu	钚*	Plutomium	(244.06)	113	Nh	鿭*	Nihonium	(285)
95	Am	镅*	Americium	(243.06)	114	Fl	𫓧*	Flerovium	(289)
96	Cm	锔*	Curium	(247.07)	115	Mc	镆*	Moscovium	(289)
97	Bk	锫*	Berkelium	(247.07)	116	Lv	𫟷*	Livermorium	(289)
98	Cf	锎*	Californium	(251.08)	117	Ts	石田*	Tennessine	(294)
99	Es	锿*	Einsteinium	(252.08)	118	Og	气奥*	Oganesson	(294)

括号内为放射性元素最长寿命同位素的相对原子质量或质量数,带 * 的是放射性元素

索 引